Paläontologisches Wörterbuch

Ulrich Lehmann

Paläontologisches Wörterbuch

4. Auflage. 1996. Unkorrigierter Nachdruck 2014

 Springer Spektrum

Ulrich Lehmann[†]
Hamburg, Deutschland

ISBN 978-3-662-45605-7   ISBN 978-3-662-45606-4 (eBook)
DOI 10.1007/978-3-662-45606-4

Die Deutsche Nationalbibliothek verzeichnet diese Publikation in der Deutschen Nationalbibliografie;
detaillierte bibliografische Daten sind im Internet über http://dnb.d-nb.de abrufbar.

Springer Spektrum

Springer Berlin Heidelberg ist Teil der Fachverlagsgruppe Springer Science+Business Media
(www.springer.com)

Vorwort zur vierten Auflage

Zehn Jahre nach der dritten wird hier die vierte und – vom Autor her gesehen – letzte Auflage des Paläontologischen Wörterbuchs vorgelegt. Der Text ist über Jahre gründlich revidiert worden, die Abbildungen teils verbessert, teils durch neue ersetzt, ihre Gesamtzahl von 112 auf 128 vermehrt. Was zehn Jahre heute in der wissenschaftlichen Literatur bedeuten, mag man daraus ersehen, daß fast keine Seite des Textes unverändert geblieben ist und das ‚System der Organismen‘ größtenteils völlig neu geschrieben wurde.

Das Buch ist von der ersten Auflage an (1964) als eine Art Ariadne-Faden durch das Labyrinth der paläontologischen Fachsprache gedacht. Durch deren weitgespannte Verknüpfungen im Bereich der Geo- und Biowissenschaften ist dieses Labyrinth besonders reich an verführerischen Abzweigungen und Verwinkelungen. Was muß aufgenommen, was kann weggelassen werden, weil es allgemeiner geistiger Besitz ist oder ganz speziell in andere Fachgebiete gehört? Die Versuchung, hier ‚fremdzugehen‘, wird von Auflage zu Auflage größer, weitet sich die paläontologische Forschung doch mehr und mehr in Grenzgebiete hinein aus. Manche Begriffe veralten – soll man ihnen den Stempel ‚obsolet‘ aufdrücken? Andererseits behält ja die alte Literatur gerade in der Paläontologie ihren Wert.

Zahlreiche neue Begriffe nehmen auf die Weiterentwicklung innerhalb der Paläontologie Bezug oder nehmen Anregungen aus Nachbargebieten auf. Als Beispiel sei auf die Abb. 45 verwiesen, für die ich Th. ENGESER dankbar bin. Durch Umzeichnen der in den früheren Auflagen wiedergegebenen Darstellung der karbonisch-permischen Florenprovinzen auf die neueste paläogeographische Karte der Pangaea wird geradezu ein ‚Aha‘-Erlebnis vermittelt: Ja, so wird es stimmig!

Viel Mühe hat das ‚System der Organismen‘ und seine Verknüpfung mit dem Text gekostet. Hier bin ich in der Regel im Sinne der evolutionären Klassifikation verfahren, im Bestreben, Übersicht zu wahren. Das kürz-lich erschienene Werk von CARROLL (1993) über die Wirbeltiere mit seinem Bestreben, die ROMERsche Tradition auszubauen, ohne bemerkenswerte kladistische Erkenntnisse zu verschweigen, ist beispielhaft. Seine Systematik wurde hier übernommen. Der leichteren Übersicht sollen auch die neu eingefügten Kladogramme dienen. Die angestrebte zusammenfassende Darstellung von Sachgebieten und die vielen Hinweise auf Zusammenhänge bewirken eine intensive Vernetzung – mit dem Nachteil, daß jede noch so kleine Veränderung in Texten, Systemen und Abbildungen durch das ganze Buch hindurch Auswirkungen haben kann. So wird jede Neuauflage zu einer nur durch das Machtwort des Verlages zu beendenden Sisyphusarbeit, ohne Aussicht auf etwas Endgültiges.

Es bleibt, den Leser um die gleiche verständnisvolle Aufmerksamkeit zu bitten, wie sie schon den früheren Auflagen entgegengebracht worden ist. Denn immer höher wird der Berg für den einzelnen Autor, auch wenn ihm von vielen Seiten in freundschaftlicher Weise Hilfe zuteil geworden ist: zu vielfältig und oft widerspruchsvoll sind die Meinungen, zu weitgespannt die behandelten Gebiete. Zu lang würde auch die Liste, wollte ich alle nennen, die geholfen haben. So beschränke ich mich auf wenige: Otto APPERT (Werthenstein, Schweiz), Jan BERGSTRÖM (Stockholm), Carsten BRAUCKMANN (Wuppertal), Gerhard HAHN (Marburg), Karl A. HÜNERMANN (Mellingen, Schweiz), Hans D. PFLUG (Gießen) und die Hamburger Kollegen Klaus BANDEL, Gero HILLMER, Otto KRAUS, Christian SPAETH, Wolfgang WEISCHAT und besonders Theo ENGESER, der sich mit viel Verständnis und Geschick der Abbildungen angenommen hat. Dem Enke Verlag, besonders seinem Lektor Christoph IVEN, danke ich für verständnisvolles Entgegenkommen und die gewohnt gute Zusammenarbeit.

Hamburg, im Sommer 1996   Ulrich LEHMANN

Einleitung

Die Paläontologie ist aus der Freude am Finden und Sammeln entstanden. Wer einmal selbst ein Fossil geborgen hat, und sei es ein noch so unscheinbares gewesen, wird seinen geheimen Zauber gespürt haben. Schon den Menschen der Vorzeit wurden manchmal Fossilien als kostbarster Besitz mit ins Grab gelegt, dem spielenden Kinde sind sie über alles teuer. Zahllos sind noch heute die kleinen Fossilsammlungen, die Gunst des Augenblicks und Finderfreude haben entstehen lassen. So hat auch die paläontologische Wissenschaft ihre Wurzeln in den Raritätenkabinetten der Sammler, bei den Bergleuten, Geologen und allen, die mit offenen Augen durch die Natur gehen.

Auf das Sammeln folgt rasch das Deuten, um so rascher, je weniger der Sammler über die wahre Natur des Gefundenen weiß. Wem wären sie nicht schon begegnet, die Sammler mit der fixen Idee, die einem schließlich nach vielem Drängen und Zureden eine abenteuerlich geformte Feuersteinknolle als Kopf eines Urmenschen oder als versteinerte Schlange vorlegen.

Mittelalterliche Vorstellungen über die Entstehung und Natur der Fossilien waren noch bis in das 19. Jahrhundert hinein weit verbreitet: sie wurden als Erzeugnisse einer Vis plastica, einer Bildungskraft im Gestein, gedeutet. Vielfach sah man in ihnen Zeugnisse der Sintflut. Reste von Wirbeltieren wurden irgendwelchen Fabelwesen zugeschrieben, ja, mögen ihrerseits Anlaß zur Entstehung von Fabeln gewesen sein, wie das O. ABEL (1875–1946) z. B . für die von Odysseus' Irrfahrten her bekannte Gestalt des einäugigen Riesen Polyphem nachzuweisen versucht hat: sie sei auf Funde von Schädeln der ehemals auf einigen Mittelmeerinseln lebenden Zwergelefanten zurückzuführen, wobei die Nasenöffnung als Höhle eines Stirnauges gedeutet worden sei.

Aber auch für den, der nur die Ergebnisse der paläontologischen Wissenschaft auf sich wirken läßt, hat sie etwas eigenartig Faszinierendes. Sie erscheint als die Wissenschaft, in der aus kaum erkennbaren Abdrükken in irgendwelchen unscheinbaren Gesteinen frühere Welten erstehen, belebt von teilweise riesigen, seltsamen Tieren und Pflanzen; ja, auch über das Wesen des Menschen selbst gibt sie Auskunft. So gesehen, wird die Paläontologie zur Wurzel und Basis der heutigen Biologie (der Neontologie) bzw. zu ihrer Projektion in die Vorzeit. Dazu wurde sie freilich erst allmählich im Laufe der Wissenschaftsgeschichte. Wenn wir von einzelnen genialen Vorläufern absehen, so können zwei Männer als Wegweiser gelten: William SMITH und George CUVIER. Der englische Landmesser William SMITH (1769–1839) war Autodidakt. Er erkannte, daß man mit Hilfe der Fossilien das relative Alter der sie umhüllenden Gesteine erkennen kann, da jeweils bestimmte Formen für bestimmte Schichten charakteristisch sind. Mit dieser Erkenntnis war ein Zeitmaßstab gegeben, wurde in der Folge die Geognosie zur Erdgeschichte, und innerhalb weniger Jahrzehnte entstand das Grundgerüst der erdgeschichtlichen Tabelle. An der Verfeinerung dieser Tabelle wird noch heute beständig gearbeitet, ihre Aufstellung gehört zu den ganz großen Leistungen des menschlichen Geistes. Ohne Fossilien wäre sie nicht möglich gewesen. Deren wahre Natur war für den Praktiker SMITH ziemlich gleichgültig.

Was William SMITH für die Leitfossilkunde und damit für die Stratigraphie war, das war der geniale, weltgewandte Franzose CUVIER (1769–1832) für die biologisch orientierte Paläontologie. Bei seinen Arbeiten an den fossilen Wirbeltieren des Pariser Beckens beobachtete er, daß es nicht nur ausgestorbene Arten gibt, sondern ganze ausgestorbene Faunen, die voneinander verschieden sind, und daß die jeweils höher gelegene (jüngere) Fauna höher entwickelt ist als die vorhergehende. Als Erklärung für den jeweiligen Faunenwechsel genügte ihm die Annahme großer Katastrophen. Er kann als der Vater der vergleichenden Anatomie ebenso wie der Wirbeltierpaläontologie gelten. Es ist eigenartig zu sehen, wie sehr sein Interesse von der Anatomie absorbiert wurde, mit welchem Scharfsinn er die kleinsten Details erkannte und richtig interpretierte – und wie wenig ihn im Grunde die geologischen Zusammenhänge beschäftigten. Anders ist es wohl nicht zu verstehen, wie er den u. a. von LAMARCK (1744–1829) und Geoffroy ST. HILAIRE (1772–1844) vertretenen Gedanken der Entwicklung schroff ablehnte und mit seiner ganzen Autorität für die Unveränderlichkeit der Arten eintrat. Beide, SMITH wie CUVIER, gingen streng empirisch vor, waren jeder Spekulation abhold, und beide sahen jeweils vorwiegend eine Seite der Paläontologie, SMITH die geologische, CUVIER die biologische. Vereinigt wurden sie erst ein halbes Jahrhundert später, nachdem Charles DARWIN (1809–1882) gezeigt hatte, wie die Arten sich verändern; da endlich erkannte man die Fossilien als sich entwickelnde Lebewesen in der Tiefe der Zeit. Das ist die Grundvorstellung der Paläontologie.

Neontologie und Paläontologie haben die gleichen grundlegenden Fragestellungen; im Berührungsgebiet ist keine scharfe Trennung möglich. Der wesentliche Unterschied liegt im Material und in der unterschiedlichen Bedeutung der Zeit. Fossilien sind die in der Regel im Gestein eingebetteten erhaltungsfähigen Teile vorzeitlicher Organismen. Als Organismen werden sie biologischen Fragestellungen unterworfen; darüber hinaus hat die Untersuchung der einbettenden Gesteine, ihrer Lagerungsverhältnisse und der Beziehungen zwischen Organismus und Gestein zur Entstehung eines eigenen Forschungszweiges, der Biostratonomie geführt.

Das Gemeinsame zwischen Geologie und Paläontologie ist vor allem ihr wesentlich historischer Charakter.

Fossilien als Leitfossilien ergeben zwar nur relative Zeitwerte, diese aber teilweise überaus genau. Zeitmessungen mit Hilfe anderer Methoden, vor allem mittels des Zerfalls radioaktiver Elemente, ergeben dagegen Zahlenwerte und damit die Größe des Rahmens, innerhalb dessen das erdgeschichtliche Geschehen sich abgespielt hat, sind aber für die praktische Arbeit trotz aller Verfeinerungen der letzten Jahre zu ungenau und zu umständlich in der Handhabung. Überdies ist die relative Stellung zu anderen Geschehen für die Orientierung in der Zeit meist wesentlicher als eine abstrakte Zahl – wie in der menschlichen Geschichte auch. Für den Außenstehenden, dem die geologische Zeitrechnung ungewohnt ist, sagen die Zahlen allerdings oft mehr. Man sollte auch aus diesem Grunde die Bedeutung der uns durch die Physiker vermittelten Zahlen nicht unterschätzen.

Die Gemeinsamkeiten zwischen Geologie und Paläontologie erschöpfen sich damit nicht. Vielmehr führte die als Biologie der Vorzeit verstandene Paläontologie ihrerseits zu neuen Fragestellungen und Arbeitsmethoden: Paläo-Ökologie, Paläo-Neurologie, Paläo-Psychologie, Anwendung physikalischer Methoden bei der Analyse der Hartteile usw., die ihrerseits befruchtend auf die Geologie und ihre Teilgebiete einwirkten, auf die Sedimentologie, Paläogeographie, Paläoklimatologie. Infolgedessen ist die Verbindung der Paläontologie zur Biologie ebenso wie zur Geologie heute intensiver als je zuvor.

Trotzdem ist es nicht nur eine Folge der ständig zunehmenden Materialfülle, wenn eigene Lehrstuhle für Paläontologie geschaffen wurden. Diese ist freilich so groß, daß die Paläontologie, kaum zur Selbständigkeit herangewachsen, gleich wieder in Teilgebiete zerfällt: die Paläontologie der wirbellosen Tiere behält die engsten Bindungen an die Geologie, die der Wirbeltiere zur Zoologie, die Paläobotanik hat seit jeher eine gewisse Sonderstellung besessen, noch stärker die Paläo-Anthropologie. Am jüngsten ist die Paläontologie der Mikroorganismen, die Mikropaläontologie, entstanden aus den Bedürfnissen der Praxis. Doch arbeiten alle diese Teildisziplinen an fossilem Material, mit wesentlich der gleichen Fragestellung: den langen Weg zu erkennen, den das Leben gegangen ist, die unendliche Mannigfaltigkeit der Formen, in denen es sich manifestiert hat, die Tiefe von Raum und Zeit bewußt zu machen bis zu seinem Kulminationspunkt. Dieser kann nur im Heute liegen, wie das unter den Paläontologen besonders Teilhard DE CHARDIN betont hat, im Heute, wo es im menschlichen Bewußtsein gespiegelt, neu geschaffen wird. Damit richtet sich, was mit spielerisch-unbewußtem Sammeln eigenartig geformter Dinge begann, letzten Endes an alle Menschen. Wie die menschliche Geschichte unseren Weg durch die letzten Jahrtausende zeigt, so die Paläontologie in vielleicht noch größerer Eindringlichkeit den Weg des Lebens durch Hunderte von Jahrmillionen.

Abkürzungen

→	siehe unter	i. w. S	im weiteren Sinne	sog.	sogenannte (r, s)
Bez.	Bezeichnung	Kl.	Klasse	U. ...	Unter...
bzw.	beziehungsweise	M. ...	Mittel...	Ü. ...	Über...
d. h.	das heißt	O. ...	Ober...	vgl.	vergleiche
Fam.	Familie	O.	Ordnung	z. B.	zum Beispiel
i. d. R.	in der Regel	Pl.	Plural	z. T.	zum Teil
i. e. S.	im engeren Sinne	Sing.	Singular	zw.	zwischen

Griechisches Alphabet

Die Schreibweise der griechischen Wörter wurde der neugriechischen Orthographie (Akzente) angepaßt

A, α	Alpha	I, ι	Iota	P, ϱ	Rho
B, β	Beta	K, ϰ	Kappa	Σ, σ, ς	Sigma
Γ, γ	Gamma	Λ, λ	Lambda	T, τ	Tau
Δ, δ	Delta	M, μ	My	Y, υ	Ypsilon
E, ε	Epsilon	N, ν	Ny	Φ, φ	Phi
Z, ζ	Zeta	Ξ, ξ	Xi	X, χ	Chi
H, η	Eta	O, o	Omikron	Ψ, ψ	Psi
Θ, θ	Theta	Π, π	Pi	Ω, ω	Omega

ab... (lat.), in Zusammensetzungen: von...her, weg.

abactinal, bei Echinodermen: auf der dem Mund gegenüberliegenden Seite gelegen, aboral.

Abbreviation, *f* (lat. = Abkürzung), sukzessive Abkürzung der Ontogenese durch Fortfall einzelner Stadien (meist der Endstadien) (vgl. → Neotenie, → Heterochronie). Syn.: Tachygenesis, vgl. → Epistase.

Abdomen, *n* (lat. = Wanst, Bauch), 1. bei Wirbeltieren allgemein der ventrale Bezirk der hinteren Rumpfregion; bei Säugetieren der weich gedeckte Teil hinter dem Brustkorb. 2. (Arthropoden): Hinterleib der → Mandibulata; bei Cheliceraten = → Opisthosoma. 3. (Radiolarien): → Nassellaria.

Abdominale, *n*, → Hornschilde von Schildkröten.

Abdominalis, *f* (= Pinna a., lat. pinna Flosse), die paarige Bauchflosse der Fische. Vgl. → Pterygia.

Abdominal-Rippen, = → Gastralia.

aberrant (lat. = abirrend), auffällig, von der Norm abweichend gestaltet.

abietoid (lat. abies Tanne) (→ Hoftüpfelung), → araucarioid.

Abiogenesis, *f* (gr. ἄβιος [αβίωτος], ohne Leben; γένεσις Ursprung), = → Urzeugung.

aboral (lat. a, ab: von-weg; os, oris = Mund), anatomisch: Lage dem Mund gegenüber; **aborad,** Richtung vom Munde weg: Vgl. → Lagebeziehungen.

Abstammungslehre (= Deszendenz-, Evolutionstheorie), sie besagt, daß alle Lebewesen sich in natürlicher Abfolge aus einer (monophyletische A.) oder mehreren (polyphyletische A.) Stammformen entwickelt haben. Erste derartige Gedanken finden sich bei ANAXI-MANDER (611–545 v. Chr.) und EMPEDOKLES (483–424 v. Chr.). Wissenschaftliche Fundierung fand die Lehre u. a. bei Erasmus DARWIN (1731–1802), Jean Baptiste DE LA-MARCK (1744–1829), vor allem aber Charles DARWIN (1809–1882). Heute ist die A. die fast allgemein

angenommene Grundkonzeption aller biologischen Wissenschaften, sie hat sich gegenüber der früheren Lehre von der Konstanz der Arten durchgesetzt.

Die Diskussion über den Ablauf und die treibenden Kräfte der Stammesgeschichte hat zur Entstehung einer Reihe von Theorien geführt. Vgl. → Lamarckismus, → Darwinismus, → Neodarwinismus, → Neolamarckismus, → Vitalismus, → Typostrophentheorie, → Neomorphosetheorie, → Selektionismus, → Kataklysmentheorie, → Orthogenese, → Kybernetische Evolution, → Punktualismus, → Gradualismus, → synthetische Evolutionstheorie.

abyssal, abyssisch (HAUG 1908) (gr. ἄβυσσος unergründlich), auf die Tiefsee bezüglich. Vgl. → bathymetrische Gliederung.

Acantharia (HAECKEL 1862) (gr. ἄκανθα Dorn), Radiolarien mit kugeliger Zentralkapsel, die von regelmäßig verteilten Poren durchbohrt ist. Skelet aus bis zu 32 regelmäßig von einem Zentrum ausstrahlenden Stacheln aus Strontiumsulfat (sog. zentrogenes Skelet im Gegensatz zum perigenen der übrigen [eigentlichen] Radiolarien). Mit M. D. BRASIER werden die A. hier als eigene U.Kl. neben den Radiolarien i. e. S. angesehen. Fossil unbedeutend.

acanthine Septen (gr. ἀκάνθινος von Dornen, dornig), (→ Rugosa); aus getrennten, nur basal verbundenen → Trabecula aufgebaute Septen.

Acanthodii (OWEN 1846) (gr. ἀκανθώδης dornig), ‚Stachelhaie'; eine Kl. primitiver Fische, mit Knochenschuppen und im Endoskelet mit echten Knochen; mit großem Stachel vor jeder Flosse. Die A. sind die ältesten bekannten → Gnathostomata; ihre Blütezeit lag im Unterdevon, sie waren primär marin; später erreichten sie beträchtliche Größe. Im Gegensatz zu Knorpel- und Knochenfischen sen sie keinen regelmäßigen Zahnersatz erkennen, während sie sonst in Vielem den Knochenfischen äh-

neln (→ Osteichthyes). Vorkommen: Silur–Perm.

Acanthopore, *f* (gr. πόρος Durchgang) (Bryoz.), dickwandiges Röhrchen, in Reihen in der Mittellinie der Zweige mancher paläozoischer → Bryozoen angeordnet, auf der → obversen Außenseite durch Dornen markiert.

Acanthopterygii (gr. πτέρυξ, -υγος Flügel, Flosse), ‚Strahlenflosser'; die höchstentwickelten unter den → Teleostei. Wenigstens Teile der Flossen sind nur von Flossenstrahlen gestützte Hautfalten. Schuppen vom → Ctenoid-Typ. Die ersten Acanthopterygier erschienen in der U.Kreide; im Laufe des Tertiärs gewannen sie ihre heutige dominierende Stellung.

acentrisch (gr. α privativum, bedeutet allg. Negation; lat. centrum v. gr. κέντρον Stachel, Mittelpunkt) = aspondyl, ohne Wirbelkörper, ein bei vielen primitiven Fischen verbreiteter Wirbeltyp; → Bogentheorie der Wirbelentstehung.

Acephalen (Acephala CUVIER 1789) (gr. α ohne, κεφαλή Kopf), → Lamellibranchia (obsolet).

Acetabulum, *n* (lat. acetabulum Schale, Näpfchen [eigentl. Essigschale, von acetum Essig]), die Gelenkgrube: 1. für den Femurkopf am Becken der Tetrapoden (→ Beckengürtel); 2. am Grunde der Stacheln von Seeigeln zum Umfassen des Gelenkkopfes der Warze (→ Echinoidea); 3. Saugnäpfchen an den Fangarmen mancher → Dibranchiata.

Aciculum, *n* (Dimin. von lat. acia Nähfaden), → Polychaeta.

Acipenseriformes (GOODRICH 1909) (nach der Gattung *Acipenser*), Störe, Löffelstöre; spezialisierte Abkömmlinge der → Palaeonisciformes, mit extrem geringer Verknöcherung von Innenskelet und Schuppen. Die A. haben sich etwa an der Grenze Trias/Jura aus dem Palaeonisciden-Stamm gelöst.

aclin (NEWELL 1937) (gr. κλίνειν neigen), Neigungsrichtungen des Gehäuses von Muscheln: ± senkrecht zum Schloßrand (z. B. *Pecten*).

Acme → Akme.

acöl (gr. α- nicht; κοῖλος hohl, vertieft), = biplan; Wirbel, deren Körper an beiden Enden plane Flächen besitzen. Vgl. → procöl, → opisthocöl.

Acoeli (BRONN), früher gebrauchte Bez. für eine U.O. der →Belemniten (O. Belemnoidea), ohne ventrale Furche, aber meist mit Spitzenfurchen. Vorkommen: ganzer Jura. Vgl. → Gastrocoeli, → Notocoeli.

Acoelomata, → Coelomata, → Plathelminthes.

Acrania (= Leptocardia, Cephalochordata) (gr. κρανίον Schädel), nur rezent bekannte kleine Chordatiere, ,Lanzettfischchen' ohne Schädel, Wirbel, paarige Gliedmaßen, Knochen, Knorpel; die Chorda reicht bis vor das Zentralnervensystem. Hauptgattung *Amphioxus* YARELL 1836 (= *Branchiostoma* COSTA 1834). Heute in küstennahen Regionen warmer und gemäßigter Klimate verbreitet. A. und → Craniata werden von einer gemeinsamen Stammform abgeleitet, die freischwimmend war, myomer gegliedert, und mit einem kleinen Kiemenkorb versehen (,Eochordata' n. GUTMANN, freilebende Tunicatenlarven u. a. Vorstellungen).

acraspedot (gr. κράσπεδον Rand, Saum), → Meduse.

Acreodi (gr. κρέας Fleisch; ὀδούς, Zahn), Mesonychoidea; Bärengröße erreichende eozäne Säugetiere, früher den → Creodonta, jetzt den → Condylartha zugerechnet. Hauptgattung *Mesonyx.*

Acritarcha (Pl.) (EVITT 1963) (gr. ἄκριτος unsicher; αρχή Ursprung), das Acritarch, künstl. Gruppe verschiedener → Nannofossilien unbekannter systematischer Stellung, bilden den – nach Abzug der echten Dinoflagellaten-Zysten – verbleibenden Rest der früher als → Hystrichosphären zusammengefaßten Nannofossilien. Größe 10–150 μm, marin. Es sind ?Zysten verschiedener Planktongruppen, oft mit mehrschichtiger Wand, aus hochpolymeren, sehr widerstandsfähigen organischen Verbindungen. Oberfläche skulpturiert. Vorkommen: seit dem Präkambrium (Gunflint Form., ≈ 2 Mrd. Jahre), Blütezeit im Paläozoikum, im Holozän auch im Süßwasser.

Acropodium, *n* → Akropodium

Acrothoracica (GRUVEL 1905) (gr. ἄκρος Spitze; θώραξ Rumpf, Panzer), eine O. der → Cirripedia: sessile, in den Schalen von Mollusken bohrende Formen mit weniger als 6 Beinpaaren. Fossil nur durch ihre charakteristischen, kommaförmigen Bohrlöcher nachgewiesen. Vorkommen: seit O.Karbon.

Acrotretida (Brachiop.): O. der Inarticulata; Schale phosphatisch oder punktiert kalkig; Stielöffnung, wenn vorhanden, nur in der Stielklappe (,neotremat'). Vorkommen: seit U.Kambrium, z. B. *Crania, Orbiculoida.*

-actin (gr. ἀκτίς Strahl; in Zusammensetzungen), bezeichnet die Strahlen einer Schwammnadel, z. B. Hexactin (gleichbedeutend mit → Triaxon).

actinal, bei Echinodermen: auf der Mundseite gelegen, oral.

Actinal-Furchen (Echinoid.), verzweigte, radial gerichtete Furchen um den Mund mancher Seeigel der O. → Clypeasteroida; in ihnen erfolgt die Heranführung von Nahrungspartikelchen zum Munde.

Actiniaria (R. HERTWIG 1882) (lat. -arium Ort oder Behälter zur Aufbewahrung und sein Inhalt), ,Seeanemonen', eine O. skeletloser, daher fossil unbekannter, solitärer → Zoantharia.

Actinistia, Syn. von → Coelacanthini (Crossopt.).

Actinoceratoidea (FOERSTE & TEICHERT, nach der Gattung *Actinoceras*), U.Kl. der → Cephalopoda. Meist große, → orthocone, → cyrtochoanische Formen mit komplizierten Endosiphonalbildungen (→ Endosipho). Besonders kennzeichnend: → Radialkanal, → Perispatium, →Obstruktionsringe und → intracamerale Ablagerungen. Vorkommen: Ordovizium–Karbon (Abb. 1).

actinoceroid (gr. ἀκτίς Strahl; κέρας Horn; εἶδος Aussehen), = → annulosiphonat.

actinodont (gr. οδούς Zahn), (Lamellibr.): → Schloß.

Actinopoda (CALKINS 1909) (gr. πούς, ποδός Fuß), eine Kl. der → Rhizopoda, mit feinen, z. T. versteiften Pseudopodien; die Mehrzahl besitzt ein feines Skelet aus Kieselsäure, Strontiumsulfat oder chitiniger Substanz. Zu den A. gehören die U.Kl.n → Heliozoa, → Radiolaria, → Acantharia. Vorkommen: Seit dem Kambrium.

Actinopterygii (COPE 1894) (gr. πτέρυξ Flügel, Flosse), Strahlenflosser; eine U.Kl. der Knochenfische (→ Osteichthyes); sie umfaßt die große Mehrzahl der heutigen Fische, ohne Choanen, im Anfang mit → Ganoid-Schuppen (später reduziert zu → Cycloid- oder → Ctenoid-Schuppen), die Flossen sind vom → Ichthyopterygium-, nicht vom → Archipterygium-Typ.

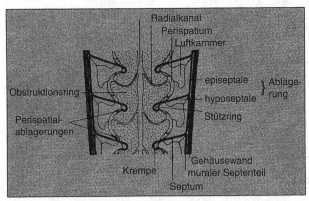

Abb. 1 Längsschnitt durch einen Teil des Gehäuses eines Actinoceraten (→ Actinoceratoidea). Punktiert sind die durch primäre Kalkausscheidungen zu Lebzeiten des Tieres erfüllbaren Räume. – Umgezeichnet und erweitert nach TEICHERT (1933)

Die riesige Formenfülle der fossilen und rezenten A. wird in sehr unterschiedlicher Weise aufgeteilt. Hier folgen wir der früher üblichen Gliederung in drei Infraklassen: 1. → Chondrostei, 2. → Holostei (= niedere → Neopterygii), 3. → Teleostei. Diese Kategorien werden am besten als aufeinanderfolgende Entwicklungsstadien verstanden; ihre Grenzen sind fließend. Vorkommen: die ältesten Reste (Schuppen von *Andreolepis* aus dem O.Silur Gotlands) waren marin. Im Devon waren die A. selten, erst vom Karbon an dominierten sie.

actinosiphonat (gr. σίφων Spritze) heißen strahlig verlaufende, vertikale Kalkblätter im Innern des → Endosiphos gewisser → Nautiloideen (vgl. → Sipho, → Endocon) (Abb. 79, S. 151).

Actinostoma, *n* (gr. στόμα Mund), wenig gebräuchliche Bez. für das → Peristom bei Echinodermen.

Actinotrichia (Pl., *n*, gr. θρίξ Haar, Borste), → Flossenstrahlen.

Acuarii (D'ORBIGNY), (= Paxillosi QUENSTEDT), frühere Bez. für Jura-Belemniten mit 2 bis 3 kurzen Spitzenfurchen; obsolet.

Aculae (WEDEKIND) (lat. aculeus Stachel, Spitze), Septalhöcker; primitivste Gestalt der Septen von → Zoantharia, in vertikalen Reihen angeordnet, wie sie z. B. bei Favositiden auftreten. Phylo- und ontogenetisch wachsen sie nach innen-oben zu stabartigen Septaldornen aus.

Aculifera (HATSCHEK 1888) (lat. ferre tragen), = → Amphineura, im Gegensatz zu allen anderen Mollusken, den → Conchifera, wegen ihrer bestachelten Cuticula.

ad... (lat.), in Zusammensetzungen: zu, nach, an.

Adambulakrale, Pl. **-ia,** *n,* **-platte** (lat. ambulacrum Wandelbahn), Randplatte entlang der → Ambulakralfurche von Seesternen (→ Asteroidea).

adapikal, in der Nähe des Apex gelegen .

Adaptation, *f,* (lat . adaptare anpassen), = → Anpassung.

Adaptiogenese (gr. γένεσις das Werden), nach PARR (1926) der eigentlichen Phylogenese oder Stammesgeschichte nachgeordnete Entwicklung der speziellen Adaptationen oder der Anpassungserscheinungen.

adaptives Gitter (= adaptiver Rost), → adaptive Zone.

adaptive Zone (SIMPSON 1944), das von einem Organismus bewohnte und mit ihm in ökologischem Gleichgewicht befindliche Areal der Umwelt (= ökologische Zone). Eine Folge a. Z., die durch Diskontinuitäten (= instabile ökologische Zonen) getrennt sind, bilden ein adaptives Gitter (= adaptiver Rost). Da die a. Z. ebenso wie die Tiere selbst sich allmählich ändern, kann der Ablauf der Stammesgeschichte als eine Serie a. Z. aufgefaßt werden. Die zuerst besetzten Zonen sind i. d. R. breiter als die späteren. Unter Berücksichtigung der Vorstellung von den a. Z. erkannte Simpson drei Entwicklungsschemata:
1. Speziation (= Artentwicklung): Sie umfaßt die Differenzierung niederer Kategorien (Rassen, Unterarten, Arten) durch geringfügige morphologische Änderungen und Anpassungen.
2. Phyletische Evolution (= Stammesentwicklung = → transspezifische Evolution): Sie geht bei längerer Dauer aus der Speziation hervor und erzeugt die paläontologischen Stammesreihen.
3. Quantum-Evolution: Dies ist der wesentlichste Prozeß für die Entstehung der höheren systematischen Kategorien; er besteht in rascher Änderung der Organisation beim Übergang in eine neue a. Z. – wobei ausreichende Präadaptation vorhanden sein muß.

additive Typogenese (HEBERER 1958) (lat. addere hinzutun), Entstehung der Typen (= höhere taxonomische Einheiten) aus Arten durch Summierung der gestaltlichen Besonderheiten, bis sie gattungs-, familien- usw. -typisch werden. Die a. T. entspricht den Vorstellungen darwinistischer Prägung. Vgl. dagegen → Punktualismus, → Typostrophentheorie, → Neomorphose-Theorie.

Adductores (Sing. Adductor, *m*) (lat. adducere anziehen. zusammenziehen), (Syn. Occlusores),

Schließmuskeln, besonders bei → Lamellibranchia und → Brachiopoden . Vgl . auch: → Retractores, → Rotatores, → Diductores (= Divaricatores) (Abb. 19, 20, S. 35).

adelospondyl (WATSON 1929) (gr. άδηλος verborgen, unbekannt; σπονδύλιος Wirbelbein), ein Wirbeltyp, dessen einfacher, solider Wirbelkörper als verkalkte Chordascheide angesehen wird; die allein verknöcherte neurale Spange bleibt durch eine Naht getrennt. Auf wenige paläozoische → Lepospondyli beschränkt. (Abb. 123, S. 257).

Adelphotaxon, *n* (Pl. -a) (gr. άδελφός verschwistert; τάξις Reihe, Ordnung), = → Schwestergruppen.

Adjustores (Sing. Adjustor, *m*), 2 vom Stiel vieler artikulater Brachiopoden abzweigende Muskelpaare; sie bewirken Relativbewegungen zwischen Gehäuse und Stiel.

Adlacrimale, *n* (GAUPP 1910) (lat. lacrima Träne), ein Knochen der Augenregion von → Stegocephalen und → Reptilien, wahrscheinlich dem → Lacrimale der Säugetiere homolog.

adont (gr. ανόδους zahnlos), → Ostrakoden (Schloß) (Abb. 82, S. 165).

adult (lat. adultus erwachsen), → Wachstumsstadien.

Adventiv-Lobus, *m* (E. v. MOJSISOVICS 1873), durch Teilung des zwischen Lateral- und Externlobus gelegenen Sattels entstandener Lobus. Vgl. → Lobenlinie.

advolut (lat. advolvere hinzuwälzen), derartig spiralig aufgerollt, daß die Windungen einander gerade berühren. Vgl. → Einrollung.

aequicostat (lat. aequus gleich [verteilt]; costa Rippe), isocostat, → variocostat.

aerob (gr. αήρ Luft; βίωσις Lebensweise), heißen Organismen, die zum Atmen den Sauerstoff der Luft brauchen. Vgl. → anaerob.

Aestheten, *m* (gr. αίσθησις Sinneseindruck, -organ), Sinnesorgane von → Amphineuren, in Poren des → Teguments gelegen: bis zur Schalenoberfläche reichende, strangförmige Fortsätze die unter der Schale gelegenen Epithels, außen durch eine chitinige Scheitelkappe abgeschlossen. Sie werden als niedere Hautsinnesorgane angesehen (= Micraestheten). Aus ihnen können sich in einigen Gruppen intra- oder extrapigmentale Schalenaugen entwickeln (= Megalaestheten).

Ätiologie, *f* (gr. αιτιά Ursache; λόγος Lehre), Lehre von den Krankheitsursachen.

äußere Chitinschicht (gr. χιτών Gewand, Waffenrock), dünne Chitinlage auf der Außenseite der kalkigen Schalenschicht von → Ostrakoden; die Chitinschichten stellen den nach der Häutung zuerst gebildeten Teil der neuen Schale dar.

äußere Lobenlinie, der bei eingerollten Cephalopoden allein sichtbare äußere Teil der → Lobenlinie von der Naht der einen Flanke über die Externseite bis zur Gegennaht.

aff. (lat. affinis angrenzend, benachbart), Zeichen der → offenen Namengebung: „aus der Verwandtschaft von".

Affen, → Simiae.

‚Affenhaare', in den tertiären Braunkohlen der Gegend um Halle/ Saale: Bezeichnung der Bergleute für hellbräunliche Fäden in der Braunkohle, die bereits 1850 von HARTIG als Inhalt von Milchsaftschläuchen erkannt worden sind (wahrscheinlich von *Ficus*-Arten).

Afterfeld, bei Echinoideen = → Periprokt.

agglutiniert (lat. agglutinare anleimen) sind die Gehäuse mancher → Foraminiferen. Dazu werden Fremdkörper wie Sandkörner, Glimmerplättchen, Spongiennadeln, Gehäuse anderer Foraminiferen usw. aufgenommen, häufig in bestimmter Auswahl, und durch einen vom Tier ausgeschiedenen Zement (Tektin, Kalk, Kieselsäure) verklebt. Viel seltener findet sich agglutinierter Belag auf bereits vorher fertig sekretierten Gehäusen (manche Milioliden). Auch bei anderen Tiergruppen kommen agglutinierte Gehäuse vor.

Aglaspida (WALCOTT 1911), meist den → Xiphosura zugeordnete Arthropoden, doch ist ihre systematische Stellung nach neuen Untersuchungen offen. Marine, meist kleine Formen (2–6 cm lang) mit 11–12 → Opisthosoma-Segmenten und breitem Basalteil des → Tel-

sons. Ohne deutliche Dreigliederung des Körpers. Hauptgattung *Aglaspis*. Vorkommen: Kambrium und Ordovizium.

Agmata (YOCHELSON 1977) (gr. άγμα Fragment). Ein Stamm ausgestorbener Fossilien aus dem U. und M.Kambrium, umfaßt die Gattung *Salterella* und wahrscheinlich auch *Volborthella*. Es sind kleine spitzkegelförmige, radialsymmetrische Gehäuse aus Kalksubstanz, die überwiegend mit lagig angeordneten Quarzkörnern gefüllt sind. Nach BANDEL (1983) sind sie als Steinkerne von → Hyolithen anzusehen.

Agnatha (gr. α- ohne; γνάθος Kinnbacken, Wange), Kieferlose; eine Kl. der → Vertebrata: ohne Kiefer; paarige Flossen höchstens vorn vorhanden; nur zwei Bogengänge im Ohr. Zu den A. gehören einerseits die rezenten → Cyclostomen, andererseits die altpaläozoischen → Ostracodermen. System: → Anhang. Die Agnathen sind nicht die Vorfahren der → Gnathostomata, vielmehr gehen beide auf gemeinsame Ahnen zurück. Vorkommen: O.Kambrium bis Devon, Karbon und rezent.

Agnostida (KOBAYASHI 1935, = Miomera JAEKEL 1909) (nach der Gattung *Agnostus),* eine den → Trilobiten nahestehende Gruppe altpaläozoischer Arthropoden: umfaßt kleinwüchsige isopyge Formen mit 2–3 Rumpfsegmenten. Vorkommen: Kambrium und Ordovizium

ahermatyp (gr. έρμα Riff; τυποῦν bilden, formen), auch **ahermatypisch:** nicht riffbildend. A. Korallen leben meist solitär, in größeren Tiefen und sind bezüglich der Umweltbedingungen weniger anspruchsvoll als die riffbildenden (→ hermatypen) Korallen.

Ahnenreihe (ABEL), → genetische Reihe.

Aistopoda (MIALL 1875) (gr. άιστος unsichtbar; πούς Fuß, Bein), eine den Amphibien zugerechnete O. kleiner, fußloser und schlangenartiger → Lepospondyli (bzw. → Pseudocentrophori) des Karbons.

Akaustobiolithe, *m* (H. POTONIÉ) (gr. άκαυστος nicht brennbar), nicht brennbare → Biolithe: → Kieselgur, Tripel, See- und Sumpferze,

Kalktuffe (Travertin), Seekreide, zahlreiche marine Kalke.

akinetischer Schädel (gr. ακίνητος unbeweglich), → kinetisch, → Kinetik.

aklin, → aclin.

Akme, *f* (gr. ακμή Blütezeit), in der Entwicklung der Stämme unterschied E. HAECKEL (1866) drei Phasen: Epakme, Akme und Parakme („Aufblüh-, Blühe- und Verblühzeit'). Die Akme äußert sich vor allem „in der vielseitigen Anpassung an die verschiedenartige Existenzbedingungen". Vgl. → Typostrophentheorie.

Akralfläche (K. D. ADAM) (gr. άκρον Spitze, Gipfel), die obere Fläche eines Zahnes, gleichgültig ob angekaut oder nicht; sie ist folglich nur bei stärkerer Ankauung zugleich Abrasionsfläche. Adj. akral, Gegensatz basal.

akrodont (gr. άκρος spitz; οδούς Zahn) → Zähne (Abb. 127, S. 260).

akrokarp (gr. καρπός Frucht), gipfelfrüchtig, heißen Laubmoose, deren → Archegonien und → Sporogone am Ende des Hauptstengels stehen, während sie bei den pleurokarpen Moosen auf kurzen Seitenzweigen stehen (,seitenfrüchtig').

Akromion (Acromion), *n* (gr. ακρωμιον Schulterhöhe), ein kleiner Fortsatz der → Scapula zur Verbindung mit der → Clavicula bzw. dem → Thoracale der → Tetrapoden.

Akropodium, *n* (gr. πούς, ποδός Fuß, Bein), Skelet der Finger und Zehen. Vgl. → Autopodium.

Aktinostele, *f* (gr. ακτίς, -τίνος Strahl, στήλη Säule) (botan.), → Stele.

Aktualismus, *m* (HUTTON), **Aktualitätsprinzip,** engl. neben actualism meist uniformitarianism (neulat. actualis = wirklich), die Ansicht, daß das erdgeschichtliche Geschehen sich in der Vergangenheit in derselben Weise und unter der Wirkung der gleichen Kräfte vollzog wie heute, so daß wir durch Beobachtung und Analyse heutiger Erscheinungen ein zutreffendes Bild der vergangenen gewinnen können. Klassische Darstellung durch Charles LYELL (1830): Principles of Geology. Der A. löste die bis dahin herrschende Kataklysmentheorie ab; er bildet die Grundvoraussetzung erdgeschichtlicher Forschung, wenn auch mit zeitweiligen Besonderheiten zu rechnen ist. Die bekannten Naturgesetze werden im allgem. als zeitlich und räumlich unbegrenzt gültig anerkannt. **Aktuopaläontologie** (R. RICHTER 1928), die Paläontologie des Rezenten („Aktuellen'). Sie untersucht die heute wirkenden, Lebensurkunden liefernden Vorgänge und sucht Erkenntnis der Gesetzmäßigkeiten wie der Einzeltatsachen, die zur Entzifferung des Fossilen dienen können. Daher richtet sie ihr Augenmerk vor allem auf die unmittelbare Beobachtung des Lebens und Sterbens, des Begräbnisses und der Leichenveränderungen. Wichtige Arbeitsgebiete der A. sind → Ichnologie, → Taphonomie, → Funktionsmorphologie, → Biofazieskunde. – Vgl. → Biostratonomie.

Ala, Pl. -ae, *f* (lat. = Flügel). (Insekten): → Flügel; bei Käfern speziell der hintere (metathoracale), in Ruhelage zusammengefaltete, chitinige Flügel im Gegensatz zur → Elytre. Allgemein nennt man auch das vordere Flügelpaar Alae anteriores (anticae), das hintere Alae posteroires (posticae). (Trilobiten): Ein besonderes Feld auf den festen Wangen (→ Fixigena), seitlich an die → Glabella sich anschließend, vor der Nackenfurche (z. B. bei *Harpes).* (Mammalia): Ala temporalis = → Alisphenoid.

Alarprolongation, *f* (lat. prolongare verlängern) (Foram.), Flügelfortsatz, s. → Nummuliten.

Alcyonaria (DANA 1846) (gr. Αλκυωνή Eigenname) = → Octocorallia.

alet (gr. ληθείν verborgen sein, vgl. Ableitung von trilet), heißen → Pollenkörner ohne erkennbare → Kontaktarea und ohne vorgezeichnete Keimungsstelle (→ Dehiscensmarke), d. h. solche, die sich nach der Loslösung wieder vollständig geglättet haben. Vgl. → monolet, → trilet.

Aletes (IBRAHIM 1933), eine Abteilung der → Sporae dispersae (Oberabteilung Pollenites): vor allem postpaläozoische Mikrosporen und Pollenkörner ohne oder mit

schwer erkennbarer Dehiscensstelle.

Alethopteris (STERNBERG 1825) (gr. αληθής wahrhaftig; πτέρις Farn), große → Pteridophyllen (Pteridospermen) des Karbons und Perms mit Fiedernervatur und an der → Rhachis herablaufenden Fiedern sowie Nebenadern aus der Rhachis. Als Stämme gehören die Medullosa (→ Medullosales), als Samen Formen von *Trigonocarpus* dazu. Adj. alethopteridisch bezieht sich auf die Form der Blätter (Abb. 93, 95, S. 196, 197).

Algen, Algae (lat. alga Alge, Seetang), Sammelbezeichnung für autotrophe Organismen von sehr unterschiedlicher Größe (wenige μm bis mehrere m) und Gestalt, aber immer als Thallus entwickelt, d. h. ohne kompliziertere Gewebedifferenzierungen. Sie sind prokaryot (→ Cyanophyta) oder eukaryot (→ Chlorophyta, → Phaeophyta, → Rhodophyta, → Chrysophyta, → Pyrrhophyta).

Alginit, *m,* ein aus Algen bestehendes → Mazeral der → Exinit-Gruppe.

Algomycetes (KRÄUSEL 1941) (gr. μύκης Pilz), eine kleine Gruppe fossiler → Thallophyten mit pilzähnlichem Gewebe und algenähnlichen Sporangien. Vorkommen: Devon.

Algophytikum, *n,* Zeitalter der Algen, vom Beginn der Fossilüberlieferung bis Ende des Silurs. Syn.: Eophytikum.

Alisphenoid, *n* (lat. ala Flügel; gr. σφηνοειδής keilförmig), bei Säugetieren ein flügelartige Verbreiterung des → Basisphenoids (= Ala temporalis, Ala magna; wohl dem Metapterygoid der Reptilien gleichzusetzen. Vgl. Laterosphenoid. (Abb. 101, S. 211).

alivinculär (DALL 1895) (lat. vinculum Band, Fessel), bei Lamellibranchia: Ligament-Typus, bei welchem es, wie bei *Lima* oder *Pecten,* intern in der Wirbelregion liegt, wobei das → Resilium vorne und hinten vom unelastischen (lamellären) eigentlichen Ligament umfaßt wird. Vgl. → Ligament.

Allantois, *f* (gr. αλλάς, -άντος Wurst, wurstförmiger Sack), (bei Embryonen von Reptilien, Vögeln

und Säugetieren) zunächst als Harnblase, später vor allem als Atmungs- bzw. Ernährungsorgan dienender embryonaler Harnsack.

allochronische Unterarten (H. TINANT) (gr. άλλος der andere; χρόνος Zeit) bilden kleine aufeinander folgende Abschnitte innerhalb einer phyletischen Reihe (→ Chronokline).

allochthon (C. F. NAUMANN 1850) (gr. χθών Erde), allgemein: Nicht am Fundort entstanden oder beheimatet. Gegensatz: → autochthon.

allodapisch (MEISCHNER 1962), (gr. αλλοδαπός fremd, anderswo stammend), heißen zwischen Tongesteine eingeschaltete pelagische detritische Kalke überwiegend organismischen Ursprungs.

Allogromiida (POKORNY) (Foram.), eine artenarme, noch wenig bekannte O.; Schale aus Tektin oder agglutiniert; Gehäuseform bereits innerhalb der Arten äußerst mannigfaltig; fossil unbekannt.

Alloiometron (= Allometron), *n* (OSBORN 1899) (gr. αλλοίος andersartig; μέτρον Maß, Richtschnur), meßbare Veränderung der Proportionen eines Merkmals, die sich relativ rasch bei Änderungen der Lebensweise oder Funktion einstellt.

alloiostroph (gr. στροφή Drehung) (Gastrop.), → Embryonalgewinde.

allometrisches Wachstum (Syn.: heterogones Wachstum), verschiedene relative Wachstumsgeschwindigkeiten einzelner Körperteile oder Organe gegenüber dem Gesamtkörper (onto- und phylogenetisch). Positiv a. W. besitzen z. B. beim menschlichen Neugeborenen kurzen Gliedmaßen, negativ a. W. der anfangs ,viel zu große' Schädel. Allometrisches Wachstum spielt bei der phylogenetischen Umgestaltung der Organismen eine bedeutende Rolle. Vgl. → isometrisches W.

Allometron, *n* (OSBORN 1899) = → Alloiometron.

allopatrisch (MAYR 1942) (gr. πατρίς Vaterland) sind nahe verwandte Arten, Unterarten oder Populationen, die verschiedene und räumlich getrennte Gebiete bewohnen. A. Arten sind in der Regel frühere Unterarten oder Varietäten, die sich im Laufe der Zeit infolge Isolierung zu selbständigen Arten weiterentwickelt haben. Sympatrisch sind dagegen nahe verwandte Arten mit gleicher geographischer Verbreitung.

Allostose, f (gr. οστέον Knochen), Hautknochen, Deck- oder Belegknochen; aus „Osteoidgewebe hervorgegangene Hautverknöcherung; manchmal auch (zu Unrecht) ‚sekundärer' Knochen genannt. Gegensatz: Autostose (→ Ersatzknochen). Vgl. → Osteogenese.

Allotheria (MARSH 1880) (gr. θήρ, θηρός wildes Tier), eine Gruppe ausgestorbener Mammalia mit der einzigen O. → Multituberculata.

allothigen (gr. άλλοθι anderswo), bei Organismen: aus der assimilierten Nahrung stammend. Vgl. → authigen.

Allotypus, m, (gr. άλλος der andere, außerdem), ‚Typus' für das andere Geschlecht, Entwicklungsstadien oder Körperteile einer Art, die im → Holotypus nicht repräsentiert sind. Gemäß → IRZN ohne jeden nomenklatorischen Status und deshalb unerwünscht.

Altern der Stämme (Syn. Gerontomorphose), soll sich äußern als zunehmende Spezialisierung; sie enge die Variationsmöglichkeiten und damit die Anpassungsfähigkeit innerhalb der biologischen Stämme ähnlich wie bei alternden Individuen allmählich ein, so daß Änderungen der umweltlichen Bedingungen zur Existenzgefährdung führen könnten. Als Kennzeichen solchen Alterns wurden z. B. Exzessivformen angesehen das „Loslösen vom Gestalttypischen" [BEURLEN]). Vgl. → Akme, → Typostrophentheorie.

alternierend – ventropartite Sattelspaltung (Ammon.), das Grundschema für die Anlage der ersten drei → Umbilikalloben: der zweite Umbilikallobus (U_2) entsteht ventral von U_1 (zwischen diesem und dem Laterallobus), U_3 legt sich zwischen U_1 und U_2 an; die weiteren Loben folgen meist dorsal. Vgl. → Lobenlinie.

Alula, f, Bastardflügel, vom Rudiment des ersten Fingers flugfähiger Vögel getragene, vom übrigen Flügel isolierte einzelne Federn (Abb. 51 [2], S. 89).

Alveolarfurche (lat. alveolus kleine Mulde), Furche auf Belemnitenrostren, von der → Alveole zur Spitze verlaufend. Nach NAEF sind zu unterscheiden: 1. dorsomediale A., auf die Duvaliinae (= ‚Dilatati') beschränkt (U . O. → Notocoeli). 2. ventromediale A. (= ‚Ventrakanal'), danach die U. O. ‚Gastrocoeli' (z. B. bei den Belemnopsinae).

Alveolarkanal (SCHWEGLER 1961), (‚Kanal' vermutlich nach *Belemnites canaliculatus),* furchenartige Längsvertiefung in der Sagittalebene von Belemnitenrostren, vom Vorderrand der Alveole ± weit zur Spitze hin; im Alveolenbereich setzt sich der Kanal in die Tiefe des → Rostrums in einen Schlitz fort, der bis auf die Alveole durchgeht (→ Alveolarschlitz). Nach SCHWEGLER zu unterscheiden von → Alveolarfurchen (ohne Schlitzbildung).

Alveolarschlitz (Belemn.): scharf umgrenzter Bezirk zwischen → Alveole und → Alveolarfurche, in dem die Rostrumlagen unterbrochen sind und aussehen, als seien sie haardünn zersägt worden. Die Ausbildung des A. ist für die Belemniten der höheren Oberkreide diagnostisch wichtig (vgl. → Schatsky-Wert).

Alveole, f, 1. Eine Höhlung im zahntragenden Knochen von Wirbeltieren zur Aufnahme der Wurzel thekodonter → Zähne. 2. Der konische Hohlraum im Vorderende des Belemniten-Rostrums (= Alveolus conicus MÜLLER-STOLL), in dem → Phragmokon und → Velamen triplex steckten .

Alveolinen (nach der Gattung *Alveolina),* Großforaminiferen (2–100 mm Durchm., Fam. Alveolinidae), äußerlich den → Fusulinen des Jungpaläozoikums ähnlich, jedoch mit imperforater, porzellanartiger, zweischichtiger Gehäusewand aus einer primären hellfarbigen Außenschicht (Exoskelet) und einer sekundären Innenschicht (Endoskelet). Letztere bedeckt die Kammerwände von innen und baut die in Windungsrichtung verlaufenden Septulen (→ Septulum) auf. Die Alveolinen entstanden vermutlich polyphyletisch. Sie sind bereits aus dem Cenoman bekannt, hatten Blütezeiten in O. Kreide und Eozän.

Heute leben sie in Symbiose mit → Zooxanthellen hauptsächlich in tropischen Flachwasserbereichen.

Alveolit, m, (gr. λίθος Stein), alte Bez. für den die Alveole des Belemnitenrostrums ausfüllenden Phragmokon.

Ambitus, m, (lat. Umfang), größter Umfang des Seeigelgehäuses, senkrecht von oben oder unten gesehen.

Amblypoda (COPE 1875) (gr. αμβλύς schwach, stumpf; πούς Fuß, Bein), eine wohl künstliche Zusammenfassung alttertiärer, auf → Condylarthra zurückgehender großer Huftiere. THENIUS zählte ihnen nur noch die → Pantodonta und → Dinocerata zu.

Amboß (= Incus), m, das mittlere der drei Gehörknöchelchen der Säugetiere, phylogenetisch aus dem → Quadratum hervorgegangen, vgl. → Reichertsche Theorie (Abb. 74, S. 146).

Ambulakra, Pl. von → Ambulakrum.

Ambulakrale, Pl. -ia, n, → Ambulakralplatte; vgl. → Ambulakrum.

Ambulakralfurche, bei Echinodermen: (= Epineuralfurche) mundwärts gerichtete flache Furche auf jedem Ambulakrum, in welcher ein durch Cilienbewegung erzeugter Wasserstrom kleinste Nahrungspartikelchen dem Munde zuführt.

Ambulakralkanal, bei Seesternen: geradlinige Vertiefung in der → Ambulakralfurche, die das radiale Wassergefäß und Nerven enthält.

Ambulakralplatten (Echinod.): bei Pelmatozoen und Stelleroideen alle um die → Ambulakralfurche herum bzw. bei Echiniden über den Ambulakralkanälen angeordneten Platten – die also einander nicht immer streng homolog sind. Manche → reguläre Seeigel haben zusammengesetzte Ambulakralplatten, von denen einige besonders benannt werden: cidaroid: primäre Ausgangslage, mit einer Doppelpore in jeder A.-Platte; diademoid: drei Platten vereinigt, alle etwa gleich groß; arbacioid: desgl., die mittlere überwiegt; echinoid: desgl., die untere überwiegt; phymosomatid: 6 Plättchen vereinigt; echinothurid: zwei sehr kleine Plättchen legen sich zwischen zwei große.

Ambulakralporen, Öffnungen in Ambulakralplatten, durch welche kontraktile A.-Füßchen sich nach außen, gewöhnlich in die → Ambulakralfurche erstrecken.

Ambulakralsystem, Wassergefäßsystem; den → Echinodermen eigentümliches Gefäßsystem, welches durch Poren der → Madreporenplatte (= Siebplatte) oder osmotisch durch die Wände der Ambulakraltentakel oder -füßchen mit der Außenwelt kommuniziert. Bei den Seeigeln und Seesternen schließt sich an die Siebplatte der Steinkanal an (so genannt wegen der starken Verkalkung seiner Wandung bei den Seesternen), dieser mündet in den den Mund umgebenden Ringkanal. Von diesem strahlen fünf größere Radiärkanäle in Richtung der → Ambulakra aus und entsenden durch Poren in den → Ambulakralplatten schwellbare Ambulakralfüßchen (bzw. -tentakel). Diese dienen der Fortbewegung, Atmung oder Ernährung. Das A. hat sich phylogenetisch nur allmählich und mit mancherlei Modifikationen entwickelt. Bei primitiven → Crinozoa (→ Cystoidea) sind erste Anfänge eines zusammenhängenden Systems zu erkennen, erst bei den Seeigeln ist es voll entwickelt.

Ambulakralwirbel, bei Seesternen: die paarweise in den Armen liegenden, gestaltlich z. T. an Wirbeltierwirbel erinnernden → Ambulakralplatten, an die sich beiderseits die → Adambulakralia anlehnen (Abb. 10, S. 22).

Ambulakrum, *n*, (lat. ambulacrum Spazierweg zwischen Bäumen), 1. (Echinodermen): Ambulakralfeld, -reihe (Radialfeld). Eine der fünf radial (meridional) verlaufenden Doppelreihen von Kalkplatten (= Ambulakralia) des Seeigelgehäuses, welche über den Radiärkanälen des → Ambulakralsystems verlaufen und zum Durchtritt der A.-Füßchen von regelmäßig angeordneten Poren durchbohrt sind. Von den Seeigeln wurde der Name Ambulakrum auf die homologen Füßchen- bzw. Tentakelreihen der übrigen Echinodermen übertragen. Die Längsreihen von Platten zwischen den Ambulakra der Seeigel heißen Interambulakra, die dazugehörigen Platten Interambulakralia (I.-Platten), entsprechend auch bei den übrigen Echinodermen. Unter den Ambulakra verlaufen außer Radiärkanälen auch Blutgefäße, Nerven- und Genitalstränge, und zwar bei Seelilien, See- und Schlangensternen unter einer Furche (der Ambulakralfurche), in welcher durch Cilienbewegung ein oralwärts gerichteter Wasserstrom erzeugt wird. 2. (Scleractinia): eine Furche, welche die langgezogenen Erhebungen auf der Oberfläche mancher mäandrierender Coralla (→ Corallum) trennt.

Ameloblasten, Pl., (altfranz. amel Diamant; gr. βλάστη Keim, Sproß), Schmelzbildungszellen (= Adamantoblasten). Vgl. → Schmelz.

Ametabola (gr. α ohne; μεταβολή Umwandlung), auf Leach 1817 zurückgehende Bez. für Insekten ohne Metamorphose. Heute ist der Begriff aufgegeben bzw. unterteilt (vgl. → Metamorphose).

Amiiformes (auch **Amioidea**) (nach der Gattung *Amia* [gr. ἀμια Thunfisch] benannt), eine O. der → Holostei (Neopterygii). Vorkommen: Seit der Trias.

Ammonit, *m*, **Ammonshorn** (gr. Ἄμμων oder Ἀμμοῦς Amon oder Ammon, ägyptische Hauptgottheit, mit einem Widderkopf dargestellt; Cornua Ammonis bei Plinius. Die Endung -it, ites wurde bereits von Quenstedt als Charakteristikum für versteinerte Gegenstände genannt, zur Unterscheidung von ihren rezenten Entsprechungen; Goethe schon 1827 im gleichen Sinne: Konchylolithen, Echiniten, etc.), allgemeine Bez. für ausgestorbene Kopffüßer (Cephalopoden), deren spiralig aufgerollte Gehäuse z. T. einem Widderhorn ähnlich sehen. Vgl. → Ammonoidea. Etymologisches und Historisches s. Quenstedt, „Ammoniten des Schwäbischen Jura". Im engeren, eigentlichen Sinne versteht man unter ‚Ammoniten' die → Neoammonoidea (Abb. 3, 4, 5, S. 8).

Ammonitella, *f* (Drushits & Khiami 1969) (-ella, lat. Deminutiv-Endung) Bez. für frühjugendliches Ammonitengehäuse, dessen Mündung die ‚zweite Einschnürung' (nepionic constriction) umfaßt, das also aus dem Protoconch und etwa dem ersten Umgang besteht (Abb. 5, S. 8).

Ammonitida (Hyatt 1889), eine sehr formenreiche O. der → Ammonoidea, welche die Masse der Ammoniten von Jura und Kreide nach Ausschluß der Angehörigen der beiden Konservativstämme → Phylloceratida und → Lytoceratida sowie der neu aufgestellten O. → Ancyloceratida enthält. Vorkommen: Jura und Kreide.

ammonitisch, die → Lobenlinie, also bipolar, d. h. sowohl in den Loben als auch in den Sätteln gezackt ist.

Ammonoidea (Zittel 1884), Ammonoideen, Ammoniten i. w.

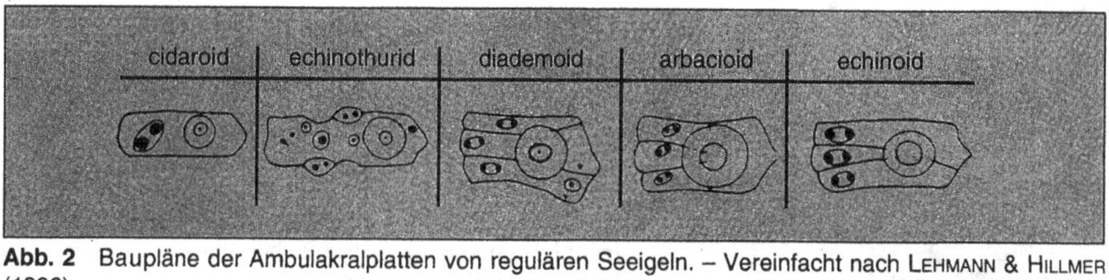

Abb. 2 Baupläne der Ambulakralplatten von regulären Seeigeln. – Vereinfacht nach Lehmann & Hillmer (1996)

S., → Cephalopoden mit eingerolltem, meist bilateralsymmetrischem
äußerem Gehäuse (danach = Ectocochlia); Sutur (→ Lobenlinie) ±
kompliziert verlaufend; → Sipho
dünn, randständig, ohne innere
Ablagerungen. Kieferapparat ist bei
einigen A. verkalkt, vgl. → Aptychus; Unterschiede gegenüber den
→ Nautiloidea anfangs gering, erst

bei höher entwickelten Formen
leicht kenntlich. Embryonalkammer
(→ Protoconch) oval (Abb. 5), meist
ohne → Narbe. Die Zahl der Kiemen ist nicht sicher bekannt, wahrscheinlich waren es zwei oder vier.
Kein Tintenbeutel.
Die Kammern des → Phragmokons
waren gasgefüllt; die zuletzt gebildeten Kammern enthielten auch

Flüssigkeit, deren Menge mittels
des → Siphos verändert werden
konnte. Dadurch wirkte der Phragmokon als hydrostatischer Apparat. Vgl. → Cephalopoden. Ihre
große Entwicklungsgeschwindigkeit und ihr Reichtum an leicht
kenntlichen Merkmalen machen die
A. zu wertvollen Leitfossilien; vom
Devon bis in die Kreide liefern sie

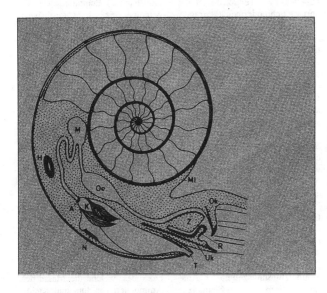

Abb. 3 Längsschnitt durch
einen Ammoniten. Die in der
Medianebene gelegenen Weichteile sind punktiert (Rekonstruktion, Arme und Kiemen hypothe-
tisch).
A After; H Herz; K Kiemen; M
Magen; Ml dorsaler Mantellappen; N Nidamentaldrüse;
Oe Ösophagus; Ok Oberkiefer;
R Radula; T Trichter; Uk Unterkiefer (= Aptychus); Z Zunge. –
Nach Lehmann (1976)

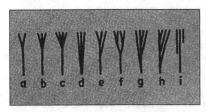

Abb. 4 Rippentypen bei Ammoniten. a bipartit; b tripartit;
c quadripartit; d fascipartit; e polygyrat; f polyplok; g diversipartit; h virgatipartit; i Schaltrippen verschiedener Länge.
– Nach Schindewolf aus Geyer (1961)

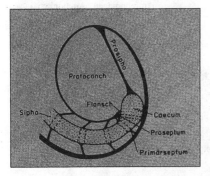

Abb. 5 Schematisierter Schnitt durch die Anfangskammer und den Anfangsteil des Siphos eines Ammoniten;
Maßstab ca. 100 : 1. – Aus Lehmann (1976)

die Grundlage der → Orthochronologie. Wichtigste diagnostische Merkmale sind die Lage des Siphos, Ausbildung der Lobenlinie, Windungsquerschnitt, Art der Einrollung, Skulptur und Verlauf der Anwachslinien. Die alte, aus den Gegebenheiten Mitteleuropas erwachsene Einteilung in → Goniatiten (+ → Clymenien), → Ceratiten und → Ammoniten (Palaeo-, Meso-, Neoammonoidea) muß wie folgt modifiziert werden:

U. Kl. Ammonoidea
O. Bactritida ⎤
O. Anarcestida ⎥
O. Clymeniida ⎥ ‚Goniatiten‘
O. Goniatitida ⎥
O. Prolecanitida ⎦

O. Ceratitida ⎤ ‚Ceratiten‘

O. Phylloceratida ⎤
O. Lytoceratida ⎥ ‚Ammo-
O. Ammonitida ⎥ niten‘
O. Ancyloceratida ⎦

Entwicklung: Die Ammonoidea gingen durch allmähliche Einrollung aus gestreckten Nautiliden hervor (→ Bactriten). In der O. → Anarcestida erfolgte Aufspaltung auf → Goniatitida, deren Lobenlinien durch → Umbilikal- und (hauptsächlich) → Adventivloben differenziert wurden, zu → Prolecanitida, welche nur Umbilikalloben entwickelten, und → Clymeniida, deren Sipho abweichend von allen anderen Ammonoidea auf der Innenseite der Windungen liegt (daher = Endosiphonata). Von den oben angeführten O. galten die Bactriten früher als eigene U.Kl. Man rechnete die nächsten drei und die primitiveren Vertreter der Prolecanitida zu den ‚Goniatiten‘, die jüngeren Prolecanitida besaßen bereits eine ceratitische Lobenlinie, sie setzten sich in der Trias in die O. Ceratitida fort (beide zusammen = ‚Ceratiten‘→ Mesoammonoidea), während die ‚Goniatiten‘ mit dem Ende des Paläozoikums ausstarben. Von frühen Vertretern der O. Ceratitida leiten sich die vier letzten O. → Phylloceratida, → Lytoceratida, → Ammonitida und → Ancyloceratida ab (= Neoammonoidea bzw. ‚Ammoniten‘). Es sind mithin alle meso-

zoischen Ammonoidea Abkömmlinge der Prolecanitida und damit solche, deren Lobenlinien durch Umbilikalloben gekennzeichnet sind (U-Typus SCHINDEWOLF, vgl. → Lobenlinie). Der innere Zusammenhang der ganzen U.-Kl. ergibt sich mit Sicherheit aus dem Verlauf von → Pro- und → Primärsutur. Vorkommen der Ammonoidea: Devon bis Kreide.

Ammonshorn = → Ammonit.

Amnion, *n*, (gr. αμνίον Schafhaut, von αμνός Lamm), die innerste Embryonalhülle der höheren Wirbeltiere (→ Amniota), in welcher der Embryo heranwächst, völlig von der Umwelt abgeschlossen.

Amniota (HAECKEL 1866), zusammenfassend für Reptilien, Vögel und Säugetiere wegen der Ausbildung besonderer Embryonalhüllen (→ Amnion). Vgl. → Anamnia.

Amoebina (EHRENBERG 1830) (gr. αμοιβός abwechselnd), eine Kl. der → Rhizopoda: Wechseltierchen, Einzeller ohne feste Körperform; nur die → Thekamöben mit Gehäuse.

Amphi... (gr. αμφί beiderseits, um ... herum), Vorsilbe für ± stabförmige Schwammnadeln mit gleich ausgebildeten Endteilen. Syn.: Endsilbe -kloster. Vgl. → Porifera.

Amphiarthrosis, *f* (gr. αρθρόειν gliedern) ‚straffes Gelenk‘ mit sehr stark eingeschränkter Bewegungsmöglichkeit entlang der oft ± ebenen Gelenkflächen (→ Gelenke).

Amphibien (gr. αμφίβιος doppellebig [auf dem Lande und im Wasser]), Lurche. Zeitweilig oder immer aquatische Tetrapoden, deren Larvenentwicklung sich im Süßwasser abspielt. In der heutigen Fauna gehören die Frösche (Anura, Salientia), Salamander (Urodela) und Blindwühlen (Apoda, Gymnophiona) zu ihnen. Unter den fossilen Tetrapoden zählt man ihnen die → Stegocephalen (Labyrinthodontia) zu; deren typische Vertreter haben wahrscheinlich eine amphibische Lebensweise geführt, doch gibt es eine Anzahl Gattungen, welche morphologisch den Übergang zu den Reptilien vollziehen und über deren Ontologie und Lebensweise nur Vermutungen möglich sind. Bei v. HUENE besitzt das A.-Stadium,

welches notwendig zwischen Fischen und Reptilien vorhanden sein muß, keine systematische Bedeutung. Die heute noch im A.-Stadium befindlichen Salamander und Frösche sind nicht näher miteinander verwandt. Maßgebend für den Grad der Verwandtschaft bei den primitiven Tetrapoden ist der Bau der Wirbel. Danach sind zu unterscheiden die → Urodelidia von der Masse der übrigen Tetrapoden (den → Eutetrapoda). Eine konservativere Gliederung vertrat CARROLL, der eine Kl. Amphibia beibehielt mit zwei U.Kl.n: → Labyrinthodontia und → Lepospondyli. Vorkommen: Seit dem O.Devon.

amphicerk = homocerk, → Schwanzflosse.

amphicöl (gr. αμφί beiderseits; κοῖλος hohl), Wirbelkörper, welche vorn und hinten tief trichterförmig ausgehöhlt sind. Gehen die beiderseitigen Trichter ineinander über, so daß der Körper ± hülsenförmig wird, so nennt man ihn notochordal (vgl. → Wirbeltypen). Vgl. → bikonkav.

Amphiconus, *m*, (gr. κώνος Hökker) (Mamm.), ein durch das Zusammenrücken der beiden Haupthöcker an den oberen Molaren einiger primitiver Mammalia entstandener, funktionell einheitlicher Doppelhöcker. Vgl. → Deltatheridia.

amphidet (NEUMAYR 1891) (gr. δεῖν anbinden) (Lamellibr.), ein beiderseits der Wirbel gelegenes → Ligament.

Amphidiscophora (gr. δίσκος Wurfscheibe; φέρειν tragen), eine in der Neozoicum unterschiedene U.Kl. der Kl. → Hyalospongea (Glasschwämme), gekennzeichnet durch den Besitz von amphidisken → MikrosklEren. Vgl. → Hexasterophora.

Amphidiskus, *m*, → Mikroskle re von Schwämmen in Gestalt eines Doppelankers.

amphidont (gr. οδούς, οδόντος Zahn), → Ostrakoden (Schloß) (Abb. 82, S. 165).

Amphigastropoda (SIMROTH 1906), ältere Zusammenfassung der → Tryblidioidea und → Bellerophontaceen als den vermeintlich primitivsten Gastropoden wegen des Besitzes paariger → Ctenidia und → Osphradia. Heute werden erstere zur Kl. → Monoplacophora gerechnet, letztere könnten als eigene Kl. der Mollusken oder als U. Kl. der Gastropoden gelten.

amphikinetisch (gr. κινητός beweglich), → Kinetik des Schädels.

Amphineuren, Amphineura (gr. νευρά Sehne, Schnur, d. h. mit beiderseitigen geraden Nervenbahnen), ‚Wurmmollusken", ‚Käferschnecken', Chitoniden, Aculifera. Streng marine, wurmähnliche, primitive Mollusken, teils mit einem Gehäuse aus acht dachziegelartig übergreifenden Platten, teils ohne Gehäuse. Ohne Kopfaugen und Tentakel, teilweise mit Schalenaugen (→ Aestheten). Die A. sind vorzugsweise Bewohner der Brandungszone. Einzig auch fossil bekannte Kl. sind die → Polyplacophora. Heute gelten die A. als heterogene Gruppe. Vorkommen: Seit dem Kambrium. Vgl. Abb. 75, S. 147.

Amphiox(ea), n (gr. οξύς scharf, spitz), (Schwammnadel), beiderseits zugespitztes diactines → Monaxon (Syn. → Oxea, Abb. 91, S. 186).

Amphioxus lanceolatus YARELL (lat. von lancea langer Wurfspieß, vorn und hinten lanzenförmig zugespitzt), Lanzettfisch, *Branchiostoma*. → Acrania.

Amphisapropel, m (R. POTONIÉ 1950) (gr. σαπρός verfault; πηλός Schlamm), Zelluloseschlamm (Grobdetritus-Gyttja); Faulschlamm in Moorseen und in der Röhrichtzone. Fossile A. sind → Boghead- und → Kännelkohlen. Vgl. → Organopelit.

Amphisternata (LOVÉN 1883) (Echinid.), → Spatangoida.

amphistomatisch heißen Blätter mit Spaltöffnungen (Stomata) auf Unter- und Oberseite; hypostomatisch: nur auf der Unterseite; epistomatisch (selten): nur auf der Oberseite.

Amphistrongyl, n, → Strongyl.

Amphistylie, f (HUXLEY 1876), Adj. **amphistyl** (gr. στύλος Säule, Stütze), eine Art der Befestigung des → Palatoquadratums am → Neurocranium: einerseits hinten vermittels des → Hyomandibulare,

andererseits vorn direkt am Schädel durch den Processus oticus des Palatoquadratums, welcher sich gegen den Proc. postorbitalis des Neurocraniums legt. Vgl. → Autostylie, → Hyostylie, → Pleurostylie, → Ethmostylie.

Amphitheca, f (MÜLLER-STOLL 1936) (gr. θήκη Behälter), genetische Bez. der → Rostrum- und → Epirostrum-Schichten von → Belemniten.

amphithyrid (THOMSON 1927) (gr. αμφίθυρος mit doppeltem Ausgang versehen) (Brachiop.), → Foramen (Abb. 16, S. 34).

Amphitorn, m (gr. τόρνος Zirkel), ein → Rhabd mit kurz zugespitzten Enden. Vgl. → Porifera.

Amphitriaen, n (gr. τρίαινα Dreizack), ein → Rhabdom, welches an beiden Enden → Cladome entwickelt hat (→ Triaen).

Amphityl, m (gr. τύλος Wulst, Buckel), beiderseits kugelig verdicktes diactines → Monaxon (= Tylot).

amphizerk, → amphicerk.

amplexoid (CARRUTHERS 1910) (lat. amplecti umschließen; gr. εἶδος Gestalt, Ähnlichkeit), bei → Rugosa: a. → Septen sind in vertikaler Richtung ungleich lang, gelappt und nur auf den → Tabulae jeweils am weitesten gegen den → Polyparmitte vorgewachsen. Später vielfach im Sinne allgemein kurzer Septen verwendet.

Amplifikation, f (R. POTONIÉ 1951) (lat. amplificatio Vergrößerung), eine stetige Entwicklung der Pflanzenwelt mit der Tendenz „den geogen gegebenen Raum langsam immer mehr aufzufüllen", was letztlich zu einer ‚Schlußgesellschaft' führt, in welcher der biotische Druck (= das Biobar) der mutierenden Gesellschaft übergroß wird (Stadium der Ananke). Vgl. → Bioananke-Hypothese.

Ampulla, f (lat. Salbenfläschchen), 1. (Fische): bläschenartige Anschwellung an der Basis der Bogengänge im häutigen → Labyrinth. Vgl. → Otolith (Abb. 83, S. 166). 2. → Echinod.): kontraktiles Säckchen an der Basis jedes Ambulakralfüßchens. 3. (→ Milleporiden): Pore bzw. Hohlraum im Skelet für die Geschlechtsindividuen.

Ana... (gr. ανά... auf, hinan), → Cladomwinkel (→ Porifera).

Anabiose, f (PREYER) (gr. αναβίωσις Wiederaufleben), die Fähigkeit mancher niederer Wirbelloser oder ihrer Keime, ungünstige Zeiten in einem totenähnlichen Zustand zu überdauern, bei günstigen Verhältnissen ihre Lebenstätigkeit aber wieder voll aufzunehmen.

Anabolie, f (A. N. SEWERTZOFF 1931) (gr. αναβάλλειν hinaufwerfen, anheben), phylogenetische Weiterentwicklung durch Hinzufügen neuer Endstadien an die ontogenetischen Altersstadien der Ahnform (bei Metazoen) (Syn.: Hypermorphosis). Bei Protozoen nannte POKORNY (1958) dasselbe Pseudoanabolie. Vgl. → Deviation, → Archallaxis, → Palingenese.

anadrom (gr. δρόμος laufend), → katadrom.

anaerob (gr. άνευ ohne; αήρ Luft; βίωσις Lebensweise) sind ohne Luftsauerstoff lebende Organismen. Vgl. → aerob.

Anagalida (SZALAY & MCKENNA 1971), eine O. aberranter kleiner endemischer, den → Macroscelidia nahestehender asiatischer Säugetiere. Nach neuen Funden könnten sich unter ihnen die gemeinsamen Vorfahren der → Lagomorpha und → Rodentia befinden. Vorkommen: Paläozän bis Oligozän.

Anagenese, f (B. RENSCH 1947) (gr. γένεσις Erschaffung), zusammenfassende Bezeichnung für aufsteigende, progressive Entwicklung: sowohl spezifische Anpassung als auch allgemeine organisatorische Höherentwicklung. Vgl. → Kladogenese.

anaklin (SCHUCHERT & COOPER 1932) (gr. αναχλίνειν hinaufbiegen, zurücklehnen) (Brachiop.), → Area (Abb. 17, S. 34)

Anale X, n (lat. analis zum After in Beziehung), (Crinoid.): → Analplatten.

Anal-Fasziole, -Band (lat. fasciola Band), Bänderung in der Nähe und parallel zu der → adapikalen Naht mancher Neogastropoden-Gehäuse, bedingt durch eine Einbuchtung der Außenlippe, die beim Weiterwachsen geschlossen wird (= Anal-Sinus); entspricht dem

Schlitzband (→ Selenizone) dibranchiater Gastropoden.

Analfeld (Echinod.): = → Periprokt.

Analis, *f* (Insekten): Anal-Ader; mehrere meist ungegabelte Längsadern im hinteren Teil des Insektenflügels, welche das Geäder des Analfeldes bilden (abgekürzt: a oder an). Vgl. → Flügel der Insekten. (Fische): Pinna analis, Afterflosse. Vgl.→ Pinnae.

Analogie, *f* (R. OWEN 1841) (gr. ανάλογος dem Gedanken nach, entsprechend), Anpassungsähnlichkeit, Übereinstimmung von Organen bezüglich ihrer Funktion, nicht dagegen ihrer phylogenetischen Entstehung (z. B. Augen von Wirbeltieren und Cephalopoden) (Gegensatz → Homologie).

Analplatten, allgemein bei Echinodermen: die Platten der Analregion (→ Periprokt). Bei den Crinoiden liegen die A. meist zwischen den hinteren → Radialia. Auch das hintere und das rechte hintere → Basale können an der Umrahmung der A. teilnehmen. Das unterste Element wird vom Radianale (= Subanale JAECKEL) gebildet. Bei den → Disparida (U. Kl. Inadunata) nannte MOORE die unterste Analplatte Aniradiale. Links über dem Radianale (bzw. dem Aniradiale) liegt das Anale X, und darüber die eventuellen weiteren Analplatten.

Anal-Pyramide, bei → Crinozoa und → Edrioasteroidea: ein analer Plattenapparat aus dreieckigen Täfelchen, welche eine meist fünf- oder sechsseitige Pyramide bilden.

Analschild, *m*, → Hornschilde der Schildkröten.

Anal-Sinus, → Anal-Fasziole.

Analtubus, *m*, (lat. anus After; tubus Röhre), getäfelte Röhre über der Analöffnung mancher Crinoideen. Vgl. → Proboscis.

Anamnia (gr. α, αν ohne; αμνίον Schafhaut), zusammenfassend für Fische und Amphibien, nach dem Fehlen besonderer Embryonalhüllen (vgl. → Amniota).

Ananke, *f*, → Bioananke-Hypothese.

Anapentactin, *n* (gr. ανά auf, hinauf), → Pentactin.

Anapophyse, *f* (gr. απόφυσις Auswuchs [an Knochen]), (Processus accessorius), ein kurzer, nach hinten vorspringender Fortsatz in der Nähe der Postzygapophyse (→ Zygapophyse) von Säugetierwirbeln, besonders kräftig bei den → Xenarthra entwickelt.

Anaprotaspis, *f* (BEECHER 1895) (gr. πρώτος erster; ασπίς Schild), → Trilobiten.

anapsid (gr. αν- nicht, ohne; αψίς Wölbung, Gewölbe), → Schläfenöffnungen (Abb. 103, S. 213).

Anapsida, eine U.Kl. der Reptilien, nach Romer die → Cotylosauria, → Mesosauria und die → Testudinata (= Chelonia) umfassend, mit Schädeln ohne Schläfenöffnungen. Vgl. → Schläfenöffnungen.

Anaptychus, *m* (OPPEL 1856) (gr. ανάπτυχος entfaltet, ausgebreitet; wohl künstliche Ableitung von αναπτύσσειν ausbreiten [nach QUENSTEDT]). Meist schaufelartig gestaltete hornige Struktur, besonders bei frühen Ammonoideen. Funktion, soweit nachgewiesen: Unterkiefer; möglicherweise auch Deckel. Vgl. → Aptychus.

Anarcestida (MILLER & FURNISH 1954) eine O. der → Ammonoidea; sie umfaßt die Mehrzahl der primitiven devonischen Ammonoideen mit extern gelegenem Sipho. Die → Lobenlinie kann außer den → Protoloben noch Umbilikalloben, Adventivloben oder beides besitzen. Aus dieser Gruppe entwickelten sich noch im Devon die drei O. → Clymeniida, → Goniatitida, → Prolecanitida. Vorkommen: U.–O. Devon.

Anarthrodira, → Petalichthyida.

anasc (gr. ασκός Haut), (Bryoz.): ohne →Ascopore.

Anaspida (gr. ασπίς Schild) (Syn.: Birkeniae), eine O. der → Agnatha, deren spindelförmiger Körper anfangs mit Längsreihen aus schmalen, hohen → Aspidinplatten und Schmelz und Dentin bedeckt war, während geologisch jüngere Formen den Panzer mehr und mehr abbauten. Das Innenskelet war vermutlich knorpelig. Schwanzflosse → hypocerk, statt Brustflossen eine Reihe Stacheln. Größe bis 20 cm. Bekannteste Gattungen *Birkenia* und *Lasanius*, beide aus dem Downton Schottlands.

Vorkommen: Silur–O.Devon. Aus ihnen könnten die rezenten Neunaugen (*Petromyzon*) hervorgegangen sein.

Anastrophe, *f* (gr. αναστροφή Umkehr, Schwenkung), in der Entwicklung der Stämme unterschied J. WALTHER (1908) zwei Phasen: die Anastrophen (Zeiten stürmischer und reicher Entfaltung) und Perioden langsamer, spärlicher Entwicklung. Vgl. → explosive Entwicklung, → Virenzperiode, → Typostrophentheorie.

Anatomie, *f* (gr. ανατομή das Aufschneiden, Zergliedern), die Lehre vom Bau des Organismus, untergliedert in Phytotomie (Pflanzen-A.) und Zootomie (Tier-A.), einen Teil der letzteren bildet die Anthropotomie (A. des Menschen). Vgl. → Eidonomie.

Anatriaen, *n* (gr. ανά hinauf), ein → Triaen, dessen → Cladisken rückwärts gekrümmt sind (Abb. 91, S. 186).

anatrop, (botan.): zurückgekrümmt, z. B. Samenanlagen relativ zur tragenden Achse.

Anaxon (gr. άξων [Wagen]-Achse), eine achsenlose (± kugelige) Schwammnadel.

Ancestroecium, *n* (lat. ante-cedere vorhergehen; gr. οἶκος Haus) (Bryoz.): → Ancestrula.

Ancestrula, *f* (lat. Endung -ulus, a, um Demin. für morphol. Gebilde), das erste und einzige auf geschlechtlichem Wege gebildete → Zooid einer Bryozoenkolonie, das sich durch Metamorphose der festgesetzten Larve bildet. Aus ihr entsteht durch Knospung die Kolonie. Die überlieferte Kalkhülle des ersten Zooids ist das Ancestroecium.

ancistropegmat (gr. άγκιστρον [Angel]-haken; πήγνυμι befestigen, haften), (Brachiop.): → Armgerüst. Abb. 15, S. 34).

Ancodonta (MATTHEW 1929), eine wohl heterogene Gruppe der → Artiodactyla, in der THENIUS die Anthracotherien, Anoplotherien und die Caenotherien zusammenfaßte (Eozän–Pleistozän).

Ancriox (gr. άγκυρα Anker; οξύς spitz), dreiachsige Schwammnadel mit einer längeren und zwei kürzeren Achsen.

Ancyloceratida (WIEDMANN), eine O. der → Ammonoidea, mit 4-lobiger Primärsutur und meist heteromorpher Gehäusegestalt. Vorkommen: Kreide. → Heteromorphe.

ancylocon (gr. αγκύλος gekrümmt; κώνος Kegel), (Ammon.): → Heteromorphe.

ancylopegmat (gr. πήγνυμι befestigen), (Brachiop.) → Armgerüst, Abb. 15, S. 34.

Ancylopoda (Chalicotherioidea) eine U.O. der → Perissodactyla. Die Endphalangen der gestaltlich pferdeähnlichen Tiere bildeten vergrößerte, seitlich komprimierte, tief gespaltene Hufkrallen. Vorkommen: Eozän bis Pleistozän.

Ancyropoda (gr. άγκυρα Anker; πούς Fuß), Ankerfüßer (HENNIG 1979, jüngeres Syn. von → Diasoma), zusammenfassend für Scaphopoden und Lamellibranchier gegenüber den als Rhacopoda zusammengefaßten Gastropoden und Cephalopoden.

Andrias scheuchzeri TSCHUDI (gr. ανδριάς Standbild, Bild eines Mannes), Riesensalamander aus dem Miozän von Öhningen (Baden), durch die Fehlbestimmung seines Entdeckers J. J. SCHEUCHZER bekanntgeworden, der das Fossil (1726) als „...betrübtes Beingerüst ... eines in der Sündflut ertrunkenen Menschen" beschrieben hat.

Androstrobus, *m* (SCHIMPER 1870) (gr. ανήρ, ανδρός Mann; στρόβος Wirbel), Sammelname für fossile männliche Cycadeenzapfen.

Anellotubulaten (O. WETZEL 1958) (lat. anellus kleiner Ring, tubula kleine Trompete), wurmähnliche fossile Chitinhüllen von Hydroidpolypen aus der Verwandtschaft der rezenten Campanulariden. Beschrieben aus dem Lias.

aneuchoanisch (HYATT) (gr. άνευ ohne; χόανος Trichter), Siphonalbildung bei frühen → Nautiloideen. Vgl. → Sipho .

Angara-Flora (nach dem Fluß Angara in Ostsibirien), die permokarbonische Flora des Angara-Landes (nördliches Asien bis zur Petschora westl. des Urals) mit einer Mischung von Formen der → Gondwana-Flora (*Phyllotheca, Noeggerathiopsis,* so gut wie keine

Glossopteris oder *Gangamopteris*) mit endemischen Formen wie *Psygmophyllum.* Hauptentfaltung: Karbon–Perm.

Angewandte Paläontologie → Biostratigraphie.

Angiospermen (= Magnoliophytina) (gr. αγγεϊον Behälter; σπέρμα Same), Bedecktsamige: Pflanzen, deren Samenanlagen in einen durch Verwachsung der Fruchtblätter entstandenen Fruchtknoten eingeschlossen sind. Entstanden sind die A. wahrscheinlich schon in der Perm–Trias-Zeit in den Bergregionen der damaligen Tropengebiete aus den → Pteridospermen. Nachgewiesen sind sie seit (?Obertrias) dem Jura (Mono- und Dikotylen etwa gleich alt); die eigentliche Entfaltung erfolgte sehr rasch ab dem Alb.

Angulare, *n* (lat. angulus Winkel) ein Hautknochen des Unterkiefers niederer Vertebraten, wahrscheinlich dem → Tympanicum der → Mammalia homolog (Abb. 120, S. 251).

Angulati (QUENSTEDT) (nach *Schlotheimia angulata;* lat. angulatus gewinkelt, nach der Winkelstellung der Rippen auf der Externseite), Angehörige der Ammoniten-Familie Schlotheimiidae.

Angusteradulata (LEHMANN 1967) (lat. angustus eng, schmal; radulatus mit radula: mit R. versehen). Vgl. → Lateradulata.

angustisellat (BRANCO 1879) (lat. sella Sattel), → Prosutur.

angustitabular, → latitabular.

angustumbilikat (lat. umbilicus Nabel, Schildbuckel; engnabelig; bei Ammoniten: Nabelweite 8–17% des Gehäusedurchmessers (SPATH 1934).

Aniradiale, *n* (lat. anus After, radius Strahl), (Crinoid.), → Analplatten.

anisodont (gr. αν- nicht; ίσος gleich; οδούς Zahn), (Wirbeltiere) = → heterodont. Vgl. → Gebiß.

anisognath (gr. γνάθος Kinnbakken), → Gebiß.

Anisomyaria (M. NEUMAYR 1884) (gr. μΰς, μυός Muskel), → Schließmuskeleindrücke.

Ankylosauria (OSBORN 1923) (gr. αγκύλος rund, gebogen; σαύρος Eidechse), eine auf die Kreidezeit

beschränkte U.O. der → Ornithischia mit starkem Knochenpanzer auf Rücken und Flanken.

Ankylose, *f* (gr. άγχειν zusammenpressen), (Wirbeltiere) → Gelenke, (Crinoid.) → Gelenkflächen.

Anneliden (Annelida LAMARCK 1801) (lat. Dimin. von anus = Ring), Ringelwürmer. Mundöffnung ventral gelegen, oft mit besonderem Kieferapparat (→ Scolecodonten). Fossil besonders durch ihre Lebensspuren (Bauten, Kriechspuren) überliefert. Systematik: s. System der Organismen im Anhang.

Annularia (STERNBERG 1821), ein Blatt-Typ der → Calamitaceae, mit relativ kurzen, gerade abstehenden und am Grunde der Quirle verwachsenen Einzelblättchen. Vorkommen: Karbon, Rotliegendes. Vgl. → Asterophyllites.

annulosiphonat, (= actinoceroid) Nautiloideen mit ringförmigen Endosiphonalbildungen. → Obstruktionsringe (Abb. 79, S. 151).

Annulus, *m* (KEFERSTEIN 1860) (auch Anulus geschrieben), Periphract, rings um den Körper von Cephalopoden verlaufendes, im hinteren Teil der Wohnkammer befestigtes Haftband. Es haftet nicht unmittelbar auf der Oberfläche der Schale, sondern durch Vermittlung einer relativ leicht löslichen Conchinschicht (Annulus-Substanz). Vgl. → Anulus.

Anomalie, *f* (gr. ανωμαλία Unregelmäßigkeit), in der Paläontologie allgemein geringfügige Entwicklungsstörung oder Abweichung von der Norm. Bei Betonung des krankhaften Charakters liegt → Paläopathie vor.

‚Anomalien' an Ammonitengehäusen (besser: Paläopathien), sind unter verschiedenen Namen beschrieben worden:
1. → Rippenscheitelung (HÖLDER 1956). = forma abrupta (bzw. f. verticillata) (HÖLDER 1956).
2. Mantelzerreißung (ENGEL 1894), äußert sich in zusätzlichen, nahtähnlichen Verwachsungslinien in der Röhrenwand.
3. ‚forma seccata' (HÖLDER 1956) (lat. secare schneiden): wie mit der Schere (vermutlich von Krebsen) zerschnittene Gehäuse.
4. ‚forma cacoptycha' (LANGE 1941)

(gr. κακός schlecht; πτυχή gefaltete Hülle): bei Lias-Ammoniten, strekkenweises Aussetzen der Berippung.

5. ‚forma circumdata' (HÖLDER 1956) (lat. circumdare umgeben): (= ‚f. aegra' [LANGE 1941], Fortlaufen der Rippen über die Externseite bei sonst extern nicht berippten Arten.

6. ‚f. calcar' (ZIETEN 1831–1833) (lat. calcar Sporn): anomale mediane Vereinigung von Marginal-Knotenreihen zu einer einzigen, verstärkten.

7. ‚f. disseptata' (HÖLDER 1956) (lat. dis = ohne, un-): Fehlen mancher Septen, bes. bei paläozoischen Nautiloideen.

8. ‚f. iuxtacarinata' (HÖLDER 1956) (lat. iuxta daneben): Verlagerung des Kiels auf eine Flanke, wobei Sipho und Externlobus median verbleiben.

9. ‚f. iuxtalobata' (HÖLDER 1956): Sipho und Externlobus liegen seitwärts der Medianlinie, die ihre symmetrische Lage beibehält.

10. ‚f. iuxtasulcata' (GECZY 1966): Verlagerung der Externfurche.

11. ‚f. pexa' (HÖLDER 1973) (lat. pectere kämmen): geriffelte Fältelung der Schale im Anschluß an eine verheilte Narbe.

12. ‚f. substructa' (HÖLDER 1973) (lat. substruere den Grund legen): Verheilung von Schalenverletzungen zunächst durch Unterfangen, anschließend normalen Weiterbau.

13. ‚f. duplicarinata' KEUPP 1976: vorübergehende Kielverdoppelung.

14. ‚f. inflata' KEUPP 1976: mehr oder weniger kugelige, skulpturlose Gehäuseaufblähung, vielleicht als Folge von Parasitenbefall.

Anomalodesmata (DALL 1889) (gr. ανώμαλος ungleich, δέσμα Band), eine U.Kl. der Lamellibranchia: wenige, vorwiegend grabende Formen mit verdicktem Schloßrand. Seit dem Ordovizium.

Anomocladina (ZITTEL 1878) (gr. ανομος gesetzlos; κλάδος Zweig), (Porif.), eine U.O. der → Lithistida, mit einem Skelet aus → Tetraclonen (Syn.: Didymmorina RAUFF). Kambrium–Jura.

Anomoclon, m (SCHRAMMEN) (gr. άνομος gesetzlos; κλών eine Schwammnadel (→ Tetraclon) mit

einem relativ kleinen Brachyom mit dicken, glatten → Klonen.

Anomodontia (OWEN 1860) (gr. οδούς Zahn), eine U.O. der → Therapsida, formenreich, meist herbivor. Vorkommen: Perm–Trias.

Anomozamites (SCHIRMER 1870) (Abl. → *Zamites*), eine Sammelgattung von fossilen → Cycadophytina-Blättern, wohl zu → Bennettitales.

Anomura (MILNE-EDWARDS 1932) (gr. ουρά Schwanz), nicht mehr gebräuchliche U.O. der Decapoda (Crust.), bei deren Vertretern meist nur das erste Fußpaar Scheren trägt. Vgl. → Decapoda.

Anpassung = Adaptation: Der Vorgang der A. ist im Wechselspiel von Mutationen, Modifikationen und Auslese auf optimales Angepaßtsein gerichtet. Der Zustand der Anpassung bedeutet, daß ein Organismus den Anforderungen, die Umwelt und eigene Lebensweise an ihn stellen, seiner Organisation nach gewachsen ist.

Anpassungsreihe (O. ABEL 1911), Aneinanderreihung von Formen, welche die Entwicklung eines Merkmals oder Organs in einer bestimmten Richtung deutlich werden läßt, ohne Rücksicht auf verwandtschaftliche oder zeitliche Beziehungen. Zum Beispiel Steigerung des Schwimmvermögens in der Reihe Fischotter – Seehund – Wal. Vgl. → genetische Reihen.

antarktokarbonische Flora, → Gondwana-Flora.

Antenna, Pl. -ae, f (lat. = Segelstange), paarige, als Fühler modifizierte vielgliedrige Anhänge am Vorderende des Kopfes vieler → Arthropoden. Vgl. → Antennula (Abb. 73, S. 138).

Antennula, f (LATREILLE & MILNE-EDWARDS 1851), Bezeichnung für die erste (= vordere oder innere) Antenne der → Malacostraca, auch für die (einzige) Antenne der → Trilobiten gebraucht (Abb. 73, S. 138).

Antetheka, f (lat. ante vorn; gr. θήκη Hülle, Kapsel), (Foram.): → Fusulinen (Abb. 52, S. 92).

Antheridien, Sing. Antheridium, n, die männlichen Fortpflanzungsorgane der Sporenpflanzen, auf den

aus den Sporen auskeimenden Prothallien gebildet. Vgl. → Archegonium.

Anthozoa (EHRENBERG 1834) (gr. άνθος Blume; ζώον Tier), Korallen, eine Kl. der → Cnidaria; → Polypen ohne Medusenstadium, mit → Stomodaeum, Mesenterien (→ Sarkosepten), hohlen und retraktilen → Tentakeln, oft mit einem hornigen oder kalkigen Stützskelett (→ Corallum). Es handelt sich ausschließlich um marine Tiere. Sie werden auf fünf U.Kl.n aufgeteilt: → Ceriantipatharia, Tentakel einfach, Mesenterien unpaarig; → Octocorallia, Tentakel gefiedert, Mesenterien unpaarig; → Zoantharia, Mesenterien paarig; → Rugosa und ?→ Tabulata, beide paläozoisch. Vorkommen: Seit dem Ordovizium.

Anthracosauria (SAEVE-SÖDERBERGH 1934) (gr. άνθραξ Kohle), eine O. der → Labyrinthodontia, mit → embolomerem Wirbelbau und → angustitabularem Schädeldach. Stammgruppe der Reptilien bzw. der Eutetrapoden (Synonym: Anthrembolomeri, Batrachosauria). Beispiele: *Anthracosaurus, Seymouria*. Vgl. → Loxembolomeri. Vorkommen: U.Karbon–O.Perm.

Anthrakogramm, n (HOLLENDONNER 1922) (gr. γράμμα Schrift). ± vollständig inkohltes Zellgerüst, welches man bei vorsichtigem Erhitzen von Schnitten durch subfossile oder leicht inkohlte pflanzliche Gewebe erhält.

Anthraxylon, n (R. THIESSEN 1920) (gr. ξύλον Holz), zur Glanzkohle gehörig: Synonym mit allem → Vitrit, der breiter als 14 μm ist.

Anthrembolomeri (v. HUENE) (gr. έμβολον Einschiebsel, Keil; μέρος Reihe, Teil), die frühen, noch → embolomeren →Reptiliomorpha im Gegensatz zu den → Loxembolomeri. Vgl. → Embolomeri.

Anthropogenie, f (gr. άνθρωπος Mensch; γενεά Herkunft, Abstammung), Entwicklungsgeschichte des Menschen, ontogenetisch wie phylogenetisch.

Anthropoidea (= → Simiae) (MIVART 1864) (gr. εἶδος Aussehen, Gestalt), Affen und Menschen; eine U.O. der → Primates; fossil bekannt vom U.Oligozän an.

Anthropologie, Wissenschaft vom Menschen.

Anthropotomie, *f* (gr. τομή das Schneiden, Schnitt) Anatomie des menschlichen Körpers.

Antiarchi (COPE 1885) (gr. αντί gegen, gegenüber; αρχός Vornehmster bzw. [wie in der deutschen Sprache] ‚Allerwertester‘, in Bezug auf die im Vergleich mit den Tunicaten entgegengesetzte [ventrale] Lage des Anus) (Syn. Pterichthyes), eine O. der → Placodermi; Kopf und Vorderkörper in einem Panzer aus Knochenplatten, wobei der Kopfschild (= Exocranium) mittels eines paarigen Gelenks gegen den Rumpfpanzer beweglich war. Die Augen lagen dicht beieinander auf der Dorsalseite. Charakteristisch sind paarige vordere Gliedmaßen vom → Arthropterygium-Typ. Der hintere Teil des Körpers war nackt oder beschuppt. Die Platten des Außenpanzers sind denen der höheren Knochenfische nicht homolog, sie werden nach einem eigenen System benannt. Die Antiarchen waren im höheren Devon weit verbreitete, kleine, benthische, wohl mikro- oder phytophage Fische.

Antibiose, *f* (βίοσις Lebensweise), → heterotypische Relationen.

antiklinischer Wirbel (gr. κλίνειν neigen) (= diaphragmatischer W.). die Dornfortsätze der Lumbal- und hinteren Thorakalwirbel von Säugetieren sind craniad geneigt, die davorstehenden caudad; der Übergang erfolgt meist schroff am antiklinischen Wirbel.

antimerodont (gr. μέρος Reihe, Teil; οδούς, οδόντος Zahn), → Ostrakoden (Schloß) (Abb. 82, S. 165).

Antirostrum, *n* (lat. rostrum Schnabel), → Otolith (Abb. 84, S. 166).

Antisicula-Seite (HOLM 1895) (lat. sicula kleiner Dolch), diejenige Seite eines Graptolithen-Rhabdosoms, auf der die → Sicula durch Kreuzungsarme ± verdeckt ist (= ‘reverse aspect’).

Anucleobionta (gr. α- un-, nicht-; lat. nucleus Kern; gr. βίος Leben), Schizophyta, Spaltorganismen: aus Zellen ohne echte Kerne aufgebaute Organismen (= Prokaryota, Monomera). Seit dem Präkambrium. Dazu

1. Bacteria (Bakterien): ohne Chlorophyll, einzellig, meist heterotroph. Größe um 1 µm. 2. → Cyanophyta, -ceae (Blaualgen): mit Chlorophyll und blauem Farbstoff Phykocyan. Meist einzellig, selten Fäden bildend. Manche Formen scheiden Kalkkrusten (→ Stromatolithen) ab.

Anulus, *m* (auch Annulus geschrieben) (lat. = Siegelring), (botan.): 1. (Farne), ein Halbring von verdickten toten Zellen, welcher manchen Sporangien (z. B. denen von → leptosporangiaten Farnen) außen aufsitzt und beim Austrocknen einen Öffnungs- und Schleudermechanismus bildet. 2. (Pollen), ein ringförmiges Areal abweichend entwickelter (dickerer oder dünnerer) Exoexine (→ Sporoderm) um eine Pore.

Anura (gr. α, αν ohne; ουρά Schwanz) (Saliensia), Frösche und Kröten; eine O. der modernen Amphibien (bzw. der → Batrachomorpha), mit → notozentralem Wirbelbau, wenig verknöchertem Schädel und stark modifiziertem Skelet. Im Gegensatz zu den → Proanuren besitzen die A. keinen Schwanz, aber statt dessen einen → Urostyl. Vorkommen: Seit dem Jura. Vgl. Abb. 6.

Anwachslinien, entsprechen früheren Lagen des Gehäuserandes,

Folgende Termini wendet man bei Gastropoden an:

orthoklin: ± gerade und senkrecht zur Windung;

prosoklin: ± gerade, zur Mündung hin geneigt;

opisthoklin: ± gerade, von der Mündung weg geneigt;

prosocyrt: zur Mündung hin gewölbt;

opisthocyrt: von der Mündung weg gewölbt (Abb. 54, S. 94).

Bei Ammonoideen unterschied WEDEKIND (1918):

lineare A.: nahezu geradlinig, höchstens mit der Andeutung einer Einbuchtung für den Trichter;

konvexe A.: mit breiter äußerer Trichterbucht;

bikonvexe A.: mit Einbuchtungen für den Trichter (außen) die Arme (auf der Flanke) und den Kopf (innen);

protracte A.: (vorgezogen) mit starker Konvexität an der Außenseite statt der Trichterbucht.

Apertura, *f* (lat. apertura Öffnung), allgemein: Öffnung, Mündung.

Apex, *m* (lat. Spitze), allgemein: Spitze, höchster Punkt eines Gehäuses oder Organs. Bei Gastropodengehäusen: das zuerst entstandene, spitze Ende, dargestellt durch das → Embryonalgewinde (Abb. 54, S. 94). Bei Sporen und Pollen

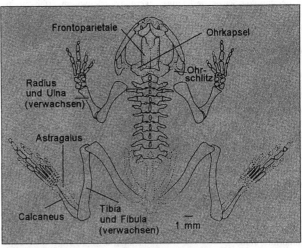

Abb. 6 Skelet des ältesten bekannten Frosches, *Vierella*, aus dem U.Jura Südamerikas. Der Schultergürtel ist weggelassen. – Umgezeichnet nach CARROLL (1993)

(→ Sporomorphae): der proximale Pol.

aphaneropegmat (gr. αφανερός unsichtbar; πήγνυμι befestigen) (Brachiop.), → Armgerüst.

Aphaniptera (gr. αφανής verborgen; πτερόν Flügel), O. Siphonaptera, Flöhe: flügellose, parasitische Insekten mit stechend-saugenden Mundwerkzeugen. Vorkommen: Seit U.Kreide.

Aphetohyoidea (gr. άφετος frei; υοιδής Zungenbein), von D. M. S. WATSON (1937) vorgeschlagener Name für die → Placodermi + → Acanthodii, weil der Kieferbogen bei ihnen vermeintlich noch nicht durch den Hyoidbogen gehalten wurde (obsolet).

Aphlebien, Pl., *f* (Aphlebia PRESL 1838) (gr. α ohne; φλέψ Ader) (bei → Pteridophyllen), ziemlich große, gelappte oder zerschlitzte Fiederblätter, welche einzeln oder paarweise an der Basis von Seitenfiedern sitzen. A. kommen auch bei heutigen Farnen (Marattiales) noch vor. Sie dienen als Schutzorgane der jungen, noch eingerollten Wedel und werden später abgeworfen.

aphotische Region (J. WALTER) (gr. αφώτιστος lichtleer), → diaphane Region.

aphroid (LANG & SMITH 1935) (gr. αφρός Schaum; εἶδος Gestalt, Ähnlichkeit), bei koloniebildenden Korallen: massig, die → Coralliten besitzen keine → Epithek, sie sind durch ein Blasengewebe verbunden; die → Septen benachbarter Coralliten treten nicht miteinander in Verbindung. Vgl. → Corallum.

Aphytikum, n (gr. α ohne; φυτόν Pflanze), die pflanzenlose Zeit in der Erdgeschichte (= Archaikum).

apicad (lat. apex Spitze), zum → Apex hin gerichtet.

apical, am → Apex gelegen.

Apicalia, Sing. -e, *n,* von R. C. MOORE 1939 benutzte Bezeichnung (→ Partialname) für isolierte Platten der Kelchbasis von → Crinoidea (statt der im isolierten Zustand nicht unterscheidbaren ‚Basalia' bzw. ‚Infrabasalia'). Vgl. auch → Columnalia, → Facetalia, → Polygonalia, → Tegminalia, → Pinnata.

Apikallinie (Belemn.), Verbindungslinie der Spitzen sämtlicher Anwachsanlagen des → Belemni-

tenrostrums; sie tritt im Längsschnitt infolge Verunreinigung der Spitzen und starken Hervortretens der Anwachslinie in ihrer nächsten Umgebung als deutliche Linie hervor.

Apikalnadel, → Nassellaria.

Apikalschild, *m* (Echin.): → Scheitelschild.

Aplacophora (v. IHERING 1876), Wurmmollusken, meist wurmförmige, schalenlose, marine Mollusken; nur rezent bekannt mit etwa 240 Arten. Früher wurden die A. mit den → Polyplacophora als Amphineura zusammengefaßt, heute gelten sie als Schwestergruppe der übrigen (Eu-) Mollusca. Vgl. → Sachitida, → Procoelomata, → Machaeridia.

Apneuston, *n* (H. SCHMIDT 1935) (gr. άπνευστος atemlos), → Biofazies.

Apochete, *f* (gr. από von...weg; οχετεία Ableitung), = → Aporhyse.

Apoda (gr. α ohne; πούς, ποδός Fuß, Bein), Gymnophiona, Blindwühlen; kleine, ± blinde, grabende Amphibien tropischer Gebiete, fossil unbekannt.

Apodeme, Sing. Apodema, *n* (gr. δέμας Körpergestalt) (Syn.: Apophyse), innere Fortsätze des Integumentes von → Arthropoden, die Muskeln als Ansatzstelle dienen und, zu Platten und Bögen (= Endophragmen) erweitert, innere Organe umhüllen und schützen. Die A. der Sternite werden als Endosternite, die der Epimeren als Endopleurite bezeichnet.

Apodes, Anguilliformes, Aale; eine O. der → Teleostei. Vorkommen: Seit der O.Kreide.

apomorph, Apomorphie (W. HENNIG 1950) (gr. από von...weg; μορφή Gestalt) bei Merkmalen: abgeleitet, spezialisierter, im Gegensatz zu plesiomorph: dem Ausgangszustand näher stehend. Vgl. → Phylogenetische Systematik.

Apophyse, *f* (gr. απόφυσις Auswuchs) 1. (Vertebr.): aus eigenen Verknöcherungszentren (Knochenkernen) hervorgegangener Fortsatz an Knochen; A. sind besonders bei den Säugetieren verbreitet. Vgl. → Epiphyse. 2. (Echinod.): → Auricula. 3. (Insekten): = → Apodeme. 4. (Polyplacophora): → Articulamentum.

5. (botan., Bennettitales): Interseminalschuppe; keulenförmige Anschwellung der metamorphosierten stielförmigen Blätter in den Blüten zwischen den samentragenden Stielen. Sie schließen sich z. T. eng zusammen und ergeben damit eine sehr charakteristische Felderung der Bennett.-Früchte.

Apopore, *f* (gr. πόρος Durchgang, Weg), (Porif.): = → Posticum.

Apopyle, *f* (gr. πύλη Tür), Ausströmungsöffnung der → Geißelkammern von → Porifera.

Aporhyse, *f* (RAUFF) (gr. ρύσις Fluß, Lauf) (Syn. Apochete), ableitender Kanal von den → Geißelkammern bis zum → Paragaster (bei Schwämmen des → Leucon-Typs) bzw. zum Osculum (bei solchen des → Sycon-Typs).

Apothezium, *n* (gr. αποθήκη Ort oder Behälter zum Aufbewahren) (Thallophyten), ein becher- bis schüsselförmiger Fruchtkörper bei gewissen → Ascomycetes.

apozentral, vom Zentrum weg gelegen.

Appendix, Pl. -ices, *m* (lat. Anhang, Zugabe), eine Saugwurzel, welche von den → Stigmaria der → Lepidodendrales im umgebende Erdreich führte. Appendices entspringen im Primärholz der Stigmarien; außerhalb des Stammes bilden sie hohle, von einem Leitbündel durchzogene Schläuche von maximal 1 cm Durchmesser.

Appendix terminalis, *m* (MÜLLER-STOLL 1936) (lat. = End-Fortsatz), → Cella terminalis.

appositionelles Wachstum (lat. apponere hinzutun), erfolgt (bei Knochen und Knorpel) durch oberflächliche Anlagerung neugebildeter Substanz. Intussuszeptionelles Wachstum (durch Vermehrung der Grundsubstanz von innen her) zeigt dagegen nur der Knorpel. → Osteogenese.

apsaklin (gr. άψ zurück; κλίνειν neigen) (Brachiop.), → Area (Abb. 17, S. 34).

Apsidospondyli (gr. αψίς Bogen, Gewölbe; σφονδύλιος Wirbelknochen), ‚Bogenwirbler' (im Gegensatz zu den → Lepospondyli = Hülsenwirbler): Tetrapoden, deren Wirbel aus Bögen aufgebaut sind (→ Bogentheorie).

Apterygota (LINNÉ 1758) (gr. α nicht, ohne; πτέρυξ Flügel) flügellose, kleine, weichhäutige, primitive Insekten. Die Mehrzahl von ihnen ist entognath (Mundteile im Kopf verborgen), nur ein Teil der → Thysanoptera ist ectognath (Mundteile von außen sichtbar), wie die hypothetischen Ur-Insekten gewesen sein müssen. Vorkommen: Seit dem Devon.

Aptychus, *m* (H. v. MEYER 1829: „Aptychen von ἄπτυχος, ein Körper, welcher zweiteilig ist, als wenn er sich zusammenlegen ließe". Dazu 1831: „... ist hier dieses Tier Aptychus (Unfalter) genannt, von ἄπτυχος welches nach δίπτυχος (zweiteilige, zusammenlegbare Tafel) gebildet ist." Der Name ‚Unfalter‘ bezieht sich darauf, daß die Aptychen trotz ihrer Zweiklappigkeit im Gegensatz zu den Muscheln in der Regel nicht zusammengeklappt [also ‚ungefaltet‘] gefunden werden], allgemeine Bez. für umgewandelte Unterkiefer von Neoammonoideen. Wie die Kieferapparate aller Cephalopoden, waren sie ursprünglich hornig und bestanden aus einem Stück. Als solche werden sie Anaptychen genannt. Bei den Aptychen erfolgte auf der Außenseite links und rechts Auflagerung je einer Platte von unterschiedlicher Dicke und Struktur aus Kalzit. Häufig blieben nur diese fossil erhalten: der normale Erhaltungszustand der aus zwei ‚Klappen‘ bestehenden A.
Die Funktion der A. war primär die von schaufelförmigen Unterkiefern. Daß sie sekundär auch Deckelfunktion erlangt haben (als ‚Opercula‘), ist wahrscheinlich. Folgende Termini sind im Gebrauch:
A. Anaptychus: Einteilig, mit konzentrischen Anwachsstreifen, hornig. Name s. → Anaptychus.
B. Aptychus: Aus zwei kalkigen, spiegelbildlich gleichen Klappen bestehend (= Diaptychus). Die aus hornigem Material aufgebaute innere, beide Klappen verbindende Schicht ist nur ausnahmsweise erhalten geblieben.
Cornaptychus: dünn, glänzend, grob gerunzelt. Lias–Dogger, für Sichelripper (‚Harpoceraten‘) kennzeichnend.

Lamellaptychus: schmal, mit kräftigen schrägen Falten. Dogger–U.Kreide, besonders bei Oppeliiden und Haploceraten.
Punctaptychus: ähnlich wie Lamellaptychus, doch sind die Furchen zwischen den Rippen punktiert. Zugehörigkeit und Vorkommen wie bei Lamellaptychus.
Granulaptychus: breit, dünnschalig; Außenfläche mit konzentrisch angeordneten Granulationen, Innenseite mit kräftigen Anwachsstreifen. Dogger–U.Kreide, bei Perisphincten vertreten.
Laevaptychus: breit, dickschalig, Oberfläche feinporig, Innenseite mit feinen Anwachsstreifen. Malm, Aspidoceraten.
Praestriaptychus: breit, innen und außen mit konzentrischen Rippen oder Falten. Dogger–U.Kreide. Perisphinctidae z. T., Parkinsonien.

Apygia (BRONN 1862) (gr. πυγή oder πυγαῖον Steiß, Bürzel), (Brachiop.) Syn. für → Articulata (wegen des blind endenden, kurzen Magendarmes). (Obsolet).

aquatisch (lat. aquatilis im Wasser lebend), im Wasser (Süß- oder Meerwasser) lebend oder entstanden.

Arachnata (i. S. von LAUTERBACH 1980): Zusammenfassung von Trilobita und Chelicerata als Schwestergruppen i. S. von HENNIG. Dagegen umfassen die **Arachnomorpha** i. S. von STØRMER 1944 außerdem auch andere trilobitenähnliche Gruppen, → Trilobitomorpha.

Arachnida (LAMARCK 1801) (gr. ἀράχνη Spinne), (Spinnen und Skorpione): Terrestrische oder sekundär aquatische → Cheliceraten mit 8 Laufbeinen, deren → Abdomen aus maximal 12 Segmenten besteht. Der → Cephalothorax kann von einem → Peltidium bedeckt sein. Die Blütezeit der A. scheint im Paläozoikum gelegen zu haben. Von 14 beschriebenen O.n sind 4 nur fossil bekannt. Die Erhaltungsbedingungen für die überwiegend terrestrischen Formen sind i. a. ungünstig, Funde daher vereinzelt. – Systematik: → System der Organismen im Anhang.

Araeoscelidia, eine O. primitiver, langhalsiger diapsider Reptilien mit den Hauptgattungen *Petrolaco-*

saurus und auch *Araeoscelis*. Die Gruppe wird als Monophylum und Adelphotaxon aller anderen Diapsida angesehen. Vorkommen: O.Karbon–Perm.

Araucariaceae, Araukarien, eine Familie der → Coniferales, Verwandte der Norfolk-‚Tanne‘ (‚Zimmertanne‘) *Araucaria excelsa*. Fossil seit der Trias; mindestens seit dem Tertiär auf die südliche Halbkugel beschränkt.

araucarioid, eine heute nur noch bei den Araukarien vorkommende Art der Hoftüpfelung (→ Hoftüpfel, → Leitgewebe), bei welcher die Tüpfel in gegenseitigem Kontakt neben- und alternierend übereinander stehen, dabei sich gegenseitig hexagonal abplattend. Bei der modernen oder abietoiden Hoftüpfelung stehen die Hoftüpfel weiter auseinander und in gleicher Höhe nebeneinander. Die a. Hoftüpfelung ist die ältere, sie herrschte bis zum Keuper vor, die abietoide H. löste sie ab.

Araucarioxylon (KRAUS), = → *Dadoxylon*.

arbaci(o)id (nach der Gattung *Arbacia*), (Echinid.): → Ambulakralplatten.

Archaeocopida (SYLVESTER-BRADLEY 1961) (gr. ἀρχαῖος ursprünglich; κώπη Ruder), eine O. der → Ostracoda; sie umfaßt wenige, in der verwandtschaftlichen Zuordnung nicht ganz sichere kambrische bis unterordovizische glatte, wenig verkalkte Formen, meist mit Augenhöckern.

Archäocyathiden, Archaeocyatha (VOLOGDIN 1937) (lat. cyathus Becher) (= Pleospongea OKULITCH 1937), ein Stamm ausschließlich mariner, sessiler Organismen, im unteren und mittleren Kambrium weltweit verbreitet, besonders zahlreich in Sibirien, Australien und Nordamerika. Meist konische, doppelwandige, perforierte Kalkskelete; der zwischen beiden Wänden befindliche Hohlraum (Intervallum) wurde durch radiale Scheidewände (Parietes, → Paries) in einzelne Kammern zerlegt. Durch Poren in den Wänden drang, wie bei Schwämmen, Wasser in das Innere und den zentralen Hohlraum. ‚Schwamm‘-Nadeln fehlen, ebenso

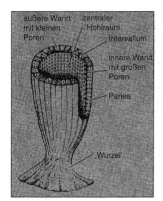

Abb. 7 Rekonstruktion eines Archaeocyathiden der Kl. Regulares. – Nach HILL aus LEHMANN & HILLMER (1977)

in der Spitze (im Unterschied von Korallen) Septen. Systematisch werden die A. meist als → Parazoa angesehen, doch werden auch Beziehungen zu → Ediacara-Organismen erwogen. – Systematik: Stamm A., Kl. Regulares, Kl. Irregulares (Abb. 7).

Archaeodendrida, eine noch wenig bekannte O. mittelkambrischer → Graptolithen.

Archaeogastropoda (THIELE 1925) (Gastrop.) (= Aspidobranchia, Diotocardia), eine Gruppe primitiver, lecitotropher, meist napfförmiger Gastropoden, mit innerer Perlmuttschicht. Kennzeichnende Merkmale: → holostome Mündung; bei manchen Besitz eines → Schlitzbandes; bei primitivsten Formen zwei → aspidobranche Kiemen, deren eine bei spezialisierten A. reduziert sein kann; Radula → rhipidogloss. Die A. sind überwiegend herbivor. Beispiele: *Patella, Porcellia, Pleurotomaria.* Vorkommen: Seit dem Ordovizium.

Archaeopteridales (gr. πτέρις Farn), „Altfarne', eine im Oberdevon und Unterkarbon vorherrschende Gruppe farnlaubiger Pflanzen (→ Prospermatophyta), mit ausgesprochener Fächeraderung. In der Mehrzahl waren sie wohl → Pteridospermen, einige aber Farne (→ Pteridophyta) (Abb. 93, S. 196; Abb. 95, S. 197).

Archaeopteryx lithographica (H. VON MEYER 1861) (gr. πτέρυξ Flügel, *f,* daher eigentlich ‚die' A.; nach Duden jedoch auch ‚der' A. zulässig), ‚Urvogel'. Der älteste Vogel, gefunden in bisher 7 unterschiedlich erhaltenen Exemplaren in den Solnhofener Malmkalken (O.Jura). Durch seine Verbindung reptiloider Merkmale mit solchen rezenter Vögel bildet er ein Verbindungsglied zwischen beiden Klassen. Reptilhafte Merkmale sind u. a. die bezahnten Kiefer, die biplanen oder leicht konkaven Endflächen der Wirbel, eine lange Schwanzwirbelsäule, Rippen ohne → Processus uncinati, ein kleines, flaches Sternum, nur 6 Sakralwirbel, freie, bekrallte Finger, ein reptilhaftes Gehirn. Vogelmerkmale: Besitz einer → Furcula , eines verknöcherten Sternums und vor allem von Federn. Ob A. flugfähig war, ist umstritten, sie wird auch als schnelles, huschend jagendes Bodentier aufgefaßt. Vgl. → Sauriurae.

Archaeopulmonata (MORTON 1955), ursprünglichste → Pulmonata, vorwiegend im strandnahen Bereich lebend, nur wenige Arten in feuchten Landbiotopen. Sie besitzen im Gegensatz zu den übrigen Pulmonaten noch ein Veliger-Stadium und ein Operculum. Vorkommen: Seit (?Karbon) O.Jura.

Archaeornithes (GADOW 1893) (gr. ὄρνις Vogel), Syn. von → Sauriurae. Vgl. → Aves.

Archaeosphaeroiditen (SCHOPF & BARGHOORN 1967), früheste bekannte Zellformen aus den Onverwacht- und Fig-Tree-Schichten (über 3,2 Mrd. Jahre alt) Südafrikas, mit ausgeprägter Größenvariation (4 μm–60 μm).

Archäozoikum (gr. ξῷον Tier), das Zeitalter des beginnenden Lebens = → Proterozoikum .

Archallaxis, *f* (SEWERTZOFF 1931) (gr. αρχή Anfang; αλλαγή Veränderung), phylogenetische Weiterentwicklung als Folge von Abweichungen früher ontogenetischer Stadien gegenüber der Ontogenese der Vorfahren, und zwar entweder einer Organanlage (Organ-A.) oder der gesamten Ontogenese (totale A.). Für Foraminiferen nannte V. POKORNY (1958) den Vorgang

Pseudoarchallaxis. Vgl. → Proterogenese.

Archegoniata (gr. γονή Geburt, Same), zusammenfassender Name für Pflanzen mit ähnlichem Bau ihrer Archegonien: → Bryophyta (Moose) und → Pteridophyta (Farne).

Archegonium, *n,* flaschenförmiges Makrogametangium (weibliches Geschlechtsorgan), typisch entwickelt bei Moosen und Farnen, in ± reduzierter Gestalt auch bei höheren Pflanzen. Vgl. → Antheridien.

Archencephalon, *n* (gr. εγκέφαλος Gehirn [εν in; κεφαλή Kopf]), bei embryonalen Wirbeltieren: Der vor dem Vorderende der Chorda gelegene, ventrad abgeknickte Teil des Neuralrohres, im Gegensatz zum dahinterliegenden epichordalen Deuterencephalon.

Archiannelida, eine O. nur rezent bekannter kleiner mariner polychäter Würmer.

Archicoelomata (ULRICH), eine Zusammenfassung der → Tentaculata, → Hemichordata und → Echinodermata wegen ihrer Übereinstimmungen in der Cölomgliederung. Vgl. → Neocoelomata.

Archinacelloidea (KNIGHT & YOCHELSON 1958), eine O. der Kl. →Monoplacophora, ausgezeichnet durch ringförmig angeordnete Muskeleindrücke im Innern des ± mützenförmigen Gehäuses. Vorkommen: Kambrium–Silur. Vgl. → Helcionelloida.

Archipolypoda (SCUDDER 1881) (gr. αρχή Anfang; πολύς viel; πούς, ποδός Fuß), (Myriapoda) = → Palaeocoxapleura.

Archipterygium, *n* (GEGENBAUR) (gr. πτερύγιον kleiner Flügel, Flosse [Dimin. von πτέρυξ Flügel]), (biseriales Archipterygium), Urflosse; Skelet der paarigen Flossen, wie es beim Lungenfisch *Ceratodus* auftritt: eine Hauptachse mit Seitenzweigen (Radien) beiderseits. Dieser Bauplan des Flossenskelets ist bei primitiven → Choanichthyes verbreitet. Nach GEGENBAURS Archipterygium-Theorie ist aus ihm das Skelet der Tetrapoden-Extremitäten in folgender Weise entstanden: Reduktion der medialen Flossenstrahlen führte zur einzeiligen

Flosse (Archipterygium uniseriale oder Ichthyopterygium) der meisten Fische. Reduktion auch der lateralen Flossenstrahlen mit Ausnahme der vier proximalen führte zum → Chiropterygium der Tetrapoden. Dabei lieferte der distale Teil des Flossenstabes den fünften, die Flossenstrahlen die übrigen Finger bzw. Zehen, die proximalen Elemente der Hauptachse die Knochen des → Stylo- und → Zeugopodiums. Vgl. → Seitenfaltentheorie.

Architheka, *f* (MÜLLER-STOLL 1936) (gr. θήκη Behälter), die äußere Schicht (das Stratum callosum) der Belemniten- →Conothek als das morphogenetisch älteste Element der Schale. Vgl. →Velamen triplex.

Archosauria (COPE 1891) (gr. αρχός Fürst; σαῦρος bzw. σαῦρα Eidechse), eine Infraklasse der → Reptilien, welche die progressiveren → diapsiden Formen, nämlich die → Thecodontia, → Crocodylia, → Pterosauria, → Saurischia und → Ornithischia umfaßt und damit die größten und bekanntesten Saurier. Vgl. → Dinosaurier.

Archosauromorpha, zusammenfassend für die monophyletische Gruppe Krokodile und Vögel.

Arciferie, *f* (COPE 1875) (lat. arcus Bogen; terre tragen), eine bei → Anura gebrauchte Bez. für eine Art des Schultergürtels, bei der die beiderseitigen Coracoide und Procoracoide mit ihrer knorpeligen Verbindungsspange median übereinanderliegen und nur lose verbunden sind. Stoßen dagegen diese Knorpelstücke unter Verwachsung randlich aneinander, liegt Firmisternie vor. FUCHS (1930) ersetzte die beiden Termini durch Arcizonie und Firmizonie. Als Ausgangszustand sah er die Laxizonie an, in der beide Ventralplatten in der Medianen lose miteinander verbunden sind.

Arcizonie, *f* (FUCHS 1930) (lat. zona Gürtel), → Arciferie.

Arcoida (STOLICZKA 1871), eine O. taxodonter Muscheln, vielfach mit deutlicher ebener Ligamentarea. Seit Unter-Ordovizium.

Arcozentrum (GADOW & ABOTT 1896) (lat. centrum Mittelpunkt), Bogenwirbelkörper; überwiegend entstanden aus den Bogenelementen (→ Arcuale), welche die Chorda umwachsen. Arcozentra kommen allen Wirbeltieren mit Ausnahme der Selachier zu. Vgl. → Chordazentrum, → autozentral.

arcozentral, aus Bogenelementen entstanden.

Arcuale, *n* (Pl. -ia) (lat. arcus Bogen), Bogenstück. Vgl. → Bogentheorie der Wirbelentstehung (Abb. 123, S. 257).

Arcus zygomaticus, *m* (gr. ζυγόν Joch), Jochbogen.

Area, *f* (v. BUCH 1835) (lat. freier Platz), 1. (Fische): →Otolith (Abb. 84, S. 166). 2. (Muscheln): abweichend verziertes Feld hinter dem Wirbel, häufig durch eine Furche oder Kante abgetrennt (= franz. écusson). 3. (Brachiopoden): eine einfache oder geteilte, abweichend beschaffene Fläche zwischen Wirbel und Schloßrand beider Klappen oder nur der Stielklappe artikulater Br. Spezieller nennt man Planarea eine in allen Richtungen ebene, Interarea (= Kardinalarea) eine von gerader Basis aus sich einwölbende Area (bei Spiriferiden). In der angelsächsischen Literatur gilt heute allgemein Area = Interarea (= ebene Oberfläche der Palintrope). Vgl. → Palintrope, → Proarea. Zur Kennzeichnung der Lage der Area zur Kommissurebene (= Nahtebene) gaben COOPER & SCHUCHERT (1932) folgende Termini an:
Nur für die Stielklappen:
kataklin: vertikal gestellt;
proklin: Neigung nach unten und hinten.
Nur für die Armklappe:
hyperklin: Neigung nach hinten.
Für beide Klappen:
anaklin: Neigung zwischen 0°und 90° zur Horizontalen;
apsaklin: Neigung zwischen 90°und 180° zur Horizontalen;
orthoklin: horizontal (Abb. 17, S. 34).

Arealkante, eine Kante im hinteren Teil von Muschelklappen, welche eine dahinter gelegene, abweichend skulptierte Area abtrennt (z. B. bei *Myophoria* BRONN).

Arenicolites (SALTER 1857) (nach dem ‚Wattwurm' *Arenicola*), Lebensspur: senkrecht zur Schichtfläche stehende U-förmige Bauten

ohne Spreite (→ Spreiten-Bauten). Vorkommen: Seit dem Kambrium.

Areola, *f* (lat. Deminutiv -olus, a, um, danach = kleiner freier Platz), (Echinoid.): Warzenhof (Scrobicula). → Stacheln der Seeigel.

Areoli, Sing. -us, *m*, runde oder polygonale Felder auf der Oberfläche der Ektexine von Pollenkörnern, in denen die normale Skulptur fehlt, → Pollen.

Aristogen, *n* (H. F. OSBORN 1931) (gr. ἄριστος der beste; γεννάν hervorbringen), völlig neu auftretendes, genetisch bestimmtes Merkmal, welches sich danach langsam weiterentwickelt (Syn.: Waagensche → Mutation).

arkto-karbonische Flora, die Flora der nördlichen Halbkugel im Karbon, in sich gegliedert in → euramerische, →Cathaysia-und → Angara-Flora, im Gegensatz zur antarkto-karbonischen oder → Gondwana-Flora (Abb. 45, S. 82).

Arme, (= Brachia) 1. (Brachiop.): Schleifenförmige bis spiralig eingerollte, zarte, vom → Armgerüst gestützte Teile der Weichkörpers; dienen zum Herbeistrudeln von Atemwasser und Nahrungspartikeln. 2. (Crinoiden): Die über den Radialia (→ Radiale) als den obersten Platten der →Dorsalkapsel sich erhebenden, manchmal stark gegliederten und beweglichen Teile der Krone. Ihr Stützskelet besteht aus Armplatten (→ Brachiale).

Armfüßer, Armkiemer, = → Brachiopoden.

Armgerüst, der Brachiopoden = Brachidium: die in der Arm-(Dorsal-) Klappe ansetzenden kalkigen Stützen für die fleischigen Mundanhänge (Arme).
Im einzelnen nennt man:
1. aphaneropegmat: Brachiopoden ohne kalkiges A., aber mit Brachiophoren (bei manchen Orthiden und Pentameriden)
2. ancistropegmat: A. aus einem (manchmal verschmolzenen) Paar einfacher Fortsätze (= → Cruren).
3. ancylopegmat: A. aus einem Paar Cruren, die durch mehr oder weniger weite Schleifen aus Kalkbändern verbunden sind. Ancylopegmate A. mit einfacher Schleife heißen centronellid, solche, deren Schleife eine Einbuch-

tung besitzt: terebratulid, solche mit rückläufigen Schleifen: meganterid; kommt ein Medianseptum hinzu, liegt ein terebratellides Armgerüst vor; verbreiterte Schleifen mit nach der Mitte konvergierenden Fortsätzen hat das stringocephalide A. Man nennt an ancylopegmaten A.: absteigenden Ast, den an die Cruren anschließenden Teil des A. zwischen Crurenspitze und Umbiegungsstelle der Armschleife. Er ist der Primärlamelle des helicopegmaten A. homolog. Darauf folgt der aufsteigende (rückläufige) Ast. Die Schleifenbrücke (transverse band) verbindet die distalen Enden der aufsteigenden Äste, die Querbrücke die absteigenden Äste. Letzteres kann Kontakt mit dem Dorsalseptum haben.
4. helicopegmat: Von den Cruren aus rollen sich zwei dünne Kalkbänder zu Spiralkegeln (= Spiralia) auf. Je nach der Orientierung der Spiralen nennt man:
spiriferid: Kegelspitzen nach außen gerichtet, → Primärlamelle verläuft in der Medianen nach vorn.
atrypid (zygospirid): dgl. nach innen. Primärlamelle folgt dem Rand des Gehäuses nach vorn.
athyrid: Kegelspitze nach außen gerichtet. Primärlamelle verläuft erst direkt vorwärts, um dann scharf nach hinten abzuknicken (Abb. 15, S. 34).

Armklappe, (Brachiopoden): die (‚Dorsal‘-) Klappe, die das → Armgerüst enthält, zu Lebzeiten in der Regel oben gelegen.

Armteilung, der → Crinoidea wurde von JAEKEL (1918) am Beispiel seiner Pentacrinoidea in folgender Weise bezeichnet:
atom: unverzweigt;
isotom (= dichotom anderer Autoren): Arme gleich lang; nach WANNER eine Armteilung, die in ± konstanten und regelmäßigen Abständen erfolgt; nach SIEVERTS-DORECK ist wesentlich, daß die von einem Axillare ausgehenden Armzweige gleich stark sind;
heterotom: die von einem → Axillare ausgehenden Armäste sind verschieden stark und ungleich lang;
metatom: die beiden Hauptäste eines Strahls geben nach links und

rechts baumartig verzweigte → Ramuli (= Ramiculi) ab;
endotom: die beiden Hauptarme eines Strahls geben nach innen schwächere Nebenzweige (Ramuli) ab;
paratom: die beiden Hauptarme eines Strahls geben alternierend nach rechts und links kurze Seitenzweige (Ramuli) ab.
holotom: eine paratome Armteilung, bei der die Ramuli sehr dicht aufeinanderfolgen (Abb. 88, S. 175).

Aromorphose, f (A. N. SEWERT-ZOFF 1931) (gr. αροϋν pflügen, ackern; μορφή Gestalt), phylogenetische Umprägung des Organismus von grundsätzlicher und ganz allgemein leistungssteigernder Bedeutung. Vgl. → Idioadaptation.

Arrostie, f (NOPCSA 1923) (gr. αρρωστία Schwäche), alle Symptome, die in rezenten Organismen als pathologisch zu bezeichen sind, die sich jedoch im Verlaufe der Phylogenese als für den Organismus nützlich erwiesen haben (z. B. gewisse Formen der erblichen → Pachyostose und der konstanten Osteosklerose bei fossilen Tetrapoden).

Art (= Spezies), biologische Definition: Arten sind Gruppen von tatsächlich oder potentiell untereinander kreuzbaren Populationen, die von anderen derartigen Gruppen hinsichtlich der Fortpflanzung isoliert sind. Sie bilden damit die grundlegenden biologischen Einheiten (= Biospezies). Dieser physiologisch definierte Artbegriff ist in der Paläontologie zwar anzustreben, aber in der Regel nicht faßbar. Die Artabgrenzung in der Paläontologie erfolgt daher ohne festgelegte Norm nach rein morphologischen Kriterien, als Zusammenfassung aller Individuen, die in den als wesentlich angesehenen Merkmalen übereinstimmen. (= Morphospezies). Der wissenschaftliche Artname ist binominal; er besteht aus dem (großgeschriebenen) Gattungsnamen und dem danach folgenden (kleingeschriebenen) eigentlichen Artnamen, auch Trivialnamen oder Epitheton genannt. Der Name der Unterart ist trinominal, der eigentliche Unterartname folgt hinter dem Trivial-

namen. In der zoologischen Nomenklatur gehört zum Art- bzw. Unterartnamen der Name des Autors und das Erscheinungsjahr (letzteres in der botanischen Nomenklatur nicht verlangt) der Veröffentlichung, in der die Art bzw. Unterart aufgestellt wurde. Z. B. *Lepus timidus* LINNAEUS 1758, der nordische Schneehase. → Nomenklatur.

Artefakt, n (lat. ars Geschicklichkeit, Kunstwerk; facere verfertigen), von vorgeschichtlichen Menschen hergestelltes Werkzeug vorwiegend aus Stein, teils zu unmittelbarem Gebrauch, z. B. als Waffe, teils zur Herstellung von Waffen und Geräten aus Holz, Knochen und anderen Materialien. Für die Herstellung von A. eignet sich Flint (Feuerstein) besonders gut, doch gibt es auch A. aus Quarzit, Obsidian und anderen Gesteinen. Die Grenze zwischen im Urzustand benutzten Steinen und Artefakten ist fließend. Zunehmende Verfeinerung der Bearbeitung zu Beginn des Pleistozäns führte zur Herstellung sowohl von einseitig zugeschlagenen Formen mit schmaler Schneide, wie z. B. Nasenschaber, als auch zweiseitig bearbeiteten wie den Faustkeilen. Letztere fanden ihre höchste Vollendung im Acheul. Mit dem Auftreten des *Homo sapiens* entstanden die sog. Klingenkulturen: durch Absprengen von einem Kernstück entstandene messerscharfe Abschläge, ‚Klingen‘, wurden zu mannigfachen Schabern, Klingen, Sticheln, Pfeilspitzen usw. verarbeitet, wie sie von Jägern gebraucht werden. Das Extrem dieser Entwicklung stellen die teilweise nur daumennagelgroßen Mikrolithen dar. Im späten Mesolithikum wurden die bis dahin umherschweifenden Jäger seßhaft; damit wurden zum Bau von Häusern, Booten usw. erneut Großgeräte erforderlich, vom Typ der – wieder aus Kernstücken hergestellten – Steinbeile. Nach eigenen Erfahrungen von A. RUST sind zur Herstellung von Artefakten aus Abschlägen 1–2 Minuten erforderlich, für eleganteste Faustkeile bis zu 15 Minuten.

Artgruppe, die Artgruppe im Sinne der → IRZN umfaßt die Kategorien Art (Spezies) und Unterart (Subspezies); sie haben → koordinierten nomenklatorischen Status. → Infrasubspezifische Formen gehören nicht zur Artgruppe und unterliegen nicht den Regeln der IRZN (vgl. Art. 45 IRZN).

Arthemere, *f* (PIA 1930), → Hemera.

arthrobranch (gr. ἄρθρον Gelenk; βράγχια die Kiemen), → Decapoda, 1.

Arthrodendron (SCOTT) (gr. δένδρον Baum), → Calamitaceae.

Arthrodia, *f* (gr.) ‚freies Gelenk'; Kugelgelenk, Gelenk mit drei Querachsen und entsprechend großer Bewegungsmöglichkeit, bei dem der kugelförmige Gelenkkopf größer als die wenig gewölbte Napffläche ist. Vgl. → Enarthrosis.

Arthrodira (WOODWARD 1891) (gr. δειρή Hals, Nacken), (Syn. Coccostei), eine O. der → Placodermi; Kopf und Vorderkörper mit einem Außenskelet aus großen Knochenplatten bedeckt; die Knochenplatten der A. sind denen der späteren Wirbeltiere nicht homolog. Kopf- und Rumpfpanzer einerseits, Endocranium und Wirbelsäule andererseits waren durch Gelenke miteinander verbunden. Die Brustflossen waren klein, ebenso die Bauchflossen. Die A. erreichten bis zu 8 m Länge und besaßen teilweise sehr kräftige Kiefer mit zahnartigen Vorsprüngen; sie bildeten ebenso wie die ähnlichen → Antiarchi einen im Devon sehr erfolgreichen Seitenzweig der Wirbeltiere. Vorkommen: Devon (Abb. 8, S. 20).

Arthropitys (GOEPPERT 1864) (gr. πίτυς Fichte, Kiefer, Pinie), = *Calamites* s. str. Vgl. → Calamitaceae.

Arthropleurida (WATERLOT 1934), eine Kl. fossiler, großer (bis 1,50 m lang), an Tausendfüßer (→ Myriapoden) erinnernder → Arthropoden mit etwa 30 den Pleuren der Trilobiten ähnlichen Segmenten, deutlichem Kopf- und sehr kleinem Schwanzschild und einästigen (= → uniramen) Anhängen. Sie werden hier den → Myriapoda zugeordnet. Vorkommen: O.Karbon.

Arthropoden, Arthropoda (SIEBOLD & STANNIUS 1845) (gr. πούς, πόδος Fuß, Bein), Gliederfüßer; in ungleichartige Körperabschnitte (→ Tagma) gegliederte Tiere mit paarigen, meist gegliederten Extremi-

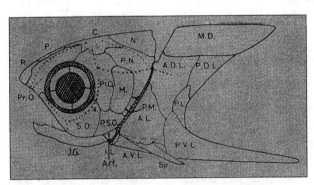

Abb. 8 Seitenansicht des Kopf- und Rumpfpanzers von *Pholidosteus friedeli* JAEKEL (Arthrodira). – Nach W. Gross (1932). Einige Bezeichnungen nach neueren Angaben von W. Gross verändert.
<u>Kopfpanzer:</u> Art. Articulare (= Mandibulare); C. Centrale; I.G. Inferognathale; M. Marginale (= Genale); N. Nuchale (Medianoccipitale); P. Pineale; P.M. Postmarginale; P.N. Paranuchale; Pr.O. Präorbitale; Pt.O. Postorbitale; P.S.O. Postsuborbitale (= Cuspidale), R. Rostrale; S.O. Suborbitale; 4. Infraorbitalkanal des Sinnesliniensystems.
<u>Rumpfpanzer:</u> A.D.L. Antero-dorso-Laterale; A.L. Antero-Laterale; A.V.L. Antero-ventro-Laterale; M.D. Medio-Dorsale; P.D.L. Postero-dorso-Laterale; P.L. Postero-Laterale; P.V.L. Postero-ventro-Laterale; Sp. Spinale

täten und einem aus Protein (kann sklerotisiert, gehärtet werden ohne Mineralisation) und → Chitin bestehenden Außenskelet, welches durch Einlagerung von Kalksalzen sehr widerstandsfähig werden kann (→ Cuticula). Daher stellen die Arthropoda zahlreiche Fossilien. Der Körper der Arthropoden ist wie der der → Anneliden in Segmente gegliedert (→ Somite, → Segmentierung); deren Cuticula kann in unterschiedlichem Ausmaß verhärtet (sklerotisiert) sein. Sklerotisierte Abschnitte (Sklerite) der Dorsalseite heißen Tergite (Rückenplatten), der Ventralseite: Sternite (Ventralplatten) und der Seiten: Pleurite (Lateralplatten). Wegen der geringen Dehnbarkeit des Skelets müssen die heranwachsenden Arthropoden mehrfach ihren Panzer abwerfen und wieder neu bilden (→ Ecdysis). Die Gliederung in Körperabschnitte ist meist deutlich, und zwar in den aus einer wechselnden Zahl von Segmenten hervorgegangenen Kopf (Cephalon), den Brustabschnitt (Thorax), oft beide verschmolzen zum Cephalothorax (oder zum Prosoma) und den Hinterleib (Abdomen oder Pygidium). Die paarigen Extremitäten (ventralen Anhänge) der A. können im Kopfabschnitt mannigfach differenziert sein zum Erkennen und Aufnehmen der Nahrung, zur Brutpflege usw. Die Anhänge des Thoraxabschnitts stehen in der Regel im Dienste der Fortbewegung. Sie bestehen jeweils aus gelenkig miteinander verbundenen Gliedern, deren Homologieverhältnisse kompliziert sind. Zentral geht es um die Homologisierung des ersten Segments: Nach MÜLLER & WALOSSEK ist die Coxa bei Crustaceen entstanden. Bei stärker trilobitomorphen Vorfahren und bei Agnostiden gibt es kein Anzeichen einer Coxa, auch nicht bei Cheliceraten, dagegen erscheint bei Crustaceen ein proximaler Endit und wird als neues Podomer Coxa selbständig.

Die einzelnen Beinglieder (Podomere) können feste oder bewegliche Fortsätze haben: nach innen (mediad) gerichtete Endite, nach außen (laterad) gerichtete Exite.

Die A. bilden einen sehr alten, frühzeitig spezialisierten Stamm, doch sind sicher präkambrische Formen nicht bekannt. Systematik: → System der Organismen im Anhang. Einige Autoren (MANTON 1972, BERGSTRÖM 1980, u. a.) vertraten die Vorstellung einer polyphyletischen Entstehung der Arthropoden (mehrmalige unabhängige ‚Arthropodisierung') und unterschieden: Uniramia, mit einfachen, ungeteilten Anhängen, dazu die → Onychophora, → Myriapoda, → Hexapoda und die → Euthycarcinoida, von den → Arachnomorpha und → Crustacea, die von BERGSTRÖM (1980) wegen ihrer zweiästigen Anhänge zusammengefaßt, aber als selbständige Stämme aufgefaßt wurden, so daß die Arthropoden auf drei Stämme aufzuteilen wären: Uniramia, Schizoramia (= Arachnomorpha) und Biantennata (= Crustacea). Hier folgen wir der u. a. von LAUTERBACH (1980) vertretenen Auffassung einer monophyletischen Abstammung. Vorkommen: Seit dem Kambrium nachgewiesen, Aufspaltung bereits im Präkambrium zu vermuten. (Abb. 9, S. 21). Vgl. → Protarthropoda.

Arthropterygium, *n* (GROSS 1931). (gr. πτέρυξ, πτέρυγος Flügel, Flosse), der Flossentyp der → Antiarchi: Paarige, mit einem äußeren Panzer aus Knochenplatten und einem inneren Skelet aus verkalktem Knorpel versehene, bewegliche Anhänge jederseits an der vorderen Seitenwand des Rumpfpanzers.

Articulamentum, *n* (lat. articulare gelenken; -mentum Mittel zu einer Tätigkeit), die innere, porzellanartige Schicht der Platten von → Polyplacophora, welche nach vorn über das → Tegmentum vorragt und sich in Gestalt von Apophysen (Fortsätzen, Suturallaminae) unter die davorliegende Platte schiebt; als Haft- oder Insertionsrand erstreckt sich das A. seitlich sowie am Vorderrand der vordersten und am Hinterrand der hintersten Platte in den randlichen Gürtel (→ Perinotum) hinein.

Articulare, Autoarticulare, *n* (lat. articularis zum Gelenk gehörig; gr. αυτός selbst, eigen), ein Knochen des → Visceralskelets der Wirbeltiere; er geht hervor aus dem hinteren Ende des knorpeligen Unterkiefers (Meckelscher Knorpel) (→ Kieferbogen) und bewirkt dessen Gelenkverbindung mit dem → Quadratum. Vgl. → Reichertsche Theorie (Abb. 111, S. 217). Das A. (= Mandibulare) der → Arthrodira (Abb. 8, S. 20) ist wie deren übrige Knochenplatten jenen der anderen Wirbeltiere nicht homolog.

Articulata, 1. (MILLER 1821) (lat. articulus Gelenk) (Echinod.): eine U.Kl. der → Crinoidea; sie umfaßt die modernen Seelilien: meist stark reduzierte → Dorsalkapsel mit dizyklischer, kryptodizyklischer, monozyklischer oder kryptomonozyklischer (pseudomonozyklischer) → Kelchbasis; keine Analplatten im Kelch. → Tegmen flexibel, Mund und Ambulakralfurchen freiliegend. O.n: → Isocrinida, → Comatulida, → Millericrinida, → Cyrtocrinida, → Uintacrinida, → Roveacrinida, → Bourgueticrinida. Vorkommen: Seit der U.Trias. 2. (HUXLEY 1869), (Brachiop.): Syn.: Testicardines, Arthropomata, Pygocaulia. Eine Kl. der Brachiopoden, deren meist kalkige Gehäuse ein Schloß besitzen. Rezente Formen mit blind endendem Darm. O.n: → Orthida, → Strophomenida, → Pentamerida, → Spiriferida, → Rhynchonellida, → Terebratulida.

Gelegentlich wird noch die auf Beecher zurückgehende Einteilung in → Pro-und → Telotremata benutzt. Vorkommen: Seit dem U.-Kambrium.

Articulatae (botan.) = → Equisetophyta.

articulate Brachiopoden = → Articulata.

Articulus, *m*, Diarthrose, → Gelenke.

artiodactyl (gr. άρτιος passend, gerade [bei Zahlen]; δάκτυλος Finger, Zehe), = → paraxonisch; paarzehig, -hufig.

Artiodactyla (OWEN 1848), (= Paraxonia. → paraxonisch) Paarhufer: die heute dominierende O. der Huftiere. Sie sind durch paraxonischen (artiodactylen) Fußbau und herbivore Ernährung charakterisiert; das Gebiß ist primär und bei den Suina immer → bunodont, bei den übrigen A. → selenodont. Die hierher gehörigen rezenten Formen werden in drei U.O. gegliedert: 1. → Suina (= Non-Ruminantia), 2. → Tylopoda, 3. → Pecora. Ausgestorben ist die U.O. → Palaeodonta. Die A. sind von → Condylarthra abzuleiten; sie tauchten zu Beginn des Eozäns auf; ihre ersten Vertreter waren noch omnivor und strukturell condylarthren Formen wie den Arctocyoniden (→ Condylarthra) ähnlich; vom oberen Eozän an wurden sie zahlreicher und stehen noch

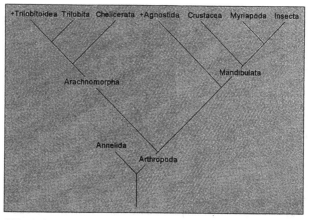

Abb. 9 Schema der Verwandtschaftsbeziehungen zwischen den Haupt-Teilgruppen der Articulata. – Umgezeichnet und verändert nach LAUTERBACH (1980).

heute in voller Entfaltung (Abb. 48, S. 84).

Artisia, *f* (STERNBERG 1838), Marksteinkern von → Cordaiten, mit umlaufender Querrippung entsprechend der kennzeichnenden Fächerung des Marks der Cordaiten.

Artname, wissenschaftliche Benennung der Art; vgl . → Art, → binominale Nomenklatur.

Artschritt, phylogenetischer (ZIMMERMANN 1948), Abschnitt einer Ahnenreihe von solchem Umfang, daß sein Anfangs- und Endglied gerade nicht mehr einer und derselben Art zugerechnet werden können. Entsprechend ist der phylogenetische Gattungsschritt zu verstehen.

Artzone, → Zone.

asaphide Einrollung (nach der Gattung *Asaphus*), (Trilobiten): → sphäroidale Einrollung.

Aschelminthes, → Nemathelminthes.

Ascocerida (FLOWER) (nach der Gattung *Ascoceras),* eine O. der → Nautiloidea, mit schlankem, schwach eingekrümmtem, orthochoanischem (→ Sipho), später abgeworfenem Jugend- und aufgeblähtem Altersstadium mit kurzem cyrtochoanischem Sipho und dorsal gelegenen Luftkammern. Vorkommen: Ordovizium–Silur.

Ascomycetes (gr. ασκός Haut, Schlauch; μύκης Pilz), höhere Pilze mit Ascus-Schläuchen. Vgl. → Eumycetes. Vorkommen: Seit dem Karbon.

Ascon-Typ (HAECKEL), Bauplan der einfachsten, nur aus einer einzigen, relativ großen → Geißelkammer bestehenden Schwämme. Vgl. → Porifera.

Ascophora (gr. φορεῖν tragen) (Bryoz.), eine U.O. der → Cheilostomata, gekennzeichnet durch den Besitz von → Ascoporen.

Ascopore, *f* (gr. πόρος Durchgang, Weg), kleine mediane Öffnung in der verkalkten Vorderseite gewisser cheilostomer → Bryozoen (oft bei → Ascophora), führt zum Wassersack (→ Compensatrix).

Ascothoracida (LALAZE-DUTHIERS 1880) (gr. θώραξ Brustpanzer), eine U.Kl. der Crustacea: Endo- und Ectoparasiten an Coelenteraten und Echinodermen. Fossil als

Cysten an Octokorallen nachgewiesen (*Endosacculus* VOIGT 1959). Vorkommen: Seit der O.Kreide.

Ascus, *m* (Thalloph.): schlauchförmiges → Sporangium der → Ascomycetes, in dem eine bestimmte Zahl → Endosporen erzeugt wird.

asellat (BRANCO 1879) (gr. α nicht, ohne; lat. sella Sattel), → Prosutur.

asp., *m* (= Aspectus) (lat. Anblick), ein Ausdruck für die verschiedenen Lagen und Aspekte der → Sporomorphen, die meist durch sekundäre Kompression entstanden sind und daher manchmal eine genaue Identifikation unmöglich machen.

Aspidiaria (gr. ασπίς Schild), ein besonderer Erhaltungszustand der Stämme von → Lepidodendren (Abb. 72, S. 132).

Aspidin, *n* (GROSS 1930), eine dentinartige Skeletsubstanz gewisser → Agnatha, nach REIF (1981) auch bei Teleosteern und Haien, ohne Knochenzellen, aber mit → Sharpeyschen Fasern. Lamellierte, sekundär in Hohlräumen entstandene Aspidinröhren nannte GROSS (1961) Aspidone. Vgl. → Osteogenese.

aspidobranch, mit zweizeiligen Ctenidien versehen. Vgl. → Ctenidium, → pectinibranch.

Aspidobranchia (SCHWEIGGER 1820) (gr. βράγχια Kiemen), Schildkiemer, Syn. von → Archaeogastropoda.

Aspidorhynchiformes (gr. τό ρύγχος Schnauze, Rüssel), eine O. der→ Holostei (Neopterygii). Vorkommen: Jura–Kreide.

aspondyles Stadium (gr. α ohne, nicht; σφονδύλιος Wirbelknochen), → Bogentheorie der Wirbelentstehung.

Assoziation (lat. associus zugesellt) (botan.): wichtigste Einheit bei der Beschreibung von Pflanzengesellschaften. Als A. faßt man Bestände mit weitgehend ähnlichem Artenbestand zusammen, deren Standortbedingungen daher ebenfalls als sehr ähnlich anzunehmen sind. Die Namen von A. werden durch Anfügung der Endung -etum an den Stamm des Namens einer kennzeichnenden Gattung gebildet.

Assulae, Pl., *f*, **Asseln,** (lat. assula kleines Brett), (Echinod.): die

Kalkplatten des Skeletes von Seeigeln und Schlangensternen.

Aster, *m*, **Euaster** (gr. εὖ typisch; αστήρ Stern) (Schwammnadel), Kugelstern, bei dem von einem Mittelpunkt ± zahlreiche, gleich lange Strahlen ausgehen.

Asteriacites, *m* (SCHLOTHEIM 1820), Lebensspur: Seesternförmige fünfarmige Eindrücke mit quer skulptierten Armen, oft mit Horizontal- oder Vertikalrepetition, als Ruhespuren von Seesternen oder Schlangensternen angesehen. Vorkommen: Ordovizium–Tertiär.

Asteriscus, *m* (gr. αστήρ Stern: -iscus latin. Demin.), → Otolith (Abb. 83, S. 166).

Asteroidea (DE BLAINVILLE 1830) (gr. εἶδος Gestalt), Seesterne; Echinodermen (→ Stelleroidea) mit flachem, fünfstrahligem Körper, dessen breite Arme allmählich in den scheibenförmigen Körper übergehen. Die → Ambulakra verlaufen in flachen, von Ambulakralplatten begrenzten Rinnen auf der Unterseite, sie enden an der Armspitze im unpaaren Terminale. Seitlich an die Ambulakralplatten schließen sich die Adambulakralia an, an diese die lateralen Marginalia (= Randplatten), welche in zwei parallele Reihen geteilt sein können, wobei die unteren Infra-,

Abb. 10 Querschnitt durch den Arm eines rezenten Seesterns (*Astropecten*- Art); Vergr. 4fach. Oben die Reihe der Paxillen (P, schirmförmige Elemente mit verbreiterter Basis), links und rechts die oberen und unteren Randplatten (oR, uR) mit größeren Stacheln und kleineren Dornen, unten die gleichfalls bestachelten Adambulakralplatten (Ad), darüber die dachförmig angeordneten Ambulakralia (A). Zwischen unteren Randplatten und Ambulakralia die Superambulakralstücke (SA). – Aus HESS (1975)

die oberen Supramarginalia (= untere bzw. obere Randplatten) heißen. Den Mund umgibt ein Mundgerüst aus modifizierten A.- und IA.-Platten. Dessen Hauptteil sind die Circumoralia, dahinter liegt jeweils eine → Odontophorplatte. Auf der Oberseite (aboral) liegt vielfach ein Zentrale (oder Dorsozentrale). Eine Reihe größerer Radialia zieht sich auf den Armen hin, deren erstes (größtes) das primäre R. heißt. Ein → Radiozentrale kann zwischen diesem und dem Zentrale liegen. Zwischen die primären Radialia schieben sich große Interradialia. Einige A. ertragen als einzige Echinodermen sogar zeitweiliges Trockenfallen (z. B. im Watt). Morphologisch haben sie sich seit ihrem ersten Auftreten kaum gewandelt. Vorkommen: Seit dem Ordovizium.

Asterophyllites (BRONGNIART 1828) (gr. φύλλον Blatt), ein Blatt-Typ der → Calamitaceae, dessen quirlständige Einzelblättchen lang, schräg aufwärts gerichtet und bis zum Grunde frei sind. Vorkommen: Karbon–Perm. Vgl. → *Annularia*.

asterospondyl (gr. σφονδύλος Wirbelknochen) (Haiwirbel), → tectospondyl.

Asterozoa, (HAECKEL in ZITTEL 1895), ein Unterstamm der Echinodermata. Vgl. → Stelleroidea.

asthenodont (gr. ασθενής unbedeutend, kraftlos, οδούς Zahn) (Lamell.), Schloß mit reduzierten Zähnen bei bohrenden und grabenden Muscheln. Syn.: desmodont, vgl. → Schloß, 2.

Astogenie, -genese, *f* (gr. άστυ Stadt, γενεά Entstehung), die Summe der Ontogenesen aller Einzeltiere eines Stockes (bzw. einer Kolonie) einschließlich der Veränderungen des Gesamtstockes und seiner nicht individualisierten Teile (Gewebe usw.).

astraeoid (LANG 1923) (nach der Gattung *Astraea*; gr. εἶδος Gestalt, Ähnlichkeit), bei → Madreporaria-Kolonien: massig, die → Coralliten gehen der Epithek verlustig, die wohlentwickelten Septen (→ Septum) alternieren meist in den benachbarten Coralliten. Vgl. → Corallum.

Astragalus, *m* (gr. αστράγαλος Sprungbein, Knöchel, auch Würfel, da daraus verfertigt), Sprungbein, Talus; ein kompakter Knochen im Sprunggelenk der Säugetiere, entstanden aus der Verschmelzung von → Tibiale und → Intermedium der niederen Tetrapoden. Vgl. Abb. 24, S. 40.

Astrapotheria (LYDEKKER 1894) eine O. sehr eigenartiger südamerikanischer Huftiere mit mächtigen Eckzähnen bei reduziertem Prämaxillare (vielleicht Ansatz eines Rüssels), normaler vorderer, aber sehr schwacher hinterer Extremität. Vorkommen: Paläozän–Miozän Südamerikas.

astroid (gr. αστήρ Stern; εἶδος Gestalt), (Radiol.) vielstrahlig. Skeletbautyp bei → Spumellaria.

Astromyelon (WILLIAMSON 1883) (gr. μυελός Mark) kleinere Wurzel von Calamiten (→ Calamitaceae), mit typischer Wurzelstruktur, ohne Mark, mit gutentwickeltem Durchlüftungsgewebe, wie es für sumpfige Standorte kennzeichnend ist.

Astrorhizae Pl., *f* (CARTER 1880) (gr. άστρον Stern; ρίζα Wurzel), Systeme von sternförmig sich verzweigenden Kanälchen auf oder dicht unter der Oberfläche von → Stromatoporen. Sie wurden von JORDAN (1969) als Spuren von Bohrorganismen gedeutet, von STEARN (1975) als Ausströmöffnungen von Schwämmen. Vgl. → Monticuli.

Asymptote, *f*, mediale und laterale Begrenzung der ‚asymptotisch' verlaufenden Anwachslinien des → Phragmokons und → Proostracums von → Belemniten (Abb. 13, S. 28).

Aszendenten, Pl., *m* (lat. ascendere aufsteigen), Verwandte in aufsteigender Linie (Vorfahren). Vgl. → Deszendenten.

Ataktostele, *f* (gr. άτακτος ungeordnet; στήλη Säule), (botan.): → Stele.

Atavismus, *m* (H. DE VRIES 1901) (lat. atavus = Urahn), Rückschlag, Wiederauftreten von Ahnenmerkmalen, die den unmittelbaren Vorfahren abgingen, z. B. Dreizehigkeit bei heutigen Pferden. Als mögliche Ursachen des seltenen Vorgangs werden besondere Genkombinationen, Störungen während der

Embryonalentwicklung oder neue Mutationen angeführt.

atelische Bildungen (HANDLIRSCH 1915) (gr. α ohne; τέλος Zweck), sind solche Bildungen, deren Entstehung nicht durch jene Funktion bedingt ist, die sie eventuell später haben können.

Atelostomata (ZITTEL 1879) (gr. ατελής unvollendet; στόμα Mund), → irreguläre Seeigel ohne Kiefergerüst (Adj. **atelostom**) (Ü.O. der → Euechinoidea). Vorkommen: Seit dem Jura.

athyrid (nach der Gattung *Athyris*), (Brachiop.) → Armgerüst (Abb. 15, S. 34).

Atlas, *m* (gr. Άτλας in der griech. Mythologie der Titan, der das Himmelsgewölbe trägt), der ringförmige erste Halswirbel der → Amniota. Er besteht normalerweise aus dem Neuralbogen und dem → Hypozentrum (Interzentrum) des ersten Wirbels, hier auch ventrales Schlußstück genannt. Bei den Säugern verschmilzt der eigentliche Wirbelkörper des Atlas (→ Pleurozentrum) als Zahnfortsatz (Dens epistrophei) mit dem → Epistropheus. Dieser besitzt damit 2 Wirbelkörper, seinen eigenen und den des Atlas'. Vgl. → Proatlas.

atom (gr. άτομος unteilbar), (Crinoid.): → Armteilung (Abb. 84, S. 166).

Atremata (BEECHER 1891) (gr. τρήμα Loch), Bez. für → inarticulate Brachiopoden mit horniger oder chitinig-phosphatischer Schale, deren Stiel zwischen beiden Klappen ohne eigentliches Stielloch (symbolothyrid) hervortritt. Kein kalkiges Armgerüst. Vorkommen: Seit U.Kambrium; (dazu die Linguliden u. Acrotretiden z. T.).

Atrium, *n* (lat. Halle), → Paragaster.

Atrophie, *f* (gr. ατροφία Mangel an Nahrung), die Verkümmerung eines Organismus' oder seiner Teile, unabhängig von der Ursache (Erweiterung der ursprüngl. Bedeutung).

atrypid (nach der Gattung *Atrypa*), (Brachiop.) → Armgerüst (Abb. 15, S. 34).

Attritus, *m* (R. THIESSEN 1920) (lat. atterere reiben), Zerreibsel; Haufwerk der Kohlengrundmasse aus humoser Substanz, Sporen, Kutikeln, Harz und opaker Substanz.

Aufschließung, von Gesteinsproben für mikropaläontologische Untersuchungen, bezweckt die Isolierung und Anreicherung der → Mikrofossilien. Die A. erfolgt je nach Beschaffenheit des Gesteins durch einfaches Schlämmen oder durch mechanisches Zerkleinern und anschließende Behandlung mit Glaubersalz, Soda, H_2O_2, Schwerbenzin, Gasolin, Ultraschall usw., oder auch durch abwechselndes Gefrieren und Auftauen. Aus Karbonatgesteinen gewinnt man die nicht-karbonatischen Fossilien (vor allem → Conodonten) durch Lösen des Gesteins in verdünnter Salzsäure, Essigsäure oder Monochloressigsäure, oder durch Glühen und nachfolgendes Freipräparieren.

Augenleiste, eine bei manchen → Trilobiten vom Vorderende der Augen zur → Glabella ziehende erhabene Leiste, die sich manchmal am Außenrande des → Palpebral-Lobus fortsetzt (Abb. 118, S. 246).

Augenstein, anorganische Kieselbildung in Form von Augen, wie sie z. B. in Kalkschiefern des U.Karbons von Wildungen gefunden werden (Pseudofossil).

Aulacocerida (BERNARD 1895) (nach der Gattung *Aulacoceras*). (Syn.: Protobelemnoidea ERBEN 1964), eine U. der → Coleoidea. Sie umfaßt sehr primitive Formen ohne Proostrakum, mit langer, röhrenförmiger Wohnkammer, aber äußerlich dem Rostrum der Belemniten ähnlichem → Telum. Dazu rechnete JELETZKY auch *Chitinoteuthis*, dessen Telum aus Conchiolin besteht. Vorkommen: U.Devon–Jura.

Aulacophor, *m* (UBAGHS 1961) (gr. αὖλαξ, αὖλακος Furche, Grube; φορεῖν tragen), einzelner gegliederter Anhang der → Stylophora (→ Homalozoa), der im Gegensatz zu früheren Interpretationen als Ambulakrum-führender Arm angesehen wird. Vgl. → Styloconus, → Calcichordata.

Aulacotheca, *f* (HALLE 1933) (gr. θήκη Behälter), (Pteridospermae), geschlossener flaschenförmiger Mikro-Sporenbehälter gewisser → Medulloseae.

Aulodonta (gr. αυλός Röhre, Hülle; οδούς Zahn), im System von MORTENSEN (1951) eine O. → regulärer Seeigel, mit Aurikeln und Apophysen (→ Auricula), kurzen Epiphysen (→ Laterne) und einfachen Zähnen ohne Kiel oder Furche (etwa: Ü.O. Diadematacea). Vorkommen: Seit der Trias.

aulodont, (Echinid.) → Laterne des Aristoteles.

aulophylloid (HILL 1935) (nach der Gattung *Aulophyllum*), heißt eine Axialstruktur von gewissen → Rugosa, mit sehr zahlreichen Bacula (→ Baculum) und Tabellae (→ Tabella). Nach SCHOUPPÉ & STACUL als septobasale Columella anzusprechen (→ Axialstruktur). Vgl. → clisiophylloid, → dibunophylloid.

Aulos, *m* (S. SMITH 1928) (gr. αυλός Röhre), bei → Rugosa: aus seitlich abgebogenen und miteinander verbundenen Achsialenden von Septen (→ Septum) gebildete, geschlossene Innenwand, die axiale und periaxiale Tabulae (→ Tabula) voneinander trennt. Vgl. → Innenwand.

Auricula, *f*, Aurikel (lat. Öhrchen) (Echinoid.): innerer, ambulakral (= radial) gelegener Fortsatz der Corona von → Echinoidea zum Ansatz der Muskeln des Kieferapparates. Bei den → Cidaroida sitzen die Muskeln interradial an Fortsätzen, die nach JACKSON (1912) als Apophysen bezeichnet werden (Abb. 109, S. 217). (Botan.): → Sporomorphae.

Ausguß, (Gastrop.): Kerbe im unteren Mündungsrand in der Nähe der Spindel, zum Durchtritt des Siphos (Abb. 54, S. 94).

Auslese, = → Selektion.

Außenlamelle, die aus äußerer und innerer Chitinschicht und der dazwischen liegenden verkalkten Lage aufgebaute Schale der → Ostrakoden (Abb. 81, S. 165).

Außenwand, bei → Madreporaria, vorwiegend → Rugosa: Äußerste, geschlossene Umgrenzung eines → Coralliten bzw. einer massigen Korallenkolonie. Sie kann ein selbständiges Skeletelement darstellen (→ Epithek bzw. → Holo- und → Peritheca) oder aus Anteilen von Septen hervorgehen (→ Pseudothceca e. p.). Beide Ausbildungen können auch nebeneinander auftreten bzw. einander im Laufe der Ontogenese ersetzen. Vgl. → Innenwand.

Australopithecinen (lat. australis südlich, gr. πίθηκος Affe), → Hominidae.

autapomorph, Autapomorphie (W. HENNIG) (gr. αυτός selbst; από von...weg; μορφή Gestalt), → Phylogenetische Systematik.

authigen (gr. αυθιγενής an Ort und Stelle entstanden), bei Organismen: durch den eigenen Organismus gebildet. Vgl. → allothigen.

Auto- (VAN WIJHE 1882) (gr. αυτός selbst, eigen), eine Vorsilbe, welche bei Mischknochen den Ersatzknochenanteil bezeichnet. Vgl. → Dermo-.

autochthon (Autochthonie) (gr. χθών, -ονός Erde), allgemein: bodenständig; im ehemaligen Lebensraum eingebettet. Paläobotan.: entstanden aus Material, welches an Ort und Stelle gebildet wurde. POTONIÉ (1960) unterschied bei Pflanzen besonders:
a) euautochthone Pflanzenreste wie Wurzeln und in situ befindliche Stämme, die sich noch genau am Ort ihres Wachstums befinden;
b) hypautochthone (= subautochthone oder sedimentiert autochthone) Pflanzenreste wie Sporen, die trotz Transportes noch im Lebensraum ihrer Mutterpflanzen geblieben sind;
c) semiautochthon (H. POTONIÉ 1908) sind Sedimente, die neben autochthonen auch noch allochthone Bestandteile enthalten, wie z. B. gewisse → Sapropelite.

autodont, heißen Zähne, die nicht mit dem zahntragenden Knochen verwachsen.

Autökologie, *f* (SCHRÖTER 1896) (gr. οἶκος Haus), Ökologie in Bezug auf den einzelnen Organismus, im Gegensatz zur → Synökologie.

Autogenese, *f* (PLATE 1903) (= autogene Orthogenese), die vitalistische Auffassung der Entwicklung, nach welcher der Organismus selbst der treibende Faktor im Entwicklungsgeschehen ist. Gegensatz → Ektogenese.

Autohyle, *f* (gr. ὕλη Stoff), nicht veröffentlichtes Material, das vom Autor einer Art als zu dieser gehörig bestimmt wurde (→ Hyle).

Autolyse, *f* (gr. λύσις Lösung), Selbstauflösung; Zerfall abgestorbener Organismen ohne Mitwirkung von Bakterien durch eigene Fermente (RUTTNER).

Automorphose, *f,* = → Autogenese.

Autopodium, *n* (HAECKEL) (gr. πούς, ποδός Fuß), der distale Abschnitt der Tetrapodenextremität: Hand bzw. Fuß. Vgl. → Stylo-, → Zeugopodium. Das A. gliedert sich in Basipodium: Hand- (Carpus) und Fußwurzel (Tarsus); Metapodium: Mittelhand und -fuß (Metacarpus, -tarsus); Akropodium: Digiti (Finger).

autorum bzw. **auctorum** (lat. auctor Urheber, Veranlasser), hinter einem Artnamen: „im (herkömmlichen) Sinne der Autoren" (z. B. im Gegensatz zur Auffassung des ursprünglichen Autors).

Autostose, *f* (gr. οστέον Knochen), = → Ersatzknochen. Vgl. → Osteogenese.

Autostylie, *f* (HUXLEY 1876) (gr. στύλος Säule, Stütze), unmittelbare Verbindung des → Palatoquadratums mit dem → Neurocranium ohne Vermittlung des → Hyomandibulare. Vgl. → Amphistylie, → Hyostylie. Bei vollständiger Verschmelzung (bei → Holocephali) liegt Holostylie vor.

Autotheca, *f* (gr. θήκη Behälter, Kasten), einer der drei Typen von Theken bei sessilen → Graptolithen. Möglicherweise enthielt er weibliche → Zooide bei den epiplanktischen → Graptoloidea mit nur einer (ebenfalls Autotheca genannten) Thekenart dagegen vielleicht zwittrige. Vgl. → Stolotheca, → Bitheca.

Autotopohyle, *f* (gr. τόπος Ort; ὕλη Stoff), nicht veröffentlichtes Material des Autors einer Art von deren → Locus typicus (= Metatypus). → Hyle.

autotroph (gr. αυτός selbst, τροφή Ernährung) heißen Organismen, die für ihre Ernährung primäre Energieformen nutzen, z. B. das Licht. Sie assimilieren den Kohlenstoff durch Photosynthese oder durch Oxidation anorganischer Verbindungen (Chemosynthese). Heterotrophe Ernährung erfolgt durch Aufnahme bereits vorhandener organischer Stoffe, entweder osmo-

tisch (in gelöster Form) oder durch Aufnahme geformter Partikel. Mixotrophe Ernährung ist sowohl auto- als auch heterotroph.

autozentral (A. REMANE 1936), heißt die Entstehung von Elementen des Wirbelkörpers durch direkte Verknorpelung oder Verknöcherung aus dem perichordalen Gewebe. In den herkömmlichen Schemata der Wirbelkörperentstehung nach der → Bogentheorie sind solche Elemente nicht berücksichtigt bzw. vereinfachend als Teile der Bogenelemente gedeutet worden. → Abb. 122, S. 256. → Wirbelkörper.

Autozooecium, *n* (gr. οἶκος Haus), normales, von einem einzelnen Bryozoen-Tier bewohntes Gehäuse.

Autozooid, *n,* normales, nicht spezialisiertes → Zooid einer Bryozoenkolonie.

Auxiliarloben (L. VON BUCH 1829) (lat. auxilium Hilfe, gr. λοβός Lappen), zusätzliche, gleichsam Hilfestellung leistende Loben, innerhalb des Laterallobus gegen die Naht gelegen (= äußere Umbilikalloben). Die Bezeichnung A. ist heute durch → Suturalloben ersetzt, im engl. Sprachbereich aber gebräuchlich. Vgl. → Lobenlinie.

auximetamer (SAGEMEHL 1884) (gr. αὔξειν vergrößern; → μετά inmitten, gemäß; μέρος Reihe), → Neocranium.

Auxosporen, Pl., *f* (gr. σπόρος Same, Saat), → Diatomeen.

Aves (LINNÉ 1758) (lat. Vögel), sie stammen wie die Flugsaurier (→ Pterosauria) von frühen → Thecodontia ab. Wie ihr ganzer Körper ist ihr Skelet den Erfordernissen des Fliegens entsprechend umgewandelt, besonders sind die Knochen marklos, dünnwandig und vielfach → pneumatisch. Die geringe Größe und terrestrische Lebensweise der meisten Vögel ist für ihre Fossilerhaltung nicht günstig. Daher stehen den etwa 20 000 rezenten Arten nur etwa 400–500 fossile, noch dazu meist auf fragmentarischem Material begründete, gegenüber. Wesentliche Aussagen für die Stammesentwicklung der Vögel ergaben sich nur aus wenigen glücklichen Funden im Jura (→ *Archaeopteryx*)

und in der Kreide (→ Odontoholcae). Die Klasse A. gliedert sich in die U.Kl.n → Sauriurae, → Odontoholcae und → Ornithurae. Vorkommen: Seit dem O.Jura.

Avicularium, *n* (lat. avicula Vögelchen; Endsilbe -arium Ort oder Behälter zur Aufbewahrung und sein Inhalt) (Bryoz.): spezialisiertes cheilostomes → Zooid mit oft vogelkopfähnlichem Greifapparat aus Chitin. Sonderfall eines Heterozooids. Vgl. → Heterozooecium.

Aviculoecium, *n* (gr. οἶκος Haus, Gehäuse), die verkalkten Teile (Skeletteile) eines → Avicularium.

axial, -ad, auf eine Achse bezogen. Vgl. → Lagebeziehungen.

Axialfurche (= Rückenfurche), die Furche, welche die → Glabella und die → Rhachis von → Trilobiten seitlich begrenzt (Abb. 117, S. 246).

Axialstruktur (HILL 1935) (lat. axis = Achse), zusammenfassende Bez. für beliebige, im Zentrum von → Madreporaria-Coralliten auftretende Skeletbildungen. SCHOUPPÉ & STACUL (1966) schlugen zur Klärung der Begriffe Axialstruktur, → Columella und → Pseudocolumella folgende Bezeichnungen vor:

a) Persistente, bis in den Kelch hineinragende, in höheren Entwicklungsstadien den Septen gegenüber selbständige Bildungen:

1. Septale Columella: aus einem oder wenigen Bacula (→ Baculum) sowie untergeordneten Elementen des → Basalapparates gebildet, z. B. bei *Timorphyllum*.

2. Septobasale Columella: aus zahlreichen Bacula und basalen Elementen in wechselndem Verhältnis aufgebaut, z. B. bei *Lonsdaleia*.

3. Pseudoseptale Columella: aus lückenlos aneinanderschließenden kuppelförmig gewölbten Lamellen der Fußscheibe gebildet, z. B. bei *Cyathaxonia*.

b) Sporadische Bildungen: in höheren Lagen verschwindend, aufgebaut aus sporadisch auftretenden Bacula sowie untergeordneten Elementen des Basalapparates, z. B. bei *Lophamplexus*.

Nicht zu den Axialstrukturen sind bis in das → Corallitenzentrum laufende, miteinander verbundene

Septen (→ Septum), den zentralen Raum des Coralliten erfüllende Basalelemente sowie Innenwandbildungen zu rechnen. Vgl. → Innenwand, → Aulos.

Axialkanal (lat. axis Achse), Achsenkanal; zentraler Kanal der Stielglieder und Cirren von Crinoiden. Er enthält einen von Nervenfasern umgebenen axialen Gefäßstrang, der mit dem → gekammerten Organ in Verbindung steht.

Axillare, *n* (lat. axilla, Achselhöhle), heißt jede Platte an Armen von → Crinoidea, die an ihrem Oberrand dachförmig zwei Gelenkflächen trägt, über der sich also der Arm gabelt.

Axis, *m,* der zweite Halswirbel der Tetrapoden (= → Epistropheus).

-axon (in Zusammensetzungen) bezeichnet die Achsen von Schwammnadeln. Vgl. → -actin.

Axonolipa (FRECH 1897) (gr. άξων Achse; λείπειν verlassen, zurücklassen), → Graptoloidea, bei denen beide Arme frei bleiben, das Rhabdosom also bilateral und uniserial ist. Der von der Sicula ausgehende Nemafaden bleibt frei (z. B. Leptograptiden). Dagegen sind bei den Axonophora die Arme aufgerichtet und mit ihren Rückseiten unter Einschließung des jetzt manchmal Virgula genannten Nemas verwachsen; das Rhabdosom ist jetzt unilateral, aber biserial oder sekundär uniserial (z. B. Diplograptiden, Monograptiden). Beide Termini gelten als obsolet, wurden auch von den Autoren unterschiedlich umgrenzt. Vgl. → Nema.

Axonophora (FRECH 1897) (gr. φέρειν tragen), → Axonolipa.

Azoikum (gr. α ohne; ζώον Tier), Erdzeitalter ohne tierische Hinterlassenschaft (= Archaikum).

azonal (gr. ζώνη Gürtel), a. gebaute Sporen besitzen weder Auriculae noch Cingulum, Zona oder Sacci (→ Saccus). Vgl. → Sporomorphae.

azyg (gr. ζυγόν Joch), heißt die kleinste, nicht (wie die beiden anderen) aus der Vereinigung eines Plattenpaares hervorgegangene Basalplatte (Basale) der → Blastoidea. Sie liegt stets im vorderen rechten Interradius.

B

Bacillariophyceae (lat. bacillus, Demin. von baculum Stock), Kieselalgen, = → Diatomeen.

Bacteria, Bacteriophyta (gr. βακτηρία Stock, Stab), Bakterien, Spaltpilze. Einzeln oder in einfachen Verbänden (Fäden, Kolonien) lebende sehr kleine (um 1 μm) Zellen ohne Zellkern (prokaryot). Membranen meist aus Hemizellulose oder pektinartigen Stoffen. Teils aerob, teils potentiell oder obligatorisch anaerob lebend. Ernährung meist heterotroph, sonst autotroph, photo- oder chemosynthetisch. Die heterotrophen B. ernähren sich meist saprophytisch (von totem organischem Material), teilweise in lebenden Wirtsorganismen (als Synoeken, Symbionten oder Parasiten). B. gehören zu den ältesten bekannten Organismen.

Bactriten (U.Kl. Ammonoidea, O. Bactritida), ± schlanke, → orthooder → cyrtocone Cephalopoden mit ortho- oder cyrtochoanischem, randständigem → Sipho, der zur Bildung eines Siphonallobus Anlaß gibt. Beginnende Einrollung kommt vor. Sie können von orthoconen Nautiloideen (Michelinoceraten) abgeleitet werden. Die B. nehmen eine Zwischenstellung zwischen → Nautiloideen und → Ammonoideen ein und sind die Stammgruppe der letzteren. Sie bilden vermutlich auch die Ausgangsgruppe der → Coleoideen (Fam. Parabactritidae). Vorkommen: Je nach Zuordnung gewisser strittiger Gattungen (? Ordovizium, ? Silur) Devon– Perm.

Bactritida, → Bactriten.

baculloon (lat. baculum Stab; co nus Kegel) (Ammon.): → Heteromorphe.

Baculum, Pl. Bacula, *n,* 1. bei → Madreporaria: (im Sinne von WEDEKIND) am Bau der → Axialstrukturen beteiligtes, plattenförmiges, am axialen Ende von Septen abgeschnürtes und selbständig weiterwachsendes Skeletelement (= Septallamelle SCHINDEWOLF 1924). 2. → Sporomorphae. 3. = → Penisknochen.

Baersches Gesetz, (nach K. E. v. BAER 1828), „... jede ontogenetische Entwicklung schreitet in zunehmender Differenzierung vom Allgemeinen zum Besonderen fort, bringt also nacheinander die Typenmerkmale des Stammes, der Klasse, Ordnung usw. des betr. Individuums zur Ausbildung" (SCHINDEWOLF 1950).

Baiera, gestielte, fein zerteilte Blätter fossiler Ginkgogewächse (→ Ginkgopsida).

Bakterien, → Bacteriophyta.

Bandnymphen, Ligamentnymphen, → Nymphae.

Barytherioidea (SIMPSON 1945) (gr. βαρύς schwer, gewichtig; θήρ, θηρός Tier), eine Superfam. der → Proboscidea; sie enthält nur die Gattung *Barytherium* ANDREWS aus dem O.Eozän Ägyptens. Die Gattung wird von manchen Autoren taxonomisch höher bewertet, als Vertreter einer eigenen O. oder U.O.

Basalapparat (ENGEL & SCHOUPPÉ 1958) (gr. βάσις Grundlage; lat. Endsilbe -al bedeutet Zugehörigkeit), bei → Madreporaria: Zusammenfassende Bez. für die jeweiligen Letztausscheidungen in einem → Coralliten. Der B. umfaßt → Tabulae, → Tabellae und postseptale → Dissepimente (nicht aber → Wandblasen). Vgl. → Interseptal-Apparat.

Basale, *n,* Pl. Basalia (= Subradiale), eine der Platten des untersten Plattenkranzes des Kelches regelmäßig gebauter → Crinozoa (Crinoidea, Eocrinoidea, Blastoidea, reguläre dichoporite Cystoidea). Bei dizyklischen Crinoiden liegt unter dem Kranz der B. noch ein solcher von Infrabasalia, bei einigen Eocrinoidea ein einfaches Centrobasale. Vgl. → Kelchbasis.

basales Tripodium (gr. τρίπους Dreifuß), → Nassellaria (Radiol.).

Basalplatte (KOCH), bei → Madreporaria: Fußplatte; die kalkige Erstausscheidung der Fußscheibe, auf der sich die Septen (→ Septum) und die → Epithek erheben.

Basalwulst, = → Cingulum.

Basapophyse, *f* (gr. απόφυσις Auswuchs [am Knochen]), Basalstumpf, → Wirbel.

Basibranchiale, *n* (gr. βράγχια Kiemen), = → Copula; vgl. → Visceralskelet.

Basidie, *f* (gr. βασίδιον Sockel) (Thallophyten), charakteristisches Organ der → Basidiomycetes, ein Gebilde, von dem sich 4 getrennt stehende (Exo-) Sporen durch Sprossung abschnüren (homolog dem → Sporangium). Ihr kann eine keulenförmige Probasidie voraufgehen.

Basidiomycetes (gr. μύκης Pilz), höhere Pilze mit → Basidien, ‚Schwammpilze'. Mycelreste fossiler B. sind in der Braunkohle nicht selten. – Seit Karbon. Vgl. → Ascomycetes.

Basidorsale, Basiventrale, *n* (gr. βάσις Grundlage), → Bogentheorie der Wirbelentstehung (Abb. 123, S. 257).

Basihyale, *n* → Hyoidbogen.

Basioccipitale, *n*, eine Verknöcherung des basalen, medianen Teils der Hinterhauptsregion (Regio occipitalis) des → Neurocraniums. (Abb. 77, S. 149). Vgl. → Occipitale.

Basionym, *n* (gr. όνομα Name) (Botan. Nomenkl.), bei Aufstellung einer neuen Art jenes Synonym (→ Synonymie), das den → Artnamen (das → Epitheton) mitbringt.

Basipodit, *m* (gr. πούς, ποδός Bein) (= Basis), das dritte Glied der vollständigen Crustaceen-Extremität, zugleich die Basis der beiden ‚Spaltfuß'-Äste. Vgl. → Arthropoden.

Basipodium, *n*, → Autopodium.

Basipterygium, *n* (gr. πτερύγιον kleiner Flügel), basale Knochen- oder Knorpelplatte der einzeiligen → Ichthyopterygia der Knochenfische. Bei den meisten Selachiern finden sich stattdessen 2–3 knorpelige Basalstücke: Pro-, Meso-, → Metapterygium.

Basipterygoid-Gelenk, eine Verbindung der Pars quadrata des → Palatoquadratums mit der Basis des → Primordialcraniums bei amphistylen (→ Amphistylie) Schädeln. Die Schädelbasis bildet dann den kurzen Proc. basipterygoideus (Abb. 77, S. 149) vor der Labyrinthkapsel aus, die pars quadrata des Palatoquadratums den Proc. basalis.

Basisphenoid, *n* (gr. σφήν Keil) eine bei Knochenfischen erstmalig auftretende ventrale Verknöcherung des Primordialcraniums, vor dem → Basioccipitale gelegen. Abb. 77, S. 149. → Sphenoidale.

Basiventrale, *n* , → Bogentheorie.

Basommatophora (KEFERSTEIN 1864) (gr. βάσις Basis, όμμα Auge, φορεῖν tragen), eine U.O. der → Pulmonata (‚Lungenschnecken'). Sie umfaßt deren aquatische Formen (‚Süßwasserpulmonaten'); bei ihnen liegen die Augen ohne Stiele im Kopf, meist am Grunde eines Fühlerpaares. Vorkommen: Seit dem Karbon.

bastionisch (ital. bastione Bollwerk), nannte R. POTONIÉ die Umrißlinie reticulater → Sporen, auf der die Netzleisten im Querschnitt bastionartig hervortreten.

bathyal (HAUG 1908) (gr. βαθύς tief), → bathymetrische Gliederung.

bathybiont nannte THIENEMANN diejenigen Tiere in Seen, die ausschließlich in der Tiefe leben, im Gegensatz zu den bathyphilen, die auch in geringerer Tiefe vorkommen, also eurybath sind.

bathymetrische Gliederung, Gliederung der marinen Lebensräume nach der Tiefe. Man unterscheidet:

litoral: die Zone des Gezeitenbereichs („Hochflut bis Tiefebbe", H. SCHMIDT),

neritisch: der seewärts anschließende Bereich bis zur Untergrenze der Vegetation (meist mit 200 m Tiefe angenommen),

bathyal: die anschließenden Bereiche bis 1000 m Tiefe,

abyssisch: der Tiefsee zugehörig, hadal: unterhalb 6000 m.

Nach ökologischen Gesichtspunkten lassen sich mit LIEBAU (1980) bestimmte Verbreitungsgrenzen angeben wie z.B.:

Chlorokline: untere Verbreitungsgrenze tiefreichender Grünalgen und Seegräser.

Hermakline: untere Verbreitungsgrenze riffbauender algensymbiontischer Tiere wie Korallen und wahrscheinlich Hippuriten. Chr. und H. liegen bei 60–80 m, im Extrem bei 110 m.

Ophthalmokline: ‚Erblindungszone' der benthischen Ostrakoden und anderer Crustaceen. Ophth. ‚A': Untergrenze benthischer Ostrakoden mit Augen (500–600 m); Ophth. ‚B': Obergrenze erblindeter Ostrakoden in reinen Vergesellschaftungen blinder Ostrakoden (800–600 m, im Extrem 400 m).

Rhodokline: Untergrenze vielzelliger (Braun- und Rot-) Algen (150–200 m, Extrem 250 m).

Pterygokline: Obere Verbreitungsgrenze kymatophober (d. h. Wellenbewegung meidender) benthischer Ostrakoden (zw. 40 und 80 m an ozeanischen Küsten und 5–10 m in geschützten Meeresarmen). Vgl. auch → diaphane und → euphotische Region.

Batoidea (BRIDGE 1910), Rochen (Platosomia); eine O. der → Elasmobranchii: überwiegend abgeplattete Formen mit riesigen Brustflossen, ohne Schwanzflosse; viele von ihnen sind Molluskenfresser mit großen, flachen, geriefelten Kauplatten (z. B. *Ptychodes,* O. Kreide). Vorkommen: Seit dem U. Jura.

Batrachomorpha (SÄVE-SÖDERBERGH) (gr. βάτραχος Frosch; μορφή Gestalt), eine der Stammlinien der → Eutetrapoda i. S. von v. HUENE, gekennzeichnet durch ein → latitabulares Schädeldach; v. HUENE rechnete dazu die → Stegocephalia und die → Anura. (Abb. 11, S. 28).

Beckengürtel, Becken, der Stützapparat für die hinteren paarigen Extremitäten der Wirbeltiere. Er besteht nur aus → Ersatzknochen. Bei Fischen bildet er eine einfache, nicht mit der Wirbelsäule verbundene Knochenspange (dem Pubis und Ischium vergleichbar), erst bei den Stegocephalen entstand mit dem Ilium (Darmbein) eine Verbindung mit der Wirbelsäule und damit das → Sacrum. Bei den Tetrapoden

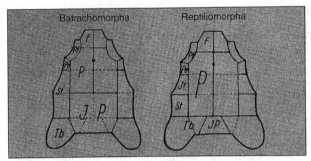

Abb. 11 Verknöcherungsbereiche der Hinterhälfte des Schädeldaches bei Batrachomorphen (latitabular) und bei Reptiliomorphen (angustitabular) nach SÄVE SÖDERBERGH aus den Elementen der Crossopterygier. F Frontale; IP Interparietale (= Postparietale); IT Intertempoale; P Parietale; PF Postfrontale; Po Postorbitale; St Supratemporale; Tb Tabulare. – Nach v. HUENE (1954)

besteht das Becken aus dem ventral vorn (oral) gelegenen **Pubis** (Schambein), dem ventral hinteren (caudalen) **Ischium** (Sitzbein) und dem dorsalen **Ilium** (Darmbein). An ihrer Vereinigungsstelle liegt die Gelenkgrube für den Oberschenkel (**Acetabulum**), ventral vereinigen sich Pubis und Ischium in der Beckensymphyse. Bei den Säugetieren verwachsen die Beckenknochen jederseits zum Hüftbein (**Os coxae**).

Beinhaut = → Periosteum.

Belegknochen, Deck-, Haut-, sekundäre Knochen, Allostosen: ohne knorpelige Grundlage im Bindegewebe entstandene, phylogenetisch aus Verknöcherungen der Lederhaut (Cutis) hervorgegangene Knochen, die später in tiefere Schichten gewandert sind. Belegknochen sind besonders am Aufbau des Schädels beteiligt. Vgl. → Osteogenese.

Belemniten, *m* (O. Belemnitida D'ORBIGNY 1815) (gr. βέλεμνον Blitz, Geschoß), (,Donnerkeile', ,Fingersteine', Phragmophora), ausgestorbene, wahrscheinlich dibranchiate → Cephalopoden (Kopffüßer) (vgl. → Coleoidea) mit wahrscheinlich 10 Armen, deren jeder zwei Reihen Häkchen (Onychiten) trug; mit innerem kalkigem Gehäuse, dessen massiver Teil, das Rostrum, meist allein gefunden und oft ebenfalls als B. bezeichnet wird. Hartteile: Das → Rostrum (Scheide) aus radialstrahligem Kalzit, mit einer vorderen trichterförmigen Einsenkung, der Alveole, zur Aufnahme des kegelförmigen, gekammerten, von einem randständigen → retrosiphonaten Sipho durchzogenen und mit einer ± kugeligen Embryonalblase (Bursa primordialis) beginnenden Phragmokons. Dieser steckt in einer eigenen Hülle, der Conothek (vgl. → Velamen triplex), welche sich nach vorn in

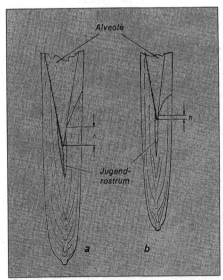

Abb. 12 Belemniten. Medianschnitt durch das Rostrum von *Belemnitella* (a) und *Belemnella* (b), mit Angabe des Schatsky-Wertes (= h). – Umgezeichnet nach JELETZKY (1951)

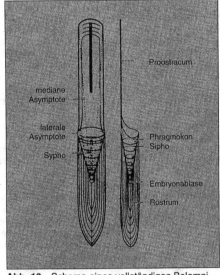

Abb. 13 Schema eines vollständigen Belemnitengehäuses. – Nach ROGER in PRIVETEAU (1952)

das dünne, blattförmige → Proostracum verlängert. Die B. stammen wahrscheinlich wie die → Ammonoideen von → Bactriten ab. Nach einem ersten Vorkommen im U.Karbon (*Paleoconus, Hematites*) und völligem Fehlen im Perm und in der Trias fand die Hauptentwicklung der B. im Jura und in der Kreide statt (Abb. 12, 13, S. 28). Vgl. → Coleoidea.

Bellerophontida, eine im Paläozoikum weit verbreitete Gruppe ± dickschaliger, planspiralig eingerollter Mollusken ohne Perlmuttschicht, oft mit einem Schlitzband (→ Selenizone) oder mit → Tremataversehen. Ihre Deutung ist umstritten, entweder als tordierte Tiere, d. h. mit Überkreuzung des Weichkörpers, dann waren es den → Archaeogastropoden nahestehende Gastropoden, oder es waren eingerollte Monoplacophora. Vorkommen: U.Kambrium–Trias.

beloid (gr. βέλος Pfeil), nannte HAECKEL aus isolierten Nadeln bestehende Skelete von → Radiolarien (→ Spumellaria).

Bennettitales (ENGLER 1892), fossile Spermatophyten (Samenpflanzen): baumartige, den Cycadeen ähnliche Pflanzen mit häufig unverzweigten Stämmen und mächtigen, gefiederten Blättern mit syndetocheilen Spaltöffnungen (→ Stoma). Die stammbürtigen Blüten waren vielfach zwittrig und besaßen oft eine gut ausgebildete Blütenhülle (Perianth). Sie kamen damit dem Angiospermen-Zustand sehr nahe. Vorkommen: Keuper–O.Kreide. Vgl. → Cycadophytina, → Anomozamites.

Benthos, *n* (HAECKEL 1890) (gr. βένθος Tiefe), die Tier- und Pflanzenwelt des Bodens der Gewässer, unterteilt einerseits in sessile (festgewachsenes) und vagiles (frei bewegliches) B., andererseits in In- und Epifauna. Adj. **benthisch.** Vgl. → Nekton, → Plankton. Benthonten sind Angehörige des Benthos.

Bergeria (PRESL 1838) (Lycophyta) → Lepidodendren (Abb. 72, S. 132).

Bergmannsche Regel (nach C. BERGMANN), eine Klimaregel, nach der in kälteren Klimaten lebende

Tiere einer Art im Durchschnitt größer werden als die in wärmeren Klimaten lebenden, somit eine relativ kleinere Oberfläche und geringere Wärmeabgabe aufweisen.

Bernstein (von niederdeutsch ‚bernen‘ = brennen), auch Succinit, im Altertum Elektron genannt, ist fossiles Harz von Nadel- und Laubhölzern (Kiefern, Araucarien, Zypressen, Sequoien, baumartige Leguminosen wie der ‚Heuschreckenbaum‘ *Hymenaea* im tropischen Amerika usw.). Wegen seines geringen spez. Gewichts von 1,05–1,10 wird er leicht und weit verdriftet. B. ist brennbar und schmilzt bei 375 °C. Von altersher bekannt ist der baltische B. aus der unteroligozänen ‚Blauen Erde‘ des Samlandes im ehemaligen Ostpreußen, von wo er weithin gehandelt worden ist. Größere und kleinere Vorkommen von B. sind über die ganze Erde verteilt. Die ältesten Funde werden aus dem Devon und Karbon angegeben. Einschlüsse von Organismenresten (= Inklusen) sind oft hervorragend erhalten. Die ältesten bekannten Inklusen stammen aus dem unterkretazischen B. des Libanon, weitere aus dem der Dominikanischen Republik (Oligozän) und bes. aus dem baltischen B.

Beutelknochen, Ossa marsupialia, Marsupialknochen, Epipubis. Bei → Monotremata und Marsupialia beiden Geschlechtern eigene paarige, dem Vorderrande der Schambeine (Ossa pubica) aufsitzende Knochen. Sie dienen zum Ansatz von Muskeln und haben keine unmittelbare Beziehung zum Beutel.

Beutelstrahler, = → Cystoidea.

Beyrichicopina (SCOTT 1961), eine U.-O. der → Palaeocopida. Sie umfaßt meist durch kräftige Loben und Furchen ausgezeichnete → Ostrakoden mit geradem Dorsalrand, konvexem freien Rand und ohne → Duplikatur. Vorkommen: Ordovizium–Perm (Fam. Punciidae Ordovizium–rezent).

beyrichiider Dimorphismus (gr. δύο zwei; μορφή Gestalt), Sexual-Dimorphismus bei gewissen → Ostrakoden, gekennzeichnet durch die Ausbildung ventral gelegener Taschen (→ Crumina) in den ver-

mutlich weiblichen Gehäusen (→ heteromorph). Besonders bei der Gattung Beyrichia M'COY 1846 entwickelt. → teknomorph.

Biantennata (BERGSTRÖM 1980), Syn. von → Crustacea. Vgl. → Arthropoden.

bicarinat (lat.) mit zwei Kielen versehen.

bikonkav (lat. bis zweimal; concavus hohl, gewölbt), b. Wirbel kommen als Übergangswirbel dort vor, wo in einer Wirbelsäule → procöle an → opisthocöle Wirbel grenzen. Ihre Wirbelkörper sind an beiden Enden etwas ausgehöhlt. Vgl. dagegen → amphicöl. → Abb. 121, S. 255.

Bilateria (lat. bi zweifach; latus [Körper-] Seite), bilateralsymmetrisch gebaute Tiere. Vgl. System der Organismen (Anhang).

Bilobites (D'ORBIGNY 1839), Syn. von →*Cruziana.*

binäre Nomenklatur, *f* (lat. bini je zwei), in der zoologischen Nomenklatur 1950 durch den Terminus → binominale Nomenklatur ersetzt.

Bindegewebsknochen, → Osteogenese.

Binde(substanz)gewebe, ein in der Regel dem Mesenchym entstammendes Gewebe aus Interzellular- (Interfibrillar-) Substanz, Zellen und Fasern (Fibrillen). Die Interzellularsubstanz bildet eine strukturlose Masse (Kittsubstanz) zwischen den Zellen und Fasern und herrscht als Gallertgewebe bei den einfachsten Tieren vor. Durch Einlagerung von Fasern (Fibrillen) entsteht das faserige (fibrilläre) Bindegewebe. In manchen Stämmen der Wirbellosen scheiden Mesenchymzellen in einem solchen gallertartigen oder fibrillären B. Skeletkörper aus kohlensaurem Kalk, Kieselsäure oder organischer Substanz aus. Festere B. sind die den Wirbeltieren eigentümlichen Knorpel und Knochen.

Bei den Wirbeltieren lassen sich drei Gruppen von B. unterscheiden: 1. B., in denen Fasern vorherrschen (z. B. Sehnen verschiedener Art), 2. B., in denen die Interzellularsubstanz vorherrscht (→ Knorpelgewebe, → Knochengewebe, Zahnbeingewebe [→ Dentin]), 3. Bindegewebe, in denen die Zellen vorherrschen (Fettgewebe, lymphoides Gewebe usw.).

Binomen, Pl. Binomina, *n* (lat. bis zweimal, nomen Name) die aus zwei Wörtern bestehende Bezeichnung (aus → Gattungs- und → Art-Namen), die den wissenschaftlichen Namen einer → Art bildet (der Name der → fakultativen Kategorie ‚Untergattung‘ wird dabei nicht mitgezählt).

binominale Nomenklatur (seit 1950 statt ‚binäre Nomenklatur‘), in der b. N. besteht jeder Artname aus zwei selbständigen Wörtern, von denen das erste (mit großem Anfangsbuchstaben) die Gattung bezeichnet, das zweite (der Artname bzw. das → Epitheton specificum, mit kleinem Anfangsbuchstaben geschrieben) der Art eigentümlich ist. Alle höheren taxonomischen Kategorien (→ Taxonomie) werden nur mit einem Wort benannt. Die b. N. wurde von LINNAEUS für das Pfanzenreich bereits 1753 in ‚Species Plantarum‘ ed. 1 mit ganz wenigen Ausnahmen angewandt, ganz konsequent war die Anwendung erstmalig in der 10. Auflage seines ‚Systema naturae‘ (1758).

Bioananke-Hypothese (R. POTONIÉ 1952) (gr. βίος Leben; αναγιαῖος notwendig), „die Summe der gegenseitigen Bewirkungen der Individuen einer Lebensgemeinschaft“ bezeichnete POTONIÉ als biotischen Druck oder Biobar. Das Biobar steigt durch →Amplifikation bis zu einem kritischen Bereich, der Bioananke. Der hohe biotische Druck der Bioananke induziert (neue) Großmutationen: Phase der Einschaltung oder Interpolation. Nach einer gewissen Anlaufzeit kommt es zur schnell verlaufenden Permutation: die neuen Formen dominieren und werden leitend. Vgl. → Typostrophentheorie.

Biobar, *n* (R. POTONIÉ 1952) (gr. βάρος Druck), → Bioananke-Hypothese.

Biochorion, *n* (gr. χωρίον, Demin. von χώρα Raum), Lebensplatz; Aktionszentrum in einem Biotop (z. B. Baumstumpf, Aas usw.).

Biochron, *m* (H. S. WILLIAMS 1901) (gr. χρόνος Zeit, Dauer), Syn. von → Biozone.

Bio-Event, Faunen- oder Florenschnitt, früher oft ‚Katastrophe‘ genannt. Als globale B. bezeichnet man weltweit verfolgbare ungewöhnliche Ereignisse bzw. Wechsel (‚Events‘) innerhalb der Biosphäre. Mit WALLISER (1986) kann man dabei unterscheiden: 1. Innovations-Ereignisse (z. B. die Einrollung bestimmter Cephalopoden), 2. Radiations-Ereignisse mit hohem Prozentanteil neu auftretender Taxa, 3. Ausbreitungs-Ereignisse (z. B. von *Dicyonema flabelliforme* am Beginn des Ordoviziums, 4. Aussterbe-Ereignisse, die auffälligsten, bes. wenn mit dem Aussterben sehr vieler Taxa verbunden, wie z. B. an der Kreide-Tertiär-Wende. Als mögliche Ursachen für globale B. kommen in Betracht: a) kosmische, z. B. durch die Bewegungen des Sonnensystems innerhalb des Milchstraßensystems, oder durch den Aufprall (‚Impakt‘) kosmischer Körper auf die Erde; b) irdische: biologische oder abiotische wie Meeresspiegelschwankungen, Wechsel in der chemischen und physikalischen Zusammensetzung von Ozeanen und Luft, der ozeanischen Parameter und des Klimas. Vgl. → Iridium-Event.

Biofazies, *f* (lat. facies Gesicht), eine durch ihren Fossilinhalt besonders gekennzeichnete → Fazies; nach W. SCHÄFER (1962) die Substanz einer oder mehrerer ehemaliger Boden-Biozönosen, vermehrt um Organismenreste aus dem Nekton und Plankton der höheren Wasserschichten und aus den benachbarten Boden-Biozönosen. H. SCHMIDT (1935, 1958) unterschied die marinen Biofaziesbereiche nach dem Grad der Sauerstoffversorgung und nannte sie (von reichlich mit Sauerstoff versorgt bis zu den sauerstofffreien): Hyper-, Pletho-, Plio-, Mio-, Oligo- und Apneuston. W. SCHÄFER stellte die Wasserbewegung mit ihrem doppelten Einfluß auf Sediment und Lebewesen in den Vordergrund und kam zu fünf verschiedenen Typen, die er binominal benannte: 1. Letal-pantostrate (= letal-isostrate) B., gekennzeichnet durch → Taphozönosen nektisch oder planktisch lebender Tiere und durch vollständige Erhaltung der Schichtung. (Völlig unbewegtes, sauerstofffreies, lebensfeindliches Wasser).

2. Vital-pantostrate (= vital-isostrate) B., gekennzeichnet durch das Vorhandensein von Bodenbiozönosen, durch Taphozönosen nektisch oder planktisch lebender Tiere und durch vollständige Erhaltung der Schichtung. (Unbewegtes, aber noch durchlüftetes Wasser, so daß Bodentiere leben können).

3. Vital-lipostrate (= vital-heterostrate) B., gekennzeichnet durch viele, früh zerstörte Bodenbiozönosen, durch Taphozönosen und durch Schichtverlust. (Bewegtes, gut durchlüftetes Wasser, Wasser und Boden reich belebt.)

4. Letal-lipostrate (= letal-heterostrate) B., gekennzeichnet durch reiche Taphozönosen und sehr starken Schichtenverlust. (Bodenbiozönosen fehlen wegen der ständigen Umlagerungen groben Frachtgutes.)

5. Vital-astrate (= vital-nonstrate) B., gekennzeichnet durch die am Ort gebildete Hartsubstanz riffbildender und -bewohnender Organismen. (Klares, gut durchlüftetes Wasser.)

Biogene, die organogenen Einzelelemente in Dünnschliffen für Mikrofazies-Untersuchungen.

biogene Schichtung, liegt nach R. BRINKMANN (1932) bei organogenen Sedimenten dann vor, „wenn der Wechsel in der Besiedelung, der zur Entstehung verschiedenartiger Gesteinslagen führt, endogene Ursachen hat (Selbstvergiftung, natürliche Sukzession u. dgl.), nicht dagegen auf Klimawechsel u. a. zurückgeht.“

biogenetisches Grundgesetz (F. MÜLLER 1864, HAECKEL 1866), in HAECKELS Formulierung: „Die Ontogenie ist eine abgekürzte Rekapitulation der Phylogenie“, d. h. das Individuum wiederholt in seiner Entwicklung von der Eizelle an in gedrängter Form die Entwicklungsschritte, die in seiner Ahnenreihe jeweils von erwachsenen Individuen erreicht worden sind. Da in Ontogenesen neben solchen tatsächlichen oder vermeintlichen

Rekapitulationen (→ Palingenese) zugleich mancherlei spezielle Anpassungen (→ Caenogenese) auftreten können, hat dieses ‚Gesetz' vorwiegend wissenschaftsgeschichtliche Bedeutung.

Bioglyphe, *f* (VASSOIVITCH 1953) (gr. γλύφειν einschneiden), Spurenfossil, → Lebensspur, im Gegensatz zur Marke oder Mechanoglyphe. Vgl. → Marke.

Bioherm, *n* (CUMINGS & SHROCK 1928) (gr. ἔρμα Riff, Klippe), riff-, hügel-, linsenartige oder anders umgrenzte Struktur streng organischer Entstehung, eingelagert in ein Gestein von anderem Charaker. Vgl. → Biostrom, → Riff.

Bioklasten, Hartteilfragmente und zerbrochene, z. T. gerundete → Biogene.

Biokristall (E. HAECKEL), von lebenden Organismen in Kristallform ausgeschiedene mineralische Substanz.

Biolith, *m* (Chr. G. EHRENBERG) (gr. λίθος Stein), von Organismen oder ihren Teilen gebildetes Gestein. Die B. lassen sich nach H. POTONIÉ unterteilen in die → Kaustobiolithe (brennbare B.) und die → Akaustobiolithe (nicht brennbare B.), ferner nach ihrer Herkunft in phytogene und zoogene Gesteine (Phytolithe, Zoolithe).

Biologie (gr. λόγος Lehre), die Lehre von den Lebewesen, unterteilt in → Anthropologie, → Zoologie und → Botanik. Die fossilen Organismen sind Forschungsgegenstand der → Paläontologie.

Biom, *n* (CLEMENS & SHELFORD 1939), eine Pflanzenformation (z. B. Savanne, Tundra) mit den in ihr lebenden Tierarten.

Biomineralisation, die Bildung von Hartteilen durch Organismen. Dabei werden in physikalisch-chemischen und biologischen Prozessen mineralische Kristalle (Biokristalle) wie z. B. Apatit (in Knochen und Zähnen), Kalzit und Aragonit (in den Hartteilen vieler Wirbelloser) in gesetzmäßiger Weise zusammengefügt, in der Regel zusammen mit organischen Substanzen wie Conchiolin, Kollagen oder Chitin.

Biomuration, *f* (VIALOV 1961), → Immuration.

Bionomie, *f* (Joh. WALTHER 1893/94) (gr. νόμος Gesetz, Ordnung), die Lehre von den Lebensbedingungen. Entsprechend sind bionomische Bedingungen solche, die das Gedeihen von Organismen beeinflussen. (Vgl. → Ökologie.)

-bionten in Zusammensetzungen: Organismen (z. B. Endobionten: im Sediment lebende O., Endobenthos).

biophile Elemente (V. M. GOLDSCHMIDT 1923/24) (gr. φιλεῖν lieben), die am Aufbau organischer Substanzen wesentlich beteiligten Elemente Kohlenstoff, Wasserstoff, Sauerstoff, Stickstoff, Phosphor, Schwefel.

Biospezies, *f*, → Art.

Biosphäre, *f* (gr. σφαῖρα Kugel), der belebte Teil der Erde; er umfaßt in der Vertikalen den Raum zwischen den Tiefen des Weltmeeres und den höchsten Höhen der Berge. Die B. hat sich im Lauf der Erdgeschichte durch Eroberung des festen Landes, des Luftraumes usw. immer weiter ausgedehnt. Sie läßt sich untergliedern in → Geobios, → Limnobios, → Halobios, → Hydrobios.

Biostasie, *f* (H. ERHARDT 1955), Periode biologischen Gleichgewichts, in der z. B. eine Waldflora den Bodenabtrag verhindert, nicht aber den Abtransport löslicher Komponenten. Gegensatz: Rhexistasie, Unterbrechung des biologischen Gleichgewichts speziell der Waldflora aus klimatischen, tektonischen u. a. Gründen mit nachfolgender Erosion und klastischer Sedimentation in peripheren Sedimentationsräumen.

Biostasis, *f* (HEILBRUNN 1956) (gr. στάσις Stehen, Stand), die Fähigkeit lebender Organismen, Umweltänderungen zu ertragen (z. B. Akklimationsfähigkeit).

Biostratigraphie, *f* (L. DOLLO 1910), ursprünglich die ‚angewandte, stratigraphische Paläontologie'. Heutige Bedeutung: Zeit- und Altersbestimmung mit Hilfe von Fossilien. → Stratigraphie.

Biostratonomie, *f* (gr. νόμος Gesetz; lat. stratum Schicht) von Joh. WEIGELT (1927) begründete Forschungsrichtung, die aus der Art der Einbettung und dem Erhal-

tungszustand fossiler Organismen einerseits deren Schicksal vom Tode bis zur endgültigen Einbettung, andererseits die zur Zeit der Einbettung herrschenden Zustände zu erkennen sucht. Enge Beziehungen bestehen zur → Aktuopaläontologie. Vgl. → Taphonomie.

Biostrom, *n* (CUMINGS 1932) (gr. στρῶμα Decke, Polster), flache, geschichtete Gebilde wie Muschel-, Crinoiden-, Korallenbänke usw., bestehend und aufgebaut hauptsächlich aus sessilen Organismen und nicht zu hügelförmiger oder linsenförmiger Gestalt anschwellend. Vgl. → Riff, → Bioherm.

biotische Raum–Zeit-Regel (R. POTONIÉ 1952) = → Bioananke-Hypothese.

Biotop, *m*, nach Duden auch: *n* (HAECKEL) (gr. τόπος Ort), Lebensraum; der von einer → Biozönose bewohnte Ort bzw. Raum; botan. = Standort.

bioturbate Texturen (R. RICHTER 1952) (lat. turbare aufwühlen, textura Gewebe), die von lebenden Organismen im Sediment verursachten Texturen. W. SCHÄFER 1962 unterschied:
1. Wühlgefüge = Verformungswühlgefüge (Fossitextura deformativa).
2. Vollformen = Gestaltungswühlgefüge (Fossitextura figurativa: a) Tiefbauten (endogen), b) Hochbauten (exogen).
3. Halbformen (erzeugt als Oberflächen- oder Innenspuren) = Rinnen.
4. Ortsbewegliche Bauten.

Biozönose, *f* (K. MÖBIUS 1877) (gr. κοινός gemeinsam), Lebensgemeinschaft; eine in sich geschlossene Gemeinschaft von Organismen, die im Gleichgewicht mit ihrer anorganischen Umwelt steht. Der Begriff B. vereinigt also Biotisches und Abiotisches. In der Botanik entspricht der B. die → Assoziation. Vgl . → Thanatozönose, → Taphozönose, → Liptozönose, → Oryktozönose.

Biozönotik, *f*, die Ökologie der Organismengesellschaft (= Synökologie).

Biozone, *f* (BUCKMANN 1902), die Zeitspanne, die der vertikalen Reichweite bestimmter Organismen im Gestein entspricht. Der Name einer B. wird nach einem oder mehreren besonders charakteristischen Organismen der Zone ausgewählt. Diese müssen nicht unbedingt die ganze Zeitspanne der Zone ausfüllen, sie können sie auch überschreiten oder lokal fehlen. Syn.: Biochron.

bipartit (lat. bi- zwei, zweifach ; partitus geteilt), zweifach geteilt. Vgl. → Rippenteilung (Abb. 4, S. 8).

biplan, = → acöl.

bipolar zerschlitzt, → Lobenlinie.

biserial (lat. serere aneinanderreihen), in zwei Reihen angeordnet, zweizeilig.

bisulcat (lat. sulcus Furche), mit zwei Furchen versehen.

Bitheca, *f* (lat. theca Behälter), der kleinste der drei bei dendroiden → Graptolithen beobachteten Typen von Theken. Möglicherweise enthielten die B. männliche Zooide. Vgl. → Autotheca, → Stolotheca.

Bitumen, *n,* Pl. -ina (lat. = Erdpech), natürlich vorkommende Kohlenwasserstoffe (gasförmig: Erdgas; flüssig: Erdöl; fest: Erdwachs oder Ozokerit, Asphalt). Protobitumen ist schon als solches im tierischen oder pflanzlichen Körper vorhanden, und zwar: Stabilprotobitumen· Harze, Wachse, Kutine, Suberine; Labilprotobitumen: Fette, Öle, Eiweißstoffe.

Bivalven (Bivalvia LINNÉ 1758) (lat. bi- zwei; valvae Schalen, Flügeltüren) = → Lamellibranchia.

Bivium, *n* (lat. Doppelweg) (Holothurien): die mit zwei Radiärkanälen versehene Flanke und Oberseite, im Gegensatz zur Unterseite, die die restlichen drei Kanäle enthält und deshalb Trivium heißt. (Echiniden): die beiden hinteren → Ambulakra, die bei den → Spatangoida quer über die Oralseite laufen. Vgl. → Holothurien-Gesetz, → Lovéns Gesetz, Orientierung von → Echinodermen, Abb. 39, S. 72.

Blastoidea (SAY 1825) (gr. βλαστός Sproß, Keim; εἴδος Aussehen), ‚Knospenstrahler' (Crinozoa). Ausgestorbene, meist gestielte Stachelhäuter. Ihre Theken bestehen regelmäßig aus 18–21, in Kreisen angeordneten Platten: Über den drei → Basalia (2 große, 1 kleine [die → azyge] Platte) folgen 5 → Ra-

dialia (Gabelstücke, da vom oberen Rand her ± tief eingeschnitten), darüber und in die ‚Gabeln' eingefügt, 5 Deltoidea (= Interradialtafeln), deren jede oben 1–2 Poren (→ Spiraculum) für das Wassergefäßsystem aufweist. Das hintere der Deltoidea (dies manchmal unterteilt in Epi- und Hypodeltoid) enthält zugleich die Analöffnung. Die Ambulakralfelder der Blastoideen sind kompliziert gebaut. In der Mittellinie wird jedes überdeckt von einem Lanzettstück, unter diesem liegt manchmal noch ein schmäleres Unterlanzettstück. In der Mitte des Lanzettstückes führt eine Furche nach oben zur Mundöffnung. Seitlich vom Lanzettstück überdecken zwei Reihen Poren- oder Seitenplättchen die randliche Zone des Ambulakralfeldes; sie tragen dünne gegliederte Pinnulae (auch Brachiolen genannt). Kleine bewegliche Deckplättchen überdecken die ganze Ambulakralzone. Unter dieser verlaufen randparallel die Hydrospiren, vorhangartig gefaltete dünnwandige Strukturen, die vom Wasser umspült wurden und wohl der Atmung dienten. Systematik: Kl. Blastoidea. O. Fissiculata, mit offenem Zugang zu den Hydrospiren, O. Spiraculata, mit verdeckten Hydrospiren-Schlitzen. Vorkommen: Silur–Perm.

Blastozoa (SPRINKLE 1973), eine Gruppe der Echinodermen, umfassend die brachiolentragenden Formen (Eocrinoidea, Rhombifera, Parablastoidea, Blastoidea), die hier dem Unterstamm Crinozoa zugerechnet werden.

Blattodea (BRUNNER 1882), Schaben (auch als Blattariae bez.). Eine O. kleiner bis sehr großer Insekten, gekennzeichnet durch: stark abgeflachten Körper, Ausbildung eines großen Halsschildes und Umgestaltung der Vorderflügel zu lederartig derben → Tegmina mit auffällig bogenförmig abgegrenztem Analfeld. Vorkommen: Seit dem O. Karbon. Häufig und z. T. auch stratigraphisch aussagefähig, bes. im O. Karbon und Perm.

Blattoidea (Blattopteriformia), eine alte, frühzeitig ausdifferenzierte Insekten-Ü.-O., umfaßt u. a.

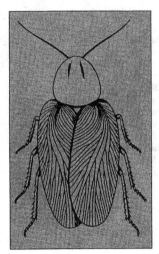

Abb. 14 *Phyloblatta carbonaria* GERMAR, Rekonstruktion. O. Karbon, (Stephan) von Mitteleuropa; Vergr. ca. 1,8fach. – Nach HANDLIRSCH (1925)

die Schaben (Blattodea), Termiten (→ Isoptera), → Mantodea (Gottesanbeterinnen) und die karbonisch-permischen Protoblattoidea.

Blaualgen, = → Cyanophyta.

Blütezeiten, Virenzzeiten, Zeiten explosiver Entwicklung; Bestimmte Abschnitte in der stammesgeschichtlichen Entwicklung von Organismen, in denen sie in besonders großer Formen- und Individuenzahl auftreten. Vgl. → Typostrophen-Theorie, → Anastrophe, → Akme.

Bogentheorie der Wirbelentstehung, eine von GADOW (1896) entworfene Theorie, nach welcher die Wirbel der Wirbeltiere aus Bogenelementen (Arcualia) hervorgegangen sind; 4 Paar solcher Grundelemente haben sich in jedem Körpersegment um Chorda und Neuralrohr gelegt. GADOW nannte sie:

1. Interdorsale: dorsales vorderes Bogenstück (= dorsales Intercalare).

2. Basidorsale: dorsales hinteres Bogenstück (Neuralbogen, oberer Bogen).

3. Interventrale: ventrales vorderes Bogenstück (= ventrales Intercalare).

4. Basiventrale: ventrales hinteres Bogenstück (= Hämalbogen, unterer Bogen).
Der definitive Wirbel setzt sich aus der vorderen Hälfte des einen und der hinteren Hälfte des davorliegenden Körpersegments zusammen, dort liegen also Basidorsale und Basiventrale vorn. Dies Stadium des Wirbels, in dem 4 Bogenstücke, aber noch kein → Wirbelkörper besteht, heißt das aspondyle. Ihm folgt das hemispondyle Stadium mit Wirbelkörpern, welche aus zwei hinter- bzw. übereinanderliegenden Hälften bestehen (z. B. rhachitome Wirbel) und schließlich das holospondyle Stadium mit einheitlichen Wirbelkörpern. Nach der B. sind also die Wirbelkörper ausschließlich aus Bogenstücken hervorgegangen. Diese sehr fruchtbare Theorie ist weithin angenommen worden, doch sind Modifikationen erforderlich geworden, seitdem die große Bedeutung → autozentraler Bildungen im Bereich der Wirbelkörper erkannt wurde. Vgl. → Wirbelkörper (Abb. 123, S. 257).

Boghead-Fazies (R. POTONIÉ), → Kohlen-Fazies.

Boghead-Kohle (J. QUECKET 1853) (nach dem schottischen Ort Boghead) Syn. Torbanit, Algenkohle; der → Kännelkohle nahestehende Kohle aus hellen, bitumenreichen Algenkörpern (→ *Reinschia*, → *Pila*) eigenartiger Struktur; sie leitet über zu gewissen Ölschiefern (z. B. Kuckersit).

Bohrmuscheln, bestimmte Muschelgattungen, welche sich aktiv im Substrat oder in Fremdkörpern Hohlräume schaffen und darin leben. Die Bohrtätigkeit geschieht: 1. chemisch (durch ausgeschiedenes Sekret?) bei den ‚Ätzmuscheln' (z. B. *Lithodomus*), welche in kalkigen Gesteinen bohren, oder 2. mechanisch in weichen Gesteinen, Torf, Holz usw. vermittels der skulpierten Gehäuseoberfläche oder des Fußes, welcher kleine Kieselkörperchen enthält (*Pholas, Teredo*).

Bonebed, n (? A. MURCHISON 1839) (engl. Knochenlager), Knochenbrekzie, meist geringmächtige Gesteinsbank, reich an abgerollten Resten von Wirbeltieren (Knochentrümmer, Zähne, Schuppen, Koprolithen), die im bewegten Flachwasser entstanden ist.

Bonifaziuspfennige (n. BONIFAZIUS, dem ‚Apostel der Deutschen' 673 bis 754), Stielglieder (Trochiten) fossiler Seelilien, besonders von *Encrinus liliiformis* v. SCHLOTHEIM im oberen germanischen Muschelkalk.

boreal (lat. borealis nördlich), Bereich oder Zeit kalten Klimas.

Bothriocidarida (ZITTEL 1879), eine O. der → Echinoidea mit der einzigen Gattung *Bothriocidaris* EICHWALD 1859, aus dem englischen Ordovizium, mit dicken Platten und einzeiligen Interambulakralreihen.

Bothrodendraceae (POTONIÉ 1899) (gr. βόθρος Grube, Vertiefung; δένδρον Baum), ‚Grubenbäume', den Lepidodendren nahe verwandte Bärlappgewächse (→ Lepidodendrales); sie tragen ihren Namen nach den an dickeren Ästen und Zweigen vorkommenden, zweizeilig gestellten vertieften (grubigen) Astmalen. Vorkommen: O.Karbon.

Bourgueticrinida (SIEVERTS-DORECK 1953), eine O. der →Articulata (Crin.), mit kleinem Kelch und einbezogenem → Proximale. Vorkommen: Seit der O.Kreide.

Bourrelet, m (franz. Wulst), (Echinid.) Vgl. → Floscelle.

Brachia, Sing. Brachium, n (lat. brachium, gr. βραχίων Arm), = → Arme.

Brachialapparat (= Brachidium) = → Armgerüst der → Brachiopoden.

Brachiale, n (Plur. -ia) (BATHER), Armglied(er) von → Crinoidea (mit Ausnahme der → Pinnularia) oberhalb der → Radialia. Sie besitzen an der Ventralseite eine tiefe Furche, welche wichtige Organe enthält, vor allem die Ambulakral-Podia und die Geißelzellen. Ihr Inneres durchzieht ein Nervenkanal, welcher bei primitiven Formen noch am Grunde der Ambulakralfurche liegt. Untereinander sind die Armglieder gelenkig verbunden. Vgl. → Gelenkflächen.

Brachidium, n (Brachiop.) (lat. Endung -idium für kleine Organe), = → Armgerüst.

Brachiolen, Sing. das Brachiolum (HAECKEL) (lat. brachiolum kleiner Arm), die unverzweigten Arme primitiver → Crinozoa (Cystoideen, Blastoideen, Eo- und Paracrinoideen). Auf der Innenseite besitzen sie eine Ventral- (Ambulakral-) Furche und Saumplättchen (Abb. 33, S. 59).

Brachiophoren, m (gr. φορεῖν tragen), (Brachiop.): Zwei Platten beiderseits des → Notothyriums der meisten → Orthida; sie dienen als Ansatzstelle für die fleischigen Kiemenarme und gelten als Homologa der Cruren bei → Rhynchonellida. Vgl. → Armgerüst (Abb. 15, S. 34).

Brachiopoden, m (gr. βραχίων Arm, Schulter; πούς, ποδός Fuß, Bein), Armfüßer, Tascheln, Lampenmuscheln (wegen ihrer Ähnlichkeit mit antiken etruskischen Lampen). Bilateralsymmetrische Meerestiere mit zweiklappigem Gehäuse aus Kalzit oder einer hornig-chitinigen Substanz, mit zwei tentakeltragenden, fleischigen Armen (Lophophoren), welche bei vielen Formen durch kalkige → Armgerüste gestützt werden. Vielfach sind die B. mittels eines fleischigen Stieles, der zwischen beiden Klappen oder durch ein Stielloch (Foramen) unter dem Wirbel der Stielklappe austritt, am Untergrund festgewachsen. (Vgl. → Delthyrium).
Die fossilen B. waren meist Bewohner des küstennahen Flachwassers. Zu ihnen gehören zahlreiche Leitfossilien, besonders des Paläozoikums. Auf der Innenseite der Klappen sind bei guter Erhaltung die Ansatzstellen von Muskeln zu erkennen. Schließen und auch Öffnen des Gehäuses wird durch Muskelzug bewirkt, es ist daher, besonders bei den (schloßlosen) → Inarticulata, ein kompliziertes System gegeneinander wirkender Muskeln nötig. Von ihnen kennt man drei Hauptgruppen:
1. Adductores, Schließmuskeln.
2. Diductores (= Divaricatores), Öffnermuskeln.
3. Adjustores, Stielmuskeln.
Bei den Inarticulaten kommen dazu noch bis zu drei andere Paare, welche Lageverschiebungen der Klap-

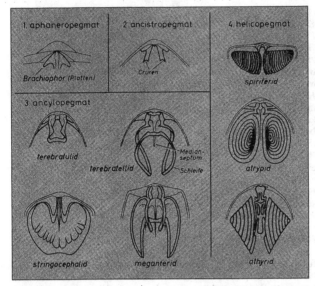

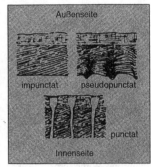

↑ **Abb. 18** Schalenbau bei Brachiopoden. – Umgezeichnet nach MOORE, LALICKER & FISCHER (1952)

← **Abb. 15** Die wichtigsten Typen von Brachiopoden-Armgerüsten. – Aus KRUMBIEGEL & WALTHER (1977)

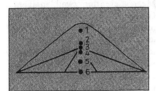

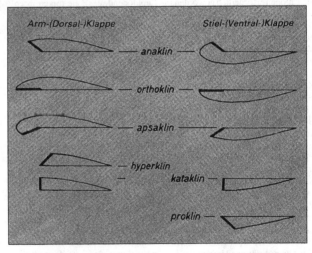

↑ **Abb. 16** Lage des Stiellochs (Foramen) bei Brachiopoden (schematisch. 1 epithyrid, 2 permesothyrid, 3 mesothyrid, 4 submesothyrid, 5 hypothyrid, 6 amphithyrid. – Umgezeichnet nach WILLIAMS & ROWELL (1965)

→ **Abb. 17** Bezeichnungen für die Neigung der Area bei Brachiopoden (schematisch). – Umgezeichnet nach WILLIAMS & ROWELL (1965)

pen gegeneinander bewirken: Protractores und Retractores für leichte Gleitbewegungen in longitudinaler Richtung, Rotatores für rotierende Bewegungen. Gehäusewachstum: → holoperipher. Systematik: Stamm Brachiopoda DUMÉRIL 1806. Kl. → Inarticulata; Kl. → Articulata. Manche Autoren trennen die Linguliden als eigene Kl. Lingulata von den restlichen Inarticulata. Vorkommen: Seit dem Kambrium (Abb. 15–20, S. 34, 35).

Brachiopterygii (gr. πτέρυξ Flosse) Armflosser, = → Polypteriformes.

Brachiopterygium, *n*, ein Typ von paarigen Flossen, deren proximaler Teil aus zwei Knochenstäben und einer zwischen ihnen liegenden Knorpelscheibe besteht; distal ausstrahlende → Pterygophoren tragen die Flossenstrahlen. Es ist der charakteristische Flossentyp der Brachiopterygii = → Polypteriformes.

Brachy(o)dontie, *f* (gr. βραχύς kurz; οδούς) Adj. brachy(o)dont, bei Säugetierzähnen: Niedrigkronigkeit bei kurzer Wachstumszeit und frühzeitig entwickelten Wurzeln; Abkauung bewirkt permanente Veränderung der Kaufläche. Vgl. → Hypsodontie.

Brachyom, *n* (gr. -ομ zusammenfassende Bez. für Gebilde), bei Porifera: → Tetraclon.

Brachyura (LATREILLE 1803) (gr. ουρά Schwanz), Kurzschwanz-

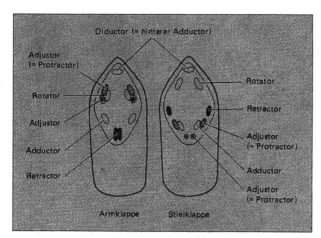

Abb. 19 Lage der Muskeleindrücke bei inarticulaten Brachiopoden (Lingula). – Umgezeichnet nach MOORE, LALICKER & FISCHER (1952)

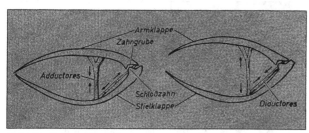

Abb. 20 Schema des Öffnungs- und Schließmechanismus' bei articulaten Brachiopoden-Gehäusen. – Umgezeichnet nach SHROCK & TWENHOFEL (1953)

krebse, Krabben; Krebse, deren Abdomen nach vorn eingeschlagen ist und in einer Rinne im caudalen Abschnitt der Ventralseite liegt. Der Carapax besteht aus drei Teilen, dem dorsalen Notum und jederseits einem Pleuron, zwischen ihnen verläuft die paarige Pleuralnaht. GLAESSNER (1969) sah sie als Infraordnung der U.O. Pleocyemata an. Vgl. → Decapoda.

Bradymorphie (H. SCHMIDT 1926) (gr. βραδύς langsam, μορφή Form), ‚langsame Formbildung', bei der sich die Reife- bis Altersmerkmale ontogenetisch erst spät einstellen. Gegensatz: → Tachymorphie.

Bradyodonti (WOODWARD 1921) eine O. der → Chimären (Holocephali), durch ihre großen Zahnplatten aus tubulärem Dentin bekannt. Vorkommen: O.Devon–Perm. Heute obsolet.

bradytelisch, Subst. Bradytelie, *f* (SIMPSON 1944) (gr. τέλος Ende, Ziel), heißen unterdurchschnittlich langsam sich entwickelnde, langlebige Stämme. Vgl. → horotelisch, tachytelisch (→ Tachytelie).

Braktee, *f* (lat. bracteola [Metall]-Blättchen), (botan.) Deckblatt, der sterile Teil des → Sporophylls oder ein Blatt, aus dessen Achsel ein Seitensproß oder eine Blüte entspringt. Vgl. → Sporangiophor.

Branchiopoda (LATREILLE 1817)

Branchiopoden (gr. βράγχια Kiemen, πούς, ποδός Fuß, Bein), primitive kleine Crustaceen mit gestrecktem z. T. deutlich gegliedertem Körper, blattförmigen Körperanhängen und einteiligem oder zweiklappigem Gehäuse (Carapax). Heutige B. leben fast ausschließlich im Süßwasser. Zu ihnen gehören u. a. die Wasserflöhe und die →

Notostraca mit der Gattung *Triops.* Systematik: Heute aufgegliedert auf die U.Klassen Sarsostraca und Phyllopoda. Vgl. → System der Organismen im Anhang. Vorkommen: Seit U.Devon.

Branchiosauria (gr. σαῦρος Eidechse) (Hauptgattung *Branchiosaurus)* eine Gruppe kleiner, im europäischen Perm verbreiteter → Labyrinthodontia mit schwach verknöchertem Skelet und blattförmigen (phyllospondylen) Wirbeln, z. T. mit äußeren Kiemen. Früher faßte man sie als eigene O. → Phyllospondyli auf, heute hält man sie für Jugendformen rhachitomer Labyrinthodontier vom *Eryops*-Typ.

Branchiostoma (COSTA 1834), Syn. von → *Amphioxus.*

Branchiotremata (gr. τρῆμα Loch, Öffnung) Kragentiere, Syn. Stomochordata, Hemichordata. Die Tiere besitzen an solche der Chordata erinnernde innere Kiemenkörbe (Ausbuchtungen des Vorderdarmes), während die frühere Annahme eines Chordarestes in der Kopfregion von vielen Autoren aufgegeben ist. Heute etwa 100 Arten beschrieben.

Braunalgen, = → Phaeophyta.

Braunkohlen, nach GOTHAN: „Kohlen von erdig-lockerer bis fester Beschaffenheit, von meist brauner bis seltener schwarzer Farbe, mit braunem, sehr selten schwärzlichem Strich und fast stets deutlicher ‚Ligninreaktion' (Rotfärbung der Flüssigkeit beim Kochen in verdünnter Salpetersäure)." – Man unterscheidet: 1. Weichbraunkohlen (brown coal), 2. Hartbraunkohlen (lignite), a) Mattbraunkohlen, b) Glanzbraunkohlen (Pechkohlen). Als Braunkohle ist auch der → Dysodil anzusehen.

Brechschere, Brechscheren–apparat (Dens sectorius) (Säugetiere): der hintere obere Prämolar und der vordere untere Molar des Raubtiergebisses, $\dfrac{P^4}{M_1}$, die besonders kräftig entwickelt sind und zusammen scherenartig wirken. Bei den → Creodonta des Alttertiärs lag die Brechschere weiter hinten bei $M\frac{1}{2}$ oder gar $M\frac{2}{3}$.

Brechzahn, einer der → Brechscheren-Zähne.

brephisch (gr. βρέφος neugeborenes Kind), nennt man Tiere im frühesten postembryonalen Wachstumsstadium. Vgl. → Wachstumsstadien.

brevicon (lat. brevis kurz; conus Kegel), kurzkegelig.

Brustbein, = → Sternum.

Bryophyta (gr. βρύον Moos; φυτόν Pflanze), Moose, Moospflanzen. Sie besitzen weder echte → Leitgefäße und Siebröhren (→ Leitgewebe), noch echte Wurzeln (nur → Rhizoide). Abstammung wahrscheinlich von → Chlorophyta (Grünalgen). Zu höheren Pflanzen bestehen keine Verbindungen. Klassen: Hepaticae = Lebermoose, Musci = Laubmoose. Vorkommen: Primitivste Moose wurden 1959 von KOZLOWSKI & GREGUSS aus polnischen ordovizischen Geschieben mitgeteilt. Vorher waren Lebermoose als Seltenheit im U.Karbon, Laubmoose im O.Karbon gefunden worden, also relativ spät angesichts ihrer geringen Organisationshöhe. Die meisten fossilen Moosreste sind tertiären Alters und sind heutigen Gattungen sehr ähnlich.

Bryozoa Sing. -zoon, *n*, oder -zoe, *f* (gr. ζῷον Tier), Moostierchen, Syn. Polyzoa, Ectoprocta, kleine, überwiegend marine, koloniebildende Tiere, meist mit kalkigem, seltener chitinigem Außenskelet. Das Einzeltier (Zooid oder Bryozooid) besteht aus dem Weichkörper und dem umgebenden Skelet (Zooecium). Der Weichkörper setzt sich zusammen aus dem Polypid (= Vorderkörper; frei bewegliche Teile) und dem Cystid (= Hinterkörper; lebende, sprossungsfähige Membran um das Polypid herum an der Innenwand des Zooeciums). Das Polypid wird vom Cystid gebildet und kann mehrmals neu aus diesem entstehen. Es besitzt einen U-förmig gebogenen Darm mit Mund- und Afteröffnung. Den Mund umgeben Tentakel, die aus einer verdickten, ringförmigen Basis (Lophophor) aufsteigen. Die Vermehrung erfolgt geschlechtlich (Autogamie), anschließend Stockbildung durch Knospung aus dem Cystid. Systematik: NITSCHE teilte

Abb. 21   Vorderansicht einer cyclostomen Bryozoe (*Filicrisina* D'ORBIGNY); Vergr. ca. 10fach. – Nach D'ORBIGNY aus BASSLER (1953)

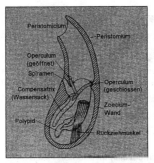

Abb. 22   Längsschnitt durch das Zooecium einer ascophoren cheilostomen Bryozoe; Vergr. ca. 90fach– Umgezeichnet nach BASSLER (1953)

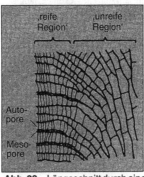

Abb. 23   Längsschnitt durch eine trepostome Bryozoenkolonie (*Dekayella* ULRICH); Vergr. ca. 10fach. – Umgezeichnet nach MOORE, LALICKER & FISCHER (1952)

die Bryozoen 1869 in die Ecto- und Entoprocta ein. Die → Entoprocta besitzen kein Coelom und kein erhaltungsfähiges Skelet, ihre Analöffnung liegt innerhalb des Tentakelkranzes. Sie sind nur rezent bekannt. Von modernen Autoren werden sie als selbständiger Stamm (Kamptozoa) angesehen. Damit gilt heute: Stamm Bryozoa EHRENBERG 1831 (= Ectoprocta NITSCHE 1869): Mit kalkigem oder chitinigem Skelet, mit Coelom, Analöffnung außerhalb des Tentakelkranzes gelegen. – Seit (? Kambrium) Ordovizium. Klassen: → Phylactolaemata, → Stenolaemata, → Gymnolaemata (Abb. 21, 22, 23).

Bryozooid, *n* (gr. εἶδος Gestalt), Individuum einer Bryozoenkolonie, vgl. → Bryozoen. Synonym: Zooid.

buccal (lat. bucca Backe), zur Bakke gehörig, bei Zähnen: außen gelegen. Vgl. → Lagebeziehungen.

Bügelstück, (Echinoid.), Kompaß, → Laterne des Aristoteles.

Bulla tympani, *f* (= B. auditiva., B. ossea) (lat. bulla Wasserblase; gr. τύμπανον Handpauke) der blasig angeschwollene tympanale Teil der Paukenhöhle von Säugetieren. An ihm kann auch das → Petrosum beteiligt sein, sowie das Os bullae (= Ento-Tympanicum), eine Neubildung der Säugetiere. Vgl. → Tympanicum.

bunodont (gr. βουνόν Hügel, Anhöhe; oδούς, oδόντος Zahn), heißen Säugetierbackenzähne mit vier isolierten stumpfen Höckern (nach der → Trituberculartheorie oben Para-, Proto-, Meta- und Hypoconus, unten Proto-, Para-, Hypoconid und Hypoconulid). Nach der Zahl der Höcker werden diese oligobunodonten Zähne von denen des polybunodonten Typs unterschieden, bei denen die Hökkerzahl sekundär vermehrt ist. Nehmen die äußeren Höcker Halbmondform an, so liegt ein bunoselenodonter Typ vor, welcher zum rein selenodonten wird, wenn sich auch die inneren Höcker entsprechend ändern. Beim → lophodonten Typ vereinigen sich die Höcker zu Querjochen (oligo- oder polylophodont je nach Zahl der Joche). Beim lophobunodonten Typ sind die Außenhöcker als solche erhal ten, beim lophoselenodonten bildet die Außenwand ein W. (Abb. 123, S. 257).

bunoselenodont (gr. σελήνη Mond), (Säugetier-Molaren) → bunodont.

Burgess-Schiefer, ein mittelkambrischer (*Bathyuriscus-Elrathina*-Zone), sehr feinkörniger, fossilreicher Tonschiefer, benannt nach seinen wichtigsten Aufschlüssen am Burgess-Paß im Yoho National Park (südl. Britisch-Columbien, Kanada). Entdeckt wurde das Vorkommen 1910 durch J. D. WALCOTT, von ihm stammen auch die ersten Beschreibungen der Fossilien. Deren Erhaltung ist so hervorragend, daß auch Weichkörperreste zahlreich gefunden werden. Die Fauna besteht zu 35 % aus Arthropoden, 25 % Schwämmen, 13 % verschiedenen Würmern, in den Rest teilen sich Echinodermen, Mollusken, Priapuliden, Hemichordaten, Brachiopoden und andere Lophophoraten; viele der Fossilien sind nur von hier bekannt. Für die Kenntnis der altpaläozoischen Tierwelt ist der B. eine der wichtigsten Quellen. Vgl. → Chengjiang-Fauna.

burlingiiform (nach der Gattung *Burlingia*) (Gesichtsnaht bei Trilobiten), → propar.

Bursa primordialis, *f* (MÜLLER-STOLL 1936) (lat. bursa Tasche; primordialis anfänglich), Anfangskammer, Embryonalblase des → Phragmokons von → Belemniten.

Byssus, m (gr. βύσσος feines Gewebe aus Flachs oder Seide), Muschelbart, -seide; Büschel anfangs klebriger, dann rasch erhärtender Fasern, mit deren Hilfe manche Muscheln sich an Fremdkörpern anheften können. Sie werden von einer besonderen Byssusdrüse an der Unterseite des Fußes ausgeschieden.

cadicon (lat. cadus Weinkrug), sind niedrigmundige, dabei aber ± evolute, weitnabelige Ammonitengehäuse (z. B. bei *Cadoceras*).

Caecum, *n* (lat. caecus blind), Anfangsteil des Siphos der → Ammonoidea in Gestalt eines angeschwollenen Blindsackes, nach vorn (distad) in den eigentlichen Sipho übergehend, nach hinten (proximad) durch den Prosipho, einen dünnen, membranartigen Strang, mit der Rückwand des → Protoconchs verbunden (Abb. 5, S. 8).

Caenogastropoda (COX 1959), eine U.Kl. der Gastropoda mit typischem Embryonalgehäuse. Zu ihnen werden u. a. die → Mesogastropoda und → Neogastropoda der Wenzchen Klassifikation gerechnet. Zu den C. zählen jetzt Gattungen wie *Littorina, Hydrobia, Cerithium, Xenophora.* Vorkommen: Seit dem Ordovizium.

Caenogenese (HAECKEL), ‚Störungsentwicklung‘, Abweichung vom biogenetischen Grundgesetz durch Eigenanpassungen in frühen Stadien der Ontogenese. → Palingenese.

Calamitaceae (als Familie der → Equisetales), Calamiten, auch Kalamiten (gr. κάλαμος Rohr, Endung -ites bedeutet Ähnlichkeit), fossile Schachtelhalmgewächse mit sekundärem Dickenwachstum der Stämme und von beträchtlicher Größe. Die Blätter sind nicht verwachsen, an den Blüten wechseln Quirle steriler und fertiler Blätter miteinander ab. Die einzeln gefundenen Teile der C. werden als besondere → ‚Organgattungen‘ benannt: Stämme: Die Ausfüllung des Markhohlraumes der Stämme heißt *Calamites.* Man unterscheidet:
1. *Calamites* s. str. (= *Arthropitys*): Markverbindungen nach außen rasch sich verschmälernd.
2. *Calamodendron:* Markverbindungen breit, durchgehend.
3. *Arthrodendron* (= *Calamopitys*): Markstrahlen nur aus Faserzellen gebildet.
4. *Protocalamites:* noch zentripetales Protoxylem (→ Xylem) an der Markkrone vorhanden.

Calamites ist oft noch von Holzkörper und Rinde in kohliger Erhaltung umgeben. Der Gesamtform nach unterscheidet man den ± unverzweigten *Stylocalamites* ohne oder mit unregelmäßig Astnarben von regelmäßig verzweigten *Eucalamites.* Beblätterte Zweige: Ihr Zusammenhang mit bestimmten Stämmen ist nur in Einzelfällen bekannt. Sie werden *Annularia* oder *Asterophyllites* genannt. Blüten: Sie sind teilweise heterospor, auch sitzen die sporangientragenden Quirle z. T. zwischen Quirlen steriler Blätter. Die häufigsten Gattungen sind → *Calamo-* stachys, → *Macrostachya,* → *Cingularia* und → *Palaeostachya.* Vorkommen: M. Devon–Perm. (Abb. 69, S. 131).

Calamiten, *m,* Kalamiten, die Ausfüllung (Steinkern) des Markhohlraumes der Stämme von → Calamitaceae.

Calamodendron, m (BRONGNIART) (gr. δένδρον Baum), → Calamitaceae.

Calamopitys (WILLIAMSON) (gr. πίτυς Fichte, Pinie), → Calamitaceae.

Calamostachys (SCHIMPER) (gr. στάχυς Ähre), ein Typ der Blüten von → Calamitaceae. Sie tragen alternierend Quirle von fertilen Organen (Sporangiophoren mit je vier Sporangien) und sterilen Blättchen (Brakteen). Vgl. → *Palaeostachya.*

Calamus, *m* (Coleoid.), = → Schulp.

Calcaneus, *m* (lat. calx Ferse), Fersenbein; den Säugetieren eigentümlicher, dem Fibulare niederer Wirbeltiere homolger Knochen des → Tarsus. Bei Sohlengängern bildet er die Ferse.

Calcichordata (JEFFERIES 1967) (gr. χορδή Darmseite). Synonym der von GILL & CASTER 1960 als Kl. → Stylophora zusammengefaßten und als primitive Echinodermen gedeuteten Formen. Nach der Auffassung von J. sind sie, trotz Anklängen an Echinodermen (Besitz eines → Stereoms), als Chordata anzusehen. In Formen wie dem ordovizischen *Mitrocystites* sah J. die Vorfahren sowohl der → Tunicata als auch der → Acrania und der → Vertebrata. Bei dieser Deutung bildet der → Aulacophor den Schwanz und bezeichnet das Hinterende des Tieres, die Kapsel den Kopf.

Calciostracum, *n* (lat. calx, calcis Kalk; gr. ὄστρακον Scherbe), (Lamellibr.), die aus Kalzit bestehende innere Schalenschicht der (monomyaren) Ostreiden und Pectiniden, die der Verwitterung länger widersteht als die aragonitischen Innenschichten der meisten → Homomyaria.

Calcisphären (nach der Gattung *Calcisphaera* WILLIAMSON 1880); hohle Kalzitkügelchen von etwa 30–400 µm im Durchmesser, glatt oder stachlig, perforat oder imperforat. Sie sind vom Devon an aus kalkreichen, besonders lagunären Sedimenten bekannt. Die mesozoischen Vertreter (die sogenannten Cadosinen) haben im Tethys-Raum biostratigraphische Bedeutung. Heute sieht man sie meistens als Reste von (?Grün-) Algen (Chlorophyceae) an.

Calcispongea, Calcarea (DE BLAINVILLE 1834) (lat. spongia Schwamm), eine Kl. der → Porifera (Schwämme), deren Skelet aus Kalknadeln besteht. Vorkommen: Kambrium–rezent.

Ordnungen: (* = fossil unbedeutend)
Solenida*   seit Kambrium
Lebetida*   seit Jura
→ Pharetronida   seit Perm
→ Thalamida   Karbon–Kreide
In der Neozoologie werden nur die beiden O. → Homocoela und → Heterocoela unterschieden.

Callipteris (BRONGNIART 1849) (gr. καλλί- von καλός schön; πτέρις Farn), das wichtigste pflanzliche Leitfossil des Rotliegenden. *C.* ist wahrscheinlich ein Farnsamer; seine doppelt gefiederten Wedel erreichen bis zu 80 cm Länge.

Callus, *m* (lat. callum dicke Haut, Schwiele), bei → Gastropoda: ,Nabelschwiele', verdickte → ,Inductura', die sich von der Innenlippe her über die Basis oder den Nabel erstreckt.

Calmanostraca (TASCH 1969), eine Ü.O. der Phyllopoda (Branchiopoda), mit einheitlichem, breitem, schildartigem Carapax. Vorkommen: Seit dem U.Devon. Vgl. → Notostraca.

Calpionellen (gr. κάλπις Wasserkrug) fossile gehäusetragende Protisten, früher meist als → Tintinnina (Ciliaten) angesehen. Besonders häufig in der ,Calpionellenfazies' der feinkörnigen Kalke des Tithons und der U.Kreide der Tethys, in denen sie auch stratigraphisch bedeutsam sind. Die erstbeschriebene und namengebende Gattung ist *Calpionella* LORENZ 1901. Die Größe der ± glockenförmigen Gehäuse liegt bei 50–200 µm. Sie bestehen aus kalkiger Substanz, was ihre Zuordnung zu Ciliaten fraglich macht.

Caltrop, *n* (SOLLAS) (gr. χηλή Klaue; τρυπάν durchbohren) (= Chelotrop), Schwammnadel: Regulärer Vierstrahler (→ Tetraxon) mit gleichlangen Achsen (,Fußangel', span. Reiter), Achsen senkrecht auf den Flächen eines regelmäßigen Tetraeders (Abb. 91, S. 186).

Calymma, *n* (gr. κάλυμμα Hülle, Schleier), extrakapsuläre Gallerthülle der → Radiolaria, gleicher Brechungsindex wie Wasser.

Calyptoptomatida (D. W. FISHER 1962) (gr. καλύπτος verhüllt; πτωματίζ Becher [ohne Standfläche, d. h. auf einen Zug zu leeren]), auch Kl. Hyolithida, eine Kl. den Mollusken nahestehender Tiere, umfassend die → Hyolithen und verwandte Formen. Es sind bilateralsymmetrische, konische Kalkgehäuse mit meist ± dreieckigem, aber auch rundem bis ovalem Querschnitt. Der Spitzenwinkel beträgt 10–40°, die Länge des Gehäuses 1–150 mm, sein Anfangsteil ist bei einigen Formen gekammert. Die Öffnung konnte durch ein Operculum geschlossen werden. Das Äußere ist glatt oder schwach skulpiert. Bei einigen besonders gut erhaltenen Exemplaren wurden zwei blattartige, gebogene ,Stützen' beobachtet, die aus der Mündung hervorragen und vielleicht als Flossenstützen dienten.

FISHER teilte sie in Ordnungen, entsprechend der Ausbildung des Anfangsteils: O. Hyolithida (mit konischem Anfangsteil), O. Globorilida (mit kugeligem Anfangsteil), O. Camerothecida (mit zylindrischem, gekammertem Anfangsteil). Vorkommen: Kambrium–Perm, ihre Blütezeit war das Kambrium, von da an gingen sie allmählich zurück.

Calyx, *m*, Pl. Calices (gr. κάλυξ Kelch), allgemein: Kelch (z. B. bei Korallen und Crinozoen). Im Sinne von PFLUG 1975: eine extrazellulär ausgeschiedene Hülle (Membranscheide), gleichgültig, ob sie einzelne Zellen, ein Organ oder den ganzen Körper umschließt. Besonders bei → Petalonamae.

Camara, *f* (lat. camara oder camera Gewölbe, Vorratskammer), (Graptol.): → Camaroidea.

Camarodonta, im System von MORTENSEN (1951) eine O. → regulärer Seeigel, mit → Auriculae, ohne → Apophysen, mit sehr langen Epiphysen (→ Laterne) und gekielten Zähnen. Vorkommen: Seit dem Jura.

camarodont, (Echinid.) → Laterne des Aristoteles.

Camaroida (KOZLOWSKI 1938), eine O. inkrustierender → Graptolithina, deren → Autothecae durch Zweiteilung in einen stark aufgeblähten basalen (= Camara) und einen röhrenartigen distalen Teil (= Collum) gekennzeichnet sind. – Bislang nur aus dem Ordovizium beschrieben.

Camerata (WACHSMUT & SPRINGER 1885 = Cladocrinoidea JAEKEL 1894), eine U.Kl. ausgestorbener → Crinoidea. Alle Kelchplatten sind starr miteinander verbunden, Mund und Ambulakralfurchen liegen → subtegminal; die Dorsalkapsel schließt auch → Brachialia und meist → Interradialia ein. Vorkommen: U.Ordovizium–O.Perm. Ordnungen: → Diplobathrida, → Monobathrida.

Camerothecida (SYSSOIEV 1957) (lat. theca Behälter), → Calyptoptomatida.

Camptostromatoidea (DURHAM 1966) Eine Kl. der Echinozoa mit der einzigen Gattung *Camptostroma* RUEDEMANN aus dem U.Kambrium der USA, einer scheibenförmigen, mit Armen versehenen Form, mit zahlreichen Kalkplättchen bedeckt.

Camptotrichium, Pl. -chia, n (gr. κάμπτειν biegen; θρίξ Faden), horniger, teilweise verkalkter Flossenstrahl von → Dipnoi. Vgl. → Flossenstrahlen.

Canales semicirculares, m (lat. canalis Röhre; semi- halb; circularis kreisförmig), Bogengänge im → Labyrinth.

canaliculat (lat. canaliculus kleiner Kanal), (botan.): → Sporomorphae.

Canaliculatus-Erhaltung, ist für Palmenholz in Braunkohlen kennzeichnend: bei der Versteinerung dringen mineralische Lösungen zunächst in das lockere Grundgewebe ein, während die Faserbündel ausfaulen und kanalartige Hohlräume hinterlassen. Bei inkohlten Hölzern bleiben umgekehrt die Faserbündel erhalten und treten sehr deutlich hervor (→ ‚Fasciculiten-Kohle‘).

cancellat (lat. cancelli, orum Gitter, Schranke), mit gitterähnlicher Skulptur versehen.

Caninus, m, Dens can., (lat. Adj. = hündisch, vom Hunde), Reißzahn. Eckzahn, Hundszahn (der Säugetiere); besonders großer, kegelförmiger, einspitziger Zahn, in jeder Kieferhälfte hinter den Schneidezähnen sitzend; im Oberkiefer sind die Caninen die vordersten Zähne im Maxillare. → Zähne.

Cannel (von engl. candle Kerze), → Kännel.

Capillus, m, Pl. Capilli (lat. Haar), → Sporomorphae.

Capitatum, n (lat. mit einem Kopf versehen), Carpale 3. Vgl. → Carpus.

capitulocephal (lat. capitulum Köpfchen; gr. κεφαλή Kopf, äußerstes Ende). → Rippen.

Capitulum, n, 1. (Wirbeltiere): Endständiger köpfchenartiger Fortsatz verschiedener Knochen (Humerus, Fibula, Rippen). 2. (Cirripedier): → Thoracica. 3. (Radiolarien): = → Cephalis. 4. (Insekten): a) keulenförmiges Ende der Schwingkölbchen; b) der Gelenkkopf im condylen Gelenk. 5. (Sepioideen/Mollusk.): gerundete Vorwölbung des Rostrums um die Anfangskammer des Phragmokons (NAEF 1922).

capricorn (lat. caper, capri Ziegenbock; cornu Horn), Bez. für Ammonitengehäuse mit ± breiten, über die Externseite hinübergezogenen Rippen (z. B. *Androgynoceras capricornu*).

Captaculum, n (lat. captare erhaschen), fadenartiger, in Bündeln die Mundöffnung von → Scaphopoda umstehender, distal verbreiterter Anhang; dient zum Ergreifen der Beute.

Captorhinida, eine O. der → Anapsida, primitivste Amnioten mit vergrößerten Neuralbogen und mehreren Zahnreihen im Kiefer. Der Name soll den obsoleten ‚Cotylosaurier‘ ersetzen, dem sowohl Amphibien als auch Reptilien zugeordnet waren.

Captorhinomorpha (= Captorhinidae), eine U.O. der → Captorhinida, umfaßt meist kleine bis mittlere Formen.

Caput, n (lat.), Kopf, Oberteil.

Carapax, m (span. carapacho Schildkrötenpanzer), 1. (Crustaceen): eine vom Kopf ausgehende Hautduplikatur (bei Ostrakoden zweiklappig), die mit der ursprünglichen Segmentierung nichts zu tun hat, aber i. d. R. mit den überdeckten Tergiten verschmilzt. Bei → Decapoda heißt ihr dorsales Stück Notum, die Seitenteile Pleuren. Nach vorn kann der C. sich zum unpaaren, medianen Rostrum verlängern. 2. (Arachniden): = → Peltidium. 3. Dorsaler Teil des Knochenpanzers von Schildkröten (→ Panzer der Sch.) (Abb. 102, S. 212).

Cardelle, f (lat. cardo Türzapfen, -ell[us] Verkleinerungsform), Zähnchen für die bewegliche Befestigung des → Operculums bei cheilostomen → Bryozoen (= Condylus).

Cardinal..., → Kardinal...

Cardiocarpus (BRONGNIART) (gr. καρδία Herz; καρπος Frucht), (Samen) → Platyspermae.

caridoid (gr. καρίς Krabbe), heißt der Habitus macrurer Krebse (mit wohlentwickeltem Abdomen).

Carina, f (lat. Kiel, Kahn), 1. allgemein: Vorspringende Kante, Kiel, 2. = Crista sterni: Knochenkamm auf der Vorderseite des → Sternums flugfähiger Vögel, zum Ansatz der Flugmuskeln. Vgl. → Carinatae.

3. Dorsale, unpaare Platte der → Cirripedia, vgl. → Abb. 25, S. 46.

4. Reihe von Knötchen oder niedrigen Zähnchen auf der Oralseite von Conodonten.

5. Leistenartiger Auswuchs der Flanke von Septen bei → Madreporaria.

carinat, gekielt.

Carinatae, Vögel mit wohlentwickeltem Kiel (Carina) am Brustbein (= flugfähige Formen, da die Carina besonders zur Anheftung der Flugmuskeln dient). ‚Carinatae‘ als systematischer Begriff bildet eine Ü.O. der → Ornithurae und umfaßt die große Mehrzahl der heutigen und fossilen flugfähigen Vögel. Vgl. → Ratitae.

carinatisulcat (lat. sulcus Furche) nennt man die Externseite von → Ammoniten mit Kiel und zwei Furchen.

Carino-Laterale, n (Cirripedier), → Thoracica.

carnivor (lat. caro, carnis Fleisch; vorare fressen, verschlingen), fleischfressend. Vgl. → herbivor.

Carnivora (BOWDICH 1821), Raubtiere: eine O. der Säugetiere. Im Gebiß der C. ist die Entwicklung von Reißzähnen (Caninen) und einer ‚echten‘ → Brechschere aus P^4 und M_1 kennzeichnend. Die bisher als → Creodonta den C. zugerechneten Formen gelten damit nicht mehr als C. und werden teils der O. Deltatheridia (Hyaenodonta), teils der O. Condylarthra (die Arctocyonoidea = Procreodi und die Mesonychoidea = Acreodi) zugefügt. Es verbleiben damit die beiden U.O.:

1. Fissipedia, Landraubtiere; Brechschere P^4 und M_1. Seit dem U.Paläozän (Miacidae).

2. Pinnipedia, Robben; Dentition reduziert. Vom Miozän an. Ausgangsformen scheinen Ursida (Bärenartige) und Mustelida (Marderartige) des Alttertiärs zu sein.

Carnosauria (gr. σαύρα oder σαύρος Eidechse), eine Infraordnung der → Saurischia.

Carpalia, Sing. Carpale, n (gr. καρπός Handwurzel), die Knochen der Handwurzel der Tetrapoden. → Carpus (Abb. 24, S. 40).

Carpoidea (JAEKEL 1900) (gr. καρπός Frucht; εἴδος Aussehen), (Syn. Carp. heterostelea, Heterostelea), eine heterogene Gruppe altertümlicher Stachelhäuter (→ Echinodermen, → Homalozoa) mit seitlich abgeflachter Theka, kurzem ‚Stiel‘ (Stele) und ganz oder fast ganz fehlenden → Brachiolen und → Ambulakralfurchen. Die beiden Seiten der Theka sind verschieden ausgebildet, die untere hat wenige große Platten (Hypocentrale) und die obere viele kleine Platten (Epicentrale). Randliche Marginalplatten (Marginalia) bilden einen festen Rahmen. Der ‚Stiel‘ ist entweder gleichförmig gebaut oder in drei verschiedene Abschnitte unterteilt (→ Aulacophor, → Styloconus), seine Funktion könnte bei den einzelnen Klassen unterschiedlich gewesen sein. Vorkommen: Kambrium–Devon. Den C. werden hier die Kl.n Homostelea, Homoiostelea und Stylophora zugerechnet, sie bilden den Großteil des U.-Stammes → Homalozoa.

Carpolithus, *m* (gr. λίθος Stein), alter, umfassender Name für fossile Samen.

Carpo-Metacarpus, die aus den verschmolzenen distalen → Carpalia und den → Metacarpalia bestehende Mittelhand der Vögel und mancher Reptilien.

Carpus, *m* (gr. καρπός Handwurzel), Handwurzel. Die vollständige Hand der Tetrapoden ist folgendermaßen zusammengesetzt (s. dazu die nachfolgende Tabelle):

Bez. der Carpalia beim Menschen:
Radiale = Scaphoid oder Naviculare (Kahnbein);
Intermedium = Lunatum, Semilunare (Mondbein);
Ulnare = Triquetrum, Cuneiforme, Pyramidale (Dreiecksbein);
(Pisiforme = Erbsenbein);
Carpale 1 = Trapezium, Multangulum majus (großes Vielecksbein);
Carpale 2 = Trapezoid, Multangulum minus (kleines Vielecksbein)
Carpale 3 = Capitatum, Magnum (Kopfbein)
Carpale 4 und 5 = Hamatum, Uncinatum (Hakenbein), Unciforme.
Die Hand unterliegt sehr vielfältigen funktionellen Anpassungen, welche zu mancherlei Reduktionen bzw. Verschmelzungen unter ihren Elementen führen (Abb. 24. S. 40).

Cartilago Meckeli, *f* (lat. cartilago Knorpel; nach J. F. MECKEL d. J., 1781–1833, Professor der Anatomie und Chirurgie in Halle), Mekkelscher Knorpel, Mandibulare; aus der Embryologie stammende Bez. für den Unterkiefer des → Visceralcraniums (= Splanchnocraniums) der Wirbeltiere. Vgl. → Mandibulare.

cassidulinoid (nach der Gattung *Cassidulina* D'ORBIGNY), (Foram.): ein flachspiraliger Einrollungstyp, bei dem die Kammern um die Medianebene alternieren.

Cassidulida (CLAUS 1880) (Echinid.): eine O. → irregulärer, → atelostomer Seeigel mit → Petalo-

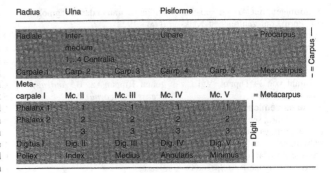

Radius	Ulna			Pisiforme	
Radiale	Intermedium		Ulnare		= Procarpus
		1...4 Centralia			(Carpus)
Carpale 1	Carp. 2	Carp. 3	Carp. 4	Carp. 5	= Mesocarpus
Metacarpale I	Mc. II	Mc. III	Mc. IV	Mc. V	= Metacarpus
Phalanx 1	1	1	1	1	
Phalanx 2	2	2	2	2	
–	3	3	3	3	
Digitus I	Dig. II	Dig. III	Dig. IV	Dig. V	= Digiti
Pollex	Index	Medius	Annularis	Minimus	

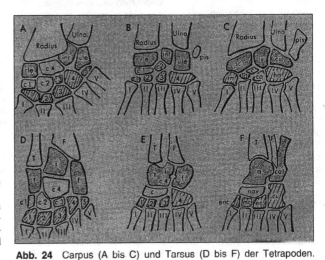

Abb. 24 Carpus (A bis C) und Tarsus (D bis F) der Tetrapoden. Darstellung der wichtigsten Homologien zwischen einem primitiven Tetrapoden (A, D), einem primitiven Reptil (B, E) und einem Säuger (C, F). Proximale Reihe der Elemente punktiert, distale Reihe schraffiert, Centralia und Pisiforme weiß. Metacarpalia und Metatarsalia durch röm. Zahlen bezeichnet, distale Carpalia und Tarsalia durch arabische. a Astragalus; c, $c_1...c_4$ Centralia; ca Capitatum; cal Calcaneus; cu Triquetrum (in der Hand), Cuboid (im Fuß); ec Ectocuneiforme (Cuneiforme III); enc Entocuneiforme (Cuneiforme I); F Fibula; f Fibulare; ha Hamatum; i, int intermedium; lu Lunatum; mc Mesocuneiforme (Cuneiforme II); nav Naviculare; pis Pisiforme; rle Radiale; sc Scaphoid; T Tibia; t Tibiale; td Trapezoid; tm Trapezium; ule Ulnare. – Nach A. S. ROMER (1959)

dium und → Floscelle. Vorkommen: Seit U.Jura.

Catarrhini, auch Catarhini (gr. κατά herab, ϱις, ϱινός Nase, wegen der nach unten gerichteten Nasenlöcher), Schmalnasen-Affen, mit schmalem Septum nasale, Altweltaffen. → Simiae.

cateniform (lat. catena Kette; forma Gestalt), Form einer Korallenkolonie, deren → Polypare palisadenartig seitlich aneinandergrenzen, erscheint im Querschnitt kettenartig.

Cathaysia-Flora (Cathay = alter Name für Nord-China), = *Gigantopteris*-Flora: Die permokarbonische Flora des ostasiatischen Raumes von Korea bis Sumatra, ferner der südwestlichen Vereinigten Staaten; neben zahlreichen Formen der → euramerischen Flora besitzt sie endemische, wie vor allem die → Pteridophyllen-Gattung *Gigantopteris*, die oberflächlich an gezähnte Laubblätter erinnert, und die Equisetacee *Lobatannularia*. Abb. 95, S. 197.

Cauda, *f* (lat. Schwanz), der hintere, schmale Teil der Hörfurche an → Otolithen (Abb. 84, S. 166).

caudad, caudal, dem Schwanz zu gerichtet bzw. gelegen. Vgl. → Lagebeziehungen.

Caudal-Fortsatz, bei → Ostrakoden: Hinterer Gehäusevorsprung, meist oberhalb der Mitte gelegen.

Caudalis, *f* (Pinna caudalis), Schwanzflosse.

Caudata, (OPPEL 1811), Schwanzlurche, eine Zusammenfassung der Ordnungen → Urodela und → Apoda.

Caulopteris, f (LINDLEY & HUTTON) (gr. πτέϱις Farn), als Steinkern oder Abdruck erhaltener jungpaläozoischer Farnstamm mit 4 und mehr (dann spiralig stehenden) Reihen von Wedelnarben. Ist der außerhalb der Sklerenchymzone befindliche Teil des Stammes nicht erhalten, heißt das Fossil *Ptychopteris*. Vgl. → *Psaronius*, → *Megaphyton*.

Caunoporen, Kaunoporen (gr. χαῦνος schwammig, aufgeblasen; πόϱος Durchgang), senkrecht zur Oberfläche mancher → Stromatoporen verlaufende, relativ große, runde Röhren, durch Querböden

(Tabulae) unterteilt. Soweit sie selbständige Wandungen besitzen, schreibt man sie der tabulaten Koralle *Syringopora* zu und vermutet Symbiose zwischen Koralle und Stromatopore.

Cavicornier (lat. cavus hohl, umhüllend; cornu Horn), ‚Hohlhörner‘, → Hörner tragende Paarhufer wie Rinder, Antilopen, Ziegen, Schafe.

Cavitas glenoidalis, *f* (lat. cavitas Hohlraum; gr. γληνοειδής dem glänzenden Augapfel ähnlich [wegen des glänzenden Knorpelüberzuges]. In der Anatomie durch Cav. articularis ersetzt), die Gelenkpfanne eines Kugelgelenks, wie z. B. im Oberarmgelenk.

Cavum tubulare, *n* (MÜLLER-STOLL 1936) (lat. röhrenförmiger Hohlraum) (Belemn.), → Epirostrum.

Cavum tympani, *n* (lat. cavum Höhle; tympanum Pauke), Paukenhöhle (→ Mittelohr); ein lufterfüllter Hohlraum des Gehörorgans bei den höheren Wirbeltieren, nach außen durch das Trommelfell abgeschlossen, mit der Mundhöhle durch die → Eustachische Röhre (Tuba eustachii) in Verbindung. Das C.t. geht aus der ersten Kiemenspalte der Fische hervor und enthält den schalleitenden Apparat der → Gehörknöchelchen. Vgl. → Tympanicum (Abb. 77, S. 149).

Caytoniales (nach der Cayton-Bay im südl. Yorkshire, dem ersten Fundort der Gattung *Caytonia),* eine O. eigenartiger, zu den → Cycadophytina gehörender Pflanzen aus Rät und Jura. Die Fiedern ihrer Megasporophylle sind becherartig, in ihnen liegen die Samenanlagen in zwei Reihen angeordnet (Ähnlichkeit mit dem Fruchtknoten der Angiospermen). Blätter: *Sagenopteris.*

Cella, *f* (lat. Kammer), i. S. von MÜLLER-STOLL 1936: Eine der Kammern des → Phragmokons von → Belemniten.

Cella terminalis, *f* (lat. Endkammer), nannte MÜLLER-STOLL 1936 die jeweilige apikale Endkammer des Phragmokons bei Chitinoteuthiden; ihr apikales Septum ist das Septum terminale. Apikalwärts schließt sich der Appendix terminalis an, der die Gestalt einer

Kammer, aber beträchtlich geringeren Durchmesser besitzt.

Centrale, Pl. -ia, *n* **(Os centrale)** (lat. centrum Mittelpunkt), 1–4 Knochen in der Hand- bzw. Fußwurzel primitiver Tetrapoden, bei Säugetieren oft fehlend. Vgl. → Carpus (Abb. 24, S. 40), → Tarsus. Bei → Arthrodira: unpaare dorsale Knochenplatte, vgl. Abb. 8, S. 20.

Centrodorsale, Centrodorsalplatte (lat. dorsum Rücken), (Crinoid.), die aus dem obersten Stielabschnitt und den Infrabasalia hervorgegangene, zirrentragende Platte an der Kelchbasis der → Comatulida und Thiolliericrinidae. (U.Kl. Articulata).

centronellid, (Brachiop.) (nach der Gattung *Centronella),* → Armgerüst.

Centrum vertebrae, *n* (lat. vertebra Wirbel in der Wirbelsäule), = → Wirbelkörper.

Cephalaspiden, -aspidomorpha (nach der Gattung *Cephalaspis),* eine U.Kl. der → Agnatha mit unpaarer, medianer Nasen-Hypophysen-Öffnung, welche drei paläozoische Ordnungen umfaßt (→ Osteostraci, → Galeaspida und → Anaspida, alle mit echtem Knochengewebe im Außenskelet) sowie die rezenten → Cyclostomata ohne erhaltungsfähige Hartteile.

Cephalis, *f* (gr. κεφαλίς Köpfchen), (Radiolar.), die erste (apikale) Kammer der → Nassellaria (= Capitulum).

Cephalochordata (R. LANKESTER) (wegen der bis zur Körperspitze, dem ‚Kopf‘ reichenden Chorda), Syn. von → Acrania.

Cephalodiscida (FOWLER 1892), eine O. der → Pterobranchia, deren Vertreter unregelmäßige, inkrustierende Chitinskelete ausscheiden. Fossil aus dem Ordovizium beschrieben, sonst nur rezent bekannt.

Cephalon, *n* (gr. κεφαλή Kopf), der Kopfschild der → Trilobiten und der → Malacostraca. Bei den Trilobiten wird er in mehrere Regionen unterteilt: → Glabella: die erhabene Fortsetzung der → Rhachis auf dem Kopfschild; Wangen: die beiden seitlich der Glabella gelegenen Teile des C. Sie können sich vor der Glabella im Präglabellarfeld vereinigen. Sie werden durch die →

Gesichtsnaht geteilt in feste Wangen (Fixigenae), welche in festem Verband mit der Glabella bleiben und freie Wangen (Librigenae), welche sich bei der Häutung ablösen. Glabella + feste Wangen zusammen heißen Cranidium. Die festen Wangen tragen randlich die Augenhügel (Palpebralhügel). Von diesen kann eine Augenleiste zur Glabella ziehen. Streng genommen sind die randlich gelegene → Rostralplatte und die ventral gelegenen → Hypostoma und → Metastoma nicht Teile des C. Will man sie und die vom C. bedeckten Weichteile einbeziehen, so spricht man von der Kopfregion. Die Hinterecken des C. heißen Wangeneck oder Genalwinkel, sie können in Wangen oder Genalstachel verlängert sein (Abb. 118, S. 246).

Cephalopoden, *m* (gr πούς, ποδός Fuß), Cephalopoda (CUVIER 1795), Kopffüßer, eine Klasse des Stammes → Mollusca; sie umfaßt die rezenten Tintenfische, die Kraken, den Nautilus und ihre ausgestorbenen Verwandten. Es sind bilateralsymmetrische, marine Weichtiere mit deutlich abgesetztem, mit Fangarmen versehenen Kopf, einer tiefen Mantelhöhle und einem zum → Trichter umgewandelten Fuß. Kennzeichnend ist der Besitz eines gekammerten inneren oder äußeren Gehäuses. Die zuletzt gebildete, nach vorn offene Kammer ist die Wohnkammer des Tieres, die älteren Kammern bilden zusammen den → Phragmokon. Ihn durchzieht ein häutiger Strang, der → Sipho, vor der Anfangskammer (→ Protoconch) bis zur Wohnkammer. Die rezenten Vertreter haben zwei Kiemen (→ Dibranchiata) oder vier (→ Tetrabranchiata). Nervensystem und Augen sind besonders bei den Dibranchiaten hochentwickelt. Die C. sind die höchstentwickelten Mollusken und stellen die größten bekannten Invertebraten: die heutige Gattung *Architeuthis* erreicht 6,5 m Körperlänge (mit Armen über 20 m). Sie stellen die meisten und wichtigsten → Leitfossilien. Vgl. → Orthochronologie. Vorkommen: Seit dem O.Kambrium. Systematik: Kl. Cephalopoda CU-

VIER: U.Kl.n: → Endoceratoidea, → Actinoceratoidea, → Nautiloidea, → Ammonoidea, → Coleoidea (Abb. 3–5, S. 8).

Cephalothorax, *m* (gr. θώραξ Brustharnisch), der einheitliche, Kopf und Rumpf umfassende Vorderabschnitt des Körpers von → Crustaceen. → Arthropoden.

Cephalschild, *m*, großer Knochenschild der → Cephalaspidomorphi, welcher den Kopf und Teile der Rumpfregion umschloß. Die Oberseite enthält neben Augen-, Nasen- und Pinealöffnung (→ Scheitelauge) zwei paarige randliche und ein unpaares medianes besonders struiertes (elektrisches?) Feld, die Unterseite das große, von weichem Gewebe verschlossene Orobranchialfenster. Dessen Schutzgewebe besaß randliche Öffnungen für die Kiemen und eine rostral gelegene Mundöffnung. Das gesamte Innere des C. wurde von Endoskeletbildungen eingenommen, welche innig mit dem Exoskelet verbunden waren und das ganze neurale Endocranium (= Primordialcranium) erfüllten.

Ceraospongia (= Keratosa) (gr. κέρας Horn; σπόγγος Schwamm; lat. Endung -osus reich an etwas), Hornschwämme; (Stützskelet aus → Spongin). Fossil unbekannt. Vgl. → Porifera.

Ceratiten, *m* (Endung -ites vgl. → Ammonit), im weiteren Sinne → Ammonoidea mit → ceratitischer Lobenlinie (= Mesoammonoidea WEDEKIND) des Perm und vor allem der Trias, ohne genauere Abgrenzung. Vgl. → Ceratitida. Im engeren Sinne heißen Ceratiten die Angehörigen der Gattung *Ceratites* DE HAAN im germanischen oberen Muschelkalk.

Ceratitida (HYATT 1884), eine zahl- und formenreiche O. der → Ammonoidea; sie umfaßt Abkömmlinge der → Prolecanitida mit ceratitischer bis extrem ammonitischer Lobenlinie und teilweise reicher Skulptur. Die ersten, wenig zahlreichen Angehörigen der O. traten im O.Perm auf, ihre Hauptmasse gehört der Trias an. Mit dem Ende der Trias starben sie bis auf eine kleine, von ihnen sich ablösende Gruppe aus. Innerhalb dieses kur-

zen Zeitraums entwickelten sie einen sehr großen Formenreichtum. Vgl. → Phylloceratida.

ceratitisch, ist eine Lobenlinie, bei welcher der Lobengrund unterteilt (zerschlitzt) ist, die Sättel aber ganzrandig bleiben (= unipolar zerschlitzte Lobenlinie). Vgl. → Lobenlinie.

Ceratobranchiale, *n* (gr. βράγχια Kiemen), → Visceralskelet.

Ceratohyale, *n* (gr. κέρας Horn [nach den Zungenbein-,Hörnern‘]; υοειδής dem Buchstaben Y ähnlich), = Hyoideum, vgl. → Hyoidbogen.

ceratoid (HILL 1935) (gr. εἶδος Gestalt, Wesen) (Einzelkorallen), schlank kegel- oder hornförmig, mit einem Basiswinkel um 20°.

Ceratomorpha (WOOD 1937) (gr. μορφή Gestalt), (= Tapiromorpha), eine U.O. der → Perissodactyla, umfassend die Tapire und die Nashörner. Vorkommen: Seit dem U.Eozän.

Ceratopsia (MARSH 1890) (gr. όψις Sehen, Aussehen), eine U.O. der → Ornithischia; sie umfaßt gehörnte Saurier; Hauptgattung *Triceratops*. Vorkommen: O.Kreide.

Ceratotrichia, Sing. -ium, n (gr. θρίξ Haar, Borste), → Flossenstrahlen.

Cerci, *m* (lat. nachkl. cercus, i; gr. κέρκος der Schwanz von Tieren), ‚Afterraife‘; ein Paar antennenähnliche, vielgliedrige Anhänge am 11. Abdomensegment von Insekten, welches ontogenetisch auf die Rückseite des Segments verlagert wird.

Cerebellum, *n* (lat. kleines Gehirn), das Kleinhirn der Wirbeltiere. Es ist im dorsalen Teil des Hinterhirns (Metencephalon, → Rhombencephalon) ausgebildet und bildet ein wichtiges Assoziationszentrum, dessen Hauptaufgabe die Erhaltung des Muskeltonus und des Körpergleichgewichtes ist. Es ist daher dort besonders entwickelt, wo komplizierte Körperbewegungen ausgeführt werden, bei Vögeln, Säugetieren, vielen Fischen.

Cerebrum, *n* (lat. Gehirn) Gehirn, auch beschränkt auf Großhirn: die beiden Hemisphären des Telencephalons. (→ Prosencephalon).

Ceriantipatharia, eine U.Kl. der → Anthozoa, ohne oder mit hornigem Skelet. Nur eine fossile Gattung (im Miozän) ist bekannt geworden.

cerioid (LANG 1923) (gr. κηρίον Wabe; εἶδος Gestalt, Ähnlichkeit), bei Madreporarier-Kolonien: → massig, die Coralliten jeweils mit → Epithek. Vgl. → plocoid.

Cervical-Region (lat. cervix Hals) Halsregion, → Wirbelsäule.

Cetacea (BRISSON 1762) (lat. cetus Thunfisch, gr. κῆτος See-Ungeheuer), Wale; eine O. sekundär zum ausschließlichen Leben im Wasser übergegangener Säugetiere mit hochgradig differenziertem Gehirn. Die älteste U.O. bilden die alttertiären Archaeoceti (Urwale) mit anfangs noch normaler Zahnformel ($\frac{3143}{3143}$), aber bereits stark reduzierter Hinterextremität; sie werden von terrestrischen Prä-Artiodactylen (Mesonychiden) abgeleitet. Durch Reduktion der Zähne entstanden im Laufe des Oligozäns aus den Archaeoceti die Bartenwale (U.O. Mystacoceti), während die direkten Vorfahren der Zahnwale (U.O. Odontoceti) noch nicht bekannt sind. Die ältesten (eozänen) Cetaceen-Reste kommen aus dem vorderindisch- (*Pakicetus*) nordafrikanisch-europäischen und dem nordamerikanischen Raum.

Cetolithen, *m* (gr. λίθος Stein), die Gehörknochen (die verschmolzenen → Periotica + → Tympanica) der → Cetacea, welche nur durch Bänder mit dem Schädel verbunden sind und sich daher nach dem Tode leicht ablösen.

cf. (lat. conferre, confero: zusammentragen, in die Nachbarschaft stellen), Zeichen der → offenen Namengebung: ‚etwa‘, ‚zu vergleichen mit‘.

Chaeta, *f* (gr. χαίτη Helmbusch, langes Haar), Bündel von Borsten (bei → Polychaeta).

Chaetetida, eine O. der → Demospongea. Skelet aus kalkigen Röhren ohne Septen, aber mit Kieselnadeln in den Wandungen und mit Böden (Tabulae). Die Formen wurden bislang meist den → Tabulata zugerechnet. Vorkommen: Ordovizium–Tertiär.

Chaetognatha (LEUCKART 1854) (gr. γνάθος Kinnbacken), Pfeilwürmer, bekannteste Gattung *Sagitta;* formenarmer Stamm freischwimmender räuberischer mariner Würmer (→ Pseudocoelomata) mit einem Flossensaum am Schwanzende und einem Kranz chitiniger Greifhaken um die Mundöffnung. Fossil unbekannt. Die bisher hierher gestellte Gattung *Amiskwia* WALCOTT 1911 aus dem M.Kambrium des Burgess-Passes repräsentiert einen eigenen, sonst unbekannten Tierstamm (CONWAY MORRIS 1977).

Characeen (gr. χάραξ Pfahl, Palisade), → Charophyta.

Charophyta (gr. φυτόν Pflanze), Armleuchteralgen (eigener Stamm oder eine Kl. der → Chlorophyta), welche Stengel und quirlständige Äste ausbilden und fast nur im Süßwasser leben. Die kalkabscheidenden *Chara*-Arten (Characeen) können beträchtlich zur Bildung von Süßwasserkalken beitragen. Von den Pflanzen selbst bleiben fossil fast nur die spiralig gebauten Oogonien (→ *Gyrogonites*) erhalten. Vorkommen: Seit dem Silur. Die ältesten C. waren marin. Vgl. → *Trochiliscus.*

cheilostom, zur O. → Cheilostomata gehörig.

Cheilostomida (BUSK 1852) (gr. χεῖλοσ Lippe; στόμα Mund, Öffnung), eine O. der → Bryozoen (Kl. Gymnolaemata) mit seitlich aneinandergereihten kastenförmigen Zooecien (→ Zooecium), die meist einen Deckel besitzen. Avicularien (→ Avicularium), → Vibracula und → Ovizellen vorhanden. Die C. stellen die Mehrzahl der heutigen Bryozoen. – Seit dem Ordovizium (Abb. 22, S. 36).

Chel, *n* (gr. χηλή *f*, Klaue, Schere), eine Schwammnadel (Mikrosklere) mit schaufelförmigen, rückwärts gebogenen Zähnchen an den Enden. Vgl. → Porifera.

Chela, *f*, Schere von Arthropoden. Im typischen Falle (Dekapoda) entsteht sie durch basale Verbreiterung des Propoditen (‚Palma‘), während der distale Teil sich zum schmalen, meist mit Zähnen besetzten ‚festen Finger‘ (‚Index‘) verlängert; dagegen legt sich der

Dactylopodit (‚Pollex‘) als ebenfalls bezahntes bewegliches Glied. Ist der feste Fortsatz des Propoditen nur klein, liegt eine Subchela vor.

Chelicera (gr. κέρας Horn), ‚Klauenhorn‘. Ventral vor der Mundöffnung von → Chelicerata gelegenes erstes Paar der Körperanhänge, deren letztes Glied eine kräftige Zange (→ Chela) bildet.

Chelicerata (HEYMONS 1901), fühlerlose, aquatisch oder terrestrisch lebende → Arthropoden mit einem aus Prosoma (= Cephalothorax) und Opisthosoma (= Abdomen) bestehenden Körper sowie einem mit Scheren (Chelae) versehenen vordersten Extremitätenpaar. Hinter diesem sitzt ein Paar → Pedipalpi (‚Fühler‘). Systematik: → System der Organismen im Anhang. Vorkommen: Seit dem Kambrium.

Cheliped, *m* (lat. pes Fuß), mit Scheren (→ Chela) bewehrter Körperanhang von → Chelicerata oder → Crustacea.

Chelonia (gr. χελώνη Schildkröte), Schildkröten, → Testudinata.

Chelotrop, *n* (SCHULZE & LENDENFELD) (gr. τρυπάν durchbohren), = → Caltrop.

Chemofossil (Molekularfossil), eine organische Verbindung in der Geosphäre, deren Kohlenstoffstruktur eine sichere Beziehung zu einem bekannten Naturprodukt erkennen läßt. Die wichtigsten C. sind Sterole, Sterane und Triterpane. Von ihnen sind bis heute etwa 300 bekannt, ihre Zahl ist im letzten Dezennium mit der Zunahme gaschromatographischer und massenspektrometrischer Untersuchungen sprunghaft angestiegen. Ihre Konsistenz selbst über hunderte von Jahrmillionen ist ebenso überraschend wie die geochemischen Veränderungen, die sie u. U. durchmachen.

Chengjiang-Fauna, eine Weichkörper-Fauna aus dem U.Kambrium (Athabanium) des Kunming-Gebietes in Yünnan, Südwest-China. Sie liegt in einem weichen, grauen, in verwittertem Zustand gelblichen Schieferton von etwa 50 m Mächtigkeit. Die ersten Funde gelangen Hou Xian-guang im Jahre 1984 bei dem Dorf Chengjiang. Die Fauna enthält mehr als 75 Arten. Trotz ihres höheren Alters ist die Fauna im Ganzen der des mittelkambrischen → Burgess-Schiefers ähnlich, mit denselben Gruppen als Hauptbestandteilen. 90–95 % der Arten können noch heute existierenden Stämmen zugeordnet werden. Der Erhaltungszustand ist besser als derjenige der Burgess-Fauna, was, zusammen mit dem hohen Alter, der C. für das Verständnis des Lebens während der ‚kambrischen Explosion' einmalige Bedeutung verleiht.

Chiastoneurie, f (gr. χ = chi [mit gekreuzten Strichen geschrieben]; νευρά Sehne, Schnur), bei → Prosobranchia: die durch Drehung von Mantel und Eingeweidesack um 180° relativ zum Fuß verursachte Überkreuzung der Nervenbahnen.

Chilaria, Pl., n (gr. χεῖλος Lippe), paarige kleine Platten aus dem reduzierten Körperanhang des ersten Abdominalsegments von → Xiphosura, wohl dem → Metastoma der → Eurypterida homolog.

Chilidialplatten, (Brachiop.), den → Deltidialplatten der Stielklappe entsprechende paarige Kalkplättchen, die das → Notothyrium von den Rändern her einengen.

Chilidium, n (BEECHER) (gr. εἶδος Bild, Gestalt), einheitliche Kalkplatte, welche das → Notothyrium einer Reihe von articulaten Brachiopoden verschließt. Bei den → Inarticulata heißt die entsprechende Bildung Pseudo- oder → Homoeochilidium.

Chilopoda (LATREILLE 1817) (gr. χίλιοι tausend; πούς, ποδός Fuß), eine Kl. der → Myriapoda. – Seit der Kreide.

Chimaeriformes (gr. Χίμαιρα mythol. Ungeheuer mit drei Köpfen), Chimären, Seekatzen; eine O. der U.Kl. → Holocephali; relativ seltene, molluskenfressende Haiartige des tieferen Wassers, mit einem einzigen, breiten, flachen Zahn in jeder Kieferhälfte. Vorkommen: Seit U.Karbon.

Chiroptera (BLUMENBACH 1779) (gr. χείρ, χειρός Hand; πτερόν Feder, Flügel). Fledertiere; eine den → Insectivora nahestehende O. der Säugetiere – die einzige, in der

echtes Fliegen erreicht wurde. Im Gegensatz zu den → Pterosauria sind außer dem Daumen alle Finger verlängert und stützen die Flughaut, die dadurch flexibler ist und weniger leicht einreißt. Von den beiden U.O.n sind die frugivoren Megachiroptera (‚Fliegende Hunde') seit dem Oligozän, die meist insectivoren Microchiroptera in fast derselben Entwicklungshöhe wie heute seit dem U.Eozän bekannt (*Jcaronycteris*).

Chiropterygium, Cheiropterygium oder **Chiridium,** alle n (gr. πτερύγιον kleiner Flügel, Flosse), das Hand- bzw. Fußskelet der (fünfzehigen) Land-Wirbeltiere. Vgl. → Archipterygium, → Autopodium.

Chirotherium, n (KAUP 1835) (gr. θήρ, θηρός Tier), ‚Handtier'; Fährten von handartiger Form, welche vielfach in Sandsteinen der Trias gefunden werden, der Urheber selbst aber nicht. Eine eingehende Analyse der Fährten (durch W. SOERGEL) machte den Urheber als einen hunde- bis bärengroßen Vertreter der → Thecodontia (Pseudosuchier) wahrscheinlich. Bestätigt wurde dies durch Funde im Tessin: Nach KREBS (1966) waren die Urheber Vertreter der Rauisuchidae wie *Ticinosuchus*.

Chitin, n (verkürzt aus gr. χιτών Gewand, Waffenrock, Brustwehr), bei vielen Gruppen von Wirbellosen vorkommende Stützsubstanz, ein Polyacetyl-Glucosamin von ähnlichem Molekularbau wie Zellulose (empirische Formel $[C_8H_{13}O_5N] \cdot x$), chemisch sehr widerstandsfähig, unlösbar in Wasser, Alkohol, Alkalien und den meisten Säuren. C. ist biegsam, kann aber durch Imprägnierung mit Kalziumkarbonat oder -phosphat gehärtet (sklerotisiert) und damit starr werden.

Chitinozoa (EISENACK 1931) (gr. ζῷον Lebewesen), keulen-, flaschen- oder stäbchenförmige marine Mikrofossilien mit einer Hülle aus einem chemisch äußerst widerstandsfähigen organischen Stoff (diagenetisch umgewandeltes → Tektin [= Pseudochitin]). Die weite Mündung ist oft mit einem Kragen versehen und durch ein Diaphragma verengt. Bei anderen Formen

wird die Mündung durch einen Deckel verschlossen; dieser läuft in einen Stiel, die Copula, aus. Die Wand besteht aus der schwarzen, opaken, eigentlichen Kammerwand und einem dünnen durchscheinenden Tegmen. C. waren rein marin, lebten planktisch oder pseudoplanktisch und kommen in vielerlei Sedimenten vor. Die systematische Stellung der C. ist ungeklärt. Meist rechnet man sie zu den Protozoen. Vorkommen: Blütezeit Ordovizium–Devon, letzte Vertreter im Perm.

Chitoniden, = → Amphineura.

Chlamydospermae, Syn. von → Gnetatae.

Chlorokline (LIEBAU 1980), → bathymetrische Gliederung.

Chlorophyta (gr. χλωρός hellgrün, gelblich; φυτός Pflanze), Grünalgen, sehr vielgestaltige, grüne Algen mit ein- bis vielkernigen Zellen; wahrscheinlich Stammgruppe der Landpflanzen. Als Fossilien kommen nur wenige Formen in Betracht wie → Reinschia und → Pila, außerdem aber die kalkabscheidenden, in der Trias dadurch gesteinsbildenden → Dasycladales und die → Codiaceae. Vorkommen: Seit Kambrium (? Präkambr.). Vgl. → Charophyta.

Choanata (SÄVE-SÖDERBERGH 1934), **Choanichthyes** (ROMER 1937) (gr. ιχθύς, -ύος Fisch), zusammenfassend für die Lungenfische (→ Dipnoi) und Quastenflosser (→ Crossopterygii) wegen des Besitzes von → Choanen im Gegensatz zu den übrigen Knochenfischen (Actinopterygier) ohne solche. Da die C. nicht alle echte Choanen besessen haben, schlug ROMER (1955) vor, den Namen C. durch ‚Sarcopterygii' (fleischflossige Fische) zu ersetzen. Andere Autoren schlossen die Crossopterygier an die → Actinopterygii (zusammen = Teleostomi) an und schrieben den Dipnoi eine abseitige Stellung zu. Vorkommen: Seit dem U.Devon (Abb. 50 S. 87).

Choanen, f (gr. χοάνη Trichter), die inneren Nasenöffnungen der Tetrapoden, die die Verbindung zwischen Nasenhöhle und Mundhöhle bzw. Schlund herstellen. Sie kommen allen Tetrapoden und den meisten → Choanichthyes unter den Fischen zu.

Choanocyte, *f* (gr. χόανος Trichter, hier plasmatischer Aufsatz von der Form eines Trichters; κύτος Höhlung, Gefäß), = → Kragengeißelzelle.

Chomata, Sing. Choma, *n* (gr. χῶμα Damm, Wall), bei → Fusulinen (Foram.): wallartige, sekundäre Kalkausscheidungen, welche die seitlichen Ränder der durch Resorption sekundär entstandenen Öffnungen (Foramina) in älteren Septen untereinander verbinden und mit ihnen zusammen einen Tunnel bilden. Pseudochomata sind nur in der Nähe der Septen abgelagert, bilden also keine Wälle (Abb. 52, S. 92).

Chondrichthyes (HUXLEY 1880) (gr. χόνδρος Knorpel; ιχθύς, -ύος Fisch), Knorpelfische; die rezenten Haie und Rochen und ihre fossilen Verwandten. Sie besitzen kein Knochengewebe, gut erhaltene Skeletfunde von C. sind daher selten; häufig sind nur die Schuppen und Zähne. Die Knorpelfische erschienen als letzte große Gruppe der Fische erst im M.Devon, älteste isolierte Reste (Placoidschuppen) im O.Silur. Sie stammen von noch nicht genauer bekannten → Placodermi ab. Zwei U.Kl.n werden unterschieden: → Elasmobranchii, Haiartige, und → Holocephali, Rochenartige (Abb. 50 S. 87).

Chondrin, *n* (gr. χόνδρος [Korn] Knorpel), Knorpelleim; die aus hyalinem Knorpel gewinnbare leimartige Masse aus Gerüsteiweißen (Kollagenen) und Schleimstoffen (Muzine).

Chondrites (STERNBERG 1833), *m,* sehr häufige, oft als *Fucoides* bezeichnete Lebensspur: an Pflanzen erinnernde regelmäßig verzweigte, weder sich überkreuzende noch anastomisierende Tunnelbauten von gleichbleibendem Durchmesser. Es sind wohl Freß- oder Wohnbauten mariner Würmer. Vorkommen: Kambrium–Tertiär.

Chondroblasten, *m* (gr. βλαστός Keim), knorpelbildende Zellen.

Chondrocranium, *n* (gr. κρανίον Schädel), Knorpelschädel, = → Primordialcranium. Vgl. → Kopfskelet.

chondrogene Knochen (gr. γενεά Herkunft, Stamm), Ersatz-, Primordial-, Knorpelknochen, sind durch Verknöcherung ursprünglich knorpeliger Skeletelemente entstanden. Gegensatz: desmogene Knochen. Vgl. → Osteogenese.

Chondrophor, *m* (gr. φορεῖν tragen), Ligament-Löffel, ein löffelartiger, ins Gehäuseinnere hineinragender Vorsprung der einen Klappe desmodonter Muscheln (→ Schloß), welchem in der anderen Klappe eine flache Grube entspricht. Zwischen beiden liegt das → Ligament.

Chondrostei (MÜLLER 1846) (gr. οστέον, οστούν Knochen), ‚Knorpelganoiden'. Frühere Bez. für rezente Fische mit überwiegend knorpeligem Innenskelet und kräftigen Hautverknöcherungen (Störe, Löffelstöre). Danach die Infraklasse C., die auch die Vorfahren einschließt, welche normal verknöcherten. Nach jenen wird die ganze Gruppe auch als → Palaeoniscei benannt.

Chorda dorsalis, *f* (gr. χορδή Darm, Darmsaite; lat. dorsalis zum Rücken gehörig), ‚Rückensaite'; ein den → Chordata eigentümliches und besonders bei ihren primitivsten Vertretern entwickeltes, stabförmiges, dorsales Stützelement. Es verläuft ventral des → Neuralrohres durch die ganze Länge des Körpers, wird aufgebaut aus blasigen Zellen und von festen Hüllen, den → Chordascheiden, umgeben. Bei den meisten Fischen und besonders bei den Tetrapoden wird die Chorda mehr und mehr durch die knöchernen → Wirbelkörper ersetzt. Syn.: Notochord. Vgl. → Bogentheorie der Wirbelentstehung, → Tunicata → Branchiotremata.

Chordascheide, die Gewebeschichten um die → Chorda dorsalis. Außen liegt die elastische Elastica externa, innen die Faserscheide mit collagenen Fasern. Bei Fischen legt sich zusätzlich eine Elastica interna an die Faserscheide an.

Chordata, Chordatiere, Metazoen mit einer → Chorda, im Zickzack angeordneten Myotomen (Muskelbändern) und einem dorsal gelegenen Neuralrohr (Zentralner-

vensystem). System: Stamm Chordata.
1. U.-Stamm → Tunicata, Manteltiere;
2. U.-Stamm → Acrania, Schädellose (= Leptocardia, Röhrenherzen);
3. U.-Stamm → Vertebrata, Wirbeltiere (= Craniata, Schädeltiere). Vgl. → Protochordata.

chordazentral, → Wirbelkörper.

Chordazentrum, *n* (GADOW & ABOTT 1896), Chordawirbelkörper; er entsteht durch Verknorpelung der chordanahen Teile des → Chordascheide (unter wechselnder Beteiligung der Bögen) und ist auf die → Selachii beschränkt. Verknorpelung oder direkte Verknöcherung von chordafernem (perichordalem) Gewebe wird Autozentrum genannt. Vgl. → Bogentheorie, → Arcocentrum (Abb. 122, S. 256).

choristich (gr. χώρα Raum, angewiesener Platz; στίχος Reihe, Linie), → Dimertheorie.

Choristida (SOLLAS 1880) (gr. χωρίζειν trennen, scheiden), Schwämme: eine O. der Kl. → Demospongea, mit langschäftigen, unverbundenen → Triaenen (danach Syn. Tetractinellida). Vorkommen: Seit dem Karbon.

Chorologie, *f* (DIENER 1925) (gr. χώρα Raum; λόγος Lehre), Lehre von der räumlichen Verbreitung der Organismen auf der Erde.

Chromatophoren, *m* (gr. χρῶμα Farbe), Farbträger; 1. bei Pflanzen: Zusammenfassung der grün (Chloroplasten) und gelb bis orange (Chromoplasten) gefärbten Plastiden (= Zellorganellen). Erstere sind die Träger der photosynthetisch wirksamen Farbstoffe, besonders des Chlorophylls a.
2. pigmentreiche Zellen in der Haut vieler Tiere, die kurzfristig willkürliche Veränderungen der Hautfarbe ermöglichen.

Chronokline, *f* (gr. χρόνος Zeit, Dauer; χλίνειν wenden), nannte G. G. SIMPSON (1943) Entwicklungsreihen beliebiger taxonomischer Valenz, innerhalb deren sich ein allmählicher Formenwandel nachweisen läßt. Vgl. → Artschritt.

Chronospezies, vgl. → Kline.

Chrysophyta (gr. χρυσός Gold, φυτόν Pflanze), Goldalgen, ein

Stamm niederer Algen: Einzeln oder in Kolonien lebende vagile oder sessile Algen mit gelbgrünen oder gelbbraunen Chromatophoren. Zellwand aus Pektin, oft mit eingelagerter Kieselsäure oder Kalk, vielfach aus zwei Teilen zusammengesetzt. Überwiegend autotroph. Beziehungen zu anderen Algenstämmen sind nicht bekannt. Dazu die → Coccolithophorida, → Silicoflagellaten, → Diatomeen (Bacillariophyceae). Vorkommen: Seit (Präkambrium) Jura.

Cicatrix, *f* (lat.), = → Narbe .

cidar(o)id (nach der Gattung *Cidaris*), (Echinid.) → Ambulakralplatten, → Laterne.

Cidarida (CLAUS 1880), Cidariden (gr. κίδαρις [pers. Wort] hoher, spitz zulaufender Turban, Kopfbedeckung der persischen Könige), (Echinoid.), eine O. → regulärer Seeigel mit wohlentwickeltem Kieferapparat ohne → Auriculae, mit Apophyen und gefurchten Zähnen. Vorkommen: Seit Devon (älteste echte Seeigel).

Cidariden, → Cidarida.

Ciliata (lat. cilium Wimper), Wimpertiere, ein Stamm der → Protozoa. Einzige fossile (phosphatisierte) C. sind *Triadopercularia* und *Triacolu* WEITSCHAT & GUHL 1994 aus der U.Trias von Spitzbergen. Vgl. → Calpionellen.

Cingularia (WEISS 1870), ein Typ der Blüten von → Calamitaceae: zweiteilige Sporangiophoren mit je zwei hängenden Sporangien, darüber der Brakteen-Quirl mit spitzen Zähnen.

Cingulum, *n* (lat. Gürtel, Bauchgurt); 1. Basalwulst, ein Wulst, welcher die Basis der Krone von Säugetierzähnen umgibt und für die Herausbildung der Krone bedeutsam ist; 2. (botan.): → Sporomorphae.

circoid (gr. κίρκος Kreis; εἶδος Gestalt, Ähnlichkeit), → Nassellaria.

Circumorbitalia, *n* (lat. circum, um...herum), ein Kranz von kleinen Knochen (Mosaikplatten) um die → Orbita der Fische.

Cirrale, *n*, Pl. **Cirralia** (lat. cirrus Locke, Ranke), Einzelglied des Kalkskelets der → Cirren von → Crinoidea.

Cirren, Sing. Cirrus, *m*, rankenartige, bewegliche Körperanhänge verschiedener Tiere; bei vielen Seelilien am Stiel oder an der → Centrodorsalplatte.

Cirripedia (BURMEISTER 1834) (lat. pes Fuß), ‚Rankenfüßer‘, sessile, mit einem häutigen Mantel umhüllte, mit dem Kopfende festgewachsene → Crustaceen. Manche von ihnen sind zu Parasiten geworden. Paläontologisch bedeutsam sind die O.n → Thoracica mit kalkigen Platten, und → Acrothoracica, in Kalkschalen bohrende Formen. Vorkommen: Seit dem Kambrium (Abb. 25, S. 46). Vgl. → Ascothoracida.

Cladida (MOORE & LAUDON 1943) (Crinoid.): eine O. der → Inadunata. Vorkommen: Ordovicium– Perm (Trias).

Cladisk, *m* od. *n* (RAUFF) (gr. χλάδος Zweig -iscus gr.-lat. Endsilbe, Deminutiv), einer der gleichen Arme eines → Triaens, → Tetraens usw.

Cladium, *n* (ELLES & WOOD 1918) ein Zweig oder → Rhabdosom, welches bei cyrtograptiden → Graptolithen aus der Öffnung eine → Theka hervorsproßt, aber mit dem Mutter-Rhabdosom in Verbindung bleibt. Auf Vorschlag von URBANEK (1963) auf alle Zweige erweitert und weiter differenziert in:

Procladium: ein durch Knospung und monograptiden Wuchs aus der Sicula hervorgegangenes C.: bei einzeiligen Rhabdosomen der Monograptidae der einzige Zweig.

Metacladium: Jedes andere C. eines Rhabdosoms neben dem Procladium, einschließlich der Sicular- und Thecal-Cladia.

Sicularcladium: Ein Metacladium,

dessen erste Theca durch diversograptide und linograptide Knospung aus der Sicula-Mündung hervorgeht.

Thecalcladium: Ein C., dessen Theka durch cyrtograptide oder abiesgraptide Knospung aus der Mutter-Theca hervorgeht. Thecalcladien können an Procladien oder an Metacladien entstehen (Thecalcladien erster, zweiter usw. Ordnung).

Pseudovirgula: Ein verdickter, die Sicular- und Thecalcladien stützender Periderm-Strang.

Cladocopina (SARS 1866) (= Cladocopa) (gr. κώπη Ruder), eine U.O. der → Myodocopida; sie umfaßt → Ostrakoden mit mehr oder weniger kreisförmigem Umriß. Schale schwach verkalkt, Gehäuse ohne Schloß und Ornamentation; planktisch. Vorkommen: seit Devon.

Cladocrinoidea (JAEKEL 1894). Syn. von → Camerata (Crinoid., vgl. → Pentacrinoidea).

Cladodium, *n*, Kladodium (gr. χλάδος Zweig, Sproß; Endsilbe -ium von gr. -ιον, bezeichnet einen räumlichen Bereich); (botan.) blattartig verbreiterter Langtrieb. Vgl. → Phyllocladium.

cladodont (gr. οδούς Zahn), heißen Zähne wie die der → Cladoselachii mit einer mittleren Hauptspitze und kleineren seitlichen Nebenspitzen.

Cladogenese, *f,* → Kladogenese (gr. γένεσις das Werden).

Cladom, *n* (gr. χλάδος Zweig; Nachsilbe -ομ Gesamtheit kleiner Gebilde) (Porif.), die Gesamtheit der → Cladisken eines → Triaens, → Tetraens usw.

Cladomwinkel, der Winkel, den jedes Cladisk mit dem → Rhabdom bildet. Bleibt er unter 90°, so erhalten

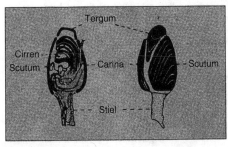

Abb. 25 Außenansicht und Längsschnitt eines Cirripediers (*Lepas hilli* LEACH). – Vereinfacht nach WITHERS (1928)

die Termini für die betreffenden Nadeln die Vorsilbe Ana-, bei 90° die Vorsilbe Ortho- und bei über 90° die Vorsilbe Pro (z. B. Protriaen) (Abb. 91, S. 186).

Cladoselachida (DEAN 1894) (gr. σέλαχος Knorpeltier, -fisch), eine O. primitiver → Elasmobranchii; paarige Flossen mit breiten, nicht verengten Basen (= Cladopterygium), Radien an der Basis nicht verschmolzen; *Cladoselache* aus den oberdevonischen Cleveland Shales mit Skelet, Körperumriß und Weichteilstrukturen erhalten. Zähne → cladodont, Kiefer → amphistyl; Männchen ohne → Pterygopodium. Vorkommen: O.Devon.

Clarit, *m* (POTONIÉ 1924) (lat. clarus glänzend), (Steinkohle), eine → Streifenart aus der Grundmasse → Vitrinit, in die → Exinit in wechselnder Menge eingelagert ist. Sporenarmer Clarit glänzt wie → Vitrit, sporenreicher ist matt.

Clarit-Fazies, → Kohlen-Fazies.

Clathraria (lat. clatri, -orum, auch clatra, -orum Gitter; von gr. κλεῖθρον Schloß, Riegel), (→ Lepidodendrales), Subsigillarien mit engstehenden Blattnarben. Vgl. → Sigillariaceae (Abb. 112, S. 220).

Clathria, *f* (Graptol.), Skeletgerüst aus Chitinstäbchen, den Retiolitiden (→ *Retiolites*) eigentümlich.

Clausilium, *n* (lat. clausum Verschluß) (Gastrop.): Mündungsverschluß bei der → Pulmonata-Familie Clausiliidae: eine durch einen elastischen Stiel mit der Spindel verbundene, aus einer Spindelfalte entstandene Platte.

Clavicula, *f* (lat. kleiner Schlüssel, nach der Form beim Menschen), Schlüsselbein; der vordere der beiden Knochen im Ventralteil des Schultergürtels der Säugetiere. Ein Mischknochen aus einem Knorpelknochen (nach NAUCK dem Procoracoid, → Coracoid) und dem sich darauf legenden → Thoracale.

Clavirostridae (ABEL 1916) (lat. clava Keule; rostrum Schnabel), Zusammenfassung der Belemniten mit keulenförmigem → Embryonalrostrum im Gegensatz zu den Conirostridae mit keilförmigem.

Clavul(a), *f* (lat. Demin. von clava Keule), eine an einem Ende keulen-

förmig angeschwollene, mit einer strahligen oder gezähnten Querscheibe endende Schwammnadel. Vgl. → Porifera.

Clavus, *m* (lat. Steuerruder), (Insekten): → Flügel; (Ammonitengehäuse): in der Aufrollungsrichtung verlängerter Höcker (Adj. clavat).

Cleithrum, *n* (GEGENBAUR) (gr. κλεῖθρον Schloß, Riegel), ein bei Fischen sehr großer paariger Deckknochen des oberen Teiles des (sekundären) → Schultergürtels, dorsal vom → Thoracale gelegen. Er wird phylogenetisch allmählich reduziert und fehlt den höheren Tetrapoden völlig (Abb. 104, S. 214).

Clipeus (Clypeus), *m* (lat. Schild), vorderer Teil der Oberfläche der Kopfkapsel von Insekten und Arachniden (manchmal in Postclipeus und Anteclipeus geschieden).

clisiophylloid (HILL 1935) (nach der Gattung *Clisiophyllum*), → Axialstruktur gewisser → Rugosa, mit nur axial verdickter Medianplatte in der Ebene des → Haupt- und → Gegenseptums und mit zahlenmäßig den → Großsepten annähernd entsprechenden → Bacula sowie zahlreichen Tabulae oder → Tabellae. Nach SCHOUPPÉ & STACUL als septobasale Columella anzusprechen (→ Axialstruktur). Vgl. → aulophylloid, → dibunophylloid.

Clonom, *n* (gr. κλών Zweig; -ομ Gesamtheit kleiner Gebilde), → Tetraclon.

Clymenien, *f* (gr. Κλυμένη Tochter des Meeresgottes Ωκεανός und der Τηθύς (= O. Clymeniida HYATT 1884) advolute (→ Einrollung) bis involute Ammonoidea mit intern (auf der Innenseite der Windungen) gelegenem Sipho. Lobenlinie z. T. sehr vereinfacht . Sie werden von frühen → Anarcestida abgeleitet. Erste bekannte Gattung im Oberdevon I des Staates New York, sonst auf das O.Devon III–VI beschränkt. Verbreitung weltweit, besonders bekannt aus Europa und Nordafrika. Sie stellen einige der wichtigsten Leitfossilien des höheren O.Devons.

Clypeasterida (AGASSIZ 1872) (nach der Gattung *Clypeaster*), (Echinoid.), eine O. → irregulärer Seeigel, mit Petalodien (→ Petalo-

dium), aber ohne → Floscelle, → Laterne ohne Kompaß. Vorkommen: Seit der O.Kreide.

Cnidae, Pl., *f* (gr. κνίδη Nessel), Nesselkapseln, → Nematocyste.

Cnidaria (HATSCHEK 1888), Nesseltiere. Ein Stamm der → Coelenterata, mit → Nematocysten (= Cniden) versehene, überwiegend marine Tiere, meist radialsymmetrisch, mit einem Tentakelkranz um den Mund, freischwimmend (→ Meduse) oder sessil (→ Polyp), oft beides nacheinander im Generationswechsel. Klassen: → Scyphozoa, → Hydrozoa, → Anthozoa. Vorkommen: Seit dem Präkambrium (Vendium).

Coccolithen, *m* (C. G. EHRENBERG 1836) (gr. κόκκος Fruchtkern; λίθος Stein), die winzigen (0,002–0,01 mm ∅) einzelnen Kalkkörperchen der → Coccolithophorida. Sie gehören zu den wichtigsten Kalkbildnern (Schreibkreide besteht großteils aus C.). Elektronenoptisch lassen sich unter ihnen zwei Gruppen unterscheiden: Die kleineren Holococcolithen bestehen aus postmortal bald zerfallenden Kalzitkristallen, während die größeren Heterococcolithen aus mancherlei stabileren scheiben-, platten- und stäbchenförmigen Elementen zusammengesetzt sind und meist kreisförmige oder elliptische Formen von mannigfacher Gestalt bilden. Beim Absinken in ozeanische Tiefen unterliegen sie ebenfalls allmählicher An- und Auflösung. Vorkommen: Die ersten unzweifelhaften C.-Funde kommen aus der O.Trias, zahlreich wurden sie im U.Jura; Maxima der Verbreitung waren in der O.Kreide und im Eozän. Die biostratigraphische Bedeutung der C. ist sehr groß.

Coccolithophorida (LOHMANN 1902) (gr. φέρειν tragen), **Coccolithophyceae,** weit überwiegend marine (wenige Arten im Süß- oder Brackwasser), planktische, ± kugelige Flagellaten mit gallertigem Körper, dem kleine Kalkplatten (Coccolithen) aufsitzen. (Stamm → Chrysophyta). Vorkommen: Seit der O.Trias. Vgl. → Coccolithen.

Coccosphaera, *f*, vollständige Skelethülle von → Coccolithophoriden.

Coccostei, = → Arthrodira.

Cochlea, *f* (lat. Schnecke, v. gr. κόχλος); 1. Das Schneckengehäuse. 2. ‚Schnecke‘; der schneckenartig eingerollte Teil des häutigen → Labyrinths der Säugetiere.

Codiaceae, eine Fam. kalkabscheidender Grünalgen (→ Chlorophyta, O. Siphonales). Gattungen: *Palaeoporella, Palaeocodium, Halimeda.* Vorkommen: Seit dem Kambrium.

Coelacanthiformes (= Actinistia), eine U.O. der → Crossopterygier; ohne Choanen, ohne → Foramen parietale, mit abnehmendem Verknöcherungsgrad des Schädels. Vorkommen: Seit dem M.Devon. Von der Trias ab finden sich die C. in marinen Sedimenten; ihre jüngsten fossilen Reste entstammen der O.Kreide. Rezente Vertreter wurden in tieferem Wasser vor der südafrikanischen Küste gefangen (Gattung *Latimeria* SMITH 1940).

Coelenterata (FREY & LEUCKART 1847) (gr. κοῖλος hohl; ἔντερον Darm), ‚Hohltiere‘, Radiata, mehrzellige marine Tiere mit einfachem, zentralem Hohlraum (= Coelenteron), ohne respiratorische oder exkretorische Organe, ohne Zentralnervensystem, Zirkulationssystem und After. Nach Molekularanalyse stehen sie den Algen nahe. In der ursprünglichen Fassung schloß der Begriff auch die → Porifera (Schwämme) ein, er wird aber heute auf die → Cnidaria (Korallen, Medusen usw.) und die → Ctenophora (Rippenquallen) beschränkt. Vorkommen: Seit dem O.Präkambrium (Vendium).

coelodont (gr. ὀδούς Zahn), heißen Reptilzähne, die im basalen Teil eine Pulpahöhle besitzen. Vgl. → pleodont.

Coelolepida (gr. λεπίς Schuppe), (Syn.: Thelodontia), Hohlschupper, eine O. der → Agnatha; sie umfaßt Formen mit Hautzähnen des Placoid-Typs, mit einer Krone aus → Dentin und → Durodentin sowie einer großen Pulpahöhle. Form und Bau der C. ist sonst wenig bekannt; ihre Hautzähne sind im Silur und Devon nicht selten.

Coelomata, die größte und am höchsten entwickelte Gruppe der bilateralsymmetrischen Tiere,

hauptsächlich charakterisiert (wenigstens in der Ontogenese) durch den Besitz von flüssigkeiterfüllten Coelom-Hohlräumen und einem Zirkulationssystem, was sie von den anderen Hauptgruppen unterscheidet, den Plattwürmern (Acoelomata) und den Aschelminthen (→ Pseudocoelomata). Beide haben i. d. R. keine Hartteile. Sie und die meisten C. werden andererseits als Angehörige der → Protostomia angesehen, während eine kleine Zahl progressiver coelomater Stämme als → Deuterostomia zusammengefaßt wird. Die Beziehungen zwischen den coelomaten protostomischen Stämmen sind umstritten. Vgl. → Procoelomata.

coeloplan heißen Wirbel, deren Körper vorn eine konkave, hinten eine plane Fläche besitzen.

Coelurosauria (gr. οὐρά Schwanz; σαῦρος Eidechse), ‚Hohlschwänzler‘, eine Infraordnung der → Saurischia, U.O. Theropoda.

Coenenchym, *n* (gr. κοινός gemeinsam; ἐγχεῖν eingießen) = Coenosteum), vom → Coenosark abgeschiedenes verbindendes Skeletmaterial zwischen den einzelnen → Coralliten einer Korallenkolonie, bzw. den Zooecien mancher → Bryozoen.

Coenoecium, *n* (gr. οἶκος Haus), chitiniges Außenskelet bei → Pterobranchia.

Coenosark, *n* (gr. σάρξ Fleisch, Leib), der Weichkörper zwischen den einzelnen Individuen bzw. → Coralliten koloniebildender Tiere. Vgl. → Coenenchym.

Coenosteum, *n* (gr. ὀστέον Knochen), Syn. von → Coenenchym.

Coevolution, = → Ko-Evolution

Coleoidea (BATHER 1888) (gr. κολεός Scheide des Schwertes), Endocochlia, eine U.Kl. der → Cephalopoda, welche die rezenten und fossilen Dibranchiata sowie die nur fossil vorkommenden → Belemniten, → Aulacocerida, → Diplobelida und Phragmoteuthida umfaßt. Die U.Kl. ist wahrscheinlich polyphyletischer Herkunft. Vgl. → Dibranchiata. Vorkommen: Seit dem U.Devon (Bundenbacher Schiefer).

Coleoptera (LINNAEUS 1785) (gr. πτερόν Flügel) ‚Scheidenflügler‘,

Käfer; die bei weitem artenreichste (350 000 rezente Arten) holometabole (→ Metamorphose) O. der Insekten, gekennzeichnet durch die Umwandlung der Vorderflügel in → Elytra (hornige Flügeldecken). Die ältesten Funde von Käfern entstammen permischen Schichten, doch tragen sie wenig zur Klärung der Stammesgeschichte bei.

collabral (lat. col, con mit, zusammen; labrum Lippe, Rand) (Gastropoden), der Linienführung der Außenlippe entsprechend (z. B. Anwachsstreifen).

collagen (gr. κόλλα Leim; γένος Geburt) (→ Knochengewebe), leimgebend. Vgl. → Fibrillen, → Chondrin.

Collembola (LUBBOCK 1862), Springschwänze, eine O. der primitivsten, flügellosen Hexapoda, mit paarigen Fortsätzen (Springgabel) am dritten und vierten Hinterleibssegment zum Fortschnellen des Tieres. Fossil wenig vertreten, doch gehört das älteste bekannte Insekt, *Rhyniella praecursor* HIRST & MAULIK 1926 aus dem Schottischen U.Devon (Rhynie) zu ihnen.

Colliculum, *n* (Demin. von lat. collis Hügel), eine schwache Erhebung in der Hörfurche von → Otolithen (Abb. 84, S. 166).

Collinit, *n* (gr. κόλλα Leim) (Steinkohle), ein → Mazeral des → Vitrits, ohne Zellgefüge. Der C. durchtränkt meist das Zellgewebe des → Vitrinits. Er ist hauptsächlich ein kolloidaler Niederschlag der Schwarzwässer früherer Torfmoore.

Collum, *n* (lat. Hals), allgemein: Hals; (Graptol.): → Camaroidea.

Collum costae, *n* (lat. costa Rippe), Rippenhals; das Stück zwischen dem Capitulum und dem Tuberculum costae. Vgl. → Rippen.

Colpus, *m* (P. R. WOODHOUSE 1935) (gr. κόλπος Wölbung, busenartige Vertiefung), (= Sulcus), spaltförmige oder längliche Auflösungsstelle (Keimstelle) der Exine von → Sporomorphae (Sporen sensu lato), gekennzeichnet entweder durch das Fehlen der Exoexine (→ Sporoderm) – wenn ein Deckel, Operculum, ausgestoßen wird – oder durch Verdünnung der Exine (Tenuitas) oder durch Abgrenzung eines Stückes normaler Exine durch eine Furche oder Naht. Ein Pseudocolpus unterscheidet sich vom C. dadurch, daß er nicht die normale Keimstelle darstellt.

Columella, *f* (lat. kleine Säule); 1. (→ Madreporaria): ein mehr oder weniger kompaktes, kalkiges Säulchen im zentralen Teil des Coralliten, entstanden aus der Vereinigung abgespaltener axialer Septenenden mit einem selbständig emporwachsenden Kern. Der Terminus ist von späteren Autoren unterschiedlich interpretiert und angewendet worden. Vgl. → Axialstruktur. 2. (Gastropoda:) = → Spindel oder Nabel (volle oder hohle axiale Säule) Abb. 54, S. 94. 3. (botan.): → Sporoderm. 4. (Wirbeltiere): → Columella auris, → Epipterygoid.

Columella auris, *f* (lat. auris Ohr), das Gehörknöchelchen der Amphibien, Reptilien und Vögel; es stammt vom Hyoidbogen und besteht aus einem knöchernen → Stapes und einer knorpeligen Extracolumella. Bei den Säugetieren wird die Extracolumella zurückgebildet und an ihre Stelle treten Malleus (Hammer) und Incus (Amboß), die vom Kieferbogen stammen. Vgl. → Reichertsche Theorie (Abb. 80, S. 158).

Columella cranii (gr. χρανίον Schädel), = → Epipterygoid.

Columna, *f* (lat. Säule), (Crinoid.) = → Stiel. (Wirbeltiere), C. vertebralis, Wirbelsäule.

Columnalia, Sing. -ale, *n*, von R. C. MOORE 1939 vorgeschlagener Terminus (Partialname) für isolierte Stielglieder (einschließlich der → Cirralia) von → Crinoidea. Vgl. → Apicalia.

Comatulida (A. H. CLARK 1908), (Crinoid.), eine O. der → Articulata ohne Infrabasalia im adulten Stadium, Basalia (→ Kelchbasis) bei den rezenten meist, bei den fossilen nur vereinzelt in eine → Rosette umgewandelt. Vom Stiel ist nur ein zirrentragendes → Centrodorsale erhalten. Vorkommen: Seit Lias.

Commensalismus, *m* (lat. cum mit; mensa Tisch), → Kommensalismus, vgl. → heterotypische Relationen.

Compacta = Substantia compacta, *f* (lat. compactus fest), → Knochen.

Compensatrix, *f* (lat. compensare ausgleichen), Kompensationssack, Wassersack; häutiger Sack mancher cheilostomer → Bryozoen (Ascophora) zur Regulierung des hydrostatischen Druckes innerhalb des → Zooeciums beim Ein- und Ausziehen des → Polypids. Ein verbindender Kanal (→ Ascopore) ermöglicht die nötige Wasserbewegung (Abb. 22, S. 36).

Complementare, *n* (lat. complementum Ergänzung), ein Deckknochen des Unterkiefers von → Teleostomi. (Vgl. → Coronoid).

Concha, *f* (lat. Muschel-[gehäuse]), Gehäuse der Mollusken, im Gegensatz zur Schale (= Testa, bezeichnet den materialmäßigen Aufbau). Vgl. → Gehäuse.

Conchae nasi, Pl., *f* (lat. nasus Nase), Nasenmuscheln; in die Nasenhöhle hineinragende, durch knorpelige oder knöcherne Fortsätze der Wandung (= → Turbinale) gestützte Schleimhautfalten.

Conchifera (LAMARCK 1816, sensu GEGENBAUR 1878) (gr. φόρειν tragen). Zusammenfassung der Mollusken mit einheitlicher oder zweigeteilter Kalkschale: → Monoplacophora, → Gastropoda, → Lamellibranchia, → Cephalopoda, → Scaphopoda, → Rostroconchia, → Helcionelloida. Vgl. → Ganglioneura.

Conchiolin, *n* (= Conchin, Conchyolin), organische, aus Chitin und Skleroproteinen bestehende elastische Substanz in den Schalen der Mollusken.

Conchorhynchus, *m*, BLAINVILLE (gr. ρύγχος Schnabel), als Unterkiefer des Nautiliden *Temnocheilus bidorsatus* (SCHLOTH.) beschriebener Cephalopoden-Kiefer aus der Trias. (Vgl. → *Rhyncholites*).

Conchostraca (SARS 1867) (gr. όστραχον Scherbe), eine O. der → Branchiopoda: kleine Krebse mit zweiklappigem, muschelartigem, Kopf und Körper einhüllendem chitinigem Gehäuse, mit 10–27 Paar Rumpfanhängen. Da das Gehäuse bei der Häutung nicht abgeworfen wird, entwickelt es zunächst konzentrische Anwachsstreifen. Die Gattung *Cyzicus* AUDOIN (= *Estheria*), seit dem Devon bekannt, galt lange als Musterbeispiel einer → Konservativ-

form, doch zeigten besonders gut erhaltene karbonische Exemplare einen nicht unwesentlich anderen Körperbau als rezente bei gleichem Gehäusebau. Vorkommen: Seit dem U.Devon.

Condylarthra (COPE 1881) (gr. χόνδυλος Faustschlag, Fingerknöchel; άρθρον Gelenk, Glied), O. primitiver alttertiärer Huftiere, mit noch raubtierhaftem Gesamthabitus, wenig verlängerten Metapodien, niedrigkronigen, → bunodonten Backenzähnen und teilweise kräftigen Caninen; die Füße trugen bei den frühen Vertretern noch stumpfe Krallen.

Die C. stehen der Wurzel der späteren Huftiere nahe. Nach Übernahme eines Teils der früheren → Creodonta lassen sich vier Gruppen (Ü.Fam.) unterscheiden:
1. Arctocyonoidea (‚Procreodi‘),
2. Mesonychoidea (‚Acreodi‘),
3. Phenacodontoidea, die als unmittelbare Vorfahren der Perissodactyla gelten, 4. Periptychoidea, durch verdickte Prämolaren gekennzeichnet. Vorkommen: O.-Kreide–Oligozän, nur in Südamerika bis M.Miozän.

Condylus mandibulae, *m* (lat. mandibula Kinnbacken) Gelenkkopf des Unterkiefers zur Gelenkung mit dem Schädel.

Condylus occipitalis, Gelenkhöcker des Hinterhauptbeines (Occipitale) zur Gelenkung mit dem ersten Halswirbel (Atlas). Der C. ist bei rezenten Reptilien und Vögeln meist unpaarig, bei Amphibien und Säugetieren paarig ausgebildet.

Condylus radialis, der lateral gelegene Gelenkhöcker für den Radius am Distalende des → Humerus. Er ist besonders bei primitiven Tetrapoden kräftig entwickelt; bei Säugern bildet er einen Teil der → Trochlea humeri.

Condylus ulnaris, der innere, mit der Ulna artikulierende Gelenkhöcker am Distalende des → Humerus. Bei primitiven Tetrapoden ist er noch wenig entwickelt, weitet sich aber bei den Säugetieren aus und trägt den Hauptteil der zusammenhängenden Gelenkfläche, der → Trochlea humeri.

Conellen, Pl., *m* (QUENSTEDT) (lat. conus Kegel; -ellus Nachsilbe: Deminutiv), kleine, pyramidenförmige, kalzitische Lösungsrelikte innerer Schalensubstanz auf den Steinkernen mancher → Neoammonoidea; selten auf angelösten Belemniten-Rostren und Nautiliden-Steinkernen.

conical, → Virgellarium.

Coniconchia (LYASHENKO 1954) zusammenfassende Bez. für → Tentakuliten und → Hyolithen. Syn. Tubiconchia.

Coniferales, Pinatae (lat. conifer Zapfen tragend), Nadelhölzer, ‚Zapfenträger‘; gymnosperme Bäume oder Sträucher mit einadrigen, meist nadel- oder schuppenförmigen Blättern, eingeschlechtigen Blüten ohne Blütenhülle und in Ähren angeordneten Sporophyllen (‚Stachyosporae‘); Holz mit sekundärem Dickenwachstum und mit Harzkanälen. Die C. sind fossil reichlich vertreten, erstmalig im Westfal, in größerer Menge vom Rotliegenden an.
Man unterscheidet folgende Familien: Lebachiaceae (O.Karbon–Perm), Voltziaceae (Perm–Trias), Cheirolepidaceae (Trias–Kreide), → Araucariaceae (seit der Trias), Podocarpaceae (seit dem Jura), → Pinaceae (seit der Trias), → Taxodiaceae (seit dem Jura), Cupressineae (seit dem Jura).

Coniferophytina (gr. φυτόν Pflanze), ein U.Stamm der → Spermatophyta, welcher die Ginkgoartigen mit den Cordaiten und Koniferen zusammenfaßt. Vgl. → Cycadophytina.

Conirostridae (ABEL 1916) (lat. conus Kegel; rostrum Schnabel), → Belemniten mit keilförmigem → Embryonalrostrum. Vgl. → Clavirostridae (Abb. 12, S. 28).

Conodonten, *m* (CH. H. PANDER 1856) (gr. κῶνος Kegel; οδούς Zahn), kleine (0,2–3 mm lange) zahnähnliche, gelblich bis dunkelbraun gefärbte, durchsichtige bis durchscheinende Fossilien von hohem spez. Gewicht (zwischen 2,84 und 3,10). Chemisch bestehen sie aus Karbonat-Apatit (Frankolith), ähnlich wie Skeletelemente von Chordaten und manchen Wirbellosen (Brachiopoden, Arthropoden, Anneliden etc.). In der Mehrzahl wachsen sie von einem Wachs-

tumszentrum aus zentrifugal nach außen (sogenannte Euconodonten) oder von der Spitze aus basalwärts (sogenannte Proto- und Paraconodonten, die der Basisfüllung der Euconodonten homolog sein könnten). Man erkennt an den Euconodonten eine flache oder konkave Basalfläche mit einer Basisgrube, welche eine andersfarbige Basisfüllung enthält (vgl. → Holoconodont). C. konnten abgebrochene Teile regenerieren, auch zeigen sie keine Abnutzungsspuren. Man kennt bilateral gebaute zusammengehörige Multielement-Apparate aus 14–22 C.-Paaren. Wahrscheinlich standen die C.-Apparate im Dienste der Nahrungsaufnahme, sie behielten ihre wenigen Grundbaupläne ± unverändert etwa 300 Mill. Jahre lang bei. Nach LINDSTRÖMS (1975) Ansicht stützten sie einen um den Mund des Conodontentieres angeordneten Lophophoren, mit dem das Tier seine Nahrung aufnahm.

Der Form nach werden drei Gruppen unterschieden:
1. Distacodide C. von der Gestalt einfacher, hochkonischer Zähne.
2. Blatt- oder astförmige C.
3. Plattformartige C. mit breiter Basis und niedrigen ‚Zähnen‘.
C. waren streng marin, relativ faziesunabhängig, entwickelten sich in manchen Linien sehr rasch, waren sehr widerstandsfähig und in den meisten Sedimenten zahlreich vorhanden. Nomenklatorische Schwierigkeiten ergeben sich daraus, daß die Einzel-C. parataxonomisch als Formgattungen und -arten beschrieben sind, die Apparate aber als echte biologische Taxa behandelt werden müssen. Systematisch unterschied M. D. BRASIER (1980):
Protoconodonten: sehr einfache spitzkonische, dünnwandige, basalwärts wachsende C., z. B. *Hertzina.* – Vorkommen: O.Präkambrium–U.Ordovizium.
Paraconodonten: ähnlich wachsend, mit weiterer Basis, z. B.

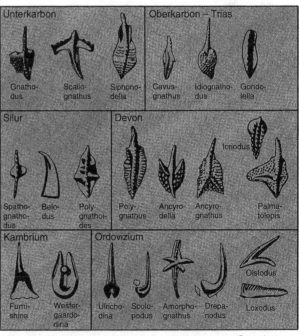

Abb. 26 Stratigraphisch wichtige Formgattungen von Conodonten. Vergr. unterschiedlich (10...30fach). – Umgezeichnet nach K. J. MÜLLER (1960)

→ **Abb. 27** Schema des Wachstums eines (Eu-) Conodonten; senkrechter Schnitt. Die Pfeile zeigen die Wachstumsrichtung des Conodonten und seiner Basisfüllung an. Darstellung: ——— = Wachstumslamellen des Conodonten, – – – des Basistrichters, · · · · der Trichterfüllung.
al Wachstumslamellen des Conodonten;
b Basis; b.gr. Grenze zwischen Basis und Basistrichter (= Basisgrube); bt Basistrichter; tf Trichterfüllung; t.gr. Grenze zwischen Basistrichter und Trichterfüllung (= Trichtergrube). – Nach GROSS (1957), modifiziert

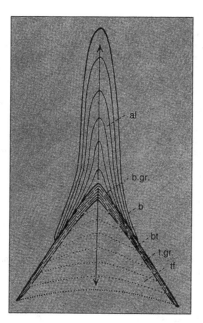

Abb. 28 Lebensbild einer Conularie; etwa 1 : 1. – Nach KIDERLEN (1937)

Furnishina. Vorkommen: Kambrium– Ordovizium.
Euconodonten: zentrifugal wachsende, vollständige C., die die große Mehrzahl der C. bilden. Vorkommen: U.Ordovizium–O.Trias. Bei den aus der Kreide beschriebenen C. handelt es sich wahrscheinlich um umgelagertes Material. Vgl. → Holoconodont, Abb. 26, 27.
Conodontophorida (EICHENBERG 1930), → Conodonten tragende Organismen. Sie wurden bislang den verschiedensten Organismengruppen zugeordnet, von Algen bis Wirbeltieren. Der erste Fund eines Conodontentieres gelang 1982: *Clydognathus* ? cf. *cavusformis* RHODES, AUSTIN & DRUCE aus dem U.Karbon nächst Edinburgh, ein wurmförmiges Tier von 40 mm Länge, in teilweiser Weichkörpererhaltung, mit Conodonten-Apparat in situ; weitere Funde wurden seither aus dem Silur von Wisconsin angeführt.
Die bisherigen Interpretationen der Funde legen Verwandtschaft mit Chordaten nahe, auch der Nachweis von Knochensubstanz in Conodonten.

Conothek, *f* (HUXLEY 1864) (gr. θήκη Hülle, Behälter), die primär gebildete Außenschale (gegenüber dem nachträglich vom Mantelepithel abgeschiedenen → Phragmokon) bei Cephalopoden. MÜLLER-STOLL (1936) nannte sie bei Belemniten → Velamen triplex und verstand als C. nur ihren älteren (caudalen) Teil im Bereich der Septen; der jüngere, der Wohnkammer der Ectocholia entsprechende Teil ist das → Proostracum.
Conularien (Conulata) (lat. conus Kegel), eine (KIDERLEN 1937) zur Kl. → Scyphozoa gerechnete Gruppe (U.Kl. Conulata MOORE & HARRINGTON) vierstrahlig symmetrischer, spitzkonischer, meist feingestreifter Gehäuse mit dünner chitinig-phosphatischer Schale, Die Größe beträgt meist 6–10 cm. Vorkommen: Kambrium–Trias (Abb. 28, S. 51).
convolut (lat. convolvere umwikkeln), eine Art der Gehäuse-Einrollung, bei der die letzte Windung alle älteren umhüllt, jedoch ohne Nabelbildung. Vgl. → Einrollung.
Copepoda (H. MILNE EDWARDS 1840) (gr. κώπη Ruder; πούς, ποδός Fuß). Ruderfußkrebse, eine

U.Kl. der → Crustaceen, ohne → Carapax, wenige Millimeter lang, fast ohne fossile Repräsentanten (Miozän).
Copesche Regel (nach E. D. COPE 1896), = → Gesetz der nicht-spezialisierten Abstammung.
Copula, *f* (lat. Band, Fessel) 1. (Vertebr.) Basibranchiale, ventrales Verbindungsstück zwischen den Kiemenbögen. → Visceralskelet. 2. Vgl. → Chitinozoa.
Coracoid, *n* (Os coracoideum) (gr. κορακοειδής rabenähnlich, von κόραξ Rabe), Rabenbein; der beiderseits ventral vom Gelenk für die Vorderextremität gelegene Ersatzknochen des primären Schultergürtels der Wirbeltiere. Bei den ältesten Tetrapoden kommt ein einheitliches ‚Scapulo-Coracoid‘ vor; bei späteren Formen verknöchert der coracoidale Teil in zwei Zentren, dem Pro- und dem Metacoracoid; davon wird das Procoracoid zum ‚Coracoid‘ der meisten Reptilien, während das Metacoracoid (= echtes Coracoid) bei den → Therapsida (und → Monotremata) an Bedeutung gewinnt und schließlich dominiert. Bei → Plazentalia und → Marsupialia endlich bleibt nur

ein Rest des (Meta-) Coracoids als Processus coracoideus (Rabenschnabelfortsatz) an der Scapula erhalten (Abb. 104, S. 214).

Corallida (GISLÉN 1930), allgemeine Bez. für sessile, stiel- oder baumförmig wachsende Meerestiere. Vgl. → Crustida.

Corallimorpharia, skeletlose → Zoantharia mit zyklisch angeordneten Septen. Nur rezent bekannt, aber vermutlich sehr alte Gruppe. Vgl. → Scleractinia.

Corallinaceae, Nulliporen, Korallenalgen, eine Familie der Rotalgen (→ Rhodophyta, Kl. Dinophyceae), heute verbreitet in allen Meeren, besonders der Tropen. Der Thallus trägt oft korallenartige Auswüchse, die Zellwand ist mit Kalk inkrustiert. *Lithothamnion* und *Lithophyllum* sind riffbildend. Vorkommen: Karbon bis rezent.

Corallit, *m* (gr. κοράλλιον Koralle; Endsilbe -it bezeichnet selbständige kleine Gebilde), das Skelet einer Einzelkoralle oder eines Individuums in einem Stock (Syn.: Polypar). Vgl. → Corallum.

Corallum, *n* (lat. corallium rote Edelkoralle), bei → Madreporaria: Skelet sowohl einer Korallenkolonie als auch einer Einzelkoralle. Zur Kennzeichnung der Form der C. sind zahlreiche Ausdrücke aufgekommen wie etwa: bei Korallenkolonien:
→ fasciculate: → dendroid, → phaceloid;
→ massige: → cerioid, → plocoid, → astraeoid, → thamnastraeoid, → aphroid, → maeandroid, → hydnophoroid, → reptoid;
bei Einzelformen: → discoid, → patellat, → turbinat, → trochoid, → ceratoid, → scolecoid. Vgl. → Corallit.

Cordaianthus (gr. ἄνθος Blume, Blüte), die Blüte von → Cordaiten.

Cordaicarpus, herzförmige Samen von Cordaiten, → Platyspermae.

Cordaiten, Cordaitidae (benannt nach dem Prager Botaniker A. C. J. CORDA), eine U.Klasse der → Coniferophytina: hohe, verzweigte Bäume des Karbons und Perms mit mächtigem, gefächertem Mark und ungeteilten, großen, schmalen, parallelnervigen Blättern (= *Cordai-*tes i. e. S.). Die Marksteinkerne (= *Artisia*) besitzen infolge der Querfächerung des Marks eine ringsum laufende Querrippung. Für das Holz ist die → araucarioide Verteilung der Hoftüpfel kennzeichnend; solches Holz heißt *Dadoxylon* oder *Araucarioxylon.* Vorkommen: Karbon und Perm. Vgl. → Coniferophytina.

Cordaites (UNGER 1850), Blätter der → Cordaiten.

Corium, *n* (lat. Fell, Haut, Leder), Cutis, Lederhaut, Unterhaut. Die unter der Epidermis gelegene Hautschicht. Sie fehlt meist den Invertebraten, ist dagegen bei Wirbeltieren kräftig entwickelt. Hautverknöcherungen entstehen nur im Corium.

Cornaptychus, *m* (TRAUTH 1927) (lat. cornu Horn [hier als Stoff]), → Aptychus.

Cornuliten (Cornulitidae FISHER 1962) (nach *Cornulites* SCHLOTHEIM 1820), eine Gruppe kleiner (Länge 5–80 mm), konischer, oft umringelter Gehäuse (Spitzenwinkel 12–25°) mit zellulärer Wandstruktur, die meist kommensalisch auf anderen benthischen Organismen lebten, doch auch frei oder auf toten Unterlagen. Systematische Zugehörigkeit unbekannt, vermutet wurden Beziehungen zu Polychaeten, Mollusken u. a. Vorkommen: Ordovizium–U.Karbon.

Cornuta (JAEKEL 1901), eine O. der → Stylophora, unsymmetrisch, deutlich differenzierter Thekenrand. Vorkommen: M.Kambrium–O.Ordovizium.

Corona, *f* (lat. Krone), vgl. → Zähne; → Sporomorphae; → Echinoidea; → Crinoidea.

coronat (lat. coronatus bekränzt, gekrönt), bei Gastropoden und Ammoniten: Höcker oder Knoten auf den Windungskanten tragend.

Coronata (JAEKEL 1918), (Crinoiden): eine O. der → Inadunata, auf M.Ordovizium–Silur beschränkt.

Coronoid, Os coronoideum, *n* (gr. κορώνη Kranz, Krone; εἶδος Aussehen), Kronenbein. Einer der → Deckknochen des Unterkiefers niederer Wirbeltiere, z. T. zahntragend (homolog dem → Complementare der Fische) (Abb. 120, S. 251).

Corophioides (SMITH 1893) (nach dem heutigen ,Schlickkrebs' *Corophium,* der ähnliche Bauten anfertigt), Lebensspur: U-förmige, im Gegensatz zu *Rhizocorallium* kurze und immer senkrecht zur Schichtebene orientierte Spreitenbauten. Vorkommmen: Kambrium–O.Kreide.

Corpus hyoideum, C. hyale, *n* (lat. Körper, Rumpf), Zungenbeinkörper; das mittlere Stück des Zungenbeins (→ Hyoid, → Os hyoides).

Corpus pulposum (MÜLLER-STOLL 1936) (lat. pulposus fleischig), → Epirostrum.

Corpus sterni, der mittlere, aus einzelnen Abschnitten (Sternebrae) zusammengesetzte Teil des Säugetier-Sternums. Vgl. → Sternum.

cortical (lat. cortex Baumrinde, Schale), der Rindenschicht von Zellen, Organen oder Organismen zugehörig.

Cortex, *m,* allgemein: Rinde; (Vertebr.): Hirnrinde; (Graptol.): äußere Schichthülle der Theken.

Corumbellata (HAHN et al. 1982), eine U.Kl. der → Scyphozoa mit pennatularienartiger Stockbildung. Einzige Art ist *Columbella werneri* HAHN, LEONARDOS, PFLUG & WALDE 1982 aus dem Vendium (O.Präkambrium) von Mato Grosso, Brasilien. Länge des Stockes 8–10 cm.

Corycium (SEDERHOLM 1911) (gr. κωρυκίς Beutelchen), sackartige, von einem Kohlehäutchen umhüllte Gebilde von 2–3 cm ø, erstmals aus dem finnischen Präkambrium beschrieben. Das Kohlehäutchen zeigt die Isotopenzusammensetzung organ. Kohlenstoffs. Die Deutung ist umstritten, SEDERHOLM selbst hielt C. für einen Algenrest.

Corynexochida (KOBAYASHI 1935) eine O. der → Trilobiten; sie umfaßt Formen mit 5–11, in Stacheln auslaufenden Rumpfsegmenten, Kopfschild mit Wangenstacheln und → opisthoparer Gesichtsnaht. Vorkommen: U.–O.Kambrium.

Cosmin, *n* (Kosmin), **Cosminschicht** (WILLIAMSON 1849) (gr. κοσμεῖν schmücken), ein Zahnmaterial, das der mittleren Schicht der Schuppen primitiver Fische (→

Cosmoid-, → Placoid-Schuppen) eigentümlich ist, = ‚Hautzahnparkett' GROSS; kleine Dentin-Einheiten legen sich zu einer kontinuierlichen Lage zusammen. C. ist also keine besondere Substanz, sondern ein System aus Knochen- und Weichteilgewebe sowie einer Dentinlage, in das ein Kanal- und Lakunensystem eingebettet ist. Dieses öffnet sich nach außen durch Poren in der oberen Schmelzschicht. Das ganze System enthielt vermutlich der Orientierung dienende Sinnesorgane (Abb. 105, S.215).

Cosmoid-Schuppen, den primitivsten → Choanichthyes eigentümlicher Schuppentyp aus vier übereinanderliegenden Schichten: zu unterst eine Lage dichten Lamellenknochens (→ Isopedin), darüber spongiöser Knochen, dann eine Höckerlage aus → Cosmin, schließlich eine dünne schmelzartige Schicht (Abb. 105, S. 215).

Costa, *f* (lat. Rippe), 1. Rippe der Wirbeltiere (→ Rippen); 2. rippenähnlich vorragende Gebilde mancher Wirbelloser, z. B . gewisser Vertreter der → Anthozoa: Im Sinne von EDWARDS & HAIME 1848 sowohl die über die → Theca nach außen ragenden Anteile der Septen der → Scleractinia, als auch die den Interseptalräumen lagemäßig entsprechenden Längsrippen an der Außenfläche der → Epithek von Rugosa. 3. Vgl. → Flügel der Insekten (Abb. 64, S. 116).

Costae, C. verae, C. spuriae, C. fluctuantes (lat. verus wahr; spurius unehelich, unecht; fluctuans schwankend), → Rippen.

Costalfeld, Remigium, Spreite: der Teil des Insektenflügels zwischen Costa und Analis. Vgl. → Flügel der Insekten.

Costalia, Sing. -le, *n* 1. (Crinoiden): C. heißen bei JAEKEL die über dem Basalkranz folgenden Radiärplatten der Cladocrinoidea (→ Camerata) bis einschließlich des 1. → Axillare. Sie entsprechen dem → Radiale nebst den → Primibrachialia anderer Autoren. Die zwischen den C. liegenden Kelchplatten nannte JAEKEL Intercostalia. Nach der ersten Gabelung heißen die C. ‚Dicostalia', nach der

zweiten ‚Tricostalia' usw., die Zwischenplatten zwischen den Dicostalia ‚Interdicostalia', die zwischen den Tricostalia ‚Intertricostalia'. Axillare C. nannte er Ecostalia, Diecostalia, Triecostalia usw., ein → Anale in der Zone der Costalia prima ‚Primanale', die übrigen nach der Zone der C. 2. (Schildkröten): vgl. → Hornschilde und → Panzer der Schildkröten (Abb. 102, S. 212).

costat, berippt.

costellat (lat. costellum kleine Rippe), mit kleinen Rippen versehen.

Costoid, *n* (ALBRECHT 1882), ein Homologon derjenigen Rippenabschnitte, aus denen ontogenetisch → Capitulum und → Collum costae hervorgehen. Costoide können sich vom Rest der Rippe lösen und → Parapophysen und ähnliche Wirbelfortsätze bilden.

Cothoniida, eine kleine Gruppe von Korallen mit an → Rugosa erinnernder Septenanordnung. Vorkommen: M.Kambrium.

Cotylosauria (COPE 1880) (gr. κοτύλη Schälchen, Hüftpfanne; σαῦρος Eidechse, sog. ‚Stammreptilien', die im Umfang aber unklar sind und z. T. auch Amphibien umfassen; vorwiegend versteht man darunter die → anapsiden Captorhinomorpha und Procolophonia. Hier durch ‚Captorhinida' ersetzt.

Cotypus, -en, *m* (lat. Vorsilbe co- zusammen mit), heute nicht mehr gebrauchte Bez. für Exemplare einer Tierart, auf welche die ursprüngliche Artbeschreibung gegründet ist (‚Pluraltypen'), ohne daß dabei ein → Holotypus festgelegt wurde. Dieses Verfahren ist jetzt unerwünscht. Seit 1950 soll der Terminus ‚Cotypus' auch in der zoologischen Nomenklatur durch den seit jeher in der botanischen Nomenklatur üblichen → ‚Syntypus' ersetzt werden.

Coxa, *f,* **Coxopodit,** *m* (lat. coxa Hüfte; gr. πούς Fuß), sekundär proximal von der Basis gebildetes Beinglied (Podomer) bei Arthropoden, offenbar spezifisch für die Crustacea, fehlt den Cheliceraten und Trilobitomorphen.

craniad, cranial, (gr. κρανίον Schädel), Richtung bzw. Lage zum

Kopf hin. Gegensatz: caudad, caudal. Vgl. → Lagebeziehungen.

Craniata, Schädeltiere, Vertebrata; → Chordatiere mit Schädel, in der Regel auch mit Wirbeln; im erwachsenen Zustand mit knorpeligem oder verknöchertem Skelet; paarige Gliedmaßen fast immer vorhanden, ebenso paarige Augen und Gehörorgane. Zwei klar getrennte Einheiten lassen sich unterscheiden: Agnatha, Kieferlose; Gnathostomata, Kiefertiere.

Cranidium, *n* (gr. κρανίον Schädel, davon latin. Deminutiv), der zentrale, seitlich durch die Gesichtsnähte begrenzte Teil des Kopfschildes (→ Cephalon) der → Trilobiten (= Glabella + feste Wangen).

Cranium, *n* → Kopfskelet der Wirbeltiere.

craspedot (gr. κράσπεδον Rand, Saum), → Meduse.

Crassidurit, *m* (lat. crassus dick; durus hart, roh), → Durit.

Crassitude, *f* (lat. crassitudo Dikke), (botan.): → Sporomorphae.

Crenella, *f* (lat. Demin. von crena Kerbe), feine Furche zwischen Leistchen (→ Culmen) auf den Gelenkflächen von Stielgliedern, Kelch-, Armplatten der → Crinoidea.

Creodonta (COPE 1875) (gr. κρέας, -ως Fleisch; οδούς Zahn), ‚Ur-Raubtiere', eine früher den Carnivora zugerechnete, jetzt auf die Ordnungen Hyaenodonta = → Deltatheridia und → Condylarthra aufgeteilte Gruppe primitiver Säugetiere. Wegen der Ausbildung von → Brechscheren im Gebiß müssen einige von ihnen als Raubtiere angesehen werden. Doch sind ihre Brechscheren (bei den Oxyaeniden die M $^1/_2$, bei den Hyaenodontiden die M $^2/_3$), denen der echten Raubtiere (Carnivora) nicht homolog, auch unterscheiden sie sich von jenen im Fußbau (z. B. gespaltene Endphalangen), so daß keine engeren phylogenetischen Beziehungen angenommen werden. Vorkommen: Paläozän–O.Miozän.

Crepidom, *n* (Crepid) (gr. κρηπίδωμα Grundlage), (Porif.): Kern, erste Anlage von → Desmonen. Solche mit vier Achsenkanälen heißen tetracrepid, solche mit nur einem monocrepid.

cribrosus (lat.), siebartig.

Criccaltrop, *n* (gr. ϰρίϰος Reifen, Ring), ein → Caltrop, dessen Arme reifenartige Verdickungen oder Wülste tragen .

Crico-, Vorsilbe für Schwammnadeln, welche in regelmäßigen Abständen umringelt sind (Cricorhabd, -triaen usw.).

Cricoconarida (FISHER 1962) (gr. ϰόνος Kegel), Coniconchia, auch Kl. Tentaculitida, eine ausgestorbene Kl. der Mollusken. Es sind spitzkonische, quergeringelte kleine kalkige Gehäuse von 1–80 mm Länge und einem Spitzenwinkel zwischen 2° und 18°. Der juvenile Gehäuseteil ist gekammert, jedoch ohne Sipho. Die Schale besteht aus vielen Lagen; im Mündungsteil ist sie bei dickerschaligen Formen perforiert. Die Mündung ist glatt und ganzrandig. Die Tiere besaßen vermutlich Tentakel. Wahrscheinlich lebten sie teils pelagisch – vorwiegend planktisch in den oberen Schichten des Meeres, von Strömungen weltweit verbreitet (Nowakien, Styliolinen) – teils nektobenthisch (Tentakuliten). Die zoologische Zugehörigkeit dieser Tiere ist umstritten; sie wurden auch als Pteropoden, Coelenteraten, Seeigelstacheln usw. gedeutet; Schalenstruktur und Kammerung deuten auf Zugehörigkeit zu den Mollusken. Man unterscheidet die beiden Ordnungen: O. Tentaculitida, O. → Dacryoconarida. Vorkommen: U.Ordovizium–O.Devon. (Abb. 116, S. 240).

Crinoidea (J. S. MILLER 1821) (gr. ϰρίνον Lilie; εἶδος Gestalt), Krinoiden, Seelilien; meist mittels eines gegliederten Stieles am Meeresboden festgewachsene, seltener freischwimmende → Echinodermen mit regelmäßig angeordneten Kelchplatten und beweglichen Armen. Die wichtigsten Teile sind → Kelch (Calyx, Theca) mit Kelchdecke (Tegmen), → Arme (Brachia) (beides zusammen → Krone, Corona) und → Stiel (Columna). Das → Ambulakralsystem ist auf die Arme konzentriert. Der Kelch umschließt die Weichteile. Sein unterer (dorsaler)

Teil kann sich in den Stiel fortsetzen. Die Kelchbasis ist der unmittelbar an den Stiel oder an die → Centrodorsalplatte anschließende Teil des Kelches, sie kann mono- oder dizyklisch sein (vgl. → Kelchbasis). Darüber folgen die 5 Radialia (Radialtafeln), welche die Arme tragen. Die Kelchdecke (→ Tegmen) mit Mund und Ambulakralfurchen ist häutig oder getäfelt; meist wird sie von den Armen verdeckt, so daß nur die → Dorsalkapsel des Kelches sichtbar ist. Im einfachsten Falle besteht die Kelchdecke aus 5 zwischen den Ambulakralrinnen gelegenen Oralplatten (→ Oralia). Bei den Camerata bedeckt eine Lage von Plättchen die Kelchdecke mitsamt den Ambulakralfurchen. Die Arme bestehen aus den Brachialia (Armglieder) und sind durch Gelenkflächen mit dem Kelchrand verbunden. Sie können ein- oder zweizeilig angeordnet sein. Der Stiel kann mehrere m lang sein, kann aber auch ganz fehlen. Die Blütezeit der C. lag im Paläozoikum; damals bewohnten sie vorzugsweise küstennahe Meeresteile. Von den heute noch lebenden etwa 650 Arten sind 80 Reliktformen des tieferen Wassers (Optimum in 180–

1000 m Tiefe), die übrigen 570 Arten sind stiellos – von ihnen leben viele im Litoral. Wie die paläozoischen leben auch die heutigen C. in großen Rasen bzw. Vergesellschaftungen. Systematik: → System der Organismen im Anhang. Vorkommen: Seit dem M.Kambrium (Abb. 29, S. 54, Abb. 88, S. 175).

Crinozoa, (MATSUMOTO 1929), jüngeres Synonym von → Pelmatozoa, ein U.Stamm vorwiegend sessiler Echinodermen mit vorwiegend fünfstrahliger Symmetrie, becherförmiger, nach oben gerichteter Theka und Armen oder → Brachiolen für das Heranstrudeln der Nahrung; dazu gehört die Mehrzahl der als → Pelmatozoen beschriebenen ‚gestielten‘ Formen. Vorkommen: seit dem Kambrium. Klassen: s. System der Organismen im Anhang. Vorkommen: Seit U.Kambrium.

criocon (gr. ϰριός Widder; ϰόνος Kegel), → Heteromorphe.

Crista sagittalis, *f* (lat. crista Leiste, Kamm; sagitta Pfeil; sagittalis: Richtung des fliegenden Pfeiles = in der Längsachse des Körpers), ein medianer Knochenkamm auf dem Schädeldach (entlang der ‚Pfeilnaht‘) mancher, vor allem größerer Tetrapoden mit relativ kleiner

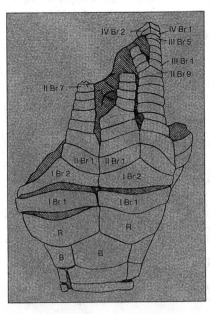

Abb. 29 Kelch- und Armbau einer Seelilie (*Millericrinus munsterianus* D'ORBIGNY, Kl. Articulata). Liesbergschichten, O.Jura, natürliche Größe.
B Basale; R Radiale; I Brl Primibrachialia; II Br Sekundibrachialia; III Br Tertibrachialia usw. – Aus HESS (1975)

Schädeloberfläche. Er dient zur Vergrößerung der Ansatzfläche des Musculus temporalis (Unterkieferheber).

Crista sterni, der Brustbeinkamm der Vögel, = → Carina.

Crocodylia (GMELIN 1788) (= Suchia), Krokodile und Alligatoren, die einzige O. der → Archosauria (Sauromorpha), die sich bis heute gehalten hat. In ihrer Lebensweise wie im Körperbau sind sie den → Thecodontia, ihren Ascendenten, ähnlich geblieben. Relativ lange Hinterbeine erinnern an die Tendenz zur Bipedie bei allen Archosauriern. Aus einem konservativen Stamm sind mehrfach besondere, ± kurzlebige Seitenlinien hervorgegangen, wie z. B. die marinen Meerkrokodile: die gepanzerten rein jurassischen Teleosauridae und die (nicht direkt aus ihnen hervorgegangenen) ungepanzerten Metriorhynchidae der Zeit vom Dogger bis zur U.Kreide. C. kennt man von der M.Trias an. Vgl. → Suchia.

Crossopterygier, Crossopterygii (COPE 1887) (gr. χροσσός Franse, Quaste; πτέρυξ Flosse, Flügel), Quastenflosser; eine O. der → Sarcopterygii: Knochenfische, deren paarige (→ Archipterygium) Flossen an der Basis einen fleischigen, beschuppten Lobus besitzen; mit zwei Dorsalflossen; → Choanen nur bei den Rhipidistia, Zähne labyrinthodont. Die Anordnung der Schädelknochen ist der bei den → Stegocephalia sehr ähnlich, nur die Benennung der das Foramen parietale umgebenden Knochen ist umstritten, ob es die Frontalia sind (Ansicht von BERG und der Mehrzahl der Ichthyologen) oder die Parietalia (Ansicht von WESTOLL, ROMER u. a.). Das neurale Endocranium (→ Kopfskelet) verknöcherte in zwei Stücken, einer vorderen sphenethmoidalen und einer hinteren occipitalen Kapsel, zwischen den beiden blieb eine Spalte.
Die C. waren im Devon die vorherrschenden Räuber des Süßwassers (Old Red), doch bereits im Karbon machten den Stegocephalen ihnen diese Rolle streitig. Zwei divergierende Linien lassen sich unterscheiden (Unterordnungen): 1. →

Rhipidistia (= Osteolepides), 2. → Coelacanthini (= Actinistia). Noch unsicher ist die Stellung der Struniiformes (Onychodontiformes). Vorkommen: Seit dem U.Devon (Abb. 32, S. 56; Abb. 50, S. 87).

Crumina, Pl. -ae, *f* (lat. Geldbeutel), halb abgeschlossener sackartiger Hohlraum im Ventralteil → heteromorpher Ostrakoden-Gehäuse.

Cruralbrücke (lat. crus, cruris Schenkel), das Verbindungsstück zwischen den beiden nach innen gerichteten Crurenspitzen bei der Brachiopoden-Gattung *Terebratulina* D'ORB.

Cruralium, *n* (HALL & CLARKE), (Brachiop.): = dorsales Spondylium; löffelförmiges Gebilde in der Schnabelregion der Armklappe von → Pentamerida, entstanden aus den verschmolzenen → Cruralplatten und durch ein oder mehrere Septen gestützt.

Cruralplatten, (Brachiop.): Brachialleisten, Schloßleisten, Zahngrubenplatten: zwei vertikale Kalklamellen in der Schloßregion der Armklappe; sie dienen zur Stützung der Cruren.

Cruren, Crura, Sing. Crus, *n* (lat. Schenkel), (Brachiop.): Zwei kürzere oder längere Fortsätze, die am vorderen Rande der Schloßplättchen oder direkt neben den inneren Zahngrubenwänden ansetzen. Sie bilden den proximalen Teil des kalkigen → Armgerüstes → articulater Brachiopoden (bei Rhynchonelliden, Spiriferiden und Terebratuliden). Oft sind sie zu → Cruralplatten verbreitet (Abb. 15, S. 34). (Tetrapoden): das Skelet des Unterschenkels = Tibia + Fibula. Vgl. → Os cruris.

Crurotarsales Gelenk (crocodiloider Tarsus), ein Tarsalgelenk bei Reptilien, bei dem die Gelenklinie senkrecht zwischen Astragalus und Calcaneus verläuft, wie bei Krokodilen und einigen Thecodontiern, im Gegensatz zum horizontalen Verlauf im Metatarsalgelenk der meisten Reptilien wie auch der Dinosaurier (Abb. 30, S. 55).

Crustacea, Crustaceen (lat. crusta Rinde, Kruste), Krebse, Kruster; überwiegend aquatische → Arthropoden mit zwei einästigen (uniramen), präoral gelegenen Antennenpaaren (,Biantennata') und

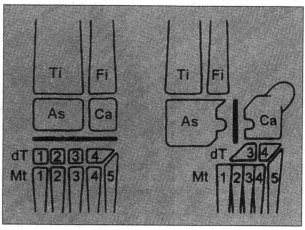

Abb. 30 Schema der Gelenkverhältnisse im Tarsus von Reptilien. Links: Mesotarsalgelenk der meisten Reptilien; die Gelenklinie (dicke Linie) verläuft waagrecht zwischen den distalen und proximalen Tarsalia. Rechts: Cruro-Tarsalgelenk der Krokodile und einiger Pseudosuchier; hier verläuft die Gelenklinie nahezu senkrecht zwischen Astragalus und Calcaneus. Ti Tibia; Fi Fibula; As Astralagus; Ca Calcaneus, dT distale Tarsalia, Mt Metatarsalia. – Umgezeichnet nach KREBS (1960)

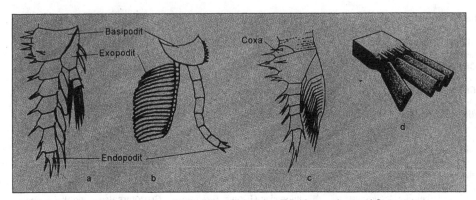

Abb. 31 Schematische Darstellung der basalen Anhänge bei Trilobitomorphen und Crustaceen.
a Rumpfanhang von *Agnostus pisiformis* (WAHLENBERG 1818). – Umgezeichnet nach WALOSSEK (1993)
b Schema der Rumpfanhänge eines Trilobiten; Exopodit mit lamellenartigen Setae, Endopodit mit 7 Segmenten. – Umgezeichnet nach WALOSSEK (1993)
c Beginnende Bildung der Coxa bei einem primitiven Crustaceen (*Martinssonia elongata* MÜLLER & WALOSSEK 1986). – Entwurf: BERGSTRÖM
d Typische Artikulation von Setae (nicht Kiemen) bei dem Trilobitomorphen *Naraoia longicaudata*. – Umgezeichnet nach Vorlagen von J. BERGSTRÖM; Entwurf: BERGSTRÖM

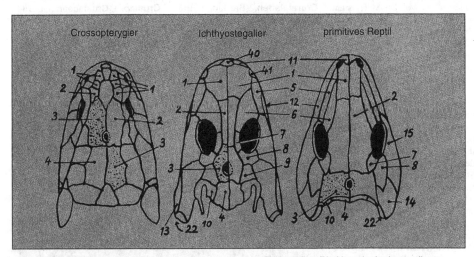

Abb. 32 Schädeldach der Crossopterygier und primitiver Tetrapoden. Die Homologie der medianen Schädelknochen ist für die eigentlichen Tetrapoden relativ sicher; der Vergleich mit den Altfischen ist erschwert durch Meinungsverschiedenheiten über die Benennung der die Pinealöffnung umgebenden Knochen. Das linke Bild gibt auf der linken Seite die (u. a. von ROMER vertretene) Ansicht wieder, daß es immer die Parietalia sind, auf der rechten Seite die Ansicht von JARVIK und den meisten Ichthyologen, daß es die Parietalia oder Frontalia sein können. Zahlen wie Abb. 101, S. 211. – Nach PORTMANN (1959), etwas verändert

drei postoralen, als Kauapparate differenzierten Kopfanhängen. Die Körperanhänge sind oft zweiästig („Spaltfüße"). Kopf und Rumpf sind in der Regel zu einem Cepha-lothorax verschmolzen; er wird von einem chitinigen, teilweise von Kalksalzen imprägnierten oder ganz kalkigen Panzer (→ Carapax, Gehäuse) eingehüllt. Dieser besteht aus einem einheitlichen Stück, aus zwei Klappen (bei Ostrakoden) oder aus mehreren Kalkplatten (bei Cirripe-diern). Die Anhänge (Extremitäten) bestehen bei vollständiger Ausbil-

dung aus folgenden Teilen: Die Basis kann nach innen (Endit) oder nach außen (Exit) gerichtete Fortsätze tragen und aus bis zu drei Gliedern bestehen:
1. Praecoxa (HANSEN 1925). Ihr Exit ist der Prae-Epipodit.
2. Coxa (BATE 1888, = Coxopodit MILNE EDWARDS 1851), ihr Exit ist der Epipodit.
3. Basis (BATE 1888, = Basipodit MILNE EDWARDS 1851), ihr Exit ist der Exopodit. Von der Basis gehen zwei Fortsätze (Beine) aus, der Endopodit und der Exopodit (Innen- und Außenast). Der stärker gegliederte und bei den höheren Krebsen allein noch vorhandene Endopodit kann aus den folgenden Gliedern bestehen:
4. Präischium (HANSEN 1925).
5. Ischium (BATE 1888. = Ischiopodit MILNE EDWARDS 1851).
6. Merus (BATE 1888, = Meropodit MILNE EDWARDS 1851).
7. Carpus (BATE 1888, = Carpopodit MILNE EDWARDS 1851).
8. Propodus (BATE 1888, = Propodit MILNE EDWARDS 1851).
9. Dactylus (BATE 1888, = Dactylopodit MILNE EDWARDS1851). Kennzeichnende Merkmale der C.-Entwicklung sind: 1. Entwicklung eines Coxal-Elementes aus einem coxalen Enditen; 2. Entwicklung einer Nauplius-Larve mit nur drei Paar spezialisierten Anhängen. Systematik: s. System der Organismen im Anhang. Vorkommen: Seit Kambrium (Abb. 73, S. 138).

Crustida (GISLÉN 1930), allgemein für sessile inkrustierende Tiere des Meeres. Vgl. → Corallida.

Crustoida (KOZLOWSKI 1962), eine O. inkrustierender → Graptolithen mit Auto-, Bi- und Stolotheken. Mündung der Autotheken besonders differenziert. Vorkommen: Ordovizium.

Cruziana (D'ORBIGNY 1842), (= *Bilobites* D'ORBIGNY 1839), als Ruhespuren von → Trilobiten gedeutete paarige flache Gruben im Sediment mit schräg gestellten Querrippen. Vorkommen: Paläozoikum.

Cryptodira, eine U.O. der Chelonia (→ Testudinata).

cryptodont (M. NEUMAYR 1884) (gr. κρυπτός verborgen; οδούς Zahn), (Muscheln):ˑ Schloß mit winzigen Kerben und Grübchen wie bei den → Cryptodonta.

Cryptodonta (NEUMAYR 1884), eine artenarme U.Kl. primitiver Lamellibranchier; dünnschalig, ohne deutliche Schloßzähne, manchmal mit schwacher Zähnelung des Schloßrandes (= cryptodont). Dazu u. a. *Buchiola* und *Cardiola.* Vorkommen: Seit dem Ordovizium.

Cryptogamae (LINNÉ) (gr. γαμεῖν heiraten), Kryptogamen, Sporenpflanzen, blütenlose Pflanzen; zusammenfassend für die Algen, Pilze, Moos- und Farnpflanzen, im Gegensatz zu den blütentragenden Phanerogamen (→ Pteridophyta).

cryptomphallid (gr. ομφαλός Nabel, Mittelpunkt), mit geschlossenem → Nabel.

Cryptostomida (VINE 1883) (gr. στόμα Mund, Öffnung), eine O. der →Bryozoen (Kl. Stenolaemata) mit kurzen Zooecien und terminal gelegener rundlicher Öffnung. Ohne → Avicularien, → Vibracula und → Ovizellen. Die Kolonien bildeten meist feine, verzweigte Netzwerke. Vorkommen: Ordovizium–Perm.

Cryptozoon, n (HALL 1884) (gr. ζῷον Lebewesen, Tier), eine Form-Gattung kalkabscheidender Blaualgen (→ Cyanophyta), im Präkambrium und Alt-Paläozoikum weit verbreitet.

Ctenidium, Pl. **Ctenidia,** n (gr. κτείς, κτενός Kamm; lat. -idium: Deminutiv für kleine Organe), ‚Kamm-Kiemen‘; ein- oder zweizeiliges Kiemenblättchen vieler Wassertiere.

Ctenocystoidea (ROBISON & SPRINKLE 1969), eine Kl. der → Homalozoa, mit der einzigen Art *Crenocystis utahensis* ROBISON & SPRINKLE aus dem M.Kambrium der USA, gekennzeichnet durch das völlige Fehlen von Brachiolen oder sonstigen Anhängen.

ctenodont (gr. οδούς Zahn), → Schloß (Lamellibr.).

Ctenoid-Schuppen (gr. εῖδος Gestalt), Kammschuppen; am Hinterrand gezähnelte Schuppen in der Haut vieler, vor allem spezialisierter Fische (→ Teleostei) (Abb. 106, S. 215).

Ctenolium, n, bei Muscheln (Pectiniden): Eine Serie von kammartigen Zähnen in der Byssusfurche an der Basis des vorderen Ohres, im Zusammenhang mit dem Austritt der Byssusfäden.

Ctenophora (ESCHSCHOLTZ 1829) (gr. φορεῖν tragen), Acnidaria, Kamm- oder Rippenquallen, → Coelenterata ohne Nesselzellen (→ Nematocyste); fossil durch ein einziges Exemplar von *Palaeoctenophora* im U.Devon (Hunsrückschiefer) nachgewiesen (STANLEY & STÜRMER 1983).

Ctenostomida (BUSK 1852) (gr. στόμα Mund), eine O. der → Bryozoen (Kl. → Gymnolaemata) mit → Zooecien, welche in kurzen Abständen von einem schlanken Stolon entspringen. Mündung terminal, durch Borsten (Setae) verschließbar. Vorkommen: Seit dem Ordovizium.

Cubichnia, Pl., n (SEILACHER 1953) (lat. cubare liegen, ruhen; gr. ίχνος Spur), Ruhespuren. → Lebensspuren.

Cubitus, m, **-um,** n (lat.), anat.: Ellenbogen; (Insekten): Cubitalader, Submedianader, → Flügel der Insekten (Abb. 64, S. 116)

Cuboid(eum), n (gr. κύβος Würfel, Wirbelknochen; εῖδος Gestalt), Würfelbein; der dem 4. und 5. Tarsale niederer Tetrapoden entsprechende würfelförmige Knochen in der Fußwurzel (→ Tarsus) der Säugetiere (Abb. 24, S. 40).

Culmen, n, Pl. **-ina** (lat. Gipfel, First), feines Leistchen auf den Gelenkflächen von Stielgliedern, Kelch- und Armplatten mancher → Crinoidea. Vgl. → Crenella.

Cuneiforme, n, Pl. **-ia,** n (lat. cuneus Keil; forma Gestalt), Keilbein. Drei keilförmige Knochen in der Fußwurzel (→ Tarsus) der Säugetiere, homolog den Tarsalia I–III der niederen Tetrapoden. Sie werden auch Ento-, Meso- und Ectocuneiforme genannt.

Cuniculus, m (lat. unterirdischer Gang), bei → Fusulinen: äquatorial (in Windungsrichtung) verlaufendes Röhrchen, aus ineinander übergehenden Kämmerchen gebildet (= ‚Tunnel‘ in Abb. 52, S. 92).

Cupressaceae (NEGER 1907) (lat. cupressus, gr. κυπάρισσος Zypresse), Zypressengewächse. Die ältesten C. wurden in der O.Trias gefunden.

Cupressinoxylon, *n* (gr. ξύλον Holz), Koniferenholz mit moderner (opponierter, abietoider) Hoftüpfelung (→ araucarioid), ohne Spiralverdickung; Zellwände der Markstrahlen ± glatt.

Cupula, → Kupula.

Curvatura, *f* (lat. Rundung), Bogenleiste, -rand; die distale, bogenförmige Begrenzung der → Kontaktarea von → Sporomorphae.

Cuspidale, *n*, lat. cuspis Dreizack) (Syn. Postsuborbitale), bei → Arthrodira, Knochenplatte des Kopfschildes, Vgl. Abb. 8, S. 20.

Cuticula, *f* (lat. Demin. von cutis Haut), die von der Epidermis (hier Hypodermis genannt) ausgeschiedene feste Hülle (Integument) der → Arthropoden. Sie besteht aus Protein und → Chitin, letzteres vielfach durch Imprägnierung mit Kalziumkarbonat oder -phosphat gehärtet (= sklerotisiert). Meist ist allerdings nur die (äußere) Exocuticula derart imprägniert, die innere Endocuticula bleibt weich. Ein äußerer Epicuticula-Überzug aus einer wachsartigen Substanz (Kutikulin, aus Lipoproteinen bestehend) schützt vor dem Eindringen von Wasser und Säuren. Bewegliche Härchen (Setae) können von der Epidermis her die C. durchdringen. Einfaltungen der C. (→ Apodeme) dienen als Muskelansatzstellen. Die C. ist nicht dehnbar, wird daher während der Ontogenese mehrfach abgeworfen und durch eine größere ersetzt (→ Ecdysis, Häutung). Botan.: → Kutikula.

Cyanophyta, Cyanophyceae (gr. κυάνεος stahlblau), Schizophyceae, blaugrüne Algen (Farbstoff: Phycocyan), Spaltalgen, einzellig oder fadenförmig, ohne Zellkern und Plastiden, autotroph lebend, von sehr primitiver Organisation. Sie sind als gallertartige oder feinfädige Massen in Gewässern (vorwiegend Süßwasser) und feuchtem Boden weit verbreitet, spielen auch eine große Rolle bei der ersten Besiedlung nackter Felsen. Mit fossilen Spaltalgen werden u. a. *Gloecapsomorpha, Sphaerocodium* und die → Stromatolithe in Verbindung gebracht. Seit dem Präkambrium.

Cyathotheca, *f* (GRABAU 1922) (gr. χύαθος Schöpfgefäß; θήχη Behälter), bei → Rugosa, Syn. von → Tabulotheca. Vgl. → Paratheca.

Cycadales, Cycadeen, ‚Palmfarne'; xerophile, palmen- bis farnartige Samenpflanzen mit zylindrischem oder knollenförmigem Stamm und zapfenförmigen, eingeschlechtigen Blüten. Spaltöffnungen der Blätter → haplocheil. Vorkommen: Seit dem Keuper. Die rezenten C. sind Bewohner der Tropen und Subtropen. Vgl. → *Androstrobus*, → *Cycadospadix*.

Cycadites (STERNBERG 1825), eine Sammelgattung von → Cycadophytina-Blättern vom Habitus der rezenten Gattung *Cycas*. Vgl. → Cycadales.

Cycadofilices (H. POTONIÉ 1897), farnlaubige, samentragende Pflanzen, deren Stammstruktur (mit sekundärem Dickenwachstum der Holzteile) gymnospermen Charakter trägt (= → Pteridospermatae), vgl. → Lyginopteridales.

Cycadophytina, ein U.Stamm der Spermatophyta, welcher u. a. die Cycadeen und Bennettiteen zusammenfaßt und den Coniferophytina mit den Ginkgoartigen, Cordaiten und Koniferen gegenübergestellt. Beide U.Stämme werden als sehr frühzeitig getrennt angesehen. Die C. sind cycadeenartige Gewächse: palmen- bis farnartige, vor allem im Mesozoikum reich entwickelte Gymnospermen. Die wenigen rezenten Gattungen sind als Palmfarne auf die Tropen und Subtropen beschränkt. Vorkommen: Seit dem O.Karbon. Für Blattreste von C. hat man verschiedene Sammelgattungen aufgestellt:

Pterophyllum: Blätter gefiedert, Fiedern länger als breit, ± linealisch, der Achse seitlich oberwärts angeheftet, breit ansitzend, mit feinen, am Grunde oft gegabelten Paralleladern. Vorkommen: Karbon–O. Kreide, am häufigsten im Keuper und Lias.

Anomozamites: Wie *Pterophyllum*, aber Fiedern höchstens so lang wie breit, wohl zu Bennettitales. Vorkommen: Rhät–Wealden.

Taeniopteris: Einfach, lang bandförmig, mit Fiederaderung. Vorkommen: O.Karbon–U.Kreide. Im Perm Ostasiens häufig. Die paläozoischen Taeniopteriden gelten als Pteridospermen, die mesozoischen als → Bennettitales.

Dioonites: wie *Pterophyllum*, aber Fiedern sehr schmal, mit mehreren Längsadern. Vorkommen: Jura–Wealden.

Zamites: Fiedern basal abgerundet, langdreieckig; oft mit kleiner Basalverdickung angeheftet. Vorkommen: O.Trias–U.Kreide.

Otozamites: Fiedern am Grunde oft geöhrt, parallel- bis radialstrahlig geadert. Vorkommen: Rhät–O.Kreide.

Dictyozamites: Ähnlich *Otozamites*, aber mit einfacher Maschenaderung und ohne Mittelader; zu Bennettitales. Vorkommen: O.Trias–U.Kreide.

Sphenozamites: Fiedern groß, Rand gezähnelt, Adern fächerig. Keuper–Wealden.

Plagiozamites: Fiedern ± stengelumfassend, zungenförmig, am Rande fein gefranst. Permokarbon–Trias.

Ptilophyllum: Fiedern meist kleiner als die *Zamites*-Formen, breit ansitzend, Basalrand herabgezogen; zu Bennettitales. Trias–Kreide.

Pseudocycas: mit versenkter Mittelader, in der Furche die → Stomata. Vorkommen: Kreide.

Cycadospadix, *m*, (SCHIMPER) (gr. σπάδιξ Dattelpalmzweig), Sammelname für fossile weibliche Cycadeen-Fruchtblätter, ähnlich denen der heutigen Gattung *Cycas* (mit zwei bis mehreren Samen).

Cyclocarpus, *m* (BRONGNIART) (gr. κύκλος Kreis, Ring; καρπός Frucht), (Samen) → Platyspermae.

Cyclocorallia (SCHINDEWOLF 1942) Zyklokorallen, (Synonyme: Hexacorallia, Scleractinia), eine O. der → Anthozoa (U.Kl. Zoantharia), gekennzeichnet durch die zyklische Art der Septeneinschaltung; s. → Scleractinia. Vorkommen: Seit der Trias (Abb. 61, S. 106).

Cyclocystoidea (MILLER & GURLEY 1895), eine Kl. der → Echinozoa: klein, flach, scheibenförmig mit einem randlichen flexiblen Ring größerer perforierter Plättchen, innere Teile mit viel kleineren Plättchen bedeckt. Radiales Ambulakralsystem. Vorkommen: M.Ordovizium–M.Devon.

cyclodont (W. H. DALL 1889) (gr. οδούς, οδόντος Zahn), (Lamellibr.): eine Muschel-Dentition mit gebogenen Kardinalzähnen und ohne Schloßplatte wie bei *Cardium*.

Cycloid-Schuppen (gr. κυκλοειδής kreisförmig), Rundschuppen, mit gerundetem Hinterrand versehene Schuppen in der Haut mancher geologisch jüngerer Fische (→ Teleostei) (Abb. 106, S. 215).

Cyclomorial-Schuppe, → Lepidomorial-Theorie.

***Cyclopteris,** f* (BRONGNIART 1828) (gr. πτέρις Farn), größeres, teilweise am Rande ausgefranstes, am Grunde des Wedels paripinnater → Neuropterides zu mehreren sitzendes Blatt; C. werden auch oft isoliert gefunden. Karbon– Perm.

cyclospondyl (gr. σφόνδυλος Wirbelknochen) (Haiwirbel), → tectospondyl.

Cyclostigmataceae (lat. cyclus Kreis; stigma Brandmal), die ältesten → Lepidodendrales: heterospor, auf das O.Devon beschränkt (*Cyclostigma*). Es sind kleinere baumförmige Gewächse mit kleinen Narben auf der Stammoberfläche.

Cyclostomen, Cyclostomida (gr. στόμα Mund, Öffnung); 1. (BUSK 1852) Eine O. der → Bryozoen (Kl. → Stenolaemata) mit röhrenförmigen → Zooecien mit terminaler, nicht verengter Mündung ohne Deckel; ohne → Avicularien und → Vibracula. Vorkommen: Seit dem Ordovizium, im älteren und mittleren Mesozoikum dominierend (Abb. 21, S. 36). 2. Rundmäuler, eine Gruppe rezenter → Agnatha, nackthäutig, ohne Knochen und paarige Flossen. Zu ihnen gehören einerseits die ‚Neunaugen' (O. Petromyzontia), andererseits die ‚Schleimaale' (O. Myxinoidea) mit dem ‚Inger'. Die adulten Neunaugen leben im Meer, wandern aber zur Fortpflanzung ins Süßwasser (Larvenform: *Ammocoetes*). Die Myxinoidea sind rein marin. Von beiden O. sind Fossilien im nordamerikanischen Karbon gefunden worden, u. a. *Mayomyzon* (Abb. 50, S. 87).

Cyclosystem, *n,* → Milleporiden.

cyrenoid (nach der Gattung *Cyrena*) (Schloßbautyp), → heterodont (Abb. 59, S. 104).

cyrtoceroid (TEICHERT 1930) (gr. κυρτός gebogen; κέρας Horn), wenig gekrümmt (Gehäuse bei → Nautiloidea).

cyrtochoanisch (HYATT) (gr. χόανος Trichter), eine perlschnurartige Siphonalbildung bei → Actinoceratoidea und → Nautiloidea. Vgl. → Sipho (Abb. 78, S. 151).

cyrtoconid, cyrtocon (gr. κυρτός krumm, gewölbt; κώνος Kegel), konisch, jedoch mit konvexen Seiten.

Cyrtocrinida (SIEVERTS-DORECK 1952), (Echin., Crin.): eine O. der → Articulata: kleine kompakte, sessile oder mit kurzem, bewurzeltem cirrenlosen Stiel versehene Crinoiden; Dorsalkapsel → pseudomonozyklisch. Vorkommen: Seit dem Jura.

cyrtoid (gr. κύρτη Fischreuse), → Nassellaria.

Cyrtosoma (RUNNEGAR & POJETA 1974) (‚hunchback-body', gr. κυρτός gekrümmt; σῶμα Körper), ein U.Stamm der Mollusken, umfassend die Formen mit einfachem Gehäuse (→ Monoplacophora, → Gastropoda, → Cephalopoda). Vgl. → Diasoma.

Cystid, *n,* → Bryozoa.

cystiphor (WEDEKIND) (gr. κύστις Blase; φορεῖν tragen), → Interseptal-Apparat.

Cystiphragma, Pl. **-ata,** *n* (gr. φράγμα Verschluß, Scheidewand), (Bryoz.), hauptsächlich bei Trepostomata anzutreffende halbkugelige Bläschen, in Serien an der Wand der Röhren angeordnet.

Cystites (POTONIÉ & KREMP 1954), eine Abteilung der → Sporae dispersae (O.Abteilung → Sporites); sie umfaßt sehr große Megasporen, zu denen jeweils drei kleinere Abortivsporen gehören (teilweise noch mit ihnen zusammen als Tetrade gefunden).

Cystoidea (V. BUCH 1846, = Hydrophoridea ZITTEL 1903), ‚Beutelstrahler'; eine im Altpaläozoikum weit verbreitete Kl. der → Crinozoa. Ihre ± rundlichen Theken haben zahlreiche, meist unregelmäßig angeordnete Platten. Kennzeichnend

ist der Besitz von → Brachiolen und besonders die Porenstruktur der Platten. Diese bestehen aus drei Lagen, von denen die äußere und innere (Epistereom bzw. Hyposereom) sehr dünn sind, während die mittlere (Mesostereom) kräftig entwickelt ist. Die Poren durchsetzen Meso- und Hyposereom immer, das Epistereom nicht immer. Man unterscheidet zwei Porentypen: Doppelporen (Diploporen), paarig angeordnet und unregelmäßig über die Oberfläche verteilt, und Porenrauten (Dichoporen), zu rautenförmigen Mustern angeordnet, und zwar derart, daß eine Plattengrenze jeweils die lange oder kurze Diagonale einer Raute bildet. Über die Plattengrenzen hinweg werden die Poren durch oberflächliche geradlinige, parallele Kanäle oder Furchen miteinander verbunden. Sind die Kanäle in ihrer ganzen Länge nach außen offen, so heißen die Rauten konjunkt, sind sie an den Plattengrenzen überdeckt, disjunkt, und werden sie in ihrer ganzen Länge von Epistereom überkleidet, hypothekal. Einen Sonderfall der disjunkten Porenrauten bilden die kammförmigen Pectinirhomben, die jeweils nur auf wenigen Platten entwickelt sind. Die Zahl der Platten kann sehr groß werden (bis 200 bei einigen Gattungen), bei anderen (sog. Regularia der Rhombifera)

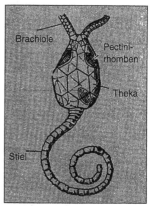

Abb. 33 *Pleurocystites*, eine Cystoidee mit Pectinirhomben. – Nach MOORE (1952)

ordnen sich wenige in wenigen Kreisen zu je 5 Platten regelmäßig an. In diesem Falle heißen die Fünferkreise von unten nach oben: Basalia, Infra- (bzw. Infero-), Medio-, Radio-, Supralateralia, Oralia. Man unterscheidet zwei Ordnungen: O. Rhombifera mit Porenrau-

ten, O. Diploporita mit Doppelporen. UBAGHS (1978) erhob sie zu selbständigen Klassen. Die C. könnten die Stammgruppe der → Blastoidea sein. Vorkommen: (?Kambrium) Ordovizium–O.Devon. Vgl. → Eocrinoidea (Abb. 33, S. 59).

Cystoporata, eine formenarme paläozoische O. der Bryozoen, mit langen, röhrenförmigen, durch Diaphragmen unterteilten Zooecien mit Wandporen. Vorkommen: Ordovizium–Perm.

Dacryoconarida (FISHER 1962**)** (gr. δάκρυον Träne; κῶνος Kegel), kleine → Cricoconarida mit relativ größerem Spitzenwinkel als die verwandten → Tentaculiten, mit aufgeblähtem (tränenähnlichem) Anfangsteil, Skulptur glatt oder längsgestreift; ohne Kammerung. Dazu zählen die Nowakien und Styliolinen. Vorkommen: Ordovizium–Oberdevon II.

Dactylopodit, *m,* Dactylus (gr. δάκτυλος Finger, Zehe; πούς, ποδός Fuß, Bein), das Endglied des Gehbeines (Endopodit) von → Crustaceen.

Dactylopore, *f,* **-zooid,** *n* (gr. ζῷον Tier; εἶδος Gestalt), (bei → Milleporida und → Stylasterida), kleiner, schlanker, mundloser Polyp mit zahlreichen → Nesselzellen bzw. der von ihm eingenommene Raum.

Dadoxylon, *n* (ENDLICHER 1847) (gr. ξύλον Holz), Syn.: *Araucarioxylon,* fossiles Holz mit → araucarioider Anordnung der Hoftüpfel. Vorkommen: Karbon–Kreide, vorherrschend etwa bis zum Keuper. Vgl. → Cordaiten.

Daimonelix, *f* (BARBOUR 1892) (= *Daemonelix),* im nordamerikanischen Miozän vorkommende große, vertikale Spiralbauten mit ± horizontalem, glattem Basisteil, wohl als Ausfüllung von Bauten grabender Säugetiere (?Nager) zu deuten.

dalmanitiform (nach der Gattung *Dalmanites*) (Gesichtsnaht bei Trilobiten), → propar.

Darwin, (J. B. HALDANE 1949), eine Maßeinheit für Entwicklungsgeschwindigkeit, z. B. „Größenzunahme oder -abnahme mit einem Faktor e in einer Million Jahren oder, praktisch gleichbedeutend, Zu- oder Abnahme um $^1/_{1000}$ in 1000

Jahren. Danach würde die Pferde-Linie sich mit 40 Millidarwin entwickelt haben, und Geschwindigkeiten wesentlich unter 1 Millidarwin wären schwer zu messen. Geschwindigkeiten von 1 Darwin wären in der Natur außergewöhnlich. Domestizierte Tiere und Pflanzen haben sich im Tempo von Kilodarwins verändert, nicht aber von Megadarwins." → Vgl. → Macarthur.

Darwinismus, nach ihrem Begründer Charles DARWIN (1809–1882) benannte Form der → Abstammungslehre. Hauptwerk: ,On the Origin of Species by Means of Natural Selection' (1859). DARWIN ging von den bei der Züchtung von Haustieren und Kulturpflanzen gemachten Erfahrungen aus: 1. der natürlichen Variabilität der Organismen und 2. der durch den Züchter (bzw. bei Wildformen durch den ,Kampf ums Dasein') erfolgenden Auslese aus der Überzahl der erzeugten Nachkommen. Sie schienen ihm ausreichend, die ganze Entwicklung der Organismen zu erklären.

Im Prinzip der Entwicklung sah DARWIN das Wesentliche seiner Ideen. Die Ursachen der Variation suchte er teilweise (,lamarckistisch') in direkter Bewirkung durch die Umwelt und in erblichen Wirkungen von Gebrauch und Nichtgebrauch von Organen. Vgl. → Abstammungslehre, → Neodarwinismus.

Dasycladaceen, Dasycladales, Wirtelalgen, eine vorwiegend fossil vertretene O. makroskopischer, sessiler kalkabscheidender, durch quirlige Abzweigungen der Thalluszelle gekennzeichneter Grünal-

gen. Fossil sind nur die Kalkhüllen erhalten mit den Hohlräumen und Kanälen für die quirligen Sporangien. Vorkommen: Seit Kambrium; reichlich vertreten sind D. im Silur *(Cyclocrinus, Receptaculites),* vor allem aber in der Trias *(Gyroporella, Diplopora).* Vgl. → Chlorophyta. Siehe Abb. 65, S. 120.

Dauerformen, -typen, Organismen, die sich durch lange Zeiträume ± unverändert gehalten haben (z. B. *Limulus* seit der tiefsten Trias, *Lingula* seit dem Kambrium, *Ginkgo* seit dem O.Karbon).

Dauermodifikationen (JOLLOS 1921), durch Umwelteinflüsse induzierte neue Merkmale, die über mehrere bis viele Generationen erhalten bleiben. Ihre Erhaltung erfolgt (SONNEBORN 1951) durch zytoplasmatische Vererbung. Was die Rückführung des Plasmas in den ursprünglichen Zustand bedingt, ist unbekannt (RIEGER-MICHAELIS).

Daumen, = → Pollex.

Decapoda (gr. δέκα zehn; πούς, ποδός Fuß), Dekapoden: 1. Zehnfüßige Krebse (LATREILLE 1803): Eine O. der → Malakostraka, deren drei erste → Thorakopoden-Paare zu → Maxillipeden umgewandelt sind, so daß nur die letzten 5 als → Pereiopoden (daher ,Zehnfüßer') der Fortbewegung dienen. Das erste Pereiopoden-Paar ist meist mit Scheren bewehrt und besonders kräftig. Der → Exopodit wird nur larval noch angelegt. Das Abdomen wird bei den höheren Krebsen unter den Thorax geschlagen. Der → Carapax ist mit den → Tergiten des Thorax verschmolzen, die → Epimeren wurden ins Körperinnere verlagert und bilden die innere Wand der Kiemenhöhle. Je nach dem Ort der Kiemenbefestigung an der Körperwand, beim Gelenk des → Coxopoditen oder am Coxopoditen nennt man die Kiemen pleuro-, arthro- oder podobranch- (iat). Nach dem Bau der Kiemen unterscheidet man die fadenförmigen Trichobranchien, die blattförmig in zwei Serien angeordneten Phyllobranchien und die baumartig verzweigten Dendrobranchien. Die Systematik der D. beruht daneben weitgehend auf Form und Skulptur des Carapax. Dessen wichtigste Furchen sind (vgl. Abb. 35, S. 61): Cervicalfurche c, Gastro-orbitalfurche go, Branchiocardialfurche bc, Postcervialfurche c_l, Antennalis a.

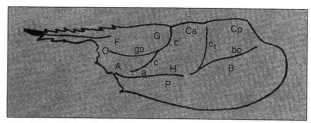

Abb. 35 Schema der Regionen und Furchen des Körpers einer Garnele (Decapoda). F Frontalregion; G Gastricalregion; Ca vorderer Teil der Cardiacalregion; Cp hinterer Teil der Cardiacalregion; O Orbitalregion; A Antennalregion; H Hepaticalregion; P Pterygostomialregion; B Branchialregion; c Sulcus cervicalis; c_1 Sulcus postcervicalis; bc Sulcus branchiocardialis; a Sulcus antennalis; go Sulcus gastroorbitalis. – Nach BOUVIER aus BRONNs Klassen und Ordnungen

Systematik: BEURLEN & GLAESSNER 1931 sahen sich unter Berücksichtigung der fossilen Formen veranlaßt, die alte Einteilung in → Macrura, → Brachyura und → Anomura, bzw. in Natantia (Schwimmformen) und Reptantia (Kriechformen) durch eine neue zu ersetzen, in welcher sie zwei Unterordnungen unterschieden: Trichelida B. & GL.: mit Scheren an drei Paar Pereiopoden; Heterochelida B. & GL.: 3. Pereiopoden-Paar ohne Scheren. GLAESSNER (1969) gliederte nach dem Bau der Kiemen in die U.-Ordnungen Dendrobranchiata und Pleocyemata. Vorkommen: Erste Decapoda sind aus dem O.Devon beschrieben.
2. (LEACH 1818), ,Dekabrachia', eine Zusammenfassung der rezenten zehnarmigen Tintenfische: → Sepiida NAEF (eigentliche Tintenfische, Sepien) und → Teuthida NAEF(Kalmare). Vgl. → Dibranchiata, → Coleoidea.
Deckknochen, = Hautknochen, → Allostose. Vgl. → Osteogenese.
decolliert (lat. decollare köpfen) heißen Gehäuse von Schnecken, die

sich mit fortschreitendem Wachstum aus den zuerst gebildeten Gehäuseteilen zurückziehen, diese abwerfen und die entstandene Öffnung durch sekundäre Kalklagen schließen. Entsprechend: Decollation.
decussat (lat. decussare kreuzweise abteilen), mit einer aus gekreuzten schrägstehenden Elementen bestehenden Skulptur versehen.
dedit, abgekürzt **ded.** (lat. = er hat gegeben, gewidmet), früher mit nachfolgendem Eigennamen als Herkunftsangabe von Sammlungsstücken, Sonderdrucken etc. gebraucht.
Dehiscens, *f* (lat. dehiscere aufklaffen) das Aufspringen kapselartiger Organe (Früchte, Sporen).
Dehiscensmarke (-furche), vorgezeichnete Spaltstelle von → Sporomorphae, als einfache oder Y-förmige Furche oder Inzisur am apicalen (proximalen) Pol entwickelt.
Deinotherioidea (OSBORN) (gr. θήρ, θηρός Tier), eine U.O. der → Proboscidea; sie enthält die einzige

Gattung *Deinotherium* KAUP 1829, mit hakenförmig nach unten gebogenen unteren ,Stoß'-Zähnen und einfachen Jochzähnen. Vorkommen: Miozän–Pleistozän in Eurasien und Afrika.
Dekabrachia, → Decapoda, 2.
Deltarium, *n* (HALL & CLARKE) nach dem gr. Δ = Delta), zusammenfassend für die beiden → Deltidialplatten. (Nach amerikanischem Gebrauch = Deltidium) (Abb. 36, S. 62).
Deltatheridia (VAN VALEN) (nach der Gattung *Deltatheridium*) (= Hyaenodonta), eine O. primitiver Säugetiere, deren obere Molaren durch die Ausbildung eines → Amphiconus charakterisiert sind. Dazu werden verschiedene Formen gerechnet, die früher als Insectivora bzw. Creodonta klassifiziert wurden: *Deltatheridium, Oxyaena, Hyaenodon.* Vorkommen: O.-Kreide–Miozän. *Deltatheridium* selbst, aus der mongolischen O.-Kreide, wurde von KIELANJA-WOROWSKA (1975) wegen seiner Zahnformel $\frac{?4 \cdot 1 \cdot 3 \cdot 3-4}{1-2 \cdot 1 \cdot 3 \cdot 3-4}$ eher den Metatheria zugeordnet. Vgl. → Creodonta.
Delthyrial-Lamellen, → Zahnstützen.
Delthyrial-Platte, bei einzelnen Spiriferiden und Meristelliden (→ articulate Brachiopoden; O. → Spiriferida) vorkommende Querplatte zwischen den Zahnstützen, auch als Syrinxplatte (,Schuhheber') bezeichnet. Eine Röhre auf

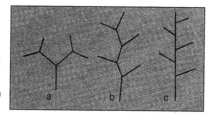

Abb. 34 Dichotome (a), sympodiale (b) und monopodiale (c) Verzweigung. – Nach MÄGDEFRAU (1956)

der Innenseite solcher Platten heißt Syrinx.

Delthyrium, *n* (HALL & CLARKE) (gr. θύριον Türchen), meist dreieckiger Einschnitt unter dem Schnabel der Stielklappe von → Brachiopoden zum Durchtritt des Stieles. Das D. kann durch kalkige Deltidialbildungen (→ Deltidium) teilweise oder ganz geschlossen werden. Ein entsprechender Einschnitt der → Armklappe heißt Notothyrium (Abb. 36, S. 62).

Deltidialplatten, (Brachiop.) zwei von den Rändern des → Delthyriums gegeneinander wachsende Kalkplatten, welche das Delthyrium einengen oder ganz verschließen. Bleiben sie getrennt, so liegt ein Deltidium discretum vor; umfassen sie den Stiel allseitig, ein D. amplectens; bilden sie nur die Basis, ein D. sectans; sind sie völlig verschmolzen, ein Syndeltarium.

Deltidium, *n* (v. BUCH 1835) (lat. -idium als Deminutiv), nach der ursprünglichen Bedeutung eine einheitliche Verschlußplatte des →

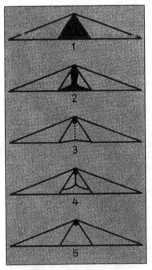

Abb. 36 Schematische Darstellung von Ausbildungen des Deltidiums. 1 Kein Deltidium; 2 Deltidialplatten (Deltarium, sog. D. discretum); 3 vereinigte Deltidialplatten (= Syndeltarium); 4 Henidium; 5 Xenidium

Delthyriums bei manchen articulaten Brachiopoden (→ Articulata). CLOUD (1942) schlug vor, den Terminus ganz allgemein für alle Platten oder Gruppen von Platten zu verwenden, welche das Delthyrium verschließen, ohne Rücksicht auf die Art der Entstehung. Damit wurde Deltidium zum Sammelbegriff für folgende Sondertermini: → Deltidialplatten (→ Deltarium), → Xenidium, → Henidium, → Symphytium, → Homoeodeltidium, → Listrium, → Pseudodeltidium, → Syndeltarium.

Deltoid(eum), *n* → Blastoidea.

Demökologie, *f* (SCHWERDTFEGER 1963) (gr. δῆμος Volk, Masse; οἶκος Haus), Populationsökologie, Lehre von den Bevölkerungen und ihrer Dynamik. Von manchen Autoren als Teil der → Synökologie angesehen.

Demospongea (SOLLAS 1875) (gr. σπόγγος Schwamm; ‚Gemeinschwämme'), eine Kl. der → Porifera. Kennzeichnend ist der Besitz von Skeletbildungen aus → Spongin und kieseligen Nadeln, dazu zählen auch skeletlose Schwämme hierher. Fossil bedeutsam sind unter ihnen nur die Ordnungen → Lithistida und → Hadromerida. Zu den D. müssen auch die bisher als → Sclerospongea bezeichneten Formen sowie, wenigstens teilweise, die → Chaetetida, → Thalamida und → Stromatoporida gerechnet werden. Vorkommen: Seit dem Kambrium. Vgl. → Porifera.

Dendriten, Dendrolithen, *m* (gr. δένδρον Baum; Endung -ites vgl. → Ammonit), Scheinfossilien: feine pflanzen-, vor allem moosähnliche dunkle Mineralabsätze (Mangan- und Eisenhydroxide und -oxide auf Kluft- und Schichtflächen vieler Gesteine, sogar von Eruptivgesteinen. Es sind rein anorganische Gebilde.

Dendrobranchiata (BATE 1888), eine U.O. der → Decapoda, mit dendrobranchen Kiemen. Vorkommen: Seit der Permotrias.

Dendrobranchien, *f* (gr. βράγχια Kiemen), → Decapoda.

Dendrochronologie (A. E. DOUGLAS 1909). Zeitbestimmung vermittels der Jahresringe (sub)fossiler Bäume; deren klima-

abhängige Ausbildung ermöglicht innerhalb kleinerer Gebiete die Aufstellung regelrechter (denen der Warven ähnlicher) Jahresringkalender.

dendrodont (gr. οδούς Zahn), ein Zahntypus gewisser → Crossopterygii *(Holoptychius)*. An der Stelle der → Pulpahöhle enthält er viele nach der Spitze konvergierende Kanäle, die erst in der Nähe der Spitze zu einer Höhlung zusammenlaufen. Radial strahlen fortsetzt sich verzweigende Röhrchen büschelartig aus, wodurch eine gewisse Ähnlichkeit mit der → labyrinthodonten Zahnstruktur entsteht.

Dendrogramm, *n* (gr. δένδρον Baum; γράμμα Schriftzeichen) ein baumartig verzweigt gezeichnetes Diagramm zur Darstellung von Verwandtschaftsbeziehungen. Wird hierbei auch das Ausmaß des evolutiven Wandels, die relative evolutionäre Divergenz, berücksichtigt, so liegt (KRAUS 1976) ein Phylogramm vor. Vgl. → evolutionäre Klassifikation.

dendroid, baumartig verzweigt, mit weit ausgebreiteten Ästen. Vgl. → fasciculat, → phaceloid.

Dendroida (NICHOLSON 1872), eine O. der Kl. → Graptolithina: meist sessile, baumartig verzweigte Kolonien mit drei verschiedenen Theken-Typen: Auto-, Bi- und Stolonotheken. Vorkommen: M.-Kambrium–Karbon. Hauptgattung: *Dictyonema* (recte: *Rhabdinopora* EICHWALD), eine der wenigen nicht sessilen Formen.

Dens epistrophei, Dens axis, *m* (lat. dens Zahn; gr. επιστροφεύς der Umdreher), der Zahnfortsatz des zweiten Halswirbels der Tetrapoden. Vgl. → Atlas.

Dens sectorius, D. lacerans, *m* (lat. sector Abschneider; lacerare zerfleischen), Reißzahn, Brechzahn. Vgl. → Brechschere.

Dentale, *n,* als Deckknochen entstandener zahntragender Knochen des Unterkiefers von Wirbeltieren. Bei Säugetieren ist er der einzige Knochen des Unterkiefers (einziges ± durchgehendes osteologisches Unterscheidungsmerkmal gegenüber den Reptilien. Vgl. → Reichertsche Theorie (Abb. 120, S. 251).

Dentes, Sing. **dens,** *m,* Zähne allgemein; 1. scharfe ‚Zähne‘ am Kaurande der Mandibeln von Insekten: a) Dentes canini: hakenförmig, nach innen gekrümmt, bei Jagdmandibeln; b) Dentes incissivi: distale Hälfte des Kaurandes; c) Dentes molares: basale Hälfte des Kaurandes. 2. (Wirbeltiere): Dentinzähne (→ Zähne); Dentes lacteales = → Milchzähne.

Dentin, *n* (lat. dens Zahn), Zahnbeingewebe, Elfenbein, Substantia eburnea, Orthodentin. Dentin bildet die Hauptmasse der → Zähne von Wirbeltieren. Es ist ein sehr hartes, elastisches, dem Knochen ähnliches Gewebe aus verkalkter Interfibrillarsubstanz, collagenen → Fibrillen und → Odontoblasten, welches sich vom Knochengewebe dadurch unterscheidet, daß die Odontoblasten nicht im D. selbst sitzen, sondern in der → Pulpahöhle, von wo aus sie lange, verzweigte, parallele Fortsätze (Canaliculi) in das D. entsenden. Besondere Arten von D. sind: → Trabeculodentin, → Vasodentin, → Vitrodentin (= Hyalodentin, Durodentin), → Porodentin, → Tecodentin.

Dentinzähne, Bez. für Wirbeltierzähne der Haut oder des Gebisses zur Unterscheidung von ‚Zähnen‘ anderer Tiere bzw. aus anderem Material (Horn, Chitin usw.). Sie sind Gebilde der Grenzregion von Ektoderm und Mesoderm, entstanden unter wesentlicher Beteiligung beider. → Zahnleiste.

Dentition, *f,* → Gebiß.

Dentone, Pl., *n* (GROSS 1961), sekundäre, in Hohlräumen oder Spongiosakammern entstandene lamellierte Röhren aus Dentin.

Derivatio nominis, *f* (lat . = Ableitung des Namens), ethymologische Ableitung neu aufgestellter Namen. Kein Name soll aufgestellt werden, ohne daß seine Herkunft erläutert wird. Vgl. → Nomenklatur.

Dermalknochen (gr. δέρμα Haut, Leder), Hautknochen; → Osteogenese.

Dermalskelet (gr. σκελετός Skelet, ursprünglich Adj.: das Ausgedörrte [Mumie]), Hautskelet, → Osteogenese.

Dermaptera (KIRBY 1815), Ohrwürmer; eine O. kleiner bis mittelgroßer, lichtscheuer pterygoter → Insekten. Vorkommen: Seit Jura.

Dermarticulare, *n* (lat. articulus Gelenk), ein mit dem Articulare zusammenhängender, hinter dem Dentale auf der Innenseite des Unterkiefers gelegener Deckknochen niederer Wirbeltiere (nach VERSLUYS = → Goniale).

Dermatocranium, *n* (gr. κρανίον Schädel), ein Mosaik aus → Hautknochen, welches das → Primordialcranium der Fische einhüllt. Allgemein lassen sich zwei Gruppen von Knochen des D. unterscheiden (nach HOLMGREN-STENSIÖ 1936): 1. Knochen im Verlaufe der Schleimkanäle: a) am Infraorbitalkanal mit Kopfabschnitt der → Seitenlinie (hier entstehen Rostrale, Antorbitale, Lacrymale, Infraorbitalia, Postorbitalia, Dermosphenoticum, Supratemporo-Infratemporale, Extrascapulare, Suprascapulare). b) am Supraorbitalkanal (mit Postrostrale, Nasale, Frontale, Parietale). c) am Präoperculo-Mandibularkanal (mit Präoperculum, Angulare, Dentale-Spleniale, Surangulare, Gulare). 2. Knochen ohne Beziehungen zu Schleimkanälen: außen am Schädel Dermectethmoid, Operculare, Surangulare, Radii branchiostegi und Gulare; in der Mundhöhle und an den Kieferrändern: Prämaxillare, Maxillare, Supramaxillare, Coronoideo-Präarticularia, Vomer, Dermopalatina, Ektopterygoid, Parasphenoid. Durch Verschmelzung oder Wegfall vermindert sich phylogenetisch die Zahl der Hautknochen, weiter verändern sie sich dadurch, daß sie tiefer in die Haut einsinken, mit dem Primordialcranium in Verbindung treten und dadurch zu gemischten Knochen werden, z. T. werden sie sogar zu reinen → Ersatzknochen.

Dermo- (VAN WITHE 1882), eine Vorsilbe, die bei Mischknochen den Hautknochenanteil bezeichnet. Vgl. → Auto-.

Dermoptera (ILLIGER 1811) (gr. πτερόν Feder, Flügel), Riesengleiter, eine formenarme O. der Säugetiere, deren heutiger Vertreter

Cynocephalus BODAERT 1768 (= *Galeopithecus)* in Südostasien ist. Das Tier besitzt eine den ganzen Körper umhüllende Flughaut (Patagium) und eigenartig spezialisierte Zähne. Fossil sind mehrere Gattungen aus dem O.Paläozän–M.Eozän Nordamerikas (u. a. Ellesmere Island) beschrieben.

Dermosphenoticum, *n,* → Sphenoticum.

Dermosupraoccipitale, Dermoccipitale, *n* (lat. supra oberhalb; occipitalis zum Hinterhaupt gehörig), Syn. von → Postparietale.

Dermotrichia, *n* (gr. θρίξ, τριχός Haar, Borste), zusammenfassende Bez. für die aus der Epidermis entstandenen → Flossenstrahlen: Actinotrichia, Lepidotrichia, Ceratotrichia, Camptotrichia.

Desma, *n,* = → Desmon.

desmale, desmogene Verknöcherung (gr. δεσμός Band, Fessel), Hautverknöcherung. Vgl. → Osteogenese.

desmodont (gr. οδούς Zahn), Schloß (bei Muscheln).

Desmodonta (NEUMAYR 1883, latinisiert durch FISCHER 1886), eine (vermutlich heterogene) Gruppe der → Lamellibranchia; sie umfaßt meist vergraben lebende, → sinupalliate Muscheln mit desmodontem Schloßbau (→ Schloß). Das Ligament sitzt häufig auf einem besonderen löffelartigen Vorsprung (Chondrophor) der einen Klappe. Vorkommen: Seit dem Ordovizium. → Pholadomyoida. Nicht mehr gebräuchlich.

desmogene Knochen, → Osteogenese.

Desmon, *n* (RAUFF) (= Desma SOLLAS) (gr. δέσμα Band; δεσμώνα das Gebundene), durch Anlagerung von Kieselsäure verdickte Skeletnadel der → Lithistida. D. haben unregelmäßige Form und Nebenzweige mit wurzelartig zerlappten Enden (= Klone), mittels derer sie sich mit ihren Nachbarn ohne Verwachsung fest zusammenfügen können. Klone, die die Verbindung mit Nachbardesmonen herstellen, bilden das Zygom. Diese Art der Verbindung heißt Zygose. Man unterscheidet: → Tetraclon, → Didymoclon, → Rhabdoclon, → Rhizoclon, → Megaclon, → Heloclon,

→ Sphaeroclon. Vgl. → Crepidom, → Porifera (Abb. 91, S. 186).

Desmostylia (REINHARDT 1953) (nach der Gattung *Desmostylus*), eine formenarme O. primitiver Säugetiere, welche amphibisch lebende Küstenbewohner des Nordpazifiks umfaßt. Kennzeichnend sind ihre Backenzähne aus zahlreichen konischen bis zylindrischen Höckern. Beziehungen zu den → Tethytheria sind ungewiß. Die Tiere erreichten Flußpferdgröße. Vorkommen: Oligozän–Miozän.

Deszendenten (lat. descendere absteigen), Verwandte in absteigender Reihe (Nachkommen). → Aszendenten.

Deszendenztheorie, → Abstammungslehre.

Detritus, *m* (lat. deterere zerreiben), zerfallende Organismen, Zerreibsel tierischer und pflanzlicher Gewebe (oft vermengt mit feinem anorganischem Material).

Deuterencephalon, *n,* → Archencephalon.

Deuteroconch, *m* (gr. δεύτερος zweiter; κόγχη Muschel), (Foram.), die zweite Kammer des → Nucleoconchs von → orbitoiden Großforaminiferen.

Deuteroconus, *m,* **Deuteroconid,** *n* (W. B. SCOTT) (gr κῶνος Kegel), → Trituberkulartheorie.

Deuteromer, *n* (gr. μέρος Teil, Reihe), → Dimertheorie.

Deuteroporen (HOFKER 1950) (Foram.), → Protoporen.

Deuterostomia, Coelomata Deuterostomia (gr. στόμα Mund), Metazoen, in deren Ontogenese der larvale Mund zum After wird oder sich ganz schließt, während der definitive Mund neu entsteht. Das Nervensystem liegt dorsal, Skeletelemente entstehen meist im Körperinneren. Zu ihnen gehören die → Echinodermen, → Branchiotremata und → Chordata. Vgl. → Protostomia.

Deviation, *f* (A. N. SEWERTZOFF 1931, V. FRANZ 1924) (lat. deviare abweichen), Abänderung des Entwicklungsablaufs von Organismen auf frühontogenetische (= frühontogenetische D.) oder mittleren (= intermediäre D.) Stadien der Ontogenese (= Coenogenese). Bei Einzellern soll man nach POKORNY

(1958) von Pseudodeviation sprechen. Vgl. → Archallaxis, → Anabolie.

devolut (lat. devolvere herabrollen), spiralige Einrollung, bei der die Umgänge einander nicht berühren. Vgl. → Einrollung.

Dexiothetica (JEFFERIES 1979), die als Oberstamm zusammengefaßten Echinodermata und Chordata.

diachron (gr. Vorsilbe δία- zwischen, auseinander; χρόνος Zeit), von verschiedenem geologischem Alter. Vgl. → isochron.

diactin (gr. δύο zwei, beide; ακτίς Strahl), → Monaxon.

Diadematacea (DUNCAN 1889) eine Ü.O. der Echinoidea, etwa entsprechend den → Aulodonta. Vorkommen: Seit der Trias.

Diadectidae, eine Gruppe primitiver pflanzenfressender Tetrapoden, meist 1–3 m lang, mit Ohrkerbe am Hinterrand des Schädels. Möglicherweise waren es noch Amphibien. Die Abgrenzung ist wechselnd, Hauptvertreter ist die Gattung *Diadectes* im U.Perm.

diademoid (nach der Gattung *Diadema),* (Echinod.): → Ambulakralplatten.

Diaen, *n* (SOLLAS), durch Abbau eines oder zweier Cladisken aus dem → Triaen bzw. Tetraen hervorgegangene Schwammnadel mit zwei gleichen und einem davon abweichenden Zweig.

Diagenese, *f* (gr. διά durch, hindurch, γένεσις Entstehen) (K. W. v. GÜMBEL 1868), Umbildung lockerer Sedimente in feste Gesteine nach der Ablagerung durch die Wirkung von Druck, Temperatur und chemischen Einflüssen. Sie bewirken Zusammenpressung (Kompaktion), Auspressung von Wasser und damit Auslaugung, Umkristallisation, Abscheidung von Bindemitteln, Entstehung von Konkretionen, Fossilisation, auch Inkohlung und Bildung von Erdöl.

Diapause, *f* (gr. διαπαύεσθαι pausieren), Zustand latenten Lebens unter Einstellung aller äußeren Lebensäußerungen (Puppenruhe, Wintereier usw.).

diaphane Region (gr. διαφανής hell, klar), nannte Joh. WALTHER alle Lebensräume, welche vom Sonnenlicht erreicht werden: das

Festland und die Oberschicht der Hydrosphäre bis in 200–400 m Tiefe. Gegensatz: die lichtlose, aphotische Region: die Tiefsee, das Polargebiet während der halbjährigen Polarnacht und alle Hohlräume in der Erdrinde. Vgl. → euphotische Region.

Diaphanothek, *f* (gr. θήκη Behälter), eine Schicht der Gehäusewand bei → Fusulinen (Abb. 53, S. 92).

Diaphragma, *n* (gr. διάφραγμα Scheidewand), Scheidewand. (→ Bryozoen, bes. bei → Trepostomata): quer durch die Zooidröhre sich erstreckende Kalklamelle. (→ Equisetales): Querwand im Markhohlraum.

diaphragmatophor (WEDEKIND) (gr. φορεῖν tragen), → Interseptalapparat.

Diaphyse, *f* (gr. διαφύειν durchwachsen) (Tetrapoden): Schaft; der mittlere, zuerst verknöcherte, meist von Mark erfüllte Teil der Röhrenknochen, besonders von Säugetieren. Vgl. → Knochen, Epiphyse (Abb. 66, S. 123).

Diapophyse, *f* (gr. δύο zwei; απόφυσις Auswuchs), seitlicher Fortsatz des Neuralbogens zur Gelenkung mit dem Tuberculum der zweiköpfigen Tetrapoden-Rippe. → Wirbel.

Diaporus, m (gr. διά durch, hindurch; πόδος Durchgang), (Sporomorphae) → Porus.

diapsid (gr. δύο zwei; αψίς Verknüpfung, Wölbung), → Schläfenöffnungen (Abb. 103, S. 213).

Diapsida (OSBORN 1903), Reptilien mit zwei Schläfenöffnungen (= → Sauromorpha, bzw. → Archosauria + → Lepidosauria).

diarch (NAEGELI 1858) (gr. αρχή Anfang, Herrschaft), (Pteridoph.): → triarch.

Diarthrose, *f* (gr. διάρθρωσις das Zerlegen in Glieder): → Gelenke.

Diasoma (RUNNEGAR & POJETA 1976) ('through-body', gr. σώμα Körper), ein U.Stamm der Mollusken, umfassend die (zweiklappigen) → Rostroconchia, → Lamellibranchia, → Scaphopoda, hergeleitet von → Monoplacophora. Vgl. → Cyrtosoma.

Diaspid (gr. ασπίς *f,* Schild) (Porif.), Mikrosklere mit kleinem Schild an beiden Enden.

Diastem(a), n (gr. διάστημα Zwischenraum), (Zahnreihen): Zahnlücke, durch Auseinanderrücken oder Fehlen von Zähnen bedingt.

Diatomeen, f (gr. διατέμνειν zerschneiden), ‚Kieselalgen‘ (Diatomeae; Bacillariophyceae, Stamm Chrysophyta), einzellige Algen ohne Flagella (Geißeln), meist 20–200 μm groß, mit einem Gehäuse (Frustula) aus → Pektin, dem außen ein Panzer aus Kieselsäure aufgelagert ist. Das Gehäuse besteht aus zwei Klappen, von denen die eine (die Epitheca) als der Deckel einer Schachtel über die andere (die Hypotheca) übergreift. Bei der Vermehrung durch Teilung bekommt die Tochterzelle eine der beiden Klappen mit, die andere, randlich unter die schon vorhandene greifende, wird neugebildet. Infolgedessen werden die Gehäuse bei fortgesetzten Teilungen allmählich kleiner, bis sie beim Unterschreiten einer äußersten Grenze absterben. Sog. Auxo- oder Wachstumssporen von mehrfacher Normalgröße stellen von Zeit zu Zeit (nach vorhergehender Kopulation) die normalen Größenverhältnisse wieder her. Zwei U.Kl: 1. Centricae, planktisch, Gehäuse zentrisch gebaut, Schalenstruktur strahlig, ohne → Rhaphe, unbeweglich. 2. Pennatae, überwiegend benthisch, Gehäuse langgestreckt, Schalenstruktur fiedrig, ohne oder mit → Raphe, letztere mit Eigenbeweglichkeit auf abgesondertem Schleim. Vorkommen: Seit dem Jura, in jüngeren Schichten teilweise gesteinsbildend: → Kieselgur, Tripel. Lebensraum: Meer-, Brack- und Süßwasser.

Diatomeenschlamm, an Diatomeenresten reiche rezente Meeresablagerung in 1000–4000 m Tiefe in kühleren Regionen, nimmt etwa 8% des heutigen Meeresbodens ein.

Diaxon (gr. άχων, ονος [Wagen-] Achse), (Schwamm-) Nadel mit 2 Achsen (oft zu Unrecht als Synonym von Diactin [→ Monaxon] gebraucht).

Dibranchiata (OWEN 1832) (gr. δίς doppelt; βράγχια Kiemen), ‚Tintenfische‘; zusammenfassend für rezente Cephalopoden mit zwei Kiemen. Radula mit 7–9 Zähnen je Querreihe. Sehr hoch entwickeltes

Nervensystem. Dazu gehören die O.: → Sepiida, Tintenfische i. e. S.; → Teuthida, Kalmare; Vampyromorpha; → Octopoda (Octobrachia, Kraken). Vorkommen: Seit Devon. Der Begriff D. wird oft auf die nur fossil bekannten Ordnungen der → Coleoidea erweitert, doch ist deren Kiemenzahl nicht sicher bekannt.

dibunophylloid (HILL 1935) (nach der Gattung *Dibunophyllum*), Axialstruktur gewisser → Rugosa, ähnlich der → clisiophylloiden, aber mit verdickter Medianplatte in der Ebene des Haupt- und Gegenseptums, mit wenigen → Bacula und zahlreichen → Tabulae oder Tabellae. Nach SCHOUPPÉ & STACUL als septobasale Columella anzusprechen (→ Axialstrukturen). Vgl. → aulophylloid.

Dichasium (gr. δίχα auseinander), falsche Gabelung, entstanden durch das Austreiben von einander gegenüberstehenden Knospen, wobei die Scheitelzelle der Primärachse ihr Wachstum einstellt. Echte Gabelung heißt Dichotomie.

Dicho... (gr. δίχα in zwei Teile geteilt) Vorsilbe für Schwammnadeln mit gegabelten Enden, z. B. Dichotriaen.

dichocephal (gr. κεφαλή Kopf), (→ Rippen), zweiköpfig.

Dichoporen, f (JAEKEL), → Cystoidea.

Dichoporita (JAEKEL 1899), Syn. von → Rhombifera.

dichostichal (gr. στίχος Reihe), zweizeilig.

dichotom (gr. τέμνειν schneiden), gabelig verzweigt (Abb. 34, S. 61). Vgl → Armteilung.

Dichotriaen, n, → Triaen mit geteilten → Cladisken (Abb. 91, S. 186).

dicolpat, dicolporat (gr. δύο zwei; κόλπος busenartige Vertiefung; κολπούν schwellen, sich krümmen), → Pollen oder → Sporen mit zwei Colpen (dicolpat) bzw. dazu einer Pore in jedem Colpus (dicolporat).

Di(e)costalia, Pl., n (JAEKEL), (Crinoid.): → Costalia.

Dicranoclon (SCHRAMMEN) (gr. δίκρανος zweispitzig; κλών Zweig), → Desmon mit verdickten zweispitzigen Enden, ähnlich dem

Ennomoclon. Vgl. Tetraclon (Abb. 91, S. 186).

Dictyida (ZITTEL 1877) (= Dictyonina ZITTEL) (gr. δίκτυον Netz), eine O. der → Hyalospongea (Glas- oder Kieselschwämme), deren Skelet aus regelmäßig angeordneten, zu einem festen Gitterwerk verschmolzenen Triaxonen (= Dictyonalia) besteht. Vorkommen: seit dem M.Ordovizium, Maximum im Mesozoikum und heute. Obs.

Dictyonalia Sing. -le, n (F. E. SCHULZE), → Dictyida.

Dictyoxylon-Struktur, Netzholz-Skulptur, (gr. ξύλον Holz). netzartige Struktur mancher → Pteridospermen-Stämme und -Wedel, herrührend von vertikal verlaufenden, einander streckenweise berührenden, in Grundparenchym eingebetteten Bändern bastartiger Gewebe (Stereome), ergibt als Abdruck die lepidendroide D.-Skulptur. → *Lyginodendron*.

Dictyozamites, eine Sammelgattung von Cycadophyta-Blättern; wohl zu Bennettiteen. Vorkommen: O.Trias–Kreide. Vgl. → Cycadopsida.

Didelphia (DE BLAINVILLE 1816) (gr. δύο zwei; δελφύς Gebärmutter), zusammenfassend für Uterus und Vagina der Säugetiere, Beuteltiere; bei ihnen sind Uterus und Vagina paarig vorhanden. → Marsupialia.

Diductores, m (lat. diducere auseinanderziehen; (Brachiop.): Öffnermuskeln; bei artikulaten Brachiopoden setzen sie unmittelbar vor der Schloßregion der Armklappe und in der Stielklappe weiter vorn neben den Schließmuskeln an. Ihre Kontraktion bewirkt Öffnung der Klappen. Syn.: Divaricatores. (Abb. 20, S. 35).

Didymmorina (RAUFF 1893) (gr. δίδυμος zweifach; μόριον Stück, Teil), = → Anomocladina (→ Porifera).

Didymoclon, m (RAUFF 1893) (gr. κλών Zweig), → Desmon mit einem kurzen (Haupt-) Stäbchen (Epirhabd) mit verdickten Enden, aus denen 3–4 einfache oder gegabelte Arme hervorgehen.

Diencephalon, n (gr. διά zwischen; ἐγκέφαλος Gehirn), Zwischenhirn; sein ventraler Teil, der Hypothalamus, bildet ein Zentrum für vege-

tative Funktionen. → Prosencephalon.

Differenzierungstheorie (lat. dif-
ferre auseinandertragen) der Säu-
getier-Zahnentstehung: die Ansicht,
daß die mehrhöckerigen Backenzähne der Säugetiere durch Ausgestaltung jeweils eines einzigen
Reptilzahnes entstanden sind. Vgl.
→ Trituberkulartheorie. Gegensatz:
→ Konkreszenztheorie.

Digitation, *f* (lat. digitus Finger),
fingerartiger Vorsprung der Außenlippe mancher Gastropoden (wie
z. B. *Aporrhais).*

digitigrad (lat. gradi schreiten),
nennt man Tiere, die hauptsächlich
mit den Fingern (Digiti) bzw. Zehen
auftreten.

Digitus, *m* (lat.), Finger bzw. Zehe,
vgl. → Carpus.

Dikotylodonae, → Magnoliatae.

dikranidisch (gr. δίκρανος
zweispitzig), zweispitzig (z. B. der
Lobengrund bei vielen →Ceratiten-
Lobenlinien).

dilambdodont (nach dem großen
gr. Λ Lambda; οδούς Zahn),
Zahntyp mancher primitiver Mammalia (Insectivora), bei dem die
beiden Außenhöcker der oberen
Molaren zusammen eine W-förmige
Abkauungsfigur ergeben. Vgl. →
zalambdodont. (Abb. 128, S. 261).

Dimertheorie (BOLK) (gr. δύο zwei
μέρος Teil, Reihe), Matrix-, Kon-
zentrationstheorie: Eine auf em-
bryologischen Befunden basieren-
de Theorie über die Entstehung der
Säugetier-Backenzähne aus Reptilzähnen. Nach BOLKS Ansicht ist der
primäre (protodonte) Reptilzahn
triconodont (dreispitzig) gewesen.
Der einzelne Säugerzahn ist das
Produkt einer ganzen, aus zwei
Zahngenerationen bestehenden →
Zahnfamilie. Es entsteht dabei ein
aus einer labialen (dem Protomer)
und einer lingualen Hälfte (dem
Deuteromer) bestehender sechs-
höckeriger Zahn. Die aus dem →
Exostichos (der labial gelegenen
Zahnserie des Reptilkiefers) hervorgegangenen Säugerzähne bilden
die erste Generation (Milchgebiß),
die aus dem Endostichos hervorgegangenen die zweite Generation
(das bleibende Gebiß). Da damit
die gesamten Zahnanlagen ver-
braucht sind, kann es nach BOLKS

Ansicht keine → prälakteale bzw.
postpermanente Säugerzahnreihen
geben. Das Säugergebiß ist damit
‚choristich', der Zahnwechsel
‚stichobol'. Vgl. dagegen → Trituberkulartheorie.

Dimorphismus, *m* (gr. δίς zweifach; μορφή Gestalt), das Vorkommen zweier (oder mehrerer:
Polymorphismus) verschieden gestalteter Formen innerhalb einer Art.
Dazu lassen sich z. B. rechnen:
Sexual-D. (Geschlechts-D.); Di-
bzw. Polymorphismus infolge Ar-
beitsteilung bei koloniebildenden
Tieren; Generations-D. (Heterogonie).

Dimyaria (LAMARCK 1807) (gr. μῦς,
μυός Muskel), (Lamellibr.): = →
Homomyaria. Vgl. → Schließmuskeleindrücke.

Dinocerata (MARSH 1873) (gr.
δεινός furchtbar, erstaunlich;
κέρας, ατος Horn), eine O. primitiver, schwer gebauter, kurzbeiniger
Säugetiere, deren bekanntester
Vertreter *Uintatherium* Nashorn-
größe erreichte. Kennzeichnend für
die D. ist der Besitz mächtiger, paariger Knochenprotuberanzen auf
den Nasalia, Maxillaria und Parietalia sowie von gewaltigen Eckzähnen im Oberkiefer der Männchen. Die D. waren nur in Nordamerika und Asien verbreitet; VAN
VALEN (1978) leitete sie von
arctocyoniden Condylarthren her.
Vorkommen: Paläozän–Eozän.

Dinoflagellaten (gr. δίνη Wirbel,
Strudel; lat. flagellum Geißel),
überwiegend marine, planktische
Flagellaten (Stamm Pyrrhophyta,
Rotalgen), meist mit zwei Geißeln,
5–2000 µm groß. Sie kommen in
beweglichem planktischen Zustand
vor oder als unbewegliche Cysten,
fossil sind nur die Cysten (=
Dinocysten) bekannt. Die Wandung der Cysten (Phragma) ist
zweischichtig, sie besteht aus dem
äußeren Periphragma und dem inneren Endophragma, enthält Zellulose und ist chemisch sehr widerstandsfähig; ihre Oberfläche ist glatt
oder in mannigfacher Weise skulpiert. Vielfach sind Pylome vorhanden, die als Schlüpflöcher gedeutet werden.
Wegen ihrer primitiven Organisation hält man die Rotalgen für

geologisch sehr alt, doch sind die
ersten D. erst aus dem Silur beschrieben, und erst von der Trias an
können sie als häufig gelten und
sind als Leitfossilien wertvoll. Die
D. bilden einen Teil der als → Hystrichosphären (sog. Stacheleier)
bekannten Nannofossilien. Zu ihnen
gehören auch die →Zooxanthellen.
Als D. faßt man Angehörige der
Klassen Desmophyceae und Dinophyceae zusammen, letztere mit der
fossil bedeutsamen O. Peridiniales.

Dinosaurier (R. OWEN 1841) (gr.
δεινός furchtbar, erstaunlich;
σαύρα und σαῦρος Eidechse), allgemeine Bez. für die großen, z. T.
riesigen diapsiden (→ Schläfenöffnungen) Reptilien des Mesozikums.
Sie bilden zwei deutlich verschiedene Gruppen nicht nur großer
Tiere, welche man nach dem Bau
ihrer Becken → Saurischia und →
Ornithischia nennt; beide stammen
von frühen → Thecodontia der Trias
ab. Primär waren sie überwiegend
biped und carnivor, sie sind teilweise
sekundär wieder zur vierbeinigen
Fortbewegung übergegangen, und
manche wurden zu Pflanzenfres-
sern. Wahrscheinlich waren die D.
nicht so träge und schwer beweglich
wie vielfach angenommen wurde,
vielmehr könnten manche von ihnen, bes. die → Theropoda, bis zu
einem gewissen Grade warmblütig
gewesen sein.
Das Aussterben der D. um die
Wende Kreide/Tertiär erfolgte im
Rahmen eines allmählichen Faunen-
und Florenumschwungs im Laufe
mehrerer Jahrmillionen. Auch wird
es mit einer erdweiten Katastrophe
als Folge eines Asteroideneinschlags
in Verbindung gebracht; ein
Iridium-Event. (Abb. 37, S. 67).

Dioonites (GÖPPERT) (nach der
Cycadee *Dioon edule),* eine Sammelgattung von Blättern cycadee-
enartiger Gymnospermen. Vgl. →
Cycadophytina.

Diotocardia (MÖRCH 1865), →
Archaeogastropoda.

diphycerk, diphyzerk (SCHMAL-
HAUSEN) (gr. διφυής doppelt;
κέρκος Schwanz), → Schwanzflosse.

diphyodont (gr. δύο zwei, φύειν
hervorbringen; οδούς; όντος
Zahn), → Gebiß.

Abb. 37 Stammbaum der Dinosaurier. (Der schraffierte Teil der beiden Becken ist das Pubis). – Nach E. H. COLBERT aus E. KUHN-SCHNYDER

diplarthral (gr. διπλόος doppelt; αρθρούν gliedern, artikulieren), die ursprüngliche Anordnung der Carpal- und Tarsalknochen der Tetrapoden, bei der diejenigen der proximalen Reihe mit denen der distalen Reihe alternieren. Sie wandelt sich bei starker Beanspruchung (unguli- oder digitigrade Formen) manchmal in die seriale Ordnung um, mit gleicher Lage der übereinanderliegenden Elemente.

Dipleurozoa (HARRINGTON & MOORE 1955), eine Kl. der → Cnidaria mit der einzigen (medusenähnlichen) Gattung *Dickinsonia* aus dem Präkambrium von Südaustralien. Obsolet. Die Form wird hier mit WADE (1972) eher als aberranter polychaeter Wurm angesehen. Sie dominiert in der Fauna von → Ediacara.

Dipleurula, *f* (HAECKEL) (gr. δίς zwei; πλευρά Seite), die (bilateralsymmetrische) Grundform der → Echinodermen-Larven. Abwandlungen: Auricularia (viele Holothurien), Bipinnaria (typisch für Seesterne), Ophiopluteus (bei den meisten Ophiuren), Echinopluteus (bei Echiniden). Doliolaria ist die Tönnchenlarve der Crinoiden.

Diplobathrida (MOORE & LAUDON 1943) (gr. βάθρον Stufe, Schwelle) (Echin., Crin.), eine O. der → Camerata, mit dizyklischer → Kelchbasis. Vorkommen: Ordovizium–U.Karbon.

Diplocraterion, *n* (TORELL 1870), U-förmiger Spreitenbau, senkrecht zur Schichtebene angelegt, der Scheitel der Spreite wird sukzessive tiefer gelegt. Vorkommen: U.Kambrium, weltweit.

Diploe, *f* (gr. διπλόη der Doppelteil), die spongiöse Zwischenschicht zwischen den kompakten Außen- und Innenschichten der Schädelknochen von Wirbeltieren. In den Stirnknochen kann sie sich zu großen Stirnhöhlen (→ Sinus) ausweiten, die mit der Nasenhöhle in Verbindung stehen. Die D. entspricht der Substantia spongiosa (→ Knochen) anderer Knochen.

Diplopoda (GERVAIS 1844) (gr. διπλόος paarweise, πούς, ποδός Fuß), eine Kl. der → Myriapoda. Vorkommen: O.Silur.

Diploporen (Echin.): Doppelporen von → Cystoidea. (Botan.): Alter Name für → Dasycladaceen.

Diploporita (Joh. MÜLLER 1854), eine O. der → Cystoidea (nach UBAGHS 1978 eine eigene Kl. der → Crinozoa) mit Doppelporen. Vorkommen: Ordovizium–M.-Devon.

Diplospondylie, f (gr. σφόνδυλος Wirbel), das Vorhandensein zweier Wirbelkörper in jedem Körpersegment. Vgl. → holospondyles Stadium.

Diplostraca (GERSTAECKER 1866), eine Ü.O. der Branchiopoda, meist mit zweiklappigem Carapax, der Körper und Anhänge umhüllt. Vorkommen: Seit dem U.Devon. Dazu die O. → Conchostraca und die seit dem Oligozän bekannte O. Cladocera (Wasserflöhe).

diplotmematisch (gr. τμήμα Schnitt, Abschnitt), nennt man den durch doppelte Gabelung gekennzeichneten Wedelbau mancher → Pteridophyllen, z. B. der Mariopteriden.

Diploxylie *f* (gr. ξύλον Holz), (Medullosa, Cycadeen) Ausbildung von zentripetalem → Hydrom ne-

ben dem normalen zentrifugalen in den → Leitbündeln der Blattstiele.

Dipnoi (Joh. MÜLLER 1844) (gr. δύο zwei; πνοή = πνεύμα Atem), (= Dipneusta) Lungen- oder Lurchfische (da mit Kiemen und Lungen ausgestattet) eine O. der → Sarcopterygii; mit → Autostylie des Schädels, paarigen Flossen vom Typ des → Archipterygiums und einer ventralen, als Lunge funktionierenden Ausstülpung des Vorderdarmes. Die Bezahnung bestand bereits frühzeitig nur aus den charakteristischen Zahnplatten mit erhabenen Kämmen, welche die häufigsten Fossilreste von Lungenfischen darstellen (,Ceratodus'). Die Anordnung der Deckknochen am Schädel ist wesentlich verschieden von der bei den → Crossopterygiern; ein Parietalforamen fehlt fast immer.

Die D. waren im Devon weitverbreitet und zahlreich; heute leben nur noch drei Gattungen mit weitgehend knorpeligem Skelet: der afrikanische Molchfisch (*Protopterus),* der südamerikanische Schuppenmolch (*Lepidosiren)* und der australische Lungenfisch (*Epiceratodus).* Die devonischen D. waren marin. Manche Autoren sehen in den mit denen der Crossopterygier übereinstimmenden Merkmalen lediglich konvergente Bildungen, welche nicht auf nähere Verwandtschaft hindeuten und fassen die Crossopterygier mit den → Actinopterygii als Teleostomi zusammen. Vorkommen: Seit dem U.Devon. Vgl. → Sarcopterygii (Abb. 50, S. 87).

diporat (gr. πόρος Durchgang), → Sporomorphae mit zwei Poren.

diprionidisch (BARRANDE) (gr. πρίων Säge), zweizeilig, biserial (Graptolithen).

Diprotodontie, *f* (MATTHEW) (gr. πρῶτος erster; οδούς Zahn), bei Säugetieren, bes. bei Marsupialia: die Tendenz zur Beibehaltung und Vergrößerung des inneren Schneidezahnpaares, vor allem des unteren (I₁). Ihr geht die Rückbildung der anderen Inzisiven, der Caninen und der Prämolaren parallel, ferner Umbildung der Molaren zum Mahlen und Quetschen. Vgl. → polyprotodont.

Diptera ((LINNÉ 1758) (gr. = Zweiflügler), Insekten, deren zweites Flügelpaar zu Schwingkölbchen (Halteren) reduziert ist. Dazu die Mücken und Fliegen. Vorkommen: Seit dem Perm.

dischizotom (gr. σχίζειν spalten; τόμος das abgeschnittene Stück), (Ammon.): Art der Spaltung von Flankenrippen mit zwei Spaltungspunkten. Vgl. → mono-, → polyschizotom.

discoid, diskoid, discoform (gr. δίσκος Wurfscheibe), scheibenförmig, mit flacher Basis.

disjunkte geographische Verbreitung nennt man das Vorkommen eng verwandter Tiergruppen in voneinander getrennten Arealen (z. B. Tapire in Südamerika und Südostasien). Sie wird durch früher weitere bis weltweite Verbreitung und anschließende Isolierung erklärt.

diskoidale Einrollung, → Trilobiten.

diskophor (KOZLOWSKI 1971) (gr. φορεῖν tragen), (Graptol.): → Sicula.

Diskotriaen, *n* (Porifera), → Triaen mit zu Scheiben abgeplatteten → Cladisken. Syn. Symphyllotriaen.

Disparida (MOORE & LAUDON 1943) (lat. dispar ungleich), (Crinoid.), eine O. der → Inadunata. Vorkommen: Ordovizium–Perm.

dissepimentale Stereozone (ALLOITEAU 1957) (lat. dissaepire trennen, abzäunen; gr. στερεός hart, starr; ζώνη Gürtel), bei → Scleractinia: Aus dicht gestellten → Dissepimenten zusammengesetzte → Theca-Bildung, nach SCHOUPPÉ & STACUL der → Innenwand zuzuordnen. Vgl. → Stereozone, → Paratheca.

Dissepimentarium, *n* (LANG & SMITH 1935) (lat. Endsilbe -arium: Behälter zur Aufbewahrung und sein Inhalt), bei → Rugosa: die randliche, von Dissepimenten eingenommene Zone eines Coralliten. Die → Wandblasen gehören nicht zum D. (entgegen der Original-Definition) (Abb. 99, S. 207).

Dissepimente, *n,* 1. (Graptolithen und Bryozoen): Verbindungsstege zwischen benachbarten Zweigen → dendroider Kolonien. 2. (→

Madreporaria [EDWARDS & HAIME 1850]): Querblätter, Traversen, Dissepimentblasen; plattenförmige, gebogene und daher blasenförmige Räume begrenzende Skeletelemente, die nur bestimmte Gattungen, vorwiegend der → Rugosa, charakterisieren und im allgemeinen auf den peripheren Anteil der Interseptalräume beschränkt sind. Der von ihnen eingenommene Raum wird als → Dissepimentarium bezeichnet und schließt peripher an das → Tabularium an. Die D. gehen entweder aus der Fußscheibe allein oder aus Anteilen der Fußscheibe und des → Palliums hervor. Sie sind Elemente des → Basalapparates und postseptaler Entstehung. Ihre Anwachsrichtung entspricht jener der Septen (→ Septum). Dementsprechend sind sie entweder senkrecht nach oben angeordnet oder lagern sich schräg von außen-unten nach innen-oben aneinander an. Vgl. → Periseptalblasen, → Wandblasen (Abb. 99, S. 207).

Dissoconch, *m* (R. T. JACKSON 1890) (gr. δισσώς zum zweiten Male; κόγχη Muschel), das postlarvale Gehäuse der Muscheln, soweit es nach dem → Prodissoconch-Stadium gebildet wird.

distacodid (nach der Gattung *Distacodus*), einfach hochkonischer → Conodonten-Typ.

distad (lat distare getrennt stehen) vom Körpermittelpunkt weg gerichtet. Vgl. → Lagebeziehungen.

distal, vom Körpermittelpunkt oder von der Anfangskammer entfernt gelegen; manchmal auch mißverständlich als „... von der Mittellinie oder Mittelebene entfernt" gebraucht. Gegensatz: → proximal.

distich(al) (gr. δύο zwei; στίχος Reihe), ist das Gebiß der Reptilien, welches zwei alternierende Reihen zahnbildender Matrices besitzt: Endo- und → Exostichos. (Crinoid.): Formen mit zweizeiligen Armen (Subst. Distichie).

Distichale, *n* (Crinoid.) von CARPENTER und JAEKEL benutzte Bez. für Sekundibrachiale. Vgl. → Primibrachialia, → Radiale.

Dithecoida, eine O. der Graptolithen, mit biserial angeordneten Autotheken. Vorkommen: M.-Kambrium.

divaricat (lat. divaricare auseinanderspreizen), Oberflächenskulptur, bei welcher zwei Systeme paralleler Elemente (Rippen, Streifen usw.) unter einem bestimmten Winkel aufeinandertreffen.

Divaricatores, *m* (Brachiop.) Syn. von → Diductores.

diversipartit (lat. diversus gegenüber, entgegengesetzt; partitus geteilt), Rippenteilung (Abb. 4, S. 8).

dizygokrotaph, dizygal (GAUPP) (gr. ζυγός Joch; κρόταφος Schläfe), → stegokrotaph.

dizyklisch (gr. δίς doppelt; κύκλος Ring, Kreis), → Kelchbasis von Crinoidea mit zwei Plattenkränzen, früher auch für Seeigel mit → exsertem → Periprokt angewendet.

Docodonta (KRETZOI 1946) (gr. δοκός Balken, οδούς Zahn) eine O. mesozoischer Säugetiere. Ihr werden hier die obertriassischen Morganucodontiden und die oberjurassischen Docodontiden zugerechnet. Wichtiges Merkmal der O. ist das doppelte Kiefergelenk (sowohl Squamosum-Dentale als auch Quadratum-Angulare). Wegen des Besitzes eines einspringenden Winkels am Unterkiefer (engl. echidna angle) vermuten manche Autoren einen phylogenetischen Zusammenhang der D. mit den Monotremen. Vorkommen: Rhäto-Lias–O.Jura.

docogloss (gr. γλοσσα Zunge), (Gastrop.), → Radula.

dolichocephal (gr. δολιχός lang), schmalschädelig.

Dollosche Regel, von Louis DOLLO (1893) formuliert, von O. ABEL nach ihm benannt: „Die Entwicklung ist nicht umkehrbar; es ist unmöglich, daß ein Organismus, selbst teilweise, zu einem früheren Zustand zurückkehren kann, der schon in der Reihe seiner Vorfahren verwirklicht war." (= Gesetz der Nichtumkehrbarkeit der Entwicklung.)

Dolomitknollen, = → Torfdolomit.

Domichnia, Sing. -ium, n. (SEILACHER 1953) (gr. δόμος Haus; ίχνος, ίχνιον Spur, latin. zu Ichnium), Wohnbauten. → Lebensspuren.

Donnerkeil, volkstümlich für → Belemniten-Rostren.

Doppelte Lobenlinie (KUMM 1927), eine an stark angelösten Ammoniten-Steinkernen, besonders solchen von → Ceratiten aus dem germanischen Muschelkalk, beobachtete Erscheinung: die Original-Lobenlinie ist mit allen Feinheiten im Verlauf der Abwitterung vertikal nach unten projiziert und dabei zu einer Schein-Lobenlinie geworden, während die wirkliche Kammerscheidewand, die bei dem starken Abwitterungsgrad ziemlich weit im Innern des Steinkerns getroffen wird, sich als ± einfache Linie daneben hinzieht, die Scheinlobenlinie auch mehrfach schneiden kann.

Dornfortsatz, Processus spinosus, medianer dorsaler Fortsatz des Neuralbogens der Wirbel zum Ansatz von elastischen Bändern (z. B. des → Ligamentum nuchae) und von Muskeln. Bei Fischen werden die D. teilweise von besonderen Spinalia (→ Spinale) gebildet. Bei Tetrapoden verbinden sich die D. am distalen Ende manchmal mit Hautverknöcherungen (z.B. bei Schildkröten).

dorsad (lat. dorsalis zum Rücken gehörig), in Richtung zum Rücken hin.

dorsal, in der Rückenregion gelegen. Gegensatz: → ventrad, → ventral. Vgl. → Lagebeziehungen.

dorsales Intercalare (lat. intercalare einschalten), = Interdorsale. Vgl. → Bogentheorie der Wirbelentstehung.

Dorsalkapsel, (Crinoid.): Boden und seitliche Wand des Kelches bis zum Ansatz der freien Arme. Vgl. → Patina, → Kelchbasis.

Dorsalklappe (Brachiop.): diejenige Klappe, in der das Armgerüst ansetzt (gewöhnlich die kleinere der beiden); besser Armklappe zu nennen, denn beim lebenden Tier kann sie auch nach unten gerichtet sein.

Dorsalorgan, (Crin.): in der Kelchachse gelegenes, langgestrecktes Organ, welches sich auch in den Stiel hinein verlängert. Wahrscheinlich stellt es eine endokrine Drüse mit vielleicht hormonaler Funktion dar.

Dorsalseptum, (Brachiop.): dorsales Medianseptum, vertikale

Längsleiste in der Medianen der → Armklappe.

dorsopartite Lobeneinschaltung (lat. partitus geteilt) (Ammon.): Einschaltung neuer Lobenelemente dorsalwärts (d. h. im allg. nach innen zu) von den bereits bestehenden. Gegensatz: → ventropartit.

Drehgelenk, Articulus trochoideus, → Gelenke.

Dryasflora (gr. Δρυάς Dryade, Baum-, Waldnymphe), eine Tundrenflora mit *Dryas octopetala* (Silberwurz), *Betula nana* (Zwergbirke), kriechenden Weiden usw., welche dem weichenden pleistozänen Inlandeis folgte und als erste die glazialen Ablagerungen besiedelte.

Dryopithecus-Muster, → Hominoidea (Abb. 62, S. 109).

Dubiofossilien (HOFMANN 1962) (lat. dubius zweifelhaft), Fossilien, deren taxonomische Stellung ungewiß oder unbekannt ist. Sie stehen zwischen taxonomisch bestimmten Körperfossilien und Pseudofossilien.

Duplicidentata (lat. duplex, duplicis doppelt; dens Zahn), Hasenartige; = → Lagomorpha.

Duplikatur, *f* (lat. Verdoppelung), der Teil des Klappenrandes von → Ostrakoden, in dem der verkalkte periphere Teil der → Innenlamelle entweder mit der → Außenlamelle in Kontakt oder von ihr durch das → Vestibulum getrennt ist. Von

manchen Zoologen wird auch das ganze Gehäuse als D. bezeichnet. (Abb. 81, S. 165).

duplivinculär (lat. vinculum Band, Fessel) heißt das → Ligament von Muscheln, wenn es, wie bei *Arca* in einer Serie von V-förmigen schmalen Bändern → amphidet in der Schloßregion angeordnet ist.

Durchzugsprinzip (A. SEILACHER 1966), eine Erklärung für die Entstehung von Ammoniten-Steinkernen bei kaum beschädigten Gehäusen: Hohlräume, besonders die Kammern von Ammoniten, werden nach der Ablagerung nur dann von Sediment erfüllt, wenn, ähnlich dem ,Zug' bei geöffneten Fenstern und Türen, ein Wasser-,Zug' durch vorhandene Öffnungen wie z.B. die Durchtrittsöffnungen der Kammerscheidewände für den Sipho das Sediment hineinzieht, um es in den Hohlräumen selbst, wo die Strömungsgeschwindigkeit gering ist, abzusetzen.

Durit, *m* (POTONIÉ 1924) (lat. durus hart, roh), Mattkohle; eine heterogen zusammengesetzte, matte, zähe → Streifenart: Die Grundmasse bilden → Mikrinit, → Semifusinit, → Sklerotinit, → Fusinit und → Exinit in wechselndem Verhältnis. POTONIÉ verstand D. als fossilen Faulschlamm. D. mit vorwiegend dünnwandigen Mikrosporen wird als Tenuidurit, D. mit dickwandigen Mikrosporen als Crassidurit

bezeichnet (E. STACH 1954).

Durit-Fazies, → Kohlen-Fazies.

Durodentin, *n* (lat. durus hart), mesodermaler Schmelz, Enameloid, das Baumaterial der harten Oberschicht der Zähne von Fischen und vielen Amphibien, welches auch oft als ,Schmelz' bezeichnet wird, aber ein sekundäres Umwandlungsprodukt der äußersten → Dentinschichten darstellt, wobei das Kollagen geschwunden und die Mineralisation schmelzähnlich verstärkt ist. (Vgl. → Vitrodentin, → Schmelz).

Durophagie, *f* (gr. φαγεῖν fressen), das Verzehren stark beschalter oder gepanzerter Beutetiere.

Dy, *m* (H. V. POST 1862) (schwed. = Schlamm), Torfmudde, entsteht vorwiegend in dystrophen, an eingeschwemmten Humusstoffen reichen Seen. → Organopelit.

Dysodil, *m* (CORDIER 1808) (gr. δυσοσμία übler Geruch), ein tertiäres Faulschlammgestein, in offenem, stagnierendem Wasser entstanden. Beispiel: der fossilreiche ,Ölschiefer' von Messel bei Darmstadt. Synonyme: Blätterkohle, Papierkohle, Ölschiefer, Schieferkohle. Vgl. → Sapropel.

dysodont (NEUMAYR 1884) (gr. δύς nicht, un-; οδούς Zahn), → Schloß (Lamellibr.).

dysphotisch (gr. φώς Licht), → euphotische Region.

Eburnität, *f* (lat, eburneus elfenbeinern), elfenbeinartige Beschaffenheit von Knochen als Folge von Osteosklerose. Vgl. → Pachyostose, → Ponderosität.

Ecardines (BRONN 1862) (e, ex, lat. Vorsilbe, bedeutet Fehlen eines Merkmals; cardo [Tür-] Angel), schloßlose Brachiopoden, = → Inarticulata. Obsolet.

Ecdysis, *f* (gr. ἐκδυσις das Herauskriechen, Entkommen), Häutung der → Arthropoden. Ihre starre → Cuticula ist nicht dehnbar, kann dem Wachstum des Körpers nicht folgen und wird während der On-

togenese mehrfach abgeworfen. Dabei wird die Endocuticula aufgelöst, so daß die Exocuticula sich ablöst und an den nicht sklerotisierten Häutungsnähten aufreißt. Der Verlauf dieser Nähte hat oft taxonomischen Wert, z. B. bei den → Trilobiten. Vgl. → Saltersche Einbettung.

Echinacea (CLAUS 1876), eine Ü.O. der → Echinoidea, ,regulär', Zähne gekielt, → glyphostom. Vorkommen: Seit O.Trias.

Echinhexactin, *n* (RAUFF) (gr. εχῖνος Igel, Kapsel, έξ sechs; ακτίς Strahl), (Porifera): → Hexactin mit

kleinen, rechtwinklig abstehenden Stacheln.

Echinocystitida, (JACKSON 1912) eine O. altertümlicher Seeigel mit zahlreichen Reihen lose verbundener Ambulakral- und Interambulakralreihen. Vorkommen: Ordovizium–Perm.

Echinodermen, Echinodermata (KLEIN 1734) (gr. δέρμα Haut), Stachelhäuter. Meist fünfstrahligsymmetrische, marine Wirbellose mit einem Wassergefäß- (→ Ambulakral-) System und einem wohlentwickelten Innenskelet aus Kalkplatten oder -körperchen, welches bei manchen Formen mit beweglichen Stacheln oder Borsten, in der Regel auch mit → Pedicellarien besetzt ist. Das Skelet ist mesodermalen Ursprungs und wird unter dem Epithel ausgeschieden; jedes einzelne Element besteht aus einem Netzwerk kristallographisch einheitlich orientierter Kalkspatkristalle, dem Stereom (überwiegend aus Kalzit, mit 3–15 % Magnesiumkarbonat), dessen Zwischenräume von organ. Gewebe, dem Stroma, eingenommen wird. Letzteres ermöglicht Resorption und Neubildung von Skeletelementen. Postmortal erfolgt Sammelkristallisation zu einheitlichen Kalkspatkristallen. Die ursprüngliche Mikrostruktur ist im Schliffbild meist noch erkennbar.

Der formenreiche Tierstamm wurde früher in die mittels eines Stieles oder unmittelbar festgewachsenen Pelmatozoa und die frei beweglichen Eleutherozoa unterteilt. Hier werden vier U.Stämme unterschieden: → Homalozoa, → Crinozoa, Asterozoa (→ Stelleroidea), → Echinozoa. Alle lassen sich auf die bilateral-symmetrische Dipleurula-Larve zurückführen.

Orientierung von Echinodermen: Für die Seeigel wird meist das System von LOVÉN (1874) benutzt. Er ging von Spatangiden (→ Spatangoida) aus: Die Mundseite wird dem Betrachter zugewandt, dasjenige Interambulakrum (IA), in dem sich das → Periprokt befindet, wird als hinteres angesehen. Das links vom hinteren IA (vom Tier aus gesehen, rechts) gelegene Ambulakrum wird mit I und die weiteren, im Sinne des Uhrzeigers vorgehend, mit II bis V beziffert. Die IA erhalten die Ziffern 1–5, links vom A I beginnend. Das vordere, durch die Symmetrieebene halbierte A ist dann III, und die → Madreporenplatte liegt direkt links von ihm. Abb. 39, III, zeigt die an sich aboral (der Mundseite gegenüber) gelegene Madreporenplatte auf die Mundseite projiziert. CARPENTERS (1884) Bezeichnungsweise ist auf alle Echinodermen anwendbar. Bei Pelmatozoen (in der natürlichen Stellung, mit der Mundseite nach oben) wird das dem Madreporiten gegenüberliegende

Ambulakrum als das vordere angesehen und mit A bezeichnet. Die Ambulakralia A, B, C, D, E CARPENTERS entsprechen III, IV, V, I, II nach LOVÉN, der Madreporit liegt im Interambulakrum EA. Die IA werden mit a, b, c, d, e bezeichnet. Bei den Holothurien ist die Lage des Anus nicht fixiert, oder er liegt polar; daher dient der → Gonoporus als Bezugspunkt, er liegt am Vorderende des Interambulakrums CD. Das → Bivium ist dann C+D, das → Trivium B+A+E (bei irregulären Seeigeln C+D bzw. E+A+B). Asteroideen bei nach oben gedrehter Oralseite: Der Arm gegenüber dem Madreporiten wird C, die anderen entsprechend im Sinne des Uhrzeigers. Vorkommen: Seit dem Kambrium.

echinoid, (Echinoid.) → Ambulakralplatten.

Echinoidea (LESKE 1778) Echiniden, Seeigel; → Echinodermen ohne Arme oder Stiel, kugelig bis scheibenförmig. Das Gehäuse (Corona) besteht aus meist fest verbundenen Kalzittafeln (Assulae, Asseln). Das Mundfeld (→ Peristom) liegt zentral oder peripher auf der Unterseite, das Afterfeld (→ Periproct) im Scheitel oder auf der hinteren Hälfte zwischen Scheitel und Mund. Die Scheitelregion besteht in der Regel aus 10 Platten, sie umschließt bei den regulären (endozyklischen) Seeigeln den After, bei den irregulären (exozyklischen) liegt

dieser außerhalb des Scheitels im hinteren Interambulakralfeld. Von den 10 Täfelchen der Scheitelregion begrenzen die fünf größeren (= Genitalplatten, da über den G.-Drüsen gelegen) großenteils die Interambulakra nach oben, die fünf kleineren (= Augentäfelchen, Ocular-, → Ocellartäfelchen, aber nach KÄSTNER besser Terminalplatten) liegen voll über den → Ambulakra und teilweise noch über den Interambulakra (IA). Die vordere rechte Genitalplatte ist perforiert; sie dient als Madreporenplatte und führt in den Steinkanal, zum Ringkanal um den Mund; von ihm verlaufen die fünf Radiärkanäle unter den Ambulakra wieder nach oben. Von den Radiärkanälen dringen Ambulakralfüßchen (= Lokomotions- bzw. Respirationsorgane) je durch ein Porenpaar nach außen. Die Ambulakral- und Interambulakralfelder besitzen je zwei alternierende Reihen von Täfelchen (Ambulakral- bzw. Interambulakralplatten). Sind die Porenpaare der Ambulakra durch Furchen verbunden, so heißen sie gejocht. Die Gestalt der Ambulakra ist entweder einfach (Amb. simplex), bandförmig vom Scheitel zum Mund laufend, oder blattförmig, petaloid (A. circumscriptum), dann bilden sie blattförmige Felder (→ Petalodium) um den Scheitel, oder sie sind unten offen und stark verlängert, dann heißen

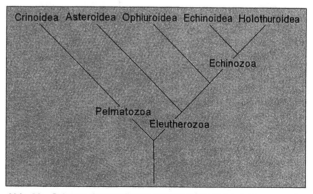

Abb. 38 Schema der möglichen Verwandtschaftsbeziehungen zwischen den Teilgruppen der Echinoidea. – Umgezeichnet und verändert nach PAUL & SMITH (1988)

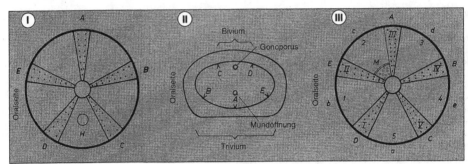

Abb. 39 Orientierung bei Echinodermen: I. nach dem System von CARPENTER (bei Pelmatozoen, jedoch für alle Echinodermen brauchbar). Mundseite dem Betrachter zugewandt. H Hydroporus bzw. Madreporenplatte. II. Orientierung von Holothurien nach dem System von CARPENTER. III. Seeigel: Die gebräuchliche Orientierung nach LOVÉN ist durch Ziffern angegeben, die entsprechenden Bezeichnungen nach CARPENTER durch Buchstaben. Mundseite dem Betrachter zugewandt. M Madreporenplatte (projiziert, da an sich aboral gelegen). Punktiert: Ambulakralfelder. – Umgezeichnet nach UBAGHS (1967)

die Amb. subpetaloid. Zwischenporenfeld heißt der von den Porenstreifen umschlossene Teil der Petalodien. Der Mund liegt auf der Unterseite innerhalb des Mundfeldes (Peristom). Er kann von einer → Floscelle umgeben sein. Ist ein fester Kauapparat vorhanden, so trägt der Rand des Peristoms ohrförmige, nach innen gebogene Fortsätze (→ Auricula, Apophysen) zum Ansatz von ‚Kaumuskeln'. Das Kiefergerüst selbst ist nur bei den regulären Seeigeln vollständig entwickelt (→ Laterne des Aristoteles. Abb. 109, S. 217).
Orientierung: Vgl. → Echinodermen und Abb. 39, S. 72.
Systematik: Herkömmlich ist die Unterscheidung von regulären (Regularia) und irregulären (Irregularia) Echinoiden. Bei ersteren liegt der After dem Mund gegenüber im Apikalfeld, bei letzteren hinter dem Apikalfeld. Angesichts deutlicher Übergänge zwischen beiden Gruppen werden die Bezeichnungen regulär und irregular jetzt nur noch in deskriptivem, nicht mehr in systematischem Sinne benutzt. Die Echinoideen müssen wahrscheinlich von → Edrioasteroidea abgeleitet werden. Ihre Entwicklung führte von Formen mit nicht streng festgelegter Zahl nicht fest miteinander verbundener Tafelreihen zu solchen mit fest verbundenen Tafeln in regelmäßig 20 Reihen. Die ur-

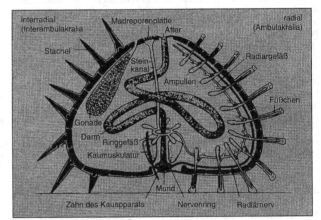

Abb. 40 Schematischer Querschnitt durch einen Seeigel. – Nach KÜHN (1946) aus HESS (1975)

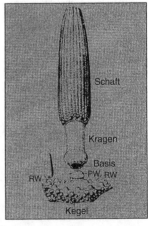

Abb. 41 Stachel eines regulären Seeigels: Primärstachel und entsprechende interambulakrale Platte mit Primärwarze (PW) und Ringwarze (RW) mit Stachel. – Aus HESS (1975)

sprünglich sehr streng eingehaltene fünfstrahlige Symmetrie wurde vom Jura an in der heute dominierenden Linie der irregularen Seeigel dadurch durchbrochen, daß Mund und After aus ihrer zentralen Stellung nach vorn bzw. hinten wanderten. Dadurch wurde besonders auch das vordere Ambulakrale wesentlich verändert und eine bilaterale Symmetrie erzeugt. Vorkommen: Seit dem Ordovizium. Gliederung: Kl. Echinoidea, U.Kl. → Perischoechinoidea, U.Kl. → Euechinoidea; Abb. 40, S. 72).

echinothurid, (Echin.) → Ambulakralplatten.

Echinozoa (HAECKEL 1895), ein U.Stamm der Echinodermata, der zylindrische bis kugelige Formen ohne jede Andeutung von Armen nach Art der Crinozoa oder Asterozoa umfaßt. Meist waren sie frei beweglich (vgl. ‚Eleutherozoa‘), einige sessil. Klassen: → Helicoplacoidea, → Holothuroidea, → Ophiocistioidea, → Cyclocystoidea, → Edrioasteroidea, → Camptostromatoidea, → Echinoidea. Vorkommen: Seit dem U.Kambrium.

Echmatocrinea (SPRINKLE & MOORE 1978), eine U.Kl. der → Crinoidea mit nur einer Art vom Burgess-Paß, Kanada, M.Kambrium (*Echmatocrinus brachiatus* SPRINKLE 1973).

Ecostalia, Pl., *n* (JAEKEL), (Crinoid.) → Costalia.

Ectepicondylus, *m* (= Epicondylus radialis oder lateralis) (gr. εκτός außerhalb; επί darauf, dabei; κόνδυλος Fingergelenk), ein Vorsprung auf der äußeren (radialen) Seite des Humerus-Distalendes zum Ansatz der Streckmuskeln des Vorderarmes.

Ectobranchiata (J. BELL) (gr. βράγχια Kiemen), = → Glyphostomata.

Ectocochlia (SCHWARZ 1894) (gr. κοχλίας Schnecke[ngehäuse]), → Endocochlia.

Ectocyste, *f* (gr. κύστις Blase), (Bryoz.): dünne, chitinige äußere Schicht, die das → Zooecium umhüllt.

ectognath (gr. γνάθος Gebiß), (bei Insekten) → Ectotropha.

Ectoloph, *m* **Ectolophid,** *n* (gr. λόφος Hals, Nacken, langge-

streckter Hügel; -id Endung für Zahnelemente des Unterkiefers), → lophodont (Abb. 125, S. 259).

Ectoprocta (NITSCHE 1869) (gr. πρωκτός Steiß, After), = → Bryozoen. Vgl. → Entoprocta.

Ectopterygoid, *n* (gr. πτερυγοειδής flügelförmig), Abb. 77, S. 149, → Pterygoid.

ectosolen (gr. σωλήν Röhre). (Foram.): Bez. für Mündungen, die in eine Röhre verlängert sind.

Ectotropha (GRASSI 1890) (gr. τροφή Ernährung), Ectognatha, Freikiefler, Insekten mit äußerlich sichtbaren (= ectotrophen, ectognathen) Mundteilen. Vorkommen: Seit dem Devon. → Apterygota.

Ectoturbinale, *n* (lat. turbo, -inis Wirbel, Windung), → Turbinale.

Edaphon, *n* (gr. έδαφος Boden), die Gesamtheit der im Boden lebenden (Mikro-) Organismen.

edaphisch, bodenbedingt, auf den Boden bezogen.

Edentata (CUVIER 1798) (lat. edentatus zahnlos), eine jetzt als künstlich angesehene Zusammenfassung der Säugetier-Ordnungen → Xenarthra, → Pholidota und → Tubulidentata .

Ediacara, ein Fundort präkambrischer Fossilien in Südaustralien, etwa 350 km nördlich von Adelaide. In den dortigen Ediacara-Hügeln wurden erste Funde durch R. C. SPRIGG 1947) zahlreiche Reste präkambrischer Lebewesen im sog. Pound-Quarzit gefunden. Erhalten sind sie überwiegend als Abdrücke auf Schichtunterseiten der Quarzite, allein durch die Verwitterung freigelegt und erkennbar. GLAESSNER & WADE (1966) verteilten die ihnen vorliegenden etwa 1400 Exemplare auf 25 Arten. Die systematische Zugehörigkeit dieser auf keine jüngere Form direkt beziehbaren Fossilien (ohne zusammenhängende Hartteile) ist umstritten, von GL. & W. wurden sie überwiegend als frühe Vertreter der Coelenteraten und Würmer angesehen. während PFLUG (u. a. 1975) sie teilweise seinen → Petalonamae und -stromae zurechnete. SEILACHER (1992) betrachtete sie überwiegend als Glieder einer eigenen Gruppe, der → Vendobionta.

Das Alter der Pound-Quarzite wird

mit etwa 650 Mill. a angegeben. Fossilfunde ähnlichen Alters sind bereits zu Beginn des Jahrhunderts in Südafrika gemacht worden, und inzwischen sind Fossilien vom Ediacara-Typ an vielen Stellen der Erde nachgewiesen worden.

Edrioasteroidea (BILLINGS 1858) (gr. Demin. von έδρα Sitz, Kissen; αστήρ Stern [ein Kissen mit einem Stern]). (Echinod.) = Thecoidea (JAEKEL), ausgestorbene primitive → Echinozoa von 6–60 mm Größe. deren unstarre, scheibenförmige, einer ± hohen Basis aufsitzende Theken aus zahlreichen unregelmäßigen Plättchen bedeckt sind. Vom zentral oben gelegenen Mund strahlen fünf gerade oder gebogene, von Deckplatten überdachte → Ambulakralia zum Thekenrand hin aus. → Brachiolen oder ähnliches fehlen völlig. Möglicherweise waren einige E. zur Eigenbewegung befähigt. Vorkommen: U.Kambrium– O.Karbon (Abb. 42, S. 73).

Edrioblastoidea (Fay 1962) (gr. βλαστός Keim, Knospe), eine Kl. der → Crinozoa mit der einzigen Gattung *Astrocystites* aus dem nordamerikan. M.Ordovizium, die sich von den Edrioasteroidea durch den Besitz eines gegliederten Stieles und ihre an → Blastoidea erinnernde Theca unterscheidet.

Egestionssipho, *m* (Egestion [lat. egerere hinausleiten], Entleerung [aller aus dem Körper herauszu-

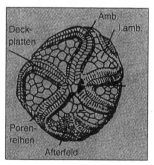

Abb. 42 Verlauf der Ambulakralfelder auf der Theka von Edrioaster. Die Deckplatten des linken unteren Ambulakrums sind entfernt, um die Porenreihen zu zeigen. – Nach F. A. BATHIER (1914)

schaffenden Substanzen.]) Bei vergraben lebenden Muscheln eine an den Ausströmungsschlitz des Mantels sich anschließende Röhre zum Abtransport von verbrauchtem Wasser und von Kot, oft mit dem Ingestionssipho in einer gemeinsamen Umhüllung. Der Ingestionssipho führt Wasser und Nahrungspartikel von der Sedimentoberfläche in den Körper hinein.

Eidonomie, *f* (?W. ULRICH) (gr. εἶδος Aussehen, Gestalt; νόμος Sitte, Gesetz), die Erfassung und Rekonstruktion der Gesamtgestalt eines Individuums; in der Neozoologie kaum erforderlich, in der Paläontologie einer der wichtigsten Teilbereiche der morphologischen Forschung: ‚Wie sah das Fossil zu Lebzeiten aus?‘
Einem Vorschlag von G. HAHN (in litt.) folgend läßt sich die Erfassung der Art in der Paläontologie in folgenden aufsteigenden Schritten durchführen:
1. Histologie (Gewebe-Erfassung)
2. Anatomie (Organ-Erfassung)
3. Eidonomie (Gestalt-Erfassung)
4. Ontogenie (Gestaltveränderung während des Lebensablaufs)
5. Phylogenie (Einordnung der Art in ihre Stammesgeschichte).

Eigelenk, Articulus ellipsoideus, ein Gelenk mit zwei Querachsen und einer ovalen Gelenkfläche (deren Krümmungssinn daher in beiden Achsen gleich gerichtet ist). → Gelenke. → Sattelgelenk.

Einkippung, → Einregelung.

Einkippungsregel (R. RICHTER 1942), „... die Einbettung schüsselförmiger Körper mit der gewölbten Seite nach oben ist der wichtigste Nachweis für Einbettung in bewegtem Wasser" (Normalfall der → Einregelung schüsselförmiger Körper).

Einregelung, darunter faßt man jene Vorgänge zusammen, die eine orientierte Lage von Körpern an der Grenzfläche zweier Medien (z. B. am Meeresboden) bewirken. Sie wurden besonders von R. RICHTER (1931) analysiert. Er unterschied:
1. Einkippung: Sie erfolgt dann, wenn ein Körper so um eine horizontale Achse geschwenkt wird, daß er eine bestimmte Lage bezüglich oben und unten einnimmt. a) Freie Einkippung erfolgt z. B. im Wasser bei zu Boden sinkenden Muschelklappen; sie liegen, wenn keine anderen Kräfte einwirken, gewölbt-unten. b) Gehemmte Einkippung: seitlich angreifende Kräfte wirken auf Körper an der Grenzfläche zu einem Medium größerer Dichte ein, z. B. auf Muschelklappen auf dem Meeresboden. Die Hemmung am Boden führt im Normfall zur Lage gewölbt-oben (→ Einkippungsregel).
2. Einsteuerung: Sie erfolgt, wenn Körper um eine vertikale Achse geschwenkt werden und dabei eine bestimmte rechts/links-Lage in horizontaler Ebene einnehmen. a) Eigengesetzlich ist die Einsteuerung, wenn der Körper, unverankert, nur dem eigenen Formwiderstand folgt, b) Geankert, wenn er an einem Punkte verankert ist. Beide Arten der Einsteuerung können noch variiert werden, je nachdem, ob der Körper frei treibt bzw. flutet oder durch Grundberührung gehemmt wird.

Einrollung planspiraler Gehäuse (z. B. Ammoniten) in einer Ebene. Der Grad der Umfassung und E. wird folgendermaßen angegeben:
1. evolut: Windungen umfassen einander nicht oder wenig (wie z. B. bei vielen Lytoceraten), was oft mit weitem Nabel gekoppelt ist. Doch bedingt rasche Zunahme der Windungshöhe engeren Nabel. a) advolut: Windungen berühren einander gerade. b) serpenticon: sehr evolut, mit zahlreichen, kaum übergreifenden Windungen. c) planulat: mäßig evolut, hochmündig, mit gerundeter Externseite; der Ausdruck bezieht sich besonders auf die flache Form.
2. involut: Windungen umfassen einander stark, was oft mit Engnabeligkeit verbunden ist; sphaerocon: involut kugelig, mit sehr engem oder ganz verdecktem Nabel.
3. convolut: Die letzte Windung umhüllt alle älteren, aber ohne Nabelbildung.
4. ellipticon: Letzte ganze oder halbe Windung ist elliptisch eingerollt.
5. gyrocon: Lose eingerollt, nur aus einer Windung bestehend.

6. devolut: Die Umgänge berühren einander nicht.

Einsteuerung, → Einregelung.

Eizahn, ein Zahn des → Intermaxillare der → Squamata, welcher dem Embryo zum Aufbrechen der Eischale dient; später fällt er aus. Bei Reptilien, Monotremen und Vögeln wird er funktionell durch eine Epithelverdickung an der Spitze des Oberkiefers bzw. Oberschnabels (‚Eischwiele‘) ersetzt.

ektal (gr. εκτός außen), nach außen gerichtet. Gegensatz: ental (ektal – ental: → Kieferbewegung).

Ektexine, *f*, = Exoexine. → Sporoderm .

Ektoderm, *n* (gr. δέρμα Haut), das äußere der beiden primären Keimblätter; aus ihm gehen neben der Epidermis u. a. Schuppen, Krallen, Sinneszellen und das Nervensystem hervor..

Ektogenese, *f* (PLATE 1903) (gr. γένεσις Werden, Erzeugung), eine Art der Evolution, die durch Vorgänge der Außenwelt induziert wird, auf welche der Organismus gemäß seiner Art reagiert. Gegensatz → Autogenese.

Ektosipho, *m* (TEICHERT) (gr. σίφων Röhre), die kalkige Substanz, welche in der peripheren Zone des Siphonalgewebes von Cephalopoden ausgeschieden wird (= Siphonalhülle). Sie kann ausschließlich aus Siphonaldüten aufgebaut sein oder aus Siphonaldüte und Siphowandung (= engl. connecting ring). Vgl. → Sipho.

Ektothermie, *f*, → Endothermie.

Elasmobranchii (BONAPARTE 1838) (gr. ἔλασμα Platte, Wandung [= die plattenartig verbreiterten Kiemenbögen]; gr. βράγχια Kiemen), Haiartige; eine U.Kl. der Knorpelfische (Chondrichthyes), mit knorpeligem (manchmal verkalktem) Endoskelet. Die Haut trägt → Placoidschuppen (= Hautzähne) oder ist ganz nackt. Die 5 bis 7 Kiemenspalten auf jeder Seite öffnen sich ohne Operculum direkt nach außen. Es ist keine Schwimmblase (oder Lunge) vorhanden. Vgl. → System der Organismen im Anhang. Vorkommen: Seit dem M.Devon.

Elasmoid-Schuppen, der → Teleostei, bestehen aus Knochensub-

stanz. Vgl. →Cycloid-, →Ctenoid-
Schuppen.
Elastica externa, interna, *f* (gr.
ελαστικός elastisch; lat. externus
außen liegend; internus innen liegend), → Chordascheide.
Elatere, *f*, Pl. -en (gr. ελαύνειν
treiben, stoßen), (botan.): spirali-
ges Schleuderband der Lebermoose, welches nach der Öffnung der
Sporenkapsel durch hygroskopisch
bedingte Bewegungen die Sporen
auflockert und ausstreut.
Elatocladus, *m* (HALLE) (gr. ελάτη
Tanne, Fichte; κλάδος Zweig),
Sammelgattung für fossile sterile
Koniferenzweige, die sich mangels
weiterer Charakteristika nicht genauer bestimmen lassen.
Elephantoidea (OSBORN 1921)
eine Ü.Fam. der →Proboscidea; sie
umfaßt Mastodonten, Stegodonten
und Elefanten.
Eleutherozoa (BELL 1891) (gr.
ελεύθερος frei), zusammenfassender Name für die zeitweilig oder
ganz freibeweglichen → Echinodermen. Zu ihnen gehören u. a.
die → Holothuroidea (Seegurken),
→ Stelleroidea (Seesterne), →
Echinoidea (Seeigel), → Ophiocistioidea. E. wird nur noch als
ökologischer Begriff verwendet,
nicht als taxonomischer. Vgl. →
Pelmatozoa.
Elfenbein, *n* (ahd. hëlfant, gr.
ελέφας Elefant, mit Betonungs-
Verschiebung) allgemein = →
Dentin, speziell die Substanz der
Elefanten-Stoßzähne.
Elle, *f* = → Ulna.
ellipticon (gr. έλλειψις Ellipse;
κώνος Kegel), → Einrollung.
Elytron, Pl. **Elytra,** *n* (gr. έλυτρος
Hülle, Futteral), Elytre, der zu einem
festen Deckel umgestaltete vordere
(mesothoracale) Flügel bei Käfern.
Vgl. → Flügel der Insekten.
Email, *m* oder *n* (franz. email, alt-
franz. esmail; ital. smalto vom
deutschen Schmelz), = → Schmelz.
embolomerer Wirbel (COPE), (gr.
έμβολος Einschiebsel, Keil; μέρος
Reihe, Teil), ein Wirbel, dessen
Körper aus zwei hintereinanderliegenden, etwa gleichen Knochen-
scheiben besteht, welche dem →
Hypo- und → Pleurozentrum des
rhachitomen Wirbels homolog sind
(Diplospondylie) (entsprechend

dem → Basiventrale und dem Interventrale) (Abb. 43).
Embolomeri (COPE 1884), → Labyrinthodontia (→ Stegocephalia)
mit → embolomeren Wirbeln (=
Doppelwirbeln). Sie waren in den
Kohlensümpfen des Karbons weit
verbreitet. SÄVE-SÖDERBERGH hat
gezeigt, daß zwei Ausbildungen des
Schädeldaches zu unterscheiden
sind, eine → latitabulare (dann ist
das Tabulare durch Postparietale
und Supratemporale vom Parietale
getrennt) und eine angustitabula-
re (Tabulare in Kontakt mit dem
Parietale); erstere wird durch die
Gattung *Loxomma,* letztere durch
Anthracosaurus dokumentiert.
Diese Gattungen stehen zugleich
am Anfang zweier divergierender
Entwicklungslinien, der → Loxembolomeri, welche zu den →
Batrachomorpha und der → Anthrembolomeri, welche zu den →
Reptiliomorpha führen (Abb. 11. S.
28).
Embrithopoda (ANDREWS 1906)
(gr. εμβριθής wuchtig, schwer;
πούς, ποδός Fuß, Bein), eine kleine, meist den → Subungulata zugerechnete O. mit der Gattung *Ar-
sinoitherium* BAEDNELL aus dem
U.Oligozän Ägyptens, einem großen, schwer gebauten Tier mit einem
mächtigen Paar Hornzapfen auf den
Nasalia und einem wesentlich
kleineren Paar auf den Frontalia.
Weitere E. wurden aus der Mon-

golei, Osteuropa und Anatolien angegeben.
Embryonalgewinde (gr. έμβρυον
Embryo, neugeborenes Lamm)
(Gastropoda): Protoconch, die ersten Windungen des Schneckengehäuses, besonders, wenn sie deutlich vom übrigen Gehäuse verschieden sind. Das E. heißt orthostroph (= homoeostroph, isostroph), wenn es denselben Drehungssinn besitzt wie das restliche
Gewinde (der Teleoconch), heterostroph (heterogyr) bei entge-
gengesetztem. Alloiostroph heißt
ein Embryonalgewinde, dessen
Achsenrichtung mit der des übrigen
Gewindes einen Winkel von etwa
90° bildet. Nach der Zahl der Umgänge kennt man paucispirale (mit
1–2 Umgängen) und multispirale
(mit 3 und mehr Umgängen) Embryonalgewinde.
Embryonalrostrum, *n* (E. STOL-
LEY 1911), eine im Längsschnitt
von Belemnitenrosten wie ein besonderes Jugendstadium aussehen-
de Struktur, welche von einigen
Autoren systematisch ausgewertet
wurde (→ Coni- und → Clavirostridae). Es handelt sich jedoch um
kein selbständiges Entwicklungsstadium und sollte besser Jugendrostrum genannt werden (Abb. 12,
S. 28).
emend. (-avit) bzw. **Emendation**
(lat. emendare, von Fehlern befrei-
en), Zool. Nomenklatur: Jede

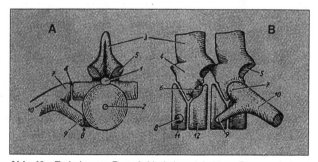

Abb. 43 Embolomere Rumpfwirbel eines primitiven Stegocephalen
(*Eogyrinus*), A in caudaler, B in lateraler Ansicht. 1 Rückenmarkkanal;
2 Chorda; 3 Basidorsale (Neuralbogen); 4 Präzygapophyse; 5 Postzygapophyse; 6 Diapophyse; 7 Tuberculum der Rippe; 8 Parapophyse; 9 Capitulum der Rippe; 10 Rippe; 11 Basiventrale (Hypozentrum);
12 Interventrale (Pleurozentrum). – Umgezeichnet nach PORTMANN
(1959)

nachweislich beabsichtigte Änderung der ursprünglichen Schreibweise eines Namens.

Botan. Nomenklatur: Eine erhebliche Änderung in den diagnostischen Merkmalen eines → Taxons, während Artname und Name des ursprünglichen Autors erhalten bleiben; der Autor der E. setzt lediglich seinen Namen hinter emend. (z. B. *Phyllanthus* L. emend. MÜLLER.)

Emergenzen (lat. emergere auftauchen), Anhänge des Pflanzenkörpers von haar-, schuppen- oder dornartiger Gestalt, aus Epidermis und Rindengewebe hervorgegangen.

Emuellida (POCOCK 1970), eine hier den → Trilobiten zugerechnete Gruppe frühkambrischer → Arachnata aus Australien, mit → opisthoparer Gesichtsnaht und sehr umfangreichem → Opisthothorax (= Telosoma). Vgl. → Trilobiten.

Enameloid, *n* (POOLE 1967) ‚Selachierschmelz‘, Synonym von → Vitrodentin. → Durodentin.

Enarthrosis, *f* (gr. ἐνάρθρωσις Nußgelenk), Nußgelenk. Ein Kugelgelenk, bei dem der Gelenkknapf mehr als die Hälfte des Gelenkkopfes umfaßt. Die Bewegungsmöglichkeiten werden dadurch stark beschränkt. Beispiel: Hüftgelenk des Menschen. Vgl. → Gelenke.

Encephalon, *n* (gr. ἐγκέφαλος Gehirn), Gehirn, Cerebrum, Medulla capitis. Der vorderste, durch seine Ausdehnung und Komplikation gekennzeichnete, innerhalb des Schädels gelegene Teil des Zentralnervensystems der Wirbeltiere. Seine primären Teile sind Vorderhirn (→ Prosencephalon), Mittelhirn (Mesencephalon), Hinterhirn (→ Rhombencephalon) (Abb. 44, S. 76).

enchondrale Verknöcherung (gr. εν in; χόνδρος Knorpel), → Osteogenese.

endarch (gr. ἔνδον innen; ἀρχή Anfang, Element), (botan.) → Xylem.

endemisch (gr. δῆμος Volk), einheimisch, ortsgebunden, in begrenztem Raum vorkommend. Gegensatz → ubiquitär, kosmopolitisch.

endesmale Knochenbildung (gr. δεσμός Band, Fessel), → Osteogenese.

Endexine, *f,* → = Intexine, → Sporoderm.

Endichnia (Sing. -ium) (MARTINSSON 1970), Innenspuren, vgl. Abb. 68, S. 130).

Endit, *m,* → Arthropoden.

Endobionten, *m* (W. SCHÄFER 1956), im Sediment lebende Organismen.

Endobranchiata (J. BELL) (gr. βράγχια Kiemen), = → Holostomata.

Endoceratoidea (TEICHERT 1933) (nach der Gattung *Endoceras),* Endoceraten, große bis sehr große (bis 9 m lange Gehäuse) → orthocone → Cephalopoden, mit dickem

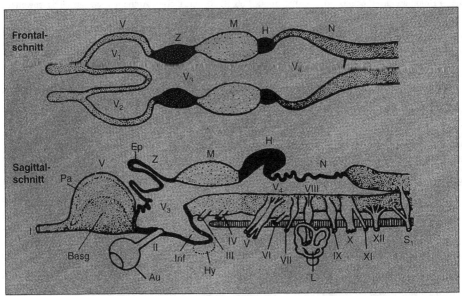

Abb. 44 Schemata des Wirbeltiergehirns, mit Gehirnnerven. V Vorderhirn (Telencephalon); Pa Pallium; Basg Basalganglion; Z Zwischenhirn (Diencephalon); Ep Epiphyse; Inf Infundibulum; Hy Hypophyse; Au Augen; M Mittelhirn (Mesencephalon); H Hinterhirn (Rhombencephalon), N Nachhirn (Medulla oblongata); V_1–V_4 Ventrikel (= Teile des Hohlraumsystems im Gehirn); I–XII Gehirnnerven: I = N. olfactorius; II = N. opticus; III = N. oculomotorius; IV = N. trochlearis; V = N. trigeminus; VI = N. abducens; VII = N. facialis; VIII = N. statoacusticus; IX = N. glossopharyngeus; X = N. vagus; XI = N. accessorius; XII = N. hypoglossus; S_1 = erster Spinalnerv; L Ohrlabyrinth. – Nach HADORN & WEHNER (1974)

randlichem holochoanischem →
Sipho. Kennzeichnend sind die tü-
tenförmig ineinandersteckenden,
den Endosiphonalkanal ausfüllen-
den → Endocone. Vorkommen:
Ordovizium–(?) M.Silur.
Endocochlia (SCHWARZ 1894) (gr.
κόχλιας Schnecke[ngehäuse]),
Cephalopoden mit innerem Gehäu-
se: Im ursprünglichen Sinne = →
Decapoda (Sepioidea + Teuthoidea;
SCHWARZ brachte die Gattung *Ar-
gonauta* [= Octopoda] mit den
Ammonoideen in Zusammenhang).
Heutige Bedeutung = → Coleoidea.
Vgl. → Dibranchiata. Ectocochlia
sind Cephalopoden mit äußerem
Gehäuse: der rezente *Nautilus* und
die fossilen Nautiliden und →
Ammonoidea.
Endocon(us), *m* (gr. κῶνος Kegel), ineinandergeschachtelte ke-
gelförmige Kalkblätter („Siphonal-
scheiden‘), welche das Lumen des
Siphos mancher Endoceraten bis auf
einen engen zentralen Endosipho-
nalkanal ausfüllen. Vgl. → Endosipho (Abb. 79, S. 151).
Endocuticula, *f,* → Cuticula.
endocyclisch heißen die → regulären Seeigel, weil bei ihnen das →
Periprokt innerhalb des → Oculo-
Genitalringes liegt. Gegensatz:
exocyclisch: das Periprokt ist aus
dem Oculo-Genitalring nach hinten
gewandert (→ irreguläre Seeigel).
Endocyste, *f* (gr. κύστις Blase),
(Bryoz.): Membran, die die Innenseite des → Zooeciums auskleidet.
Die E. ist das bildungsfähige
Wandgewebe.
Endodermis, *f* (botan.) die innerste Zellschicht der Rinde.
endogastrisch (gr. γαστήρ
Bauch), 1. (Cephalop.): Mit derart
eingerolltem Gehäuse, daß die
Ventralseite des Tieres auf der
(konkaven) Innenseite liegt.
2. (Gastrop.): die normale Stellung
des Gehäuses: nach rückwärts gerichtet, so daß beim Zurückziehen
des Weichkörpers erst der Kopf
verschwindet, dann der Fuß mit dem
an ihm befestigten Deckel. Vgl. →
exogastrisch.
endogen (gr. ἔωδον innen; γένεσις
Entstehung), im Innern oder am Ort
entstanden. Gegensatz: exogen.
endognath (gr. γνάθος Kinnbakken), = → endotroph.

Endokarp, m (gr. καρπός Frucht),
die innerste, oft einfache Schicht
der Wand von Früchten.
Endolithion, *n* (gr. λίθος Stein), in
Felsen und Hartböden lebende Organismen.
Endophragma, *n,* → Dinoflagellaten.
Endopodit, *m* (gr. πούς, ποδός
Fuß, Bein), der innere Ast (Laufbein) der zweiästigen → Crustaceen-Extremität. → Arthropoden.
Endopsammon, *n* (gr. ψσάμμος
Sand), im Innern des Sandes lebende Organismen.
Endosipho, *m* (TEICHERT) (gr.
σίφων Spritze), Gesamtheit der im
Innern des Ektosiphos befindlichen
kalkigen Ablagerungen; besonders
bei Nautiliden gebrauchter Terminus. Die wichtigsten dazu gerechneten Strukturen sind → Endocone,
→ Obstruktionsringe, → actinosi-
phonate Gebilde. Vgl. → Sipho.
[Endosipho sensu HYATT bedeutet → Prosipho.] (Abb. 1, S. 2).
endosiphonales Gewebe (TEI-
CHERT 1933), hypothetisches orga-
nisches Gewebe im Sipho von →
Actinoceratida, durch dessen Verkalkung die → Obstruktionsringe
entstehen.
Endosiphonalkanal (TEICHERT),
die im Innern eines von Endosiphonalbildungen ± ausgefüllten
Endosiphons verbleibende Röhre.
Vgl. → Sipho, → Prosipho.
Endoskelet, Innenskelet, beson-
ders bei Wirbeltieren, dort im Ge-
gensatz zum Exo- oder Hautskelet.
Endospor, *n,* Innenhaut der →
Sporen.
Endospore, *f* (gr. σπόρος Same,
Saat), Sporangienspore, in besonderen Behältern (→ Sporangium)
entstandene Keimzelle, welche nach
Öffnung des Sporangiums entweicht
bzw. ausgestoßen wird (bei einigen
Pilzen, vielen Algen, den Moosen
und Farnpflanzen). Vgl. → Konidie.
Endostichos, *m* (BOLK) (gr. στίχος
Reihe), → Exostichos.
Endotheca, *f* (Belemn.): MÜLLER-
STOLL 1936 unterschied bei → Belemniten äußere und innere E. Die
äußere E. ist die innerste Schicht
seines → Velamen triplex, die innere E. bilden die Schichten des
eigentlichen → Phragmokons.

(Scleractinia): EDWARDS & HAIME
1848 verstanden unter E. die Gesamtheit der → Dissepimente und
Tabulae innerhalb der Theka (→
Innenwand).
endotherm, → exotherm.
Endothermie, *f* (COWLES 1940) (gr.
θέρμη Wärme), Warmblütigkeit
(bei der die wesentliche Wärme-
quelle innerhalb des Körpers liegt).
Gegensatz: Ektothermie.
Endothyridea (GLAESSNER 1945),
eine O. der Foraminiferen. Syn. von
Fusulinida; vgl. → Fusulinen.
endotom (gr. τομή Schnitt),
(Crinoid.) → Armteilung (Abb. 88,
S. 175).
endotroph (gr. τροφή Ernährung),
(Insecta): mit Mundteilen versehen,
welche im Kopf verborgen, von
außen nicht sichtbar sind (= endognath). Entsprechend Substantiv:
Endotropha.
Endoturbinale, *n,* → Turbinale.
endozyklisch (Echinod.): →
endocyclisch.
Englyphen, *f* (N. PAVONI 1959) (gr.
εγγλύφειν einschneiden), „...re-
zente oder fossile Eindrücke in einem unbelebten Substrat, erzeugt
durch irgendwelche Körper, die
durch die Einwirkung der Schwer-
kraft oder anderer physikalischer
Kräfte ohne Mitwirkung lebender
Organismen bewegt wurden." (= →
Marken mit Ausnahme von Rippeln,
Rillen und Fließwülsten).
Ennomoclon, *m* (RAUFF) (gr.
ἔννομος gesetzmäßig; κλών
Zweig), → Tetraclon.
ental (gr. εντός innen), einwärts
gerichtet. Gegensatz: → ektal.
Entelechie, *f* (gr. εν in; τέλος Ziel,
Zweck; ἔχειν haben; „... was sein
Ziel in sich hat."), bei ARI-
STOTELES das aktive Prinzip, wel-
ches das Mögliche erst zum Wirk-
lichen macht: als aktuelle Betäti-
gung nennt er es auch Energie. Die
E. des Leibes ist nach A. die Seele.
Die E. ist ein in allen teleologischen
Systemen auftretender Begriff; in
der Naturphilosophie werden darunter die nichtmechanischen Kräfte in der belebten Natur verstanden.
Entepicondylus, *m* (gr. επί auf;
κόνδυλος Gelenkfortsatz), = Epicondylus ulnaris oder medialis, ein
Vorsprung an der inneren (ulnaren)
distalen Seite des Humerus zum

Ansatz der Beugemuskeln des Vorderarmes.

Enteropneusta (Gegenbaur 1870) (gr. έντεϱον Darm; πνεύστης atmend), Eichelwürmer, ‚Darmatmer' (wegen der an Chordata erinnernden Kiemenspalten im Vorderdarm), zu den → Branchiotremata gezählte artenarme Tierklasse um *Balanoglossus*. Sie besitzt Beziehungen einerseits zu den → Chordata, andererseits zu den → Echinodermen. Nur rezent bekannt.

Entgasungserscheinungen werden durch Gase bedingt, die bei der Zersetzung sedimentbedeckter organischer Substanzen zu entweichen suchen; dabei können sie vertikale Kanäle verursachen (E.-Kanäle), Trichter, Auftriebs- und nachfolgende Sackungserscheinungen, fossile Libellen usw.

Entocoel, *n* (gr. εντός innen; ϰοΐλος hohl) bei → Scleractinia: Raum innerhalb eines Mesenterien-Paares (→ Sarkosepten). Gegensatz: Exocoel. Raum zwischen je zwei Mesenterien-Paaren.

Entoconid, *n* (gr. ϰώνος Kegel; -id Endung zur Bez. von Elementen der Unterkieferzähne), hintere Innenspitze; vgl. →Trituberkulartheorie.

Entokie, *f* (Γ. Dofi fin) (gr. οΐκος Haus), → Epökie.

Entoma, *n,* Plur. (gr. έντομος eingekerbt), Kerbtiere, veraltet für → Arthropoden, danach (bereits von Aristoteles geprägt) Entomologie = Insektenkunde.

entomodont (gr. οδούς Zahn), Ostrakoden (Schloß) (Abb. 82, S. 165).

Entomostraca (Latreille 1806) (gr. όστραϰον Scherbe, Schale), Zusammenfassung der sog. niederen Krebse, mit wechselnder Anzahl von Rumpf- oder Abdomensegmenten und geringer Körpergröße (‚Gliederschaler'). Dazu gehören alle Crustacea außer den → Malacostraca. Vgl. → Crustacea.

Entoplastron, *m* od. *n* (franz. plastron Brustharnisch), die unpaare Platte im vorderen Teil des Schildkrötenplastrons. Man sieht sie für homolog dem Episternum (= → Interthoracale) der übrigen Reptilien an. Vgl. → Panzer der Schildkröten (Abb. 102, S. 212).

Entoprocta (Nitsche 1869) (gr. εντός innerhalb, innen; πϱωϰτός Steiß (After), früher zu den → Bryozoen gerechnete Tiere ohne erhaltungsfähiges Skelet und mit innerhalb des Tentakelkranzes gelegener Analöffnung. Heute als selbständiger Stamm (Kamptozoa) angesehen.

Entopterygoid, *n* (gr. πτεϱυγοειδής flügelförmig), (= Mesopterygoid), der größte Deckknochen des → primären Munddaches der Fische, homolog dem eigentlichen Pterygoid der Tetrapoden. → Pterygoid (Abb. 77, S. 149).

Entoseptum, *n* (Duerden 1906) (lat. saeptum Scheidewand), bei → Scleractinia: innerhalb eines → Entocoels entstandenes → Septum. Vgl. → Exoseptum.

Entosipho, m (gr. σίφων Röhre), bei Foram.: röhrenartige Verlängerung der Mündung nach innen.

entosolenial (gr. σωλήν Röhre), (Foram.): Bez. für Mündungen mit → Entosipho.

Entotropha, Insekten mit im Kopf verborgenen Mundteilen; vgl. → Apterygota.

Entotympanicum, *n* (gr. τύμπανον Handpauke), eine Knochenneubildung mancher Säugetiere, welche die ventrale Wand der Paukenhöhle abschließt (= Os bullae). Vgl. → Otica.

Entrochus, *m* (Hofer 1760), → Partial- (Sammelgattungs-) Name für isolierte Stielstücke von Crinoiden (→ Trochiten).

Entwicklungsgeschichte, Darstellung des Werdens der Organismen, und zwar bezüglich 1. der Individuen = → Ontogenese, 2. der Stämme = → Phylogenese.

Entwicklungsmechanik (Wilh. Roux 1895), Lehre von den mechanischen Vorgängen und ursächlichen Beziehungen und die darauf aufbauende mechanische Erklärung bzw. Deutung der ontogenetischen Vorgänge.

Eocrinoidea (Jaekel 1918), (Echinod.), eine Kl. der → Crinozoa mit ± runder Theca aus regelmäßig angeordneten Platten und einfachen Armen (= Brachiolen) ohne Cirren. Vorkommen: U.Kambrium– Silur. Die Selbständigkeit dieser Kl. wird von manchen Autoren angezwei-

felt, die zu ihnen gestellten Formen als zu den → Cystoidea gehörig angesehen. Doch unterscheiden sie sich von jenen durch das Fehlen von Poren oder deren andere Ausbildung.

Eophyton, *n* (Torell 1868), gerade oder gebogene ± parallele, stengelartige Driftmarken auf Schichtflächen (anorganischer Entstehung). Anfangs wurde E. als primitivste Pflanze gedeutet. – Vorkommen: Seit Präkambrium.

Eophytikum, *n,* → Paläophytikum.

Eosuchia (Broom 1914) (gr. έως Morgenröte, Morgen; σοΰχος Krokodil), die älteste, aber nicht deutlich abgrenzbare O. der → Lepidosauria (bzw. → Sauromorpha). E. waren kleine, eidechsenähnliche Reptilien von primitivem Bau, bislang nur in Südafrika und Nordamerika gefunden; über die Abgrenzung gegen ihre Deszendenten besteht keine einheitliche Meinung. Direkte Deszendenten der E. sind die → Rhynchocephalia und die → Squamata. Beispiel: *Youngina*. Vorkommen: O.Karbon (Pennsylvanian) bis Trias, die Fam. Champsosauridae O.Kreide–Eozän.

Eozoikum, *n* (gr. ζώον Tier), das Erdzeitalter, in dem die ersten Anfänge des Lebens (eigentlich: des tierischen Lebens, vgl. Eophytikum) entstanden sind, etwa = Proterozoicum.

Eozoon canadense, *n* (Dawson 1865), ein Pseudofossil: rhythmische Verwachsung von grobkristallinem Calcit mit Serpentin (Ophicalcit) im kanadischen Präkambrium, ursprünglich als Reste riesiger Foraminiferen gedeutet.

Epakme, *f* (E. Haeckel) (gr. επί darauf, hinauf; αϰμή Blütezeit), → Akme.

Epapophyse, *f* (gr. απόφυσις Auswuchs [an Knochen]), → Wirbel.

ephebisch (gr. έφηβος Jüngling), jünglingshaft, → Wachstumsstadien.

Ephemeriden, Ephemeroptera (Haeckel 1896) (gr. εφήμεϱος einen Tag lebend), Eintagsfliegen, Hafte. Ihre Larven leben 2–3 Jahre am Grunde von Gewässern, die → Imagines sterben dagegen innerhalb weniger Stunden nach Begattung und Eiablage. Ihre leeren Häute finden sich oft in großer Zahl an Uferpflanzen (daher: ‚Hafte'). Vorkommen: Seit dem O.Karbon.

Ephyra, f (gr. Εφύρα eine Meernymphe), junge Medusenlarve der → Scyphomedusae, die sich von der → Strobila ablöst.

epibatisch (ABEL 1912) (gr. επί auf, darauf; βάτος Tiefe), heißt die heterocerke → Schwanzflosse nach ihrer Funktion, weil ihr stärker entwickelter dorsaler Lappen die Tendenz hat, das Schwanzende ihres Trägers nach oben zu drücken, im Gegensatz zur hypobatisch wirkenden hypocerken Schwanzflosse. Die symmetrischen Schwanzflossen (proto-, homo-, gephyrocerk) treiben das Tier genau in der Richtung seiner Längsachse, sie wirken also isobatisch.

Epibionten, m (W. SCHÄFER 1962), die auf dem Meeresboden lebenden Tiere; sie können sessil oder vagil sein. Vgl. → Endobionten.

Epibole, f (TRUEMAN 1923) (gr. βολή Wurf), stratigr: die innerhalb einer → Hemera abgelagerten Sedimente (etwa = Zone).

Epibranchiale, n (gr. βράγχια Kiemen), → Visceralskelet.

Epicentrale, n, 1. (Vertebr.): Seitengräte, → Gräten. 2. (Echinod.): → Carpoidea.

Epichnia, Sing. -ium (MARTINSSON 1970) (gr. ίχνος Spur), → Lebensspuren, → toponomische Termini.

Epicuticula, f, → Cuticula .

Epideltoid(eum), n, → Blastoidea.

Epidermis, f (gr. επί auf; δέρμα Haut). 1. (Pflanzen): Oberhaut; sie ist einschichtig und besteht aus lückenlos aneinanderschließenden lebenden Zellen. Die der Luft ausgesetzten Pflanzenteile haben ± verdickte Epidermisaußenwände. Darüber hinaus ist die Außenwand der Epidermis außer an den Wurzeln von der Kutikula überzogen, einem zarten Häutchen aus → Kutin, welches für Wasser und Gase schwer durchlässig ist. 2. (Metazoen): Die oberflächliche, aus Epithelgewebe bestehende (ektodermale) Schicht der Haut, bei Wirbellosen meist einschichtig (bei Arthropoden: → Cuticula), bei den Wirbeltieren ist die E. mehrschichtig. Ihre äußeren Zellen enthalten

→ Keratin, welches Kern und Cytoplasma verdrängt und die Zelle absterben läßt und damit zur Entstehung des Stratum corneum (Hornschicht) führt mit abgeplatteten, toten, verhornten Zellen. An der Basis der E. bleibt zeitlebens das Stratum germinativum (Keimschicht) erhalten; es ersetzt die äußeren, abgestoßenen oder abgenutzten Zellen. Das Stratum corneum kann in mannigfacher Weise differenziert sein zu Verdickungen, Hornschuppen, Hornschilden, Krallen, Nägeln, Hufen, Hörnern, Federn, Haaren usw.

Epifauna, f, auf und dicht über dem Boden lebende Wassertiere.

Epihyale, n, ursprünglich der obere Teil des Hyoidbogens, der zum Hyomandibulare geworden ist; doch nennt man manchmal auch den oberen Teil des Hyoideums (des ursprüngl. Ceratohyale) so. Vgl. → Hyoidbogen, → Hyoideum.

Epilimnion, n, → Metalimnion.

Epilithion, n (gr. λίθος Stein), zusammenfassend für die auf Felsen, Steinen oder Hartböden lebenden Organismen.

Epimer(um), n (= Epimerit), (gr. μηρός Hüfte), 1. (Insekten): Hüftblatt; hinteres Stück der Thorakalpleuren (→ Pleurit); 2. (Merostomen, Crustaceen): laterale Erweiterung eines Tergiten (→ Sklerit).

Epineurale, n (gr. νεῦρον Sehne, Schnur), → Gräten.

Epineuralfurche, (Seesterne): die offene, von der Spitze jedes Armes zum Munde führende Furche (= Ambulakralfurche).

Epioticum, n (HUXLEY) (gr. ωτικός zum Ohr gehörig), eine Verknöcherung des oberen und inneren Teils der Gehörkapsel der Teleostei (Abb. 114, S. 238). Vgl. → Otica.

Epiphragma, n (gr. επί auf, über φράγμα Zaun, Scheidewand), ‚Winterdeckel' verschiedener Landschnecken: eine aus Schleim und Kalk zusammengesetzte Platte, die als Schutz während der Ruheperiode in der Gehäusemündung ausgeschieden wird, die wieder abgestoßen wird, wenn die aktive Lebensweise wieder aufgenommen wird. Vgl. dagegen → Operculum.

Epiphyse, f (gr. επίφυσις das Aufgewachsene), 1. (Säugetiere,

viele Reptilien): aus separaten Knochenkernen verknöcherndes Endstück von Röhrenknochen (Abb. 66, S. 123), vgl. → Diaphyse; 2. (Seegel): → Laterne (Abb. 109, S. 217).

Epiphysis, E. cerebri, f, Zirbeldrüse, Pinealorgan; eine vom Dach des → Diencephalon (Zwischenhirn) entspringende, dem Pinealauge von Petromyzon homologe Drüse nicht genau bekannter, wohl neurosekretorischer Funktion. Vgl. → Scheitelauge.

Epiphyten, auf anderen Pflanzen lebende, sich selbständig ernährende Pflanzen.

Epiplastron, m oder n (gr. επί auf; franz. plastron Brustharnisch), das vorderste der 4–5 Knochenplatten-Paare im → Plastron der Schildkröten. Es ist dem Thoracale der anderen Reptilien homolog. Vgl. → Panzer der Schildkröten (Abb. 102, S. 212).

Epipleurale, n (gr. πλευρά Seite), → Gräten.

Epipsammon, n (gr. ψάμμος Sand), auf der Oberfläche des Sandes lebende Organismen.

Epipterygoid, n (gr. πτερυγοειδής flügelförmig), (= Columella cranii), der verknöcherte Processus ascendens des → Quadratums am Schädel der Reptilien.

Epipubis, n, = → Beutelknochen.

Epirelief, n (SEILACHER 1964) = → Epichnia.

Epirhabd, n (gr. ράβδος Stab), der Hauptzweig gewisser → Desmone wie z. B. → Didymoclone und → Rhabdoclone.

Epirhyse, f (RAUFF) (gr. επίρρυσις Zufluß), (Schwämme): zuleitender Kanal vom → Ostium bis zur → Geißelkammer. Syn.: Prosochetum.

Epirostrum, n (MÜLLER-STOLL 1936) (lat. rostrum Schnabel), ± lange, schlanke apikale Verlängerung des (→ Ortho-) → Rostrums mancher Jura-Belemniten, bestehend aus einem äußeren Mantel (Tubus lamellosus) von ähnlichem Aufbau und Material wie das Orthorostrum und einem inneren ‚Mark' von geringerer Widerstandsfähigkeit. MÜLLER-STOLL nannte den vom Mantel umschlossenen Bezirk Cavum tubulare und nahm an, ein organischer innerer

Restkörper (Corpus pulposum) habe ihn zu Lebzeiten erfüllt. SCHWEGLER dagegen vermutete zum Teil wenigstens primäre Hohlräume im Innern des E. und dazu diagenetische Vorgänge.

episeptal (lat. saeptum Wand), (Nautiliden): → intracamerale Ablagerungen.

Epistase, f (EIMER) (gr. επί darauf, neben; στάσις das Stehen): E. einer Art oder Stammeslinie liegt vor, wenn sie in der Entwicklung bestimmter Merkmale hinter nahe verwandten zurückbleibt (→ Abbreviation).

Epistereom, n (gr. στερεός hart, steif) (Cystoid.): auch Epithek genannt, die oberste, dünne Lage der → Cystoidea-Platten; sie stellt eine ± verkalkte Epidermis dar.

Episternalplatten, (Echinoid.) → Plastron (Abb. 110, S. 217).

Episternum, n (lat. sternum Brustbein), 1. (Anuren): → Omosternum; 2. (allgem. bei niederen Tetrapoden): Syn. von → Interthoracale, Interclavicula; 3. Episternit; (Insekten): Vorderes Stück der Pleuren (→ Pleurit).

Epistom(a), n (MILNE EDWARDS 1834) (gr. στόμα Mund), im ursprünglichen Sinne: Sternit des Antennen-Mandibularsegments (bei → Decapoda). Später ist darunter allgemein das ganze vor dem Mundfeld gelegene Areal bzw. die betr. Platten verstanden worden, welches indessen nach BALSS Metopon heißen soll. (Trilobiten): Epistoma = Rostralplatte; (Bryozoen): Ein die Mundöffnung verschließender Weichteillappen, kennzeichnendes Merkmal der → Phylactolaemata.

epistomatisch, → amphistomatisch.

Epistropheus, m (gr. επιστροφεύς der Umdreher), Axis, der zweite Halswirbel der Tetrapoden. Er besitzt einen Zahnfortsatz (Dens) zur Gelenkung mit dem → Atlas, welcher entwicklungsgeschichtlich der Wirbelkörper des Atlas' (und sehr oft auch des → Proatlas) ist.

Epistrephogenese, f (EIMER) (gr. επιστρέφειν umkehren), Entwicklungsumkehr – ein Vorgang, welcher das Dollosche Gesetz der Nicht-Umkehrbarkeit der Entwick-

lung durchbrechen soll. Eines der Beispiele EIMERS für die E. ist die Entwicklung der Schnecke *Gyraulus multiformis* im Steinheimer Becken. FEJÉRVARY verstand unter E. das Wiedererscheinen verlorengegangener Organe (z. B. funktionsfähiger Augen beim Grottenolm).

Epitheca, f (botan.): die größere der beiden kieseligen Klappen von → Diatomeen, die deckelartig über die andere (die Hypotheca) übergreift.

Epithek, f (Epitheca) (gr. επί an, bei θήκη Behälter), (Korallen): im ursprünglichen Sinne von EDWARDS & HAIME 1848 ein plattiges Skeletelement (dünner Überzug von Calciumcarbonat) der → Scleractinia, das der Theca aufliegt oder die peripheren Enden der → Costae verbindet. Nach späteren Fassungen allgemein die Außenwandbildung, die bei den → Rugosa und manchen Scleractinia vom → Pallium nach außen abgesondert wird. Die Außenfläche der E. ist meist mit vertikalen → Septalfurchen und Längsrippen sowie horizontalen → Rugae versehen. Vgl. → Holotheca, → periphere Stereozone, → Pseudotheca. Bei Cystoideen: = → Epistereom.

Epitheton, n, **E. speciticum** (gr. επίθετος hinzugefügt), (botan. Nomenkl.), Artname im engeren Sinne, der dem Gattungsnamen hinzugefügt wird und mit ihm zusammen den vollständigen wissenschaftlichen Namen einer Art ergibt (= Trivialname).

epithyrid (BUCKMANN 1916) (gr. θύρα Tür, Eingang) (Brachiop.): → Foramen (Abb. 16, S. 34).

Epizoen, Aufwuchs, auf Tieren lebende, nicht parasitäre Organismen.

Epizygale, n (gr. ζυγόν Joch) (Crinoid.) heißt das Armglied über einer Syzygie. Vgl. → Gelenkflächen.

Eplacentalia (lat. e, ex in der Bedeutung: ohne, nicht; placenta Kuchen), Säugetiere ohne Placenta, d. h. Monotremen und Marsupialier. Da bei manchen Marsupialiern eine Placenta ausgebildet sein kann, wird der Terminus besser vermieden. Vgl. → Mammalia.

Epökie, f (F. DOFLEIN 1914) (gr. οἶκος Haus), das Leben eines Organismus auf der Körperoberfläche eines anderen, ohne Nutzen oder Schaden für den letzteren. Aus dem zuerst indifferenten Verhältnis kann ein die Wirtsform schädigendes hervorgehen (Parasitismus) oder ein für beide Organismen vorteilhaftes (Symbiose). Dringt der eine Organismus in das Körperinnere seines Wirtes ein, so entsteht eine Entökie. Vgl. → heterotypische Relationen.

Epuralia, Sing. -e, n (gr. ουρά Schwanz), die in der homocerken Schwanzflosse dorsal vom → Urostyl gelegenen vergrößerten Neurapophysen. Vgl. → Hypurale.

Equisetales (lat. equisetum dem Pferdeschweif ähnlich), Schachtelhalmgewächse; heute nur noch durch die Gattung *Equisetum,* fossil viel reichlicher, vor allem durch baumartige Gewächse belegte O. der → Equisetophyta. Das Mark in den Stämmen der E. verschwindet frühzeitig und hinterläßt einen zentralen Hohlraum, der an den Knoten durch ein → Diaphragma unterbrochen ist. An den Knoten tragen die Stämme Quirle von meist einfachen, selten gegabelten Blättern. Die Blüten stehen endständig, teilweise mit abwechselnd sterilen und fertilen Wirbeln. E. mit sekundärem Dickenwachstum der Stämme heißen Calamiten (Abb. 69, S. 131) (Fam. → Calamitaceae).

Equisetophyta, Articulatae, Sphenopsida, schachtelhalmartige Pflanzen, eine hier als Abteilung behandelte Gruppe von Sporenpflanzen mit gegliederten Achsen und in Wirteln stehenden Blättchen. Zu ihnen gehören die heutigen Schachtelhalme: die Mehrzahl der E. ist nur fossil bekannt. Ordnungen: → Sphenophyllales, O.Devon-Perm, Equisetales (einschließlich der → Calamitaceae, seit dem M.Devon), → Pseudoborniales, O.Devon.

Equisetites, der heutigen Schachtelhalm-Gattung *Equisetum* ähnliche Pflanzen, bes. in der Trias häufig.

Erbsenbein, = → Pisiforme.

Errantia (AUDOUIN & MILNE EDWARDS 1832) (lat. errare umherirren, unstet sein), (= Erranta), eine O. der → Polychaeta; sie umfaßt frei bewegliche Würmer mit einem Kieferapparat aus zahnartigen chitinigen → Scolecodonten. Vorkommen: Seit dem Ordovizium.

Ersatzgebiß der Säugetiere, das nach Ausfall des Milchgebisses durchbrechende Gebiß. Nach heutiger Auffassung gehören zum E. die Inzisiven, Caninen und Prämolaren des ‚Dauergebisses‘, während die Molaren meist dem Milchgebiß zugerechnet wer-

Ersatzknochen (= Autostose, Knorpelknochen, primärer Knochen), ein morphologischer Begriff, der solche Knochen bezeichnet, die aus (meist) knorpeligen Vorstadien hervorgegangen sind. Histogenetisch handelt es sich dabei in der Regel um enchondral gebildete Knochen (→ Osteogenese).

Ethmoidal-Region, → Primordialcranium.

Ethmoid, Os ethmoidale, n (gr ηθμός Sieb), eine Verknöcherung der Vorderwand der Schädelhöhle der → Amniota. Bei Säugern ist von zahlreichen kleinen Öffnungen durchbohrt und heißt deshalb Lamina cribrosa (Siebbein); nach vorne entsendet sie eine mediane Knochenplatte, die verknöcherte Nasenscheidewand (Septum narium). Das E. der Säuger gilt als Homologon des → Sphenethmoids der Amphibien.

Ethmostylie, f (LAKJER 1927) (gr. στύλος Säule, Stütze), eine Art der Befestigung des Unterkiefers am Neurocranium, bei der der Ethmoidalkomplex die Hauptverbindung bildet. Vgl. → Pleurostylie, → Amphistylie.

Ethmoturbinale, n (lat. turbo Wirbel[wind]), → Turbinale.

Ethologie, f (gr. ἤθος, ἔθος Gewohnheit, Sitte) an älteres, nach L. DOLLO bereits im 16. Jh. gebräuchliches Synonym von Ökologie, nach jetzigem Wortgebrauch = → Synökologie.

Euanura (gr. εὖ gut, genau; αν ohne; ουρά Schwanz), die eigentlichen, vom Jura an bekannten → Anura, mit einem Urostyl aus verwachsenen Schwanzwirbeln.

Euarthropoda, im Sinne von LAUTERBACH 1980: Die → Arthro-

poden mit Ausnahme der → Protarthropoda. Vgl. Abb. 9, S. 21.

Euaster, m (gr. αστής Stern), eine Schwammnadel, bei der von einem Zentrum mehrere Strahlen nach allen Seiten ausgehen. → Porifera.

euautochthon (gr. αυτός selbst; χθών Erde), → autochthon.

Eucalamites, m (WEISS 1876) (gr. κάλαμος Halm, Rohr; Endung -ites s. b. Ammoniten), → Calamiten.

Eucarida (CALMAN 1904) (gr. καρίς Krabbe), eine U.Kl. der → Malacostraca. Fossil bedeutsam ist von ihnen die O. → Decapoda. Seit dem O.Devon.

Euechinoidea (BRONN 1860), eine U.Kl. der → Echinoidea, in der die post-paläozoischen Seeigel mit Ausnahme der Cidaroida zusammengefaßt sind. Ordnungen → System der Organismen im Anhang. Vorkommen: Seit O.Trias.

Euhypsodontie, f (MONES 1982), → Hypsodontie.

Eukaryo(n)ta (gr. κάρυον Nuß, Kern), Organismen, deren Zellen echte Kerne mit eigener Umwandung, membran-gebundene Zellorganellen und mit Mitose und Meiose verbundene Sexualitat besitzen. Dazu die Reiche Protista (Einzeller), Fungi (Pilze), Plantae (Pflanzen) und Animalia (Tiere). Erstes Auftreten im jüngeren Präkambrium. Vgl. → Ediacara, → Prokaryota.

eulamellibranch(iat), ein Kiementyp der → Lamellibranchia.

eulepidin (gr. λεπίς Schale, Schuppe), (Foram.) → Nucleoconch.

Eulitoral, n, der im Gezeitenbereich liegende küstennahe Teil des Meeres; im Süßwasser: im Bereich der Seespiegelschwankungen. Vgl. → litoral.

Eumollusca, die → Mollusca mit Ausnahme der → Aplacophora.

Eumycetes (gr. μύκης Pilz), ‚Höhere Pilze‘ (→ Fungi), unterteilt in die → Ascomycetes, Schlauchpilze, mit → Ascus und die → Basidiomycetes, ‚Schwammpilze‘, mit → Basidie.

Eupanthotheria, eine O. der → Panthotheria, die als direkte Vorläufer von Eutheria und Marsupialia gelten. Beispiele: *Amphitherium, Dryolestes.* Vorkommen: M.Jura-U.Kreide.

euphotische Region (SCHIMPER 1898) (gr. φώς, φωτός das Licht), die lichtreiche Zone des Meeres bis etwa 80 m Tiefe, in der Pflanzen gedeihen können. An sie schließt sich die dysphotische Region an (etwa 80–200 m Tiefe) und an diese die aphotische Region. Eu- und dysphotische Region werden auch als → diaphane Region zusammengefaßt.

euramerische Flora, die permokarbonische Flora des europäisch-nordafrikanisch-vorderasiatisch-nordamerikanischen Raumes. Die größte Übereinstimmung zwischen europäischer und nordamerikanischer Karbonflora bestand im Westfal C und D; gekennzeichnet wird die e.F. durch zahlreiche Arten von Calamiten und Lepidophyten sowie Ginkgoatae und *Walchia.* (Abb. 45, S. 82).

euryapsid (COLBERT 1945) (gr. ευρύς breit. weit; αψσίς Bogen), heißen Reptilschädel, deren Dach eine ‚obere‘ Schädelöffnung hinter dem Auge besitzt, welche unten von Postorbitale und Squamosum begrenzt wird. Echte e. Schädel besitzen nach KUHN-SCHNYDER nur die → Placodontia. Vgl. → Schläfenöffnungen (Abb. 103, S. 213).

Euryapsida (COLBERT 1945) (= Synaptosauria), eine U.Kl. der Reptilien, in welcher ROMER die Ordnungen Placodontia, → Sauropterygia und → Protorosauria zusammenfaßte. Nach KUHN-SCHNYDER (u. a. 1967) besitzen nur die Placodontia nachweislich euryapside Schädel (nach OSTROM 1979 auch die → Ichthyosaurier), so daß die U.Kl. nicht mehr verwandte Formen zusammenfaßt.

eurybath (gr. βαθύς tief), mit großer vertikaler Toleranz. Gegensatz: stenobath.

eurychor (gr. χώρα Raum), in unterschiedlichen Räumen oder Biotopen lebend. Gegensatz: stenochor, auf eng umgrenzte Räume oder Biotope begrenzt.

euryhalin (gr. άλς, αλός Salz) sind aquatische Organismen, deren Verbreitung von der Salzkonzentration ± unabhängig ist. Gegensatz: stenohalin.

euryök (gr. οἶκος Haus, Heimat) heißen Lebewesen mit einem wei-

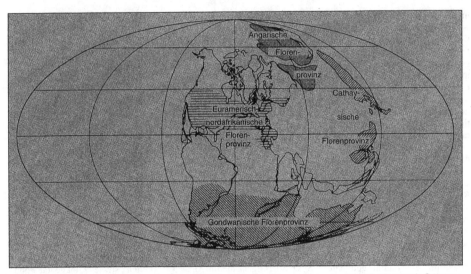

Abb. 45 Die Florenprovinzen an der Wende Karbon/Perm. – Umgezeichnet und verändert nach GOTHAN & WEYLAND (1964), REMY & REMY (1977) und PANGEA (1994)

ten Spielraum ihrer Lebensansprüche. Gegensatz: stenök, mit geringem Spielraum.

Euryoxybionten, *m* (gr. ὀξύς scharf, Essig; βιοῦν leben), sind aquatische Tiere, welche gegenüber Schwankungen des Sauerstoffgehalts im Wasser unempfindlich sind. Gegensatz: Stenoxybionten.

euryphotisch (gr. φώς, φωτός Licht), → stenophotisch.

Eurypterida (BURMEISTER 1843) (nach der Gattung *Eurypterus:* gr. εὐρύς breit; Flosse, nach den verbreiterten Schwimmbeinen) (= Gigantostraca HAECKEL), Breitflosser, eine Ü.O. der → Merostomata, mit langem, schmalem Panzer, wenig gegliedertem Kopfschild (= Prosoma), einem → Opisthosoma aus 12 beweglichen Segmenten, davon 7 zum Meso-, 5 zum Metasoma gerechnet. Sie erreichten bis zu 3 m Körperlänge, damit sind sie die größten bekannten → Arthropoden. Sie lebten meist benthisch in küstennahem, brackischem oder süßem Wasser. Kräftige Zähne der → Chelae ermöglichten die Überwältigung auch größerer Beutetiere. Sie können gefährliche Feinde der zeitgenössischen Wirbeltiere gewesen sein. Vorkommen: Ordovizium–Perm (Abb. 46, S. 82).

Eurysiphonata (TEICHERT 1933) (gr. σίφων Röhre), zusammenfassend für → Cephalopoden mit weitem Sipho: die → Endoceratoi-

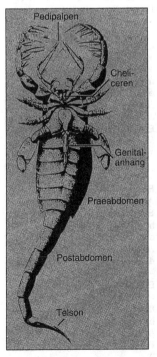

dea und die → Actinoceratoidea. Gegensatz: → Stenosiphonata.

eurytherm (gr. θερμός Wärme), unempfindlich gegenüber Temperaturschwankungen. Gegensatz: stenotherm.

Euselachii, → Selachii.

Eusept(oid)um, *n* (FREDERICKS 1927) (Brachiop.): → Medianseptum.

Eusigillariae (WEISS 1887) (lat. sigillum kleines Bild, Siegel), (Lepidodendrales), → Sigillariaceae.

eusporangiat sind Farne, deren Sporangien in reifem Zustand eine aus mehreren Zellagen bestehende feste Wand besitzen, aber keinen → Anulus. Vgl. → leptosporangiat.

Eusporangiatae, eine Kl. der Farne (→ Filicophyta), gekennzeichnet durch → eusporangiate Sporangien. Vorkommen: Seit O.Devon. Die paläozoischen Farne gehören überwiegend zu den E.

Eustachische Röhre (nach Bartolommeo EUSTACHIO, einem ital.

Abb. 46 Rekonstruktion von *Mixopterus kiaeri* STØRMER, einem Eurypteriden aus dem norwegischen O.Silur, Ventralseite; Originalgröße etwa 70 cm. – Nach L. STØRMER (1955)

Arzt, gest. 1574 in Rom), (Mammalia): Tuba Eustachii, T. auditiva; eine häutige Verbindung der Paukenhöhle (→ Cavum tympani) mit der Mundhöhle. Sie ist phylogenetisch vom Spritzloch der primitiven Fische abzuleiten.

Eustele, *f* (gr. εὖ gut, recht; στήλη Säule), (botan.): ein Typ von Leitbündeln höherer Pflanzen. → Stele.

Eutaxicladina (RAUFF 1893) (gr. ευταξία gute Ordnung, Zucht; κλάδος Zweig), (→ Porifera), U.O. der → Lithistida mit einem Skelet aus → Dicranoclonen. Vorkommen: Seit dem Ordovizium (Abb. 91, S. 186).

Eutetrapoda (v. HUENE) (gr. τέτταρες vier; πούς, ποδός Fuß, Bein), Zusammenfassung der großen Mehrzahl der niederen Tetrapoden (Anuren, Reptilien), im Gegensatz zu den → Urodelidia (Urodelen). Sie werden von den → Osteolepiformes unter den → Crossopterygii abgeleitet, die Urodelidia dagegen von den → Porolepiformes. v. HUENE gliederte die E. in vier Rami (Überordnungen): 1. → Batrachomorpha, 2. → Reptiliomorpha, 3. → Theromorpha, 4. → Sauromorpha.

Eutheca, *f* (HEIDER 1886), Euthek, bei Scleractinia: in einer selbständigen, tangentialen Ringfalte zweiseitig ausgeschiedene → Theca. Nach SCHOUPPÉ & STACUL der → Innenwand zuzurechnen.

Eutheria (GILL 1872) (gr. θής, θηρός Tier, Geschöpf), Monodelphia, → Placentalia; die höchstentwickelten Säugetiere, die ausnahmslos eine Plazenta entwickeln. Sie bilden die Hauptmasse der heutigen Säugetiere. Die geologisch ältesten E. sind aus der oberen U.Kreide (Apt/Alb) der Mongolei beschrieben worden; dort bzw. auf der nördlichen Halbkugel dürften sie entstanden sein; mit dem Paläozän begann ihre eigentliche Entfaltung. Gliederung der E. → System der Organismen im Anhang.

euthetisch (R. ANTHONY 1905) (gr. εὔθετος passend, bequem), sind Muscheln, deren Symmetrieebene zu Lebzeiten senkrecht zum Substrat steht. Gegensatz: pleurothetisch, mit der Symmetrieebene parallel zum Substrat.

Euthycarcinoidea (GALL & GRAUVOGEL 1964), eine kleine, limnische, auf Silur–Trias beschränkte Arthropodengruppe; nach BERGSTRÖM (mündl. 1994) sind es den → Hexapoda nahestehende → Tracheata.

euthyneur (gr. ευθύς gerade gerichtet; νευρά Sehne, Schnur), (Gastrop.): mit parallel verlaufenden (nicht gekreuzten) Nervenbahnen. Vgl. → streptoneur. Syn.: orthoneur.

Euthyneura (SPENGEL 1881), im System von WENZ: eine U.Kl. der → Gastropoda; zu ihr werden die Ü.O. → Opisthobranchia und → Pulmonata gerechnet: Schnecken, bei denen die Nervenbahnen außer bei einigen ursprünglichen Formen (*Actaeon, Chilina*) nicht gekreuzt sind (= euthyneur). Vorkommen: Seit dem Karbon, jedoch fossil spärlich vertreten.

Eutrilobita (LAUTERBACH 1980), die → Trilobiten mit Ausnahme der → Olenelliden und → Emuellida.

eutroph (WEBER 1907) (gr. τροφή Nahrung) heißen Gewässer mit hohem Nährstoffgehalt (reicher Planktonproduktion). Gegensatz: oligotroph.

Euvitrit, *m* (R. POTONIÉ) (lat. vitrum Glas, Kristall), ein völlig strukturloser → Vitrit, dessen Herkunft aus Holz oder Kork nicht erkennbar ist und der teilweise aus kolloidaler Humussubstanz hervorgegangen ist (vgl. → Collinit).

euxinisch (KREJCI-GRAF 1930) (lat. pontus euxinus = Schwarzes Meer), den Verhältnissen in tieferen, sauerstoff-freien Teilen des Schwarzen Meeres entsprechend. Dort steigt der Schwefelwasserstoff- (H₂S-)Spiegel aus dem Sediment in das freie Wasser darüber und macht höher organisiertes Leben unmöglich. Die dabei entstehenden Faulschlammsedimente begünstigen andererseits die Erhaltung organischer Substanz und von herabgesunkenen Organismen aus höheren, Sauerstoff enthaltenden Regionen des Meeres. Fossile Analoga sind das Meer des Kupferschiefers und des liassischen Posidonienschiefers.

Event (engl. Ereignis), ein relativ kurze Zeit wirksames geologisches Ereignis mit lokalen bis weltweiten

Auswirkungen. Vgl. → Bio-Event.

Evertebrata (lat. e Verneinung; vertebra Wirbel), die Gesamtheit der wirbellosen Tiere. Syn.: Invertebrata.

evolut (lat. evolvere ausrollen, auswickeln) → Einrollung.

Evolution, *f,* Entwicklung; die Umformung der Organismen bes. im Sinne des Aufsteigens vom Einfachen zum höher Organisierten und im Gegensatz zur Vorstellung der Schöpfung aus dem Nichts. Vgl. → Abstammungslehre.

evolutionäre Klassifikation (MAYR 1969, 1982), eine Klassifikation, die bemüht ist, möglichst viele Ergebnisse der Phylogeneseforschung mit dem praktischen Zweck eines Ordnungsschemas, einer hierarchischen Klassifikation, zu verbinden, unter angemessener Berücksichtigung des evolutionären Wandels. Gelegentliche Kompromisse müssen im Interesse des praktischen Zwecks hingenommen werden.

Regel der Evolutionsdiskordanz (R. POTONIÉ 1951), „...die Phytotypogenese geht der Zootypogenese stets ein Zeitabschnitt von etwa Epochengröße voraus."

Exapophyse, *f* (gr. ἐκ oder ἐξ hinaus, von; ἀπόφυσις Auswuchs [an Knochen]), → Zygapophyse.

exarch (gr. ἔξω außen, außerhalb; ἀρχή Anfang), (botan.) → Xylem.

Exichnia, Sing. -ium, *n* (MARTINSSON 1970) (gr. ἴχνος Spur), → Lebensspuren.

Exine, *f* (lat. extimus außenseitig), (botan.) Außenhaut der Pollenkörner, vgl. → Sporoderm.

Exinit, *m,* eine Mazeralgruppe der Steinkohle, zu der die → Mazerale → Sporinit, → Kutinit, → Resinit und → Alginit gehören.

Exitus, *m* (lat. Ausgang), bei Pollen: Keimpunkt, d. h. diejenige Stelle des ± ausgedehnten → Germinalapparates, an dem die Keimung erfolgt (= Austrittsstelle).

Exoccipitale, *n* (lat. ex aus, nach außen gelegen; occiput Hinterhaupt), Abb. 77, S. 149, → Occipitale.

Exocoel, *n* (gr. ἔξω außen, außerhalb; κοῖλος hohl), (Anthozoen): Raum zwischen zwei → Mesentrien-Paaren. Vgl. → Entocoel.

Exocuticula, *f,* → Cuticula.
exocyclisch, bei Seeigeln: = →
irregulär. Vgl. → endocyclisch.
Exoexine, *f* (botan.) → Sporoderm.
exogastrisch (gr. γαστήρ Bauch),
1. (Cephalop.): derart gekrümmt
bzw. eingerollt, daß die Ventralseite des Tieres auf der konvexen Außenseite liegt. 2. die Stellung des
Nautilus-Gehäuses und desjenigen
von jungen Gastropodenlarven:
über den Kopf nach vorn gerichtet;
wenn das Tier sich in die Schale
zurückzieht, verschwindet erst der
Fuß (bzw. Trichter), dann der Kopf.
Vgl. → endogastrisch.
Exokarp, *m* (gr. καρπός Frucht),
die äußerste, aus der Epidermis hervorgehende Schicht der Fruchtwand
bei Angiospermen.
Exolamella, *f* (lat. lamella, Demin.
von lamina Platte, Blatt), (botan.)
→ Sporoderm.
Exopodit, *m* (gr. πούς, ποδός Fuß),
der äußere Ast des ‚Spaltfußes‘ von
Crustaceen, das primäre Respirati-
onsorgan.
Exoseptum, *n* (DUERDEN 1906)
(lat. saeptum Scheidewand), in ei-
nem → Exocoel entstandenes Sep-
tum (bei Scleractinia). Vgl. →
Entoseptum.
Exoskelet, von der Haut ausge-
schliedenes Stütz- bzw. Schutzorgan
bei Wirbeltieren (Hautknochen, -
Zähne) und Arthropoden (Cuticula).
Exospor, *n,* Außenhaut der →
Sporen.
Exospore, *f* (gr. σπόρος Saat,
Same), = → Konidie.
Exostichos, *m* (BOLK) (gr. στίχος
Reihe), bei niederen Tetrapoden:
die funktionierenden Zähne des
Kiefers alternieren derart, daß jeweils ein Zahn etwas weiter lin-
gualwärts, der nächste weiter la-
bialwärts steht, so daß zwei Zahn-
längsreihen (Odontostichi) in geringem Abstand nebeneinander,
aber auf Lücke stehen. Der äußere
Odontostichos samt seinen Ersatzzähnen, also die Summe jener
Zahnfamilien, heißt Exo-, der innere Endostichos. Die Zähne beider Reihen ersetzen sich nicht gegenseitig, aber die endostichalen
Zähne können sich zwischen die
exostichalen schieben, so daß aus
dem distichalen ein scheinbar
monostichaler Kiefer wird.

exotherm, (bei Wirbeltieren) ‚von
außen warm‘ = wechselwarm,
‚kaltblütig‘ im Gegensatz zu endotherm = ‚warmblütig‘, eigen-
warm.
Exotheca, *f* (EDWARDS & HAIME
1848), die Gesamtheit der → Dissepimente außerhalb der → Theca
(→ Innenwand) der → Scleractinia.
exozyklisch (Echin.), → exocyclisch.
explosive Entwicklung zeigen die
Stammesreihen oft an ihrem Anfang, indem sie innerhalb einer relativ kurzen Zeitspanne zahlreiche
neue Formen hervorbringen; von
diesen stirbt ein Teil in der Regel
bald wieder aus. Vgl. → Typostrophentheorie, → Anastrophe.
exsert (lat. exserere herausstrek-
ken) (Echinoid.) sind Ocularplatten, wenn sie vom Rande des Pe-
riproktes verdrängt sind, insert,
wenn sie mit dem Periprokt in
Kontakt stehen und somit die Genitalplatten voneinander trennen. In
älteren Werken wird im ersten Falle
von einem dizyklischen, im
zweiten von einem monozykli-
schen Apex gesprochen.
Externlobus, *m* (L. v. BUCH 1829)
(lat. externus äußerer) (= ‚Rücken-
lobus‘ L. v. BUCH), unpaarer Lobus
(→ Lobenlinie) an der Außen-
(Extern-) seite des Gehäuses. Synonyma: Ventrallobus, Siphonallobus (wenn der S. extern liegt).
Externsattel, → Lobenlinie.
extraporat (lat. extra außerhalb;
gr. πόρος Durchgang), heißen →
Sporomorphae mit Pseudocolpen
(→ Colpus) und freien (d. h. nicht
an die Pseudocolpen gebundenen)
Poren.
extrasagittal, → sagittal.
Extrascapularia, Sing. -e, *n,* hinter den Postparietalia und Tabularia
(→ Tabulare) primitiver → Sarcopterygii gelegene Knochen des
hinteren Schädeldaches. Sie werden von der Supratemporalkom-
missur des Schleimkanalsystems
durchzogen und sind wahrscheinlich stark vergrößerte Schuppen,
ohne Homologa bei den Tetrapoden.
Extremitäten (lat. extremus, der
äußerste), Gliedmaßen, meist zur
Fortbewegung, doch umgewandelt
auch zu anderen Zwecken (Nahrungsaufnahme usw.) dienend. Die

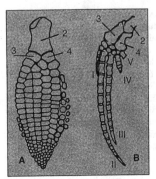

Abb. 47 Skelet der Zinken zur
Brustflosse umgebildeten Vor-
derextremität von sekundär
wasserbewohnenden Tetrapo-
den. A fossiles Meeresreptil
(*Ichthyosaurus*); B Zahnwal
(*Globicephalus*); 2 Humerus; 3
Radius; 4 Ulna. – Nach PORT-
MANN (1959)

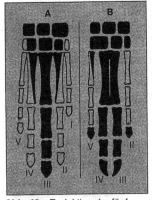

Abb. 48 Reduktion der fünfstrahligen Extremität bei Huftie-
ren. A Unpaarhufer (Perissodactyla): Achse im III. Strahl.
B Paarhufer (Artiodactyla):
Achse zwischen III. und IV.
Strahl. – Nach PORTMANN (1959)

E. der Arthropoden heißen auch
Anhänge (Körperanhänge). E. der
Wirbeltiere s. → freie Extremitäten
(siehe auch Abb. 47, 48 und 49).
extrovert (lat. extra außerhalb;
vertere wenden), heißen → Thecae
von → Graptolithen, welche infolge exzessiven Wachstums ihrer
dorsalen Ränder stark abwärts gekrümmt sind (Abb. 57, S. 100).

Exuvie, *f* (lat. exuviae, -arum abgezogene [Tier] haut), Hemd; bei der Häutung niederer Tetrapoden oder der Arthropoden abgeworfene Haut oder Panzer.

Exzessivbildungen, sind extreme Ausbildungen einzelner Organe oder Körperteile. Man kann unterscheiden: 1. Luxusbildungen, welche den funktionell zweckmäßigen Ausbildungsgrad überschreiten; sie sind oft zu verstehen als „...Abreagieren von Überschüssen in der Ernährungsbilanz" (H. KRIEG 1937) und werden besonders bei männlichen Tieren angetroffen (Geweihbildungen der Hirsche). 2. Überspezialisierungen: positiv → allometrisch wachsende Organe als Nebenerscheinung der Körpergrößensteigerung (Nasenhörner der Titanotherien, Stoßzähne des Mammuts).

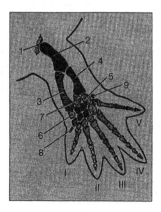

Abb. 49 Bauplan der Tetrapoden-Extremität, linke Seite. I–V ursprüngliche Strahlen des fünfstrahligen Autopodiums. Vorderextremität: 1 Schultergürtel; 2 Humerus; 3 Radius; 4 Ulna; 5 Ulnare; 6 Radiale; 7 Intermedium; 8, 9 Randelemente, die verschieden gedeutet werden. Hinterextremität: 1 Beckengürtel; 2 Femur; 3 Tibia; 4 Fibula; 5 Fibulare; 6 Tibiale; 7 Intermedium; schwarz: vier Centralia. – Umgezeichnet nach PORTMANN (1959)

Facetalia, Sing. -e, *n* (engl. facet Fazette, Facette), von MOORE 1939 vorgeschlagener Terminus (→ Partialname) für die mit einer Gelenkfläche versehenen Kelchplatten von → Crinoidea (d. h. die → Radialia [außer denen der Camerata] und → Brachialia). Vgl. → Apicalia.

Facettenbildung, -ringe, (→ Biostratonomie): Durch einseitigen Abrieb (Abschliff) an teilweise eingebetteten oder fest verankerten Hartteilen vorwiegend in der Brandungszone entstandene Schliffflächen; unter Umständen können dabei Ringe entstehen, z. B. wenn Muschelklappen von Wirbel her abgerieben werden. Noch nicht eingebettete Facetten können auch entstehen, wenn Gehäuseteile regelmäßig hin- und herbewegt werden.

fakultative Kategorien (lat. facultas Möglichkeit), zool. Nomenklatur; über die → obligatorischen hinausgehende Kategorien wie Unterart, Untergattung, Sektion usw.

falcat (lat. falcatus sichelförmig), sichelförmig (bei Rippen oder Anwachslinien, bes. von → Ammonoidea).

Falciferi (L. V. BUCH) (lat. falx, cis Sichel; ferre tragen), alter Name für die Harpoceraten (Ammon.) = ‚Sichelripper'.

Familie, familia (lat.), übergeordnete nomenklatorische Kategorie; sie umfaßt eine oder mehrere zusammengehörige → Gattungen. Vgl. → Familiengruppe.

Familiengruppe, sie umfaßt die Kategorien → Tribus, U.Familie, → Familie, Ü.Familie sowie etwa nötige Zwischenkategorien. Sie haben in der zool. Nomenklatur → koordinierten nomenklatorischen Status. Ihre Namen werden durch bestimmte Endungen charakterisiert, und zwar in der zoologischen Nomenklatur: Familie: -idae; U.Familie: -inae; empfohlen wird ferner für die Ü.Familie: -oidea; für den Tribus: -ini (Art. 35 → IRZN). In der botan. Nomenklatur: Familie: substantivisch gebrauchtes Adjektiv in der Mehrzahl mit Endung auf -aceae; U.Familie: dgl. auf -oideae; Tribus: dgl. auf -eae; U.Tribus: dgl. auf -inae.

Farne, → Filicophyta, vgl. → Pteridophyta (Abb. 93, 94, S. 196).

fasciculat, (lat. fasciculus kleines Bündel), gebündelt (bei Madreporarierkolonien: aus einander nicht berührenden Coralliten bestehend).

Fasciculiten-Kohle, in den Weichbraunkohlen finden sich → Xylite von Palmen mit Bastfaststrängen. Beim Trocknen der abgebauten Kohle werden diese frei und ergeben ein faseriges Gebilde, das heute als *Palmoxylon bacillare* bezeichnet wird. Bevor man seine Palmennatur erkannt hatte, wurden diese Fasern *Fasciculites bacillaris* genannt - daher obiger Name. Vgl. → Canaliculatus-Erhaltung.

fascipartit (lat. fascis Bündel; partitus geteilt), → Rippenteilung (Abb. 4, S. 8).

Faserknorpel, → Knorpelgewebe.

Faserkohle, → Fusit.

fastigat (lat. fastigatus giebelförmig, schräg ansteigend), (Ammoniten): mit dachförmig zugeschärfter, aber nicht gekielter Externseite.

Fasziole, *f* (lat. fasciola kleine Binde, Band), (Seeigel): Semita, Saumlinie: bei manchen → Spatangiden über die → Corona sich hinziehender Streifen oder Furche, mit feinen Cilien und Borsten besetzt, jedoch ohne Stacheln; ein durch Cilienbewegung erzeugter Wasserstrom entfernt in ihnen Fremdkörper von der Gehäuseoberfläche. Je nach der Lage unterscheidet man Anal-, Subanal-, Peripetal-, Endopetal-, Marginal-, Lateral-Fasziolen (Abb. 111, S. 217). (Gastrop.): eine durch eine schmale Einbuchtung oder Kerbe der Anwachslinien oder bes. Struktur hervorgerufenes Spiralband.

Fäulnis, Zersetzung von organischer Substanz bei Fehlen von Sauerstoff, aber in Gegenwart von Wasser. Dabei spalten anaerobe Bakterien die Substanz auf und verwerten sie z. T. für den eigenen Stoffwechsel, während der Rest zu hochmolekularen Kohlenwasserstoffen synthetisiert wird. Diese können bei entsprechenden Druck- und Temperaturverhältnissen zu → Bitumen werden. Vgl. → Verwesung.

Faulschlamm, = → Sapropel.

Fauna, *f* (nach der römischen Waldgöttin Fauna, der Beschützerin der Tiere), die Tierwelt eines bestimmten Gebietes.

Faunonzone (Faunizone BUCKMANN 1902), → Zone.

Favularia (lat. favula Bienenwabe), (Lepidophyta), → Sigillariaceae (Abb. 112, S. 220).

Fazies, *f* (STENO 1669, emend. GRESSLY 1838) (lat. facies Gesicht), allgemein: die Summe aller primären Charakteristika eines Sedimentgesteins, d. h. seine lithologischen und paläontologischen Merkmale. Die Hervorhebung bestimmter Teilbereiche erfolgt durch Wortkombinationen wie Litho- (Gesteins-) Fazies, → Biofazies, metamorphe Fazies. Regional werden Faziesbereiche unterschiedlicher Größenordnung unterschieden: →Magnafazies, → Parvafazies; marine Faziesbereiche: Strand-, Litoral- (= Küsten), neritische (= Flachmeer-), pelagische (= → Hochsee-), abyssische (= Tiefsee-) Fazies; kontinentale Faziesbereiche: fluviatile (= Fluß-), limnische (= See-), glaziale Fazies usw. Innerhalb der Biofazies werden ebenfalls kleinere Einheiten unterschieden: Korallenriff-, Brachiopoden-Fazies etc. Vgl. → Faziesbezirke.

Faziesbezirke lassen sich nach E. v. MOJSISOVICS (1879) in folgender Weise unterscheiden: 1. Nach der Bildung im gleichen oder verschiedenen Medium, z. B. Luft oder Wasser: iso-oder heteromesisch. 2. Bildungen gleicher Fazies heißen isopisch, solche verschiedener

Fazies heteropisch. Verschiedenaltrige isopische Fazies heißen homotax. 3. Bildungen gleicher Ablagerungsräume (unabhängig von der Fazies) heißen isotopisch, solche verschiedener Räume heterotopisch.

Faziesfossilien sind an eine bestimmte Fazies gebunden (z. B. Riffkorallen) und damit für sie charakteristisch. Vgl. Biofazies, → Leitfossilien.

Felsenbein, = → Petrosum.

Femorale, *n* (lat. femur, -oris Oberschenkel), → Hornschilde der Schildkröten (Abb. 102, S. 212).

Femur, *n* (lat. femur, femoris Oberschenkel, Knochen des Oberschenkels). A. Oberschenkelbein der Tetrapoden. Es ist neben dem Humerus der massigste Knochen des Skelets. Sein Proximalteil entwickelt mehrere Fortsätze:
1. Trochanter internus primitiver Formen.
2. Tr. tertius bei Perissodactylen.
3. Tr. quartus bei vielen Amphibien und Reptilien.
4. Tr. major der Säuger.
5. Tr. minor der Säuger.
Distal besitzt das Femur zwei Condylen, den C. Iateralis und C. medialis, mit welchen die Tibia artikuliert (Abb. 49, S. 85).
B. Schenkel, ein Beinglied der → Arthropoden.

Fenestra posttemporalis, *f* (lat. fenestra Öffnung, Fenster; post hinter; tempus, oris Schläfe), eine hintere Öffnung im Schädel der → Stegocephalia und → Reptilien zwischen → Processus paroticus und Schädeldach.

Fenestra pubo-ischiadica, *f*, große Öffnung im → Becken vieler Reptilien und Säugetiere zwischen Pubis und Ischium.

fenestrat, regelmäßig perforiert.

Ferse, Fersenbein, = → Calcaneus.

Ferungulata (SIMPSON 1945) (lat. fera, -ae wildes Tier [Ferae = ungebräuchliches Synonym für Carnivora]; ungula Klaue, Huf), eine Zusammenfassung (Cohorte) für Carnivoren + Ungulaten, die aus einer gemeinsamen Wurzel abgeleitet werden. Obs.

feste Wangen, der Trilobiten, → Fixigena (Abb. 118, S. 246).

Fetalisation, *f,* (L. BOLK 1926) (lat. foetus oder fetus Frucht, Junges), Pädomorphose.

Fettkohle, (→ Streifenkohle); eine Inkohlungsstufe der Steinkohlen: Kohle mit 19–28 % flüchtigen Bestandteilen. Sie ist besonders gut verkokbar und wird deshalb auch Kokskohle genannt.

Fibrillen, Pl., *f* (Demin. von lat. fibra Faser), mikroskopisch feine, langgestreckte Strukturen; sie sind dem Bindegewebe regellos eingelagert. Bündel von F. heißen Fasern. Nach ihrem physikalisch-chemischen Verhalten unterscheidet man a) collagene, beim Kochen Leim ergebende, wenig elastische F.; b) elastische Fibrillen.

Fibula, *f* (lat. fibula, gr. περόνη Spange, dünne Röhre), Wadenbein, Perone; der lateral gelegene der beiden Knochen des Unterschenkels von Tetrapoden (Abb. 49, S. 85).

Fibulare, *n,* ein Knochen in der proximalen Reihe der Fußwurzelknochen (→ Tarsus) der Tetrapoden, unterhalb der Fibula. Bei den Säugetieren = Calcaneus, Fersenbein (Abb. 24, S. 40).

fibulat (lat. fibula Schnalle, Spange) (Ammon.): nennt man Rippen, die sich auf der Externseite zu Spangen aufspalten.

Figurensteine (= Lapides figurati), von Conrad GESSNER (1510–1565) eingeführter Name für → Fossilien; bis ins 18. Jh. gebräuchlich.

Filament, *n* (lat. filum Faden), fadenförmiger Anhang oder Tentakel. Vgl. → Mesenterialfilament.

filibranch, (gr. βράγχια Kiemen), ein Kiementyp vieler taxodonter und dysodonter → Lamellibranchia.

Filicophyta (lat. filix, icis Farnkraut), Farnartige, eine Abteilung (Stamm) der Sporenpflanzen; Pflanzen mit großen, mit reicher Nervatur versehenen Blättern (Wedeln, Pteridophyllen); die blattartigen Sporophylle tragen zahlreiche Sporangien auf der Unterseite. Die Entwicklung ging in einigen Linien schon im Devon von der Isosporie bis zur Bildung von Samen, also in Richtung auf Pteridospermen. Nach dem Bau der Wandung reifer Sporangien unterscheidet man → eusporangiate und leptosporangiate Farne. Vorkommen: Seit dem U.Devon. Systematik: → System der Organismen im Anhang.

Finger, = → Digitus.

Fingerknochen, -glieder, = → Phalangen.

Firmisternie, *f* (COPE 1875) (lat. firmus stark; sternum Brustbein [gr. στέρνον), → Arciferie.

Firmizonie, *f* (FUCHS 1930) (lat. zona Gürtel), → Arciferie.

Fische, → Pisces.

Fischsaurier, = → Ichthyosaurier.

Fissiculata (JAEKEL 1918), eine O. der → Blastoidea.

Fissipeda (BLUMENBACH 1791) (meist als Fissipedia gebraucht) (lat. findere spalten; pes, pedis Fuß [mit freien, im Gegensatz zu den → Pinnipedia [Robben] nicht durch Schwimmhäute verbundenen Zehen]), Raubtiere, eine U.O. der → Carnivora.

Fistulata (WACHSMUTH & SPRINGER 1886) (lat. fistula Rohr, Fistel), (Crinoid.), frühere Bez. für dizyklische → Inadunata mit großem Analtubus.

fistulose Kammer (lat. fistulosus porös), (Foram., häufig bei Polymorphinidae, O. Rotaliida): unregelmäßig geformte Kammer, welche sich als letzte an ein sonst regelmäßig gebautes Gehäuse anfügt. Sie hat dorn- oder röhrenförmige, distal meist offene Fortsätze, kann auch durch Schalenresorption mehrere direkte Verbindungen mit älteren Kammern bekommen. HOFKER brachte fistulose Kammern mit Zoosporenbildung in Zusammenhang.

Fixigena, *f*, Pl. -ae (lat. fixus fest; gena, ae Wange), ‚feste Wange‘; der Teil des → Cranidiums von Trilobiten zwischen Glabella-Rand und → Gesichtsnaht. Vgl. Abb. 104, 105, S. 214, 215.

Flabellaria (STERNBERG) (lat. flabellum, Fächer, Wedel) Sammelgattung für nicht näher bestimmbare Blätter von Fächerpalmen.

Flagellaten (Flagellata COHN 1853) (lat. flagellum, Demin. von flagrum Geißel, Peitsche), einzellige Organismen mit echtem Zellkern und einer oder mehreren zur Fortbewegung dienenden Geißeln. Sie ernähren sich autotroph (durch Assimilation mit Hilfe verschieden gefärbter Chromatophoren) oder heterotroph (durch Osmose oder Aufnahme geformter Nahrungsteilchen). Die F. stehen an der Wurzel des Pflanzen- wie des Tierreichs: die autotrophen F. werden dem Pflanzenreich zugerechnet, die heterotrophen dem Tierreich. Die Grenze kann durch einzelne Arten gehen, sogar Individuen können zeitweilig dem einen oder anderen Reich angehören.

Während die Zoo-F. als eine einheitliche systematische Einheit angesehen werden (Stamm Flagellata, Unterreich Protozoa), hat man die Phyto-F. aufgrund ihrer verschiedenen Chlorophyllpigmente als Anfangsglieder auf die verschiedenen Algenstämme aufgeteilt.

Einige Phyto-F. umgeben sich mit Panzern aus verschiedenen Materialien und sind dadurch fossil erhaltungsfähig, z. B. die → Coccolithophorida, → Silicoflagellaten und die → Dinoflagellaten. Vorkommen: Bekannt seit Ordovizium, vermutet seit Präkambrium.

Flagellum, *n* (Bryoz.): modifiziertes Operculum eines → Vibraculums, meist mit terminaler Borste.

Flammkohle, eine → Streifenkohle mit bis zu 40–45 % flüchtigen Bestandteilen. Vgl. → Gasflammkohle.

Flansch, *m* (Ammoniten): die Innenlippe der Protoconchmündung, die als Leiste in den Innenraum vorragt (engl.: flange).

Flechten, = → Lichenes.

Flexibilia (ZITTEL 1879) (lat. flexibilis biegsam), eine U.Kl. ausgestorbener → Crinoidea. Untere Armglieder beweglich in die Dorsalkapsel einbezogen; → Kelchbasis dizyklisch; stets nur 3 Infrabasalia; Tegmen flexibel, mit frei-

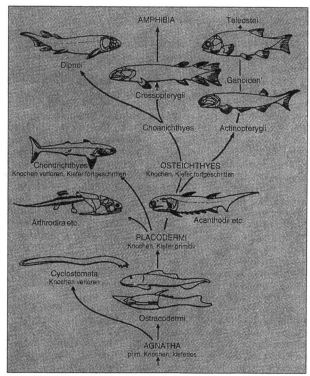

Abb. 50 Stammbaum der Fische. Die Beschuppung ist weggelassen. – Nach A. S. ROMER aus E. KUHN-SCHNYDER (1951), verändert

liegenden Ambulakralfurchen und Mund; Arme uniserial, ohne → Pinnulae. Die F. stammen wahrscheinlich von dizyklischen → Inadunata. Ihre beiden Ordnungen Taxocrinida und Sagenocrinida unterscheiden sich in der Ausbildung des hinteren Interradius, in dem das Anale X sich bei letzteren gleichmäßig an das Basale und die benachbarten Radialia anlegt, bei ersteren aber nicht. Vorkommen: Ordovizium– Perm.

flexostyl (lat. flexus gebogen; gr. στύλος Stütze, Säule), (Foram.): → Proloculus.

Florensprung, ein plötzlicher Wechsel in der Zusammensetzung der Flora zwischen Namur A und B. Oberhalb dieser Grenze setzen die meisten Arten des Namur A aus und es treten neue Arten auf, welche sich an diejenigen des Westfal anschließen. Der F. ist besonders deutlich in England, Schlesien (poln. Slask), im appalachischen Becken der USA und im Becken von Eregli (Türkei).

Floricom, *n* (lat. flos, -ris Blume, Blüte, coma Haupthaar), ein → Hexaster mit S-förmig gebogenen, distal verbreiterten und gezähnten Endstrahlen (→ Porifera).

Florizone, *f,* auf Floren begründete Zone.

Floscelle, *f* (lat. flosculus kleine Blüte), blütenförmige Struktur um das → Peristom mancher irregulärer Seeigel (→ Cassiduloida), bestehend aus den wulstartig herausgehobenen Interambulakralplatten (Bourrelet) und den dazwischen eingesenkten blattförmigen Phyllodien aus Ambulakralplatten.

Flossen, Bewegungsorgane der im Wasser lebenden Wirbeltiere. Bei den Fischen i. w. S. unterscheidet man: 1. aus einem unpaaren medianen Hautsaum entstandene unpaare Flossen (Pinnae): Rücken- (P. dorsalis), Schwanz- (P. caudalis), Afterflosse (P. analis); 2. paarige Flossen (Pterygia): Brustflossen (Pectorales), Bauchflossen (Ventrales, Abdominales). Entstehung vgl. → Archipterygium, → Pterygia.

Flossenstrahlen, Versteifungsstäbe der äußersten Abschnitte von paarigen und unpaaren Flossen. Bei den höheren Knochenfischen sind es die knöchernen Lepidotrichia. Sie sind aus Schuppen entstanden, daher ursprünglich paarig angelegt und bleiben vielfach auch an der Basis gespalten; dort treten sie mit den → Radien (Pterygophoren) in Verbindung, indem ihre ursprünglich höhere Zahl auf die der Radien reduziert wird. Zusätzlich treten bei Knochenfischen paarige Hornstrahlen (Actinotrichia) als Stützelemente auf; bei den Elasmobranchiern und Dipnoern sind sie besonders gut entwickelt (Ceratotrichia), kommen aber allen Fischen zu. Bei den Dipnoern können sie verkalken (Camptotrichia).

Flügel der Insekten sind flächenhaft ausgebreitete, seitlich am Thorax befestigte Chitinanhänge. Von den beiden Paaren sind bei den Käfern die vorderen zu festen Deckeln (Elytren) geworden, welche in Ruhelage über den (zusammengefalteten) Hinterflügeln (Alae) liegen. Die Vorderflügel der → Orthopteren können pergamentartig fest und verkürzt werden, sie heißen dann Tegmina (Sing. Tegmen). Bei den Hemielytren der → Heteroptera (Wanzen) wird nur der basale Teil lederartig (Corium), der distale Teil (Membran) bleibt häutig. Der hintere Teil des Vorderflügels kann durch eine Falte als Clavus (Analfeld) abgegliedert sein. Zur Versteifung dient das Geäder aus Längs- und Queradern, welches die Flügel in sog. Felder zerlegt. Die Adern enthalten Tracheen und Nerven. Die Flügel sind am häufigsten fossil geworden. Ihre Aderung ist diagnostisch wichtig; nach COMSTOCK-NEEDHAM 1898 läßt sie sich auf ein gemeinsames Schema zurückführen. Am klarsten erkennbar ist die Anordnung der Flügeladern bei den → Palaeodictyoptera. Man erkennt dort positive oder konvexe (den Kamm von Längsfalten einnehmende [+]), und negative oder konkave (im Grunde der Furchen gelegene [–]) Adern. Die Benennung der Adern und deren gebräuchliche Abkürzung lautet, vom Vorderrand her:
Costa C(+),
Subcosta Sc(–), auch ScP(–),
Radius R(+), auch RA(+),
Sector radii,
Radiussector Rs(–), auch RP(–),
Media(lis) M (je eine + und –),
Cubitus Cu (je eine + und –),
Analis A(+, –, +).
Die Verzweigungen werden von vorn nach hinten fortlaufend durchnumeriert (A1, A2 usw.). In der phylogenetischen Weiterentwicklung verändert sich das Bild der Aderung durch Einfügung neuer oder Verschwinden alter Adern in mannigfacher Weise (Abb. 64, S. 116).

Flügel von Wirbeltieren, bei Flugsauriern, Vögeln und Fledermäusen auf unterschiedliche Weise zu Flugorganen umgewandelte vordere Extremitäten. Vgl. Abb. 51, S. 89.

Flügelfortsatz, = Alarprolongation, → Nummuliten.

Flügelschnecken, = → Pteropoda.

Flugsaurier, = → Pterosauria.

Fodinichnia, Sing. -ium, *n* (SEILACHER 1953) (lat. fodina Bergwerk, gr. ἴχνιον Spur) Freßbauten; → Lebensspuren.

Fontanellen, *f* (lat. fonticulus Quellchen), nur von einer Membran überwachsene offene Stellen im Schädeldach juveniler Säugetiere; sie schließen sich erst im Laufe des weiteren Wachstums.

Foramen, *n* (lat. = Loch, Öffnung), 1. (Wirbeltiere): Eine Öffnung in oder zwischen Knochen zum Durchtritt von Nerven oder Blutgefäßen. 2. (Brachiopoden): Stielloch, eine runde Öffnung in der Schnabelregion der Stielklappe zum Durchtritt des Stieles. Es stellt den Rest eines durch Kalkabscheidungen teilweise ausgefüllten → Delthyriums dar. Seine Lage wird durch folgende Bez. näher gekennzeichnet:
hypothyrid: inmitten des → Deltidiums,
mesothyrid: im apikalen Winkel des Deltidiums (submesothyrid: etwas darunter; permesothyrid: etwas darüber),
epithyrid: oberhalb des Deltidiums,
amphithyrid: an der Basis des Deltidiums, an den Rand der Armklappe angrenzend (= symbolothyrid) (Abb. 16, S. 34).

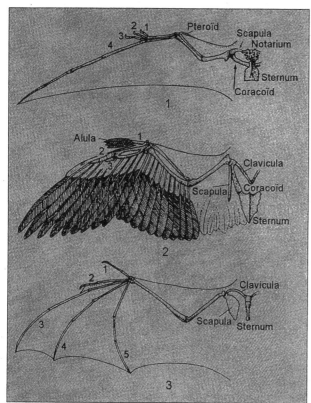

Abb. 51 Flügel von Wirbeltieren: Vergleich der Flügel von Pterosauriern (1), Vögeln (2) und Fledermäusen (3). Gehalten werden die Flügel bei den Pterosauriern vom vierten Finger, bei den Vögeln vorwiegend vom zweiten Finger, bei den Fledermäusen vom zweiten bis fünften Finger. – Umgezeichnet nach LANGSTON aus CHALINE (1990)

Foramen apicale (MÜLLER-STOLL 1936) (lat. apex, icis Spitze), das bei der → Epirostrumbildung in der Spitzenregion des Belemnitenrostrums entstehende Loch.

Foramen infraorbitale (lat. infra unterhalb; orbita Augenhöhle), eine kleine Öffnung im Maxillare an der Basis des Jochbogens von Säugetieren zum Durchtritt von Nerven und Blutgefäßen; die Öffnung führt in den Canalis infraorbitalis. Bei Nagetieren gehen auch Teile des Musculus masseter (Kaumuskel) hindurch; die Öffnung ist dort sehr weit.

Foramen magnum (lat. magnus groß), Foramen occipitale magnum, Hinterhauptsloch, eine Öffnung im Hinterhaupt der Wirbeltiere zwischen den Occipitalia, durch welche Gehirn und Rückenmark miteinander in Verbindung stehen. Auch bei Insekten gebräuchlich. Bei Seeigeln: die Öffnung im oberen Teil jeder Pyramide, unterhalb der Epiphyse des Kiefergerüsts. Vgl. → Laterne des Aristoteles, Abb. 109, S. 217.

Foramen obturatorium (lat. obturare verstopfen; obturator der Verstopfer), eine Öffnung im → Pubis der Tetrapoden zum Durchtritt des Nervus obturatorius.

Foramen obturatum, die große Öffnung im Ventralteil des Beckens von → Therapsida und Säugern (größtenteils verschlossen durch die Membrana obturans aus straffem Bindegewebe); sie entsteht aus der Vereinigung des → For. obturatorium mit der Fenestra puboischiadica.

Foramen occipitale (lat. occiput Hinterhaupt), = → Foramen magnum.

Foramen parietale (lat. paries, parietis Wand, Mauer; vgl. → Parietale), Parietalforamen, Scheitelloch; eine Öffnung zwischen den Parietalia niederer Tetrapoden für das Parietalorgan. Vgl. → Scheitelauge.

Foramen transversarium, costotransversarium (lat. transversarius quer verlaufend ; costa Rippe), eine Öffnung im Querfortsatz von Halswirbeln zum Durchtritt der Arteria vertebralis. Vgl. → Wirbel.

Foraminiferen, Foraminiferida (D'ORBIGNY 1826) (lat. ferre tragen), Kammerlinge, Thalamophora. Eine Kl. der → Rhizopoda: weit überwiegend marine, einzellige Tiere mit ein- oder mehrkammerigem Gehäuse aus → Tektin, Kalk oder → agglutinierten Fremdkörpern. Die Größe der Gehäuse liegt zwischen etwa 0,05 und 150 mm. Das innerhalb des Gehäuses konzentrierte Protoplasma sendet Fortsätze (Rhizopodien) durch Öffnungen in der Gehäusewand nach außen. Die Fortpflanzung erfolgt meistens in regelmäßigem Wechsel einer geschlechtlich mit einer ungeschlechtlich entstandenen Generation (Gamonten und Schizonten, Dimorphismus). Letztere hat im allg. größere Anfangskammern (→ Proloculus) und heißt deshalb megalosphärisch im Gegensatz zur mikrosphärischen, geschlechtlich entstandenen. Die Größe der adulten Gehäuse verhält sich umgekehrt wie die der Proloculi. Das Zahlenverhältnis der mikro- und megalosphärischen Individuen bei rezenten Formen liegt zwischen 1:2 und 1:30 und mehr. Der Größenunterschied zwischen beiden Generationen ist besonders groß bei den Großforaminiferen (→ Fusulinen. → Alveolinen, → Nummuliten, → Orbitoideen).
Ökologie: Die meisten F. leben vagil benthisch, nur wenige, aber ungeheuer artenreiche Gattungen

Die ältesten Fossil-Fundpunkte (verändert nach H. D. Pflug 1975)

Mio. Jahre	Chronostratigraphische Einheit		Vorkommen
	Basis des Kambriums		
570			
	Vendium	Ob.	Pound-Quarzit / Ediacara, S-Australien
		Unt.	Nama / SW-Afrika Maplewell-Serie / England
680			
	Ripheikum	Ob.	Chuar-Gruppe / Arizona, USA Bitter-Springs / S-Australien
		Mittl.	Belt-Supergruppe / Montana, USA
		Unt.	Sefare Hill, Matsop-System / Botswana, S-Afrika
1600			
			Belcher-Gruppe / Hudson-Bay, Kanada Gunflint / Ontario, Kanada
2000			
	Proterozoikum		Witwatersrand / S-Afrika Soudan Iron Formation / Minnesota, USA
3000			
			Fig-Tree / Transvaal, S-Afrika Onverwacht / Transvaal, S-Afrika
3400			
3800			Isua-Serie, SW Grönland

(→ Globigerinen) leben planktisch, überwiegend epipelagisch in den obersten 50 m der Ozeane werden daher durch Meeresströmungen weit verbreitet und ermöglichen teilweise deren Rekonstruktion in der Erdgeschichte. Ihre leeren Gehäuse bilden den Globigerinenschlamm. Die benthischen F. sind teilweise gute Faziesfossilien, die besonders Salinität und Wassertemperatur anzeigen. Die große biostratigraphische Bedeutung der F. wird besonders bei der Erdölexploration verwertet. Die F. bilden den wichtigsten Forschungsgegenstand der → Mikropaläontologie. Systematik: Die große Formenfülle der F. wird im allg. in etwa 50 Familien zusammengefaßt; Ordnungen: → Allogromiida, → Textulariida, → Fusulinida, → Miliolida, → Rotaliida. Vorkommen: Seit dem Kambrium.

Forceps (lat. Zange, *m* u. *f*), Zange (in verschiedenem Sinne verwendeter Terminus) Vgl. → Scolecodonten.

Formenreihen (O. Abel), nach ihrer Formähnlichkeit zu Reihen angeordnete Organismen eines → Taxons, die nicht in unmittelbarem phylogenetischen Zusammenhang zu stehen brauchen. Vgl. → genetische Reihe.

Formgattung, -art (botan.), Gattung oder Art, die aus praktischen Gründen aufgestellt oder beibehalten wird für Fossilien, denen es an diagnostischen Merkmalen für die Zuweisung zu einer Familie mangelt, obwohl die Zuordnung zu einem Taxon höheren Ranges möglich ist. Vgl. → Organgattung.

Fossa glenoidea, *f* (lat. fossa Graben, Grube; gr. γληνοειδής dem glänzenden Augapfel ähnlich), Cavitas glenoidalis, Schulterpfanne, die Gelenkgrube am Schultergürtel für die Gelenkung mit dem Gelenkkopf des Humerus. Ihr entspricht bei den Fischen ein Gelenkhöcker für die Artikulation mit der Flosse.

Fossil, *n* (lat. fossilis = ausgegraben), Petrefakt, Versteinerung; im ursprünglichen Sinne (G. Agricola [1494–1555]): das Ausgegrabene, d. h. alles ‚Besondere‘ des Erdbodens: → Artefakte aller Art, echte Überreste von Organismen, → Pseudofossilien, → Konkretionen, Mineralien. Linné rechnete die Fossilien noch seinem ‚Steinreich‘ zu. Nach heutiger Auffassung gehören nur die Überreste von Organismen zu den Fossilien; dazu zählen auch die → Lebensspuren. Im Gegensatz zur Lebensspur besteht ein Körperfossil aus den erhaltungsfähigen → Hartteilen eines Organismus; wird es nachträglich aufgelöst, so entsteht ein Hohlraum mit dem Abdruck der Außenseite des Körpers. Besitzt das Fossil selbst einen Hohlraum, so verhärtet etwa eingedrungenes Sediment zu einem Steinkern, dessen Außenseite einen Abdruck der Innenwand des betreffenden Hohlraums darstellt. Wird die Substanz des Körperfossils aufgelöst, solange das Gestein noch ± plastisch ist, so können Abdruck und Steinkernoberfläche aufeinandergepreßt werden zum Skulptursteinkern (Prägekern, Palimpsest), welcher Größe und Gestalt des Steinkerns, aber meist die ausgeprägtere Skulptur der Körperaußenseite besitzt. Solche Skulptursteinkerne sind besonders von den dünnschaligen → desmodonten Muscheln bekannt. Die ältesten z. Zt. bekannten Fossilien sind *Isuasphaera* und *Ramsaysphaera* (3,8 bzw. 3,4 Mrd. Jahre alt), die von PFLUG als Hefepilzen ähnlich angesehen wurden, deren organische Natur aber umstritten ist, sowie bis zu 3,5 Mrd. Jahre alte Blaualgen und Bakterien.

fossil, allg. Altersbezeichnung für vorzeitliche Gegenstände oder Vorgänge, im Gegensatz zu jetztzeitlichen = rezenten. Vgl. → subfossil.

Fossil-Diagenese, *f* (gr. διά γένεσις nach der Schöpfung); Diagenese (v. GÜMBEL 1868) ist die nachträgliche Umbildung abgelagerter Sedimente zu festen Gesteinen, wobei zirkulierende Lösungen, Druck, Temperatur und Zeit die Hauptfaktoren darstellen. In der F. werden die eingebetteten Fossilien Teil des einbettenden Gesteins und machen fortan dessen Schicksal mit. Speziell für die Fossilien sind dabei Um- und Sammelkristallisation sowie Lösungs- und metasomatische Vorgänge wichtig, oft auch Verdrückungen als Folge von Kompaktion des Gesteins. Es besteht keine scharfe Abgrenzung der Diagenese einerseits gegenüber der Metamorphose, andererseits gegenüber der Verwitterung.

Fossilisation, *f* , Fossilwerdung; alle Vorgänge, welche vom Tode eines Organismus an auf diesen einwirken und dahin tendieren, ihn zu einem Bestandteil der Erdkruste zu machen. Es lassen sich zwei Hauptgruppen unterscheiden: 1. Vorgänge bis zur endgültigen Einbettung im Sediment (→ Biostratonomie). 2. Vorgänge nach der endgültigen Einbettung bis zur Bergung (→ Fossil-Diagenese).

Fossil-Lagerstätten (SEILACHER 1970), „… Gesteinskörper, die ein nach Qualität und Quantität ungewöhnliches Maß von paläontologischer Information enthalten." Zu unterscheiden sind bes. Konzen-trat-Lagerstätten als Anreicherungen mehr oder weniger disartikulierter organischer Hartteile und Konservat-Lagerstätten mit unvollständiger Zersetzung der Eiweißsubstanz bis u. U. Erhaltung von Weichkörperresten.

Fossitextur, *f* (R. RICHTER 1936) (lat. fossio das Umgraben; textura Gewebe), Wühlgefüge; vom Benthos durch Ortsbewegungen im Sediment verursachte → bioturbate Textur (= Fossitextura deformativa W. SCHÄFER).

Fossula, *f* (lat. kleiner Graben), 1. (Rugosa): eine bis in den Kelch hinauf persistierende Eindellung der → Tabulae, in der Regel im Bereich des → Hauptseptums; oft auch durch besondere Größe und Form der betreffenden Interseptalräume gekennzeichnet. Besonders entwickelte Interseptalräume ohne Bodeneindellung sollen nach SCHOUPPÉ & STACUL 1959 als Pseudofossulae den echten Fossulae mit Bodeneindellung gegenübergestellt werden. Vgl. → Kardinalfossula, → Gegenfossula. 2. (Trilobiten): kleine Eintiefung vor den Vorderecken der Glabella. 3. (Gastrop.): flache längliche Vertiefung in der Innenlippe einiger Cypraeiden.

Fovea, *f* (lat. Grube, Fallgrube), bei → Pollen: kreisförmige, nicht immer äquatorial gelegene Zone mit verdünnter Exine.

Frankenberger   Kornähren (Ortsbez. Frankenberg in Hessen), die in Kupferglanz (Cu₂S) umgewandelten, mit kleinen Schuppenblättern besetzten Zweige der Konifere → *Ullmannia*.

Frankezelle (benannt nach A. FRANKE), viereckige Zellen aus Pappe oder Kunststoff mit einer zentralen Vertiefung für die Aufbewahrung von Mikrofossilien. Sie werden in zwei Größen hergestellt: Internationales (englisches) Format: 26 x 76 mm, Gießener (deutsches) Format: 28 x 48 mm.

freie Extremitäten der Landwirbeltiere (Tetrapoden) haben bei mannigfachen Abwandlungen gleichen Aufbau. Bei Vorder- und Hinterextremität folgen auf Oberarm (Humerus) und Oberschenkel (Femur) die aus je 2 Knochen zusammengesetzten Unterarme (mit Radius und Ulna) und Unterschenkel (aus Tibia und Fibula). Den dritten Abschnitt bilden Hand-(Carpus) und Fußwurzel (Tarsus) aus je einer proximalen und distalen Reihe von Knochen, zwischen denen das unpaare Centrale liegt. Darauf folgen die 5 Mittelhand- und -fußknochen (Metacarpus, -tarsus), schließlich die Finger bzw. Zehen (Digiti), aus 2–5 (bei → Hyperphalangie noch mehr) einzelnen Gliedern (Phalangen) bestehend. Vgl. → Carpus, → Tarsus, → Stylopodium, → Zeugopodium (Abb. 49, S. 85).

freie Wangen, der außerhalb der → Gesichtsnaht gelegene Teil des Kopfschildes von → Trilobiten.

Frontale, Os frontale, *n* (lat. frons, frontis Stirn, Stirnbein), Stirnbein. Paariger oder sekundär unpaarer, als Deckknochen angelegter Knochen des Schädeldaches von Wirbeltieren zwischen den Augen; vorn in der Regel vom Nasale, hinten vom Parietale begrenzt. (Abb. 32, S. 56, Abb. 101, S. 211).

Frühontogenetische Typenbildung (SCHINDEWOLF), eine Art der Typen-Umbildung, bei der der entscheidende Umwandlungsschritt mutativ in sehr jugendlichen Stadien eintritt, die gesamte folgende Ontogenese umwandelt und dadurch zu weitgehenden Unterschieden in den erwachsenen Stadien führt. Vgl. → Proterogenese.

frugivor (lat. vorare fressen), von Früchten lebend.

Fruktifikation, *f* (lat. frux, frugis Frucht, davon fructus, -us Nutzung, Ertrag) (botan.), zusammenfassender Begriff für die an der Fruchtbildung beteiligten Organe.

Frustula, *f*, Frustel, (lat. frustum Brocken, Stück) das verkieselte Gehäuse von → Diatomeen.

Fucoides (BRONGNIART 1823) (lat. fucus Tang, ‚Fucoiden'; pflanzenähnliche, regelmäßig verzweigte Tunnelbauten, ursprünglich als Gattung fossiler Algen aufgefaßt. Der Terminus F. wird heute nur noch im deskriptiven Sinne gebraucht. Vgl. → *Chondrites*.

Fulcrum, Pl. -a, *n* (lat. Stütze oder Gestell [des Bettes], (Trilobiten): Knie oder Beuge; knieförmige Abwinkelung der einzelnen → Pleuren.

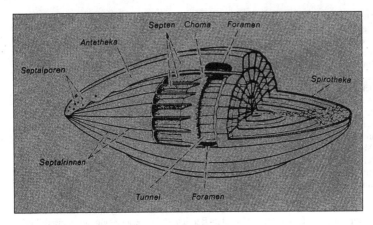

Abb. 52 Schematische Darstellung des Gehäuses von *Fusulinella* (Foram.). Ein Teil der Wand der letzten Windung ist ausgeschnitten. Vergr. etwa 50fach. – Umgezeichnet nach POKORNY (1958)

Sie trennt den proximalen (axialen), mit den benachbarten Pleuren gelenkenden Teil vom distalen, freien. (Fische): unpaares, nach hinten gegabeltes Knochenplättchen: Fulcra decken dachziegelartig den Vorderrand der Flossen vieler Ganoidfische. (Lamellibr.): veraltet für Bandnymphen (→ Nymphae).

Fungi (lat. fungus Pilz, Schwamm), Mycophyta, Pilze: der weitaus artenreichste Stamm der Fungimorpha. Sie besitzen kein Chlorophyll; Ernährung hetcrotroph, von toten oder lebenden Organismen. Zellmembran meist chitinig, seltener aus Zellulose. Fossile Pilze sind seit dem Devon in Gestalt von → Hyphen an anderen Pflanzen bekannt; Ähnlichkeit mit Hefepilzen sollen die ältesten beschriebenen Organismen *Isuasphaera* PFLUG (3,8 · 10⁹ Jahre alt, Grönland) und *Ramsaysphaera* PFLUG (3,4 · 10⁹ Jahre alt, Südafrika) besitzen. Vgl. → Fossil.

Funiculus, *m* (lat. = dünnes Seil), allgemein: dünner Strang. (Gastrop., z. B . Nalica): ein spiralgewundener Wulst, welcher sich von der Innenlippe in den Nabel hineinzieht (‚Nabelstrang‘). (Bryoz.): Weichteilstrang, der den Darm mit der Gehäusewand verbindet.

funktionelle Morphologie, Funktionsmorphologie (W. SCHÄFER) Beschreibung der Gestalt in Aktion in ihrer Umwelt.

Furca, *f* (lat. zweizinkige Gabel), das gegabelte letzte Segment des → Abdomens mancher → Crustacea.

Furcula, *f* (Dem. v. lat. furca Gabel), Gabelbein. Die fest miteinander verwachsenen beiden → Thoracalia (= Claviculae) der Vögel.

Fuselli, Pl., m (lat. fusellus, Demin. von fusus Spindel), Anwachsringe, 180°-Halbringe: Bauelemente des Graptolithen- → Periderms. Sie bauen die (innere) Fusellarschicht auf, der sich außen in distad abnehmender Stärke der → Cortex auflegt.

fusiform (fusispiral) (lat. fusus Spindel), schlank, spindelförmig, nach beiden Seiten etwa gleichmäßig spitz zulaufend .

Fusinit, *m* (Steinkohle), ein → Mazeral der → Inertinitgruppe, das die Zellstruktur des pflanzlichen Ausgangsmaterials noch deutlich erkennen läßt. Auch Feinheiten des Zellaufbaus, Interzellularräume usw. sind deutlich. Vgl. → Semifusinit, → Fusit.

Fusit, *m* (POTONIÉ 1924) (franz. fusain Reiß-, Zeichenkohle; -it: vgl. → Ammonit), Faserkohle; aus → Fusinit oder → Semifusinit oder beiden bestehende relativ homogene → Streifenart. F. ist makroskopisch an seinem matten, seidigen Glanz kenntlich, auch färbt es als einzige Komponente der Steinkohle stark ab (‚Rußkohle‘). Im mikroskopischen Bild sind gut erhaltene Pflanzen-, vor allem Holzzellstrukturen charakteristisch.

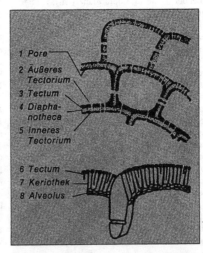

1 Pore
2 Äußeres Tectorium
3 Tectum
4 Diaphanotheca
5 Inneres Tectorium

6 Tectum
7 Keriothek
8 Alveolus

Abb. 53 Aufbau der Wand bei Foraminiferen (*Fusulinella*, oben, und *Schwagerina*, unten). – Nach MOORE (1952)

Fusulinen (O. Fusulinida bzw. Endothyridea) (lat. fusus Spindel), Großforaminiferen (bis zu mehreren Zentimetern lang) mit kompliziertem innerem Aufbau. Gehäuse kalkig perforiert, ± spindelförmig, vielkammerig. Die Gehäusewand heißt Spirotheka, sie besteht aus der Gesamtheit der einzelnen Kammerwände. Die letzte Kammerscheidewand heißt Antetheka. Die Spirotheka ist im einfachsten Falle (bei *Eostaffella*) eine einfache, undifferenzierte Schicht, die Protheka, zu ihr kann eine dünne äußere Schicht, das Tectum, hinzutreten.

Darüber folgt bei komplizierteren Formen *(Profusulinella)* eine Außenschicht, das äußere Tectorium. Bei späteren Profusulinellen entsteht unter dem Tectorium eine helle Schicht, die Diaphanotheka. Diese ersetzt bei *Fusulina*-Arten die Protheka, unter ihr entsteht sekundär das dunkle, dünne innere Tectorium. Diese vierschichtige Wand (äußeres Tectorium – Tectum – Diaphanothek, inneres Tectorium) ist feinporig. Beim *Schwagerina*-Typ ist die Wand zweischichtig, außen das feinporige Tectum, innen die dicke, großporige Kerio-

thek. Die Septen sind in komplizierter Weise gefaltet und in Schlingen gelegt. Bei Neoschwagerinen werden die Kammern weiterhin durch regelmäßige axiale und transversale Blättchen, die Septulen, unterteilt. Ökologisch waren die Fusulinen rein marine, benthische Bewohner der seichten, uferferneren Zonen mit klarem Wasser. Vorkommen: Weltweit, aber hauptsächlich im Bereich der Tethys, im Karbon und Perm. Sie stellen z. T. sehr wichtige Leitfossilien (Abb. 52, 53, S. 92).

Gabelbein, = → Furcula.

Gabelstücke, die tief eingeschnittenen Radialia der → Blastoidea.

Gagat, *m* (nach dem Fluß Gages in Lykien), ‚Schwarzer Bernstein‘; Stücke glänzender, zäher, schnitzbarer Kohle in bituminösen Schiefern und Mergeln, aus eingeschwemmten Holzresten, die noch Bitumen aufgenommen haben. Der G. findet wegen seiner Polierbarkeit als Schmuckstein Verwendung. Vorkommen z. B. im Posidonienschiefer des Lias.

Galeaspida, eine O. kieferloser Fische (→ Agnatha) aus dem U. Devon Chinas.

galeat (lat. galeatus mit einem Helm versehen, helmförmig), spiral aufgerollt, mit sehr schmaler bis schneidender Externseite.

Galeomorpha, eine O. der → Selachii, von der oberen Trias an bekannt.

Gametangium, *n* (gr. γαμεῖν heiraten; Endsilbe -ium von gr. -ιον, Bez. eines räumlichen Bereichs), (botan., Thalloph.), die Zelle, in welcher ein oder mehrere Gameten (Isogameten, ± gleich große, nur funktionell verschiedene Geschlechtszellen) gebildet werden.

Gametophyt, *m* (gr. Verbaladj. φυτός Gewächs) (botan.): die Generation, welche die Geschlechtsorgane ausbildet, sie beginnt mit der keimenden Spore und führt zur Bildung von Gameten (Ge-

schlechtszellen). G. sind hochentwickelt bei Moosen, reduziert bei Farnen und allen Samenpflanzen. Vgl. → Sporophyt.

Gangamopteris (MᶜCoy 1875), eine Gattung der → Glossopteridales aus den unteren Gondwana-Schichten; Blätter ungestielt, ohne Mittelader. → Gondwana-Flora (Abb. 56, S. 99). Vorkommen: Auf das Perm beschränkt.

Ganglioneura (BÜTSCHLI 1886), zusammenfassend für die → Conchifera mit Ausnahme der → Monoplacophora.

Ganoiden (L. AGASSIZ) (gr. γάνος Glanz, Schmuck), Ganoidfische, Schmelzschupper. Ein früher oft, aber mit unterschiedlicher Abgrenzung gebrauchter Sammelbegriff für Fische mit dicken rhombischen, glänzenden Schuppen mit Knochenbasis. → Ganoid-Schuppen im eigentlichen Sinne kommen den älteren → Actinopterygii zu, sie unterlagen im Laufe der Stammesgeschichte starker Reduktion. Heute gibt es nur noch wenige Gattungen mit Ganoid-Schuppen (z. B. *Polypterus*, den afrikanischen Flösselhecht) (Abb. 50, S. 87).

Ganoid-Schuppen, rhombische Knochenplatten vieler paläo- und mesozoischer Fische (→ Actinopterygii) mit einer Basalplatte aus dem knochenartigen, mit Röhren durchsetzten → Isopedin, darüber manchmal einer → Cosmin-Lage,

darüber einer dicken → Ganoin-Schicht (Abb. 105, S. 215).

Ganoin, *n*, die Substanz der stark glänzenden, sehr harten, dicken obersten Schicht der → Ganoid-Schuppen primitiver → Actinopterygii. G. wird durch Osteoblasten vom Corium aus gebildet. Vom → Dentin unterscheidet es sich durch das Fehlen von Zahnkanälchen. Es besteht aus zahlreichen nacheinander gebildeten dünnen Schichten.

Gasflammkohle, eine mit langer Flamme brennende → Streifenkohle, mit 35–40 % flüchtigen Bestandteilen.

Gaskohle, enthält etwa 28–35 % flüchtige Bestandteile.

Gastralia, Sing. -e, *n* (gr. γαστήρ Bauch), (Tetrapoden): Bauch- oder Abdominalrippen: V-förmige, gelenkig verbundene Hautverknöcherungen der Bauchseite vieler Reptilien. Vgl. → Parasternum. (Porifera): Schwammnadeln aus dem Bereich der Kanalwandungen bzw. des → Paragasters (SCHULZE 1886).

Gastrocoeli (D'ORB.) (gr. κοῖλος hohl, vertieft), früher gebräuchliche Zusammenfassung der Belemniten mit ventraler Furche, ohne Spitzenfurche (‚Hastati‘ und ‚Canaliculati‘). Vgl. → Acoeli. Vorkommen: M. Dogger–O. Kreide.

Gastrolithen, *m* (gr. λίθος Stein), Magensteine, sie dienen zur Unterstützung der Mahltätigkeit im Muskelmagen vieler Vögel und Reptilien. Von Zeit zu Zeit werden sie durch Schlund oder After ausgeschieden, aber stets bald durch neue ersetzt. Fossil sind sie z. B. von Krokodilen des Lias bekannt.

Gast(e)ropoda (CUVIER 1797) (gr. πούς Fuß), Schnecken, Bauchfüßer; Mollusken mit Kopf, Fuß, Eingeweidesack und ungeteiltem → Mantel, der ein einheitliches (sehr selten zweiteiliges), spiral gedrehtes oder napfförmiges, kalkiges Gehäuse absondert. Torsion des Weichkörpers und Spiralisierung des Gehäuses sind typische Merkmale. Die G. sind heute die erfolgreichste und artenreichste Kl. der Mollusken, ihnen allein ist die Eroberung auch des festen Landes gelungen. Hartteile: die Zähnchen der → Radula werden für die Systematik der rezenten Schnecken herangezogen; fossil sind sie ± unbekannt. Paläontologisch wichtig ist allein das kalkige Gehäuse, neuerdings bes. Embryonal- und Larvalgehäuse. Es besteht überwiegend aus Aragonit. Schneckengehäuse werden mit der Spitze nach oben abgebildet, Mundöffnung zum Beschauer gerichtet. Dann lassen sich → links- und → rechtsgewundene Gehäuse unterscheiden. Berühren die Umgänge einander auf der Innenseite oder verschmelzen, so bilden sie die feste Achse oder →

Spindel, im anderen Fall entsteht ein → Nabel (Umbilicus) als trichterförmige Eintiefung. Das Gewinde besteht aus Umgängen, deren äußere Berührungslinie die → Naht (Sutura) ist. Nach dem Grad der Einrollung unterscheidet man → advolute, → evolute, → convolute und → involute Gehäuse. Der Mundsaum ist holo- oder siphonostom (→ Mündungsrand). Das System der G. ist z. Zt. in starkem Wandel begriffen. Gebräuchlich war lange Zeit das im wesentlichen auf WENZ zurückgehende System. Hiervon stark abweichend ist die Großgliederung von BANDEL (u. a. 1992): Kl. Gastropoda: U.Kl. → Archaeogastropoda THIELE 1925, → Neritimorpha GOLIKOV & STAROBOGATOV 1975, → Caenogastropoda COX 1959, → Heterostropha FISCHER 1885. Vorkommen: Seit dem Kambrium (Abb. 54).

Gastropore, *f,* → Gastrozooid.

Gastrostyl, *m* (gr. στύλος Säule), kleiner Pfeiler am Grunde der Gastroporen bei → Stylasterida.

gastrothyrid (gr. θύρα Tür) (Brachiop.): mit einer Stielöffnung in der (ventralen) Stielklappe versehen.

Gastrovascularsystem (lat. vasculum kleines Gefäß), der zentrale Hohlraum der → Cnidaria mit seinen Verzweigungen, funktionell dem Magen-Darm- wie dem Blut-

gefäß-System höherer Tiere entsprechend.

gastrozentraler Wirbel (gr. κέντρον Stachel, Mittelpunkt), der Wirbelbau-Typ der höheren Tetrapoden; sein einheitlicher Wirbelkörper ist dem → Pleurozentrum des → rhachitomen Wirbels homolog (nach der Bogentheorie dem Interventrale gleichzusetzen). Vgl. → Bogentheorie (Abb. 123, S. 257).

Gastrozooid, *n,* **-pore** (gr. γαστήρ Bauch; ζῷον Tier; -ιδ nach ἴδος Gestalt), Nährpolyp bzw. der ihm zugeschriebene Hohlraum (bei → Milleporida und → Stylasterida).

Gattung (= Genus), eine systematische Einheit, die eine Art oder mehrere Arten umfaßt, deren gemeinsame phylogenetische Herkunft angenommen wird. Die Einheit wird mit einem (Gattungs-) Namen bezeichnet. Dieser besteht aus einem einzelnen Wort. In einem → Bi- oder → Trinomen ist das erste Wort der Gattungsname. Vgl. → Taxon.

Gattungsgruppe, sie steht in der Rangordnung über der Art und unter der Familiengruppe. Sie umfaßt die Kategorien Gattung (Genus) und Untergattung (Subgenus); beide Kategorien haben → koordinierten nomenklatorischen Status (Art. 42 → IRZN). Vgl. → Taxonomie.

Gattungszone, → Zone.

Gaumen, Dach der Mundhöhle bei Wirbeltieren (= Palatum). Vgl. → primäres und → sekundäres Munddach.

Gaumenbein, = → Palatinum.

Gebiß, die Gesamtheit der gleichzeitig im Munde vorhandenen Zähne (= Dentition). Wenn ständige Erneuerung verlorener bzw. abgenutzter Zähne stattfindet, heißt das G. polyphyodont, bei einmaligem Wechsel diphyodont (bei den meisten Säugetieren); Ausfall einer weiteren Zahngeneration führt zum monophyodonten G., wie es z. B. die Delphine besitzen. Gebisse mit lauter gleichen (aber nicht unbedingt gleich großen) Zähnen heißen isodont (= homodont), solche mit verschieden differenzierten Zähnen heterodont (= anisodont). Bei isognathen G. stehen obere und untere Zahnreihen gleich weit voneinander, treffen

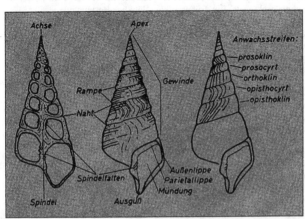

Abb. 54 Gastropoden-Gehäuse (rechtsgewunden). Links im Längsschnitt, in der Mitte in Aufsicht (mit Skulptur), rechts mit Andeutung verschieden verlaufender Anwachsstreifen

beim Biß also genau aufeinander, bei anisognathen G. stehen die oberen Zahnreihen weiter auseinander als die unteren, greifen also über. Beim labidodonten G. schließen die Schneidezähne wie eine Greifzange zusammen, beim psalidonten G. greifen die oberen Schneidezähne über die unteren oder umgekehrt, wodurch ein Scherengebiß zustande kommt (z. B. bei den Nagezähnen der Nagetiere). Klinodontie oder Proklivie bezeichnet Schrägstellung der oberen und unteren Schneidezähne, die damit einen Winkel einschließen, im Gegensatz zur Orthodontie bei Schneidezähnen mit nahezu zusammenfallenden Achsen. Vgl. → Zähne.

Gebräme, *n* (LINDSTRÖM 1873) (G.-kranz, -ring, -bildung), Randwulst, (Rugosa): periphere massige Zone des → Polypars, deren Entstehungsweise nicht festgelegt ist. Vgl. → Stereozone.

Geflechtknochen, → Havers' sches System.

geführte Mäander (nach Μαίανδρος Fluß in Kleinasien, jetzt großer Menderes, mit vielen Windungen), nannte R. RICHTER mäandrische Fährten von der Art der → *Helminthoida*: gewundene Rinnen von gleichbleibender Breite und Tiefe, die nach geradem oder gekrümmtem Verlauf in geringem Abstand streng parallel zu sich selbst zurückkehren und dies mehrfach bis oft wiederholen. Sie werden für Weidespuren (→ Lebensspuren) vermutlich wurmförmiger Tiere gehalten, deren Verlauf durch → thigmotaktische und homostrophe (→ Homostrophie) Reflexe bedingt ist.

Gegenfossula, *f* (lat. fossula kleiner Graben), (→ Rugosa): Im Raume um das → Gegenseptum entwickelte persistente Eindellung der → Tabulae. Selten ausgebildet. Vgl. → Fossula.

Gegenseitenseptum, *n* (SCHINDEWOLF), (→ Madreporaria): das zwischen dem → Gegen- und den Seitenseptum gelegene Protoseptum. Bei den → Rugosa rückt es nahe an das Gegenseptum heran. Vgl. → Protoseptum (Abb. 98, S. 207).

Gegenseptum (KUNTH 1869), (→ Madreporaria): Ein bei hornförmig gebogenen → Coralliten meist ventral liegendes → Protoseptum, das in tiefsten Lagen häufig mit dem → Hauptseptum zum Axialseptum verbunden ist; in höheren Schnittlagen ist es vielfach verlängert. Vgl. → Gegenfossula.

Gehäuse, dem Vorschlag von R. RICHTER 1941 folgend, wird in diesem Buche zwischen den Terminis Gehäuse, Klappe und Schale wie folgt unterschieden: Gehäuse: Außenskelet, d. h. die umschließenden Hartteile eines Organismus, gleichgültig, ob ein- oder mehrteilig, soweit sie in engem Zusammenhang mit Geweben stehen (= lat. concha). (Dazu gehören nicht die Hüllen und Köcher usw. gewisser Würmer, Larven usw., die vom Körper völlig getrennt sind). Klappe (= lat. valva): Größerer, schwenkbar beweglicher Teil eines Gehäuses, wieder ohne Rücksicht auf die Anzahl. Schale: Bezeichnet Stoff und Aufbau eines Hartteils (= lat. testa) ohne Rücksicht auf die Gestalt.

Gehirn, → Encephalon (Abb. 44, S. 76).

Gehörknöchelchen, im Mittelohr der Tetrapoden vom Trommelfell zum ovalen Fenster reichender, die Schallschwingungen übertragender Apparat aus 1–3 Knöchelchen: → Columella auris bei niederen Tetrapoden, Hammer (Malleus), Amboß (Incus) und Steigbügel (Stapes) bei Säugetieren. Vgl. → Reichertsche Theorie, → Ossicula Weberiana.

Gehörsteinchen, → Otolith.

Geißelkammern, auch Wimperkörbe genannt, den meisten Schwämmen (→ Porifera) eigene kleine, kugelige oder zylindrische Erweiterungen in der Leibeswand, deren Wände mit → Kragengeißelzellen besetzt sind. Die Bewegung der Geißeln verursacht einen in das Innere des Schwammes gerichteten Wasserstrom.

Geitonogenese (KLEINSCHMIDT) (gr. γείτων benachbart), = isochrone Parallelentwicklung.

gekammertes Organ, (→ Crinoidea): In einer fünfkammerigen, rosettenartigen Struktur am Grunde des Kelches vorhandenes Nerven-

zentrum, das sich als zentraler Strang in den Stiel hinein fortsetzt. An den → Nodalia zweigen davon Fortsetzungen in die Cirren ab. Ebenso führen Fortsätze zu den Armen. Fossil sind nur gelegentlich drei- oder fünfeckige trichterförmige Strukturen als Reste der Kammern im Kelchgrunde erhalten. Das g. O. ist das Zentrum des entoneuralen oder aboralen Nervensystems, des wesentlichen motorischen Systems der Crinoiden. Die beiden anderen Nervensysteme der Crinoiden, das ectoneurale und das hyponeurale, sind fossil nicht belegt, sie verlaufen im Weichkörper.

Gelenke und Verbindungen aneinandergrenzender Skeletteile bei Wirbeltieren: Einfache Verbindung durch (besonders dichtes) Bindegewebe heißt Syndesmosis (z. B. bei einer Sutur [Naht] wie bei vielen Schädelknochen). Verbindung durch eine Knorpelschicht (z. B. im Becken) heißt Synchondrosis. Bei der Verwachsung von Knochen miteinander liegt eine Synostosis vor. Bleibt zwischen den aneinandergrenzenden Skeletstücken ein Spalt, welcher nur an den Rändern durch Bindegewebe geschlossen wird, liegt eine Diarthrose (= Articulus, Gelenk) vor. Die Endflächen der Knochen sind dann mit einer Knorpelschicht (Gelenkknorpel) überzogen. Das umgebende Bindegewebe bildet die Gelenkkapsel; seine Innenseite, die synoviale Membran (Capsula synovialis) sondert eine zähe Flüssigkeit ab, die Synovia (Gelenkschmiere). Aus dem Bindegewebe können sich Scheiben und Ringe aus Faserknorpel bilden (Menisci). Bewegungsmöglichkeiten: a) Gelenk mit einer Querachse: Scharniergelenk (→ Ginglymus); b) mit zwei Querachsen: → Eigelenk (Articulus ellipsoideus) und → Sattelgelenk (A. sellaris); c) mit vielen Querachsen, der sich bewegende Knochen kann einen Kegelmantel beschreiben: Kugelgelenk (A. globoideus) und Nußgelenk (→ Enarthrosis); d) Gelenk mit einer Längsachse: Drehgelenk (A. trochoideus); e) Schlittengelenk: die Bewegung erfolgt parallel zu den (oft ebenen) Gelenkflächen. Die straffen Gelenke (Amphiarthrosis) bilden einen Sonderfall der Schlittengelenke mit durch kraftige Bänder stark eingeschränkter Bewegungsmöglichkeit. Versteifung von Gelenken infolge Verwachsung: Ankylose.

Gelenkflächen der Echinodermen ermöglichen mehr oder weniger ausgiebige Bewegung zwischen aneinanderstoßenden Platten. Besonders vielfältig entwickelt sind sie bei Crinoiden:

1. Synarthrie (auch ‚Kippgelenk‘ genannt): In zwei Richtungen stark bewegliche ligamentöse Artikulation, bei welcher eine Gelenkleiste die Gelenkfläche in zwei Hälften teilt. Beiderseits der Gelenkleiste liegt je eine Ligamentgrube.
2. Symmorphie: Ligamentöse Armverbindung (bei Isocrinidae), bei der auf jeder Seitenfläche ein zahnähnlicher Vorsprung der oberen Gelenkfläche in eine entsprechende Grube der unteren Gegenfläche eingreift. Beide Gelenkflächen sind randlich gerieft.
3. Symplectie: Ligamentöse Verbindung mittels Radiärleisten und -furchen, die mit denen der Gegenfläche alternieren und in sie eingreifen.
4. Syzygie: unbewegliche Verbindung zweier Flächen, deren radial verlaufende Leisten und Furchen (→ Crenella) einander gegenüberstehen. Das Armglied unter einer Syzygialnaht heißt Hypozygale, das darüber liegende Epizygale; beide verwachsen leicht zu einem einheitlichen Glied.
5. Synostose: unbewegliche Verbindung zweier glatter, ebener Flächen.
6. Ankylose: Verwachsung eines Plattenpaares durch Kalkablagerungen in einer ligamentösen Verbindung.
7. Pseudosyzygie: unbewegliche ligamentöse Verbindung, bei der die Gelenkflächen konzentrisch (um den Zentralkanal) oder unregelmäßig angeordnete Berührungspunkte aufweisen.

Gemeinsamer Kanal, der Kanal, welcher aus den ineinander übergehenden Proximalenden der Theken (→ Protheca) graptoloider → Graptolithen gebildet wird (=

common canal der engl. Literatur). Er entspricht der Stolotheca dendroider Graptolithen.

Gemmula, *f* (lat. kleine Knospe), ungeschlechtliches Keimkörperchen, besonders beim Süßwasserschwamm *Spongilla* beobachtet: Im Herbst bilden sich im Innern des Schwammes kugelige Körperchen aus vielen dotterreichen Zellen und umgeben sich mit einem festen Panzer, in den zahlreiche Kieselnadeln eingebettet sind. Im Frühling schlüpft die Larve durch eine Öffnung aus.

Gena, ae, *f* (lat. Wange), (Trilobiten) = → Wange.

Genale, *n*, (→ Arthrodira): Synonym von Marginale, Knochenplatte des Kopfpanzers, vgl. Abb. 8 S. 20.

Genalstachel, (Trilobiten), Wangenstachel. Vgl. → Wange.

Generatio aequivoca, G. spontanea, G. prima, f (lat. generatio Erzeugung; spontaneus freiwillig, frei; primus erster), = → Urzeugung.

Generationswechsel, Wechsel zwischen geschlechtlicher und ungeschlechtlicher Fortpflanzungsweise von Organismen, oft verbunden mit Gestaltwechsel (Generations-Dimorphismus). Beim primären G. erfolgt die Fortpflanzung der ungeschlechtlichen Generation über geschlechtliche Einzelzellen (Sporen, Schizonten), beim sekundären entweder über eine sekundär ungeschlechtliche ‚Ammengeneration‘, die sich durch Teilung oder Knospung fortpflanzt wie die Polypengeneration mancher Coelenteraten (Metagenese), oder parthenogenetisch eingeschlechtig (Heterogonie).

Generotypus, *m* (lat. genus, generis Gattung, Geschlecht; typus Abbild, Muster) = → Typus-Art. Jetzt oft benutzt anstelle des früher üblichen Terminus → Genotypus, um Verwechslungen mit dem ‚Genotypus‘ im genetischen Sinne zu vermeiden. Der Terminus ‚Genotypus‘ soll in der zoologischen Nomenklatur nicht länger benutzt werden; der Terminus Typus-Art ist hingegen zulässig.

genetische Reihe, Zusammenstellung von stammesgeschichtlich zusammengehörigen, aufeinander

folgenden Lebewesen. ABEL (1911) unterschied dabei:
1. Ahnenreihe: eine Reihe von Formen, die in einem unmittelbaren Ahnenverhältnis stehen,
2. Stufenreihe: zeitlich aufeinander folgende Glieder eines Stammbaumes, die aber nicht unmittelbar auseinander hervorgegangen sind (d. h. ‚Seitenzweige‘). Vgl. → Anpassungsreihe.

genikulat (lat. geniculatus knotig) knieförmig umgebogen (z. B. Brachiopoden-Gehäuse).

Genitalplatten (lat. genitalis erzeugend), interradial gelegene Platten im Scheitelfeld von Seeigeln, mit je einer Genitalpore; sie bilden mit den Ocularplatten zusammen den Oculo-Genitalring. Die vordere rechte Genitalplatte ist zur Madreporenplatte geworden. Vgl. → Echinoidea.

Genotypus (SCHUCHERT) (lat. genus Geschlecht, Gattung), die eine Gattung typisierende Art. Der Terminus soll auf Empfehlung der → IRZN durch ‚Typus-Art‘ ersetzt werden. Vgl. → Generotypus.

Genus, *n* (lat. Geschlecht, Gattung), = → Gattung.

Genus dubium, *n*, **Species dubia,** *f* (lat. dubius zweifelhaft), ungenügend definierte Gattung oder Art, die nicht interpretiert werden können; sie ruhen, bis hierzu erforderliche ergänzende Informationen zugänglich oder bekannt werden.

Geobios, *m* (HAECKEL) (gr. γῆ Erde; βίος Leben), die Tier- und Pflanzengesellschaften des festen Landes, im Gegensatz z. B. zu denen des Wassers (= Hydrobios). Vgl. → Biosphäre.

Gephyrea (DE QUATREFAGES 1847) (gr. γέφυρα Brücke, ‚Brückenwürmer‘, da anfangs für Zwischenformen zwischen Würmern und Stachelhäutern gehalten), Priapulida, ein jetzt den → Pseudocoelomata zugerechneter Stamm; er umfaßt marine Würmer von Millimetergröße bis wenige Zentimeter Länge mit einem hakenbesetzten, einstülpbaren Rüssel. Fossil reich vertreten mit 6–7 Gattungen (u. a. *Ottoia*) im M. Kambrium (Burgess-Schiefer), sonst nur rezent mit 15 Arten bekannt.

gephyrocerk, -zerk (R*YDER*) (gr. κέρκος Schwanz), → Schwanzflosse.

Germinalapparat (lat. germinare keimen, sprossen), ‚Keimapparat': alle mit der Ausbildung des Pollenschlauches in Beziehung stehenden Differenzierungen von → Sporen und → Pollen.

gerontisch (gr. γέρων alt), alt; → Wachstumsstadien.

Gerontomorphose, *f* (D*E* B*EER*), → Altern der Stämme.

Gesetz der fortschreitend verminderten Variation (de Rosasches Prinzip): die Entwicklungsfähigkeit nimmt mit fortschreitender Evolution allmählich ab. P*LATE* hat richtiger vom ‚Gesetz der fortschreitend verminderten Evolutionsbreite' gesprochen. Sie ergibt sich notwendigerweise aus zunehmender Spezialisierung.

Gesetz der frühontogenetischen Typenentstehung (S*CHINDEWOLF* 1936), es besagt, daß „... die Herausgestaltung neuer Typen, die Erwerbung grundlegender, d. h. meist qualitativ neuartiger Merkmalskomplexe sprunghaft und unvermittelt in mehr oder weniger frühen Stadien der Ontogenese vor sich geht."

Gesetz der nicht-spezialisierten Abstammung (= Copesche Regel, nach E. D. C*OPE*), die Typen irgendeiner geologischen Epoche stammen nicht von den höchstentwickelten der vorausgehenden Epoche, sondern von den einfachsten, am wenigsten einseitig spezialisierten. (Das Neue schließt nicht an den höchsten Entwicklungszustand der Vorstufe an, sondern an das einfach Gebliebene.)

Gesetz der Nicht-Umkehrbarkeit der Entwicklung (L. D*OLLO* 1893), = → Dollosche Regel.

Gesichtsnaht (Sutura facialis), eine Naht, entlang welcher der Kopfschild der Trilobiten bei der Häutung zerfallen kann, wobei das → Cranidium von den → freien Wangen getrennt wird. Die Naht verläuft meist von einem Punkt α am Vorderrande des Kopfschildes über den Innenrand der Sehfläche der Augen zum Punkt ω (α und ω nach B*ARRANDE*) am rückwärtigen Rand oder hinteren Seitenrand, doch gibt es mancherlei Abwandlungen des Nahtverlaufs. Weitere Fixpunkte der Naht, von R. & E. R*ICHTER* 1940 bezeichnet, sind: β = Punkt des äußersten Ausladens des Vorderastes; von ihm aus biegt die Naht einwärts in Richtung auf den → Palpebral-Lobus ab. γ = Wendepunkt am vorderen, ε = am hinteren Ende des Palpebral-Lobus. δ = der am weitesten außen liegende Punkt des Palpebral-Lobus. E*RBEN* fügte 1958 den Punkt ζ hinzu (innerster Winkel oberhalb, an oder in der Nähe der Hintersaumfurche). Bei manchen Trilobiten fallen ε und ζ zusammen (wenn der Hinterast der Gesichtsnaht vom Hinterende des Palpebral-Lobus schräg nach rückwärts gegen ω zieht). Die einzelnen Abschnitte der Naht sind: Vorderast α-γ, Augenbogen γ-ε, Hinterast ε-ω. Nach ihrem Gesamtverlauf nennt man die Ge-

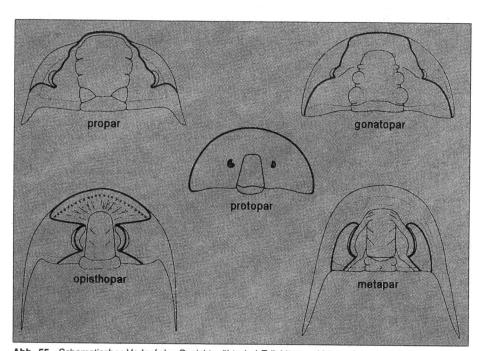

Abb. 55 Schematischer Verlauf der Gesichtsnähte bei Trilobiten. – Umgezeichnet nach H*ARRINGTON* in ‚Treatise' Part O (1959)

sichtsnaht: 1. propar: Punkt ω liegt vor dem Wangeneck (Genalwinkel bzw. Wangen- oder Genalstachel); 2. opisthopar: Punkt ω liegt zwischen Wangeneck und Glabella am Hinterende des Cephalons; 3. metapar: α und ω liegen beide am Hinterrande des Cephalons; 4. gonatopar: Punkt ω liegt im Wangeneck: 5. protopar und 6. hypopar: die Naht liegt am Außenrande des Cephalons, trennt also nur den Umschlag ab; dieser Zustand wird bei 5. als primitiv, bei 6. als spezialisiert angesehen. Bei einigen spezialisierten Formen wird die Gesichtsnaht bei der Häutung nicht mehr wirksam, sie verwächst (ankylosiert) schließlich gänzlich (Abb. 55, S. 97; Abb. 118, S. 246).

Gewebe, ein Komplex vieler gleicher oder zusammengehöriger Zellen, das bestimmte Funktionen im Rahmen des Körpers erfüllen. G. sind der Forschungsgegenstand der → Histologie.

Geweih, mannigfach gestaltete, paarige Knochenauswüchse auf den Stirnbeinen (Frontalia) männlicher (nur beim Ren auch weiblicher) Hirsche (Cervidae), die alljährlich nach der Brunst abgeworfen werden. Sie wachsen als Hautknochenbildung von persistierenden, meist kurzen, als Rosenstöcke bezeichneten Knochenzapfen aus, zunächst knorpelig und von blutgefäßreicher Haut überzogen. Die Verknöcherung schreitet vom Rosenstock aus fort, anschließend stirbt die Haut ab und wird als ‚Bast' abgeworfen (‚gefegt'). Onto- und phylogenetisch entwickeln sich die G. aus einfachen kurzen Stangen zu vielendigen bis schaufelartigen Gebilden. Besonders reichen Geweihschmuck trugen manche Hirsche an der Wende Plio-/Pleistozän. → Hörner.

Gewinde, das spiral aufgerollte Schneckengehäuse (= Spira) mit Ausnahme der letzten Windung (Abb. 54, S. 94).

Gewöll(e), *n,* in runden oder länglichen Ballen herausgewürgte unverdaute Nahrungsreste (Haare, Federn, Schuppen, Knochen) vieler Vögel, vor allem der Greifvögel und Eulen. Greifvögel verdauen auch Knochen ganz oder teilweise,

ihre G. (= Speiballen) enthalten daher keine oder höchstens angedaute Knochenreste, die der Eulen enthalten dagegen auch feinste Knöchelchen unversehrt. Eulengewölle sind wahrscheinlich die Hauptquelle der fossilen Nagetierschichten mancher Höhlensedimente.

Gießener Format, → Frankezelle.

Gigantopteridales (gr. γίγας, -αντος Gigant, Riese, riesig; πτέρις Farnkraut), → Pteridophyllen aus der Verwandtschaft der Gattung *Gigantopteris.* Große gegabelte oder gelappte Blätter mit schrägen Seitenadern, zwischen denen feine Sekundäradern ein eigenartiges Netz bilden. Vgl. → Cathaysia-Flora. Abb. 95, S. 197.

Gigantopteris-Flora, = → Cathaysia-Flora (Abb. 45, S. 82).

Gigantostraca (HAECKEL 1896), gr. όστρακον Schale, Gehäuse), Syn. von → Eurypterida.

Ginglymus, *m* (gr. γίγγλυμος Scharnier), Scharniergelenk; einachsige ‚einfache' Gelenkverbindung von Knochen; sie ermöglicht Bewegungen in nur einer Ebene (z. B. Gelenke zwischen den Fingergliedern). → Gelenke.

Ginkgoopsida (GOTHAN & WEYLAND) (nach *Ginkgo biloba* LINNÉ, philologisch richtige Schreibung; Ginkyo nach chin. ginkyo Silber-Aprikose), Ginkgogewächse, eine Kl. der → Gymnospermen, die heute noch durch die Art *Ginkgo biloba* vertreten wird, im Mesozoikum und Tertiär aber weit und formenreich verbreitet war. Fossil sind vor allem die Blattorgane bekannt: Flache, breite, z. T. gelappte Laubblätter mit geraden Seitenrändern, welche miteinander einen rechten Winkel einschließen; die Aderung ist fächrig-gabelig, farnähnlich. Fossile Blattformen, welche den heutigen ähneln, heißen *Ginkgo,* stärker gelappte *Ginkgoites* und gestielte, noch feiner gegliederte *Baiera.* Das Holz der G. läßt sich nicht eindeutig identifizieren. Vorkommen: Seit dem Rotliegenden, Blütezeit in Jura und Wealden. Vgl. → Cyadophytina.

Glabella, *f* (lat. glabellus, Demin. von glaber glatt, unbehaart), ‚Glatze'; 1. (→ Trilobiten): erhabener

mittlerer, allseitig durch Furchen abgegrenzter Teil des Kopfschildes (die Achsialfurchen seitlich, die Präglabellarfurche vorn, sie vereinigen sich in den vorn seitlich gelegenen, etwas vertieften Fossulae). Hinten wird die G. durch die Nackenfurche vom Nackenring getrennt. Bei einigen O. werden die drei Strukturen als Hologlabella zusammengefaßt. Seiten- (Lateral) furchen schneiden vom Rande her mehr oder weniger weit in die G. ein und teilen dadurch laterale Loben ab. Deren hinterster, an den Nackenring grenzender, ist der präoccipitale Laterallobus. Auf Vorschlag von R. & E. RICHTER zählt man die Seitenfurchen von hinten nach vorn und fügt ein p zur betreffenden Zahl hinzu (1p, 2p usw.) (Abb. 118, S. 246). 2. (Merostomen): erhabener Teil des Prosomas zwischen den beiden Komplexaugen (= interophthalmische Region).

Gladius, *m* (lat. Schwert), das → Proostracum (mit rudimentärem Rostrum und Phragmokon) der → Teuthoidea (bei fossilen Formen noch teilweise verkalkt). Vgl. → Schulp.

Glanzbraunkohle (W. GOTHAN), Pechkohle; eine Hartbraunkohle, die zwischen Steinkohlen und Weichbraunkohlen steht. Bezüglich Farbe und Glanz ist sie den karbonischen Streifenkohlen sehr ähnlich. Vgl. → Braunkohlen.

Glanzkohle (R. POTONIÉ 1910), Bez. für stark glänzende Kohlearten. → Vitrit.

Glatze, → Glabella (Trilobiten).

glenoides, glenoidalis (gr. γλήνη flache Gelenkgrube), → Cavitas glenoidalis.

Gliedmaßen, (Tetrapoden): freie Extremitäten.

Glires (LINNAEUS 1758) (lat. glis, gliris Haselmaus), eine Zusammenfassung der Säugetierordnungen Rodentia und Lagomorpha.

Globigerinen (lat. globus Kugel; gerere tragen) (Foram., O. → Rotaliida) eine Gruppe planktischer, stenohaliner → Foraminiferen, mit zuerst trochospiralem, später planspiralem bis involutem Bau des Gehäuses. Die Kammern der erwachsenen Formen sind meist kugelig aufgeblasen, die Wände dünn und ± grob perforiert. Vorkommen: Seit dem Dogger.

Globorilida (SYSSOIEV 1957), eine O. der → Calyptoptomatida, mit kugeligem Anfangsteil. Vorkommen: M.Kambrium.

globos (lat. globosus kugelförmig), kugelig.

Glossohyale, *n* (gr. γλωσσα Zunge; υοειδής dem Buchstaben Y ähnlich), ein sehr großes, verknöchertes Basihyale (Hyoidcopula, vgl. → Hyoidbogen) mancher Teleostomen, welches in den Mundboden hineinreicht.

Glossopetren, Pl., *f* (lat. petra, ae Fels, Stein), ,Zungensteine'; eine vorwissenschaftliche Bezeichnung für fossile Haifischzähne. N. STENO wies 1667 ihre wahre Natur nach.

Glossopteridales (gr. πτέρις Farnkraut), ,Zungenfarne', Hauptgattung *Glossopteris* BRONGNIART 1828; → Pteridophyllen mit einfachen, lang zungenförmigen Wedeln mit einer Mittelrippe, die an der Basis in einen kurzen Stiel übergeht. Die G. sind charakteristisch für die tieferen Gondwana-Schichten (Permokarbon) und reichen bis ins Rhät. Wahrscheinlich waren sie keine Farne, sondern Gymnospermen. Zu ihnen rechnet man auch die → *Vertebraria* (Abb. 56). Vgl. → Gondwana-Flora.

Glossopteris-Flora, → = Gondwana-Flora.

glyphostom heißen Seeigel, deren Peristom Einschnitte für die Kiemen aufweist.

Glyphostomata (POMEL) (gr. γλύφειν einschneiden; στόμα Mund), reguläre Seeigel mit äußeren Mundkiemen (deshalb auch Ectobranchiata genannt), Peristom mit 10 Einschnitten für die Kiemen.

Gnathosoma, *n* (gr. γνάθος Kinnbacke; σώμα Körper, Leib), der vordere Teil des Körpers von Acariden (Milben, → Arachnida) mit den Mundteilen (früher = Capitulum).

gnathostom, mit Kiefer(apparat) versehen.

Gnathostomata (gr. στόμα Mund, Maul), 1. Chordatiere mit Kiefern = Wirbeltiere mit Ausnahme der → Agnatha.
2. Bez. für irreguläre Seeigel mit Kiefergebiß (Ü.O. der → Euechinoidea). Vorkommen: Seit dem Jura.

Gnetatae, eine eigenartige Kl. der → Gymnospermen, mit Anklängen an → Angiospermen: mit Tracheen im Sekundärholz, netznervigen Blättern (z. T.), einem deutlichen Perianth (Blütenhülle). Fossilvorkommen: (? Perm), Kreide, Tertiär (nur durch Pollen nachgewiesen).

,Goldschnecken' heißen goldglänzende, verkieste kleine Ammoniten speziell aus verschiedenen Horizonten des süddeutschen Dogger.

Gomphose, *f* (gr. γόμφος Pflock, Wurzel), die Art der Verbindung der Zähne mit dem Kiefer im Säugetiergebiß: mit sehr eng die Wurzel umfassender Alveole, Wurzelzement und beides verbindender Wurzelhaut. Danach Adj. **gomphodont.**

gonatopar (gr. γωνία Winkel, Ecke; παρειά Wange), (Trilobiten) → Gesichtsnaht.

Gondwana-Flora, *f*, *Glossopteris*- oder antarktokarbonische Flora. Die permokarbonische Flora der Gondwana-Länder Antarktis, Südafrika, Südamerika, Vorderindien, Australien. Hauptcharakteristikum dieser Flora sind → Glossopteridales wie → *Glossopteris* und *Gangamopteris* und deren Stammstücke (→ *Vertebraria*), ferner die mit den Cordaitales verwandten *Noeggerathiopsis*-Blätter und die Equisetalen *Schizoneura* und *Phyllotheca* (Abb. 45, S. 82, Abb. 56, S. 99).

gongylodont (gr. γογγύλος rund; οδούς Zahn), → Ostrakoden (Schloß) (Abb. 82, S. 165).

Goniale, *n* (gr. γωνία Winkel, Ecke), Syn. Praearticulare, ein Deckknochen (→ Osteogenese) des Unterkiefers niederer Tetrapoden, an der Innenseite des → Articulare gelegen.

Goniatiten (gr. -ιτης frei gewählte Endung zur Kennzeichnung fossiler Formen) paläozoische Ammonoideen mit → goniatitischer Lobenlinie = Palaeoammonoidea WEDEKIND (vgl. → Goniatitida). G. im engeren Sinne sind die Arten der Gattung *Goniatites* DE HAAN 1825 (Syn. *Glyphioceras* HYATT 1884), welche im U. Karbon III leitend sind.

Goniatitida (HYATT 1884), eine O. der → Ammonoidea; sie umfaßt paläozoische eingerollte Ammonoideen mit externem Sipho, deren Lobenlinien Umbilikal- und Ad-

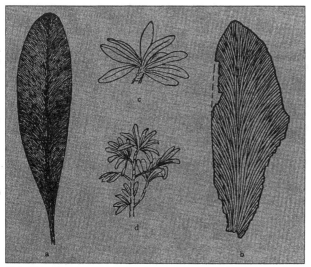

Abb. 56 *Glossopteris*, Blatt (a, etwa 1/4 nat. Größe) und beblätterter Sproß (d). *Gangamopteris*, Blatt (b, etwa 2/5 nat. Größe) und beblätterter Sproß (c). – Nach GOTHAN und SEWARD aus MÄGDEFRAU (1956)

ventivloben besitzen (A-Typus SCHINDEWOLFs) d. h. den Hauptteil der ‚Goniatiten' im herkömmlichen Sinne, andererseits aber auch Formen mit bereits ceratitischer, ja selbst ammonitischer Lobenlinie. Vorkommen: Devon–Perm.

goniatitisch heißt eine → Lobenlinie mit ganzrandigen, nicht gezähnten Loben und Sätteln (mit gelegentlicher Ausnahme des Externlobus).

Gonoporus, *m* (HAECKEL) (gr. γόνος Geschlecht; πόρος Durchgang) (= Parietalporus JAEKEL), kleine Öffnung in der → Theca vieler → Cystoidea, meist zwischen Mund- und Afteröffnung gelegen; sie diente als Auslaß für die Geschlechtsprodukte.

Gonozooecium, *n* (gr. οικίον Wohnung), als → Ovizelle modifiziertes Zooecium (cyclost. Bryoz.).

Gorgonacea (LAMOUROUX 1916) (Γοργώ weibliches Ungeheuer der griechischen Mythologie mit schlangentragendem Haupt), eine O. der → Octocorallia; meist mit baumartig verzweigten Skeleten aus → Gorgonin oder Kalk oder beidem. Vorkommen: Seit der Kreide.

Gorgonin, *n*, Skeletmaterial mancher → Octocorallia; hornartiges Protein mit geringerem Schwefelgehalt als echtes Horn; daneben enthält es zu Tyrosin verbundenes Jod und Brom.

Gradichnia (GEYER 1973) (lat. gradi schreiten), ‚Trittspuren': Schreit-, Lauf- und Hüpffährten von Wirbeltieren. Vgl. → Lebensspuren.

Gradualismus, *m* (phyletic gradualism, synthetische Theorie der Evolution), die auf DARWIN zurückgehende Vorstellung, daß die Evolution auf Artwandel beruht. Dieser erfolgt im Zusammenwirken von Variation und Selektion und ist dadurch adaptiv. Er geht langsam und kontinuierlich in kleinen Schritten vor sich. Vgl. → Punktualismus.

Gräten, den Knochenfischen (→ Teleostei) eigentümliche Knochenstäbe in den Transversalsepten. Bei vollständiger Ausbildung sind jederseits drei Reihen vorhanden: 1. dorsolaterale, die sich an die Neuralbögen anschließen können (Epineurale); 2. laterale, die sich

an den Wirbelkörper anlegen können (Seitengräten, Epicentrale); 3. ventrolaterale, die sich mit Rippen oder Parapophysen verbinden können (Epipleurale).

‚grande coupure', *f* (H. G. STEHLIN 1909), scharfer Einschnitt in der europäischen Landfauna an der Grenze Eozän/Oligozän (Niveau der Marnes supragypseuses) mit Einwanderung zahlreicher asiatischer Elemente und Eliminierung endemischer Formen, von STEHLIN auf die Unterbrechung der Turgai-Straße zurückgeführt.

grande suture, *f* (BARRANDE) (franz.), die Gesamtheit der → Gesichts- und → Rostral-Naht bei Trilobiten.

Granulaptychus, *m* (TRAUTH 1927) (lat. granum Korn); → Aptychus.

Granum, Granulum, *n* (lat. Korn, Körnchen), Körnchen. Vgl. → Sporomorphae.

Graphoglypten, *f* (FUCHS 1895) (gr. γράφειν schreiben; γλυπτός graviert) (= Hieroglyphen FUCHS 1895), Lebensspuren: auf Schichtunterseiten vor allem von Flyschsedimenten auftretende, schriftzeichenartige Muster; FUCHS hielt sie für Laichschnüre von Schnecken. Dazu gehört auch → *Paleodictyon*.

Graptin (KOZLOWSKI 1973), Bez. für die Gerüstsubstanz der Graptolithen. Diese ist ein Skleroprotein (Gerüsteiweiß) von ähnlichem Aufbau wie das Chitin, aber möglicherweise völlig spezifisch.

Graptolithen, Graptolithina (BRONN 1846) (gr. γραπτός geschrieben; λίθος Stein), ausgestorbene, ausschließlich marine, koloniebildende Tiere mit einem Außenskelet (Rhabdosom) aus chitinartigem Skleroprotein (Graptin). Von der Anfangskammer (→ Sicula) sproßten Reihen von Theken und bauten ein- oder zweizeilige Äste auf. Die primitiveren, sessilen Formen (Dendroidea u. a.) besaßen dreierlei Theken (Auto-, Bi- und Stolotheca), die von ihnen abstammenden Graptoloidea nur eine (= Autotheca). Von der Spitze der Sicula (deren Mündung nach unten zeigte) ging ein Achsenfaden (→ Nema bzw. Virgula) aus, an welchem die Kolonie befestigt war.

Die Lebensweise der Dendroidea war sessil, nur *Dictyonema* (recte: *Rhabdinopleura),* die Ausgangsform der G., lebte wie diese epiplanktisch. Die G. waren ± faziesunabhängig, weltweit verbreitet und entwickelten sich rasch und formenreich. Vom tiefsten Ordovizium bis zu ihrem Aussterben im höheren U.Devon stellten sie hervorragende Leitfossilien. Die sessilen Dendroidea hielten sich vom M.Kambrium bis ins Karbon. Die nächsten Verwandten der G. sieht man in den rezenten → Branchiotremata, speziell den → Pterobranchia. Umstritten ist DILLYs Deutung des rezenten *Cephalodiscus graptolithoides* DILLY 1993 als Graptolith. System: Kl. Graptolithina BRONN 1846, O. → Dendroidea, O. → Tuboidea, O. → Camaroidea, O. → Stolonoidea, O. → Crustoidea, O. → Graptoloidea, O. → Dithecoidea, O. → Archaeodendrida.

Graptoloidea (LAPWORTH 1879), eine O. der Kl. → Graptolithina: epiplanktisch; → Rhabdosom gewöhnlich mit nur 1–2 Armen und mit nur einer Thekenart (→ Autotheca). – Wichtigste Leitfossilien im Ordovizium und Silur.

Gravigrada (OWEN 1842) (lat. gravis schwer, lastend; gradi schreiten), ältere Bez. für die bo-

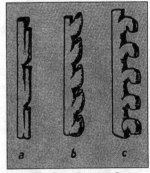

Abb. 57 Baupläne von Graptolithen. a *Leptograptus*; b *Dicranograptus* (Theken introvertiert); c *Monograptus* (Mon.) *priodon* (Theken extrovertiert). – Umgezeichnet nach O. M. B. BULMAN (1955)

denbewohnenden Riesenfaultiere, formenreich im Tertiär Südamerikas und im Quartär beider Amerikas.

Griffelbeine, dünne Knochenstäbe neben den Mittelhand- bzw. Mittelfußknochen der Pferde. Sie sind Rudimente der 2. und 4. Metapodien. Ob auch Finger-Rudimente in sie eingehen, ist umstritten.

Großsepten (CARRUTHERS 1908), (Madreporaria): Septen 1. Ordnung, → Proto- und → Metasepten.

Gürtelknochen, Gürtelbein (Os en ceinture), das → Sphenethmoid der Anuren, welches ringförmig den vorderen Teil der Schädelhöhle umgibt.

Gula, *f* (lat. = Schlund, Speiseröhre), Dehiscens-Kegel; ein apikal gelegener Kegel aus den zusammentretenden → Tecta von Sporen.

Gulare, *n*, Pl. -ia, 1. Knochenplatte in der Haut zwischen den Unterkieferhälften von Knochenfischen. Einzelne G. können besonders groß werden und werden dann nach ihrer Lage besonders benannt als paarige oder unpaare G. medianum, G. ventrale, G. laterale. 2. → Hornschilde der Schildkröten.

Gymnocaulus, *m* (gr. γυμνός bloß, nackt; καυλός Stengel), der noch nicht mit ‚Chitin‘ umkleidete vorderste Teil des → Stolons bei → Rhabdopleurida, von dem neue Zooide entspringen. Abb. 97, S. 204. Vgl. → Pectocaulus.

gymnokrotaph (GAUPP) (gr. κρόταφος Schläfe), → stegokrotaph.

Gymnolaemata (ALLMAN 1856) (gr. λαιμός Schlund, bezogen auf den Vergleich mit den → Phylactolaemata), Bryozoen ohne Epistom (die Mundöffnung verschließenden Weichteillappen). Ursprünglich alle marinen Bryozoen umfassende Klasse, nach Abtrennung der → Stenolaemata aber nur noch die → Ctenostomata und die → Cheilostomata beinhaltend, d. h. Formen mit vorwiegend kastenförmigen Zooecien. Vorkommen: Seit dem Ordovizium.

Gymnophiona (MÜLLER 1831) (gr. ὄφις Schlange), = → Apoda (Amphibien).

Gymnospermen (Gymnospermae) (gr. σπέρμα Same), Nacktsamer; Zusammenfassend für die ersten beiden Unterstämme der → Spermatophyta: Coniferophytina und Cycadophytina: Pflanzen, deren Samenanlagen und Samen offen auf den Fruchtblättern liegen, nicht in einen besonderen Fruchtknoten eingeschlossen. Holzgewächse mit ringförmig angeordneten Leitbündeln (Eustele) und sekundärem Dickenwachstum vom Kambium aus. Im Sekundärholz Fasertracheiden mit großen Hoftüpfeln. Echte Gefäße nur bei den → Gnetatae. Erste Fossilien im O.Devon, Hauptblütezeit im Mesozoikum.

Gynäzeum, *n* (lat. gynaeceum Frauenwohnung), (botan.) Gesamtheit der Fruchtblätter einer Blüte. Bei den → Angiospermen sind sie meist zu einem geschlossenen Fruchtknoten verwachsen.

gyroceroid (gr. γυρός gerundet; κέρας Horn; εῖδος Gestalt), heißen so stark gekrümmte Gehäuse, daß der hintere Teil wieder zur Mündung hin zeigt.

gyrocon (gr. κωνός Kegel), → Einrollung.

Gyrogonites (gr. γυρός rund; γονή Frucht, Same; -ites kennzeichnende Endung für fossile Organismen), fossile Oogonien (weibl. Geschlechtsorgane) von Characeen (→ Charophyta).

Gyttja, *f* (H. v. POST 1862) (schwed. = Schlamm), → Organopelit.

Habitat, *n* (lat. 3. Pers. Sing. Präs. von habitare wohnen, heimisch sein), am Anfang von jeder Fundortsangabe bei LINNÉ als Verbform gebraucht („habitat in ...“), danach substantiviert in der Bedeutung Fundort, Wohnort (n. KÉLER).

Habitus, *m* (lat. Haltung, Zustand), die körperliche Gesamterscheinung von Organismen.

Hadal, *n* (gr. ἄδης Unterwelt), größte Meerestiefen, unter 6000–7000 m.

Hadromerida, eine O. der → Demospongea, mit → Tylostylen. Zu ihnen gehören u. a. die Bohrschwämme (Clionidae). Vorkommen: Seit dem Ordovizium.

Hämalbogen (= Hämapophyse) (gr. αῖμα Blut); ein dem dorsalen Bogen ähnlicher, die großen Blutgefäße umfassender gegabelter ventraler Fortsatz an den Schwanzwirbeln niederer Tetrapoden. (Ursprünglich in Verbindung mit dem Interzentrum.) Vgl. Basapophyse (→ Wirbel).

Häutung, der Arthropoden: = → Ecdysis.

Hakenbein, → Hamatum.

Halbrelief, *n* (Demi-Relief), ein Erhaltungszustand pflanzlicher Fossilien, bei dem die Unterseite einen Hohldruck darstellt, während der Gegendruck in ihn hineingepreßt scheint (vgl. → Prägekern der Paläozoologie).

Hallux, *m* (lat.), die erste Zehe (Großzehe) des menschlichen Fußes, danach allgemein der Säugetiere.

Halobios, *m* (HAECKEL) (gr. ἅλς Salz; βίος Leben), die Tier- und Pflanzengesellschaft des Meeres. Sie gliedert sich in sechs Einheiten: → Plankton, → Benthos, → Meroplankton, → Pseudoplankton, → Nekroplankton, → Nekton. Vgl. Geobios, → Limnobios. Andere Bedeutung: Gesamtheit der Lebewesen salzreicher Regionen wie z. B. Salzböden.

Halophyten (gr. φυτόν Pflanze), auf Salzböden oder im Salzwasser gedeihende Pflanzen.

Halswirbel, Vertebrae cervicales; die Wirbel des Halses zwischen Kopf und erstem Brustwirbel der Tetrapoden; bei Säugetieren sind es meist 7 (bei → Edentata 6–9), bei niederen Wirbeltieren schwankt ihre Zahl in weiten Grenzen. Rippen der

Halswirbel artikulieren nicht mit dem → Sternum.

Halteren, Sing. Halter, *m* (gr. αλτῆρες Hanteln, Sprunggewichte), Schwingkölbchen; zu einem kurzen, kolbenartigen Organ reduzierte Insektenflügel.

Hamatum, *n* (lat. hamatum, ebenso uncinatum, mit einem Haken versehen), Uncinatum, Hakenbein; die verschmolzenen Carpalia IV und V der höheren Säugetiere, vor allem des Menschen. Vgl. → Carpus (Abb. 24, S. 40).

hamiticon (lat. conus Kegel), → Heteromorphe.

Hammer, Malleus; das an das Trommelfell anstoßende → Gehörknöchelchen der Säugetiere, das phylogenetisch aus dem → Articulare hervorgegangen ist. Vgl. → Reichertsche Theorie (Abb. 80, S. 158).

hamulicon (lat. hamulus kleiner Haken), → Heteromorphe.

Hand, Manus, *f*, distaler Abschnitt der Vorderextremität der Tetrapoden. Sie gliedert sich in: Handwurzel (→ Carpus), Mittelhand (→ Metacarpus) und Finger (Digiti) (Abb. 24, S. 40).

Handtier, = → *Chirotherium.*

Handwurzel, = → Carpus.

hapalokrat (gr. απαλός frisch, zart; κράτος Herrschaft), nannte H. SCHMIDT (1935) erdgeschichtliche Zeiten, in denen die frischen, sauerstoffreichen Meeresböden besonders weit verbreitet sind, dagegen saprokrat solche, in denen die stillen, sauerstoffarmen bis -freien Böden vorherrschen.

haplocheil (gr. απλόος einfach, schlicht; χεῖλος Lippe), (botan.) eine besondere Entwicklung der Spaltöffnungen. Vgl. → Stoma.

haplodont (gr. οδούς Zahn), heißen Zähne von der Gestalt eines einfachen einspitzigen Kegels.

Haplorhini, eine U.O. der → Primates, innerhalb derer man die → Tarsiiformes, → Platyrhini und → Catarhini unterscheidet. Erstere gelten als Schwestergruppe der meist als Affen (→ Simiae) zusammengefaßten beiden anderen Gruppen. Vorkommen: Seit dem Paläozän.

Haplozoa (WHITEHOUSE 1941) (gr. ζῶον Tier), den → Echinodermen zugerechnete Tierreste aus dem untersten M.Kambrium von Queensland (Australien) mit einem aus wenigen dicken radialen Platten bestehenden Skelet (Gattungen *Cymbionites* WHITEHOUSE und *Peridionites* WHITEHOUSE). Nach UBAGHS (1967) dürfte deren Echinodermen-Natur sicher, jede engere Zuordnung aber unmöglich sein.

Hapteren, *f*, Pl., (gr. ἅπτειν berühren), bandartige Anhänge der Sporen von Schachtelhalmen.

Haptotropismus, *m*, → Reizreaktionen.

Hardground, *m* (engl. = Hartgrund), frühdiagenetisch verhärtete Kalk- oder Mergelbänke, die mit Sedimentationsunterbrechungen verbunden sind, (früher oft als ‚Emersionsflächen' bezeichnet, doch läßt sich vorübergehendes Trockenfallen nur selten beweisen.) H. enthält stellenweise von Bohr-Organismen angelegte Gänge, die als Fossilfallen wirkten und kleine Fossilien in besonders guter Erhaltung führen können.

Hartteile nennt man die schützenden (Gehäuse) oder stützenden (Skelete, Zellwände) Teile der Organismen, die aus relativ verwitterungsresistenten Verbindungen aufgebaut sind und die besten Aussichten auf Fossilerhaltung besitzen. Solche Verbindungen sind u. a.: Calcit ($CaCO_3$, ditrigonalskalenoedrisch), Aragonit ($CaCO_3$, rhombisch), Calciumphosphat ($Ca_5[OH]$ $[PO_4]_3$), Kieselsäure ($SiO_2 + H_2O$, Skelet-Opal, amorph), Chitin (Polysaccharid, kettenartige Makromoleküle bildend), Zellulose (ein Polysaccharid, chemisch dem Chitin ähnlich), Gerüsteiweiße, wie z. B. das Spongin der Schwämme und das Keratin der Wirbeltiere. Vgl. → Fossil.

Hauptseptum, *n* (KUNTH 1869), (Madreporaria): ein bei hornförmig gebogenen → Corralliten meist auf der konvexen (dorsalen) Seite liegendes → Protoseptum. In höheren Schnittlagen erscheint es vielfach verkürzt. Vgl. → Kardinal-Fossula (Abb. 98, S. 207).

Hautknochen, in der Haut gebildeter Knochen (Allostose, → Osteogenese). Teilweise sind primäre H. nachträglich in tiefere Regionen des Körpers gewandert. H. im engeren Sinne sind besonders die Knochenschuppen der Fische: → Placoid-, → Cosmoid-, → Ctenoid-, → Cycloidschuppen, ferner der → Panzer der Schildkröten (→ Testudinata) und das → Geweih der Hirsche.

Hautskelet (Dermalskelet), → Exoskelet.

Hautzähne, = → Placoidschuppen.

Haverssches System (nach Clapton HAVERS, Arzt in London in der 2. Hälfte des 17. Jh.) (= Osteon), Gefäßkanäle für Blut- und Lymphgefäße sowie Nerven im Knochen (H.-Kanäle, primäres Osteon W. GROSS 1934), welche von sekundär gebildetem, feinfaserigem, lamellär aufgebautem Knochen (H.-Lamellen, sekundäres Osteon, W. GROSS 1934) konzentrisch umgeben werden. In den H.-Lamellen verlaufen die Fibrillen gleichsinnig. Die H. S.e bilden sich erst im Laufe der Ontogenese vor allem bei den Säugetieren. Aus ihnen aufgebaute Knochen heißen Lamellenknochen. In den primitiveren Geflecht- oder Faserknochen liegen die Fibrillenbündel noch ungeordnet.

Heautotypus, *m*, (SCHUCHERT 1905) = **Heautotypoid,** *n* (R. RICHTER 1925) (gr. εαυτός derselbe; τύπος Abbild, Muster; εἶδος Gestalt, als Nachsilbe -id soviel wie ‚ähnlich'), kaum gebräuchliche Bez. für die vom Autor einer Art in einer späteren Veröffentlichung genannten Beispiele für diese Art. Vgl. → Typoid.

Helcionelloida (PEEL 1991), eine Kl. primitiver Mollusken mit endogastrisch gekrümmtem napfförmigem bis planspiral eingekrümmtem Gehäuse. Am Hinterende des Gehäuses ein Sinus, es kann ein Schnorchel entwickelt sein. Beispiel: *Helcionella.* Die Kl. könnte die Vorfahren sowohl der → Rostroconchia und → Scaphopoda als auch der → Cephalopoda enthalten. Vorkommen: U. und M.Kambrium.

helicoid, helicocon (gr. ἑλιξ, ἑλικος Gewinde, Spirale; εἶδος Aussehen), schneckenartig aufgerollt.

helicopegmat (gr. πήγνυμι befestigen), (Brachiop.) → Armgerüst (Abb. 15, S. 34).

Helicoplacoidea (DURHAM & CASTER 1963), eine aus wenigen Gattungen bestehende Kl. der → Echinozoa aus dem U.Kambrium von Nordamerika, mit spiralig gedrehter, dehnbarer Theca.

Heliozoa (HAECKEL 1866), (gr. ἥλιος Sonne), eine U.Kl. der → Actinopoda: ± kugelig; Skelet, wenn vorhanden, aus isolierten Kieselstacheln oder -plättchen, manchmal auch aus einem ± von Kieselsäure imprägnierten chitinigen Netzwerk bestehend. Überwiegend Süßwasserbewohner. Fossil unbedeutend. Vorkommen: Seit dem Pleistozän.

Helminthoida (SCHAFHÄUTL 1851) (= *Helminthoides* FUCHS 1895) (gr. ἕλμινς, ἕλμινθος Eingeweidewurm; εἶδος Gestalt), ‚Weidespuren‘: zahlreiche, in gleichem Abstand voneinander verlaufende, gebogene, je etwa 2 mm breite vertiefte Bänder. Wahrscheinlich → phobo- und → thigmotaktisch ‚geführte Mäander‘. H. sind besonders im Flysch verbreitet. Vorkommen: Kreide–Tertiär.

Heloclon, *m* (SCHRAMMEN) (gr. ἥλος Nagel, Buckel; κλών Zweig), einachsiges → Desmon mit ± zahlreichen unregelmäßigen Verdickungen.

Hemera, *f* (S. BUCKMAN 1893) (gr. ἡμέρα Tag, Zeit, Lebenszeit), nach der ursprünglichen Definition ein Zeitabschnitt, welcher der Blütezeit einer bestimmten Art entspricht. PIA 1930 definierte H. als die der → Zone entsprechende zeitliche Einheit. Entsprechend der für die Zone zugrunde gelegten taxonomischen Kategorie kann man dann Art-, Gattungs- usw. -Hemeren unterscheiden. Doch wird der Begriff kaum benutzt .

hemiamphidont (gr. Vorsilbe ημι halb, teilweise; αμφί auf beiden Seiten; οδούς Zahn), → Ostrakoden (Schloß) (Abb. 82, S. 165).

Hemichordata (Bateson 1885) (gr. χορδή Darm, Darmsaite) Syn. von Stomochordata, → Branchiotremata.

Hemielytra, Pl., *n*, Sing. -on, (gr. ἔλυτρον Hülle), die im proximalen Teil sklerotisierten Vorderflügel der → Heteroptera; vgl. → Flügel der Insekten.

Hemiendobionten (W. SCHÄFER 1962), solche Bewohner des Meeresbodens, die sich nur gelegentlich in das Sediment zurückziehen, aber meistens auf ihm leben.

hemimerodont (gr. μέρος Teil, Reihe; οδούς Zahn), → Ostrakoden (Schloß), Abb. 82, S. 165.

Hemimetabola (gr. μεταβολή Verwandlung), frühere Bez. für alle Insekten mit unvollständiger Verwandlung, heute meist eingeengt auf Libellenartige (→ Odonata). Vgl. → Metamorphose.

Heminektonten (W. SCHÄFER 1962), Angehörige des → Nektons, die gelegentlich mit der Sedimentoberfläche in Berührung kommen (und damit Lebensspuren hinterlassen können).

hemiperipher (BEECHER) (gr. περιφερής kreisförmig), (Brachiop.) → holoperipher.

Hemiptera (LINNAEUS 1758) (gr. πτερόν Flügel), Schnabelkerfe (= Rhynchota); dazu gehören die Ordnungen → Heteroptera (Wanzen) und → Homoptera (u. a. Zikaden, Blattläuse): Insekten mit stechend-saugenden Mundteilen eines bestimmten Typs. Solche Mundteile gibt es bereits seit dem Karbon, ohne genaue Zuordnungen zu ermöglichen. Besonders fehlen die zur Bestimmung erforderlichen Rüssel.

Hemiseptum, *n* (lat. saeptum Trennwand), 1–2 in der Nähe der Mündung mancher cryptostomer → Bryozoen von der Wand ins Innere sich erstreckende Plattformen.

hemispondyles Stadium (gr. σφόνδυλος Wirbel), ein Entwicklungsstadium des Wirbels, in dem mehrere Knochenplatten an der Wandung der Chorda auftreten, aber noch nicht zu einem einheitlichen Wirbelkörper verschmelzen. Dabei liegen jeweils zwei Halbringe zusammen, ein ventraler, nach oben keilförmig sich verschmälernder vorn (= Hypozentrum) und dahinter ein dorsaler, umgekehrt orientierter (= Pleurozentrum). Das N. S. der Wirbelbildung ist fossil vor allem bei den → Stegocephalen bekannt (→ rhachitomer Wirbel). Vgl.

→ holospondyles Stadium, → Bogentheorie.

hemistom (WEDEKIND) (gr. στόμα Mund, Mündung), Schneckengehäuse, deren Umgänge im Querschnitt jeweils die Form eines Winkeleisens besitzen, indem dach- und spindelseitige Wand nicht ausgebildet werden. Vgl. → temnostom, → holostom.

Henidium, *n,* (CLOUD 1942) (gr. ἕν eins, allein; -idium latin. Demin., Bez. für kleine Organe), eine einheitliche Platte zwischen Schloßrand und dem Rand der verschmolzenen → Deltidialplatten einiger → Brachiopoden; bei anderen ersetzt sie die Deltidialplatten vielleicht gänzlich und wird zum → Xenidium (Abb. 36, S. 62). Vgl. → Deltidium.

herbivor (herba Gras, Kraut; vorare verschlingen), pflanzenfressend.

Hermakline, *f* (LIEBAU 1980) (gr. κλίνειν neigen, wenden), → bathymetrische Gliederung.

hermatyp, auch **hermatypisch** (gr. ἕρμα Riff, Klippe; τυποῦν bilden, formen) heißen riffbildende Korallen. Sie enthalten symbiontische, einzellige Algen (→ Zooxanthellen), welche zum Gedeihen der Photosynthese und daher des Lichtes bedürfen. Infolgedessen sind h. Korallen an flaches Wasser gebunden, außerdem verlangen sie Klarheit des Wassers, normalen Salzgehalt und Temperatur über 18,5 °C. Vgl. → ahermatyp.

Hesperornithiformes (gr. εσπέρα Abend, Westen; όρνις Vogel), eine O. der → Odontoholcae, flugunfähige Tauchvögel, ca. 1 m hoch. Vorkommen: U.Kreide–Eozän in Nordamerika.

Heteractinida (HINDE 1888) (gr. ἕτερος der andere, andersartig; ακτίς Strahl), Kl. der → Porifera, mit vielstrahligen Kieselnadeln, auf das Paläozoikum beschränkt.

heterocerk (gr. κέρκος Schwanz), → Schwanzflosse.

Heterochelida (BEURLEN & GLAESSNER 1931), eine U.O. der → Decapoda.

Heterochelie, *f*, (gr. χηλή Schere, Kralle), unterschiedliche Ausbildung von rechts- und linksseitiger Schere bei Krebsen. Gegensatz: Homoiochelie.

heterochron (gr. χρόνος Zeit) sind nicht zur selben Zeit sich abspielende Ereignisse. Vgl. → Mosaikentwicklung.

Heterochronie, *f,* allgem.: zeitliche Verschiebung in der Anlage oder Entwicklung der einzelnen Teile eines Organismus. Gegensatz: Orthochronie.

heterocöl (gr. κοῖλος hohl) heißen Wirbel, deren Körper an beiden Enden sattelförmige Gelenkflächen tragen (in einer Richtung konkav, senkrecht dazu konvex).

Heterocoela (POLÉJAEFF 1883), eine O. der rezenten → Calcispongea; sie umfaßt alle rezenten Formen außer denen vom → Ascon-Typ (in der Paläont. ungebr.). Vgl. → Homocoela.

heterocolpat (gr. κόλπος Wölbung, Bucht) heißen → Sporomorphae mit Pseudocolpen (→Colpus).

Heterocorallia (SCHINDEWOLF 1941), Heterokorallen, eine auf das U.Karbon beschränkte, gattungs- und artenarme O. der → Zoantharia. Septenanordnung: Vier → Protosepten bilden ein einfaches Achsenkreuz, die übrigen Septen entstehen durch periphere Gabelung der Protosepten (Abb. 58).

heterodont (gr. ὀδούς Zahn), 1. (Wirbeltiere): = anisodont; ein Gebiß mit verschieden gestalteten Zähnen. Gegensatz: homodont. Vgl. → Gebiß. 2. (Ostrakoden): aus Zähnen und Zahngruben einerseits, Leisten und Furchen andererseits in unterschiedlichen Kombinationen bestehendes Schloß. → Abb. 82, S. 165. 3. (Lamellibr.): Schloßbautyp, bei dem zweierlei Zahntypen auftreten: 1–3 konische Kardinal- oder Schloßzähne unter jedem Wirbel und jederseits davon 1–2 leistenförmige Lateral- oder Seitenzähne in jeder Klappe, dazu entsprechende Zahngruben. Die Kardinalzähne können nach vorn gerichtet sein (prosoklin), nach hinten (opisthoklin) oder gerade (orthoklin). Zwei Haupttypen von Heterodontie sind zu unterscheiden: lucinoid: meist 2 Kardinal- und 1–2 Lateralzähne je Klappe, cyrenoid: 3 Kardinal- und 2 Lateralzähne je Klappe. Zur genaueren Wiedergabe des Baues heterodonter Schlösser sind verschiedene Formeln gebräuchlich: Nach BERNARD & MUNIER-CHALMAS: da jedem Zahn eine Grube in der Gegenklappe entspricht, werden nur die Zähne angegeben: die Kardinalzähne erhalten arabische Ziffern, ungerade in der rechten, gerade in der linken Klappe, beginnend mit dem unter dem Wirbel gelegenen Zahn und nach beiden Seiten zählend, wobei den Ziffern für die vor dem Zentralzahn gelegenen Zähne ein a (anterior), den anderen ein b oder p (posterior) angehängt wird. Die ± randparallelen Lateralzähne erhalten entsprechende römische Ziffern. Das Ganze wird als Bruch geschrieben. Daraus ergibt sich z. B. die Formel des lucinoiden Schlosses:

$$\frac{\text{A III} \quad \text{A I} \quad \text{3a} \quad \text{3p} \quad \text{P I} \quad \text{P III}}{\text{A IV} \quad \text{A II} \quad \text{2} \quad \text{4p} \quad \text{P II}}$$

und des cyrenoiden Schlosses:

$$\frac{\text{A III} \quad \text{A I} \quad \text{3a} \quad \text{I} \quad \text{3p} \quad \text{P I} \quad \text{P III}}{\text{A II} \quad \text{2a} \quad \text{2p} \quad \text{4p} \quad \text{P II}}$$

(Abb. 59, 60).

Heterodonta (M. NEUMAYR 1884), eine U.Kl. der Muscheln, mit → heterodontem, mannigfach differenziertem Schloßbau. Sie bilden den jüngsten Zweig der Muscheln mit der Hälfte aller heutigen Formen. Vorkommen: Seit dem M.Ordovizium.

heterogones Wachstum (gr. γόνος Erzeugung), = → allometrisches Wachstum.

Heterogonie, Generationswechsel, bei dem die Generationen abwechselnd geschlechtlich und parthenogenetisch entstehen. Vgl. → Generationswechsel.

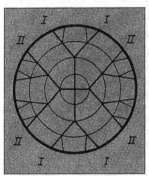

Abb. 58   Schema der Septenvermehrung bei Heterokorallen (*Heterophyllia*). Die Kreise deuten aufeinanderfolgende Wachstumsstadien an (Querschnitt). – Nach O. H. SCHINDEWOLF (1950)

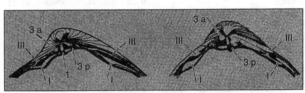

Abb. 59   Zahnelemente heterodonter Muscheln. Rechte Klappen, links von *Cyrena* (cyrenoider Typ), rechts von *Cardium* (lucinoider Typ)

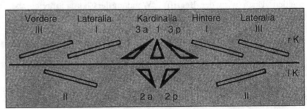

Abb. 60   Schema zur Erklärung der Zahnformel heterodonter Muscheln nach dem System von MUNIER-CHALMAS und BERNARD. r K = rechte Klappe, l K = linke Klappe

heterogyr (gr. γυϱός rund), (Gastrop.): → Embryonalgewinde.

Heterokontae (gr. ἕτεϱος andersartig; κοντός Stange) (= Xanthophyta), eine Kl. der → Chrysophyta. Die skeletlosen Zellen bilden Fäden. Fortpflanzung ungeschlechtlich durch Zoosporen (Schwärmsporen) mit 2 ungleich langen Geißeln. Vorkommen: Seit ?Karbon.

heteromesisch (v. MOJSISOVICS 1879) (gr. μέσον Mitte, Medium), → Faziesbezirke.

Heterometabola (gr. μεταβολή Verwandlung), Insekten mit unvollkommener Verwandlung (ohne Puppenstadium); doch kommen bei einigen von ihnen (den → Neometabola) puppenähnliche Stadien vor. Vgl. → Paurometabola.

heteromorph (gr. μοϱφή Gestalt, Form), (Ammoniten): alle nicht in einer normalen Spirale aufgerollten Gehäuse. (Ostrakoden): die Gehäuse erwachsener Individuen, die wegen des Besitzes einer → Crumina oder ähnlicher Gebilde für weiblich gehalten werden. Vgl. → teknomorph.

Heteromorphe (Syn.: ammonitische Nebenformen), Zusammenfassung der nicht in ‚normaler‘ Spirale aufgerollten Ammonoideen aus Trias, Jura und Kreide. Entgegen früherer Auffassung wichen sie beim jeweils ersten Auftreten am stärksten von der normalen Windungsspirale ab und tendierten danach im weiteren Wachstum zu ihr zurück.
Die folgenden Termini kennzeichnen spezielle Ausbildungen:
criocon: in loser Spirale eingerollt;
scaphiticon: Wohnkammer von der normalen Spirale des Phragmokons sich ablösend und geradlinig weiterwachsend, schließlich aber sich erneut einkrümmend;
pediocon: ähnlich, aber mit längerem, geradem Endabschnitt;
ancylocon: wie scaphiticon, aber mit freien oder nur tangierenden Innenwindungen;
toxocon: Gehäuse einfach bogenförmig gekrümmt;
hamulicon: auf einen geraden Anfangsteil folgt ein um 180° (pfeifenkopfartig) gewinkelter Endteil;
hamiticon: dreifach hakenförmig abgewinkelt;

baculicon: Gehäuse gerade gestreckt mit Ausnahme der allerersten Abschnitte;
turriliticon: in ganz oder teilweise loser oder in normaler Schneckenspirale eingerollt;
torticon: völlig unregelmäßig aufgerollt.

heteromyar (gr. μῦς Muskeln), (Lamellibr.): mit normalem hinteren, aber schwächer entwickeltem vorderen Schließmuskel.

Heteromyaria, → Schließmuskeleindrücke.

Heteronomie, *f* (gr. νόμος Ordnung, Weise), Verschiedenartigkeit der Glieder eines segmentierten Organismus.

Heterophyllie, *f*, verschiedene Gestalt und meist auch Funktion von Blättern einer Pflanze.

heteropisch (v. MOJSISOVICS 1879) (gr. ὄψις Aussehen), → Faziesbezirke.

Heteroptera (LATREILLE 1810) (gr. πτεϱόν Flügel), Wanzen: eine O. der → Hemiptera, teils mit räuberischer, teils mit parasitischer Lebensweise (Pflanzensaft- und Blutsauger). Vorkommen: Seit dem Perm.

heterospor (gr. σπόϱος Same, Saat) heißen → Pteridophyta mit zweierlei Sporen: 1. reservestoffreichen, in Megasporangien entstandenen Megasporen, welche bei der Keimung große, weibliche → Prothallien liefern, und 2. Mikrosporen, in Mikrosporangien entstanden, welche kleinere männliche Prothallien liefern. Gegensatz: iso- oder homospor: alle Sporen gleich beschaffen.

Heterostelea (JAEKEL 1918) (gr. στήλη Säule), = → Carpoidea.

Heterostraci (gr. ὄστϱακον Scherbe, Panzer [der Schildkröte]) (= Pteraspides), Heterostraken, eine altpaläozoische O. der → Agnatha, deren Kopf und Vorderkörper in einem Panzer aus → Aspidin-Platten (ohne Knochenzellen) steckte; die Platten sind mit flachen Hautzähnen besetzt. Die Nasenhöhle öffnete sich in die Mundhöhle (wie bei *Myxine*). Elektrische Felder und paarige Flossen waren nicht vorhanden. Die → Schwanzflosse war hypocerk. Vorkommen: O. Kambrium–O. Devon.

heterostroph (gr. ἕτεϱος der andere; στϱοφή Drehung), (Gastrop.): → Embryonalgewinde.

Heterostropha (FISCHER 1885), eine U.Kl. der Gastropoda, umfassend die Ordnungen Allogastropoda, Opisthobranchia und Pulmonata, also den Großteil der früheren → Euthyneura.

heterotom (gr. τομή Schnitt, Ende) (Crinoid.): → Armteilung (Abb. 88 S. 175).

heterotopisch (v. MOJSISOVICS 1879) (gr. τόπος Ort), → Faziesbezirke.

heterotroph (gr. τϱοφή Ernährung), autotroph.

heterotypische Relationen (gr. τύπος Gepräge), Beziehungen zwischen Angehörigen verschiedener Arten. Sie können dem einen oder dem anderen oder beiden zum Nutzen oder zum Schaden sein. Man nennt: Probiose: ein Partner zieht Vorteile aus dem Zusammenleben ohne Schaden für den anderen; Antibiose: dem einen zum Vorteil, dem anderen zum Nachteil; Symbiose: beiden zum Vorteil; Parökie: ein Organismus sucht stets die Nähe des anderen; Epökie: ein Organismus siedelt auf dem anderen; Entökie: ein Organismus lebt in Bauten oder Körperhöhlen des anderen; Synökie: für den Gast nützlich, für den Wirt gleichgültig oder kaum schädlich; bei Phoresie wird der Wirt lediglich als Transportmittel benutzt; Kommensalismus: Mitessertum, dem einen Organismus wird der Nahrungserwerb in der Gesellschaft des anderen erleichtert; Parasitismus: ein Partner lebt auf Kosten des anderen.

heterozerk, → heterocerk.

Heterozooecium, *n* (LEVINSEN 1909) (gr. οικίον Demin. von οῖκος Haus, Wohnung), (Bryoz.): modifiziertes → Zooecium ohne oder mit reduziertem → Polypid, aber mit Muskeln für die Betätigung eines → Operculums. Heterozooecien sind: → Aviculoecium, → Vibraculoecium.

Heterozooid, *n* (gr. ζῶον Lebewesen; εῖδος Gestalt), (Bryoz.): Einzeltier, welches ein → Heterozooecium abscheidet.

Hexacorallia (HAECKEL 1866) (gr. ἕξ sechs; κοράλλιον Koralle), = →

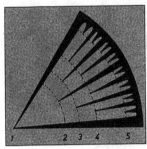

Abb. 61 Schema der Septeneinschaltung bei den Scleractinia (= Hexakorallen). Dargestellt ist ein Ausschnitt zwischen zwei Protosepten. Die Ziffern bezeichnen die Septenzyklen. – Nach A. H. MÜLLER (1958)

Scleractinia, Syn. Cyclocorallia (Abb. 61, S. 106).

Hexactin, *n* (gr. ακτίς Strahl), Syn. Triaxon, dreiachsige Schwammnadel, deren 6 Strahlen annähernd senkrecht aufeinander stehen (Abb. 91, S. 186).

Hexactinellida (O. SCHMIDT 1870), Syn. von → Hyalospongea.

Hexapoda, = → Insecta. Nach neuerem, nicht einheitlichem Gebrauch unterscheiden sich beide Termini etwas: Einige Autoren trennen die → Collembola und → Protura von Parainsecta von den übrigen ,eigentlichen' Insecta ab, dem Taxon H. untergeordnet.

Hexaster, *m* (gr. αστήρ Stern) (Porifera): sechsstrahlige → Mikrosklere, mit meist verzweigten Enden. Je nach Ausbildung der Strahlen lassen sich weiterhin unterscheiden: → Oxyhexaster, → Tylhexaster, → Discohexaster, → Floricom. → Plumicom.

Hexasterophora (F. E. SCHULZE) (gr. φέρειν tragen), (→ Porifera): eine U.Kl. der Kl. → Hyalospongea, gekennzeichnet durch den Besitz von → Hexastern (Mikroskleren). Die Einteilung in H. und → Amphidiscophora geht auf rezente Formen zurück.

Hieroglyphen, Pl., *f* (FUCHS 1895) (gr. ιερός heilig; γλυφή Schnitzwerk), = → Graphoglypten.

Hiltsche Regel (HILT 1873), sie besagt, daß der Inkohlungsgrad der Steinkohle mit zunehmender Teufe zunimmt (Abnahme der flüchtigen Bestandteile um etwa 2% pro 100 m bei normaler Lagerung und Geothermik).

Hinterhauptsloch, = → Foramen magnum, F. occipitale.

Hippomorpha (WOOD 1937) (gr. ίππος Pferd; μορφή Gestalt), eine U.O. der → Perissodactyla.

Hippuriten (gr. ουρά Schwanz), O. Hippuritoida, Synonym **Rudisten,** ungleichklappige Muscheln, mit einer (meist der rechten) Klappe festsitzend, die andere frei und oft zu einem Deckel reduziert. Die festsitzende Klappe hat einen Schloßzahn und zwei Gruben, die freie zwei Zähne und eine Grube. In rascher Entwicklung haben die H. eine große Fülle teilweise riesiger Formen hervorgebracht, bis 2 m Höhe, hochdifferenziert im Innenbau und in der Schalenstruktur. Wegen des festen Ineinandergreifens der pachyodonten Schloßelemente (→ Schloß) erfolgt die Untersuchung an Hand von Querschnitten. Im Querschnitt erkennt man bei guter Erhaltung drei pfeilerartige Einfaltungen des Innenrandes der Unterklappe, deren zwei → Siphonalpfeiler, die dritte Ligamentpfeiler genannt werden. Außerdem können die Querschnitte der Zähne beider Klappen sichtbar sein.

Die H. waren charakteristische Bewohner tropischer und subtropischer Meere (vor allem der Tethys). In der O. Kreide (Turon–Maastricht) bauten sie teilweise ausgedehnte riffartige Rasen. Vorkommen: O.Jura–O.Kreide.

Hippuritoida (NEWELL 1965) Pachyodonta, eine O. aberranter, dickschaliger, heterodonter Muscheln, meist aufgewachsen, oft korallenartig in die Höhe wachsend. Zu ihnen gehören die Super-Fam. Megalodontacea und Hippuritacea (→ Hippuriten). Vorkommen: Silur–Kreide (Maastricht).

Hirnnerven, die vom Gehirn der Wirbeltiere ausgehenden 12 Nervenpaare:

I. Nervus olfactorius, der Riechnerv; seine Fasern sind Fortsätze der Sinneszellen der Riechschleimhaut.

II. N. opticus, der Augennerv – er ist eigentlich kein echter Nerv, sondern ein Faserzug, der zwei Hirnteile miteinander verbindet, da die Retina (Netzhaut), von der er ausgeht, entwicklungsgeschichtlich ein Hirnteil ist.

III. N. oculomotorius,

IV. N. trochlearis und

VI. N. abducens sind kleine Nerven, welche die Augenmuskeln innervieren.

V. N. trigeminus, der dreigeteilte Nerv. Ursprünglich war sein erster Ast (V_1, Ramus ophthalmicus) dem Kieferbogen, sein zweiter und dritter Ast (V_2, R. supramaxillaris und V_3, R. inframaxillaris) einem verlorengegangenen Kiemenbogen zugeordnet. Jetzt versorgt der Trigeminus die Ober- und Unterkiefer- sowie die Augenregion.

VII. N. facialis, eigentlich der Branchialnerv der Spritzloch-Kiemenspalte. Bei Säugetieren hat sich die Muskulatur des Hyoidbogens als mimische Muskulatur über Kopf und Gesicht ausgedehnt, sie wird vom Facialis innerviert (daher ,Gesichtsnerv').

VIII. N. stato-acusticus, ein Sinnesnerv, der Erregungen vom Innenohr zum Rautenhirn leitet. Auch die Nerven zu den Seitenlinienorganen haben enge Beziehungen zum stato-acusticus.

IX. N. glossopharyngeus, bei Fischen ist er der ersten echten Kiemenspalte zugeordnet, bei Tetrapoden innerviert er motorisch einen Teil der Pharynx-Muskulatur, sekretorisch einen Teil der Speicheldrüsen und sensibel einen Teil der Mund- und Zungenschleimhaut.

X. N. vagus und

XI. N. accessorius. Der Vagus ist der größte Branchialnerv, er versorgt alle Kiemenbögen hinter dem ersten; ein mächtiger visceraler Ast verläuft am Darm entlang, bildet den wesentlichen Teil des parasympathischen Systems und sendet viscerosensible Fasern von den Eingeweiden zum Gehirn. Der N. accessorius ist im wesentlichen eine caudale motorische Wurzel des Vagus; er innerviert oberflächliche Hals- und Rückenmuskeln.

XII. N. hypoglossus, der Occipitalnerv, mit meist drei Wurzeln, die ebensovielen zum Occiput zusammengeschlossenen Körpersegmenten entsprechen. Die Occipitalnerven innervieren die hypobranchiale Muskulatur der Fische und die Zungenmuskulatur der Tetrapoden. Diese Nerven lassen sich in Gruppen zusammenfassen: Sinnesnerven (I, II, VIII); Branchialnerven (V, VII, IX, X, XI); Augenmuskelnerven (III, IV, VI) und der Occipitalnerv (XII). Sprachl. Ableitung → Nervus. Vgl. Abb. 44, S. 76.

Histologie, *f* (gr. ἱστός Webstuhl, Gewebe; λόγος Kunde), Gewebelehre. In der Zoologie unterscheidet man im allg. die folgenden Gewebe: 1. Epithelgewebe, 2. Bindesubstanzgewebe, 3. Muskelgewebe, 4. Nervengewebe. (Botanik): Bildungsgewebe (→ Meristeme) und Dauergewebe. Vgl. → Eidonomie.

Höckerzahne heißen die hinter der

$$→ \text{Brechschere} \frac{P^4}{M_1}$$

stehenden Zähne der Raubtiere.

Hörner, aus einem Knochenkern (dem Hornzapfen) und der ihn umhüllenden Hornscheide aus Horn oder hornartigen Epidermalbildungen bestehende Protuberanzen z. B. auf den Frontalia der Cavicornier („Hohlhörner‘). Sie werden im Gegensatz zu Geweihen nicht abgeworfen. Ähnlich waren wahrscheinlich die H. mancher fossiler Reptilien, von denen nur die Zapfen bekannt sind. Vgl. → Geweih.

Hörsteinchen (→ Otolith, → Statolithen), kleine Konkretionen aus kohlensaurem Kalk in den Hörbläschen vieler Tiere. Besonders groß und diagnostisch wertvoll sind die Otolithen der Fische.

Hoftüpfel, *n*, (botan.) verschieden geformte Aussparungen in den ± verholzten Wänden von Gefäßen, welche sich über der Schließhaut in das Zellinnere hinein trichterförmig verengen und den Wasseraustausch zwischen den Zellen regulieren .

Hohlkiel, (Ammon.): ein durch eine besondere Scheidewand (Kielboden) vom übrigen Gehäusehohlraum abgetrennter Kiel. Der Kielboden beschränkt sich i. A. auf die jüngeren Windungen des gekammerten Teils.

holacanthin (gr. ὅλος ganz; ἀκάνθινος dornig), nannte HILL (1936) Septen von Rugosa aus scheinbar strukturlosen Stäbchen (ungeklärt, ob primär oder durch Umkristallisation aus → Trabekeln hervorgegangen). Vgl. → monacanthin, → rhabdacanthin.

holamphidont (gr. ἀμφί beiderseits; ὀδούς Zahn), → Ostrakoden (Schloß) (Abb. 82, S. 165).

Holaspis, *f* (RAW 1925) (gr. ασπίς Schild, -träger), ontogenetisches Stadium von → Trilobiten nach Erreichen der vollen jeweils typischen Zahl von Thorakal-Segmenten. Vgl. → Protaspis.

holcodont (gr. ολκός Rinne, Furche; ὀδούς Zahn), nennt man in einer gemeinsamen Rinne des Kieferrandes stehende Zähne.

Holectypoida (DUNCAN 1889) (nach der Gattung *Holectypus*), eine O. der Seeigel, welche die am wenigsten spezialisierten Formen der irregulären umfaßt; sie sind kleinwüchsig und besitzen wenigstens in der Jugend noch ein Kiefergerüst (→ Laterne), aber weder → Floscelle noch → Petalodien. Vorkommen: Seit dem Jura.

Holocephali, Holocephalen, Chimären, Seedrachen; eine U.Kl. der → Chondrichthyes, bei der das Palatoquadratum mit dem Schädel verwachsen ist (autostyl; daher der Name Holocephali; der Hyoidbogen bleibt daher frei und vollständig. Brustflossen vom → Archipterygium-Typ. Es sind überwiegend Molluskenfresser mit abgeplatteten Zähnen aus tubulärem Dentin. Vorkommen: Seit dem O.Devon.

holochoanisch (HYATT) (gr. χόανος Trichter), Siphonalbildung mit langen Siphonaldüten, bes. bei → Endoceratoidea. Vgl. → Sipho (Abb. 78, S. 151).

holochroal (CLARKE 1888) (gr. χρόα Haut, Körper), sind Komplexaugen von Trilobiten mit zahlreichen plan- oder bikonvexen Linsen, die durch eine gemeinsame Cornea überdeckt werden, im Gegensatz zu den schizochroalen Augen, deren Einzelaugen voneinander isoliert liegen.

Holoconodont, *m* (GROSS 1960), Gesamtheit von → Conodont + Basis. Meist werden nur die Co-

nodonten gefunden; die Basis ist der Organteil, der die basale Grube des Conodonten ausfüllt oder an seiner basalen Fläche haftet (= Basisfüllung): ein flaches, vom Rande zur Mitte eingesenktes Gebilde. Die vielfach rauh konzentrisch gestreifte Basishaftfläche wird randlich vom glatten → Umschlag umgeben (Abb. 27, S. 51)

Holocyste (Bryoz.), → Olocyste.

Holo-Generotypus, m (gr. ὅλος ganz; τύπος Vorbild; lat. genus Geschlecht), = → Typus-Art.

Hologenie, *f* (ZIMMERMANN 1939) (gr. γένος Abstammung, Geschlecht), Ausdruck für die Einheit von Ontogenie und Phylogenie. Der Begriff umfaßt Entwicklungsvorgänge sowohl mit als auch ohne Abänderung des Artcharakters.

Hologlabella, *f* (Trilob.), → Glabella.

holomerer Wirbel (gr. μέρος Teil, Reihe), ein Wirbel, bei dem alle vier Bogenelemente vorhanden sind, aber noch keinen Wirbelkörper bilden (bei wenigen Crossopterygiern verwirklicht). Vgl. → Bogentheorie.

holomerodont (gr. ὀδούς Zahn), → Ostrakoden (Schloß).

Holometabola (gr. μεταβολή Umwandlung), eine Gruppe von Insekten, deren Ontogenese ein Puppenstadium einschließt. Vgl. → Metamorphose. Dazugehörige Ordnungen s. → System der Organismen (Anhang).

holoperipher (BEECHER) (gr. περιφερής kreisförmig) (Brachiop.): ein Gehäusewachstum, bei dem die Anwachslamellen sich gleichmäßig um den ganzen Rand legen, so daß das → Protegulum ± zentral bleibt, im Gegensatz zum hemiperipheren Wachstum, bei dem der hintere Rand nicht wächst und das Protegulum in der Mitte des Hinterrandes bleibt. Mixoperipher ist eine Art des Wachstums, bei dem Vorder- und Seitenrand wie beim holo- und hemiperipheren Typ verlaufen, der Hinterrand aber unter Bildung einer → Palintrope mehr oder weniger scharf abgewinkelt ist.

Holorostrum, *n* (SCHWEGLER 1961) (lat. rostrum Schnabel), das gesamte, aus den distalen → Epi- und dem proximalen → Orthorostrum bestehende → Rostrum der Belemniten.

Holo-Spezietypus, *m,* = → Holotypus. Vgl. → Spezietypus.

holospondyles Stadium (gr. σφονδύλος Wirbel), ein Entwicklungsstadium von Wirbeln, in dem anstelle der Chorda einheitliche voll ausgebildete Wirbelkörper gebildet sind. Wachsen → Pleuro- und → Hypozentrum dabei je zu vollen Ringen um die Chorda aus, so liegt Diplospondylie vor, wie z. B. beim → embolomeren Wirbel. Normalerweise bleibt nur ein Wirbelkörper im Segment (Monospondylie). Konkreszenzwirbelkörper bilden sich durch Verschmelzung von Hypo- und Pleurozentrum (nur bei Fischen). Bei Tetrapoden wachsen entweder Hypooder Pleurozentrum zum vollen Wirbelkörper (= Expansionswirbelkörper) aus: Bei → Labyrinthodontia läßt sich das Wachstum des Hypozentrums auf Kosten des Pleurozentrums verfolgen, während bei den → Amniota umgekehrt das Pleurozentrum dominiert und das Hypozentrum (= Interzentrum) zu einem Zwischenwirbelkörper reduziert wird (Abb. 123, S. 257). Vgl. → hemispondyles Stadium, → Bogentheorie.

Holostei (MÜLLER 1846) (gr. οστέον Knochen), eine heterogene Gruppe der → Actinopterygii, von CARROLL (1993) als ‚Niedere Neopterygii‘ bezeichnet. Heutige Vertreter sind der Kaimanfisch (Knochenhecht, *Lepisosteus*) und der Schlammfisch (Kahlhecht, *Amia*), beide gefürchtete Raubfische in den Seen und Flüssen Nordund Mittelamerikas. Die Schwanzflosse der H. ist äußerlich bereits ± symmetrisch, den Schuppen fehlt die mittlere Cosmin-Lage. Verknöcherung der Wirbelsäule ist noch selten. Charakteristische Veränderungen gegenüber den → Palaeonisciformes betreffen die Kiefergelenkung, in welcher das Gelenk weit nach vorn rückt.

Die H. waren die charakteristischen Fische des Mesozoikums. Sie haben sich in mehreren parallelen Linien entwickelt, bilden also keine phylogenetische Einheit. Die älteste

Gruppe waren die Semionotiden, sie tauchten bereits im obersten Perm auf; von der O.Trias an waren H. die dominierenden (marinen) Fische und blieben es bis zur U.Kreide. Im einzelnen ist die Systematik noch keineswegs geklärt. Man rechnet zu den H. die Ordnungen: Semionotiformes, Pycnodontiformes, Aspidorhynchiformes, Amiiformes, Pholidophoriformes.

holostom (gr. όλος ganz; στόμα Mündung), heißen 1. Umgänge von Gastropodengehäusen, welche als geschlossene Röhre angelegt werden (vgl. → hemistom, → temnostom); ebenso versteht man darunter 2. allgemein ganzrandige Mündungen bzw. Mundfelder (→ Echinoid.) (Vgl. → Mündungsrand).

Holostomata (POMEL), reguläre Seeigel mit ganzrandigem Mundfeld (= Endobranchiata).

Holostylie, *f* (gr. στῦλος Stütze), → Autostylie.

Holotheca, *f* (HUDSON 1929), bei → Rugosa. Entstehungsmäßig der → Epithek entsprechende Außenwandbildung → massiger Korallenkolonien. Vgl. → Peritheca.

Holothurien, Holothuroidea (DE BLAINVILLE 1834) (gr. ολοθούριον zwischen Tier und Pflanze stehendes Meer-Lebewesen der Alten), (→ Echinod.) ,See-Gurken‘. Längliche, meist gurkenförmige, an den Enden spitz zulaufende → Echinozoa mit einem Kranz von Tentakeln um den Mund. Ein Trivium bildet die Ventralseite, es enthält drei → Ambulakralia mit Saugfüßchen; die beiden Ambulakralia des dorsal gelegenen → Biviums besitzen einfache spitz zulaufende ‚Füßchen‘ (Papillae) mit respiratorischer und sensorischer Funktion. Die Symmetrielinie geht durch die → Madreporenplatte, d. h. den Interradius C/D (n. CARPENTER) wie bei den Crinoideen und vielen Cystoideen. Skeletelemente: den Schlund umgibt ein Ring aus kalkigen Radial- und Interradialplatten. Haut und Körperinneres enthalten zahlreiche isolierte, außerordentlich vielgestaltige Kalkkörperchen (Größe: 10–100 μm); Haken-, Anker-, Ring- und Plattenform ist

verbreitet. Ihre Bestimmung ist in der Regel nur nach Formgattungen möglich. Vorkommen: Seit (? Ord.) U.Devon (Abb. 39, S. 72).

Das ‚**Holothurien-Gesetz‘,** gibt die Symmetrieverhältnisse bei → Holothurien, → Crinoidea und vielen → Cystoidea an: Die Symmetrieebene geht durch den Interradius C/D nach CARPENTER bzw. die Madreporenplatte. Vgl. → Echinodermen, Orientierung.

holotom (gr. τομή Schnitt, Ende), (Crinoid.), → Armteilung (Abb. 88, S. 175).

Holotypus, *m* (= Holo-Spezietypus, vgl. → Spezietypus), das Exemplar, das vom ursprünglichen Autor in der ursprünglichen Veröffentlichung zum nomenklatorischen Typus einer Art bestimmt worden ist oder das einzige bei der ursprünglichen Aufstellung einer Art vorliegende Stück.

Holzbestimmung, botan. Bestimmung eines Holzrestes (→ Kieselhölzer) aufgrund mikroskopischer Zell- und Gewebestrukturen (Holzanatomie). Die holzanatomische Bestimmung erfordert bei Kieselhölzern jeweils 3 Dünnschliffe in den Schnittrichtungen quer, tangential und radial. Die konservierende Wirkung der Kieselsäure hat über Millionen Jahre hinweg mikroskopische Feinstrukturen im μm-Bereich erhalten. Es soll ca. 25 000 rezente Holzarten geben.

Homalozoa (WHITEHOUSE 1941) gr. ομαλός flach, ζωον Tier), ein auf das Altpaläozoikum (Kambrium-Devon) beschränkter U.Stamm der Echinodermata. Er umfaßt primitive Formen ohne Spur von radialer Symmetrie, vor allem die früher als ‚Carpoidea‘ zusammengefaßten Klassen: → Homostelea, → Homoiostelea, → Stylophora, → Machaeridia; letztere sind nach UBAGHS (1978) wohl keine Echinodermen. Hinzuzufügen ist die Kl. → Ctenocystoidea .

Hominidae (lat. homo Mensch, Mann), eine Fam. der Primaten (U.O. → Simiae), in der die heutigen und fossilen Menschen zusammengefaßt werden. In ihrer Entwicklung lassen sich, generalisiert und unter der Annahme, daß

der Erwerb des aufrechten Ganges den Mensch-Status einleitete, vier Stufen unterscheiden:
1. Die Australopithecinen, ursprünglich aus ältestpleistozänen Schichten Südafrikas beschrieben, später auch aus pliozänen Schichten Ostafrikas und Vorderasiens. Aufrechter Gang, etwa 120 cm Körpergröße, eine geringe Schädelkapazität von 450– 550 cm³ charakterisieren die zierlicher gebaute → *Australopithecus africanus*-Gruppe. Sie ist deutlich verschieden von der etwas größeren und gröberen *Paranthropus*-Gruppe. Beide werden heute (z. B. CHALINE 1990) als weibliche und männliche Vertreter einer einheitlichen Entwicklungslinie (*A. afarensis – africanus – robustus*) angesehen. Die Reste entstammen ehemaligen Spaltenfüllungen mit reicher Begleitfauna. Unter ihnen glaubte DART u. a. Gerätschaften als Beweis einer ehemaligen osteodontokeratischen Kultur zu sehen, sie sich aber später als Fraßreste von Raubtieren herausstellten. Primitive Steinwerkzeuge wurden ebenfalls gefunden. Das Alter des ältesten Australopithecinen, des noch schimpansenähnlichen A. ramidus, wird mit 4,4 Mio. Jahren angegeben. Die Urheimat der Hominiden ist Afrika. Die auf die Australopithecinen folgenden, teilweise aber auch gleichaltrigen (*Homo habilis*) Hominiden werden als Homininae (= Euhomininae HEBERER) zusammengefaßt. Bei ihnen lassen sich 3 Gruppen (= Stufen 2–4 der Menschwerdung) unterscheiden:
1. Die Frühmenschen (Archanthropini ‚Pithecanthropus‘-Formenkreis,‚Homo erectus‘,Java-Mensch, Peking-Mensch) des Alt- und Mittelpleistozäns, von denen eine größere Zahl Reste aus Afrika und Süd- und Ostasien bekannt geworden ist. Größere Schädelkapazität (etwa 700–1200 cm³), → Prognathie, Gebrauch des Feuers und Herstellung primitiver Artefakte kennzeichnen diese weit verbreitete Gruppe, die aber vielleicht eher ein Entwicklungsstadium als eine taxonomische Einheit darstellt. Ob der Heidelberger Unterkiefer

(*Homo heidelbergensis*) ihr zugehört, wird bezweifelt.
2. Die Altmenschen (Neandertaler, Palaeanthropini), mit einer Schädelkapazität von 1350–1700 cm³ bei 155–165 cm Körpergröße. Kennzeichnend sind starke Überaugenwülste und kräftiger, untersetzter Wuchs. Neandertaler kennt man vor allem aus Europa, daneben aus Afrika, Vorder- und Südasien aus dem letzten Interglazial und dem letzten Glazial, ihre Kulturstufe ist das Moustérien. Auch sie waren wohl taxonomisch nicht einheitlich. Stellenweise bildeten sie Misch-Populationen mit ‚modernen‘ Menschen (‚Prä-Aurignacien‘ von Jabrud) .
3. Die modernen Menschen (Neanthropini) tauchten im Jungpleistozän mit dem Crô-Magnon-Menschen (*Homo sapiens fossilis*) auf (‚Praesapiens‘-Formen wie z. B. der Steinheimer Mensch schon im vorletzten Interglazial). Kennzeichnend für den Cro-Magnon-Menschen sind die als Klingenkulturen bezeichneten Artefakte des Aurignacien und Magdalenien und die reiche künstlerische Hinterlassenschaft.

Hominoidea (GRAY 1825), eine Superfamilie der altweltlichen Affen (→ Simiae), in der man die Menschenaffen und die Menschen zusammenfaßt. THENIUS (1969) trennte die Gibbons als eigene Superfamilie Hylobatoidea von den Hominoidea ab, weil sie in einer ganzen Reihe von Merkmalen eine Sonderstellung einnehmen. Schwingklettern wie bei den heutigen Gibbons wirkte sich erst etwa um die Wende Miozän–Pliozän in ihrem Skelettbau aus. Eine Sonderstellung nimmt auch der sehr primitive *Parapithecus fraasi* aus dem U.Oligozän des Fayum ein, der bislang als Ausgangsform sowohl der Cercopithecoiden als auch der Hominoiden gegolten hat. *Propliopithecus haeckeli* vom gleichen Fundort war dagegen offenbar eine echte Stammform der Hominoiden. Die restlichen Menschenaffen (Orang-Utan = *Pongo*, Gorilla = *Gorilla*, Schimpanse = *Pan*) und ihre Vorfahren werden zur Familie Pongidae zusammengefaßt. Auch

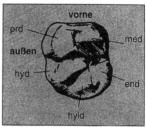

Abb. 62 Schematische Darstellung eines linken Unterkiefermolaren von *Dryopithecus* mit dem *Dryopithecus*- oder Y-Muster.
end Entoconid; hyd Hypoconid; hyld Hypoconulid; med Metaconid; prd Protoconid

in dieser Linie zeigen sich erstmalig gegen Ende des Miozäns brachiatorische Anpassungen der Arme. Primitive Pongiden waren die im Miozän in Afrika und Eurasien weit verbreiteten Dryopithecinae (*Proconsul, Dryopithecus*). Die zweite Familie der Hominoidea bilden die Menschen (→ Hominidae). Ein Übergangsglied zwischen Dryopithecinen und Hominiden könnte *Ramapithecus* aus dem Alt-Pliozän sein, auch *Keniapithecus* aus dem M.Miozän von Kenya und miozäne Funde aus Europa und Kleinasien. Für den Zahnbau der H. ist das *Dryopithecus*-Muster der Unterkiefermolaren (Abb. 62) charakteristisch.

homocerk (gr. ομός gleich; κέρκος Schwanz), amphicerk, → Schwanzflosse.

Homocoela (POLÉJAEFF 1883) (gr. κοῖλος hohl), eine O. der rezenten → Calcispongea; sie umfaßt nur die primitive Gattung *Leucosolenia* vom Ascon-Typ. Vgl. → Heterocoela.

homodont (gr. οδούς, οδόντος Zahn), heißt ein Gebiß mit lauter gleichartigen Zähnen. Synonyme: homoeodont, isodont. Gegensatz: → heterodont. Vgl. → Gebiß.

Homoeochilidium, *n* (BELL 1941) (gr. ομοῖος gleich, ähnlich; χεῖλος Lippe), eine dem → Chilidium der articulaten Brachiopoden entsprechende Verschlußplatte des → Notothyriums bei den → Inarticulata (= Pseudochilidium).

Homoeodeltidium, *n* (gr. Δ, großer Buchstabe Delta), (Brachiop.): eine konvexe Verschlußplatte des → Delthyriums mancher → Inarticulata, welche dieses vom Apex her einengt. Vgl. → Homoeochilidium, → Deltidium.

homoeodont (Wirbeltiere), = → homodont.

Homöomorphie, *f* (O.H. SCHINDEWOLF) (gr. μορφή Gestalt), Formähnlichkeit homologer Organe; sie kann isochron (gleichzeitig) oder heterochron (nacheinander) auftreten. Vgl. Konvergenz, → Parallelentwicklung, → iterative Formbildung.

homöostroph (gr. στροφή Drehung) = orthostroph. Vgl. → Embryonalgewinde.

Homoiochelie, *f* (gr. χηλή Schere), gleiche Ausbildung von rechts- und linksseitiger Schere bei Krebsen. Vgl. → Heterochelie.

Homoiologie, *f* (L. PLATE). Auftreten übereinstimmender, aber unabhängig entstehender Merkmale innerhalb engerer Verwandtschaftsgruppen.

Homoiostelea (GILL & CASTER 1960), (= Soluta JAEKEL) eine Kl. der → Homalozoa mit in 2–3 verschiedene Abschnitte gegliedertem Stiel. Vorkommen: Kambrium–Devon. Vgl. → Carpoidea.

homoiotherm (gr. θερμός warm), warmblütig, endotherm. Vgl. → poikilotherm.

Homologie (R. OWEN 1848) (gr. ομολογία Übereinstimmung), anatomisch: auf gemeinsamer Abstammung beruhende Übereinstimmung von Organen, unabhängig von Funktion und Form: Vogelflügel und Menschenarm sind homolog. Gegensatz → Analogie.

Homomyaria (ZITTEL 1881) (gr. ομός gleich; μῦς Muskel), Dimyaria, Muscheln mit zwei ± gleich großen Schließmuskeleindrücken.

homonom, homodynam (CORRENS 1902) (gr. νόμος Sitte, Gesetz; δύναμις Kraft, Macht), gleichwertig (z. B. einzelne Abschnitte segmentierter Körper).

homonym, Homonyme, *n* (gr. όνομα Name), sind gleiche Namen für verschiedene Objekte. Nomenklatorisch: verfügbare, identische Namen, die verschiedene → Taxa der → Artgruppe innerhalb derselben Gattung oder verschiedene Taxa innerhalb der → Gattungs- oder → Familiengruppe bezeichnen. Im Bereich der Artgruppe lassen sich unterscheiden: 1. primäre Homonyme: zwei identische Namen werden bereits bei ihrer Aufstellung demselben Gattungsnamen zugeordnet. 2. sekundäre Homonyme: zwei identische, ursprünglich verschiedenen → nominellen Gattungen zugeordnete Artnamen werden später mit demselben Gattungsnamen kombiniert. Von solchen Homonymen ist jeweils nur eines gültig. Homonyme Familiennamen sind dagegen im allg. zulässig.

Homoplasie, *f* (R. LANKASTER 1870, non HATSCHEK) (gr. πλάσις Gebilde), Parallelentwicklung, im Aufbau ähnliche Struktur, welche nicht auf homologe Vorläufer zurückgeht.

Homoptera (LEACH 1815) (gr. πτερόν Flügel), Gleichflügler; eine O. der → Hemiptera: an Pflanzen saugende Insekten, Blattläuse, Schildläuse, Zikaden usw. Vorkommen: Seit dem Perm.

homospor (gr. σπόρος Same, Saat), = → isospor.

Homostelea (GILL & CASTER 1960), (= Cincta JAEKEL), eine Kl. der → Homalozoa (Echinod.), gekennzeichnet durch gleichförmig gebauten Stiel und durch die Lage der beiden Hauptöffnungen in der Nähe des einen Körperpols. Hauptgattung Trochocystites. Vorkommen: M.Kambrium; vgl. → Carpoidea.

Homostrophie, *f* (MOORE 1923) (gr. στροφή Drehung, Wendung), ein Bewegungsreflex bei bilateralsymmetrischen Invertebraten: „Passive Dehnung der Muskulatur auf der einen Seite des Körpers verursacht aktive Zusammenziehung auf derselben Seite, vorderhalb der gedehnten Stelle" (R. RICHTER 1928). Homostrophische Reflexe wurden von R. RICHTER zur Erklärung der jedesmaligen Umkehr bei → geführten Mäandern vom → Helminthoiden-Typ herangezogen; sie wirken im Wechsel mit der → Thigmotaxis.

homozerk, → homocerk.

Hoplocarida (CALMAN 1904) (gr. όπλον Gerät, Rüstung; χαρίς Krabbe), eine formenarme U.Kl. der → Malacostraca, bei welcher der Carapax vier Thorax-Segmente frei läßt. Vorkommen: Seit dem Karbon.

horizontaler Zahnwechsel, Zahnwechsel, bei dem die Zähne horizontal von hinten nach vorn geschoben werden. Man findet ihn ausgeprägt bei den Elefanten und Sirenen. Er ist mit Resorption und Neubildung von Knochensubstanz der Kiefer verbunden und mit Reduktion der Zahl der Zähne.

Hormogonium, *n* (gr. ορμάω aufbrechen; γονή Geburt, Erzeugung), bei Cyanophyta: ein kurzes Stück eines → Trichoms, welches aus seiner Umhüllung herausgeglitten ist und sich selbständig weiterentwickelt.

Hornscheide, eine zeitlebens wachsende hornige Scheide über dem Hornzapfen der →Cavicornier. Nur bei der Gattung Antilocapra wird sie alljährlich abgeworfen. → Hörner.

Hornschilde, *m*, der Schildkröten (→ Testudinata) liegen auf deren Knochenplatten, die Grenzen beider decken sich aber nicht. Bez. der Hornschilde: Rückenschild (Carapax): 6 Vertebralia in einer medianen Reihe (davon das vorderste, kleine, Nuchale genannt), je 4 Costalia zu beiden Seiten, daran anschließend je 12 randliche Marginalia, (deren hinterstes = Supracaudale). Bauchschild (Plastron): in der Mitte 6 Paare nebeneinander, von vorn: Gular-, Humeral-, Pectoral-, Abdominal-, Femoral- und Analschilde. Dazu kommt randlich je eine Reihe Inframarginalschilde und gelegentlich vorn ein unpaares Intergulare. Vgl. → Panzer der Schildkröten (Abb. 102, S. 212).

Hornzapfen, der Knochenkern der → Hörner von → Cavicorniern. Er verknöchert selbständig als Os cornu und verwächst frühzeitig mit dem Hornstiel, einem kurzen Auswuchs des Frontale.

horotelisch (SIMPSON 1944) (gr. όρος Grenze, Schranke; τέλος Ende, Ziel), ist die durchschnittliche Evolutionsgeschwindigkeit von

Stammeslinien. Vgl. → bradytelisch, → Tachytelie.
Hülsenwirbler, → Lepospondyli.
Humerale, *n* (lat. humerus Schulter, Achsel), einer der → Hornschilde der Schildkröten.
Humerus, *m* (lat.), der Oberarmknochen der Tetrapoden, immer einer der massigsten Knochen des Skeletes. Proximal sitzt das Caput humeri zur Gelenkung mit dem Schultergürtel, distal die Trochlea humeri zur Gelenkung mit Radius und Ulna. Vgl. → Tuberculum majus und minus, → Ent- und Ectepicondylus, → Condylus radialis und ulnaris.
Humolith, *m* (lat. humus Erdboden; gr. λίθος Stein), → Kaustobiolithe.
Humus, *m* (lat. = Boden, Erde) (nach POTONIÉ): die bei der Zersetzung von Sumpf- und Landpflanzen zurückbleibenden, kohlenstoffhaltigen, brennbaren Bestandteile. Wichtig ist der wesentliche Anteil der Kohlenhydrate. Im H. finden sich: Hemizellulose, Zellulose, Pektine, Proteine (Eiweißstoffe), Lignine (Holzsubstanzen), auch tierische Erzeugnisse: Kot, Schleimstoffe und Bakterien-Abbausubstanz.
Hundszahn, = → Caninus.
Hunter-Schreger-Bänder (nach den Erstbeschreibern HUNTER 1780 und SCHREGER 1800 benannt), im Querbruch von Säugetierzähnen bei etwa 50facher Vergrößerung erkennbare abwechselnd helle und dunkle Streifen, je nach dem Beleuchtungseinfall, hervorgerufen dadurch, daß die Richtung der Schmelzprismen in der einen Lage um jeweils 90° von der der angrenzenden abweicht. H.-S.-Bänder sind den Eutheria und Metatheria gemeinsam und schon von Triconodonten der O.Trias bekannt.
Hyaenodonta, Urraubtiere, = → Deltatheridia, vgl. → Creodonta.
hyalin (gr. ὕαλος Glas), glasartig, durchscheinend. Vgl. → Knorpelgewebe.
Hyalina (gr. ὑάλινος gläsern), (= Vitrocalcarea), Foraminiferen mit glasartig durchsichtigem bis durchschimmerndem Gehäuse; heute nur noch als morphologischer, früher z. T. auch als systematischer Begriff aufgefaßt.

Hyalodentin, *n* (lat. dens, dentis Zahn), Syn. von → Vitrodentin.
Hyalospongea (VOSMAER 1886) (gr. σπόγγος Schwamm), eine Kl. der Schwämme (→ Porifera), mit → triaxonen Kieselnadeln. Syn.: Hexactinellida, Silicispongia. Ordnungen: → Lyssakida, → Dictyida, → Lychniskida.
In der Neozoologie werden die beiden Ordnungen Amphidiscophora (mit Amphidisken) und Hexasterophora (mit Hexastern) unterschieden. Da Mikroskleren im paläontologischen Material nicht enthalten sind, läßt sich diese Gliederung dort nicht durchführen; man gliedert wie in der systematischen Übersicht angegeben. Vorkommen: Seit dem U.Kambrium.
Hybocrinida (JAEKEL 1918), (Crinoid.): eine O. der → Inadunata. Vorkommen: Ordovizium.
hydnophoroid, sind Scleractinia-Kolonien, deren → Coralliten um kleine Hügel (Monticuli) angeordnet sind.
Hydranth, *m* (gr. ὕδωρ Wasser, Gewässer; ἄνθος, *n*, Blume), für die Nahrungsaufnahme spezialisierter → Polyp (der → Hydrozoa).
Hydrobios, *m* (gr. βίος Leben), die Lebewelt des Wassers: des Süßwassers (Limnobios) und des Salzwassers (Halobios). Vgl. → Biosphäre.
Hydrocaulus, *m* (gr. καυλός Stengel), 1. Stammteil eines → Hydrozoa-Stöckchens; 2. veraltete Bez. für → Nema; sie sollte die früher vermutete Verwandtschaft der → Graptolithen mit den → Hydrozoa andeuten.
Hydrocorallina, ältere Zusammenfassung von → Milleporiden und → Stylasterida.
Hydrom, Protohydrom, *n* (gr. Endung -ομ[ατα] zusammenfassende Bez. für Gebilde), (botan.) Gesamtheit der wasserleitenden Gefäße.
hydrophil, wasserliebend.
Hydrophoren, *m* (JAEKEL) (gr. ὑδροφόρος Wasserträger), = → Hydrospiren.
Hydrophoridea (ZITTEL), Syn. von → Cystoidea.
Hydroporus, *m* (gr. ὕδωρ Wasser; πόρος Durchgang), schlitzartige

Öffnung auf der Oberseite vieler → Cystoidea (in der Nähe des → Gonoporus), vermutlich Einlaßöffnung für das Wassergefäßsystem (= Porus des primären Steinkanals).
Hydrospiren, *f* (BILLINGS) (lat. spirare atmen) (= Hydrophoren). 1. Kiemenartige Gebilde unter den Ambulakralfeldern der → Blastoidea. 2. Die Poren in den Porenrauten mancher → Cystoidea.
Hydrotheca, *f* (gr. θήκη Behältnis), 1. (→ Hydrozoen): becherartiges Periderm-Gebilde zur Aufnahme von Hydranthen; 2. (Graptolithen): veraltetes Synonym von → Autotheca (der Terminus sollte die vermutete Verwandtschaft mit Hydrozoen ausdrücken).
Hydrozoa (OWEN 1843) (gr. ζῷον Lebewesen) Hydrozoen, eine Kl. der → Cnidaria, mit ungegliedertem Gastralraum, Mundscheibe ohne → Stomodaeum. Meist ausgeprägter Generationswechsel zwischen der (ungeschlechtlichen) sessilen Polypengeneration und der (geschlechtlichen) freischwimmenden Medusengeneration, diese im Gegensatz zu den → Scyphomedusae mit Velum (= craspedot, vgl. → Meduse). Vorkommen: Seit dem U.Kambrium. Paläontologisch bedeutsame Ordnungen: → Milleporida, Stylasterida.
hygrophil (gr. ὑγρός feucht), feuchtigkeitsliebend.
Hyle, *f* (R. RICHTER) (gr. ὕλη Stoff), nicht veröffentlichtes Material einer Art, und zwar: 1. vom → Locus typicus, bei fossilem Material auch vom Stratum typicum: Topohyle; 2. vom Aufsteller der Art als zu dieser gehörig bestimmt: Autohyle; 3. vom Aufsteller der Art als zu dieser gehörig bestimmtes Material vom Locus typicus: Autotopohyle.
Hymenium, *n* (gr. ὑμήν dünne Haut, Bändchen; -ium latinisiert von gr. ιον, Bez. eines räumlichen Bereichs), (Thalloph.): palisadenartig nebeneinander angeordnete → Ascus-Schläuche oder → Basidien im Fruchtkörper von höheren Pilzen (→ Eumycetes).
Hymenoptera (LINNAEUS 1758) (gr. πτερόν Flügel), Hautflügler. Eine O. holometaboler Insekten,

welche (mit Ausnahme der Termiten) alle staatenbildenden Formen umfaßt: Wespen, Ameisen, Bienen. Fossil bekannt von der Trias an. Vgl. → Metamorphose.

Hyoid(e)um, n (gr. υοειδής οστέον der wie ein Y gebaute Knochen), das untere Stück (das Ceratobranchiale) des Zungenbeinbogens (→ Hyoidbogen) im → Visceralskelet der Wirbeltiere. Aus ihm geht das → Os hyoides (Zungenbein) hervor (vielfach ebenfalls Hyoid genannt).

Hyoidbogen, der hinter dem → Kieferbogen gelegene Bogen des → Visceralskelets, der ein modifizierter Kiemenbogen ist. Dessen Epibranchiale ist dabei zum Hyomandibulare geworden, das Ceratobranchiale zum Ceratohyale = Hyoid. Ventral verbindet das Hyoidcopula (= Basihyale) die beiderseitigen Hyoidea. Reduzierte Hypo- und Pharyngohyalia kommen vor. Das dorsale Ende des Hyomandibulare artikuliert mit der Labyrinthkapsel des Neurocraniums. Mit dem Übergang zum Landleben wurde aus dem Hyoid das Zungenbein, Os hyoides (oder Hyoid). Vgl. → Hyostylie (Abb. 100, S. 210).

Hyolithen (gr. υός oder υιός Sohn, Sproß; λίθος Stein), (O. Hyolithida MATTHEW 1899 der Kl. → Calyptoptomatida), eine Gruppe kleiner bis mittelgroßer (1–150 mm) konischer oder pyramidenförmiger, im Querschnitt dreieckiger oder elliptischer Kalkgehäuse mit glatter oder fein skulpierter Oberfläche und kalkigem Deckel. Ihre Schalenstruktur (kreuzlamellärer Aragonit) ist ähnlich der mancher Mollusken. Nach RUNNEGAR & POJETA (1974) dürften sie mit Mollusken, Anneliden und Sipunculiden auf eine gemeinsame Ausgangsform zurückgehen; nach BANDEL (1983) sind sie anneliden Würmern zuzurechnen. Vorkommen: Kambrium–Perm.

Hyomandibulare, n (spätlat. mandibula von mandere kauen: [Unter]kiefer), das obere Stück im Hyoidbogen (Zungenbeinbogen) des → Visceralskelets der Wirbeltiere: es wird phylogenetisch zum → ‚Kieferstiel‘ mancher Fische und

bleibt bei den Tetrapoden in der → Columella auris bzw. dem Steigbügel (→ Stapes) erhalten (Abb. 114, S. 238).

Hyoplastron, n, → Panzer der Schildkröten (Abb. 102, S. 212).

Hyostylie, f (HUXLEY 1876) (Adj. hyostyl) (gr. στῦλος Pfeiler, Stütze), die Befestigung des → Palatoquadratums am Neurocranium vermittels des Hyomandibulare (bei Fischen). Vgl. → Autostylie, → Amphistylie.

Hypantrum, n (gr. υπό darunter; άντρον Höhle, Grotte), → Zygapophyse.

Hypapophyse, f (gr. απόφυσις Auswuchs [an Knochen]), medianer ventraler Fortsatz des Wirbelkörpers zum Ansatz von Muskeln (modifiziertes Interzentrum). H. sind besonders in der Halsregion verbreitet (oft fälschlich als ventraler Dornfortsatz bezeichnet). Vgl. → Wirbel.

hypautochthon (POTONIÉ 1960) (gr. αυτόχθων im Lande selbst geboren), → autochthon.

Hyperdactylie, f (gr. υπέρ über; δάκτυλος Finger, Zehe), das Vorhandensein überzähliger Finger oder Zehen über die normale Höchstzahl 5 bei Tetrapoden hinaus (z. B. bei manchen → Ichthyosauriern; Abb. 47 A, S. 84).

hyperklin, → Area.

Hypermorphosis, f(C. R. DE BEER 1940) (gr. μόρφωσις Gestaltung), = → Anabolie.

Hyperphalangie, f (gr. φάλανξ, -αγγος dicht gedrängte Schlachtordnung, danach eigentlich die Gesamtheit der Finger [Zehen]-Glieder), Vorhandensein überzähliger Fingerglieder (Phalangen) je Finger über die normale Zahl von 2–5 hinaus, wie z. B. bei manchen Walen und Ichthyosauriern (Abb. 47 A/B, S. 84).

Hyperplasie, f (gr. πλάσις Gebilde), → Hypertrophie.

Hyperpneuston, n (H. SCHMIDT 1958) (gr. πνεῖν atmen), → Biofazies.

hyperstroph sind Schneckengehäuse, die z. B. linksgewunden sind, aber zu einem Tier mit rechts gelegenen Genitalia gehören – oder umgekehrt (auch interpretierbar als mit nach unten gedrehtem Apex,

ultradextral oder ultrasinistral). Hyperstrophie ist bei fossilen Gastropoden am Drehungssinn des → Operculums erkennbar.

hypertelisch (gr. υπερτελής über das Ziel hinausgehend), Bez. für ein Organ oder Merkmal, welches ‚übertrieben‘ entwickelt ist, d. h. das Maximum der für den Gesamtorganismus günstigen Anpassung überschritten hat (z. B. die überlangen, einwärts gedrehten ‚Stoßzähne‘ des Mammuts).

Hypertrophie, f (gr. υπέρ übermäßig; τροφή Nahrung), anomale Vergrößerung bestimmter Körperteile infolge übermäßiger Ernährung. Dabei heißt die Zunahme aufgrund der Vergrößerung der einzelnen Gewebselemente Hypertrophie s. str., durch Zunahme der Zahl der Gewebselemente Hyperplasie.

Hyphe, f (gr. υφή Gewebe), ein einzelner Faden eines Pilz-Myceliums (des meist reich verzweigten Wurzelgeflechts). Zum Überdauern ungünstiger Zeiten können die Zellen einer Hyphe in derbwandige Dauerzustände (Oidien) umgewandelt werden, oder es werden feste, derbwandige Hyphenverbände, die → Sklerotien, gebildet.

Hypichnia, Sing. -ium (MARTINSSON 1970), ⟩ Lebensspuren, Abb. 59, S. 104.

hypobatisch (ABEL 1912) (gr. υπό darunter, unterhalb; βάτος Tiefe), → epibatisch.

Hypobranchiale, n (gr. βράγχια Kiemen), → Visceralskelet.

hypocerk (GOODRICH 1930) (gr: κέρκος Schwanz), → Schwanzflosse.

Hypoconus, m, **Hypoconid,** n, **Hypoconulid,** n (gr. κώνος, lat. conus Kegel; Demin. conulus; -id Endung für Spitzen der Unterkieferzähne), (Zahnbau) hintere Innen-, Außen-, Zwischenspitze, vgl. → Trituberkulartheorie (Abb. 119, S. 247; Abb. 124, S. 258).

Hypodeltoid(eum), n, → Blastoidea.

Hypodermis, f (gr. δέρμα Haut), die äußere, einschichtige Haut bei Wirbellosen, die eine → Cuticula abscheiden, entsprechend der → Epidermis anderer Tiere. → Integument.

Hypodigma, *n* (gr. ὑπόδειγμα Vorbild, Beispiel), Bez. für die Gesamtheit der Stücke, die der Bearbeitung einer systematischen Einheit zugrunde liegen.

Hypogenese, *f* (KLEINSCHMIDT) (gr. ὑπό unterhalb, aus), heterochrone → Parallelentwicklung.

hypognath (gr. γνάθος Kinnbakken), bei Insekten: → prognath.

Hypohyale, *n* (gr. υοιδής dem Buchstaben Y ähnlich), → Hyoidbogen.

Hypolimnion, *n*, → Metalimnion.

Hyponom, *m* (gr. ὑπόνομος unterirdischer Gang, Stollen), bei Cephalop.: = → Trichter.

hypopar (gr. παρειά Wange), → Gesichtsnaht (Trilobiten).

Hypoparia (BEECHER 1897), nach heutiger Ansicht künstliche Zusammenfassung der Trilobitenfamilien Agnostidae, Ampycidae und Harpedidae wegen des vermeintlich primitiven Verlaufs der Gesichtsnaht auf der Unterseite des Kopfschildes.

Hypophyse, *f* (gr. ὑπόφυσις Nachwuchs, Zuwachs), Hypophysis cerebri, Glandula pituitaria; eine an der Basis des Zwischenhirns gelegene endokrine Hormondrüse, welche die Tätigkeit anderer endokriner Drüsen reguliert.

Hypoplastron, *n*, → Panzer der Schildkröten (Abb. 102, S. 212).

Hyporelief (SEILACHER 1964), Syn. Hypichnia, → Lebensspuren.

hyposeptal (lat. saeptum Scheidewand), (Nautiloideen): → intracamerale Ablagerungen (Abb. 1, S. 2).

Hyposphen, *m* (gr. σφήν Keil), → Zygapophysen.

Hypostege, *f* (gr. στέγη Decke, Dach), (Bryoz.): Raum zwischen → Ectocyste und darüber liegender Pericyste, der bei manchen → Cheilostomata (Anasca) als hydrostatisches Organ dient.

Hypostereom, *n* (Ableitung → Stereom), → Cystoidea.

Hypostom(a), *n* (gr. στόμα Mund), eine Platte vor oder über der Mundöffnung von → Trilobiten auf der Ventralseite des Kopfes. Syn.: Labrum.

hypostomatisch, → amphistomatisch.

Hypostracum, *n* (gr. ὑπό unten, unterhalb; ὄστρακον Schale), (Mollusken): die innerste, vom Mantelepithel ausgeschiedene Schalenschicht (Perlmuttschicht). Vgl. Schale der Mollusken.

hypothyrid (BUCKMAN 1916) (gr. θύρα Tür, Zugang), (Brachiop.): → Foramen. (Abb. 16, S. 34).

Hypotypoid, *n* (gr. τύπος Vorbild; εἶδος Gestalt, Ähnlichkeit), nachträglich veröffentlichtes → Typoid.

Hypozentrum (GAUDRY) (gr. κέντρον; lat. centrum Mittelpunkt), Interzentrum, vorderer Wirbelkörper: neutrale Bez. für den ventralen vorderen Halbring des → rhachitomen Wirbels und die ihm homologen Elemente. Das H. tritt stets in Verbindung mit dem Basiventrale; von manchen Autoren wurden beide für ident gehalten. Das sind sie streng genommen nicht, da das Basiventrale arcozentral (→ Arcozentrum) entsteht, der Begriff H. aber histogenetisch neutral ist. REMANE hielt das H. (wie das Pleurozentrum) für eine → autozentrale Neubildung (Abb. 43, S. 75; Abb. 122, 123, S. 256, 257).

hypozerk, → hypocerk

Hypozygale, *n* (gr. ζυγόν Joch), das Armglied unter einer Syzygialnaht (→ Gelenkflächen von Crinoiden).

Hypsodontie, *f* (gr. ὕψος Höhe; ὀδούς Zahn) = **Hypselodontie,** *f* (gr. ὑψηλός hoch), Adj. hyps(el)odont, bei Säugetierzähnen: Hochkronigkeit. Sie entsteht, wenn die Zahnwurzeln sich erst spät oder gar nicht schließen, der Zahn also entsprechend lange wächst. Zur Unterscheidung schlug A. MONES 1982 folgende Termini vor: Protohypsodontie: Hochkronigkeit

bei begrenztem Wachstum, also spätem Wurzelschluß; die Zähne werden im Alter niedriger. Beispiel: Backenzähne heutiger Pferde. Euhypsodontie: Hochkronigkeit bei unbegrenztem Wachstum, ohne Entwicklung von Wurzeln. Beispiel: Nagetier-Inzisiven. Vgl. → Brachyodontie, → mesodont.

Hypurale, Pl. -alia, *n* (gr. ουρά Schwanz), die in der homocerken → Schwanzflosse ventral vom → Urostyl gelegenen vergrößerten → Hämalbögen (Abb. 108, S. 216). Vgl. → Epuralia.

Hyracoidea (HUXLEY 1869) (gr. ὕραξ Spitzmaus), Klippschliefer; eine O. der → Subungulata; sie umfaßt heute den Kaninchen ähnliche, kleine, herbivore, teils fels-, teils baumbewohnende Tiere Afrikas und Vorderasiens. Ihre Heimat ist offenbar Afrika, wo sie vom M.Eozän an in zahlreichen, auch großen Formen vorkommen.

Hystrichosphären (gr. ὕστριξ Igel, Stachelschwein; σφαῖρα Kugel), 'Stacheleier'; mikroskopisch kleine (0,03–0,25 mm), rundliche, mit zahlreichen, sich verzweigenden dorn- oder flügelartigen Fortsätzen versehene Zysten von → Dinoflagellaten, deren chemisch sehr widerstandsfähige äußere Hülle aus Kutin- oder Sporopollenin-ähnlichem Material besteht. Vielfach besitzen sie Pylome (Schlüpflöcher). Die systematische Zugehörigkeit der H. war lange umstritten; in ihrem früheren Umfang bildeten sie eine künstliche Gruppe von mancherlei Eiern, Zysten, Sporen, deren verbleibender Rest nach EVITT (1963) als → Acritarcha zusammengefaßt wird. Vorkommen: Seit der Trias. Alle echten H. sind marin.

Hystricomorpha (BRANDT 1955) (gr. μορφή Gestalt), Stachelschweine; eine U.O. der → Rodentia, fossil belegt vom Miozän an.

ICBN, Abkürzung für: Internationaler Code der Botanischen Nomenklatur. Vgl. → Nomenklatur, → IRZN.

Ichnium, Pl. **Ichnia; Ichnolites, Ichnofossilien** (gr. ἴχνος oder ἴχνιον Fußtapfe, Spur), = → Lebensspuren.

Ichnologie, *f* (BUCKLAND etwa 1830) (gr. λόγος Kunde), das Gesamtgebiet der ‚Lebensspuren‘ (Bauten, Fährten, Spuren); es wird unterteilt in Paläoichnologie oder Palichnologie für die fossilen und Neoichnologie für die rezenten Lebensspuren.

Ichnozönose, *f* (DAVITAŠVILI 1945) (gr. κοινός gemeinsam), ‚Spurengemeinschaft‘, Gesamtheit der Lebensspuren eines gegebenen Raumes bzw. Gesteins.

Ichthyodorulithen (gr. ἰχθύς Fisch; δόρυ Lanze; λίθος Stein) fossile Rückenflossen-Stacheln primitiver Fische (Acanthodii, Selachii), besonders paläozoischen Alters.

Ichthyolithen, fossile Fische oder Teile davon.

Ichthyopterygia (gr. πτέρυξ Flügel, Flosse), eine U.Kl. der Reptilien, mit der einzigen O. Ichthyosauria.

Ichthyopterygium, *n* (GEGENBAUR), die (einzeilige) flossenförmige Extremität der meisten Fische. (Nach GEGENBAUR ist sie durch Reduktion der medialen Flossenstrahlen aus dem zweizeiligen → Archipterygium entstanden zu denken. Vgl. dagegen → Seitenfaltentheorie.)

Ichthyornithiformes (MARSH 1873) (nach der Gattung *Ichthyornis),* Fischvögel, eine O. der → Carinatae (Kielbrustvögel). Vorkommen: O.Kreide.

Ichthyosaurier, -sauria (BLAINVILLE 1835) (gr. σαύρα oder σαῦρος Eidechse), Fischsaurier; eine O. fischförmiger Reptilien mit → gastrozentralen Wirbeln und → latitabularem Schädeldach. Länge 50 cm bis zu 15 m. Sie waren in extremer Weise an marines Leben angepaßt, lebendgebärend (ovovivipar), die Flossen mit → Hyper-

dactylie und → Hyperphanlangie. v. HUENES Gliederung (1956) in zwei durchgehende Entwicklungslinien, die Latipinnati (vom Intermedium der Vorderflosse gehen zwei Strahlen aus, so daß 5 Finger vorhanden sind) und die Longipinnati (von Intermedium der Vorderflosse geht nur ein Strahl aus, so daß weniger als fünf Finger vorhanden sind), wird heute nicht mehr bestätigt. Der Ursprung der I. ist unklar; nach dem Bau der Schläfenregion bestehen Beziehungen zu den → Euryapsida und letztlich zu den → Diapsida. Vorkommen: Die I. erschienen kryptogen in der U.Trias und blieben formenreich bis zum Ende der Kreide (Abb. 47, S. 84; Abb. 96, S. 202).

Ichthyostegalia (nach der Gattung *Ichthyostega),* eine O. der → Labyrinthodontia aus dem obersten Devon Grönlands, die als ein 'connecting link' Übergangsformen zwischen → Crossopterygiern und Tetrapoden darstellen. Ihrem Schädelbau nach stehen sie den → Temnospondyli nahe (Abb. 101, S. 211).

Ictidosauria (gr. ἰχτίς, ἰχτίδος Wiesel; σαῦρος Eidechse) = Trithelodontia, eine Gruppe der → Therapsida: hochgradig säugetierähnliche Reptilien der höheren Trias und des U.Jura.

Idealistische Morphologie, eine zu Anfang des 19. Jh. vor allem in Deutschland gepflegte, von Goethe begründete Richtung der vergleichenden Morphologie der Organismen (Typologie). Sie versuchte über die frühere rein beschreibende Analyse hinaus einerseits durch ganzheitliche Betrachtung die Vielfalt der Organismen zu erfassen, andererseits die hinter der Vielfalt stehende Einheit – den Typus oder Bauplan – zu erkennen. Aus solchen Vorstellungen entstanden z. B. GOETHES Idee der Urpflanze und die → Wirbel-Theorie des Schädels.

Idioadaptation, *f* (A. N. SEWERTZOFF 1931) (gr. ἴδιος eigen; lat. adaptare anpassen), Anpassungsentwicklung, Adaptiogenese; An-

passung und Spezialisierung auf der Grundlage der durch die → Aromorphose gestalteten generellen Formgefüge (= ‚Typen‘).

Idiotypus, *m* (gr. τύπος Vorbild, Muster), wenig gebräuchliche Bez. für ein vom Autor einer Art selbst bestimmtes Exemplar der Art, das aber nicht vom → Locus typicus kommt, also keine Topohyle (→ Hyle) ist.

Ilium, Os ilium, *n,* Pl. Ilia (lat. die Weichen, Gedärme), Darmbein (→ Beckengürtel).

Imago, Pl. **Imagines,** *f* (lat. Bild), das aus der Larve hervorgegangene fertige Insekt (als ‚Bild der Art‘ gedacht). Vgl. → Metamorphose.

Immuration, *f* (VIALOV 1961) (lat. = Einmauerung), Überwucherung von lebenden Organismen durch andere, kalkabscheidende Organismen (= Biomuration) oder auf anorganische Weise (= Lithomuration).

imparipinnat (botan.), (lat. impar ungleich, ungerade; pinnatus befie-

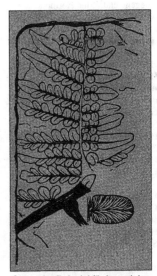

Abb. 63 Beispiel für imparipinnate Neuropteriden: *Imparipteris (Neuropteris) heterophylla* BRONGNIART; rechts: Einzelfieder. Westfal A bis C; ¹/₃ nat. Größe. – Nach GOTHAN & WEYLAND (1954)

dert), unpaarig gefiedert, Fiedern mit einem einzeln stehenden Blättchen endend (Abb. 63).

Imparipinnatae (W. GOTHAN), → Neuropterides.

Imperforata (REUSS 1861) (lat. Vorsilbe in = ohne, nicht; perforare durchbohren), Foraminiferen mit porzellanartig dichter Kalkschale (Syn.: Porcellanea). Vgl. → Perforata.

impunctat (lat. = nicht punktiert), heißen porenlose Schalen articulater Brachiopoden, im Gegensatz zu → punctaten und → pseudopunctaten (Abb. 18, S. 34).

Inadunata (WACHSMUTH & SPRINGER 1885) (lat. inadunatus nicht vereinigt [bezieht sich auf die über den Radialia freien Arme]), (Echinod.): eine U.Kl. der Crinoidea, mit meist fest verbundenen Kelchplatten, meist mit Analplatten, mit subtegminaler Mundöffnung, freien Armen; Ambulakralplatten, soweit vorhanden, auf der Kelchdecke gelegen. O. Disparida: Ohne Analplatten in der → Patina, Kelchbasis monozyklisch. O. Hybocrinida: Mit großen Analplatten, Kelchbasis monozyklisch. O. Coronata; Unterste Interradialia in den Kelch einbezogen. O. Cladida: Patina mit Analplatten, Kelchbasis dizyklisch. Vorkommen: Ordovizium–Trias.

Inarticulata (HUXLEY 1869) (inarticulate Brachiopoden) (lat. Vorsilbe in- = -; articulus Gelenk), (Syn.: Ecardines, Lyopomata, Pleuropygia). Schloßlose Brachiopoden. Die rezenten I. besitzen einen U-förmig gebogenen Darm mit Afteröffnung. Ihre Klappen werden nur durch Muskeln zusammengehalten. Schale überwiegend chitinigphosphatisch; ohne kalkiges Armgerüst. Systematik: → System der Organismen im Anhang. Vorkommen: Seit Kambrium. Vgl. → Brachiopoden. Obs. Taxon.

inc. (abgekürzt für lat. incertus unsicher), Zeichen der → offenen Namengebung, in Zusammenstellungen wie incertae familiae: Familie unsicher (U.O. usw. sicher); incertae sedis: unsichere Stellung (allg.).

Incisura, *f,* Inzisur (lat. incidere einschneiden), Einschnitt, Spalt.

Incluse, Inkluse, *f* (lat. includere einschließen), ein im → Bernstein oder ähnlichen fossilen Harzen eingeschlossenes Fossil.

Incus, *m* (lat. *f.*), Amboß, → Gehörknöchelchen der Säugetiere, homolog dem → Quadratum (Abb. 80, S. 158).

Indikation, *f* (lat. = Hinweis), publizierte Bezugnahme auf Literaturstellen, aus denen eine Charakteristik des jeweils behandelten → Taxon zu entnehmen ist; weitere Möglichkeiten vgl. → IRZN Artikel 16.

Inductura, *f* (KNIGHT) (lat. inducere an-, überziehen), von der Manteloberfläche mancher → Gastropoda abgesonderte glatte, glänzende Schalenlage im Bereich der Mündung und ± weit auf die Außenseite übergreifend. Vgl. → Callus.

Indusium, *n* (lat. Übertunika), Schleier; ein häutiger Auswuchs der Blattfläche mancher Farne (→ Leptosporangiatae), welcher die in → Sori angeordneten Sporangien schützt.

Inertinit, *m,* eine Mazeralgruppe der → Steinkohlen, zu der die Mazerale → Fusinit, → Semifusinit, → Mikrinit und → Sklerotinit gehören.

Inferognathale, *n* (lat. inferus unterer; gr. γνάθος Kinnbacke), (→ Arthrodira): eine Knochenplatte des Kopfpanzers, vgl. Abb. 8, S. 20.

Inferolaterale, *n,* Infralaterale (lat. infra unterhalb), eine der Platten des zweituntersten Plattenkranzes der Regularia unter den Rhombifera (→ Cystoidea).

Infrabasale, Pl. -ia, *n* (CARPENTER 1884), (Crin.) → Kelchbasis.

Inframarginale, *n* (lat. margo, inis Rand), → Hornschilde der Schildkröten.

Infraskulptur, *f* (lat. sculptura Bildwerk) (botan., → Sporoderm), nannten POTONIÉ & KREMP Skulpturen der Isolierschicht, welche sich gelegentlich auch nach außen durchprägen können (infrareticulat, infrapunctat usw.).

infraspezifische Evolution (B. RENSCH 1947), = → Mikroevolution.

infrasubspezifische Formen (lat. infra unterhalb), sind besondere Formen oder Varianten einer Art,

die keine Unterarten darstellen, z. B. Monstrositäten, jahreszeitliche, geschlechtliche oder sonstige Sonderformen und Abwandlungen innerhalb der Art. Sie unterliegen nicht den Regeln der zoologischen Nomenklatur. Genaue Bestimmungen vgl. → IRZN Artikel 45.

Infrazygapophyse, *f* → Zygapophyse.

Infundibulum, *n* (lat. Trichter), = Trichter .

Ingestionssipho, *m* [Ingestion (lat. ingerere einführen) = Einführung, Einbringen von Nahrung.] → Egestionssipho.

Inkohlung (C. W. V. GÜMBEL 1883) (= Carbonification), der Prozeß der allmählichen Umwandlung von Pflanzensubstanz in Kohle. Dabei reichert sich der Kohlenstoff gegenüber Wasserstoff und Stickstoff relativ an. Nach der chemischen Zusammensetzung läßt sich etwa folgende Inkohlungsreihe aufstellen:

Inkohlungs- stufe	C	H	O + N
(Holz	50	6	44)
Torf	60	5	35
Braunkohle	65–78	5–6	17–29
Steinkohle	79–92	4–5	4–16
Anthrazit	93–98	1–4	1–3
Graphit	100	–	–
			(Angaben in %)

Zunächst, etwa bis zum Stadium der reifen Braunkohle, spielen biochemische Prozesse die Hauptrolle (biochemische Phase, Zersetzung des Pflanzenmaterials, Bildung von Huminsäuren usw.). Im zweiten (‚geochemischen‘) Stadium macht sich die geologische Metamorphose stärker bemerkbar (Druck, Temperatur); sie bewirkt die Bildung unlöslicher Huminsubstanz und vor allem weitgehende Abnahme der flüchtigen Bestandteile. Vgl. → Hiltsche Regel, → Streifenkohle.

Inkohlungssprung (E. STACH 1930), Veränderung der Steinkohle beim Übergang vom Gas- zum Fettkohlenstadium: Es nimmt dabei sprunghaft der Gehalt an Wasserstoff ab, und zwar infolge stofflichen Zerfalls der bis dahin noch wenig veränderten Protobitumenkörper. Die Veränderung der Humusstoffe geht dagegen gleichmäßig über diese Grenze hinweg. Ein großer Teil des Wasserstoffs wird als Methan (CH_4) frei und bedingt die besonders in den Fettkohlenflözen auftretenden ‚Schlagenden Wetter‘. Mazerale, Streifenarten und Kohlen, deren Inkohlungsgrad jenseits des I. liegt, werden durch die Vorsilbe ‚Meta‘ gekennzeichnet; z. B. Meta-Sporit, Meta-Bogheadkohle. Vgl. → Streifenkohle.

Inkrustation, *f* (lat. incrustatus mit einer Kruste überzogen, beschmutzt), Knollen- oder Konkretionsbildung; dabei fällt ein Mineral um Fossilien herum oder an ihnen aus und hüllt sie ein. Vgl. → Intuskrustation.

Innenlamelle, eine dünne, innen chitinige, bei geologisch jüngeren Ostrakoden (nicht bei paläozoischen) randlich verkalkte Schicht, welche den Körper des → Ostrakoden-Tieres im vorderen, ventralen und hinteren Teil des Gehäuses bedeckt. (Nicht zu verwechseln mit der inneren chitinigen Schicht der → Außenlamelle.) Abb. 81, S. 165).

Innenspur, Endichnium, eine → Lebensspur, welche durch im Sediment lebende bzw. sich bewegende Organismen erzeugt wird; sie bleibt vorzugsweise dann erhalten, wenn sie an der Grenzfläche zwischen sandigem und tonigem Sediment entstanden ist.

Innenwand, (→ Madreporaria): Sammelbegriff für beliebig im Inneren eines → Coralliten gelegene → Wandbildungen, meist aus verschiedenen Skeletelementen zusammengesetzt, ausnahmsweise ein selbständiges Element darstellend (Eutheca). Nach SCHOUPPÉ & STACUL sind auch die als → Theca bei den Scleractinia beschriebenen Bildungen der Innenwand zuzurechnen. Nach den an ihrer Bildung beteiligten Skeletelementen kann man nach SCHOUPPÉ & STACUL folgende I.-Typen unterscheiden: A. Septale Innenwand: 1. Aus der lateralen Berührung der Septen (→ Septum) an lokalen Verdickungsstellen in beliebiger Lage zum Corallitenzentrum. (→ Pseudotheca z.T., R, S [R = bei Rugosa, S = bei

Scleractinia vorhanden] falsche Innenwand R, → Stereotheca R, → Septotheca S, periphere Stereozone e. p. R, → innere Stereozone R). 2. Aus seitlich abgebogenen und miteinander verbundenen axialen Septenenden. a) persistent (echte Innenwand R, → Aulos R); b) nicht persistent; c) die Axialenden der Septen spalten sich im Laufe der Ontogenese ab und werden zu selbständigen tangentialen Elementen. 3. Aus → Synaptikeln gebildet (→ Synapticulotheca S, falsche Mauer S). B. Basale Innenwand: 1. Aus → Dissepimenten gebildet (→ Sklerotheca R → Paratheca S, → dissepimentale Stereozone S). 2. Aus → Tabulae gebildet (→ Cyathotheca R, → Tabulotheca S). 3. Aus einer selbständigen, den Septen zwischengeschalteten Ringfalte der Fußscheibe gebildet (→ Eutheca S). C. Septobasale Innenwand: Aus verstärkten Septenabschnitten und Basalelementen.

innere Stereozone (SCHINDEWOLF 1942) (gr. στερεός hart) (Rugosa): als → Innenwand ausgebildete → Pseudotheca. Vgl. → Stereozone, → periphere Stereozone.

Inozoa (STEINMANN 1882) (gr. ἴς; ἰνός Faser, Sehne), Synonym von → Pharetronida.

Insecta (LINNÉ 1758), Insekten (lat. insecare einschneiden) (weitgehend übereinstimmend mit den Hexapoda), → Arthropoden (→ Tracheata) mit scharf in Caput (Kopf), Thorax (Rumpf) und Abdomen (Hinterleib) gegliedertem Körper; der Thorax trägt drei Beinpaare. Die Kopfsegmente sind zur Kopfkapsel verschmolzen, mit einem Antennen-, einem Mandibel- und zwei Maxillenpaaren. Der Thorax besteht aus drei Segmenten: Pro-, Meso- und Metathorax, deren jedes ein Beinpaar trägt. Das (beinlose) Abdomen besteht primär aus 11 Segmenten; deren Zahl kann durch Verschmelzung reduziert werden. Die Abschnitte der Beine sind: Basis (= Basipodit); Endabschnitt (= Telopodit), bestehend aus: Trochanter (Schenkelring), Femur (Oberschenkel), Tibia (Unterschenkel) und Tarsus (Fuß, aus mehreren kurzen Gliedern). Die Flügel der Insekten sind Hautausstülpungen, deren Wandung aus einer oberen und unteren Chitinlamelle besteht. Zwischen ihnen liegen die systematisch wichtigen Adern, sie enthalten Tracheen und Nerven (→ Flügel). Ursprünglich trug auch das Prothorax-Segment einen flügelartigen Anhang. Über die phyloge-

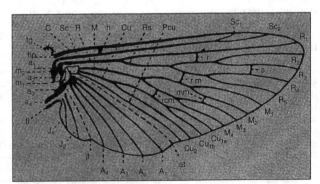

Abb. 64 Schema des Flügelgeäders der Insekten. a_{1-4} Axillaria 1–4; at Analfalte; fl Flügelligament; h Humeralquerader; hp Humeralplatte; jt Jugalfalte; m_1 proximale, m_2 distale Medianplatte; mcu Mediocubitalader; mm Medialquerader; r Radialquerader; rm Radiomedialader; s Sektorialquerader; tg Tegula; A_{1-4} Analadern; C Costa; Cu Cubitus; $Cu_{1,2}$ Cubitusäste; $J_{1,2}$ Jugaladern; M Media; M_{1-4} Medialisäste; Pcu Postcubitus; R Radius; R_{1-5} Radiusäste; Rs Radiussector; Sc Subcosta; $Sc_{1,2}$ Subcostaäste. – Nach SNODGRASS aus EIDMANN (1941)

netische Wurzel der Insekten gibt das fossile Material keine Auskunft, denn die devonischen → Collembola als die ältesten z. Z. bekannten → Hexapoda waren bereits ebenso hoch spezialisiert wie die heutigen, und die Pterygota erschienen im O.Karbon reich verzweigt, aber kryptogen (ohne bekannte Vorfahren). Vergleichend-morphologische und embryologische Befunde machen eine in der Nähe der Myriapoden-Klasse → Symphyla gelegene gemeinsame Wurzel von Insekten und Myriapoden wahrscheinlich. Frühere Theorien der Insektenabstammung von Trilobiten. Crustaceen oder Anneliden gelten als unwahrscheinlich. Vgl. → Metamorphose (Abb. 64, S. 116; Abb. 85, S. 168). Systematik: → System der Organismen im Anhang.

Insectivora (BOWDICH 1821) (lat. vorare verschlingen), Insektenfresser, die älteste und urtümlichste O. der höheren Säugetiere (Eutheria): sie umfaßt Formen wie die heutigen Spitzmäuse (Soriciden), Maulwürfe (Talpiden) und Igel (Erinaceiden), doch ist ihr Umfang umstritten. I. sind von der O.Kreide an bekannt. vielleicht existierten sie schon seit dem O.Jura. Sie bilden die Stammgruppe der → Eutheria.

inserieren (lat. inserere hineinstecken), (anat.): ansetzen von Muskeln an den zu bewegenden Körperteilen.

insert, bei Seeigeln: → exsert.

intectat (lat. intectus unbedeckt) nennt man Sporomorphae ohne → Tectum (i. S. von IVERSEN & TROELS-SMITH).

Integripalliata (WOODWARD 1854) (lat. integer unversehrt; pallium Mantel), Muscheln, deren → Mantelrand nicht eingebuchtet ist.

Integument, n (lat. integumentum Decke, Hülle), (Crustacea): die den Körper umhüllende Haut: sie besteht aus der äußeren → Cuticula und dem darunterliegenden Epithel (= Hypodermis); (Wirbeltiere): → Epidermis; (botan.): Samenschale, eine Wucherung des Makrosporophylls, welche sich als 2–3teilige Hülle rings um den Nucellus der Samenanlage legt.

Interambulakrale, n (lat. inter zwischen; ambulacrum Spazierweg). → Ambulakrum.

Interarea, f (BUCKMAN 1919). (Brachiop.), → Area.

Interbrachiale, n, allgemein: eine der Platten zwischen zwei Reihen von → Brachialia des gleichen Armstrahls bei → Crinoidea.

Interclavicula(re), f, (n) (lat. clavicula Demin. von clava Schlüssel) = → Interthoracale.

Intercostalia, Pl., n (JAEKEL) (Crinoid.): Interdicostalia, Intertricostalia, → Costalia.

Interdorsale, n, → Bogentheorie der Wirbelentstehung (Abb. 123, S. 257).

Interfrontale, n (WATSON), ein bei manchen Amphibien zwischen den Nasalia und Frontalia auf dem Schädeldach sichtbarer unpaarer Deckknochen. Von manchen Autoren wird er für das → Ethmoid gehalten.

Intergenalstachel (lat. inter zwischen; gena Wange) (Trilob.): Syn. von Metagenalstachel (→ Wange).

Intergulare, n (lat. gula Schlund, Kehle), → Hornschilde der Schildkröten.

Interhyale, n (gr. υοιδής dem großen griech. Buchstaben Y ähnlich) (Knochenfische): = → Stylohyale.

interkalares Wachstum (lat. intercalare einschieben), Längenwachstum von Pflanzenteilen zwischen bereits ausdifferenzierten, nicht mehr streckungsfähigen Zonen, ermöglicht durch in das Dauergewebe eingeschaltete Bildungsgewebe (→ Meristem), z. B. in den basalen Abschnitten der → Internodien von Gräsern.

Intermaxillare, n (lat. maxilla Oberkiefer) (= Os intermaxillare, Praemaxillare, Symphysiale), Zwischenkiefer; paariger → Deckknochen am Vorderende der Schnauze, trägt bei höheren Tetrapoden mit dem Maxillare zusammen die Oberkieferzahnreihe.

Intermedium, n (lat. in der Mitte zwischen zwei anderen liegend), der mittlere der drei Knochen der proximalen Reihe der Hand- und Fußwurzelknochen (→ Carpus bzw. → Tarsus) der Tetrapoden, in der menschlichen Hand auch Lunatum (Mondbein) genannt. Im Fuß der

Säugetiere verschmilzt er mit dem Tibiale und einem Centrale zum Sprungbein (= Talus oder Astragalus) (Abb. 24, S. 40).

Internlobus, m (L. V. BUCH 1829) (lat. internus im Innern befindlich), unpaarer Lobus des innersten Teiles der → Lobenlinie. Synonyme Bezeichnungen: Antisiphonallobus, Dorsallobus, ‚Bauchlobus'.

Internodale, n, (Crinoid.): → Nodale.

Internodium, n (lat. Raum zwischen Knoten), (botan.): Stengelglied zwischen zwei verdickten Knoten; (zool.): bei Koloniebildnern wie Bryozoen und Octokorallen: Abschnitt aus anorganischer Substanz zwischen biegsamen Abschnitten (Nodien) aus organischer Substanz.

Internsattel (Ammon.): der bei goniatitischen bzw. wenig differenzierten Lobenlinien zwischen Internlobus und Laterallobus gelegene Sattel. Vgl. → Lobenlinie.

Interoperculum, n (lat. operculum Deckel) (Fische): → Opercularapparat (Abb. 114, S. 238).

Interparietale, n, → Postparietale.

Interpleuralfurche (lat. inter zwischen; gr. πλευρά Seite), (Trilob.): → Pygidium (Abb. 117, S. 246).

Interradialia, Sing. -e, n, Kelchplatten von → Crinoidea, welche die Zwischenräume zwischen benachbarten Armstrahlen ausfüllen.

Interrostrale, n, der Crossopterygier: → Postrostrale.

Interseptal-Apparat (WEDEKIND 1937) (→ Madreporaria): Sammelbegriff für die → Tabulae und → Dissepimente zwischen den Septen sowie die Blasen zwischen den peripheren Septenenden und der Epithek (→ Wandblasen). Nach W. heißt der I.-A. diaphragmatophor, wenn nur Tabulae entwickelt sind, cystiphor, wenn nur Blasen (= Dissepimente und Wandblasen) auftreten, und pleonophor, wenn beides vorliegt. Vgl. → Basalapparat.

Intertarsalgelenk (lat. tarsus Fußsohle), Tarso-Metatarsalgelenk, Sprunggelenk. Ein vor allem bei Vögeln, aber auch vielen Reptilien (Sauriern) und einigen Säugetieren entwickeltes besonderes Gelenk zwischen proximaler und distaler

Reihe der Tarsalknochen. Dabei verschmelzen Tibiale und Fibulare mit dem Distalende der Tibia (= Tibiotarsus), die distalen Tarsalia II–IV mit den ebenfalls (zum Laufknochen Tarsometatarsus) miteinander verwachsenen Metatarsalia. Vgl. Abb. 24, S. 40).

Intertemporale, *n* (lat. temporalis zur Schläfe gehörig), hinter dem Dermosphenoticum (→ Sphenoticum) lateral vom → Parietale gelegener Deckknochen des seitlichen Schädeldaches von Crossopterygiern. Hinter ihm folgt das Supratemporale. Das I. kommt auch noch bei einigen Stegocephalen vor.

Interthoracale, *n* (lat. thorax Brustharnisch), Interclavicula, Episternum, ein unpaares, ventrales, medianes Verbindungsstück (Hautknochen) des Schultergürtels niederer Tetrapoden zwischen den beiderseitigen → Thoracalia. Es ist bei vielen Reptilien und den Monotremen (dort Interclavicula genannt) nur als Rudiment erhalten. Bei Schildkröten wird es als Entoplastron in den Panzer einbezogen (Abb. 104, S. 214).

Intervallum, *n* (lat. inter zwischen; vallum Wall, Verschanzung), → Archaeocyatha (Abb. 7, S. 17).

Interventrale, *n* (lat. venter, ventris Bauch), → Bogentheorie der Wirbelentstehung.

Interzentrum, Syn. von → Hypozentrum, besonders dort gebraucht, wo es stärker reduziert ist.

Intexine, *f* (FRITZSCHE 1837) (lat. intexare hineinweben, hineinfügen), (botan.) → Sporoderm.

Intine, *f* (FRITZSCHE 1837), (botan.): Endospor, Innenhaut der Sporen und Pollenkörner, vgl. → Sporoderm.

intracamerale Ablagerungen (TEICHERT) (lat. intra innerhalb; camera Kammer), Ablagerungen aller Art innerhalb der → Luftkammern von Nautiloideen: 1. primäre, zu Lebzeiten des Tieres gebildet; 2. sekundäre, postmortal durch Einschwemmung oder Auskristallisation entstanden. Nach ihrer Lage lassen sich die primären Ablagerungen gliedern in: a) episeptale: auf der Oberseite der Septen; b) hyposeptale: auf der Unterseite der Septen; c) murale: an der

Innenseite der Außenwand (Abb. 1, S. 2).

Intrafazies, *f* (CLOUD & BARNES 1957) (lat. facies Gesicht), Faziesgruppe, gebildet durch die zeitliche und räumliche Aufeinanderfolge mehrerer genetisch verknüpfter isochroner oder heterochroner und jedenfalls isopischer → Parvafazies. Vgl. → Magnafazies, → Faziesbezirke.

intraindividuelle Variationsbreite, betrifft die Veränderlichkeit eines an einem Individuum mehrmals ausgebildeten Merkmals.

Intrasiphonata (ZITTEL 1895) (lat. intra innerhalb; gr. σίφων Röhre), → Ammonoidea, deren → Sipho auf der Innenseite der Windungen liegt (= Clymenien). (Obs.)

Intraspezifische Evolution (B. RENSCH) (= Mikroevolution), Formenwandel der Art und der ihr untergeordneten Kategorien, der an rezenten Organismen beobachtet und teilweise experimentell untersucht worden ist. Vgl. → Makroevolution.

introvert (lat. intro hinein; vertere wenden), heißt eine → Graptolithen-Theka, deren Mündung infolge exzessiven Wachstums ihres Ventralrandes nach oben bzw. rückwärts gerichtet ist (Abb. 57, S. 100).

Intuskrustat(ion), *n,* bzw. (f) (GOTHAN) (lat. intus innen, von innen; crustare mit einer Kruste versehen), echte Versteinerung (bes. von Pflanzen), bei der durch ausgefällte Mineralsubstanz (Kieselsäure, Kalkspat, Schwefelkies usw.) die Hohlräume ausgefüllt werden. Voraussetzung für I. ist die völlige Durchtränkung auch der Zellhohlräume vor Eintritt eines nennenswerten Zerfalls.

intussuszeptionelles Wachstum (= interstitionelles W.) (lat. intus innen, von innen; suscipere aufnehmen), → appositionelles Wachstum.

Inversion des Schlosses (lat. inversio Umkehrung), heißt die Tatsache, daß die festgewachsene Klappe der Muschelgattung *Chama* (die mit der linken oder rechten Klappe festwachsen kann) im Schloß zwei Zähne und eine Grube, die freie dagegen entsprechend einen Zahn und zwei Gruben besitzt –

ganz gleich, ob es sich um eine linke oder rechte handelt. MUNIER-CHALMAS definierte als Klappe ‚α‘ die freie Klappe (die im Schloß einen Zahn und zwei Gruben besitzt), als ‚β‘ die festgewachsene; ‚normal‘ nannte er ein Chama-Gehäuse, dessen Klappe α eine rechte, ‚invers‘ ein solches, dessen Klappe α eine linke ist. Seither wurde der Begriff Inversion verallgemeinert gebraucht für Muscheln, deren Klappen einzeln oder im ganzen morphologische Merkmale der Gegenklappe aufweisen. Er spielt bei den sog. pachyodonten Muscheln (‚Rudisten‘ u. a.) eine bedeutende Rolle, in der von DOUVILLÉ vereinfachten Form: ‚Normal‘ = mit linker Klappe festgewachsen, ‚Invers‘ = mit rechter Klappe festgewachsen.

Invertebraten, Invertebrata (lat. Vorsilbe in- ohne, un-; vertebra Gelenk, Wirbel), wirbellose Tiere. Syn.: Evertebrata.

Invertebrichnia, Pl., *n* (O. S. VIALOV 1963), (gr. ἰχνιον Spur), → Lebensspuren von Invertebraten.

involut (lat. involvere einwickeln, verhüllen), (Mollusken): derart spiralig eingerollt, daß der letzte Umgang die früheren ± vollständig bedeckt, der Nabel daher eng ist.

Inzision, *f* (lat. incisio Einschnitt), (Ammoniten): Lobenelement dritter Ordnung, Einkerbung der Sättel bzw. Loben; → Lobenlinie.

Inzisiven, Sing. Inzisivus, *m* (Dentes incisivi) (lat. incidere einschneiden; incisivus zum Schneiden geeignet), Schneidezähne (der Säugetiere), meist einwurzelig und einspitzig bis meißelförmig, im Prämaxillare und jenen gegenüber im Dentale sitzend.

Iridium-Event, *m*; Luis und Walter ALVAREZ entdeckten 1979/80 im Grenzton zwischen Sedimenten von Kreide und Tertiär in Italien eine extreme Anreicherung des in der Erdkruste sehr seltenen, in Meteoriten wesentlich häufigeren, zur Platingruppe gehörenden Metalls Iridium und von Rußpartikeln. Sie schlossen daraus auf einen Einschlag (‚Impakt‘) eines Meteoriten (bzw. Kometenschwarms) auf die Erde. Synchrone Ir-Anreicherungen an zahlreichen anderen Orten bestätigten die globale Verbreitung dieses Ereignisses, dessen Folge eine Umweltkatastrophe unvorstellbaren Ausmaßes war. Ihr dürften nach Schätzungen 75 % aller damaligen Tier- und Pflanzenarten zum Opfer gefallen sein. Dieses Ereignis wird als entscheidend für den Faunenschnitt an der Kreide/Tertiär-Grenze angesehen. Vgl. → Bio-Event.

irreguläre Seeigel (lat. irregularis unregelmäßig), sind solche, bei denen der → Periprokt außerhalb des → Oculo-Genital-Ringes liegt. Sie wurden als besondere U.Kl. den regulären Seeigeln gegenübergestellt. Übergänge zwischen ‚regulärer' und ‚irregulärer' Ausbildung des Periprokts haben dazu geführt, die Termini nicht mehr im systematischen, sondern nur mehr im morphologisch-deskriptiven Sinne zu verwenden. Als irregulär gelten die Angehörigen der Ü.O. → Gnathostomata und → Atelostomata.

Irreversibilität der Entwicklung (lat. Nicht-Umkehrbarkeit), → Dollosche Regel.

IRZN, Abkürzung für Internationale Regeln für die zoologische Nomenklatur. Vgl. → Nomenklatur, → ICBN.

Ischiopodit, *m* (gr. ισχίον Hüfte, πούς, ποδός Fuß, Bein), das vierte Glied eines vollständigen Crustaceen-Laufbeines des Endopoditen. → Arthropoden.

Ischium, *n*, Sitzbein, → Beckengürtel.

isobatisch (ABEL 1912) (gr. ίσος gleich; βάτος Tiefe), → epibatisch.

isocerk (gr. κέρκος Schwanz), Schwanzflosse.

isochron (gr. χρόνος Zeit), altersgleich, zeitgleich. Vgl. → diachron.

isocostat (CALLOMON) = aequicostat; vgl. → variocostat.

Isocrinida (SIEVERTS-DORECK 1952) (Crinoid.): eine O. der → Articulata: gestielt, mit echten Cirren, Stielglieder mit fünfstrahligem → Petalodium, Radialia mit großen Fazetten. – Vorkommen: Seit der U.Trias.

isodont (gr. οδούς Zahn), (Wirbeltiere): ein Gebiß mit vielen ± gleichförmigen Zähnen (= homo-

dont) (z. B. bei Zahnwalen); (Muscheln): ein Schloß, dessen Zähne und Zahngruben (je zwei in jeder Klappe) symmetrisch beiderseits der Ligamentgrube angeordnet sind. Vgl. → Schloß.

Isoëtales (Isoëtinae), Brachsenkräuter; eine heute nur durch eine Gattung vertretene O. eigentümlicher → Lycophyta mit Wurzeln, welche den → Stigmarien und Appendices (→ Appendix) der → Lepidodendrales ähneln. Sie sind auch fossil nur schwach (seit der Trias) belegt. In ihre Nähe stellte MÄGDEFRAU die Gattung *Pleuromeia* aus dem Buntsandstein, die auch als eigene O. angesehen werden kann.

isognath (gr. γνάθος Kinnbacke), → Gebiß.

Isolation, *f*, genetisch: die teilweise oder völlige Verhinderung des Gen-Austausches zwischen Gruppen von Individuen (Populationen oder Arten); sie bildet einen wichtigen Entwicklungsfaktor. Es lassen sich zwei Formen der I. unterscheiden: 1. biologische (reproduktive) I., die in freier Natur fast immer genetisch bedingt ist, 2. räumliche I.

isolepidin (gr. ίσος gleich; λεπίς Schale, Schuppe), (Foram.) → Nucleoconch.

isomesisch (MOJSISOVICS 1879) (gr. μέσον Mitte, Medium), → Faziesbezirke.

isometrisches Wachstum (gr. ισομέτρητος gleichgemessen), proportional gleichmäßiges Wachstum aller Teile eines Organismus, wobei die Form genau bewahrt bleibt. Vgl. → allometrisches Wachstum.

Isomyaria (gr. ίσος gleich; μῦς Maus, Muskel), → Schließmuskeleindrücke.

Isopedin, *n* (gr. πεδινός flach, eben), charakteristisches knochenähnliches Baumaterial der Schuppen von Fischen. Wie Knochen besitzt es Knochenzellen, schließt aber verkalkte Bindegewebsteile ein. Die Knochenzellen sind oberflächenparallel flächenhaft ausgebreitet. Ferner besitzt I. von Osteoblasten an der Unterseite der Schuppe her einstrahlende Zahnkanäle.

isopisch (gr. όψις Aussehen), → Faziesbezirke.

Isoptera (BRULLÉ 1832) (gr. πτερόν Flügel), Termiten; eine O. kleiner bis mittelgroßer Insekten von blaßweißer Färbung; charakteristisch sind ihre hochentwickelten Staaten; sie sind stenotherm wärmeliebend, leben vorwiegend von Holz und sind vielfach Pilzzüchter. Vorkommen: Seit der U.Kreide.

isopyg (gr. πυγαῖον Steiß), sind Trilobiten, deren Schwanzschild den Kopfschild an Größe erreicht.

Isospondyli, → Leptolepimorpha.

isospor (gr. σπόρος Saat, Same), mit Sporen von gleichartiger Beschaffenheit versehen. Syn.: homospor, Gegensatz: → heterospor.

isostroph (gr. στροφή Drehung), (Gastrop.) → Embryonalgewinde.

isotom (gr. τομή Schnitt, Ende), (Crinoid.): → Armteilung, → Abb. 88, S. 175.

isotopisch (v. MOJSISOVICS 1879) (gr. τόπος Ort), → Faziesbezirke.

Isotypus, *m* (botan.): Dublette des → Holotypus (Teil einer einzelnen von einem Sammler zur gleichen Zeit gemachten Aufsammlung).

isozerk, → isocerk.

Isozönosen, *f*, räumlich getrennte, in ihrem Gesamtgefüge übereinstimmende Biozönosen, welche gleiche → Lebensformtypen enthalten. Diese Vertreter der gleichen Lebensweise müssen nicht miteinander verwandt sein, phylogenetische Beziehungen sollen fehlen.

Isua-Formation, sedimentäre Gesteinsfolge in SW-Grönland mit Granitintrusionen, Alter 3,8 Mrd. Jahre. Aus Quarziten dieser Serie beschrieb PFLUG (1984) Organismenreste (*Isuasphaera*) als bislang älteste Fossilien. → Tab. Fossilfundpunkte S. 90.

iterative Formbildung (E. KOKEN 1896) (lat. iterare wiederholen), im gleichen Stamm nacheinander auftretende Formähnlichkeiten (= heterochrone Parallelentwicklung [SCHINDEWOLF], Hypogenese [KLEINSCHMIDT]), die daraus resultierende Formähnlichkeit nannte SCHINDEWOLF Homöomorphie. Vgl. → Parallelentwicklung.

Jochbein, = → Jugale.

Jochbogen, Arcus zygomaticus; ein knöcherner Bogen, der sich über der Temporalgrube wölbt und bei Säugern durch Vermittlung des Jugale das Squamosum mit dem Maxillare verbindet, bei niederen Tetrapoden aber andere Knochen einbeziehen kann. Tetrapoden mit J. heißen zygokrotaph. Vgl. auch → stegokrotaph, gymnokrotaph.

Jochfortsatz, -sattel, (Brachiopoden): → Jugum.

Jugale, *n* (lat. jugum Joch), Jochbein, Os zygomaticum, Os malare; ein den Tetrapoden eigener bogenförmiger Deckknochen am Außenrande des Schädeldaches, welcher den Anschluß des Maxillare an die seitliche Wand der Schädelkapsel vermittelt. Bei Fischen wird das Supramaxillare manchmal J. genannt (Abb. 101, S. 211).

Jugendrostrum, *n,* empfohlenes Synonym von → Embryonalrostrum.

Jugum, *n* (HALL & CLARKE) (lat. Joch, Gespann), Verbindungsglied zwischen den beiden → Primärlamellen des → Armgerüsts helicopegmater Brachiopoden (O. Spiriferida). Den mittleren Teil nannte LEIDHOLD Jochsattel, die beiden seitlich an die Primärlamellen sich anschließenden Stücke Jochbogen. Jochfortsätze sind zwei von den Primärlamellen nach innen gerichtete, frei endigende seitliche Fortsätze.

Juvenarium, *n* (lat. juvenis jung, Jüngling; -arium Behälter zur Aufbewahrung), Jugendgehäuse; die ersten Windungen des Gehäuses bei Fusulinen und bei Orbitoideen. Vgl. → Nucleoconch.

juvenil, jugendlich.

Käferschnecken, Chitoniden. Vgl. → Amphineuren.

Kännelkohle (auch Kennelkohle geschrieben; sehr alter engl. Begriff, nach candle, Kerze, weil kleine Stücke leicht weiterbrennen), sehr sporen- und pollenreiche, zähe und matte, gasreiche Steinkohle (= karbonischer Sapropelit), die in → Durit übergehen kann. Bezeichnend ist ihr hoher Wasserstoffgehalt. Die K. kann durch den Gehalt an Algen in Boghead-Kännelkohle und dann in → Boghead-Kohle übergehen.

Känophytikum, *n* (gr. καινός neu; φυτόν Pflanze), die Neuzeit der pflanzlichen Entwicklung, vom Aptium (ob. U.Kreide) an. Vgl. → Pteridophytikum.

Kahnbein, = → Naviculare oder → Scaphoid (= Radiale der Hand, Centralia des Fußes) (Abb. 24, S. 40).

Kakoptychie, *f* (HÖLDER 1956) (LANGE 1941: forma cacoptycha) (gr. κακός schlecht; πτύξ, πτυχός Falte, Schicht), gelegentliches Aussetzen der Berippung auf einer oder auf beiden Flanken bei normalerweise berippten Ammoniten. Vgl. → Anomalien an Ammonitengehäusen.

Kalamiten, → Calamiten.

Kalkalgen, kalkabscheidende Algen. Die Kalkabscheidung geht entweder innerhalb der Zellwände vor sich (organische Kalkbildung) oder an der Oberfläche der Pflanze (Übersättigungskalk). Die organische Kalkbildung findet sich besonders bei Meeresalgen (echte K.). Rotalgen (→ Rhodophyta) lagern den Kalk in tieferen Zell-Lagen ab, Grünalgen (→ Dasycladaceen, vgl. Abb. 65, S. 120) lösen die äußersten Zellwandschichten in einem Schleim auf; in ihm scheidet sich der Kalk aus und erfüllt den Raum zwischen den Wirteln. Algen der ersten Art sind seit der U.Kreide, solche der zweiten seit dem Kambrium bekannt. Übersättigungskalk entsteht im Süßwasser, an seiner Abscheidung sind → Cyanophyta, → Chlorophyta und → Charophyta maßgeblich beteiligt. Vgl. → Stromatolith.

Kalkflagellaten (lat. flagellum Geißel, Peitsche), = → Coccolithophorida.

Kalkschwämme, → Calcispongea.

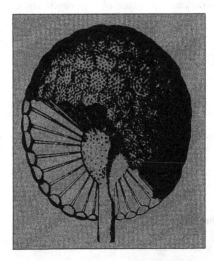

Abb. 65 Rekonstruktion einer Kalkalge (*Cyclocrinus porosus*) aus dem Ordovizium Nordeuropas. Vergr. 5:1. – Nach PIA AUS KRÄUSEL (1950)

Kalotte, *f* (franz. Calotte = anliegendes Käppchen der Geistlichen), das menschliche Schädeldach.

Kambium, *n* (spätlat. cambire wechseln, vertauschen; davon cambium als spätere Wortbildung), (botan.): Verdickungsring. → Sekundäres Dickenwachstum.

Kammerlinge, = → Foraminiferen.

Kamptozoa (gr. καμπτεῖν krümmen), → Entoprocta.

Kardinal-Area, *f* (lat. cardo, -inis Türzapfen [übertragen: Hauptsache]; area freier Platz), (Lamellibranch.): ebene, oft dreieckige Fläche zwischen Wirbel und Schloßrand bei den Arcidae und den Pteriidae, oft identisch mit der → Ligament-Area. (Brachiop.): → Area.

Kardinal-Fossula, *f*, (→ Rugosa): Haupt-Fossula; im Raum um das → Hauptseptum entwickelte persistente Bodeneindellung. Vgl. → Fossula.

Kardinalia, Pl., *n* (THOMSON 1927), alle Bauelemente in der Nähe des Schloßrandes der → Armklappe von Brachiopoden. Dazu gehören die Teile des → Schlosses und die Stützen des → Armgerüstes.

Kardinal-Septum, *n* (NICHOLSON 1889), Hauptseptum (Madrepor.). Vgl. → Protosepten.

Kardinal-Winkel, der von Schloßrand und vorderem oder hinterem freien Rand von → Ostrakoden-Gehäusen eingeschlossene Winkel.

Kardinal-Zahn, (→ Ostrakoden): größerer oder Hauptzahn an einem oder beiden Enden des Schloßrandes, der in eine Grube im Schloß der Gegenklappe paßt; (→ Lamellibr.): Schloßzahn des → heterodonten Schlosses; (Brachiop.): → Schloßzähne.

Karpell, *n* (gr. καρπόω Frucht tragen, hervorbringen), Fruchtblatt, ein bes. ausgebildetes Blattorgan (Makrosporophyll) der Blüte, das die Samenanlagen trägt.

Karpolithen, *m* (gr. καρπός Frucht; λίθος Stein), zusammenfassende Bez. für fossile Früchte.

karpophag (gr. φαγεῖν essen), Früchte und Samen fressend.

katadrom (gr. κατά abwärts, unter; δρόμος der Lauf, laufend) (botan.): herablaufend; (zool.): zum Laichen aus Süßwasser ins Meer ziehende Tiere, z. B. der Aal. Seine

Larven verfolgen – anadrom – den umgekehrten Weg.

Katagenesis, *f,* absteigende, degenerierende Entwicklung.

kataklin (SCHUCHERT & COOPER 1932) (gr. κλίνειν neigen), (Brachiop.): → Area (Abb. 17, S. 34).

Kataklysmentheorie (gr. κατακλυσμός Überschwemmung, Sintflut), Katastrophentheorie; die besonders von CUVIER (1769–1832) auf Grund seiner Wirbeltierfunde im Pariser Becken vertretene Ansicht, daß die Lebewelt größerer Gebiete mehrfach durch Katastrophen vernichtet worden sei; nach jeder Katastrophe seien (aus verschont gebliebenen Gebieten) neue Faunen und Floren eingewandert. Andere Autoren nahmen weltweite Katastrophen mit völliger Vernichtung des irdischen Lebens sowie jeweilige Neuschöpfung danach an.

Katapophysen, *f* (gr. απόφυσις Auswuchs [an Knochen]), besondere Fortsätze an der Ventralseite der Pleurapophysen von Vogelwirbeln (vgl. → Wirbel), welche sich ventromedian vereinigen und einen Kanal unter dem Wirbelkörper bilden können.

Kategorien, taxonomische K. (gr. κατηγορεῖν zu erkennen geben), die Einheiten des taxonomischen Systems (→ Taxonomie). Man unterscheidet in der zoologischen Nomenklatur obligatorische Kategorien (Art, Gattung, Familie usw.) und fakultative K. (Tribus, Untergattung, Unterart usw.).

kat(h)apsid (v. HUENE 1944), mit hochgelegenem Schläfenfenster wie bei Protorosauriern und Squamaten versehen, wobei das Postfrontale nur ausnahmsweise an die Schläfenöffnung angrenzt (wenig gebrauchter Terminus). Vgl. → Schläfenöffnung. Obsol.

kaudad, kaudal (→ caudad, caudal.

Kauliflorie, *f* (gr. καυλός Stengel, Schaft; lat. flos, floris Blüte), Stammblütigkeit, heute charakteristisch für Tropengewächse.

Kaunoporen, → Caunoporen.

Kaustobiolithe, *m* (H. POTONIÉ 1905) (gr. καυστός brennbar; βίος Leben; λίθος Stein), brennbare Gesteine. 1. Liptobiolithe: aus schwer verweslichen pflanzlichen Stoffen wie Harzen, Wachsharzen

oder Wachsen aufgebaute Gesteine (Bernstein, Kopal u.a.). 2. Sapropelite: Faulschlammgesteine, aus Resten tierischen und pflanzlichen Planktons, anderen Wasserpflanzen und Pollen in Sümpfen entstanden. 3. Humolithe: Im wesentlichen aus → Humus bestehende Gesteine wie Torf, Braunkohle, Steinkohle.

Kehllobus (H. SCHMIDT 1921), der innere Seitenlobus bei *Cheiloceras* und danach allgemein bei den jüngeren Goniatiten. Nach der genetischen Terminologie (WEDEKIND-SCHINDEWOLF) handelt es sich dabei um den zuerst gebildeten → Umbilikallobus (U₁). →Lobenlinie .

Keilbein, 1. (Os) → Sphenoidale. 2. Cuneiforme.

Kelch der Korallen: Calyx; der Crinozoen: Theca, Calyx. Die Th. umschließt als ± kugelförmige, getäfelte Kapsel die Weichteile und besteht aus → Dorsalkapsel und Kelchdecke (Tegmen), schließt also freie Arme und Stiel aus.

Kelchbasis, (→ Crinoidea): der unmittelbar an den Stiel oder an die → Centrodorsalplatte anschließende untere (‚dorsale‘) Teil des Kelches, bestehend aus einem oder zwei Kränzen von je 5 (oder sekundär weniger) Plättchen. Im ersten Falle heißen die Täfelchen Basalia, der Kelch ist monozyklisch. Sind zwei Kränze vorhanden (dizyklische Kelche), umfaßt der obere die Basalia, der untere die Infrabasalia. Kryptodizyklisch (= pseudomonozyklisch) heißt eine K., wenn die Infrabasalia verborgen sind, kryptomonozyklisch, wenn dasselbe mit den Basalia der Fall ist. Abweichend gebaut sind die K. der → Eocrinoidea, → Blastoidea, regulären Dichoporita (→Cystoidea) (Abb. 29, S. 54).

Kelchdecke, (→ Crinoida): = →Tegmen.

Kenozooecium, *n* (gr. κενός leer, οικίον Demin. von οἶκος Haus, Wohnung), (Bryoz.): modifiziertes → Zooecium ohne → Polypid, → Operculum, meist auch ohne Öffnung oder Muskeln. Häufig und besonders differenziert bei einigen → Cyclostomata.

Kephalis, *f,* → Cephalis.

Keratin, *n* (gr. κέρας Horn), Hornsubstanz, Skleroprotein, (hochmolekulare Eiweißsubstanz); sie entsteht in den allmählich verhornenden Zellen der Epidermis und bildet die Grundlage von Nägeln, Krallen, Hörnern usw.

Keratobranchiale, Keratohyale, = Cerato . . .

Keriothek, *f* (gr. κηρίον Honigwabe; θήκη Behälter), → Fusulinen (Foram.) (Abb. 53, S. 92).

Kiefer, (Wirbeltiere): → Kieferbogen; (Crustaceen und Insekten): → Maxilla, → Mandibula; (→ Echinodermen): → Laterne des Aristoteles; (Anneliden): → Scolecodonten; (Cephalopoden): → Rhyncholithen, → Aptychus.

Kieferbewegung; Hand in Hand mit der Differenzierung des Säugetiergebisses hat sich die Art der Kieferbewegung entwickelt. Man nennt: orthal: die Bewegung des Öffnens und Schließens bei einfachem Scharniergelenk (Carnivoren) (→ Gelenke); propalinal: der Unterkiefer gleitet in antero-posteriorer Richtung am Oberkiefer vorbei (Nager); ektal-ental: der Unterkiefer bewegt sich seitlich (manche Huftiere).

Kieferbogen, (Mandibularbogen), der vorderste Kiemenbogen des → Visceralskelets. welcher das Ausgangsmaterial für die Entwicklung des Kieferapparates der Wirbeltiere liefert hat. Sein oberer Bogen, das Palatoquadratum, bildet die Gaumen- und Oberkieferanlage, der untere Bogen, das Mandibulare, die Unterkieferanlage (= Meckelscher Knorpel). Dieser bei Elasmobranchiern knorpelige Kieferapparat wird bei Knochenfischen und Tetrapoden zunehmend durch Deckknochen ersetzt, Palatoquadratum und Mandibularknorpel übernehmen andere Funktionen (→ primäres Kiefergelenk). Die Befestigung des Kieferapparates am Neurocranium erfolgt durch Vermittlung des Hyoidbogens (→ Hyostylie) oder direkt (→ Autostylie) oder durch beides (→ Amphistylie). Vgl. auch → Ethmo-, → Pleurostylie (Abb. 100, S. 210).

Kieferstiel, Suspensorium; der Knochen, der bei den Wirbeltieren die Verbindung zwischen Schädel und Unterkiefer herstellt; (Fische): das → Hyomandibulare, (Amphi-

bien, Reptilien und Vögel): das → Quadratum. Die → autostylen Säugetiere besitzen keinen Kieferstiel.

Kiemenbogen, → Visceralskelet.

Kieselalgen, = → Diatomeen.

Kieselgur, *f* (Gu[h]r, niederdeutsch ‚feuchte, aus dem Gestein ausgärende Masse‘) ‚Diatomeenerde‘, ein größtenteils aus Gehäusen von Kieselalgen (→ Diatomeen) bestehendes Gestein, welches wegen seiner Leichtigkeit und Porosität industriell genutzt wird. K. mit sehr feiner Schichtung heißt Tripel.

Kieselhölzer, durch Polykondensation monomolekularer Kieselsäure (H_4SiO_4) versteinerte Hölzer, zählen zu den häufigsten Pflanzenfossilien. Die chemischen Vorgänge im einbettenden Sediment, Abbaustadien des Holzes, Boden- und Kristallisationsdruck, Lagerung auf oder unter der Erdoberfläche, beeinflussen entscheidend das Aussehen des Fundstückes (Struktur, Färbung, Ausbleichung, Erhaltung der Zellstruktur, Quarzvarietät, Begleitmineralien). In der Regel fehlt den Kieselhölzern die Rinde. Mit Hilfe von Dünnschliffen kann bei strukturbietender Erhaltung eine → Holzbestimmung (Familie, Gattung, Art) erfolgen.

Kieselschwämme, -spongien, = → Silicispongiae.

Kilbuchophyllida (SCRUTTON & CLARKSON 1991), eine nur durch die Gattung *Kilbuchophyllia* SCR. & CL. vertretene O. kleiner Einzelkorallen mit zyklischer, derjenigen der → Scleractinia sehr ähnlichen Septen-Einschaltung. Vorkommen: M.Ordovizium Schottlands.

Kinetik, *f*, **des Schädels** (gr. κινητικός zum Bewegen geeignet), gelenkige Beweglichkeit von Schädelteilen gegeneinander; sie ist bei niederen Vertebraten verbreitet und geht aus von der Beweglichkeit des Palatoquadratums gegenüber dem Neurocranium, wie sie für die Fische kennzeichnend ist. Bei den Reptilien besteht der Schädel aus dem Occipitalteil (Regio occipitalis + Regio otica bis einschließlich Rostrum parabasale der Parabasale) einerseits und dem Maxillarteil (Regio ethmoidalis, Palatoquadratum und ganzes sekundäres Schä-

deldach, vgl. → Primordialcranium) andererseits, die nicht starr miteinander verbunden sind. Die gegenseitige Bewegung findet statt einmal zwischen den Parietalia und dem Supraoccipitale, zum anderen zwischen den Enden des Processus parotici und dem Quadratum. Schädel ohne jede Beweglichkeit (z. B. der von *Sphenodon*) heißen akinetisch; metakinetische Schädel besitzen ein Scharnier am Hinterrand des sekundären Schädeldaches (Cotylosaurier, Stegocephalen). Bei leicht gebauten Schädeln bilden die Nähte zwischen den Parietalia und Frontalia eine Art Gelenk, in dem Falle verliert das hintere Gelenk an Bedeutung: der Schädel wird mesokinetisch (zahlreiche Dinosaurier, Vögel, Schlangen). Dabei entstehen gelenkartige Verbindungen zwischen Quadratum und Squamosum = typische → Streptostylie. Beim amphikinetischen Schädel sind beide Gelenke wirksam (bei vielen Lacertiliern).

kinetisch nannte VERSLUYS den primitiven Zustand des Wirbeltierschädels, bei dem eine Verschiebung des Palatoquadratums gegen die Schädelbasis möglich ist. Wo diese ausgeschlossen ist, ist der Schädel akinetisch. Vgl. → Kinetik. Dagegen bezieht sich der Terminus → Streptostylie nur auf die Beweglichkeit zwischen Quadratum und Squamosum.

Kladisk, *m* od. *n*, → Cladisk.

Kladismus, *m*, → Phylogenetische Systematik.

Kladodium, → Cladodium.

Kladogenese, *f* (B. RENSCH 1947) (gr. κλάδος Zweig; γένεσις Werden, Entstehen), ‚Zweigentstehung‘; Verzweigung der Stammesreihen; sie bildet die eine der von RENSCH unterschiedenen beiden Aspekte der Gesamtphylogenese (Stammesentwicklung); den anderen stellt die → Anagenese (= Höherentwicklung) dar.

Kladogramm, *n*, ein auf den Grundsätzen des Kladismus beruhendes → Dendrogramm.

Klappe, → Gehäuse.

Kleinhirn, = → Cerebellum.

Kline, *f* (gr. κλίνειν neigen), räumlicher oder zeitlicher Gradient von Formen innerhalb eines Taxons, meist der Artgruppe (d. h. stufenweise Verschiebung von Merkmalen). Der räumliche Gradient heißt Topokline: Neontologisch sind Rassen Topoklinen von Arten. Chronokline ist der zeitliche Gradient von Formen, die Populationsfolge einer Art bildet eine Chronospezies, ihre Abgrenzung ist meist zufällig oder willkürlich.

Klinodontie, *f* (gr. ὀδούς Zahn), = Proklivie. → Gebiß.

Kloakensipho, *m*, die obere der beiden → Siphoröhren bei Muscheln, sie dient der Exkretion.

Kloedenellocopina (SCOTT 1961), eine U.O. der → Palaeocopida; sie umfaßt → Ostrakoden mit gerundet-rhombischem bis rechteckigem Umriß, stark unsymmetrischen Klappen und meistens ausgeprägter Medianfurche. Gehäuse glatt, retikuliert oder berippt. Schloß und Sexualdimorphismus entwickelt. Vorkommen: Ordovizium–Jura.

Klöppelzahn (PRZIBRAM), einzelner großer sackförmiger Zahn, im → Dactylopoditen meistens an der rechten Schere sehr vieler schwimmender → Brachyura (Krabben), dem Gelenk am nächsten und ohne Gegenüber im Propoditen.

Klon, *m* (gr. κλών Zweig), einer der kleinen Nebenzweige von → Desmonen.

-kloster, *m* (BUTLER 1961) (gr. κλωστήρ Spindel), (Porifera): Endsilbe für diactine → Monaxone, z. B. Oxeakloster, Strongylkloster usw. (Syn.: Vorsilbe Amphi-).

Kniescheibe, = → Patella.

Knochen, harte, starre, aus → Knochengewebe bestehende Teile des Wirbeltierskelets. Histologisch bestehen sie aus 1. den Weichteilen (→ Periosteum, Osseïn, → Knochenmark, Blut- und Lymphgefäße, Nerven) und 2. der eigentlichen Knochensubstanz aus Calciumphosphat und Kalksalzen. Nach dem Feinbau kennt man Faserknochen aus groben Kollagenfibrillenbündeln und Lamellenknochen aus feinen Fibrillenbündeln, die in Lagen angeordnet sind. Diese verlaufen oberflächenparallel oder konzentrisch (dann Osteone, Knochensäulchen bildend). K. bestehen makroskopisch aus der festen, dichtgefügten Substantia compacta (Compacta) und der grobmaschigen Substantia spongiosa (Spongiosa). Im Innern enthalten die größeren K. die Markhöhle, Cavum medullare, die an den Enden in die vielen kleinen Räume der Spongiosa übergeht. Fossile K. sind mazeriert, d. h. von allen organischen Bestandteilen entblößt, statt ihrer kann man nur noch die entsprechenden Hohlräume finden. Vgl. → Haverssches System.

Das Wachstum der K. geht von Ossifikationszentren aus. Die K. der niederen Wirbeltiere besitzen meist nur ein einziges solches Zentrum, ihre Enden bleiben weitgehend knorpelig. Erstmalig bei Reptilien, in großem Umfange aber bei Säugetieren, entstehen zusätzliche Knochenkerne (→ Epiphyse, → Apophyse). Besonders kennzeichnend ist das Wachstum der Langröhrenknochen der Säugetiere: Zunächst verknöchert der Schaft (die Diaphyse), bald darauf folgen an den Gelenkenden die Epiphysen. Zwischen beiden bleibt lange Zeit eine Knorpelmasse, welche durch ihr ('interstitielles', intussuszeptionelles) Wachstum das Längenwachstum des Gesamtknochens ermöglicht. Auch der 'fertige' K. unterliegt ständiger Umformung als Antwort auf die Beanspruchungen, denen er ausgesetzt ist. Vgl. → Osteogenese (Abb. 66).

Knochenbrekzie, → Bonebed.

Knochengewebe, das die Knochen aufbauende Bindegewebe, bestehend aus verkalkter Interzellularsubstanz, → collagenen Fibrillen und den reich verzweigten Knochenzellen (→ Osteozyten); letztere sind Hohlräumen (Lacunen) der Grundsubstanz eingelagert. Außer den sehr feinen Knochenfibrillen finden sich dickere, von außen in den Knochen eindringende Bündel fibrillären Bindegewebes, die → Sharpeyschen (oder durchbohrenden) Fasern. Vgl. → Osseïn, → Osteoidgewebe.

Knochenhaut, = → Periosteum.

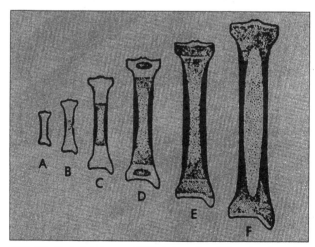

Abb. 66 Verknöcherung und Wachstum eines Röhrenknochens bei einem Säuger. A Knorpelstadium; B Bildung einer perichondralen Knochenmanschette (schwarz) und Bildung eines primären Markraums (locker punktiert) unter Abbau des Knorpels im Bereich der Diaphyse; C der Markraum dehnt sich aus, in seiner Grenzzone zum Knorpel entsteht neues Knochengewebe; D in den Epiphysen entstehen Knochenkerne; E das Längenwachstum des Knochens erfolgt im wesentlichen nur noch in den schmalen knorpeligen Epiphysenfuge zwischen Dia- und Epiphyse; F Abschluß des Längenwachstums, Verschwinden der Epiphysenfuge; Knorpelgewebe nur noch an den Gelenkenden. – Nach A. S. ROMER (1959)

Knochenmark, Medulla ossium; eine weiche, gelbe, in fötalen Knochen rötliche Masse, die das Innere (Markhöhle, spongiöse Substanz) der Röhrenknochen von Wirbeltieren erfüllt. Es enthält die die roten Blutkörperchen bildenden Stammzellen.

Knochenzellen, → Osteozyten.

Knorpelgewebe, festes elastisches Stützgewebe, welches bei den Wirbeltieren sehr verbreitet, bei Wirbellosen aber äußerst selten ist. Es besteht aus einer durchsichtigen Grundsubstanz (ein Chondromukoid) mit → Fibrillen und eingelagerten besonderen Knorpelzellen. A. (Wirbeltiere): K. tritt auf als 1. Hyalinknorpel: mit glasartig durchsichtiger homogener Grundsubstanz, in welcher die Knorpelzellen in Gruppen zu zweien oder mehreren zusammenliegen. 2. Faserknorpel: größtenteils aus Bündeln collagener (leimgebender) Fibrillen mit wenig Interzellularsubstanz, dazwischen Knorpelzellen einzeln oder in Gruppen. 3. Elastischer oder Netzknorpel: ein Hyalinknorpel, dessen Grundsubstanz ein dichtes Netzwerk elastischer Fasern enthält. 4. Verkalkter Knorpel.

K. tritt bevorzugt in frühen Stadien der Ontogenese auf, da es rasch von innen heraus (intussuszeptionell) wächst, wie es der ebenfalls rasch wachsende junge Organismus verlangt, während das Wachstum von Knochengewebe appositionell oder erst im Gefolge von Umbauprozessen und langsamer vor sich geht. Die frühere Annahme, K. sei phylogenetisch älter (vgl. → Chondrichthyes) ist irrig.
B. (Mollusken): im Schlundkopf einiger Gastropoden und im Kopfskelet der Cephalopoden tritt ein dem hyalinen Knorpel der Wirbeltiere ähnliches Gewebe auf.

Knorpelhaut, Perichondrium; eine bindegewebige Hülle um den Knorpel besonders der Primärknochen-Anlagen; sie wird bei deren Umwandlung in Knochen zum → Periost (Knochenhaut).

Knorpelknochen, = → Ersatzknochen. Vgl. → Osteogenese.

Knorpelzellen, große, rundliche, einzeln oder in kleinen Gruppen der Interzellularsubstanz eingelagerte Zellen, welche in der Regel im Gegensatz zu den Knochenzellen keine Fortsätze besitzen.

Knorria, → Lepidodendraceae (Abb. 72, S. 132).

Knospenstrahler, Knospensterne, = → Blastoidea.

Koadaption, auch Koadaptation (CUENOT 1941) (lat. Vorsilbe co, con mit, zusammen; adaptare anpassen), die gegenseitige Anpassung zweier oder mehrerer unabhängiger Teile von Organen, die zu einem oder zwei Lebewesen gehören; sie entstehen getrennt, passen aber später wie ‚Schlüssel und Schloß‘ zusammen und üben eine gemeinsame Funktion aus.

Ko-Evolution (EHRLICH & RAVEN 1964), gemeinsame Entwicklung verschiedener Organismen unter gegenseitiger Beeinflussung, z. B. Parasit - Wirt, Angiospermen - blütensuchende Insekten, häufig mit komplizierter gegenseitiger Anpassung.

Körperfossil, ein Fossil, welches die Gestalt oder den Körper eines Organismus oder Teile davon wiedergibt, im Gegensatz zum → Spurenfossil und zur → Marke.

Kohle, → Inkohlung, → Braunkohlen, → Steinkohlen, → Streifenkohle.

Kohlen-Fazies, *f* (nach R. POTONIÉ 1960), Entstehungsort und -bedingungen von Kohlen: Boghead-Fazies: lakustrische Ablagerungen eines aus Algen entstandenen Faulschlammes, wohl eines → Amphisapropels. Kännel-Fazies: lakustrische Sapropel-Lager, u. U. reich an allochthonen Sporen (vielleicht durch ‚Schwefelregen‘). Durit-Fazies: mindestens teilweise in flacheren Schlenken entstandene Bildungen aus Amphisapropel. Clarit-Fazies: verschiedene Typen, einerseits dem Durit angenähert (dann wohl Ablagerungen lockerer Calamiten-Röhrichte), andererseits immer reicher an → Vitrinit werdend (bei dichterer, Sporen-Antransport behindernder Vegetation). Vitrit-Fazies: in geschlossenen holzreichen Pflanzenbeständen gebildet, wo allochthone Sporen kaum Zutritt hatten, daher Armut an Sporen.

Kohlenpetrographie, *f,* Untersuchung von Kohlen mit den Methoden der Petrographie: Mikroskopische Untersuchung im durchfallenden und auffallenden Licht, Reflexionsmessungen an → Mazeralen in Anschliffen, quantitative petrographische Kohlenanalysen, röntgenographische Untersuchung.

Kohorte, *f* (lat. cohors Gefolge, Schar), ein gelegentlich zwischen Unterfamilie und Ordnung eingesetztes → Taxon.

Kollektivtypen sind Formengruppen (‚Typen‘), die am Anfang der Entwicklung mehrerer später getrennter Stämme stehen und deren Merkmale in noch undifferenzierter Form in sich vereinigt tragen.

Kolosom, *n* (H. POTONIÉ) (gr. κόλος verstümmelt, abgebrochen; σῶμα Körper), (botan.): undifferenziertes Gabelglied, nach POTONIÉ das Grundorgan, aus dem alle Organe des Pflanzenkörpers sich entwickelt haben. Vgl. → Telom.

Komidologie, *f* (R. RICHTER 1928), (gr. κομιδή Transport), Lehre von den Verfrachtungsvorgängen, ein Teilgebiet der → Biostratonomie.

Kommensale, *m* (lat. con [cum] mit; mensa Tisch), ein Nutznießer der Nahrung eines Organismus, der ihn weder schädigt noch ihm nützt; Mitesser.

Kommensalismus, *m,* → heterotypische Relationen.

Kommissur, *f* (lat. commissura Band, Fuge), (Brachiopoden): Berührungslinie der Ränder beider Klappen.

Kompaß, *m,* (Seeigel): → Laterne (Abb. 109, S. 217).

Konidie, *f* (gr. κονία Staub), (Thalloph.): Exospore; durch Sprossung entstandene Zelle, welche sich als Keimzelle aus dem Zellverband des Körpers ablöst (bei vielen Pilzen). Vgl. → Endospore.

Konifere, *f,* → Coniferales, → Pinaceae.

Konkreszenztheorie (lat. concrescere zusammenwachsen), die Ansicht, daß die Backenzähne der Säugetiere durch Zusammenwachsen jeweils mehrerer Reptilzähne entstanden sind. Vgl. → Dimertheorie, → Differenzierungstheorie.

Konkreszenzwirbelkörper, aus der Verschmelzung von Hypo- und

Pleurozentrum hervorgegangener einheitlicher Wirbelkörper (tritt nur bei Fischen auf). Vgl. → holospondyles Stadium.

Konkretionen, *f,* knollen- bis linsenförmige oder ganz unregelmäßig gestaltete Mineralausscheidungen in Sedimenten, welche von einem Kern aus durch Anfügung ursprünglich fein verteilter Substanz nach außen wachsen. Sie entstehen früh- bis spätdiagenetisch. Vielfach haben sie sich um Organismenreste herum gebildet und enthalten diese in besonders guter Erhaltung.

Konservativform, -reihen (lat. conservare bewahren, erhalten), Entwicklungsreihen von Organismen, in denen es nahezu zu einem Stillstand in der Umformung gekommen ist, deren Angehörige durch lange Zeiträume ± unverändert geblieben sind.

Konsolidationsapparat (lat. consolidare zusammenfügen), (Crin.): ringförmiges Gerüst aus den 5 → Oralia, auf deren blattartig verzierter Oberfläche die Muskeln des zweituntersten Armglieds (Br₂) ansetzten. Begrenzt auf die Cupressocrinidae (Kl. → Inadunata.)

Konstruktionsmorphologie (WEBER 1955), evolutionsbiologisches Arbeitskonzept, das Funktionsmorphologie mit Untersuchungen der Bildung und des Wachstums von Hart- und Weichgeweben verknüpft. Ziel ist es, gegebene Strukturen von ihrer Morphogenese, ihrer Funktion und ihrem evolutiven Werdegang her zu verstehen und daraus limitierende Faktoren abzuleiten, die die weitere evolutive Veränderung der Strukturen kanalisieren. Dem Arbeitskonzept liegt also die Vorstellung zugrunde, daß die Evolution nicht vollständig opportunistisch ist, sie also nicht in jede beliebige Richtung weitergehen kann. Die K. untersucht die limitierenden Faktoren, die sich aus der geometrischen Konfiguration, dem Baumaterial und den Bildungs- und Wachstumsprozessen organischer Strukturen (Geweben, Organen) ergeben.

konstruktive Mutation (B. RENSCH 1947), nannte R. solche Mutationen, „... die für die Evolution sehr wesentliche und oft komplexe Änderungen bedingen". Es kann „... sich um einfache Genmutationen handeln (z. B. quantitative Änderungen einer Hormondrüse) oder auch um Abänderungen der ausbalancierten Genkombinationen (z. B. Hauptgen mit Modifikationsgenen)."

Kontaktarea, *f* (lat. area freier Platz), (botan.): die Berührungsstelle bzw. -fläche der Sporen und Pollenkörner in der → Tetrade. Sie wird proximal vom → Tectum der → Dehiscensmarke, distal von den → Curvaturae begrenzt. Manchmal ist die Exine (→ Sporoderm) an ihnen verdünnt. Bei den Pollenkörnern der Angiospermen entstehen auf den Kontaktstellen häufig, aber nicht immer die Keimstellen.

Konvergenz, *f* (HAECKEL) (lat. convergere sich gegeneinander neigen), eine zunehmende Übereinstimmung im Verlaufe morphologischer Reihen, aus denen auf eine Stammesentwicklung mit relativ ähnlicher werdenden Endzuständen geschlossen werden kann (z. B. die aus sehr verschiedenen Ausgangsformen erreichte Torpedoform bei Fischen, Ichthyosauriern und Walen). K. kann isochron oder heterochron auftreten. K. der Stämme heißt dagegen die Annäherung der phyletischen Stämme beim Zurückgehen auf ihre gemeinsame Stammform. Sie bildet eines der wichtigsten Argumente für die → Abstammungslehre.

Konzeptakel, *n* (lat. concipere aufnehmen, empfangen), (Thallophyt.): dichtstehende krugförmige Einsenkungen, in denen die Antheridien und Archegonien stehen, z. B. bei Braunalgen *(Fucus)* und Rotalgen *(Lithothamnium).*

koordiniert (lat. zusammengeordnet), sind nomenklatorische Kategorien einer → Art-, → Gattungsoder → Familiengruppe, die denselben Regeln und Empfehlungen unterliegen. So ist ein Name, welcher für ein → Taxon in einer dieser Kategorien aufgestellt worden ist, auch für ein auf den gleichen Typus gegründetes Taxon einer anderen Kategorie innerhalb derselben Gruppe → verfügbar.

Kopal, *m* (nach dem mexikan. Kopaibabaum), Sammelname für eine große Zahl von Naturharzen tropischer Bäume. Echte K.e sind hart und fossil, unechte weich und nicht fossil.

Kopffüsser, = → Cephalopoden.

Kopfkappe, fleischiger deckelartiger Wulst auf der Dorsalseite des Kopfes beim rezenten → *Nautilus.*

Kopfschild, *m,* bei Trilob. = → Cephalon.

Kopfskelet, das K. (Cranium) der Wirbeltiere besteht aus zwei Teilen, dem Neurocranium, das Gehirn, Nase, Augen und Ohren umschließt, und dem Visceralcranium oder Visceralskelet, welches zu Kiemen und Kiefern in Beziehung steht. Beide entstehen je aus einem primären, knorpeligen Endoskelet und einem oberflächlichen Panzer aus Haut- oder Deckknochen (→ Dermatocranium). Das Endoskelet des Neurocraniums wird als → Primordialcranium, Chondrocranium oder neurales Endocranium bezeichnet, dasjenige des Visceralskeletes als → viscerales Endoskelet oder auch als Splanchnocranium. Bei niederen Wirbeltieren ist die Verbindung zwischen Neurocranium und Visceralskelet noch lose, bei den höheren gehen sie eine immer innigere Verbindung ein. Ebenso verweben sich Komponenten des Endoskeletes und des Dermatocraniums bei höheren Wirbeltieren zu einer Einheit, dem Schädel (Abb. 100, S. 210; Abb. 101, S. 211; Abb. 114, S. 238).

Koprolithen, Pl., *m* (gr. κόπρος Kot; λίθος Stein), Kotsteine; fossile Kotballen.

koprophag, Exkremente fressend.

Korallen, → Anthozoa, ,Blumentiere'.

Korallenriff, aus → hermatypen Korallen und anderen Organismen, darunter besonders Kalkalgen, wie z. B. → Lithothamnien aufgebautes → Riff in flachem Wasser tropischer Meere.

Kormophyta, -phyten (gr. κορμός Baumstamm), Pflanzen mit einem in Wurzel, Sproß und Blatt gegliederten Körper (Kormus). Dazu die Stämme (Abteilungen): 1. → Bryophyta (Moose), 2. → Psilophyta, 3. → Lycophyta, 4. → Equisetophyta, 5. → Filicophyta, 6.

→ Prospermatophyta, 7. → Spermatophyta. Die Moose nehmen eine Zwischenstellung zwischen K. und → Thallophyta ein.

Korrelation, *f* (lat. relatio Gegenüberstellung), ‚Gesetz der Korrelation der Teile' (G. CUVIER). Es besagt, daß ein gesetzmäßiger Zusammenhang besteht zwischen den verschiedenen Organen eines Tieres, welcher es ermöglicht, von der Kenntnis eines oder weniger Teile oder Organe eines Tieres auf den Bau des ganzen Tieres zu schließen.

Kosmin, *n,* → Cosmin.

Kosmopolit, *m* (gr. κόσμος Welt, Menschheit; πολίτης Bürger), ein Organismus, der in zusagendem Biotop über weite Teile der Erde verbreitet ist; vgl. → Ubiquisten.

Kosmozoen-, Panspermie-Hypothese (gr. ζώον Lebewesen); eine sehr alte, von Svante ARRHENIUS (1859–1927) wieder vertretene Vorstellung. Sie nimmt Übertragung von lebendigen Keimen (= Kosmozoen) aus dem Weltall in Gestalt von Bakterien oder Sporen durch Strahlungsdruck oder auf Meteoren und anschließende Weiterentwicklung auf der Erde an. Da wahrscheinlich nie eine völlig sauerstofffreie Atmosphäre auf der Erde bestanden hat und das Leben hier schon extrem früh, vor (?3,8) 3,5 Mrd. Jahren, vorhanden war, gewinnt die K. neuerdings wieder an Anhängern. Vgl. → Urzeugung.

Kotsteine, = → Koprolithen.

Kragengeißelzelle, Choanocyte, für die Schwämme (→ Porifera) kennzeichnende Art von Zellen mit einer von einem Kragen umgebenen langen Geißel. Die Geißeln erzeugen einen in das Innere des Schwammes gerichteten Wasserstrom.

Kragentiere, → Branchiotremata.

Kranznaht, Sutura coronalis; die Naht zwischen dem frontalen und parietalen Segment des Säugetierschädels.

Krebse, = → Crustaceen. ‚Höhere Krebse' = → Malacostraca.

Kreide-Ceratiten, Ammoniten der Kreidezeit mit sekundär wieder vereinfachter, → ceratitisch gewordener Lobenlinie (z. B. *Sphenodiscus* und *Tissotia*).

Kreidigkeit nannte H. KLÄHN (1936) die Auflockerung, welche die Kalkschalen toter Mollusken durch Anlösung und durch Verlust des Conchiolins im Wasser erfahren. Wahrscheinlich beruht sie teilweise auch auf der Tätigkeit von Mikroorganismen.

Krempe, *f* (Trilobiten): eine breite (flache, konkave oder konvexe) Zone längs des Außenrandes von Köpfen und Schwänzen (R. u. E. RICHTER). = Saum. (Nautiloideen): besondere Ausbildung der Siphonaldüte bei → Actinoceratoidea, vgl. Abb. 1, S. 2.

kreodont (gr. κρέας, ως Fleisch; οδούς Zahn), = → secodont.

Kreuzbein, Os sacrum, ‚Heiligbein'; die verschmolzenen → Sacralwirbel der Tetrapoden.

Kreuzungs-Kanal, proximaler Teil einer → Graptolithen-Theka, der von seiner Ursprungsstelle über die → Sicula-Achse hinüberwächst, um sich auf der anderen Seite weiterzuentwickeln (= crossing canal der engl. Lit.).

Krinoiden, Seelilien, → Crinoidea.

Krone, zusammenfassend für Kelch und Arme der Crinoidea.

Kronenfortsatz, (Mammalia): Processus coronoideus; nach oben gerichteter Fortsatz am aufsteigenden Ast des → Unterkiefers; er dient zum Ansatz von Kaumuskeln, vor allem des Musculus temporalis (Unterkiefer-Heber).

kryptodizyklisch, -monozyklisch (gr. κρυπτός verborgen), (Crinoid.) → Kelchbasis.

kryptodont (gr. οδούς Zahn) (Lamellibr.): → Schloß.

Kryptofossil, *n* (SCHIDLOWSKI 1970), Bezeichnung für Fossilien des ultramikroskopischen Bereichs, zur Unterscheidung von größeren Mikrofossilien, Nannofossilien usw.

Kryptogamen (gr. γάμειν heiraten), = → Sporenpflanzen.

kryptogen (NEUMAYR 1878) (gr. γένεσις Entstehung), sind Formen welche ohne bekannte Vorfahrenform plötzlich auftreten und dominant werden.

Kryptozoikum (SCHINDEWOLF). Zeitalter des verborgenen Lebens (= Präkambrium). Vgl. → Phanerozoikum.

Kugelgelenk, → Gelenke. Beispiel: Schultergelenk des Menschen.

Kuhtritte, volkstümliche Bez. für die etwa faustgroßen Querschnitte der ‚Dachsteinmuschel' *Conchodus infraliasicus* im Dachsteinkalk (Rät).

Kunde, *f* (Bohne) Vertiefung in der Kaufläche der Schneidezähne von Pferden, welche mit einer besonderen Schmelzleiste umgeben ist. Die Kunden bieten Anhaltspunkte für die Bestimmung des individuellen Alters von Pferden.

Kunthsches Gesetz (nach A. KUNTH 1869/70), das Gesetz, nach dem die bilateralsymmetrisch-fiederstellige Einschaltung der Septen bei → Rugosa erfolgt: Nach Anlage der 6 → Protosepten [Haupt- (H) und Gegenseptum (G), je zwei Seiten- (S) und Gegenseitensepten (S')] bilden sich Metasepten in den seit KUNTH Haupt- (I) u. Gegenquadranten- (II) genannten interseptalen Räumen in der auf der Zeichnung (Abb. 98, S. 207) durch Ziffern angegebenen Reihenfolge, wobei jedes neugebildete Septum den noch freien Raum anfänglich halbiert, sich aber bald nach dem zuvor gebildeten Septum hin umbiegt. Die Neubildung von Metasepten erfolgt in allen vier Quadranten in der Richtung auf das Hauptseptum. Die beiden interseptalen Räume zwischen dem Gegenseptum und den Gegenseitensepten (von KUNTH noch nicht erkannt) bleiben frei von Metasepten (Unterschied gegenüber den → Scleractinia).

Kupula, *f* (lat. Pokal, Demin. von lat. cupa Tonne, Faß), der die Samen ganz oder teilweise umhüllende Fruchtbecher, aus umgebildeten → Telomen.

Kutikula, Kutikeln, *f* (lat. Deminut. von cutis Haut), (botan.): feines Häutchen aus → Kutin, welches Ober- und Unterseite der Blätter eng anliegend überzieht. Seine Undurchlässigkeit bewirkt Schutz der Zellgewebe gegen Austrocknung, Verletzung und gegen Angriffe von Kleinlebewesen. Bei Arthropoden: → Cuticula.

Kutin, *n,* zu den Protobitumina gehörige fettartige Substanz von sehr wechselnder, komplizierter chemi-

scher Zusammensetzung. Sie ist chemisch ähnlich widerstandsfähig wie das auch ähnlich zusammengesetzte → Sporopollenin.
Kutinit, *m,* ein → Mazeral der → Exinit-Gruppe, das von Kutikulen (Häuten aus → Kutin) gebildet wird.
Kutorginida (KUHN 1949) (Brachiop.), → Palaeotremata.
kybernetische Evolution (F. SCHMIDT 1985) (gr. κυβερνήτης Steuermann), eine Evolutionstheorie, die davon ausgeht, daß Mutationen als Betriebsunfälle der Natur für die Weiterentwicklung von Organismen höchstens noch eine Ne-

benrolle spielen. Als entscheidender Faktor wird vielmehr die Neusynthese von Genen angenommen, die nicht zufällig, sondern nach kybernetischen Prinzipien erfolgt; das kybernetische Grundprinzip, die Steuerung über Regelkreise durch Rückkopplung, ist in allen lebenden Zellen und Organismen wirksam. Diese sind sich selbst steuernde Supercomputer – eine unbewußte schöpferische Intelligenz. Als kybernetisches System mit offenem Programm stehen sie in ständigem Austausch mit der Umwelt und erreichen dadurch optimale Anpas-

sung. So entsteht eine gerichtete (orthogenetische) Evolution. Die k. E. schreibt damit den Organismen eine aktive Rolle bei der Evolution zu. Entscheidende Endkontrolle erfolgt auch hier durch die → Selektion.
Kyrtom, *n* (gr. κυρτός krumm, bogenartig gewölbt; -ομ(ατα) zusammenfassende Bezeichnung für Gebilde oder Erscheinungen), (botan.: → Sporen), konstant angeordnete Exinenfalten. welche sich in die von den Y-Strahlen der → Dehiscensmarke gebildeten Winkel einfügen.

labial, (lat. Iabium Lippe), den Lippen (der Mund-Außenseite) zu gelegen. Vgl. → Lagebeziehungen.
Labialknorpel, Lippenknorpel; zwei Knorpelspangen am Visceralskelet der → Selachii, vor dem Palatoquadratum und Mandibulare gelegen.
labidodont (gr. λαβίς, -ίδος Zange; οδούς Zahn), → Gebiß.
Labium, *n* (lat. Lippe, vorkl. und spätkl. für labrum); (Insekten): Maxilla secunda; unpaarer Teil der Mundwerkzeuge, entstanden durch mediane Verschmelzung des dritten Mundgliedmaßen-Paares. Vgl. → Maxilla. (Gastropoden): Innenlippe; innerer Teil des Mündungsrandes von Gastropodengehäusen. WENZ verstand unter L. den ganzen Mündungsrand und unterschied L. externum = Außenlippe von L. internum = Innenlippe. (Trilob.): = → Metastoma.
Labrum, *n* (lat. Lippe, von lambere lecken), 1. Oberlippe der → Myriapoden, → Insecta und → Merostomata: ein unpaariger, zungenförmiger Anhang des Kopfschildes. 2. (Trilob.): Synonym von → Hypostom. 3. (Gastrop.): Außenlippe (= → Labium). 4. (Seeigel): → Plastron.
Labyrinth, *n* (gr. λαβύρινθος Irrgarten), das häutige L. ist der eigentliche schallempfindende, innerste Teil des Gehörgangs der

Wirbeltiere. Es besteht aus dem hinteren, oberen, elliptischen Utriculus (Gehörschlauch) und dem vorderen, unteren, runden Sacculus (Gehörsäckchen). Am Utriculus entwickeln sich die Bogengänge (Canales semicirculares), am Sacculus die Schnecke (Cochlea). Das häutige L. enthält die Endfasern des stato-acustischen Nerven; es ist dem knöchernen

Labyrinth (→ Otica, → Perioticum) eingelagert (Abb. 78, S. 151, 83, S. 166).
labyrinthodont (gr. οδούς, οδόντος Zahn), heißen Zähne mit komplizierter Faltung der Schmelzschicht und entsprechender Längsriefelung der Zahnoberfläche, wie sie für → Crossopterygii und viele primitive Tetrapoden charakteristisch sind.

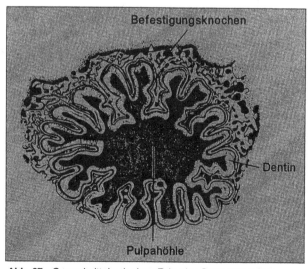

Abb. 67 Querschnitt durch einen Zahn des Crossopterygiers *Eusthenopteron* mit labyrinthodonter Fältelung. – Umgezeichnet aus CARROLL (1993)

Labyrinthodontia, (OWEN 1860), eine U.Kl. der → Amphibien, gekennzeichnet durch labyrinthodonte Zähne und stegales (→ stegokrotaph) Schädeldach, untergliedert hauptsächlich nach dem Bau der Wirbel in die Ordnungen → Ichthyostegalia, → Temnospondyli und → Anthracosauria. Die L. bilden eine basale Gruppe primitiver Tetrapoden, welche die Ausgangsformen der Reptilien enthält, und zwar nicht nur der beiden Hauptgruppen (der in den Vögeln kulminierenden → Sauropsiden und der zu den Säugetieren führenden → Theropsiden), sondern polyphyletisch auch weiterer, kleinerer Gruppen z. B. der Sauropterygier. Vorkommen: O.Devon–U.Jura. Vgl. → Stegocephalen.

Lacinia, *f* (lat. Zipfel, Fetzen), (Insekten): innere Kaulade des Unterkiefers der Insekten mit kauenden Mundwerkzeugen. (Graptolithen): feines chitiniges Netzwerk außerhalb des eigentlichen Rhabdosoms (bei Lasiograpten).

Lacrimale, *n* (lat. Iacrima Träne), Tränenbein; bei den Fischen ein dem Seitenliniensystem zugeordneter Hautknochen, der dort von der Nasenregion bis zum Augenrand reicht; bei den Tetrapoden wird er durch das sich ausdehnende Maxillare, welches mit dem Nasale in Kontakt kommt, an den Augenrand gedrängt. Er hat seinen Namen nach einem durchbohrenden Tränenkanal (Abb. 101, S. 211).

lacteales Gebiß (lat. Iacteus milchig, milchweiß), → Milchzähne.

Laesura, *f* (lat. Verletzung), Syn. von Y-Marke, vgl. → trilet.

Laevaptychus, *m* (TRAUTH 1927) (lat. Iaevis [= levis] glatt), → Aptychus.

laevigat (lat. I(a)evigatus geglättet), heißt ein glattes oder nur mit schwachen radialen Linien versehenes Gehäuse (bei Ammoniten).

Lagebeziehungen des Tierkörpers, F. E. SCHULZE (1894) hat ein System aufgestellt, nach dem das Stammwort eine Richtung, die Endsilbe aber eine gewisse Stelle oder Strecke innerhalb der Richtung angibt. Er verwendete folgende Endsilben: -ad bedeutet die Richtung (‚mediad'), -an bedeutet die

Grenzlage einer Region (‚median'), -al bedeutet eine ganze Region (‚medial').

Lagena (lat. = Flasche), *f,* ein Blindsack am hinteren Ende des Sacculus. → Otolith, → Labyrinth (Abb. 83, S. 166).

lagenal, primitive Foraminiferen-Gehäuseform: eine ± regelmäßig kugelige oder eiförmige Kammer mit einer oder mehreren Öffnungen (Syn.: saccamminoid).

Lagenostoma (gr. λάγηνος Flasche; στόμα Mund), (Spermatophyta): → Radiospermae.

Lagomorpha (BRANDT 1855) (gr. λαγώς Hase; μορφή Gestalt), (= Duplicidentata), Hasenartige; eine O. der Säugetiere. L. sind seit dem Paläozän bekannt und waren bereits damals den heutigen typusmäßig ähnlich, so daß kein Anhalt für ihren Anschluß an andere Ordnungen zu bestehen scheint. Vgl. dagegen → Anagalida.

Lakune, *f* (lat. Iacuna Loch, Vertiefung), (botan.): gemeinsame Bez. für Pseudocolpus (→ Colpus) und Pseudoporus (→ Porus) von → Sporomorphae.

lakustrisch (lat. Iacus See), in Seen lebend oder entstanden. Syn.: limnisch.

Lamarckismus, die auf Jean Baptiste de Monet, Chevalier DE LAMARCK (1744–1829) zurückgehende Form der → Abstammungslehre. Für die Umwandlung der Organismen machte L. zweierlei Ursachen namhaft: 1. Gebrauch und Nichtgebrauch von Organen: Dadurch werden diese gestärkt oder geschwächt und entsprechend die Nachkommen vererbt (‚Vererbung erworbener Eigenschaften'). 2. Unter veränderten Verhältnissen empfindet der Organismus neue Bedürfnisse, welche ihrerseits ganz neue Organe hervorrufen können (‚Psychische Induktion'). Vgl. → Neolamarckismus.

Lamellaptychus, *m* (TRAUTH 1927) (lat. Iamella, Demin. von lamina Platte), → Aptychus.

Lamellenknochen, → Haverssches System, → Knochen.

Lamellibranchia, Lamellibranchiata (lat. branchiae, Kiemen) (DE BLAINVILLE 1816), Muscheln (Pelecypoda, Bivalvia); bilateralsymmetrische aquatische Mollusken ohne deutlich abgesetzten Kopf (‚Acephalen'), ohne Kiefer und → Radula, mit meist beilförmigem Fuß, zweilappigem Mantel und entsprechend zweiklappigem Gehäuse. Der Mantel kann sackartig geschlossen sein, mit Öffnungen für den Fuß und den → Sipho. Unter den Mantellappen sitzen paarige Kiemenblätter; deren Ausbildung ergibt die Grundlage für die neozoologische Klassifikation: protobranch: Kiemen groß, fiedrig, wie bei Gastropoden (primitivste Muscheln); filibranch: Kiemenachsen zu langen, gebogenen Filamenten ausgezogen (viele Taxodonta und Dysodonta); eulamellibranch: die Filamente sind durch zahlreiche Querbrücken verbunden (Heterodonta, Mehrzahl der Desmodonta); septibranch: seltener, spezialisierter Typ, bei dem die Kiemen eine unterbrochene, septenartige Scheidewand bilden und damit den Mantelraum unterteilen (wenige grabende Formen).

Das Gehäuse wird durch Schließmuskeln (Adductores) geschlossen und durch ein elastisches Band (→ Ligament) geöffnet. Der Mantelrand ist eine deutlich markierte Linie auf der Innenseite jeder Klappe (Eindruck des Mantelmuskels). Bei Muscheln mit kräftigem Sipho wird sie durch dessen Muskeln am Hinterrande eingebuchtet (Sinupalliata). Die gegenseitige Lage der Klappen wird einerseits durch das Ligament, andererseits durch das → Schloß fixiert; dessen Ausbildung ist systematisch wichtig. Die Schale besteht aus mineralischer Substanz und → Conchiolin. Letzteres durchzieht netzartig das ganze Innere der Schale und baut außerdem die äußere, organische Schicht auf, das Periostracum. Die mineralische Substanz besteht aus Calcit oder Aragonit in wechselnden Verhältnissen. Vielfach läßt sich eine Prismenschicht und eine Perlmutterschicht unterscheiden. Prismen- wie Perlmutterschicht können bis zum Ausschluß der anderen Schicht überwiegen. Das Gehäuse ist gleichklappig. Linke und rechte Klappe erkennt man, wenn man das Gehäuse mit dem

Schloßrand nach oben und mit der Vorderseite nach vorn, vom Betrachter weg, orientiert. Die L. sind ein sehr alter Zweig der Mollusken; ihre wichtigsten Baupläne waren bereits am Ende des Paläozoikums fertig ausgebildet. Nur die heute vorherrschenden → Heterodonta haben sich auch später noch weiter differenziert. Systematik: Das Schloß als das am wenigsten von äußeren Faktoren beeinflußte Element gibt die Grundlage für die paläontologische Systematik; daneben werden → Schließmuskeleindrücke und Mantelrand herangezogen. Die Klassifikation der L. wird stark diskutiert. Hier wird noch im wesentlichen das im 'Treatise' vorgeschlagene System zugrunde gelegt. Vgl. → System der Organismen im Anhang. (Abb. 59, 60, S. 104).

Lamellipedia (BERGSTRÖM), eine Kl. der → Trilobitomorpha. Arthropoden mit seitlicher Bewegung der ganzen Anhänge, einem exopodialen ‚Kamm' aus abgeflachten Setae und mit Augen dorsal auf dem Kopfschild. Dazu zählen u. a. die Trilobiten und die Marrellomorpha.

Lamina, *f* (lat. = Platte, Blatt), oberflächenparallele, meist etwas wellige Kalklage des Coenosteums von → Stromatoporen (Lupenbereich). Verläuft sie gleichmäßig über größere Flächen, so heißt sie ‚vollkommen', reicht sie nur von Pila zu Pila, ‚unvollkommen'.

Lamina cribrosa (lat. cribrosus siebartig durchlöchert), Siebbeinplatte; das siebartig perforierte Teilstück des → Ethmoids der Säugetiere.

Lamina obscura (MÜLLER-STOLL 1936) (lat. obscurus dunkel), eine der dunklen (± organischen) Lamellen des → Belemniten-Rostrums im Gegensatz zu den durchscheinenden Calzitlamellen, den Laminae pellucidae.

Lampenmuscheln, ältere Bez. für → Brachiopoden (wegen ihrer Ähnlichkeit mit antiken etruskischen Lampen).

lanceolat (lat. lanceola Lanze), zugespitzt, lanzenförmig.

Landpflanzen, älteste, wurden aus dem Silur beschrieben; trilete Spo-

ren, wohl von Psilophyten, aus dem U.Silur von Libyen; die Kormuspflanze *Cooksonia* aus dem Wenlock von Irland.

Lanzettstück, → Blastoidea.

Lapides figurati (lat.), = → Figurensteine.

Lapillus, *m* (lat. Steinchen), ein im Utriculus höherer Fische sitzender → Otolith.

larcoid (HAECKEL) (gr. λάρκος Korb), bei Radiolarien: → Spumellaria.

Larvata (JAEKEL) (lat. Iarva Gespenst, Maske) (Echin., Crin.): eine Gruppe kleiner, einfach gebauter → Inadunata (Disparida und Cladida), deren Zusammenfassung heute als künstlich angesehen wird.

latente Homoplasie, *f* (NOPCSA 1923) (lat. latens verborgen; gr. ομός gemeinsam; πλάσις Gestaltung), Parallelentwicklung: Die Tatsache, daß in den verschiedenen Stammlinien alle Formbildung aus dem vorhergehenden Typ bestimmt wird, so daß immer wieder gleiche gestaltete Momente durchbrechen, z. B. „… in der mehrfach mammalierartigen Spezialisation der verschiedenen Theromorphen…"

laterad (lat. latus, lateris Körperseite), zur Seite hin (Richtung).

Lateradulata (LEHMANN 1967) (lat. latus breit). Zusammenfassend und extrapolierend für *Nautilus* und seine Vorfahren wegen ihrer tatsächlich bzw. vermutlich breiten → Radula. Entsprechend Angusteradulata (‚mit schmaler Radula') für rezente und fossile Coleoidea und die Ammonoidea.

lateral, seitlich (Lage). Vgl. → Lagebeziehungen.

Laterallobus, *m*, ursprünglich rein morphologische Bezeichnung für den auf der Flanke der → Ammonoidea, speziell der → Goniatiten liegenden Lobus. Da nicht alle Flankenloben einander homolog sind, beschränkten WEDEKIND und SCHINDEWOLF den Terminus Laterallobus (L) auf diejenigen Loben, welche dem (primären) Flankenlobus der → Primärsutur homolog sind, behielten aber auch bei nicht streng lateraler Lage des betreffenden Lobus bei. Vgl. → Lobenlinie.

Lateralsattel (v. BUCH 1829), der zwischen Extern- und Laterallobus gelegene Sattel. Vgl. → Lobenlinie.

Laterne des Aristoteles (PLINIUS: Laterna Aristotelis) (erstmalig von ARISTOTELES [384–322 v. Chr.] beschrieben, einer Laterne ähnlich), das Kiefergerüst der Seeigel. Bei vollständiger Ausbildung besteht es aus 40 Einzelelementen (Ossiculae), angeordnet in 5 Gruppen: 1. Die Zähne tragende, aus 2 Hälften zusammengesetzten Kiefer (= Pyramiden) in interambulakraler Stellung, deren Spitzen nach unten konvergieren und 2. die langen, schmalen, etwas gebogenen Zähne umschließen. Diese ragen nur mit ihren meißelartigen Spitzen nach unten aus dem → Peristom heraus. Die Zähne wirken kauend (Clypeasteroida) oder greifend; sie bestehen aus Calcit, aufgebaut aus zahllosen, streng geordneten Biokristallen, die zusammen einen sehr festen Verbundwerkstoff bilden. Am Oberrand werden 3. die Pyramiden durch tangentiale Epiphysen (Ergänzungsstücke) ergänzt; 4. radial verlaufende Balken (Rotulae, Falces) und 5.Bügelstücke (Kompasse) nehmen ambulakrale Stellung ein. Entsprechend der Ausbildung der Zähne, der Epiphysen und des → Foramen magnum werden folgende Arten von Kiefergerüsten unterschieden: cidaroid: Zähne längsgefurcht, Foramen flach; aulodont: Zähne längsgefurcht; Foramen ziemlich tief; stirodont: Zähne längsgekielt, Foramen ziemlich tief; camarodont: Zähne längsgekielt, Foramen tief, Epiphysen über dem Foramen geschlossen. (Abb. 109, S. 217).

Laterosphenoid, *n* (v. HUENE 1912) (gr. σφηνοειδής keilförmig), ein kleiner Ersatzknochen in der Seitenwand des Primordialcraniums niederer Vertebraten vor der Labyrinthkapsel zwischen Orbitosphenoid und Prooticum. Dieser Knochen entspricht seiner Lage nach dem → Alisphenoid der Säugetiere ist ihm aber nicht homolog, da das Alisphenoid der Schädelkapsel erst sekundär angefügt wird.

Latilamina, *f* (lat. latus breit), Einheit mehrerer Laminae bei → Stromatoporen, wohl einer Wachstumsperiode entsprechend und durch Pigmentanreicherung u. ä. gekennzeichnet.

Latimeria, ein ‚lebendes Fossil‘, eine Gattung der Quastenflosser (Crossopterygii, U.O. Coelacanthini), die vor der Ostküste Afrikas (Komoren) vorkommt, wo 1938 das erste Exemplar gefangen wurde. Länge etwa 150 cm.

latisellat (BRANCO 1879) (lat. sella Sattel), → Prosutur.

latitabular (v. HUENE 1953) (lat. tabula Brett, Tafel); SÄVE-SÖDERBERGH unterschied bei den ältesten Tetrapoden zwei Typen in der Ausbildung der → Tabularia: 1. Das Postparietale ist gleich breit wie das Parietale oder breiter, dann grenzt das Tabulare nicht an das Parietale, die Tabularreihe ist latitabular. Zu diesem Typ gehören nur die → Batrachomorpha, beginnend mit den → Loxembolomeri. 2. Das Postparietale ist schmäler als das Parietale, letzteres stößt an das Tabulare: angustitabular. Dazu gehören alle anderen ältesten Reptilien, beginnend mit den → Anthrembolomeri (Abb. 11, S. 28).

Laufknochen, = → Tarsometatarsus.

Laxizonie, *f* (FUCHS 1930) (lat. Iaxus schlaff, lose; zona Gürtel), → Arciferie.

‚Lebende Fossilien‘ (Ch. DARWIN), stammesgeschichtliche Dauertypen, die sich als einzelne Arten mehr oder weniger unverändert über geologisch lange Zeiträume erhalten haben. Ermöglicht wurde dies durch relative Konstanz ihrer Biotope, Fehlen von Konkurrenten und Feinden und oft durch Isolation. Beispiele: Das ‚Perlboot‘ *Nautilus,* der Quastenflosser *Latimeria,* die Brückenechse oder Tuatara *Sphenodon,* der ‚Tempelbaum‘ *Ginkgo,* die Konifere *Metasequoia.*

Lebensformtyp (REMANE 1963), eine Gruppe von Arten oder Gattungen, die im Zusammenhang mit einer gleichartigen Lebensweise (z. B. Substratfresser oder Xerophyten) gemeinsame strukturelle Charaktere besitzen, deren Analyse Schlüsse auf Lebensweise und Lebensraum erlaubt.

Lebensspuren, Spurenfossilien, Forschungsgegenstand der → Ichnologie: Von lebenden Organismen dem Sediment aufgeprägte Strukturen. Da taxonomisch verschiedene Tiere, wenn sie eine ähnliche Lebensweise haben, ähnliche L. verursachen können, umgekehrt ein und dasselbe Tier unter verschiedenen Umständen verschiedene L. erzeugen kann, ist eine taxonomische Deutung selten möglich und die rein ökologische Gliederung am zweckmäßigsten, wie sie SEILACHER (1953/54) durchgeführt hat. Er unterschied: 1. Domichnia: Wohnbauten; Dauerwohnungen hemisessiler Strudler und Angler (z. B. → *Ophiomorpha*). 2. Fodinichnia: Freßbauten; Wohnung und Bergwerk bzw. Jagdrevier hemisessiler Sedimentfresser (→ *Rhizocorallium*). 3. Pascichnia: Weidespuren; sie entstehen beim Kriech- und Wühlfressen vagiler Sedimentfresser (→ *Nereites*). 4. Cubichnia: Ruhespuren; sie entstehen beim Einwühlen flach im Sande liegender Tiere (→ *Asteriacites*). 5. Repichnia: Kriechspuren, Fährten: sie entstehen beim Ortswechsel vagiler bis hemisessiler Benthos-Tiere (→ *Chirotherium*) (Abb. 68 und Abb. 113, S. 226). Vgl. → toponomische Termini, → Gradichnia, → Marken, → Körperfossil.

Lebermudde, *f* (nach der leberartigen Farbe und Konsistenz benannt), Dy, vgl. → Organopelit.

Lebertorf, → Sapropel.

lecithotroph (gr. λήκιθος Dotter; τροφή Nahrung), dotterfressend.

Lecto-Generotypus, *m,* (lat. legere auslesen; gr. γένος Gattung; τύπος Vorbild), durch einen späteren Bearbeiter aus den vom ursprünglichen Autor einer → Gattung zugerechneten Arten ausgewählte Typus-Art.

Lectotypus (= Lecto-Speziestypus), Speziestypus.

Legio, *f* (lat. Heeresabteilung) (zool.): nur noch selten gebrauchte

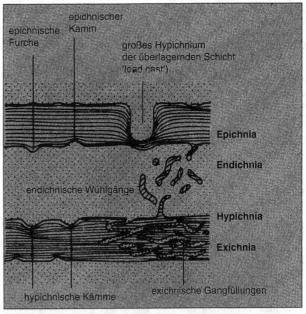

Abb. 68 Schema der Lage von Lebensspuren im Sediment. Punktiert: Sandstein; geschichtet: Tonschiefer. Die Bezeichnungen beziehen sich auf den Sandstein, in dem alle Spuren erhalten bleiben, während der Tonschiefer in der Regel wegerodiert wird. – Nach MARTINSSON (1970) aus HÄNTZSCHEL (1975)

→ fakultative taxonomische Kategorie (→ Taxon), meist oberhalb der Ordnung.

legit (dazu ein Eigenname, z. B. auf Sammlungsetiketten, von lat. =... hat gesammelt), Angabe des Sammlers eines Stückes.

Legitimität (lat. lex Gesetz), → IRZN: Die Regelgemäßheit und damit Verfügbarkeit eines Namens. → ICBN: Die Regelgemäßheit eines Namens. Den Begriff der ‚Verfügbarkeit' gibt es nur in der zool. Nomenklatur.

leioderm (gr. λεῖος glatt, eben; δέρμα Haut), → Sigillariaceae.

Leitbündel, Bündel von Siebröhren und → Leitgefäßen (→ Leitgewebe). Für sich allein vorkommende Sieb- bzw. Gefäßbündel heißen unvollständige Leitbündel. Im primären Gewebe höherer Pflanzen kommen sie meist zusammen vor (= vollständige Leitbündel) und sind zu einem Netzwerk verbunden, dem Leitbündelgewebesystem. Dabei bilden die Siebröhrenstränge das Phloem (den Siebteil, Leptom), die Gefäßstränge das → Xylem (den Holz- oder Gefäßteil) des Bündels bzw. Systems (Abb. 69).

Leitfossilien (L. v. BUCH 1810), für bestimmte Horizonte bzw. größere zeitliche Einheiten charakteristische Fossilien, die deren relatives geolo-

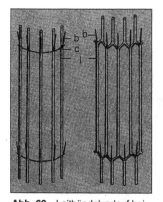

Abb. 69 Leitbündelverlauf bei den Equisetales; links: *Asterocalamites*; rechts: *Calamites* und *Equisetum*; l Leitbündel; b Blattspurstrang; c Commissur zwischen den Bündeln. – Nach STUR aus MÄGDEFRAU (1956)

gisches Alter zu bestimmen gestatten. L. sollen möglichst kurzlebig, weit verbreitet und faziesunabhängig sein. Die zuverlässigsten Leitfossilien sind aufeinanderfolgende Glieder rasch abwandelnder Entwicklungsreihen. Vgl. → Faziesfossilien.

Leitgefäße, (botan.): in Längsreihen angeordnete langgestreckte abgestorbene Röhren, welche vorwiegend der Wasserleitung dienen (→ Leitgewebe). Man unterscheidet 1. Tracheiden: Röhrenförmige enge Zellen, die mit reich betüpfelten, aber nicht durchbrochenen Endflächen aneinander grenzen. 2. Tracheen: Weite Röhren, die aus vielen Zellen durch ± vollständige Auflösung der Endwände entstanden sind.

Leitgewebe, (botan.): in der Hauptrichtung der Pflanze langgestreckte Zellelemente, welche der Stoffbewegung dienen. Zur Erleichterung des Transports haben sie meist steilgestellte oder durchsiebte Endflächen. Dem Transport organischer Stoffe dienen die aus lebenden Zellen bestehenden Siebröhren, während die aus langgestreckten toten Röhren bestehenden → Leitgefäße vor allem der Wasserleitung dienen. Zur Verstärkung besitzen die Zellen der Gefäße verholzte Leisten, welche sie als Ringe oder Netze umgeben (Ring-, Schrauben-, Netzgefäße). In anderen, stärker verholzten Gefäßen bleiben zwischen den Holzteilen unverholzte Hoftüpfel ausgespart (Tüpfelgefäße).

Lendenwirbel, Vertebrae lumbales, (lat. lumbus Lende), die rippenlosen Wirbel der Tetrapoden zwischen dem letzten Brust- und dem ersten → Sacralwirbel.

Leperditicopida (SCOTT 1961) (nach der Gattung *Leperditia)*, eine O. der → Ostracoda, sie umfaßt ordovizische bis devonische sehr große Formen mit geradem Dorsalrand, großen differenzierten Muskelnarben und stark verkalkter Schale. Innerhalb der → Ostracoda nehmen sie eine Sonderstellung ein.

lepidocyclin (gr. λεπίς Schale, Schuppe; κύκλος Kreis, Schicht), → Nucleoconch.

Lepidocystoidea (DURHAM 1967), eine Kl. der → Crinozoa mit der einzigen Gattung *Lepidocystis* FOERSTE aus dem U. Kambrium der USA, einer kreiselförmigen, am abgeflachten oberen Teil zahlreiche Arme tragenden Form.

Lepidodendraceae, Lepidodendren (gr. δένδρον Baum), Schuppenbäume, eine Familie der → Lepidodendrales, mit rhombischen bis spindelförmigen Blattpolstern wie Fischschuppen in Schrägzeilen; sie tragen im oberen Teil die eigentliche, quer rhombische Blattnarbe, an der das Blatt gesessen hat, mit drei horizontalen Närbchen nahe dem Unterrand. Deren mittleres entspricht dem → Leitbündel des abgefallenen Blattes, die beiden seitlichen gehören zum zarteren Geleitgewebe (→ Parichnos) und stehen in Verbindung mit zwei Narben unterhalb der Blattnarbe, den ‚Transpirationsmalen', die wegen ihrer lakunösen Beschaffenheit als Atemgewebe gedeutet werden. Über der Blattnarbe sitzt die kleine Ligulargrube, die Anheftungsstelle der → Ligula. Die sporentragenden Organe *(Lepidostrobus)* sind zapfenförmig, meist heterospor. Die Familie ist auf Karbon und Perm beschränkt. Verschiedene Erhaltungszustände der Stämme sind besonders benannt worden: *Bergeria:* äußere Gewebeteile fehlen, Polster schlecht umgrenzt, Leitbündelnärbchen sitzt tief; *Aspidiaria:* Abdruck der Innenseite der äußeren Partie der Außenrinde; die Polsterreihen sind sehr deutlich und die einzelnen Polster längs gestreift; *Knorria:* Ausguß des durch Verlust der Mittelrinde entstandenen Hohlraums mit den in die Außenrinde hineinführenden, spiralig gestellten Blattspuren (Abb. 70, 71, 72, S. 132).

Lepidodendrales, = Lepidophytales (gr. φύειν wachsen), Schuppenbaumgewächse. Baumförmige (bis 30 m hohe) Angehörige des Stammes → Lycophyta, welche im Karbon zusammen mit den → Calamitaceae vorherrschten und das Hauptmaterial für die Steinkohlen geliefert haben. Sie waren dicht mit nadelförmigen, ligulaten

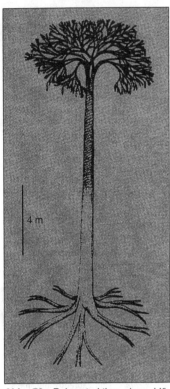

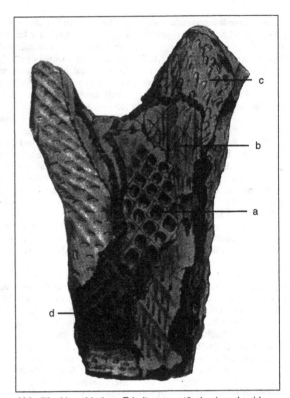

Abb. 70 Rekonstruktion eines blühenden *Lepidodendron* vom Typus des *L. obovatum* STERNBERG. Blüten der Deutlichkeit halber rel. zu groß gezeichnet. – Nach HIRMER (1927)

Abb. 72 Verschiedene Erhaltungszustände eines *Lepidodendron*-Stammes (Schema). a unvercohrte Oberfläche; b ‚*Bergeria*'; c ‚*Knorria*', d ‚*Aspidiaria*'. Ca. ¹/₃ natürl. Größe. – Nach RENAULT & ZEILLER aus MÄGDEFRAU (1956)

Abb. 71 *Lepidodendron.* Links: Oberflächenansicht eines Stammstückes in etwa ¹/₄ nat. Größe. Mitte oben: schematische Aufsicht auf ein Blattpolster, in der Mitte die eigentliche Blattnarbe mit dem Mal des Blattleitbündels und den beiden Parichnosmalen; rechts oben schematischer Längsschnitt durch ein Blattpolster und die darunter befindlichen Rinden- und Peridermpartien; unten schematischer Querschnitt durch den Stamm. – Umgezeichnet und teilweise vereinfacht nach HIRMER (1927)

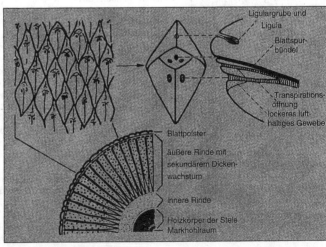

(→Ligula) Blättern besetzt, die nach dem Abfallen charakteristische Narben und Blattpolster am Stamm hinterließen. Die Stämme bildeten eine sehr dicke Rinde (Periderm) (bis 90 % des Querschnitts). Die Bäume waren mittels gegabelter, rhizomartiger Wurzelstöcke (→ Stigmarien) mit sekundärem Dickenwachstum im Boden verankert; von ihnen gingen die Wurzeln aus. Wichtigste Familien: → Lepidodendraceae, → Bothrodendraceae, → Sigillariaceae, → Ulodendraceae. Vorkommen O.Devon–Perm.

Lepidodendren, → Lepidodendraceae.

Lepidomorial-Theorie (ØRVIG & STENSIÖ 1951, 1961) (gr. λεπίς Schuppe; μόριον Stück, Teil), eine Theorie über die Entstehung von Schuppen und Zähnen, basierend auf Untersuchungen an paläozoischen Elasmobranchiern: Lepidomoria, die kleinsten Elemente des Exoskelets, sind die Grundeinheiten der Schuppen. Sie bestehen aus einer Dentinkrone (mit Selachier-Schmelz bedeckt, → Vitrodentin) mit einfacher Pulpahöhle und einer knöchernen Basalplatte im Corium (Abb. 89, S. 181). Zusammenschluß mehrerer Lepidomoria noch im Papillen-Stadium (vor Abscheidung von Dentin) läßt die Cyclomorial-Schuppe entstehen, deren Dentinkrone von entsprechend vielen Pulpahöhlen aus abgeschieden und infolgedessen untergliedert ist. Je nach dem Abstand der Lepidomorien innerhalb der Cyclomoria heißen diese stiphronal (eng gestellt) oder churtonal (weit gestellt). Aus beiden kann die Synchronomorial-Schuppe entstehen, indem sich die einzelnen Papillen bereits vor der Abscheidung der ersten Hartsubstanz derart vereinigen, daß eine einheitliche Dentinkrone ausgeschieden wird. Die Placoid-Schuppe ist mit der Synchronomorial-Schuppe identisch. Nach Ansicht der Autoren bildet die L.-Th. eine gute Basis für das Verstandnis sowohl der Entwicklung des Hautpanzers als auch der Mundzähne der Wirbeltiere, z. B. der Mehrhöckerigkeit von Säugetierzähnen. (→ Trituberkulartheorie).

Lepidomorium, n (STENSIÖ & ØRVIG 1951), (gr. λεπίς Schuppe; μόριον Teil, Stück), kleine Schuppe von paläozoischen Elasmobranchiern, bestehend aus einer einfachen, hochkonischen Dentinkrone und einer niedrigen knöchernen Basalplatte. Krone oft mit Selachier-Schmelz (→ Vitrodentin) bedeckt.

Lepidophyten, = → Lepidodendrales.

Lepidoptera (LINNAEUS 1758) (gr. πτερόν Flügel), Schmetterlinge, eine O. der → Insecta. Vorkommen: Seit dem Jura. Zunächst noch mit funktionierenden Mandibeln, erst bei jüngeren Formen mit einrollbarem Rüssel. Ausgeprägte Ko-Evolution mit den Angiospermen.

Lepidosauromorpha (HAECKEL 1866) (gr. σαῦρος Eidechse), eine Infraklasse der Reptilien, welche die primitiveren unter den → diapsiden Ordnungen umfaßt, die → Eosuchia, → Sphenodonta und → Squamata.

Lepidospermae (gr. σπέρμα Same, Samenkorn), Bez. für → Lycopodiales, die sich durch den Besitz samenartiger Fruktifikationsorgane als Samenpflanzen erwiesen haben (z. B. *Lepidocarpon* SCOTT).

Lepidostrobus, m (gr. στρόβος Wirbel, Kreisel), das zapfenförmige sporentragende Organ der → Lepidodendren.

Lepidotrichium. n (gr. θρίξ, τριχός Haar, Borste), knöcherner Flossenstrahl höherer Knochenfische. → Flossenstrahlen.

lepospondyle Wirbel (gr. λέπειν schälen, enthülsen; σφόνδυλος Wirbel), Hülsenwirbel; kleine, tief amphicöle Wirbelkörper, → autozentral entstanden. Die oberen Bögen können in wechselndem Umfang mit den Körpern verwachsen; → Lepospondyli.

Lepospondyli (ZITTEL), niedere Tetrapoden mit → lepospondylen Wirbeln, deren Körper aus einheitlichen, sanduhrähnlichen Knochenhülsen bestehen. Die Abgrenzung wechselt bei den Autoren. ROMER faßte die L. als U.Kl. auf. Auch ZITTEL selbst rechnete nur die fossilen karbonisch-permischen Formen zu den L. Diese meist kleinen Amphibien bildeten einen

wichtigen Bestandteil der Wirbeltierfauna der karbonischen Kohlensümpfe. Vgl. → pseudozentraler Wirbel, → Pseudocentrophori.

Leptocardia (Joh. MÜLLER 1839) (gr. λεπτός zart, dünn; καρδία Herz), Syn. von → Acrania.

leptogyral (gr. γυρός gerundet), (Ammon.): spiralig aufgerollt, mit dünnen Windungen.

Leptolepiformes (Syn.: Isospondyli) die älteste O. der → Teleostei, mit vielen primitiven Merkmalen: die Flossen werden von zahlreichen Strahlen gestützt, die Afterflossen bleiben abdominal, die Schwimmblase steht in Verbindung mit dem Darm. Einer der ältesten Vertreter der O. ist *Leptolepis*. Vorkommen: O.Trias–O.Kreide.

Leptom, n (gr. -ομ[ατα] zusammenfassende Bez. für Gebilde oder Erscheinungen), (botan.): Phloem; → Leitbündel.

leptosporangiat, heißen Farne, deren Sporangien in reifem Zustand eine nur aus einer einzigen Zell-Lage bestehende, mit einem → Anulus versehene Wand besitzen. Vgl. → eusporangiat.

Leptosporangiatae, eine Kl. der Farne (→ leptosporangiat). Ihr gehört die Mehrzahl der rezenten und mesozoischen Farne an.

letal-lipostrate (= letal-heterostrate) Biofazies (W. SCHÄFER 1963);

letal-pantostrate (= letal-isostrate) Biofazies (W. SCHÄFER 1963) (lat. letalis tödlich; gr. λείπειν hinterlassen; πάντως gänzlich; lat. stratum Schicht; gr. έτερος der andere; ίσος gleich, ebenso), → Biofazies.

Leucon-Typ (HAECKEL) (nach der rezenten Gattung *Leuconia* GRANT) (Syn.: Rhagon), komplexer Schwammtyp, in dessen dicken Wandungen die Kragengeißelzellen in besonderen kugeligen → Geißelkammern sitzen. Vgl. → Ascon-, → Sycon-Typ.

Libelle, fossile (lat. libella Wasserwaage), fossile ‚Wasserwaage‘; die Erscheinung, daß mit der gewölbten Seite nach oben eingebettete Gehäuse manchmal unter dem höchsten Teil der Wölbung im Hohlraum oder eine kleine Druse zeigen, welche auf ehemals dort angesammelte Verwesungsgase zurückgeht. Sie ermöglicht das Erkennen der ursprünglichen Oberseite auch an isolierten Gesteinsstücken.

Librigenae, *f* (Sing. -a) (lat. liber frei; gena, ae Wange), freie Wangen; der außerhalb der Gesichtsnaht gelegene Teil des Kopfschildes von Trilobiten (Abb. 118, S. 246).

Librigenal-Stachel (Trilobiten): die in eine Spitze ausgezogene Hinterecke einer freien Wange bei opisthoparer → Gesichtsnaht. Bei proparer Gesichtsnaht wird sie zum Fixigenal-Stachel.

Lichenes, Flechten, symbiotische Verbindungen von Pilzen (Phycomycetes, Ascomycetes, Basidiomycetes), die mit Arten von Algen (Chlorophyta oder Cyanophyta) eine selbständige Vereinigung bilden. Der Thallus ist durch Aufnahme der Algen zur chlorophyll-führenden, autotrophen Pflanze geworden. Geol. Alter: ältester Nachweis aus Südafrika, etwa 2,5 Mrd. Jahre alt. Als anspruchsloseste Pflanzen fanden sie ihre Hauptverbreitung in kühlen und kalten Gebieten. Die Flechten sind polyphyletischer Herkunft. Mit höher stehenden Pflanzen besteht kein Zusammenhang.

Lichida (MOORE 1959) (nach der Gattung *Lichas),* eine O. mittel- bis sehr großer, opisthoparer → Trilobiten mit großem, oft mit Dornen oder Zacken versehenen → Pygidium. Oberfläche gepunktet. Vorkommen: Ordovizium–Devon.

Ligament, *n* (lat. ligamentum Band, Binde) (Wirbellose): horniges, elastisches Band, auf Druck oder Zug beanspruchbar, bewirkt das Öffnen der Klappen von Muscheln und Ostrakoden. Es besteht aus einer dunkel gefärbten, in Salzsäure und Kalilauge unlöslichen, biegsamen Rinde, dem eigentlichen L. (lamellar layer, Fortsetzung des → Periostracums) und einer heller gefärbten inneren, sehr elastischen Schicht, reich an eingelagerten Kalknädelchen, in Salzsäure brausend und in Kalilauge löslich, dem → Resilium (fibrous layer, fibröse Schicht). Bei Muscheln liegt das Ligament entweder von außen sichtbar am Schloßrand oder zwischen den Klappen (intern) in einer oder

mehreren Gruben des Schloßrandes bzw. in einem besonderen löffelartigen Fortsatz, dem Chondrophor. Die Lage des L. ist entweder amphidet (beiderseits der Wirbel) oder opisthodet (hinter den Wirbeln); prosodete Lage wäre vor den Wirbeln (nicht bekannt). Vgl. → ali-, dupli-, pari-, multivinculär. (Wirbeltiere): Feste Bindegewebsstränge, die Knochen miteinander verbinden. Vgl. → Syndesmosis.

Ligament-Area, *f,* abweichend struiertes Feld unter dem Wirbel mancher (bes. → taxodonter) Muscheln, dessen (parallele oder gewinkelte) Skulptur durch frühere Ansatzstellen des Ligaments hervorgerufen ist.

Ligamentlöffel, (Lamellibr.): → Chondrophor.

Ligamentpfeiler, → Hippuriten.

Ligamentum nuchae, *n* (lat. nucha Nacken; das Wort stammt aus dem Arabischen), Nackenband (Tetrapoden): elastisches Band zwischen den Dornfortsätzen der Hals- und Brustwirbel einerseits und dem Hinterhaupt andererseits.

Lignin, *n,* (lat. lignum Holz), wichtiger Bestandteil des Holzes, es bewirkt die Verholzung der pflanzlichen Zellwände. Chemisch ist L. ein Mischpolymerisat verschiedener Phenylpropanderivate.

Lignin-Reaktion, Rotfärbung fossiler Holzreste in erhitzter verdünnter Schwefelsäure als Nachweis von Lignin; sie erfolgt bei Braunkohle, nicht aber bei Steinkohle.

Lignit, *m,* frühere Bez. für Braunkohlenhölzer (Stubben, Stämme, Stammstücke). Im engl. und franz. Schrifttum versteht man unter ‚lignite‘ die gewöhnliche Hartbraunkohle, deshalb wird zur Vermeidung von Mißverständnissen empfohlen, die Braunkohlenhölzer als → ‚Xylit‘ zu bezeichnen.

Ligula, *f* (lat. Zünglein), ein häutiges Blättchen am Grunde der Blattoberseite mancher Bärlappgewächse (→ Lycopodiales). Es ermöglicht rasches Aufsaugen von Regentropfen und ist manchmal durch Tracheiden mit dem Leitbündel verbunden (Abb. 71, S. 132).

ligulat (Bärlappgewächse), mit → Ligula versehen.

Ligulargrube, → Lepidodendraceae.

Liliatae, Monokotyledonae, einkeimblättrige Pflanzen, Blätter paralleladrig, Blüten meist dreizählig. Vorkommen: Wie die → Magnoliatae seit der U.Kreide.

limbat (lat. limbus Saum, Besatz), (Foram.), mit verdickten oder erhabenen Kammerscheidewänden bzw. Suturlinien versehen.

limnisch (gr. λίμνη See, Teich), in Seen lebend oder entstanden. Syn.: lakustrisch.

limnische Steinkohlenbecken, → paralisch.

Limnobios, *m* (HAECKEL) (gr. βίος Leben), die Lebewelt des Süßwassers, d. h. der Flüsse und Seen, im Gegensatz zum → Halobios und zum → Geobios.

Limnologie, *f* (gr. λίμνη See, Teich λόγος Wort, Lehre), Seenkunde; die Wissenschaft von den Binnengewässern.

lingual (lat. lingua Zunge), der Zunge (= dem Mund-Inneren) zu gelegen. Vgl. → Lagebeziehungen.

Lingulida, (Brachiop.): eine Kl. der → Brachiopoda mit Schale aus Calciumphosphat, ohne Stielfurche (‚atremat‘). Vorkommen: Seit dem U.Kambrium.

linksgewunden sind Schneckengehäuse, deren Mündung auf der linken Seite gelegen ist, wenn das Gehäuse (Spitze nach oben) mit der Mündung auf den Beschauer gerichtet wird. Von oben gesehen, ist das Gewinde gegen den Uhrzeigersinn gedreht. Vgl. → hyperstroph.

lipodont (gr. λείπειν fehlen, auslassen; oδούς Zahn), ein Säugetiergebiß, dem 1–3 Arten von Zähnen fehlen. Gegensatz: plethodont.

Lipogastrie, *f* (HAECKEL) (gr. γαστήρ Bauch), Fehlen eines Paragasters bei manchen Schwämmen (→ Porifera).

Lipostomie, *f* (HAECKEL) (gr. στόμα Mund), Fehlen eines Osculums (→ Paragaster) bei Schwämmen infolge Überwachsung; funktioneller Ersatz durch eine Anzahl Poren.

Liptobiolithe, *m* (H. POTONIÉ 1906) (gr. λειπτός zurückgelassen), harzige und wachsige Körper, welche bei der Einwirkung von Zersetzungsvorgängen auf → Humusgesteine länger erhalten bleiben; sie können dabei relativ angereichert werden und gesteinsbildend auftreten. POTONIÉ rechnete zu ihnen: Fossile Harze-(→ Bernstein) und Wachse, die Schwelkohlen und den → Pyropissit.

Liptozönose, f (DAVITAŠVILI 1947) (gr. κοινός gemeinsam), Vergesellschaftung von gestorbenen Organismen und ihren Lebensspuren und -produkten (Vgl. → Nekrozönose). Durch Sedimentbedeckung wird sie zur Taphozönose. Das, was davon wirklich fossil wird, bildet eine Oryktozönose (Vgl. → Thanatozönose).

Lissamphibia (HAECKEL) (gr. λισσός glatt), zusammenfassend für die rezenten Amphibien; problematischer Begriff, aber neuerdings von Autoren, die Anuren und Urodelen auf eine Wurzel (Stegocephalen) zurückführen wollen, wieder gebraucht. → System der Organismen im Anhang.

Listrium, n (HALL & CLARKE 1892) (gr. λίστρον Schurfeisen), die Kalkplatte, durch welche die Stielöffnung mancher → Neotremata (Brachiop.) sekundär ± vollständig verschlossen wird. Vgl. → Deltidium.

Lithion, n, Lebensraum des Felsbodens.

Lithistida (O. SCHMIDT 1870) (gr. λίθος Stein), Steinschwämme. Wahrscheinlich polyphyletische O. der Kl. → Demospongea, mit einem Skelet aus fest miteinander verbundenen → Desmonen. Unterordnungen: → Rhizomorina, → Megamorina, → Tetracladina, → Eutaxicladina, → Anomocladina. Vorkommen: Seit dem Kambrium.

Lithomuration, f (VIALOV 1961) (lat. murus Mauer), → Immuration.

lithophag (gr. φαγεῖν fressen), heißen Tiere, die sich in festes Gestein einbohren (Bohrmuscheln, Schwämme, Seeigel usw.).

Lithophozönose, f (RADWANSKI 1964), Ansammlung von Bohrlöchern lithophager Organismen.

Lithothamnien (nach der Gattung *Lithothamnion,* Fam. → Corallinaceae; gr. θάμνος Gebüsch, Strauch), ,Steingestrüpp'; Rotalgen (→ Rhodophyta), deren Thallus mit Kalk inkrustiert ist. Sie bauen gestrüppartige, knollige oder flachschichtige riffartige Kalkmassen mit einer besonderen Mikrostruktur. Seit der Kreide als Gesteinsbildner bedeutsam.

Litopterna (AMEGHINO 1889) (gr. λιτός, λεῖος glatt; πτέρνα Ferse), eine O. alttertiärer → mesaxonischer südamerikaner Huftiere, innerhalb welcher u. a. bereits im U.Miozän einhufige Formen auftraten (*Thoatherium*). In einer zweiten Linie entstanden bis kamelgroße rüsseltragende Tiere (*Macrauchenia*). Vorkommen: Paläozän–Pleistozän Südamerikas. Sie stammen von den → Condylarthra ab.

litoral (C. PREVOST 1838) (lat. litoralis zum Ufer gehörig), zur Küste bzw. zum Gezeitenbereich gehörig, besonders in Zusammensetzungen, z. B. Litoralfazies. Man unterscheidet weiterhin: supralitoral = oberhalb der Hochwasserlinie; sublitoral = unterhalb der Niedrigwasserlinie; eulitoral = zwischen beiden Linien.

lituid (lat. lituus Krummstab der Augurs, des Bischofs), wie ein Krummstab gestaltet.

Lobendrängung (gr. λοβός Lappen) (Cephalop.): Verringerung des Septenabstandes zur Wohnkammer hin; sie gilt als Zeichen dafür, daß das adulte Stadium und der Abschluß des Wachstums erreicht ist (= ,sekundäre' L.). L. tritt gelegentlich auch früher auf als Folge von Erkrankungen, Verletzungen oder sonstigen Ausnahmebedingungen (= ,primäre' L.).

Lobenformel, erstmals von NOETLING gebrauchte Art der Darstellung der wichtigsten Merkmale der → Lobenlinie, wobei die einzelnen Lobenelemente durch Symbole (Buchstaben) dargestellt werden. Die L. gibt nur die Elemente der einen Seite (Flanke) zwischen Intern- und Externlobus wieder.

Lobenlinie, die Verwachsungslinie (Sutur, Nahtlinie) von Kammerscheidewand (→ Septum) und Außenwand des Gehäuses von Cephalopoden. Sie ist an Steinkernen unmittelbar sichtbar, sonst nach Entfernung der Schale. Die zur Mündung hin konkave Teile der L. heißen Loben (Sing. Lobus), die konvexen Sättel. Die L. des die Anfangskammer (Protoconch) abschließenden ersten Septums heißt → Prosutur, ihr folgt die → Primärsutur als L. des zweiten Septums. Die Hauptloben der Primärsutur (Protoloben im Sinne von SCHINDEWOLF) werden nach ihrer Lage benannt: → Extern- (Symbol E), → Lateral- (L), → Internlobus (I). Zwischen E und L liegt der Lateralsattel, zwischen L und I der Internsattel. Durch weitere Zerteilung der Sättel (Sattelspaltung) oder Loben (Lobenspaltung) entstehen Meta- (Sekundär-) Loben: Umschlag- (Umbilikal-) Loben (U) durch Teilung des Internsattels, Adventiv-Loben (A) durch Teilung des Lateralsattels. Entsprechend unterschied SCHINDEWOLF systematisch Ammonoideen des A-Typus (= O. Goniatitida), bei denen neben U-Loben vor allem A-Loben entwickelt werden, und solchen des U-Typus (Ordnungen Prolecanitida, Ceratitida und jüngere), die nur U-Loben besitzen. In der Medianen des Externlobus kann sich ein Mediansattel bzw. weiterhin -lobus (M) einstellen. Ein → Suturallobus (S; → ,Nahtlobus'; Sutur meint hier die Windungsnaht) ist an der Naht gelegener, durch Lobenspaltung differenzierter Umschlaglobus.

Ursprünglich waren diese Bez. rein morphologisch-deskriptiv gemeint. Inzwischen hat O. H. SCHINDEWOLF, fußend auf Vorarbeiten von NOETLING und WEDEKIND, sie in ein konsequentes genetisches System eingefügt. Diese genetische Auffassung der Lobenelemente hat sich im deutschen Sprachbereich durchgesetzt. Im rein morphologischen Sinne sind dagegen die von H. SCHMIDT geprägten Termini gemeint: → Kehllobus (K), → Pleurallobus (P), innerer Seitenlobus der Manticoceraten (G). Loben und Sättel bewirken eine Wellung der Lobenlinie bzw. eine Verfaltung erster Ordnung, sie wird damit goniatisch (kennzeichnend für → Goniatiten und Clymenien). Verfaltung zweiter Ordnung (Zakkung) zunächst des Lobengrundes (basal, unipolar) führt zur ceratitischen Lobenlinie, weiterhin auch der Flanken und Sättel (bipolare Zerschlitzung) zur ammonitischen Lobenlinie. Verfaltungen 3. und 4. Ordnung bewirken Zähnelung und Kerbung. Sekundärer Abbau der Lobenlinie geht den umgekehrten Weg zur Vereinfachung, wobei → pseudoceratitische und selbst → pseudogoniatitische Lobenlinien entstehen können.

lobodont (gr. οδούς, οδόντος Zahn), (Ostrakoden): Schloß. Abb. 82, S. 165.

Lobolithen, *m* (Lobolithus), (gr. λοβός Lappen, Samenkapsel), Knollen am unteren Stielende gewisser → Crinoidea (Scyphocriniten), hohl, durch umgestaltete Cirren gekammert, Wasser oder Weichteile enthaltend. Früher irrtümlich als selbständige Gattung *(Camarocrinus)* beschrieben. Sie werden meist als Schweborgan der pelagisch lebenden Scyphocriniten angesehen.

Lobus, *m* (Cephalopoden): → Lobenlinie; (Ostrakoden): gerundete größere Aufwölbung der Gehäuseoberfläche, meist dorsal gelegen.

Lobus palpebralis (lat. palpebra Augenlid), Augendeckel der → Trilobiten; der zur festen Wange gehörende innere Teil des Augenhügels.

Locus typicus, *m* (lat. Iocus Ort; typicus vorbildlich, beispielhaft), der Fundort eines → Holotypus (oder von → Syntypen).

Lößkindel (Lößpuppen), *n,* eine Art von Pseudofossil: unregelmäßig geformte Kalkknollen im Löß.

Lonchopteris (BRONGNIART), gr. λόγχη Lanzenspitze; πτέρις Farnkraut), eine Formgattung der → Pteridophyllen, Blätter mit alethopteridischer (→ *Alethopteris)* Form und feiner Maschenaderung. → Abb. 95, S. 197.

longicon (lat. longus lang; conus kegel), (Nautiloid.): langkonisch.

lonsdaleoide Dissepimente (SMITH & LANG 1930), = → Wandblasen.

lonsdaleoide Septen (nach der Gattung *Lonsdaleia),* (→ Rugosa): einheitliche oder aus Einzelstücken bestehende, → Wandblasen aufsitzende → Septen.

lophobunodont (gr. λόφος Kamm, Bergspitze; βουνός Hügel, Anhöhe; οδούς, οδόντος Zahn), ein Zahntyp gewisser Säugetiere (z. B. Tapire). → bunodont.

lophodont (= zygodont). 1. Ein Typ von Backenzähnen mancher pflanzenfressender Säugetiere; die Höcker ihrer Kronen sind zu Leisten oder Kämmen verbunden. Der Kamm zwischen den beiden vorderen Höckern heißt Vorderjoch oder Protoloph, zwischen den hinteren Höckern Nachjoch (Metaloph) und zwischen den außen gelegenen Höckern Außenjoch (Ectoloph). Die Namen der Joche des Unterkiefers erhalten die Endsilbe -id (Metalophid usw.). Vgl. → bunodont, → Trituberkulartheorie (Abb. 125, S. 259). 2. (→ Ostrakoden): Schloß (Abb. 82, S. 165).

Lophophor, *m* (gr. λόφος Helmbusch; φέρειν tragen), die fleischige Basis der Tentakel von → Bryozoen, → Graptolithen, → Brachiopoden.

lophoselenodont, (gr. σελήνη Mond), ein Zahntyp von Säugetieren; → bunodont.

Lorica, *f* (lat. Panzer), 1. Das aus 8 Platten bestehende Gehäuse der polyplacophoren → Amphineura. 2. Die bei manchen Protisten entwickelte Hülle, die im Gegensatz zum eigentlichen Gehäuse der Zelle nicht fest anliegt. Bei rezenten Protisten wird sie nicht mineralisiert. → Tintinnina.

Loricata, Syn. von → Polyplacophora und → Crocodylia (obsol.).

Lovéns Gesetz (1875) (von CUÉNOT 1891 bestimmt) behandelt die Orientierung an Gehäusen der → Echinoidea. Die Madreporenplatte liegt immer im vorderen rechten Interambulakrum, danach verläuft die Längsachse durch das links von der Madreporenplatte gelegene ,unpaare' Ambulakrum (III). Vgl. → Echinodermen; → Holothurien-Gesetz (Abb. 39, S. 72).

Loxembolomeri (V. HUENE), eine kleine Gruppe → embolomerer karbonischer Stegocephalen mit → latitabularem Schädeldach. Namengebend ist die Gattung *Loxomma* aus dem schottischen U.Karbon. Die L. können als Stammform der → Batrachomorpha

angesehen werden (im Sinne von V. HUENE).

lucinoid (nach der Gattung *Lucina),* (Lamellibr.): → heterodont (Abb. 59, 60, S. 104).

Lückenhaftigkeit der Überlieferung, ein den stammesgeschichtlichen Befunden der Paläontologie gegenüber erhobener Vorwurf besonders aus der Zeit bis zur Jahrhundertwende, als die Auseinandersetzung um die Abstammungslehre in voller Heftigkeit ausgefochten wurde. Besonders wurde das Fehlen der sog. 'missing links' (besser 'connecting links' zu nennen), der Verbindungsglieder zwischen den höheren systematischen Einheiten (den ,Typen') betont. Seit den Funden des Urvogels *(Archaeopteryx)* und des Ur-Tetrapoden *(Ichthyostega)* besteht kein Grund mehr, an der einstmaligen Existenz und möglichen Entdeckung solcher Verbindungsglieder zu zweifeln. Dagegen bestehen große und aller Voraussicht nach dauernde Lücken in der Überlieferung von Organismen ohne Hartteile; sie können nur ausnahmsweise durch besonders glückliche Funde überbrückt werden. Vgl. → Biostratonomie, → Fossil-Diagenese.

Lügensteine, Würzburger, dem Würzburger Prof. BERINGER aus Schabernack von Kollegen zugespielte Pseudofossilien und künstliche Nachahmungen von Fossilien, von ihm 1726 in der ,Lithographia Wirceburgensis' neben echten Fossilien beschrieben und abgebildet.

Luftkammer, einer der zahlreichen Abschnitte, in die der ,gekammerte' Teil (= Phragmokon) des Cephalopoden-Gehäuses durch die Septen (Kammerscheidewände) geteilt wird. Sie enthalten bei den rezenten Cephalopoden Luft mit wesentlich verringertem Sauerstoffgehalt. Selbst in maximaler Tauchtiefe beträgt der Innendruck in den Kammern nur 0,7–0,8 Atm. Vgl. → intracamerale Ablagerungen (Abb. 1, S. 2).

Lumachelle, *f* (ital. Iumaca Schnecke), ein im wesentlichen aus Mollusken- oder Brachiopodengehäusen bestehender ± verfestigter Schillkalk. Vgl. → Schill.

Lumbal-Region (lat. lumbus Lende), Lendenregion, → Wirbelsäule.
Lunarium, *n* (lat. luna Mond), (Bryoz.): haubenartig sich erhebender Teil der Mündung bei → Cyclostomen und → Cystoporata, mit geringerem Krümmungsradius als der übrige Teil der Mündung.
Lunatum, *n,* Mondbein, der mittlere Knochen in der proximalen Reihe der Handwurzelknochen des Menschen, homolog dem → Intermedium. Vgl. Abb. 24, S. 40.
Lungenfische, = → Dipnoi.
Lungenschnecken, = → Pulmonata.
Lunula, *f* (lat. kleiner Mond, Halbmond), 1. (Gastrop.): halbmondförmiger Anwachsstreifen des Schlitzbandes (→ Selenizone), vgl. → Mündungsrand. 2. (Lamellibr.): herzförmige, vom Rest des Gehäuses abweichend skulpierte Region, auf der Vorderseite unter dem Wirbel gelegen. 3. (Seeigel): schlüssellochartige Perforation im Gehäuse extrem flacher Formen ('Sand dollars').
Lunularzahn (Lamellibr., Heterodonta): der vordere Seitenzahn am Schloß der Veneridae.
Lychniskida (SCHRAMMEN 1902) (gr. λύχνος Lampe), eine O. der Kl. → Hyalospongea mit einem Stützskelet aus Lychnisken: regelmäßigen Sechsstrahlern, denen zusätzliche diagonal verlaufende Verstrebungen an den Knoten das

Aussehen von Laternchen verleihen. Vorkommen: Seit dem Jura (Abb. 91, S. 186).
Lycopodiales (gr. λύκος Wolf; πόδιον Tritt, d. h. ‚Wolf-Tatze‘, nach dem lappigen Wachstum; Bärlapp von althochd. lappo flache Hand, also ‚Vordertatze des Bären‘), eigentliche Bärlappe, → Lycophyta ohne → Ligula. Fossil als Seltenheiten vom O.Devon an benannt.
Lycophyta, Lycopsida, Bärlappgewächse, eine Abteilung mikrophyller Sporen- und Samenpflanzen (→ Pteridophyta), deren Blütezeit im Jungpaläozoikum lag. Aus der heutigen Flora gehören zu ihnen die → Lycopodiales (Bärlappe), → Selaginellales (Moosfarne) und die → Isoëtales (Brachsenkräuter). Fossil bedeutsam sind die → Lepidodendrales. Besondere Eigentümlichkeiten der L. sind die zusätzliche Wasseraufnahme durch die → Ligula und das Wurzelsystem (→ Stigmarien). Systematik: → System der Organismen im Anhang. Vorkommen: Seit dem Devon.
Lyginodendron (GOURLIE 1843 1872), Stämme von Sphenopterideen (→ Pteridophyllen) mit → Dictyoxylon-Struktur der Rinde.
Lyginopteridales, eine O. der → Pteridospermatae. Bei einer ihrer Arten, *Lyginopteris oldhamia,* wurde die Natur der ‚Farnsamer‘ erstmalig deutlich, als nacheinander Blätter (farnartig), Stamm (mit

→ Dictyoxylon-Struktur), Blattstiele, Wurzel und Samen (wie Eicheln in einem Fruchtbecher sitzend) als zusammengehörig erkannt wurden .
Lymphapophyse, *f* (gr. απόφυσις Auswuchs [an Knochen]), in zwei divergierende Fortsätze geteilter Querfortsatz der Schwanzwirbel von Schlangen und einigen Apoda.
lysigen (gr. λύσις Auflösung; γένος Geburt, Abstammung) (botan.): heißen sekretführende Interzellularräume, die durch Auflösung von Zellwänden entstanden sind. Vgl. → schizogen.
Lysokline (gr. κλίνω neigen, beugen), der Bereich auffällig verstärkter Karbonatlösung in der Tiefsee.
Lyssakida (ZITTEL 1877) (gr. λύειν lösen), Lyssakinosa, eine O. der Kl. → Hyalospongea (Glasschwämme) mit unverbundenen oder nur teilweise verbundenen → triaxonen Skeletelementen. Vorkommen: Seit dem U.Kambrium, besonders reichlich im Devon. Die paläozoischen Vertreter dieser O. wurden von REID (1950) als O. Reticulosa abgetrennt.
Lytoceratida (HYATT 1889) (n. der Gattung *Lytoceras),* O. der Ammonoidea; ± evolute Formen mit rundl. Windungsquerschnitt; Lobenlinie mit wenigen, aber sehr intensiv zerschlitzten Elementen. Vorkommen: U.Lias–Kreide.

Macarthur (VAN VALEN 1973): „… die Entwicklungsgeschwindigkeit, bei der die Wahrscheinlichkeit für das Eintreffen eines Ereignisses (event) pro 500 Jahren 0,5 ist“. Bezogen auf das Aussterben, ist 1 Macarthur die Geschwindigkeit, die einer Halb- (Lebens-) zeit von 500 Jahren entspricht. Bezogen auf Entstehung, bedeutet 1 Macarthur das Auftreten eines neuen ‚Ereignisses‘ per 1000 Jahre der möglicher Vorfahr. Bezogen auf molekulare Entwicklung, entspricht 1 Millimacarthur einer Substitution per 1 Million Jahre. Vgl. → Darwin.

Machaeridia (WITHERS 1926) (gr. μαχαιρίδιον kleiner Säbel), Schuppenröhren; wurmformige, allseitig von ineinandergreifenden skulpierten Kalkplatten umhüllte Körper von 5–10 cm Länge. Vorkommen: Ordovizium–O.Karbon. Systematische Stellung umstritten: Anfangs für Cirripedier gehalten, von WITHERS 1926 für Echinodermen (Homalozoa) angesehen, von BERGSTRÖM versuchsweise den → Procoelomata zugeordnet.
Macropetalichthyida (gr. μακρός groß; πέταλον Blatt, Platte) → Petalichthyida.

macropyg (gr. πυγαῖον Steiß), heißen Trilobiten mit großem → Pygidium.
Macroscelidea, Rüsselspringer, eine O. kleiner afrikanischer, aride Gebiete bewohnender Säugetiere von springmausartigem Habitus, oft den Insectivoren zugeordnet, aber sicher mit sehr lange eigenständiger Entwicklung. Fossil nachgewiesen seit dem U.Oligozän.
Macrostachya, *f* (SCHIMPER 1869), ein Typ der zapfenähnlichen Blüten der → Calamitales: Groß, langzylindrisch, Brakteen dicht, alternierend.

Macrura, Makruren (gr. ουρά Schwanz), Langschwänze; dekapode Krebse, deren Hinterleib ebenso lang oder länger als der Cephalothorax ist. Man teilte sie, von rezenten Formen ausgehend, in die **Natantia** mit kräftigen Schwimmbeinen am Abdomen (Garnelenähnliche Formen) und die zahlreicheren **Reptantia** mit wohlentwickelten Gehfüßen. Diese Einteilung ist nach BEURLEN & GLAESSNER (1931) als künstlich anzusehen. Vgl. → Decapoda.

Macula, Pl. -ae, *f* (lat. Fleck), 1. Hörfleck, Sinnesfleck; → Otolith. 2. (Trilob.): Paariges, kleines glattes, erhabenes oder eingesenktes Feld, lateral von der Mittelfurche des → Hypostoms gelegen.

Madreporaria (M. EDWARDS & HAIME 1857) (ital. madrepora Sternkoralle), die sog. Steinkorallen: → Scleractinia und → Rugosa, d. h. → Anthozoa mit sechs → Protosepten.

Madreporenplatte, (= **Madreporit,** Siebplatte) der → Echinodermen, eine interradial auf der Oberseite gelegene, von feinen Poren durchsetzte Platte, durch welche das → Ambulakralsystem mit dem Meerwasser in Verbindung steht.

Mäander, *m* (gr Μαίανδρος Fluß in Westanatolien, heute Menderes-Fluß), mehr oder weniger regelmäßig ausschwingende Flußschlingen, → geführte M.

maeandroid, bei → Scleractinia-Kolonie: mit mäandrierenden Reihen wandloser Coralliten, Wände nur zwischen den Reihen. Vgl. → Corallum.

Magerkohle, nicht verkokbare Steinkohle mit 8–12 % flüchtigen Bestandteilen. Vgl. → Streifenkohle.

Magnafazies, *f* (CASTER 1934) (lat. magnus groß; facies Gesicht), eine Faziesgruppe, gebildet durch die zeitliche und räumliche Aufeinanderfolge mehrerer genetisch verknüpfter → heterochroner und → isopischer → Intrafazies (Beispiel: Hercynische Magnafazies; ERBEN 1962). Vgl. → Parvafazies.

Magnoliatae, Dikotyledonae, zweikeimblättrige Pflanzen, Blätter meist netzartig, Blüten 4- oder 5-zählig; dazu u. a. alle Holzgewäch-

se außer den Palmen. Vorkommen: Seit der U.Kreide. → Angiospermen.

Magnoliophytina, → Angiospermen.

Magnum, *n,* Bez. der Human-Anatomie für das Carpale 3 der Hand, vgl. → Carpus.

Makroevolution, *f* (GOLDSCHMIDT 1940) (gr. μακρός lang[dauernd]), ein Evolutionsvorgang, welcher durch → Systemmutationen (= Makromutationen) hervorgerufen wird und zur Entstehung neuer Typen höheren taxonomischen Ranges führt, wie z. B. die Ausbildung des Amnioten-Eies.

Makrofossil, ein Fossil, dessen Bestimmung mit bloßem Auge oder Lupenvergrößerung möglich ist, im Gegensatz zum → Mikrofossil.

makrokonch (CALLOMON 1955) (gr. μακρός groß; κόγχη Muschel, -schale), bei geschlechtsdimorphen Ammoniten, Bez. für die großgewachsenen Gehäuse der wahrscheinlich weiblichen Formen im Gegensatz zu den kleinen mikroconchen Gehäusen der als männlich angenommenen Formen.

makrophyll (gr. φύλλον Blatt), großblättrig; (Ammoniten): bezieht sich auf die relativ großen, rundlichen, blattähnlichen Elemente, welche bei der Zerschlitzung der → Lobenlinie in den Sattelscheiteln entstehen, besonders bei vielen Phylloceraten. Gegensatz: mikrophyll (wie bei Lytoceraten). (Botan.): (= megaphyll) auf Blätter bezogen: mehr oder weniger flä-

chig, mit stark entwickeltem Adersystem (bei Farnen und allen höheren Pflanzen).

Makropleura, *f* (makropleurales Segment) (gr. πλευρά Seite), einzelnes Pleurenpaar zahlreicher Trilobiten, welches wesentlich stärker entwickelt ist als die übrigen (vermutlich im Zusammenhang mit Sexualorganen). Häufig ist es eines der drei ersten oder vier letzten Segmente des Thorax.

makrosmatisch (gr. μακρός groß; οσμή Geruch), mit wohlentwickeltem Geruchsorgan bzw. -sinn versehen. Vgl. → mikrosmatisch.

Makrosporen (botan.): Megasporen, an Reservestoffen reiche Großsporen; aus ihnen entstehen die weiblichen Prothallien. Vgl. → Mikrosporen.

Malacostraca (LATREILLE 1806) (gr. μαλακός weich; όστρακον Scherbe, Schale. Bereits bei ARISTOTELES: ‚weich' im Vergleich mit Muschel- und Schneckengehäusen), höhere Krebse, große und mittelgroße Crustaceen mit 21 Körpersegmenten. Gliederung des Körpers: 1. Kopf (Cephalon) mit 6 Segmenten und Anhängen: Augenstiele, Antennulae, Antennen, Mandibeln, Maxillulae und Maxillen; 2. Brust (Thorax) mit 8 Segmenten und 8 Extremitätenpaaren (Thorakopoden); 3. Hinterleib (Abdomen = Pleon) mit 6 Extremitäten (Pleopoden-) tragenden Segmenten und dem extremitätenfreien Telson. Dieses bildet mit den Uropoden (= umgewandelte Pleopoden des

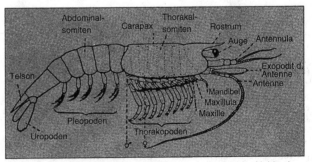

Abb. 73 Schema des Malacostrakenkörpers (caridoider Habitus). Ausmündungen der männlichen bzw. weiblichen Geschlechtsgänge im 14. bzw. 12 Segment. – Nach CALMAN aus BRONNs Klassen und Ordnungen des Tierreichs

letzten Segments) den Schwanzfächer. Das Außenskelet jedes Segments gliedert sich in den dorsalen Tergiten, den ventralen Sterniten und die beiden seitlichen Epimere. Systematik: → System der Organismen im Anhang. Vorkommen: Seit U.Kambrium (Abb. 73, S. 138).

Malakologie (gr. λόγος Kunde, Rede) Weichtier- (Mollusken-) Kunde.

Malleus, *m* (lat.), Hammer, → Gehörknöchelchen (Abb. 80, S. 158).

Mamelon, *m* (franz. Brustwarze, Knoten), 1. (Seeigel): der halbkugelige Warzenkopf, dem der Seeigelstachel mit seinem ihn umgreifenden → Acetabulum drehbar aufsitzt; 2. (Stromatoporen und Sclerospongea): → Monticuli.

Mammalia (lat. mamma Brust, Zitze) Säugetiere; warmblütige, meist behaarte, mit Ausnahme der → Monotremata lebende Junge gebärende Tetrapoden, deren Unterkiefer nur aus dem → Dentale besteht und mit dem → Squamosum gelenkt. Sie sind um die Wende Trias/Jura aus 2–3 Linien der Cynodontia (→ Therapsida) hervorgegangen. Systematik: → System der Organismen im Anhang. Von den dort aufgeführten 44 Ordnungen sind 23 ausgestorben, vier weitere sind dem Aussterben nahe. Von den bekannten Familien sind 54 % ausgestorben, von den Gattungen 67 %.

Mandibula, Mandibel, *f* (spätlat. Unterkiefer), 1. der knöcherne oder knorpelige Unterkiefer der gnathostomen Wirbeltiere (→ Gnathostomata) (Abb. 120, S. 251). 2. Vorder- oder Oberkiefer, das erste Mundgliedmaßenpaar der → Mandibulata: Das Basalglied der paarigen Anhänge des zweiten postoralen Segments, das der Nahrungsaufnahme dient und dafür besonders spezialisiert ist, während seine distalen Glieder verschwunden sind. Vgl. → Maxillula, → Maxilla.

Mandibularbogen, = → Kieferbogen (Vertebrata).

Mandibulare, *n*, der untere Teil des → Kieferbogens im → Visceralskelet der Wirbeltiere. Aus ihm entsteht der knorpelige Unterkiefer der Selachier. Bei den höheren Wirbeltieren wird der Knorpel mehr und

mehr durch → Deck- und Ersatzknochen ersetzt, bis er nur noch embryonal als Meckelscher Knorpel auftritt. Ersatzknochen des Unterkiefers sind das → Articulare und → Mentomandibulare; dagegen sind → Goniale (= Präarticulare), → Dentale, → Angulare, → Surangulare (= Supraangulare), → Coronoid, → Spleniale, → Postspleniale und die Praesplenialia überwiegend Deckknochen (Abb. 101, S. 211).

mandibularer Muskelfleck, vor dem Schließmuskeleindruck auf der Innenseite von → Ostrakodenklappen gelegener Eindruck des zum Mandibularapparat führenden Muskels.

Mandibulata (CLAIRVILLE 1798), Kieferträger, zusammenfassend für Arthropoden mit → Mandibula: → Crustaceen, → Insekten, → Myriapoda.

Mantel (= Pallium) der Mollusken: eine dorsal gebildete Hautfalte, welche einen ± großen Teil des Körpers einhüllt. Bei Muscheln ist sie paarig, bei Schnecken und Kopffüßern unpaarig. Der M. hat zwei wichtige Funktionen: 1. Absonderung der Schale aus Cuticulaartigen Lagen einer reichlich mit kohlensaurem Kalk (Calzit oder Aragonit) imprägnierten organ. Substanz (Conchiolin). 2. Die Innenfläche der M. begrenzt mit der Körperoberfläche gemeinsam die Mantel- oder, nach ihrer wichtigsten Funktion benannt, Atemhöhle. In ihr liegen die Kiemen (→ Ctenidia) bzw. bei Landbewohnern die Lungen, Ausscheidungsorgane und bei → Cephalopoden auch der → Trichter.

Mantelhöhle, → Mantel.

Mantellinie (Lamellibr.): Palliallinie; Eindruck des randlichen Mantelmuskels, der den Mantelrand zurückziehen kann. Vgl. → Sipho.

Mantelsinus, -bucht (Lamellibr.): hintere Einbuchtung der Mantellinie bei starker Entwicklung der Rückziehmuskeln des Siphos.

Mantelzone (WEDEKIND), (Rugosa): = → Marginarium.

Mantodea (BURMEISTER 1838) (nach der Gattung *Mantis),* (gr. μάντις Wahrsager, Seher), Fangschrecken, Gottesanbeterinnen;

große, schlanke, räuberisch lebende Landinsekten mit oft bizarrem Körperbau. Die zu Fangbeinen umgebildeten Vorderbeine werden beim Gehen erhoben getragen (daher der Name). Vorkommen: Seit dem Tertiär. Vgl. → Blattoidea.

Manubrium, *n* (lat. Henkel, Griff), → Meduse.

Manubrium sterni, *n* (lat. sternum, gr. στέρνον Brust[bein]), der meist besonders breite vordere Abschnitt des → Sternums der Säugetiere. Vgl. → Prästernum.

Manufakt, *n* (lat. manus Hand; factus gemacht), = → Artefakt.

Manus, *f* (lat.), Hand. Vgl. → Carpus.

Marattiales (→ Filicophyta), eine O. der → Eusporangiatae: große Farne mit mehrfach gefiederten Wedeln, die aus einem knolligen Rhizom entspringen und am Grunde zwei Nebenblätter besitzen. – Hauptverbreitung im O.Karbon und Mesozoikum. Vgl. → *Psaronius.*

Marginalia (Sing. -e), *n* (lat. margo, marginis Rand; marginalis zum Rande gehörig), 1. die randlichen → Hornschilde und Knochenplatten → Panzers der Schildkröten (Abb. 102, S. 212). 2. → Carpoidea. 3. (→ Arthrodira): Abb. 8, S. 20.

Marginalstacheln, flache, blattartige Stacheln auf den → Ambulakralplatten von Seeigeln, welche zum Schutze der Ambulakral-Füßchen dienen. Sie sitzen auf Randhöckern.

Marginarium, *n* (HILL in MOORE 1956) (lat. margo Rand; -arium Ort oder Behälter und sein Inhalt), (→ Rugosa): die randliche, von → Dissepimenten sowie eventuell auch von → Wandblasen eingenommene Zone eines → Polypars (= Mantelzone WEDEKIND). Vgl. → Dissepimentarium, → Tabularium (vgl. Abb. 99, S. 207).

Marke, 1. nach R. RICHTER Bez. für Abdrücke, Spuren und ähnliche Gebilde anorganischen Ursprungs (Rippeln, Schleif-, Riesel-, Rollmarken), im Gegensatz zu den von lebenden Organismen erzeugten → Lebensspuren (Russ. Mechanoglyphen bzw. Bioglyphen). 2. Zementinsel (Fossette); die Zementausfüllung der Zwischenräume zwischen den Dentinpfeilern oder -prismen hochkroniger, prismatischer Bakkenzähne mancher Huftiere, bes. der Pferde.

Marrellomorpha (BEURLEN 1934), eine formenarme und vermutlich heterogene Gruppe altpaläozoischer Trilobiten-ähnlicher Arthropden. Hauptvertreter ist *Marrella* WALCOTT aus dem M.Kambrium (→ Burgess-Schiefer.

Marsupialia (ILLINGER 1811) (lat. marsuppium Geldbeutel), Beuteltiere (= Didelphia); eine formenreiche Gruppe der Säugetiere; ihre Jungen werden in sehr wenig entwickeltem Zustand geboren und wachsen im Beutel der Weibchen heran. M. wechseln im Gebiß nur den hintersten Prämolaren; der Winkelfortsatz des Unterkiefers ist nach innen gerichtet; ein Paar → Beutelknochen gelenkt mit den → Pubes (in beiden Geschlechtern). Die Beuteltiere waren in der O.Kreide häufiger als die → Placentalier (Eutheria), wurden aber bereits zu Beginn des Tertiärs weitgehend aus ihren heutigen Verbreitungsgebiete Südamerika (und Nordamerika) und Australien zurückgedrängt. Dort entwickelten sie eine Fülle verschiedener Formen ähnlich den Eutheria auf der übrigen Erde. In Südamerika erlagen sie größtenteils den Eutheria, die im Pliozän auf Landbrücken von Nordamerika aus vordrangen. Der Ursprung der M. liegt auf der Südhalbkugel, dem früheren Gondwana-Kontinent. Älteste Funde von M. stammen aus dem Maastrichtium Boliviens. Vgl. → Mammalia.

Masculostrobus, *m* (lat. masculus männlich; gr. στρόβος Wirbel, das Sich-Drehen), Sammelname für fossile männliche koniferenartige Zapfen, die nicht näher bestimmt werden können.

Masseter, *m* (gr. μασάσθαι kauen), Musculus masseter, Unterkieferheber; ein Kaumuskel, der am Jochbein und an der Außenfläche des Unterkiefers ansetzt.

massig (Madreporaria-Kolonie): aus einander berührenden → Coralliten aufgebaut. Vgl. → Corallum.

Mastodonten, Sing. Mastodon, *n* (gr. μαστός Brustwarze; οδούς, οδόντος Zahn), Zitzenzähner, allgemeine Bez. für die tertiären Vorfahren der Elefanten (→ Proboscidea). Die M. erreichten teilweise mehr als Elefantengröße, besaßen polybunodonte oder polylophodonte (→ bunodont) Backenzähne, meist je zwei Stoßzähne im Ober- und Unterkiefer und meist eine lange Unterkiefersymphyse von großer Vielgestaltigkeit. Die letzten Mastodonten lebten (in Südamerika) noch mit Menschen zusammen.

Mastoid(eum), *n* (gr. εἶδος Aussehen), Zitzenbein, der hintere, äußere, selbständig verknöcherte Teil des → Perioticums. Er ist meist klein und innerhalb der Säugetiere sehr wechselhaft ausgebildet. Vgl. → Petrosum.

Matoniaceae, eine Fam. der Kl. → Leptosporangiatae (O. Filicales), die im Mesozoikum weit verbreitet war, heute aber nahezu ausgestorben ist (Gattung *Matonia* im indomalayischen Gebiet). Kennzeichnend sind ihre → Sori, deren Sporangien sternförmig um einen Zentralpunkt angeordnet sind.

Mattheva (YOCHELSON 1966). eine nur durch die Gattung *Matthevia* WALCOTT repräsentierte kurzlebige Kl. der Mollusken aus dem höchsten Kambrium Nordamerikas; von anderen Autoren den → Polyplacophora zugeordnet.

Mattkohle, = → Durit.

Maxilla, *f* (lat. = Kinnbacken; wurde im Altertum für Ober- und Unterkiefer gebraucht, später kam Mandibula für den Unterkiefer auf), das als Mundwerkzeug modifizierte Basalglied eines der vorderen Körperanhänge von → Mandibulaten, dem Anhang des 2. oder 3. postoralen Segments homolog. Die vorderen Maxillen (M. prima) der Insekten und Myriapoda nennt man auch Labia, die der Malacostraca heißen Maxillulae; dort bedeutet M. mithin nur ,zweite oder hintere Maxille' (Abb. 73, S. 138).

Maxillare, *n*, Oberkieferknochen (Supramaxillare); zahntragender → Belegknochen des Oberkiefers der Wirbeltiere; er bildet mit dem Prae- oder Intermaxillare (Zwischenkiefer) zusammen das → sekundäre Munddach der Säugetiere. Ursprünglich scheint das M. aus der Verschmelzung mehrerer Randplatten des Kiefers hervorgegangen zu sein (Abb. 77, S. 149).

Maxilliped, *m* (lat. pes, pedis Fuß), in näherer Beziehung zu den Mundgliedmaßen stehende Thorax-Extremität von Arthropoden. (Bei Dekapoden die ersten drei → Thorakopodenpaare).

Maxillopoda (DAHL 1956), meist sehr kleine Crustacea mit 6 Thoraxsegmenten einschließlich des Maxillipeds. Mundteile bei parasitischen Formen ± reduziert. Nauplius-Larve mit 3 Paar Anhängen.

Maxilloturbinale, *n*, → Turbinale.

Maxillula, *f* (MILNE EDWARDS 1851) (lat. Endung -ulus, Demin.), erste oder vordere → Maxille der → Malacostraca (Abb. 73, S. 138).

Mazeral, *n* (M. C. STOPES 1935) (lat. macerare einweichen, mürbe machen), ein Gemengteil der Steinkohle, vergleichbar dem Mineral der anorganischen Gesteine. Aus M. setzen sich die → Streifenarten zusammen. Man unterscheidet drei M.-Gruppen: → Vitrinit, → Exinit, → Inertinit.

Mazeration, *f*, Bez. für chemische Verfahren zur Gewinnung von Kutikulen, Sporen und Pollenkörnern aus nicht zu stark inkohlten Pflanzenresten. Dazu werden sie mit dem Schulzeschen Gemisch (Kaliumchlorat und Salpetersäure) und anschließend mit verdünnten Alkalien (KOH, NaOH, NH₃) behandelt. Die erhaltenen Strukturen werden dann durchscheinend, weich und schneidbar und mikroskopischer Beobachtung zugänglich.

mazerieren, reinigen der Knochen, Knorpel oder sonstigen Hartteile von Tieren von den anhaftenden Weichteilen.

mechanistisch (gr. μηχανή Werkzeug, Maschine), nennt man eine Anschauung, welche die Vorgänge in der Natur ausschließlich aus chemisch-physikalischen, wirkenden Ursachen (causae efficientes) erklärt. Gegensatz: teleologisch, Zweckursachen (causae finales) anerkennend.

Meckelscher Knorpel (nach dem Anatomen J. F. MECKEL d. J., 1781–1833), Cartilago Meckeli; die knorpelige embryonale Anlage des Unterkiefers der Wirbeltiere. (Homolog dem → Mandibulare und damit dem Ceratobranchiale des → Kieferbogens.) Vgl. → Visceralskelet.

Mechanoglyphe, *f* (VASSOIVITCH 1953), (gr. γλύφειν einschneiden), = → Marke. Vgl. → Bioglyphe.

mediad (lat. medius in der Mitte befindlich), auf die Medianebene zu gerichtet. Gegensatz: laterad.

Media(lis), *f*, → Flügel der Insekten (Abb. 64, S. 116).

medial (auch mesial), der Mittellinie oder Mittelebene genähert.

median, in der Medianebene gelegen. Vgl. → Lagebeziehungen.

Medianebene, bei bilateral-symmetrischen Organismen: die Symmetrieebene.

Medianlobus, der durch Teilung des Mediansattels auf der Externseite von Ammonoideen entstandene Lobus. Vgl. → Lobenlinie.

Mediansattel, ein in der Medianen des Externlobus (= ventral) entstandener Sattel. Vgl. → Lobenlinie.

Medianseptum, *n* (Brachiop.): besonders in der → Stielklappe entwickelte, vertikale, dem Ansatz von Muskeln dienende Duplikatur der Schalen; niedrige Grate heißen Euseptoidum, hohe, lange Lamellen Euseptum, sie können mit dem → Cruralium oder → Spondylium als deren Stütze verschmelzen.

Mediolaterale, *n*, eine der Platten des mittleren Plattenkranzes ‚regulärer‘ Rhombifera (→ Cystoidea).

Medulla oblongata, *f* (lat. medulla Mark; oblongare verlängern), verlängertes Mark, Nachhirn, der hinterste Abschnitt des Gehirns der Wirbeltiere, basaler Teil des → Myelencephalons; es leitet über zum Rückenmark. Vgl. → Rhombencephalon. Abb. 38, S. 71.

Medullosales (lat. medullosus markhaltig), eine O. der Farnsamer (→ Pteridospermatae) mit einer heute nicht mehr vorkommenden (Medullosa-) Stammstruktur: Der Stamm enthält mehrere bis viele → Stelen, die in längeren Zwischenräumen miteinander in Verbindung stehen (= polystel) und deren jede für sich Sekundärzuwachs zeigt. Insgesamt werden sie von einem peridermartigen Gewebe umschlossen. Außen liegt eine Rinde mit parallelen Baststrängen (Sparganum-Struktur im Gegen-

satz zur → Dictyoxylon-Struktur). Vorkommen: Karbon, Perm.

Meduse, *f* (gr. Mythol.: Μέδουσα, die schrecklichste der drei Gorgonen), die freischwimmende (vagile) Form der → Cnidaria. Ihre Ober-(Exumbrella) und Unterseite (Subumbrella) können sich randlich zu einem muskulösen Band, dem Velum, erweitern. M. mit Velum heißen craspedot, solche ohne Velum acraspedot. Von der Mitte der Subumbrella hängt das schlauchartige Manubrium herab, an seinem Ende öffnet sich der Mund.

Megaclad, *m* (gr. μέγας groß; κλάδος Zweig), = → Megaclon.

Megaclon, *m* (ZITTEL) (gr. κλών Zweig), (Porif.): relativ großes, glattes → Desmon (Abb. 91, S. 186).

Megalosphäre, *f* (MUNIER-CHALMAS & SCHLUMBERGER 1883) (gr. μέγας [in Zus. μεγαλ- oder μεγαλο –] groß; σφαῖρα Kugel), der große → Proloculus der ungeschlechtlich entstandenen ‚megalosphärischen‘ Foraminiferen-Generation (mit kleinem Gehäuse). (Nach POKORNY rein morphologischer Begriff, da die Form mit M. nicht immer die ungeschlechtlich entstandene ist.) Gegensatz: Mikrosphäre, der kleine Proloculus der Generation mit großem Gehäuse.

Megamorina (ZITTEL 1878) (gr. μόριον Teil, Stück), eine U.O. der Lithistida, deren Skeletelemente → Rhabdoclone sind. Vorkommen: Seit Karbon.

Meganisoptera, (Martynov 1932) (ίσος gleich; πτερόν Flügel), Urlibellen, → Protodonata.

meganterid (nach der Gattung *Meganteris* SUESS), (Brachiop.): → Armgerüst (Abb. 15, S. 34).

Megaphyton (ARTIS) (gr. φυτόν Gewächs, Pflanze), als Steinkern der Abdruck erhaltener jungpaläozoischer Farnstamm mit nur zwei Reihen von Blattnarben (Psaronii distichi). Vgl. → *Caulopteris*, → *Psaronius.*

Megasecoptera (Brongniart 1885), eine O. meist großer, den → Palaeodictyoptera nahestehender Insekten, deren horizontal ausgebreitete Flügel eine reduzierte Zahl von Längsadern und wenige, regelmäßig angeordnete Queradern

besaßen. Die Tiere hatten einen den Palaeodictyoptera ähnlichen Saugschnabel. Vorkommen: Karbon–Perm.

Megaskiere, *f* (gr. σκληρός trocken, hart), Skeletnadel (Stützelement) des Schwammskelets aus Skelet-Opal, Kalzit oder Spongin. Abmessungen: 0,01–1 mm Länge, 3–30 μm Durchmesser. Man unterscheidet die folgenden Grundtypen, die mannigfach abgewandelt werden: → Monaxone: Einachser, nur in einer (monactin) oder in beiden Richtungen (diactin) wachsend; → Tetraxone: regelmäßige Vierachser deren Achsen nicht in der gleichen Ebene liegen; → Triaxone (Hexactine): Dreiachser, deren Achsen aufeinander senkrecht stehen; → Desmone: Skleren verschiedener Grundtypen mit ± unregelmäßigen Verdickungen, Ausläufern und Auswüchsen (Abb. 91 S. 186). Vgl. → Mikroskleren.

Megasporen, Großsporen mit Reservestoffen, aus ihnen entstehen weibliche Prothallien.

megathyrid (nach der Gattung *Megathyris* D'ORBIGNY), (Brachiop.): → Schloßrand.

Meiofauna (MARE 1942) (gr. μείον Kompar. zu μικρός klein) marine Benthos-Fauna (Metazoen und Foraminiferen), deren Komponenten nicht von 1 mm-Sieben festgehalten werden.

Melanoskleriten (EISENACK 1963;1942 erstmalig als Melanoskleritoiden) (gr. μέλας, Gen. μέλανος schwarz; σκληρός hart, trocken), systematisch noch nicht sicher einzuordnende altpaläozoische Mikrofossilien, erstmalig aus Glazialgeschieben beschrieben; nach EISENACK sind es vermutlich Skeletteile (Skleriten) von → Cnidariern. Sie bestehen aus einer dunklen, chitinartigen organ. Substanz, die gegenüber Salz-, Schwefel- und Flußsäure beständig ist, von Salpetersäure aber aufgelöst wird. Morphologisch lassen sich bis zu 30 mm lange Stämmchen mit astartigen Verzweigungen und (manchmal gestielte) Anhänge an diesen Ästen, sog. Pleuridien, die viel kleiner sind, unterscheiden. Bislang sind Melanoskleriten nur aus dem Ordovizium und Silur Baltoskandiens und aus dem M.Devon der Eifel bekannt.

Membrana tympani, *f* (lat. membrana zarte Haut; tympanum [gr. τύμπανον Handpauke], Tympanum, Trommelfell), eine dünne, elastische Haut, welche die Paukenhöhle (das Mittelohr, → Cavum tympani) der Tetrapoden nach außen abschließt. Auf seiner Innenseite sind die Gehörknöchelchen befestigt und leiten die Schallwellen auf das Labyrinth.

Meniscus, *m* (gr. μηνίσκος mondförmiger Körper) → Gelenke.

Mentomandibulare, *n* (lat. mentum das Kinn; mandibula Unterkiefer), eine Verknöcherung des Vorderendes des → Mandibulare bei Fischen und niederen Tetrapoden (einschl. Vögel); vielfach verschmilzt sie mit dem → Dentale.

Merapophyse, *f* (ABEL 1909) (gr. μέρος Teil, Anteil, Reihe, απόφυσις Auswuchs [an Knochen]), → Wirbel.

Meraspis, *f* (RAW 1925) (gr. μερίζειν zerteilen; ασπίς Schild, -träger), Jugendstadium von → Trilobiten, vom ersten Anzeichen einer transversalen Gelenkung bis zum Erreichen der vollen Zahl (weniger eins) der Thorax-Elemente. Vgl. → Protaspis, → Holaspis.

Meridosternata (LOVÉN 1883) (gr. μερίς, ίδος Anteil), (Echinoid.): eine U.O. der → Spatangoida.

Meristem, *n* (gr. μεριστής Teiler [bes. Erbteiler]) (botan.): embryonales Gewebe (Bildungsgewebe) aus relativ kleinen, zartwandigen Zellen mit großen Zellkernen. Kennzeichnend für die M.e sind die häufigen Teilungen ihrer Zellen.

Merkmals-Phylogenie, Formgeschichte, erschlossen aus Morphologie und zeitlicher Stellung der Organismen und ihrerseits Grundlage aller phylogenetischen Vorstellungen.

merobol (BOLK) (gr. μέρος Reihe, Anteil; βολή Wurf v. βάλλειν werfen), die Art des Zahnwechsels bei Reptilien, bei der jeder ausfallende Zahn durch den nächsten, lingual von ihm stehenden Zahn seiner → Zahnfamilie ersetzt wird. Vgl. → Dimertheorie.

merodont (gr. οδούς, οδόντος

Zahn), (Ostrakoden): Schloß (Abb. 82, S. 165).

Meroplankton, *n* (HAECKEL), planktisch lebende Jugendstadien von benthischen Organismen. Vgl. → Plankton.

Meropodit, *m* (gr. μηρός Schenkel, Hüfte; πούς, ποδός Fuß, Bein), das 4. oder 5. Glied am Bein der Crustaceen, entsprechend dem Femur der übrigen Arthropoden.

Merostomata, (DANA 1852), Merostomen (gr. στόμα Mund), der ‚Molukkenkrebs' *Limulus* und seine fossilen Verwandten: Aquatische → Chelicerata, deren → Opisthosoma in einen kräftigen Endstachel (Telson) ausläuft. Von den 6 Paar Extremitäten des → Prosomas trägt das vorderste Scheren (Chelae), die übrigen dienen als Laufbeine, das hinterste Paar als Schwimmbein. Die proximalen Glieder (Coxae) dieser Anhänge sind teilweise randlich gezähnt und wirken als Kiefer. Das Opisthosoma trägt am vorderen Teil (= Mesosoma) 6–7 Paar Körperanhänge, deren vorderstes zu kleinen Platten (Chilaria) reduziert ist. Die heutigen M. werden bis zu 60 cm lang. Systematik: → System der Organismen im Anhang. Vorkommen: Seit dem Kambrium (Abb. 46, S. 82).

Merostomoidea (STØRMER 1944) (gr. εἶδος Gestalt), eine wahrscheinlich heterogene Gruppe mittelkambrischer Arthropoden mit an → Merostomata erinnerndem Dorsalpanzer. Hauptvertreter ist *Sidneya* WALCOTT aus dem → Burgess-Schiefer.

mesarch (gr. μέσος mitten; αρχή Herrschaft, Führung), (botan.): → Xylem.

mesaxon(isch), heißt ein Fuß, dessen Achse durch die dritte Zehe verläuft (z. ,B . bei den → Perissodactyla) . Vgl. → paraxon.

Mesaxonia (MARSH 1884) (gr. άξων Achse), = → Perissodactyla.

Mesencephalon, *n* (gr. εγκέφαλος Gehirn), Mittelhirn; → Encephalon.

Mesenterialfilament, *n* (gr. έντερον Darm; -ιον Bez. eines räumlichen Bereichs; lat. filum Faden), der verdickte, freie, oft stark verlängerte und aus dem Kelch hervorragende innere Rand der Mesenterialfalten (→ Sarkosepten) von

→ Anthozoa, mit Ferment- und Resorptionszellen zur Verdauung und Aufnahme der Nahrung.

Mesenterien, = → Sarkosepten.

mesial, (gr. μέσος mittel), der Mittellinie genähert (= medial), → Zahnflächen.

Mesoammonoidea (WEDEKIND) (gr. μέσος in der Mitte [zwischen den Paläo- und Neoammonoidea]), die → Ammonoidea von Perm und Trias, vorwiegend mit ceratitischer → Lobenlinie.

Mesodentin (ØRVIG 1958), Baumaterial der Krone von Schuppen der Acanthodier-Gattung *Nostolepis:* von oft lakunenförmig anschwellenden, an Knochen erinnernden Dentinröhrchen durchzogen.

mesodont (gr. οδούς, οδόντος Zahn), ein Zwischenstadium zwischen niedrig- (brachyodontem) und hochkronigem (hypselodontem) Zahnwuchs.

Mesofauna, *f,* nannte H. HILTERMANN (1961) Fossilien der Größenordnung 0,3–3 mm, die beim Aufbereiten mikropaläontologischer Proben in den gröberen Fraktionen anfallen.

Mesogloea, *f* (gr. γλοιός klebrige Feuchtigkeit; γλία Leim), fibrilläres, mesenchymatisches Bindegewebe zwischen Ento- und Ektoderm höher entwickelter Polypen der → Cnidaria. Bei einfachen Polypen liegt zwischen Ento- und Ektoderm eine zellenfreie Stützlamelle.

mesokinetisch (gr. κινητικός zum Bewegen geeignet), → Kinetik des Schädels.

Mesom, *n* (ZIMMERMANN) (gr. σῶμα Körper) (botan.): Achsenstück zwischen den einzelnen → Telomen.

Mesonychiden, = Acreodi; wahrscheinlich vorwiegend carnivore alttertiäre → Condylarthra, dem Ursprung der → Cetacea nahe. → Condylarthra.

Mesophytikum, *n* (gr. φυτός Pflanze), die Mittelzeit der pflanzlichen Entwicklung (O.Perm-U.Kreide), Vorherrschaft der Gymnospermen. Vgl. → Pteridophytikum.

Mesoplastron, *n* (franz. plastron Brustharnisch), → Panzer der Schildkröten.

Mesopore, *f* (gr. πόρος Durchgang), (Bryoz.): → Kenozooecium von polygonalem Querschnitt, geringem Durchmesser und mit sehr zahlreichen → Diaphragmen, bei → Trepostomata und → Cyclostomata entwickelt (Abb. 23, S. 36).

Mesopsammon, *n* (gr. ψάμμος Sand), Sandlückentiere, die Bewohner der Zwischenräume zwischen Sandkörnern.

Mesopterygium, *n* (gr. πτέρυξ Flügel, Flosse), → Metapterygium.

Mesosauria (gr. σαύρα oder σαῦρος Eidechse; (= Proganosauria), eine formenarme O. primitiver anapsider (→ Schläfenöffnungen) Reptilien. Die M. waren kleine (bis meterlange) schlanke, fischfressende Bewohner von Süßwasserseen, mit langer reusenartiger Schnauze. Sie kamen nur an der Wende Karbon/Perm im westlichen Südafrika und im südöstlichen Südamerika vor. Schon WEGENER hat sie daher als Beweis für einen früheren Zusammenhang der beiden Kontinente angesprochen.

Mesosoma, *n* (gr. σῶμα Körper, Leib), (Merostomen): der vordere, Körperanhänge (Gliedmaßen) tragende Teil des → Opisthosomas. Syn.: Praeabdomen.

Mesostereom, *n* (gr. στερεός hart, starr), → Cystoidea.

Mesosternum, *n* (gr. στέρνον Brustbein), (Reptilien): → Prästernum.

Mesostracum, *n* (gr. ὄστρακον Scherbe, Schale), kalkige Schalenschicht gewisser höherentwickelter → Amphineura, zwischen → Tegmentum und Articulamentum gelegen.

mesothyrid (BUCKMAN 1916) (gr. θύρα Torflügel), (Brachiop.): → Foramen (Abb. 16, S. 34).

Mesotriaen, *n* (gr. τρίαινα Dreizack), → Triaen mit beiderseits des → Cladoms sich erstreckendem → Rhabdom.

Mesozoa, sehr kleine (0,1–0,3 mm) Parasiten in Meerestieren; wahrscheinlich stark modifizierte Abkömmlinge von Plathelminthen. Fossil unbekannt, rezent etwa 50 Arten.

Meta-Anthrazit, *m* (gr. μετά dazwischen, hinter … her), → Inkohlungssprung.

Metabiose, *f,* Verhältnis von Arten zueinander, bei dem die einen den ihnen zeitlich folgenden erst die zusagenden Lebensbedingungen schaffen.

Metabolie, *f* (gr. μεταβολή Veränderung, Wechsel), = → Metamorphose, besonders bei Insekten: die Verwandlung der Larve in das fertige Insekt.

Meta-Bogheadkohle, → Inkohlungssprung.

Metacarpale, *n,* einer der Knochen des → Metacarpus (Abb. 24, S. 40).

Metacarpus, *m,* Mittelhand; die Gesamtheit der zwischen den Fingern und der Handwurzel (→ Carpus) der Tetrapoden liegenden Knochen (Metacarpalia), 1–5 an der Zahl, entsprechend der Zahl der Finger.

Metacladium, *n,* → Cladium.

Metaconus, -conulus, *m,* **-conid,** *n* (gr. κώνος, lat. conus Kegel; conulus Demin. von conus; -id Nachsilbe zur Kennzeichnung von Elementen der Unterkieferzähne) (Zahnbau), hintere Außen-, Zwischenspitze, vordere Zwischenspitze. Vgl. → Trituberkulartheorie.

Metacopina (SILVESTER-BRADLEY 1961), (Ostrak.): eine U.O. der → Podocopida, mit ausgebildetem, einfachem bis dreigeteiltem Schloß, rosettenförmiger Muskelnarbe und schwach entwickelter oder unbekannter → Duplikatur. Vorkommen: Ordovizium–U.Kreide.

Metacoracoid, *n* → Coracoid.

Meta-Durit, *m,* → Inkohlungssprung.

Metafixigenal-, Metalibrigenal-, Metagenalstachel (lat. fixus fest; liber frei; gena Wange), (Trilobiten): → Wange.

Metagenese, *f* (gr. μεταγενής nachgeboren, jünger), → Generationswechsel.

Metakinese, *f* (O. JAEKEL) (gr. μετά mitten hinein; κίνησις Erschütterung), ‚Umschüttelung‘, Umstellung auf frühen ontogenetischen Stadien, die in der Stammesgeschichte zur Ausbildung einer Vielzahl neuer Typen führt. Vgl. → Proterogenese.

metakinetisch (gr. κινητικός zum Bewegen geeignet). Vgl. → Kinetik des Schädels.

Metalimnion, *n* (gr. λίμνη Teich),

Sprungschicht, Temperatur-Sprungschicht; wenig mächtige mittlere Schicht im Wasser tieferer Seen, die im Sommer das Epilimnion (die obere, warme Schicht) vom Hypolimnion (der kühlen Tiefenschicht) trennt.

Metaloben (SCHINDEWOLF 1929), die nach den → Protoloben gebildeten Loben (= Loben 2. Ordnung). Vgl. → Lobenlinie.

Metaloph, *m,* **-lophid,** *n* (gr. λόφος Kamm, Bergspitze), → lophodont.

Metamerie, *f,* → Segmentierung.

Metamorphose, *f* (gr. μεταμόρφωσις Umgestaltung), Verwandlung: Indirekte Entwicklung mit Einschaltung eines oder mehrerer Larvenstadien zwischen Ei und geschlechtsreifem Tier. (Insekten): Die ontogenetische Entwicklung des Insekts wird durch die Häutungen in Einzelstadien unterteilt, welche sich untereinander und besonders von der Imago (dem voll entwickelten Insekt) ± deutlich unterscheiden können, die Entwicklung ist daher eine M. Je nach der Art ihrer M. nennt man: Ametabola: Insekten ohne Verwandlung (die primär und sekundär Flügellosen). Hemimetabola: Insekten, bei denen die M. sich auf die Ausbildung der Flügel beschränkt. Holometabola: Insekten mit völlig verschiedenem Aussehen von Larve und Imago und eingeschaltetem Puppenstadium.

metapar (RAW 1925) (gr. παρειά Wange) (Trilobiten): → Gesichtsnaht.

Metaphyten, vielzellige Pflanzen von megaskopischer Größe.

metaplastische Verknöcherung (gr. πλάττειν bilden, formen), → Osteogenese.

Metapodien, Sing. Metapodium, *n* (gr. μετά hinter; πούς, ποδός Fuß), (Tetrapoden): zusammenfassend für Metacarpalia (→ Metacarpus) und Metatarsalia (→ Metatarsus). (Gastropod.): Metapodium, hinterer Teil des Fußes.

Metapophyse, *f* (OWEN) (gr. ἀπόφυσις Auswuchs), Processus mammillaris; buckelartiger, nach vorn gerichteter Vorsprung an der Präzygapophyse (→ Zygapophyse) von Säugetierwirbeln, bes. kräftig entwickelt bei den → Xenarthra.

Metaprotaspis, *f* (BEECHER 1895) (gr. πρῶτος erster; ασπίς Schild), → Trilobiten.

metapsid (v. HUENE 1944) (gr. αψίς Bogen, Krümmung), Syn. von parapsid. Vgl. → Schläfenöffnungen.

Metapterygium, *n* (gr. πτέρυξ Flügel, Flosse), der Basalteil der paarigen Flossen höherentwickelter Selachier besteht meist aus drei hintereinanderliegenden Knorpelelementen: Pro- Meso- und Metapterygium, letzteres am weitesten caudal gelegen; von ihnen gehen laterad gerichtete Flossenstrahlen aus.

Metapterygoid, *n* (gr. πτερυγοειδής flügelartig), → Pterygoid.

Metaseptum, *n* (DUERDEN 1902) (gr. μετά inmitten, lat. saeptum Scheidewand), (→ Madreporaria): nach den 6 → Protosepten entstehende Großsepten. Bei → Rugosa treten sie nur in einem, bei → Scleractinia in weiteren Einschaltungszyklen auf. Vgl. → Kunthsches Gesetz (Abb. 61, S. 106).

Metasequoia, eine Gattung der → Cupressineae (Cypressengewächse, → Coniferales); sie wurde 1941 fossil im japanischen Tertiär und 1944 lebend in China entdeckt. M. war im Tertiär in Nordamerika, Europa und Asien verbreitet.

Metasicula, *f* (KRAFT 1923) (lat. sicula kleiner Dolch), der zuletzt gebildete (= distale) Teil der → Sicula von Graptolithen.

Metasoma, *n* (gr. σῶμα Körper), (→ Merostomata): der hintere, extremitätenlose Teil des → Opisthosoma.

Metastoma, *n* (gr. στόμα Mund), eine unpaare, hinter dem Mund gelegene Platte: 1. (Eurypteriden): (wahrscheinlich homolog den → Chilaria der Xiphosuren); 2. (Trilobiten): = Labium, Postoral-Platte.

Metatarsale, *n* (gr. ταρσός Fußsohle), einer der Knochen des Metatarsus.

Metatarsus, *m*, Mittelfuß, die Gesamtheit der distad auf den → Tarsus folgenden, die Zehen tragenden Knochen (= Metatarsalia) (Abb. 24, S. 40).

metatetramere Gruppe (gr. τέτταρες vier; μέρος Anteil, Reihe), heißen die → embolomeren, →

rhachitomen, → stereospondylen und → gastrozentralen Wirbel wegen ihrer gemeinsamen Entstehung aus vier Bogenelementen. Vgl. → Bogentheorie.

Metatheca, *f* (URBANEK) (gr. θήκη Behältnis), der distale Teil der Theca graptoloider Graptolithen, entspricht bei dendroiden Gr. der ganzen → Autotheca.

Metatheria (HUXLEY 1880) (gr. θήρ, θηρός Tier), = → Marsupialia.

metatom (gr. τομή Schnitt, Baumstumpf), (Crinoid.): → Armteilung (Abb. 88, S. 175).

Metatypus, *m* (SCHUCHERT) (gr. τύπος Vorbild), wenig gebräuchlicher Terminus: eine vom namengebenden Autor selbst bestimmte Topohyle (→ Hyle). Nach R. RICHTER besser mit Autotopohyle wiederzugeben.

Metaxylem, *n* (gr. ξύλον Holz), → Xylem.

Metencephalon, *n* (gr. εγκέφαλος Gehirn), Hinterhirn. Vgl. → Rhombencephalon.

Metopon, *n* (HUXLEY 1878) (gr. μετόπη Zwischenfeld), → Epistom.

Micrit, → Mikrit.

Microsauria (DAWSON 1863) (gr. σαύρα oder σαῦρος Eidechse), eine O. kleiner jungpaläozoischer, äußerlich den Salamandern ähnlicher Tetrapoden mit geschlossenem festem Schädeldach ohne → Foramen parietale. Während ROMER sie für Lepospondyli (Amphibien) hielt, sahen v. HUENE und GREGORY in ihnen bei etwas anderer Abgrenzung spezialisierte Reptilien, Abkömmlinge früher → Anthracosauria. Vorkommen: Karbon–U.Perm.

Migrationstheorie (Moritz WAGNER 1868) (lat. migrare wandern); die M. erklärt die Mannigfaltigkeit der heutigen Organismen durch geographische Isolierung infolge Migration, Verschleppung oder geologischer Ereignisse und anschließend divergente Weiterentwicklung der so getrennten Angehörigen derselben Art.

mihi (lat. = mein, von mir), abgekürzt m., auch nobis (unser), in alten Arbeiten verwandte Bez. zur Kennzeichnung neuer Namen (= nov. spec., nov. gen.).

Mikrinit, *m*, eine strukturlose, für durchfallendes Licht undurch-

dringliche (opake) Substanz (Mazeral), welche zur Grundmasse des → Durits gehört. Sie entspricht den aus einem Haufwerk von Zellwänden, Wurzelhaaren und Rindenresten, aber keinen größeren Pflanzenresten bestehenden kohlenstoffreichen Torfresten.

Mikrit (FOLK 1959) (Kurzform von engl. microcrystalline calcite), sehr feinkörnige Matrix von Karbonatgesteinen bzw. die feinstkörnigen Bestandteile der karbonatischen Komponenten.

Mikrobiostratigraphie, → Biostratigraphie auf der Grundlage von → Mikrofossilien.

Mikroevolution (GOLDSCHMIDT 1940) (Syn.: infraspezifische Evolution), Formenwandel der niederen Taxa (Rasse, Unterart, vielleicht auch Art), der an rezenten Organismen experimentell analysiert werden kann, im Gegensatz zur → Makroevolution.

Mikrofazies, *f* (FAIRBRIDGE 1954), Fazies im mikroskopischen Bereich: kleinste Einheit innerhalb der → Parvafazies.

Mikrofossilien, in erster Linie Reste kleiner Organismen wie → Radiolarien, → Foraminiferen, → Diatomeen usw., welche zur Untersuchung stärkere Vergrößerungen erfordern. Weiterhin rechnet man zu den M. sehr kleine Reste größerer Organismen wie Schwammnadeln, → Otolithen, Fischschuppen, → Sporen usw. Eine scharfe Abgrenzung gegenüber → Makrofossilien existiert nicht. Organismen, deren Untersuchung mehrhundertfache Vergrößerung erfordert, heißen → Nannofossilien.

mikrokonch (CALLOMON 1955) (gr. κόγχη Muschel, -schale), → makrokonch.

Mikropaläontologie, (erstmals bei H. FORD 1883. Bei C. C. EHRENBERG 1854 als 'Mikrogeologie'. Wissenschaftlicher Begründer Alcide D'ORBIGNY [1802–1857]). Der Zweig der Paläontologie, der sich mit der Erforschung mikroskopisch kleiner Organismenreste (→ Mikrofossilien) beschäftigt, also mit systematisch uneinheitlichem Material. Die Untersuchungsmethoden als solche, abgesehen von den erforderlichen stärkeren Vergrößerungen, sind die gleichen wie sonst in der Paläontologie. Zum selbständigen Arbeitsgebiet ist die M. durch die Bedürfnisse der Praxis, vor allem der Erdölindustrie, geworden.

mikrophag (gr. φαγεῖν fressen), von tierischen oder pflanzlichen Kleinlebewesen lebend.

mikrophyll (gr. φύλλον Blatt), kleinblättrig; ungeadert oder mit nur einer Ader versehen (auf Blätter bezogen, z. B. Moose, Bärlapp, Coniferen usw.). Bei Ammoniten: → makrophyll.

mikropyg (gr. μικρός klein; πυγαῖον Steiß), heißen Trilobiten mit kleinem → Pygidium.

Mikropyle, *f* (gr. πύλη Tür, Eingang, Engpaß), bei → Spermatophyta: eine kleine Öffnung im oberen Teil der Samenanlage zum Durchtritt des Pollens bzw. des Pollenschlauches.

Mikroskleren, *f* (gr. σκληρός trocken, hart), ‚Fleischnadeln‘; zierliche, sehr vielgestaltige Elemente vor allem in den Wandungen der Kanäle und des → Paragasters der Schwämme. Material: Skelet-Opal, Calcit oder → Spongin. Länge meist zwischen 10–100 μm, Durchmesser rund 1 μm. M. sind für die Bestimmung rezenter Schwämme wichtig, fossil dagegen wenig bekannt. Vgl. → Porifera, → Megasklere.

mikrosmatisch (gr. μικρός klein; οσμή Geruch), mit gering entwikkeltem Geruchsorgan bzw. -sinn versehen. Vgl. → makrosmatisch.

Mikrosphäre, *f* (MUNIER-CHALMAS & SCHLUMBERGER 1883) (gr. σφαῖρα Kugel). → Megalosphäre.

Mikrosporen, an Reservestoffen arme Kleinsporen; aus ihnen entstehen männliche Prothallien.

Milchzähne, Milchgebiß, Dentes lacteales, D. decidui, die ersten Zähne bei jungen Säugetieren, die in der Regel nach einiger Zeit durch eine zweite Zahngeneration, das bleibende (permanente) Gebiß, ersetzt werden. Vgl. → Zähne, → Gebiß.

Miliarstacheln, (lat. miles gemeiner Soldat) bei Seeigeln (→ Echinoidea): kleine Stacheln auf Interambulakral- und Oculogenitalplatten; sie sitzen auf den Miliarwarzen.

Miliolida (nach der Gattung *Miliola* [von lat. milium Hirse: dem Samen der Hirse ähnlich]), eine O. der → Foraminiferen, mit kalkiger, imperforater, porzellanartiger Schale. Gehäuse planspiral oder in bestimmten Ebenen eingerollt. Vorkommen: Seit dem Karbon.

Millericrinida (SIEVERTS-DORECK 1952), (Crinoid.): eine O. der → Articulata: Stiel ohne echte Cirren, Arme isotom (→ Armteilung). Vorkommen: Seit der M.Trias.

Milleporiden (O. Milleponda) (lat. mille tausend; gr. πόρος Durchgang), eine O. der → Hydrozoa, massive kalkige Stöcke bildend. Das Skelet besitzt zahlreiche Öffnungen, → Dactyloporen und → Gastroporen, welche zu Cyclosystemen (5–7 Dactyloporen um eine Gastropore) angeordnet sind. Vorkommen: Seit der O.Kreide.

Mimese, *f* (gr. μίμησις Nachahmung), Nachahmung belebter oder unbelebter Gegenstände durch Tiere zum Schutz vor dem Gefressenwerden, aber ohne Abschreckungswirkung. Diese wird dagegen bei der **Mimikrie** durch Nachahmung wehrhafter oder unangenehm schmeckender Tiere erzielt.

Minutial, *n* (O. ABEL 1914) (lat. minutia Kleinheit), eine rein beschreibende Bez. für kleine Merkmale oder Bildungen, deren phylogenetische Bedeutung noch unbekannt ist. Vgl. dagegen → Oriment, → Rudiment.

Miomera (JAEKEL 1909), Syn. von → Agnostida.

Miopneuston, *n* (H. SCHMIDT) (gr. μείωνkleiner [Kompar. von μικρός klein] oder weniger [Kompar. von ὀλίγος wenig]; πνεῖν atmen), → Biofazies.

Miosporae, *f* (G. K. GUENNEL 1952) (gr. σπόρος Same, Saat), zusammenfassender Begriff für alle fossilen Sporen unter 200 μm Durchmesser. (Etwa = Oligosporae).

Miskoiida (WALCOTT 1911) (nach der Gattung *Miskoia* WALCOTT), eine nur fossil bekannte O. primitiver → Polychaeta, bei der die Segmente und Parapodien über die ganze Länge des Körpers ± gleich sind, der Körper also nicht deutlich

in Abschnitte gegliedert ist. Die wenigen bekannten Gattungen wurden im M.Kambrium des Burgess-Passes (→ Burgess-Schiefer) gefunden, fragliche im Ordovizium.

missing link (engl. ‚fehlendes Glied‘ [einer Kette]), → Zwischenformen.

Mitrata (JAEKEL 1918), eine O. der → Stylophora, ± bilateralsymmetrisch. Vorkommen: U.Ordovizium–M.Devon.

Mittelfuß, = → Metatarsus.

Mittelhand, = → Metacarpus.

Mittelhirn, *n* (GEGENBAUR) → Encephalon. (Abb. 44, S. 76).

Mittelohr, der mittlere Abschnitt des Ohres der Wirbeltiere, bestehend aus → Cavum tympani, → Gehörknöchelchen und → Eustachischer Röhre (Abb. 80, S. 158).

Mixipterygium, *n* (GEGENBAUR) (gr. μῖξις = μεῖξις Vermischung, Begattung; πτέρυξ Flügel, Flosse), = → Pterygopodium.

mixochoanisch (HYATT) (gr. χόανος Schmelztiegel, Trichter), Siphonalbildung bei frühen → Nautiloideen. Vgl. → Sipho.

mixoperipher (gr. περιφερής kreisförmig), (Brachiop.): → holoperipher.

mixotroph, → autotroph.

Mixotrophie, *f* (gr. τροφή Ernährung). Fähigkeit eines Organismus, sich sowohl photoautotroph als auch osmoheterotroph, durch absorbierte organische Stoffe zu ernähren. M. geht phylogenetisch der Photoautotrophie voraus. Sie entstand schon im Alt-Präkambrium.

Modifikation, *f* (NAEGELI) (lat. modificare gehörig abmessen), durch Umweltverhältnisse induzierte gestaltliche Abwandlung von Lebewesen, die sich in den Grenzen der erblich fixierten Variabilität hält. Sie ist selbst nicht erblich.

Modiomorphoida (NEWELL 1969), eine O. actinodonter, skulpturarmer Muscheln (U.Kl. Palaeoheterodonta); Ausgangsformen mehrerer jüngerer Linien. Vorkommen: M.Kambrium–Perm.

Moeritherioidea (OSBORN 1921) (nach der Gattung *Moeritherium*), eine U.O. der → Proboscidea, gefunden im O.Eozän und U.Oligozän Nordafrikas. Diese Zuordnung wird nicht allgemein anerkannt.

Molaren, *m,* **Dentes molares** (lat. molare mahlen), auch Dentes detritores genannt; mehrwurzelige ‚Mahl'zähne der Säugetiere: die hinteren, echten Backenzähne, die nicht gewechselt werden, d. h. entweder keine Milchvorgänger besitzen oder (wahrscheinlicher) selbst dem Milchgebiß angehören und keine Nachfolger haben.

Molarisierung, der Prämolaren: die allmähliche stammesgeschichtliche Angleichung der Form der Prämolaren vieler Huftiere (z. B. der Pferde) an die der Molaren.

Mollusca (CUVIER 1795), **Mollusken** (lat. mollis weich), Weichtiere; Metazoen, deren (mit Ausnahme von *Neopilina* und den übrigen Monoplacophoren) ungegliederter Körper vier Regionen umfaßt: 1. den ± deutlich vom übrigen Körper abgesetzten Kopf mit Augen und Fühlern (bei Muscheln nicht ausgebildet); 2. den ventralen muskulösen Fuß, eine lokale Verdickung des Hautmuskelschlauches, welche primär zur kriechenden Fortbewegung diente, sekundär aber mannigfach spezialisiert wurde; 3. den dorsal gelegenen Eingeweidesack; 4. den → Mantel (=Pallium). Die Atmung der M. erfolgt meist mittels Kiemen in einer besonderen Mantelhöhle. Die Mundhöhle enthält die mit hornigen Zähnchen besetzte → Radula (Zungenband); diese fehlt den Muscheln. Das Nervensystem besteht aus paarigen Cerebral- (Kopf-), Visceral- (Schlund-), Pedal- (Fuß-) und Pleural- (Bauch-) Ganglien, welche miteinander in Verbindung stehen. Ein Herz bewegt das farblose oder durch Hämocyanin gefärbte Blut. Die Schale der M. besteht aus dem äußeren, vom Mantelrand ausgeschiedenen Periostracum aus dichtem organischem Material und der vom Mantel ausgeschiedenen mineralischen Schale aus Calciumkarbonat (Aragonit oder Calcit oder beides) und wechselnden Anteilen organ. Substanz, die gerüstartig oder amorph in der Schale verteilt sind. Die Termini Ostracum (Prismenschicht) und Hypostracum (Perlmuttschicht) sind damit entbehrlich.

Die Entdeckung des gegliederten primitivsten Mollusks *Neopilina galatheae* LEMCHE 1957 spricht dafür, daß die M. in die nähere Verwandtschaft der Anneliden gehören. Darauf weist auch die beiden Stämmen gemeinsame Trochophora-Larve hin. Die M. bilden einen sehr erfolgreichen, stark aufgegliederten Stamm und haben zahlreiche Fossilien geliefert. → System der Organismen im Anhang. Vorkommen: Seit dem Kambrium.

Molluscoidea (MILNE EDWARDS, emend. HUXLEY 1853) (gr. εἶδος Aussehen), zusammenfassend für Brachiopoden, Bryozoen und Tunicaten. (Obsol.)

monacanthin (HILL 1936) (gr. μόνος allein; ακάνθινος dornig), Bezeichnung für Septen von → Rugosa aus → Trabekeln mit einem einzigen Kristallisationszentrum. Vgl. → rhabdacanthin, → holacanthin.

Monactin, *n* (gr. ακτίς, Strahl), eine einfache Schwammnadel, welche nur in einer Richtung wächst (die beiden Enden verschieden gestaltet). Vgl. → Monaxon.

Monactinellida (ZITTEL) Zusammenfassung der Schwämme mit einachsigen Kieselnadeln (heute als polyphyletisch erkannt und auf verschiedene systematische Einheiten aufgeteilt).

Monaen, *n,* durch Abbau von zwei → Cladisken aus dem → Triaen hervorgegangene Schwammnadel. Vgl. → Diaen.

monarch (gr. αρχή Anfang, Herrschaft), (Pteridoph.): → triarch.

Monaxon, *n* (gr. άξων Achse), gerade oder leicht gebogene, stabförmige Schwammnadel. Sie ist monactin, wenn das Wachstum nur in einer Richtung erfolgt; diactine M. wachsen dagegen in beiden Richtungen; Amphioxe sind an

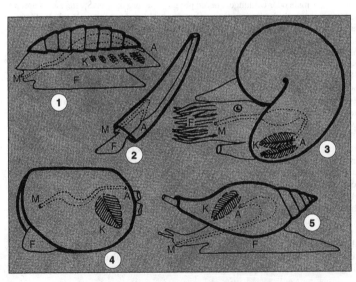

Abb. 74 Weichkörper und Gehäuse einiger Mollusken. Das Gehäuse ist durch dicke Linien angedeutet (F Fuß; A After; K Kiemen; M Mund).
1 Amphineuren (Käferschnecken)
2 Scaphopoden
3 Cephalopoden (Kopffüßer)
4 Lamellibranchier (Muscheln)
5 Gastropoden (Schnecken)
Nach R. C. MOORE (1952)

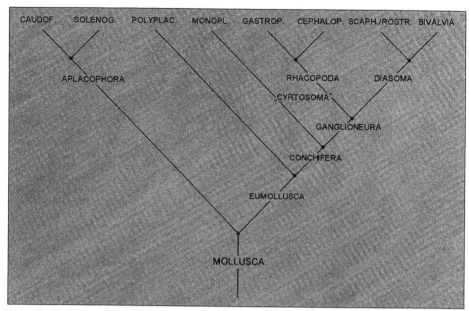

Abb. 75 Schema der Verwandtschaftsbeziehungen zwischen den Teilgruppen der Mollusca. Die Klassifikation der Mollusken ist in den letzten Jahren erheblich verändert worden. Während früher die beiden U.Stämme Amphineura (Polyplacophora, Aplacophora) und Conchifera (Monoplacophora, Gastropoda, Cephalopoda, Scaphopoda, Rostroconchia, Lamellibranchia) unterschieden wurden, sieht man heute in den Aplacophora die Schwestergruppe aller übrigen Mollusken, der Eumollusca. Unter diesen werden die Polyplacophora als Schwestergruppe der Conchifera angesehen; diese wiederum enthalten die Monoplacophora, Rhacopoda (Cephalopoda, Gastropoda) und Diasoma (Scaphopoda, Rostroconchia und Lamellibranchia). – Entwurf Th. ENGESER

beiden Enden zugespitzt, Strongyle beiderseits stumpf; Style haben ein zugespitztes und ein stumpfes Ende; Tylostyle sind an einem Ende knopfförmig verdickt, am anderen spitz, Amphityle beiderseits knopfförmig verdickt (Abb. 91, S. 186).

Monera (Pl.), Monere, *f* (gr. μονήρης einfach, einsam) (HAEKKEL), Synonym von → Prokaryota.

Monimostylie, *f* (STANNIUS 1846) (gr. μόνιμος feststehend, beständig; στΰλος Pfeiler, Stütze), → Streptostylie.

Monobathrida (MOORE & LAUDON 1943) (gr. μόνος allein; βάθρον Schwelle, Stufe), (Crinoid.): eine O. der Camerata, mit monozyklischer Basis. Vorkommen: U.Ordovizium–O.Perm.

monocolpat, monocolporat (gr. κόλπος Wölbung, Bucht), → Sporomorphae mit einem Colpus (monocolpat) bzw. einem solchen mit Porus (monocolporat).

Monocolpates (IVERSEN & TROELS-SMITH 1950), eine Abteilung der → Sporae dispersae; sie umfaßt Mikrosporen bzw. Pollenkörner mit einer von zwei Falten umrahmten Längsfurche.

Monocraterion (TORELL 1870), Lebensspur, Wohnbau: Vertikale Röhren. meist 5 mm Durchmesser und bis 10 cm Länge, gesellig. Vorkommen: Besonders im Kambrium–Silur, angegeben bis Trias.

monocrepid (gr. μόνος allein; κρηπίς Grundlage, Fundament), → Crepidom

Monodelphia (DE BLAINVILLE 1816) (gr. δελφύς Gebärmutter), Plazentalia, → Eutheria: so benannt. weil die weiblichen Geschlechtsorgane in einer einheitlichen Scheide ausmünden. Vgl. → Didelphia.

Monograptiden (Fam. Monograptidae) (LAPWORTH 1873) (gr. γραπτός geschrieben), einzeilige, von der → Sicula an aufsteigend wachsende, auf der Dorsalseite die → Virgula einschließende → Graptoloidea-Rhabdosome. Die M. stellen die wichtigsten Leitfossilien des Silurs und U.Devons (Abb. 76, S. 148).

Monokotyledonae, → Liliatae.

monolet (gr. ληθεῖν verborgen sein) heißt die ± geradlinige einfache → Dehiscensmarke von Sporen aus der (in einer Ebene angeordneten) Tetragonal-Tetrade (→ Tetrade).

Monoletes (IBRAHIM 1933). eine Abteilung der → Sporae dispersae; sie umfaßt Sporen mit einer ± geraden, als → Tectum ausgebildeten → Dehiscensmarke.

Monomerie, *f* (gr. μέρος Teil) → Segmentierung.

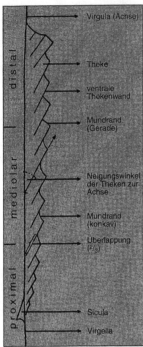

Abb. 76 Schema eines *Monograptus.* – Nach A. MÜNCH (1952)

monomyar (gr. μῦς Muskel), (Lamellibr.): mit nur einem (dem hinteren) → Schließmuskeleindruck versehen.
Monomyaria (LAMARCK 1807), → Schließmuskeleindrücke.
monophyletisch (gr. φυλή Stamm), i. S. von W. HENNIG eine Gruppe von Arten, die von einer (Stamm-) Art abstammt und alle aus dieser hervorgegangenen Arten umfaßt. Vgl. → paraphyletisch.
monophyodont (gr. φύειν wachsen; οδούς Zahn), → Gebiß.
Monoplacophora (Wenz 1940) (gr. πλάξ Platte; φέρειν tragen), Einplatter, mehr oder weniger bilateralsymmetrische Mollusken mit innerer Metamerie, einem unpaaren mützenförmigen Gehäuse und primär → orthoneuren Nervenbahnen Diese Kl. wurde im Zusammenhang mit der Entdeckung der rezenten *Neopilina galatheae* LEMCHE (1957) aufgestellt, ihre fossilen Vertreter galten bis dahin als primitivste Gastropoden (→ Amphigastropoda).

Die Kl. wurde von PEEL (1991) auf die Klassen → Tergomya und → Helcionelloida aufgeteilt. Vorkommen: Seit dem U.Kambrium.
Monopodium, *n* (gr. πούς, ποδός Fuß), (botan.): eine Hauptachse, von der seitlich schwächere Nebenachsen abgehen (= monopodiale oder razemöse Verzweigung, wie z. B. bei der Tanne) (Abb. 34, S. 61).
monoporat (gr. πόρος Durchgang, Weg), heißen → Sporomorphae mit einer einzigen Pore.
monoprionidisch (BARRANDE) (gr. πρίων Säge), (Graptolithen): einzeilig (= uniserial).
monosaccate (lat. saccus Sack) Sporen haben nur einen Luftsack (→ Saccus).
monoschizotom (gr. (σχίζειν spalten; τόμος das abgeschnittene Stück) (Ammonoideen): Spaltung von Flankenrippen an nur einem Spaltungspunkt. Vgl. → di-, → polyschizotom, → Rippenteilung.
Monospondylie, *f* (gr. σφόνδυλος Wirbel), → holospondyles Stadium.
monostich(al) (gr. στίχος Reihe) (Reptilien): → Exostichos; (→ Crinozoa): einzeilig (Anordnung der Brachialia im Armstamm).
monothalam (gr. θάλαμος Kammer), einkammerig.
Monotremata (BONAPARTE 1838) (gr. τρήμα Loch), (Ornithodelphia DE BLAINVILLE, Prototheria GILL) ‚Kloakentiere‘; drei rezente australische Gattungen sehr aberranter Säugetiere, welche einesteils Anklänge an Reptilien zeigen (Besitz einer Kloake, Eierlegen) andererseits Zeichen hoher Spezialisation (Besitz eines Schnabels, Unterdrückung des Gebisses usw.). Fossil seit M.Miozän. Vgl. → Prototheria.
Monotypie, *f* (gr. μόνος allein; τύπος Vorbild), → Typus-Art.
monozoisch (gr. ζώον Lebewesen), heißen Schwämme mit nur einem Osculum (→ Paragaster). Man sieht sie als Einzelindividuen an. Vgl. → polyzoisch.
monozygokrotaph, monozygal (GAUPP) (gr. ζυγόν Joch; κρόταφος Schläfe), mit einem Jochbogen versehen; vgl. → stegokrotaph.
monozyklisch (gr. κύκλος Kreis, Ring), → Kelchbasis der Crinoidea.

Monticuli, *m* (lat. monticulus kleiner Berg), 1. kleine flache warzenartige Gebilde auf der Oberfläche von → Stromatoporen und → Sclerospongea (Syn.: Mamelonen), vielfach in Verbindung mit → Astrorhizen. 2. vorragende Teile der Kolonieoberfläche von → Scleractinia, wie sie bei zirkummuraler Knospung entstehen. 3. bei einigen trepostomen → Bryozoen: Anhäufungen von → Kenozooecien und einzelnen größeren → Zooecien, die sich wie kleine Hügel über die Stockoberfläche erheben.
Moose, = → Bryophyta.
Mooskorallen, Moostierchen, = → Bryozoen.
Morphogenese, *f* (gr. μορφή Gestalt; γένεσις Entstehen), Entstehung und Entwicklung organischer Gestalten. In der Ontogenie bezeichnet M. den an die Histogenese (Gewebebildung) anschließenden Abschnitt der Organ- und Formenbildung. Vgl. → Morphographie.
Morphographie (H. POTONIÉ) (gr. γράφειν schreiben), die reine Beschreibung organischer Gestalten im Gegensatz zur deutenden → Morphologie und zur → Morphogenese. Reine M. ist im allg. eine Vorstufe zur → Morphologie.
Morphologie (gr. λόγος Kunde, Lehre), die erklärende und deutende Beschreibung organischer Gestalten. Vgl. → Morphographie.
Morphospezies, *f*, → Art.
Mosaikentwicklung, (= Watsonsche Regel): Die phylogenetische Umwandlung der Wirbeltiere geht heterochron, mosaikartig vor sich, indem die einzelnen Organe sich zu verschiedenen Zeiten, mit verschiedenem Tempo und weitgehend unabhängig voneinander umwandeln. Damit gibt es keinen Gesamtsprung zwischen den Typen, sondern nur schrittweisen, ungleichmäßigen, meist raschen Wandel = heterochrone Merkmalsverschiebung. Vgl. → Spezialisationskreuzung.
Mosasaurier (lat. Maas-Echsen), den heutigen Waranen ähnelnde, bis 12 m lange marine Eidechsen, in der O.Kreide weltweit verbreitet. (O.Squamata, U.O.Lacertilia).
Mucro, *m* (lat. Spitze, Dolch) (Belemn.): bei einigen Gattungen (→

Mucronati) dem stumpfen Hinterende aufgesetzte kurze Spitze.

mucronat (lat. mucronatus), mit einer abgesetzten Spitze versehen.

Mucronati, Belemniten der höheren Kreide mit ‚Mucro' und einem bis zur Spitze des → Phragmokons reichenden Alveolarschlitz (Abb. 12, S. 28).

Mudde, *f* (C. A. WEBER 1902), ein aus organischen Stoffen bestehendes limnisches Sediment, unter Sauerstoffmangel faulend, synonym dem → Organopelit.

Mündungsrand, allgemein: → Peristom; (Gastropoden): der die Mündung umgebende Gehäuserand heißt Peristom; er besteht aus Außenlippe (Labrum) und Innenlippe (Labium). Der obere Teil der Außenlippe heißt Palatal- der untere Basalrand. Bei der Innenlippe heißt der obere, vom vorletzten Umgang gebildete Teil Parietalrand, der untere, von der Spindel gebildete Spindel- oder Columellarand. Die Innenlippe kann als Fortsetzung des Hypostracums die Gehäuseinneren eine ± ausgedehnte glatte Kallus-Bildung aufweisen. Die Mündung ist holostom, wenn Außen- und Innenlippe ohne Unterbrechung ineinander übergehen, siphonostom, wenn sie unten einen Ausschnitt (Ausguß) besitzt; dieser kann in einen ± langen Kanal (Siphonalfortsatz bzw. -kanal) verlängert sein. Die Außenlippe kann einen Einschnitt oder Schlitz besitzen, der beim Weiterwachsen durch ein Schlitzband (= → Selenizone) verschlossen wird. Seine Lage kann durch einzelne Öffnungen (Tremata) verfolgbar sein (Abb. 54, S. 84).

Multangulum majus und **minus,** *n* (lat. multus viel; angulus Winkel; majus größer; minus kleiner), Trapezium und Trapezoid, großes und kleines Vielecksbein, Bezeichnungen der Human-Anatomie für das Carpale I und II des Menschen (→ Carpus).

multispiral, aus vielen Windungen bestehend, vgl. → Embryonalgewinde.

multituberculär (lat. tuberculum kleiner Höcker), vielhöckerig.

Multituberculata (COPE 1884), eine ausgestorbene, sehr langlebige O. primitiver, abseitig entwickelter Säugetiere mit vielhöckerigen Molaren, nagetierartigen Schneidezähnen und meist jederseits einem sehr großen, schneidenden unteren Prämolaren. Die Tiere waren in der Mehrzahl relativ große Pflanzenfresser. Wegen gewisser äußerer Ähnlichkeiten mit den Marsupialiern hat man sie früher zu diesen gerechnet; heute sieht man sie als eine von den übrigen Säugetieren unabhängig entstandene, zeitweilig sehr erfolgreiche Linie an. Charakteristische Gattungen: *Ctenacodon, Ptilodus, Taeniolabis.* Vielleicht haben die → Triconodonta ihnen nahe gestanden. Vorkommen: (O.Trias), Jura–Eozän.

multivinculär (W. H. DALL 1895) (lat. vinculum Fessel) heißt die Ausbildung des Ligaments von Muscheln wie bei der Gattung *Isognomon:* in mehreren Gruben nebeneinander, durch Zwischenräume getrennt (eine in gleichen Zwischenräumen wiederholte → alivinculäre Ausbildung); die neuen Gruben fügen sich am Hinterrande an. → Ligament.

Mumien (STEINMANN 1880), Syn. von (relativ großen) → Onkoiden.

Munddach, vgl. → primares M., → sekundäres M. (Abb. 77).

mural (lat. muralis: zur Mauer gehörig).

Muscheln, = → Lamellibranchia.

Muschel- (Schalen-) pflaster, artenarme, flächenhafte Anreiche-

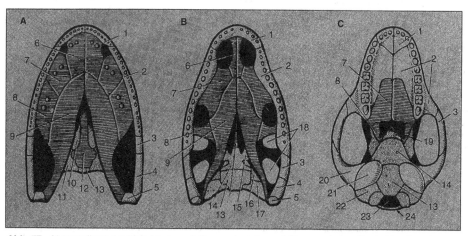

Abb. 77 Umwandlung des Munddaches. A Crossopterygier und Stegocephalen, B primitive Reptilien, C Säuger (sekundäres Munddach). 1 Praemaxillare, 2 Maxillare, 3 Jugale, 4 Quadratojugale, 5 Quadratum, 6 Praevomer, 7 Palatinum (Dermo-Palatinum), 8 Ectopterygoid, 9 Entopterygoid, 10 Sphenethmoidale, 11 otische Zone, 12 Parasphenoid, 13 Basioccipitale, 14 Basisphenoid, 15 Basispterygoidfortsatz, 16 Prooticum, 17 Opisthoticum, 18 Augen- und Schläfenfenster, 19 Praesphenoid, 20 Squamosum, 21 Tympanicum, 22 Exoccipitale, 23 Hinterhauptsloch, 24 Supraoccipitale. – Nach PORTMANN (1959)

rung von isolierten Muschelklappen, Schneckengehäusen usw., meist nach der Größe bzw. Transportierbarkeit sortiert und entsprechend der → Einkippungsregel mit der konvexen Seite nach oben eingekippt. Es entsteht i. d. Regel in Ufernähe, ist kein Anzeichen für Massensterben.

Musci (lat. muscus Moos), Laubmoose; → Bryophyta.

Mutation, *f* (lat. mutatio Änderung), i. S. von DE VRIES 1901: Sprunghafte Änderung des Erbgefüges; i. S. von WAAGEN 1969: Die einzelne Stufe einer gradlinig sich entwickelnden phylogenetischen Reihe (obsol.), vgl. → Aristogen.

Mutualismus, *m* (lat. mutuo gegenseitig). Beziehungen zwischen Organismenarten, die gegenseitig nützlich, aber nicht lebensnotwendig sind.

Myaciten, (nach der Gattung *Mya),* allgemeine Bez. für die völlig zahnlosen desmodonten, ± unskulpierten Muscheln vom Muschelkalk bis zur Kreide.

Mycophyta, → Fungi.

Myelencephalon, *n* (gr. μυελός Mark; εγκέφαλος Gehirn), Nachhirn. Vgl. → Rhombencephalon. Ursprünglich ist das M. das Zentrum für das statische Organ und die Organe der Seitenlinie. Sein basaler Teil leitet als Medulla oblongata zum Rückenmark über.

Mykorrhiza, *f* (gr. μύκης, ητος Pilz; ρίζα Wurzel), innige (symbiotische) Verbindung der Wurzeln von höheren Pflanzen mit Pilzen, vor allem Ständerpilzen. M. sind bereits von karbonischen Cordaiten-Wurzeln beschrieben worden.

Myodocopida (SARS 1866) (gr. μυώδης muskulös; κώπη Ruder),

eine O. der → Ostrakoden. Sie enthält überwiegend pelagische Formen und umfaßt die U.O. → Myodocopina und → Cladocopina. Vorkommen: Seit dem Ordovizium.

Myodocopina (SARS 1866) (= Myodocopa), eine U.O. der Myodocopida; sie umfaßt → Ostrakoden mit → Rostral-Inzisur und → Rostrum; bes. bei paläozoischen Formen gut entwickelte Medianfurche; Schale meist schwach oder nicht verkalkt; Dorsalrand gerade oder konvex; ohne Schloßzähne. Planktisch. Vorkommen: Seit dem Ordovizium.

Myodom(a), *m* (gr. μῦς, μυός Maus, Muskel; lat. doma, -atis, m, Haus), Augenmuskelkanal; ein weiter, paariger Kanal in der Basis der Ethmoidalregion des → Neurocraniums der → Teleostei für den Durchtritt von Augenmuskeln (Abb. 114, S. 238).

Myoida (STOLICZKA 1870), eine O. dünnschaliger, grabender sinupalliater heterodonter Muscheln, Schloß mit nur einem Kardinalzahn jederseits oder ganz zahnlos (z. B. *Pholas, Teredo).* Vorkommen: Seit dem Karbon.

Myomeren, *n* (gr. μέρος Teil), oder Myokommata, Sing. Myokomma, *n* (gr. κόμμα Abschnitt), die segmentalen Abschnitte der Rumpfmuskulatur der Wirbeltiere, bes. deutlich bei *Amphioxus* und den Fischen erkennbar.

Myomorpha (BRANDT 1855) (gr. μορφή Gestalt), Mäuseartige; eine U.O. der → Rodentia; fossil ab Eozän.

Myophor, *m* (gr. φέρειν tragen), allgemein: Bez. für Gebilde, welche dem Ansatz von Muskeln dienen.

Myriapoda (LATREILLE 1796) (gr. μύριοι 10 000; πούς, ποδός Fuß),

Tausendfüßer; eine Gruppe der mit Tracheen atmenden Arthropoden (Tracheata), mit zahlreichen (bis zu 175) Segmenten und deutlich abgesetztem Kopf. Ihre terrestrische Lebensweise, Kleinheit und geringe Festigkeit des chitinigen, nur selten etwas verkalkten, leicht zerfallenden Teguments erklärt die große Seltenheit fossiler Tausendfüßer. Für die Stammesgeschichte der sehr alten, den Insekten nahestehenden, vielleicht polyphyletischen Gruppe bieten die wenigen fragmentären Funde wenig. Fossil bedeutsam ist die Kl. Diplopoda, bei der die Chitinschicht häufig verkalkt ist. Zu ihnen gehört die Mehrzahl der fossilen Myriapoden-Reste. Bei der Kl. Chilopoda ist das erste Fußpaar hinter den drei Kiefern mit Giftdrüsen besetzt; carnivor. Vorkommen: Seit dem O.Silur. Den M. wird hier auch die oberkarbonische Kl. → Arthropleurida zugeordnet.

Mytiloida (FÉRUSSAC 1822), eine O. gleichklappiger, stark ungleichseitiger Muscheln, mittels Byssus angeheftet oder grabend, heteromyar, mit zahnlosem Schloßrand *(Mytilus, Pinna).* Vorkommen: Seit dem Devon.

Myxomycetes, Schleimpilze, eine Kl. der Myxophyta (Pilze). Der einzige sichere fossile Fund wurde aus dem baltischen Bernstein beschrieben.

Myzostomida (GRAFF 1884) (gr. μύζειν saugen; στόμα Mund), eine Kl. der → Anneliden. Die M. leben als 3–5 mm lange Parasiten an Echinodermen und verursachen teilweise gallenartige Cysten an Crinoidenstielen. Fossil seit dem Silur.

Nabel, Umbilicus; (Ammoniten und Gastropoden): die von den Flanken der Windungen begrenzte trichterförmige Einsenkung des Gehäuses, bei Gastropoden nur von solchen Gehäusen, bei denen die Innenseiten der Umgänge einander

nicht berühren. Ein falscher N. (Pseudumbilicus) ist auf den letzten Umgang beschränkt. Eine Nabelschwiele oder die umgeschlagene Innenlippe können den N. ganz oder bis auf eine Nabelritze (= rimater N.) schließen.

Gehäuse mit N. heißen omphalid, solche, deren N. durch Kallusbildungen ± verdeckt ist, cryptomphalid; anomphalide Gehäuse besitzen überhaupt keinen N., phaneromphalid sind Formen mit weit offenem N.

Nabelwand, (Ammoniten): derjenige Teil der Windungsflanke, der zum Nabeltrichter hin abfällt (bei gleichmäßig flacher Flanke ist keine Nabelwand ausgebildet). Die N. kann außen durch eine Nabelkante begrenzt sein.

Nackenband, = → Ligamentum nuchae.

Nackenring, -furche, → Trilobiten.

Nacrosepten (ERBEN, FLAJS & SIEHL 1969) (arab. naqqāra, pers. nakar hartglänzend, Perlmutt), die auf Pro- und Primärseptum folgenden, aus Perlmutt bestehenden Septen der Ammoniten, im Gegensatz zu den aus Prismen aufgebauten ersten beiden.

Naht, Sutur(a), (Ammoniten und Gastropoden): die spiralförmige äußere Berührungslinie zwischen je zwei aufeinanderfolgenden Windungen. Bei Ammoniten wird das lat. Wort für N. (sutura) außerdem für die Lobenlinie (‚Sutur‘) gebraucht. Der Begriff → Suturallobus bezieht sich dagegen auf die Windungsnaht.

Nahtlobus, ein im Bereich der Naht gelegener Lobus. Manchmal wird darunter ein → Suturallobus verstanden. Vgl. → Kehllobus, → Lobenlinie.

Nannoconus (KAMPTNER 1931) (gr. νάννος Zwerg; lat. nanus Zwerg; conus Kegel), kleine (10–18 μm lange) kalkige, aus zahlreichen keilförmigen Elementen zusammengesetzte, von einem Zentralkanal durchzogene Körper unbekannter Affinität. Die Organismen treten nur an der Jura/Kreide-Grenze der Tethys, aber in ungeheuren Mengen auf, vergesellschaftet mit → Calpionellen.

Nannofossilien, sehr kleine Mikrofossilien, deren Untersuchung mehrhundertfache Vergrößerung erfordert. Dazu gehören z. B. die → Coccolithen, → Hystrichosphären, → Radiolarien usw.

Narbe, Cicatrix (Cephal.): vorwiegend schlitzförmige Schaleneinbiegung bzw. Skulptur mit vielfach leicht erhöhten Rändern auf dem Scheitel der Anfangskammer von Cephalopoden (± regelmäßig bei → Nautiloidea, selten bei → Ammonoidea). Sie steht vermutlich im Zusammenhang mit dem → Sipho oder → Prosipho.

Nariale, n (WEGNER 1922), Os nariale; → Septomaxillare.

Naris, f, Pl. Nares (lat.), das Nasenloch. Nares bedeutet auch die Nase im Ganzen, als Geruchsorgan.

Nasale, n (lat. nasus Nase), Nasenbein, ein paariger, als → Deckknochen entstandener Knochen des vorderen Schädeldaches aller Wirbeltiere, vor dem → Frontale gelegen. Er bildet die hintere Grenze der äußeren Nasenöffnung (Abb. 101, S. 211).

Nasenmuscheln, = → Conchae nasi.

Nasoturbinale, n (lat. turbo Wirbel, Windung), → Turbinale.

Nassellaria (EHRENBERG 1875) (lat. nassella kleine Fischreuse) (O. der Ü.O. Polycystina), → Radiolarien mit polar gebauter, mit einer einzigen Hauptöffnung versehener Zentralkapsel. Grundform des kieseligen Skelets ist eine tetraxone Nadel. Deren drei nach unten gerichtete Strahlen bilden das basale Tripodium (den basalen Dreifuß), der vierte, nach oben gerichtete Strahl ist die Apikalnadel. Vermehrung und Verzweigung der Nadeln führt zum plectoiden Typ, die Vereinigung zweier Nachbarstrahlen zu einem geschlossenen Ring (dem Sagittalring) zum cir-

coiden (= stephoiden) Typ. Völlig gegitterte N.-Skelete heißen cyrtoid. N.-Skelete sind mono- oder polythalam. Bei polythalamen heißt die erste Kammer Cephalis (= Capitulum), die weiteren, durch Septen abgeteilten Kammern Thorax, Abdomen, alle weiteren Postabdomen. Vorkommen: Im Altpaläozoikum noch nicht sicher bekannt, seit dem Mesozoikum gut vertreten.

Natantia (lat. natare schwimmen), → Macrura.

Nates (lat. natis. f, Hinterbacke, plur. nates Gesäß), (Lamellibr.): Syn. für Wirbel (= Umbones). Obsolet.

Nauplius, m (O. F. MÜLLER) (gr. ναύπλιος bei PLINIUS ein Wassertier, das seine Schale wie ein Schiff gebraucht [von ναῦς Schiff]), Larvenform vieler → Crustaceen, mit einem unpaaren medianen Auge und drei Beinpaaren.

Nautilida (AGASSIZ 1847), Nautiliden im engeren Sinne (O. Nautilida in der U.Kl. → Nautiloidea): die orthoconen bis eingerollten Formen mit engem Sipho und meist wenig ausgeprägter Skulptur. Dazu der rezente *Nautilus*. Vorkommen: Seit dem Ordovizium.

nautiloid (nautilikon) (gr. εἶδος Gestalt), eine Art der Einrollung, mit einander berührenden oder

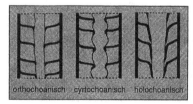

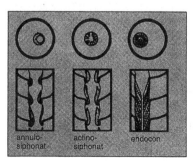

Abb. 78 Die wichtigsten Ausbildungsarten des Siphonalapparates bei Nautiliden. – Umgezeichnet nach A. G. FISCHER (1952)

Abb. 79 Schematische Darstellung der bei Nautiliden vorkommenden endosiphonalen Kalkausscheidungen (punktiert). Obere Reihe im Querschnitt, untere im Längsschnitt. – Umgezeichnet nach A. G. FISCHER (1952)

umfassenden Umgängen und ±
weiter Nabellücke.

Nautiloidea, Nautiloideen (gr.
ναυτίλος Schiffer, Seemann), →
Cephalopoden mit gerade gestrecktem bis spiralig eingerolltem
äußerem Gehäuse, nach Form und
Lage sehr wechselndem, aber meist
dünnem Sipho und einfacher →
Lobenlinie. Siphonalhüllen meist →
retrochoanisch, → Intracameralbil-
dungen weit verbreitet, Septen meist
nach vorn konkav (procöl); Anzahl
der Kiemen unbekannt, vermutlich
waren viele → tetrabranchiat, wie
die einzige rezente Gattung →
Nautilus. Die N. entwickelten im
Ordovizium und Silur sehr groß-
wüchsige, überwiegend gerade gestreckte (orthocone) Formen. Vom
Ende des Paläozoikums an hielten
sich nur noch die eingerollten Formen. Als Leitfossilien haben die N.
nie eine wesentliche Rolle gespielt.
Vielfach schließt man den N. als
Nautiliden i. w. S. außer den hier
angegebenen Formen auch die →
Endoceratoidea, die → Actinoceratoidea und die → Bactritoidea,
also alle altpaläozoischen Cephalopoden an. Für diese ziemlich heterogene Gruppierung wird hier der
Name Palcephalopoda gebraucht.

Nautilus pompilius LINNÉ. (gr.
πομπίλος ein Meerfisch, der die
Schiffe begleitet), gemeines
Schiffboot, Perlboot, bekannteste
rezente Art der Gattung *Nautilus*
(→ Nautilida), mit vier Kiemen,
etwa 90 Tentakeln ohne Saugnäpfe
und einem aus dem rinnenförmig
eingebogenen Fuß gebildeten
Trichter. *N.* besitzt ein äußeres, in
etwa 3 Windungen spiralig aufge-
rolltes Gehäuse von etwa 20 cm
Durchmesser. Der Weichkörper
sitzt in dem nach vorn offenen, er-
weiterten, letzten Drittel des letzten
Umgangs, der sog. Wohnkammer.
Querwände (Septen) unterteilen den
dahinter liegenden Teil des Gehäuses, den Phragmokon, in rund
30 Kammern. Ein Weichkörper-
strang, der Sipho, durchzieht den
Phragmokon bis zur ersten Kammer.
– Verbreitet im östl. Indik und westl.
Pazifik.

Naviculare, *n* (lat. navicula kleines
Schiff), Kahnbein; 1. Os naviculare
pedis: kahnförmig gebogener

Knochen im menschlichen Tarsus
(verschmolzene → Centralia); 2. Os
naviculare manus: Knochen der
Handwurzel (Syn. Scaphoid, =
Radiale) (Abb. 24, S. 40).

Naviculocuboid, *n* (gr. κύβος
Würfel), ein Tarsalelement aus den
miteinander verschmolzenen Cuboid und Naviculare pedis; bei den
Bovinae (Artiodactyla).

Neandertaler (n. dem Neandertal
bei Düsseldorf), → Hominidae.

neanisch (gr. νεάνις jugendlich),
spätjugendlich; → Wachstumsstadien.

Nebenformen, ammonitische, =
→ Heteromorphe, heteromorphe
Ammoniten.

Nectridia (MIALL 1875), eine den
Amphibien zugerechnete O. meist
kleiner, aquatisch lebender → Lepospondyli des O.Karbons und
Perms, teils aalartig langgestreckt,
teils breiter und mit Schädeln, bei
denen → Tabulare und → Squamosum zu hornartigen seitlichen
Gebilden ausgewachsen sind.

Nekroplankton, *n* (gr. νεκρός tot;
πλαγκτός umhergetrieben), nach
Joh. WALTHER die gaserfüllten
Hartgebilde von Organismen, wenn
sie postmortal verdriftet werden
(Radiolarien, Globigerinen, Ammoniten usw.).

nekrotisch nennt man die Vorgänge um den Tod, seine Ursachen
und seinen Verlauf. Tod aus Al-
tersschwäche ist die große Ausnahme, viel häufiger sind andere
Ursachen wie: Gefressenwerden,
Ersticken, Verhungern, Verdursten,
Krankheiten, Vergiftung usw.

Nekrozönose (gr. κοινός gemeinsam), Grabgemeinschaft aus
autochthonen, am Lebensort eingebetteten Organismen (z. B. mit
Muscheln in Lebensstellung). Vgl.
→ Liptozönose, → Thanatozönose.

Nekton, *n* (HAECKEL 1890) (gr.
Verbaladj. νηκτός schwimmend),
die Schwimmwelt: an rasche aktive Bewegung angepaßte Organismen. Außer den Wirbeltieren
haben nur die Arthropoden (langschwänzige Dekapoden) und die
Mollusken (dibranchiate Cephalopoden) nektische Formen entwik-
kelt. (Die adjektiv. Form ist vom
Wortstamm [Nekt-] zu bilden, daher nektisch).

Nema, *n* (LAPWORTH 1897; Syn.
Nemacaulus RUEDEMANN 1904)
(gr. τό νήμα Faden, καυλός Stengel, Stamm), eine fadenartige Verlängerung der → Sicula von →
Graptolithen über die → Prosicula
hinaus. Bei Formen mit freien Armen wächst sie frei nach oben, bei
den zweizeiligen Formen mit auf-
gerichteten und verschmolzenen
Armen (scandent) und bei den sekundär einzeilig gewordenen Monograptiden wird das N. in das
Rhabdosom hineingenommen und
heißt dann Virgula (solide Achse,
Achsenfaden). Graptolithen mit
einfachem N. nannte FRECH →
Axonolipa (da die Zweige selbst
keinen Achsenfaden enthalten),
solche mit Virgula → Axonophora.
Die Termini N. und Virgula bezeichnen Teile desselben Gebildes,
deren verschiedene Lage (außerhalb
oder innerhalb des Rhabdosoms)
lediglich vom Grad der Aufrichtung
der Koloniezweige abhängt. Deshalb und wegen der Unmöglichkeit
einer befriedigenden Abgrenzung
wird die Frechsche Gliederung
heute kaum noch verwendet (Abb.
76, S. 148).

Nemathelminthes, Aschelminthes
(gr. ἕλμινς, -ινθος Eingeweidewurm; ασκός Haut, Schlauch),
Rund- oder Schlauchwürmer; ohne
erhaltungsfähige Hartteile, deshalb
fossil nur unter außergewöhnlichen
Umständen erhalten. wie z. B.
Gordius tenuifibrosus VOIGT aus der
eozänen Braunkohle des Geiseltals
b. Halle. Vgl. → Pseudocoelomata.

Nematocyste, *f* (gr. κύστις Blase),
(Cnidaria): Nesselkapsel; von einem
Sekret erfüllte Kapsel im Cytoplasma besonderer Nesselzellen des
Ektoderms von Cnidariern, in der
ein stachelbewehrter Schlauch
aufgerollt liegt. Bei Berührung eines borstenartigen Fortsatzes der
Nesselzelle, des Cnidocils, schnellt
der Schlauch heraus, dringt in das
Beutetier und spritzt das Kapselse-
kret in die Wunde. Außer zum
Beutefang auch zur Verteidigung
verwendet.

nematophor (KOZLOWSKI 1971),
→ Sicula.

Nematophyta, eine Gruppe wahrscheinlich amphibisch lebender, auf
Silur und Devon beschränkter

Pflanzen, deren Thalli aus miteinander verflochtenen Zellfäden bestanden. Sie machen den Eindruck von Holz, besitzen aber weder Markstrahlen noch irgendwelche Zellstrukturen. Hauptgattungen sind *Prototaxites* und *Nematothallus*. Die systematische Stellung der hier als eigene Abteilung behandelten Gruppe ist unsicher.

Neoammonoidea (WEDEKIND) (gr. νέος jung, neu), ,Jungammoniten', Ammonoidea aus Jura und Kreide, mit bipolarer (Loben und Sättel betreffender, ,ammonitischer') Zerschlitzung der Lobenlinie.

Neocephalopoda (LEHMANN 1977), Zusammenfassung (Infraklasse) der Cephalopoden-U.Kl. Ammonoidea und Coleoidea gegenüber den Palcephalopoda mit den U.Kl. Endoceratoidea, Actinoceratoidea und Nautiloidea.

Neocoelemata, eine Zusammenfassung der Spiralia (Articulata, Mollusca u. a.) und Chordata wegen ihrer Übereinstimmungen in der Coelom-Gliederung. Vgl. → Archicoelomata.

Neocranium, *n* (FÜRBRINGER) (gr. κρανίον Schädel), der sekundär aus aufgenommenen Wirbelanlagen aufgebaute hintere Teil des → Primordialcraniums (= Regio occipitalis). Er läßt sich nach dem Zustand der spinooccipitalen Nerven wieder unterteilen in einen vorderen Abschnitt (= protometameres N.) mit stark rückgebildeten und einen hinteren Abschnitt (= auximetameres N.) mit besser erhaltenen Nerven.

Neodarwinismus, die auf WEISMANN und DE VRIES zurückgehende heutige Form des → Darwinismus: sie lehnt im Gegensatz zu DARWIN die Vererbung ,erworbener Eigenschaften' ab. Die bei DARWIN unklaren und vieldeutigen ,Variationen' werden in nicht erbliche Modifikationen und erbliche Mutationen geschieden. Das Prinzipielle ist geblieben: Ungerichtete erbliche Veränderungen, aus denen selektiv bestimmte Richtungen ausgelesen werden.

Neogastropoda (WENZ 1938) (Syn.: Stenoglossa), die jüngste und am stärksten spezialisierte Gruppe der → Caenogestropoda, mit si-

phonostomem → Mündungsrand. Vorkommen: Seit dem Ordovizium.

Neogenese (gr. γένεσις Erschaffung). nannte FEJÉRVÁRY die Neubildung von Organen, welche vollkommen, auch in der Ontogenese, verschwunden waren.

neognath (gr. γνάθος Kinnbacken. Kiefer), vgl. → palaeognath.

Neognathae, Flugvögel, eine Ü.O. der Vögel (→ Carinatae), welche die große Mehrzahl der heutigen flugfähigen Vögel und ihre Vorfahren umfaßt.

Neolamarckismus, auf E. D. COPE (1840–1897) und A. PAULY (1850–1914) zurückgehender Versuch, LAMARCKs Gedankengut wieder zu beleben. Der treibende Faktor der Entwicklung soll nach ihrer Ansicht im Psychischen liegen (,Psycholamarckismus'); der gesamten Materie wird die Fähigkeit zugeschrieben, auf Veränderungen in der Außenwelt zweckmäßig zu reagieren. →Lamarckismus, →kybernetische Evolution.

Neoloricata (BERGENHAYN 1955) (lat. lorica Panzer), eine O. der → Polyplacophora; sie umfaßt Formen, deren Schalen neben der Tegment-Schicht auch ein →Articulamentum besitzen. Dieses greift, außer bei den primitivsten Angehörigen der O., in Gestalt von Apophysen und Insertionsrändern über den Rand des → Tegmentums hinaus. Vorkommen: Seit dem Ordovizium.

Neometabola (gr. μεταβολή Umwandlung) heterometabole Insekten, deren Metamorphose eine Verzögerung der Flügelentwicklung einschließt.

Neomorphose-Theorie der Evolution (K. BEURLEN 1933) (gr. μόρφωσις Gestaltung) eine Theorie über den Ablauf des stammesgeschichtlichen Entwicklung, deren geschichtlichen Charakter betont: Ergebnis einerseits der Anlagen des Organismus, andererseits der Einwirkungen der Umwelt. BEURLEN unterschied drei Phasen: auf eine plastische Frühphase mit explosiver Formaufspaltung folgt eine Phase der orthogenetischen Ausgestaltung mit → Parallelentwicklung und → iterativer Formbildung; die dritte oder Spätphase

ist durch Überspezialisierungen usw. gekennnzeichnet. Sind die Entwicklungsmöglichkeiten eines Typs (Stammes) durch Spezialisierungen erschöpft, so stirbt er entweder aus oder verjüngt sich auf dem Wege der Neomorphose (= fest in den Entwicklungsgang eingebaute → Neotenie) radikal, indem kleine, jugendlich undifferenzierte Formen entstehen, jedoch auf insgesamt höherer Organisationsstufe; sie beginnen einen neuen Zyklus nach Art des oben beschriebnen. Vgl. → Typostrophentheorie.

Neontologie, die Wissenschaft von den heutigen (rezenten) Lebewesen im Gegensatz zur → Paläontologie.

Neopallium, *n* (gr. νέος neu; lat. pallium Mantel), die Großhirnrinde; ein vor allem den Säugetieren eigener Typ der Rindenfläche, welcher als großes Assoziationszentrum zum Weisungszentrum und Sitz von Gedächtnis und Bewußtsein geworden ist. Vgl. → Telencephalon.

neoplastische Verknöcherung (gr. πλάττειν bilden, formen), → Osteogenese.

Neopterygii (REGAN 1923) (gr. πτέρυξ Flügel, Flosse), zusammenfassend für die → Holostei und → Teleostei. Gemeinsam ist ihnen, daß die Radialia (Radien) der unpaaren Flossen nur je einen Flossenstrahl tragen, auch besitzen sie entweder keine Ganoidschuppen oder nur solche ohne Cosminschicht. CARROLL (1993) gliederte die N. in: 1. Chondrostei, 2. Neopterygii. Die → Holostei früherer Autoren nannte man Niedere Neopterygii gegenüber den modernen Knochenfischen, den Teleostei oder Höheren Neopterygii. Vorkommen: Seit dem O.Perm. Vgl. → Actinopterygii.

Neornithes (GADOW, 1893) (gr. ὄρνις, ιθος Vogel), Syn. von → Ornithurae. Vgl. → Aves.

Neotenie (KOLLMANN 1885) (gr. νέος jung, τείνειν hinhalten, sich anspannen), das Geschlechtsreifwerden auf einem frühen Stadium der Ontogenie. N. wird regelmäßig beim *Axolotl* (*Ambystoma mexicanum*, mexikanischer Querzahnmolch) beobachtet; unter bestimmten Umständen tritt sie auch bei

Wassersalamandern und bei Termiten auf. Vgl. → Neomorphose-Theorie.

Neotremata (BEECHER 1891) (gr. τρημα Loch, Öffnung), eine Gruppe der → Inarticulata (Brachiop.), meist hornschalig; das Stielloch in der → Stielklappe wird oft durch ein → Listrium wieder geschlossen; → Homoeodeltidium und → Homoeochilidium kommen vor. Vorkommen: Seit dem Kambrium.

Neotypus, *m,* → Spezietypus.

nepionisch (gr. νέποδες Kinder), frühjugendlich. Vgl. → Wachstumsstadien.

nephrolepidin (gr. νεφρός Niere; λεπίς Schale, Schuppe), → Nucleoconch.

Nereites (MAC LEAY 1839) (nach der rezenten Gattung *Nereis),* Lebensspur: Mäandrierende Weidespur mit schmalem Mittelteil und regelmäßig angeordneten beiderseitigen blattförmigen Eindrücken; nach R. RICHTER von Anneliden, nach O. ABEL von Gastropoden verursacht. Vorkommen: Ordovizium–Tertiär.

Neritimorpha (GOLIKOV & STAROBOGATOV 1975), eine U.Kl. der Gastropoda. Planktotrophe Larve. Beispiele: *Nerita, Platyceras.* Vorkommen: Seit dem Ordovizium.

neritisch (HAUG 1908–1911) (nach dem Namen der griech. Meeresnymphe Nerine), dem lichtdurchfluteten Flachmeerbereich zugehörig. Man rechnet ihn bis etwa 200 m Tiefe, d. h. bis zum Schelfrand. Vgl. → bathymetrische Gliederung.

Nervus, *m,* Nerv: sprachliche Ableitung der Hirnnerven: N. abducens (VI) (lat. wegführend, von abducere); N. accessorius (XI) (lat. hinzukommend, von accedere); N. facialis (VIII) (lat. facies Gesicht; facialis zum Gesicht gehörig); N. glossopharyngeus (IX) (gr. γλῶσσα Zunge; φάρυγξ Schlund); N. hypoglossus (XII) (gr. υπό unter; γλῶσσα Zunge); N. oculomotorius (III) (lat. oculus Auge; motorius der Bewegung dienend); N. olfactorius (I) (lat. dem Riechen dienend, von olfacere riechen); N. opticus (II) (gr. οπτικός zum Sehen gehörend); N. statoacusticus (VIII) (gr. στατός stehend; ακουστικός das Hören betreffend); N. trigeminus (V) (lat.

tres drei; geminus von Geburt doppelt, hier = dreigeteilt); N. trochlearis (IV) (lat. = in Beziehung zur Rolle stehend); N. vagus (X) (lat. = umherschweifend). Vgl. → Hirnnerven (Abb. 44, S. 76).

Nesselzelle, mit einer Nesselkapsel (→ Nematocyste) ausgestattete Zelle des Ektoderms von → Cnidaria.

Neunauge, → Cyclostomata.

Neuralbogen (gr. νεῦρον Sehne, Nerv), Neurapophyse, Neurozentrum; ,oberer Bogen'; der das Rückenmark umschließende obere Teil des Wirbels von Tetrapoden. Er ist bei den höheren Tetrapoden vorwiegend aus dem Basidorsale hervorgegangen (→ Bogentheorie der Wirbelentstehung) (Abb. 43, S. 75)

Neurale, *n* (Pl. -ia) (gr. νεῦρον Sehne, Nerv. Hier: in Beziehung zum Neuralbogen stehend). → Panzer der Schildkröten (Abb. 102, S. 212).

neurales Endocranium (gr. ένδον innen; κρανίον Schädel). = → Primordialcranium.

Neuralrohr, zentrales Nervenrohr der Wirbeltiere; aus ihm entstehen Gehirn und Rückenmark; aus dem prächordalen Abschnitt des N. wird das → Archencephalon. Vgl. → Encephalon.

Neurapophyse (gr. απόφυσις Auswuchs [an Knochen]), = → Neuralbogen.

Neurocranium, *n* (gr. κρανίον Schädel), Hirnschädel; die das Gehirn umschließende knorpelige oder knöcherne Kapsel. Vgl. → Kopfskelet (Abb. 91, S. 186).

Neuromasten, *m* (gr. μαστός Brustwarze, Anhöhe), Sinneszellen, vgl. → Seitenlinie (Abb. 107, S. 215).

Neuropodium, *n* (gr. νευρά Sehne, Schnur; πούς, ποδός Fuß, Bein) (Polychaeta), → Parapodium.

Neuropterides (gr. πτέρις oder πτερίς Farnkraut), → Pteridophyllen mit neuropteridischen, großen, bis vierfach gefiederten Wedeln, welche im tieferen Westfal in zahlreichen Arten vorkamen und im Rotliegenden ausstarben. Es sind ausschließlich → Pteridospermales. W. GOTHAN hat sie eingeteilt in die N. imparipinnatae, deren Wedel mit einem (unpaaren) Fiederblätt-

chen abschließen, und die N. paripinnatae, deren Wedel zwei (paarige) Endblättchen besitzen. Vgl. → Cyclopteris. Abb. 63, S. 114.

neuropteridisch, eine Form der Blättchen bei → Pteridophyllen (Abb. 94, S. 196).

Neuropteroidea (HANDLIRSCH 1903) (gr. πτερόν Flügel; εἶδος Aussehen), Netzflügler: Kleine, holometabole Insekten mit flächenhaft entwickelten, netzartig geäderten Flügeln, von denen meist das vordere Paar das größere ist. Vorkommen: N. sind bereits aus dem Perm bekannt.

Neurozentrum (gr. κέντρον Stachel, Mittelpunkt), neutrale Bez. für den oft durch eine Naht vom Wirbelkörper getrennten verknöcherten Neuralbogen (Abb. 43, S. 75).

Netzaderung, → Pteridophyllen.

n. gen.; n. sp. (lat. novum genus, nova species neue Gattung, neue Art), steht zur Kennzeichnung einer neuen → Gattung bzw. → Art durch die ganze Originalpublikation (und nur dort!) anstelle des Autornamens.

Nidamentaldrüse (lat. nidamentum Material zum Nest), eine Drüse der weiblichen → Cephalopoden (Tintenfische, *Nautilus);* sie sondert ein klebriges Sekret zur Befestigung der Eier ab. Beim weiblichen *Nautilus* verursacht die N. einen Abdruck auf der Innenseite der Wohnkammer.

Nilssoniales (nach dem schwed. Zoologen NILSSON), den → Cycadales nahestehende Gymnospermen mit *Taeniopteris-* und *Anomozamites-*ähnlichen Blättern, deren Spreiten über die Oberseite der Mittelachse in Verbindung stehen, so daß die Achse von oben nicht sichtbar ist. Die Samen enthalten knotige Verdickungen von Harzkörpern. Stämme und männliche Blüten sind unbekannt. Vorkommen: Keuper– Oberkreide.

n. nom. (lat. novum nomen, neuer Name), Bez. für Substitution, d. h. Ersatz eines illegitimen Namens durch einen neuen, das → Substitut oder dem Ersatznamen.

Nodale, *n* (lat. nodus Knoten), etwas größeres Stielglied von → Crinoidea, normalerweise mit → Cirren. Nodalia werden zuerst gebildet, zwischen sie schieben sich später die kleineren Internodalia ein.

Nodien, Einzahl Nodium, *n,* Knoten; → Internodium.

nodos (lat. nodosus knotig), mit knotenartigen Erhebungen versehen.

nomarthral (gr. νόμος Gesetz; ἄρθρον Gelenk), die normale Verbindung von Wirbeln durch Prä- und Postzygapophysen;dagegen heißt xenarthral diejenige durch zusätzliche Zygapophysen wie bei den → Xenarthra. Vgl. → Zygapophysen.

Nomenclatura aperta, *f* (lat. = offene Namengebung), →offene N.

Nomen conservandum, *n* (lat. zu bewahrender Name), ein allgem. gebräuchlicher Name, der sich als jüngeres → Synonym herausstellt und damit einem anderen, wenig benutzten weichen mußte; er kann auf Antrag und nach besonderem Verfahren im Interesse der Kontinuität der Nomenklatur dennoch als gültig erklärt werden; er wird dann nach Einfügung in die offizielle Liste zum endgültig geschützten Nomen conservatum.

Nomen dubium, *n* (lat. zweifelhafter Name), ein bis auf weiteres nicht interpretierbarer Name, der somit nicht mit hinreichender Sicherheit auf ein bestimmtes → Taxon bezogen werden kann.

Nomenklatur, *f* (lat. nomenclatura Benennung mit Namen), die Technik der Namengebung im Pflanzen- und Tierreich. Die Namen sollen eindeutig, einheitlich und beständig sein. Diesem Ziel dienen die ‚Internationalen Regeln für die Zoologische Nomenklatur' (→ IRZN) und der ‚Internationale Code der Botanischen Nomenklatur' (→ ICBN). Der ICBN schließt die Bakterien nicht ein. Die N. der Bakterien wird durch den ‚Internationalen Code der Nomenklatur der Bakterien' (1976) geregelt. Die N. der Tiere berücksichtigt regelgemäß (→ Legitimität) aufgestellte Namen zurück bis 1758, die der fossilen Pflanzen solche bis 1820. Gültig ist jeweils der älteste legitime Name (→ Prioritätsgesetz). Vgl. → Taxon.

Nomen nudum, *n* (lat. nackter Name), ein als nicht vorhanden zu betrachtender Name, weil er ohne nomenklatorischen Stand ist (publiziert ohne Definition, Beschreibung oder → Indikation des zu ihm gerechneten → Taxons).

Nomen oblitum, *n* (lat. vergessener Name), ein in der Literatur, obwohl älteres Synonym, länger als 50 Jahre unbenutzt gebliebener Tiername. Ein solcher darf nicht ohne weiteres gebraucht werden.

Nomen triviale, *n,* → Trivialname.

Nominat-Unterart, -Untergattung (lat. nominare nennen), diejenige Unterart, die auch den Typus der Art enthält und denselben Namen trägt wie diese. Entsprechend bei Untergattungen, Unterfamilien usw.

nominelle Art, Gattung, Familie usw., die → Art, → Gattung, → Familie usw. im nomenklatorisch-technischen Sinne, im Gegensatz zur taxonomischen Art usw. Zum Beispiel ist der Typus einer Gattung nicht eine lebende, taxonomische Art (einschließlich ihrer Unterarten), sondern die auf das Typus-Individuum zurückzuführende nominelle Art.

Notarium, *n* (gr. νῶτον Rücken; lat. arium bedeutet einen Ort oder Behälter zur Aufbewahrung und seinen Inhalt), die bei vielen Vögeln und Flugsauriern (→ Pterosauria) miteinander verschmolzenen Dorsalwirbel (= Os dorsale).

Nothosauria (SEELEY 1882) (gr. νόθος unecht) mittelgroße, aquatische Reptilien der Trias; sie bilden eine O. der → Sauropterygia.

Notochorda (gr. νῶτον Rücken; χορδή [Darm-]Saite), = → Chorda dorsalis.

notochordal heißen von der Chorda durchbohrte Wirbel.

Notocoeli (D'ORBIGNY) (gr. κοῖλος hohl, gefurcht), früher gebräuchliche Zusammenfassung: meist seitlich komprimierte, mit tiefer Dorsalfurche versehene → Belemniten (z. B. *Duvalia*). Vorkommen: O.Dogger–Kreide. Vgl. → Acoeli, → Gastrocoeli.

Notopodium, *n* (gr. πούς Fuß), → Parapodium.

Notostraca (gr. ὄστρακον Scherbe, Schale), eine O. der Phyllopoda (→ Branchiopoden): Kleine Crustaceen mit einheitlichem Carapax, zahlreichen (40–63) blattförmigen Rumpfanhängen und vielgliedriger → Furca. Bekanntester Vertreter ist die durch zahlreiche guterhaltene Reste belegte Unterart *Triops cancriformis minor* (TRUSHEIM) aus dem fränkischen Keuper, welche vom rezenten *T. cancriformis* nur durch etwas geringere Größe unterschieden ist. Vorkommen: Seit dem U.Karbon.

Notothyrium, *n* (gr. θύρα Fenster, Öffnung), (Brachiop.): dreieckiger Einschnitt unter dem Schnabel der Armklappe, dient wie das → Delthyrium der Stielklappe als Durchlaß für den Stiel.

Notoungulata (ROTH 1903) (gr. νότος Süden; lat. ungula Klaue, Huf), eine formenreiche O. südamerikanischer primitiver Huftiere; eigentümlich sind ihnen gewisse Bau-Eigenheiten der Gehörregion, sowie die isolierte Lage des Entoconids (→ Trituberculartheorie) auf der Innenseite des hinteren Halbmondes der unteren Molaren. Die Extremitäten blieben primitiv, die Backenzähne wurden sehr frühzeitig →lophodont, auch hochkronig, doch ohne Schmelzeinfaltung, und die Zahnreihe blieb lange vollständig. Nur zwei N.-Gattungen sind außerhalb Südamerikas gefunden worden, davon die ältere *(Palaeostylops)* im oberen Paläozän Asiens als häufigste Form ihrer Zeit. Die N. scheinen zu einer ersten Welle plazentaler Säugetiere zu gehören, die sich in Südamerika ausbreiten und entwickeln konnten, ohne der Konkurrenz moderner Formen ausgesetzt zu sein. Drei U.O. werden unterschieden: Die Notioprogonia sind die ältesten, ursprünglichsten, mit teilweise extremer Variation der Zahnzahl, die Toxodontia erreichen Nashorn- bis Flußpferdgröße bei entsprechendem Bau, und die Typotheria haben nagerähnlichen Habitus, aber teilweise erhebliche Größe. Vorkommen: Paläozän–Pleistozän, Höhepunkt im Oligo- und Miozän.

notozentraler Wirbel (GADOW), ein Wirbel, bei dem die Verknöcherung allein von den dorsalen Elementen ausgeht, vor allem dem Interdorsale, mit welchem Reste des Basidorsale verschmolzen sind. Das

Interventrale ist verschwunden (Wirbeltyp der Anuren und ihrer Vorfahren unter den Stegocephalen). Vgl. → Bogentheorie (Abb. 123, S. 257).

Notum, *n,* 1. Der unpaare Rückenteil jedes der drei Brustringe von Insekten. Der Reihe nach heißen sie Pro-, Meso- und Metanotum. 2. Der dorsale Teil des Carapax von Krabben (→ Brachyura).

Nowakien (nach der Gattung *Nowakia* GÜRICH), → Dacryoconarida.

Nucellus (botan.): zentraler Gewebekern der Samenanlage, wird vom Integument umhüllt.

Nuchalia (Sing. -e) n (lat. nucha Nacken; vgl. → Ligamentum nuchae), einige kleinere Knochen des Schädeldaches von Fischen, hinter den Parietalia gelegen. Sie entsprechen der → Extrascapularia der Crossopterygier, den → Postparietalia und → Tabularia der Stegocephalen.

Nuchalplatte, Nuchale, Nackenplatte; die unpaare, vorderste, mediane Knochenplatte im Rückenpanzer der Schildkröten. Ebenso heißt der entsprechende, gleich liegende Hornschild. Vgl. → Panzer, → Hornschilde (Abb. 102, S. 212). (Arthrodira): Hintere dorsale Knochenplatte des Kopfschildes, vgl. Abb. 8, S. 20.

Nucleocavia, (Sing.), *f* (R. & E. RICHTER 1930) (lat. nucleus Kern; cavea Höhlung), Wurm- oder Arthropodenspur in Steinkernen, vorwiegend an deren Oberfläche.

Nucleoconch, *m* (lat. concha Muschel), der mehrkammerige Embryonalteil (Proloculus) des Gehäuses der → orbitoid gebauten Großforaminiferen. Bei der megalosphärischen Form (→ Proloculus) heißt seine erste Kammer Protoconch, die zweite Deuteroconch.

Eine besondere Terminologie wurde für den N. der Lepidocyclinen entwickelt: 1. lepidocyclin (= isolepidin): zwei gleiche, durch eine gerade Wand getrennte Kammern, 2. nephrolepidin: Protoconch teilweise vom größeren Deuteroconch umgeben, 3. eulepidin: Protoconch völlig vom Deuteroconch umgeben, 4. tryblidiolepidin: ähnlich dem eulepidinen, aber mit eckigem Protoconch, 5. pliolepidin: Protoconch groß, Deuteroconch durch mehrere kleinere Kammern vertreten, 6. polylepidin: bis zu 8 große Kammern.

Nuculoida (DALL 1889), eine O. der Lamellibranchier, mit taxodontem Schloß, isomyar, Ligament amphidet. Vorkommen: Seit dem (?U.Kambrium), Ordovizium.

Nulliporen, Korallenalgen, → Corallinaceae.

Nummuliten (lat. nummulus kleines Geldstück), Großforaminiferen (Fam. Nummulitidae, O. Rotaliida) mit kalkiger Schale, linsen- oder scheibenförmigem, vielkammerigem Gehäuse und feinverzweigtem Kanalsystem. Die Untersuchung von N. erfolgt in Äquatorial- (Horizontal-) und Axialschnitten (senkrecht zum Äquatorialschnitt, durch den → Proloculus). Der Nabel heißt auch Polregion. Bei überwiegend → involuter Gehäuseform sind die Kammern entweder ebenfalls involut oder evolut. Involute Kammern bilden polwärts sich erstreckende Verlängerungen des Kammerlumens (= Alarprolongation, Flügelfortsätze; mit A-förmigem Aussehen im Axialschnitt), während bei evoluten Kammern das Lumen auf die Peripherie beschränkt ist. Die Außenwand des Gehäuses heißt Spirallamina (Spiralwand); bei jeder Neubildung

von Kammern scheidet das Protoplasma auf der ganzen Außenseite des Gehäuses eine neue Schalenschicht aus – die Spirallamina ist daher in den älteren Teilen des Gehäuses dicker als in den jüngeren. Die Kammersuturen (= Septalfasern bzw. -filamente) entsprechen funktionell den Lobenlinien der Cephalopoden, wie jene lassen sie sich durch Anätzen der Spirallamina (Außenschale) sichtbar machen und ergeben wichtige Bestimmungsmerkmale: Radiale Septalfilamente verlaufen von den Polen ± geradlinig zur Peripherie, weiter kennt man sigmoidale, falciforme, mäandrierende, subretikulate (unregelmäßig anastomosierende), retikulate (netzförmige) S. Trabeculae sind einfache oder gegabelte seitliche Abzweigungen von den Kammersepten. Radial gestellte Pfeiler erscheinen an der Oberfläche als Warzen. In der Polgegend können sie zu einem Polpfropfen verschmelzen („pustulose' N.). Vorkommen: Seit der obersten Kreide, Hauptentwicklung im Alttertiär mit zahlreichen Leitformen. Die N. sind benthische Bewohner tropischer und subtropischer Meere (Tethys), vor allem der Küstenregionen.

nummuloidal, perlschnurförmig.

Nußgelenk, = → Enarthrosis, Vgl. → Gelenke.

Nymphae, Pl, *f,* Nymphen (lat. nympha Braut, junge Frau; medizin.: kleine Schamlippen) (Lamellibr.): Bandnymphen. Je eine schmale Plattform, die aus dem Wirbel am posterodorsalen Rand hinzieht und durch eine Furche vom Dorsalrand abgesetzt ist. N. dienen zum Ansatz des Ligaments. (Insekten): Letztes prä-imaginales Stadium bei Hemimetabolen.

Oberarmbein, = → Humerus.

Oberschenkelbein, -knochen, = → Femur.

obligatorische Kategorien (lat. obligare binden, verpflichten), sind in der zoologischen Nomenklatur

→ Art, → Gattung und → Familie. Zu eingehender Gliederung können außerdem die → fakultativen Kategorien herangezogen werden. Keine Kategorie oberhalb der Superfamilie unterliegt den → IRZN.

Obolellida (Brachiopoda): eine O. der Inarticulata, mit kalkiger Schale und deutlicher Proarea in der Stielklappe; Lage der Stielöffnung variabel. Vorkommen: U. bis M. Kambrium.

obsolet (lat. obsoletus abgenutzt, veraltet), abgekürzt obs. zur Kennzeichnung veralteter Begriffe.

Obstruktionsringe (lat. obstruere verbauen), bei → Actinoceratoidea: die kalkigen, zentripetal wachsenden, ringförmigen Anlagerungen an die Siphonaldüte im Innern des Siphos, mit Ausnahme der Perispatialablagerungen (→ Perispatium). Syn.: annulosiphonate Gebilde (Abb. 1, S. 2). Vgl. dagegen → actinosiphonat.

obvers (lat. obversus zugekehrt), (Graptol.): auf der Siculaseite gelegen. (Bryoz.): auf der porentragenden Seite eines Zoariums gelegen. Gegensatz: revers.

Occipitale, *n,* Hinterhauptsknochen; die 4 primären Knochen des Hinterhauptes der Tetrapoden, um das Hinterhauptsloch (Foramen magnum) gruppiert: Oberhalb das unpaare Supraoccipitale, seitlich die beiden Occipitalia lateralia (= Exoccipitalia), unterhalb das Basioccipitale. Bei Säugetieren verwachsen sie meist frühzeitig (u. U. auch das → Postparietale) zum O. (Os occipitale, O. occipitis, Hinterhauptsbein). → Os interparietale (Abb. 77, S. 149; 101, S. 211).

Occipitalregion, Hinterhauptsregion; beim → Neurocranium umfaßt sie den Teil des Schädels, der wahrscheinlich aus Wirbelstrukturen hervorgegangen ist (→ Wirbel-Theorie, → Neocranium). Die Zahl der ins Kopfgebiet aufgenommenen Wirbel schwankt sehr. Nach einer Zusammenstellung von PORTMANN ist die Zahl der Occipitalsegmente bei Cyclostomen 0, Selachiern 3–6, Stören (Acipenseriden) 14, Teleostiern 4, Urodelen 2, Anuren 1, Vögeln, Schildkröten, Krokodilen 5 1/2, Säugern und Squamaten 5 (Abb. 100, S. 210). Vgl. auch → Primordialcranium.

occlusal (bei Zähnen): zur Kaufläche gehörig.

Occlusores, Sing. Occlusor, *m* (lat. occludere verschließen) Gehäuse-Schließmuskeln der → Brachiopoden (= Adductores).

Ocellar-, Ocularplatten, Augentafeln; die fünf → ambulakral gelegenen, meist mit je einer feinen Öffnung (Porus) versehenen Platten des → Oculo-Genital-Ringes der Seeigel. (Nach KAESTNER besser ‚Terminalplatten' zu nennen, da der Porus nicht Augen dient, sondern dem Austritt blinder Endigungen des Radiärkanals). (→ Echinoidea).

Ocellus, *m* (lat. Demin. von oculus Auge), (Arthropoden): allgemein: einfaches (nicht zusammengesetztes oder fazettiertes) Auge. (→ Merostomen): medianes unpaares Sehorgan auf dem → Prosoma.

Octactin, *n* (gr. οκτώ) acht, ακτίς Strahl), Schwammnadel mit 8 Strahlen, davon 6 in einer Ebene und 2 senkrecht dazu.

Octobrachia, = → Octopoden.

Octocorallia (HAECKEL 1866) (lat. octo acht; corallium [rote] Koralle), Alcyonaria, eine U.Kl. der → Anthozoa, deren Polypen 8 Tentakel und 8 Weichsepten (= Mesenterien) besitzen. Das Skelet wird meist aus Kalknadeln (Skleriten) gebildet, bei manchen Formen besteht außerdem eine Achse aus ± verkalkter Hornsubstanz oder abwechselnd verkalkten (→ Internodien) und hornigen Abschnitten (Nodien). Vorkommen: (?Silur) Perm–heute.

Octopoden, -poda (gr. πούς Fuß), ,Kraken'; → Dibranchiata mit acht meist gleichartigen, mit Saugnäpfen besetzten Armen und ± völlig reduziertem inneren Gehäuse. Fossil unbedeutend (*Palaeoctopus* WOODWARD aus der O.Kreide des Libanon).

Ocular-Platten, → Ocellarplatten.

Oculo-Genital-Ring, Ring von 10 Platten im Scheitel (Apex) von Seeigeln; davon fünf → ambulakral gelegene Ocellar- und fünf interambulakrale Genitalplatten; eine der Genitalplatten ist als → Madreporenplatte differenziert.

Odonata (FABRICIUS 1792), Libellen, Wasserjungfern u. a.; große, schlanke Insekten mit vier fast gleichgroßen Flügeln, deren viele Queradern zu regelmäßigen Mustern angeordnet sind. Vorkommen: Seit dem O.Karbon.

Odontoblasten (gr. οδούς, οδόντος Zahn; βλαστός Keim), Zahnbein (→ Dentin) bildende Zellen.

Odontoholcae (STEJNEGGER 1884), **Odontognathae** (gr. ολκός Zug-, Schleppbahn für Schiffe [nach der Zahn-Längsfurche bei *Hesper-* *ornis]*, γνάθος Kinnbacken), Zahnvögel, eine U.Kl. der Vögel (→ Aves), welche die bezahnten Vögel der Kreide umfaßt. Sie besaßen bereits einen kurzen befiederten Schwanz, ein wohlentwickeltes Sternum und verwachsene Metacarpalia, daneben aber noch Zähne im Kiefer. Wichtigste Fundschicht ist die Niobrara- (O.)Kreide von Kansas, wo man ± vollständige Skelete der flugunfähigen, den Pinguinen ähnlichen *Hesperornis* mit Zähnen in einer Längsfurche gefunden hat. Die Prämaxillare war zahnfrei; die Bildung eines Schnabels hatte offenbar bereits begonnen.

Odontophor, *m* (gr. φόρειν tragen), (Seesterne): zwischen je zwei (ambulakral gelegenen) Circumoralia im Mundfeld gelegene unpaare Platte. Mundwärts an die Circumoralia anschließend liegen die (interambulakralen) Mundeckstücke oder Zähne (→ Asteroidea).

Odontopleurida (WHITTINGTON 1959) (gr. πλευρά Seite, Flanke), eine artenarme O. stark skulpierter, mit mancherlei Dornen und sonstigen Protuberanzen versehener Trilobiten, mit kleinem, aus nur 2–3 Segmenten bestehendem → Pygidium. Vorkommen: M.Kambrium– O.Devon.

Odontostichos, *m* (gr. στίχος Reihe), bei Reptilzähnen: → Exostichos.

Ökogenese, *f* (DAVITAŠVILI 1947) (gr. οἶκος Haus), Evolution der Lebensräume und Organismen in ihren gegenseitigen Beziehungen (→ Ökologie).

Ökologie (HAECKEL 1866), der Zweig der biologischen Wissenschaften, der sich mit den Lebensräumen der Organismen und den zwischen diesen und den Organismen selbst bestehenden Wechselbeziehungen beschäftigt. Die Autökologie behandelt die Beziehungen zwischen Individuen bzw. einzelnen Arten und ihrer Umwelt, die Synökologie ganze Ökosysteme mit den Wechselbeziehungen der Arten untereinander und mit ihrer Umwelt, die Demökologie Gesetzmäßigkeiten innerhalb von Gemeinschaften einer Art wie Koloniebildung, Populationsdynamik etc. Vgl. → Paläökologie.

Ökostratigraphie (SCHINDEWOLF 1950), eine Methode der Stratigraphie, welche lokale Schichtgliederungen mit Hilfe rein faziell bzw. ökologisch bedingter Lebensgemeinschaften durchführt. Da hier keine einsinnig gerichteten Prozesse vorliegen, rechnete SCHINDEWOLF die Ö. den prostratigraphischen Verfahren zu, welche nur Vorstufen einer echten Stratigraphie bilden.

Ökosystem, zusammenfassend für Biozönose und Biotop.

Ökotypen, Varianten einer Art mit etwas abweichenden ökologischen Ansprüchen, die die Art unter entsprechenden Bedingungen vertreten.

offene Namengebung wird angewendet, wenn Pflanzen oder Tiere sich nur innerhalb gewisser Grenzen der Genauigkeit oder Sicherheit bestimmen lassen. Sie benutzt Zeichen, die den Grad der Ungewißheit angeben, z. B.: → inc., sp., → cf., → aff., Kennzeichnung wahrscheinlich neuer Formen durch Symbole statt definitiver Namen usw. Die Zeichen der o. N. sind bis jetzt noch nicht allgemein verbindlich festgelegt worden. Vgl. → Nomenklatur.

Ohrkerbe, engl. 'otic notch'; ein Einschnitt im hinteren Teil des Schädeldaches von → Stegocephalen, der wahrscheinlich von einer trommelfellartigen Haut als Teil eines Mittelohres überdeckt war.

Ohrregion, → Abb. 80.

Olecranon, *n* (gr. zusammengezogen aus τό τῆς ὠλήνης κράνον = Kopf des Ellenbogens) (= Processus anconaeus), proximaler Fortsatz der → Ulna zum Ansatz der Streckmuskeln des Armes.

Olenellida (RESSER 1938) (Hauptgattung *Olenellus),* eine den Trilobiten zuzurechnende Gruppe unterkambrischer Arthropoden. Wegen ihres wohlentwickelten Telo-

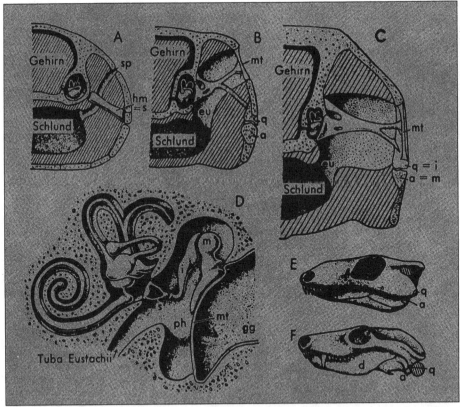

Abb. 80 Entwicklung des Mittelohrs und der Gehörknöchelchen. Schematische Schnitte durch die Ohrregion, A eines Fisches, B eines primitiven Amphibs, C eines primitiven Reptils, D eines Säugers. Die Seitenansicht des Schädels eines primitiven Landwirbeltiers (E) und eines säugerähnlichen Reptils (F) läßt die Verlagerung des Trommelfells vom Ohreinschnitt des Schädels hinter das primäre Kiefergelenk erkennen. a Articulare; d Dentale; eu Tuba Eustachii; gg Gehörgang; hm Hyomandibulare; i Incus; m Malleus; mt Trommelfell (Membrana tympani); ph Paukenhöhle; q Quadratum; s Stapes; sp Spiraculum. – Nach A. S. ROMER (1959)

somas (Opisthothorax, → Thorax) und des übergroßen dritten Prothorax-Segments sah LAUTERBACH (1980) sie als eigene, den Cheliceraten angenäherte Kl. an. *Olenellus*, eine bisher den → Trilobiten (O.Redlichiida) zugerechnete unterkambrische Gattung, die sich bes. durch den Besitz eines aus zahlreichen Segmenten bestehenden → Telosomas (Opisthothorax) von den Trilobiten unterscheidet. (Nach LAUTERBACH 1980 dem Grundplan der → Arachnata nahestehend).

olenide Häutung (HENNINGSMOEN 1957) (Trilob.): eine für viele Oleniden kennzeichnende Art der Häutung (bzw. Einbettung). Sie besteht darin, daß → Cranidium, → Thorax und → Pygidium im Zusammenhang bleiben und die zusammenhängenden freien Wangen etwas nach hinten verschoben unter dem Cranidium und vorderen Teil des Thorax liegen. Vgl. → Saltersche Einbettung.

oligobunodont (gr. ὀλίγος wenig, gering), → bunodont.

oligogyral (gr. γῦρος Kreis, Ursprung), eingerollt, jedoch aus wenigen Umgängen bestehend (von denen die äußeren oft weit übergreifen).

Oligophalangie, *f* (gr. φάλαγξ, αγγος Finger- oder Zehenglied [eigentlich Gesamtheit der betr. Glieder]), verminderte Zahl der Phalangen (gegenüber der Normalzahl, vgl. → Phalangen).

Oligophylie, *f* (E. HENNIG 1932) (gr. φυλή Volksstamm), „... eine zeitweilige Verengung des breiten Lebensstromes durch Absterben gewaltiger Teile großer Gruppen und Neuerblühen des Typs aus einem übriggebliebenen verhältnismäßig kleinen Ausschnitt." (z.B. Trias- gegenüber Juraammoniten).

Oligopneuston, *n* (H. SCHMIDT) (gr. πνεῖν atmen), → Biofazies.

Oligosporae, *f* (gr. σπόρος Saat, Same), zusammenfassender Begriff für Iso-, Mikro- und kleine Megasporen (Syn. Miosporae).

oligotroph (WEBER 1907) (gr. τροφή Nahrung) heißen Gewässer mit geringem Nährstoffgehalt. Gegensatz: eutroph.

Olocyste, *f,* Syn. Holocyste (gr. ὅλος ganz; κύστις Blase), (Bryoz.): Bez. für die glatte, vom Cystid zuerst ausgeschiedene Kalkhaut der Vorderwand ascophorer → Cheilostomata.

Olynthus, *m* (gr. ὄλυνθος unreife Feige), die eben dem Substrat angeheftete Schwammlarve, die einen einzigen großen zentralen Hohlraum besitzt – von HAECKEL als Ausgangs- und Stammform aller Schwämme angesehen (Olynthus-Typ). Vgl. → Ascon.

Ommatidium, *n* (gr. ὄμμα Auge; -idium griech.-lat. Demin. für kleine Organe), Einzelelement der Komplexaugen von → Arthropoden.

Ommatophoren, *m* (gr. φέρειν tragen), die, hinteren, längeren Fühler der Land-Pulmonaten (→ Stylommatophora), an deren Spitze die Augen sitzen.

omnivor (lat. omnia alles; vorare fressen) allesfressend (d. h. pflanzliche wie tierische, lebende wie tote Substanz).

Omopterygium, *n* (gr. ὦμος Schulter), → Pterygia.

Omosternum, *n* (PARKER 1868) (lat. sternum Brustbein), unpaarer vorderer medianer Fortsatz des → Sternums bei Anuren (Syn.: Präzonale, Episternum).

omphalid (gr. ομφαλός Nabel; εἶδος Bild), mit einem → Nabel versehen.

Onchus, *m* (AGASSIZ) (gr. ὄγκος Haken), schlanker, bilateralsymmetrischer Flossenstachel mit glatter, deutlich vom übrigen Teil abgesetzter Basis. Die Zugehörigkeit solcher Stacheln ist unsicher, wenigstens teilweise werden sie → Acanthodiern zuzurechnen sein. Vorkommen: Silur–Jura.

Oncolithi, Pl., *m* (PIA 1927) (gr. ὄγκος Masse, Haufe; λίθος Stein), Algenkalk: → Stromatolith.

Onkoid, *n* (A. HEIM 1916) (gr. ὄγκος Geschwulst, Haufe), „Mumie': größere (cm-Bereich), unregelmäßig geformte, rundliche Kalkkörper mit anorganischem oder organischem Kern, der von einer organogen angelagerten Hülle umgeben ist.

Ontogenese, Ontogenie, *f* (HAECKEL 1866) (gr. ὄν, ὄντα das

Seiende; γένεσις Werden, Entstehen), der Entwicklungsablauf des einzelnen Lebewesens vom befruchteten Ei bis zum Tode. Vgl. → Phylogenie, → Eidonomie.

ontogenetische Stadien, → Wachstums-Stadien.

ontologische Methode (gr. ὄντως wirklich) (Joh. WALTHER 1893), = → Aktualismus. Die o. M. „... besteht darin, daß wir aus den Erscheinungen der Gegenwart die Vorgänge der Vergangenheit zu ergründen suchen. Aus dem Sein erklären wir das Werden."

Onychiten, Plur., *m* (QUENSTEDT 1858) (gr. ὄνυξ, ὄνυχος Nagel, Kralle; -ites vgl. Ammonit), schwarze, spitze, chitinige Häkchen aus dem Jura, die als Kauwerkzeuge von Borstenwürmern oder, mit größerer Wahrscheinlichkeit, als Armhäkchen von Belemniten angesprochen werden.

Onychophora (GRUBE 1853) (gr φέρειν tragen), ein U.Stamm der Protarthropoda, morphologisch zwischen → Anneliden und Arthropoden vermittelnd. Die O. umfassen wenige rezente terrestrische wurmförmige Gattungen mit krallentragenden Parapodien, in tropischen Gebieten *(Peripatus),* und möglicherweise auch *Xenusion* POMPECKJ (Glazialgeschiebe wahrscheinlich unterkambrischen Alters) und die Gattungen *Hallucigena* und *Aysheaia* WALCOTT aus dem M. Kambrium von Kanada.

Oœcium, *n* (HINCKS 1873) (gr. ωόν Ei; οἶκος Haus) Brutraum der cheilostomen Bryozoen (früher allgem. genannt). Ovizelle genannt).

Oogonium, *n,* das weibl. Gametangium der Thallophyten.

Ooide (KALKOWSKY 1908), kugelige bis eiförmige Körper mit konzentrisch um einen Kern angelagerten, manchmal radialstrahligen Schalen. Größe meist 0,1–2 mm.

Opercularapparat (lat. operculum Deckel), die Serie der Kiemenplatten der Fische. Dazu gehören das Präoperculum, welches am Vorderrand des Kiemendeckels liegt, dahinter drei übereinanderliegende Knochen, zu oberst das Operculum, darunter das Suboperculum, zuunterst das Interoperculum (Abb. 114, S. 238).

Operculare, *n*, = → Spleniale (Abb. 120, S. 251).

Operculum, *n* (lat. Deckel), bei verschiedenen Tiergruppen gebräuchliche Bezeichnung für einen das Gehäuse oder Teile davon verschließenden Deckel und ähnliche Gebilde: 1. (Fische): → Opercularapparat (Kiemendeckel); 2. (→ Rugosa): ein- oder mehrteiliger kalkiger Deckel von ‚Deckelkorallen‘ *(Calceola, Goniophyllum)*; 3. (→ Bryozoen): kalkiger oder chitiniger, an scharnierartigen Zapfen (Cardellen) gelenkender Deckel, der die Mündungsregion bei Cheilostomen verschließt (Abb. 22, S. 36); 4. (→ Gastrop.): horniges oder kalkiges Gebilde auf dem hinteren Teil des Fußes (Metapodium) zum Verschluß der Mündung; 5. (Ammonoidea): → Aptychus; 6. (→ Hyolithen): Verschlußdeckel; 7. (→ Merostomata): Platte der opisthosomalen Körperanhänge (= 8. Körpersegment), an die Genitalöffnungen angrenzend (Abb. 46, S. 82). 8. (Sporomorphae): → Colpus.

Opesium, *n* (gr. οπή Öffnung, Luke), (Bryozoen): nicht verkalkter, oft großer Teil der Vorderwand eines → Zooeciums, wohl häufig teilweise durch eine Membran verschlossen. Kommt bei manchen anascen → Cheilostomata vor.

ophicon (gr. όφις Schlange; κώνος Kegel), schlangenartig aufgerollt (Syn.: serpenticon).

Ophiocistioidea (SOLLAS 1899) (gr. κύστις Blase), eine sehr formenarme Kl. paläozoischer Echinodermen (Echinozoa) mit mehr oder weniger scheibenförmigem, schwach gewölbtem Körper ohne Arme, aber mit bes. differenzierten riesigen ‚Füßchen‘ (Podia) auf der Unterseite. Vorkommen: Ordovizium–U.Karbon.

Ophiomorpha (LUNDGREN 1891) (gr. μορφή Gestalt), Lebensspur: Wohnröhren mit warzen- oder höckerartiger Außen-, aber glatter Innenseite, Durchmesser 1–2 cm. W. HÄNTZSCHEL schrieb O. grabenden → Decapoda zu; die Skulptur der Wandungen entstand durch das Auskleiden der Röhren mit Sedimentkügelchen. Vorkommen: Kreide–Tertiär (weltweit).

Ophirhabd, *f* (gr. ῥάβδος Stab), mehrfach gebogenes diactines → Monaxon.

Ophiuren (gr. ουρά Schwanz), (Asterozoa, U.Kl. **Ophiuroidea** GRAY 1840), Schlangensterne; mit dünnen, zylindrischen, von der Zentralscheibe deutlich abgesetzten und sehr biegsamen Armen. Diese werden von vier Plattenreihen eingehüllt; dorsal von den Scutella dorsalia (Sing. Scutellum dorsale) ventral von den S. ventralia, seitlich von den paarigen S. lateralia (= umgewandelte → Adambulakralia). Die → Ambulakralia sind paarweise zu wirbelartigen inneren Armskeletgliedern verwachsen (Ambulakralwirbel), an deren Basis der → Ambulakralkanal verläuft und in jede Wirbelhälfte einen als Füßchen nach außen tretenden Fortsatz entsendet. Die Zentralscheibe enthält den blind endenden Magendarm. Das Mundgerüst besteht aus den innersten, sich hälftig teilenden Armwirbeln. In den fünf Mundecken liegen die großen Mundschilde (= Scuta buccalia, Sing. Scutum buccale), die nach innen von je zwei schmalen Seitenmundschilden (= S. adoralia) begrenzt werden, diese ihrerseits von ebenso vielen Mundeckstücken (Scutella oralia). Einer der Mundschilde ist perforiert und dient als → Madreporenplatte für den Durchtritt des Wassers in den Steinkanal und damit in das Wassergefäßsystem. Vgl. → Scuta radialia. – Ophiurenreste sind seit dem Ordovizium bekannt.

Vier O. werden unterschieden: 1. **Stenurida**: Ambulakralia nicht zu Wirbeln umgebildet; Ordovizium–Devon. 2. **Ophiurida**: Ambulakralia zu Wirbeln umgebildet; seit dem Silur. 3. **Oegophiurida**, seit U.Ordovizium. 4. **Phrynophiurida**, seit U.Devon.

Ophiurites, *m* (-ites Endung für fossile Gegenstände, zum Unterschied von ihren rezenten Entsprechungen.), allg. Bez. für nicht genauer bestimmbare isolierte → Ophiuren-Reste.

Ophthalmokline, *f* (LIEBAU 1980) (gr. οφθαλμός Auge, κλίνειν wenden), → bathymetrische Gliederung.

opisthobranch, → prosobranch.

Opisthobranchia (MILNE EDWARDS 1848) (gr. όπισθεν hinten; βράγχια Kiemen), ‚Hinterkiemer‘. (Gastrop.): marine → Heterostropha mit dünnem, reduziertem Gehäuse. Vorkommen: Seit U.Karbon. Als Fossilien selten. → Pteropoden.

opisthocöl (gr. κοίλος hohl), heißen Wirbel, deren Körper am hinteren Ende konkav, am vorderen konvex sind (= konvexo-konkav). Vgl. → acöl, → procöl.

opisthocyrt, → Anwachslinien (Abb. 54, S. 94)

opisthodet (NEUMAYR 1891) (gr. δείν anbinden), → Ligament.

opisthogyr (gr. γυρός gerundet), (Lamellibr.): nach hinten gekrümmt (Wirbel von Muschelklappen bei den Gattungen *Nucula, Trigonia, Donax*). Vgl. → Wirbel.

opisthoklin (CASEY 1952) (gr. κλίνειν neigen), nach hinten geneigt. Zum Beispiel bei den Kardinalzähnen → heterodonter Muscheln, oder beim Umriß des ganzen Muschelgehäuses (dann wird es → protrunkat). Vgl. → Anwachslinien (Abb. 54, S. 94).

opisthopar (gr. παρειά Wange), (Trilobiten): → Gesichtsnaht.

Opisthosoma, *n* (gr. σῶμα Leib, Körper), der hintere Abschnitt (= Abdomen) des Körpers der → Merostomata, aus ursprünglich 12 Segmenten bestehend. Das O. läßt sich weiter gliedern in das vordere Mesosoma mit Extremitäten (= Praeabdomen) und das hintere Metasoma (= Postabdomen) ohne solche, mit Telson.

Opisthothorax, *m*, Postthorax (gr. θώραξ Brustharnisch), (Olenelliden): → Thorax.

Opisthoticum, *n* (gr. ωτικός zum Ohr gehörend), eine Verknöcherung im hinteren Teil der Labyrinthkapsel des → Primordialcraniums. Im vorderen Teil entspricht ihm das Prooticum, dorsal das Epioticum (hier können Deckknochen beteiligt sein, vgl. → Pteroticum, → Sphenoticum) (Abb. 77, S. 149; Abb. 114, S. 238).

opisthotrunkat (A. SEILACHER 1954) (lat. truncus Rumpf) heißen nach hinten verbreiterte Muschelgehäuse mit abgeflachter, als Liegebasis dienender Hinterseite.

orad (lat. os, oris Mund), auf den Mund zu gerichtet. Gegenrichtung: aborad.

oral, mundwärts gelegen. Gegenrichtung: aboral. Vgl. → Lagebeziehungen.

Oralia, Sing. -e, *n,* (Crinoid.): Oralplatten; ± dreieckige, interradial den Mund in einem Fünferkranz umgebende Platten. Die im Anal-Interradius gelegene Oralplatte kann perforiert sein und der Leibeshöhle Wasser zuführen. Sie heißt dann → Madreporit. Vgl. auch → Konsolidationsapparat.

Orbita, *f* (lat. orbis der Kreis; orbita hieß ursprünglich das von einem Rad ausgefahrene Geleise), die Augenöffnung im Schädeldach der Wirbeltiere.

Orbitoideen, orbitoide Foraminiferen, zusammenfassend für mehrere phylogenetische Linien von linsen- bis scheibenförmigen Großforaminiferen der Kreide und des Alttertiärs (O. Rotaliida). Ihr Gehäuse besteht aus einer Schicht zyklisch angeordneter Äquatorialkammern von kennzeichnender Gestalt und ± regelmäßigen, beiderseits davon in Schichten angeordneten Lateralkammern. Bei der megalosphärischen Form (→ Proloculus) besteht der → Nucleoconch aus zwei Kammern, dem Proto- und dem Deuteroconch, oder er ist mehrkammerig (multilocular). Umgeben wird er von den periembryonalen Kammern (beides zusammen = Juvenarium). Die Äquatorialkammern sind untereinander durch Stolonen (Röhren) verbunden. In der Schicht der Lateralkammern werden oft Pfeiler ausgebildet, welche auf der Oberfläche als Warzen erscheinen. Durch Konzentration in der Polgegend können sie einen Polpfropf bilden (sog. → pustulose Form). Vorkommen: Seit der Kreide.

Orbitosphenoid, *n* (gr. σφηνοειδής keilförmig), eine Verknöcherung des Septum interorbitale und der benachbarten Seitenwand des → Primordialcraniums der Wirbeltiere; bei Säugetieren versteht man unter dem O. die flügelartige Verbreiterung des Praesphenoids (Ala orbitalis, Ala minor). Vgl. → Sphenoidale (Abb. 114, S. 238).

Ordnung, (= ordo), ein → Taxon oberhalb der → Familie.

Oreodonta (OSBORN 1910), eine sehr arten- und formenreiche, auf Nord- und Mittelamerika beschränkte U.O. der → Artiodactyla (Eozän–Pliozän).

Organa dispersa (lat. organum Werkzeug; dispergere auseinanderstreuen), isoliert im Sediment gefundene Organe von Pflanzen.

Organgattung (organo-genus), (botan.): „... eine Gattung, deren diagnostische Merkmale von einzelnen Organen derselben morphologischen Kategorie oder von beschränkten Gruppen untereinander verbundener Organe abgeleitet werden." (Artikel PB 1 des → ICBN.) Dazu wird empfohlen, durch den Namen auf die morphologische Kategorie des Organs hinzuweisen (z. B. durch eine Kombination mit -phyllum bei Blättern, mit Carpus oder Theka bei Fruktifikationen usw.). Vgl. → Formgattung → Parataxonomie.

Organismen, die Gesamtheit der Lebewesen läßt sich in zwei Großgruppen (Überreiche) gliedern: 1. → Prokaryota = Organismen ohne Zellkern, 2. → Eukaryota = Organismen mit echtem Zellkern.

Organopelit, *m* (POTONIÉ) (gr. πηλός Ton, Schlamm), organischer Schlamm. Drei Haupttypen sind zu unterscheiden: a) Faulschlamm (→ Sapropel) entstanden am Grunde ruhiger, stehender Gewässer aus den Resten der abgesunkenen Organismen. Mangelnde Zufuhr von Sauerstoff läßt nur unvollständige Zersetzung zu. ‚Schlick' ohne wühlende Bodentiere. b) Gyttja, ‚Halbfaulschlamm'; bei beschränktem Sauerstoffzutritt verwesen die leichter zersetzlichen Stoffe (Eiweiße), der N- und S-Gehalt sinkt infolgedessen. Bodentiere durchwühlen Gyttja, aber nicht Sapropel. c) Dy: aus organischem Detritus und kolloidal ausgeflocktem Humus. Geringe Wühlfauna; Sporen und Pollen halten sich sehr gut (‚Lebermudde').

Orificium, *n* (lat. Mündung, Öffnung), 1. (→ Bryoz.): die Hauptöffnung für das → Polypid bei →

Cheilostomata mit → Operculum; 2. (→ Cirripedia): die obere, gerundete Öffnung des Mauerringes.

Original, *n* (lat. origo Ursprung, Herkunft), Urstück, d. h. jeder Gegenstand, auch anorganischer Natur, der einer Veröffentlichung zugrundeliegt.

Oriment, *n* (O. ABEL 1914) (lat. oriri entstehen), eine Bildung, die phylogenetisch im Kommen ist und orthogenetisch verstärkt wird. Gegensatz: → Rudiment. Vgl. → Minutial.

Ornithischia (SEELEY 1887) (gr. όρνις, -ιθος Vogel; ισχίον Hüfte, Gesäß), → ‚Dinosaurier' mit vierstrahligem Becken, bei dem das Pubis sich rückwärts gewendet und parallel zum Ischium gelegt hat, während seine eigentliche Stelle durch einen Fortsatz (Processus praepubicus) eingenommen wird. Die O. stammen wie die Saurischia von → Thecodontia ab, müssen sich aber schon früher als jene differenziert haben. v. HUENE vermutete ihre Ausgangsformen bei → Chirotherium-artigen Formen. Sie waren von Anfang an herbivor, das Gebiß neigte zur Reduktion von vorn her; kennzeichnend ist der Besitz eines unpaaren Prädentales in der Unterkiefersymphyse, das keine Zähne, aber einen Hornschnabel trug. Eine große Zahl teilweise sehr eigenartiger Formen gehört zu den O. ROMER unterschied vier Unterordnungen: 1. Ornithopoda: noch bipede, ungepanzerte O. (dazu z. B. *Iguanodon* und die eigentümlichen Hadrosaurier). Auf Grund neuer Funde in O. Kreide der Mongolei trennt man von ihnen jetzt die U.O. Pachycephalosauria ab; O. Trias–O. Kreide. 2. Stegosauria, quadruped, mit einer Doppelreihe großer Rückenplatten. O. Jura–U. Kreide. 3. Ankylosauria, flache, breite Formen mit dorsalem Panzer aus Knochenplatten; Kreide. 4. Ceratopsia, O. mit Hörnern und einem Nackenschutz aus Knochenprotuberanzen des Hinterhauptes; O.-Kreide (Abb. 37, S. 67).

Ornithopoda (gr. πούς, ποδός Fuß, Bein), eine U.O. der → Ornithischia.

Ornithurae (HAECKEL 1866) (gr. ουρά Schwanz, ‚Vogelschwänzler'), eine U.KI. der Vögel (→ Aves). Sie umfaßt deren große Mehrzahl mit Ausnahme der Urvögel (→ Sauriurae) und der Zahnvögel (→ Odontoholcae). Syn.: Neornithes.

Orobranchialfenster, -kammer (lat. os, oris Mund; gr. βράγχια Fischkiemen), (Cephalaspiden): → Cephalschild.

orthal (gr. ορθός gerade, richtig), → Kieferbewegung.

Orthevolution, *f* (L. PLATE 1902), Orthogenese; ‚gerichtete' Entwicklung; eine in einer oder mehreren Linien in einer bestimmten Richtung voranschreitende Stammesentwicklung.

Orthida (SCHUCHERT & COOPER 1932) (nach der Gattung *Orthis*), eine O. der → Brachiopoda (Articulata): meist ± halbkreisförmige, radial berippte, bikonvexe Gehäuse, protremat, mit → Brachiophoren, ohne kalkiges Armgerüst. Vorkommen: Kambrium–Perm.

Ortho-, bei Schwammnadeln: → Cladomwinkel.

Orthocerida (KUHN 1940) (nach der Gattung *Orthoceras)*, eine O. der → Nautiloidea, die hauptsächlich die zur früheren, weitgefaßten Gattung *Orthoceras* gerechneten orthoconen Formen mit engem, ± zentral gelegenem orthochoanischem → Sipho umfaßt. Vorkommen: Ordovizium–Trias.

orthoceroid (= orthocon) (gr. κέρας Horn; κώνος Kegel), gerade, gestreckt (Gehäuse von → Nautiloidea); sie können dabei → brevi- oder → longicon sein.

orthochoanisch (gr. χόανος), Siphonalbildung bei → Nautiloidea. Vgl. → Sipho (Abb. 78, S. 151).

Orthochronie, *f* (gr. χρόνος Zeit, Dauer), die normale Abfolge in der Anlage oder Entwicklung der einzelnen Teile eines Organismus. Vgl . → Heterochronie.

Orthochronologie (SCHINDEWOLF 1944), die maßgebende Grundgliederung eines bestimmten Zeitabschnitts auf Grund einer für sehr eingehende Unterteilung besonders geeigneten Organismengruppe (z. B. Ammoniten im Jura). Fehlt diese in einer bestimmten Schichtserie, so kann man mit Hilfe einer anderen, an der O. zu ‚eichenden' Tier-

gruppe eine Hilfsgliederung (Parachronologie) durchführen.

orthocon (lat. conus Kegel), einen normalen (geraden) Kegel bildend.

orthoconch (gr. κόγχη Muschel), heißt die Mehrzahl der Muscheln, deren normale Lebensstellung mit dem Schloßrand nach oben ist und die ± gleichklappig sind. Gegensatz: pleuroconch.

Orthodentin, *n,* → Dentin ohne besondere, vom Normalen abweichende Kennzeichen (wie bei Säugetierzähnen).

Orthodontie, *f* (gr. οδούς, οδόντος Zahn), → Gebiß.

Orthodiactin, *n,* (Porifera): diactines → Monaxon, dessen beide Arme im rechten Winkel zueinander stehen.

Orthogenese, *f* (HAAKE 1893), ‚geradlinige Entwicklung'; eine konsequent in einer bestimmten Richtung verlaufende (‚gerichtete') Entwicklung. Nach EIMER (1897) soll sie zweckbestimmt und durch innere Faktoren festgelegt sein, doch wird der Terminus heute meist im neutralen, rein beschreibenden Sinne gebraucht. Syn.: Rectigradation. Vgl. → Orthoselektion.

orthognath (gr. γνάθος Kinnbaken), → prognath.

orthoklin (CASEY 1952) (gr. ορθός gerade; κλίνειν neigen), bei Kardinalzähnen → heterodonter Muscheln:± senkrecht zum Schloßrand verlaufend. (Gastrop.): Anwachslinien (Abb. 54, S. 94).

orthoneur (gr. νευρά Sehne, Schnur), Syn. von → euthyneur.

Orthopteren, Orthopteroidea (LATREILLE 1793) (gr. πτερόν Flügel; είδος Aussehen), Geradflügler; Gruppe kleiner bis sehr großer Landinsekten mit kräftigen Sprungbeinen. Zu ihnen gehören die → Saltatoria (Heuschrecken), → Phasmida (Gespenstheuschrekken) und die ausgestorbene O. Titanoptera.

Orthorostrum, *n* (SCHWEGLER 1961), das eigentliche → Rostrum der Belemniten im Gegensatz zum → Epirostrum. Beides zusammen nannte SCHWEGLER Holorostrum.

Orthoselektion, *f* (SIMPSON 1944), eine durch lange Zeiträume in gleicher Richtung wirksame (und

dadurch → Orthogenese ermöglichende) Selektion.

Orthostichen, Pl., *m* (gr. στίχος Reihe, Zeile), (botan.): Geradzeilen, vertikale Längsreihen (vgl. Anordnung der Blattnarben bei Eusigillarien [→ Sigillariaceae]).

orthostroph (gr. στροφή Drehung), (Gastrop.): → Embryonalgewinde.

orthostyl (gr. στύλος Säule, Stütze), bei Foraminiferen: → Proloculus.

Orthotriaen, *n,* → Triaen, dessen Cladisken ± senkrecht auf dem Rhabdom stehen (Abb. 91, S. 186).

Orthotriod, *n*, ein → Triod, dessen drei Arme ein T bilden.

orthotrop (gr. τρόπος Wendung, Richtung), (botan.): in der Lotrichtung aufwärts oder abwärts wachsend. Gegensatz: → plagiotrop.

Oryktozönose, *f* (J. A. EFREMOV 1950) (gr. ορυκτός ausgegraben; κοινός gemeinsam), das, was aus einer → Taphozönose wirklich fossil geworden, d. h. erhalten geblieben ist: Syn.: → Liptozönose.

Os, oris, *m* (lat. Mund).

Os, ossis, *n* (lat. Knochen).

Os acetabuli, *n* (lat. acetabulum Schale), Pfannenknochen; eine kleine selbständige Verknöcherung im Bereich des → Acetabulums der Säuger, welche meist später mit einem der anderen Beckenknochen verschmilzt, vorzugsweise mit dem Pubis.

Os bullae, *n* (lat. bulla Blase, Kapsel), = → Entotympanicum.

Os coccygis, *n* (gr. κόκκυξ, υγος Kuckuck [dessen Schnabel dem menschlichen Steißbein ähnlich sehen soll]), Steißbein; die miteinander verschmolzenen Schwanzwirbel bei Menschen und Menschenaffen; auch der → Urostyl der → Anuren wird manchmal so genannt.

Os coxae, *n* (lat. coxa, ae Hüfte), Hüftbein, → Beckengürtel.

Os cruris, *n* (lat. crus, cruris Schenkel, Schienbein), Unterschenkel (Zeugopodium), speziell der Unterschenkel der → Anura, ein aus der Verschmelzung von Tibia und Fibula hervorgegangener langer Knochen.

Osculosida (HAECKEL 1887) (lat. osculum Mündchen), eine O. der →

Radiolarien, faßte → Nassellaria und → Phaeodaria zusammen. Obs.

Osculum, Pl. -a, *n*, 1. (Lamellibr.): zwei ovale Öffnungen in der (linken) Deckelklappe vieler → Rudisten, genau über den → ‚Siphonal‘pfeilern. Vielfach stehen sie in offener Verbindung mit dem Kanalsystem der Deckelklappe. 2. (Porif.): → Paragaster.

Os en ceinture, *n* (CUVIER) (franz. → Gürtelknochen), → Spheneth-moid.

Os en V, *n* (franz. = V-förmiger Knochen), = → Sparrknochen.

Os falciforme, *n* (lat. falx, falcis Sichel), ‚sichelförmiger‘ überzähliger Knochen in der Grabhand des Maulwurfs. Vgl. → Präpollex.

Os hyoides, *n* ‚Hyoid‘ (gr. υοειδής wie ein Y gebaut), Zungenbein; knorpeliger oder knöcherner Stützapparat der muskulösen Zunge der Tetrapoden. Besteht meist aus dem mittleren Zungenbeinkörper (Corpus hyale) und den beiden seitlichen Zungenbeinhörnern (Cornua hyalea). Vgl. → Hyoidbogen.

Os Incae, *n* (an altperuanischen Schädeln beschrieben), der dorsale Teil des Os occipitale der Säuger, soweit er selbständig bleibt. Wahrscheinlich homolog dem → Os interparietale.

Os interparietale, *n*, ein gelegentlich auftretender unpaarer oder paariger Knochen in der Medianen der Hinterhauptsregion von Säugetieren, welcher als Homologon der Interparietalia (= Postparietalia) der → Theromorpha angesehen wird (wahrscheinlich Syn. des Os Incae.) In der Regel verschmilzt er mit dem Occipitale, sollte aber, da als Hautknochen entstanden, dann neutral als Squama occipitalis bezeichnet werden.

Os malare, *n* (lat. malaris zur Wange [mala] gehörig), = → Jugale.

Osmundidae (BROWN 1810) (nach dem Königsfarn *Osmunda* L.), eine bis in das Perm zurückreichende Gruppe primitiver, großer, büschelförmig wachsender, den Leptosporangiatae nahestehender Farne (→ Filicophyta).

Os nariale, *n* (WEGNER 1922), (Amnioten): ein Deckknochen am Innenrand der äußeren Nasenöffnung.

Osphradium, *n* (gr. οσφραίνεσθαι riechen), (Mollusken): Sinnesorgan in unmittelbarer Nähe der Basis einer jeden Kieme. Man schreibt dem O. Tast- oder Geruchsfunktion zu.

Os priapi, *n* (Πρίαπος griech.-kleinasiatischer Fruchtbarkeitsdämon), = → Penisknochen.

Ossa marsupialia, *n* (lat. marsuppium Geldbeutel), = → Beutelknochen.

Osseïn, *n* (lat. os, ossis Knochen), ‚Knochenknorpel‘; die organ. Gerüstsubstanz des Knochens (→ Osteoidgewebe). Der Knochenknorpel ist weich, biegsam, schneidbar und bewahrt die Form des Knochens.

Ossicula Weberiana, Pl., *n* (lat. ossiculum Knöchelchen), Webersche Knöchelchen; → Weberscher Apparat.

Ossiculithen, Pl., *m* (FRIZZEL & EXLINE 1958) (gr. λίθος Stein), winzige (0,05–0,5 mm große) Kalkkörperchen von willkürlicher, daher nicht artlich oder generisch bestimmbarer Gestalt, im häutigen Labyrinth rezenter und fossiler Fische, vermutlich bedingt durch funktionelle Störung des sezernierenden Gewebes (und aufgebaut um → Otokoniekristalle herum). Vgl. → Otolith, → Statolithen.

Ostariophysi (SAGEMEHL 1885) (gr. οστάριον Knöchelchen; φύσα [Schwimm-] Blase), (= Cypriniformes + Siluriformes); eine Ü.O. der → Teleostei; sie umfaßt die Mehrzahl der Süßwasserfische. Kennzeichnend ist der Besitz von Weberschen Knöchelchen (→ Ossicula Weberiana). Vorkommen: Seit der U.Kreide; sie bilden einen frühen Seitenzweig der → Leptolepimorpha.

Osteichthyes (HUXLEY 1880) (gr. οστέον Knochen; ιχθύς Fisch), die sog. höheren Knochenfische, d. h. solche mit einem besonders spezialisierten Spritzloch (Spiraculum) und einem mittels des → Hyomandibulare befestigten Kieferapparat. Zu ihnen gehören nicht die älteren ‚Fische‘ mit Knochenstrukturen im Skelet wie die → Ostracodermen und → Placodermen. Die Kl. Osteichthyes wurde meist in zwei U.Kl. eingeteilt: 1. → Actinopterygii, Strahlenflosser; 2. → Cho-

anichthyes (= → Sarcopterygii), Choanenfische; als weitere U.Kl. rechnete ROMER ihnen auch ihre wahrscheinliche Ausgangsform, die → Acanthodii, hinzu. Die ältesten O. besaßen alle eine Art Lungensäcke als Ausstülpung des Vorderdarmes; bei den Choanenfischen blieben sie erhalten, bei den Actinopterygii wurden sie in die Schwimmblase umgewandelt oder verschwanden gänzlich. Die O. erschienen im obersten Silur; im M.Devon waren sie in beiden Hauptlinien bereits in voller Blüte. Die Plötzlichkeit ihres Auftretens versucht man mit der Annahme zu erklären, die ersten Stadien ihrer Entwicklung hätten sich in den Oberläufen von Flußsystemen abgespielt; diese sind in der Regel Abtragungsgebiete und für die Fossilerhaltung ungünstig. (Abb. 50, S. 87). → System der Organismen im Anhang.

Os temporale, *n*, = → Temporale.

Osteoblasten, *m* (gr. οστέον Knochen: βλαστός Keim). Bindegewebszellen, welche die Knochenbildung übernehmen. Vielfach werden sie im Verlauf der → Osteogenese zu → Osteozyten.

Osteodentin, *n* (TOMES 1878), ein Übergangsgewebe zwischen echtem Knochen und echtem Dentin; Syn: → Trabeculodentin; es enthält Dentinröhrchen und Knochenzellen und tritt vorwiegend in den Hohlräumen der Zähne iluf.

Osteodontokeratische Kultur (R. DART 1961) (gr. οστέον Knochen; οδούς Zahn: κέρας Horn). Als Werkzeuge der Australopithecinen (→ Hominidae) in Südafrika aufgefaßte Skeletreste von Wirbeltieren. Andere Autoren sehen die ‚Werkzeuge‘ als Fraßreste von Raubtieren an.

Osteogenese, (gr. γένεσις Entstehen, Ursprung). Entstehung von Knochengewebe. Sie erfolgt durch die Tätigkeit von Osteoblasten (knochenbildenden Zellen), und zwar: 1. (en)-desmal, desmogen im Bindegewebe durch Bildung von → Osteoidgewebe. Die daraus hervorgehenden Knochen nennt Deck-, Haut-, Dermal-, Bindewebs- oder endesmale Knochen, Allostosen, auch Sekundärknochen.

2. durch Ersatz von Knorpel-durch Knochengewebe (danach Ersatz- oder Knorpelknochen, Autostosen, primäre, auch chondrogene Knochen). Dies kann auf zwei Wegen erfolgen: a) perichondral: an der Oberfläche knorpeliger Organe durch Vermittlung des → Perichondriums. Der Vorgang ist demjenigen bei der endesmalen O. insofern ähnlich, als auch hier großteils eine direkte Anlagerung von Knochen auf der Knorpel-Außenfläche erfolgt. b) enchondral: dabei degeneriert der Knorpel, von außen dringen Blutgefäße und Mesenchymzellen ein und schließlich wird Knochengrundsubstanz auf die gitterartigen verbliebenen Knorpelreste aufgelagert. Das enchondral entstandene Knochengewebe wird vielfach bald wieder durch perichondral entstandenes ersetzt. Allen diesen sog. neoplastischen, an die Tätigkeit von Osteoblasten gebundenen Arten der Knochenbildung läßt sich die metaplastische, direkte Umwandlung von Knorpel in Knochenzellen (beschränkt auf rel. wenige Vorkommen) gegenüberstellen.

Osteoidgewebe, ein dünnes, unregelmäßig geformtes Flechtwerk feiner → kollagener Fibrillen. welches besondere Osteoblasten bei der → desmalen Knochenbildung (→ Osteogenese) ausscheiden. Osteoide bilden die noch kalkfreie Vorstufe des Knochens: sehr bald werden ihnen Kalksalze eingelagert. Durch weitere Auflagerung von O. vergrößern sich die so gebildeten Knochenkerne. Beim fortschreitenden Wachstum eingeschlossene Osteoblasten werden dabei zu Knochenzellen (→ Osteozyten).

Osteoklasten, *m* (gr. κλάν brechen, zerbrechen), mehr oder weniger große, vielkernige Zellen (Riesenzellen), welche die Resorption von Knochengewebe bewirken (Antagonisten der → Osteoblasten).

Osteolepiformes (HAY 1929) (gr. λεπίς Schuppe), eine der beiden Linien der U.O. → Rhipidistia (O. → Crossopterygii), bis 2,5 m lange Quastenflosser, nach v. HUENE Ausgangsform aller Tetrapoden mit Ausnahme der → Urodelomorpha. Vorkommen: M.Devon–U.Perm.

Osteologie, *f* (gr. λόγος Kunde), die Lehre von den Knochen. Vgl. → Osteogenese.

Osteon, *n* (gr. (οστέον Knochen), Knochensäulchen; vgl. → Haverssches System.

Osteopterygii (V. WAHLERT 1968), zusammenfassender Name für Sarcopterygii + Actinopterygii + Tetrapoda.

Osteosklerose, *f* (gr. σκληρός hart, trocken), → Pachyostose.

Osteostraci (LANKESTER 1868) (gr. όστρακον Scherbe, Schale), eine O. der → Agnatha; Kopf und Vorderkörper in einem dichten Knochenpanzer (mit Knochenzellen, überdeckt mit oberflächlichen Zähnchen aus Dentin- und → Durodentin-Substanz), hinterer Teil des Körpers mit einander überlagernden, z. T. ziemlich großen Schuppen bedeckt; schuppenbedeckte Brustflossen vorhanden. Die Augen liegen direkt beisammen auf der Dorsalseite; randlich sitzen am Kopf besondere Felder (nach STENSIÖ 1904: Sinnesorgane noch unbekannter Funktion). Die dorsale Nasenhöhle öffnet sich nicht zur Rachenhöhle hin. Der Bau des Gehirns der O. ist durch STENSIÖs Arbeiten sehr genau bekannt geworden, er ist dem der rezenten → Cyclostomen ähnlich. Größe der Tiere einige cm bis zu 0,5 m. Sie waren wahrscheinlich ziemlich langsame, mikrophage Bodenbewohner. Vorkommen: Silur–Devon.

Osteozyten, *f* (gr. κύτος Höhlung, Gefäß), Knochenzellen; sie gehen aus → Osteoblasten hervor, liegen in Hohlräumen des Knochens, durch abgeschiedene harte Knochensubstanz (hauptsächlich Kalziumphosphat und Kalksalze) voneinander getrennt, besitzen zahlreiche Ausläufer, die sich mit denen benachbarter Zellen verbinden und ordnen sich rund um versorgende Blutgefäße an. Die Hartsubstanzen scheiden sie in Lamellenform ab.

Ostium, Pl. Ostia, *n* (lat. Eingang, Tür), 1. Ostium allgemein: Öffnung röhrenförmiger Organe im Innern eines Körpers. 2. Eintrittsstelle der → Epirhysen (Kanäle) bei Schwämmen. Ostia postica oder Postica (Hintertür) sind die Ausmündungen der → Aporhysen am

→ Paragaster. 3. Vorderer Teil der Hörfurche am → Otolithen (Abb. 84, S. 166).

Ostracodermen (gr. όστρακον Scherbe, Schale; δέρμα Haut), alte Bez. für die fossilen → Agnatha, fast alle mit einem festen Panzer bedeckt waren.

Ostracum, *n*, (Mollusken): Vom Mantelrand ausgeschiedene mittlere Schalenschicht (Säulen-, Prismen-, Porzellanschicht) aus dichtstehenden, meist senkrecht zur Gehäuseoberfläche ausgerichteten Kalkspatprismen; Aufbau und Ausrichtung der Prismen können sehr unterschiedlich sein. Vgl. Schale der → Mollusken.

Ostracumlamelle (JELETZKY), eine dünne, dem Alveolarschlitz der Belemnitellen (n. d. Gattg. *Belemnitella*, → Belemniten) eingelagerte Kalklamelle, deren Deutung umstritten ist: ob primäre, zum Phragmokon gehörige Kielbildung oder sekundäre (diagenetische) Einlagerung.

Ostrakoden, -coda (LATREILLE 1806) (gr. όστρακον irdene Scherbe; -ώδης Nachsilbe, bedeutet Ähnlichkeit), Schalen- oder Muschelkrebse. Klein, mit zweiklappigem, kalkigem Gehäuse (Carapax), dessen Klappen auf der Rückenseite der Tiere miteinander gelenken. Deren Öffnung geschieht durch ein elastisches Ligament, Schließung durch Muskelzug. Oft ist eine der beiden Klappen größer als die andere und greift an den Rändern über (Überlappen). Die Größe der Ostrakoden liegt meist zwischen 0,5 und 5 mm, einzelne paläozoische Formen erreichten bis zu 30 mm Länge. Vorkommen: in Meer-, Brack- und Süßwasser. Das Schloß ist diagnostisch wichtig. Es besteht aus Zähnen und Leisten und entsprechenden Zahngruben und -Furchen. Die folgenden Schloßtypen werden unterschieden (Abb. 82, S. 165).1. adont: Ohne Zähne, mit einer Leiste in der einen und einer dazu passenden Furche in der anderen Klappe. 2. prionodont: Wie adont, jedoch mit feiner Zähnelung von Leiste und Furche. 3. lophodont: Zur medianen Furche des adonten Typs treten an beiden Enden zahnartige kurze Lei-

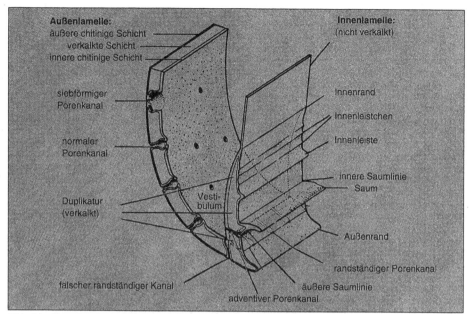

Abb. 81 Porenkanäle und Wandstruktur bei podocopen Ostrakoden. – Verändert nach KESLING (1961)

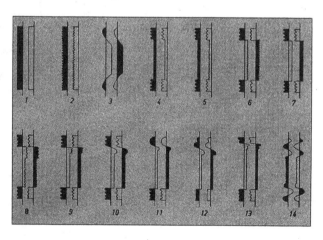

Abb. 82 Schematische Darstellung der wichtigsten Schloßbautypen von Ostrakoden. Dorsalansicht, rechte und linke Klappe: 1 adont, 2 prionodont, 3 lophodont, 4 paläomerodont, 5 holomerodont, 6 antimerodont, 7 hemimerodont, 8 entomodont, 9 lobodont, 10 paramphidont, 11 hemiamphidont, 12 holamphidont, 13 schizodont, 14 gongylodont. – Umgezeichnet nach Treatise on Invertebr. Paleont. (1961), in Anlehnung an HARTMANN

sten, denen in der anderen Klappe zwei endständige Gruben und eine mediane Leiste gegenüberstehen. 4. merodont: Gekerbte (crenulierte) zahnartige Vorsprünge an den Enden einer medianen Leiste in der einen, entsprechende Vertiefungen in der anderen Klappe. a) palaeomerodont: mit glatter Leiste und Furche; b) holomerodont: mit feingekerbter Leiste und Furche; c) antimerodont: zwischen den gekerbten zahnartigen Vorsprüngen der einen Klappe liegt eine ebenso gekerbte Furche; d) hemimerodont: wie antimerodont, jedoch mediane Furche bzw. Leiste glatt. 5. entomodont: Wie anti- bzw. hemimerodont, nur ist das Vorderende der medianen Leiste als zahnartiger gekerbter Vorsprung entwickelt. 6. lobodont: Wie entomodont, jedoch mit dem Unterschied, daß der Vorsprung am Vorderende der medianen Leiste nicht gekerbt, sondern abgerundet ist. 7. amphidont: Mit wohlentwickelten zahnartigen Vorsprüngen an beiden Enden, dazwischen eine Furche mit einer tiefen glatten Grube am Vor-

derende. Untertypen: a) paramphidont: die beiden zahnartigen
Vorsprünge sind gezähnelt oder gekerbt, die Furche dazwischen ist
glatt oder fein gekerbt; b) hemiamphidont: der vordere zahnartige Vorsprung ist glatt, der hintere
gekerbt; c) holoamphidont: beide
zahnartigen Vorsprünge glatt.
8. schizodont: Wie amphidont, jedoch mit gespaltenem vorderen
zahnartigen Vorsprung; auch die
Grube am Vorderende der medianen
Furche zweigeteilt. 9. gongylodont: Mit gekerbter medianer Leiste, an deren einem Ende ein von
zwei Gruben umgebener Zahn, am
anderen Ende umgekehrt eine von
zwei Zähnen umgebene Grube. Gegenklappe entsprechend. Systematik: → System der Organismen im
Anhang. Vorkommen: Seit dem
U.Kambrium (Abb. 81, 82, S. 165).
Otica, *f* (gr. οὖς, ωτός Ohr), die
knöcherne Gehörkapsel (Labyrinth)
der Wirbeltiere. Bei niederen Wirbeltieren nehmen 4–5 einzelne
Knochen in wechselndem Ausmaß
an ihrem Aufbau teil: → Epi-, →
Pter-, → Pro-, → Sphen- und →
Opisth-oticum. Die Gehörkapsel der
Säugetiere kann aus wechselnden
Anteilen des → Tympanicum, →
Petrosum und → Entotympanicum
bestehen. Vgl. → Bulla tympani.
Otical-Region, → Primordialcra-
nium.
Otokonia, Sing.,*f*(gr. κονία Staub),
(= Statokonia), Otokonien; winzige
Kalkkristalle, die in größeren
Mengen im Labyrinth mancher Fische (Agnatha, Elasmobranchii)
auftreten. Vgl. → Otolith.
Otolith, *m* (gr. λίθος Stein), Ge-
hörstein (manchmal auch → Stato-
lith genannt). Kalkige Konkretion
im stato-akustischen Organ der höheren Fische (vgl. → Otokonia).
Dieses besteht bei den Fischen aus
dem mit einer Flüssigkeit, der
Endolymphe, gefüllten häutigen
Bläschen (= häutiges Labyrinth),
innerhalb des knöchernen Labyrinths, dem es indessen nicht eng
anliegt; der Raum zwischen häuti-
gem und knöchernem Labyrinth
wird von der Perilymphe erfüllt.
Das häutige Labyrinth besteht aus
drei Teilen, 1. dem ovalen, sackförmigen Utriculus, von dessen obe-

rem Teil 2. die drei Bogengänge
(halbkreisförmige Kanäle) ausgehen. Am unteren Ende des Utriculus
schließt sich 3. der ± kugelige
Sacculus mit einer hinteren Ausstülpung, der Lagena, an. Die Bogengänge verlaufen in drei aufeinander senkrechten Ebenen, an der
Basis sind sie zu den bläschenför-
migen Ampullen angeschwollen.
Im Innern des häutigen Labyrinths
befinden sich sieben Sinnesfelder
mit den Endigungen des Hörnervs,
drei davon in den Ampullen, die
übrigen vier als Maculae (Hör-
flecke) in den sackförmigen Abschnitten. Den Maculae liegen in
jedem Labyrinth drei O. an: der
größte (= Sagitta) liegt meist im
Sacculus, der zweite (= Asteriscus)

in der Lagena oder im caudalen Teil
des Sacculus und der dritte (Lapillus) im Utriculus. Die O. des
rechten und linken Labyrinths sind
spiegelbildlich gebaut; sie wachsen
konzentrisch in Wachstumsrhyth-
men, welche gewöhnlich Jahren
entsprechen.
Fossil wird am häufigsten die Sagitta gefunden; sie ist auch am
reichsten an Merkmalen und wird
vielfach schlechthin als O. bezeichnet. Auf ihrer Innenseite verläuft die Hörfurche (Sulcus acusticus) von vorn nach hinten; ihr
vorderer Teil, das Ostium, verbreitert sich zum Rande hin trichterförmig, der hintere Teil (= Cauda) ist schmäler und erreicht den
hinteren Rand der Sagitta nicht. Er-

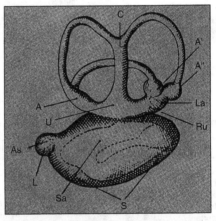

Abb. 83 Schema
des linken Gehör-
gangs eines Fi-
sches (Innenseite).
A, A', A" Ampullen,
As Asteriscus,
C Kommissur,
L Lagena, La Lapil-
lus, Ru Recessus
utriculi, S Sacculus,
Sa Sagitta, U Utri-
culus. – Nach E.
KOKEN (1884)

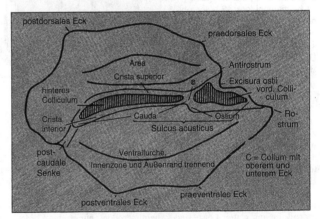

Abb. 84 Innenansicht eines linken Otolithen. – Nach W. WEILER (1942)

hebungen in der Hörfurche heißen Collicula (Sing. Colliculum), ein Hals (Collum) trennt Ostium und Cauda. Die Hörfurche wird von zwei Leisten (Cristae) oben und unten begrenzt. Die obere geht nach oben in eine flache Einsenkung, die Area, über. Die untere Crista läuft nach vorn in das Rostrum aus, die obere in das Antirostrum. Vorkommen: Die ältesten bekannten O. sind solche von Palaeonisciden des Perms; häufiger werden sie vom O.Jura an. Über ähnliche Gebilde bei Wirbel-losen vgl. → Statolithen (Abb. 83, 84, S. 166).

Otozamites (F. W. BRAUN) (gr. οὖς, ωτός Ohr, Henkel; vgl. → Zamites), eine Sammelgattung von ‚geöhrten‘ (Name!) → Cycadophytina-Blättern, jetzt den → Bennettitales zugerechnet.

Ovizelle (BUSK 1852) (lat. ovum Ei; cella Zelle, Kammer), Hohlraum, der das sich zur Larve entwickelnde → Bryozoen-Ei enthält. Heute durch Ooecium ersetzt.

Oxea, *n* (gr. οξύς spitz, scharf), = Amphioxea. Beiderseits zugespitztes diactines → Monaxon (Schwammnadel) (Abb. 91, S. 186).

Oxy... Vorsilbe für einfach und allmählich zugespitzte Schwammnadeln, z. B. Oxytetractin, Oxytriod.

oxycerk (WHITEHOUSE) (gr. κέρκος Schwanz), (Schwanzflosse): → rhipidocerk.

Oxycon, *m* (gr. κῶνος Kegel), (Ammonoidea): Scheiben- (Diskus-) förmiges extern zugeschärftes Gehäuse, meistens mit engem oder geschlossenem Nabel.

paarige Extremitäten, (Tetrapoden): → freie Extremitäten.

Pachycephalosauria (STERNBERG 1945), eine U.O. der → Ornithischia, die relativ kleine, aber mit extrem verdicktem Schädeldach versehene Formen wie *Stegoceras* (*Troodon*) umfaßt.

pachy(o)dont (gr. παχύς dick; οδούς Zahn) (Lamellibr.): → Schloß.

pachygyral (gr. γύρος Kreis, Rundung), mit dicken Umgängen.

Pachyodonta (STEINMANN), (Lamellibr.): stark spezialisierte Abkömmlinge der → Heterodonta mit pachyodontem → Schloß, = → Hippuriten.

Pachyostose, *f,* allgemeine Dickenzunahme der Knochen, wobei die Pachyostose i. e. S. von der Osteosklerose zu unterscheiden ist. Erstere entsteht durch reichliche Anlagerung von periostalem Knochen, letztere durch Schwund der Haversschen Kanäle und der Markräume, und indem die Spongiosa durch kompaktes Knochengewebe ersetzt wird. Dadurch entsteht eine eigenartige elfenbeinartige Beschaffenheit des Knochens (Eburnität). Meist treten P. und Osteosklerose gemeinsam auf. Fossil wurde die P. bei → Mesosauria, → Sauropterygia und → Sirenia beobachtet. Vgl. → Ponderosität.

Pachypodosauria (gr. πούς, ποδός Fuß, Bein; σαῦρος oder σαῦρα Eidechse), im Sinne von v. HUENE die → Saurischia mit Ausnahme der → Coelurosauria.

Pädogenese (K. E. v. BAER 1886) (gr. παῖς, παιδός oder παιδίον Kind; γένεσις Geburt, Erzeugung), Fortpflanzung neotenischer (→ Neotenie) Jugendstadien.

Pädomorphose (C. R. DE BEER 1930), Fetalisation, ‚Verjugendlichung‘ durch Retardation, bes. des somatischen (= Körperzellen-) Wachstums, wodurch Geschlechtsreife und Wachstumsabschluß in einem rel. jugendlichen Stadium eintreten. Klassisches Beispiel für P. ist der Mensch mit seiner extrem langen Wachs- und Lernphase. Vgl. → Gerontomorphose, → Altern der Stämme.

Paenungulata (SIMPSON 1945) (lat. paene beinahe; ungula Huf, Klaue, Ungulata Huftiere), eine Ü.O. der Säugetiere, in welcher SIMPSON sieben O. bzw. U.O. ± primitiver Huftiere zusammenfaßte: Die → Pantodonta, → Dinocerata, → Pyrotheria, → Proboscidea, → Embrithopoda, → Hyracoidea, → Sirenia. Der Name sollte den oft in diesem Sinne gebrauchten Begriff ‚Subungulata‘ ersetzen, welcher von ILLIGER 1811 für eine Gruppe der Nagetiere geprägt worden ist und daher von SIMPSON als präoccupiert angesehen wurde. Obsol.

Palaechinoida (HAECKEL] 866) eine O. primitiver Seeigel, deren Interambulakra aus einer oder mehr als zwei Plattenzeilen bestehen. Bauplan wie *Melonechinus* oder *Palaechinus*. Vorkommen: Silur-Perm.

Paläoammonoidea (WEDEKIND 1918) (gr. παλαιός alt), ‚Altammoniten‘; die Ammonoideen des Devons und Karbons, gekennzeichnet durch vorwiegend glatte Gehäuse und → goniatitische Lobenlinie. Vgl. → Meso-, → Neoammonoidea.

Paläoautökologie, *f* (IMBRIE & NEWELL 1964) (gr. αυτός selbst; οίκος Haus), die Wissenschaft von den Beziehungen zwischen fossilen Einzelorganismen und ihrer Umwelt. Vgl. → Palökologie, → Autökologie.

Paläobiologie (gr. βίος Leben; λόγος Lehre), im allgm. Sinne: = → Paläontologie; im Sinne von O. ABEL (1912): eine aus L. DOLLOS ‚Paléthologie‘ hervorgegangene Forschungsrichtung innerhalb der Paläontologie, die sich bes. die Erforschung der Anpassung der fossilen Organismen und die Ermittlung ihrer Lebensweise zur Aufgabe stellt (= → Palökologie R. RICHTER).

Paläobotanik (gr. βοτάνη Gras, Gewächs; -ικα substantiv. Adj., bedeutet Wissensgebiet), die Wissenschaft von den fossilen Pflanzen, (Makrofossilien), jedoch gegenüber der → Phytopaläontologie mit etwas stärkerer Betonung des botanischen, biologischen Teils. Vgl. → Palynologie.

Palaeocopida (HENNINGSMOEN 1953) (gr. κώπη Ruder), eine O. der

Kl. → Ostracoda; sie umfaßt die U.O. → Beyrichicopina und → Kloedenellocopina. Vorkommen: Ordovizium–Unterste Trias.

Palaeocoxopleura (VERHOEFF 1928) (lat. coxa Hüfte; gr. πλευρά Seite des Leibes), = Archipolypoda, eine formenarme, wenig bekannte Kl. primitiver → Myriapoda. Vorkommen: O.Silur–O.Karbon.

Paläocranium, *n* (FÜRBRINGER) (gr. κρανίον Schädel), der vordere Teil des Craniums bis zur Ohrblase (Labyrinthkapsel) im Gegensatz zum → Neocranium, der sekundär zum Schädel angefügten Hinterhauptsregion. Vgl. → Wirbel-Theorie.

Palaeodictyoptera (GOLDENBERG 1877) (gr. πτερόν Flügel), Urnetzflügler, eine auf das Karbon und Perm beschränkte und für diese Zeit sehr charakteristische Gruppe (Ordnung) primitiver großer Insekten. Sie trugen noch einen unbeweglichen flügelartigen Fortsatz auf dem Prothorax. Nach neueren Funden besaßen die P. ein Rostrum zum Saugen von Pflanzensäften, eine einseitige Anpassung, die ihre Existenz stark an entsprechende Vegetation band und ihr rasches Aussterben erklärlich macht. Der Flug war schwer, die Flügel nur in vertikaler Richtung beweglich und nicht zusammenklappbar. Die P. waren wärme- und feuchtigkeitsliebend; über ihre larvale Entwicklung ist wenig bekannt. Die Systematik beruht ausschließlich auf den → Flügeln, sie ist daher teilweise künstlich. Wahrscheinlich sind sie nicht die Stammgruppe aller späteren Insekten, sondern bildeten eine frühe Seitenlinie (Abb. 85).

Palaeodonta (MATTHEW 1929), die als U.O. zusammengefaßten primitivsten und erdgeschichtlich ältesten → Artiodactyla, mit meist noch vollständigem, niedrigkronigem Gebiß und 4–5-zehigen Extremitäten. Vorkommen: U.Eozän–U.Miozän.

palaeognath (gr. γνάθος Kinnbacken), heißt das Munddach ursprünglicherer Vögel mit wohlentwickeltem Processus basipterygoideus, welcher mit einer aus Pterygoid und Palatinum gebildeten Brücke ein Basipterygoidgelenk bildet. Beim neognathen Munddach entsteht ein neues Gelenk im Pterygoid (unter Reduktion des Proc. basipterygoideus), dessen vorderer Teil dabei mit dem Palatinum verschmilzt.

Palaeognathae, eine Ü.O. der Vögel, Synonym von → Ratitae. Ordnungen: → System der Organismen im Anhang.

Palaeoheterodonta (NEWELL 1965), eine U.Kl. der Muscheln, deren (actinodontes) Schloß nur aus undifferenzierten Lateralzähnen ohne deutlich abgesetzte Kardinalzähne besteht. Hierzu gehören die ältesten bekannten Muscheln. Vorkommen: Seit dem U.Kambrium, älteste Gattung ist *Fordilla.*

Palaeoloricata (BERGENHAYN 1955) (lat. Iorica Panzer, Brustwehr), (= Eoplacophora PILSBRY 1893), eine primitive O. der → Polyplacophora, deren Platten kein → Articulamentum besitzen. Vorkommen: (?)Kambrium, Ordovizium–Kreide.

palaeomerodont (gr. μέρος Teil, Reihe; οδούς, οδόντος Zahn), → Ostrakoden (Schloß) (Abb. 82, S. 165).

Palaeomeryx-Falte, eine deutliche Einkerbung am hinteren Teil des vorderen Halbmondes der oberen und unteren Molaren von Angehörigen der primitiven Ruminantier-Familie Palaeomerycidae (Abb. 86, S. 169).

Palaeometabola (gr. μεταβολή Veränderung), heterometabole Insekten vom primitivsten Typ der Metamorphose, bei dem Häutungen noch bei den Imagines vorkommen, z. B. die → Ephemeriden.

Palaeomyces (RENAULT emend. SEWARD) (gr. μύκης Pilz), Sammelnamen für fossile Pilze unsicherer Stellung.

Paläoneurologie (T. EDINGER), die Wissenschaft von den Zentralnervensystemen, hauptsächlich den Gehirnen, der fossilen Lebewesen.

Palaeoniscei (nach der Gattung *Palaeoniscus),* Syn. von → Chondrostei; die älteste Infraklasse der → Actinopterygii; zu ihnen rechnet man die Ordnungen: → Palaeonisciformes, → Polypteriformes →

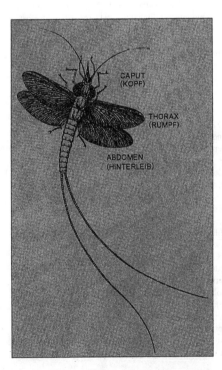

CAPUT (KOPF)

THORAX (RUMPF)

ABDOMEN (HINTERLEIB)

Abb. 85 *Homoioptera vorhallensis* C. BRAUCKMANN (1991), ein Palaeodictyoptere (Urnetzflügler, O.Namurium B, Hagen-Vorhalle. – Umgezeichnet nach einer Vorlage von C. BRAUCKMANN.

Acipenseriformes. Vorkommen: Seit dem O.Silur.

Palaeonisciformes, eine sehr vielgestaltige O. paläozoischer → Actinopterygii: meist kleine Fische mit dicken, rhombischen → Ganoidschuppen, unverknöcherten Wirbelzentra und heterocerker Schwanzflosse; sie erschienen im O.Devon, erreichten im Karbon die größte Mannigfaltigkeit und schwanden von der Trias ab rasch hin; die letzten Vertreter kennt man aus der U.Kreide.

Paläontologie (gr. παλαιός alt, τo όν das Wesen, λόγος Lehre), die Wissenschaft von den fossilen (vorzeitlichen) Lebewesen. Die Bezeichnung P. wurde 1825 durch DE BLAINVILLE eingeführt und ersetzte danach allmählich die älteren Bez. wie Oryktologie und Petrefaktenkunde.

Die P. gliedert sich in allgemeine P., spezielle P. und angewandte P. a) Die allgemeine P. behandelt zunächst grundlegende Fragen der Fossilisierung und der Beziehungen zwischen Fossil und einbettendem Gestein (= Biostratonomie und Fossil-Diagenese). In einer eigenen Forschungsrichtung, der Aktuopaläontologie, werden entsprechende heutige Vorgänge (Leben und Sterben, Einbettung, stoffliche Umsetzungen) direkt beobachtet. Weitere Arbeitsgebiete der allgemeinen P. ergeben sich aus allgemein biologischen, auf fossiles Material übertragenen Fragestellungen: Palökologie, Palichnologie, Paläopathologie, Phylogenie usw.

b) Die spezielle P. hat die Aufgabe, die fossilen Lebewesen zu erfassen, zu beschreiben und in die bestehenden Systeme einzuordnen. Sie gliedert sich in die Paläobotanik (P. der Pflanzen) und die Paläozoologie (P. der Tiere), die ihrerseits weiter in die P. der Wirbellosen (Evertebraten) und der Wirbeltiere (Vertebraten) zerfällt. Die Mikropaläontologie befaßt sich mit kleinen Fossilien, zu deren Beobachtung optische Hilfsmittel (Binokulare, Mikroskope) erforderlich sind, wobei die Objekte Tiere oder Pflanzen sein können. Insofern nimmt die Mikropaläontologie eine Zwischenstellung zwischen Paläo-

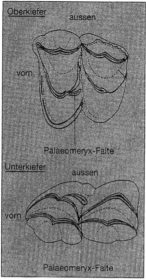

Abb. 86 *Palaeomeryx,* Backenzahn (Molar) des linken Oberkiefers (oben) und des rechten Unterkiefers (unten); Skizzen von den Zahnkronen in Kauflächenansicht mit der eingezeichneten ‚Palaeomeryx-Falte'. – Nach K. A. HÜNERMANN (1992).

botanik und Paläozoologie ein, ihre Untersuchungsmethoden sind aber dieselben wie sonst in der P. c) Als angewandte P. ist die Leitfossilkunde eine Hilfswissenschaft der Geologie, ihre Aufgabe ist die Zeit- und Altersbestimmung von Gesteinen und Vorgängen mit Hilfe von Fossilien (Biostratigraphie). Hierfür wird auch die Mikropaläontologie in starkem Maße herangezogen.

Paläoökologie (R. RICHTER 1928) (gr. οίχος Haus), → Palökologie.

Paläoparasitologie, *f* (HENGSBACH 1990), ein Spezialgebiet paläontologischer Forschung, befaßt sich mit dem Parasitismus bei Fossilien und seiner Bedeutung für verwandte Arbeitsgebiete wie Anatomie, Ontogenie, Ökologie, Phylogenie etc.

Paläopathie, *f* (HENGSBACH 1990), **Paläopathologie,** *f* (MOODIE 1923) (gr. πάθη Geschick, Leiden), die Pathologie der fossilen Organismen, bisher meist unter ‚Anomalien' oder ‚Mißbildungen' behandelt.

Paläophysiologie (F. NOPCSA) (gr. φύσις Natur, Geschöpf), im ursprünglichen Sinne die Untersuchung der Beziehungen zwischen Körpergröße und Endokrinologie; heute auf die gesamte Physiologie der fossilen Lebewesen ausgedehnt.

Paläophytikum, *n,* das Altertum in der erdgeschichtlichen Entwicklung der Pflanzenwelt, charakterisiert durch das Vorherrschen der → Pteridophyten (Gefäßkryptogamen, farnartige Pflanzen). Es beginnt etwa im O.Silur mit dem ersten Auftreten der → Psilophyten und endet im M.Perm mit dem Zurücktreten der Sporenpflanzen gegenüber den aufkommenden Gymnospermen (Nacktsamer) im Mesophytikum. Manche Autoren rechnen dem P. auch das Zeitalter der Algen hinzu, das von anderen als dem P. gleichwertiges Zeitalter Eophytikum angesehen wird. Der Beginn des Algen-Zeitalters reicht bis über 3 Mrd. Jahre zurück.

Paläophytologie (gr. φυτόν Pflanze), wenig gebräuchliches Synonym von → Paläobotanik und → Phytopaläontologie.

Paläopsychologie (R. RICHTER 1928) (gr. ψυχή Lebens-Odem, Seele), Psychologie der fossilen Tiere. Die wichtigsten Grundlagen liefert die Psychologie der heutigen Tiere, die Fährtenkunde und die Paläoneurologie.

Palaeostachya (WEISS 1867), ein Typ der Blüten von → Calamitaceae, ähnlich → *Calamostachys,* doch entspringen die Sporangiophoren in der Achsel eines Teils der Glieder jedes → Brakteenquirls.

Paläosynökologie, *f* (AGER 1963) (gr. συν zusammen, mit; οίχος Haus), die Wissenschaft von den ehemaligen Beziehungen der Organismengesellschaften zueinander und zu ihrer physikalischen Umwelt. Vgl. → Palökologie.

Paläotaxologie (R. RICHTER 1955 als Paläotaxiologie) (gr. τάξις Ordnung, Stellung), Verhaltensforschung an fossilen Tieren. Vgl. → Reizreaktionen.

Palaeotaxodonta (KOROBKOV 1954), Protobranchia, eine U.Kl. der Lamellibr. mit der einzigen O. → Nuculoida. Vorkommen: Seit dem Ordovizium.

Paläothanatologie (E. HENNIG 1932) (gr. θάνατος Tod), die Kunde vom Sterben, Eingebettetwerden und postmortalen Stoffwandel der fossilen Lebewesen.

Palaeoteuthomorpha (BANDEL, REITNER & STÜRMER 1983). Eine Gruppe primitiver Coleoideen aus dem unterdevonischen Hunsrückschiefer, in deren frühen ontogenetischen Stadien ein *Orthoceras*-artiger Phragmokon dominierte, in den späteren Stadien dagegen die teuthide Wohnkammer.

Palaeotremata (THOMSON 1927) (gr. παλαιός alt; τρῆμα Loch, Öffnung), Kutorginida, eine primitive O. der → Brachiopoden, mit kalkiger Schale, Klasse Calciata. Vorkommen: U.–M.Kambrium.

Paläozoologie, die Paläontologie der Tiere. Vgl. → Paläontologie.

Palatinum, *n* (lat. palatum Gaumen), Gaumenbein; ein Deckknochen des → primären Munddaches von Fischen, welcher ganz vorn in die Pars palatina des Palatoquadratums eindringt. Genetisch lassen sich daher bei den Fischen Dermo- und Autopalatinum (= Chondropalatinum) unterscheiden. Bei den Amphibien ist das P. ein reiner Deckknochen, der mit dem Vomer zum Vomeropalatinum verschmelzen kann (Abb. 77, S. 149).

Palatoquadratum, *n* (lat. quadratus rechteckig, viereckig [von quattuor vier]), das obere Bogenstück des → Kieferbogens im Visceralskelet primitiver Wirbeltiere. Man unterscheidet an ihm die **pars quadrata**, welche das Gelenk mit dem Unterkiefer bildet, von der **pars palatina**, dem eigentlichen Oberkiefer. Erstere verknöchert später zum → Quadratum, letztere vereinigt sich mit dem als Deckknochen entstandenen → Palatinum oder wird funktionell durch eine Reihe Deckknochen ersetzt (Palatinum, Vomer, Pterygoid).

Palcephalopoda (LEHMANN 1977), → Nautiloidea. Vgl. → Neocephalopoda.

Paleodictyon (MENEGHINI 1850) (gr. δίκτυον Netz), Bienenwabenartiges Netzwerk (Hyporelief) in der Schichtebene, in wechselnder Größe. Seine Natur, ob organischer oder anorganischer Entstehung, ist umstritten; nach SEILACHER ist es eine Weidespur. Vgl. → Graphoglypten. Vorkommen: Ordovizium–Tertiär, vor allem in Flyschsedimenten.

Palette, *f* (franz.), meist paarige Verschlußplatte am Ende des Siphos von Pholadaceen (Bohrmuscheln). Vgl. → Protoplax.

Pali, Sing. Palus, *m* (lat. Pfahl) (→ Scleractinia): ± stabförmige vertikale Elemente zwischen → Columella und Septen; sie stellen abgespaltene innerste Anteile der Septen bestimmter Einschaltungszyklen dar. Vgl. → paliforme Loben.

Palichnologie, *f* (SEILACHER) (gr. ἴχνος Spur), Paläo-Ichnologie, die Lehre von den fossilen Lebensspuren. Vgl. → Lebensspuren.

paliforme Loben (gr. λοβός Lappen) isolierte → Trabekeln am Innenrand der Septen von → Scleractinia, im Querschnitt wie → Pali erscheinend.

Palimpsest, *m* od. *n* (R. RICHTER 1925) (gr. παλίμψηστος ein Pergament, von dem eine ältere Schrift abgekratzt und auf das eine neue geschrieben ist), ‚Überprägung‘, Summierung von Merkmalen der Ober- und Unterseite von Fossilien durch Zusammendrückung; besonders in Schiefern beobachtet. Vgl. dagegen → Prägekorn.

Palingenese, *f* (gr. πάλιν zurück; γένεσις Erschaffung), allgem.: Wiederentstehung. Im Sinne von HAECKEL: Auftreten von Merkmalen stammesgeschichtlicher Vorfahren (Aszendenten) im Verlauf der Ontogenese. Vgl. → biogenetisches Grundgesetz, → Anabolie.

Palintrope, *f*, (THOMSON 1927) (gr. τροπή Wendung, Umkehr), (Brachiop.): der der Gegenklappe zugewandte Teil der Klappe zwischen Apex und Schloßrand. P.n können in beiden Klappen auftreten. Vgl. → Area.

Pallialeindrücke (lat.), verzweigte Eindrücke von Gefäßkanälen auf der Innenseite der Klappen von → Brachiopoden.

Pallium (lat. Mantel), 1. (→ Cnidaria): seitliche Körperwandung eines Polypen, deren unterer Abschnitt bei den → Madreporaria die → Epithek abscheidet und sich an der Bildung der Septentaschen, der → Dissepimente sowie der → Wandblasen beteiligt; 2. (Mollusken): → Mantel; 3. (Wirbeltiere): Hirnmantel, → Telencephalon.

Palma, *f* (lat.), die (innere) Handfläche, danach Adj. **palmar**. Vgl. auch → Chela.

Palmare, Pl. -ia, *n* (Crinoid.): die Glieder der dritten Teilungsserie von Crinoidenarmen, also vom 2. Postaxillare bis einschließlich des 3. Axillare. Heute übliche Bezeichnung: Tertibrachialia. Vgl. → Brachiale, → Axillare.

palmat, (botan.): fächerförmig.

Palmoxylon, *n* (SCHENK 1882) (lat. palma Palme; gr. ξύλον Holz), Sammelgattung für fossiles Palmenholz.

Palökologie, *f* (Paläo-Ökologie) (R. RICHTER), Syn.: Paläobiologie i. S. von ABEL, Palethologie (DOLLO). Wissenschaft von den Beziehungen der fossilen Organismen zueinander und zu ihrer Umwelt. Ihre Probleme liegen in der Rekonstruktion sowohl der Funktionsweisen und Vergesellschaftungen nur teilweise erhaltener Organismen als auch von deren nur indirekt erschließbaren Umwelt. Für beides stehen i. d. R. nur Analogieschlüsse zur Verfügung. Entsprechend der Gliederung der Rezent-Ökologie unterscheidet man Paläoautökologie und -synökologie.

Palpebral-Lobus, *m* (lat. palpebra Augenlid), Augenhügel der → Trilobiten; der durch die nach außen gewölbte Sehfläche der Augen umschriebene erhöhte Lobus der festen Wangen (Abb. 117, S. 246).

Palpen (lat. palpus, Pl. palpi Taster) (Arthropoda): mehrgliedrige Teile der Mundgliedmaßen; dienen vor allem dem Tasten, aber auch dem Riechen und Schmecken.

Palynologie, *f* (H. A. HYDE & J. A. WILLIAMS 1944) (gr. παλύνειν streuen;), ‚Pollenanalyse‘, die Wissenschaft von den Pollenkörnern und Sporen, neuerdings auch vielen sonstigen Mikrofossilien, zu deren Untersuchung das Mikroskop benötigt wird.

Palynokoine, *f* (gr. κοινωνά Gemeinschaft), Sporen-Vergesellschaftung.

Pandersches Organ (von PANDER 1857 entdeckt), bei vielen Trilobiten angetroffene Struktur auf dem Umschlag von Pleuren und festen Wangen, bestehend aus einem höckerartigen Vorsprung („Panderscher Vorsprung', HUPÉ 1954) und kleinen rundlichen oder ovalen Löchern (Pandersche Löcher) unmittelbar dahinter. Beide scheinen in keinem funktionellen Zusammenhang zu stehen: erstere werden als Widerlager bei der Einrollung gedeutet, letztere als Ausführöffnungen innerer Organe wie z. B. Nephridien.

Panmixie, *f* (WEISMANN 1895), die rein dem Zufall überlassene Paarung und Fortpflanzung innerhalb einer Art bzw. Population – dabei besteht für jede Kombination von Partnern die gleiche Wahrscheinlichkeit. Im allgem. wird die P. innerhalb einer Art durch räumliche Isolation von Populationen, durch paarungsbiologische oder auch genetische Isolation eingeschränkt.

Panspermie-Hypothese, (gr. πᾶς, παντός ganz, gesamt; σπέρμα Same), = → Kosmozoen-Lehre.

Pantodonta (COPE 1873), eine O. alttertiärer archaischer Huftiere, welche teilweise noch Krallen trugen (als Wurzelgräber?) und ausgesprochen schwer gebaut waren. Sie erreichten bis 3 m Länge. Vorkommen: Paläozän– Oligozän der nördlichen Halbkugel, besonders Nordamerikas.

Pantomesaxonia, nach FISCHER (1986) zusammenfassend für die Schwester-Taxa → Perissodactyla und → Tethytheria.

Pantotheria (MARSH 1880) (gr. θήρ, θηρός Tier), Syn. Trituberculata, eine Ordnung jurassischer bis unterkretazischer Säugetiere mit → trituberkulaten Backenzähnen, welche denen der späteren Säugetiere in der Anlage ähnlich sind, und sekundärem Kiefergelenk. Wahrscheinlich bilden sie die gemeinsame Wurzel der Marsupialia und der Placentalia. Sie sind relativ häufig in den jurassischen Faunen vertreten, allerdings fast nur durch Zähne bzw. Kieferteile. Diese zeigen die gleichen Zahnkategorien wie die späteren Säuger, doch eine höhere Zahnzahl, maximal 4-1-4-8. Gattungsbeispiele: *Amphitherium, Dryolestes.*

Panzer der Schildkröten, (= Theca), er besteht aus Knochenplatten und wird aus dem dorsalen Carapax und dem ventralen Plastron zusammengesetzt; beide können durch Knochenbrücken starr miteinander verbunden sein. Der Carapax besteht aus fünf Längsreihen von Platten: median die Neuralia (meist 8), jedes mit dem Dornfortsatz eines Wirbels verbunden. Vor dieser Reihe liegt meist ein Nuchale, dahinter 1–3 Pygalia (nicht mit Wirbeln verwachsen). Beiderseits der Neuralia liegt eine Reihe von Costalia, deren jedes mit einer Rippe verwachsen ist. Die äußersten Reihen bilden die Marginalia. Das Plastron besteht meist aus dem vorderen unpaaren → Entoplastron und dahinter den paarigen Epi-, Hyo-, Hypo- und Xiphiplastra. Zwischen Hyo- und Hypoplastron kann sich das Mesoplastron einschalten. Die Knochenplatten werden von → Hornschilden bedeckt (Abb. 101, S. 211).

Panzerfische, = → Placodermi.

Panzerlurche, = → Stegocephalen.

Papillen, *f* (lat. papilla Brustwarze), (Seesterne): bewegliche kleine Stacheln auf den Platten. (Holothurien): die Ambulakral-, Füßchen' (-Protuberanzen) des → Biviums, welche hauptsächlich sensorische und respiratorische Funktion haben.

Parabasale, *n* (GAUPP) (gr. παρά neben; βάσις Grundlage), = → Parasphenoid. Vgl. → Rostrum parabasale.

Parablastoidea (HUDSON 1907), eine Kl. der Crinozoa mit der einzigen Gattung *Blastoidocrinus* aus dem M. Ordovizium. Sie wird als frühe Parallelentwicklung zu den → Blastoidea angesehen.

Parachordale, *n* (gr. χορδή [Darm]Saite), → Primordialcranium.

Parachorismus, *m* (DEEGENER 1918) (gr. χώρα Platz, Raum), eine Art von Parasitismus, bei der ein Lebewesen Schutz im Organismus des anderen findet. Vgl. → heterotypische Relationen.

Parachronologie (SCHINDEWOLF 1944) (gr. χρόνος Zeit), → Orthochronologie.

Paraconus, *m*, **Paraconid,** *n* (gr. κῶνος Kegel; Endung -id dient hier zur Kennzeichung von Elementen der Unterkieferzähne) (Zahnbau), vordere Außen- bzw. Innenspitze an Molaren des Ober- bzw. Unterkiefers. → Trituberkulartheorie (Abb. 118, S. 246, Abb. 123, S. 257).

Paracrinoidea (REGNELL 1945), eine Kl. der → Crinozoa, mit Kelchen aus unregelmäßig angeordneten Platten, welche unter einer dünnen Außenschicht (→ Epistereoom) Porensysteme tragen. Diese sind daher nur an angewitterten Exemplaren sichtbar. Die einreihigen Brachiolen tragen einreihige Seitenärmchen. Vorkommen: M.– O. Ordovizium.

Paradigmatische Methode in der Funktionsmorphologie (gr. παράδειγμα Beispiel), Prüfung einer Theorie über die Funktion einer Struktur bei fossilen Organismen anhand eines gedachten oder konstruierten Modells oder Paradigmas, das die zu prüfende Funktion auf bestmögliche Weise erfüllt. Das Ausmaß, in dem die zu prüfende Struktur des Fossils die Eigenschaften des Paradigmas erreicht, entscheidet über den Wert der Theorie.

Paragaster, *m* (SOLLAS 1888) (gr. γαστήρ Bauch), nach oben offener, mannigfach geformter zentraler Hohlraum der Schwämme; in ihn mündet der den Schwamm durchziehende Wasserstrom ein; auch Atrium, Pseudogaster, Schornstein, Kloake, Spongocöl und (zu Unrecht) Gastrovaskular- oder Magenraum genannt. Die nach außen führende Mündung des P. heißt Osculum.

Paragenus, *n,* eine Einheit der → Parataxonomie von generischem Rang.

Paragnathen (gr. γνάθος Kinnbacken), → Scolecodonten.

Parakme, *f* (HAECKEL) (gr. παρακμάζειν verblühen, alt werden), Verblühzeit der Stämme (→ Akme).

Paralectotypoid, *n* (= Paralectotypus), jeder nach Auswahl des Lectotypus (→ Speziestypus) übriggebliebene → Syntypus.

paralisch (gr. πάραλος am Meere gelegen), nannte NAUMANN (1845) diejenigen Steinkohlenbecken, die am Rande des varistischen Gebirges lagen und Anzeichen gelegentlicher Meeresüberflutungen erkennen lassen (Oberschlesien [polnisch Górny Slask], Ruhrgebiet, Wales). Dagegen bildeten sich die limnischen Becken als Binnenbecken innerhalb der Gebirgszüge (Saargebiet, französisches Zentralplateau).

Parallelentwicklung (Syn.: Homoplasie), Ausbildung gleicher Evolutionstendenzen innerhalb eines Stammbaums, d. h. bei verwandten Individuengruppen. Isochrone P.: Gleiche Tendenz in der Entwicklung eines oder mehrerer Merkmale bei ± gleichaltrigen Stammeslinien (= Geitonogenese). Heterochrone P.: Gleiche Tendenz der Entwicklung eines oder mehrerer Merkmale in aufeinanderfolgenden Abschnitten der Evolution eines Stammbaumes (= Hypogenese, iterative Formbildung). Die P. betrifft die Merkmale homologer Organe; die aus ihr resultierende Formähnlichkeit heiß → Homöomorphie.

Paramoudra, *m* (Irische Bez.) („Sassnitzer Blumentopf‘, ‚Hühnergötter‘), große bis riesige, tonnenförmige Feuerstein-Konkretion mit 10–15 cm dickem Kern aus verfestigtem, aber nicht verkieseltem Kreidesediment, der sie vertikal durchsetzt. Die Konkretion kann 1–2 m Höhe erreichen, ihr Durchmesser bis etwa 1 m, meistens weniger. Außen besitzen P. eine unregelmäßig knollige Oberfläche, die Röhreninnere ist glatter. Mehrere P.s können vertikal aufeinander folgen (bis 9 m Höhe bekannt). Durch das Innere des Kernes zieht eine etwa 5 mm dicke Röhre, mit kurzen seitlichen Abzweigungen, umgeben von Glaukonit und Pyrit. Sie wird als Wohnröhre (Domichnium) eines Wurmes oder → Pogonophoren angesehen. BROMLEY, SCHULZ & PEAKE (1975) nannten sie *Bathichnus paramoudrae*. JORDAN (1981) deutete die P. als Gas- und Schlammvulkane. Verbreitet in der nordwesteuropäischen O. Kreide.

paramphidont (gr. αμφί auf beiden Seiten; oδούς Zahn). →

Ostrakoden (Schloß) (Abb. 82, S. 165).

Paranuchale, *n*, bei → Arthrodira, Knochenplatte des Kopfschildes, vgl. Abb. 8, S. 20.

paraphyletisch, i. S. von HENNIG sind Taxa, deren Mitglieder zwar gemeinsamer Abstammung sind, aber nicht alle Nachfahren des gemeinsamen Vorfahren einschließen. Vgl. → monophyletisch.

Parapinealorgan (lat. pinea, ae Fichtenzapfen; pinealis einem F. ähnlich), = Parietalorgan. Vgl. → Scheitelauge.

Parapodium, *n* (gr. πούς, ποδός Fuß, Bein), Stummelfuß; zur Fortbewegung dienender borstenbesetzter Fortsatz – er tritt paarig in jedem Körpersegment der → Anneliden auf. Bei den zweiästigen Parapodien der → Polychaeten heißt der dorsale Ast Notopodium, der ventrale Neuropodium.

Parapophyse, *f* (gr. παρά neben; απόφυσις Auswuchs [an Knochen], lateraler Fortsatz am Wirbelkörper für die Gelenkung mit dem → Capitulum der Rippe. Gelegentlich wandert die P. auf den Neuralbogen. → Wirbel (Abb. 43, S. 75).

Paraprotaspis, *f* (BECHER 1895) (gr. ασπίς Schild), → Trilobiten.

parapsid (gr. άψις Krümmung, Gewölbe), → Schläfenöffnungen (Abb. 102, S. 212).

Parapsida (WILLISTON 1917), heute nicht mehr gebräuchliche Zusammenfassung der Reptilien mit parapsidem Schädel: Mesosauria, Ichthyosauria, Protorosauria, Squamata.

Pararthropoda (VANDEL 1949), = → Protarthropoda.

Parasitismus, *m* (gr. παράσιτος Schmarotzer, Parasit), → heterotypische Relationen.

Parasphenoid, *n* (gr. σφήν, σφηνός Keil; σφηνοειδής keilförmig), (= Parabasale); ein großer unpaarer Deckknochen der unteren Schädelbasis niederer Wirbeltiere; er bildet den hinteren Teil des Mundhöhlendaches und kann Zähne tragen. Vgl. → primäres Munddach, → Rostrum parabasale. Bei Fischen bedeckt er das Neurocranium fast völlig und kann sich von den Vomeres nach hinten bis auf

die Unterseite der vorderen Wirbel erstrecken (Abb. 77, S. 149).

Parasternum, *n* (lat. sternum Brustbein), die Gesamtheit der → Gastralia (abdominale oder Bauchrippen); Hautverknöcherungen in der Bauchwand vieler Reptilien zwischen Sternum und Becken.

Parasuchia (gr. σούχος Eidechse) = Phytosauria. Eine U.O. der → Thecodontia: Den Krokodilen ähnlich in Bau und Lebensweise (jedoch äußere Nasenöffnungen weit nach hinten verschoben). Zahlreich und nur im O. Trias der Nordhemisphäre.

Parataxonomie, *f*, eine → Taxonomie für isolierte Teile oder Entwicklungsstadien von Organismen, die zur Identifizierung der ganzen, zu ihnen gehörigen Organismen ungeeignet sind (z. B. Aptychen von Ammoniten, isolierte Sporen, Blattreste, Conodonten). Ihre Einheiten sind die Parataxa. Sie werden nach den gleichen Regeln wie die Taxa der zoologischen und botanischen Nomenklatur behandelt. Vgl. auch → Organgattung, → Partialname, → Formgattung.

Paratheca, *f* (ALLOITEAU in PIVETEAU 1952), (→ Madreporaria): eine aus dicht gestellten → Dissepimenten oder → Tabulis gebildete → Theca. Syn.: Sklerotheca. Vgl. → dissepimentale Stereozone, → Innenwand.

paratom (gr. τομή Schnitt, Endstück) (Crinoid.): → Armteilung (Abb. 88, S. 175).

Paratypoid, *n* (R. RICHTER) (= Paratypus SCHUCHERT), jedes Stück, das der Autor einer Art neben dem → Holotypus bei der Artaufstellung als zu dieser gehörig erwähnt oder aufgezählt hat. Es braucht weder abgebildet noch ausdrücklich beschrieben zu sein. Vgl. → Typoid.

paraxon(isch) (lat. par gleich; axis Achse) ist ein Wirbeltierfuß, dessen Achse zwischen dritter und vierter Zehe hindurchführt. Danach Paraxonia MARSH 1884 = → Artiodactyla.

Parazoa (SOLLAS 1880) (gr. παρά neben, bei, nahestehend; ζώον Lebewesen, Tier), die Gruppe der Schwämme und Schwammartigen, im Gegensatz zu den → Protozoa und den → Metazoa, da sie zwar mehrzellige Tiere sind, aber weder echte Organe noch echte Gewebe besitzen.

Pareiasauroidea (SEELEY 1888) (gr. παρειά Wange, σαῦρος Eidechse), eine U.O. der → Captorhinida: bis elefantengroße, schwer gebaute, herbivore Tiere des höheren Perms; von Afrika bis China.

Parenchym, *n* (gr. παρέγχυμα das Füllsel), (Botan.): das Grundgewebe der Pflanzen, in dem sich die wichtigsten Lebensvorgänge abspielen wie Nährstoffbereitung, -leitung und -speicherung, Atmung. Wasserspeicherung. (Zool.): das mesenchymatische Füllgewebe zwischen Darm und Körperwand (bes. bei den Plattwürmern).

Parichnos, *n* (C. R. BERTRAND) (gr ίχνος Spur, Fußtapfe), eine Art Durchlüftungsgewebe (‚Geleitgewebe‘, Aerenchym, vergleichbar den ‚Lentizellen‘ der Laubbäume) in der äußeren Rinde von → Lepidodendren.

Paries, *m*, Pl. Parietes (lat. = Wand, Mauer), 1. Querwand der → Archaeocyatha (Abb. 7, S. 17); 2. verdickter Mittelteil der Kalkplatten von Cirripediern (→ Thoracica).

Parietale, *n* (lat. parietalis zur [Schädel]-Wand gehörig), Scheitelbein; paariger, als Deckknochen angelegter Knochen des Schädeldaches der Wirbeltiere zwischen Frontale und Occipitale. Bei den niederen Tetrapoden liegt zwischen den Parietalia das Foramen parietale (= Pinealöffnung); auch bei Crossopterygiern kommt eine Pinealöffnung vor; die Knochen, zwischen denen sie bei ihnen liegt, wurden bisher oft als Frontalia bezeichnet, doch sind sie den P. der Tetrapoden homolog. (Abb. 32, S. 56). Vgl. → Scheitelauge.

Parietalauge, -organ (= Parapinealorgan), das Scheitelauge der höheren Wirbeltiere, im Gegensatz zum → Pinealorgan (gleicher Funktion) beim Neunauge. Das Pinealorgan der höheren Wirbeltiere ist zur → Epiphysis cerebri geworden. Vgl. → Scheitelauge.

Parietalforamen, *n,* → Foramen parietale.

Parietalporus, *m* (JAEKEL (gr. πόρος Durchgang) (bei → Cystoid.): = → Gonoporus.

paripinnat (lat. pinnatus befiedert), paarig gefiedert.

Paripinnatae (W. GOTHAN) (lat. par gleich; pinnatus befiedert), → Neuropterides.

parivinculär (W. H. DALL 1895) (lat. vinculum Band, Fessel) heißt bei Lamellibranchiern ein halbzylindrisches langes → Ligament zwischen beiden Klappen. Es liegt immer → opisthodet (z. B. bei *Tellina*). Vgl. → ali -, → dupli -, → multivinculär.

Parökie, *f* (gr. πάροικος benachbart), → heterotypische Relationen.

Pars quadrata, pars palatina, *f*, → Palatoquadratum.

Parthenogenese, *f* (gr. παρθένος Jungfrau), ‚Jungfernzeugung‘, Fortpflanzung durch die Weiterentwicklung unbefruchteter Eizellen.

Partialname (lat. pars, -tis Stück, Teil), ein Name für Teile von Organismen, die zum Erkennen des Gesamtorganismus nicht ausreichen (z. B. einzeln gefundene Seeigelstacheln, solange die zugehörige Corona unbekannt ist). Vgl. → Parataxonomie.

Parvafazies, *f* (CASTER 1934, emend. ERBEN 1962) (lat. parvus klein; facies Gesicht), einzelne Fazieseinheit niederer Ordnung, die einer niederen stratigraphischen Einheit zugeordnet ist. Vgl. → Mikrofazies, → Magnafazies.

Pascichnia, Sing. -um, *n* (SEILACHER 1953) (lat. pasci weiden; gr. ίχνος Spur). Weidespuren. Vgl. → Lebensspuren.

Patagium, *n* (altlat. Borte), Flughaut, eine in unterschiedlichem Umfang sich erstreckende abspreizbare Haut, z. B. bei Flugsauriern und Fledermäusen. Liegt sie nur zwischen Kopf, Hals und Vorderextremität, nennt man sie Propatagium, nur zwischen den Extremitäten, Plagiopatagium, und zwischen den hinteren Extremitäten und dem Schwanz, Uropatagium. Ein vollständiges P. besitzen nur die → Dermoptera.

Patella, *f* (lat. Napf, Demin. von patina Schüssel), 1. Kniescheibe; Verknöcherung der Unterschenkel-Strecksehne vor der Vorderseite des Kniegelenks bei Säugetieren und Vögeln. 2. Das zwischen → Femur

und → Tibia befindliche Glied der Körperanhänge von Trilobiten und Cheliceraten.

patellat (Gehäuseform), flachkonisch, mit einem Basiswinkel um 120°.

Paterinida (Brachiopoda): eine formenarme O. der Lingulata, mit phosphatiger Schale; Delthyrium und Notothyrium sind vorhanden, teilweise sekundär geschlossen. Vorkommen: Kambrium–Ordovizium.

Patina, *f* (lat . Schüssel), der eigentliche Crinoiden-Kelch, welcher nur aus den Kelchplatten (Basalia und Radialia, u. U. auch Infrabasalia) besteht. Bisweilen kommen noch Analplatten hinzu. Vgl. → Kelchbasis.

paucispiral (lat. pauci wenige), aus wenigen Windungen bestehend. Vgl. → Embryonalgewinde.

Paukenhöhle, = → Cavum tympani. (Abb. 80, S. 158).

Paurometabola (gr. παῦρος wenig; μεταβολή Umwandlung) (Insekten): → Heterometabola, bei denen Larven- und Imagostadium wenig verschieden sind, z. B. die → Saltatoria (Schrecken) → Isoptera (Termiten).

Paxillen, Sing. -us, m, bei Seesternen: Kalkstiele auf den Flatten, die an ihren freien Enden einen Besatz von kleineren Kalkstacheln tragen.

paxillos (lat. paxillus Pflock), pflockförmig (bes. Belemniten) (‚Paxillosi‘).

pecopteridisch (gr. πέκειν kämmen; πτέρις Farn), eine Form der Blättchen bei → Pteridophyllen (Abb. 93, S. 196).

Pecora (LINNÉ 1758), eine formenreiche U.O. der → Artiodactyla, in der Traguliden, Cerviden und Boviden zusammengefaßt werden. Vorkommen: Seit dem Eozän.

pectinibranch (lat. pecten Kamm; branchiae Kiemen), (Gastrop.): mit einzeiligen gefiederten Kiemen versehen (sog. Kammkiemen).

Pectinibranchia (GOLDFUSS 1820) (lat. Kammkiemer), Syn. von → Caenogastropoda.

Pectinirhomben, eine besondere Anordnung der Porenrauten (Dichoporen) von → Cystoidea (Abb. 33, S. 59).

Pectocaulus, m (gr. πηκτός festgefügt, befestigt; καυλος Stengel), chitiniger Strang, der ältere („reife') Teile des Außenskelets von → Rhabdopleurida durchzieht (Abb. 96, S. 202).

pectodont (gr. οδούς, οδόντος Zahn), sind Zähne, die mit den zahntragenden Knochen ± fest verwachsen sind. Gegensatz: → autodont.

Pectorale, n (lat. pectus, pectoris Brust), → Hornschilde der Schildkröten (Abb. 101, S. 211).

Pectoralis, f, Pl. Pectorales, Brustflossen, → Pterygia.

Pedicellarien, Pl., f (O. F. MÜLLER 1777) (lat. pedicellus kleiner Stiel), mikroskopisch kleine, mit 2–8 zangenartigen Kiefern versehene, gestielte Strukturen auf der Haut von Echinodermen (→ Eleutherozoen), oft mit Giftdrüsen ausgestattet; sie dienen als Greif-, Fütterungs-, Säuberungsorgane. Wegen ihrer Formenfülle sind sie bei rezenten Echinodermen diagnostisch wertvoll. Fossile P. sind dagegen nur ausnahmsweise näher bestimmbar.

Pediculares, Pl. (lat. pedica Fußfessel), (Brachiop.): = → Adjustores (Stielmuskeln).

pediocon (gr. πεδίον Ebene, das Ausgebreitete; κώνος Kegel), (Ammon.): → Heteromorphe.

Pedipalpi (Sing. -us), m (lat. pes, pedis Fuß; palpus Taster), die am zweiten Segment des → Prosomas der → Chelicerata sitzenden Anhänge (Extremitäten). Ursprünglich dienten sie der Fortbewegung, sind aber teilweise ± weitgehend zu Greif-, Kau- oder Sinnesorganen umgewandelt.

Pedizellarien, → Pedicellarien.

pedizellat nennt man die Zähne moderner Amphibien, bei denen Basis und Krone durch eine Zone aus faserigem Gewebe getrennt sind.

Pektin, n (gr. πηκτή geronnene Milch), der Zellulose nahestehendes Kohlehydrat, welches sich durch seine Neigung zu Gallertbildungen auszeichnet (dazu gehört u. a. Gummi). Baumaterial der Hüllen mancher Algen, z. B. Diatomeen.

Pelagial, n (gr. πέλαγος Meer) Bereich des freien Wassers der Meere (Hali-P.) und der Binnenge-

wässer (Limno-P.). Die lichtdurchflutete Zone bis 200 m Tiefe heißt Epipelagial, darunter befindet sich das Bathypelagial.

pelagisch (gr. πελαγικός im Meer lebend), zur Hochsee bzw. zur freien Wassermasse eines Sees gehörig, und zwar entweder aktiv schwimmend (Nekton) oder passiv treibend (Plankton).

Pelecypoda (GOLDFUSS 1820) (gr. πέλεκυς Beil; πούς, ποδός Fuß), bes. im engl. Sprachbereich gebräuchliches Synonym für → Lamellibranchia.

Pelma, n (gr. πέλμα Sohle), Gesamtbezeichnung für Stiel, Cirren und Wurzeln von → Pelmatozoa, speziell von → Crinoidea.

Pelmatozoa (LEUCKART 1848), Sohlentiere, älteres Synonym von → Crinozoa, zeitweilig oder ständig festgeheftete, gestielte oder ungestielte → Echinodermen, deren Weichteile von einer beutelförmigen bis ± kugeligen Kapsel aus Kalkspattäfelchen umschlossen werden. Mund, After und → Ambulakralia liegen auf der oberen (oralen, ventralen) Seite. Die Ambulakralia bilden zum Munde führende Furchen (= Ambulakralfurchen); bei vielen Pelmatozoen entspringen an ihren distalen Enden ± gegliederte Armo, auf deren oraler Seite die Furchen weiterlaufen, oft beiderseits von gegliederten → Pinnulae eingefaßt. Die untere (dorsale, aborale) Seite wird aus einem oder zwei Kränzen von Basaltäfelchen gebildet, die entweder dem Stiel aufsitzen oder eine Centralplatte umschließen. Der Stiel (→ Columna) besteht aus ± zahlreichen Kalkplättchen (→ Nodale). Der Name P. ist als Taxon nicht mehr gebräuchlich. Meist wurden als Pelmatozoa bezeichnet die Kl. → Eocrinoidea, → Paracrinoidea, → Stylophora (Carpoidea), → Edrioasteroidea, → Cystoidea, → Blastoidea, → Crinoidea. Vgl. → Eleutherozoa. Vorkommen: Seit dem Kambrium.

Pelos, n (gr. πηλός Schlamm), Lebensraum der Weichböden.

Peltidium, n (lat. pelta kleiner halbmondförmiger Schild) (= Carapax), einheitlicher Rückenschild des Cephalothorax bei → Arachni-

da, aus den verschmolzenen Cephalon- und Thorax-Tergiten. Besteht das P. aus mehreren Stücken, so heißen die einzelnen Teile von vorn nach hinten: Pro-, Meso-, Metapeltidium.

Pelvis (lat. f, Becken, Schüssel,) → Beckengürtel.

Pelycopterygium, n (gr. πέλυξ, πέλικος Becken, Schüssel; πτέρυξ Flügel, Flosse), die hinteren paarigen Flossen der Fische. Vgl. → Pterygia.

Pelycosauria (COPE 1878) (gr. πελίκη Schüssel, Becken [wegen der festen Verbindung der Beckenknochen]; σαῦρος Eidechse), eine formenreiche O. der → Synapsida; sie umfaßt kleine bis recht große, langschwänzige, vielfach eidechsenähnliche Reptilien, welche im O.Karbon und U.Perm vor allem Nordamerikas, Europas und Südafrikas häufig waren und sich bis in die tiefste Trias hielten. Sie haben zentrale Bedeutung für die weitere Entwicklung der säugetierähnlichen Reptilien. In mehreren Linien entwickelten sie Rückensegel aus extrem verlängerten Dornfortsätzen (Abb. 87, S. 175).

Penisknochen, Baculum, Os priapi; ein bei vielen Säugetieren (Raubtieren, vielen Affen, Nagern, Insektenfressern) dem Penis eingelagerter ± stabförmiger Knochen. Fossil bekannt besonders vom Höhlenbären.

Pennatulacea (VERRILL 1865) (lat. pennatus geflügelt; -ulus Deminutiv), Seefedern, eine O. der → Octocorallia. Erste sichere Reste werden aus der Kreide, fragliche bereits aus dem Silur angeführt.

Pentacrinoidea (JAEKEL 1894) zusammenfassend für die Crinoiden-Klassen → Inadunata, → Flexibilia und → Articulata. JAEKEL sah in den P. eine Hauptabteilung der Crinoiden, die er der zweiten: Cladocrinoidea (= → Camerata) gegenüberstellte (Abb. 88, S. 175).

Pentactin, n (gr. πέντε fünf; ακτίς Strahl), fünfstrahlige Schwammnadel (Megasklere), bei der 4 Strahlen in einer Ebene liegen. Sind alle Strahlen etwa gleich lang und stehen unter rechten Winkeln zueinander, liegt ein Orthopentactin vor; ist das → Rhabdom länger und

Abb. 87 *Dimetrodon*, Skelet eines carnivoren Pelycosauriers aus dem U.Perm von Texas, etwa 3 m lang. Die langen Dornfortsätze wurden wahrscheinlich durch eine Hautduplikatur zu einem ‚Segel‘ verbunden und dienten dem Wärmeaustausch. – Umgezeichnet nach ROMER & PRICE aus CARROLL (1993)

bildet einen Winkel von etwa 65° mit den → Cladisken, handelt es sich um ein Anapentactin.

Pentamerida (SCHUCHERT & COOPER 1931 (gr. μέρος Teil, nach der Fünfteilung des Steinkerns), (Brachiop.): eine O. der Kl. → Articulata: großwüchsig, mit → impunctater Schale, bikonvexem Gehäuse und kurzem Schloßrand, im Innern mit → Spondylium und teilweise auch → Cruralium sowie stark entwickelten Mediansepten. Vorkommen: Kambrium–Devon.

Pentastomida, Linguatulida, Zungenwürmer. Wurmförmig, parasitisch in Lunge und Atemwegen von Reptilien lebend, nur rezent bekannt. Hier den Branchiura (Fischläusen, Crustacea), von manchen Autoren auch den → Protarthropoda zugerechnet.

Pentoxylales (SAHNI 1948) eine O. jurassischer → Cycadopsida, die als Ahnform einiger monokotyler Angiospermen angesehen werden.

Peracarida (CALMAN 1904) (lat. pera Ranzen; gr. καρίς Krabbe), Ranzenkrebse, kleine Krebse aus der Kl. Malacostraca. Zu ihnen gehören u. a. die O. Mysidacea, Isopoda (Asseln), Amphipoda (Flohkrebse). Vorkommen: Seit dem Perm.

Pereion, *n* (gr. το περαιοῦν das Gehende), = → Thorax der Arthropoden.

Pereiopoden, *m* (gr. περαιοῦν gehen, übersetzen [über einen Fluß]; πούς Fuß), die am Thorax sitzenden Extremitäten der Arthropoden, soweit sie der Lokomotion dienen (Schreitbeine). Vgl. → Thorakopod.

perforat (lat. perforare durchbohren), von feinen Poren durchsetzt. Vgl. → Perforata, → Imperforata, → Protoporen.

Perforata (REUSS 1861), Foraminiferen, deren Schale aus glasig-porösem kalkigem Material besteht (etwa = → Hyalina). Vgl. → Imperforata. Als systematischer Begriff nicht mehr gebraucht.

Perichondrium, *n* (gr. περί um ... herum; χόνδρος Knorpel), Knorpelhaut; eine derbe, fibröse Haut, welche den Knorpel umgibt und leicht von ihm losgelöst werden kann. Adj. perichondral.

pericolpat, pericolporat (gr. κόλπος Wölbung, Bucht), heißen → Sporen, deren → Colpen bzw.

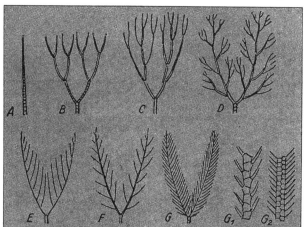

Abb. 88 Armteilung der Pentacrinoidea: A atom, B isotom, C heterotom, D metatom, E endotom, F paratom, G holotom. Bei E–G sind die Seitenzweige Ramuli,, bei D Ramiculi. G_1 zeigt monostichale, G_2 distichale Anordnung der Brachialia im Armstamm. – Nach JAEKEL (1921)

Colpen mit Poren (pericolporat) nicht in der Äquatorebene angeordnet sind.

Periderm, *n* (gr. δέρμα Haut), (Graptolithen): die das → Rhabdosom aufbauende chitinige Substanz, bestehend aus der äußeren Rindenschicht und den inneren Halbringen = Fuselli (Syn. Perisarc). Bei Hydrozoen: vom Ektoderm ausgeschiedene chitinige oder kalkige (bei → Hydrocorallina) Umhüllung der Kolonien. (Holzpflanzen): das äußere Abschlußgewebe von Stamm und Wurzeln (Rinde + Borke).

Peridineen, O. Peridiniales, → Dinoflagellaten.

Peridium, *n* (gr. περιδεῖν umhüllen) (Thallophyta), die starre, oft kalkhaltige Hülle der Fruchtkörper von → Myxomycetes.

periembryonale Kammern (gr. περί um…herum), → Orbitoideen.

perigastrischer Raum (gr. γαστήρ Bauch), (Bryoz.): der Hohlraum zwischen dem → Polypid und der inneren Wand (→ Endocyste) des → Zooeciums.

perignathischer Gürtel (gr. γνάθος Kiefer), Fortsätze am Innenrand des → Peristoms → gnathostomer Seeigel zum Ansatz von Muskeln des Kieferapparates (→ Auricula, Apophysen) (Abb. 108, S. 216).

Perinotum, *n* (gr. νῶτον Rücken), Gürtel; der die Platten der → Polyplacophora rings umgebende Körperrand, teilweise mit kräftiger Muskulatur versehen und mit Schüppchen oder Stacheln besetzt.

Periost(eum), *n* (gr. οστέον Knochen), Knochenhaut. Eine derbe, fibröse Haut, welche den Knochen außer an den Gelenkknorpeln und an vielen Muskelansatzstellen allseitig umgibt und Träger zahlreicher Blutgefäße, Lymphgefäße und Nerven ist. Ihre innere, generative Schicht kann Osteoblasten und -klasten enthalten.

Periostracum, *n* (gr. περί ringsum; όστρακον irdene Scherbe, Schale), dichte, organische Schicht, welche die Außenseite von Mollusken- und Brachiopodenschalen überzieht (auch Epidermis oder Cuticula genannt).

Perioticum, *n* (gr. ωτικός zum Ohr gehörig) (= Petromastoid), die feste

Gehörkapsel der Säugetiere (= knöchernes Labyrinth). Sie verknöchert aus mehreren Kernen, die miteinander verwachsen und als → Mastoid (bzw. Processus mastoideus) und → Petrosum unterschieden werden. Das P. ist oft nur lose mit den angrenzenden Schädelknochen verbunden (vgl. → Cetolithen), kann aber auch, wie beim Menschen, mit anderen Knochen zum Schläfenbein (Temporale) verwachsen.

periphere Stereozone (HILL 1935), (→ Rugosa): randlich gelegene, verdickte Skeletzone, gebildet aus miteinander verschmolzenen peripheren Septenenden (= → Pseudotheca), aus → Dissepimenten oder Kalkanlagerung an die Innenseite der → Epithek (= synseptaler Abschnitt der Epithek nach SCHOUPPÉ & STACUL). Vgl. → Stereozone, → innere Stereozone.

Periphract, *n* (gr. φρακτός umzäunt), → Annulus.

Periphragma, *n* → Dinoflagellaten.

periporat (gr. πόρος Durchgang, Weg), → Sporomorphae, deren Colpen bzw. Poren nicht in der Äquatorebene angeordnet sind.

Periprokt, *m* (Periproct) (gr. πρωκτός Steiß), Afterfeld, der After und seine Umgebung, speziell bei Seeigeln; der P. ist bei ihnen mit lederartiger Haut bedeckt, in die fossil meist nicht erhaltene Kalkplättchen lose eingebettet sind.

Perischoechinoidea (McCOY 1849) (gr. περισχίζειν sich spalten), eine U.Kl. der Seeigel, in der alle paläozoischen Seeigel und die postpaläozoischen Cidaroida zusammengefaßt und der U.Kl. → Euechinoidea BRONN 1860 gegenübergestellt werden. Ordnungen: → System der Organismen im Anhang. Vorkommen: Seit dem M.Ordovizium.

Periseptalblasen (BIRENHEIDE 1961), bei → Rugosa: radiär angeordnete, mit ihrem höheren Anteil den Septenflanken angelagerte Dissepimente.

Perisom, *n* (gr. σῶμα Körper, Leib), (Crinoid.): ventrales P.: → Tegmen.

Perispatium, *n* (TEICHERT 1933) (lat. spatium Raum, Zwischenraum), bei → Actinoceratoidea

(Cephalop.): freier Raum zwischen den → Obstruktionsringen bzw. dem → endosiphonalen Gewebe und der Segmentwand in der Peripherie des Siphosegments, in welchen die → Radialkanäle einmünden. Bisweilen bilden sich Perispatialablagerungen in den oberen und unteren Teilen des P. (Abb. 1, S. 2).

Perispor, *m* (gr. σπόρος Saat, Samen), (botan.): eine dem Exospor aufgelagerte dünne Oberflächenschicht (→ Sporoderm), oft verziert.

perissodactyl (gr. περισσός übergroß, von Zahlen: ungerade; δάκτυλος Finger), dem Bauplan der → Perissodactyla entsprechend.

Perissodactyla (OWEN 1848) (Mesaxonia), eine formenreiche, von den Phenacodontoidea unter den → Condylarthra abstammende O. der Säugetiere. P. sind durch → mesaxonischen Fußbau und komplizierten, auf lophodontem Grundplan basierenden Zahnbau gekennzeichnet. Die O. wird unterteilt in den U.O. Hippomorpha (Pferde, Brontotherien und Chalicotherien), Ceratomorpha (= Tapiromorpha), umfassend die Tapire und die Nashörner, und die Ancylopoda. Alle drei Gruppen existierten bereits früh im Eozän, ihre Hauptentwicklung lag im Alttertiär; von da ab ist ein ständiger Rückgang bis heute zu erkennen (Abb. 48, S. 84).

FISCHER (1986) vereinigte die O. → Hyracoida und Mesaxonia als Schwestergruppen unter dem Taxon Perissodactyla.

Peristom, *n* (gr. στόμα Mund, Öffnung), allgemein: die Umgebung des Mundes bzw. der Gehäuseöffnung (= Mundfeld) . (Bryoz.): der verdickte Rand um die Öffnung, d. h. um → Orificium oder → Peristomicium; bei Seeigeln ist das P. mit lederartiger Haut bedeckt, welche lose eingebettete, fossil meist nicht erhaltene Kalkplättchen enthält; bei Gastropoden: → Mündungsrand.

Peristomicium, *n* (Bryoz.): äußere Öffnung eines röhrenartig verlängerten → Orificiums.

Peristomium, *n* (Bryoz.): röhrenartige Verlängerung vom → Orificium operculumtragender Cheilostomen nach außen. Vgl. → Vestibulum bei Cryptostomen (Abb. 22, S. 36).

Peritheca, *f* (DANA 1872, non EDWARDS & HAIME 1848), (→ Scleractinia): entstehungsmäßig der → Epithek entsprechende Außenwandbildung massiger Korallenkolonien. Vgl. → Holotheca.

Perithecium, *n* (lat. thecium aus gr. θήκη Behälter), (Thalloph.): geschlossener Fruchtkörper von → Ascomycetes.

Perizykel, *m* (VAN TIEGHEM) (gr. κύκλος Kreis, Bogen), (botan.): ursprünglich für Stengel geprägt, später auch für Wurzeln gebraucht [dort = Perikambium]: der Gewebekomplex zwischen den Gefäßbündeln des Zentralzylinders und der → Endodermis.

Perlmutter, *f* (Lehnübersetzung des mlat. mater perlarum: die Muschel, welche die Perle enthält, erst nachträglich auf die Schale beschränkt), das aus planparallelen Aragonitplättchen in Konchiolin-Einbettung bestehende, irisierende Baumaterial der Innenschicht vieler Mollusken, vor allem Muscheln.

Perlmuttschicht, = → Hypostracum.

Permutation, *f* (R. POTONIÉ 1952) (lat. permutatio Veränderung), → Bioananke-Hypothese.

Peronecranon, *n* (gr. περόνη Spange, kleiner Schienbeinknochen; κρανίον Schädel, Kopf), ein proximaler Knochenfortsatz der Fibula von → Monotremata und manchen → Marsupialia, welcher dem → Olecranon der Ulna ähnelt.

Perrostral-Sutur (R. RICHTER) (lat. Vorsilbe per durch, vermittels), die Naht, welche bei → Olenelliden den → Umschlag vom → Cephalon trennt und fast vom einen Wangeneck zum anderen verläuft (= ventromarginale Naht).

Petalichtyida, (JAEKEL 1911) (gr. πέταλον Blatt, Platte), Syn. Macropetalichthyida, Anarthrodira, eine O. der Placodermi; marine Panzerfische, an Arthrodiren erinnernd, aber mit beschupptem Hinterkörper. Vorkommen: Verbreitet im Devon.

Petalodium, *n,* **Petalodien** (gr. πέταλον Blatt), 1. (Seeigel): blumenblattförmig verbreiterte Am-

bulakralfelder auf der Apikalseite mancher irregulärer Seeigel. 2. Von SIEVERTS-DORECK vorgeschlagene Bez. für die blumenblattartige Zeichnung auf den Stielfacetten der Isocrinidae und Pentacrinidae (Crinoid.), die bisher meist als Rosette bezeichnet worden ist. Vgl. → Rosette.

Petalonamae (PFLUG 1970) (nach dem Nama-Land, Südafrika), ein metazoischer (tierischer) Formenkreis des höheren Präkambriums; im einfachsten Falle sind es von einer Basislamelle hochgewachsene Trichterkolonien aus gesetzmäßig verzweigten Röhrchen, mit charakteristischem fiedrig-streifigem Reliefmuster der Außenwand. Diagnostisch wichtig ist der zentrale Hohlraum (Centrarium), der als Verdauungs- (Digestiv-) Raum gedeutet wird. Das Skelet besteht teils aus kalkigen Nadeln, teils ist es weitgehend reduziert oder umgebildet. Nur wenige P. scheinen zu kriechender Fortbewegung befähigt gewesen zu sein, die meisten waren sessil. Im höheren Vend (→ Ediacara) traten neben höher entwickelten P. auch stärker bewegliche, an Anneliden erinnernde Formen auf wie *Spriggina* und *Dickinsonia*. Nach wie vor bleibt ein deutlicher Unterschied zwischen diesen Faunen und den im Kambrium erscheinenden. Vgl. → Vendobionta.

Petalostromae (PFLUG 1973) (gr. στρῶμα das Ausgebreitete), massive schüssel-, fladen- oder kuppelförmige Körper von Dezimeter-Größe aus Karbonatgestein. Kennzeichnend ist ein regelmäßiges, feinrippiges Oberflächenrelief und eine lagige Innentextur. Jede Rippe scheint ein Bündel von Zellfäden zu enthalten. Benachbarte Bündel sind über ihre karbonatischen Zellscheiden lückenlos miteinander verbunden. Das Fossil wird als Alge aus der Verwandtschaft der Rhodophyten gedeutet. Bisher nur in der Nama-Supergruppe von SW-Afrika (Vendium), dort zusammen mit den → Petalonamae gefunden.

Petrefakt, *n* (lat. petra Fels; facere machen), = → Fossil.

Petrosum, *n* (lat. petrosus felsig [hart]), Felsenbein, Pars petrosa des Temporale; der vordere, innere,

selbständig als Ersatzknochen entstehende Teil des → Perioticums der Säugetiere, welcher das Labyrinth enthält. Nach VERSLUYS entspricht das P. dem Prooticum der niederen Tetrapoden.

pexa, forma pexa, (lat. pectere kämmen, riffeln), → Anomalien an Ammonitengehäusen.

Pfeiler, der Hippuriten: → Siphonalpfeiler.

Pflugscharbein, = → Vomer.

phaceloid (gr. φάκελος Bündel), verzweigt; mit mehr oder weniger parallelen Ästen, die durch Fortsätze miteinander verbunden sein können.

Phacopida (SALTER 1864) (nach der Gattung *Phacops*) (gr. φακός Linse; ὄψις Auge), eine O. überwiegend proparer, selten gonatooder opisthoparer (vgl. → Gesichtsnaht) Trilobiten. Ihre Glabella verbreitert sich meist nach vorn, das → Pygidium ist mittelgroß bis groß. Vorkommen: Ordovizium–Devon.

phacopide Einrollung, → sphäroidale Einrollung.

Phänokopie, *f* (GOLDSCHMIDT 1935) (gr. φαίνειν zeigen), Übereinstimmung modifikativer und mutativer Abänderungen (z. B. bei der Neubesiedlung eines Gebietes, welche zunächst durch → präadaptierte Modifikanten erfolgt, die aber später durch adaptierte Mutanten ersetzt werden können). P. wurde früher oft im lamarckistischen Sinne als Beweis für die Vererbung erworbener Eigenschaften angesehen.

Phaeodarina (HAECKEL) (gr. φαιός dämmerig, grau; danach Phaeodarium: ein schwärzlicher Körper), (→ Radiol.): eine U.O. der→ Osculosida, mit doppelwandiger Zentralkapsel und sehr kompliziertem, hohlem, daher fossil selten erhaltenem Skelet. Fossil unbedeutend.

Phaeophyta (gr. φυτόν Gewächs), Braunalgen; fast nur marine, meist festsitzende Thallophyten, heute in den gemäßigten und kälteren Ozeanen verbreitet, bei denen ein brauner Farbstoff, das Fucoxanthin, das Chlorophyll überdeckt. Trotz ihrer z. T. erheblichen Größe sind die Braunalgen fossil selten. Die P.

stammen vermutlich von einfachen Algen (Flagellaten) mit braunen oder gelben Chromatophoren. Anschluß an höhere Gruppen ist nicht erkennbar.

-phag (in Zusammensetzungen; von gr. φαγείν fressen), -fressend; z. B. kreophag: fleischfressend.

Phalangen, *f* (gr. φάλαγξ, αγγος länglich-rundliches Holzstück, Fingerglied), die Knochen der Finger- und Zehenglieder der Tetrapoden. Ihre Anzahl je Fingerstrahl wird durch die Phalangenformel ausgedrückt: bei primitiven Tetrapoden unsicher, bei primitiven Reptilien 2.3.4.5.3, bei primitiven Säugern 2.3.3.3.3.

Phanerogamae, *f* (gr. φανερός sichtbar, γαμείν heiraten), Samenpflanzen, Syn. → Spermatophyta.

phaneromphalid (gr. ομφαλός Nabel), (Gastrop.): mit offenem → Nabel.

Phanerozoikum (CHADWICK 1930) das Zeitalter des sichtbaren Lebens, d. h. die Zeit vom U.Kambrium bis heute, im Gegensatz zum davorliegenden Kryptozoikum, dem eine deutliche Untergrenze abgeht.

Pharetronida (ZITTEL 1878), Pharetronen (gr. φαρέτρα Köcher [die Nadeln erscheinen wie Pfeile in einem Köcher]), eine O. der Kalkschwämme (→ Calcispongea) mit einem Skelet aus → Triactinen vom Stimmgabel-Typ; charakterisiert durch dicke Wände aus anastomosierenden Faserzügen und in sie eingebetteten Kalknadeln. Um die wahre Natur der von RAUFF → Sklerosom genannten feinfaserigen Kalkspatgrundmasse (Pharetronen-Faser) ging ein jahrzehntelanger Streit, indem STEINMANN, WELTER u. a. sie für primär, RAUFF, DUNIKOWSKI u. a. für sekundär und Folge der Fossilisation erklärten. Durch Funde rezenter P. wurde inzwischen bekannt, daß wenigstens ein großer Teil des Sklerosoms erst sekundär gebildet wird. Vorkommen: Seit dem Perm.

Pharyngobranchiale, *n* (gr. φάρυγξ, -ρυγγος Rachen; βράγχια Kiemen), (→ Visceralskelet), das am weitesten dorsal gelegene der Visceralbogen-Elemente. In der Regel besteht es aus dem oberen Supra- und dem unteren Infra-P.;

beide können miteinander verschmelzen.

Pharyngohyale, *n* (gr. υοειδής dem Buchstaben Y ähnlich) ein gelegentlich auftretendes Element des → Hyoidbogens oberhalb des Hyomandibulare.

Phasen der Evolution, die phylogenetische Entwicklung erfolgt häufig in Zyklen verschiedener Größenordnung, deren jeder im allg. aus drei Phasen besteht: 1. die Anfangsphase zeigt rasche (,explosive') Aufspaltung (Epacme HAEKKEL, Anastrophe J. WALTHER, Virenzperiode R. WEDEKIND, Frühphase K. BEURLEN, → Typogenese SCHINDEWOLF). 2. Ihr folgt allmähliche (,ruhige') Ausgestaltung der neuentstandenen Typen (Acme HAECKEL, Typostase SCHINDEWOLF) und schließlich 3. eine Verfallphase (Paracme HAECKEL, Typolyse SCHINDEWOLF).

Phasmida (LEACH 1815) (lat. phasma Gespenst), Stab- oder Gespenstschrecken. Eine O. meist großer, terrestrischer, pflanzenfressender Insekten von oft bizarrem Aussehen, die (thermophil) vorwiegend in den Tropen vorkommen. – Fossil bekannt seit der Trias. Vgl. → Orthopteroidea.

Phelloderm, *n* (gr. φελλός Kork; δέρμα Haut), Korkrinde, die vom Korkkambium nach innen abgegebenen lebenden Zellen des Periderms mehrjähriger Holzpflanzen.

-phil, phile (gr. φίλος freundlich, befreundet), in Zusammensetzungen: mit Vorliebe für –

phillipsinellide Einrollung (nach der Gattung *Phillipsia* PORTLOCK), → sphäroidale Einrollung.

Phloëm, *n* (gr. φλοιός Bart, Rinde), (botan.): Bast- oder Siebteil der Gefäßbündel. Vgl. → Leitbündel.

phobotaktisch geführt (gr. φόβος Flucht, Scheu; τάξις Ordnung, Anordnung), nannte R. RICHTER (1927) Spuren, die bei Annäherung an die eigene oder andere gleichartige Spuren umkehren oder sie möglichst im rechten Winkel kreuzen. Gegensatz: → thigmotaktisch, berührungsuchend: die Spuren werden an älteren Spuren entlanggeführt, so daß Spiralen oder Mäander entstehen. Vgl. → Reizreaktionen.

Pholadomyoida (NEWELL 1965), eine O. der Lamellibranchia: grabende Formen mit zahnlosem Schloßrand wie bei der Gattung *Pholadomya.* Vorkommen: Seit M. Ordovizium.

Pholidophoriformes (gr. φέρειν tragen), eine O. der → Neopterygii. Vorkommen: Trias–Jura.

Pholidota (WEBER 1904) (gr. φολίς, -ίδος Schuppe), Schuppentiere; eine formenarme O. beschuppter, zahnloser, ameisenfressender Säugetiere, deren rezente Vertreter in Afrika und Südostasien leben. Spärliche Fossilfunde bis ins Eozän zurück deuten auf frühere Verbreitung auch in Europa. Nach EMRY (1970) sind ihnen als früheste Formen die Palaeanodonten aus dem O. Paläozän Nordamerikas zuzurechnen. Vgl. → Edentata.

Phoresie, *f* (P. LESNE 1896) (gr. φορείν tragen). Vorübergehendes Verweilen von Organismen auf anderen, als Transportmitteln.

Phoronida (Hufeisenwürmer); ein formenarmer Stamm wurmförmiger, einen Tentakelkranz tragender, in Sekretröhren lebender mariner Tentaculata. Fossil nur an Hand der Sekretröhren aus der Kreide nachgewiesen.

Phototaxis, *f,* → Reizreaktionen.

Phragma, *n* (gr. φράγμα Mauer), → Dinoflagellaten.

Phragmokon, Phragmoconus, *m* (OWEN 1832) (gr. φραφμός Scheidewand, Zaun; κώνος Kegel), der gekammerte Teil des Gehäuses von → Cephalopoden, einschließlich der Siphonalbildungen. Bei rezenten Cephalopoden enthalten die Kammern ein unter 0,7–0,8 atü Druck stehendes, vorwiegend aus Stickstoff bestehendes Gasgemisch; nur die zuletzt gebildeten Kammern enthalten auch unterschiedliche Mengen Flüssigkeit.

Der P. der Belemniten (nach MÜLLER-STOLL) besteht aus Kammern (Cellae), diese aus dem Kammerhohlraum (Cavum cellare), der Kammerscheidewand (Saeptum cellare) und der Kammeraußenwand (Cortex cellaris).

Phragmoteuthida (JELETZKY 1964), eine artenarme O. der → Coleoidea, deren besterhaltener Vertreter *Phragmoteuthis* ist. Bei

P. ist das → Proostracum dreiteilig und fächerartig, wesentlich länger als der Phragmokon, das Rostrum klein oder ganz fehlend. Armhaken und Tintenbeutel waren vorhanden. Vorkommen: Perm–Trias.

Phryganiden (gr. φρύγανον Reisigbündel), Köcherfliegen, eine Fam. der → Trichoptera.

Phycodes (RICHTER 1850) (gr. φύκος Tang), gebündelte zylindrische Röhrenausfüllungen an der Unterseite von Quarzitlagen, anfangs als pflanzliche Reste angesehen (Name), nach SEILACHER als Freßbauten zu deuten. Vorkommen: Kambrium–Jura (?Tertiär).

Phycomycetes (gr. μύκης Pilz), Algenpilze, niedere Pilze. Fossile P. wurden als Schmarotzer auf karbonischen Pflanzen beschrieben. Vorkommen: Seit Silur.

Phylactolaemata (gr. φύλαξ Wächter; λαιμός Schlund; der Name bezieht sich auf das den Schlund schließende → Epistom). Eine Kl. der Bryozoen, ohne Hartteile, nur im Süßwasser lebend. Vorkommen: (?)Trias, Quartär–rezent.

phyletische Evolution (G. G. SIMPSON), → adaptive Zone.

phyletische Größensteigerung, die Tatsache, daß die Entwicklung der Stämme im allgem. (von Stämmen sehr kleiner Organismen abgesehen) von kleinen zu fortschreitend größeren Formen führt. Vgl. → Orthogenese.

Phyllobranchien, *f* (gr. φύλλον Blatt; βράγχια Kiemen), → Dekapoda.

Phyllocarida (PACKARD 1879) (gr. καρίς Krabbe), Krebse aus der Kl. → Malacostraca mit Blattfüßen, beweglicher Rostralplatte und ein- oder zweiteiligem, am hinteren Ende eingeschnürten Carapax. Zu ihnen rechnet man u. a. die rein marinen Archaeostraca CLAUS 1888 mit zwei gelenkenden Klappen, welche vom Ordovizium bis zur Trias vorkamen *(Echinocaris, Aristozoe).* Vorkommen der U.Kl. Phyllocarida: Seit dem Kambrium, heute nur noch wenige Arten.

Phylloceratida (ARKELL 1950) (gr. κέρας, -ατος Horn), eine O. der → Ammonoidea: glatte bis schwach skulpierte Formen mit Loben, wel-

che durch blattförmige (phylloide) Elemente der Sattelzerschlitzung ein kennzeichnendes Gepräge erhalten. Die artenarme Gruppe hat ihre Wurzel in → Ceratitida der U.Trias. Die P. lebten vorzugsweise im tieferen Schelfbereich (200–500 m Tiefe). Vorkommen der Phylloceratida: U.Trias–O.Kreide.

Phyllodien, Sing. Phyllodium, *n* (Echinoid.), → Floscelle.

Phyllocladium, *n* (gr. κλάδος Zweig), (botan.): Flachsproß, blattartig abgeflachter Kurztrieb – im Gegensatz zum verbreiterten Langtrieb, dem → Cladodium.

phylloid (gr. εῖδος Ähnlichkeit, Bild), blattförmig: aus schmaler Basis sich verbreiternde Sattelelemente (blattförmige Satteleinkerbungen) an → Ceratiten und → Ammoniten. Nach der Zahl der Lappen können sie mono-, di-, triphylloid usw. sein.

Phyllopoden, Blattfußkrebse, eine U.Kl. der → Branchiopoden.

phyllospondyle Wirbel (gr. σφονδύλιος Wirbelknochen), Blattwirbel; die dünnwandigen, aus je zwei dorsalen und ventralen Knochenblättern gebildeten Wirbel der → Branchiosauria.

Phyllospondyli (CREDNER). Blattwirbler; (wegen der dünnwandigen Wirbel dieser larvalen Formen). Synonym von → Branchiosauria.

Phyllotheca, *f* (GRABAU 1922), (→ Rugosa): aus seitlich abgebogenen und miteinander verbundenen Achsialenden von Septen der einzelnen Quadranten gebildete, beiderseits des Hauptseptums und ventral der Seitensepten lückenhafte → Innenwand. (Etwa = → Aulos).

Phyllotriaen, *n*, ein → Triaen, dessen Cladisken senkrecht zum Rhabdom blattartig abgeplattet sind. Das P. müßte nach RAUFF genauer als Orthodichophyllotriaen bezeichnet werden.

Phylogenese, -genie, *f* (HAECKEL 1866) (gr. φύλον Geschlecht, Stamm; γένεσις Entstehen, Ursprung) Stammesentwicklung; die Stammesgeschichte der tierischen und pflanzlichen Entwicklungsreihen im Gegensatz zur Entwicklung des Einzelwesens. Vgl. → Ontogenese, → Eidonomie.

Phylogenetik, *f,* Abstammungslehre, Evolutionslehre, die Wissenschaft von der Entwicklung der Lebewelt und ihren Ursachen.

phylogenetische Systematik i. S. von W. HENNIG (1950, 1966), auch kurz Kladismus genannt, ist ein taxonomisches Konzept, wonach phylogenetische Verzweigung immer über die Aufspaltung einer Stamm-Art in voneinander isolierte Tochter-Arten erfolgt. Diese persistieren (als ‚Biospezies', u. U. unter Weiterentwicklung und Umgestaltung) bis sie aussterben oder sich ihrerseits aufspalten. Zur Ermittlung der Phylogenese dient die Bewertung von Merkmalen: Als plesiomorph bezeichnete HENNIG die Merkmale in einer gegebenen Ausgangssituation der Evolution, als apomorph die abgeleiteten. Beide sind relative Begriffe: Ein Merkmal kann plesiomorph bezüglich jüngerer und zugleich apomorph bezuglich älterer Formen sein. Das Vorhandensein plesiomorpher Merkmale in verschiedenen Arten heißt Symplesiomorphie, das entsprechende Vorhandensein apomorpher Merkmale Synapomorphie. Autapomorph sind apomorphe Merkmale, die für eine bestimmte monophyletische Gruppe kennzeichnend und nur in ihr vorhanden sind. Ein Monophylum umfaßt alle auf eine Ausgangsform rückführbaren Taxa, während eine Gruppe, die nur einige Abkömmlinge eines gemeinsamen Vorfahren enthält, paraphyletisch genannt wird. Eine polyphyletische Gruppe stammt von zwei oder mehreren Vorfahren ab. Vgl. → evolutionäre Klassifikation.

Phylogramm, → Dendrogramm.

phymosomatid, (Echin.) → Ambulakralplatten.

Phytal, *n* (gr. φφυτόν Pflanze), Zone des bodenständigen pflanzlichen Lebens im Meer, Süßwasser und auf dem Land.

Phytolith, *m* (gr. λίθος Stein), ein überwiegend aus pflanzlichem Material bestehendes Gestein.

Phytolithogenese, *f* (gr. γένεσις Entstehung), Gesteinsbildung aus Pflanzen (→ Kaustobiolithe).

Phytopaläontologie (gr.παλαιός alt; όν, όντος Sein; λόγος Wort,

Kunde), = → Paläobotanik (jedoch mit stärkerer Betonung des geologischen Teils wie Leitfossilien etc.).

phytophag (gr. φαγεῖν fressen), pflanzenfressend, herbivor.

Phytosauria (gr. σαῦρος Eidechse) = → Parasuchia. Vgl. → Thecodontia.

Phytozönose, *f,* pflanzliche Lebensgemeinschaft (→ Assoziation). Vgl. → Biozönose.

Pila (BERTRAND & RENIER 1892) (lat. pila kleine Kugel), ein problematisches Fossil: rundliche Kolonien aus mehreren hundert Zellen in → Bogheadkohlen permischen bis karbonischen Alters der Nordhalbkugel. Wahrscheinlich Grünalgen (Chlorophyta) aus der Verwandtschaft der rezenten Gattung *Botryococcus;* vgl. → Reinschia.

Pilae, Sing. Pila,*f* (lat. pila Pfeiler), bei → Stromatoporen: ‚Säulchen‘; senkrecht zur Oberfläche verlaufende Skeletelemente von unterschiedlicher Länge, zwei oder mehr → Laminae verbindend.

Pilum, *n* (lat. pilum Mörserkeule), Keule, → Sporomorphae.

Pilze, → Fungi.

Pinaceae (lat. pinus Fichte, Kiefer), Koniferen i. e. S., Tannen- und Kiefergewächse, mit Zapfen, deren Oberseiten die freien, nicht eingeschlossenen Samen tragen. Die heute am reichsten gegliederte und in kräftiger Entwicklung begriffene Familie der → Coniferales. Ältere, nicht ganz sichere Reste wurden von NATHORST *Pityophyllum* (Nadeln), *Pityocladus* (Zweige), *Pityospermum* (Samen), *Pityostrobus* (Zapfen) genannt. Vorkommen: Seit dem Rät.

Pinakid, *n* (gr. πίναξ Brett, Teller) (Porifera): ein → Symphyllotriaen, dessen → Rhabdom unterdrückt ist.

Pineale, *n,* Knochenplatte des Kopfschildes bei → Arthrodira, vgl. Abb. 8, S. 20).

Pinealorgan (lat. pinea Fichtenzapfen [die einem F. ähnliche Epiphyse des Gehirns]), das → ‚Scheitelauge‘ bei ‚Neunaugen‘ (*Petromyzon,* → Cyclostomen); rudimentär ist es auch bei Anuren als Scheiteldrüse vorhanden; es ist der → Epiphysis cerebri der höheren Wirbeltiere homolog.

Pinnae, *f,* Sing. Pinna (lat. Flosse), die unpaaren Flossen der Fische. Vgl. → Pterygia.

Pinnata, Pl., *n* (lat. pinnatus gefiedert), von MOORE (1939) vorgeschlagener Terminus für isolierte → Brachialia von → Crinoidea (mit Ausnahme der in die Kelchdecke eingebauten) mit mehreren Gelenkflächen. Vgl. → Apicalia.

Pinnipedia (ILLIGER 1811) (lat. pinna Feder, Flosse; pes, pedis Fuß), Robben; eine U.O. der → Carnivora.

Pinnulae, Sing. -a, *f* (lat. pinnula Federchen), dünne, einfache, gegliederte Seitenzweige von Crinoidenarmen.

Pinnulare, *n* (Plur. Pinnularia) ein einzelnes Glied einer → Pinnula.

Pinul, *n* (lat. Endung -ulus Deminutiv) → Triaxon (Abb. 90, S. 184).

Pinulhexactin, *n,* ein → Hexactin, dessen einer stärkerer Strahl mit Stacheln oder Schuppen besetzt ist.

Pisces (lat.), Fische, aquatische, mittels Kiemen atmende Wirbeltiere, eine der beiden Reihen der → Gnathostomata. Klassen: → Agnatha, → Placodermi, → Chondrichhyes, → Osteichthyes (Abb. 50, S. 87).

Pisiforme, *n,* Os pisiforme (lat. pisum Erbse) Erbsenbein, eine randliche Verknöcherung des → Carpus von Reptilien und Säugetieren, welche mit der Ulna und dem Ulnare gelenkt (Abb. 24, S. 40).

Pithecanthropus (gr. πίθηκος Affe, ἄνθρωπος Mensch), → Hominidae.

Pityocladus (NATHORST) (gr. πίτυς, -υος Fichte, Pinie ; κλάδος Zweig), → Pinaceae.

Pityophyllum (NATHORST) (gr. φύλλον Blatt), → Pinaceae.

Pityospermum (NATHORST) (gr. σπέρμα Same, Keim), Samen fossiler → Pinaceae.

Pityosporites (SEWARD) (gr. σπόρος Saat, Same; -ites Endung zur Kennzeichnung fossiler Organismenreste), Pollenkorn von der Art solcher der → Pinaceae.

Pityostrobus (NATHORST) (gr. στρόβος Wirbel, das Sich-Drehen), Zapfen fossiler → Pinaceae.

Pityoxylon (KRAUS) (gr. ξύλον Holz), Koniferenholz mit opponierter (moderner) Hoftüpfelung,

ohne Spiralverdickungen, mit horizontalen und vertikalen Harzgängen.

Placentalia, → Plazentalia.

Placodermi (MCCOY 1848) (gr. πλάξ, ακός Platte; δέρμα Haut), Placodermen, Panzerfische; eine Kl. mannigfach gestalteter, stark gepanzerter Kieferfische, deren Außenskelet echtes Knochengewebe enthält. – Es waren überwiegend benthische, teils marine, teils limnische Tiere mit vermutlich meist geringer Beweglichkeit. Verwandtschaftliche Beziehungen der P. zu anderen Fischen wie auch der P.-Ordnungen untereinander sind umstritten. Vorkommen: Devon; nur wenige überlebten die Grenze zum Karbon. Ordnungen: → System der Organismen im Anhang (Abb. 8, S. 20; Abb. 50, S. 87).

Placodontia (Owen 1859) (gr. οδούς, οδόντος Zahn), eine O. euryapsider (→ Schläfenöffnungen) Reptilien, welche schildkrötenähnlich, aber vielplattig gepanzerte Formen mit Pflastergebiß umfaßt, die sich von hartschaligen kleinen Tieren ernährt haben. Sie sind auf marine Sedimente der Trias im germanischen Becken und den Randgebieten der Tethys beschränkt. Die P. sind (MAZIN 1982) wie die → Ichthyosaurier auf → Diapsida zurückzuführen.

Placoidschuppen, (Hautzähne, dermale Dentikel), schuppenartige Hautzähne der → Elasmobranchii: auf einer ± rhombischen Basalplatte sitzt ein aus → Dentin bestehender Zahn mit einer Pulpahöhle; seine caudad gerichtete Spitze besteht aus dem schmelzähnlichen Vitrodentin. Die Basalplatte besteht aus ‚Knochen‘ ohne Knochenzellen, auch ohne Ausläufer von solchen (Abb. 89, S. 181). Vgl. → Lepidomorialtheorie.

Placophora (V. IHERING 1876) (gr. φέρειν tragen), = → Polyplacophora.

Plagiopatagium, *n* (gr. πλάγιος Seite, Flanke), → Patagium.

Plagiosauria, eine Gruppe der → Temnospondyli: ± aberrante Amphibien, teilweise (z. B. bei *Gerrothorax*) mit äußeren Kiemen (Zeichen von → Neotenie). Vorkommen: Perm-Trias, bes. O. Trias.

Plagiotriaen, *n* (gr. πλάγιος schief, quer), ein → Triaen mit schrägen, verdickten → Cladisken.

plagiotrop (gr. τρόπος Wendung, Richtung), (botan.): in einem Winkel zur Lotlinie (schräg) wachsend. Vgl. → orthotrop.

Plagiozamites (ZEILLER 1894), eine Sammelgattung von → Cycadophytina-Blättern.

Planarea (BUCKMAN 1919) (lat. planus eben), (Brachiop.): → Area.

planktisch (sprachlich korrekter als planktonisch, da vom Stamme [πλαγκτ-] abzuleiten), passiv treibend, schwebend.

Plankton, *n* (v. HENSEN 1887) (gr. πλαγκτός das Umhergetriebene von πλήττειν schlagen, verwirren), alle passiv im Wasser (oder in der Luft: Luftplankton) treibenden Organismen. Dazu gehören meist kleine Formen wie gelbe und grüne Algen (Phytoplankton: z. B. Diatomeen) und zahlreiche Tiere (Zooplankton: Radiolarien, Foraminiferen, Pteropoden, Kleinkrebse). Auch die Schwärmsporen bzw. Larven der meisten bodenbewohnenden Organismen leben planktisch; sie werden als Meroplankton zusammengefaßt. Vgl. → Seston.

planktotroph, Plankton fressend.

planspiral, bilateralsymmetrisch in einer Ebene aufgerollt.

Planta, *f* (lat.), Fußsohle, danach Adj. plantar.

Plantae, Pl., *f* (lat.), Pflanzen; eines der vier Reiche der → Eukaryota; autotroph. Oft unterteilt in die Unterreiche → Thallophyta und → Kormophyta.

plantigrad (lat. gradi schreiten), sind Wirbeltiere, die mit der ganzen Fußsohle auftreten (z. B. Bären). Vgl. → digitigrad, → unguligrad.

Planula, *f* (gr. πλανός umherschweifend), die freischwimmende Larvenform der meisten → Cnidaria und → Porifera, länglich-oval, mit Wimpern bedeckt.

planulat (lat. planus flach), → Einrollung.

Plasmavererbung (gr. πλάσμα Formung, Gebilde), eine von der Kernvererbung verschiedene Vererbungsweise durch im Plasma lokalisierte Erbträger (DNS); letztere werden dabei zufallsmäßig oder unregelmäßig auf die Tochterzellen verteilt und entstammen überwiegend der plasmaliefernden Eizelle. P. ist bei vielen pflanzlichen und tierischen Organismen beobachtet worden.

Plastotypus, *m* (SCHUCHERT) (gr. πλαστός geformt, erdichtet), Nachbildung (Nachguß) eines Typus; auch in Verbindung mit anderen Typen-Termini verwendet (Plasto-Holotypus usw.).

Plastron, *m* od. *n* (franz. Brustharnisch), 1. (Echinoid.): eine bes. Ausbildung des hinteren → Interambulakrums auf der Oralseite von → Spatangiden. An das Peristom schließt sich eine unpaare lange Platte an, das Labrum, daran paarige oder unpaare Sternal- und schließlich paarige Episternalplatten; die letzten Platten dieser Serie sind die Subanalia. Der ganze Komplex heißt P. (Abb. 109, S. 217). 2. der ventrale Teil des Schildkrötenpanzers (= Bauchschale) (Abb. 101, S. 211).

Plathelminthes, Platyhelminthes (gr. πλατύς platt, flach; έλμινς, ινθος Eingeweidewurm), Acoelomata, Plattwürmer; fossil nachgewiesen sind nur wenige Angehörige der Kl. Trematoda (Saugwürmer) als Parasiten in karbonischen und tertiären Insekten.

platybasisch (GAUPP) (gr. βάσις Untergrund), plattbasisch; eine Art der Ausbildung des Primordialcraniums, welche bei den Chondrichthyes und Amphibien, sekundär auch bei den Mammalia anzutreffen ist. Dabei bleiben die knorpeligen Trabeculae cranii um die Hypophysenregion herum getrennt, bilden also eine breite Basis, während der schmale → tropibasische Kiel aus den verschmolzenen Trabeculae cranii hervorgeht. Vgl. → Primordialcranium.

platycöl (gr. κοίλος hohl), sind Wirbel, deren Körper am Vorderende plan, am Hinterende konkav sind (bei ROMER: Vorder- und Hinterende leicht konkav).

Platycopina (SARS 1866) (gr. πλατύς flach, breit; κώπη Ruder), eine U.O. der → Podocopida. Sie umfaßt → Ostrakoden mit ungleichen Klappen (rechte meist größer), konvexem Dorsalrand und ohne ausgebildete Schloßzähne. → Duplikatur schmal oder fehlend, Muskelnarben in zwei senkrechten Reihen. Sexualdimorphismus meist vorhanden. Vorkommen: Jura–rezent.

Platyrrhini (gr. ῥίς, ῥινός Nase), Breitnasen-, Neuweltaffen, mit breiter Nasenscheidewand; → Simiae.

Platyspermae, Pl. (gr. σπέρμα Same, Keim), (Spermatophyta), bilateralsymmetrische Samen unbekannter Herkunft im Karbon und Perm. Sie können zu den → Pteridospermen oder zu den → Cordaitidae gehören. In der Regel haben sie eine → Sarcotesta besessen. GOTHAN & WEYLAND nannten als wichtigste Typen: *Cardiocarpus:* Herzförmige Samen (soweit als zu Cordaiten gehörig erkannt = *Cordaicarpus*). *Rhabdocarpus:* Samen von ± eiförmiger Gestalt. *Samaropsis:* Meist kleine Samen mit deutlicher, wohl vom Abdruck einer Sarcotesta verursachten Flügelung. *Cyclocarpus:* Kreisrunde flache Samen. Vgl. auch → Radiospermae.

Plazenta, *f* (lat. Kuchen), (zool.): Mutterkuchen, ein blutgefäßreiches. schwammiges Organ vor allem der höheren Säugetiere (→ Plazentalia), welches sich während der Schwangerschaft bildet und dem Stoffaustausch zwischen Mutter und Embryo dient, indem es die Ernährung des

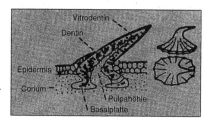

Abb. 89 Placoidschuppe der Haie. Links im Medianschnitt, rechts Seitenansicht und Aufsicht. – Umgezeichnet nach ROMER (1959)

Embryos, den Abtransport von Schlackenstoffen und den Gasaustausch bewirkt; (botan.) = → Rezeptakel.

Plazentalia (OWEN 1837), Bez. für → Eutheria, weil bei ihnen das Junge während seiner Entwicklung im Uterus mit der Mutter durch eine → Plazenta verbunden ist. Allerdings hat man auch bei einigen → Marsupialiern (Peramelidae) eine Plazenta beobachtet. Die ersten P. sind aus der oberen U.Kreide (Apt/Alb) der Mongolei beschrieben worden; dort oder jedenfalls auf der Nordhalbkugel dürfte ihr Ursprung zu suchen sein. → System der Organismen im Anhang.

plectoid, → Nassellaria.

Pleiotropie, *f* (PLATE 1910) (gr. πλείων mehr, τρόπος Richtung, Sinn), die gleichzeitige Beeinflussung mehrerer bis vieler Merkmale durch einen einzigen Erbfaktor (= Polyphänie); die Wirkung einer pleiotropen Genmutation kann dabei in bezug auf ein Merkmal rezessiv sein, hinsichtlich eines anderen Merkmals dominant. Die P. wird gern zur Erklärung der durch Selektion allein nicht verständlichen Überspezialisierungen herangezogen.

Plektenchym, *n* (gr. πλεκτός geflochten; ἐγχείν eingießen, einfüllen), verflochtene Pilzhyphen.

Plektostele, *f* (gr. στήλη Säule), (botan.): → Stele.

Pleocyemata (BURKENROAD 1963), eine U.O. der → Decapoda, umfassend deren große Mehrzahl; gekennzeichnet durch Brutpflege. Dazu u. a. die → Brachyura. Vorkommen: Seit der Permotrias.

pleodont (gr. πλήως = πλήρης voll, angefüllt; ὀδούς, ὀδόντος Zahn) heißen Reptilzähne, die im Basalteil massig sind, ohne Pulpahöhle. Gegensatz → coelodont.

Pleon, *n* (BATE 1855) (gr. πλείν schwimmen), Hinterleib (Abdomen) der → Crustaceen.

pleonophor (WEDEKIND) (gr. πλέον = πλείων mehr; φέρειν tragen), → Interseptal-Apparat.

Pleopoden, *m* (gr. πούς, ποδός Fuß), Schwimmfüße, die Abdominalfüße der Malacostraca (Abb. 73. S. 138).

Pleospongea (OKULITCH 1937)

(gr. πλέως voll, angefüllt; σπόγγος Schwamm), = → Archaeocyatha.

Plesiadapiformes, eine im Paläozän und U.Eozän Europas und Nordamerikas artenreich vertretene U.O. der Primaten, mit reduziertem Vordergebiß (Zahnformel 2133 / 1023), krallentragenden Extremitäten, nicht opponierbarem Daumen. Sie sind eine erste Radiation der Primaten und gelten als Schwestergruppe der übrigen Formen. Vorkommen: O.Kreide–U.Eozän.

plesiomorph, Plesiomorphie, *f* (W. HENNIG 1950) (gr. πλησίος nahe, benachbart), vgl. → phylogenetische Systematik.

Plesiosauria (BLAINVILLE 1835), in den Küstenregionen der mesozoischen Meere verbreitete, große, marine Reptilien mit zu Flossenpaddeln umgewandelten Extremitäten und meist langem Hals; eine O. der → Sauropterygier. Vorkommen: Jura–Kreide.

Plesiotypus, *m* (SCHUCHERT 1905), **Plesiotypoid,** *n* (R. RICHTER 1942), ein als Beispiel für eine früher von einem anderen Autor aufgestellte Art abgebildetes oder beschriebenes Stück. Vgl. → Typoid.

Plete, *f* (R. BRINKMANN 1929) (gr. πλῆθος Menschenmenge), der im Gestein erhaltene Teil der ehemaligen örtlichen Population (deren erhaltungsfähige Reste durch Auslesevorgänge in ihrer Anzahl und Zusammensetzung verändert sein können). Schichtpopulation. Vgl. → Oryktozönose.

plethodont, (gr. πλῆθος Fülle, Menge) (ein Säugetiergebiß, in dem alle Zahntypen vertreten sind; vgl. → lipodont.

Plethopneuston, *n* (H. SCHMIDT) (gr. πνείν atmen), → Biofazies.

Plethozone, *f* (PIA 1930), der Überlappungsbereich zweier Art-Zonen, die sich nicht genau decken.

Pleura, *f* (gr. πλευρά Seite, Flanke), Syn. Pleuron, Pleurotergit; (Arthropoden): Seitenteil eines Thoraxsegments oder des → Pygidiums bei → Trilobiten.

Pleuracanthodii (nach der Gattung *Pleuracanthus;* gr. ακανθώδης dornig) (Syn.: Xenacanthi, Ichthyotomi), eine O. der → Elasmobranchii, die einen frühen, im

Süßwasser lebenden Seitenzweig darstellt. Die paarigen Flossen waren vom → Archipterygium-Typ; die Zähne besaßen eine kleine mittlere und zwei wesentlich stärkere, divergierende seitliche Spitzen (sog. diplodonte Zähne). Hauptgattung ist *Xenacanthus* BEYRICH 1848 *(= Pleuracanthus* AGASSIZ 1837, nomen praeocc.). Vorkommen: U.Devon–Trias.

Pleuralfurche, bei kambrischen und vielen jüngeren Trilobiten: eine Furche, welche der Länge nach schräg über die Pleuren verläuft (= Nahtfurche, Schienenfurche) (Abb. 116, S. 240).

Pleurallobus, *m* (H. SCHMIDT 1952), rein deskriptive Bez. für den leicht nahtwärts verschobenen Seitenlobus der Anfangswindungen vieler Goniatiten. Obsol.

Pleurapophyse, *f* (gr. απόφυσις Fortsatz), → Wirbel.

Pleurit, *m* (Arthropoden): Seitenplatte der Thoraxsegmente. Bei Insekten lassen sich in der Regel ein vorderer Episternit und ein hinterer Epimerit unterscheiden.

pleurobranch (gr. βράγχια Kiemen), → Decapoda.

Pleurocoela (THIELE 1926) (gr. κοίλος hohl), Schnecken der U.Kl. → Opisthobranchia: Zusammenfassung der Ordnungen Cephalaspidea und Anaspidea bei ZILCH 1959; vgl. → Euthyneura. Vorkommen: Seit Karbon.

pleurocöle Wirbel (WILLISTON), Wirbel der → Pterosauria und vielen → Dinosauriern, mit ausgedehnten inneren Hohlräumen.

pleuroconch, Muscheln, die zu Lebzeiten mit der einen Klappe aufliegen; diese ist in der Regel größer als die andere. Gegensatz → orthoconch.

pleurodont (gr. οδούς, οδόντος Zahn), → Zähne (Abb. 126, S. 259).

pleurokarp (gr. καρπός Frucht). (Moose) ‚seitenfrüchtig'. Vgl. → akrokarp.

Pleuromeiales, heterospore, mit Ligula versehene Bärlappgewächse der U. und ?M.Trias, nur durch die Gattung *Pleuromeia* CORDA 1852 vertreten: bis 10 cm dicke, bis 2 m lange Stämmchen mit einer zu 4 Lappen verdickten Basis, die Stigmaria-ähnliche Narben trägt.

Pleurostylie, *f* (gr. στύλος Säule, Stütze) (LAKJER 1927), Schädelbau bei gewissen Amphibien: Zwei oder mehrere Verbindungen des Innengaumenbogens mit dem Neurocranium sind gleich wichtig.

Pleurotergit, → Pleura.

pleurothetisch (R. ANTHONY 1905) (gr. πλευρόθεν von der Seite her), (Muscheln): → euthetisch.

Pleurozentrum, *n* (GAUDRY) (gr. πλευρά Seite, Rippe; κέντρον Mittelpunkt), neutrale Bez. für den dorsalen hinteren Halbring (= hinterer Wirbelkörper) des → rhachitomen Wirbels, welche auch auf die ihm homologen Wirbelbildungen ausgedehnt wurde, z. B. auf den Wirbelkörper der (→ gastrozentralen) Reptil- und Säugetierwirbel. Viele Autoren haben das Pleurozentrum dem → Interdorsale (oder auch dem Interventrale) gleichgesetzt, also → arcozentralen Bildungen; REMANE dagegen hielt das P. wie das → Hypozentrum für → autozentrale Neubildungen (Abb. 43, S. 75).

Pleuston, *n* (SCHRÖTER 1896) (gr. πλείν segeln), Lebensgemeinschaft der auf der Oberfläche des Wassers treibenden Pflanzen.

plexodont (lat. plexus Geflecht; οδούς, οδόντος Zahn), heißen alle komplizierter als der → haplodonte Zahn gebauten Wirbeltierzähne.

plicat (lat. plicare falten), mit undeutlichen groben Radialfalten versehen.

plicident (lat. plica Falte; dens, dentis Zahn), ist ein Backenzahn, dessen Krone aus zahlreichen Schmelzfalten aufgebaut ist.

Plicidentin, *n*, das stark gefaltete Dentin der Zähne mancher → Labyrinthodontia, welches die in radiäre Taschen ausgebuchtete Pulpahöhle umgibt.

pliolepidin (gr. πλείων mehr; λεπίς Schale, Schuppe), (Foramin.): → Nucleoconch.

Pliopneuston, *n* (H. SCHMIDT) (gr. πνείν atmen), → Biofazies.

plocoid (SMITH 1935) (gr. πλόκος Geflecht, Gewebe), (→ Madreporaria-Kolonie): → massig, die Coralliten besitzen keine → Epithek. Vgl. → Corallum.

Plumicom, *f* (lat. plumae Flaumfedern; coma Haupthaar), (Porife-

ra): ein → Hexaster mit S-förmig gebogenen Endstrahlen von verschiedener Länge, die glockenförmig in Etagen angeordnet sind.

Pluraltypus, *m*, → Speziestypus.

Pluteus, *m* (lat. Schirmdach), Larvenform der Seeigel (Echinoidea) und Schlangensterne (Ophiuroidea) sie baut ein schirmgerüstartiges Stützskelet aus Kalkstäbchen.

pneumatische Knochen (gr. πνευματικός luftig), enthalten im Innern statt Mark oder Knochengewebe lufterfüllte Hohlräume (Luftsäcke), die mit der Lunge in Verbindung stehen, sind infolgedessen sehr leicht. Man findet sie bei Vögeln und gewissen fossilen Reptilien.

Pneumatophor, *n* (gr. πνεύμα, πνεύματος Wind, Atem, Seele; φέρειν tragen [in verstärkter Bedeutung: φορείν]), ‚Atemknie', Atemwurzel (z. B. bei *Taxodium distichum,* der Sumpfzypresse der Küstensümpfe Nordamerikas und bei vielen Mangrove-Bäumen).

Podia, Sing. Podion, *n* (gr. πόδιον Füßchen), die zur Atmung oder Fortbewegung dienenden Ambulakral-,Füßchen' der Echinodermen.

Podit, *m* (gr. πούς, ποδός Fuß, Bein; Endsilbe -it, bedeutet: Bestandteil eines größeren Körpers), das ventrale, röhrenförmige Glied der ventralen Anhänge (Beine) von Arthropoden.

Podium, *n* (lat. Tritt), der Fuß der Mollusken; er kann als Kriechsohle, Schwimmorgan oder → Trichter entwickelt sein. Bei Muscheln enthält er die Byssusdrüse.

podobranch (gr. βράγχια Kiemen), → Decapoda.

Podocopida (SARS 1866) (GR. κώπη Ruder), eine O. der → Ostracoda. Sie umfaßt die U.O. → Podocopina, → Platycopina und → Metacopina. Vorkommen: Seit Ordovizium, hauptsächlich Meso- und Känozoikum. Es sind meist marin benthische, aber auch terrestrische und limnische Formen.

Podocopina (SARS 1866), eine U.O. der → Podocopida. Sie umfaßt Ostrakoden mit ausgebildeter → Duplikatur (mit oder ohne → Vestibulum) und → Saum, differenziertem Schloß und getrennten Schließ- und Extremitäten-Mus-

kelnarben. Ventralrand oft schwach konkav. Marin und im Süßwasser lebend. Vorkommen: Ordovizium–rezent.

Podomer, *n* (gr. πούς Fuß, Bein; μέρος Teil), einzelnes Segment eines Arthropoden-Anhangs, durch Gelenke mit den angrenzenden Podomeren verbunden.

Podozamites (F. W. BRAUN 1843), eine Gattung der Coniferophytina, gekennzeichnet durch Dimorphie der Blätter: entweder zweizeilig stehende lanzettliche Fiederblättchen oder kleinere, an dickeren Sprossen spiralig gestellte Blätter bzw. Fiedern. *P.*-Blätter sind vom Keuper bis zur O.Kreide zu finden. Die zugehörigen Zapfen sind als *Cycadocarpidium* NATHORST beschrieben. Ihre systematische Stellung ist unsicher, WEYLAND ordnet sie den Coniferales zu.

poikilotherm (gr. ποικίλος bunt, mannigfaltig; θερμός warm), mit veränderlicher Körpertemperatur, exotherm. Vgl. → homoiotherm.

Pogonophora (JOHANSSON 1937) (gr. πώγον Bart; φορείν tragen), Spirobrachia, Bartwürmer. Rein marine, lange und fadenartig dünne, in Röhren lebende, mit einem Tentakelkranz versehene Articulata. Fossil wenige fragliche Nennungen.

Pollen, *m* od. *n* (lat. pollen, inis, *n* Staub), Blütenstaub der Samenpflanzen: die Gesamtheit der Pollenkörner einer Blüte (welche den Mikrosporen der heterosporen Farnpflanzen homolog sind). Der Pollen wird durch den Wind, Wasser oder durch Insekten auf die weiblichen Organe übertragen (,Bestäubung'). Jedes Pollenkorn besitzt eine doppelte Zellwand, eine äußere widerstandsfähige Exine und eine innere sehr zarte Zellulosehaut (Intine). Die Exine wird aus einer größeren, wechselnden Zahl von Lamellen zusammengesetzt. Man faßt sie zu einer äußeren (Ektexine, Exoexine) und einer inneren Gruppe (Endexine, Intexine) zusammen. Zwischen ihnen kann ein deutlicher Zwischenraum, Interloculus, vorhanden sein. Vgl. → Sporoderm. → Sporomorphae (Abb. 90, S. 184).

Pollenanalyse, [bes. durch L. v. POST (1916) ausgebaut]. Auswer-

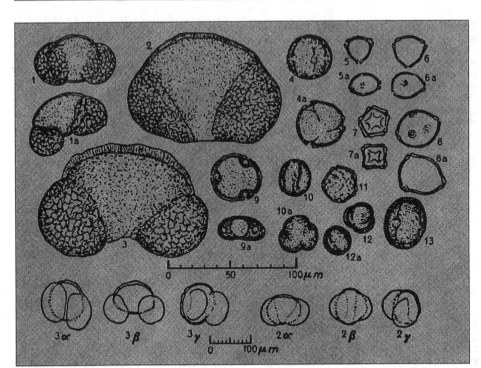

Abb. 90 Die wichtigsten, im Torf vorkommenden Pollen. 1 *Pinus* (Kiefer), 2 *Picea excelsa* (Europ. Fichte), 3 *Abies* (Tanne), 4 *Fagus silvatica* (Rotbuche), 5 *Betula* (Birke), 6 *Corylus acellana* (Hasel), 7 *Alnus* (Erle), 8 *Carpinus betulus* (Hainbuche), 9 *Tilia* (Linde), 10 *Quercus* (Eiche), 11 *Ulmus* (Ulme), 12 *Artemisia* (Beifuß), 13 unbestimmter Pollen. – Nach RUDOLPH und FIRBAS aus MÄGDEFRAU, etwas verändert

tung des subfossilen und fossilen → Pollens nach seiner relativen Häufigkeit, um ein Bild der entsprechenden Flora (und damit des Klimas) zu gewinnen. Die P. wurde zuerst mit großem Erfolg zur Erforschung der postglazialen Florenentwicklung angewendet, unter Auswertung des in Torfmooren gefundenen Pollens, neuerdings findet sie, zusammen mit der Analyse der → Sporen, mit Gewinn auch für tertiare, mesozoische und selbst paläozoische Gesteine Anwendung.

Pollenin, *n,* → Sporopollenin.

Pollenites (R. POTONIÉ 1931), eine O.Abteilung der → Sporae dispersae, welche Mikrosporen umfaßt mit speziell ausgebildeten Keimapparaten, abweichend von den mono- und trileten → Tecta. POTONIÉ & KREMP rechneten die folgenden Abteilungen dazu: → Saccites, → Aletes, → Praecolpates, → Monocolpates.

Pollex, *m* (lat. Daumen), 1. der menschliche Daumen, danach überhaupt der erste Finger der Vorderextremität bei den Tetrapoden; 2. (→ Crustaceen): das distale Glied des Scherenfußes; es bildet mit einem Fortsatz des vorletzten Gliedes zusammen die Schere (→ Chela).

Polyactin, *n* (RAUFF 1893) (gr. πολύς viel; ακτίς Strahl), = → Polyaxon.

polyarch (gr. αρχή Anfang, Herrschaft), (Pteridoph.): → triarch.

Polyaxon, *n* (gr. άξων Achse), vielachsige kugelige his sternchenförmige Schwammnadel: meist → Mikrosklen.

polybunodont (gr. πολύς viel, zahlreich), → bunodont.

Polychaeta (GRUBE 1850) (gr. χαίτη Helmbusch, Borste), Borstenwürmer, in der Mehrzahl marine, kräftig segmentierte annelide Würmer mit zahlreichen Segmenten und zweiästigen, borstentragenden Parapodien (→ Parapodium). Eine besonders dicke Borste (Aciculum) im Inneren jedes Parapodiums dient den Bewegungsmuskeln der äußeren Borsten (Setae) als Ansatzstelle. Von den beiden borstentragenden Ästen jedes Parapodiums heißt der dorsale Notopodium. der ventrale Neuropodium. Viele P. bewohnen temporäre oder permanente Röhren. Ordnungen: → Errantia, → Sedentaria. → Archiannelida. Als älteste P. wurden *Dickinsonia* und *Spriggina* aus der → Ediacara-Fauna genannt.

Polygonalia, Sing. -e, *n,* (gr. πολυγώνιος vieleckig), von R. C. MOORE 1939 vorgeschlagener Terminus für isolierte Kelchplatten von → Crinoidea mit Ausnahme der → Apicalia und → Facetalia, sowie für die uncharakteristischen Platten der Kelchdecke.

polygyral (gr. γύϱος Kreis, rundherum Laufendes [= Umgang), aus zahlreichen, wenig übergreifenden Umgängen bestehend (ahnlich serpenticon; → Einrollung).

polygyrat (gr. πολύς viel; lat. gyrare sich im Kreis drehen), vielfach rings umgeben, mit vielen Kreisen: d. h. mit vielen – weil sich mehrmals gabelnden Rippen. → Rippenteilung (Abb. 4, S. 8).

polyhalin ist Brackwasser mit mehr als 1 % Salzgehalt.

polylepidin (gr. λεπίς Schuppe, Schale), (Foram.): → Nucleoconch.

polylophodont (gr. λόφος Kamm), → bunodont.

Polymera (JAEKEL 1909), Trilobiten mit mehr als 5 Thoraxsegmenten.

Polyp, *m* (gr. πολύπους vielfüßig), die festsitzende (sessile) Form bei → Cnidaria (vagile Form ist die → Meduse). Der P. stellt einen Hohlsack dar aus → Pallium, Fuß- und Mundscheibe, die von Tentakeln umgeben ist.

Polypar, *n* (Endsilbe -arium Ort oder Behälter zur Aufbewahrung), 1. (Madreporaria): = → Corallit. Vgl. → Corallum. 2. (Graptolithen): manchmal statt → Rhabdosom gebrauchter Terminus.

Polypar-Wand, der randliche Abschluß des Korallen-Polypars kann nach dreierlei Grundtypen gebildet sein:
1. Euthek = echte Theka. Sie wird als tangentiales Element in einer Ringfalte der Fußscheibe ausgeschieden, also zweiseitig, besitzt daher einen dunklen Mittelstreifen und Faserstruktur nach innen und außen. Vorwiegend bei → Scleractinia.
2. Epithek = eine von der Außenfläche des Palliums, also einseitig ausgeschiedene, meist quergerunzelte Kalkscheibe – eine dünnere Fortsetzung der Fußscheibe. Bei → Scleractinia stellt sie eine zusätzliche, außerhalb der Euthek gelegene Bildung dar, während sie bei den → Rugosa die einzige Umhüllung des Polypars bildet.
3. Pseudothek = sie kann aus mancherlei Bildungen anderen Ursprungs hervorgehen: a) aus sich berührenden verdickten Septenbasen (randliche Stereozone, Septo-

theka); b) aus locker verbundenen ('dissepimental') oder dicht nebeneinanderliegenden (→ Paratheca) Dissepimenten, aus einer oder mehreren Reihen von Synaptikeln (Synapticulotheca). Nicht selten gehen diese verschiedenen P.-Strukturen unter Bildung von Zwischenformen ineinander über.

Polyphyile, *f* (gr. πολύς viel; φυλή Volksstamm), Zurückgehen auf mehrere Stammformen.

polyphyodont (gr. φύειν erzeugen; οδούς Zahn), → Gebiß.

Polypid, *n* (gr. πολύπους vielfüßig; Nachsilbe -id von εἶδος [Gestalt] bedeutet Ähnlichkeit), (→ Bryoz.): die innerhalb des Zooeciums frei beweglichen Weichteile des Zooids.

Polyplacophora (DE BLAINVILLE 1816) (gr. πλάξ, ακός Platte; φέϱειν tragen), (Käferschnecken, Loricata, Chitoniden, Placophora, eine Kl. der → Mollusca; sie umfaßt länglich-ovale, primitive Mollusken mit zahlreichen, serial angeordneten Kiemen und einem aus 8 hintereinander liegenden, dachziegelartig übergreifenden, beweglich verbundenen Platten bestehenden Gehäuse. Das Schalenmaterial besteht aus drei Schichten. Zu oberst liegt das extrem dünne Periostracum, darunter das von Poren durchsetzte Tegmentum aus organischer Substanz mit eingelagerten Aragonit-Kristalliten, darunter wieder das Hypostracum aus kreuzlamelliertem Aragonit. In das Hypostracum eingelagert ist das Articulamentum, welches besonders den übergreifenden Teil (die Apophysen) aufbaut und aus Sphäruliten besteht. Das Articulamentum fehlt den paläozoischen Formen. System: Kl. Polyplacophora. O. Palaeoloricata, ohne Articulamentum. O. Neoloricata, mit Articulamentum. Vorkommen: Seit dem O.Kambrium.

polyplok (gr. πολύπλοκος ,vielgewunden‘, ,verwickelt‘, auf die komplizierte → Rippenteilung bezogen); Abb. 4, S. 8.

polyprotodont (gr. πρῶτος erster; οδούς Zahn), mit vielen Vorder- (= Schneide-) zähnen versehen.

Polypteriformes, eine rezente O. der → Actinopterygii mit der Hauptgattung *Polypterus,* dem ,Flösselhecht‘ afrikanischer Ge-

wässer. Er besitzt dicke Ganoidschuppen und ein Paar ventrale ,Lungen‘. Früher hielt man ihn für einen Crossopterygier, heute sicht man in ihm einen spezialisierten Abkömmling der → Palaeonisciformes.

polyschizotom (gr. σχίζειν spalten; τόμος das abgeschnittene Stück) heißen Flankenrippen mit mehreren Spaltungspunkten. Vgl. → Rippenteilung.

Polystele, *f* (gr. στήλη Säule), (botan.): → Stele.

Polystelie, *f*, polysteler Aufbau (botan): mit mehreren getrennten Leitbündelkomplexcn versehen.

polythalam (gr. θάλαμος Kammer), vielkammerig.

Polyzoa (J. V. THOMPSON 1830) (gr. ζῷον Tier) = → Bryozoen.

polyzoisch heißen Schwämme mit mehreren → Oscula (als mehrere Individuen angesehen). Vgl → monozoisch.

Ponderosität, *f* (SPILLMANN 1959) (lat. ponderosus inhaltsschwer), extreme Zunahme von Festigkeit, Gewicht und teilweise auch Volumen von Wirbeltierknochen infolge Ausfüllung der Markräume. Nicht durch krankhafte Prozesse beeinflußt. Vgl. → Arrostie, → Pachyostose.

Population, die Gesamtheit der in einem bestimmten Raum lebenden Angehörigen einer Art: in der Regel bildet sie eine Fortpflanzungsgemeinschaft.

Porcellanea (W. C. WILLIAMSON 1858). Foraminiferen mit undurchsichtig weißem (porzellanartigem) Kalkgehäuse. Syn.: → Imperforata.

Porenkanal, feine röhrenartige Perforation der Schale von → Ostrakoden. Im einzelnen unterscheidet man: 1. Normaler P.: durchsetzt die Schale annähernd unter rechtem Winkel, erweitert sich nach innen. Enthält bei lebenden Ostrakoden ein Haar (Seta). 2. Randständiger P.: durchsetzt die → Duplikatur in der Ebene der inneren Chitinschicht. 3. Falscher randständiger P.: durchsetzt die → Außenlamelle unmittelbar am Ansatz der Duplikatur. 4. Adventiver P.: durchsetzt die Duplikatur an beliebiger Stelle. 5. Siebförmi-

ger P.: weiter, normaler P., der teilweise durch eine Platte mit zahlreichen porenähnlichen, aber blind endenden Vertiefungen nach außen abgeschlossen ist (Abb. 81, S. 165).
Porenrauten, = Dichoporen; → Cystoidea.
Porifera (GRANT 1872) (gr. πόρος Durchgang, Weg; φέρειν tragen), Schwämme, Spongia. Vielzellige, fast ausschließlich marine, sessile, stockbildende Tiere ohne Nerven, Sinnesorgane oder echte Gewebe. Mittels → Kragengeißelzellen erzeugen sie einen von außen nach innen gerichteten Wasserstrom, welcher der Ernährung und der Sauerstoffversorgung dient. Bei den einfachsten Typen (Ascon) kleiden die Kragengeißelzellen die Wand eines zentralen Hohlraums (→ Paragaster) aus, bei komplexeren (→ Sycon) die Wandungen der Einlaßkanäle und bei den zahlenmäßig weit überwiegenden → Leucon- oder Rhagon-Typen sitzen sie in besonderen Geißelkammern. Von außen strömt das Wasser durch Einlaßporen (→ Ostia) in die → Epirhysen, von ihnen durch →

Apopyle in die → Aporhyse, schließlich durch die Apopore (→ Posticum) in den Paragaster, von ihm aus durch das → Osculum ins Freie. Die meisten P. besitzen Skeletelemente (Skleren) aus → Spongin, Calcit oder Kieselsäure (Skelet-Opal) und Fremdsubstanz. Danach unterscheidet man Horn-, Kalk- und Kieselschwämme. Wegen der relativ leichten Löslichkeit des Spongins sind Hornschwämme fossil so gut wie unbekannt. Auch bei den Kalk- und Kieselschwämmen kann das ursprüngliche Baumaterial pseudomorph verändert worden sein, so daß für die Bestimmung nicht das jetzige Skeletmaterial, sondern die Form der Nadeln maßgebend ist.
Die äußere Form der Schwämme ist sehr vom Biotop abhängig und bei der Bestimmung nicht unbedingt ausschlaggebend. Das Skeletgerüst wird aus → Megaskleren oder Skeletnadeln von 0,1–1 mm Länge und 3–30 μm Durchmesser aufgebaut. Isoliert in der Körpermasse sitzen die → Mikroskleren oder Fleischnadeln von 10–100 μm Län-

ge und bis zu 1 μm Durchmesser. Letztere werden wegen ihrer Kleinheit postmortal leicht aufgelöst und sind fossil mehr oder weniger unbekannt – spielen aber für die Systematik der rezenten Schwämme eine wichtige Rolle.
Für die Paläontologie haben nur die Megaskleren Bedeutung. Sie lassen folgende, im einzelnen mannigfach abgewandelten Baupläne erkennen: 1. → Monaxone, Einachser; 2. → Tetraxone, Vierachser und, in der Mehrzahl von ihnen ableitbar, die → Desmone; 3. → Triaxone, Dreiachser bzw. Hexactine, Sechsstrahler; 4. → Polyaxone, Vielachser.
Systematik: Stamm Porifera. Kl. Demospongea: Baumaterial Spongin, mit oder ohne eingelagerte Kieselnadeln; diese meist isoliert, ihre Strahlen treffen unter Winkeln von 60° oder 120° aufeinander. Nur in der O. → Lithistida feste Gerüste. Kl. → Hyalospongea (Hexactinellida), Kieselschwämme: Die Strahlen der Skeletnadeln bilden meist rechte Winkel. Kl. → Heteractinida: rein paläozoisch. Kl. → Calcispongea, Kalkschwamme: Skeletmaterial ausschließlich kalkig, fast nur aus einfachen Zwei- , Drei- oder Vierstrahlern bestehend. Vorkommen aller 4 Klassen: Seit dem Kambrium. Kl. Sclerospongea. Skeletmaterial kalkig, bei rezenten Formen aragonitisches Grundskelet, z. T. mit eingelagerten Kieselnadeln, Gestalt an → Stromatoporen erinnernd. Vorkommen: Seit dem Ordovicium. (Abb. 91, S. 186).
Porodentin, *n*, eine bei gewissen Säugetieren vorkommende Dentin-Art, welche die Pulpa peripher in Röhren zerlegt.
Porolepiformes (gr. λεπίς Schuppe, wegen des nach außen offenen Kanalsystems in den Cosmoid-Schuppen), (= Holoptychiiformes). Einer der beiden Hauptstämme der U.O. Rhipidistia (O. → Crossopterygii), in den Grundzügen des Schädelbaus übereinstimmend mit den Urodelomorphen (→ Urodelidia), die nach STENSIÖ und JARVIK von ihnen abstammen. Vorkommen: U.- bis O.Devon.

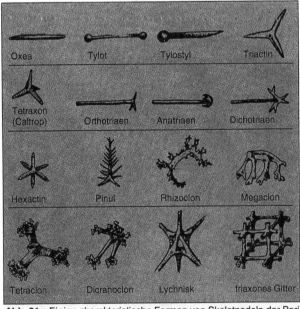

Oxea — Tylot — Tylostyl — Triactin
Tetraxon (Caltrop) — Orthotriaen — Anatriaen — Dichotriaen
Hexactin — Pinul — Rhizoclon — Megaclon
Tetraclon — Dicranoclon — Lychnisk — triaxones Gitter

Abb. 91 Einige charakteristische Formen von Skeletnadeln der Porifera. – Nach DE LAUBENFELS und ZITTEL zusammengestellt

Porulosida (HAECKEL 1887) (lat. porulosus reich an Poren), eine O. der → Radiolarien, mit gleichmäßig über die kugelige Zentralkapsel verteilten Poren; hier als Synonym der → Spumellaria behandelt.

Porus, *m* (gr. πόρος Durchgang, Weg) (→ Sporomorphae): Pore, mehr oder weniger runde Keimstelle der Sporen bzw. des Pollens. Sie kann wie der → Colpus gekennzeichnet sein entweder durch Fehlen der Exine (offene Pore, Diaporus) oder durch Verdünnung der Exine (Tenuitas) oder durch Abgrenzung eines Stückes normaler Exine durch eine Furche oder Naht. Eine Pseudopore ist nicht die normale Keimstelle (Austrittsstelle des Pollenschlauches), sonst aber einem P. gleich.

Postabdomen, *n* (lat. post hinter, nach; abdomen Wanst, Bauch), der sich verschmälernde hintere Teil des → Opisthosoma bei → Merostomata; bei → Arachnida umfaßt das P. die letzten 5 Segmente und das mit einer Giftdrüse versehene Telson. Vgl. auch → Nassellaria.

Postadaptation, *f* (lat. adaptare anpassen), die Anpassung einer Population im Gefolge von Änderungen der Umweltverhältnisse. Gegensatz → Präadaptation.

Postaxillare, *n* (Crinoid.): das erste Armglied oberhalb eines → Axillare.

Postcaninen, *m,* zusammenfassend für die hinter dem → Caninus gelegenen Backenzähne, bes. bei Reptilien und mesozoischen Säugern, bei denen Prämolaren und Molaren nicht einwandfrei unterscheidbar sind.

Postcubitus, *m* (lat. cubitus Ellenbogen), hinterer Ast des Cubitus (→ Flügel der Insekten) (Abb. 64, S. 116).

Postfrontale, *n,* ein → Deckknochen am oberen Rand der Orbita niederer Tetrapoden, an das Frontale grenzend (Abb. 100, S. 210).

Posticum, *n* (RAUFF) = ostium posticum (lat. Hintertür), Syn. Apopore, Ausmündung der → Aporhyse am → Paragaster der Schwämme.

Postmarginale, *n,* (→ Arthrodira): Knochenplatte des Kopfschildes. Vgl. Abb. 8, S. 20.

Postminimus, *m,* → Präpollex.

Postparietale, *n,* ein paariger oder unpaarer Hautknochen des hinteren Schädeldaches der Crossopterygier und Tetrapoden; er grenzt vorn an das → Parietale, seitlich an das → Tabulare. Synonyma: Interparietale, Dermoccipitale, Dermosupraoccipitale. Die Lage des P. entspricht etwa der des → Supraoccipitale, doch ist dieses ein Ersatzknochen und damit dem P. nicht homolog. Vgl. Os incae (Abb. 100, S. 210).

Postrostrale, *n,* **Postrostralserie** (lat. rostrum Schnabel), eine wechselnde Zahl Schädelknochen der Crossopterygier und Dipnoer vor den → Frontalia, hinter den Rostralia und zwischen den beiden Serien von Nasalia (vgl. → Rostrale). Die vordersten von ihnen, die sich keilförmig zwischen die Rostralia schieben, heißen Interrostralia.

Postspleniale, *n* (gr. σπλήνιον Schönheitspflästerchen), Deckknochen des Unterkiefers niederer Tetrapoden am Unterrand zwischen → Spleniale und → Angulare.

Postthorax, *m* (Olenellida): Opisthothorax, Telosoma, hinterer Teil des Körpers, ohne Beine; vgl. → Thorax.

posttrit (VACEK 1877) (lat. post nach; terere abreiben), → praetrit.

Postzonale, *n* (FUCHS) (gr. ζώνη Gürtel), (Syn.: Xiphisternum, Metasternum), das hinter dem Schultergürtel gelegene (eigentliche) Sternum der Anuren.

Postzygapophyse, *f,* → Zygapophyse.

poterioceroid (TEICHERT) (gr. ποτήριον Becher, Kelch; κέρας Horn) sind nur am Anfang gekrümmte, später gerade gestreckte Gehäuse von → Nautiloidea.

Pourtalès-Plan (nach L. E. POURTALÈS 1871), Septenanordnung bei gewissen → Scleractinia (bes. Dendrophylliden) mit weit stärkerer Entwicklung der → Exosepten gegenüber den → Entosepten.

Präadaption, *f* (CUÉNOT 1921) (lat. Vor(aus)-Anpassung), prospektive Anpassung; die Anlage gewisser, für die Eroberung neuer Biotope notwendiger Formen bzw. Organe, bevor sie funktionell und damit selektiv wirksam werden (besser

,Prädisposition', nach REMANE 1956).

Praearticulare, *n* (lat. prae vor), Syn. von → Goniale (Abb. 119, S. 247)

Praecolpates (POTONIÉ & KREMP 1954), eine kleine Abteilung der → Sporae dispersae (Oberabteilung → Pollenites); sie umfaßt ovale Pollenkörner mit drei Längsfalten, deren zwei beiderseits eines etwas aufgeblähten Sektors (des Bulbo) liegen. Die dritte ,Längsfalte' ist eine dem Bulbo gegenüber liegende Rinne; sie ist das Homologon der → monoleten Marke.

Praecoxa, *f* (lat. coxa Hüfte) (= Sympodit), zusätzliches Basalglied zwischen Körperwand und Coxa der → Arthropoden-Extremität. Vgl. → Protopodit.

Praedentale, *n* (lat. dens, dentis Zahn), 1. ein Hautknochen der Kiefer mancher Dinosaurier (Ornithischia), auf den schnabelartige Hornscheiden gesessen haben. 2. (= Präsymphyseale) ein bezahnter, unpaarer Hautknochen am Vorderende des Unterkiefers einiger Fische. Bei beiden Knochen handelt es sich um sekundäre Neubildungen.

Präfrontale, *n,* ein Deckknochen am Vorderrande der Orbita niederer Tetrapoden zwischen → Frontale, → Lacrimale und → Intermaxillare (Abb. 101, S. 211).

Prägekern (W. QUENSTEDT), Steinkern mit aufgeprägter Skulptur der Außenseite des Fossils (= Skuptursteinkern). Vgl. → Halbrelief.

Prähallux, *m* (lat. hallux große Zehe), → Pollex.

präheterodont (H. DOUVILLÉ 1911), (Lamellibr.) → Schloß.

prälakteale Dentition, *f,* **Dentes praelacteales,** Pl., *m* (lat. lac, lactis Milch), mehr oder weniger rudimentäre Zahnanlagen, welche bei einigen Säugetieren labial von denen der Milchzähne nachgewiesen wurden. Sie werden von manchen Autoren als Andeutung einer bei Säugetiervorfahren den Milchzähnen voraufgehenden Zahngeneration angesehen, von anderen als rudimentäre Drüsenanlagen gedeutet. Ähnlich umstritten ist die Annahme einer postpermanenten Dentition. Vgl. → Dimertheorie.

prämandibulärer Bogen, ein hypothetischer, vor dem → Kieferbogen gelegener Visceralbogen früher Wirbeltiere; seine ventralen Elemente verschwinden frühzeitig, während der dem Epibranchiale (→ Visceralskelet) entsprechende Teil mit dem → Palatoquadratum als dessen rostraler Teil verschmilzt (Abb. 100, S. 210).

Prämaxillare, *n,* Zwischenkiefer = → Intermaxillare (Abb. 101, S. 211).

Prämolaren, *m* (= Dentes praemolares), diejenigen Backenzähne, welche Vorgänger im → Milchgebiß haben; d. h. die zwischen den → Inzisiven und den → Molaren sitzenden.

präokkupiert (lat. = vorher besetzt) als Namen und deshalb nicht mehr verfügbar sind jüngere → Homonyme. → IRZN.

Präoperculum, *n,* → Opercularapparat (Abb. 114, S. 238).

Präpollex, *m* (lat. pollex Daumen), von manchen Forschern wird angenommen, daß Hand und Fuß ursprünglich 7 Digiti (Finger bzw. Zehen) besessen haben, je einen zusätzlich neben dem ersten und dem fünften. Diese heißen P. (bzw. -hallux) und Postminimus. Fossile Belege für die Annahme gibt es nicht. Meist handelt es sich bei den randlichen überzähligen Bestandteilen der Hand um Verknöcherungen von Randstrahlen, wie z. B. beim → Os falciforme.

Präpubis, *n,* ein nach vorn gerichteter Fortsatz am → Pubis mancher fossiler Reptilien (→ Ornithischia) (besser Processus praepubicus zu nennen). Vgl. → Beutelknochen.

Präsphenoid, *n,* eine selbständige Verknöcherung des Basalknorpels in der Schädelbasis von Säugetieren, vor dem Basisphenoid. Vgl. → Sphenoidale (Abb. 77, S. 149).

Prästernum, *n,* der vordere, verbreiterte Teil des Sternums von Reptilien. Vielfach schließt sich ihm nach hinten ein schmälerer Teil an, das Meta- oder Mesosternum, und jenem ein (oft gegabeltes) Endstück (→ Xiphisternum).

Praetelson, *n* (gr. τέλσον Grenzfurche, Grenze), (→ Merostomata): das vor dem Telson gelegene Segment des → Opisthosoma (Abb. 46, S. 82).

praetrit (VACEK 1877) (lat. prae voran; terere abreiben), die zuerst abgekaute Seite der Backenzähne von → Mastodonten; an ihren Halbjochen sind i. A. Sperrhöcker oder Sperrleisten entwickelt. Praetrit ist bei den Oberkieferzähnen die innere, bei den Unterkieferzähnen die äußere Seite. Die jeweils entgegengesetzte Seite ist die posttrite.

Prävomer, *m* (BROOM 1902) (lat. vomer Pflugschar), Bez. für den Vomer der Nichtsäugetiere, da BROOM mit SUTTON den Vomer der Säugetiere als dem Parasphenoid der Nichtsäugetiere homolog ansah. Vgl. → Vomer (Abb. 77, S. 149).

Praezygapophyse, *f,* → Zygapophyse.

Priapulida, = → Gephyrea.

primäres Kielergelenk, das für niedere Vertebraten kennzeichnende Gelenk zwischen Palatoquadratum und Mandibulare (→ Kieferbogen). Es verknöchert dorsal als Quadratum, ventral als Articulare. Vgl. → sekundäres Kiefergelenk.

Primärlamelle, *f* (SCHUCHERT), (Brachiop.): die erste Hälfte des ersten Umgangs der dünnen, spiralig aufgewundenen Kalkbänder der helicopegmaten → Armgerüste. Die folgenden Umgänge heißen Sekundärlamelle.

primärer Laterallobus (SCHINDEWOLF), der Laterallobus der → Primärsutur. Vgl. → Pleurallobus.

primäre Lobendrängung (K. VOGEL 1959) (lat. primus der erste), (Ammon.): Bezeichnung bei Zwergformen von Polyptychiten für einen Septenabstand, der schon in den Innenwindungen geringer ist als bei gleich großen Jugendwindungen normalwüchsiger Polyptychiten. Vgl. → Sekundäre Lobendrängung.

Primärloben, (SCHINDEWOLF), → Primärsutur.

primäres Munddach, ein vom → Dermatocranium gebildeter ‚harter Gaumen‘ niederer Wirbeltiere; aufgebaut wird er aus einem medianen Parasphenoid, zwei seitlich sich anlegenden Entopterygoida und jederseits drei randlichen Knochenplatten: Vomer (Prävomer), Palatinum (Dermopalatinum) und Ectopterygoid. Den zahntragenden Rand des Oberkiefers bilden Prämaxillare und Maxillare. Diese wachsen sich bei Säugetieren seitlich zu Knochenplatten aus, welche unter dem primären einen sekundären Gaumen bilden (→ sekundäres Munddach) (Abb. 77, S. 149).

Primärsepten, Sing. - septum, *n* (CARRUTHERS 1906) (lat. saeptum Scheidewand), (Madrepor.): = → Protosepten.

Primärstacheln, die größten, einzeln auf den Interambulakral-Platten der Seeigel sitzenden Stacheln.

Primärsutur, *f* (SCHINDEWOLF) (lat. primus erster; sutura Naht), (Cephalop.): die → Lobenlinie der ersten Luftkammer, d. h. der auf die Anfangskammer (Protoconch) folgenden Kammer (= erste echte Lobenlinie, = primäre Lobenlinie WEDEKIND). Sie hat bei allen normal eingerollten Goniatiten und Clymenien drei Proto-Loben (Intern-, Lateral- und Externlobus). Bei geologisch jüngeren Ammonoideen treten noch 1–3 → Umbilikalloben hinzu, so daß die Primärsutur der Jura- und Kreide-Ammoniten 4–6-lobig (quadri-, quinque- oder sexlobat) ist. Vgl. → Prosutur.

Primanale, *n* (JAEKEL) (lat. analis zum After in Beziehung), (Crin., → Camerata): die unterste Platte im analen Interradius der Dorsalkapsel. Syn.: Tergale. Vgl. → Costalia.

Primates (LINNAEUS 1758) (lat. primatus Vorrang, erste Stelle), Primaten, ‚Herrentiere‘; eine O. vorwiegend baumbewohnender (arboricoler) Säugetiere von durchweg geringer Spezialisationshöhe, aus den → Insectivoren hervorgegangen und ihnen daher am Anfang noch sehr ähnlich. Ihre Lebensweise bringt es mit sich, daß sie fossil nur schlecht belegt sind. Nur fossil bekannt ist die U.O. → Plesiadapiformes, die Schwestergruppe der jüngeren Primaten (U.O. → Strepsirhini und → Haplorhini). Vorkommen: Seit der O.Kreide. Vgl. → Simiae. → Prosimiae. Fossil kennt man Reste der Halbaffen von der O.Kreide, solche der Affen vom Eozän an. Vgl. → Hominidae.

Primaxillare, *n* (lat. primus der erste; axis Achse), das erste → Axillare in einem Crinoiden-Arm.

Primibrachialia, Sing. - e, *n* (lat. brachium Arm) (Crinoid.): heute übliche Bez. für die Armglieder der ersten Teilungsserie, also zwischen → Radiale und dem ersten → Axillare (dem Primaxillare). Entsprechend heißen die Platten oberhalb des Primaxillare bis einschließlich des Sekundaxillare (2. Axillare) Sekundibrachialia (II Br. 1,2...) usw. (Abb. 29, S. 54).

Primofilices (lat. filix Farnkraut) eine heterogene U.Kl. der Filicophyta, welche paläozoische Formen ohne erkennbare Beziehungen zu rezenten umfaßt. Vorkommen: Devon–Perm. Zusammenfassend für die (→ eusporangiaten) Farne des Karbons.

Primordialcranium, *n* (JACOBSON 1842) (lat. primordialis ursprünglich; cranium, gr. κρανίον Schädel), Chondrocranium, Knorpelschädel, neurales Endocranium, die Vorstufen des Wirbeltier-Schädels: 1. das aus Bindegewebe bestehende häutige Primordialcranium; 2. ihm folgend und bei Selachiern zeitlebens vorhanden, das knorpelige P., durch dessen Verknöcherung die Primärknochen des knöchernen Schädels entstehen. Ontogenetisch sind die ersten Anlagen die Parachordalia, welche beiderseits des Chorda-Endes aus demselben skelotogenen Mesenchym entstehen wie etwas später die Wirbel. Das Vorderende der Parachordalia bildet der akrochordale Knorpel, seitlich entstehen die sog. Polknorpel. Vor dem Akrochordalknorpel wird ein Paar Knorpelspangen um die Hypophysenregion herum angelegt (Schädelbalken, Trabeculae cranii), welche beim platybasischen Schädel getrennt bleiben, beim tropibasischen sich vorn zu einem medianen Kiel des Vorderschädels vereinigen. Die Trabeculae bilden die Grundlage für die Nasenkapseln. Das voll entwickelte P. läßt sich in nicht genau abgrenzbare Regionen gliedern: Ethmoidal-, Orbital-, Otical- und als Übergang zur Wirbelsäule die Occipitalregion. Seine wesentlichen Bestandteile sind damit die drei Sinnesorgane, es

ist nicht primär aus Segmenten herzuleiten. Vgl. → Wirbeltheorie (Abb. 100, S. 210).

Primordialfauna nannte BARRANDE die Fauna seiner Stufe C (= M.Kambrium) in Böhmen in der Meinung, in ihr die allerälteste, plötzlich entstandene Fauna vor sich zu haben.

Primordialknochen, = → chondrogene Knochen, = → Ersatzknochen.

prionidisch (gr. πρίων Säge), fein gezackt oder gesägt; p. Lobenlinie: = → ceratitische L.

prionodont (gr. ὀδούς Zahn), → Ostrakoden (Schloß) (Abb. 82, S. 165).

Prioritätsgesetz (lat. prior früher), das oberste nomenklatorische Gesetz, demzufolge der älteste → verfügbare (→ Legitimität) Name gültig ist.

Prismenschicht, die mittlere, meist aus Kalkspatprismen bestehende Schicht der Molluskenschale. Vgl. Schale der → Mollusken.

Pro- (lat. vorn, vor), bei Schwammnadeln: → Cladomwinkel.

Proanura, eine nur aus der Gattung *Triadobatrachus* (U.Trias, Madagaskar) bestehende O. primitiver Frösche ohne → Urostyl, mit Schwanz. Vgl. → Anura, Lissamphibia.

Proarea, *f* (BELL 1938) (lat. area freier Platz), etwa dreieckige Fläche beiderseits des → Delthyriums oder des → Notothyriums bei inarticulaten Brachiopoden. Syn.: Pseudo-Interarea.

Proatlas, *m*, ein vor dem → Atlas der Amnioten gelegener rudimentärer Wirbel, von dem Teile mit dem Hinterhaupt, mit dem Atlas oder mit dem Zahnstück des → Epistropheus verschmelzen oder auch als Dachstück ein selbständiges Element zwischen Atlas und Hinterhaupt bilden.

Probasidie, *f* (Thallophyten) → Basidie.

Probiose, *f*, → heterotypische Relationen.

probiotisch sind Faktoren der Existenz eines Organismus, die das Leben anderer Arten begünstigen.

Proboscidea (ILLIGER 1811) (gr. προβοσκίς, lat. proboscis, -idis, *f,*

Rüssel), Rüsseltiere, eine O. primitiver Huftiere, welche die Elefanten und ihre Vorfahren, die Mastodonten, umfaßt. Ihre ältesten (untereozänen: *Numidotherium*) Fundpunkte (und wohl auch ihre Urheimat) liegen in Nordafrika, wo Formen mit ± bunodontem Gebiß und verlängerten Schneidezähnen ihren Beginn anzeigen. Von der Oligozän/Miozän-Wende an breiteten sich die P. über die ganze Erde aus (außer Australien), unter starker Differenzierung der Backen- und Stoßzähne (→ Mastodonten). Reduktion der unteren Stoßzähne und der Milchzähne unter Zunahme der Backenzähne an Größe und an Zahl der Höckerreihen bzw. Joche ließ gegen Ende des Pliozäns die Elefanten entstehen. Bei diesen ist der bei den Mastodonten angedeutete horizontale Zahnwechsel voll ausgeprägt. Die Elefanten stellten mit dem Mammut und dem Waldelefanten ebenso wie vorher im Miozän und Pliozän die Mastodonten wichtige Leitfossilien.

Hier werden, abweichend von anderen Autoren, nur zwei Fam. unterschieden: 1. Deinotheriidae, mit eozänen Formen wie *Moeritherium, Numidotherium, Barytherium* und dem bis ins Pleistozän persistierenden *Deinotherium*; 2. Elephantidae, mit der im O.Eozän einsetzenden U.Fam. Mastodontinae und Elephantinae. Vgl. dagegen → Elephantoidea, → Barytherioidea, → Moeritherioidea, → Deinotherioidea, → Mastodonten.

Proboscis, *f,* allgem.: Rüssel (Crinoid.): die hohe, starr getäfelte Afterröhre der → Camerata und → Inadunata (nach WANNER: Analtubus). 2. Der rüsselartige Vorderkörper der → Pycnogonida.

Processus angularis, *m* (lat. processus Fortsatz; angularis winkelig), Winkelfortsatz; hinterer Fortsatz des Unterkiefers niederer Säuger; bei Marsupialiern und einzelnen Nagern springt er als horizontales Blatt nach innen vor.

Processus coracoideus, *m* (gr. κορακοειδής rabenähnlich), Rabenschnabelfortsatz. → Coracoid.

Processus coronoideus, *m* (gr. κορωνοειδής hakenähnlich) (= Proc. temporalis), Kronenfortsatz

des Unterkiefers von Säugetieren: der hinter der Zahnreihe nach oben gerichtete, zum Ansatz des Musculus temporalis (Kaumuskel) dienende Teil des Unterkiefers.
Processus cultriformis, *m* (lat. culter, cultri Messer), = → Rostrum parabasale.
Processus ensiformis, *m* (lat. ensis Schwert), Schwertfortsatz; das caudale Stück des → Sternums von Säugetieren. Vgl. → Xiphisternum.
Processus paroccipitalis, *m* (gr. παρά neben, bei; lat. occiput, -itis Hinterhaupt), (= Proc. paramastoideus), ein zum Ansatz von Muskeln dienender, ventrad gerichteter Fortsatz des Exoccipitale mancher Säuger (bes. lang bei Rodentia und einigen Ungulaten).
Processus paroticus (gr. ωτικός zum Ohr gehörend), ein meist langer und kräftiger Fortsatz, welcher sich von der Occipitalregion der Reptilien laterad erstreckt. Meist bildet das Opisthoticum sein Ende; er stützt das Schädeldach und verbindet sich mit dem Quadratum. Zwischen dem Schädeldach und dem P. p. liegt die Fenestra posttemporalis (= hinteres Schläfenfenster).
Processus pectinealis (lat. pecten Kamm), ein meist kurzer, cranial vom Acetabulum gelegener Fortsatz des Vogelbeckens. Er fehlt bei → Archaeopteryx und vielen rezenten Vögeln. Wahrscheinlich ist er dem Processus praepubicus der Saurier homolog.
Processus praepubicus (lat. prae vor; pubicus zur Schamgegend gehörig), (homolog dem Proc. pectinealis der Vögel), ein craniad gerichteter, fester Fortsatz des Pubis von → Ornithischiern; seine Stellung ist die des Pubis anderer Tetrapoden.
Processus spinosus (lat. spinosus stachelig), dorsaler Dornfortsatz der Wirbel.
Processus styloideus (gr. στυλοειδής griffelförmig), → Temporale.
Processus uncinatus (lat. uncinatus mit Haken versehen), Hakenfortsatz der Rippen von Sauropsiden; er legt sich auf die jeweils folgende Rippe. P. uncinati ver-

knöchern aus eigenen Ossifikationszentren.
Processus zygomaticus (gr. ζύγωμα Jochbogen), der vom → Squamosum gebildete hintere Teil des Jochbogens der Mammalia. An seiner Basis sitzt die Gelenkfläche für den Unterkiefer (Fossa glenoidea, F. mandibularis).
prochoanisch (gr. πρό vorn; χόανος Trichter, Schmelztiegel), → prosiphonat.
Procladium, *n,* → Cladium
procöl (gr. κοίλος hohl) (Wirbel), mit am Vorderrande konkavem, am Hinterrande konvexem Wirbelkörper (= konkavo-konvex). Vgl. → acöl, → opisthocöl.
Procoelomata (BERGSTRÖM 1989), Stammgruppe der Metazoa oberhalb der Aschelminthen- (Pseudocoelomata) Ebene, mit diffuser Abgrenzung gegen die Mollusken. Ihr werden versuchsweise die → Machaeridia sowie (mit ?) die Caudofoveata unter den → Aplacophora zugerechnet.
Procolophonia, eine U.O. der → Captorhinida, welche klein waren, dabei großäugig, vermutlich nächtlich lebend, im O.Perm und in der Trias verbreitet. Die U.O. ist besonders in Südafrika und Europa gefunden worden, war aber viel weiter verbreitet, die Gattung *Procolophonia* selbst z. B. wurde u. a. in der Antarktis gefunden.
Procoracoid, *n,* → Coracoid
Procreodi, kleine bis mittelgroße Säugetiere hauptsächlich des Paläozäns, früher den → Creodonta, jetzt als Arctocyonidae den → Condylarthra zugerechnet, z. B. *Oxyclaenus, Arctocyon.*
Procricotriaen, *n* (gr. κρίκος Reifen, Ring; τρίαινα Dreizack) (Porifera): → Triaen mit einem 130°-Winkel zwischen → Rhabdom und → Cladisken und engstehender Ringelung entweder nur des Rhabdoms oder auch des Cladoms.
Prodissoconch, *m* (R. T. JACKSON 1890), (gr. δισσός zweifach, doppelt), (Muscheln): das zuerst gebildete (embryonale) zweiklappige Gehäuse (= Protodiostracum, Protoconch bei MUNIER-CHALMAS). Es besitzt einen zahnlosen, fein gekerbten Schloßrand, ist gleichklappig und gleichseitig.

Profixigenal-, Prolibrigenal-, Progenalstachel, (Trilob.), → Wange.
Progenesis, Progenese, Erreichung der Geschlechtsreife bei noch jugendlichem Körperbau. Syn.: → Neotenie.
prognath (gr. πρo vor; γνάθος Kinnbacken), 1. (menschlicher Schädel): mit schräg nach vorn vorspringenden Zähnen oder Kiefern. Normaler Zustand: orthognath. 2. (Insekten): eine Kopfstellung, bei welcher Mundöffnung und Mundgliedmaßen nach vorn gerichtet sind. Ist beides ventrad gerichtet, heißt die Kopfstellung orthognath; sind sie nach hinten gerichtet, hypognath (= opisthognath).
Prokaryota, (gr. κάρυον Nuß, Kern), Prokaryonta, Monera, → Anucleobionta; Zell-Organismen ohne Zellkern; ihre genetische Substanz ist nicht durch eine Kernmembran vom Zytoplasma der Zelle getrennt. Zu ihnen gehören die Bakterien (→ Bacteria) und die Blaualgen (→ Cyanophyta).
proklin, (gr. κλίνειν neigen) nach vorn geneigt (z. B. Wirbel von Muschelklappen).
Proklivie, *f* (lat. clivus Abhang), → Gebiß.
Prolecanitida (MILLER & FURNISH 1954) (nach der Gattung *Prolecanites*), eine O. der → Ammonoidea; meist ± scheibenförmig, mit → goniatitischer bis → ceratitischer Lobenlinie; Lobenvermehrung durch → Umbilikalloben (U-Typus SCHINDEWOLFS). Diese Gruppe ist relativ formenarm, besitzt aber große phylogenetische Bedeutung, da sie mit ihren Abkömmlingen als einzige die Perm/Trias-Grenze überschreitet und die Stammgruppe aller nachpaläozoischen Ammonoideen darstellt. Vorkommen: O.Devon–O.Trias.
Proles, *f* (lat. = das Hervorwachsende, Nachkommenschaft), ± deutlich abgesetztes Teilstück proliferierender (aus aneinandergereihten Teilstücken aufgebauter) Gliederröhren röhrenbauender Polychaeten (→ Sedentaria).
Proloculus, *m* (auch fälschlich Proloculum geschrieben) (lat. pro vor; loculus Plätzchen, Kapsel),

Anfangs- oder Embryonalkammer von Foraminiferen. Der P. kann orthostyl sein (mit der nächsten Kammer durch eine einfache Öffnung in der Wand oder durch ein gerades Röhrchen verbunden) oder flexostyl (Verbindung mit der nächsten Kammer durch einen spiralen Durchgang). Die beiden Generationen der Foraminiferen werden nach der Größe des P. unterschieden: → Megalosphäre und Mikrosphäre. Besteht der Embryonalteil des Foraminiferen-Gehäuses aus mehreren Kammern, so heißt er → Nucleoconch (bei vielen Großforaminiferen).

Prologismus, *m* (A. H. MÜLLER 1976), das Auftreten von Aberrationen bei einzelnen Individuen, wobei die Aberrationen denen späterer, oft durch längere Zeiträume (u. U. Jahrmillionen) getrennter Deszendenten gleichen. P. realisiert prospektiv kleine, phylogenetisch zu erwartende Schritte. Gegensatz: → Atavismus.

Pronation, *f* (lat. pronare vorwärts neigen), die (normale) Stellung des Unterarmes, bei welcher der Daumen innen liegt, Handrücken nach oben (Radius und Ulna sind gekreuzt). Gegensatz: Supination: der Daumen ist nach außen gedreht (Radius und Ulna liegen parallel), der Handrücken nach unten gerichtet. Die P. ist die ursprüngliche, von den niederen Tetrapoden überkommene Stellung.

Pronotum, *n*, (gr. νῶτον Rücken), der oft große, schildförmige Rückenteil des ersten Brustringes von Insekten (‚Halsschild‘).

Proostracum, *n* (HUXLEY 1864) (gr. πρό vor [räumlich u. zeitlich]; ὄστρακον Scherbe, Tongefäß), der dorsal zungenförmig am weitesten abapikad vorragende Teil des Belemnitengehäuses. Er besteht aus einem dünnen chitinigen Blatt mit geringen Aragoniteinlagerungen und ist dem Dorsalteil der Ammonitenwohnkammer homolog. Zwischen den → Asymptoten (Abb. 11, S. 28) stehen seine seitlichen Anwachslinien eng, sie schließen ein mittleres Feld mit zu jenen senkrechten, weitstehenden Anwachslinien ein. ‚Proostracum‘ i. S. von MÜLLER-STOLL ist eine topographische Bez. für den vorderen und jüngsten Teil des Velamen triplex.

Prooticum, *n* (gr. ὠτικός zum Ohr gehörend), eine Verknöcherung des vorderen Teiles der Gehörkapsel der niederen Wirbeltiere. (Abb. 77, S. 149). Bei Säugetieren entspricht ihr das → Petrosum.

propalinal (gr. πάλιν zurück, entgegen), → Kieferbewegung.

propar (gr. παρειά Wange), → Gesichtsnaht von Trilobiten, deren hinteres Ende den Rand des Cephalons vor dem Wangeneck schneidet. Zwei Modifikationen wurden besonders benannt: 1. burlingiiform: die ± parallelen vorderen und hinteren Abschnitte treffen unter einem Winkel von etwa 45° zur Längsachse auf den Rand des Cephalons, die vorderen Abschnitte treffen entlang dem Vorderrand zusammen. 2. dalmanitiform: die beiderseitigen vorderen Abschnitte treffen sich noch auf der Dorsalseite. Vgl. → Gesichtsnaht.

Propatagium, *n*, → Patagium.

Propodium, *n* (lat. pro vor, für; podium Tritt, Balkon) (Gastrop.): vorderer Teil des Fußes.

Propodit, *m* (gr. πούς, ποδός Fuß, Bein), das vorletzte Glied des Laufbeines (Endopodit) von → Crustaceen. Vgl. → Arthropoden.

Propterygium, *n*, → Metapterygium.

prorsiradiat (lat. prorsus vorwärts gerichtet; radiare strahlen), (Ammon.): mit vorwärts geneigten Rippen versehen.

Prosauropoda (v. HUENE 1920) (gr. σαῦρος Eidechse; πούς; ποδός Fuß, Bein), eine Infraordnung der → Saurischia; Hauptgattung *Plateosaurus* im Keuper Europas.

Prosencephalon (gr. πρόσω vorn; ἐγκέφαλος Gehirn), das primäre Vorderhirn der Wirbeltiere. Es differenziert sich in die seitlichen Anlagen der Großhirnhemisphären (Telencephalon, sekundäres Vorderhirn) und das sie verbindende Diencephalon (Zwischenhirn). Vgl. → Encephalon (Abb. 44, S. 76).

Proseptum, *n* (lat. pro vor; saeptum Scheidewand), bei Ammoniten beobachtete septenartige Struktur zwischen Protoconch und erster Luftkammer, die eine direkte Fortsetzung der Gehäusewand darstellt, im Gegensatz zu den aufgesetzten echten Septen (Abb. 5, S. 8). Vgl. → Lobenlinie.

Prosicula, *f* (KRAFT 1923) (lat. sicula kleiner Dolch), (Graptol.): der proximale, zuerst gebildete, konische und einheitlich aufgebaute Teil der → Sicula.

Prosimiae (ILLIGER 1811) (lat. simia Affe), Halbaffen; eine U.O. der → Primates; fossil vom Paläozän an. Rezente Vertreter auf Madagaskar beschränkt. Heute aufgegliedert auf die U.O. → Strepsirhini und die Infra-O. Tarsiiformes der U.O. → Haplorhini.

Prosipho, *m* (MUNIER-CHALMAS 1873) (gr. σίφων Röhre), (Ammonoideen): häutige Membran, die vom Ende des → Caecums durch die Anfangskammer verläuft und sich an deren gegenüberliegender Wand anheftet (Prosipho im Sinne von ZITTEL = → Endosiphonalkanal) (Abb. 5, S. 8).

prosiphonat (Cephalop.): mit nach vorn gerichteten → Siphonaldüten versehen (= prochoanisch).

prosobranch, mit vorn liegenden Kiemen versehen. Gegensatz: opisthobranch, mit nach hinten gerichteten Kiemen.

Prosobranchia (MILNE EDWARDS 1848) (gr. πρόσω vorwärts; βράγχια Kiemen), ‚Vorderkiemer‘, Streptoneura. Im System von WENZ eine U.Kl. der → Gastropoda, die Schnecken mit nach vorn gerichteten → Ctenidien und gekreuzten Nervenbahnen umfaßt. Vgl. → Torsion. Vorkommen: Seit dem Kambrium, mit zahlreichen Fossilien.

Prosochetum, *n* (gr. πρόσω vorwärts, nach vorn verlagert; ὀχετός Kanal, Graben), = → Epirhyse.

prosocyrt (gr. κυρτός krumm), → Anwachslinien (Abb. 54, S. 94).

prosodet (NEUMAYR) (gr. δείν anbinden), → Ligament.

prosogyr (gr. γυρός gerundet), (Lamellibr.): → Wirbel.

prosoklin (gr. κλίνειν neigen), nach vorn geneigt. Vgl. → Anwachslinien (Abb. 54, S. 94).

Prosoma, *n* (gr. σῶμα Körper), der vordere Abschnitt des Körpers der → Chelicerata, ursprünglich aus

Kopf und 6 weiteren Segmenten bestehend.

Prosopore, f (gr. πόρος Durchgang), (Porif.): Syn. von → Ostium.

Prosopyle, f (gr. πρόσω vorwärts; πύλη Tor, Eingang), Einströmöffnung der → Geißelkammer von Schwämmen.

Prospermatophyta, eine Zusammenfassung paläozoischer Kormophyten mit ausgesprochener Heterosporie, bei denen sich aus den Megasporen Samensporen und Samen entwickelten. REMY & REMY(1977) sahen die P. an als „... evolutionäres Sammelbecken, aus dem die Sippen der Pteridospermata und Cycadatae einerseits, und die der Pinatae (Coniferae) und Ginkgoatae andererseits entstanden sind". Vgl. → System der Organismen (im Anhang).

Prostalia, Sing. -e, n (F. E. SCHULZE 1886) (gr. προ vorn, für; στάλα [= στήλη] Pfeiler), alle größeren, aus der Schwammoberfläche herausragenden Nadeln, nach ihrer Lage unterschieden in Basalia: ragen aus der Basis vor; Pleuralia: ragen aus den Seiten vor; Marginalia: umgeben das Osculum.

Prostylotriaen, n (GEYER 1958) (gr. στύλος Säule; τρίαινα Dreizack), → Protriaen mit verdicktem → Rhabdom.

Prosutur, f (SCHINDEWOLF 1927) (lat. sutura Naht), die erste Lobenlinie der Ammonideen, die zum ersten, die Anfangskammer abschließenden Septum gehört. Mit BRANCO 1879 unterscheidet man drei verschiedene Ausbildungen der Prosutur: 1. asellat: ein seichter Lobus zwischen sehr flachen Außen- und Innensätteln; 2. latisellat: hoher und breiter Außensattel, noch auf der Außenseite neben der Naht gelegener Lobus, mäßig hoher Innensattel (es kann noch ein innerer Seitenlobus hinzukommen); 3. angustisellat: schmaler Außensattel, Seitenlobus, Seitensattel, Nahtlobus, relativ breiter Innensattel. P. und → Primärsutur entwickeln sich unabhängig voneinander. Asellate P. kommen nur im Devon vor, latisellate vom Devon bis in die Trias, angustisellate von der Trias bis in die Kreide.

Protacanthopterygii, eine wahrscheinlich heterogene Ü.O. der → Teleostei, welche entwicklungsmäßig zwischen den primitiveren → Leptolepimorpha und den → Acanthopterygii steht. Dazu gehört u. a. der Hecht *(Esox)*. Vorkommen: Seit der O.Kreide.

Protarthropoda (LANKESTER 1904), (= Pararthropoda VANDEL 1949), wurmförmige, nicht segmentierte Wirbellose mit Anklängen an → Arthropoden. An Würmer erinnert der Besitz von → Parapodien, an Arthropoden derjenige einer dünnen chitinigen Körperhülle. Zu den Protarthropoden zählt man die → Onychophora.

Protaspis, f (BEECHER 1895) (gr. πρῶτος erster; ασπίς Schild, -träger), Entwicklungsstadium der Trilobitenlarve vor Ausbildung transversaler Gelenkungen des Panzers. Vgl. → Trilobiten.

Protegulum, n (lat. pro vor; tegulum Dach), (Brachiop.): das hornige Embryonalgehäuse.

Proterogenese, f (SCHINDEWOLF 1925) (gr. πρότερος früher, vorderer; γένεσις Erschaffung), ein ontogenetisch-phylogenetischer Entwicklungsmodus, bei dem ein neuer Merkmalskomplex in frühen ontogenetischen Stadien angelegt wird, dann aber nicht beibehalten, sondern zunächst noch wieder vom Altersgepräge der Vorfahren abgelöst wird. Erst bei den folgenden Gliedern der phylogenetischen Reihe greift der neue Merkmalskomplex von den Jugendstadien allmählich auf immer spätere ontogenetische Stadien über, bis die ererbten Altersmerkmale ganz verdrängt sind. Vgl. → Metakinese, → Archallaxis.

Proterophytikum, n (gr. φυτόν Gewächs, Pflanze), erdgeschichtliches Zeitalter ohne höhere Pflanzen, vom ersten Auftreten pflanzlicher Organismen an etwa bis ins höhere Silur reichend.

Proterosuchia (gr. σούχος Krokodil), eine U.O. der → Thecodontia. – Vorkommen: O.Perm–Trias.

Proterozoikum, n (EMMONS 1887) (gr. ζώον Lebewesen, insbes. Tier), jüngerer Abschnitt der Urzeit der Erde, mit ersten spärlichen und z. T.

fraglichen Resten → heterotropher (tierischer) Organismen. → s. Tabelle S. 90.

Protetraen, n, → Tetraen mit nach vorn gebogenen Strahlen. Vgl. → Scopul.

Prothallium, n (gr. πρό vor; θαλλός sprossender Zweig), die Geschlechtspflanze (Vorkeim, Gametophyt) der → Farne, Bärlappe und Schachtelhalme, die als einfach gebauter Thallus ohne Wurzeln und echte Blätter entwickelt ist.

Protheca, f (BULMAN) (gr. θήκη Behälter, Kiste), der basale (proximale) Teil der Graptoloidea-Theka, der der → Stolotheca der → Dendroidea entspricht und Teil des ‚gemeinsamen Kanals‘ ist.

Prothorax, m (gr. θώραξ Brustharnisch), 1. (Insekten): das vorderste der drei Brustsegmente; 2. (→ Olellliden): der vordere Teil des Thorax, mit normal großen → Pleuren, im Gegensatz zum Postthorax mit sehr kurzen.

Protisten, Protista (gr. πρῶτος erster) zusammenfassende Bez. für autotrophe (pflanzliche, Protophyta) und heterotrophe (tierische, Protozoa) Einzeller.

Protobitumen, n (R. POTONIÉ 1926), → Bitumen.

protobranch(iat) (Mollusken): achteiderseits eine zentralen Achse fiederig angeordneten Kiemen versehen.

Protocalamites (SCOTT), → Calamitaceae.

protocerk (gr. πρῶτος erster; κέρκος Schwanz), → Schwanzflosse.

Protochordata (gr. χορδή Darm, Darmsaite) Metazoen, die wenigstens zeitweilig chorda- oder kiemenkorbähnliche Strukturen entwickeln und als Vorstufe oder Parallelstamm der Chordata angesehen werden. Als solche sehen manche Autoren die → Branchiotremata (= Hemichordata, Stomochordata) und die Urochordata (→ Tunicata) an.

Protoconch, m (gr. πρῶτος erster; κόγχη, κογχύλιον, lat. conchylium Muschel, Schale), das Gehäuse der ersten (larvalen) ontogenetischen Stadien von Mollusken, bes. Cephalopoden und Gastropoden, das oft in Form, Textur oder

Windungsrichtung von demjenigen des erwachsenen Tieres (Conch, Teleoconch) abweicht. Vgl. → Embryonalgewinde (Gastrop.), → Prosutur.

Protoconus, *m*, **Protoconulus,** *m*, **Protoconid,** *n* (lat. conus Kegel; conulus Demin. von conus; -id Endung, hier für Elemente von Unterkieferzähnen), (Zahnbau) vordere Innen-, Zwischen-, Außenspitze. → Trituberkulartheorie.

Protodonata (BRONGNIART 1893), Meganisoptera, Urlibellen; fossile Insekten mit starren Flügeln, deren Aderung ursprünglicher ist als bei den → Odonata. Zu ihnen gehört die Gattung *Meganeura* aus dem Stephan von Commentry (Frankreich) mit 70 cm Flügelspannweite und als älteste Form *u .a Namurotypus* aus dem Namur des Ruhrgebiets. Vorkommen: O.Karbon–Trias. (Abb. 92).

protodont, protodontes Stadium (gr. οδούς, οδόντος Zahn), → Trituberkulartheorie.

Protohypsodontie, *f* (MONES 1982), → Hypsodontie.

Protoloben (SCHINDEWOLF 1927) (gr. λοβός Lappen), die Loben der einfachsten bei den Ammonoidea vorkommenden → Primärsutur, nämlich Intern-, Lateral-, Externlobus. Vgl. → Lobenlinie.

Protolog, *m* (gr. πρώτος erste, λόγος Rede) (botan. Nomenklatur), „... alles, was mit dem Namen einer Pflanze bei seiner ersten Veröffentlichung verbunden ist, d. h. Diagnose, Beschreibung, Abbildungen, Hinweise, Synonymie, geographische Angaben, Anführung von Exemplaren, Erörterungen und Bemerkungen".

Protoloph, *m*, **Protophid,** *n,* → lophodont.

Protomedusae, eine nach der Gattung *Brooksella* WALCOTT errichtete Klasse primitiver Medusen (Präkambrium–Ordovizium); deren Deutung ist umstritten (wahrscheinlich Lebensspur).

Protomer, *n* (gr. μέρος Teil, Reihe), → Dimertheorie.

protometamer (SAGEMEHL 1884) (gr. μετά inmitten, hinterher; μέρος Teil, Reihe), → Neocranium.

protopar (gr. παρειά Wange), (Trilobiten) → Gesichtsnaht.

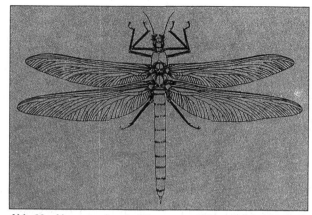

Abb. 92 *Meganeurula selysii* BRONGNIART 1894, weibliche Form, eine Ur- oder Riesenlibelle (Protodonata, Meganisoptera) aus dem Stephanium von Commentry, Zentral-Frankreich, Rekonstruktion von J. KUKALOVA-PECK (1991). Diese Form ist der berühmten *Meganeura monyi* vom selben Fundort mit 70 cm Flügelspannweite sehr ähnlich, aber nur etwa halb so groß. – Umgezeichnet nach KUKALOVA-PECK in SHEAR & KUKALOVA-PECK (1990)

Protophyta, pflanzliche Einzeller, dazu u. a. die → Pyrrhophyta und die → Chrysophyta. Vgl. → System der Organismen im Anhang.

Protoplax, *f* (gr. πλάξ Platte, Tafel), unpaare oder paarige, längliche, dorsal über dem vorderen Schließmuskel von Muscheln der U.O. Pholadina gelegene kalkige oder Periost-Platte, zwischen den eigentlichen Gehäuseklappen. An sie schließen sich nach hinten Meso- und Metaplax an, ventral liegt die Hypoplax. Vgl. → Palette.

Protopodit, *m*, Propodit, (gr. πούς, ποδός Fuß), (= Sympodit) das Basalglied in der ursprünglichen zweiästigen Arthropoden-Extremität. Bei vielen Arthropoden ist es dreigeteilt in Präcoxa, Coxa und Basis (Basipodit). Vgl. → Arthropoden.

Protoporen (HOFKER 1950) (gr. πρώτος erster; πόρος Durchgang), feine primäre Poren in perforaten Foraminiferen-Gehäusen. Gruppen von P., die in eine gemeinsame Höhle in der äußeren Wand münden, nannte HOFKER Deuteroporen.

Protopygidium, *n* (gr. πυγή Steiß, Bürzel), (Trilob.): der hinter dem Kopfschild gelegene Teil einer → Protaspis.

Protorosauria, die älteste O. der → Archosauromorpha. Dazu gehören *Protorosaurus* aus dem deutschen Kupferschiefer, mit schon sehr langem Hals, und *Tanystropheus* aus der M.Trias, dessen Hals doppelt so lang war wie der Rumpf. Die systematische Stellung der P. war lange unsicher; meist wurden sie als → Euryapsida angesehen und mit den → Araeoscelidia vereinigt. Vorkommen: O.Perm–U.Jura.

Protorthoptera (HANDLIRSCH) (gr. ορθός gerade aufgerichtet; πτερόν Flügel; εἶδος Gestalt), Urgeradflügler, eine heterogene Gruppe (bisher oftmals als O. gewertet) paläozoischer Insekten mit zurücklegbaren, heteronomen Flügeln, deren Aderung u. a. auf diejenige der heutigen → Saltatoria (Heuschreckenartige) hindeutet. Vorkommen: O.Karbon–Perm.

Protoseptum, *n*, **Protosepten** (DUERDEN 1902) (gr. πρώτος erster, zuerst; lat. saeptum Scheidewand), Syn. Primärsepten, die sechs zuerst angelegten Septen der → Madreporaria; nach der von SCHINDEWOLF eingeführten Bezeichnungsweise: Haupt- (H) und Gegenseptum (G), je zwei Seiten- (S) und Gegenseiten- (S')-Septen. Im englischen Sprachbereich sind die entsprechenden Symbole C (Cardinal Septum), K (Counter Septum), A (Alar Septum) und CL (Counter-Lateral-Septum). Auch bei den P. läßt sich vielfach eine Reihenfolge in der Einschaltung feststellen: zuerst treten H und G, oft zum Axialseptum verbunden, auf, dann die S und schließlich die S'. (Abb. 98, S. 207).

Protostele, *f* (gr. στήλη Säule), (botan.): → Stele.

Protosternata (MORTENSEN), (Echinid.): eine U.O. der → Spatangoida.

Protostomia, Coelomata Protostomia (gr. στόμα Mund) (= Zygoneura) eine Gruppe von Metazoen, in deren Larvenentwicklung der Urmund zum definitiven Mund wird. Gemeinsam ist ihnen die Trochophora-Larve. Nervenbahnen verlaufen ventral, Skeletelemente werden meist ektodermal gebildet. Zu ihnen gehören u. a. die Arthropoden, Mollusken, Anneliden, Bryozoen und Brachiopoden. Vgl. → Deuterostomia.

Prototaxiten, → Nematophyta.

protothekodont (gr. θήκη Behälter; οδούς, οδόντος Zahn), → Zähne.

Prototheria (GILL 1872) (gr. θήρ Tier), = → Monotremata. Im weiteren Sinne zusammenfassend für → Triconodonta, → Docodonta und Monotremata.

Protoxylem, *n* (gr. ξύλον Holz), → Xylem.

protozerk, → protocerk.

Protozoa (GOLDFUSS 1818), Urtiere, Einzeller; meist mikroskopisch kleine einzellige Tiere, deren Zellkörper einen oder mehrere Kerne enthält. Mit den pflanzlichen Einzellern (Protophyten) werden die P. oft als → Protisten zusammengefaßt. Fossil bedeutsam ist besonders der Stamm Rhizopoda mit den → Foraminiferen und den → Radiolarien.

Protractores, Pl., *m* (lat. protrahere hervorziehen), paarige Muskeln zwischen den Klappen inarticulater → Brachiopoden. Sie bewirken Gleitbewegungen der Klappen gegeneinander in longitudinaler Richtung. (Abb. 19, S. 35).

Protremata (BEECHER 1891) (gr. τρῆμα Öffnung), articulate →

Brachiopoden mit einem mehr oder weniger durch ein einheitliches → Deltidium geschlossenen → Delthyrium, wie bei → Orthida, → Pentamerida und → Strophomenida. Nur noch im beschreibenden Sinne gebraucht. Vgl. → Telotremata.

Protriaen, *n* (lat. pro- vor), → Triaen, dessen → Cladisken nach vorn gebogen sind, d. h. einen → Cladomwinkel von über 90° bilden.

protrunkat (lat. truncus Rumpf), heißt ein nach vorn verbreitertes und abgeflachtes Muschelgehäuse (z. B. *Lima*).

Protungulata (WEBER 1904) (lat. ungula Huf), eine Ü.O. der Säugetiere für eine Anzahl primitiver, mit einer Ausnahme ausgestorbener Huftier-Ordnungen. SIMPSON 1945 rechnete dazu die → Condylarthra und die von ihnen abgeleiteten → Litopterna, → Notoungulata, → Astrapotheria und als einzige rezente O. die → Tubulidentata.

Provinculum, *n* (DALL) (lat. vinculum Band, Fessel), (Lamellibr.): Schloß des → Prodissoconchs (dem kryptodonten ähnlich, vgl. → Schloß).

proximad (lat. proximus der nächststehende), auf den Ursprungsort zu gerichtet. Vgl. → Lagebeziehungen.

proximal, dem Ursprungspunkt zu gelegen, zuerst gebildet.

Proximale, *n* (lat. proximus nächster) oberstes Glied (Columnale) des Stiels bei einigen articulaten → Crinoiden, welches vergrößert und fest mit der Corona verbunden ist. Es kann aus mehreren verschmolzenen Columnalia zusammengesetzt sein. Das P. kann an der Bildung des → Centrodorsale beteiligt sein.

Prunoid-Typus, *m* (HAECKEL) (lat. prunum Pflaume), → Spumellaria.

psalidont (gr. ψαλίς Schere; οδούς Zahn), → Gebiß.

Psammon, *n* (gr. ψάμμος Sand), Lebensraum in Sandlagen des Meeresbodens; **Psammont,** Bewohner des P.

Psaronius (COTTA 1832) (gr. ψάρ, ψαρός Star [Vogel]) (= ‚Starstein‘, weil die heller erscheinenden Luftbündel den Querschnitt wie getupft aussehen lassen), mit Struktur er-

haltene verkieselte Farnstämme (O. Marattiales), meist von einem Mantel aus Luftwurzeln umgeben. Hauptsächlich werden sie im Rotliegenden gefunden, viel seltener im Karbon. Sie sind die verkieselten Analoga von → Megaphyton bzw. → Caulopteris. Die P. lassen sich unterteilen in 1. Psaronii polystichi mit spiralig gestellten → Leitbündeln und Blättern; 2. P. tetrastichi mit vier Blattzeilen, 3. P. distichi mit zwei Blattzeilen.

Pseudalveole, *f*, durch regelmäßig auftretende Abwitterung von Teilen des Alveolen-Endes mancher → Belemniten (*Actinocamax, Neohibolites*) erfolgte Verkleinerung und Veränderung der ursprünglichen Alveolen-Form. Die Abwitterung wird auf unvollständige Verkalkung eines ‚Weichrostrums‘ zwischen kalzitisiertem Rostrum (Hartrostrum) und Phragmokon zurückgeführt.

Pseudoanabolie, *f* (POKORNY) (gr. ψεύδος Lüge, Betrug; αναβάλλειν anheben), eine auf Protozoen (Einzeller) bezogene → Anabolie.

Pseudoarchallaxis, *f* (POKORNY) (gr. αρχή Anfang; αλλαγή Veränderung), eine auf Einzeller, speziell Foraminiferen bezogene → Archallaxis.

Pseudoarea, *f*, **Pseudo-Interarea,** der Area der articulaten Brachiopoden ähnliche Struktur bei einigen → Inarticulata.

Pseudoborniales (NATHORST 1894), eine O. articulater → Equisetophyta, 15–20 m hoch, mit großen, stark zerschlitzten Blättern aus dem O.Devon der Arktis, vor allem der Bäreninsel.

Pseudocentrophori (V. HUENE) (gr. κέντρον Mittelpunkt; φέρειν tragen) die einzige O. der → Urodelidia, mit primitiv pseudozentralem Wirbelbau. Sie umfaßt die als U.O. aufgefaßten → Nectridia, → Aistopoda, → Urodela und → Apoda (Gymnophiona) und entspricht etwa ROMERS U.Kl. → Lepospondyli. Vorkommen: Seit dem (?O.Devon) U.Karbon.

pseudoceratitisch nennt man die sekundär wieder → ceratitisch gewordene Lobenlinie mancher Kreide-Ammoniten (→ Kreide-Ceratiten).

Pseudochilidum, *n* (WALCOTT), (Brachiop.): Syn. von → Homoeochilidium.

Pseudochomata, Pl., *n*, → Chomata.

Pseudocladium, *n* (URBANEK 1963), ein Sekundär-Cladium, entstanden durch Regeneration eines abgebrochenen primären → Cladiums.

Pseudocoelomata, primitive → Bilateria mit Pseudocoel und Anus. Mit BERGSTRÖM (in litt.) werden ihnen hier u. a. zugeordnet: Gastrotricha, → Tardigrada, Nematoda, Nematomorpha, → Priapulida, Rotifera, → Chaetognatha. Vgl. → Coelomata.

Pseudocolpus, *m* (gr. χόλπος Wölbung, Bucht), (Pollen): → Colpus.

Pseudocolumella, *f* (EWARDS & HAIME 1850) (lat. columella Säulchen), (→ Madreporaria): ‚falsches Säulchen'; aus den abgespaltenen axialen Teilen von → Septen und Elementen des → Basalapparates ohne Beteiligung selbständiger zentraler Skeletteile gebildet. Der Terminus ist von späteren Autoren unterschiedlich interpretiert und gebraucht worden. Vgl. → Axialstruktur, → Baculum.

Pseudocostae, Pl., *f* (LINDSTRÖM 1866) (lat. costa Rippe), (→ Rugosa): vertikale, den Interseptalräumen entsprechende Längsrippen an der Außenfläche der → Epithek. Vgl. → Costa, → Septalfurche.

pseudo-ctenodont (DECHASEAUX 1952), ist ein Muschelschloß, welches aus einem actinodonten sekundär ctenodont geworden ist, wie z. B. das der Arcidae. Vgl. → Schloß.

Pseudocycas (NATHORST 1907), eine Sammelgattung von → Bennettitales-Blättern.

Pseudodeltidium, *n* (BRONN 1862), (Brachiop.): im' ursprünglichen Sinne eine allgem. Bezeichnung für eine mehr oder weniger einheitliche Verschlußplatte des → Delthyriums. Von amerikanischen Autoren als verschmolzene Deltidialplatten aufgefaßt (= Syndeltarium). Die daraus entstehende Unklarheit wollte CLOUD 1942 durch völlige Aufgabe des entbehrlichen Terminus beseitigen. Vgl. → Deltidium.

Pseudodeviation, *f* (POKORNY) (lat. deviare vom rechten Wege abweichen), auf Einzeller bezogene → Deviation.

Pseudofossil, *n*, Scheinfossil, anorganische, gestaltlich an Organismen oder Fossilien erinnernde Bildung. Vgl. → Dubiofossilien.

Pseudofossula, *f* (GRABAU 1922), → Fossula.

pseudogoniatitisch (Lobenlinie): sekundär, durch Vereinfachung einer ammonitischen Lobenlinie, → goniatitisch gewordenen.

Pseudo-Interarea, *f*, = → Proarea.

pseudomegalaspide Einrollung, → sphäroidale Einrollung.

pseudo-monozyklisch (gr. μόνος allein; χύχλος Kreis) heißt eine (sekundär) monozyklisch gewordene → Kelchbasis von Crinoiden, deren dizyklische Ausgangsform nur noch aus dem Verlauf der Nervenbahnen erkennbar ist (= krypto-dizyklisch).

Pseudonotostraca (RAYMOND 1935) (gr. νῶτον Rücken; όστραχον Scherbe, Schale), eine Gruppe mittelkambrischer Arthropoden mit an → Crustacea erinnerndem Dorsalpanzer, sonst aber mit Merkmalen verschiedener Arthropodengruppen. Hauptvertreter ist *Burgessia* WALCOTT aus dem → Burgess-Schiefer.

Pseudoplankton, *n* (JOH. WALTER) ursprünglich benthisch lebende Organismen, die sekundär planktisch geworden sind (z. B. Crinoiden an Treibholz).

Pseudoporus, *m* (gr. πόρος Durchgang, Weg), (Pollen) → Porus.

pseudopunctat (lat. pseudo-falsch), heißen Schalen articulater → Brachiopoden mit leicht verwitternden, senkrecht zur Oberfläche gestellten stabartigen Einheiten von anderer Struktur als die übrige Schale. Beim Herauswittern hinterlassen sie porenartige Vertiefungen (Pseudoporen) (Abb. 18, S. 34).

pseudoseptale Columella (SCHOUPPÉ & STACUL 1962), → Axialstruktur.

Pseudoseptum, *n*, bei → intracameralen Ablagerungen der → Nautiloidea: Kontakt-Fläche zwischen hyposeptalen und episeptalen Intracameral-Ablagerungen; sie

wurde früher als echte (häutige) Trennungswand aufgefaßt (vgl. Abb. 1, S. 2}.

Pseudospondylium, *n* (WALCOTT) (gr. σπονδεῖον Opferschale), (Brachiop.): Spondylium sessile, → Spondylium.

Pseudosuchia (gr. σούχος Krokodil), eine U.O. der → Thecodontia.

Pseudosynaptikel, *f*, (→ Scleractinia): → Synaptikel.

Pseudosyzygie, *f* (gr. σύζυγος zusammengejocht), (Crinoid.): → Gelenkflächen.

Pseudotheca, *f* (HEIDER 1886), Pseudothek, Stereotheca, bei → Madreporaria: im ursprünglichen Sinne eine durch die seitliche Verbindung der peripheren Septenenden entstandene →Thecal-Bildung der → Scleractinia. Nach SCHOUPPÉ & STACUL, je nach Lage, der Außenwand (Verbindung der peripheren Septenenden, Septotheca) oder der Innenwand (beliebig nach innen gerückt) zuzuzählen (= Stereotheca). Vgl. → periphere Stereozone, → innere Stereozone, → Polypar-Wand.

Pseudovirgula, *f*, → Cladium.

pseudozentraler Wirbel (GADOW 1896), der Wirbelbau-Typ der → Urodelidia, bei dem Basidorsalia und Basiventralia zu einer Einheit verschmelzen, während Interdorsalia und Interventralia zu knorpeligen Intervertebralringen reduziert werden. Der Wirbelkörper ist amphicöl. →Bogentheorie (Abb. 123, S. 257).

Pseudumbilicus, *m* (lat. umbilicus Nabel), (Gastrop.): sog. falscher → Nabel.

Psilophyten, Psilophyta (gr. ψιλός nackt, kahl; φυτόν Pflanze) ‚Nacktfarne'; weltweit verbreitete altpaläozoische primitive → Kormophyta, deren Sporangien endständig an vegetativen Sprossen sitzen und die keine assimilierenden Blattorgane besitzen, dagegen aber echte Gefäßbündel. REMY & REMY (1977) unterschieden als U.Stämme (U.Abteilungen): Rhyniophytina, Zosterophyllophytina, Psilophytina des älteren Devons. Ihnen können vielleicht die rezenten Psilotina hinzugefügt werden. Vorkommen: O.Silur–Ende M.Devon, teilweise bis O.Devon.

Psocoptera (SHIPLEY 1904) Copeognatha, Holz- oder Staubläuse; eine O. kleiner (8–15 mm) zarthäutiger hypognather (→ prognath) Insekten, welche gesellig an Pflanzen, Felsen usw. leben. Vorkommen: Seit dem Perm.
ptenogloss (gr. πτηνός geflügelt; γλώσσα Zunge), → Radula-Typ einiger → Neogastropoda, mit wenigen langen, hakenförmigen Zähnchen.
Pteraspidomorphi (GOODRICH 1909), eine U.Kl. der → Agnatha, in welcher die O. → Heterostraci und → Coelolepida vereinigt sind. Beiden fehlen echte Knochenzellen im Außenskelet. Vorkommen: Ordovizium–Devon.
Pterichthyes, = → Antiarchi.
Pteridophyllen (gr. πτερίς, πτερίδος Farnkraut; φύλλον Blatt), farnlaubige fossile Pflanzen. Sie werden nach Formgattungen gruppiert, die entweder Farnen oder Pteridospermen zugehören können. Nach A. BRONGNIARTS später weiter ausgebautem System unterscheidet man:
A. Aderungs- (Nervatur-) typen (Abb. 93):1. Fächeraderung: unter sich ± gleichwertige Adern ohne Mittelader. Vom M.Devon–U.Karbon vorherrschender Typ. 2. Fiederaderung: von einer kräftigen Mittelader gehen feinere Seitenadern ab. Dieser Typ überwiegt im O.Karbon. 3. Netz- oder Maschenaderung: die Seitenadern treten zu einem Netzwerk zusammen. Einfache Netzaderung erscheint erstmalig im Westfal, zusammengesetzte erst im Keuper.
B. Blättchen-Formen (Abb. 94, S. 196): 1. Sphenopteridisch: ± keilförmig, am Grunde allmählich eingezogen, meist stark zerteilt. 2. Pecopteridisch: die ± parallelrandigen Blättchen sitzen mit der ganzen Breite der Basis auf. 3. Neuropteridisch: meist zungenförmig, an der Basis plötzlich eingeschnürt und leicht abfallend. 4. Alethopteridisch: ± parallelrandig wie die pecopteridischen, aber Blättchen an den Achsen herab laufend (Abb. 95, S. 197).
Pteridophyta (gr. φύτον Gewächs, Pflanze), farnartige Pflanzen, eine Zusammenfassung der heute auf

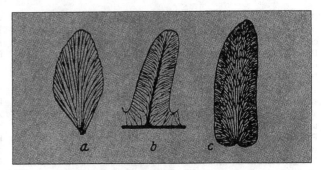

Abb. 93   Nervatur farnlaubiger fossiler Pflanzen. a Fächernervatur (*Archaeopteris hibernica*, O.Devon), b Fiedernervatur (*Alethopteris Costei*, O.Karbon), c Netznervatur (*Linopteris obliqua*, O.Karbon). – Nach SEWARD & GOTHAN aus MÄGDEFRAU 1956. Vgl. -> Pteridophyllen

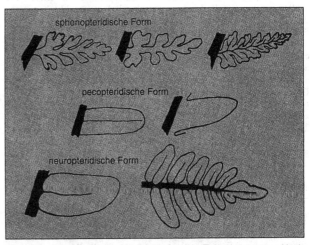

Abb. 94   Formen des Farnlaubs der fossilen Formgattungen. – Nach GOTHAN & WEYLAND (1954). Vgl. → Pteridophyllen

mehrere Abteilungen (Stämme) aufgeteilten farnartigen Pflanzen, der Gefäßkryptogamen. Sie umfassen die höchstentwickelten ‚Kryptogamen'. Wahrscheinlich stammen sie von Chlorophyta (Grünalgen) ab. Die ontogenetische Entwicklung der P. vollzieht sich in zwei Generationen. Der (haploide) Gametophyt (hier Prothallium genannt) besteht meist aus einem kleinen blattartigen Thallus. Nach der Befruchtung entwickelt sich aus der Eizelle die (diploide) ungeschlechtliche Generation, der Sporophyt, welcher zur eigentlichen Farnpflanze heranwächst,

während das Prothallium in der Regel bald zugrunde geht. Die → Sporen entstehen an den Blättern oder (bei den primitivsten Formen) direkt an der Sproßachse auf ungeschlechtlichem Weg in Sporangien. Sporangientragende Blätter heißen Sporophylle, zu mehreren in besonderen Ständen vereinigt, bilden sie Blüten. Die Sporangien umschließen das sporogene Gewebe, welches nach Reduktionsteilung tetraedrisch angeordnete (haploide) Sporen (Sporen-Tetraden) liefert. Im allgemeinen sind alle Sporen gleichartig (Isosporie), doch entwickeln sich in einigen Linien aus

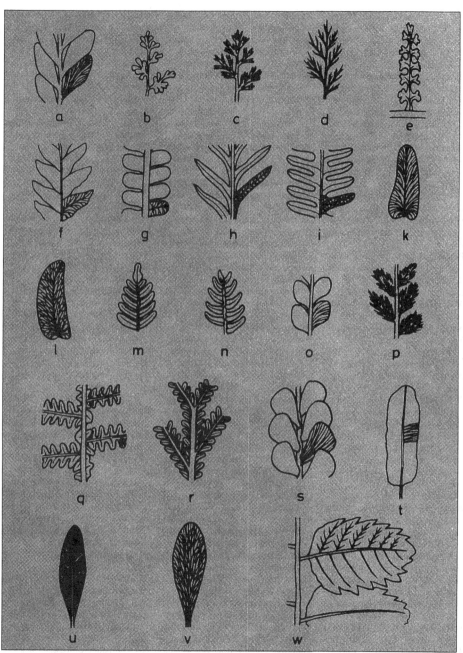

Abb. 95 Schematische Zeichnungen der wichtigsten farnartigen Blätter (Pteridophylle) aus dem Paläozoikum. Unterschiedliche Abbildungsmaßstäbe. a) *Archaeopteris;* b) *Sphenopteris;* c) *Palmatopteris;* d) *Rhodea;* e) *Alloiopteris;* f) *Mariopteris;* g) *Pecopteris;* h) *Alethopteris;* i) *Lonchopteris;* k) *Neuropteris* [wenn paarig gefiedert: *Paripteris* (n), unpaarig gefiedert: *Imparipteris* (m)] l) *Linopteris;* o) *Odontopteris;* p) *Rhacopteris;* q) *Callipteridium;* r) *Callipteris;* s) *Noeggerathia;* t) *Taeniopteris;* u) *Glossopteris;* v) *Gangamopteris;* w) *Gigantopteris.*– Nach F.SCHAARSCHMIDT (1968).

sog. Megasporangien reserve-stoffreiche Megasporen, welche bei der Keimung große, weibliche Prothallien liefern, und kleinere Mikrosporen aus Mikrosporangien, welche zu kleineren männlichen Prothallien werden (Heterosporie). Stämme, Wurzeln und Blätter enthalten wohldifferenzierte → Leitbündel aus Sieb- und Gefäßteil mit Tracheïden (→ Leitgefäße); der dadurch verbesserte Wasserhaushalt hat die Entwicklung baumartiger Landpflanzen ermöglicht. Abteilungen: → Psilophyta, → Prospermatophyta, → Filicophyta, → Lycophyta, → Equisetophyta. Vorkommen: Seit O.Silur; größte Mannigfaltigkeit im Karbon und Perm.

Pteridophytikum, *n,* das Zeitalter der Pteridophyten, vom O.Silur bis Rotliegenden einschließlich gerechnet. Voraus ging ihm das → Algophytikum, es folgt das Mesophytikum vom Zechstein bis Neokom einschließlich, endlich des Känophytikum vom Apt. an. Vgl. → Proterophytikum.

Pteridospermen, Pteridospermatae, Lyginopteridatae (gr. σπέρμα Same, Keim), Syn.: Cycadofilices, ‚Farnsamer‘, eine Kl. samentragender Gewächse, welche farnartige Wedel trugen. Vgl. → System der Organismen im Anhang. Vorkommen: Karbon–Jura. Vielleicht Vorfahren der → Angiospermen. Vgl. → Gymnospermen.

Pterioida (NEWELL 1965), eine O. meist ungleichklappiger, heteromyarer oder monomyarer, integripalliater Muscheln (z. B. *Pteria, Inoceramus, Pecten*). Vorkommen: Seit dem Ordovizium.

Pteriomorphia (BEURLEN 1944), eine U.Kl. der Lamellibr., vorwiegend epifaunistische, sessile Muscheln, oft mittels Byssus oder direkt fixiert, mit Tendenz zur Reduktion des vorderen Schließmuskels. Vorkommen: Seit dem U.Ordovizium.

Pterobranchia (LANKESTER 1877) (gr. πτερόν Feder, Flügel; βράγχια Kiemen), Federkiemer, eine Kl. des Stammes → Branchiotremata: kleine bis sehr kleine sessile, koloniebildende marine Lebewesen mit

Tentakel-tragendem Lophophor und Andeutungen von Kiemenspalten, ein chitiniges Außenskelet (Coenoecium) ausscheidend. Die Gruppe ist wichtig wegen ihrer vermuteten Verwandschaft mit den → Graptolithen. Fossile P. wurden von KOZLOWSKI (1961) aus dem Ordovizium beschrieben. Ordnungen: → Rhabdopleurida, → Cephalodiscida (Abb. 97, S. 204).

Pterocorallia, Pterokorallen (FRECH 1890) (gr. πτερόν Feder, Flügel), = → Rugosa.

Pterodactyloidea (gr. δάκτυλος Finger), eine U.O. der → Pterosauria.

Pteroid, *n,* nur von → Pterosauriern bekannter, gelenkig mit der Handwurzel verbundener spornförmiger, zum Körper hin gerichteter dünner Knochen. Vermutlich diente er, in eine Sehne auslaufend, zur Stütze und Regulierung einer kleinen vorderen Flughaut (→ Propatagium). Vgl. Abb. 51, S. 89.

Pterophyllum, n (BRONGNIART 1828) (gr. πτέρις, εως Farnkraut, φύλλον Blatt), eine Formgattung von → Cycadophytina-Blättern.

Pteropoda (CUVIER 1804) (gr. πτερόν Flügel; πούς Fuß), pelagische Mollusken (Schwimmschnecken), die den → Opisthobranchia zugerechnet werden. Bei ihnen ist der Fuß in ein Paar flossenartige Anhänge umgewandelt, Kiemen und Augen fehlen oft völlig, das Gehäuse ist weitgehend reduziert. ZILCH (1959) teilte die Gruppe in die Ordnungen Thecosomata mit Gehäuse und Mantelhöhle und Gymnosomata ohne Gehäuse und Mantelhöhle, die nicht enger miteinander verwandt sind. Vorkommen: Seit dem Eozän. Nicht zu den P. gehören die → Tentakuliten, → Conularien und → Styliolinen des Paläozoikums.

Pterosauria (KAUP 1834) (gr. σαῦρος, σαῦρα Eidechse), Flugsaurier; eine O. der → Archosauria, deren Vorderextremitäten durch enorme Verlängerung des vierten Fingers zur Stütze einer ausgedehnten Flughaut geworden sind. Auch der übrige Körper wurde entsprechend umgewandelt. Aufgefundene Reste von Haaren deuten auf Warmblütigkeit. Die bekannt

gewordenen Formen lebten von Fischen, die sie mit reusenartigem Fanggebiß fingen, über dem Wasser dahinstreichend. Zwei U.O. werden unterschieden: 1. Rhamphorhynchoidea; langschwänzig, Metacarpalia weniger als halb so lang wie der Unterarm; Spannweite 0,4–2,2 m, O.Trias–O.Jura 2. Pterodactyloidea; Schwanz zu einem Stummel reduziert, Metacarpalia etwa so lang wie der Unterarm; Formen von Sperlingsgröße bis zu solchen mit 15 m Spannweite, Malm –O.Kreide. Die P. stammen von kleinen bipeden → Thecodontia der Trias (Abb. 37, S. 67).

Pteroticum, *n* (gr. ωτικός zum Ohr gehörig), eine Hautverknöcherung oberhalb der Labyrinthkapsel der Fische, welche vielfach in den Knorpel der Kapsel eindringt und dadurch zum Mischknochen wird. Vgl. → Opisthoticum (Abb. 114, S. 238).

Pterygia, Sing.-ium, *n* (gr. πτέρυξ, -θγος Flosse, Flügel), die paarigen Flossen der Fische. Sie bestehen aus dem Omopterygium (Brustflossen, Pectorales) und dem Pelycopterygium (Bauchflossen, Abdominales). Die unpaaren Flossen heißen Pinnae.

Pterygoid, *n* (gr. πτερυγοειδής flügelartig), mehrere Deckknochen der Pars palatina am Palatoquadratum der Wirbeltiere. Nach ihrer Lage lassen sich Ecto-, Meta- und Entopterygoid unterscheiden. Sie beteiligen sich an der Bildung des Gaumens. Bei den Säugetieren verschmelzen sie meist mit dem → Sphenoidale (Keilbein) als dessen Flügel (Flügelfortsätze, Processus pterygoidei) (Abb. 77, S. 149).

Pterygokline, *f* (LIEBAU 1980) (n. *Pterygocythereis jonesii;* gr. κλίνειν wenden), → bathymetrische Gliederung.

Pterygophoren, *m,* (gr. φόρειν tragen), Flossenträger, = → Radien.

Pterygopodium, *n* (PETRI 1878) (gr. πούς Fuß), (= Mixipterygium) das knorpelige Stützskelet des einem Kopulationsorgan umgestalteten Distalteils der Bauchflosse männlicher → Elasmobranchier.

Pterygota (LANG 1888) (= Pterygogenea) (gr. πτερυγωτός mit Flügeln versehen), geflügelte →

Insecta, mit teilweiser (Hemimetabola) oder vollständiger Metamorphose (Holometabola). Dazugehörige Ordnungen: → System der Organismen im Anhang.

Ptilophyllum, *n* (MORRIS) (gr. πτίλον Feder, Flügel; φύλλον Blatt), eine Formgattung von → Cycadophytina-Blättern.

Ptychopariida (SWINNERTON 1915) (nach der Gattung *Ptychoparia),* die formenreichste O. der → Trilobiten: überwiegend opisthopare → Gesichtsnaht; mit meist einfacher, nach vorn verschmälerter → Glabella; → Hypostom selbständig. Die P. sind die Stammgruppe fast aller nachkambrischen Trilobiten. Vorkommen: U.Kambrium–Perm.

Ptychopteris, *f* (CORDA 1845) (gr. πτύξ, πτυχός Falte; πτέρις Farnkraut) → *Caulopteris.*

Ptychopterygium, *n* (HAECKEL), ‚Extremitätenleiste‘; eine seitliche Falte oder Leiste, aus der sich nach der → Seitenfaltentheorie die paarigen Extremitäten der Wirbeltiere phylogenetisch herausentwickelt haben sollen. Vgl. dagegen die → Archipterygium-Theorie.

Pubis, *n* (Os pubis von lat. pubes Schamgegend), Schambein, der ventral-cranial gelegene Knochen des → Beckengürtels der Tetrapoden. Er enthält das Foramen obturatorium zum Durchtritt des Nervus obturatorius.

Pulmonata (CUVIER 1797) (lat. pulmo Lunge), ‚Lungenschnecken‘; Gastropoda, deren Mantelhöhle Anpassungen an Luftatmung besitzt. Ordnungen: → Archaeopulmonata, → Basommatophora, → Stylommatophora. Vorkommen: Seit dem Karbon.

Pulpa, *f* (lat. eßbares Fleisch), das weiche, an Blutgefäßen und Nerven reiche Gewebe in der Zahnhöhle (Pulpahöhle).

Pulpahöhle (= cavum dentis), → Zähne.

Punctaptychus, *m* (TRAUTH 1927) (lat. punctum Stich, Punkt), → Aptychus.

punctat sind Schalen articulater → Brachiopoden, die von zahlreichen, zur Oberfläche senkrechten Kanälchen durchzogen werden. Vgl. → impunctat, → pseudopunctat (Abb. 18, S. 34).

Punktualismus (ELDREDGE & GOULD 1972 als ‚punctuated equilibria‘), die Vorstellung, daß die Art als Individuum aufgefaßt werden muß, mit erkennbarem Anfang und Ende in der Zeit. Evolutiver Wandel ergibt sich durch rasch ablaufende Artbildungsprozesse in kleinen, randlich gelegenen Populationen (Dauer größenordnungsmäßig 1 % der Lebensdauer der nachfolgenden Art). Die Artbildung ist dabei nicht selektiv bedingt oder gesteuert und in den Konsequenzen zufällig. Aus einer großen Zahl solcher zufällig erfolgender Artbildungsprozesse kann sich Makroevolution ergeben, während Mikroevolution sich in Variation und Selektion als graduelle Veränderung innerhalb der Art abspielt. Vgl. → Gradualismus.

pustulos (lat. pustulosus voller Bläschen), heißen Foraminiferen mit ‚Polpfropfen‘. Vgl. → Nummuliten, → orbitoide Foraminiferen.

Pycnodontiformes (gr. πυκνός dicht, fest; ὀδούς Zahn), eine O. der → Holostei (Neopterygii). Vorkommen: Trias–Eozän.

Pycnogonida (LATREILLE 1810) (gr. γόνυ Knoten [am Halm]), ‚Pantopoden‘, Asselspinnen; äußerlich den → Chelicerata ähnliche marine → Arthropoden, jedoch mit einem zu einem winzigen Knötchen reduzierten → Abdomen und einem rüsselartigen Vorderkörper (Proboscis). Fossil nur aus dem unterdevonischen Hunsrückschiefer beschrieben (*Palaeopantopus* BROILI 1929 und vielleicht *Palaeoisopus* BROILI 1928). Entsprechend unterscheidet man die Ordnungen Pantopoda (nur rezent bekannt) und Palaeopantopoda (U.Devon).

Pygale, *n* (gr. πυγή Steiß), → Panzer der Schildkröten (Abb. 102, S. 212).

Pygidium, *n* (Endsilbe idium Deminutiv für kleine Organe), 1. (Trilobiten): Schwanzschild, der aus einer wechselnden Zahl (1–30) verschmolzener Segmente besteht. Ein ‚Pygidium‘ aus nur einem Segment, *wie es bei einigen → Olenelliden vorkommt, ist streng genommen ein Telson, während das echte P. eine Funktionseinheit aus

verschmolzenen Rumpf- und Opisthothorax-Segmenten darstellt und dem Opisthothorax + ‚Telson‘ (→ Thorax) der Olenelliden homolog ist. Das P. besteht aus dem Spindelteil und den beiden Pleuralteilen, zwischen ihnen trennen die Axialfurchen. Über die Pleuralregion laufen oft zweierlei Furchen: deutlicher sichtbar die → Pleuralfurchen, welche denen der Thorax-Pleuren entsprechen, weniger deutlich die Interpleuralfurchen, welche die Verwachsungslinie zweier Pleuren angeben (Abb. 117, S. 246). 2. (→ Anneliden): Schwanzabschnitt.

Pygostyl, *m* (gr. στύλος Säule), der aus verschmolzenen Schwanzwirbeln entstandene Endknochen der Wirbelsäule der Vögel; er trägt die Steuerfedern (Vgl. → Urostyl).

Pylom, *n* (gr. πύλη Tor, Tür), (→ Hystrichosphärideen, → Dinoflagellaten, → Radiolarien): große Öffnung im Gehäuse, Schlüpfloch.

Pyramiden, (Echinoid.): → Laterne des Aristoteles.

Pyropissit, *m* (KENNGOTT 1850) (gr. πῦρ, πυρός Feuer; πίσσα Pech, Harz), eine bes. gut brennbare Weichbraunkohlenart mit hohem Bitumengehalt (ein → Liptobiolith). Ein Gemisch von P. mit gewöhnlicher Braunkohle heißt Schwelkohle.

Pyrotheria (AMEGHINO 1895) (gr. πυρός schwerfällig; θήρ Tier), eine formenarme O. alttertiärer südamerikanischer Huftiere, die auffällig den Proboscidiern ähnelnde Formen hervorbrachten, mit Rüssel, zweijochigen Backenzähnen, mächtigen Inzisiven; sie erreichten in *Pyrotherium,* der jüngsten Form, Elefantengröße. Vorkommen: Paläozän–Oligozän Südamerikas.

Pyrrhophyta (gr. πυρρός feuerrot, φυτόν Pflanze) Rotalgen, ein Stamm niederer Algen. Meist einzelne Zellen mit 2 ungleichen Geißeln; ohne oder mit Zellulosewandung. Bei der Teilung erhält jede Tochterzelle eine Hälfte der Muttermembran und bildet die andere neu. Häufig mit pulsierender Vakuole, meist gelbgrüne oder gelblich-braune, selten rote Chromatophoren (Farbstoffe Dinoxanthin und Peridinin). Ernährung meist autotroph. Treten z. T. massenhaft als marines Plankton auf. Fossil seit dem Jungpaläozoikum. Keine Be-

ziehungen zu anderen Algenstämmen bekannt. Dazu u. a. die → Dinoflagellaten und → Zooxan-

thellen. – Vorkommen: Seit dem Silur.

Quadranten, *m* (lat. quadrare viereckig machen, passen), (→ Rugosa): die Räume jeweils zwischen → Haupt- und → Seitensepten (Hauptquadranten) bzw. zwischen letzteren und den Gegenseitensepten (Gegenquadranten). Vgl. → Sextanten. In den Q. werden die → Metasepten angelegt, während die Räume zwischen Gegen- und Gegenseitenseptum höchstens Kleinsepten enthalten, aber nie Metasepten (vgl. Abb. 98, S. 207).

Quadratojugale, *n* (lat. jugum Joch), ein lateral und ventral gelegener Deckknochen des hinteren Randes des Schädeldaches der Tetrapoden in der Ohrregion. Er ver-

bindet das Jugale mit dem Quadratum (Abb. 101, S. 211).

Quadratum, *n* (lat. quadratus rechteckig), Quadratbein; eine Verknöcherung der Pars quadrata des → Palatoquadratums, welche den Oberkieferanteil des → primären Kiefergelenks bildet. Bei den Säugetieren ist das Q. zum Incus (Amboß) geworden. → Reichertsche Theorie (Abb. 101 S. 211; Abb. 114, S. 238).

quadripartit (lat. quadri [von quattuor] vier-; partitus geteilt), vierfach geteilt. Vgl. → Rippenteilung (Abb. 3, S. 8).

quadrituberculär (lat. tuberculum Höcker), mit vier Höckern

versehen. Vgl. → Trituberkulartheorie.

Quantum-Evolution, *f*, → adaptive Zone.

Quastenflosser, = → Crossopterygier.

Querbrücke (Brachiop.): → Armgerüst.

Querfortsatz, Processus transversus. Zusammenfassende Bez. für die vom Wirbelkörper seitwärts sich erstreckenden Fortsätze unterschiedlicher Genese. Dazu gehören: → Diapophysen, Epapophysen, Merapophysen, → Par- und Pleurapophysen. Vgl. → Wirbel (Abb. 43, S. 75).

Rabenbein, Rabenschnabelfortsatz, = → Coracoid.

Radiale, *n*, Pl. **Radialia** (lat. radius Strahl, Speiche des Rades), (Tetrapoden): der in der proximalen Reihe der Carpalia unter dem Radius gelegene Knochen. Vgl. → Carpus (Abb. 24, S. 40). (Echinodermen allgemein): ambulakral (= radial) gelegene Kalkplatte. 1. In der → Dorsalkapsel der → Crinoidea folgen die R. alternierend auf die interradial gelegenen → Basalia und tragen die Arme entweder unmittelbar oder unter Einschaltung weiterer, fest mit denen des ersten Kranzes verbundener Radialia. In diesem Falle bezeichnet man die Glieder des ersten Kranzes als Rl, die weiteren als R2, R3 usw. Radialia axillaria besitzen am Oberrand zwei dachartig in einem Winkel zueinander stehende Flächen, welche beide wiederum Serien weiterer Platten tragen → die Radialia distichalia oder Distichalia (= Sekundibrachialia). D. axillaria tragen Palmaria (Terti-

brachialia). Interdistichalia bzw. Interpalmaria können sich zwischen die Distichalia bzw. Palmaria einschalten. Radialia articularia tragen am Oberrande eine Gelenkfläche. Vgl. → Costalia, → Brachiale, → Primibrachialia. 2. (→ Asteroideen): eine der auf der Mitte der Oberseite in einer Reihe angeordneten Platten .

Radialkanal (TEICHERT), bei → Actinoceratida: vom → Endosiphonalkanal seitlich abzweigende, zum → Perispatium führende Röhre (Abb. 1, S. 2).

Radianale, *n* (WANNER) (lat. anus After), (Crinoid.): eine vom rechten hinteren Radiale abgegliederte und modifizierte Platte, welche links oben das → Anale X trägt (Syn. Subanale).

Radien, Sing. Radius, *m*, (Fische): Flossenträger, Somactidia, Pterygiophoren, stabförmige, unpaare Elemente des Innenskelets, meist in der Flossenbasis oder proximal von der Flosse gelegen. Es sind im Bindegewebe selbständig entstan-

dene Elemente, die nur sekundär mit der Wirbelsäule in Verbindung treten bzw. getreten sind.

Radiolarien, Radiolaria (MÜLLER 1858) (lat. radiosus strahlend), marine, nur selten koloniebildende → Protozoa (→ Actinopoda), deren Protoplasma (= Malacoma) durch eine mit Poren versehene Zentralkapselmembran aus → Tektin in Endo- und Ektoplasma geschieden wird. Die meisten R. besitzen ein Skelet (= Scleracoma) aus amorpher Kieselsäure oder Strontiumsulfat. Ihre Größe liegt bei 0,1–0,5 mm, in Ausnahmen bis 4 mm.

R. sind über alle Meere und alle Tiefen verbreitet, ihr Artenreichtum ist in den Tropen am größten, doch sind Kaltwasserformen im allgem. größer als solche des warmen Wassers. Sie leben planktisch, das Schweben wird durch Fettkörperchen und Alveolen des Protoplasmas sowie durch die Oberfläche vergrößernde Pseudopodien und Skeletfortsätze erleichtert. Die → Acantharia werden hier als eigene

U.Klasse der → Actinopoda neben den Radiolarien angesehen. System: → System der Organismen im Anhang. Vorkommen: Die ältesten sicheren Vorkommen von R. sind mittelkambrischen Alters. Angaben von noch älteren Vorkommen dürften meist auf → Acritarcha zurückzuführen sein.

Radiolarit, *m*, Kieselgestein, das überwiegend aus Radiolarien-Skeleten aufgebaut wird. Teilweise sind R. mit terrigenen Sedimenten verknüpft. Für manche R. wird Entstehung in flachem Wasser angenommen. Der größte Teil der ausgedehnten fossilen R.-Vorkommen aber dürfte nach ihrer geotektonischen Stellung wie nach ihrer lithologischen Vergesellschaftung im tiefen Meer entstanden sein. Hierfür sprechen auch die in ihnen enthaltenen Organismen, unter denen Pflanzen und benthische Tiere ± völlig fehlen.

Radiolus, *m*, → Partialname für einzeln gefundene Seeigelstacheln.

Radiospermae, Pl. (lat. radius Stab, Strahl; gr. σπέρμα Same), zusammenfassender Name für radiär-symmetrische jungpaläozoische Samen unsicherer Zugehörigkeit. Die wichtigsten dazugehörigen Typen nach GOTHAN & WEYLAND: a) Lagenostoma-Gruppe: kleine Samen mit mehreren Rippen auf der Außenseite. b) Trigonocarpus-Gruppe: Samen mit 3 Rippen oder einem Vielfachen davon. Sie gelten als Samen von Medullosales. Vgl. → Platyspermae.

Radiozentrale, *n*, eines der 5 dem Zentrum nächsten Radialia von Seesternen. → Asteroidea.

Radius, *m*, Radial-Ader (Insekten): Flügel der Insekten (Abb. 64, S. 116); (Wirbeltiere): Speiche; einer der beiden Röhrenknochen des Unterarmes der Tetrapoden, auf der Daumenseite mit dem Handgelenk verbunden. Er wird nie reduziert, kann aber in wechselndem Umfange mit der → Ulna verwachsen, vor allem mit ihren Proximal- und Distalenden.

Radula, *f* (lat. Schabeisen), chitinöse Reibplatte im Boden der Mundhöhle von Mollusken mit Ausnahme der Muscheln und einiger Einzelformen. Sie ist mit zahl-

reichen, in Querreihen angeordneten Chitinzähnchen besetzt und dient zum Zerreiben der Nahrung und als Schlinghilfe. Besonders entwickelt ist sie bei Gastropoden: bei den → Prosobranchiern unterscheidet man (und verwertet zur Klassifikation in der Neozoologie) verschiedene Typen je nach Gestalt und Zahl der Zähnchen. Die Zähnchen lassen sich in jeder Querreihe zu meist 5 Gruppen gleichartiger zusammenfassen und ihre Zahl entsprechend in Formeln ausdrücken. In der Mitte jeder Reihe sitzt der Rhachis- oder Zentralzahn; seitlich schließen sich jederseits die Admedianzähne an; randlich sitzen die Marginalzähne. Die wichtigsten R.-Typen mit ihren Formeln (= Zahnzahl je Querreihe, in Gruppen) sind: rhipidogloss (bei den meisten Archaeogastrop.) (> 100: etwa 5:1: etwa 5: > 100); docogloss (3:1:2:1:3); taeniogloss (bei den meisten Mesogastrop.) (2:1:1:1:2); ptenogloss (zahlreiche ziemlich gleichartige Zähne); rhachigloss 1:1:1 oder 0:1:0); toxogloss (1:0:1); als stenogloss werden rhachi- und toxogglosse R. zusammengefaßt. Phylogenetisch erfolgt Verminderung der Zahl der Zähne in jeder Reihe, aber auch der Reihen selbst, andererseits werden die Einzelzähne stärker differenziert. Bei den Cephalopoden ist die R. weniger differenziert. Die R. von Nautilus ist breit und besteht aus 13 Längsreihen von einfachen Zähnchen, diejenige der Coleoidea und der Ammoniten ist schmal und besteht aus 7–9 Zähnchenreihen. Die vor kurzem gefundene R. eines Michelinoceraten zeigt ebenfalls nur 7 Reihen.

Ramentation, *f* (W. QUENSTEDT 1934) (lat. ramentum Abfall), Abfallbildung; der Vorgänge der Zerstörung und des Stoffverlustes, des Verfrachtung und der Frachtsonderung zwischen dem Tod des Organismus und der Einbettung im Sediment. Eine posthume R. tritt bei der Umlagerung der Fossilien auf.

Ramiculi, Sing. Ramiculus, *m*, → Ramulus.

Rampe, *f* (Gastrop.): abapikad geneigtes flaches Band auf der Gehäuseoberfläche, häufig im adapi-

kalen Teil der Umgänge (Abb. 54, S. 94).

Ramsaysphaera, → Fossil.

Ramulus, *m*, Pl. Ramuli (JAEKEL) (lat. Zweiglein, Deminutiv von ramus Zweig), (Crinoid.): Nebenzweig eines Armes von → Articulata, der in der Anlage dem Hauptast gleichwertig ist, aber kleiner bleibt. Verzweigen sich Ramuli weiter, so entstehen Ramiculi (Abb. 88, S. 175).

Randblasen (WEDEKIND 1922), Blasengebilde von → Rugosa, umfassende → Wandblasen i.S. von ENGEL & SCHOUPPÉ als auch randliche → Dissepimente.

Randwulst (WEDEKIND 1937), = → Gebräme.

Rankenfüßer, = → Cirripedia.

Raphe, → Rhaphe.

Ratitae (lat. ratis Floß, wegen des kiellosen Brustbeins), Palaeognathae, die flugunfähigen Vögel, bei denen die Vorderextremität verkümmert ist und damit auch die → Carina (Crista sterni). R. als systematischer Begriff bildet eine Ü.O. der → Ornithurae. Vgl. → Carinatae.

Raumparasitismus, *m*, → heterotypische Relationen.

Rautenhirn, = → Rhombencephalon.

Receptaculiten (BLAINVILLE 1830) (lat. receptaculum Behälter; -ites vgl. → Ammonit), mehr oder weniger kugelförmige, schwammähnliche Organismen des älteren Paläozoikums (Ordovizium–Devon – ?Karbon). Durchmesser mehrere cm. Ihre Skeletelemente (Merome) bestehen aus eng aneinandergefügten sechseckigen Kalkplatten, deren jede auf der Innenseite einen kurzen Schaft mit zwei endständigen, sich kreuzenden, der äußeren Platte parallelen Bälkchen trägt. Systematisch stellte man sie vielfach in die Nähe der Schwämme und Archaeocyathiden (Reich Archaeata ZHURAVLEVA & MIAGKOVA 1972), doch deutet man sie heute meist als den → Dasycladaceen und Cyclocriniten nahestehende Kalkalgen (Chlorophyta, Grünalgen).

rechtsgewunden sind Schnecken, deren Gewinde, von oben gesehen, im Uhrzeigersinn gedreht ist. Vgl. → linksgewunden, → hyperstroph.

Rectigradation, *f* (OSBORN 1905) (lat. rectus gerade; gradatio stufenweise Steigerung), Syn. von → Orthogenese. Vgl. biologisches → Trägheitsgesetz.

Redlichiida (RICHTER 1933) (nach der Gattung *Redlichia),* eine relativ primitive O. der → Trilobiten; sie umfaßt Formen mit großem, halbkreisförmigem Kopfschild, mit opisthoparer oder ankylosierter → Gesichtsnaht, mit zahlreichen Rumpfsegmenten und kleinem Schwanzschild. Vorkommen: U.–M.Kambrium.

reguläre Seeigel (= endocyclische S.), sind solche, bei denen der → Periprokt innerhalb des → Oculo-Genital-Ringes liegt. Sie wurden früher als besondere U.Kl. („Regularia') den → irregulären S. („Irregularia') gegenübergestellt. Heute wird der Terminus nur noch beschreibend gebraucht.

Reichertsche Theorie (1837): Das primäre Kiefergelenk der Wirbeltiere (Quadratum-Articulare) ist homolog dem Hammer- (Malleus)-Amboß- (Incus) Gelenk der Säugetiere. Seine Elemente werden embryonal im Zusammenhang mit dem Meckelschen Knorpel angelegt, wandern in das Mittelohr und bilden zusammen mit dem Steigbügel (Stapes) die drei schalleitenden Gehörknöchelchen. Es ergeben sich folgende Homologien: Steigbügel (Stapes) = Hyomandibulare der Fische, Stapes der Amphibien, Reptilien und Vögel; Amboß (Incus) = Quadratum; Hammer (Malleus) = Articulare; Proc. anterior des Hammers = Praearticulare (= Goniale); Tympanicum = Angulare. Vgl. Abb. 80, S. 158.

‚reife' Region, (Bryoz.): oberflächennaher Teil des → Zoariums bei → Trepostomata und → Cryptostomata, gekennzeichnet durch dicke Wandungen, zahlreiche → Diaphragmen und → Kenozooecien (→ Mesoporen, → Acanthoporen), im Gegensatz zur ‚unreifen' Region im basalen Teil des Zoariums, mit dünnen Wänden, geringer Zahl von Diaphragmen, Fehlen von Kenozooecien.

Reinschia (BERTRAND & RENIER 1893) ein problematisches Fossil: unregelmäßig rundlich geformte kleine Kolonien mit einem größeren Hohlraum, in jungpaläozoischen Bogheadkohlen der Gondwanaländer. Es sind wahrscheinlich Grünalgen (Chlorophyta) aus der Verwandtschaft der heutigen Gattung *Botryococcus.* Vgl. → Pila.

Reißzahn, (Carnivoren): = Eckzahn, → Caninus.

Reizreaktionen, Reaktionen der Organismen auf Änderung der allgemeinen äußeren Bedingungen (= Reize). Man nennt Tropismen: Bewegungen von Pflanzen und sessilen Tieren, die eine Beziehung zur Richtung des auslösenden Reizes besitzen (ohne Ortsbewegung). Taxien: Reaktionen (einschließlich Ortsbewegungen) von freibeweglichen Tieren auf gerichtete Reize, wobei sie ihre Körperachsen in Beziehung zur Reizrichtung bringen. Entsprechend dem auslösenden Reiz kennt man z. B. Thigmo- (Berührungs-), Rheo- (Strömungs-), Thermo- (Temperatur-), Photo- (Licht-), Chemo- (chemische) Taxien und Hapto- (Berührungs-), Photo- oder Helio- (Sonnenlicht-), Chemo-, Thermo-, Traumato- (auf Verletzungen hin) Tropismen.

Rekapitulations-Theorie, *f* (KIELMEYER 1793), = → biogenetisches Grundgesetz.

Rekurrenzfauna, *f* (lat. recurrere zurücklaufen), eine Fauna, die nach Verdrängung ein- oder mehrmals wieder in ihr altes Gebiet zurückkehrt, ohne inzwischen wesentliche Veränderungen erfahren zu haben, während die übrige Fauna sich verändert hat. R. bestehen deshalb in der Regel aus Dauerformen.

Relikte, Pl., *n* (lat. relinquere zurücklassen) sind die Tiere oder Pflanzen, die nur noch in unzusammenhängenden Teilen ihres früheren Verbreitungsgebietes leben (z. B. *Dryas octopetala,* die Silberwurz, als Glazialrelikt in den Alpen und in Skandinavien.)

Repichnia, Sing. -ium, *n* (SEILACHER 1953) (lat. repere kriechen; gr. ἴχνος oder ἴχνιον Spur, Fährte), Kriechspuren; → Lebensspuren.

Reptantia (lat. reptare langsam einhergehen), → Macrura.

Reptilien, Kriechtiere; wechselwarme meist beschuppte oder mit Knochenplatten gepanzerte terrestrische oder aquatische Tetrapoden, deren Embryonen sich ohne Metamorphose aus nährstoffreichen Eiern entwickeln, mit → Amnion und → Allantois. Die äußere Gestalt ist äußerst mannigfaltig: fliegende Formen, solche mit Fischgestalt, terrestrische Formen aller Anpas-

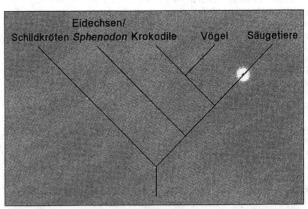

Abb. 96 Vereinfachtes Kladogramm der Amnioten. Die Reptilien im herkömmlichen Sinn (Schildkröten, Eidechsen, Krokodile) haben zwar eine gemeinsame Ausgangsform, enthalten aber nicht deren sämtliche Nachkommen, müssen daher als paraphyletische Gruppe gelten. Dagegen sind Vögel und Säugetiere jeweils Monophyla, durch jeweils neue, nur ihnen eigene Merkmale definiert. – Umgezeichnet und verändert nach CARROLL (1993)

sungsrichtungen, darunter die größten überhaupt bekannt gewordenen Landwirbeltiere. Die Blütezeit der Reptilien lag im Mesozoikum; heute gibt es noch vier Ordnungen. Die R. herkömmlicher Vorstellung lassen sich als „Amnioten, die keine Vögel oder Säugetiere sind", definieren, denn sie sind als Amnioten zwar gemeinsamen Ursprungs, müssen aber im HENNIGschen Sinn als paraphyletische Gruppe gelten, weil sie nicht alle Nachfahren der Ausgangsgruppe enthalten: Vögel und Säugetiere, als Amnioten mit je eigenen Apomorphien, sind von ihnen abgespaltene Monophyla.
Die Aufspaltung der Amnioten in die 3 Hauptlinien: (1) Gros der R. bisheriger Vorstellung, (2) Vögel und (3) Säugetiere, erfolgte bereits im O.Karbon. Hier folgen wir der im wesentlichen auf ROMER (u.a. 1966) aufbauenden Klassifikation von CARROLL (1993) (s.a. → System der Organismen im Anhang), unter gelegentlicher Anführung der älteren Vorstellungen von v. HUENE (1956).
Manche Autoren nehmen eine polyphyletische Entstehung der R. an. KUHN-SCHNYDER (1963) war der Ansicht, „... daß unabhängig von den beiden R.-Gruppen, die zu den Säugetieren bzw. Vögeln führen, noch weitere Zweige von den Labyrinthodonten ihren Ursprung nahmen." Vorkommen: Seit dem O.Karbon. Vgl. Abb. 96.
Reptiliomorpha (v. HUENE), die zweite Ü.O. der → Eutetrapoda; sie umfaßt Tetrapoden mit geschlossenem, angustitabularem (→ latitabular) Schädeldach und anfangs → embolomerem, später → gastrozentralem Wirbelbau (Vgl. → Anthrembolomeri). v. HUENE rechnete dazu die Ordnungen (in seiner Abgrenzung): 1. → Anthracosauria; 2. → Seymouriamorpha; 3. → Microsauria, 4. → Diadectomorpha, 5. → Procolophonia, 6. → Pareisauria; 7. → Captorhinidia (= Captorhinomorpha); 8. → Testudinata. Davon rechnete ROMER die O. 1 bis 3 zu den Amphibien, die übrigen zu seiner U.Kl. → Anapsida.
reptoid (lat. reptare kriechen, schleichen), Art des Wachstums von

Fortsätzen und Stolonen: kriechend, der Unterlage anliegend.
Resilifer, *m* (lat. resilire zurückspringen; ferre tragen), (Lamellibr.): dreieckige Grube am Schloßrand zur Aufnahme des → Resiliums.
Resilium, *n* (DALL 1895), (Lamellibr.): „inneres Ligament'; innere, sehr elastische Partie des → Ligaments. Es wird beim Schließen der Klappen komprimiert, sein wirksamer Teil liegt ventral von der Achse des Scharniers.
Resinit, *m* (lat. resina, ae Harz), Sammelname für in der Kohle, aber auch in anderen Sedimentgesteinen vorkommende fossile Harze, Wachse und andere pflanzliche Sekrete.
resupinat (lat. resupinare zurückbeugen), (Brachiop.): heißen Gehäuse, deren Klappen ihren Wölbungssinn im Laufe des Wachstums ändern, indem die Stielklappe erst konvex, dann konkav ist, die Armklappe aber erst konkav, dann konvex.
Retardation, *f* (lat. retardare verzögern), das gegenüber früheren phylogenetischen Zuständen verspätete Auftreten von Merkmalen in der Ontogenese.
Retention, *f* (lat. retinere zurück-, festhalten): bei → Conchostraca, Zurückbehaltung der alten Schale nach der Bildung einer neuen und deren Beteiligung am Bau der neuen Schale. Bei abnormaler oder unechter R. (z. B. bei manchen Ostrakoden) wird die alte Schale zwar behalten, sie wird aber nicht integrierter Bestandteil der neuen.
reticulat (lat. reticulum kleines Netz), mit Netzmuster versehen.
Reticulosa (REID 1950), (Porifera): Zusammenfassung der paläozoischen Vertreter der O. → Lyssakida.
Reticulum, *n* (lat. kleines Netz), (Pollen) durch regelmäßige Zusammenstellung länglicher Skulpturelemente gebildetes Netzwerk auf der → Exine. (Graptol.): → *Retiolites.*
Retiolites, Nominat-Gattung der Graptolithen-Familie Retiolitidae, welche durch den Besitz eines einem feinen Netzwerk (Reticulum) reduzierten Periderms gekennzeichnet ist. Vgl. → Clathria. Vor-

kommen der Gattung: U.–M.Silur, der Familie: M.Ordovizium–O.Silur.
retract (lat. retrahere zurückziehen) heißt der in der Nahtgegend zurückgebogene (‚hängende') Suspensivlobus mancher Ammoniten. Vgl. → Suturallobus.
Retractores, Pl., *m*, Rückziehmuskeln zwischen den Klappen inarticulater → Brachiopoden (Abb. 19, S. 35), sie verschieben die Klappen in der Längsrichtung gegeneinander.
retrochoanisch = retrosiphonat (lat. retro zurück; gr. χόανος Trichter; σίφων Röhre) sind Cephalopoden mit rückwärts gerichteten Siphonaldüten.
revers (lat. reverti umkehren), 1. (Graptolithen): auf der → Antisiculaseite gelegen; 2. (Bryozoen): den Öffnungen entgegengesetzt gelegen (= basal). Manchmal auch als dorsal bezeichnet, doch gibt es bei Bryozoen kein korrespondierendes ‚ventral'.
rezent (lat. recedere zurückweichen; recens frisch, jung), in der Gegenwart lebend oder vorhanden. Gegensatz: → fossil. Vgl. → subfossil.
Rezeptakel, *n* (lat. receptaculum Behältnis), (Farne): ein hervortretender Höcker aus Blattgewebe, auf dem die Sporangien-Häufchen (Sori) sitzen (= Plazenta).
Rhabd, *f* (SOLLAS) (gr. η ῥάβδος Stab, Stock), jede gerade oder leicht geschwungene Stabnadel von Schwämmen.
rhabdacanthin (HILL 1936) (gr. ακάνθινος von Dornen), Septen von Rugosa aus Trabekeln mit mehreren Verkalkungszentren. Vgl. → monacanthin, → holacanthin.
Rhabdocarpus, *m* (GÖPPERT) (gr. καρπός Frucht), (Samen): → Platyspermae.
Rhabdoclon, *m* (gr. κλών Zweig), meist großes (2–4 mm langes) → Desmon mit einem gestreckten Hauptstamm (Epirhabd), der in unregelmäßigen Abständen und oft nur nach einer Seite wenige ± wurzelartige Äste aussendet. Hauptsächliches Skeletelement → Megamorina.
Rhabdom, *n* (gr. Endsilbe -ομ für eine Gesamtheit kleiner Gebilde),

der von den übrigen verschiedene
Strahl eines → Triaens, → Tetraens
usw.
Rhabdomorina (RAUFF) (gr.
μόριον Teil, Stück), Syn. von →
Megamorina.
Rhabdopleurida (FOWLER 1892)
(gr. πλευρά Seite), eine O. der →
Pterobranchia: sehr kleine (Körpergröße 0,5 mm) koloniebildende
Tiere, welche ein chitiniges, in
seinem Aufbau dem der →
Graptolithen sehr ähnliches Außenskelet (Coenoecium) bauen.
Ein kriechender Stolon (Gymnocaulus), nach einiger Zeit mit einer
Chitinhülle umgeben (Pectocaulus), scheidet die aus Halbringen aufgebaute Röhre ab, aus welcher die am Gymnocaulus knos-
penden Einzelindividuen hervor-
brechen und ihrerseits sich mit
ebensolchen Röhren umgeben.
Gattung *Rhabdopleura,* seit der
Kreide (Abb. 97).
Rhabdosom, *n* (TORNQUIST) (gr.
σῶμα Körper, Leib), das chitinige
Außenskelet von → Graptolithen-
Kolonien (= Hydrosom, Hydro-
rhabd, Polypar), soweit es von einer
einzigen → Sicula ausgeht.
rhachigloss (gr. ῥάχις Rücken,
Bergrücken; γλῶσσα Zunge), →
Radula-Typ mancher → Neogastropoda.
Rhachis, *f,* die zentrale Achse, 1.
bei fiedrig zusammengesetzten
Wedeln bzw. Blättern, 2. der →
Trilobiten.
rhachitomer Wirbel (COPE), ein
Wirbeltyp, bestehend aus dem
Neuralbogen und einem zweiteiligen Wirbelkörper aus dem vorn
unten gelegenen → Hypozentrum
und dem ein- oder zweiteiligen
hinten gelegenen → Pleurozentrum.
Vgl. → hemispondyles Stadium
(Abb. 123, S. 257).
Rhachitomi (COPE 1884) (gr.
τόμος abgeschnittenes Stück), eine
heterogene Gruppierung der Temnospondyli: Stegocephalen (→
Labyrinthodontia) mit → rhachitomen Wirbeln; sie umfassen die
Mehrzahl der großen Formen des
Perms; einerseits sehr weitgehend
terrestrisch lebende, andererseits
auch bereits wieder zum Wasserleben zurückgekehrte Formen. Beispiele: *Loxomma, Archegosaurus,*

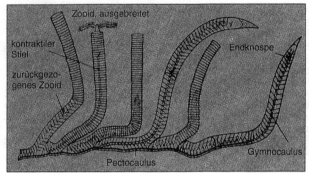

Abb. 97 Schema einer *Rhabdopleura* -Kolonie. – Nach O. M. B.
BULMAN (1955)

Trematosaurus. Vgl. → Ste-
reospondyli.
Rhacopoda (HENNIG 1979), Lap-
penfüßer, zusammenfassend für die
Schwestergruppen → Gastropoda
und → Cephalopoda. Vgl. → An-
cyropoda.
Rhagon-Typ, *m* (gr. ῥάξ, ῥαγός
Weinbeere), = → Leucon-Typ.
Komplexer, vielkammeriger
Schwamm-Typ mit besonderen
Geißelkammern.
Rhamphorhynchoidea (n. d.
Gattung *Rhamphorhynchus,* gr.
ῥάμφος Schnabel der Vögel;
ῥύγχος Schnauze), eine U.O. der
→ Pterosauria.
Rhaphe, *f* (gr. ῥαφή Naht), (pen-
nate → Diatomeen): eine nicht
verkieselte mediane Längsfurche
auf jeder Klappe des Gehäuses.
Rhaphid, *n* (gr. ῥαφίς Nadel), (=
Mikrorhabd), winzige dünne
mikrosklerische Schwammnadel.
Vgl. → Porifera.
Rhax, *f* (gr. ῥάξ Beere, Rosine),
(Schwammnadel), ein → Aster,
dessen zahlreiche Strahlen zu einem
kugeligen bis nierenförmigen Gebilde verschmolzen sind und nur
schwach über die Oberfläche des
sphärischen Kerns hervorragen (=
Sterraster).
Rhenanida (BROILI 1930), Stegoselachii, eine formenarme, noch
ungenügend bekannte und vielleicht
künstliche O. der → Placodermi,
hauptsächlich aus dem rheinischen
U.Devon beschrieben (Hauptgattung *Gemuendina).* Äußerlich
erinnern die R. an Rochen; sie lebten in brackischer bis mariner Um-

gebung. Vorkommen: Silur–U.
Karbon.
Rheotaxis, *f* (gr. ῥεεῖν fließen;
τάξις Stellung), → Reizreaktionen.
Rhexistasie, *f,* → Biostasie.
Rhipidistia (gr. ῥίπις, ῥίπιδος
Fächer; ιστίον Segel), eine U.O.
der Crossopterygii, mit echten
Choanen, labyrinthodonten Zähnen
und dicken → Cosmoidschuppen.
Sie bilden die eigentlichen
Stammformen der Tetrapoden, und
zwar in zwei verschiedenen Linien:
1. Porolepiformes (= Holopty-
choidea). Nach JARVIK gehen aus
diesem Stamm die Urodela (→
Urodelidia) hervor. 2. Osteolepiformes. Nach JARVIK ist dies die
Stammgruppe der Anura und nach
v. HUENE seiner → Eutetrapoda. –
Vorkommen: U.Devon–U.Perm.
rhipidocerk (gr. κέρκος Schwanz),
nannte WHITEHOUSE eine verbreiterte oder geteilte Schwanzflosse
im Gegensatz zur nach hinten ver-
schmälerten oxycerken.
rhipidogloss (gr. γλῶσσα Zunge),
→ Radula-Typ der meisten → Archaeogastropoda.
Rhipidura, *f* (gr. ουρά Schwanz),
→ Schwanzfächer von → Malacostraca aus Telson + → Uropoden.
Rhizoclon, *m* (ZITTEL) (gr. ῥίζα
Wurzel; κλών Zweig), Syn. Rhi-
zoclad, zierliches, vorwiegend nach
einer Längsrichtung gestrecktes,
unregelmäßig vielästiges und
vielzackiges → Desmon (Abb. 91,
S. 186).
Rhizocorallium (ZENKER 1836),
(lat. corallium Koralle), U-förmiger
→ Spreitenbau, dessen ± parallele,

ziemlich dicke Schenkel deutlich von der Spreite abgesetzt sind; Verlauf schräg oder parallel zur Schichtung. Vorkommen: Kambrium–Tertiär (Abb. 113, S. 226).

Rhizoid, *n* (gr. ἴδες von εἶδος Gestalt, Aussehen), Befestigungsorgan der Moospflanzen am Boden: eine einfache, lange, schlauchförmige Zelle oder ein verzweigter Zellfaden.

Rhizom, *n* (gr. ῥίζωμα Festwurzelung, Stamm), eine unterirdische, horizontal wachsende Sproßachse.

Rhizomorina (ZITTEL 1878), (gr. ῥίζα Wurzel; μόριον Teil, Stück), eine U.O. der → Lithistida mit einem Skelet aus meist unverbundenen kleinen rhizoclonen → Desmonen. Vorkommen: Seit Kambrium.

Rhizopoda (v. SIEBOLD 1845) (gr. πούς, ποδός Fuß), Wurzelfüßer, nach den wurzelförmigen Pseudopodien, ein Stamm der → Protozoa; er umfaßt einzellige Tiere, deren Protoplasma Fortsätze (Pseudopodien) aussendet; diese stehen im Dienste der Bewegung, der Nahrungsaufnahme und der Exkretion. Häufig werden ± feste Gehäuse oder Stützgerüste gebaut. Systematik: → System der Organismen im Anhang.

Rhodokline, *f* (LIEBAU 1980), → bathymetrische Gliederung.

Rhodophyta (gr. ῥοδόεις rosig; φυτόν Gewächs), Rotalgen; ein formenreicher Stamm sessiler mariner Algen, bei denen das Chlorophyll durch den roten Farbstoff Phykoerythrin überdeckt ist. Die heutigen R. sind in den subtropischen Meeren oft erst in einiger Tiefe am formenreichsten, sie können noch in 250 m Tiefe genügend (blaues) Licht für ihre Photosynthese aufnehmen. Als Fossilien spielen nur diejenigen Rotalgen eine Rolle, welche ihre Zellwände mit Kalk inkrustieren wie die → Corallinaceae. Vorkommen: Seit Kambrium. Vgl. → Lithothamnien.

Rhombencephalon, *n* (gr. ῥόμβος Kreisel, Raute; ἐγκέφαλος Gehirn), primäres Hinterhirn, Rautenhirn (→ Encephalon). Es gliedert sich in drei Abschnitte: 1. den verengerten Isthmus, der vom Mittelhirn überleitet; 2. das Metencephalon

(Hinterhirn); 3. das Myelencephalon (Nachhirn), welches den Übergang zum Rückenmark bildet. Sein basaler Teil heißt Medulla oblongata.

Rhombifera (ZITTEL 1879) (= Dichoporita JAEKEL 1899), eine O. der → Cystoidea bzw. eine eigene Kl. der Crinozoa, mit Porenrauten. Vorkommen: Ordovizium–Devon.

Rhopalien, Pl., *n* (gr. ῥόπαλον Keule), keulenförmige Sinnesorgane (Sinneskolben) am Schirmrand von → Scyphomedusen.

rhopaloide Septen (HUDSON 1936) (gr. εἶδος Bild, Gestalt) (→ Rugosa): sind im Querschnitt keulenförmig, an den Innenenden verdickt.

Rhynchocephalia (gr. ῥύγχος Schnauze, Schnabel; κεφαλή Kopf), eine O. der diapsiden Reptilien, in der die wahrscheinlich nicht näher miteinander verwandten → Rhynchosauria und → Sphenodonta zusammengefaßt werden.

Rhyncholithen, *m* (BIGUET 1819) (gr. λίθος Stein), allgemeine Bez. für kalkige fossile Cephalopoden-Oberkiefer. Ihre systematische Zugehörigkeit ist unsicher, meist werden sie Nautiliden, teilweise Coleoideen zugeschrieben, teilweise auch noch unbekannten fossilen Cephalopoden. Die korrespondierenden Unterkiefer heißen Conchorhynchen. Vorkommen: Perm–Miozän.

Rhyncholithes (BLAINVILLE 1827) (Rhyncolite), als verkalkte Spitze des Oberkiefers des triassischen → Nautiliden *Temnocheilus bidorsatus* (SCHLOTH.) beschriebener Cephalopoden-Kiefer aus der Trias (vgl. → *Conchorhynchus*).

Rhynchonellida (Demin. von gr. ῥύγχος Schnäbelchen), (Brachiop.): eine O. der → Articulata mit kurzem Schloßrand, bikonvexem, oft rundlichem Gehäuse und einfachen → Cruren. Vorderer Rand kräftig verfaltet. Vorkommen: Seit dem Ordovizium.

Rhynchosauria, Schnabelsaurier, eine Gruppe mittel- bis großwüchsiger diapsider, auf die Trias beschränkter Reptilien, bislang meist den → Rhynchocephalia zugeordnet.

Rhynchota, → Hemiptera.

Rhynchoteuthis (gr. τευθίς Tintenfisch), jurassisch-kretazischer → Cephalopoden-Kiefer.

Rhytidolepis (gr. ῥυτίς Falte, Runzel; λεπίς Schuppe), (Lepidodendrales) → Sigillariaceae (Abb. 112, S. 220).

Riff, *n*, ein Gesteinskörper, dessen Gerüst aus den Hartteilen an Ort und Stelle übereinanderwachsender Organismen oder aus Sedimenten gebaut wurde, die sich solchen Organismen einlagerten. Es erhob sich zur Zeit seiner Entstehung über das umgebende Sediment inselhügel-, pfeiler- oder mauerartig. Die vom eigentlichen R. abhängenden Faziesbereiche lassen sich mit ihm als Riffkomplex zusammenfassen (VOGEL 1962). Vgl. → Bioherm, → Biostrom.

rimat (lat. Spalte, Ritze), → Nabel.

Rippen (Costae), langgestreckte Verknöcherungen in der Rumpfmuskulatur, welche sich an die Wirbelsäule anschließen. Ursprünglich sind sie vom Kopf bis zum Schwanzende über den ganzen Rumpf verbreitet; ihre mächtigste Entwicklung finden sie in der Thoraxregion, auf die sie bei den höheren Tetrapoden auch beschränkt sind. Zwei Arten von R. sind zu unterscheiden: Dorsalrippen (obere R.), in der Muskulatur am Dorsalseptum gelegen, Ventralrippen (untere R.), zwischen Seitenmuskulatur und Leibeshöhle (bei den Fischen allgemein verbreitet). Die beiderseitigen Ventralrippen schließen sich in der Schwanzregion zu Hämalbögen zusammen. Die Homologien der R. der Tetrapoden sind umstritten; sie werden teils als dorsale, teils als ventrale, teils als Verschmelzungsprodukt beider angesprochen. Meist sind sie zweiköpfig; ihre Verbindung mit den Wirbeln erfolgt mittels zweier Gelenke, ventral mit dem Capitulum (Köpfchen) an der Parapophyse, dorsal mit dem Tuberculum (Höcker) an der Diapophyse. Zwischen beiden liegt der Rippenhals (Collum). Ursprünglich gelenkt das Capitulum mit dem Interzentrum. Solche zweiköpfigen R. heißen nach WILLISTON dichocephal. Durch Reduktion können einköpfige R. entstehen, und zwar capitulocephal (Kopf = Capitulum), tuberculocephal (Kopf = Tuberculum) oder syncephal (Kopf = Capitulum + Tuberculum). Bei Amnioten verbinden die Rippen sich ventromedian mit dem → Sternum. Echte R. (Costae verae) erreichen das Sternum, falsche R. (Costae spuriae) legen sich mit ihrem Ende an andere R. an, Costae fluctuantes enden frei in der Muskulatur.

Rippenscheitelung (= forma abrupta bzw. verticata HÖLDER 1956) (lat. vertex Scheitel), Anomalie bei gerippten Ammoniten des Juras, bestehend „ … in rückwärts gerichteter Knickung sonst nicht geknickter Rippen längs einer spiralverlaufenden Linie oder Furche auf einer Flanke". Vgl. → Anomalien.

Rippenteilung, bei den Rippen der Perisphinctiden (Ammon.) unterschied SCHINDEWOLF 1925 bipartite, tripartite, quadripartite, fascipartite, polygyrate, polyploke, diversipartite, virgatipartite und Schaltrippen (vgl. → Abb. 3, S. 8). Nach der Zahl der Spaltungspunkte auf den Rippen unterscheidet man: → mono-, → di- und → polyschizotome Rippeneinheiten.

Ritzstreifen, (G. & F. SANDBERGER 1851), → Runzelschicht.

Rodentia (BOWDICH 1821) (lat. rodere nagen, benagen), (= Simplicidentata) Nagetiere; die formenreichste und noch heute in stärkster Entwicklung begriffene O. der Säugetiere. Als einzige O. ist sie weltweit und in allen Klimabereichen verbreitet. Die frühere Gliederung in die drei U.O.: 1. Sciuromorpha, Hörnchenartige, 2. Hystricomorpha, Stachelschweine, 3. Myomorpha, Mäuse, wurde nach THENIUS (1979) durch eine Aufgliederung auf 8 U.O. ersetzt. 1. Protrogomorpha. Zu ihnen gehören die geologisch ältesten und primitivsten Nager. Ausgangsform und primitivster Vertreter ist *Paramys* im oberen Paläozän, einzige heutige Art ist *Aplodontia rufa* im westlichen Nordamerika. 2. Sciuromorpha. THENIUS rechnete ihnen die Superfamilien Sciuroidea, Ctenodactyloidea und Geomyoidea zu. Bekannt seit dem Eozän. 3. Castorimorpha, Biberartige, seit dem

U.Oligozän. 4. Anomaluromorpha, afrikanischen Ursprungs, seit dem Miozän. 5. Theridomorpha, auf das europäische Alttertiär beschränkt. 6. Glirimorpha, Schläferartige, direkt von Paramyiden abzuleiten, seit dem U.Eozän. 7. Myomorpha, die formenreichste und entwicklungsträchtigste Gruppe der Nager; Superfamilien Muroidea und Dipoidea; seit dem Eozän. 8. Hystricomorpha, einschließlich der Caviomorpha. Entgegen früheren Annahmen sind die südamerikanischen Caviomorpha von frühen afrikanischen Hystricomorphen (Phiomyiden) abzuleiten. Neue Gliederung nach CARROLL (1993): → System der Organismen im Anhang. – Vorkommen: Seit dem Eozän. Anzeichen für nähere Beziehungen der R. zu den → Lagomorpha bieten die → Anagalida.

de Rosasches Prinzip, = → Gesetz der fortschreitend verminderten Variabilität.

Rosenstock, → Geweih.

Rosette, *f,* diese Bez. wurde bisher auf zwei verschiedene Elemente der articulaten Crinoideen angewendet: 1. Das innere Septum, das bei rezenten und einigen fossilen Comatuliden die Centrodorsal-Höhle von den ventralen Weichteilen trennt; es stellt den zentralen Teil der verwachsenen Basalia dar. 2. Die blumenblattartige Zeichnung auf den normalen Stielfacetten der Isocrinidae und Pentacrinidae. Für sie schlug SIEVERTS-DORECK den Namen → ‚Petalodium' vor.

Rostrale, *n,* **Rostralserie** (lat. rostrum Rüssel, Schnauze), kleine Mosaikknochen (Deckknochen) der Schnauzenregion von Fischen. Bei → Arthrodira vgl. Abb. 8, S. 20.

rostral, rostrad, nach der Spitze des Kopfes oder des Rostrums hin gelegen bzw. gerichtet. → Lagebeziehungen.

Rostral-Inzisur, Einschnitt im Vorderrand der Klappen von → Ostrakoden unterhalb des → Rostrums, zum Durchtritt des Schwimmastes (Exopoditen) der Antennen.

Rostralnaht, vorderer Teil der Gesichtsnaht von → Trilobiten, sie scheidet → Rostralplatte und → Cranidium.

Rostralplatte, Epistoma, Rostrum; median gelegene Platte auf der Ventralseite des Kopfschildes von → Trilobiten; sie kann vorn und seitlich durch die → Perrostral-Sutur begrenzt sein oder selbst teilweise dorsal liegen.

rostrat, geschnäbelt.

Rostroconchia (POJETA, RUNNEGAR, MORRIS, NEWELL 1972), eine Kl. ausgestorbener zweiklappiger Mollusken ohne Ligament. Die beiden Klappen sind dorsal durch Schalensubstanz verbunden, sie wachsen aus einem einzigen, im Zentrum des einklappigen Protoconches gelegenen Verkalkungszentrum. Hauptgattung ist das früher den Muscheln zugerechnete *Conocardium.* Vorkommen: U.Kambrium–Perm, Hauptverbreitung im Ordovizium. Bis jetzt sind ca. 250 Arten bekannt.

Rostro-Laterale, *n* (Cirripedier): → Thoracica.

Rostrum, *n,* 1. (Ammoniten): Vorsprung des Mundsaumes an der Externseite. 2. (Belemniten): (= Orthorostrum), ein kegelförmiges bis zylindrisches Gebilde aus konzentrischen Lagen radialstrahligen Kalzits und organ. Substanz (vgl. → Amphitheca). Der hintere Teil (Rostrum solidum) läuft manchmal in eine aufgesetzte Spitze (Mucro) aus, der vordere (R. cavum) endet mit einem kegelförmigen Hohlraum, der → Alveole, zur Aufnahme des → Phragmokons.

Im Längsschnitt des R. erkennt man die gesamte ontogenetische Entwicklung (→ Embryonalrostrum [besser ‚Jugendrostrum']). Diagnostisch wichtig sind neben der Gesamtgestalt: → Spitzenfurchen, → Alveolarfurchen (Incisura), → Alveolarschlitz, Gefäßeindrücke. Vgl. → Epirostrum, → Holorostrum (Abb. 12, S. 28). 3. (Gastropoden): = Ausguß, Siphonalrinne. 4. (Trilobiten): = → Rostral-Platte. 5. (Cirripedier): → Thoracica. 6. (Dekapoden): → Carapax. 7. (Ostrakoden): schnabelartiger Vorsprung des vorderen Gehäuserandes. 8. (Insekten): schnauzenartiger Fortsatz des Kopfes, der auch basale Teile der Maxille und der Unterlippe einbeziehen kann (= Schnabel). 9. (Wirbeltiere): Schnauzenfortsatz. Siehe auch → Otolithen.

Rostrum parabasale, *n,* = R. parasphenoidale, Processus cultriformis; das zu einem schmalen dolchförmigen Knochen reduzierte Parabasale (→ Parasphenoid) der Reptilien.

Rotalgen, = → Rhodophyta.

Rotaliida (nach der Gattung *Rotalia),* eine O. der → Foraminiferen, mit kalkig-perforierter, radialstrahliger Schale. Gehäusewand aus konzentrischen Laminae (Wandschichten) zusammengesetzt. Hierzu zählen u. a. die → Nummuliten und → Globigerinen. – Vorkommen: Seit der Trias.

Rotatores, *m* (lat. rotare herumdrehen), Muskeln zwischen den Klappen inarticulater → Brachiopoden (Abb. 19, S. 35) für rotierende Bewegungen.

Rotula, *f* (lat. rotula Rädchen), (Seeigel): → Laterne (Abb. 109, S. 217).

Roveacrinida (SIEVERTS-DORECK 1952), (Crinoid.): eine O. der → Articulata: Meist kleine, stiellose, pelagisch lebende Formen, mit stark reduzierter Kelchbasis und 10 Armen, deren unterer Teil keine Pinnulae besitzt. Vorkommen: Trias–O.Kreide.

Rudiment, *n* (lat. rudimentum erster Versuch, Probestück), im Sinne von O. ABEL: ein phylogenetisch im Verschwinden begriffenes Organ. (Gegensatz: → Oriment; vgl. → Minutial.)

Rudisten (LAMARCK 1819) (lat. rudis rauh). Der Name R. gilt im allgemeinen als Synonym von → Hippuriten und bezeichnet die in der Ü.Fam. Hippuritacea zusammengefaßten Formen, die mit *Diceras* im O.Jura begannen und in der obersten Kreide (im Maastrichtium) ausstarben.

Rückenfurche, der Trilobiten: = Axialfurche (Abb. 117, S. 246).

Ruga, *f* (lat. Runzel), (→ Madreporaria): horizontale Querrunzel an der Außenfläche der Epithek, besonders bei den danach benannten Rugosa. Vgl. → Sporomorphae.

Rugosa (M.-EDWARDS & HAIME 1850) (lat. rugosus runzelig), Syn. Pterocorallia, Tetracorallia; eine O. der → Anthozoa. Auf das Paläozoikum (Ordovizium–Perm) beschränkte Gruppe solitärer oder koloniebildender, bilateral-symmetrischer Korallen, gekennzeichnet durch eine besondere Art der Septeneinschaltung. Nach Bildung der sechs → Protosepten entstehen weitere (→ Meta-) Septen nur noch in den vier Quadranten zwischen Haupt- und Seitensepten und zwischen letzteren und den Gegenseitensepten (daher ‚Tetrakorallen‘), und zwar in fiederiger Anordnung gemäß dem → ‚Kunthschen Gesetz‘. Kürzere ‚Kleinsepten‘ können sich später einschieben, auch in den Räumen zwischen Gegen- und Gegenseitensepten, die von Metasepten frei bleiben.

Die R. sind ferner charakterisiert durch die horizontale Gliederung mittels → Tabulae, die entweder den gesamten → Coralliten durchziehen oder bei Entwicklung eines → Marginariums aus → Dissepimenten und eventuell → Wandblasen auf das → Tabularium beschränkt sind, sowie durch die Entwicklung einer → Epithek. Die Ausbildung der Skeletelemente wechselt meist stark im Laufe der Ontogenese und bedingt die große Mannigfaltigkeit der Quer- und Längsschliffbilder. Ob das Baumaterial ursprünglich aragonitisch oder kalzitisch war, wird noch diskutiert. Die früher manchmal erwogene Abstammung der → Scleractinia von den Rugosa ist nach der Entdeckung ordovizischer Einzelkorallen mit zyklischer Septenanordnung (→ Kilbuchophyllida) unwahrscheinlich geworden.

Familien: Cystiphyllidae NICHOLSON 1889, Stauriidae VERRILL 1865 (Abb. 98, 99).

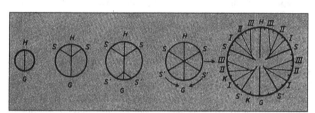

Abb. 98 Serienquerschnitt durch das Skelet (Corallit) einer rugosen Koralle. H Hauptseptum; G Gegenseptum; S Seitenseptum; S' Gegenseitenseptum; I,II,III = Metasepten in der Reihenfolge ihrer Einschaltung; K Kleinsepten. Solange H und G noch vereinigt sind, bilden sie das Achsialseptum. – Nach O. H. SCHINDEWOLF (1950)

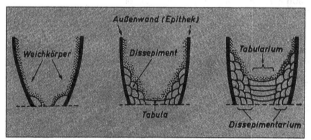

Abb. 99 Schematische Darstellung der Entwicklung von Dissepimenten bei Rugosa (Längsschnitt). Ihre Bildung beginnt an der Grenze Fußscheibe/Pallium und schreitet nach innen und nach oben fort, insgesamt also schräg von außen unten nach innen oben. Der zentrale Teil der Fußscheibe wird rhythmisch im Ganzen nachgezogen; während der jeweiligen Hebungspausen erfolgt die Ausscheidung eines Bodens (= Tabula). – Umgezeichnet nach ENGEL & SCHOUPPÉ (1958)

Ruminantia (SCOPOLI 1777) (lat. ruminare wiederkäuen), ‚Wiederkäuer‘; zusammenfassend für die → Tylopoda und → Pecora, die jedoch keine natürliche Einheit bilden, da das Wiederkäuen jeweils unabhängig erworben wurde.

Runzelschicht (G. & F. SANDBERGER 1851), engl. ‘wrinkle-layer‘, ursprünglich beschrieben als dünne kalkige Schicht auf der Dorsal- und Umbilikalseite der Gehäuse devonischer Goniatiten, sichtbar im Bereich der Mündung, mit charakteristischen Rillen und Furchen auf der Oberfläche wie von Fingerabdrücken. Sie ist eine spezielle Bildung der inneren Prismenschicht, der glatten, organischen ‚Schwarzen Schicht‘ des rezenten Nautilus in der Lage ähnlich, aber verschieden nach Zusammensetzung und Textur. Die R. kommt vor bei allen paläozoischen Ordnungen, außerdem bei vielen Ceratitiden, neuerlich wurde sie auch von Jura-Ammoniten beschrieben; sie scheint auf glattschalige Formen beschränkt zu sein. Wahrscheinliche Deutung: als ‚Ratsche‘ zur Erhöhung der Reibung für das peristaltisch nach vorne kriechende Ammoniten-Tier.

Dagegen sind Ritzstreifen Abdrücke der inneren Schalenschicht auf den Flanken und der Ventralseite von Steinkernen, sie ähneln z. T. Abdrücken der R., manchmal bestehen sie auch nur aus einfachen Grübchen. Ihre Beziehungen zur R. sind umstritten.

rursiradiat, auch rursicostat (lat. rursus rückwärts; radiare strahlen), sind nach rückwärts (= hinten-außen) geneigte Rippen von Ammoniten.

Rusophycus (HALL 1852), Ruhespur von → Trilobiten: bilobat, kaffeebohnenartig, median tief gefurcht, bei guter Erhaltung mit zahlreichen feinen Querfurchen versehen, ähnlich → Cruziana, aber kürzer. Vorkommen: Paläozoikum.

saccamminoid (nach der Gattung *Saccammina* [Foram.]), = → lagenal.

Saccites (ERDTMANN 1947) (gr. σακίον Beutel), eine Abteilung der → Sporae dispersae; sie umfaßt Sporen, deren Ektexine (→ Sporoderm) sich zu einem oder mehreren ‚Säcken‘ aufgebläht hat.

Sacculus, *m* (lat. Säckchen), → Otolith (Abb. 83, S. 166), → Labyrinth.

Saccus, *m* (lat. Sack), Luftsack von Pollenkörnern oder Sporen: eine Abspaltung der Ektexine mit Aufblähung der abgespaltenen äußeren Lamelle. Vgl. → Sporoderm.

Sachitida (HE 1980), eine Gruppe (O.) benthischer Sedimentfresser von 8–50 mm Länge, repräsentiert u. a. durch die unterkambrische *Halkieria* (isolierte Sklerite) und die mittelkambrische *Wiwaxia* (vollständige Exemplare in der → Burgess-Fauna). Sie wurden als Anneliden oder als primitive → Aplacophora (Mollusken) gedeutet.

Sacralwirbel, die mit den Ilia (Darmbeinen) des Beckens verbundenen Wirbel der Tetrapoden und die mit jenen verwachsenen weiteren Wirbel (Anzahl bei Säugetieren 1–13, bei Vögeln bis zu 23, bei rezenten Amphibien und Reptilien meist nur 1–2, bei fossilen Reptilien bis zu 10). Man unterscheidet im einzelnen: primäre S. (= Acetabularwirbel), welche nahe dem Acetabulum ansetzen, Sacrocaudal- und Sacrolumbarwirbel.

Sacrum, *n,* Pl. Sacra (lat. sacer, sacra, sacrum heilig – übersetzt aus gr. το ιερόν οστούν: die Alten nannten auffallend große Dinge ‚heilig‘ = ιερός [Hyrtl]), Kreuzbein, Heiligbein: die Gesamtheit der → Sacralwirbel.

Sägeplatte, → Scolecodonten.

Saeptum, *n* (lat. Scheidewand), → Septum.

Säugetiere, = → Mammalia.

Sagenocrinida (SPRINGER 1913) (Crin.): eine O. der → Flexibilia. Vorkommen: Silur–Perm.

Sagenopteris, Blätter von → Caytoniales, hypostomatisch. Vorkommen: O.Trias–U.Kreide.

Sagitta, *f* (lat. Pfeil [nach der schmalen, geflügelten Form bei karpfenartigen Fischen]), → Otolith (Abb. 83, S. 166).

sagittal, in der Längsachse eines Körpers verlaufend bzw. gemessen. Parallel zur Längsachse verlaufend heißt extrasagittal.

Sagittalebene, bei bilateral-symmetrischen Organismen: eine zur → Medianebene parallele Ebene.

Salientia (LAURENTI 1768) (lat. saliens springend), eine Ü.O. der → Lissamphibia: die Frösche und ihre Vorfahren. Vorkommen: Seit U.Jura.

Saltation, *f* (lat. saltatio Sprung, Tanz), die sprunghafte Entstehung neuer Typen, auch höheren taxonomischen Ranges als Folge einer Makromutation.

Saltatoria (LATREILLE 1817) (lat. saltator Tänzer, Springer), auch als Orthoptera bezeichnet, Schrecken, eine O. der → Insecta mit Habitus der Heuschrecken, mit großem, orthognathem (→ prognath) Kopf; Hinterbeine als Sprungbeine differenziert. Vorkommen: Seit dem Karbon.

Saltersche Einbettung (R. RICHTER 1937) (nach J. W. SALTER, dem ersten Beschreiber der Erscheinung), eine besondere Häutungslage bei manchen Gattungen der Trilobitenordnung Phacopida; dabei besteht die → Exuvie aus Rumpf- und Schwanzschild in normaler Lage und etwas davor dem vollständigen Kopfschild mit der Oberseite nach unten (invers). Echte S. E. ist auf devonische Formen beschränkt.

Samaropsis (GÖPPERT), (Samen) → Platyspermae.

Sanidaster, *m* (gr. σανίδιον Brettchen; αστήρ Stern) (Porifera): Mikrosklere, dicker Schaft mit Rosetten aus Dörnchen.

Sapanthrakon (H. POTONIÉ) (gr. σαπρός faul; ἄνθραξ, -ακος [glühende] Kohle), → Sapropel.

Saprodil (H. POTONIÉ), → Sapropel.

Saprokoll, *n* (H. POTONIÉ) (gr. κόλλα Leim), Lebertorf, → Sapropel.

saprokrat (H. SCHMIDT 1935) (gr. κράτος Herrschaft), → hapalokrat.

Sapropel, *n* (H. POTONIÉ 1904) (gr. πηλός Ton, Schlamm), Faulschlamm; eine Ablagerung aus abgestorbenen Wasserorganismen in stagnierenden, meist eutrophen Gewässern. Beim Trocknen und mit dem Alter verhärtet Faulschlamm zu Lebertorf (Saprokoll). Subfossiler (tertiärer) Faulschlamm heißt Saprodil, fossiler (paläozoischer) Sapanthrakon (dazu gehören gewisse Kohlen wie → Kännelkohle und → Bogheadkohle).

Sapropelit, *m* (H. POTONIÉ 1908), alle Gesteine, deren Sapropel-Gehalt ihren Charakter wesentlich bestimmt. Dazu gehören neben dem Sapropel selbst: Sapropelkalke, Sapropeltone, Diatomeenpelite (Kieselgur, Polierschiefer).

saprophag (gr. φαγεῖν fressen), von toter, vergehender organ. Substanz wie Aas, Kot, Detritus, pflanzlichem Moder lebend.

saprophil (gr. φίλος eigen, lieb, liebend) heißen auf oder von verwesenden Stoffen lebende Organismen. Saprophyten sind pflanzliche, Saprozoen tierische s. Organismen.

Sarcopterygii (ROMER 1955) (gr. πτέρυξ Flügel, Flosse), fleischflossige Fische; zusammenfassende Bez. für die Dipnoi und → Crossopterygii (statt Choanata, da nicht alle „Choanata" Choanen besitzen).

Sarkode, *f* (gr. σαρκώδης fleischig), die Zellsubstanz der → Protozoa.

Sarkolemm(a), *n* (gr. σάρξ, σαρκός Fleisch; λέμμα Hülle), dünne umhüllende Haut von Muskelfasern der Wirbeltiere.

Sarkosepten, Sing. -septum, *n*, ‚Weichsepten' (= Mesenterien oder Mesenterialfalten) der → Anthozoa; paarige, fiederförmig bzw. radial angeordnete vertikale Scheidewände in der Leibeshöhle.

Sarkotesta, *f,* (lat. testa Scherbe, Schale [der Schaltiere]), bei → Spermatophyta: fleischige äußere Samenhülle im Gegensatz zur festen → sklerotischen Hülle (Sklerotesta).

Sarsostraca (TASCH 1969), eine U.Kl. der → Branchiopoda, mit Formen ohne Carapax. Vorkommen: Seit U.Devon.

Sattelgelenk (= Articulus sellaris), ein Gelenk mit zwei Querachsen, bei dem der Krümmungssinn beider Gelenkflächen wie bei einem Sattel in zwei senkrecht aufeinander stehenden Richtungen einmal konkav, das andere Mal konvex ist (z. B. meist zwischen den Halswirbeln der Vögel). Vgl. → Eigelenk.

Saum, 1. (Außensaum, Krempe) eine schmale, abgesetzte Zone längs des Randes von Trilobiten-Köpfen und -Schwänzen (Abb. 117, S. 246). 2. Die mittlere primäre Kante der → Duplikatur von Ostrakoden-Klappen; sie sichert den festen Verschluß geschlossener Gehäuse (Abb. 81, S. 165).

Saurier (gr. σαῦρος oder σαύρα Eidechse), allgemeine Bez. für größere ausgestorbene Amphibien (z. B. die → Stegocephalen) und Reptilien. Im engeren Sinne versteht man unter ‚Saurier' die größeren bis sehr großen Reptilien des Mesozoikums wie besonders die terrestrischen → Dinosaurier, die marinen → Sauropterygia und → Ichthyosaurier sowie die Flugsaurier (→ Pterosauria). Unter den S. befinden sich die größten bekannt gewordenen Landwirbeltiere.

Saurischia (SEELEY 1887) (gr. ισχίον Hüfte, Gesäß), „Dinosaurier" mit normalem, dreistrahligem Becken, dessen → Pubis schräg nach vorn-unten gerichtet ist. Es ist eine sehr formenreiche O. der → Archosauria. Die ältere ihrer beiden U.O., die Theropoda, begann in der oberen Trias mit kleinen zierlichen, bipeden Formen, den Coelurosauriern, welche sich bis in die obere Kreide hielten. Aus dieser Wurzelgruppe entstanden ebenfalls schon in der oberen Trias größere Formen (Pachypodosauria v. HUENE), welche sich in zwei Linien spalteten, die rein carnivoren spitzzähnigen Carnosauria (dazu die Großräuber wie *Megalosaurus,*

Allosaurus usw.) und die die U.O. Sauropodomorpha einleitenden Prosauropoda, welche sich mit ihren abgestumpften Zähnen wohl mehr omnivor ernährten (dazu *Plateosaurus*). Alle drei Gruppen waren ± biped. Die auf O.Trias–U.Jura beschränkten Prosauropoda bildeten einen kurzlebigen Seitenzweig, enthielten aber wohl auch die Ausgangsformen der Sauropoda des Jura und der Kreide, sekundär quadrupeder Großformen mit kleinem Kopf, langem Hals, verkürztem Rumpf und sehr langem Schwanz; die Vorderbeine waren meist deutlich kürzer als die hinteren. Sie stellten die größten überhaupt bekannten Landwirbeltiere mit Gesamtlängen von über 25 m und bis zu 50 t geschätztem Lebendgewicht. Ihr großes Gewicht und manche Eigentümlichkeiten des Skeletbaus haben zu der Vorstellung geführt, daß diese riesigen Pflanzenfresser den größten Teil ihres Lebens in pflanzenreichen Gewässern zugebracht haben. Neuere Autoren halten sie für wesentlich aktiver und sogar für ± warmblütig. (Dazu Formen wie *Diplodocus, Brachiosaurus u. a.*) (Abb. 37, S. 67).

Sauriurae (HAECKEL 1866) (gr. ουρά Schwanz, ‚Echsen-Schwänzler'), Syn. Archaeornithes GADOW 1893, Urvögel, eine U.Kl. der → Aves mit der ältesten Gattung → *Archaeopteryx* sowie einigen oberkretazischen Gattungen.

Sauromorpha (v. HUENE) (gr. μορφή Gestalt), Reptilien mit doppelter (diapsider) Schläfenöffnung. (= → Archosauria + → Lepidosauria nach ROMERS Klassifikation). Diese Gruppe umfaßt die eigentlichen ‚Saurier'. Viele von ihnen bewegten sich auf den Hinterbeinen (biped), damit gingen ein starker, muskulöser Schwanz, ein kräftiges Becken und Sacrum parallel, sowie die Streckung der Beine und seitliche Lage des Femurkopfes; vielfach entwickelte sich ein → Intertarsalgelenk, Reduktion von Zehen stellte sich ein und vielfach erhebliche Reduktion der gesamten Vorderextremität. Folgende Ordnungen gehören nach v. HUENE zu den Sauromorpha: 1. → Eosuchia, 2. →

Thecodontia 3. → Saurischia, 4. → Ornithischia, 5. → Crocodylia, 6. → Pterosauria, 7. → Rhynchocephalia, 8. → Squamata.

Sauropoda (MARSH 1878) (gr. πούς, ποδός Fuß, Bein), eine Infraordnung der → Saurischia.

Sauropsida (GOODRICH 1916) (gr. όψις Sehen, Aussehen) (Reptilia sauropsida, Eusauria), zusammenfassend für den in den Vögeln kulminierenden Hauptzweig der Reptilien, welcher vor allem die diapsiden Formen umfaßt. Vgl. → Theropsida. Dagegen Sauropsida (HUXLEY): zusammenfassende Bez. für Reptilien und Vögel.

Sauropterygia (OWEN 1860) (gr. πτέρυξ Flosse), eine Ü.O. der → Diapsida: aquatisch lebende, monimostyle (→ Streptostylie) Reptilien, welche in ihrem Skeletbau in unterschiedlichem Maße Anpassungen an das Wasserleben zeigen, besonders sind ihre Extremitaten zu Paddeln geworden. Bei allen ist der Hals lang. Abzuleiten sind sie wohl von der → Eosuchiern. Sie spalteten sich frühzeitig (U.Trias) in zwei Ordnungen auf: 1. Nothosauria, ganze Trias, 2. Plesiosauria, Rät–O.Kreide. Mit den Placodontiern besteht keine nähere Verwandtschaft; E. KUHN-SCHNYDER (1963) nahm an, daß „... sich die Sauropterygier als selbständiger Reptilzweig von amphibienartigen Formen entwickelt haben".

sc... s. auch sk...

scandent (lat. scandere steigen), Graptolithen-Rhabdosom, dessen Zweige entlang dem → Nema oder dieses einschließend aufwärts wachsen. Dazu gehören ein-, zwei- und vierzeilige Formen. Vgl. → Axonolipa.

Scandentia, = → Tupaioidea, Spitzhörnchen.

scaphicon, scaphiticon (gr. σκάφος Kahn), → Heteromorphe.

Scaphoid, *n* (Terminus der menschlichen Anatomie, Syn. → Naviculare manus) Kahnbein, der dem → Radiale homologe Knochen der Handwurzel (zusätzlich mit Centralia verschmolzen) (Abb. 24, S. 40).

Scaphopoda (BRONN 1862) (gr. σκάφος, das Graben, Grabscheit; πούς Fuß), ‚Grabfüßer', Rohrschnecken, Solenoconchen; marine Mollusken mit röhrenförmigem, an beiden Enden offenem kalkigem Gehäuse; ohne Kiemen, ohne Augen, ohne Tentakel, mit → Radula. Fuß als Grabfuß ausgebildet. Gehäuse larval paarig angelegt, verwächst später zu einer Röhre. S. leben halb im Sediment vergraben, das engere Röhrenende ragt ins freie Wasser. Die Nahrung besteht aus Foraminiferen und ähnlichen Kleinorganismen. Sie wird durch → Captacula aufgenommen. Vorkommen: Seit (?Ordovizium) Devon (Abb. 74, S. 146).

Scapula, *f* (lat.), Schulterblatt; der dorsale Teil des primären Schultergürtels der Wirbeltiere. Am Dorsalrand sitzt die Pars cartilaginea scapulae (= Suprascapula) als knorpelige Fortsetzung der S. Die Spina scapulae ist eine vorspringende Leiste auf der Außenseite, welche mit dem Akromion endet, einem ventralen, gebogenen Fortsatz zum Ansatz der Clavicula (Abb. 104, S. 214).

Schädel, → Kopfskelet der Wirbeltiere (Abb. 100, 101).

Schale, das Material der Hartteile (des Gehäuses) von Organismen, ohne Rücksicht auf die Gestalt. Das Wort ist im allgemeinen Sprachgebrauch mehrdeutig. Im Interesse einer eindeutigen Terminologie wird es hier im Sinne von lat. → testa gebraucht. Zu unterscheiden ist also das Gehäuse einer Muschel von seinem Baumaterial, der S. Vgl. → Gehäuse.

Schalenzone, Zone der toten Muscheln; sie ist die wichtigste → Thanatozönose der Binnenseen und liegt in rezenten norddeutschen Seen meist in etwa 5–10 m Tiefe, in flachen Seen nicht tiefer als 2 m, d. h. in tieferen Seen an der sog. Temperatursprungschicht, wo oberer und unterer Strömungskreis sich begegnen, in flacheren, wo Sogstrom und auflaufende Welle zusammentreffen. Zu ihrer Entstehung scheinen Strömungen und jahreszeitliche Wanderungen der Muscheln zusammenzuwirken.

Schambein, → Pubis; vgl. → Beckengürtel.

Scharniergelenk, = → Ginglymus; vgl. → Gelenke.

Schatsky-Index (JELETZKY 1949), besser Schatsky-Wert (M. G. SCHULZ 1978), nach dem russ. Paläontologen SCHATSKY benannt; (Belemn.): geringster Abstand der Embryonalblase vom alveolaren

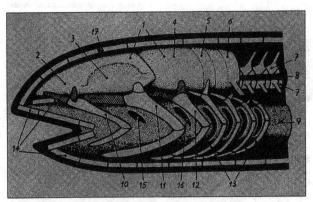

Abb. 100 Grundplan des primären Schädels: Neurocranium, Splanchnocranium und Dermatocranium. Im Splanchnocranium sind die Bogenelemente schraffiert, die in das Neurocranium aufgenommen werden 1 Neurocranium; 2 Ethmoidalregion; 3 Orbitalregion; 4 Otische Region; 5, 6 Occipitalregion (verwandelte Wirbel, mit Kopfrippe); 7 Arcualia; 8 Chorda, 9 Vorderkarn, 10 prämandibularer Bogen; 11 Mandibularbogen; 12 Hyoidbogen; 13 Branchialbogen; 14 Knochenplatten des Dermatocraniums; 15 prämandibularer Spalt; 16 Spritzloch. – Nach PORTMANN (1959)

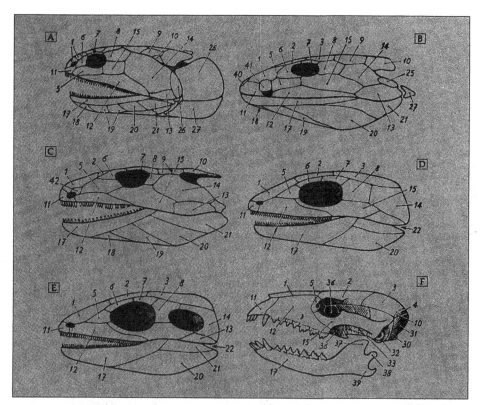

Abb. 101 Seitenansicht des Schädels. A Crossopterygier; B Ichthyostegalia; C Prim. Stegocephalia *(Paleogyrinus);* D Primitives Reptil ohne Schläfenfenster; E Säugerähnliches Reptil (Theriodontier) mit Schläfenfenster; F Säuger (primitives Eutherium). - 1 Nasalia; 2 Frontale; 3 Parietale; 4 Postparietale; 5 Lacrimale; 6 Präfrontale; 7 Postfrontale; 8 Postorbitale; 9 Temporalia; 10 Tabulare; 11 Prämaxillare; 12 Maxillare; 13 Quadratojugale; 14 Squamosum; 15 Jugale; 17 Dentale; 18 Spleniale; 19 Postspleniale; 20 Angulare; 21 Supraangulare; 22 Quadratum-Articulare-Gelenk; 25 Präoperculum; 26 Operculum; 27 Suboperculum; 30 Occipitalgelenk (Condylus); 31 Occipitale; 32 Tympanicum; 33 Prä- und Basissphenoid; 36 Palatinum; 37 Kronfortsatz; 38 Gelenkfortsatz; 39 Eckfortsatz; 40 Internasale; 41 Tectale; 42 Septomaxillare. – Nach PORTMANN (1959)

Rand des → Alveolarschlitzes. Er beträgt bei der Gattung *Belemnella* bis 4 mm, bei *Belemnitella* > 4 mm. Wichtiges Merkmal zur Unterscheidung der beiden Gattungen (Abb. 12, S. 28).

scheda, *f* (lat., auch seida, ae Zettel) in der Form ‚in schedis' früher gebraucht bei der Zitierung von Notizen früherer Autoren, die nicht gedruckt vorliegen.

Scheinfossil, Pseudofossil, gestaltlich an ein Fossil erinnernde anorgan. Bildung, z. B. Dendriten, Stylolithen, auch Fälschungen wie die Würzburger → Lügensteine.

Scheitelauge, ein unpaares, nach oben gerichtetes ‚Auge', das bei → Placodermi, den alten Fischen und den paläozoischen Tetrapoden allgemein vorhanden war (Parietalforamen). Heute kennt man S. noch bei Neunaugen (*Petromyzon,* → Cyclostomida 2), → *Sphenodon* und einigen Eidechsen. Sie stehen wie die paarigen Augen mit dem Zwischenhirn in Verbindung, sind aber von Haut überdeckt und leistungsschwach (nur Hell-Dunkel-Empfindung). Die ursprüngliche Anlage des Scheitelorgans scheint paarig gewesen zu sein, davon ist der linke Teil nach vorne gerückt und zum Parietalorgan (Parapinealorgan) geworden, der rechte (jetzt dahinter gelegene) zum Pinealorgan. Beide sind Lichtsinnesorgane, das erste bei Eidechsen und Rhynchocephalen, das zweite bei Anuren und Neunaugen. Bei *Petromyzon* bleibt auch das Parietalorgan, bei höheren Vertebraten das Pinealorgan noch erhalten (hier unter Funktionswechsel als → Epiphysis cerebri [Sitz des ‚Dritten Auges' der Yogis]). Vgl. → Parietalauge.

Scheitelbein, = → Parietale.

Scheitelschild, *m*, **-feld** (Apikalschild), in der Regel aus 10 Plättchen (je 5 Ocellar- und Genitaltäfelchen) bestehender Ring am Scheitel der Seeigel (→ Echinoidea). Der S. heißt zerrissen, wenn die beiden hinteren Ambulakra durch einen weiten, durch überzählige Plättchen ausgefüllten Zwischenraum von den drei vorderen getrennt sind.

Schienbein (,Schien' nach KLUGE von german. ski-no schmales Stück Holz, Knochen oder Metall); = → Tibia.

Schienenfurche (R. & E. RICHTER), (Trilob.): = Sulcus pleurae, Schrägfurche, → Pleuralfurche.

Schildkröten, = → Testudinata (Abb. 102).

Schill, *m*, Anreicherung von ± unversehrten Mollusken- und Brachiopodengehäusen bzw. isolierten Klappen. Sind sie mehrheitlich zerbrochen, liegt Bruchschill vor.

schizochroal (CLARKE 1888) (gr. σχίζειν spalten; χρόα Haut), (Trilob.): → holochroal.

schizodont (gr. ὀδούς Zahn), 1. (Muscheln): Schloßbautyp; → Schloß. 2. (→ Ostrakoden): Schloß.

Schizodonta (STEINMANN 1888), eine Zusammenfassung der Muscheln mit schizodontem Schloßbau (→ Schloß) (= Trigonioida).

schizogen (gr. γένος Geburt, Abstammung), (botan.): heißt die Art der Entstehung von Interzellularräumen bei normalem Wachstum der Zellen: durch Spaltung der Zellwände infolge Auflösung der Mittellamelle. Vgl. → Iysigen.

Schizomycetes (gr. μύκης Pilz) (Bacteriophyta), Bakterien oder Spaltpilze; als Fossilien nur ausnahmsweise nachweisbar (z. B. in den eozänen Braunkohlen des Geiseltales). Vgl. → Bacteriophyta.

Schizophyta, Schizophyceae (Thalloph.): = → Cyanophyta.

schizoram, → uniram.

Schizoramia (BERGSTRÖM 1976) (lat. ramus Ast, Zweig), von einem gemeinsamen Vorfahren hergeleitete Arthropoden. Dazu die Crustacea, Lamellipedia (= Trilobitomorpha), Chelicerata. Synonym: → Arachnomorpha.

Schläfenbein, = → Temporale.

Schläfenöffnungen, das Schädeldach vieler Reptilien ist im hinteren Teile durchbrochen, wahrscheinlich im Zusammenhang mit der Ausbildung einer stärkeren Kiefermuskulatur. Der Lage dieser Öffnungen ist großer taxonomischer Wert beigemessen worden. Die folgenden Typen wurden unterschieden: anapsid (WILLISTON 1917): Schädeldach ohne Schläfenfenster; synapsid (OSBORN 1903): mit einem ,unteren' Schläfenfenster, das oben durch Postorbitale und Squamosum begrenzt wird; euryapsid (COLBERT 1945): mit einem ,oberen' Schläfenfenster, unter dem sich Postorbitale und Squamosum treffen; parapsid (WILLISTON 1917): desgleichen, doch schieben sich Supratemporale und Postfrontale als untere Begrenzung des Fensters ein (= metapsid v. HUENE 1944); diapsid (OSBORN 1903): mit zwei S., welche durch eine Knochenspange aus Postorbitale und Squamosum getrennt sind (Abb. 103, S. 213). Vgl. auch → therapsid, → katapsid.

Schlangensterne, = → Ophiuren.

Schleifenbrücke, (Brachiop.): → Armgerüst.

Schleimkanäle, zum → Seitenlinienorgan gehörige Rinnen bzw. Kanäle mit Sinneszellen an Kopf und Körper von Fischen und Amphibien (vgl. Abb. 107, S. 215).

Schließmuskeln, → Adductores.

Schließmuskeleindrucke sind bei Muscheln in der Regel auf der Innenseite der Klappen gut sichtbar. Je nach ihrer Ausbildung unterscheidet man: Homomyaria (= Isomyaria, Dimyaria): Muscheln mit zwei ± gleichen Muskeleindrücken; Anisomyaria: die übrigen Formen, und zwar: Heteromyaria: der vordere M. ist schwächer als der hintere; Monomyaria: nur der hintere M. ist noch vorhanden.

Schlittengelenk, → Gelenke.

Schlitzband (Gastrop.): = → Selenizone. Vgl. → Mündungsrand.

Schloß, Cardo (lat. Türangel). Es ermöglicht bei zweiklappigen Gehäusen Öffnen und Schließen durch Drehbewegungen um eine dem Schloßrand parallele Achse. 1. (articulate Brachiop.): zwei Schloßzähne der Stielklappe greifen in 2 Schloßgruben der Armklappe. Öffnen und Schließen erfolgt durch Muskelzug. Vgl. → Schloßfortsatz. 2. (Lamellibr.): verschiedene Schloßtypen: a) taxodont: zahl-

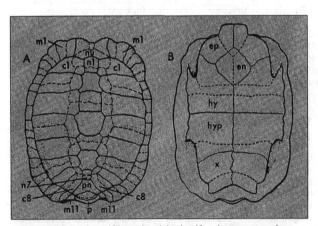

Abb. 102 Dorsal- und Ventralansicht des Knochenpanzers einer Schildkröte *(Testudo).* Die ausgezogenen Linien geben die Nähte zwischen den Knochenplatten an, die unterbrochenen Linien die Nähte zwischen den Hornschilden. c_1–c_8 = Costalia; m_1–m_{11} = Marginalia; n_1–n_7 = Neuralia; nu Nuchale; p Pygale; pn Postneurale; en Entoplastron; ep Epiplastron; hy Hyoplastron; hyp Hypoplastron; x Xiphiplastron. – Nach A. S. ROMER (1959).

Abb. 103 Schläfenverhältnisse bei den Schädeln von Reptilien. Falls nur eine Schläfenöffnung entwickelt ist, kann sie verschieden hoch liegen. Postorbitale punktiert, Squamosum schwarz. – Aus KUHN-SCHNYDER (1974)

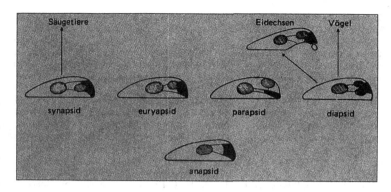

reiche gleichartige Zähne und Gruben in beiden Klappen greifen ineinander. Diese konvergieren beim ctenodonten und → pseudoctenodonten Untertyp zum Klappeninneren, beim actinodonten zum Wirbel hin. b) praeheterodont (= diagenodont): durch Reduktion der Zahl der Zähne auf 2–3 unter dem Wirbel gelegene aus dem actinodonten S. entstanden. c) → heterodont: in jeder Klappe eine kleine Anzahl Zähne und Zahngruben (Schloß- bzw. Kardinalzähne und Seiten- bzw. Lateralzähne) (Abb. 59, S. 104). Schloßformeln zur Kennzeichnung des Schloßbaues vgl. → heterodont. d) dysodont: ohne Zähne, mit erhaltener feiner, von der Außenskulptur her weiterentwickelter Riefelung des Randes; die Klappen werden nur durch das Ligament gehalten. e) kryptodont: leichte Kerben und Grübchen deuten den Beginn einer Schloßbildung an. f) schizodont: in der rechten Klappe 2 weit divergierende, vielfach geriefte Zähne, zwischen ihnen eine Grube. Ein gespaltener dreieckiger Kardinalzahn der linken Klappe greift in sie hinein; besonders feste Verbindung; wohl von actinodonten Untertyp abzuleiten. g) isodont: je 2 Zähne und Gruben in jeder Klappe sind symmetrisch beiderseits des Ligaments angeordnet. h) pachy(o)dont: 1–2 dicke, zapfenartige, unsymmetrische Zähne und Gruben. i) desmodont: ohne eigentliche Zähne, das Ligament liegt einem besonderen → Chondrophor auf. Syn.: asthenodont. 3. Vgl. → Ostrakoden.

Schloßfortsatz, Angel, Hebelfortsatz; ein kräftiger, nach hinten gerichteter Fortsatz, der zwischen den Zahngruben der Armklappe articulater Brachiopoden ansetzt. An seiner hinteren rauhen Fläche greifen die Öffnermuskeln (Divaricatores) an und verlaufen von dort zur Mitte der Stielklappe.

Schloßleiste, glatte oder fein crenulierte Leiste im mittleren Teil einer → Ostrakodenklappe, welche sich in eine entsprechende Furche der anderen Klappe einfügt.

Schloßplatte, (Brachiop.): Angelplatte, dreieckiges Plättchen der → Armklappe zwischen den Zahngruben, häufig durch einen medianen Einschnitt zweigeteilt. An ihr setzen die → Cruren an, gelegentlich auch die → Divaricatores und →Adjustores.

Schloßrand, der beim Öffnen des Gehäuses der Drehungsachse nächste Rand beider Klappen der articulaten Brachiopoden, der Muscheln und der Ostrakoden. BUCKMAN unterschied bei Brachiopoden vier Typen von S.: megathyrid: lang und gerade; submegathyrid: etwas kürzer als größte Gehäusebreite, ± gerade, subterebratulid: erheblich kürzer als größte Gehäusebreite, wenig gebogen; terebratulid: erheblich kürzer als größte Gehäusebreite, stark gebogen.

Schloßzähne, (Brachiop.): zwei beiderseits des → Delthyriums an der Innenseite des Schloßrandes der Stielklappe gelegene kurze, oft aufwärts gebogene Fortsätze. Sie greifen in entsprechende Zahngruben der Armklappe (Abb. 20, S. 35).

Schlotzone (WEDEKIND), = Tabularium, vgl. → Tabula. (Abb. 9, S. 21).

Schlüsselbein, = → Clavicula.

Schlüsselmutation (W. LUDWIG), in das Grundgefüge der Organisation eingreifende, neue Entwicklungswege öffnende Mutation (= Großmutation).

Schmelz, *m*, Enamelum, früher Substantia adamantina; ein besonders hartes Material (Mohshärte 5), welches das Dentin der Krone von Tetrapodenzähnen überzieht. Es wird in einem besonderen Schmelzorgan des Ektoderms von schmelzbildenden Zellen (Adamantoblasten) ausgeschieden. Kennzeichnend sind faserartige, zur Oberfläche senkrecht stehende Prismen aus Hydroxylapatit (Schmelzprismen), sowie ein gewisser Fluorgehalt. Vom Dentin aus können Fortsätze in die S. eindringen. Schmelzprismen (Fasern) sind auf die S. der Säugetierzähne beschränkt. Vgl. → Vitrodentin, → Durodentin.

Schmelzschupper, = → Ganoiden, Ganoidfische.

Schmidsche Regel (nach Fr. SCHMID 1949): sessiles Benthos (bes. Muscheln, Brachiopoden und Serpeln) orientiert sich bei Anheftung an nach oben gewölbte Körper (in der O. Kreide z. B. vorzugsweise Seeigelgehäuse) gleichmäßig auf ein am höchsten Punkte gelegenes Inkrustationszentrum hin. Die auftreffenden Larven vermögen noch kurze Zeit zu kriechen und bewegen sich dabei bis zur endgültigen Anheftung auf dies Inkrustationszentrum zu.

Schnecke, = → Cochlea.

Schnecken, = → Gastropoda.

Schneidezähne, = → Inzisiven.

‚Schraubensteine', Steinkerne von Crinoidenstielen, bestehend aus dem verhärteten, in den Achsenkanal und zwischen die Einzelglieder gedrungenen Sediment, während das Kalkskelet weggelöst ist.

Schulp, *m*, Calamus; länglichovaler blattförmiger innerer, dorsaler Gehäuserest rezenter Sepiida. Zahlreiche enggestellte Lamellen teilen im Innern ebensoviele schrägstehende, im Prinzip denen des Nautilus entsprechende Kammern ab. Mit seinem geringen spez. Gewicht (0,6) wirkt der Schulp als hydrostatischer Apparat. Dagegen hat der hornige Gladius der Teuthoidea (spez. Gew. 1,2) nur Stützfunktion.

Schultergürtel, eine Anzahl Knochen des Vorderrumpfes, welche den vorderen Extremitäten und ihren Muskeln als Ansatzstellen dienen. Bei den Fischen ist der S. fest mit dem Kopf verbunden, bildet den Abschluß der Kiemenregion und trägt die Brustflossen. Die Grundlage des S. ist ein Ersatzknochen, von dem der dorsale Teil zur Scapula wird, der ventrale zum → Coracoid. Von außen legen sich Hautknochen darauf: dorsal das große Cleithrum, ventral das Thoracale (= Clavicula der Säuger). Oberhalb des Cleithrums liegt das Supracleithrum (Supercleithrale), und daran schließt sich als Knochen des Schädels das Post-

temporale an. Im einzelnen wechselt die Ausbildung dieser dorsalen Deckknochen.

Bei den Landwirbeltieren löst sich die Verbindung zum Kopf, und die Knochen verlieren ihre Plattenform. Die ventrale Verbindung wird verstärkt durch das mediane → Interthoracale (= Interclavicula oder Episternum). Bei den höheren Tetrapoden wird der dermale Anteil des S. reduziert, das Cleithrum geht ganz verloren, während vom endoskeletalen Teil die Scapula immer bleibt, das Coracoid dagegen zu einem Fortsatz der Scapula (Rabenschnabelfortsatz, Processus coracoideus) reduziert wird (Abb. 104).

Schultersacrum, *n*, Schulterbekken, nannte O. ABEL das → Notarium der → Pterodactyloidea, welches aus sechs verschmolzenen Rückenwirbeln besteht.

Schulzesches Reagens, zum Mazerieren fossiler Pflanzen gebräuchliche oxidierende und bleichende Lösung aus $KClO_3 + HNO_3$.

Schungit, *m* (nach der Ortsbezeichnung Shunga/Karelien), eine im Präkambrium am Nordufer des Onegasees auftretende geringmächtige, unreine und im Inkohlungsgrad zwischen Anthrazit und Graphit stehende Kohle. Die Isotopenzusammensetzung ihres Kohlenstoffs deutet auf organ. Entstehung (wahrscheinlich aus marinen Algen).

Schuppen, morphologischer Begriff für ± regelmäßig gestaltete

Platten in oder auf der Haut zahlreicher Wirbeltiere. Genetisch sind vor allem Hornschuppen und Knochenschuppen zu unterscheiden. Erstere entstehen in der → Epidermis, letztere als Hautverknöcherungen im Bindegewebe (vgl. → Hautknochen, → Lepidomorialtheorie) (Abb. 105, 106, 107).

Schwämme, → Porifera.

Schwanzflosse, Pinna caudalis, Caudalis; man hat verschiedene Typen unterschieden: Ausgangsform ist die völlig symmetrische protocerke S., bei der ein Flossensaum gleichmäßig über Dorsalund Ventralseite des Hinterendes hinwegzieht. Sie ist selten, in der Regel wird die Flosse unsymmetrisch, indem zwei Lappen entstehen, in deren größerem dorsalen das Achsenskelet liegt: heterocerk. Solche Flossen besitzen die Selachier, die primitiven Osteichthyes, auch Ostracodermen. Sehr selten ist die umgekehrt heterocerke, = hypocerke S. (bei den Anaspida und Ichthyosauriern), bei der das Achsenskelet im ventralen Lappen liegt. Alle weiteren Typen sind von der heterocerken Flosse abzuleiten. Die homocerke (amphicerke) S. ist äußerlich symmetrisch, doch die Wirbelsäule biegt sich dorsalwärts (bei der Mehrzahl der Teleostier). Streckt sich die Schwanzwirbelsäule wieder gerade bei symmetrischen Flossenlappen, liegt eine diphycerke Flosse vor, die also sekundär wieder der protocerken ähnelt (Crossopterygier). Die gephy-

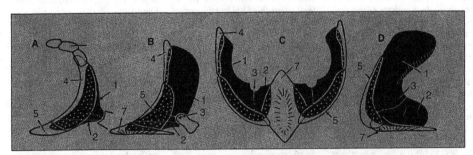

Abb. 104 Schultergürtel, A der Fische, B und C von Stegocephalen, D eines Cotylosauriers. Ansicht von links, bei C von unten: Knorpelknochen schwarz, Hautknochen weiß. 1 Scapula; 2 Coracoid; 3 Gelenkgrube des Oberarms; 4 Cleithrum; 5 Thoracale; 6 Verbindungsknochen zum Schädel; 7 Interthoracale. – Nach PORTMANN (1959).

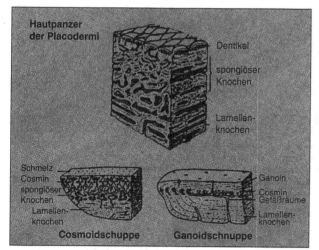

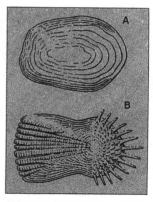

Abb. 106 Cycloidschuppen (A) und Ctenoidschuppen (B) der Teleostier. – Nach PORTMANN (1959)

Abb.105 Struktur der Hautknochenplatten und knöchernen Schuppen primitiver Wirbeltiere. – Nach KIAER & GOODRICH aus ROMER (1959)

Abb. 107 Schuppen und Seitenlinie eines Teleostiers, linke Hälfte im Längsschnitt. 1 Ctenoidschuppe; 2 Kanal und Poren der Seitenlinie; 3 Sinnesknospe; 4 Nerv; 5 Epidermis. – Nach GOODRICH aus PORTMANN (1959)

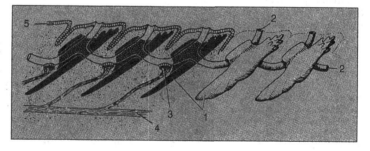

rocerke (isocerke) S. ist ebenfalls äußerlich und innerlich symmetrisch, jedoch durch Reduktion der eigentlichen S. und ihren Ersatz durch kranial von ihr gelegene Teile (Abb. 108, S. 216).

Schwanzschild, *m* (Trilob.): → Pygidium.

Schwarze Schicht, eine beim rezenten *Nautilus* auf dem (der vorletzten Windung angehörenden) Dorsalteil der Mündung, der von der Kopfkappe bedeckt wird, sichtbare dünne schwarze Schicht aus organ. Substanz. Vgl. → Runzelschicht.

Schwertschwänze, = → Xiphosura.

Schwestergruppen i.S. von W. HENNIG (Adelphotaxa) gehen durch einen und denselben Aufspaltungsvorgang aus der Stamm-Art einer monophyletischen Gruppe hervor. Oft handelt es sich um → vikariierende Taxa. Sie besitzen gleichen taxonomischen Rang.

Schwingkölbchen, = → Halteren.

Sciuromorpha (BRANDT 1855) (lat. sciurus Eichhörnchen [aus gr. σκιά Schatten; ουρά Schwanz, d. h. ein Tier, das sich mit seinem Schwanz beschattet]), Hörnchenartige; eine U.O. der → Rodentia; fossil belegt vom Paläozän an.

Scleracoma, *f* (gr. σκληρός trocken, hart; κόμη Haupthaar, Haupt), das Skelet von Radiolarien im Gegensatz zum Weichkörper = Malacoma.

Scleractinia (BORNE 1900) (gr. ακτίς Strahl), (Syn.: Hexacorallia, Cyclocorallia), Stein- oder Riffko-rallen, eine O. der → Anthozoa, heute bes. in Küstenarealen tropischer Meere verbreitet, als Riffkorallen (→ hermatyp) mit → Zooxanthellen, als Einzelkorallen weltweit bis in 6000 m Tiefe. Skeletmaterial aragonitisch. Septeneinschaltung zyklisch: zwischen die 6 → Protosepten schieben sich 6 Septen 2. Ordnung, zwischen diese und die Protosepten 12 Septen 3. Ordnung, dann 24 Septen 4. Ordnung usw., so daß die Sechszähligkeit bestimmend bleibt und die zyklische Anordnung in der Regel in der Länge der Septen zum Ausdruck kommt. Die bisher manchmal angenommene Abstammung von Rugosa ist nach den Funden ordovizischer ‚Hexakorallen' (→ Kilbuchophyllida) unwahrschein-

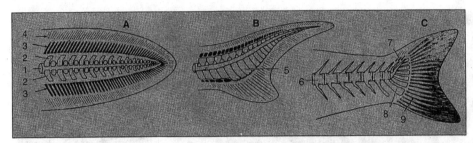

Abb. 108 Ausbildung der Schwanzflosse bei Fischen. A protocerker Typ mit symmetrischem Flossensaum (Dipnoi); B heterocerker Typ der Störe; C homocerker Typ: sekundär symmetrische Form (Teleostei). 1 Chorda; 2 Arcualia des aspondylen Axialskelets; 3 Skelet des Flossensaums (Radialia); 4 Häutiger Flossensaum; 5 Hämalbogen der Schwanzwirbelsäule; 6 monospondyle Wirbelsäule; 7 Reste der Radialia; 8 stark erweiterter Hämalbogen = Hypurale; 9 Knochenstrahlen im häutigen Flossenteil der Teleostei. – Nach PORTMANN (1959)

lich geworden. Vorkommen: Seit M.Trias. Vgl. → Corallimorpharia. (Abb. 61, S. 106).

Scleroblasten, → Skleroblasten.

Sclerospongea (HARTMANN & GOREAU 1970), eine Kl. der Porifera, mit kalkigem Basisskelet, z. T. mit kieseligen → Tylostylen, mit → Astrorhizae und → Monticuli, den → Stromatoporen ähnelnd (die wohl auch ganz oder teilweise zu dieser Kl. gehören), aufgestellt auf Grund rezenter Formen wie *Ceratoporella* aus der Karibik. Nach neuen Erkenntnissen sind die S. wohl alle → Demospongea. Vorkommen der Klasse: Seit dem Ordovizium.

Scolecodonten (CRONEIS & SCOTT 1933) (gr. σκώληξ Wurm; οδούς Zahn), Kieferteile fossiler Borstenwürmer (→ Polychaeta, → Errantia). Bei rezenten Polychäten ist die Speiseröhre (Pharynx) taschenartig ausstülpbar; die Kieferelemente in ihr sind derart angeordnet, daß sie dabei die Beute erfassen können. Folgende Elemente werden unterschieden: 1. ein Paar Mandibeln in einer besonderen Tasche im vorderen Ventralteil der Mundhöhle. 2. Mehrere Maxillen (Oberkiefer) auf der Ventralseite der Speiseröhre; von hinten nach vorn: a) Träger, b) Zangen (forceps, -ipes), c) Zahnplatten, d) Sägeplatte (unpaar), e) Maxillen. Bis auf die Sägeplatte sind alle Elemente paarig. Seitlich können kleine Lateralzähne (Paragnathen) hinzukommen. Bei der Häutung wird auch

der Kieferapparat abgeworfen. Fossile S. werden i. d. Regel isoliert gefunden, es werden aber auch mehr oder weniger vollständige Kieferapparate gefunden.

Die S. sind schwarz, glänzend, bestehen hauptsächlich aus einer Chitin-ähnlichen Substanz (sklerotisierte Proteine) sowie Kalziumund Magnesiumkarbonat; ihre Größe liegt zwischen 0,1–5 mm. Vorkommen: Häufig sind S. vom Ordovizium bis Devon, aber nachgewiesen wurden sie auch in jüngeren Schichten bis ins Tertiär. Vgl. auch → Conodonten.

scolecoid (gr. σκώληξ Wurm), unregelmäßig (wurmartig) gekrümmt.

Scopul, *f* (lat. scopula kleiner Besen), (Porif.): → Protetraen mit an den Enden kugelig verdickten → Cladisken.

Scopula, *f*, Pl. -ae, verzweigter Fortsatz des medianen Septums bei bestimmten Graptolithen (*Lasiograptus*).

Scrobicula, *f* (lat. Grübchen). (botan.): → Sporomorphae; (Echinoid.): → Areola.

Scrobicular-Stacheln (lat. scrobis Grube), kleine Stacheln, die in einem Ring die Basis der Primärstacheln von Seeigeln umstehen und die jene bewegenden Muskeln schützen.

Scuta radialia, Sing. Scutum radiale, *n* (lat. scutum Langschild), (→ Ophiuren): Radialschilde, fünf Paar größere Tafeln auf der Ober-

seite der Scheibe an der Eintrittsstelle der Arme in diese.

Scutellum, *n* (lat., Demin. von scutum); 1. dreieckiges dorsales Schildchen des Mesothorax der Käfer, welches von den → Elytren nicht bedeckt wird. 2. → Ophiuren.

Scutum, *n* (lat. Schild), 1. (Schildkröten): Allgem. für Hornschild; 2. (Cirripedier): → Thoracica (Abb. 25, S. 46); 3. Syn. von Sternit (= Bauchschiene der Insekten).

Scyphomedusae (LANKESTER 1881) (gr. σκύφος Becher; Μήδουσα Eigenname), eine U.Kl. der Scyphozoa, überwiegend freischwimmende, medusenartige → Cnidaria (Quallen). Polypen klein, formenarm, 1–7 mm hoch. Durchmesser der Medusen bis 2 m, meist ohne Velum (= acraspedot). Gastralraum durch 4 randliche Septen unterteilt. Nur ausnahmsweise fossil. Vorkommen: Seit (?Präkambrium) O.Jura.

Scyphozoa (GÖTTE 1887) (gr. ζώον Tier), eine Kl. der → Cnidaria, mit vierstrahliger Symmetrie. Zu ihnen gehören die rezenten Scyphomedusen; wegen ihrer vierstrahligen Symmetrie rechnet man auch die ausgestorbenen Conularien zu den S. – Vorkommen: Seit Präkambrium (Vendium). Vgl. → Corumbellata.

secodont (lat. secare schneiden), mit schneidenden Kämmen versehen (z. B. die Zähne der → Brechschere von Carnivoren). Syn.: kreodont.

Sector radii, *m,* Radiussector. → Flügel der Insekten (Abb. 64, S. 116).

Sedentaria (LAMARCK 1818) (lat. sedentarius im Sitzen arbeitend), (Polychaeta sedentaria), eine O. polychaeter Würmer (Stamm Annelida); sie umfaßt marine, Röhren oder Gänge bauende Formen und bildet die fossil am besten belegte O. der Würmer (etwa 100 beschriebene Gattungen). Dazu gehören die kalkige Röhren bauenden Serpuliden, die meist in mit Sand inkrustierten Röhren lebenden Terebelliden und der ‚Wattwurm‘ *Arenicola marina.* Vorkommen: Seit dem Kambrium.

Seeigel, = → Echinoidea (Abb. 109, 110, 111).

Seelilien, = → Crinoidea.

Seesterne, = → Asteroidea.

Segmentierung (lat. Zerteilung), Metamerie, Gliederung, die Zusammensetzung eines Organismus aus gleichartigen Abschnitten (Segmenten, Metameren). Sind die Segmente einander völlig gleichwertig, ist die S. homonom, sonst heteronom. Gegensatz Monomerie, Nicht-Gliederung.

Seitenfaltentheorie (BALFOUR, THACHER & MIVART), die S. versucht, die paarigen Extremitäten der Wirbeltiere vom Seitenfalten-Typ (→ Ptychopterygium) der Flossen abzuleiten, wie er bei primitiven Elasmobranchiern *(Cladoselache)* vorkommt und offenbar auch bei → Arthrodira. Das basale Element (Metapterygium) dieses Flossentyps neigt zur Ausbildung einer zentralen Achse mit vielen Strahlen. Aus ihnen (also sekundär) konnte das → Archipterygium auch entstanden sein.

Seitenlinie, Seitenlinienorgan, Lateralisorgan, ein den Fischen und aquatischen Amphibien eigenes Sinnessystem, das auf Wasserbewegung, Strömungsänderungen usw. anspricht . Es besteht aus Gruppen von Sinneszellen (Neuromasten) in einem System von Rinnen oder Kanälen an der Oberfläche von Kopf und Körper; der wichtigste Kanal ist die Seitenlinie (S.-Kanal) an den beiden Körperlängsseiten. Am Kopf spaltet sie sich in mehrere Äste, die man Schleimkanäle nennt, da man das Seitenlinienorgan frü-

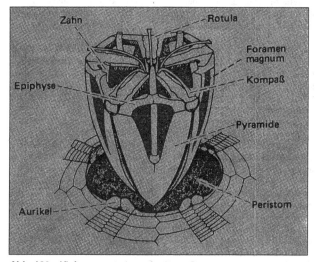

Abb. 109 Kieferapparat eines regulären Seeigels (‚Laterne des Aristoteles‘). – Umgezeichnet nach A. G. FISCHER (1952)

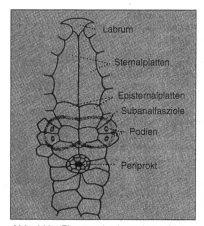

Abb. 110 Plastron des irregulären Seeigels *Spatangus* (amphisternal). – Umgezeichnet nach CUÉNOT, aus TERMIER (1953)

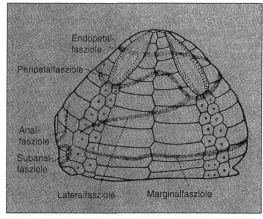

Abb. 111 Schema der verschiedenen Fasziolen, auf ein *Spatangus*-Gehäuse aufgetragen. – Umgezeichnet nach CUÉNOT, aus TERMIER (1953)

her irrtümlich für ein Drüsensystem hielt, welches durch abgesonderten Schleim die Haut schlüpfrig macht (Abb. 107, S. 215).

Seitenseptum, n (KUNTH 1869), (→ Madreporaria): ein den Raum zwischen Haupt- und Gegenseptum im dorsalen Drittel unterteilendes → Protoseptum (Abb. 98, S. 207).

sekundäre Lobendrängung, eine bei vielen gehäusetragenden Cephalopoden am Ende der Wachstumsphase sich einstellende Verringerung des Abstandes der Septen (Kammerscheidewände): wenn sie auftritt, ist sie eines der zuverlässigsten Kennzeichen des adulten Stadiums. Vgl. → primäre Lobendrängung.

sekundäres Dickenwachstum, Erstarkung der Stengel und Wurzeln durch Zellvermehrung in einem besonderen Verdickungsring (Kambium), der als Hohlzylinder parallel zur Oberfläche im übrigen Gewebe verläuft. Im Kambium gibt eine mittlere Schicht von sog. Initialzellen durch fortgesetzte Teilungen in radialer Richtung Tochterzellen ab, die sich zu den sekundären Dauerzellen umbilden. Bei Gymnospermen und Dikotylen heißt das nach innen erzeugte → sekundäre Dauergewebe Holz, alles nach außen gebildete Bast (oder sekundäre Rinde).

Sekundärlamelle, (Brachiop.): → Primärlamelle.

sekundäres Kiefergelenk, das Gelenk zwischen → Squamosum und → Dentale, welches für die Säugetiere charakteristisch ist. im Gegensatz zum → primären Kiefergelenk aller anderen kiefertragenden Wirbeltiere. Vgl. → Reichertsche Theorie.

sekundäres Munddach, der ‚harte Gaumen' der Säuger (und einiger Reptilien); eine Knochenplatte aus seitlichen Auswüchsen von Maxillare und Prämaxillare, welche sich unter dem → primären Munddach bildet. Es entsteht dabei ein gegen den Mund abgeschlossener Nasen-Rachengang, welcher das Atmen bei geschlossenem Mund und damit den Kauvorgang ermöglicht (Abb. 77, S. 149).

Sekundärknochen, Deckknochen; → Osteogenese.

Sekundibrachiale, n, (Crin.): → Primibrachialia.

Sektion, sectio, f (lat. sectio Zerschneidung. Aufteilung), botan. Nomenklatur: → fakultatives → Taxon unterhalb der Untergattung: zool. Nomenklatur: ungeregeltes Taxon, dessen Name auf die Rangstufe der Untergattung zurückgeführt werden kann. Vgl. → IRZN Artikel 42 d.

Selachii (BONAPARTE 1838) (gr. σέλαχος Knorpeltier, -fisch), (= Euselachii) Haie: eine Ü.O. der → Elasmobranchii: die Haie besitzen paarige Flossen mit meist dreiteiliger Basis (Pro-, Meso- und Metapterygium, davon das letzte das bedeutendste Element), ihre Wirbelkörper sind nicht oder unvollständig verkalkt: die Männchen besitzen → Pterygopodien. Flossenstacheln vorhanden. Die ältesten S. waren die ‚Hybodontiden' (O.: Ctenacanthiformes, Xenacanthida) des ausgehenden Paläozoikums und vor allem des Mesozoikums, mit → amphistylem Kiefer und vielfach einem Muschelknacker-Gebiß mit spitzen vorderen und abgeplatteten hinteren Zähnen. Die modernen räuberischen Haie (O. Galeomorpha) mit → hyostylem Kiefer tauchten im O.Jura auf; ihre Zähne sind im Tertiär häufig.

Selachier-Schmelz, = → Vitrodentin.

Selaginellales, Moosfarne, eine O. der → Lycophyta: → ligulat, → heterospor und heterophyll. S. kennt man bereits aus dem Karbon; ihre heutigen Vertreter leben vorzugsweise in den Tropen als Kräuter mit reich gabelig → sympodial verzweigten Stengeln ohne sekundäres Dickenwachstum.

Selektion, f (lat. selectio Auswahl), Auslese; derjenige Prozeß, welcher aus der Zahl der Nachkommen einer Population die wirklich überlebenden und ihrerseits Nachkommen erzeugenden bestimmt. Zu den Auslesefaktoren gehören: 1. Faktoren der unbelebten Umwelt: Klima, Licht, Bodenverhältnisse; 2. Faktoren der belebten Umwelt: a) Feinde (dazu auch Parasiten und Krankheitserreger); b) Konkurrenten um Nahrung, Raum, Sexualpartner usw.

seleniform, halbmondförmig.

Selenizone, f (gr. σελήνη Mond; ζώνη Gürtel), = Schlitzband; bei vielen → Archaeogastropoda: ein schmales, abweichend vom übrigen Gehäuse struiertes (halbmondförmige Anwachslinien) Spiralband auf der Außenseite der Windungen; es entspricht dem Analband (→ Anal-Fasziole) mancher → Neogastropoda.

selenodont (gr. οδούς, οδόντος Zahn), Säugetier-Backenzähne, deren Höcker bei der Abkauung die Form eines Halbmondes annehmen. Vgl. → Trituberkulartheorie (Abb. 125, S. 259).

Sella turcica, f (lat. Türkensattel), Fossa hypophyseos; eine Grube im → Sphenoidale zur Aufnahme der → Hypophyse.

Semaphoront, m (W. HENNIG) (gr. σῆμα Merkmal; φορείν tragen; Verb. Adj. -οντ bedeutet ein Lebewesen, das die im Stammwort ausgedrückte Funktion ausübt), Merkmalsträger, die kleinste Grundeinheit in der Systematik: ein Individuum zu einer bestimmten Zeit. Diese kann sehr kurz (z. B. bei Larven, Metamorphose etc.) sein oder (meist) die ganze Zeit des individuellen Lebens umfassen.

Semifusinit, m (lat. semi halb, franz. fusain Reiß-, Zeichenkohle), (Steinkohle) dem → Fusinit ähnlicher, aber zum → Vitrinit überleitender Gefügebestandteil der → Streifenkohle.

Semionotiformes, O. der → Neopterygii. Vork.: Perm–Miozän.

Semita, f (lat. schmaler Pfad), (Seeigel): Syn. von → Fasziole.

senil (lat. senilis greisenhaft): → Wachstumsstadien.

Sepiida (NAEF 1916) (gr. σηπία Tintenfisch), eine O. der → Dibranchiata mit 10 Armen (davon 2 bes. lange Fangarme) und meist einem inneren gekammerten Gehäuse (vgl. → Schulp.). Die meisten rezenten S. leben teils schwimmend, teils in Sand oder Schlamm eingegraben, in Küstennähe (bis 400 m Tiefe). – Fossil seit O.Trias. Vgl. → Coleoidea.

Septa, → Septum.

septale Columella, f (SCHOUPPÉ & STACUL 1962) (lat. saeptum, Scheidewand), → Axialstruktur.

Septalfilament, n, **-faser** (lat. filum Faden), → Nummuliten.

Septal-Foramen, n (lat. foramen Öffnung, Loch), → Septalloch.

Septalfurche, Längsfurche auf der Außenseite der → Epithek von → Rugosen, entspricht der Lage nach einem Septum. Vgl. → Pseudocostae, → Costa.

Septalium, n (LEIDHOLD), (Brachiop.): ein dem → Cruralium ähnliches trogförmiges Element in der Dorsalklappe aus dem gespaltenen Dorsalseptum und den Schloßplatten.

Septallamelle (SCHINDEWOLF 1942), (→ Rugosa): = → Baculum.

Septalloch, Septalforamen, (→ Cephalop.): Durchtrittsstelle des → Siphos durch das Septum. Bei altpaläozoischen Cephalopoden ist der Sipho hier meist verengt.

Septen, → Septum.

Septentaschen (Madreporaria): vertikale, fiederförmig (bei den → Rugosa) bzw. radiär (bei den → Scleractinia) angeordnete Weichkörpereinstülpungen entweder der Fußscheibe oder des Palliums allein oder beider gemeinsam, in denen die Septen ausgeschieden werden.

septibranch(iat) (gr. βράγχια Kiemen), → Lamellibranchia.

septicarinat (lat. carina Schiffskiel), (Ammon.): mit einem Hohlkiel versehen (der Kiel ist durch ein Septum [d. h. eine Scheidewand] vom übrigen Gehäusehohlraum abgetrennt).

septituberculat (lat. tuberculum Höcker), (Ammon.): mit Tuberkeln (Höckern) versehen, die an der Basis vom Gehäusehohlraum durch ein Septum isoliert sind (Hohlstacheln).

septobasale Columella, f, (SCHOUPPÉ & STACUL 1962) (lat. columella Pfeiler) → Axialstruktur.

Septodaearia (G. BISCHOFF 1978), altertümliche, selbständige Linie (? U.Kl.) der Anthozoa, mikroskopisch kleine, becher- oder röhrenförmige Theken in halbkugeligen Kolonie. Lumen durch Tabulae unterteilt; ursprünglich organisch, Erhaltung phosphatisiert. Asexuelle Vermehrung durch Knospung oder seitliche Erweiterung über Stolonen. Vorkommen: Australien und auf Öland, frühes Ordovizium bis frühes Devon. Einzige Gattung Septodaeum.

Septomaxillare, n (PARKER 1877) (lat. maxilla Kinnbacken), eine wegen Homonymie zu vermeidende Bez.; (Fische): ein Präethmoid genannter Ersatzknochen in der Nasenkapsel: (Amnioten): das Os nariale, ein Deckknochen am Rand der äußeren Nasenöffnung.

Septotheca, f (VAUGHAN & WELLS 1943), (→ Scleractinia): → Pseudotheca.

Septulum, n (lat. Demin. von saeptum), 1. (Bryoz.): Perforation im distalen Teil der Zooecienwand zum Durchtritt von Mesenchym-Fasern, welche benachbarte Zooide verbinden. 2. (Foram.): septenartige, ± vollständige Scheidewand innerhalb der Kammern von → Fusulinen, → Alveolinen und → orbitoiden Foraminiferen.

Septum, n, Pl. **Septa, Septen** (lat. saeptum, Scheidewand), allgemein: dünne Scheidewand häutiger, verkalkter, knorpeliger oder knöcherner Natur. Besonders hervorzuheben sind: 1. (Cephalop.): die Scheidewand zwischen je zwei → Luftkammern (Kammerscheidewand). Die Kontaktlinie zwischen S. und Außenwand des Gehäuses ist die → Lobenlinie (= Sutura). 2. (Madreporarier – EDW. & HAIME 1848): radial und vertikal angeordnetes Kalkblatt, das von der → Theca in das Innere eines → Coralliten ragt. Später schloß man auch die entsprechenden nach außen ragenden Kalkblätter (Costae) mit ein. S. sind fiederförmig (Rugosa) oder radiär (Scleractinia) angeordnet. Sie können perforiert oder auch in Einzelstücke aufgelöst sein; sie entstehen in taschenförmigen Einstülpungen des Weichkörpers. Ihr Wachstum erfolgt in → Trabekeln oder in schalenförmig sich überlagernden Lamellen. Vgl. → Protoseptum, → Metaseptum, → Kunthsches Gesetz, → Synaptikel, → acanthine Septen (Abb. 98, S. 207).

Septum narium, n (lat. nares Nasenlöcher) Nasenscheidewand; → Ethmoid.

seriale Ordnung (lat. series Reihe, Ordnung), der Fußknochen; → diplarthral.

serpenticon (lat. serpens Schlange; conus Kegel), sehr evolut, mit zahlreichen, kaum überlappenden Umgängen (= tarphycon, ophicon). Vgl. → Einrollung.

serraticarinat (lat. serra Säge; carina Schiffskiel), mit fein gezähneltem Kiel versehen.

Serrula, f (lat. kleine Säge), sägeartiger Kiel (am Vorderrand der Maxille von Spinnen oder an den Cheliceren-Gliedern von Pseudoscorpionen).

Sesambeine, Ossa sesamoidea (lat. os Knochen: sesamum eine Pflanze mit kleinen, weißen, rundlichen Samen), kleine Verknöcherungen in Sehnen und Bändern der Gelenke von Säugetieren, besonders von Hand und Fuß.

sessil (lat. sedere sitzen), festsitzend. Gegensatz: → vagil.

Seston, n (gr. σειστός schwankend), zusammenfassend für → Plankton und → Tripton.

Setae, Sing. Seta, f (lat. = Borste), ± steife, dicke Haare und haarartige Gebilde von Wirbeltieren und Wirbellosen, vielfach als Sinnesborsten (Tastorgan) entwickelt.

sexitubercular (lat. sex sechs; tuberculum Höcker), mit sechs Höckern versehen.

Sextanten, m (SCHINDEWOLF 1942), (Scleractinia): die Räume zwischen den 6 → Protosepten (Primärsepten). Vgl. → Quadranten.

Seymouriamorpha (Hauptgattung Seymouria [nach dem Ort Seymour in Texas]), eine U.O. der → Labyrinthodontia: 50–100 cm lange, sehr primitiv gebaute Tetrapoden, welche sowohl osteologisch als auch ökologisch zwischen Amphibien und Reptilien stehen. Die Tiere haben noch ein Larvenstadium durchlaufen; im höheren Perm zeigten sich neotenische Tendenzen im Rückgang der enchondralen Verknöcherungen. Vorkommen: O.Karbon –O.Perm.

Sharpeysche Fasern, ,durchbohrende Fasern' der Knochen: vom Periost unmittelbar in die Knochensubstanz eindringende Bündel fibrillären Bindegewebes. Sie sind im Gefolge des appositionellen Knochenwachstums in die Knochensubstanz eingebaut worden.

Sichelbein, Os falciforme (lat. falx Sichel): sichelförmiger, überzähliger Knochen neben dem Daumen der Maulwürfe; er dient zur Verbreiterung der Grabhand.

Sicula, *f* (LAPWORTH) (lat. kleiner Dolch), die → Theca des ersten Individuums einer Graptolithen-Kolonie, bestehend aus der konischen, einheitlich gebauten Embryonalkammer (= Prosicula) und der distalen Metasicula mit Anwachslinien und Längsverstärkungsleisten. Nach KOZLOWSKI (1971) lassen sich zwei Typen unterscheiden: a) diskophor: mit einer Scheibe corticalen Ursprungs an einem fremden Substrat festgewachsen (bei Dendroidea und anderen benthisch lebenden Graptolithen); b) nematophor: mit einer aus dem proximalen Ende der Prosicula hervorgehenden Nema-Röhre. (Abb. 76, S. 148).

Sicularcladium, *n*, → Cladium.

Siculaseite, diejenige Seite eines Graptolithen-Rhabdosoms, auf der die Sicula sichtbar ist (= 'obverse aspect' der engl. Literatur).

Siebbein, = → Ethmoid.

Siebbeinplatte, = → Lamina cribrosa.

Siebröhren, (botan.): → Leitgewebe.

Sigillariaceae (lat. sigillum Siegel), Siegelbäume. Wenig oder gar nicht verzweigte, mit Längsreihen ± sechseckiger Blattnarben bedeckte große, baumförmige → Lepidodendrales. Ihre Blätter waren wie die der Lepidodendren langbandförmig und von fleischiger Beschaffenheit. Nach der Skulptur der Stämme unterscheidet man: 1. Eusigillariae: Blattnarben in vertikalen, geraden Reihen (Orthostichen) angeordnet. Sie stellen die Hauptmasse der Sigillarien. Zwei Gruppen: *Rhytidolepis* (längsrippige S.): Narben ± entfernt auf Längsrippen sitzend. *Favularia:* Narben sechseckig (wabig), engstehend, daher bienenwabenartiges Muster, 2. Subsigillariae (= leioderme S.): Narben ± rhombisch, quergestreckt; Struktur bei enger Stellung der Narben (‚*Clathraria*‘) an *Favularia* erinnernd. Leioderme S. haben getrennt stehende Blattnarben auf glatter Stammoberfläche. Die häufigste Erhaltungsform der Stämme heißt *Syringodendron:* die äußersten Gewebepartien fehlen, die

Abb. 112 Schematische Darstellung der Stammoberfläche von Sigillarien. a *Rhytidolepis* - Gruppe mit Längsriefen; b favularische Gruppe mit sechsseitigen Blattnarben; c, d Subsigillariengruppe, leioderme (c) und clathrarische Form (d). – Nach GOTHAN (1923)

Blattnarben ebenfalls, doch zeigen je zwei kleine Narben (→ Parichnos-Närbchen) ihre Lage an. Die Zapfen der S. heißen *Sigillariostrobus*. Vorkommen der Sigillarien: U.-Karbon–Perm (Abb. 112).

Sigillariostrobus, (gr. στρόβος Wirbel, das Sich-Drehen), Zapfen von Sigillariaceae.

Sigme, Sigma, *f* (nach dem gr. Buchstaben σ = sigma), flache, S-förmige Schwamm-Mikroskler. → Porifera.

Silicispongiae (ZITTEL) (lat. silex Kiesel; spongia Schwamm), zusammenfassend für Schwämme, deren Skelet aus amorpher Kieselsäure (= Skeletopal) besteht (Klassen: → Demospongea, → Hyalospongea).

Silicoflagellaten (lat. flagellum Peitsche), marine, planktische niedere Algen (eine U.O. der O. Chrysomonadales, Kl. Chrysophyceae, Stamm → Chrysophyta) mit vielgestaltigem röhrenförmigem inneren Skelet aus amorpher Kieselsäure (Skeletopal), deren Blütezeit im Alttertiär lag; heute sind sie fast ausgestorben. Vorkommen: Seit der U.Kreide. Vgl. → Flagellaten.

Simiae (lat. simia Affe), ‚höhere Affen‘, Pithecoidea, Anthropoidea,

gehören zur U.O. Haplorhini der → Primates. Ihre Aufspaltung (aus Formen der Omomyidae) in die Infraordnungen Platyrrhini (Ceboidea), Breitnasen-, Neuweltaffen, und Catarrhini, Schmalnasen-, Altweltaffen, erfolgte wahrscheinlich schon sehr frühzeitig (im Paläozän–Eozän). Erstere besitzen drei, letztere zwei Prämolaren in jeder Gebißhälfte. Die Platyrrhini haben eine lange, selbständige Entwicklung in Südamerika durchlaufen; die ältesten Fossilreste sind oberoligozänen Alters; die Catarrhini spalteten sich ihrerseits frühzeitig in die Cercopithecoidea, Hylobatoidea, Oreopithecoidea und die → Hominoidea. Ältester Cercopithecide ist *Oligopithecus* (SIMONS) aus den unteroligozänen Schichten des Fayum, die Trennung von Cercopithecoiden und Hominoiden scheint schon im Eozän erfolgt zu sein. Aus Eurasien sind keine prämiozänen Catarrhinen bekannt, während sie aus Afrika relativ zahlreich beschrieben wurden.

Sinneslinien, Reihen von Sinnesorganen auf der Oberfläche von Kopf und Rumpf der Fische. → Seitenlinie.

sinupalliat (lat. sinus Bogen; pallium Mantel), heißt die Mantellinie von Muscheln, wenn sie im hinteren Teil eingebuchtet ist.
Sinupalliata (LANKESTER 1883), Muscheln mit sinupalliater Mantellinie. Vgl. → Sipho.
Sinus, Pl. Sinus, *m*, (lat. Einkrümmung, Bucht), 1. zahlreiche kleine Kammern im Inneren von Schädelknochen der Säugetiere; sie bilden zusammen jeweils eine Nebenhöhle der Nase; diese werden nach den betreffenden Knochen benannt: Sinus ethmoidalis (Siebbeinhöhle), S. frontalis (Stirnbeinhöhle, S. maxillaris (Oberkieferhöhle), S. sphenoidalis (Keilbeinhöhle). 2. bei ascophoren cheilostomen Bryozoen: Schlitz am unteren (proximalen) Ende der Mündung, welcher den Wassersack mit der Außenseite verbindet. Funktion wie → Spiramen und → Ascopore.
Sipho, *m* (gr. σίφων Röhre, Spritze), 1. (kennzeichnendes Organ der → Cephalopoden): ein häutiger, von einer kalkigen → Siphonalhülle umgebener Strang, welcher von der Wohnkammer rückwärts durch alle Kammern des → Phragmokons reicht. An seinen Durchtrittsstellen durch die Septen stülpen sich diese trichterförmig aus und bilden so die → Siphonaldüten. Alle Gebilde innerhalb der häutigen oder verkalkten Siphonalhülle (des → Ektosiphos) heißen → Endosipho. Die Ausbildung des S. im Zusammenhang mit den Siphonaldüten und -hüllen kann sein: orthochoanisch: Siphonaldüte und -hülle gerade und kurz, S. mehr oder weniger zylindrisch, eng; cyrtochoanisch: Siphonaldüte rückwärts und auswärts umgebogen, ganz kurz. meist nur angedeutet, Siphonalhülle ausgebaucht (‚Perlschnursipho‘); ellipochoanisch: zusammenfassend für beide vorhergehenden; holochoanisch: Siphonaldüte bis zum vorhergehenden Septum und selbst noch darüber hinaus verlängert, gerade, S. breit, meist exzentrisch; mixochoanisch: erst ortho-, später plötzlich cyrtochoanisch; aneuchoanisch: verdickte, extrem kurze Siphonaldüten (Abb. 1, S. 2; Abb. 78, 79; S. 151).

2. (Gastropoden): röhrenförmiger Fortsatz des Mantelrandes zur Einleitung des Atemwassers, in einer rinnenförmigen Verlängerung des Mündungsrandes gelegen. Solche G. heißen siphonostom.
3. (Muscheln): röhrenartig verlängerte verwachsene Ränder von zwei Öffnungen im hinteren Teil des Mantels, wovon die obere als Aftersipho, die untere als Atemsipho dient. Sie können getrennt bleiben oder mehr oder weniger weit miteinander verwachsen. Sind sie sehr kräftig entwickelt, so bewirken ihre Rückziehmuskeln eine Einbuchtung im hinteren Mantelrand, er wird sinupalliat; andernfalls heißt der Mantelrand integripalliat.
Siphonaldüte, *f*, der Teil des Septums von Cephalopoden, welcher sich an der Durchtrittsstelle des Siphos scheidenartig um diesen herum legt.
Siphonales, eine O. der Grünalgen (→ Chlorophyta) mit vielen kalkabscheidenden Gattungen. (→ Codiaceae). Älteste Vertreter, noch ohne Kalkabscheidung, aus dem O.Präkambrium; Kalkabscheidung ab Kambrium.
Siphonalhülle, im Sinne von TEICHERT = → Ektosipho. (POMPECKJ verstand unter Siphonalhülle nur den Teil des Siphos zwischen je zwei Siphonaldüten [= Siphowandung TEICHERT, bei ihm bilden also Siphonalhülle und Siphonaldüte zusammen den → Ektosipho.)
Siphonalkanal, röhren- oder kanalartige Verlängerung des abapikalen Mündungsrandes zur Aufnahme des Einströmsiphos (bei → Neogastropoden häufig). Eine einfache Einbuchtung des Mündungsrandes nahe dem Fuß der Columella heißt Siphonalkerbe.
Siphonalpfeiler (→ Hippuriten): zwei nach innen in den Wohnraum des Tieres gerichtete pfeilerartige Vorsprünge der rechten (unteren) Klappe. DOUVILLÉ nannte den dem Ligament benachbarten ‚S‘ (von ‚sortie‘ = Ausgang) den entfernteren ‚E‘ (von ‚entree‘ = Eintritt, bezogen auf das Atemwasser im vermeintlichen Sipho). Über den oberen Enden der Pfeiler befinden sich in der flachen Deckelklappe mei-

stens zwei Einfaltungen oder Löcher (→ Osculum). Die Pfeiler sind zu Lebzeiten des Tieres nicht hohl gewesen, ihre Deutung als Siphonalhüllen dürfte deshalb falsch sein. K. VOGEL sah in ihnen vielmehr Träger chemischer Sinneszellen und empfahl, sie einfach ‚Pfeiler‘ zu nennen.
Siphonaptera (gr. α nicht; πτέρυξ Flügel), Syn. Aphaniptera, Flöhe: flügellose, parasitische Insekten mit stechend-saugenden Mundwerkzeugen. Vorkommen: Seit der U.Kreide.
Siphonophorida (gr. φορείν tragen), Staatsquallen, eine O. der Kl. → Hydrozoa: hochspezialisierte, polymorphe, planktische oder nektische Kolonien aus modifizierten Medusen und Polypen. – Fossil seit dem Ordovizium in wenigen Exemplaren.
Siphonostele, *f* (gr. στήλη Säule). (botan.): → Stele.
siphonostom (gr. στόμα Mündung), → Mündungsrand.
Sipunculida (SEDGWICK 1898) (lat. sip(h)unculus kleines Springbrunnenrohr), Spritzwürmer, ein Stamm mariner bodenbewohnender, detritophager Würmer mit nicht oder kaum segmentiertem Körper und chitinigen Haken um die Mundöffnung. Vorkommen spärlich, seit dem M.Kambrium (Burgess-Fauna: *Ottoia, Banffia*).
Sirenia (ILLIGER 1811) (gr. Σειρῆνες Sirenen, Meerjungfrauen), Sirenen, Seekühe; rein aquatische, herbivore → Subungulaten, nach FISCHER (1986) das Adelphotaxon der → Proboscidea und ihr diese vermutlich in Afrika beheimatet. Wirbel und Rippen massiv und schwer (→ Ponderosität, → Pachyostose). Vorkommen: Seit dem Eozän.
Skelet, *n* (lat. sceletum, gr. σκελετός [eigentlich Adj.: das Ausgedörrte]; entsprechend der sprachlichen Herleitung wird in diesem Buch, dem Brauch in der Anthropotomie folgend, Skelet mit einem t geschrieben). Das S. der Wirbeltiere (System der passiven Bewegungsorgane) besteht aus den Knochen, den zu ihnen gehörenden Knorpeln und den sie verbindenden Bändern.

Skelet-Opal, m, amorphe Kieselsäure, zum Aufbau von Kieselnadeln verwendet.

Skleralring, Sklerotikalring (Scleralring, Konjunktivalring) (gr. σκληρός trocken, hart) aus zahlreichen kleinen Knochenplatten gebildeter Schutzring über dem Augenrand vieler niederer Tetrapoden und Vögel zum Schutz der Sclera (Schutz- oder Sehnenhaut des Auges).

Skleren (= Scleren, Sklerite), Sing. Sklera, Sklere, *f* Skeletelemente („Nadeln") der Schwämme; die größeren → Megaskleren oder Skeletnadeln bilden das Stützskelet; die meist sehr kleinen → Mikroskleren oder Fleischnadeln finden sich zerstreut im ganzen Organismus. Vgl. → Porifera, → Sklerit.

Sklerenchym, *n* (gr. εγχείν eingießen, -füllen), (botan.): das Festigungsgewebe der ausgewachsenen Pflanzenteile aus Sklerenchymzellen (Steinzellen) oder Sklerenchymfasern; beide bestehen aus toten, englumigen Zellen mit sehr stark verdickten oder verholzten Zellmembranen. (Zool.): dichtes Kalkgewebe (Syn.: Stereom).

Sklerit, *m*, 1. chitinige Deckplatte an den Körperringen der → Arthropoden, bestehend aus dem dorsalen Tergiten, den seitlichen Pleuriten und dem ventralen Sterniten. 2. isolierter, kalkiger Skeletbaukörper gewisser → Octocorallia; S. bilden in der Mesogloea ein Innen- oder Achsenskelet (= Spicula, Sklera).

Skleroblasten, *m* (KLAATSCH 1890) (gr. βλαστός, βλάστη Keim), zusammenfassende Bez. für die Bildungszellen von Knochen, osteoidem Gewebe, Dentin und anderen mesodermalen Hartgebilden.

Sklerodermit, *m* (EDWARDS & HAIME 1857) (gr. δέρμα Haut, Körperbedeckung allgemein), (→ Anthozoa): Faserbüschel, von einem Verkalkungszentrum ausstrahlend.

Sklerosom, *n* (RAUFF 1913) (gr. σῶμα Körper), die feinfaserige, radialstrahlige und konzentrischschalige Kalkspatgrundmasse der fossilen → Pharetronen (Pharetronen-Faser), sowie die an ihrer Stelle vielleicht ursprünglich vorhandene hornige oder kalkige Hüllmasse der Spikulen (→ Spicula).

Sklerotesta, *f* (lat. testa Scherbe, Schaltier-Schale), die harte, widerstandsfähige Hülle von Samen. Vgl. → Sarkotesta.

Sklerotheca, *f* (GRABAU 1922), (→ Rugosa): = → Paratheca.

Sklerotien, Sing. -ium, *n*, Dauerformen (feste, knollige → Hyphenverbände) von Pilzen. Fossil in den Stein- und Braunkohlen.

Sklerotinit, *m* (E. STACH 1951) (-init = Endung für → Mazerale), zusammenfassender Terminus für Pilzsporen, → Sklerotien und Hyphengeflechte in Stein- und Braunkohlen. Sie kommen vor allem in den Mattkohlen- (Durit-) Lagen der paläozoischen Steinkohlen vor.

sklerotisiert, mit Kalksalzen imprägniert (→ Cuticula von Arthropoden).

skolecoid (SMITH 1930) (gr. σκώληξ Wurm), zylindrisch und wurmförmig gewunden.

Skolithos (HALDEMANN 1840) (= *Scolithus* HALL 1847) (gr. σκόλοψ, οπος Pfahl, Palisade), Lebensspur: senkrecht zur Schichtung stehende, nie verzweigte Röhren oder Röhrenausfüllungen von 0,2–1 cm Durchmesser in Sandsteinen; von Würmern oder Phoroniden angelegt. Vorkommen: Kambrium–Ordovizium.

Skulptursteinkern (W. E. SCHMIDT), = → Prägekern.

Solenia, Sing. -ium, *n* (gr. σωλήν Röhre), zu einem System angeordnete (gastrodermale) Röhren im → Coenenchym der → Octocorallia; sie dienen zur Verbindung benachbarter Polypen.

solitär (lat. solitarius alleinstehend), einzeln lebend (z. B. s. Korallen im Gegensatz zu koloniebildenden).

Solutionsarea, *f* (lat. solvere lösen; area freier Platz, Bauplatz), → Sporomorphae.

Somactidium, *n* (GOODRICH) (gr. σῶμα Körper; ακτίς Strahl), Stützstrahl des Innenskelets von Fischen im proximalen Abschnitt der Flossen (= Flossenträger, → Radien).

Somasteroidea (SPENCER 1951) (gr. αστήρ Stern) (Echin.): eine U.Kl. der → Stelleroidea: altertümliche, zu den → Ophiuren überleitende Seesterne mit wenig abgesetzten Armen. Das ambulakrale Gefäßsystem verläuft in einer teilweise oder vollständig geschlossenen Röhre in den → Ambulakralplatten. Von diesen streichen parallele, gegliederte Stäbe schräg zur Peripherie der Arme, die Virgalia. Die S. werden als Stammgruppe der Stelleroidea angesehen. Vorkommen: Seit dem U.Ordovizium.

Somite, *m* (gr. -ιτης bezeichnet selbständige kleine Gebilde oder Bestandteile größerer Körper), Ursegmente; für larvale Elemente gebraucht, also kein Synonym für die Metamere der Adulten; (Arthrop.): primär gleichmäßige Körpersegmente, i. d. R. → sklerotisiert, dabei entstehen → Sklerite (Deckplatten).

Sori, Sing, Sorus, m (gr. σορός Urne, Sarg), verschieden gestaltete Häufchen von Farn-Sporangien.

Spaltfuß, ventraler Körperanhang von → Crustaceen, bestehend aus einem äußeren (Exopodit) und einem inneren Ast (Endopodit).

Sparganum-Struktur, *f* (gr. σπάργανον Windel), (botan.): → Medullosales.

Sparrknochen, Hämapophyse, der Rest des → Hypozentrums den gastrozentralen Wirbel, der als V-förmiger Knochen an der Naht zwischen je zwei Schwanzwirbeln persistiert.

Spatangoida, (CLAUS 1876) Spatangiden, eine O. → irregulärer kieferloser Seeigel, mit → Petalodien und, besonders bei höherer Spezialisation, modifiziertem vorderem Ambulakrum und hinterem Interambulakrum (→ Plastron). Nach der Ausbildung des Plastrons werden folgende U.O. unterschieden: Protosternata: Labrum und Sternalplatten wenig verschieden und undifferenziert. Meridosternata: das Labrum grenzt nur an eine Sternalplatte. Amphisternata: das Labrum grenzt an zwei deutlich differenzierte Sternalplatten (Abb. 110, S. 217). Vorkommen: Seit U.Kreide.

Speiballen, → Gewöll.

Spermatophyta (GOEBEL) (gr. σπέρμα Samen; φυτόν Gewächs,

Pflanze), Phanerogamae, Samenpflanzen; zu ihnen rechnet man die U.Stämme → Cycadophytina, → Coniferophytina (beide zusammen → Gymnospermae) und Magnoliophytina (→ Angiospermae).

Spezialisationskreuzung (L. DOLLO), verschieden schnelle Entwicklung von Merkmalen in verwandten taxonomischen Einheiten. Vgl. → Mosaikentwicklung.

Speziation, *f,* Artbildung; → adaptive Zone.

Spezies, species, *f* (lat. Gestalt, Begriff), = → Art.

Speziestypus, *m,* das eine Art typisierende Exemplar. Der Speziestypus kann sein ein: → Holotypus: vom Autor der Art in der ursprünglichen Veröffentlichung als → Typus bestimmt. Lectotypus: nachträglich aus mehreren → Syntypen (→ ICBN : → Isotypen, Syntypen oder Paratypen) der ursprünglichen Veröffentlichung als einziger Typus ausgewählt. Neotypus: nach Verlust des Typus in einer späteren Veröffentlichung als dessen Ersatz bestimmt. (Pluraltypus: nicht in Lectotypus und Paralectotypoide aufgelöste Syntypen.)

Sphaer (gr. σφαῖρα, *f,* Ball, Kugel), ± kugelige kleine Schwamm‚Nadel‘.

Sphaeraster, *m* (SOLLAS) (gr. αστήρ Stern), (Porifera): ein → Aster mit kugeliger Zentralmasse, aus welcher zahlreiche kurze, dicke Strahlen hervorragen.

Sphaeroclon, *m* (SCHRAMMEN) (gr. κλών Zweig), (Porifera): annähernd kugeliges → Desmon, dessen 5–8 ± glatte Arme mit nur wenigen kurzen Ausläufern ausgehen.

sphaerocon (lat. conus Kegel), (Ammon.): kugelig, involut, mit engem oder geschlossenem Nabel. Vgl. → Einrollung.

sphäroidale Einrollung (BARRANDE) (gr. εἶδος Gestalt, Ähnlichkeit), ± kugelige Einrollung von → Trilobiten mit großem → Pygidium. Vier Typen lassen sich unterscheiden: 1. pseudomegalaspid: der Vorderrand des Cephalons trifft auf den Hinterrand des Pygidium-Umschlags, das Pygidium überragt also das Cephalon um Umschlagbreite. 2. asaphid: Cephalon-Vorderrand und Pygidi

um-Hinterrand berühren einander. 3. phacopid: der Hinterrand des Pygidiums greift in eine → Verschlußfurche am Umschlag des Cephalons. 4. phillipsinellid: der Hinterrand des Pygidiums berührt die Hypostom-Naht, so daß die → Rostralplatte frei bleibt.

Sphaeromorpha, Pl., die älteste, wohl heterogene präkambrische Gruppe der → Acritarcha: undifferenzierte, rundliche Gebilde ohne erkennbare Schlüpflöcher. Sie werden als Sporen nicht näher bestimmbarer Algen angesehen.

Sphagnum, die einzige, sehr artenreiche Gattung der O. Sphagnales (U.Kl. Sphagnidae, Torfmoose). Die Rinde ihrer reichlich verzweigten Stämmchen besteht aus einigen Schichten toter leerer Zellen, welche begierig Wasser aufsaugen. Auch ihre Blätter enthalten solche Zellen. Torfmoose waren im Pleistozän häufig, ihre Sporen findet man nicht selten in tertiären Braunkohlen.

Sphenethmoid(ale), *n* (gr. σφήν Keil; ηθμοειδής siebartig), eine Verknöcherung des → Primordialcraniums primitiver Tetrapoden im vorderen Teil der Schädelhöhle. Bei Anuren vgl. → Gürtelknochen („Os enceinture‘). Vgl. auch → Ethmoid, → Sphenoid (Abb. 77, S. 149).

Sphenodonta, eine O. der Diapsida mit der kleinwüchsigen rezenten Gattung *Sphenodon;* mit → akrodonter Bezahnung. Ihr werden auch die größeren aquatischen Pleurosauriden zugeordnet. Mit den → Rynchosauriern besteht keine engere Verwandtschaft. Vorkommen: Seit der Trias.

Sphenoid(ale), *n,* Os sphenoidale (gr. εἶδος Gestalt), ‚Keilbein‘; mehrere Ersatzknochen der unteren Schädelregion der Wirbeltiere zwischen der Augengegend und der Mitte der Schädelbasis. Von ihnen liegen zwei unpaare (jedoch aus paariger Anlage entstandene) in der Medianen, vorn das Prae-, dahinter das Basisphenoid. Beiderseits des Praesphenoids liegen die paarigen Orbitosphenoidea, beiderseits des Basisphenoids die Alisphenoidea. Die Ausbildung der Sphenoidalia wechselt innerhalb der Wirbeltiere sehr, ihre Homologien sind noch

nicht widerspruchslos geklärt. Verwachsungen finden besonders bei den Säugetieren statt. Vgl. → Sphenethmoid, → Laterosphenoid.

Sphenophyllales (ENDLICHER 1836) (gr. φύλλον Blatt) (nach der Gattung *Sphenophyllum*) Keilblattgewächse, eine rein paläozoische O. der → Equisetophyta, gekennzeichnet durch den Besitz meist sechszähliger Quirle und umgekehrt keilförmiger, nicht oder gabelig geteilter Blätter. Charakteristisch sind die dreieckigen (→ triarchen) Zentralbündel der Stengel. Vorkommen: O.Devon–Perm. Die S. waren wahrscheinlich keine Wasserpflanzen (frühere Annahme), sondern an der Luft lebende Hänge- oder Stützpflanzen.

Sphenopsida, = → Equisetophyta.

sphenopteridisch (gr. σπέρις Farn) heißt eine Form der Fiederblättchen bei → Pteridophyllen (Abb. 94, S. 196).

Sphenopteris (BRONGNIART 1822), eine artenreiche Formgattung der → Pteridophyllen, mit sphenopteridischen Blättchen.

Sphenoticum, *n* (gr. ωτικός zum Ohr gehörend), Dermosphenoticum, eine Hautverknöcherung am Schädel der Fische oberhalb der Labyrinthkapsel. Sie dringt oft in den Knorpel der Kapsel ein und bildet dadurch einen Mischknochen. Vor dem S. liegt das ähnliche → Pteroticum. Vgl. auch → Opisthoticum (Abb. 114, S. 238).

Sphenozamites (BRONGNIART), eine Sammelgattung von → Cycadophytina-Blättern.

Sphinctozoa (STEINMANN 1882) (gr. σφιγκτός Schnur, Band; ζώον Lebewesen), eigenartig gekammerte und ‚eingeschnürte‘ Kalkschwämme, von STEINMANN als U.O. der O. → Pharetronida angesehen. Heute: O. Thalamida DE LAUBENFELS (z. T.). Vorkommen: Karbon–Kreide. Vgl. → Calcispongea.

Spicula, Sing. -um, *n* (lat. spiculum Stachel, Pfeil; auch als spicula, ae vorkommend), 1. verästelte Kalzitkörperchen im Bindegewebe articulater → Brachiopoden; fossil bei Thecideen beobachtet. 2. Skeletelemente der Schwämme allgemein (Schwammnadeln, unabhängig von ihrer Gestalt). 3. (Octocorallia): → Sklerit.

Spina scapulae, *f* (lat. spina Dorn, Rückgrat), → Scapula.

Spinale, *n* (JAEKEL), 1. (→ Arthrodiren): der ventral an der Grenze zwischen Kopf- und Brustpanzer ansetzende, nach hinten gerichtete Stachel (Abb. 8, S. 20). 2. (Fische): besonderes dorsomedianes Skeletelement, manchmal mit dem Neuralbogen verwachsen und funktionell dem → Dornfortsatz vergleichbar.

sp. indet. (lat. species indeterminata unbestimmte Art), ein Zeichen der → offenen Namengebung mit der Bedeutung, daß die Zurechnung der betreffenden Form zu einer bekannten Art ebenso unsicher ist wie die Möglichkeit, daß eine neue Art vorliegt.

Spindel, *f* (Gastropoden): = Spira; die einander berührenden bzw. miteinander verschmolzenen inneren Teile der Windungen von spiral aufgerollten Schneckengehäusen; sie bilden dadurch eine solide Achse (Abb. 54, S. 94) Vgl. → Nabel. (Trilob.): = Rhachis (Abb. 117, S. 246).

Spindelfalte, eine spiralig verlaufende, in das Gehäuse-Innere hineinragende Falte auf der Spindel von Gastropoden (Abb. 54, S. 94).

Spira, *f* (lat. Windung), → Gewinde.

Spiraculata (JAEKEL 1918), eine O. der → Blastoidea.

Spiraculum, *n* (lat. spirare atmen), 1. Spritzloch; bei primitiven Fischen eine Spalte zwischen Palatoquadratum und Hyomandibulare, welche die umgebildete erste Kiemenspalte darstellt. Bei den Tetrapoden wird das S. zur Paukenhöhle (→ Cavum tympani) und → Tuba Eustachii (Abb. 100, S. 210). 2. Stigma; Mündung der Tracheen-Röhre oder Fächerlunge bei luftatmenden Arthropoden. 3. Auslaßöffnung der → Hydrospiren von → Blastoidea.

Spiralium, *n*, Pl. -a (lat. spira Windung), (Brachiop.): die an den Cruren ansetzenden, zu einer Kegelspirale aufgewundenen Kalkbänder eines des helicopegmaten → Armgerüstes. Vgl. Abb. 15, S. 34).

Spirallamina, *f*, **-wand** (lat. lamina Platte), (Foram.): Gehäuseau-

ßenwand der → Rotaliida, speziell der → Nummuliten (= Spiralwand).

Spiralseite, (Foram.): Dorsalseite, d. h, diejenige Seite, auf der alle oder die Mehrzahl der Windungen zu sehen sind. Vgl → Umbilikalseite.

Spiralsutur, *f* (lat. sutura Naht), (Foram.): die Nahtlinie (Sutur) zwischen je zwei Umgängen eingerollter Formen.

Spiramen, *n* (lat. spirare blasen, atmen; -men Mittel oder Ergebnis des im Verbum ausgedrückten Vorganges): bei ascophoren cheilostomen Bryozoen: Kanal zum Durchtritt von Wasser in den Wassersack (→ Compensatrix). Der Kanal mündet oberhalb des → Operculums (innerhalb des → Peristomiums), von dort weichhäutige Fortsetzung ins Polypid-Lumen. (Dagegen mündet die Ascopore unterhalb des Operculums.) Das S. entsteht zuweilen aus einem → Sinus (Abb. 22, S. 36)

spiriferid (lat. spira Gewinde; ferre tragen), (Brachiop.): → Armgerüst.

Spiriferida (nach der Gattung *Spirifer*), eine O. der → Articulata (Brachiopoda): mit helicopegmatem → Armgerüst und imperforater Schale. Vorkommen: Ordovizium–Jura.

Spirotheka, *f* (gr. θήκη Behälter), Gehäusewand der → Fusulinen.

Spirul, *m* (lat. -ulus Demin.-Endung), Schwamm-Mikroskler mit Spiral-Windung.

Spitzenfurchen (Sulci apicales), (an Belemnitenrostren): paarige oder unpaare, mehr oder weniger kurze von der Spitze nach vorne führende Furchen, welche für die Diagnose besonders der Jura-Belemniten wichtig sind. Man unterscheidet: → paarige, kurze Dorsolateralfurchen, meist seicht ausgebildet: eine unpaare ventrale Spitzenfurche (Bauchfurche), meist scharf ausgeprägt, löst sich nicht selten von der Spitze; paarige Ventrolateralfurchen: eine unpaare Dorsalfurche.

Splanchnocranium, *n* (gr. σπλάγχνον das Eingeweide; κρανίον Schädel), → Visceralskelet, Kiemenskelet. S. nennt man besonders das Kiemenskelet der Elasmobranchii (Abb. 100, S. 210).

Spleniale, *n* (lat. splenium Schönheitspflästerchen), an der Innenseite des Unterkieferknorpels entstandener Deckknochen primitiver Wirbeltiere (Abb. 120, S. 251).

Spodogramm, *n* (MOLISCH 1927) (gr. σποδός Asche; γράμμα Schreiben, Inschrift), künstlich (durch Glühen bei 500 °C) hergestelltes Aschenskelet fossiler Pflanzen; es ist besonders bei verkieselten und verkalkten Fossilien für die anatomische Untersuchung wertvoll.

Spondylium, *n* (gr. σπονδείον Opferschale), (Brachiop.): löffelförmig konvergierende → Zahnstützen. Man kann unterscheiden: 1. bei sehr langen Zahnstützen verschmelzen diese unter Bildung einer Rinne mit dem Boden der Klappe. Bleiben die Zahnstützen dabei getrennt, liegt ein S. discretum vor *(Choristites mosquensis);* verwachsen sie unter Bildung eines Pseudo-Medianseptums, ein S. duplex *(Pentamerus).* 2. Verschmelzen die Zahnstützen zu einer einheitlichen flachen Schüssel und wird diese durch ein echtes Medianseptum (Euseptoid) gestützt, liegt ein S. simplex vor *(Clitambonites);* liegt sie dem Boden direkt auf, ein Pseudospondylium *(Billingsella)* (= S. sessile).

Spongia (lat. spongia Schwamm), Schwämme, → Porifera.

Spongin, *n*, schwer lösliches, chemisch sehr widerstandsfähiges, der Seide ähnliches, biegsames Protein; es bildet das Skelet der Hornschwämme und beteiligt sich am Aufbau des Skelets der Kieselschwämme. Fast immer bildet es unregelmäßige, faserige Geflechte.

Spongiolith, *m*, Schwammgestein. Nach Vorschlag von O. F. GEYER 1962 läßt sich präzisieren: Spongiolith s. str.: Schwammriff- und Schwammbankgestein; Spiculit: Schwammnadelgestein; Tuberolith: Schwammfetzengestein.

Spongiosa, *f* (lat . spongiosus schwammig, pong), Substantia spongiosa, (→ Knochen.

Spongiostroma, *n* (GÜRICH) (gr. στρῶμα Decke, Lager), Syn. von → Stromatolith.

Spongocöl, *n* (gr. κοῖλος hohl), = Paragaster.

Sporae dispersae, *f* (gr. σπόρος [σπορά] Same, Saat; lat. dispergere ausstreuen), im Sediment verstreut vorgefundene Sporen und Pollen. Nomenklatorisch werden sie meist als Form- oder Organgattung behandelt. POTONIÉ & KREMP schlugen 1955 besondere taxonomische Kategorien für ihre Bearbeitung vor: Form-Oberabteilungen, -Abteilungen (Turmae), -Unterabteilungen (Subturmae), -reihen (Series), -genera und -spezies. Die Namen der S. dispersae werden im allgem. durch Endsilben wie -sporites, -sporis, -pollenites usw. als solche gekennzeichnet. System (nach PO-TONIÉ & KREMP 1955): 1. Oberabteilung → Sporonites, 2. Oberabteilung → Sporites, 3. Oberabteilung → Pollenites.

Sporae in situ, *f* (lat. situs Lage, Stellung; in situ an Ort und Stelle), in Fruktifikationen angetroffene Sporen und Pollen. Sie werden nomenklatorisch als Teil der Mutterpflanze behandelt, erhalten also keinen besonderen Namen.

Sporangiophor, *m* (gr. (φορείν tragen), der fertile, stielartige Teil des Sporophylls vieler → Equisetophyta im Gegensatz zum sterilen (= Braktee).

Sporangium, *n* (gr. σπόρος Same, Saat), das Sporen erzeugende Organ; ein ein- oder mehrzelliger Behälter, in dessen Innerem die Sporen (Endosporen) entstehen. Bei Pteridophyten wird das innere sporogene (sporenerzeugende) Gewebe von plasmareichen, die Ernährung der Sporen vermittelnden Zellen umgeben, den sog. Tapetenzellen (Tapetum).

Sporen (Sporae) (S. sensu restricto, im engeren Sinne), die vorwiegend mikroskopisch kleinen ungeschlechtlichen Fortpflanzungskörper der → Bryophyta und → Pteridophyta. Sie werden entweder unmittelbar aus dem Zellverband des Körpers abgeschnürt: Exosporen oder → Konidien (nicht bei Pteridophyten), oder bilden sich als Endo- oder Sporangiensporen in besonderen → Sporangien. Die S. verbreiten sich teils im Wasser (Schwärmsporen, Zoosporen vieler → Thallophyta) mittels Geißeln, oder durch die Luft (bei anderen Thallophyten, Moosen, Farnpflanzen) und sind dann, zum Schutz gegen Austrocknung, von einer dicken Membran umgeben. Diese äußere Hülle (das Exospor) enthält das Sporonin, welches dem Pollenin der Pollen chemisch sehr ähnlich ist (auch als → Sporopollenin zusammengefaßt). Im fossilen Zustand kommen Sporen wie der Pollen in Verbindung mit der Mutterpflanze vor (→ Sporae in situ) oder isoliert im Sediment (→ Sporae dispersae). Vgl. → Sporomorphae, → Sporoderm.

Sporen sensu lato (lat. = im weiten Sinne), = → Sporomorphae.

Sporenpflanzen (Syn. Kryptogamen), die erste Hauptgruppe des Pflanzenreichs; sie umfaßt die blütenlosen Pflanzen, d. h. alle Pflanzen außer den Samenpflanzen. Kennzeichnend für die S. ist, daß sich einzellige Keime (Sporen) von der Mutterpflanze loslösen und den Ausgangspunkt für die Entwicklung einer neuen Pflanze bilden, während bei den Samenpflanzen (Spermatophyta) die Sporen sich in Verbindung mit der Mutterpflanze weiterentwickeln und sich erst als vielzellige, komplizierte ‚Samen' ablösen. Völlig scharf ist die Trennung zwischen beiden Gruppen nicht, zumal sich die Samenpflanzen aus den S. entwickelt haben.

Sporinit, *m*, ein vorwiegend aus Sporen bestehendes → Mazeral der → Steinkohle. Vgl. → Exinit.

Sporites (H. POTONIÉ 1893), a) allgemeine Bez. für alle fossilen Sporen- und Pollenformen (ERDTMANN 1947 = → Sporomorphae; b) nach POTONIÉ & KREMP 1955 eine O.Abteilung der → Sporae dispersae, welche im wesentlichen Sporen aus Sporangien höherer, aber nicht phanerogener Pflanzen umfaßt. Nach POTONIÉ & KREMP 1955 sind 4 Abteilungen zu unterscheiden: 1. → Triletes, 2. → Zonales, 3. → Monoletes, 4. → Cystites.

Sporoderm, *n* (gr. δέρμα Haut), Sporenhaut. Im Querschnitt karbonischer Sporenhäute erkennt man zuinnerst, oft in → Vitrinit umgewandelt, die ursprünglich aus Zellulose bestehende Intine. Auf sie folgt die Exine, welche ihrerseits aus zwei Schichten besteht, der Intexine (= Endexine) und der Exoexine (= Ektexine); letztere bildet meist die Skulptur der Sporenoberfläche. Darüber liegt als sekundäre Bildung die dünne Perispor. In paläontologischen Arbeiten werden oft äußere Teile der Exine, welche leicht abfallen, zum Perispor gerechnet. Die Exoexine besteht aus der äußeren Exolamella und der Isolierschicht aus locker gestellten radialen Stäbchen (Columellae) mit gaserfüllten Zwischenräumen. Bei der → Saccus-Bildung lösen sich die Basen der Stäbchen von der Intexine, der gaserfüllte Raum erweitert sich und die Stäbchen bilden die Innenstruktur der aus der Exolamelle bestehenden → Saccus-Haut.

Sporogon, *n* (gr. γονή Erzeugung, Geburt), der (diploide) Sporophyt der Moose, der im wesentlichen aus dem Sporenbehälter (Kapsel) besteht und sich parasitär aus dem Gametophyten (der eigentlichen Moospflanze) ernährt.

Sporokarp, *m* (gr. σπόρος Same, Saat; καρπός Frucht), Sporenfrucht: Sporangienbehälter, dessen Hülle einem assimilierenden, sterilen Blatt-Teil entspricht (bei den Marsiliales, den Wasserfarnen).

Sporomorphae (= Sporen sensu lato), allgem. Begriff für Sporen und Pollen. Im Sinne von ERDTMANN 1947 sind S. Gestaltgruppen von Sporen und Pollen. Sie können trotz gestaltlicher Gleichheit verschiedenen systematischen Kategorien angehören [= Form-Arten, vgl. → Sporites]. Sporen und Pollenkörner entwickeln sich meist in Tetraden, dabei angeordnet: räumlich (dreidimensional) nach dem Tetraeder, wobei jede Zellkugel die drei anderen berührt, oder in einer Ebene (zweidimensional) als tetragonale Tetrade oder als Rhomboeder-Tetrade. Die vier in der Sporenmutterzelle zusammengestellten Sporen berühren einander an den Kontaktarealen. Der dem Mittelpunkt der Mutterzelle nächste Punkt jeder Spore ist der proximale Pol oder Apex, ihm gegenüber liegt der distale Pol; entsprechend unterscheidet man proximale und distale Hemisphaere. Glätten sich die Sporen nach der

Loslösung völlig, so werden sie alet. Bei den meisten Sporen aus der Tetraeder-Tetrade liegt am apikalen Pol die dreistrahlige (trilete) Y-Marke (→ Dehiscensmarke) auf den → Tecta (wallartigen Falten der Exine), dagegen bei solchen aus den Tetragonal- oder Rhomboeder-Tetraden eine einfache langgestreckte monolete Marke. Vgl. → Germinalapparat.

Wichtige Merkmale ergeben die Auflösungsstellen (Solutionen) der Exine, die vielfach vorgezeichnete Wege für den Keimschlauch bilden: 1. ,Pore' (→ Porus): flächiger Durchbruch durch eine oder mehrere Lamellen. 2. ,Colpe' (→ Colpus): meridional oder schief verlaufende Falte oder langgestreckte Öffnung in den Lamellen. 3. ,Ruga': äquatorial verlaufendes colpusartiges Gebilde. 4. ,Solutionsarea': großflächige Auflösungszone verschiedener Gestalt. Nach der Anzahl der Colpen bzw. Poren unterscheidet man: mono-, di-, triporat: mit 1, 2, 3 Poren; stephanoporat: mit mehr als 3 Poren; periporat: Poren im Gegensatz zu den vorigen nicht äquatorial gelegen. Mono-, di-, tri-, stephano-, pericolpat: mit entsprechenden Colpen, syncolpat: Colpen zu Ringen, Spiralen usw. ver schmolzen. Liegen Poren in den Colpen, so spricht man von tri-, stephano-, pericolporaten Sporen bzw. Pollenkörnern. Pollen mit → Lakunen sind fenestrat (wenn sie → Pseudoporen besitzen), heterocolpat (bei → Pseudocolpen). Die Exine kann bei glatter Oberfläche ein deutliches Muster (Struktur) zeigen (Punktierung, Fleckung). Meist ist sie außerdem deutlich skulpiert durch Formelemente der Oberfläche: Körnchen (Grana, Granula), Wärzchen (Verrucae), Kegel (Coni), Stacheln (Spinae), Stäbchen (Bacula), Keulen (Pila), Haare (Capilli) usw. Die Exine heißt extrareticulat, wenn sie ein Netzwerk (Reticulum) aus niedrigen Striemen oder höheren Leisten aufweist; cicatricos, wenn die Striemen bzw. Leisten ± parallel angeordnet sind; canaliculat, wenn die sie trennenden Zwischenräume schmal sind;

wird das Netzwerk sehr engmaschig, so heißen die Maschen Scrobiculae. Die Äquatorregion kann besonders ausgebildet sein: ist die Exine dort etwas verdickt, liegt eine Crassitude vor; Valvae sind Anschwellungen an den Ecken des Äquatorschnittes, Auriculae (Öhrchen) sind deutlich abgesetzte, kissenartige Valvae; ein Cingulum (Crista) ist eine dem Äquator aufgesetzte massive Leiste, eine Zona (Frassa) ein äquatorialer Hautsaum, eine Corona in Kranz verzweigter Haare. Vgl. → azonal.

Sporonites ([R. POTONIÉ] IBRA-HIM 1933), eine O.Abteilung der → Sporae dispersae, für Sp. d. und andere mikroskopisch kleine Reste, z. B. → Sklerotien fossiler Pilze.

Sporophyll, n (gr. φύλλον Blatt) (Pteridophyta), das Sporangien tragende Blatt. S. sind oft einfacher gestaltet als assimilierende Blätter (→ Trophophylle); zu mehreren in besonderen Ständen vereinigt, bilden sie Blüten. Bei vielen → Equisetophyta und → Lycophyta läßt sich das S. als Doppelorgan aus einem fertilen Sporangiophoren und einer sterilen → Braktee auffassen.

Sporophyt, m (gr. φυτόν Pflanze). (botan.): die diploide (auf geschlechtlichem Wege, aus der Zygote entstehende) Generation der Kormophyten, d. h. die eigentliche Pflanze. Vgl. → Gametophyt.

Sporopollenin, n, zusammenfassende Bez. für das gegenüber Verwitterungseinflüssen außerordentlich resistente Baumaterial der Exine von Sporen (Sporonin) und Pollenkörnern (Pollenin). Wahrscheinlich besteht es aus hochpoly-

meren Fettsäuren und Fettsäureestern. Der Gehalt an S. ist in den verschiedenen Sporen und Pollenkörnern unterschiedlich. Rezente Sporen können ohne Schaden für die Exine bis fast 300 °C erhitzt oder mit konzentrierten Säuren oder Basen behandelt werden. Geringer scheint ihre Widerstandskraft gegenüber oxidierenden Agentien zu sein. Nach THIERGART (1949) lassen sich fossile Sporonine und Pollenine durch die Farbreaktion gegenüber Fuchsin unterscheiden: erstere färben sich dunkelrot, letztere blaßrosa.

Spreite, f, **Spreitenbauten**, U-förmige Wohn- bzw. Freßbauten mancher aquatischer Sedimentfresser, deren Mittelabschnitt im Sediment wandert, indem das angrenzende Sediment vom Bewohner aufgearbeitet und an der anderen Seite der Röhre wieder angefügt wird. Dadurch wird nach und nach die ganze S. zwischen den beiden Schenkeln in ihrer Struktur verändert; das ist bei rezenten Formen in der Regel nicht beobachtbar, da deren Struktur sich im weichen Sediment nicht abhebt, bei fossilen dagegen gut. Es können dabei im fossilen Zustand sehr komplizierte Bauten erkennbar werden, die dem zeitgenössischen Beobachter kaum erkennbar gewesen wären. Vgl. → *Rhizocorallium*, → *Corophioides*, → *Zoophycos* (Abb. 113).

Spritzloch, = → Spiraculum.

Spumellaria (EHRENBERG 1875) (lat. spuma Schaum [schaumähnlich aussehend]), Syn. Porulosida, eine O. der → Radiolarien, mit einfacher, durch zahlreiche Poren

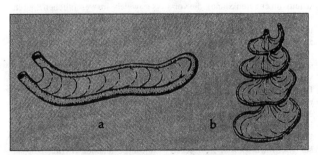

Abb. 113 Schematische Darstellung von Spreitenbauten; a vom *Rhizocorallium-;* b vom *Zoophycos*-Typ. – Nach SEILACHER (1955).

perforierter Zentralmembran. Die Grundform des kieseligen Skelets ist beloid (aus isolierten Nadeln bestehend) oder kugelig (Sphäroid-Typ). Durch Verlängerung der Vertikalachse entsteht daraus der ellipsoidische oder zylindrische Prunoid-Typ. Verkürzung der Vertikalachse läßt den linsenförmigen Diskoid-Typ entstehen; wachsen alle drei Achsen ungleich stark, entsteht das dreiachsige Ellipsoid des larcoiden Typs. Vorkommen: Seit dem (?Präkambrium) Kambrium.

Spurenfossil, fossile Lebensspur, im Gegensatz zum körperlich erhaltenen → Körperfossil und zur anorganisch erzeugten → Marke. Vgl. → Lebensspuren.

Squama occipitalis, *f* (lat. squama Schuppe; occiput Hinterhaupt), der dorsale Teil des → Occipitale der Mammalia (statt ‚Supraoccipitale‘). Vgl. → Os incae.

Squamata (OPPEL 1811), Eidechsen und Schlangen; eine Reptilordnung, U.Kl. Lepidosauria, mit nur einem (oberen) Schläfenfenster, oberhalb einer Spange aus Postorbitale und Squamosum: das untere Fenster des primär diapsiden Schädels ist durch Verlust des Quadratojugales und Reduktion des Squamosums verschwunden. Stammform sind die → Eosuchia. Von den beiden U.O. erschienen die Eidechsen (Lacertilia) in der oberen Trias, die Schlangen (Serpentes, Ophidia) erst in der Kreide. Bemerkenswert sind die großen marinen Eidechsen der O.Kreide, die Mosasaurier (Abb. 96, S. 202).

Squamosum, *n* (lat. squama Schuppe), Schuppenbein; ein großer paariger Deckknochen des hinteren seitlichen Schädeldaches der Wirbeltiere von den Crossopterygiern bis zu den Säugetieren, der immer in räumlicher Beziehung zur Ohrkapsel steht. Bei den Säugetieren bildet er mit dem Dentale das sekundäre Kiefergelenk; bei ihnen verschmilzt er häufig mit dem Petrosum zum → Temporale (Abb. 77, S. 149).

Squamula, *f* (Demin. von lat. squama Schuppe) (→ Tabulata): zu einer horizontalen Platte oder einem schüsselförmigen Vorsprung an der Coralliten-Innenwand umgebildeter Septalstachel.

Stacheleier, = → Hystrichosphären.

Stachelhäuter, = → Echinodermen.

Stacheln (Radioli) der Seeigel tragen am proximalen Ende eine Gelenkgrube zur beweglichen Verbindung mit warzenartigen Erhöhungen (Stachelwarzen) der Skeletplatten. Bei den Stachelwarzen unterscheidet man: den halbkugeligen Warzenkopf (mamelon), der ein zentrales Grübchen tragen kann und proximal in den etwas eingeschnürten Warzenhals übergeht. Größere Warzen werden meist von einem vertieften Warzenhof (Areola) umgeben. Die S. werden durch elastische Bänder auf den Warzenköpfen gehalten. Sie besitzen z. T. sehr charakteristische Formen (z. B. bei *Tylocidaris*).

Stachyosporae, → Coniferales.

Stammesgeschichte, Phylogenie, Phylogenese, die Wissenschaft von der Entstehung und Entwicklung des Lebens und von den dazu beobachtbaren Regeln und Gesetzmäßigkeiten. Ihre Quellen sind 1. indirekte: die vergleichende Untersuchung der rezenten Lebewesen hinsichtlich ihrer Anatomie und Ontogenie, wozu in neuerer Zeit die Analyse des Verhaltens, der Parasiten, sowie der Vergleich von Blutserum, Aminosäuresequenzen etc. hinzugekommen sind. 2. direkte: die Fossilien als Dokumente für den wirklichen Ablauf der Stammesgeschichte. Ihre Spärlichkeit an den besonders wichtigen Verzweigungsstellen der Stämme wurde anfänglich der Lückenhaftigkeit der Fossilüberlieferung angelastet (→ missing links. fehlende Glieder, die nach THENIUS besser 'connecting links', Verbindungsglieder, heißen müßten: z. B. → *Archaeopteryx*, → Ichthyostegalia). Der Verlauf der Stammesgeschichte läßt sich oft als phasenhaft erkennen mit anfänglich rascher Aufspaltung und gegen folgender allmählicher Weiterentwicklung bis zu einer ‚empfindlichen‘ Spätphase. Die Deutung dieser Phänomene war und ist unterschiedlich, vgl. →

synthetische Evolutionstheorie, → Typostrophentheorie, → adaptive Zone, → Tachytelie. → Gradualismus, → Punktualismus, → kybernetische Evolution.

Zur Frage der Entstehung des Lebens hat die Paläontologie vor allem den Nachweis des sehr hohen Alters des Lebens auf der Erde beigetragen (→ Fossil, → Fungi). Aus ihm ergibt sich, daß Leben auf der Erde schon bestand, kurz nachdem die äußeren Voraussetzungen (z. B. entsprechende Temperaturen) vorlagen.

Stammreihe, als blutsverwandt angesehene → Formenreihe (vgl. → genetische Reihe).

Stammverzweigung, B. RENSCH (1947) unterschied bei der Analyse der Stammesentwicklung die Verzweigung in den Stammesreihen (→ Kladogenese) von der eigentlichen Höherentwicklung im ganzen Stammbaum (→ Anagenese).

Stapes, *m* (lat. Steigbügel [künstliche neuere Wortbildung, wohl aus stare stehen und pes Fuß]), Steigbügel, der verknöcherte Teil des schalleitenden Apparates im Mittelohr der niederen Tetrapoden (→ Columella auris) und der Säugetiere, dort mit seiner Basis dem ovalen Fenster des Innenohres eingefügt. Vgl. → Reichertsche Theorie (Abb. 80, S. 158).

Statokonia, *f* (gr. στατός stehend; κονία Staub), = → Otokonia.

Statolithen, *m*, (gr. λίθος Stein), kleine feste Körperchen in den Hörbläschen vieler Tiere; es sind entweder Kalkkonkretionen oder (bei manchen Crustaceen) aufgenommene Fremdkörper; sie dienen wahrscheinlich der Wahrnehmung der Lage des Organismus im Raume. Man hat sie bei Medusen, Turbellarien, Mollusken, Holothurien, Arthropoden und Wirbeltieren gefunden. Die S. der Fische werden → Otolithen genannt.

Stauractin, *n* (RAUFF) (gr. σταυρός Pfahl, Kreuz; ακτίς Strahl) (Porifera): tetractines → Diaxon mit 4 Strahlen in einer Ebene (Kreuzform).

stegal (JAEKEL 1909) (gr. στέγη Dach, Haus), = → stegokrotaph.

Stegocephalia, -cephalen (COPE 1869) (gr. κεφαλή Haupt, Kopf),

‚Dachschädler'; zusammenfassende Bez. für meist große, sehr wahrscheinlich überwiegend amphibisch lebende Tetrapoden des jüngeren Paläozoikums und der Trias. Nach dem Bau ihrer Zähne werden sie auch → Labyrinthodontia genannt, doch decken die beiden Begriffe sich nicht völlig. Kennzeichnend für die S. ist ihr stark verknöchertes festes Schädeldach ohne → Schläfenöffnungen.

stegokrotaph (GAUPP 1894) (gr. κρόταφος Schläfe), stegal; Bez. für Schädel mit völlig geschlossenem Temporaldach (Schläfenregion). Bilden sich Jochbögen, so heißt der Schädel zygokrotaph (zygal): bei zwei Jochbögen dizygokrotaph (dizygal), bei einem Jochbogen monozygokrotaph (monozygal). Gymnokrotaph heißt ein Schädel mit offener Schläfengrube, aber ohne Jochbogen. Vgl. → Schläfenöffnungen.

Stegosauria (gr. σαῦρος Eidechse), eine U.O. der → Ornithischia.

Stegoselachii, = → Rhenanida.

Steigbügel, = → Stapes.

Steinkanal, der Teil des Wassergefäßsystems der Echinodermen (Seeigel, Seesterne), welcher die → Madreporenplatte mit dem Ringkanal verbindet und verkalkte Wandungen besitzt.

Steinkern, fossilisierter natürlicher Ausguß der Hohlräume eines Organismus.

Steinkohlen, meist paläozische, gesteinsartig feste → Kaustobiolithe verschiedener Zusammensetzung. Sie bestehen aus Gemengteilen, den Mazeralen, vergleichbar den Mineralen der Gesteine. Die Mazerale sind: Vitrinit, → Collinit, → Mikrinit, → Semifusinit, → Sklerotinit, → Fusinit, → Sporinit, → Resinit, → Kutinit, → Alginit. Aus diesen Mazeralen bestehen die → Streifenarten: → Vitrit, → Cla-

rit, → Durit, → Fusit. Vgl. → Inkohlung. (s. Tabelle).

Steinkorallen, = → Madreporaria.

Steinschwämme, = → Lithistida.

Stele, *f* (gr. στήλη Säule), 1. (botan., VAN TIEGHEM 1886): das aus Holz- und Siebteil bestehende Leitgewebe höherer Pflanzen. Bei den Psilophyten ist es eine einfache Strang- oder Protostele. Die Sternoder Aktinostele ist vielarmig, doch noch zusammenhängend. Die Waben- oder Plektostele besitzt einen maschenartig verflochtenen Holzkörper, der von einem gemeinsamen → Phloem umhüllt wird. Die Schlauch- oder Siphonostele bildet einen Hohlzylinder um ein zentrales Markgewebe. Löst sich die Siphonostele in ein Maschenwerk auf, so erscheint sie auf dem Querschnitt als ein Ring einzelner Leitbündel und bildet eine Bündel- oder Eustele. Völlig regellos verteilte Bündel bilden eine Ataktostele.

Aufbau der Streifenarten aus den Gefügebestandteilen (nach dem Atlas für angewandte Steinkohlenpetrographie 1951):

Stein kohle: Streifen- arten:	Humuskohlen				Sapropelkohlen	
	Vitrinit	Clarit	Durit	Fusit	Kännel- kohlen	Boghead- kohlen
A. Grund- masse:	Vitrinit	Vitrinit	massiger Mikrinit	Semi- fusinit	fein- körniger Mikrinit	fein- körniger Mikrinit
			Semi- fusinit Sklero- tinit feinkörnig. Mikrinit	Fusinit	Vitrinit	Vitrinit
B. Ein- lagerun- gen:	Resinit	Exinit Resinit	Exinit Resinit	—	Exinit (Resinit)	Algen (auch zum Exinit gehörig)
C. Akzes- sorien:	Semi- fusinit-, und Fusinit- leisten Mikrinit- flocken Sklero- tinit	Semi- fusinit und Fusinit- leisten Mikrinit- flocken Sklero- tinit	Fusinit Vitrinit	—	Fusinit- leisten	Fusinit- leisten

Die Polystele sieht aus wie eine Vereinigung mehrerer Einzelstelen. 2. Neutrale Bez. für das stielähnliche Organ der → Carpoidea.

Stelleroidea; Zusammenfassung der sternförmigen Echinodermen (= Asterozoa): Seesterne (→ Asteroidea), Schlangensterne (→ Ophiuren) und der → Somasteroidea. Es sind frei bewegliche Tiere mit flacher Zentralscheibe und fünf von ihr ausgehenden Armen. Mundöffnung und Ambulakralfüßchen auf der Unterseite. Vorkommen: Seit dem Ordovizium.

stelodont (gr. στήλη Säule), (Gebiß): mit Zähnen auf besonderen Sockeln des Kieferrandes (bes. Pythonomorpha, U.O. Serpentes).

stenobath (gr. στενός eng; βάθος Tiefe), an eine bestimmte Wassertiefe gebunden. Gegensatz: eurybath.

stenochor (gr. χώρα Raum), → eurychor.

stenök (gr. οἶκος Haus), → euryök.

stenogloss (gr. γλῶσσα Zunge), gemeinsame Bez. für rhachi- und toxoglosse Ausbildung der → Radula.

Stenoglossa (BOUVIER 1887), eine U.O. der → Prosobranchia; Syn.: Neogastropoda.

stenohalin (MÖBIUS) (gr. ἅλς Salz) heißen aquatische Organismen, deren Lebensbereich eng an eine bestimmte Salzkonzentration gebunden ist. Vgl. → euryhalin.

Stenolaemata (BORG 1926) (gr. λαιμός Schlund, wobei sich ‚Schlund' auf das Zooecium bezieht, nicht auf das Polypid wie bei den Phylactolaemata und Gymnolaemata), eine Kl. der Bryozoen, welche Formen mit vorwiegend röhrenförmigen Zooecien umfaßt. Ordnungen: → System der Organismen im Anhang.

stenophotisch (gr. φώς, φωτός Licht), an eine bestimmte Lichtmenge gebunden (und damit bei marinen Organismen auch an einen bestimmten Tiefenbereich). Gegensatz: euryphotisch.

Stenosiphonata (TEICHERT 1933) (gr. σίφων Spritze), zusammenfassend für die Cephalopoden mit engem Sipho: → Ammonoidea, → Coleoidea und → Nautiloidea. Gegensatz: → Eurysiphonata.

Stenothecoida (YOCHELSON 1969), Syn. Probivalvia AKSERINA 1968, eine als Mollusken-Klasse angesehene Gruppe frühkambrischer, vermutlich weltweit verbreiteter, an Muscheln erinnernder zweiklappiger Gehäuse aus Kalziumkarbonat, Größe etwa 2 cm, kein Schloßrand, Klappen ungleich groß.

stenotherm (gr. θερμός Wärme), empfindlich gegen Temperaturschwankungen. Gegensatz: → eurytherm.

Stenoxybionten, → Euryoxybionten.

stephanocolpat, -colporat (gr. στέφανος Stirnband, Kranz, Krone), → Sporomorphae mit mehr als drei Colpen bzw. mehr als drei Colpen mit Poren.

Stephanodontie, *f* (SCHAUB 1938) (nach der Gattung *Stephanomys* SCHAUB 1938), eine Struktur der oberen Backenzähne bei manchen Gattungen der Muridae (Rodentia), gekennzeichnet durch kranz- oder girlandenartige Verbindung von Protoconus, Paraconus, Metaconus und Pseudypoconus.

stephanoporat heißen → Sporomorphae mit mehr als drei Poren (→ Porus).

stephoid (gr. στέφος Kranz, Zweig), → Nassellaria.

Stereom, *n* (gr. στερεός hart, starr; ομ, Pl. ομᾶτα Bez. für die Gesamtheit kleiner Gebilde), (botan.): Bastfaser; ein besonderes Gewebe aus Zellen mit stark verdickten Membranen. (Zool.): dichtes Kalkgewebe (= Sklerenchym, → Stereoplasma); (→ Echinodermen): ein primär spongiöses Skeletmaterial aus monokristallinem Magnesiumkalzit ohne Einschluß organischer Matrix, dessen Poren von lebendem Gewebe, dem Stroma (Kollagen- und Muskelfasern, Bindegewebe) erfüllt sind. Es ist wie Knochen mesodermalen Ursprungs.

Stereoplasma, *n* (LINDSTRÖM 1873) (gr. πλάσμα Gebilde), (= Stereom), im ursprünglichen Sinne ein dichtes, sekundäres Kalkmaterial, das verschiedene Teile des → Madreporarier-Skelets überdeckt, verdickt oder verbindet. Nach SCHOUPPÉ & STACUL 1962 handelt es sich dabei jedoch nicht um eine eigene Ausscheidungsmasse, sondern um Teile der bereits bekannten Skeletelemente. Vorwiegend ist das S. basaler, teilweise auch septaler oder epithekaler Herkunft. Wenn es strukturlos erscheint, so ist dies auf sekundäre Veränderungen zurückzuführen.

Stereospondyli (gr. σφονδύλιος Wirbel), → Labyrinthodontia mit stereospondylen Wirbeln; sie sind die letzten, wieder aquatischen Formen, einige mit riesigem, flachem Schädel und schwachen Extremitäten. Zu ihnen gehören die größten bekannten Amphibien. Sie stammen von → rhachitomen Vorgängern ab. In der Trias waren sie weltweit und zahlreich vertreten. Beispiele: *Capitosaurus, Metoposaurus*. Vgl. → Stegocephalen.

stereospondyler Wirbel, ein Wirbel, dessen Körper aus dem → Hypozentrum besteht, während das → Pleurozentrum mehr und mehr reduziert wird. Vgl. → Bogentheorie (Abb. 123, S. 257) .

Stereotheca, *f* (GRABAU 1922), (→ Rugosa): durch lokale Verdickung der Septen gebildete → Innenwand, = → Pseudotheca.

Stereozone, *f* (LANG & SMITH 1927) (gr. ζώνη Gürtel, Erdgürtel), (→ Rugosa): im ursprünglichen Sinne eine randlich gelegene, an die → Epithek nach innen sich anschließende verdickte Skeletzone. Nach HILL 1935 (die den Begriff auf jede beliebig gelegene verdickte Zone im Coralliten ausdehnte) als periphere S. zu bezeichnen. Vgl. → Stereoplasma, → innere Stereozone.

Sternalplatten (gr. στέρνον Brustbein), (Echinid.): → Plastron (Abb. 110, S. 217).

Sternebrae, Sing. -a, *f*, die den Mittelteil des Säugetier-Sternums (Corpus sterni) zusammensetzenden einzelnen Skeletelemente.

Sternit, *m*, → Arthropoden.

Sternum, *n* (lat. Brustbein), ein ventrales, unpaares Verbindungsstück zwischen den beiderseitigen Thorakalrippen der Tetrapoden. Vielfach bleibt es knorpelig, daher ist z. B. das S. der → Crossopterygier und → Stegocephalen nicht bekannt. Besonderheiten finden sich am Sternum der Anuren (→ Omosternum), der Vögel (Crista sterni,

→ Carina) und der Säugetiere. Letzteres hat, im Gegensatz zur meist plattigen Ausbildung bei den übrigen Tetrapoden, die Form eines gegliederten Stabes. Vgl. → Manubrium sterni, → Xiphisternum, → Sternebrae.

stichobol (BOLK) (gr. στίχος Reihe, Linie; βολή Wurf), → Dimertheorie.

Stichos, m (= Odontostichos), Längsreihe von (± gleichaltrigen) Zähnen niederer Wirbeltiere, die entweder dem Kieferrand parallel verläuft oder mit ihm einen Winkel bildet. Gleichzeitig sind die Zähne in labiolingualer Richtung (senkrecht zum Kieferrand) hintereinander zu Reihen jeweils jüngerer Zähne bzw. Zahnanlagen angeordnet; jede dieser Reihen bildet eine Zahnfamilie. Der älteste Zahn einer Familie steht am weitesten labial, nach dem Ausfallen wird er durch den lingual von ihm stehenden derselben Zahnfamilie ersetzt usw. Vgl. → Dimertheorie.

Stiel, 1. (→ Pelmatozoa): = Columna, zusammengesetzt aus ± zahlreichen runden, ovalen oder kantigen Stielgliedern (→ Trochiten, → Columnalia, → Nodale); er kann mehrere Meter lang werden. Das Wachstum erfolgt am oberen Ende. Die Stiel- und Cirrenglieder durchzieht ein zentraler Längs- oder Achsenkanal von rundlichem oder kantigem Querschnitt, der mit dem → gekammerten Organ in Verbindung steht. Vgl. → Pelma. 2. (Brachiopoden): muskulöse Wucherung (bei → Articulata) oder Ausstülpung des Eingeweidesackes (bei → Inarticulata); sie dient zur Befestigung des Tieres am Substrat.

Stielklappe (Brachiop.): diejenige Klappe, aus deren Hinterende der → Stiel austritt (gelegentlich auch Ventralklappe genannt, aber mit geringem Recht).

Stielöffnung (Brachiop.): Einschnitt am hinteren Klappenrand zum Durchtritt des fleischigen Stiels. In der Stielklappe gelegen, heißt er → Delthyrium, in der Armklappe → Notothyrium. Die S. kann durch Kalkausscheidungen sekundär verschlossen werden. Vgl. → Foramen, → Deltidium.

Stigma, n (gr. στίγμα Punkt, Mal), Öffnung an der Körperoberfläche vieler → Arthropoden für die → Tracheen. Vgl. → Spiraculum.

Stigmaria, -marie, ‚Narbenbaum‘: das unterirdische Organ (Rhizom) von → Lepidodendrenstämmen mit Rinde, Sekundärholz und Mark, stark gabelig verzweigt, wobei die ersten Gabelungen sehr rasch aufeinander folgen. Auf der Oberfläche tragen die S. unregelmäßig oder in Quincunx verteilte rundliche Narben mit einer punktförmigen zentralen Vertiefung. Von ihnen gehen die schlauchartigen Appendices (→ Appendix), die eigentlichen Saugwurzeln, aus.

Stirnbein, Os frontale, → Frontale.

stirodont (Echinoid.): → Laterne des Aristoteles.

stirpivor (lat. stirps Stamm, Sproß; vorare verschlingen) heißen Tiere, die ihre eigenen Jungen fressen.

Stirps, m u. f, ein selten gebrauchtes → Taxon nicht festgelegten Ranges.

Stolon, m (lat. stolo, -nis Ausläufer an Pflanzen), allgemein: Ausläufer von Pflanzen oder koloniebildenden Tieren. Abweichend sind: 1. (Grapt.): dünner, innerer Chitinfaden der → Dendroidea, von ihm scheinen die Theken auszugehen. Er dürfte dem → Pectocaulus der → Pterobranchia homolog sein. 2. (Foram.): Röhre, die die Kammern von → orbitoid gebauten Foraminiferen miteinander verbindet.

Stolonoidea (KOZLOWSKI 1938), eine kleine O. der → Graptolithina; sessil oder inkrustierend, gekennzeichnet durch extreme und ganz unregelmäßige Entwicklung des → Stolon und der Stolotheken; → Bitheken fehlen. Vorkommen: U.Ordovizium.

Stolothek, -theca, -notheca, f (lat. theca Behälter), einer der drei Theken-Typen bei → dendroiden Graptolithen. Die S. umfaßt die Proximalteile der Tochter-Stolotheca, der → Auto- und der → Bitheca und den Haupt-Stolonen. Damit entspricht sie der → Protheca der Graptoloidea.

Stoma, n, Pl. -ata (gr. στόμα Mund). Spaltöffnung der höheren Pflanzen: ein Paar ± gekrümmter Zellen mit einem zwischen ihnen offenen Spalt, dient dem Gasaustausch und der Abgabe von Wasserdampf. FLORIN unterschied zwei Typen von S.: haplocheil: die beiden Schließzellen entstehen unmittelbar durch Teilung der Spaltöffnungsmutterzelle. Die benachbarten Zellen sind der Spaltöffnungsmutterzelle gleichwertige Epidermiszellen. Syndetocheil: die Urmutterzelle teilt sich zunächst in drei Teile, deren mittelster zur Spaltöffnungsmutterzelle wird. Die beiden seitlichen Zellen werden zu Nebenzellen (dieser Typ ist kennzeichnend für die → Bennettitales). Vgl. → amphistomatisch.

Stomochordata (DAWYDOFF 1948) (gr. χορδή Darmseite), (Syn.: Hemichordata, → Branchiotremata) ein Stamm der → Deuterostomia mit einer auf den vorderen Teil des Körpers beschränkten, von DAWYDOFF als Chorda-Rest angesehenen Struktur (Stomochord). Zu ihnen rechnete DAWYDOFF die Klassen → Enteropneusta, → Pterobranchia, → Graptolithina. Vgl. → Tunicata, → Chordata.

Stomodaeum, n (gr. στόμα Mund; Nachsilbe -αιος bedeutet Ähnlichkeit). das vom Mund in den Gastralraum führende Schlundrohr der → Cnidaria.

Stratigraphie, f (lat. stratum Schicht; gr. γράφειν schreiben), die Wissenschaft von der zeitlichen Ordnung der Gesteine. Sie bedient sich aller geeigneten Inhalte organischer und anorganischer Art, um ein Zeitschema (stratigraphische Tabelle) aufzustellen, in das die erdgeschichtlichen Vorgänge eingefügt werden. Es wird ständig ausgebaut und verfeinert. In lokalen Bereichen ergibt sich die Altersstellung der Gesteine aus dem Lagerungsgesetz, nach dem die ältesten Schichten zuunterst liegen; auf ihm basiert die Lithostratigraphie. Echte Zeitmessung (Chronostratigraphie) erfolgt demgegenüber anhand einsinnig fortschreitender Prozesse, wie z. B. der progressiven Entwicklung der Lebewesen. Diese bildet die Grundlage der Biostratigraphie. Diese Methoden ergeben in der Regel nur relative Altersangaben.

Die Größenordnungen in Jahren liefern physikalische Methoden, sog. radiometrische Altersbestimmungen, auf Grund der Zerfallsdauer radioaktiver Substanzen.

Stratum album, callosum, profundum, *n* (MÜLLER-STOLL 1936) (lat. albus weiß; callosus dickhäutig; profundus tief), → Velamen triplex.

Streifenarten (R. POTONIÉ 1910), die die → Streifenkohle zusammensetzenden ‚Streifen' (Mikrolagen oder Mikrolithotypen) wie → Vitrit, → Clarit, → Durit, → Fusinit (Tab. S. 228).

Streifenkohle, Steinkohle im herkömmlichen Sinne (mit Ausnahme der → Kännel- und → Boghead-kohlen). Bei ihr lassen sich die Hauptbestandteile Glanz-, Matt- und Faserkohle deutlich erkennen; sie sind in wechselnden Lagen (Streifen, Lithotypen) besonders von Glanz- und Mattkohlen angeordnet.
In der Technik werden folgende Arten von Streifenkohlen unterschieden: Magerkohlen mit 8–12 % flüchtigen Bestandteilen, Eßkohlen mit 12–19 %, Fettkohlen mit 19–28 %, Gaskohlen mit 28–35 %, Gasflammkohlen und Flammkohlen mit 35–42 % flüchtigen Bestandteilen. Vgl; → Inkohlung.

Strepsirhini, eine U.O. der → Primates, heute auf Madagaskar beschränkt (Lemuren und Verwandte), im Alttertiär verbreitet auch in Europa und Nordamerika (Adapiden, noch ohne spezialisiertes ‚Kamm'-Gebiß). Die S. wurden früher mit den → Tarsiiformes als → Prosimiae zusammengefaßt. Vorkommen: Seit dem U.Eozän.

Streptognathie, *f* (gr. στρεπτός biegsam, geflochten, gedreht; γνάθος Kinnbacken), Beweglichkeit zwischen den Deckknochen des Unterkiefers (z. B. bei → Mosasauriern).

streptoneur (gr. νευρά Sehne), mit gekreuzten Nerven (bezieht sich auf die Folge der → Torsion bei prosobranchen Gastropoden).

Streptoneura (SPENGEL 1881), Syn. von → Prosobranchia.

streptostyl (gr. στύλος Säule, Stütze), (Foram.): Kammern in gebogener Folge aneinander gereiht.

Auch speziell beim → Proloculus gebraucht.

Streptostylie, *f* (STANNIUS 1846), gelenkige Beweglichkeit zwischen dem Quadratum und dem Sqamosum (z. B. bei Eidechsen, Schlangen, manchen Dinosauriern). Dabei besteht nach STANNIUS Beweglichkeit auch des Pterygoids gegen die Schädelbasis. Monimostylie liegt vor, wenn keine derartigen Bewegungen möglich, die betreffenden Elemente also starr miteinander verbunden sind (wie bei Krokodilen und Schildkröten). Vgl. → Kinetik des Schädels.

stringocephalid (nach der Gattung *Stringocephalus*) (Brachiopoden): → Armgerüst (Abb. 15, S. 34).

Strobila, *f* (gr. στρόβιλος Kreisel), Polyp der → Scyphozoa, dessen tentakeltragende distale Teile zu Scheiben (→ Ephyra) abgeschnürt werden (Strobilation).

Strobilus, *m* (gr. στρόβιλος Kreisel), der kegel- oder walzenförmige Blüten- und Fruchtstand der Nadelhölzer.

Stroma, *n* (gr. στρώμα das Ausgebreitete, Bettsack), 1. die organische Komponente des Skelets der Echinodermen im Gegensatz zum kalkigen → Stereom. 2. Fruchtkörper von Pilzen.

Stromatolith, *m* (KALKOWSKY 1908) (gr. λίθος Stein); ‚Algenkalk', Spongiostroma, knollige oder schalige Kalkniederschläge, wahrscheinlich unter Mitwirkung von Organismen (→ Cyanophyta) entstanden; rezente Stromatolithen (= Algenmatten) werden hauptsächlich unter Mitwirkung von Cyanophyceen der Gattungen *Aphanocapsa, Aphanothece, Entophysalis, Oscillatoria, Lyngbya, Microcoleus* und *Schizothrix* aufgebaut (GOLUBIC 1973). S. spielen besonders in präkambrischen und altpaläozoischen Gesteinen eine Rolle, auch in der Trias (Buntsandstein, Muschelkalk) teilweise als eine Art Leitfossil, und wurden unter zahlreichen Namen beschrieben: *Cryptozoon* HALL, *Collenia* WALCOTT u. v. a. PIA (1927) trennte die knollenförmigen S. als Oncolithi von den auf breiter Unterlage aufgewachsenen Stromatolithi.

Stromatoporen (O. Stromatoporida) (gr. πόρος Durchgang), eine wohl heterogene O. ausgestorbener, koloniebildender, früher meist den → Hydrozoa, neuerdings eher den → Demospongea oder → Calcispongea zugerechneter Organismen (REITNER 1992 wies bei mehreren Arten Spicula nach), die ein kalkiges Skelet in Gestalt unregelmäßig geformter, geschichteter Krusten oder Kleinriffe absondern. Die Größe der Kolonien liegt zwischen weniger als 1 cm und 1–2 m. Das Skelet wird durch horizontale (→ Laminae, → Latilaminae) und vertikale (→ Pilae) Elemente gegliedert. Weitere charakteristische Bildungen sind → Astrorhizae, → Monticuli (Mamelons) und → Caunoporen. Vorkommen: Kambrium–Kreide, hauptsächlich Silur–Devon (damals wesentliche Riffbauer).

Strongyl... (gr. στρογγύλος rund, bauchig), Vorsilbe für einfach abgerundete Schwammnadeln, z. B. Strongylhexactin.

Strongyl, *n,* beiderseits abgestumpftes diactines (→ Monaxon).

stropheodont (nach der Gattung *Stropheodonta),* heißt eine Abart des Brachiopoden-Schlosses mit einer Vielzahl kleiner Zähnchen, die am Schloßrand der Stielklappe aufgereiht sind und in entsprechende Gruben am Schloßrand der Armklappe passen. Sie wurden von Hertha SCHMIDT (1951) als abgewandelte Pseudoporen aufgefaßt (→ pseudopunctat).

Strophomenida (nach der Gattung *Strophomena*), eine O. der → Articulata (Brachiopoden), gekennzeichnet durch → pseudopunctate Schalen. – Vorkommen: Ordovizium–Jura.

Stufe, die der Zone übergeordnete biostratigraphische Einheit. Im Sinne von PIA (,Pia-Stufe'): ein Sediment, das zwischen dem ersten Auftreten einer älteren Art und dem ersten Auftreten einer jüngeren Art eingeschlossen ist. Der entsprechende zeitliche Begriff ist die Helikie: die Zeit, die zwischen dem ersten Auftreten zweier verschieden alter Arten abgelaufen ist.

Stufenreihe (ABEL 1911), → genetische Reihe.

Styl, *m* (gr. στύλος Säule, Pfeiler), monactines Monaxon mit einem spitzen und einem stumpfen Ende („Stecknadel'). Syn.: Tylostyl. (→ Porifera, Abb. 91, S. 186).

Stylamblys, *m* (BATE 1888) (gr. αμβλύς schwach, stumpf) (= Appendix interna), ein mit Borstenhaken versehener Fortsatz an der medialen Seite des Endopoditen vieler → Malacostraca-Pleopoden; damit haken sich die beiderseitigen Pleopoden eines Segments aneinander und schlagen dadurch im gleichen Rhythmus.

Stylasterida (HICKSON & ENGLAND 1905) (gr. αστήρ Stern), eine O. der → Hydrozoa.

Styliolinen, kleine (wenige mm) ± glattschalige, spitzkonische Kalkgehäuse aus dem älteren Paläozoikum; → Dacryoconarida. Vorkommen: Ordovizium–Devon.

Stylocalamites, *m* (WEISS) (gr. κάλαμος Stengel, Rohr), → Calamitaceae.

Styloconus, *m* (JAEKEL 1918), größeres, kreiselförmiges Stielglied der → Stylophora, das die Mittelregion des Stiels bildet, von oben her zentral ausgehöhlt ist und nach JAEKELS Ansicht eine Drehbewegung um die Längsachse ermöglichte. Der ‚Stiel' wurde von UBAGHS als Arm angesehen. Vgl. ⟩ Aulacophor.

Stylohyale, *n,* Interhyale; ein kleines knorpeliges oder verknöchertes Verbindungsstück im → Visceralskelet der → Teleostomi zwischen → Hyomandibulare und → Hyoideum.

Styloid, *n* (JAEKEL 1918), halbseitiges Stielstück aus der Mittelregion des Stieles mancher → Carpoidea, an der Innenfläche ausgehöhlt, nach außen mit 2 Zapfen versehen.

Styloid-Apophyse, *f,* bei *Pholas* (Lamellibr.): vom Wirbel beider Klappen ins Klappeninnere reichender Vorsprung zum Ansatz des Fußmuskels.

Stylommatophora (A. SCHMIDT 1855) (gr. όμμα Auge; φέρειν tragen), eine U.O. der → Pulmonata, sie umfaßt die terrestrischen Formen; bei ihnen liegen die Augen in den Enden eines Paares einstülpbarer Fühler. Vorkommen: Seit dem Karbon.

Stylophora (GILL & CASTER 1960), eine Kl. der Homalozoa (Echin.), sie umfaßt Formen mit einem differenzierten Arm (→ Aulacophor), aber ohne Stiel. Ordnungen: → Cornuta, → Mitrata. Vorkommen: Kambrium–Devon. Vgl. → Calcichordata.

Stylopodium, *n* (HAECKEL) (gr. πούς, ποδός Fuß, Bein [= Stelopodium von gr. στήλη Säule]), Säulenbein; der proximale Röhrenknochen der Tetrapoden-Extremität: → Humerus bzw. → Femur. Vgl. → Zeugopodium.

Subanale, *n* (lat. Vorsilbe sub unter). (Crinoid.): Synonym von → Radianale. (Echinoid.): → Plastron.

Subcarina, *f* (lat. carina Schiffskiel), (Cirripedier): → Thoracica.

Subchela, *f* (gr. χηλή Schere), → Chela.

Subcosta, *f* (lat. costa Rippe), → Flügel der Insekten (Abb. 64, S. 116).

Suberitoid, *n* (R. POTONIÉ (lat. suber Korkeiche), Bez. für ein hauptsächlich aus Korkgewebe entstandenes → Mazeral.

subfossil (lat. Vorsilbe sub unter), zwischen rezent und fossil vermittelnd, etwa gleich ‚prähistorisch', jedoch ohne genaue Festlegung. Joh. WALTHER nannte s. Arten, die in historischer Zeit ausgestorben sind. In der Paläobotanik gilt der Erhaltungszustand als Hauptkriterium, so daß unter Umständen auch tertiäre Pflanzenfossilien noch ‚subfossil' genannt werden können .

Subholostei (gr. όλος ganz, völlig; οστέον Knochen), eine heterogene, formenreiche Gruppe der → Actinopterygii, in welcher die Schwanzflosse nicht mehr rein → heterocerk war und deren Schuppen oft die mittlere Cosmin-Schicht verloren hatten. Morphologisch lassen sie sich als progressive, zu den → Holostei überleitende → Palaeonisciformes ansehen. Ihre Blütezeit lag in der Trias; im Jura erloschen sie.

sublitoral, (gr. litus) → litoral.

submegathyrid (nach der Gattung *Megathyris*), (Brachiopoda): → Schloßrand.

submers (lat. mergere tauchen), untergetaucht.

Suboperculare, → Opercularapparat. (Abb. 114, S. 238).

subpetaloid, (gr. πέταλον Blatt), → Echinoidea.

Subradiale, *n* (Crinoid.): = Basale.

Subsigillariae (lat. sigillum Siegel), (Lepidophyta) → Sigillariaceae.

Substantia adamantina, *f* (lat. substantia Substanz; gr. αδάμας Stahl). Email, Enamelum, → Schmelz.

Substantia compacta, *f* (lat. zusammengedrängt), → Knochen.

Substantia eburnea, *f* (lat. elfenbeinern), Elfenbein, → Dentin.

Substantia ossea, *f* (lat. knöchern), → Zement.

Substantia spongiosa, *f* (lat. schwammig), → Knochen.

Substitut, *n* (lat. substituere ersetzen), der Ersatzname für einen veröffentlichten (aber nicht → verfügbaren = illegitimen) Namen. Ersatzname und ersetzter Name sind objektive → Synonyme.

substructa, forma s. (lat. unterbaut), → Anomalien an Ammonitengehäusen.

subtegminal, (Crinoid.): unterhalb der festgetäfelten Kelchdecke (= Tegmen) gelegen.

subterebratulid (nach der Gattung *Terebratula*), (Brachiopoda). → Schloßrand.

Subumbrella, *f* (lat. umbra Schatten, danach neuere Wortbildung umbrella = Schirm), die untere Fläche des Schirms bei → Medusen.

Subungulata (FLOWER & LYDEKKER 1891) (lat. sub unter, fast; ungula Huf), ursprünglich eine Zusammenfassung einer Reihe primitiver Huftiere, bei denen nicht echte Hufe, sondern halbmondförmige Nägel die Endphalangen bedeckten. Wegen gemeinsamer anatomischer und biochemischer Merkmale zählt man ihnen heute nur noch die → Proboscidea, → Hyracoidea und → Sirenia zu, auch wegen deren wahrscheinlich gemeinsamen afrikanischen Ursprungs. Vgl. → Paenungulata.

Subzone, *f,* der → Zone untergeordneter raumzeitlicher Begriff. Er gründet sich entweder auf die Untergliederung der Zonenart oder auf das Auftreten eines oder mehrerer anderer Fossilien, deren Grenzen nicht mit denen der Zone zusammenfallen. Vgl. → Teilzone.

$$\frac{a_2}{a_1} \text{ Zone a} \frac{\text{Subzone mit a + b}}{\text{Subzone mit a ohne b.}}$$

Suchia (gr. σοῦχος Krokodil), von B. KREBS (1974) vorgeschlagene Zusammenfassung (Ordnung) innerhalb der → Archosauria, umfassend die Pseudosuchia und die Crocodylia (Eusuchia). Diese unterscheiden sich durch den spezialisierten Bau des Tarsus (,crurotarsales' Gelenk zwischen Astragalus und Calcaneus) von der Mehrzahl der Archosauria (den Dinosauriern und Flugsauriern).

Suina (GRAY 1821) (lat. sus, suis Schwein), eine U.O. der → Artiodactyla, welche die Schweineartigen und Flußpferde umfaßt. Vorkommen: Seit dem U.Eozän.

sukkulent (lat. sucus Saft), dickfleischig.

sulcat (lat. sulcatus gefurcht), mit einer Furche versehen.

Sulcus acusticus, *m* (lat. Hörfurche), → Otolith (Abb. 84, S. 166).

Sulcus geminatus, *m* (MÜLLER-STOLL 1936) (lat. geminare verdoppeln), seitliche Doppelfurche am Belemniten-Rostrum (besonders deutlich bei *Belemnitella);* oft gehen Gefäßeindrücke davon aus. Man sieht im S. g. die Eindrücke des Knorpelleiste eines seitlichen Flossensaumes.

Sulcus vascularis, *m,* Pl. sulci vasculares (lat. vasculum kleines Gefäß), nannte MÜLLER-STOLL (1936) die Gefäßeindrücke auf dem → Rostrum mancher Belemniten, z. B. bei *Belemnitella.*

Supermaxillare, *n* (lat. super über ...hinaus), von ABEL 1919 vorgeschlagene Bez. für das Supramaxillare der Fische.

Superstitenfaunen (FRECH), (lat. superstes überlebend, Nachkomme), Faunen mit stärker altertümlichem Gepräge als ihnen nach ihrer stratigraphischen Stellung zukäme.

Supination, *f* (lat. supinare rückwärts beugen), Drehbewegung des Radius um seine Längsachse, wobei er parallel neben die Ulna zu liegen kommt und der Daumen nach außen zeigt. Vgl. → Pronation.

Supraangulare, *n* (lat. supra über, oberhalb), = → Surangulare (Abb. 120, S. 251).

Supracaudale, *n* (lat. cauda Schwanz), → Hornschilde.

Supracleithrum, *n* (gr. κλεῖθρον Schloß, Riegel), ein paariger Deckknochen des → Schultergürtels von Fischen, welcher sich dorsal an das Cleithrum anschließt und den Schultergürtel mit dem Kopf verbindet. (Vgl. Abb. 104, S. 214).

supralitoral, → litoral.

Supramaxillare, Supermaxillare (Fische): langgestreckte Knochenlamelle dorsal vom Maxillare (auch Jugale genannt). Abb 114, S. 238).

Supranodale, *n* (lat. nodus Knoten) (Crin.): ein Stielglied unmittelbar über einem → Nodale.

Supraoccipitale, *n,* eine mediodorsale Verknöcherung der Occipitalregion des Primordialcraniums der Wirbeltiere. Vgl . → Postparietale, → Squama occipitalis (Abb. 77, S. 149).

Supraorbitale, *n,* **Supraorbitalserie,** die über der → Orbita liegenden kleinen oder größeren Knochenplatten; bei Fischen sind sie weitverbreitet, sie kommen aber auch bei einzelnen Reptilien vor.

Suprascapula, *f,* der dorsale, knorpelig bleibende Teil der → Scapula, besser als pars cartilaginea scapulae zu bezeichnen.

Supratemporale, *n* (= Suprasquamosum), ein paariger Dermalknochen des Schädeldaches von Crossopterygiern und niederen Tetrapoden, lateral vom Parietale, hinter dem Intertemporale (bzw. Postorbitale) gelegen.

Suranale, *n,* (Echinoidea): Dorsozentralplatte, die zuerst gebildete, besonders große Periprokt-Platte im Zentrum des Scheitelfeldes mancher regulärer Seeigel, wo sie die Stelle der leicht nach hinten verlegten Analöffnung einnimmt.

Surangulare, *n* (= Supraangulare), ein Deckknochen des Unterkiefers von Fischen und niederen Tetrapoden; er liegt im hinteren oberen Drittel des Unterkiefers (Abb. 120, S. 251).

Suspension, *f* (lat.. suspendere schweben lassen, unterbrechen), Aufhebung der Nomenklaturregeln unter besonderen Bedingungen im

Interesse der Stabilität der Nomenklatur. Es können dadurch regelwidrige, doch allgemein eingebürgerte Namen geschützt (zu nomina conservata erklärt) werden. Vgl. → Nomen conservandum.

Suspensiv-Lobus, *m,* → Suturallobus.

Suspensorium, *n,* → Kieferstiel.

Sutura, *f* (lat. Naht [suere nähen], 1. (Wirbeltiere): Naht zwischen Knochen; 2. (Cephalop.): die Kontaktlinie der Kammerscheidewände mit der Innenseite des Gehäuses (→ Lobenlinie; vgl. auch → Suturallobus, → Naht). 3. (Gastropoden): die äußere Berührungslinie der aufeinander folgenden Gehäusewindungen. 4. (Foraminiferen): Naht; Verwachsungsbereich von Kammerscheidewand und äußerer Gehäusewand. Spiralsuturen bilden den die Nahtlinie zwischen je zwei Umgängen bei eingerollten Formen.

Sutura coronalis, *f* (lat. coronalis von corona Kranz), Kranznaht; sie verläuft quer über das Schädeldach zwischen den Frontalia auf der einen und den Parietalia auf der anderen Seite.

Sutura facialis, *f* (lat.) . = → Gesichtsnaht der Trilobiten.

Sutura frontalis, *f* (= S. metopica).Stirnnaht, die Naht zwischen den Frontalia der Tetrapoden.

Suturallobus, *m* (R. WEDEKIND), Nahtlobus; ein an der Naht gelegener, durch Lobenspaltung differenzierter → Umbilikallobus. Dabei wölbt sich vom Grunde des Lobus ein Sattel auf, auf dessen Scheitel senkt sich ein neuer Lobus ein, dieser wird erneut durch einen Sattel geteilt usw. Fallen die einzelnen Elemente des Suturallobus zur Naht hin ab, so liegt ein hängender S., oder Suspensiv-Lobus (= suspensive Serie von Suturalloben) vor. Vgl. → Auxiliarloben.

Sutura occipitalis, *f* (lat. occiput, occipitis Hinterhaupt) (= S. lambdoidea), Lambdanaht, die Naht zwischen den Parietalia und Occipitalia.

Sutura sagittalis, *f* (lat. sagitta Pfeil), Pfeilnaht, zwischen den Parietalia der Mammalia gelegen.

Sycon-Typ (HAECKEL) (gr. σῦκον Feige), Bauplan von Schwämmen mit einer Lage → Kragengeißelzellen in den die Wände durchziehenden und in den Paragaster führenden Kanälen. Vgl. → Ascon-, → Leucon-Typ.

Symbiose, *f* (gr. συμβίωσις das Zusammenleben), → heterotypische Relationen.

symbolothyrid (gr. συμβολή Vereinigung, Naht; θύρα Tür, Eingang), heißen Brachiopoden, deren Stiel zwischen randlichen Kerben in jeder der beiden Klappen nach außen dringt (bei → Atremata).

Symmetrodonta (SIMPSON 1925) (gr. σύμμετρος angemessen, gleichmäßig; οδούς, οδόντος Zahn), eine wenig bekannte O. kleiner jurassischer Säugetiere, mit dreispitzigen Backenzähnen ohne Talon und mit symmetrisch gestellten Spitzen. Gattungsbeispiele: *Amphidon, Spalacotherium;* auch *Kuehneotherium* wird ihnen hier zugerechnet. Vorkommen dann: O.Trias–U.Kreide.

Symmetropathie, *f* (HENGSBACH 1991) (gr. συμμετρικός symmetrisch; πάθη Leiden), rechts-links-Abweichung von normal medianen Strukturen bei bilateralsymmetrischen Organismen, z. B. Ammoniten oder Brachiopoden. Ein Sonderfall von → Paläopathie.

Symmorphie, *f* (gr. μορφή Gestalt), (Crinoid.): → Gelenkflächen.

sympatrisch (MAYR 1942) (gr. σύν mit; πατρίς Vaterland), → allopatrisch.

Symphorie, *f* (DEEGENER 1918) (gr. συμφορεύς Begleiter), = → Epökie.

Symphyla (RYDER 1880) (gr. φυλή Volksstamm), eine Kl. der → Myriapoda. Sie umfaßt kleine M. mit nur 12 Rumpfsegmenten. Die Kl. ist phylogenetisch wichtig, da sie der gemeinsamen Wurzel von Myriapoden und Insekten recht nahe steht. Vorkommen: Seit Oligozän.

Symphyllotriaen, *n* (RAUFF 1893/94) (gr. φύλλον Blatt), → Triaen mit blattförmig verbreiterten → Cladisken, die mit ihren Rändern zu einer Scheibe verwachsen sind (Syn. Diskotriaen).

Symphyse, *f* (gr. σύμφυσις Verwachsung), Verwachsungsbereich von Knochen (Becken-S., Unterkiefer-S.).

Symphytium, *n* (BUCKMAN 1918) (gr. σύμφυτος verwachsen), (Bra-

chiopoda): eine einheitliche, vielleicht aus zwei → Deltidialplatten hervorgegangene Platte, welche das → Delthyrium vieler Terebratulaceen verschließt. Vgl. → Deltidium.

Symplecticum, *n* (gr. συμπλέκειν verflechten), ein auf das Kiefergelenk zu gerichteter ventraler, beweglicher Fortsatz des → Hyomandibulare der Fische.

Symplectie, *f* (Crinoid.) → Gelenkflächen.

symplesiomorph, Symplesiomorphie, *f* (W. HENNIG) (gr. σύν mit; πλησίος benachbart, nahe; μορφή Gestalt), → Phylogenetische Systematik.

sympodial (gr. πούς, ποδός Fuß), heißt eine Art der dichotomen Verzweigung, bei der vor allem der eine Gabelast jedes Zweigpaares einer O. weiterwächst und sich wieder gabelt. Stellen sich diejenigen Zweigstücke, die jeweils die Verzweigung fortsetzen, annähernd in eine Richtung ein, so entsteht eine Pseudo-Hauptachse, ein Sympodium (Abb. 34, S. 61). Vgl. → Armteilung.

Sympodit, *m*, das Basisglied der zweiästigen Crustaceen-Spaltfüße.

Synangium, *n* (gr. σύν zusammen; αγγείον Gefäß, Behältnis), (botan.): gruppenweise verbundene Pollensäcke, besonders bei eusporangiaten Farnen und Pteridospermen.

synapomorph, Synapomorphie, *f* (W. HENNIG) (gr. από von ... weg; μορφή Gestalt), → Phylogenetische Systematik.

Synapophyse, *f* (gr. απόφυσις Auswuchs [an Knochen]), → Wirbel.

synapsid (gr. αψίς, ίδος Verknüpfung, Gewölbe), → Schläfenöffnungen (Abb. 103, S. 213).

Synapsida (OSBORN 1903), eine U.Kl. der Reptilien mit den Ordnungen → Pelycosauria und → Therapsida. Sie sind durch den Besitz von synapsiden Schläfenfenstern gekennzeichnet. Ihre Entwicklung vollzog sich in Perm und Trias. Von ihnen stammen die Säugetiere (→ Mammalia) ab. Vgl. → Theromorpha.

Synapticulotheca, *f* (ORTMANN 1889), (gr. συνάπτειν verknüpfen), (→ Scleractinia): eine aus → Syn-

aptikeln gebildete lockere → Theca. Vgl. → Innenwand.

Synaptikel, *f* (EDWARDS & HAIME 1850) 1. (Scleractinia): von den Flanken benachbarter Septen einander entgegenwachsende Stäbchen, welche sich nach Durchdringung der → Mesenterien unter Bildung eines Verbindungsstückes mit eigenem Kristallisationskern in den Interseptalräumen vereinen. Bei Pseudosynaptikeln erfolgt die Vereinigung ohne Bildung eines Verbindungsstücks. 2. (→ Archaeocyatha): stäbchenartige Kalkgebilde zwischen den Parietes.

Synaptosauria (gr. σαύρος Eidechse). Syn. von → Euryapsida.

Synaptychus, *m* (FISCHER 1882), → Aptychus.

Synarthrie, *f* (gr. άρθρον Gelenk), (Crinoid.): → Gelenkflächen.

Synarthrose, *f*, zusammenfassende Bez. für die bindegewebige (Syndesmose) oder knorpelige (Synchondrose) Verbindung zweier Knochen. → Gelenke.

Syncarida (PACKARD 1885) (gr. καρίς, ίδος Krabbe), Krebse aus der Kl. → Malacostraca: kleine, langgestreckte Süßwasserkrebse hauptsächlich des jüngeren Paläozoikums, ohne Carapax. Vorkommen: Seit Karbon.

syncephal (gr. κεφαλή Kopf), → Rippen.

Synchondrosis, *f* (gr. χόνδρος Knorpel), Verbindung von Knochen durch Knorpel. → Gelenke.

Synchronomorial-Schuppe (gr. χρόνος Zeit) → Lepidomorial-Theorie.

syncolpat (gr. κόλπος Wölbung, Bucht), → Sporomorphae.

Syndeltarium, *n*, ein → Deltidium aus verschmolzenen → Deltidialplatten (Abb. 36, S. 62).

Syndesmosis, *f* (gr. δεσμός Band, Fessel), Verbindung von Knochen durch sehnige Bänder. Vgl. → Gelenke.

syndesmotische Stöcke, nannte ZITTEL zylindrische Schwämme, die statt eines einheitlichen → Paragasters ein Bündel paralleler, die ganze Höhe des Schwammkörpers durchsetzender Vertikalröhren besitzen.

syndetocheil (FLORIN) (gr. σύνδετος gefesselt, zusammengebunden; χεῖλος Lippe), (botan.): → Stoma.

Synökie, *f* (F. DOFLEIN 1914) (gr. σύν mit; οἶκος Haus), Zusammenleben von zwei oder mehreren Arten von Lebewesen im selben Lebensraum ohne gegenseitige Beeinträchtigung.

Synökologie, *f* (SCHRÖTER 1902), die Ökologie der Organismengesellschaft (= Biozönotik, vgl. → Autökologie, → Demökologie).

Synonym, *n* (gr. ὄνομα Name) jeder von mehreren Namen, die für dasselbe Lebewesen gegeben worden sind.

Synonymie liegt vor, wenn für eine Sache mehrere Namen bestehen. Nomenklatorisch sind zu unterscheiden: Objektive S. (tautotypische, nomenklatorische, absolute): mehrere Einheiten beruhen auf demselben Typus; Subjektive S. (isotypische, wissenschaftliche): mehrere Einheiten beruhen zwar auf verschiedenen Typen, sie werden aber von späteren Autoren in derselben Einheit vereinigt.

Synonymie-Liste, Aufzählung der Literaturstellen, an denen Synonyma der vom Autor der Liste behandelten → Taxa beschrieben bzw. behandelt werden, zumeist zum Zwecke einer Übersicht über alle auf ein Taxon zu beziehenden Literaturstellen.

Synorganisierung (A. REMANE 1952), die Erscheinung, daß beim stammesgeschichtlichen Formenwandel stärkere Abwandlungen eines Organs von korrelativen Abänderungen des ganzen Organismus begleitet werden.

Synostosis, -stose, *f* (gr. ὀστέον Knochen), völlige Verwachsung von Knochen von Wirbeltieren (→ Gelenke) bzw. Platten von Crinoideen (→ Gelenkflächen).

Synovia, *f* (von PARACELSUS [† 1541] willkürlich geprägtes Wort = Ernährungssaft der Organe [HYRTL]), Gelenkschmiere, →Gelenke.

Synrhabdosom, *n* (RUEDEMANN 1894) (gr. ῥάβδος Stab; σῶμα Körper) (Graptol.): eine Kolonie meist zweiteiliger → Rhabdosome verschiedenen Alters, die über ihre Nemata meist sternförmig verbunden sind.

Syntelom, *n* (ZIMMERMANN) (gr. τέλος Ende, Ziel), (= Telomstand) heißen → Telome und Mesome im Verband.

synthetische Evolutionstheorie (HUXLEY 1942, 'modern synthesis'), die s.E. versucht, über den → Neodarwinismus hinaus, möglichst alle wirksamen Evolutionsfaktoren zu berücksichtigen. Zu den Faktoren richtungslose (Gen) Mutation, natürliche Auslese und Isolation kommen vor allem Häufigkeitsschwankungen von Populationen und ihr Einfluß auf den Genbestand. Vgl. → kybernetische Evolution.

Syntypus, -en, *m* (gr. τύπος Vorbild, Muster), zwei oder mehr Exemplare einer Art, die bei der Originalbeschreibung einer → nominellen Art als gleichwertige ‚Typen‘ behandelt wurden, ohne daß eines der Exemplare ausdrücklich als →

Holotypus bezeichnet worden ist. Syntypen werden im Bereich der zoologischen Nomenklatur seit 1913 nur noch selten geschaffen (z. B. bei Tierstöcken).

Synusie, *f* (Joh. WALTHER u. H. GAMS) (gr. συνουσία Gesellschaft), Lebensgenossenschaft; die biologische Lebenseinheit eines Standortes, aus Pflanzen und Tieren verschiedener Klassen und Ordnungen zusammengesetzt wie z. B. ein Wald oder die Organismenwelt eines geologischen Fundortes.

Syringodendron (gr. σύριγξ Röhre; δένδρον Baum), eine Erhaltungsform der Stämme von → Sigillariaceae.

Syrinxplatte (Brachiop.), = → Delthyrial-Platte .

Systegnosis, *f* (MUTVEI 1957) (gr. συστέγνωσις Verlötung), (Ammonoideen): die schmale Verwachsungszone von Septum und Gehäusewand (nicht identisch mit ‚Lobenlinie‘).

Systematik, die Anordnung der Organismen (Pflanzen oder Tiere) gemäß einem bestimmten System. Vgl. → Taxonomie.

Systemmutation, *f* (GOLDSCHMIDT 1940), eine Umbildung der Struktur von Chromosomen, welche mit einschneidenden Veränderungen im ganzen Reaktionssystem einhergeht. S. mit starker Auswirkung führen nach GOLDSCHMIDT zu neuen Verzweigungen des Stammbaums. Vgl. → Makroevolution.

Syzygie, *f* (gr. σύζυγος zusammengejocht), → Gelenkflächen.

Tabella, ae, *f* (SMITH 1916) (lat. Brettchen, Täfelchen), (Madreporaria): unvollständige →Tabula, die nur auf einer Seite die Wand des → Corallíten berührt und in der Mitte auf einer anderen Tabula aufsitzt.

Tabula, ae, *f* (lat. Brett, Tafel), bei → Madreporaria und → Tabulata = Boden: ± horizontales dünnes Blättchen, das sich entweder durch den ganzen Innenraum eines → Corallíten (stets bei den Tabulaten) oder nur durch dessen zentralen Teil

erstreckt. Im letzteren Fall heißt der von T. eingenommene Teil des Corallíten das Tabularium. Die T. können vollständig sein (das Lumen des Corallíten vollständig abschließend) oder unvollständig (= Tabellae). Vgl. → Dissepimentarium (Abb. 99, S. 207). (→ Archaeocyathiden): ebener oder gewölbter, horizontaler perforierter Boden. Vgl. → Diaphragma.

Tabulare, Pl. **Tabularia,** *n* (COPE), paariger Deckknochen der dorsalen

Hinterecke des Schädels primitiver Tetrapoden: er liegt oberhalb der Ohrkerbe seitlich der Postparietalia. Vgl. → Extrascapularia der Crossopterygier (Abb. 11, S. 28).

Tabularium, *n* (LANG & SMITH 1935) (lat. Endsilbe -arium Behälter zur Aufbewahrung und sein Inhalt), Schlotzone, → Tabula. Vgl. → Marginarium, → Dissepimentarium.

Tabulata (MILNE-EDWARDS & HAIME 1850), eine wohl heterogene

Gruppe der → Anthozoa. Meist koloniebildend, → Coralliten mit zahlreichen Tabulae, aber nur schwach entwickelten Septen oder Septalstacheln. Bei einigen Formen wurde auch eine Spongien-Zugehörigkeit erwogen. Vorkommen: (?Kambrium) M.Ordovizium–Perm, die Blütezeit war im Altpaläozoikum.

Tabulospongida (HARTMANN & GOREAU 1975), eine O. der → Sclerospongea mit der rezenten Gattung *Acanthochaetetes*. – Fossile Vertreter seit der Trias.

Tabulotheca, *f* (ALLOITEAU in PIVETEAU 1952), (→ Madreporaria): aus hochstrebenden Rändern von Tabulae gebildete Theca, Syn.: Cyathotheca. Vgl. → Paratheca.

Tachygenesis, *f* (NEVILL GEORGE 1933) (gr. ταχύς schnell), eine sukzessive Abkürzung der Ontogenese durch Fortfall einzelner Stadien. Vgl. → Abbreviation.

tachyplasmoid (HUDSON 1936) (nach der Gattung *Tachyplasma*) sind gewisse → Rugosa, bei denen einige Septen → rhopaloid, die übrigen normal ausgebildet sind.

Tachymorphie, *f* (H. SCHMIDT 1926) (gr. μορφή Form) ‚schnelle Formbildung', bei der sich die skulpturellen Reifemerkmale während der Ontogenese schon relativ frühzeitig bemerkbar machen. Gegensatz: → Bradymorphie.

Tachytelie, *f* (SIMPSON 1944) (gr. τέλος Ende, Ziel), ‚explosive Entwicklungsphase': eine stammesgeschichtliche Phase mit besonders großer Entwicklungsgeschwindigkeit und Formaufspaltung. Adjekt.: tachytelisch. Vgl.→ horotelisch.

Taenia, *f* (lat. Band, Streifen), ein unregelmäßig gebogenes Plättchen im Intervallum von Archaeocyathiden.

Taeniodontia (COPE 1876) (gr. ταινία Band; οδούς, οδόντος Zahn), (Mammal.): Bandzähner, eine ausgestorbene O. primitiver, wohl laubfressender Säugetiere: Endformen etwa 2 m lang bei untersetztem Bau. Füße mit mächtigen Krallen: alle Zähne wurzellos, daher ohne Schmelzeinfaltung. Schmelz reduziert, bei geologisch jüngeren Formen bis auf ein Band

an der Außenseite (Name!). Die T. waren nie sehr zahlreich: sie waren auf das Paläo- und Eozän der Holarktis, besonders Nordamerikas beschränkt.

taeniogloss (gr. γλῶσσα Zunge), → Radula-Typ vieler Meso- und Neogastropoda.

Taeniopteris (BRONGNIART 1828) (gr. πτερίς Farnkraut), eine Sammelgattung von Blättern paläozoischer und mesozoischer → Cycadophytina. (Abb. 95, S. 197).

Tagma, Pl. **Tagmata**, *n* (gr. τάγμα Heeresabteilung, Ordnung), Gruppe von unter sich ± gleichen Segmenten von Anneliden und → Arthropoden, manchmal verschmolzen (= Tagmosis, z. B. beim Cephalon oder Pygidium von → Trilobiten), manchmal gegeneinander beweglich (Thorax von Insekten).

Talon, *m*, **Talonid**, *n* (franz. talon Ferse, Absatz), 1. am hinteren Ende der Backenzähne vieler Säugetiere befindlicher niedriger, ± ebener Anhang. OSBORN nannte den Anhang der oberen Backenzähne Talon, den der unteren Talonid. → Trituberkulartheorie. 2. (→ Rugosa, HILL 1935): ein bogenförmiger seitlicher Fortsatz der → Epithek, welcher der Befestigung des Polypars diente.

Talus, *m* (lat. Knöchel), Sprungbein, = → Astragalus.

Tapetum, *n* (lat. Wandteppich), die Gesamtheit der Tapetenzellen. → Sporangium.

Taphonomie (J. A. EFREMOV 1940) (gr. τάφος Grab; νόμος Gesetz), die Lehre von der Einbettung und von der Bildung der Lagerstätten ausgestorbener Tiere und Pflanzen, d. h. die Fossilisationslehre. Deren wichtigste Teilgebiete sind → Biostratonomie und → Fossil-Diagenese.

Taphozönose, *f* (W. QUENSTEDT 1927) (gr. κοινός gemeinsam), Grabgemeinschaft; aus autochthonen und allochthonen (auch ursprünglich autochthonen, sekundär umgelagerten) Elementen aufgebaute, eingebettete → Thanatozönose. Vgl. → Liptozönose, → Oryktozönose.

Tapiromorpha (HAECKEL 1873), = → Ceratomorpha.

Tardigrada, Bärtierchen. Hier den → Pseudocoelomata zugeordneter Stamm. T. sind etwa 1 mm lang, mit vier Paar Parapodien. Ältester Fund: Kreide.

tarphycon (gr. ταρφύς dicht, zahlreich; κώνος Kegel), = → serpenticon.

Tarsale, *n* (gr. ταρσός Fußsohle), einer der Knochen des → Tarsus (Fußwurzel).

Tarsiiformes, spezialisierte Halbaffen mit riesigen Augen und zu Sprungbeinen verlängerten Hinterextremitäten, heute vertreten durch den ‚Koboldmaki' Südostasiens, fossil im Alttertiär von Nordamerika und Europa belegt. Von frühen T. (paläozänen Omomyiden) können die → Simiae abgeleitet werden. Vorkommen: Seit dem Paläozän.

Tarsometatarsus, *m*, Laufknochen der hinteren Extremität der Vögel und mancher Dinosaurier, entstanden aus der Verschmelzung der distalen Reihe der Tarsalia mit den Metatarsalia. → Intertarsalgelenk.

Tarsus, *m*, 1. (Fußwurzel der Tetrapoden): Die Zusammensetzung des Tarsus ist der des → Carpus ursprünglich ähnlich:
Tarsus:

Protarsus:
   3 proximale Tarsalia
   (Tibiale, Intermedium,
   Fibulare)
   4 Centralia
Mesotarsus:
   5 distale Tarsalia
Abwandlungen: im proximalen Teil können verschmelzen Tibiale, Intermedium und ein Centrale zum Astragalus; das Fibulare wird bei den Säugetieren zum Calcaneus. Die restlichen Centralia können verschmelzen zum Naviculare (Nav. pedis, auch wohl Scaphoid genannt); Tarsale I–III heißen Ento-, Meso-, Ectocuneiforme; Tarsale IV + V verschmelzen zum Cuboid. Metatarsalia und Digiti entsprechen den Knochen der Hand. 2. (→ Trilobiten): das vorletzte Glied des → Telopoditen. Vgl. auch → Arthropoden.

Tascheln, *m*, veraltete Bez. für → Brachiopoden.

Tautonymie, *f* (gr. ταυτό [aus το αυτό] derselbe; όνομα Name), buchstäbliche Übereinstimmung von Gattungs- und Artnamen; in der botan. Nomenklatur aus Gründen des Wohllautes unzulässig: hier muß eine Art umbenannt werden, wenn sie mit einem gleichlautenden Gattungsnamen verbunden wird. In der zoologischen Nomenklatur hingegen zulässig und üblich. Vgl. → Typus-Art.

Tautotypie, *f,* wenig gebräuchliche Bez. für → Synonymie: 1. Orthonyme T. = objektive Synonymie; 2. Pseudonyme T. = subjektive Synonymie.

Taxales, Eibengewächse, die einzige O. der → Taxidae.

Taxidae, Eibengewächse, eine U.Kl. der Pinatae (→ Coniferales); in Mitteleuropa nur durch die Eibe (*Taxus*) vertreten. Vorkommen: seit dem Rät.

Taxis, auch -ie, *f,* Pl. -ien (gr. τάξις Reihe, Ordnung), → Reizreaktionen.

Taxocrinida, (SPRINGER 1913) (Crinoid.): eine O. der → Flexibilia. Vorkommen: Ordovizium–Karbon.

Taxodiaceae, (NEGER 1907), Sumpfzypressen und andere teilweise sehr große Koniferen von der Art der heutigen Gattungen *Taxodium* und *Sequoia,* welche im Tertiär weit über die nördliche Halbkugel verbreitet und wesentlich an der Bildung unserer Braunkohlen beteiligt waren. Die ältesten sicheren T. kennt man aus dem Jura (u. a. *Sciadopitys*).

taxodont (M. NEUMAYR 1883) (gr. τάξις Reihe, Ordnung), (Lamellibr.): → Schloß mit zahlreichen, gleichartigen und gleich orientierten Zähnen und Zahngruben. Von manchen Autoren auch für Schlösser von → Ostrakoden mit feinen Zähnelungen (wie prionodonte, holo- und antimerodonte) gebraucht.

Taxodonta (NEUMAYR 1883), eine O. der → Lamellibranchier, mit taxodontem Schloß, zwei Schließmuskeleindrücken und meist integripalliatem Mantelrand. Die in dieser Gruppe ursprünglich vereinigten Nuculiden und Arciden werden jetzt den → Palaeotaxodonta und den → Pteriomorphia zugerechnet.

Taxon, Pl. **Taxa,** *n* (Taxion), taxonomische (systematische) Gruppen irgendeiner Kategorie, wie eine einzelne Art, → Gattung, → Familie usw. Einige von ihnen werden durch besondere Endungen kenntlich gemacht.

In der botanischen Nomenklatur: Abteilung (Phylum, Stamm): -phyta Unterabteilung (Subphylum, Unterstamm): -phytina; Fungi: -mycota bzw. mycotina. Klasse (classis): Kormophyta: -opsida, Algae -phyceae, Fungi -mycetes, Flechten -lichenes; Unterklasse (subclassis): Algae: -phycidae, Fungi: -mycetidae, Kormophyta: -idae; Ordnung: -ales; Unterordnung: -ineae; Familiengruppe: -ineales; Familie: substantivisch gebrauchtes Adjektiv in der Mehrzahl mit Endung -aceae; Unterfamilie: dgl. auf -oideae; Tribus: dgl. auf -eae; Untertribus: dgl. auf -inae. Die Rangordnung der Taxa ist hier: Regnum (Reich), Divisio (Abteilung), Classis (Klasse), Ordo (Ordnung), Familia (Familie), Tribus (Unterfamilie), Genus (Gattung), Sectio (Sektion), Series (Serie), Species (Art), Varietas (Varietät), Forma (Form), jeweils durch Sub- (Unter-) untergliedert. Zusätzliche Rangstufen dürfen eingeführt werden, doch darf dadurch weder Verwirrung noch Irrtum möglich sein. In der zoologischen Nomenklatur sind nur die Endungen der Familien (-idae) und Unterfamilien (-inae) festgelegt. Empfohlen werden weiterhin für Superfamilien die Endung -oidea, für Tribus die Endung -ini. In der zoologischen Nomenklatur werden die folgenden Taxa benutzt: Regnum, Phylum (Stamm), Classis (Klasse), Ordo (Ordnung). Darauf folgen die Taxa der Familiengruppe, mit → koordiniertem nomenklatorischem Status: Superfamilia, Familia, Subfamilia, Tribus und erforderliche Zwischenkategorien. Die nächste Gruppe, ebenfalls koordiniert, ist die Gattungsgruppe mit Genus und Subgenus. Die Artgruppe als nächste umfaßt Species und Subspecies.

Taxonomie, (A. P. DE CANDOLLE) auch Taxionomie geschrieben (gr. τάξις Ordnung, Reihenfolge; νόμος

Gesetz, Vorschrift), die Wissenschaft von der Gliederung und den Verwandtschaftsverhältnissen der Organismen. Sie hält Umfang und rangmäßige Bewertung der von ihr aufgestellten Begriffe (→ Taxon) auf dem jeweiligen Stand der Kenntnisse. Zwar scheint die Schreibung Tax-ionomie und entsprechend Taxion, taxionomisch usw. sprachlich richtiger zu sein, doch wird die Schreibung ohne -i- in den botanischen und zoologischen Nomenklaturregeln ebenso wie in den englischen und französischen Texten angewendet; entsprechend wird in diesem Buch verfahren.

Taxotelie, *f* (RAUP & MARSHALL 1980), statistisch signifikante Variation der Entwicklungsgeschwindigkeit. Eine O. läßt T. erkennen, wenn ihre Gattungen deutlich größere oder kleinere Umwandlungsgeschwindigkeit (Aussterben oder Entstehen) erkennen lassen als der Durchschnitt aller Ordnungen. Der Begriff faßt SIMPSONS Begriffe → Bradytelie und → Tachytelie zusammen.

Taxoxylon (UNGER) (gr. ξύλον Holz), Koniferenholz mit moderner Hoftüpfelung und Spiralverdickung aller Tracheiden (bei → Taxales). Bekannt erst vom Pleistozän an.

tecnomorph, → teknomorph.

Tecodentin, *n* (O. JAEKEL 1906) (gr. τήκειν schmelzen), Bez. für die vitrodentinartig harte äußere Schicht des Dentins von Zähnen der Pycnodontiformes (→ Holostei). Vgl. → Vitrodentin.

tectat (IVERSEN & TROELS-SMITH), (Pollen): mit → Tectum versehen.

Tectorium, *n* (lat. Stuckarbeit, Wandmalerei), → Fusulinen (Abb. 53, S. 92).

tectospondyl (lat. tectum Dach; gr. σφονδύλος Wirbel); HASSE unterschied (1883) drei Typen von Hai-Wirbeln, die er der Systematik zugrundelegte: 1. cyclospondyl: nur der primäre Doppelkegel des Wirbels ist vorhanden; 2. tectospondyl: um den primären Doppelkegel legen sich zylindrische Kalklamellen, die vorn und hinten an den Kegelwänden ausstreichen; 3. asterospondyl: vom Doppelkegel strahlen radiäre kalkige

Längslamellen aus. Diese Einteilung ist heute nicht mehr gebräuchlich.

Tectum, Pl. **Tecta,** *n*, (Sporen): starke meridionale wallartige Aufwölbung der Exine (Λ-Tectum, Lambda-T.) im Bereich der Y-Marke bei → trileten und → monoleten Sporen. Die T. begrenzen die → Kontaktarea; ihre Scheitellinie heißt Vertex (nach POTONIÉ); (→Pollen): (= Exolamelle POTONIÉ) äußere Schicht der Ektexine, darunter die Isolierschicht, unter dieser die Intexine (nach IVERSEN & TROELS-SMITH 1950). Nach dem Vorhandensein oder Fehlen des T. unterschieden IVERSEN & TROELS-SMITH tectaten und intectaten Pollen. (Foram.): Fusulinen (Abb. 53, S. 92).

Exolamelle
= Tektum
(n. IV. & TR.)

Isolierschicht

Intexine

Ektexine

Tegmen, *n* (lat. Decke), (Crinoid.): (= T. calycis) die am oberen (oralen, actinalen) Ende des Kelches befindliche Kelchdecke. Sie besteht entweder aus einer mit dünnen Kalktäfelchen besetzten lederartigen Haut (= ventrales Perisom) oder aus gewölbeartig angeordneten interradial gelegenen Kalkplatten zwischen den Basen der Arme (= Oralia). (Insekten): pergamentoder lederartiger, verkürzter Vorderflügel von → Orthopteren.

Tegmentum, *n* (lat. Bedeckungsmittel), Tegument, die äußere (sichtbare), meist etwas poröse Schicht der Kalkschalen von → Polyplacophora (über dem Articulamentum).

Tegminalia, Pl., *n*, mit MOORE 1939 vorgeschlagener Terminus für die mit Sicherheit als solche erkennbaren Platten der Kelchdecke von Crinoideen (die → Oralia und die Platten der Afterröhre, Proboscis). Vgl. → Apicalia.

Teilzone (POMPECKJ 1914), ein raumzeitlicher Begriff, welcher die lokale Lebensdauer einer taxonomischen Einheit bezeichnet. Vgl. → Topozone.

Tektin, *n* (gr. τηκτός geschmolzen, schmelzbar), ein stickstoffhaltiger Stoff, der Hornsubstanz ähnlich (Albuminoid), wird von manchen Radiolarien und primitiven Foraminiferen als Gehäuse sezerniert. Diese Gehäuse wurden vielfach fälschlich chitinig genannt.

teknomorph (gr. τέκνον Kind) heißen diejenigen Gehäuse dimorpher Ostrakoden, welche männlichen oder jugendlichen weiblichen Formen zugeschrieben werden. Vgl. → heteromorph.

Telencephalon, *n* (gr. τέλος Ende, Ziel, εγκέφαλος Gehirn), sekundäres Vorderhirn, Großhirn. Es besteht bei Tetrapoden aus zwei Hemisphären und dem sich darüber wölbenden Hirnmantel (Pallium); bei Säugern entsteht aus dem Mantel das Neopallium mit der Großhirnrinde, dem obersten Assoziationszentrum. → Prosencephalon.

Teleoconch, *m* (gr. τέλειος vollendet; κόγχη Muschel[schale]), das Gehäuse erwachsener Gastropoden im Gegensatz zum → Protoconch.

teleologisch, auf ein Ziel gerichtet und von daher zu verstehen. Vgl. → mechanistisch.

Teleostei (MÜLLER 1846) (gr. οστέον Knochen), Teleostier, moderne Knochenfische. Sie haben dünne, überlappende Schuppen aus Knochensubstanz ohne Ganoidschicht (→ Cycloid-, → Ctenoidschuppen); das Innenskelet ein-

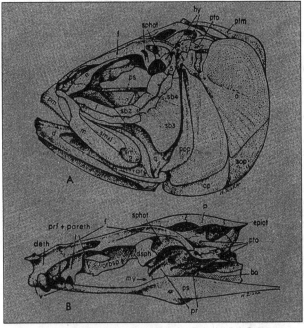

Abb. 114   Schädel eines Herings *(Clupea,* Teleostei) A Seitenansicht des Kopfkeletes, B Seitenansicht des Hirnschädels. ar Articulare; bo Basioccipitale; d Dentale; deth Dermethmoid; dsph Dermosphenoticum; epiot Epioticum; f Frontale; hy Gelenkverbindung des Hyomandibulare; l Lacrimale; m Maxillare; my Öffnung des Myodoms durch Pfeil markiert; n Nasale; o Operculare; orbsp Orhitosphenoid; p Parietale; pareth Parethmoidale; pm Prämaxillare; pop Präoperculum; pr Prooticum; prf Prafrontale; ps Parasphenoid; ptm Posttemporale; pto Pteroticum; q Quadratum; sb2–sb5 = Suborbitalia; smx1 und smx2 Supramaxillaria (= Super-M); sop Suboperculare; sphot Sphenoticum; v Vomer. – Nach GREGORY aus ROMER (1959)

schließlich der Wirbel ist verknöchert, die Schwanzflosse homocerk. Erste Übergangsformen erschienen im Jura, von der O.Kreide an dominierten die T. Systematik: → System der Organismen im Anhang. (Abb. 50, S. 87; Abb. 114, S. 238).

Teleostomi (gr. στόμα Mund), höhere Fische; eine Zusammenfassung der → Actinopterygii und der → Crossopterygii. Beide besitzen hyostyle Kiefer (→ Hyostylie) und unterscheiden sich dadurch von den → Dipnoi. Vgl. → Choanichthyes.

Teleskopagie, *f* (gr. τῆλε oder τηλοῦ fern; σκοπός Späher), Zusammenschiebung der Schädelknochen mit teilweiser Überdeckkung (wie bei Walen).

Teleutospore, *f* (gr. τελευτή Ende, Abschluß; σπόρος Same, Saat), (Thalloph.): Winterspore; die überwinternde Probasidie (→ Basidie) von Uredinales (Rostpilzen). Vgl. → Uredospore.

Telinit, *m* (lat. tela Gewebe), eine strukturzeigende Art des Mazerals Vitrinit.

Telom, *n* (ZIMMERMANN 1930) (gr. τέλος Vollendung, Ende), das

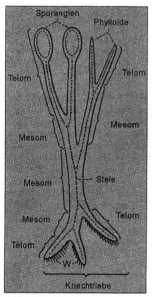

Abb. 115 Urtelomstand, schematisch vereinfacht. – Umgezeichnet nach ZIMMERMANN (1938)

Grundorgan, die letzte Abzweigung der Triebe, aus dem sich nach Z. alle Organe des Pflanzenkörpers entwickelt haben. Es sind äußerlich und im Leitbündelsystem unverzweigte Endstücke der Gefäßpflanzen. Bei einfachen Pflanzen bauen sie als Urtelome den ganzen Körper auf, wobei sie vegetative, assimilierende (blattartige) oder fertile Organe (Sporangienstände) bilden. ZIMMERMANN benannte die Achsenstücke zwischen den T. als Mesome, die vereinigten T. und Mesome als Syntelom (Abb. 115).

Telomstand, = Syntelom, → Telom.

Telomtheorie (ZIMMERMANN 1930), die Ansicht, daß Blätter und blattähnliche Organe der höheren Pflanzen auf → Telome zurückzuführen sind, wobei auf Grund weniger ,Elementarprozesse' wie Übergipfelung, Ausrichtung in einer Ebene, Verwachsung zu einer Blattfläche usw. entstanden sind.

Telopodit, *m* (gr. πούς Fuß), (Trilobiten): das ,Laufbein' (= Endopodit). → Arthropoden.

Telosoma, *n* (LAUTERBACH 1980), → Postthorax der Olenelliden. Vgl. → Thorax.

Telotremata (BEECHER 1891) (gr. τρῆμα Loch, Öffnung), articulate → Brachiopoden, deren Stielloch durch → Deltidialplatten begrenzt ist (Terebratulida). Vgl. → Protremata.

Telson, *n* (gr. τέλσον Grenze, Grenzfurche) (Arthrop.): Hinterstes Körperglied (Somit), enthält den Anus, oft mit → Cerci oder → Furca; an seinem Vorderrand liegt die Wachstumszone für die Körpersegmente.

Telum, *n* (lat. [Wurf-] Geschoß), in Form und Funktion dem Rostrum der Belemniten ähnliche Struktur der → Aulacocerida.

Temnospondyli (ZITTEL 1887– 1890) (gr. τέμνειν schneiden; σφονδύλιος Wirbel), Schnittwirbler; zusammenfassende Bez. für Stegocephalen, deren Wirbelkörper aus mehreren getrennten Knochenstücken bestehen (→ rhachitome, → stereospondyle Wirbel, vgl. → hemispondyles Stadium). Bei ROMER bildeten die T. eine O. der → Labyrinthodontia mit den U.O.: →

Rhachitomi, → Stereospondyli, → Plagiosauria.

temnostom (WEDEKIND) (gr. στόμα Mündung), Schneckengehäuse, deren Umgänge hufeisenförmigen Querschnitt besitzen, indem die Dachwand nicht ausgebildet und durch die Basalwand des vorhergehenden Umgangs funktionell ersetzt wird. Vgl. → holostom; → hemistom.

Temporale, Os temporale, *n* (lat. tempus, -oris Schläfe), das paarige Schläfenbein vieler Mammalia, aus den verschmolzenen Squamosum und Petrosum; als Processus styloideus kommt ein Teil des Hyoidbogens hinzu, schließlich (u. a. beim Menschen) das Os tympanicum. Entsprechend unterscheidet man am fertigen Knochen die Teile: pars petrosa, p. squamosa und p. tympanica (Abb. 100, S. 210).

Tentaculata, Lophophora, eine Stammgruppe der Bilateria mit Tentakelkranz am Vorderende. Dazu die Stämme Phoronida, Bryozoa, Brachiopoda.

Tentakel, *m* oder *n,* (lat. tentare [temptare] betasten, berühren), Fühler, Taster; langgestreckter, besonders beweglicher Körperfortsatz vor allem wirbelloser Tiere.

Tentakuliten, *m* (O. Tentaculitida LYASHENKO 1955) (lat. tentaculum Fühler; gr. ιτης Endung zur Kennzeichnung fossiler Organismen), marine, meist 15–30 mm große, spitzkonische, umringelte kalkige Gehäuse, die in eine einfache Spitze auslaufen. Der Anfangsteil ist gekammert. Die zool. Zugehörigkeit ihrer Träger ist umstritten, hier werden sie als besondere Kl. der Mollusken aufgefaßt. Vermutlich besaßen sie Tentakel und lebten nektobenthisch. Im Altpaläozoikum, bes. im höheren Devon, traten sie stellenweise in ungeheuren Mengen auf, am Ende der Adorfer Stufe erloschen sie in Europa. Vgl. → Cricoconarida. → Coniconchia. Vorkommen: Ordovizium–O.Devon II (Abb. 116, S. 240).

Tentorium, *n* (lat. Zelt), ein System von Chitinstäbchen im Innern des Insektenkopfes, welches als Stütze verschiedener Organe dient.

Tenuidurit, *m* (lat. tenuis dünn; durus roh, plump), → Durit.

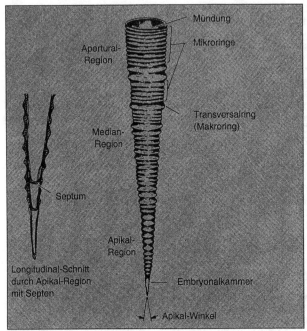

Abb. 116 Schematische Darstellung eines Tentakuliten, Vergr. 10fach

Labels on figure:
Mündung
Mikroringe
Apertural-Region
Transversalring (Makroring)
Median-Region
Septum
Apikal-Region
Longitudinal-Schnitt durch Apikal-Region mit Septen
Embryonalkammer
Apikal-Winkel

Tenuitas, *f* (lat. Dünnheit), (Sporomorphae): → Colpus. → Porus.

Teratologie, *f* (gr. τερατώδης unnatürlich, seltsam), Lehre von den Mißbildungen.

terebratellid (nach der Gattung *Terebratella*), (Brachiop.): → Armgerüst (Abb. 15, S. 28).

terebratulid (nach der Gattung *Terebratula*) (Brachiop.): 1. → Armgerüst; 2. → Schloßrand.

Terebratulida (nach der Gattung *Terebratula* (lat. terebratus durchbohrt), eine O. der → Articulata (Brachiopoden) mit meist sehr kurzem Schloßrand, ancylopegmatem → Armgerüst und → punctater Schale. Vorkommen: Seit dem U.Devon.

Tergale, *n* (R. C. MOORE) (lat. tergum Rücken), Syn. von → Primanale.

Tergit, *m*, dorsale Deckplatte eines → Somiten (→ Sklerit) bei Arthropoden.

Tergomya (HORNY 1965), eine U.Kl. primitiver Mollusken mit einklappigem mützenförmigem Gehäuse, dessen Apex vorne liegt. Zu ihnen gehört neben *Tryblidium*

u. a. die rezente Gattung *Neopilina*. Nach PEEL (1991) als Kl. → Monoplacophora.

Tergopore, *f* (gr. πόρος Durchgang). für einige → Cyclostomata (Bryozoen) kennzeichnendes besonderes → Kenozooecium mit polygonaler Öffnung auf der ‚dorsalen‘ (→ reversen) Seite des Zoariums.

Tergum, *n* (lat. Rücken, Bedeckung), 1. (Insekten): der sklerotisierte, dorsale Teil der drei Brustringe (= Notum); 2. (Cirripedier): → Thoracica (Abb. 25, S. 46).

Terminalplatten (KAESTNER), die ‚Ocellarplatten‘ der Echinoidea. Ihr Porus dient nicht zum Austritt von Augen, sondern von blinden Endigungen des Radiärkanals.

Terminologie (lat. terminus Ende, Maß; gr. λόγος Lehre), Lehre von den wissenschaftlichen Benennungen: sie befaßt sich mit den Fachausdrücken, welche die Hilfsmittel und allgemeinen Begriffe einer Forschungsrichtung bezeichnen.

Tesserae, Pl., *f* (lat. tessera Viereck, Erkennungszeichen). größere und kleinere polygonale Plättchen,

welche sich auf größeren Flächen und Streifen ohne feste Anordnung zwischen die größeren Knochenplatten von → Placodermen (Arthrodiren) einschieben, etwa deren Oberschicht entsprechend. Jede T. bildet einen flachen Hügel, dessen Gipfel von einem oder mehreren kleinen sternförmigen Tuberkeln gekrönt wird. Die T. tragen feine radiale Rippchen.

Testa, *f* (lat. Schale [der Schaltiere]). bezeichnet die Substanz eines Gehäuses, im Gegensatz zu → Concha. Vgl. → Gehäuse.

Testaria (lat. testa Schale), die Mollusken mit Ausnahme der Aplacophora.

Testicardines (BRONN 1862) (lat. cardo Türangel), die schloßtragenden Brachiopoden; Syn. von → Articulata. Obsolet. Vgl. → Ecardines.

Testudinata (lat. testudo Schildkröte, Gewölbe), Schildkröten (O. Chelonia); eine den → Anapsida zugerechnete O. der Reptilien. Sie besitzen einen sehr charakteristischen Panzer aus Knochen- und darüberliegenden Hornschilden, deren Umgrenzungen sich nicht decken. Der dorsale Teil des Panzers heißt Carapax, der ventrale Plastron. Skelet und Schädel sind hochgradig spezialisiert. Die Schildkröten stammen von frühen → Captorhinida ab, als Bindeglied wurde der kleine (10 cm Kopf-Rumpf-Länge) *Eunotosaurus* aus dem M.Perm Südafrikas angesehen, mit 8 stark verbreiterten Rippenpaaren, doch bestehen sonst keine Hinweise auf Verwandtschaft. Die ältesten echten T. (die U.O. Proganochelydia aus der Trias) konnten den Kopf noch nicht in den Panzer einziehen, wahrscheinlich auch die ‚moderneren‘ Amphichelydia von der Trias und Kreide noch nicht; bei der Mehrzahl der heutigen und fossilen T., den seit dem Jura bekannten Cryptodira, erfolgt dies durch eine S-förmige Krümmung des Halses in der Vertikalen, bei den Pleurodira (seit Kreide) durch Seitwärtsführen des Kopfes (Abb. 102, S. 212). Vgl. → Panzer der Schildkröten.

Tethytheria (MCKENNA 1975), zusammenfassend für die O. →

Sirenia und → Proboscidea als Schwestergruppen.

Tetartoconus, *m,* **-conid,** *n* (W. B. SCOTT) (gr. τέταρτος vierter, Viertel; κῶνος Kegel), → Trituberkulartheorie.

Tetrabranchiata (OWEN 1832) (gr. τέτταρες vier; βράγχια Kiemen), Cephalopoden mit vier Kiemen, einem äußeren, gekammerten Gehäuse (daher auch Ectocochlia [→ Endocochlia]), zahlreichen Tentakeln ohne Saugnäpfe, ohne Tintenbeutel. Einzige rezente Gattung: *Nautilus.* Zu den T. rechnet man meist auch die fossilen → Nautiloidea, deren Weichkörperbau aber unbekannt ist. Vielfach, wenn auch mit noch weniger Berechtigung, wurden auch die Ammonoidea dieser Gruppe zugeordnet. Obsolet.

Tetracladina (ZITTEL 1878) (gr. κλάδος Zweig), → Lithistida (Steinschwämme mit einem Stützskelet aus → Tetraclonen (Abb. 91, S. 186). Vorkommen: Seit dem Ordovizium.

Tetraclon, *m* (RAUFF 1893) (gr. κλών Zweig), Syn. Tetraclad, auf tetractinen Formen basierendes → Desmon mit terminalen Verzweigungen. Ist einer der vier Arme abweichend gestaltet bzw. verkümmert, so liegt ein Trider vor. Dessen abweichender Arm heißt Brachyom, die drei anderen Clonom. Tridere mit verkürztem und stark verdicktem Brachyom und einfachem oder dichotom gespaltenem Clonom heißen Ennomoclone.

Tetracorallia (HAECKEL 1866), = → Rugosa.

tetracrepid (gr. κρηπίς Grundlage), → Crepidom.

Tetractin, *n* (SCHULZE 1886) (gr. ακτίς Strahl), vierstrahlige Schwammnadel; vgl. → Triaen.

Tetractinellida (Schwämme): → Demospongea mit langschäftigen, unverbundenen → Triaenen (Syn.: → Choristida).

Tetrade, *f* (gr. τέτταρες vier, Vierzahl), die zu je vier angeordneten, aus einer Mutterzelle hervorgegangenen → Sporen oder Pollenkörner. Sie können angeordnet sein: 1. in einer Ebene als a) Tetragonal-T., oder b) als Rhom-

boeder-T. oder 2. dreidimensional als Tetraeder-T.

Tetraen, *n* (SCHULZE & LENDENFELD), Teträn, wie → Triaen, jedoch mit vier → Cladisken.

tetragonodont (gr. τετράγωνος viereckig; οδούς, οδόντος Zahn), quadrituberkulär, mit vier Höckern versehen.

Tetragonitidae (nach der Gattung *Tetragonites*), eine bes. hoch spezialisierte Fam. der Ammonoidea. Sie umfaßt Formen mit sechslobiger Primärsutur. Vorkommen: Kreide.

Tetrapoden, die Wirbeltiere mit vier Extremitäten: die Amphibien, die Reptilien, die Vögel und die Säugetiere.

tetrarch (gr. αρχή Anfang, Herrschaft), (Pteridoph.): → triarch.

Tetraxon, *n* (gr. άξων Achse), regulärer Vierstrahler (Schwammnadel mit 4 Achsen, die gleichwertig vom Zentrum ausstrahlen). Es lassen sich unterscheiden: reguläre T. (Regularia): → Caltrop (= Chelotrop), → Dichocaltrop, → Tetrod, → Triaen. ,Irregularia' nannte RAUFF die → Desmone der → Lithistiden (Abb. 91, S. 186).

Tetrod, *n* (gr. τέτταρες vier; Nachsilbe -οδ ähnlich), ein Vierstrahler, dessen vier Arme in einer Ebene liegen.

Teuthida (NAEF) (gr. τευθίς Kalmar; Kalmar von calamarius Schreibrohr). → Coleoidea mit zehn Armen und → Gladius: stets nektisch lebend, als Dauerschwimmer. Vorkommen: Seit dem U.Devon (Bundenbach).

Textulariida, eine O. der Foraminiferen, mit → agglutinierten Gehäusen. Vorkommen: Seit dem Kambrium.

Thalamida (DE LAUBENFELS 1955) (gr. θάλαμος Wohnung, Gemach), (= Sphinctozoa) eine polyphyletische Gruppe der Kalkschwämme und teilweise der → Demospongea. Sie bestehen aus Serien von hohlen, ± kugeligen Kammern von je etwa 1 cm Durchmesser, manchmal von einer gemeinsamen zentralen Röhre durchzogen. Vgl. → Calcispongea. Vorkommen: Karbon–Kreide.

Thalamophora (gr. φορείν tragen), ,Kammerlinge' = → Foraminiferen.

Thalattosauria, eine O. langgestreckter, aquatischer Diapsida aus der Trias. Beispiel: *Askeptosaurus.*

Thallophyta (EICHLER 1886) (gr. θαλλός sprossender Zweig; φυτόν Gewächs, Pflanze), Thalluspflanzen. Lagerpflanzen, eine früher gebräuchliche Zusammenfassung der niedersten Pflanzen ohne Gefäße und → Archegonien: Algen, Pilze und Flechten. Vgl. → Kormophyta.

Thallus, *m,* einfach organisierter Pflanzenkörper, dem Wurzeln und echte Blätter fehlen. Bei → Kormophyten kann der Gametophyt als sehr einfach gebauter Thallus auftreten; er heißt dann Prothallium. Vgl. → Kormophyta.

thamnastraeoid (LANG 1923) (gr. θάμνος Strauch; αστήρ Stern; εἴδος Gestalt), (Madreporarier-Kolonie): massig, die Coralliten besitzen keine Epithek, die Septen benachbarter Coralliten fließen ineinander.

Thanatotop, *m* (WASMUND 1927) (gr. τόπος Ort), der Raum, in welchem eine → Thanatozönose zusammengefügt und eingebettet wird.

Thanatozönose, *f* (WASMUND 1926). (gr. θάνατος Tod; κοινός gemeinsam), ,Totengemeinschaft', Vergesellschaftung von gestorbenen Organismen. Sie kann aus autochthonen oder allochthonen Komponenten oder beiden bestehen. Durch Einbettung wird sie zur → Taphozönose. Vgl. → Liptozönose, → Oryktozönose.

Theca, Theka, *f* (gr. τήκη Behälter, Kasten). 1. Knochenpanzer der Schildkröten. → Panzer. 2. (Graptolithen): chitiniger Becher (oder Röhre), in dem ein Zooid einer Kolonie haust. 3. (Crinozoen): = → Kelch. 4. (Scleractinia): im ursprünglichen Sinne das ± vertikale, tangentiale Grundelement des Madreporarier-Skelets, von dem aus die Septen nach innen oder die Costae nach außen ragen Es trennt die → Endo- von der → Exotheca. Zusätzlich kann eine → Epithek ausgebildet sein. Wegen der Lage im Inneren des Coralliten sind die Thecabildungen nach SCHOUPPÉ & STACUL den Innenwandbildungen zuzurechnen. Vgl. → Innenwand.

Thecalcladium, *n,* → Cladium.

Thecodontia (OWEN 1859) (nach der thekodonten Art der Zahnbefestigung), eine formenreiche O. der

→ Archosauria, die direkt aus den → Eosuchia hervorgegangen ist. Mit Antorbitalfenster und z. T. mit Crurotarsal-Gelenk. Die T. lassen sich auf vier deutlich verschiedene U.O. aufteilen: 1. Proterosuchia im O.Perm und der tieferen Trias, primitiv, quadruped, wohl eine frühe Seitenlinie; 2. Pseudosuchia: meist leicht gebaute. eidechsenähnliche, aber bereits bipede kleine Reptilien der Trias mit spitzen, → thekodont befestigten Kieferzähnen und Antorbital-Foramen; neuerlich weiterhin unterteilt in Ornithosuchia und Rauisuchia; 3. Aetosauria in der mittleren und oberen Trias, schwer gepanzert, sekundär quadruped; 4. Parasuchia (= Phytosauria): äußerlich den Krokodilen ähnliche Formen, welche eine geschlossene, zahlreiche und weit verbreitete Gruppe darstellen. Sie sind auf die Trias beschränkt. (Abb. 37, S. 67).

Thecorhiza, f (gr. ϱίζα Wurzel), Basalscheibe tuboider Graptolithen, mit der Stolotheca; von ihr zweigen Auto- und Bitheken unregelmäßig ab.

Thecoidea (JAEKEL) (Echinoid.): Syn. von → Edrioasteroidea.

Thegosis, f (R. G. EVERY & W. G. KÜHNE 1971) (gr. θωγείν wetzen, schärfen), der Schärfungsmechanismus der Zähne von Säugetieren.

Theka, → Theca.

Thekamöben (gr. θήκη Behälter; αμοιβή Wechsel, Tausch), (= Thalamia), eine wohl künstliche Gruppe von → Rhizopoda mit einkammerigen, in Material und Gestalt sehr unterschiedlichen Gehäusen. Ihre Systematik beruht auf der Ausbildung der Pseudopodien. Meist sind es Süßwasserbewohner, nur wenige Gattungen leben marin. Fließende Übergänge bestehen einerseits zu nackten Amöben, andererseits zu Foraminiferen. Vorkommen: Seit ?O.Karbon; sicher seit dem Eozän.

thekodont (gr. οδούς Zahn). → Zähne .

Thelodontia, = → Coelolepida.

therapsid (gr. θήϱ, θηϱός Säugetier, Raubtier; αψίς Verknüpfung. Wölbung). nannte VERSLUYS 1936 einen Schädeltyp, wie er bei den

Theromorphen und Säugetieren entwickelt ist, mit einem Schläfenfenster und einem von Jugale und Squamosum gebildeten Jochbogen. Vgl. → Schläfenöffnungen.

Therapsida, (BROOM 1905), säugetierähnliche Reptilien: eine sehr formenreiche O. der → Synapsida, welche vom mittleren Perm bis in die M.Trias, vor allem des Gondwanalandes, verbreitet war. Zwei Linien lassen sich erkennen, die überwiegend insectivor -carnivoren Theriodontia und die herbivoren Anomodontier. Unter den ersteren entwickelten sich bes. die (U.O.) Cynodontia in Richtung auf die Säugetiere: Aufrichtung der Extremitäten, Diferenzierung des Gebisses, Entwicklung eines sekundären Gaumens, Reduktion der Unterkieferknochen und Verstärkung des Dentale usw. Wahrscheinlich waren sie bereits warmblütig. Die Cynodontia erschienen in der U.Trias, waren meist klein bis mittelgroß und näherten sich dem Säuger-Niveau in mehreren Linien. Am Ende, im U.Jura, waren sie Zeitgenossen der ersten Säuger. Tritylodontiden und Ictidosaurier (= Trithelodontidae) gelten als die am meisten säugetierähnlichen Therapsiden. → Mammalia.

Theria (PARKER & HAGWELL 1897) (= Eutheria GILL non HUXLEY 1876) Zusammenfassend für die modernen (lebendgebärenden) Säugetiere, d. h. für die → Marsupialia (= Metatheria) und → Eutheria (Placentalia). Vorkommen: (nach THENIUS): Seit der U.Kreide (*Endotherium*, Mongolei), aber erst in der O.Kreide sind Marsupialia und Eutheria unterscheidbar.

Theriodontia, eine U.O. der → Therapsida.

Thermotaxis, f, → Reizreaktionen.

Theromorpha (gr. μοϱφή Gestalt). = Synapsida, einer der beiden Hauptstämme der Reptilien; im Sinne von v. HUENE eine Ü.O. seiner → Eutetrapoda. Vgl. → Reptilien. → Theropsida, → Sauropsida.

Theropoda, eine U.O. der → Saurischia; zu ihr gehören die große Raub-Dinosaurier.

Theropsida (GOODRICH 1916) (gr. όψις Aussehen), (Reptilia theropsida) = → Theromorpha. Der zu

den Säugetieren führende Hauptzweig der Reptilien. Vgl. → Sauropsida.

thigmotaktisch, durch Berührungsreize ausgelöst. Vgl. → phobotaktisch geführt.

Thigmotaxis, f (gr. θιγγάνειν berühren; τάξις Ordnung, Reihenfolge), Berührungsreizbarkeit, Beeinflussung der Bewegung durch Berührungsreize (z. B. bei → geführten Mäandern). Vgl. → Reizreaktionen.

Thoracale, n (gr. θώϱαξ, -αχος Brustharnisch), ein paariger → Hautknochen des → Schultergürtels der Wirbeltiere, welcher sich ventral an das Cleithrum anlegt. Bei den → Testudinata wird er in den Panzer einbezogen. Vielfach wird er als Clavicula bezeichnet, doch sollte dieser Name für den dem Thoracale homologen Knochen der Säugetiere (= Schlüsselbein) vorbehalten bleiben. Vgl. auch → Furcula (Abb. 104, S. 214).

Thoracica (DARWIN 1854), die einzige O. der → Cirripedia mit kalkigen Platten, die den Mantel umhüllen. Bei einigen Formen streckt sich der Kopfteil zu einem Stiel, in solchem Falle nennt man Mantel und Kalkplatten Capitulum. Die Benennung der Platten geht auf DARWIN zurück. Bei den einfachsten Formen (*Lepas*) liegen an der Rückenseite des Tieres die unpaare Carina, an der Bauchseite die paarigen Scuta (Sing. Scutum); die paarigen Terga schließen sich nach oben und hinten an, ihre Ränder deckt die Carina. Das unpaare kleine Rostrum schließt den basalen Zwickel zwischen die Scuta. Bei höherentwickelten Cirripediern bilden Scuta, Terga und Carina einen oberen Ring, dazu kommt ein unterer Ring aus Rostrum, Subcarina und drei paarigen Rostro-Lateralia, Medio-Lateralia und Carino-Lateralia. Weitere Platten können hinzutreten. Die Platten besitzen einen verdickten Mittelteil (Paries) und flachere Seitenteile (Radii oder Alae, je nach ihrer Form). Vorkommen: Seit Kambrium. (Abb. 25, S. 46).

Thorakopod, m (gr. πούς, ποδός Fuß), (Dekapoden): Extremität des Thorax (Abb. 73, S. 138).

Thorax, *m* (gr. θώραξ Brustharnisch), (→ Arthropoden [= Pereion, Brust]): Rumpfpanzer der → Trilobiten und → Insecta. Er setzt sich aus einer wechselnden Zahl Segmente zusammen. Bei Trilobiten gliedert er sich in die zentrale → Rhachis (Spindel) und die seitlichen Pleuralregionen, zwischen ihnen verlaufen die Axialfurchen. Das einzelne T.-Element gliedert sich in den mittleren Spindelring und die seitlichen Pleuren (→ Pleura). Während die T.-Elemente bei den Trilobiten untereinander gleich sind, lassen sich bei den meisten Olenelliden 2 Regionen unterscheiden: der Prothorax (vergleichbar dem Thorax der Trilobiten) und der fast wurmförmige Post- oder Opisthothorax mit kurzen Pleuren. Vgl. → *Olenellus.* (Radiolarien): → Nassellaria.

Thyreophora (NOPSCA 1915) (gr. θυρεός großer Schild, φορέιν tragen), Schildträger, zusammenfassend für alle Horn-, Platten- und Panzer-Dinosaurier. Heute meist auf Stego- und Ankylosaurier beschränkt.

Thysanoptera (DUMERIL 1806) (gr. θύσανος Troddel, Franse; πτερός Flügel), Fransenflügler, Blasenfüße, eine O. sehr kleiner, langgestreckter, lebhaft beweglicher Insekten mit stechend-saugenden Mundteilen am hypognathen (→ prognath) Kopf. Vorkommen: Seit dem Jura.

Tibia, *f* (lat. Schienbein), 1. (Wirbeltiere): der mediale, meist größere, manchmal einzige Knochen des Unterschenkels. Sein Kopf ist verbreitert und im Querschnitt dreiekkig. 2. Eines der Beinglieder von Arthropoden zwischen Oberschenkel (Femur) und Fuß (Tarsus). → Arthropoden.

Tibiale, *n*, ein Knochen im → Tarsus der niederen Tetrapoden, distal von der Tibia; bei den Säugetieren mit dem → Intermedium zum → Astragalus verschmolzen (Abb. 24, S. 40).

Tibiotarsus, *m* (Vögel, viele Dinosaurier und einige Säuger): aus Tibia, Fibula, Astragalus und Calcaneus verschmolzener Knochen. Er bildet mit dem → Tarsometatarsus das → Intertarsalgelenk.

Tillodontia (MARSH 1875) (gr. τίλλειν zerrupfen, sich etwas ausraufen; οδούς, οδόντος Zahn), eine kurzlebige O. primitiver herbivorer Säugetiere mit langen, nagezahnartigen Inzisiven und niedrigkronigen Backenzähnen. Sie erreichten Bärengröße. Vorkommen: U.Paläozän–M.Eozän, hauptsächlich in Nordamerika.

Tintenfische, → Cephalopoden.

Tintinnina (CLAPARÈDE & LACHMANN 1858) (lat. tintinnabulum Schelle [nach der Form der T.]), eine U.O. der Ciliata (Protozoa) mit festem organischem Gehäuse, der Lorica, von meist glockenförmiger Gestalt. Gegenüber dem weit offenen Vorderende (Peristom) läuft die Lorica meist in einen spitz zulaufenden sog. Kaudalfortsatz aus. Die Loricae bestehen meist aus organischer Substanz, z. T. sind sie agglutiniert. Vielfach werden ihnen die fossilen → Calpionellen zugeordnet, doch ist deren Gehäuse kalkig, was (REMANE 1978) Verwandtschaft mit Ciliaten ausschließt.

Tocogonie, *f* (gr. τοκεύς Erzeuger [τοκείς Eltern]; γονή Erzeugung, Abkunft), Elternzeugung, im Gegensatz zur → Urzeugung.

Tomaculum problematicum (GROOM 1902), Kotpillen-Schnur auf Schichtflächen, bis zu 10 cm lang und bis 2 cm breit. Vorkommen: Charakteristisches Spurenfossil im Ordovizium Europas.

Topohyle, *f* (gr. τόπος Ort; ύλη Stoff), → Hyle.

toponomische Termini (MARTINSSON 1970) dienen zur Kennzeichnung der Lage von → Lebensspuren im Sediment (vgl. Abb. 68, S. 130). Die Termini Epichnia, Endichnia, Hypichnia, Exichnia bezeichnen Lebensspuren auf der Oberseite, im Innern, auf der Unterseite oder außerhalb der spurenführenden Gesteinsschicht (meist Sandstein).

Topotypus, *m*, jedes Exemplar einer Art aus demselben Fundort und -horizont wie der Holotypus (bzw. der Lecto- oder Neotypus).

Topozone, *f* (MOORE 1957), an einer einzigen Lokalität erkennbare Zone. Vgl. → Teilzone.

Torfdolomit, *m* (P. KUKUK 1906) (altnord. torf Rasen; Dolomit nach dem franz. Mineralogen D. DE DOLOMIEU), Dolomitknollen (engl. = 'coalballs'), ± rundliche Knollen, als Konkretionen in vielen Steinkohlen, mineralogisch ein Gemisch aus Kalzit und Dolomit. Sehr wichtig ist ihr hoher Gehalt an gut erhaltenen → Intuskrustaten wenig veränderter Kohlenpflanzen; die Dolomite haben sich bereits im Torfstadium gebildet, und zwar unter dem Einfluß mariner Überflutungen, finden sich doch sie die T. ausschließlich im Liegenden mariner Horizonte. Als Seltenheit, und dann in rein kalkiger Zustand, kommen ähnliche Knollen auch in der Braunkohle vor.

Torn... (gr. τόρνος Zirkel, Dreheisen), Vorsilbe für Schwammnadeln mit kurz zugespitzten Enden . Vgl. → Oxy... .

Tornaria, *f* (lat. tornare drehen), Larve der → Enteropneusten, ähnlich derjenigen der Echinodermen.

Torsion, *f* (lat. Drehung), (Gastrop.): wichtigstes Merkmal der → Prosobranchia, Drehung des Hinterkörpers samt Mantel und Gehäuse um 180° gegen den Uhrzeigersinn, so daß Anus und Kiemen oberhalb des Kopfes zu liegen kommen. Dabei werden die vorher parallel zueinander verlaufenden Nervenstränge gekreuzt (= Chiastoneurie, streptoneurer Zustand), die Tiere werden unsymmetrisch und es entsteht die bekannte Form des Schneckengehäuses. Die T. erfolgt ontogenetisch innerhalb von Minuten bis Stunden.

torticon (lat. tortus gedreht; conus Kegel), in hoher Schneckenspirale eingerollt. Vgl. → Heteromorphe.

Tox, *n* (gr. τόξον Bogen [zum Bogenschießen]), bogenförmige Schwamm-Mikrosklere. → Porifera.

toxocon, (Ammon.) → Heteromorphe.

toxogloss (gr. γλῶσσα Zunge), → Radula-Typ einiger Neogastropoda.

Trabecula, Trabekel, *f* (lat. trabecula Demin. von trabs, trabis Balken), (→ Madreporaria, PRATZ 1882): wechselnd angeordnete Reihe von Faserbüscheln (Sklerodermiten), welche die Septen (→ Septum) sowie → Bacula und → Pali der meisten → Scleractinia und zahlreicher → Rugosa aufbauen. Die häufigste Anordnung der T. in den Septen ist parallel schräg von außen-unten nach innen-oben bzw. fächerförmig nach oben. Vgl. → monacanthin, → rhabdacanthin, → holacanthin.

Trabeculae cranii, Pl., *f* (lat. cranium Schädel), Schädelbalken, → Primordialcranium.

Trabeculodentin, *n*, Trabeculin, Bälkchenzahnbein, sehr harte, nach allen Seiten wachsende Abart des Dentins, die Balken in der Pulpahöhle bildet und sie schließlich bis auf ein System enger Röhren völlig ausfüllt. Syn.: Osteodentin.

Tracheata (gr. τραχέως rauh, hart; lat. trachea Luftröhre; eigentlich gr. αρτηρία τραχεία rauhe Arterie), zusammenfassend für die mittels Tracheen atmenden Arthropoden (Myriapoden, Insekten), im Gegensatz zu den mittels Kiemen atmenden Branchiata.

Tracheen, Pl., *f* (Arthrop.): kleine, vom Ektoderm aus eingestülpte Säckchen; sie beginnen mit einem Stigma (Atemloch), umhüllen die einzelnen Organe mit feinen Verästelungen und führen ihnen Atemluft zu. (Botan.): → Leitgefäße.

Tracheïden, Pl., *f* (botan.): → Leitgefäße.

Trägheitsgesetz, biologisches (ABEL 1928), ein dem physikalischen T. entsprechendes Beharrungsprinzip in der Natur, aus welchem sich die → Orthogenese, die Nichtumkehrbarkeit der Entwicklung (→ Dollosches Gesetz) und die progressive Reduktion der Variabilität (de Rosasches Prinzip) ergeben sollen.

Tränenbein, = → Lacrimale.

transspezifische Evolution (RENSCH 1947) (lat. trans jenseits), der Formenwandel der höheren, über der Art stehenden systematischen Kategorien (Taxa).

transversal (lat. transversus querverlaufend), allgemein: senkrecht zur Längsachse.

Transversum, *n*, Ostr., (Reptilien, Amphibien): ein → Hautknochen, der den Oberkiefer mit dem → Pterygoid verbindet. Er liegt hinter dem Palatinum und lateral vom Pterygoid (und ist dem Ectopterygoid der Teleostomen homo-

log, wird auch wohl ebenso genannt).

Trapezium, *n* (lat. trapezförmig. von gr. τράπεζα Tisch), ein Knochen der Handwurzel des Menschen (= Multangulum maius), dem Carpale 1 der Tetrapoden homolog (Abb. 24, S. 40).

Trapezoid, *n* (gr. τραπεζοειδής trapezähnlich), ein Knochen der Handwurzel des Menschen (= Carpale 2, Multangulum minus). Vgl. → Carpus.

Trema, *n*, Pl. Tremata (gr. τρῆμα Loch, Öffnung), Öffnung oder Serie von Öffnungen im Gehäuse mancher→ Gastropoden, in einer Spirale aneinandergereiht in der Art eines regelmäßig unterbrochenen Schlitzbandes. Vgl. → Selenizone.

Trepostomida (ULRICH 1882) (gr. τρέπειν wenden; στόμα Mund); eine O. der → Bryozoen, mit kompakten Zoarien („Stein-Bryozoen'); Zooecien röhrenförmig, durch Querböden (Diaphragmen) unterteilt. → Reife und unreife Region unterschieden. Vorkommen: Ordovizium–Perm (Abb. 23, S. 36).

Treppentracheiden, *f* (gr. εἶδος Aussehen) (botan.): Tüpfelgefäße, an deren Seitenwänden quergestreckte Tüpfel wie Leitersprossen übereinander angeordnet sind. Vgl. → Leitgefäße.

Triactin, *n* (gr. τρεῖς, τρία drei; ακτίς Strahl), dreistrahlige → Megasklere (bes. bei Kalkschwämmen vorkommend). Vgl. → Triod (Abb. 91, S. 186).

Triaen, *n* (SOLLAS) (gr. τρίαινα Dreizack), Triän, ein regulärer Vierstrahler (Tetraxon) bei einer der vier Strahlen (das → Rhabdom) von den übrigen, den → Cladisken bzw. dem → Cladom verschieden ist. Es werden unterschieden: → Amphitriaen, → Ana-, → Dicho-, → Crico-, → Meso-, → Ortho-, → Phyllo-, → Plagio-, → Procrico-, → Symphyllo-, → Trichotriaen und weitere Kombinationen. Durch Reduktion der Zahl der Cladom-Strahlen können → Dioder → Monaene entstehen, durch Addition eines Strahle → Tetraene (Abb. 91, S. 186).

triänidisch, dreispitzig (z. B. der Lobengrund vieler Ceratiten-Lobenlinien).

triarch (NAEGELI 1858) (gr. αρχή Anfang, Herrschaft), heißen Stämme oder Wurzeln von → Pteridophyta mit dreieckigem Zentralbündel (mit drei → Xylemsträngen bzw. deren Anfängen). Entsprechend gibt es monarche, diarche, tetrarche usw. bis polyarche Gefäßbündel.

Triaxon, *n* (ZITTEL), Adj. **triaxon** (gr. άξων Achse), regulärer Dreiachser (= Sechsstrahler, Hexactin), Grundelement im Stützskelet der → Hyalospongea, bestehend aus 6 gleich langen, einander unter rechten Winkeln schneidenden Strahlen: das Hexactin hat gerade, glatte, allmählich spitz zulaufende Arme. Durch Teilung der Arme mehrere oder zahlreiche Äste entstehen die Hexaster (Mikrosklere). Beim Pinul ist der distad gerichtete Ast mit zahlreichen Stacheln oder Knoten besetzt und sieht dadurch wie ein zierliches Tannenbäumchen aus. Ein Hexactin mit laternchenartigen, durchbrochenen Knoten heißt Lychnisk (→ Lychniskida).

tribosphenisch (SIMPSON 1936) (gr. τρίβειν reiben; σφήν Keil), Bez. für den Grundbauplan der Säugetierbackenzähne, bei denen die im Dreieck angeordneten Haupthöcker oben und unten invers stehen und zusammen mit dem →Talonid nicht nur scherendes, sondern auch quetschendes Kauen und damit optimale Aufschließung pflanzlicher und tierischer Nahrung ermöglichen. Vgl. → Trituberkulartheorie.

Tribus, *f* (lat. Geschlecht, Stamm), ein fakultatives → Taxon zwischen U.Familie und Gattung.

tricarinat (lat. tres, drei; carina Schiffskiel), (Ammon.): mit drei Kielen versehen.

Trichelida (BEURLEN & GLAESSNER 1931) (gr. χηλή Schere), eine U.O. der → Decapoda (Crustac.).

Trichobranchien, Pl., *f* (gr. θρίξ, θριχός Haar, Borste; βράγχια Kiemen), → Decapoda (Crustac.).

Trichom, *n* (gr. Nachsilbe ομ zusammenfassende Bez. für Gebilde), (botan.): Haare, durch lokales Auswachsen einzelner Epidermiszellen entstanden; bei Prokaryoten auch Zellfaden (bei frühen P. oft von einer Scheide umgeben; PFLUG 1975).

Trichoptera (LATREILLE 1810) (gr. πτερόν Flügel), Köcherfliegen; kleine holometabole Insekten, deren Larven im Wasser in selbstgebauten agglutinierten ‚Köchern‘ leben, die sich nach dem Ausschlüpfen stellenweise am Strande häufen (Phryganiden). – Fossil seit dem Lias.

Trichotriaen, n (gr. τρίχα dreifach), → Triaen mit dreifach gegabelten → Cladisken.

Trichter (Cephalop.): Hyponom, Infundibulum: trichterförmig verengte, vom Mantel gebildete Auslaßöffnung der Mantelhöhle: durch sie strömt verbrauchtes Atemwasser. Mit Heftigkeit ausgestoßen, bewirkt es Bewegung des Tieres durch Rückstoß (Abb. 3, S. 8)

Trichterbucht, Einbuchtung von Peristom (Mundsaum) bzw. Anwachsstreifen an der Ventralseite mancher Cephalopoden-Gehäuse für den Trichter.

tricolpat (gr. τρι- drei- [in Zusammensetzungen] κόλπος Wölbung, Bucht) heißen Pollenformen mit 3 meridionalen Falten. Kommt ein ± deutlicher Exitus (Pore) hinzu, so heißen sie tricolporat.

tricolporat, → tricolpat.

triconodont (gr. κώνος Kegel; οδούς Zahn), heißt ein Zahn, der aus einem Hauptkegel und vor und hinter diesem je einem Nebenkegel von geringerer Höhe besteht. Vgl. → Trituberkulartheorie.

Triconodonta (OSBORN 1888), eine O. mesozoischer Säugetiere mit triconodonten Zähnen, sekundärem Kiefergelenk (Squamosum-Dentale) und ohne einspringenden Unterkieferwinkel. Typische Gattungen: Triconodon, Priacodon. Die T. erreichten die Größe einer Katze bei gleichfalls raubtierhaftem Habitus. Wahrscheinlich sind sie nachkommenlos ausgestorben. Vorkommen: Jura–O.Kreide.

Tricostalia, Triecostalia, Pl., n (JAEKEL), → COSTALIA.

tridactyl (gr. δάκτυλος Finger, Zehe), dreizehig.

Trider, n (RAUFF) (gr. τρίδειρος dreihalsig), → Tetraclon.

trifurcat (lat. tres, tria drei; furca zweizinkige Gabel), sich in drei Zweige teilend (von dreigabeliger Berippung).

Trigon, n, **Trigonid,** n, **trigonodont, trigonal** (gr. τρίγωνον Dreieck; οδούς, οδόντος Zahn), → trituberkulat.

Trigonioida (DALL 1889), eine O. schizodonter, meist kräftig skulpierter, ziemlich dickschaliger Muscheln (z. B. *Trigonia*). Vorkommen: ?Ordovizium–Devon.

Trigonocarpus, m (gr. καρπός Frucht), der Same der → Medulloseae. Vgl. → Radiospermae.

trilet (REINSCH) (gr. τρί dreifach; ληθείν verborgen sein [d. h. bis zur Entdeckung in der Erde verborgen geblieben; vielleicht waren die dreistrahligen Linien für REINSCH auch ein Symbol des Λήθη-Flußes. Nach R. POTONIÉ]), heißt die Y-förmige. dreistrahlige apikale Dehiscens-Marke vieler → Sporen (= Tetradenmarke).

Triletes (REINSCH 1881), eine Abteilung der → Sporae dispersae (O. Abteilung Sporites); sie umfaßt → azonale Iso-, Mikro- und Megasporen mit Y-Marke (d. h. aus Tetraedertetraden stammend).

Trilobiten, Trilobita (WALCH 1771) (gr. τρεῖς, τρία drei; λοβός Lappen), Dreilapper, eine Gruppe ausgestorbener, ausschließlich mariner Arthropoden. Ihr Rückenpanzer gliedert sich in Längsrichtung in den Kopfschild (Cephalon), den Rumpf (Thorax) aus einer wechselnden Zahl von Rumpfgliedern und den Schwanzschild (Pygidium), senkrecht dazu in die zentrale Achse (Spindel, Rhachis) und die seitlichen Pleuren. Seitlich greift er mit dem → Umschlag auf die Ventralseite über. Die ventralen Körperanhänge sind ein Paar einfache Antennen und eine wechselnde Anzahl zweiästiger (Spalt-) Beine. Das Cephalon besitzt als vordere Verlängerung der Rhachis eine mittlere Aufwölbung, die Glabella (‚Glatze‘). Sie ist durch ± deutliche Seiten- oder Querfurchen als Spuren früherer Segmentierung in wechselndem Umfang gegliedert. Hinten wird ein Nackenring (Annulus occipitalis) durch eine Nackenfurche von ihr abgetrennt. Auf der Ventralseite schließt sich oft eine besondere Rostralplatte (Rostrum) an den Umschlag an, ihr folgt, noch vor der Mundöff-

nung (präoral) gelegen, das Hypostom. Die Seitenteile (Wangen) des Cephalons sind nicht sichtbar segmentiert. Sie tragen die beiden Facettenaugen, welche mit der Sehfläche (wechselnde Zahl [2–15000] von Facettenaugen) nach außen gerichtet auf ± erhöhten Augenhügeln (Palpebralloben) sitzen. Eine erhabene Augenleiste kann sie mit der Glabella verbinden. Grenzen die einzelnen Augenlinsen unmittelbar aneinander und sind von einer gemeinsamen Hornhaut (Cornea) überdeckt, so heißen die Augen holochroal, ist jedes Linsenauge von den benachbarten abgesondert, schizochroal. Die Wangen werden durch → Gesichtsnähte (Suturae faciales), die über die Augenhügel laufen, in die an die Glabella anschließenden festen Wangen (Fixigenae) und die randlichen freien Wangen (Librigenae) geteilt. Die Gesichtsnähte erleichtern die Häutung (Ecdysis). Die Zahl der (gelenkig beweglichen) Thoraxsegmente beträgt mindestens 2, meistens 6–15, sie kann auch größer werden. Ihr mittlerer Teil ist der Spindelring (= Teil der Spindel), die beiden Seitenteile sind die Pleuren. Eine Pleuralfurche zieht schräg über die Pleuren hin, meist von vorn innen nach hinten außen. Die Gliedmaßen der T. sind nur ausnahmsweise erhalten geblieben, ihre Interpretation ist daher teilweise unsicher. Der Kopfschild trägt ein Paar Antennen und ein Paar nicht weiter differenzierte zweiteilige ‚Spaltfüße‘, dahinter besitzt jedes Segment außer dem letzten des Pygidiums ein Paar. Sie bestehen aus dem innen gelegenen Endopoditen (Laufbein) und dem außen gelegenen Exopoditen mit abgeflachten, früher oft als Kiemen gedeuteten Setae. Ontogenie: folgende Entwicklungsstadien werden unterschieden (BEECHER 1895): 1. Protaspis: Larvenstadium bis zur Absonderung eines kleinen Protopygidiums (Größe 0,25–1 mm); 1a) Anaprotaspis: nur ein einheitliches Schildchen mit ± segmentierter Glabella; 1b) Metaprotaspis: das Protopygidium wird abgesondert und segmentiert; 1c) Paraprotas-

pis: heute kaum noch unterschiedenes Spätstadium. 2. Meraspis: die Thoraxsegmente schieben sich ein, bis eines weniger als ihre endgültige Zahl erreicht ist (Größe 6 bis 12mal die der größten Protaspis). 3. Holaspis: das Stadium beginnt mit Erreichung der vollen Zahl der Thoraxsegmente. Fortan findet nur noch Größenwachstum statt. Einrollung: Man unterscheidet zwei Haupttypen der Einrollung: 1. sphäroidal, bei T. mit großem Pygidium: ± kugelig durch gleichmäßige Beteiligung aller Thoraxsegmente. 2. doppelt (spiral), bei einigen kambrischen mikropygen Trilobiten, dabei werden Pygidium und distalste Thoraxglieder unter den Kopfschild geschoben, im übrigen ist die Einrollung sphäroidal. Strukturen im Dienste der Einrollung sind die → Verschlußfurche, die besonders bei Phacopiden auftritt und wahrscheinlich das → Pandersche Organ.
Systematik: LAUTERBACH 1980) trennte die kürzlich entdeckten → Emuellida als eigene Kl. von den restlichen T. Noch ferner stehen seiner Meinung nach den T. die Olenelliden, die er als eigene Kl. den Cheliceraten zuordnete. Hier werden beide bei den T. belassen. Dagegen sind die Agnostiden nach MÜLLER & WALOSSEK keine T. (wohl aber die Eodisciden und Pagetiiden). Vgl. → System der Organismen im Anhang.
Entwicklung: Die T. traten zu Beginn des Kambriums mit teilweise

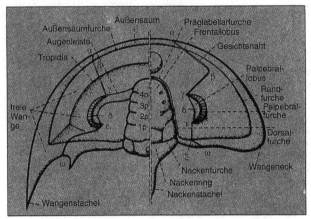

Abb. 118 Merkmale des Trilobiten-Kopfschildes (schematisch). – Umgezeichnet nach P. HUPÉ (1953)

bereits hochentwickelten Formen auf. Ihre Blütezeit lag im Kambrium und Ordovizium, vom Silur an nahmen Formenfülle und Individuenzahl beständig ab, bis zum Aussterben im Perm.
Ökologie: Die T. waren vorwiegend Bewohner des küstennahen Flachmeeres. Da sie kaum differenzierte Kauapparate besaßen, dürften sie mikrophag gelebt haben; vielleicht waren sie teilweise auch Sedimentfresser. Differenzierte Mundwerkzeuge als Hinweis auf räuberische Lebensweise wurden von einzelnen Phacopiden angegeben. Die wahrscheinlich schlecht schwimmenden, relativ langsamen T., ohne Scheren oder kräftige Kiefer, waren zumeist auf passiven Schutz durch Verstecken zwischen Pflanzen oder im Sediment oder schließlich durch Einrollen angewiesen. Ihr allmähliches Aussterben war eine Folge der Zunahme aktiver Räuber wie der Eurypteriden, der Cephalopoden und besonders der Fische.
Trilobitoidea (STØRMER 1959), eine Zusammenfassung unterschiedlicher Arthropoden, hauptsächlich aus dem mittelkambrischen → Burgess-Schiefer. STØRMER rechnete dazu die → Marrellomorpha, → Merostomata, → Pseudonotostraca.
Trilobitomorpha (STØRMER 1944) eine Gruppe früher Arthropoden.

Gemeinsam ist allen der Bau der Extremitäten, bei denen eine Coxa fehlt und ein Exopod von der Basis ausgeht. Der Exopod trägt eine oder zwei Reihen von platten Strukturen, die früher als Kiemenanhänge angesehen wurden, deren proximale Gelenke sie jedoch als Borsten erweisen. Dieser ‚Spaltfuß‘ ähnelt daher grundsätzlich dem der → Crustaceen. Von frühen Crustaceen unterscheiden sich T. durch die seitliche Haltung der Beine und durch die dorsale Lage der Augen. Vorkommen: U.Kambrium–Perm. – Systematik: umstritten. Hierher gehören außer den Trilobiten z. B. *Naraoia, Sidneya, Emeraldella, Cheloniellon* und die primitiveren *Marrella* und *Mimetaster*.
Trinomen, n (lat. nomen Name), der wissenschaftliche Name einer Unterart; er besteht aus drei Wörtern: Gattungs-, Art- und Unterartname.
Triod, n (SOLLAS) (gr. τρίοδος Kreuzweg), (vgl. → Triactin), das Triod, auch die Triode, regulärer Dreistrahler, wichtigstes und häufigstes Bauelement der Kalkschwämme; das T. hat drei gleich lange Arme, die in einer Ebene liegen und unter einem Winkel von 120° aufeinandertreffen (Abb. 91, S. 186).
tripartit (lat. tres, neutr. tria drei; partitus geteilt), dreigeteilt. Vgl. → Rippenteilung (Abb. 4, S. 8).

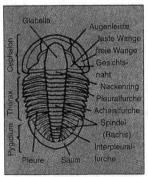

Abb. 117 Dorsalansicht eines Trilobiten-Panzers (schematisch)

Tripel, *m* (nach Tripolis, Libyen), Polierschiefer, → Kieselgur mit sehr feiner, gut erkennbarer Schichtung.

Tripod, *m* (RAUFF) (gr. τρίπους Dreifuß), Dreifuß; dreistrahlige Schwammnadel, deren Schenkel wie die Seitenkanten einer dreiseitigen Pyramide verlaufen.

triporat (gr. πόρος Durchgang, Weg), (Sporomorphae): mit drei Poren (→ Porus) versehen.

Tripton, *n,* im Wasser schwebende anorganische und leblose organische Partikel. Vgl. → Seston.

Triquetrum, *n* (lat. triquetrus dreieckig), Dreiecksbein. → Carpus.

triradiat, dreistrahlig.

triserial (lat. series Reihe, Ordnung), dreireihig.

Tritoconus, *m* **Tritoconid,** *n* (W. B. SCOTT) (gr. τρίτος dritter; κῶνος Kegel), → Trituberkulartheorie.

Trituberculata (ZITTEL), Syn. von → Pantotheria.

Trituberkulartheorie (COPE 1884, OSBORN 1888), eine Differenzierungstheorie zur phylogenetischen Entstehung der vielhöckerigen Säugetierzähne. Ausgangspunkt der Entwicklung ist nach der T. der einfache (haplodonte) Reptilzahn mit einfacher Wurzel, konischer Spitze und einem Basalwulst (Cingulum) um die Kronenbasis.

Die Spitze dieses Zahnes heißt Protoconus (bzw. Protoconid im Unterkiefer. OSBORN kennzeichnete die Spitzen der Unterkieferzähne durch die Endsilbe -id), sein Entwicklungsstadium das protodonte; es wird zum trikonodonten, indem sich vorn ein Para- und hinten ein Metaconus (bzw. unten Para- und Metaconid) erheben.

Das nächste Stadium ist das trituberkulate, bei dem Para- und Metaconus sich nach außen verschieben, Para- und Metaconid nach innen, so daß die → Akralfläche ein Dreieck bildet, das Trigon bzw. Trigonid. (Die Art des Übergangs vom trikonodonten zum trituberkulaten war von Anfang an umstritten, wahrscheinlich sind es überhaupt parallel entwickelte, voneinander unabhängige Gebißtypen.) Die weitere Entwicklung ging oben und unten verschiedene Wege. Aus dem hinteren Basalwulst der unteren Zähne entwickelte sich ein → Talonid mit zunächst einer Spitze, dem Hypoconid; dieser tuberculo-sectoriale (tuberculo-sectoriale) untere Brechzahn (→ Brechschere) vieler Carnivoren verwirklicht. Weiterhin entwickelten sich auf dem Talonid das Hypoconulid und das Entoconulid, so daß ein sechshök-

keriger Zahn resultierte. Im Oberkiefer entstand ein kleinerer Talon mit einem Hypoconus, ferner zwei kleinere Höcker je zwischen Proto- und Paraconus (Protoconulus) und zwischen Proto- und Metaconus (Metaconulus); das ergibt ebenfalls einen sechshöckerigen Zahn, jedoch anderer Art als der untere. Aus solchen lassen sich die Zähne der heutigen Säugetiere ableiten.

Die von OSBORN entwickelte Terminologie der Zahnelemente wird allgemein verwendet, auch unabhängig von der Theorie, für die sie geschaffen worden ist. Für die Höcker der Prämolaren hat W. B. SCOTT (1892) eine besondere, freilich nicht allgemein anerkannte Terminologie eingeführt: erster Außenhöcker = Protoconus (-id), erster Innenhöcker = Deuteroconus (-id), zweiter Außenhöcker = Tritoconus (-id), zweiter Innenhöcker = Tetartoconus (-id); den Vorderhöcker der unteren Prämolaren nannte er Paraconid. Umformungen der sechshöckerigen (sexituberkularen) Zähne siehe: → bunodont, → Zähne (Abb. 119).

trituberkulat (lat. tri- drei [in Zusammensetzungen]; tuberculum kleiner Höcker), Bez. für einen dreispitzigen Backenzahn, bei dem

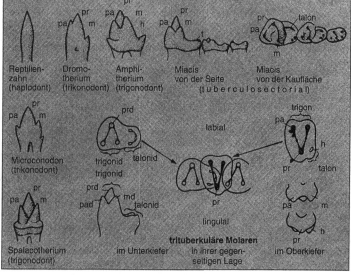

Abb. 119 Schematische Darstellung der Cope-Osbornschen Trituberkulartheorie. Entwicklung des trikonodonten, trigonodonten und tuberculosectorialen (tribosphenischen) Zahnes aus dem haplodonten Reptilzahn. Oberkieferzähne: h Hypoconus; m Metaconus; pa Paraconus; pr Protoconus t Talon. Unterkieferzähne: md Metaconid; pad Paraconid; prd Protoconid. – Nach THENIUS & HOFER (1960), umgezeichnet aus WEBER (1927).

Reptilienzahn (haplodont) · Dromotherium (trikonodont) · Amphitherium (trigonodont) · Miacis von der Seite · Miacis von der Kaufläche (tuberculosectorial)

Microconodon (trikonodont) · trigonodon trigonid talonid · labial · trigon

Spalacotherium (trigonodont) · trituberkuläre Molaren im Unterkiefer · in ihrer gegenseitigen Lage · im Oberkiefer die beiden Nebenhöcker nach außen zu (bei oberen Zähnen) oder nach innen zu (bei unteren Zähnen) liegen. Sind die Höcker durch scharfe Kanten miteinander verbunden, so entstehen nach außen bzw. nach innen offene Dreiecke (= Trigon bzw. Trigonid). Derartige Zähne wurden von RÜTIMEYER trigonodont, von DÖDERLEIN trigonal genannt.

Trituration, f (lat. terere, reiben, abnutzen), Abkauung von Zähnen.

Trivialname, Nomen triviale, n (botan.): 1. der beim (→ binominalen) Namen einer Art an zweiter Stelle stehende, der Art eigentümliche Name, auch → Epitheton specificum genannt. 2. der volkstümliche, landessprachliche (nicht wissenschaftliche) Name eines zool. oder botan. Taxons.

Trivium, n (lat. dreifacher Weg), (Echinod.): bei Holothurien: die Radien E, A und B (= II, III, IV), welche die Ventralseite der Tiere bilden; entspr. bei Echiniden: die (vorderen) Radien A, B und E (II, III, IV). Vgl. → Lovéns Gesetz, → Holothurien-Gesetz (Abb. 39, S. 72).

Trochanter, m (gr. τροχαντήρ Rollhügel), 1. (Wirbeltiere): Knochenvorsprung zum Ansatz von Muskeln. Vgl. → Femur. 2. (Arthropoden): das zweite oder dritte Glied der → Trilobiten-Extremität.

Trochiliscus, m (gr. τροχιλία Winde, Rolle; -iscus latinisierte Deminutiv-Endung), devonische Oogonie von → Charophyta.

Trochiten, Pl., m (gr. τροχός Rad), die Stielglieder der Crinoideen, speziell der Art *Encrinus liliiformis* v. SCHLOTHEIM im oberen Germanischen Muschelkalk. → Entrochus.

Trochlea humeri, f (lat. trochlea Rolle, Winde), die rollenförmige, distale Gelenkfläche des Humerus für die Gelenkung mit Radius und Ulna.

trochoceroid, trochokon (gr. κέρας Horn; τρόχος Lauf, Umlauf; κῶνος Kegel), in loser Spirale aufgerollt (Nautiloideen).

trochoid (gr. εἴδος Gestalt), kegel- oder hornförmig, mit einem Basiswinkel um 40°.

Trochophora, f (HATSCHEK 1878) (gr. φέρειν tragen), die mit Wimperkränzen versehene Larve der Anneliden und Mollusken.

trochospiral, in einer Schneckenspirale aufgerollt (= helicoid, konchospiral).

trophisch, auf die Ernährung bezüglich.

Trophophylle, n (gr. τροφός Ernährer, Züchter; φύλλον Blatt), (botan.): die assimilierenden (sterilen) Blätter oder Wedel, vgl. → Sporophyll.

tropibasisch (GAUPP) (gr. τρόπις Schiffskiel), (= tropidobasisch) kielbasisch; eine Art des → Primordialcraniums, die für die Teleostei und die Sauropsiden, primär auch für die Säugetiere kennzeichnend ist. Der Schädel der Säugetiere ist sekundär, infolge der Größenzunahme des Gehirns wieder → platybasisch geworden.

Tropidia, f, randparallele, scharfe, manchmal verdoppelte Leiste auf dem Kopfschild mancher → Trilobiten in einigem Abstand vom Glabellarrand (z. B. bei gewissen Proetiden) (Abb. 117, S. 246).

Tropismus, m, **Tropismen** (gr. τρόπος Richtung, Wendung), → Reizreaktionen.

Tryblidioidea (LEMCHE 1957) (nach der Gattung *Tryblidium* LINDSTRÖM 1880) (gr. τρύβλιον Schale, Näpfchen), eine O. der Kl. → Monoplacophora; sie umfaßt primitive Mollusken mit einfachem bilateralsymmetrischem Gehäuse und serialer Anordnung der Weichteile. Vorkommen: Seit dem U.Kambrium. Vgl. → Tergomya.

tryblidiolepidin (gr. λεπίς Schuppe), (Foram.): → Nucleoconch.

Tuba Eustachii, f (lat. tuba Röhre; B. EUSTACHIO, ital. Arzt, † 1574 in Rom), Ohrtrompete; ein dem Spritzloch (→ Spiraculum) homologer Kanal, der von der Paukenhöhle (Cavum tympani) in die Mundhöhle führt (Abb. 80, S. 158).

tuberculocephal (lat. tuberculum Höckerchen; gr. κεφαλή Kopf), → Rippen.

tuberculo-sectorial (OSBORN) (lat. secare schneiden), → Trituberkulartheorie.

Tuberculum costae, n (lat. costa Rippe), → Rippen.

Tuberculum majus, minus, n (lat. maior, maius größer; minor, minus

kleiner), großer und kleiner Gelenkhöcker am Proximalende des Humerus von Säugetieren.

Tubiconchia, zusammenfassend für die → Hyolithen und → Tentaculiten.

Tubiphyten (gr. φυτόν Pflanze), problematische gesteinsbildende kalkige Organismen in jungpaläozoischen Riffkomplexen, 2–6 mm groß, mit 1–2 rundlichen Einschlüssen wie von Röhren oder Vakuolen. Systematische Stellung unbekannt. ?Algen, ?Hydrozoen.

Tuboidea (KOZLOWSKI 1938) (lat. tubus Röhre), eine O. der → Graptolithen: den → Dendroidea ähnlich, aber inkrustierend und viel unregelmäßiger in Herausbildung und Anordnung der dreierlei Theken: Auto-, Bi- und Stolotheca. Vorkommen: Ordovizium–Silur.

Tubotheca (KOZLOWSKI 1970), röhrenförmige, selten gefundene Struktur bei einigen tuboiden und dendroiden Graptolithen, vermutlich von Kommensalen oder Parasiten bewohnt (Röhrenwürmer?); die Wandung der T. besteht aus Graptolithen-Gewebe.

Tubulidentata (HUXLEY 1872) (lat. tubulus kleine Röhre; dens, dentis Zahn), Röhrenzähner, eine O. der Säugetiere, deren einziger heutiger Vertreter das von Ameisen und Termiten lebende Erdferkel *(Orycteropus)* Afrikas ist. Fossile T. sind aus dem europäischen Pliozän bekannt, miozäne aus Ostafrika; entstanden sind sie in Afrika, im frühen Tertiär scheinen sie formenreicher gewesen zu sein. Die O. hat ihren Namen nach den sehr eigenartigen, aus einzelnen Röhren zusammengesetzten, schmelzlosen pflockartigen Backenzähnen. Ihre Abstammung ist unklar, nach THENIUS sind es einseitig spezialisierte Abkömmlinge altertümlicher Huftiere (Condylarthra).

Tubus lamellosus, m (MÜLLER-STOLL 1936), → Epirostrum.

Tüpfel (botan.): Durchbrechung der primären und sekundären Zellwand bis etwa zur Mittellamelle. → Tracheïden.

Türkensattel, = → Sella turcica.

Tunicata (lat. tunica Unterkleid, Hülle), (Manteltiere): Chordatiere, deren → Chorda auf den Schwanz beschränkt ist (= Urochordata) und meist frühzeitig verlorengeht. T. besitzen keine sekundäre Leibeshöhle und einen Schlund, der zu einem Kiemenkorb umgewandelt ist; sie neigen zur Knospung und Koloniebildung. Fossil sind sie als große Seltenheiten vom M.Kambrium an beschrieben.

Tupaioidea, Scandentia, Spitzhörnchen, eine O. kleiner, an Eichhörnchen erinnernder, baumbewohnender Säugetiere, die früher den Insectivoren oder den Primaten zugeordnet wurden. Die rezenten Tupaiiden leben in Südostasien. Vorkommen: Seit dem Miozän.

Turbinale, *n* (COPE 1896) (lat. turbo Wirbel), die knöcherne Stütze der Nasenmuscheln (→ Conchae nasi) der Tetrapoden, bes. der Säugetiere. Die T. werden nach den Knochen benannt, von denen sie ausgehen. Im vorderen Teil der Nasenhöhle liegt das Maxilloturbinale, im hinteren die Ethmoturbinalia (welche Riechepithel tragen, im Gegensatz zum rein respiratorischen Maxilloturbinale). Die Ethmoturbinalia stehen etwa senkrecht zur → Lamina cribrosa. Das am weitesten dorsal gelegene Ethmoturbinale ragt meist weit nach vorn, verwächst mit dem Nasale und heißt deshalb Nasoturbinale. Die Ethmoturbinalia werden weiterhin eingeteilt: in die Endoturbinalia (Hauptmuscheln) und die viel kleineren Ectoturbinalia (Nebenmuscheln) zwischen den Basallamellen der Endoturbinalia.

turbinat, breit kegel- oder hornförmig, mit einem Basiswinkel um 70°.

Turgor, *m* (lat. Schwellung), Druck des Zellsaftes in der Zelle.

Turma, *f* (lat. turma eine Abteilung der römischen Reiterei, ursprünglich 30 Mann stark), eine → parataxonomische Kategorie. Vgl. → Sporae dispersae.

turriculat (lat. turriculum kleiner Turm), spitzkonisch, mit zahlreichen ± flachen Umgängen.

turriliticon (lat. turris Turm), (Ammon.): → Heteromorphe.

Tyl... (gr. τύλος Buckel, Schwiele). Vorsilbe für Schwammnadeln,

deren Enden knopfartig verdickt sind.

Tylodendron, Marksteinkern von Koniferen vom Typ der → *Walchia*. Vorkommen: Perm–O.Trias.

Tylopoda (ILLIGER 1811) (gr. πούς, ποδός Fuß, Bein), Kamele; ‚Schwielensohler', eine U.O. der Artiodactyla: sie ist heute nur noch durch wenige Gattungen vertreten, war aber vom Oligozän an besonders in Nordamerika sehr formenreich.

Tylostyl, *m* (gr. στύλος Säule, Stütze), ein an einem Ende spitzes, am anderen Ende knopfförmig verdicktes → Monaxon (‚Stecknadel').

Tylot, *n* (Porifera): diactines → Monaxon, dessen beide Enden knopfartig verdickt sind (= Amphityl) (Abb. 91, S. 186).

Tympanicum, Os tympanicum, *n* (gr. τύμπανον Handpauke), Paukenbein, ein den Säugetieren eigentümlicher, dem Angulare niederer Vertebraten homologer Deckknochen der Ohrregion. Ursprünglich umfaßt er ringförmig das Trommelfell, kann sich aber zu einem knöchernen Gehörgang ausweiten oder zur → Bulla tympani aufblähen (Abb. 77, S. 149). Vielfach verschmilzt er auch mit den angrenzenden Knochen zum → Temporale und bildet dann dessen Pars tympanica.

typischer Spitzenkegel nannte CHRISTENSEN 1925 das → Embryonalrostrum (Jugendrostrum) der Belemniten, welches durch größere Härte, Durchsichtigkeit und Verschwinden der Anwachslinien von sonstigen Spitzenkegeln unterschieden ist.

Typogenese, *f* (SCHINDEWOLF) (gr τύπος Vorbild, Abdruck), → Typostrophentheorie.

Typoid, *n* (Nachsilbe -id von gr. εἶδος Aussehen), von R. RICHTER befürworteter Terminus für veröffentlichte, aber nicht typisierende Exemplare einer Art, die zu ihrer besseren Kenntnis beitragen. Er unterschied: Paratypoid: ursprünglich und gleichzeitig mit dem → Holotypus veröffentlicht (oder nach Auflösung von → Syntypen oder neben dem Lectotypus [→ Speziestypus] verbliebenen Stücke). Hypotypoid: in einer späteren Ar-

beit veröffentlicht, und zwar Heautotypoid: durch den Autor der Art, Plesiotypoid: durch einen anderen Autor. Die von R. RICHTER vorgeschlagene klare Unterscheidung von Typus und Typoid ist nicht von den → IRZN übernommen worden, hat sich aber im deutschsprachigen zoologischen Schrifttum weithin eingebürgert.

Typologie, *f* (gr. λόγος Darstellung), die Herausarbeitung definierbarer Typen bzw. Baupläne aus komplexen natürlichen Objekten als Repräsentanten ganzer Taxa auf Grund möglichst eingehender Formanalyse.

Typolyse, *f* (SCHINDEWOLF) (gr. λύειν [auf]-lösen), → Typostrophentheorie.

Typonymie, *f* (gr. ὄνομα Name), → Typus-Art.

Typostase, *f* (SCHINDEWOLF) (gr. στάσις Stellung, Aufstehen), → Typostrophentheorie.

Typostrophentheorie (BEURLEN 1932, SCHINDEWOLF 1947) (gr. στροφή Umdrehung, Wendung), eine Theorie über den Ablauf der stammesgeschichtlichen Entwicklung. Entscheidendes Gewicht wird auf deren Phasenhaftigkeit gelegt. Drei Phasen werden unterschieden: 1. Typogenese, Phase der Typenentstehung. Sie erfolgt proterogenetisch, d. h. auf frühontogenetischem Stadium. In einer kurzen, explosiven Phase wird dabei der neuentstandene Typ in eine Anzahl Entwicklungslinien (Untertypen) aufgespalten. Deren Weiterentwicklung erfolgt in der 2. Typostase = Phase der Typenkonstanz, in lang dauernder Orthogenese im Rahmen paralleler Entwicklungslinien. 3. Typolyse = Phase der Typenauflösung, des Typenabbaus mit Überspezialisierungen usw. Vgl. → Neomorphose-Theorie, → Proterogenese, → Punktualismus.

Typus, *m*, Typen, allgemein: Grundform, Urgestalt. Nomenklatorisch: die schon bei der Aufstellung von Gattungen und Arten oder erst nachträglich festgelegte und veröffentlichte Norm (‚Richtmaß'), an die der aufgestellte Name gebunden ist. Der Typus ist für die Art ein bestimmtes Stück, der → Speziestypus (→ Holo-, Lecto- oder

Neotypus), für die Gattung eine bestimmte → nominelle Art, die → Typus-Art (Generotypus, früher auch Genotypus genannt), und für die höheren Taxa eines der jeweils rangniedrigeren obligatorischen Taxa. Vgl. → Typoid, → Hyle. Der Grundsatz der Typisierung findet in der Botanik auf Namen der Taxa oberhalb der Familie keine Anwendung.

Typus-Art, die eine Gattung typisierende (bestimmende) Art: sie muß bei Errichtung einer Gattung oder nachträglich bestimmt werden. Der Terminus T. (oder Genero-

typus) soll auf Empfehlung der → IRZN die bisher gebräuchliche Bez. Genotypus ersetzen. Die Wahl der T. (vgl. IRZN, Artikel 68) kann sich ergeben: 1. aus der Angabe des Autors in der ersten Veröffentlichung. Dies ist seit 1. 1. 1931 die einzige Möglichkeit: nach 1931 ohne ausdrückliche Angabe der T. aufgestellte nominelle Gattungen sind ungültig; die folgenden Möglichkeiten betreffen nur ältere Gattungen (Typus designatus); 2. aus Artnamen wie typicus, typus usw. (Typonymie); 3. wenn der Gattung bei ihrer Veröffentlichung nur

eine Art zugerechnet wurde (Monotypie); 4. wenn bei der Veröffentlichung ein Artname wörtlich mit dem Gattungsnamen übereinstimmte (Tautonymie).

Typus-Verfahren, Festlegung (Beurkundung) eines zoologischen oder botanischen Taxons durch → Typen, um ihren Sinn unverändert zu bewahren, nachprüfbar zu halten und vor Umdeutungen zu schützen. Es wurde 1907 in die zoologische, 1930 in die botanische Nomenklatur eingeführt, statt des bis dahin überwiegend gebräuchlichen Definitions-Verfahrens.

Ubiquisten, *m* (lat. ubique überall) Adj. **ubiquitär,** Organismen, die unter sehr verschiedenen Bedingungen gedeihen; dagegen sind Kosmopoliten solche Organismen, die in den ihnen zusagenden Biotopen über die ganze Erde verbreitet sind.

Überspezialisierung, die orthogenetische, einsinnige Weiterentwicklung bestimmter Merkmale über das biologische Optimum hinaus (bis zu biologisch ungünstigen Übertreibungen). Ü. wird noch so lange als tragbar angesehen, als ihre Nachteile für den Organismus durch mit ihr genetisch gekoppelte anderweitige Vorteile aufgewogen werden (→ Pleiotropie).

Uintacrinida (BROILI 1921), (Crinoid.): eine O. der → Articulata, ohne Stiel, mit Centrodorsale (früher Centrale genannt), kleinen Fazetten der Radialia und echten Symplectien im Arm (→ Gelenkflächen). Vorkommen: O.Kreide.

Ullmannia (GÖPPERT) (= *Archaeopodocarpus* WEIGELT), Sammelgattung für Koniferenzweige des Zechsteins, mit ± kurzen, dicht gedrängten, spiralig gestellten, → amphistomatischen Blättern. → Frankenberger Kornähren.

Ulna, *f* (lat. Elle, Ellenbogen), Elle; ein langer Knochen des Unterarms der Tetrapoden, auf der dem kleinen Finger entsprechenden Seite gelegen. Ein oberer Fortsatz ragt als

→ Olecranon über das Ellenbogengelenk hinaus. Während der Schaft der Ulna bei spezialisierten Tetrapoden, vor allem Säugern, bis zum völligen Schwund reduziert werden kann, bleiben Olecranon und distale Gelenkfläche immer erhalten, meist unter Verwachsung mit dem Radius. Vgl. → Zeugopodium.

Ulnare, *n,* der im → Carpus der Tetrapoden unter der Ulna liegende Knochen; beim Menschen wird er wegen seiner Gestalt Triquetrum (Dreieckbein) genannt (Abb. 24, S. 40).

Ulodendraceae, eine Fam. der O. → Lepidodendrales, deren Blattnarben etwa quadratisch nach einer Diagonale aufrecht gestellt sind und nur ein Närbchen aufweisen, daneben weder → Parichnos-Male noch → Ligulagrube. Vorkommen: U.–O.Karbon.

Umbilicus, *m* (lat. Nabel), allgemein: Nabel. Schnecken mit U. heißen umbilicat oder omphalid.

umbilikal (Ammoniten): auf der dem Nabel zugewandten Seite des Umgangs gelegen.

Umbilikallobus, *m* (gr. λοβός Lappen), durch Teilung des Internsattels entstandener Lobus (→ Lobenlinie).

Umbilikalseite (Foram.): Ventralseite, d. h. diejenige Seite, auf der die Windungen größtenteils nicht sichtbar sind. Vgl. → Spiralseite.

Umbo, *m* Pl. Umbones (lat. Buckel), (Lamellibr.): = → Wirbel.

umbonal (WEDEKIND), (→ Ammonoideen): nabelwärts gelegen; falsch gewählter Terminus (Verwechslung von umbo und umbilicus), statt dessen besser: → umbilikal.

Umschlag 1. (Ammoniten): der Teil der Gehäuseröhre, der den jeweils vorhergehenden Umgang umfaßt. Daher ist der Umschlag bei → evoluten Gehäusen kurz. 2. (Arthropoden): der auf die Ventralseite sich fortsetzende eingebogene Teil des Dorsalschildes. 3. (Conodonten): der auf die Unterseite der C. mit Plattform übergreifende Teil.

Umschlaglobus, = → Umbilikallobus.

Unciforme, *n,* → Uncinatum.

Uncin, *n* (lat. uncus, gr. ὄγκος Widerhaken), spindelförmiges diactines → Monaxon (= Oxea), welches über die ganze Länge mit kleinen Widerhaken besetzt ist.

Uncinatum, *n* (lat. uncinatus hakenförmig), Hakenbein (Unciforme, Hamatum); ein Knochen der Handwurzel des Menschen, er entspricht dem Carpale 4 und 5 der Tetrapoden.

Unguiculata (LINNAEUS 1766) (lat. unguiculus Demin. von unguis Nagel, Kralle, Huf), eine Anzahl primitiver Säugetierordnungen (Insectivoren und deren direkte Abkömmlinge), welche von SIMPSON 1945 zu einer → Kohorte zusammengefaßt wurden. Obsolet.

Unguis, *m* (lat. Nagel, Kralle).

Ungula, *f* (lat. Pferdehuf, Kralle).

Ungulata (LINNÉ 1766) Huftiere; meist versteht man darunter die → Perissodactyla und → Artiodactyla, doch werden von manchen Autoren auch ausgestorbene Ordnungen eingeschlossen, vor allem die → Condylarthra.

unguligrad (lat. gradi schreiten), auf den Endphalangen (Endgliedern der Zehen) gehend (z. B. Pferde).

Unionoida (STOLICZKA 1871), eine O. actinodonter Muscheln vom Gepräge der heutigen Gattungen *Unio* und *Anodonta,* U.KI. → Palaeoheterodonta. Vorkommen: Seit dem Devon.

unipektinat (lat. pecten Kamm), von Kiemen: einseitig gekämmt, d. h. Kiemenfilamente einseitig reduziert.

uniram (lat. ramus Ast, Zweig), (Arthropoden-Anhänge): einästig. Vgl. → schizoram, zweiästig (mit ,Spaltbeinen').

Uniramia (MANTON 1971) , Zusammenfassung der Tardigrada, Onychophora, Myriapoda und Hexapoda als U.Stamm innerhalb der Arthropoden. Die U. sind durch einästige Anhänge charakterisiert. Vgl. → Schizoramia.

uniserial (lat. unus ein; series Reihe Ordnung), einreihig.

,unreife' Region, (Bryoz.): → ,reife' Region.

,Unterkiefergesetz' (J. WEIGELT 1927), bei im Wasser treibenden Wirbeltierskeleten (mit Ausnahme derer von Vögeln) löst sich der Unterkiefer fast gesetzmäßig als erster Teil vom übrigen Körper ab und sinkt zu Boden, so daß er getrennt vom übrigen Skelet fossil wird.

Uredospore, *f* (lat. uredo Getreidebrand), Sommerspore, die → Konidie der Uredinales (Rostpilze). Vgl. → Teleutospore.

Urochordata (gr. ουρά Schwanz; χορδή [Darm-] Saite), = → Tunicata.

Urodela (gr. δήλος deutlich), Schwanzlurche, Salamander, fossil bekannt seit der U.Kreide. Zu ihnen gehört der durch SCHEUCHZERs Be-

schreibung berühmt gewordene → *Andrias* (,Betrübtes Beingerüst...').

Urodelidia (V. HUENE) (= Urodelomorpha), eine der beiden Tribus (Klassen), in welche V. HUENE die Tetrapoden einteilte. Sie sind durch adelospondylen bzw. → pseudozentralen Wirbelbau gekennzeichnet und enthalten die einzige O. → Pseudocentrophori. Die U. entsprechen den → Lepospondyli ROMERS (mit Ausnahme der → Microsauria). Alle anderen Tetrapoden rechnete V. HUENE zur zweiten Tribus → Eutetrapoda. Vgl. → Amphibien.

Uropatagium, *n* (altlat. patagium Borte) → Patagium.

Uropod, -podit, *m* (gr. πούς, ποδός Fuß, Bein), 1. (Dekapoden): die Extremität des letzten Abdomensegments. 2. (Trilobiten): einzeiliger antennenartiger Fortsatz auf der Ventralseite des letzten Pygidialsegments bei *Olenoides serratus.* 3. (Insekten): Abdomenanhang verschiedener Form und Funktion, hervorgegangen aus ursprünglichen Gliedmaßen der Abdomensegmente (z. B. → Cerci, → Furca usw.) (Abb. 73, S. 138).

Urostyl, *m* (gr. στύλος Säule), 1. (Anuren): = Coccyx, stäbchenförmiger Knochen aus den verschmolzenen Caudalwirbeln. 2. (Fische): aus mehreren verschmolzenen

Wirbeln entstandener stabförmiger Endabschnitt der Wirbelsäule vieler Fische, der die Schwanzflosse stützt.

Urzeugung, Archigonie, Generatio aequivoca, G. spontanea, Abiogenesis, auf ARISTOTELES (384–322 v. Chr.) zurückgehender Begriff: die Entstehung von Lebewesen aus anorganischen Stoffen (Autogonie) oder aus einer organischen Bildungssubstanz (Plasmogonie), unabhängig von elterlichen Organismen. Noch 1859 (F. A. POUCHET) wurde Urzeugung als möglich angesehen, bis L. PASTEUR 1862 in einer Preisschrift der Académie française experimentell ihre Unmöglichkeit unter den heutigen Bedingungen nachwies. Spätere Experimente durch A. OPARIN (1924), S. L. MILLER und H. C. UREY (1953) u. a. mit elektrischen Entladungen in einer sauerstoff-freien ,Uratmosphäre' ließen u. a. Aminosäuren, Zucker und Nukleotide entstehen.

Heute hält man die Entstehung hochmolekularer Verbindungen wie Eiweiße, Polysaccharide und Nukleinsäuren, u. U. unter katalytischer Mitwirkung von Mineralien, für möglich und wahrscheinlich. Diese geochemische Evolution würde in die biologische übergehen. Durch jüngste Fossilfunde (→

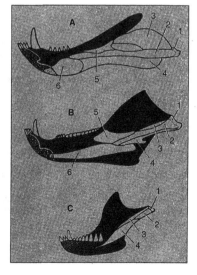

Abb. 120 Umbildung des Unterkiefers bei säugerähnlichen Reptilien (in medianer Sicht). A primitiver Tetrapode; B, C Therapside *(Scymnognathus, Sesamodon).*
1 Articulare;
2 Praearticulare;
3 Supraangulare,
4 Angulare,
5 Coronoid,
6 Spleniale;
schwarz: Dentale. –
Nach PORTMANN (1959).

Fossil) ist der für die geochemische Evolution verfügbare Zeitraum (bei einem Gesamtalter der Erde von 4,5 · 10⁹ Jahren) so kurz geworden, daß diese sauerstoff-freie U. eingesetzt haben müßte, sobald die Temperatur- und sonstigen Bedingungen es überhaupt zuließen. Der Schlüssel für die Übertragung genetischer Information ist offenbar für alle Lebewesen gleich, so daß für sie eine gemeinsame Wurzel angenommen wird.
Entstehung des Lebens als ‚Schöpfung' durch göttlichen Akt wird oft als Alternative zur U. verstanden. Die Bedingtheit von Zeit und Raum als Formen menschlicher Anschauung läßt dagegen beides als Aspekte desselben Sachverhalts erscheinen, die sich ergänzen, statt sich gegenseitig auszuschließen. Vgl. → Kosmozoen-Hypothese.

Usur, f (lat. usura Gebrauch), (Säugetierzähne): durch Gebrauch erfolgte Abnutzung, Abkauung.

Utriculus, m (lat. kleiner Schlauch), → Otolith (Abb. 83, S. 166), → Labyrinth.

vagil (lat. vagari umherschweifen) sich fortbewegend, beweglich; Gegensatz: sessil, festsitzend.

Valvae, f (lat. valvae, -arum Doppeltür), 1. die beiden Klappen des Muschelgehäuses. 2. (botan.): → Sporomorphae.

Vampyromorpha, eine O. der → Dibranchiata mit der einzigen Art *Vampyroteuthis infernalis,* einer Tiefseeform. Fossil unbekannt.

Variabilität, f (lat.), Veränderlichkeit; sie gibt das Ausmaß der möglichen Variationen an.

Variation, f, das Auftreten von Unterschieden zwischen Individuen einer Art, Population etc.

variocostat (ARKELL 1935, nach *Perisphinctes variocostatus*) heißen Ammoniten, deren letzte Windung(en) merklich anders berippt sind als die vorhergehenden. Dagegen bedeutet äquicostat (isocostat): alle Windungen sind gleichartig berippt.

Varix, f, Pl. Varices (lat. Krampfader), ringförmige Anschwellung eines ± röhrenförmigen Gehäuses, entspricht einem zeitweiligen Wachstumsstillstand des betreffenden Tieres.

Vasa nutritia, Pl., n (lat. vas, vasis Gefäß; nutrire nähren, pflegen), größere Gefäße, die in die Tiefe des Knochens dringen und das Mark erreichen.

Vasodentin, n (TOMES), dem → Vitrodentin ähnliches, aber von Blutgefäßen durchzogenes → Dentin.

Vectakel, n (lat. vehere [vectum] fahren), nannte JAEKEL die der Fortbewegung dienenden Ambulakralfüßchen der → Eleutherozoa im Gegensatz zu den homologen Tentakeln der → Pelmatozoa.

Velamen triplex, n (MÜLLER-STOLL 1936) (lat. velamen Hülle, Schleier; triplex dreifach), der Schichtkomplex zwischen Phragmokon (= innere → Endotheca) und Rostrum von Belemniten. Er läßt sich von außen nach innen gliedern in: 1. Stratum callosum (Architheca), älteste Schicht, die auch die → Bursa primordialis bildet. 2. Stratum album: mittlere, morphologisch selbständige Schicht. 3. Stratum profundum, äußere Endotheca.

Veliger, f (lat. velum Segel; gerere führen), besondere Modifikation der → Trochophora-Larve, bei der das Velum (= präoraler Wimperkranz) in vier lange Lappen ausgezogen ist; typische Larvenform der Mollusken.

Velum, n, 1. (Cnidaria): → Meduse; 2. (Ostrakoda): ein leisten- bis membranartiges Gebilde, das nahezu parallel mit dem freien Rand verläuft.

Vendobionta (SEILACHER 1992) (statt Vendozoa SEILACHER 1984, da tierische Natur nicht erweisbar), eine als eigenes Reich aufgefaßte Gruppe jungpräkambrischer, unterschiedlich gestalteter, sessiler, blattähnlicher Organismen (vgl. → Petalonamae) von wenigen Millimetern Dicke, aber bis zu mehreren Dezimetern Größe. Kennzeichnend ist ihre ‚gesteppte' biegsame Wandung, welche die Gestalt stabilisierte und das Körperinnere in vermutlich flüssigkeitsgefüllte Abteilungen gliederte. Ohne erkennbare Organe. Vermutlich auf das Vendium beschränkt, die Existenz kambrischer Supersitten ist umstritten. Die V. waren unbeweglich, aber Spurenfossilien belegen die Existenz kleiner, nicht körperlich erhaltener Bilateria.

Veneroida (ADAMS 1856), eine formenreiche O. → heterodonter, meist isomyarer, gleichklappiger Muscheln (Beispiele: *Venus, Cardium, Mactra*). Vorkommen: seit M.Ordovizium.

ventrad (lat. venter Bauch), in bauchwärtiger Richtung.

ventral, in der Bauchregion gelegen. Vgl. → Lagebeziehungen; vgl. → dorsal.

ventrales Intercalare (lat. ventralis zum Bauch gehörig, intercalare einschalten), Interventrale. Vgl. → Bogentheorie der Wirbelentstehung.

ventrales Schlußstück, → Atlas.

Ventralis, f, die paarige Bauchflosse der Fische (= Abdominalis).

Ventralklappe, (Brachiop.): → Stielklappe. Vgl. → Dorsalklappe.

Ventrallobus, m (gr. λοβός Lappen), Externlobus. → Lobenlinie.

Ventralrippen, → Rippen.

Ventralseptum, n (Brachiop.): ventrales Medianseptum, Ventralleiste; eine in der Mitte der Stielklappe gelegene niedrige Längsleiste.

ventropartit (lat. partitus geteilt) (Ammon.): Art der Vermehrung der Lobenelemente, bei der die neuen sich ventralwärts (d. h. im allgem. außen) der bereits bestehenden bilden. Gegensatz: dorsopartit.

verfügbar im Sinne der → IRZN ist ein Name, welcher den formalen Vorschriften (Normen) entspricht –

damit braucht er noch nicht gültig zu sein (= ‚legitim' in den botanischen Nomenklaturregeln).

Vermes (lat. Würmer), bilateralsymmetrische, langgestreckte Tiere mit oder ohne Segmentierung und in der Regel ohne feste, erhaltungsfähige Körperhülle. Erhaltungsfähig sind dagegen vielfach Zähnchen, Häkchen, Kiefer (→ Scolecodonten), Wohnröhren und deren Deckel; auch Lebensspuren von Würmern werden gefunden. Zoologisch bilden sie keine natürliche Einheit. Vgl. → Plathelminthes, → Nemathelminthes, → Chaetognatha, → Anneliden.

Vermoderung, Zersetzung bei nicht ausreichendem Zutritt von Sauerstoff, so daß ein kohlenstoffhaltiger, fester Rest (sog. Moder) übrigbleibt.

Verruca, *f* (lat. Warze, kleines Gebrechen), Wärzchen, → Sporomorphae.

Verschlußfurche (R. & E. RICHTER), eine ± randparallele Furche auf dem Umschlag des Kopfschildes besonders bei Trilobiten der Familie Phacopidae; sie nimmt bei der Einrollung den Hinterrand des → Pygidiums auf.

Verschlußgrube, eine grubige Vertiefung im hinteren Außenrand des Kopfschildes einiger Trilobiten der Familie Asaphidae zur Aufnahme der Spitzen von Pleuren und Pygidium bei der Einrollung.

versteinerte Äpfel, Scheinfossilien, die in Größe und Form an Äpfel erinnernden Palmsamen von *Sagus amicarum;* sie sind zur Knopffabrikation eingeführt worden und werden gelegentlich als ‚Fossilien' gefunden.

Versteinerung, → Fossil, Petrefakt.

Vertebralia (Sing. Vertebrale, *n*), → Hornschilde der Schildkröten (Abb. 102, S. 212).

Vertebraria, *f* (lat. vertebra Gelenk, Wirbel der Wirbelsäule), Stammstücke von → Glossopteridales; sie sind durch den Durchtritt der Leitbündel quergegliedert und trugen in Büscheln angeordnete Blätter.

Vertebrata, Craniata, Wirbeltiere, gekennzeichnet durch den Besitz eines Schädels sowie eines Innenskelets aus → Knorpel- und → Knochengewebe. Sie bilden den umfangreichsten U.Stamm der → Chordata. Gliederung: → System der Organismen im Anhang. Vorkommen: Die ältesten V.-Reste werden aus dem O.Kambrium angegeben (*Anatolepis,* ein → Heterostrake).

Vertebrichnia, Sing. -ium, *n* (O. S. VIALOV 1963) (gr. ἴχνος Fußtapfe, Spur), Lebensspuren (Fährten) von Vertebraten.

Vertex, *m* (lat. Wirbel, Drehung), (Sporen): die Scheitellinie der → Tecta.

Vertorfung, terrestrische Zersetzung von organ. Substanz zunächst als → Vermoderung, schließlich unter völligem Luftabschluß.

Verwesung, Abbau organ. Substanzen bei vollem Luftzutritt. Sie werden dabei durch Bakterien und Pilze in einfache gasförmige oder flüssige Verbindungen (= Mineralisation) umgewandelt. Fehlt Sauerstoff, so tritt → Fäulnis ein.

Vestibulum, *n* (lat. Vorplatz, Eingang), 1. (Ostrakoden): der Raum zwischen → Duplikatur und → Außenlamelle; 2. (Bryozoen): der äußere Teil der Röhre bei → Cryptostomata, außerhalb des Hemiseptums, entsprechend dem → Orificium der → Cheilostomata.

Vibraculoecium, *n,* Zooecium eines → Vibraculums.

Vibraculum, Pl. Vibracula, *n* (lat. vibrare zittern; -culum Organ oder Werkzeug für eine Tätigkeit), (Bryoz.): → Avicularium-artiges → Heterozooid, bei dem die Mandibeln durch bewegliche Borsten (Setae) ersetzt sind.

vikariierende (lat. vicarius stellvertretend) Tier- oder Pflanzenarten vertreten in einem bestimmten Gebiet nahe verwandte Arten eines Nachbargebietes.

Virenzperiode (WEDEKIND 1920) (lat. virere grünen, blühen), ‚explosive' stammesgeschichtliche Entwicklungphase. Vgl . → Anastrophe, → Typostrophentheorie, → Akme.

Virgalia, Sing. Virgale, *n* (lat. virga dünner Zweig), (Stelleroidea): auf der Oralseite von den Ambulakralia zur Peripherie der Arme führende (Versteifungs-) Stäbchen.

virgatipartit (lat. virgatus rutenförmig, geflochten; partitus geteilt), Bez. für denjenigen Modus der Rippenteilung, bei dem die Spaltpunkte der Spaltrippen an der Haupttrippe übereinander liegen. → Rippenteilung (Abb. 4, S. 8).

Virgella, *f* (ELLES & WOOD) (lat. Zweiglein), (Graptol.): über die Mündung der → Sicula hinausragender dornartiger Fortsatz; er bildet eine Verlängerung der Virgula.

Virgellarium, *n* (URBANEK 1963 emend. MÜLLER 1975), Gesamtheit unterschiedlicher Ausbildungen der → Virgella, nach A. H. MÜLLER kann man folgende Typen des V. unterscheiden: conical: mit einer kegelförmigen Erweiterung am äußeren Ende der Virgella; spiral: plattig verbreitert und in sich spiralig verdreht. ramos: ein- oder mehrfach gegabelt.

Virgula, *f* (WIMAN) (lat. Zauberstab, Stäbchen), → Nema.

viscerales Endoskelet, → Visceralskelet.

Visceralskelet, -cranium, *n* (lat. viscera, viscerum Eingeweide; cranium Schädel), der zu Kiemen und Kiefern in Beziehung stehende Teil des Kopfskelets (= Splanchnocranium). Ein System von serial angeordneten Skeletspangen, die in der Wand des Kopfdarmes aus dem sog. Mesektoderm, einem Mesenchym ektodermaler Herkunft, entstehen. Die Spangen (Schlundspangen) umfassen den Kiemendarm von unten her und lehnen sich mit ihrem Dorsalteil ± lose an das Achsenskelet an. Ventral werden die Spangen durch eine Längsleiste zum ‚Kiemenkorb' vereinigt. Bei den Gnathostomata bestehen die Kiemenbögen aus einem dorsalen Hauptelement (Epibranchiale) und einem ventralen Hauptelement (Ceratobranchiale). In der Regel schließen sich oben ein kurzes Pharyngobranchiale, unten ein ebensolches Hypobranchiale an, dazu kommen die unpaaren ventralen Verbindungsstücke, die Copulae oder Basibranchialia. Je nach ihrer Lage zur Labyrinthkapsel unterscheidet man prootische und metotische Spangen. Die beiden vorderen Spangen sind besonders differenziert zum Kiefer- und Hyoidbogen. Die echten Kiemenbögen tragen an der Außenfläche Kiemenstrahlen zur Versteifung der Kiemen. Vgl. → Hyoidbogen (Abb. 100, S. 210).

Vis plastica, f (lat. vis Kraft; gr. πλάσσειν bilden, schon bei THEOPHRAST 371–285 v. Chr.), geheimnisvolle Kraft, die nach der im Mittelalter weithin akzeptierten Meinung von IBN SINA (= AVICENNA, 980–1037) die Fossilien erzeugt hat.

vital-astrat (= vital-nonstrat); **vital-lipostrat** (= vital-heterostrat); **vital-pantostrat** (= vital-isostrat) (lat. vitalis belebend; stratum Schicht; gr. λείπειν übriglassen; ἕτερος der andere, verschieden; πᾶς, παντός ganz; ἴσος gleich), → Biofazies.

Vitalismus (lat. vitalis zum Leben gehörig), die Ansicht, daß die eigentliche Ursache für die Umwandlung der Organismen in ihrer letzlich unerklärlichen Eigengesetzlichkeit liegt, der die chemisch-physikalischen Kräfte unterworfen sind. DRIESCH (1867–1941) nahm einen teleologisch wirkenden Faktor an, den er → Entelechie nannte.

Vitrinit, m (lat. vitreus gläsern, glänzend), der weit überwiegende Gemengteil (Mazeral) der → Streifenkohle: die humose Grundmasse (Humus-Gel) aus zersetzten Land- und Sumpfpflanzen. Man unterscheidet dabei den strukturzeigenden → Telinit vom strukturlosen → Collinit.

Vitrit, m (R. POTONIÉ 1924) Glanzkohle, eine stark glänzende → Streifenart aus dem Mazeral → Vitrinit. V. ist zu über 50 % am Aufbau der Flöze beteiligt.

Vitrit-Fazies, → Kohlen-Fazies.

Vitrodentin, n (RÖSE 1898) (lat. dens, dentis Zahn), Enameloid (Syn.: Hyalodentin), schmelzartig harte, dünne äußere Lage des Dentins von Zähnen der Elasmobranchier und Teleostomen, welche durch besonders hohen Gehalt an anorganischer Substanz, eine starke Doppelbrechung und fast völliges Fehlen der Dentinröhrchen ausgezeichnet und dem Schmelz angenähert wird (= ‚Selachierschmelz'). Vgl. → Tecodentin.

Vögel, → Aves.

Vola manus, f (lat.), Handteller, danach Adj. **volar,** dem Handinneren zugewandt (→ Palma).

Volkmannsche Kanäle sind den Haversschen Kanälen ähnliche Kanäle der Knochensubstanz, welche jedoch keine begleitenden Lamellensysteme besitzen. Sie führen Blutgefäße von der Oberfläche oder dem Markraum zu den Haversschen Systemen.

Vollkiel (WEDEKIND), (Ammoniten): ein mit dem übrigen Gehäusehohlraum in offener Verbindung stehender Kiel. Vgl. → Hohlkiel.

Vomer, m (lat. Pflugschar), Pflugscharbein; bei niederen Wirbeltieren paariger, bei Säugern unpaarer vorderer Deckknochen des primären Munddaches. Ursprünglich schützt der V. die Nasenkapseln von der Mundseite. Er wird hinten durch das Parasphenoid, vorn durch das Prämaxillare begrenzt. Vgl. → Prävomer (Abb. 77, S. 149).

Vorderhirn, = → Prosencephalon; vgl. → Encephalon.

Wachstumsallometrien (gr. ἄλλος der andere; μέτρον Maß), mit dem Wachstum korrelativ gekoppelte Veränderungen in den Proportionen von Organismen; im Verein mit der phyletischen Größenzunahme können W. zu erheblichen Verschiebungen im Erscheinungsbild führen. Vom einzelnen Organ her gesehen kann das Wachstum sein: 1. positiv allometrisch, wenn es rascher wächst als der Gesamtkörper; 2. negativ allometrisch, wenn der Gesamtkörper rascher wächst als das betreffende Organ.

Wachstumsstadien, ontogenetische Stadien; allgem. sind folgende Termini gebräuchlich: embryonisch bzw. embryonal; brephisch: neugeboren; nepionisch: frühjugendlich; neanisch: spät-jugendlich; ephebisch: jünglinghaft; adult: erwachsen, geschlechtsreif; gerontisch: alt; senil: greisenhaft.

Wadenbein, = → Fibula.

Walchia, die älteste → Coniferales-Gattung, als Leitfossil im Rotliegenden bedeutsam, von araukarienhaftem Habitus. FLORIN teilte sie auf zwei Untergattungen auf: W. (Lebachia) und W. (Ernestiodendron). Vorkommen: O.Karbon (Westfal)–Perm.

Wand (→ Madreporaria): Sammelbegriff für sämtliche peripher liegenden oder auch beliebig nach innen gerückten, tangentialen und mehr oder weniger vertikalen Skeletbildungen. Ihren einzelnen Typen kommt keine größere systematische Bedeutung zu, da sie einander im Laufe der Ontogenese häufig ersetzen bzw. nicht selten auch sich nebeneinander entwickeln. → Innenwand.

Wandblasen (ENGEL & SCHOUPPÉ 1958), zwischen → Epithek und peripheren Septenenden liegende bzw. mit Septenstücken alternierende Blasenbildungen mancher → Rugosa, die sich durch den Zeitpunkt ihrer Bildung (prä- oder synseptal) von Elementen des → Basalapparates (postseptale → Dissepimente) unterscheiden (= lonsdaleoide Dissepimente). Wandblasen 1. Ordnung liegen zwischen der → Epithek und den peripheren Enden von Groß- und Kleinsepten bzw. alternieren mit Großseptenstücken. Wandblasen 2. Ordnung sind stets auf den Raum zwischen zwei Großsepten beschränkt und liegen zwischen Epithek oder Wandblasen 1. Ordnung einerseits und den peripheren Enden von Kleinsepten andererseits bzw. alternieren mit Kleinseptenstücken. Wandblasen 2. Ordnung sind von Dissepimenten nur dann zu unterscheiden, wenn ihnen Kleinseptenstücke aufsitzen.

Wange (Trilobiten): (= gena), der seitlich und vor der → Glabella gelegene Teil des Kopfschildes. Die → Gesichtsnaht teilt ihn in die äußere freie W. (Librigena) und die innere feste W. (Fixigena). Seine hintere Ecke ist das Wangeneck (Genalwinkel), es kann in einen Wangenstachel (Genalstachel) verlängert sein. Zusätzliche, vor oder hinter dem eigentlichen Genalstachel gelegene Stacheln heißen Pro-, Inter- oder Metagenalstachel; zusätzlich kann ihre Lage zur Gesichtsnaht, d. h. auf den freien oder festen W. durch Zusatz von Fixi- oder Libri- gekennzeichnet werden (z. B. Profixigenalstachel) (Abb. 117, 118, S. 246).

Wassergefäßsystem, = → Ambulakralsystem.

Watsonsche Regel (G. DE BEER 1954, nach D. M. S. WATSON benannt), → Mosaikentwicklung.

Weberscher Apparat, Ossicula Weberiana, bei manchen Süßwasserfischen (Ostariophysi), ein den Schall leitender Apparat zwischen Schwimmblase und Innenohr aus umgeformten vorderen Wirbeln und Rippen (sog. Webersche Knöchelchen). Der W.A. soll die Aufnahme hochfrequenter Töne ermöglichen.

Weichrostrum (Fr. SCHMIDT 1961), unverkalkter, alveolarer Teil des eigentlichen, kalzitisierten → Rostrums mancher Kreide-Belemniten, fossil in der Regel nicht erhalten, aber aus der Pseudalveole zu erschließen.

Weichtiere, = → Mollusca.

Wetzikon-Stäbe, in torfigen Ab-lagerungen gefundene, dolchartig spitze harte Hölzer, oft für Waffen vorzeitlicher Menschen gehalten; es sind die aus den Stämmen herausgefaulten Astknorren von Koniferen, namentlich von Kiefern.

Wimansche Regel (Graptol.): die durch C. WIMAN erkannte normale Generationenfolge aus jeweils drei Theken: → Autotheca, → Bitheca und → Stolotheca, wie sie für die → Dendroidea kennzeichnend ist.

Windung (= Umgang), Ausschnitt aus einem spiralen Gehäuse, der einer vollständigen Umdrehung entspricht.

Wirbel (Wirbeltiere): Vertebra, das einzelne Element der → Wirbelsäule. Am fertig ausgebildeten Wirbel unterscheidet man den → Wirbelkörper und den → Neuralbogen. Letzterer entsteht aus Bogenelementen, er umschließt das Neuralrohr. (Über die Entstehung von Wirbeln siehe → Bogentheorie, → Wirbelkörper.) Die Morphogenese der Wirbel hat besonders für den Anfang der Tetrapodenentwicklung Aufmerksamkeit gefunden. Je nach Anteil der einzelnen Komponenten am Aufbau des Gesamtwirbels hat man zahlreiche Wirbeltypen unterschieden. Am wichtigsten ist unter ihnen die → metatetramere Gruppe. Vgl. weiterhin: → notozentraler, → pseudozentraler, → adelospondyler Wirbel. Nach der Wölbungsrichtung der Gelenkenden der Wirbelkörper unterscheidet man amphi-, platy-, pro- und opithocöle Wirbel (→ Abb. 121). Fortsätze und Gelenke der verknöcherten Wirbel: die Gelenkung der Wirbel untereinander wird durch → Zygapophysen bewirkt. Besondere Fortsätze an den Ansatzstellen der Rippen sind: 1. Basapophysen (Basalstümpfe): Fortsätze der Wirbel von Fischen zur Verbindung mit den unteren Rippen. Im Schwanzabschnitt schließen sie sich, z. T. unter Fusion mit den → Hämalbögen (Hämapophysen) zusammen, und nur in dieser Form können sie bei Tetrapoden auftreten. 2. Epapophyse: seitlicher Fortsatz an Fischwirbeln (‚Querfortsatz‘), er kann obere Rippen oder → Gräten tragen oder auch frei bleiben. 3. Parapophyse: Gelenkungsstelle (bzw. -fortsatz) für das Capitulum der zweiköpfigen (Tetrapoden-) Rippe; sie kann intervertebral, auf zwei Wirbel verteilt, liegen. 4. Diapophyse: meist weit vorragender Fortsatz des Neuralbogens zur Gelenkung mit dem Tuberculum der (Tetrapoden-) Rippe. 5. Synapophyse: Fortsatz für die Gelenkung mit einer einköpfigen (syncephalen) Tetrapoden-Rippe, meist aus der Verschmelzung von Par- und Diapophyse hervorgegangen. 6. Pleurapophyse: Verwachsung einer Halsrippe (bzw. bei Säugern eines Rippenrudiments) mit Par- und Diapophyse unter Bildung einer Öffnung (Foramen costotransversarium). Derartige Verschmelzungen, aber ohne Foramen, kommen auch in der Len-

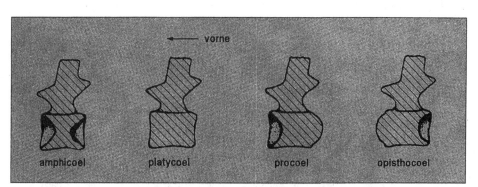

Abb. 121   Längsschnitte durch die Wirbel verschiedener Wirbeltiere mit unterschiedlicher Wölbung der Gelenkflächen ihrer Körper. – Umgezeichnet nach SANDER (1994)

den- und Schwanzregion vor. In der Halsregion kann es sich auch einfach um eine durchbohrte Diapophyse handeln, das Foramen heißt dann Foramen transversarium. 7. Merapophyse: Capitulum + Collum + Parapophyse verschmolzen (in der Rumpfregion mancher Wale). Vgl. außerdem: → Dornfortsatz, → Hypapophyse, → Querfortsatz, → Anapophyse, → Metapophyse.

(Lamellibranchier): (= Umbo), ältester Teil der Klappe. Nach der Richtung seiner Krümmung nennt man den W.: prosogyr (nach vorn gedreht), opisthogyr (nach hinten gedreht), spirogyr (nach außen gedreht) und nach der Richtung der Neigung: → proklin, → opisthoklin.

(Brachiopoden): ältester Teil der Klappen, erkennbar als Zentrum der konzentrischen Anwachslinien.

Wirbelkörper, Centrum vertebrae, der funktionell an die Stelle der → Chorda getretene Hauptteil des Wirbels. Er kann histologisch auf dreierlei Weise entstehen: 1. chordazentral, durch Verknöcherung der Chordascheide; 2. arkozentral, durch Erweiterung der Bogenelemente (Arcualia), welche die Chorda umwachsen; 3. autozentral, ohne Beteiligung der Bogenelemente, direkt durch Verknöcherung des perichordalen Gewebes. Diese drei Bildungsmöglichkeiten treten selten allein auf. So haben die W. der meisten Selachier chorda-, auto- und arkozentrale Komponenten, die der meisten Wirbeltiere oberhalb der Selachier sind arko- und autozentral entstanden. Nach der → Bogentheorie ist der W. ausschließlich aus verknöcherten Bo-

genelementen hervorgegangen. Zur Vermeidung von Unklarheiten empfiehlt es sich deshalb für den W. der Tetrapoden die Benutzung der alten neutralen Termini GAUDRYS: → Hypozentrum (= Interzentrum, vorderer Wirbelkörper) und → Pleurozentrum (= hinterer W.), denen keine histogenetischen Vorstellungen anhaften.

Wirbelsäule, Columna vertebralis, Achsenskelet des Wirbeltierkörpers. Es entsteht zunächst als Hüllorgan um die Chorda dorsalis und das Neuralrohr. Um die → Chordascheide herum, bei Selachiern und Dipnoern auch in sie eindringend, legt sich der knorpelige bzw. knöcherne Wirbelkörper, sie allmählich immer stärker einschnürend. Der Bau des → Wirbels kompliziert sich in der Folge durch die Bildung von Gelenkflächen und Fortsätzen. Die W. läßt sich bei den Fischen in zwei Abschnitte gliedern, von denen der hintere die Caudalwirbel enthält; diese sind durch den Besitz von → Hämalbögen gekennzeichnet. Bei Tetrapoden ermöglicht die Befestigung des Beckengürtels am → Sacrum die Gliederung der W. in eine praesacrale und eine caudale Region; erstere läßt sich mit der Höherentwicklung der Tetrapoden schließlich in die Cervical- (Hals-), Thorakal- (Brust-) und Lumbal- (Lenden-) Region gliedern. Besonderheiten innerhalb der W.: bei Tetrapoden wird der Kopf gegenüber dem Rumpf beweglich, dies führt zu Sonderentwicklungen der ersten beiden Wirbel, des → Atlas und des → Epistropheus (Axis); in der Sacralregion verschmilzt eine zu-

nehmende Zahl von Wirbeln zum → Sacrum; bei den Vögeln verschmelzen vielfach die Dorsalwirbel zum → Notarium, zahlreiche Lendenwirbel zum Synsacrum und die letzten Schwanzwirbel zum Pygostyl; bei den Fröschen verschmelzen ebenfalls die Schwanzwirbel zu einem Urostyl genannten stäbchenförmigen Knochen.

Wirbel-Theorie des Schädels (GOETHE 1824, OKEN 1807), sie nimmt an, daß das Schädelskelet aus einer Anzahl (6) verschmolzener und modifizierter Wirbel hervorgegangen sei. Heute gilt nur die Hinterhauptsregion (Occipitalregion) als aus Wirbeln hervorgegangen und heißt deshalb → Neocranium im Gegensatz zum primär einheitlichen → Paläocranium.

Wirbeltiere, → Vertebrata.

Wirbeltypen, → Bogentheorie.

Wirtelalgen, → Dasycladaceen.

Wohnkammer, der zuletzt gebildete, vom Tier bewohnte, vorn offene Teil des Cephalopodengehäuses. Endwohnkammer: Wohnkammer des ausgewachsenen Tieres.

Wühlgefüge, → bioturbate Texturen.

wurzellose Zähne, zeitlebens oder jedenfalls sehr lange wachsende → Zähne, deren Wurzeln sich nie oder ontogenetisch spät schließen. Das fortgesetzte Wachstum wird entweder durch entsprechende Abkauung kompensiert oder führt zur Entwicklung sehr langer Zähne (z. B. Stoßzähne von Elefanten u.a.). Wurzelzähne haben dagegen wohlausgebildete Wurzeln und schließen ihr Wachstum frühzeitig ab. Vgl. → Hypsodontie.

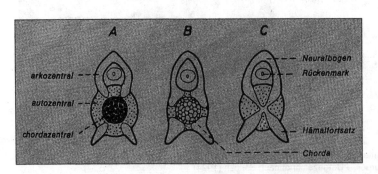

Abb. 122 Aufbau des Wirbelkörpers bei Fischen. Häufig angetroffen wird Typ A bei Selachiern, Typ B bei vielen Altfischen, Typ C bei Teleostiern. – Umgezeichnet nach REMANE (1936)

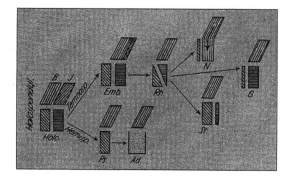

Abb. 123 Schema der Wirbelentstehung. B Basidorsale (= Basineurale) und -ventrale; J Interdorsale (= Interneurale) und -ventrale; Holo holomerer Wirbelbau; Ps pseudozentral; Ad adelospondyl; Emb embolomer; Rh rhachitom; St stereospondyl; N notozentral; G gastrozentral. – Nach v. HUENE (1910)

Xanthophyta (gr. ξανθός gelb; φυτόν Pflanze), → Heterokontae.
Xenacanthida (nach der Gattung *Xenacanthus*) (Selachii): = → Pleuracanthodii.
Xenarthra (COPE 1889 (gr. ξένος fremd[artig]; άρθρον Gelenk), eine O. zahnarmer, überwiegend südamerikanischer Säugetiere, die nach ihrer xenarthralen (→ Zygapophysen) Wirbelgelenkung benannt ist. Gebiß stark bis völlig reduziert, Zähne wurzellos, stiftförmig, ohne Schmelz. Xenarthrale Lendenwirbel; Halswirbel untereinander verwachsen. Es lassen sich drei Gruppen unterscheiden: a) die ‚Cingulata‘ (Loricata, Gürteltiere) mit gegliedertem Knochenpanzer, seit dem Paläozän fossil gut belegt, darunter riesige Formen im Pleistozän *(Glyptodon)*, b) die ‚Pilosa‘, ohne Panzer, baum- bzw. bodenbewohnende Faultiere, letztere mit Riesenformen wie *Megatherium* (6 m lang), c) die ‚Vermilingua‘, die Ameisenfresser mit völlig reduziertem Gebiß und röhrenförmigem Schädel, fossil weniger gut belegt, wohl schon sehr frühzeitig von den ersten beiden Gruppen getrennt. Vorkommen: Seit dem O. Paläozän.
xenarthral, → Zygapophysen.
Xenidium (CLOUD 1942), die einheitliche Platte, welche das → Delthyrium bei → Strophomenida ± vollständig verschließt (= → Deltidium, das auf Vorschlag von CLOUD ganz allgemeine Bedeutung haben soll, s. dort) (Abb. 36, S. 62).

Xenoconchia (V. N. SHIMANSKIY, 1963) ausgestorbene Kl. an → Hyolithen erinnernder, aber größerer jungpaläozoischer Fossilien. Nach PEEL & YOCHELSON (1980) vermutlich wirklich Hyolithen.
xenomorph (STENZEL 1969) heißen epifaunistische Organismen, deren Gehäuse die Form der ehemals überwachsenen Unterlage wiedergibt.
Xenungulata (PAULA COUTO 1952), eine O. primitiver, an Dinocerata erinnernder Huftiere aus dem südamerikanischen Paläozän mit der einzigen Gattung *Carodnia*.
Xenusion (POMPECKY 1927), problematischer Abdruck eines bilateralsymmetrischen, segmentierten Tieres (→ Onychophora?) aus einem Glazialgeschiebe aus der Gegend von Heiligengrabe (Prignitz, Brandenburg). Nach JAEGER & MARTINSSON 1967 stammt das Gestein wahrscheinlich aus dem untersten Kambrium von Südost-Schweden (Kalmarsund-Gebiet).
xerophil (gr. ξερός trocken), die Trockenheit liebend.
Xiphiplastron, *m* od. *n* (franz. plastron Brustharnisch) → Panzer der Schildkröten (Abb. 102, S. 212).
Xiphisternum, *n* (gr. ξίφος Schwert; στέρνον Brustbein), das Endstück des → Sternums von Reptilien und Säugetieren; bei ersteren ist es nicht selten gegabelt, bei letzteren wird es besser Processus xiphoideus oder ensiformis genannt. Vgl. → Prästernum.

Xiphosura (LATREILLE 1802) (gr. ουρά Schwanz), Schwertschwänze, eine Ü.O. der → Merostomata, mit dolch- oder schwertförmigem Telson. Nach der Zahl der → Opisthosoma-Segmente lassen sie sich in zwei Ordnungen teilen: Xiphosurida (höchstens 10 Op.-Segmente), → Aglaspida (11–12 Op.-Segmente). Die O. Xiphosurida besitzt ein schmales Telson; ihr gehört der rezente *Limulus* an. Vorkommen: Seit dem Kambrium, wenigstens teilweise in brackisch-limnischen Biotopen.
Xylem, *n* (gr. ξύλον Holz), der Holzteil or → Leitbündel höherer Pflanzen, er dient der Wasserleitung. Seine zuerst angelegten Zellen heißen Protoxylem, an sie schließt sich später das Metaxylem an, und zwar: endarch (= zentripetal), vom Protoxylem aus nach innen; exarch (= zentrifugal), vom Protoxylem aus nach außen; mesarch: nach innen und außen wachsend.
Xylit, *m* (W. GOTHAN 1931), das Holz in den Braunkohlen. Der Ausdruck tritt an die Stelle des früher üblichen Lignit wegen dessen möglicher Verwechslung mit dem englischen und französischen lignite = Hartbraunkohle.
-xylon, in Zusammensetzungen, bezeichnet fossiles Holz (auch die Endung -inium wird verwandt).
Xylotomie, Holzkunde, die Lehre vom Aufbau des pflanzlichen Holzkörpers.

Y-Marke, → trilet. Syn.: Laesura.

Zähne (Dentinzähne), Hartgebilde der Mundhöhle von gnathostomen Wirbeltieren, die zum Ergreifen und z. T. auch zum Zerkleinern der Nahrung dienen. Sie werden von Hautzähnen (→ Placoid-Schuppen) abgeleitet. Die Zähne sind ektodermalen und mesodermalen Ursprungs, können sich daher an vielen Stellen in der Mundhöhle bilden. Phylogenetisch wird allmählich ihre Zahl reduziert, zusammen mit einer zunehmenden Differenzierung der einzelnen Zähne und mit ihrer Beschränkung auf die Kieferränder. Anfangs sind sie einfach spitzkonisch, doch treten schon bald solche mit verbreiterter (Kau-) Oberfläche auf. Diese Entwicklung erreicht bei den Säugetieren ihren Höhepunkt. Zähne bestehen der Hauptmasse nach aus → Dentin (Elfenbein, Substantia eburnea); der Dentinkern umschließt die Zahn- oder Pulpa-

höhle, die von einem von Blutgefäßen und Nerven durchzogene, der Ernährung des Zahnes dienenden Bindegewebe (= Pulpa) erfüllt ist. Von letzterem aus besorgen feine Verzweigungen der Odontoblasten oder Zahnbildner den Aufbau des Dentins. In der Pulpahöhle selbst können Balken des sehr harten Trabeculodentins gebildet werden. Der → Schmelz (ektodermalen Ursprungs) kann einen Überzug über dem Dentinkern bilden. Seine Oberfläche ist porzellanartig glatt. Das → Zement ist dem Knochengewebe ähnlich, es umkleidet das Dentin im Bereich der Zahnwurzel und füllt bei kompliziert gebauten Z. auch die Vertiefungen der Zahnkrone aus. Der obere, vom Schmelz bedeckte Teil des Z. heißt Krone (Corona), der schmelzlose, großenteils im Kiefer steckende Teil Wurzel (Radix); manchmal läßt

sich dazwischen noch ein Hals (Collum) unterscheiden. Die Befestigung des Z. am Kiefer kann sein 1. akrodont: die Zahnbasis sitzt dem Kieferrande auf, mit ihm verwachsen (Fische, Amphibien); pleurodont: die Außenseite der Zahnbasis ist am erhöhten Innenrand des Kiefers befestigt (Stegocephalen z. T., viele Eidechsen und Schlangen); 3. protothekodont: die Zahnwurzel sitzt in einer seichten Grube oder Rinne, mit dem Knochen verwachsen (Stegocephalen z. T., Cotylosaurier z. T.); 4. thekodont: die Zahnwurzel sitzt ohne Verwachsung mit dem Knochen in einer separaten Höhlung, der Alveole (Säugetiere, höhere Reptilien), die Befestigung erfolgt durch die Faserbündel der Wurzelhaut (Zahnperiost). Gewöhnlich schließt sich die anfangs nach unten weit offene Pul-

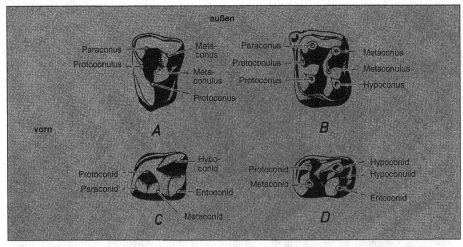

Abb. 124 Terminologie der Zahnhöcker. A oberer linker, C unterer rechter Molar von *Omomys*, einem primitiven Primaten; B oberer linker, D unterer rechter Molar von *Hyracotherium*, einem primitiven Perissodactylen. Orientierung: Vorderseite links, Außenseite oben. – Umgezeichnet nach ROMER.

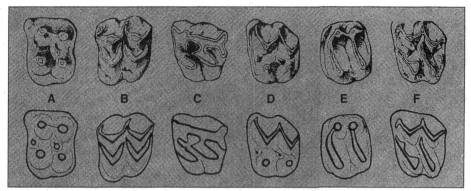

Abb. 125 Verschiedene Ausbildungen der oberen Molaren von Ungulaten. A bunodont: *Hyracotherium* B selenodont: *Protoceras;* C lophodont: *Rhinoceros;* D bunoselenodont: *Paleosyops;* E lophobunodont: *Tapirus;* F lophoselenodont: *Anchitherium.* – Nach O. ABEL (1914)

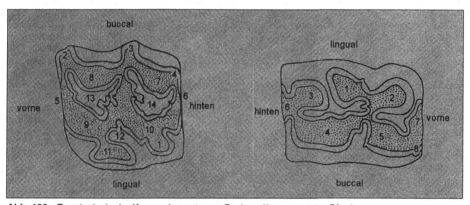

Abb. 126 Terminologie der Kronenelemente von Backenzähnen rezenter Pferde.
Oberer Backenzahn (links): 1 Hypoconus, 2 Parastyl, 3 Mesostyl, 4 Metastyl, 5 Protoloph, 6 Metaloph, 7 Metaconus, 8 Paraconus, 9 Paraconulus, 10 Metaconulus, 11 Protoconus, 12 Sporn (Pli caballin), 13 Vordermarke (Praefossette), 14 Hintermarke (Postfossette)
Unterer Backenzahn (rechts): 1 Metastylid, 2 Metaconid, 3 Entoconid, 4 Hypoconid, 5 Protoconid, 6 Hypoconulid, 7 Parastylid, 8 Protostylid

pahöhle am Ende des Zahnwachstums bis auf eine enge Röhre, welche die dabei entstandene Wurzel durchzieht (Wurzelzähne mit definitivem Wachstumsende). Andere Z. schließen ihre Pulpahöhle nie, oder erst sehr spät, sie wachsen beständig weiter (wurzellose Zähne) wie die Schneidezähne von Nagern oder die Backenzähne vieler Huftiere.
Nach der Höhe der Zahnkrone nennt man wurzelzähnige Gebisse auch brachydont, wurzellose hypso- oder hypselodont. Wegen der Benennung der Elemente des Ein-

zelzahns vgl. → Trituberkulartheorie, → Dimertheorie. (Abb. 124 bis 128).
Zahnbein, = → Dentin
Zahnfamilie (BOLK), am Kieferrand der Wirbeltiere mit Ausnahme der Säugetiere: jede Querreihe von Zähnen, d. h. jeder funktionierende Zahn samt den linguad anschließenden Ersatzzähnen. Vgl. → Stichos.
Zahnflächen, gebräuchliche Termini:
Kaufläche: Occlusalfläche, Facies masticatoria;
Innenfläche: Lingual- oder Pala-

tinalfläche, Facies lingualis seu palatinalis;
Außenfläche: Labial- oder Buccalfläche, Facies labialis seu buccalis;
Vorderfläche: Proximal- oder Mesialfläche (letzteres ist verständlich, wenn von den Schneidezähnen ausgegangen wird, was aber nicht ratsam ist);
Hinterfläche: Distal- oder Lateralfläche (entsprechend der Mesialfläche verstanden);
Zahnformel, formelhafter Ausdruck für die Zusammensetzung des Gebisses von Säugetieren. Man

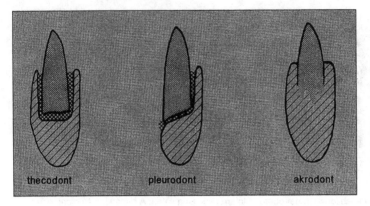

Abb. 127 Querschnitte durch bezahnte Kiefer von Tetrapoden zur Erläuterung verschiedener Arten der Zahnbefestigung; vgl. Text S. 258. xxx = Bindegewebe. Umgezeichnet nach PEYER (1963) und SANDER (1994)

thecodont   pleurodont   akrodont

zählt die Zähne innerhalb ihrer Kategorien von vorn nach hinten (im älteren deutschen paläontologischen Schrifttum wurden die Prämolaren meist abweichend von hinten nach vorn gezählt): angegeben werden jeweils die Zähne einer Kieferhälfte des Ober- und Unterkiefers, erstere oberhalb, letztere unterhalb des Bruchstriches.

$$z.\,B.\ I\frac{123}{123}\ C\frac{1}{1}\ P\frac{1234}{1234}\ M\frac{123}{123}$$

(I Inzisiven, C Caninen, P Prämolaren, M Molaren)

Kommt es nur auf die Zahl der Zähne in jeder Kategorie an, so faßt man innerhalb der Kategorien zusammen:

$$I\frac{3}{3}\ C\frac{1}{1}\ P\frac{4}{4}\ M\frac{3}{3}$$

bzw., indem man den Ziffern einen Stellenwert bezüglich ihrer Kategorie gibt:

$$\frac{3143}{3143}.$$

Fehlende Kategorien werden durch 0 angedeutet, z. B. Zahnformel

$$\text{des Rindes}\ \frac{0033}{3133}$$

$$\text{gewisser Nagetiere}\ \frac{1002}{1002}.$$

Für die Kategorien der Zähne des Milchgebisses werden kleine Buchstaben mit angehängtem d (von deciduus = hinfällig) verwendet: id, cd, pd.

Die wahrscheinliche vollständige Formel für das Gebiß der primitivsten placentalen Säuger wäre dann zu schreiben:

$$\frac{1\ 123\ \text{C}\ \ \text{P}\ 1234\ \text{M}\ 123}{\text{id}\ 123\ \text{cd}\ \text{pd}\ 1234}$$

$$\frac{\text{id}\ 123\ \text{cd}\ \text{pd}\ 1234}{1\ 123\ \text{C}\ \ \text{P}\ 1234\ \text{M}\ 123}$$

oder einfacher

$$\frac{3\ 1\ 4\ 3}{3\ 1\ 4}$$

$$\frac{3\ 1\ 4}{3\ 1\ 4\ 3}$$

(Schreibung unter der Annahme, daß die Molaren zum ‚bleibenden‘ Gebiß gehören; wahrscheinlich dürften sie jedoch eher dem Milchgebiß zuzurechnen sein.) Die Stellung eines einzelnen Zahnes im Gebiß wird durch das Symbol seiner Zahnkategorie und dahinter seine Nummer innerhalb der Kategorie angegeben, und zwar oberhalb oder unterhalb eines Bruchstriches für Ober- oder Unterkieferzähne. Zum Beispiel ist P^4 der vierte obere Prämolar.

Zahnknorpel, eine dem → Osseïn sehr ähnliche Masse, die nach Auflösung der verkalkten Interzellularsubtanz in Säuren vom → Dentin übrigbleibt.

Zahnleiste (Schmelzleiste), eine leistenartige Einstülpung des Ektoderms, welche Knospen (die Schmelzorgane) in das Bindegewebe des Zahnfleisches entsendet. Sie werden durch das sich verdichtende und ihnen entgegenwachsende Bindegewebe glockenförmig eingestülpt; ihre innere Epithellage besteht aus Schmelz abscheidenden Adamantoblasten. Im Bindegewebe ihnen gegenüber entstehen die Zahnpapille und an ihrer Oberfläche aus Odontoblasten die ersten Dentinbildungen. Mit deren Zunahme wird die Zahnpapille zur Pulpa.

Zahnstützen, (Brachiop.): (= Zahnplatten, -leisten). an den Rändern des → Delthyriums in der Stielklappe durch eine Schalenduplikatur gebildete vertikale Kalkblätter, die entweder frei in den Gehäuscraum hineinreichen (= Delthyrial-Lamellen) oder mit dem Boden der Klappe verwachsen. Konvergierende Z. bilden ein → Spondylium. Sind die Z. dick und kräftig, so heißen sie Zahnplatten, sind sie dünn und schmal, Zahnleisten.

zalambdodont (gr. Vorsilbe ζα- [aus διά durch und durch] ganz, sehr; Λ großes Lambda) eine Art von Backenzähnen, bei denen die Kronen oben und unten einem V- umgekehrtes Lambda) ähneln (Abb. 128). Vgl. → dilambdodont.

Zamites (BRONGNIART) (nach WITTSTEIN von gr. ζήμια Schaden, Verlust), eine Sammelgattung von → Cycadophytina-Blättern.

Zeitsignaturen (DACQUÉ 1935), gleichzeitige Parallelbildungen verschiedener, auch nicht eng verwandter Formengruppen, von DACQUÉ als Ausdruck einer übergeordneten Gesetzlichkeit in der Formbildung angesehen. Er verglich sie mit den wechselnden Baustilen innerhalb unseres Kulturkreises im letzten Jahrtausend. Eine solche Zeitsignatur ist z. B. das Sich-Erheben über den Boden, welches von der Trias an als beherrschende Tendenz über die Landwirbeltiere kam und zur Bipedie, schließlich zum Fluge führte.

Zement, *n* oder *m* (lat. cementum Bruchstein, Mörtel), Substantia ossea, Zahnkitt; dem Knochengewebe ähnliche Substanz, die bei den Säugetieren den Zahnwurzeln aufliegt (Wurzelzement) oder die Schmelzfalten eingefalteter Zähne ausfüllt (Kronenzement). Es ist zu unterscheiden: das Zahnzement, aber der Werkstoff Zement.

Zementinsel, = → Marke.

Zentrum, Wirbelzentrum; der spulenförmige Wirbelkörper der höheren Tetrapoden, homolog dem Pleurozentrum des → rhachitomen Wirbels. Vgl. → Wirbelkörper.

Zeugopodium, *n* (HAECKEL 1895), Zygopodium (gr. ζεῦγος oder ζυγόν Joch; πούς, ποδός Fuß, Bein), der zweite Hauptabschnitt der Tetrapoden-Extremitäten, ursprünglich aus zwei Röhrenknochen bestehend: Radius (Speiche) und Ulna (Elle) der vorderen, Tibia (Schienbein) und Fibula (Wadenbein) der hinteren Extremität. Vgl. → Stylopodium, → Autopodium.

Zirbeldrüse, → Epiphysis.

Zoantharia (BLAINVILLE 1830) (gr. ζῷον Tier; ἄνθος Blume), Steinkorallen, U.Kl. der Kl. → Anthozoa; gekennzeichnet durch den Besitz paariger Mesenterien (→ Sarkosepten). Ein kalkiges Stützskelet kann vorhanden sein. Entgegen früheren Auffassungen werden hier, dem 'Treatise' folgend, die → Rugosa und die → Tabulata als je eigene U.Klassen aus den Z. ausgegliedert. Vgl. → System der Organismen im Anhang.

Zoarium, *n* (lat. Endsilbe -arium Ort oder Behälter zur Aufbewahrung und sein Inhalt), das Skelet einer Bryozoenkolonie oder diese selbst. Vgl. → Zooecium.

Zona, *f* (lat. Gürtel, Zone), (botan.): → Sporomorphae.

Zonales (POTONIÉ & KREMP 1954), eine Abteilung der → Sporae dispersae; sie enthält → trilete

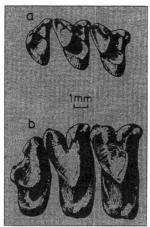

Abb. 128 Rechte Oberkieferzähne von a) *Nesophontes edithae* mit W-förmigem Muster der Molaren (dilambdodont), b) *Solenodon paradoxus* mit V-förmigem Muster der Molaren (zalambdodont). – Nach THENIUS (1969)

Sporen mit besonderen Äquatorialbildungen wie Zona, Corona, Cingulum, Crassitude, Auriculae. Vgl. → Sporomorphae.

Zone (A. D'ORBIGNY 1849/52 [= Étage]; A. OPPEL 1856/58), ein raumzeitlicher biostratigraphischer Begriff und die Grundeinheit der geologischen Zeitgliederung: die Summe der Sedimente, die durch einen bestimmten Fossilinhalt gekennzeichnet sind. Man kann unterscheiden: Art-, Gattungs- usw. Zone: auf einzelne ausgewählte Arten, Gattungen usw. begründet. Faunenzone: auf Gesamtfaunen begründet. Florizone: auf Pflanzen begründet. Vgl. → Biozone. Die von manchen Autoren befürwortete rein zeitliche Interpretation des Begriffes Z. („Zeitspanne, die der Lebensdauer einer Art usw. entspricht") ist nicht zu empfehlen.

-zönose (gr. κοινός gemeinsam), in Zusammensetzungen: Vergesellschaftung von Organismen. Vgl. → Biozönose, → Taphozönose usw.

Zönozone, *f*, biostratigraphische Einheit, besonders in der Palynologie: lokal durch das Vorkommen verschiedener Organismen gekennzeichnete Zone, im Gegensatz

zur regional nicht begrenzten Biozone.

Zoochlorellen (gr. ζῷον Tier; χλωρός grün), endosymbiontisch in Radiolarien, Ciliaten, Spongien, Cnidariern und Turbellarien lebende einzellige Grünalgen. Vgl. → Zooxanthellen.

Zooecium, *n* (SMITT 1865) (gr. οἰκίον Demin. von οἶκος Haus), das Skelet (Gehäuse) eines einzelnen Bryozoen-Tieres (Abb. 22, S. 36).

Zooid, *n* (gr. εἶδος Gestalt, in Zusammensetzungen -ähnlich), (Bryozoen): Einzeltier, bestehend aus den Weichteilen (Polypid und Cystid) und dem Skelet (Zooecium). In entsprechender Bedeutung auch bei Graptolithen und anderen Koloniebildnern gebraucht.

Zoophycos (MASSALONGO 1855), ein → Spreitenbau von der Form einer nach unten sich erweiternden Wendeltreppe. Vorkommen: Ordovizium–Tertiär (Abb. 113, S. 226)

Zooxanthellen (gr. ξανθός gelb), endosymbiontisch lebende → Dinoflagellaten in manchen rezenten marinen Protozoen und Wirbellosen, vorwiegend in solchen mit Kalkskeleten, doch kommen sie auch in solchen ohne Kalkabscheidung vor. Besonders reichlich sind sie im Biotop der Riffkorallen. Die Z. nehmen stickstoffhaltige Stoffwechselabfälle ihrer Wirte auf, diese große Teile des von jenen ausgeschiedenen Kohlenstoffs. In welchem Umfang die Z. die Kalkabscheidung begünstigen, ist umstritten, der gegenseitige Nutzen in der Symbiose scheint energetischer Natur zu sein. Wahrscheinlich besaßen auch viele fossile Formen Z., beispielsweise die → Rudisten und Richthofenien, doch fehlen entsprechende Nachweise. Vgl → Zoochlorellen.

Zopfplatten (QUENSTEDT 1858), Sandsteinbänke mit zopfförmigen, oft vertikalrepetierten Kriech- bzw. Grabspuren sedimentwühlender wurmförmiger Organismen (*Gyrochorte* HEER 1865), typisch in Lias- und Dogger-Sandsteinen Süddeutschlands.

Zungenbein, = → Hyoid.

Zwischenformen, Übergangsformen (missing links, besser connecting links), nennt man Tiere oder Pflanzen, die zeitlich und morphologisch eine Lücke zwischen einer Stammform und den aus ihr hervorgegangenen Descendenten überbrücken.

Zwischenhirn, Diencephalon, → Prosencephalon.

Zwischenkiefer, → Intermaxillare, Os intermaxillare.

Zygapophyse, f (gr. ζυγόν Joch; απόφυσις Auswuchs [an Knochen]), Gelenkfortsatz an den Wirbeln der Tetrapoden zur Verbindung der Wirbel untereinander:
1. Dorsale Zygapophysen verbinden die Neuralbögen miteinander: Präzygapophysen sind nach vorn, Postzygapophysen nach hinten gerichtet, erstere haben nach oben, letztere nach unten gerichtete Gelenkflächen (= nomarthrale Gelenkverbindung);
2. Exapophysen, (Infrazygapophysen) sind ventrale Z., sie entspringen am Wirbelkörper (z. B. an Halswirbeln von Pterosauriern);
3. Zygosphen, Zygantrum: ein meist unpaares Zapfengelenk zwischen den Neuralbögen oberhalb des Neuralrohres. Der Zygosphen entspringt am Vorderrand des Neuralbogens und greift in die Aussparung (Zygantrum) am Hinterrand des davorliegenden Wirbels. Häufig bei Reptilien (z. B. Nothosauriden, Squamaten);
4. Hyposphen, Hypantrum: wie das vorige Gelenk, doch sitzt der Zapfen (Hyposphen) am Hinterrand des Neuralbogens. Bei manchen Stegocephalen und Dinosauriern sowie bei Placodontiern;
5. Xenarthrale Gelenkverbindung: sie besteht in accessorischen Prä- und Postzygapophysen (über die nomarthralen hinaus) und ist typisch für die → Xenarthra. Vgl. → Anapophyse.

zygodont, = → lophodont, jochzähnig.

zygokrotaph (GAUPP) **zygal** (JAEKEL) (gr. κρόταφος Schläfe), → stegokrotaph.

Zygom, n (gr. -oμ Gesamtheit kleiner Gebilde), → Desmon.

Zygose, f → Desmon.

Zygosphen, m, **Zygantrum,** n (gr. σφήν Keil; άντρον Höhle, Grotte), → Zygapophyse.

zygospirid = atrypid, → Armgerüst.

Zygote, die aus der Verschmelzung zweier Gameten hervorgehende (diploide) Zelle.

Zyklen, stammesgeschichtliche; der stammesgeschichtliche Ablauf erfolgt nicht mit gleichmäßiger Geschwindigkeit, sondern phasenhaft: am Anfang steht eine Phase rascher und divergenter Entwicklung, wobei viele neuentstandene Typen bald wieder aussterben. Ihr folgt eine Phase allmählicher Weiterentwicklung und Ausgestaltung, und oft folgt als 3. Phase das Aussterben mit vorhergehenden ‚Degenerationserscheinungen'. Vgl. z. B. → Typostrophentheorie, → Neomorphose-Theorie.

Zyklokorallen, Cyclocorallia, Synonym von → Scleractinia.

✧

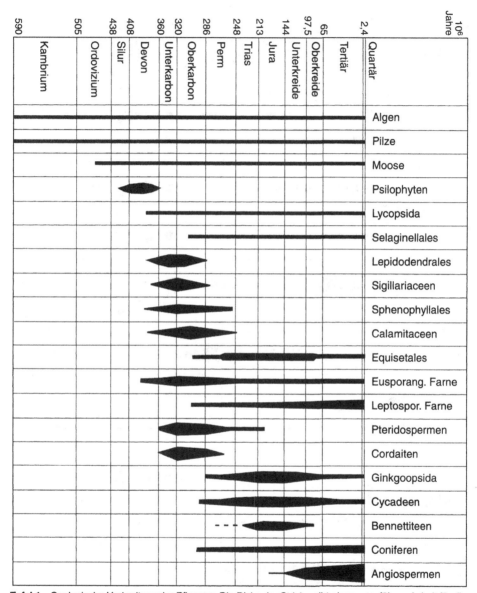

Tafel 1 Geologische Verbreitung der Pflanzen. Die Dicke der Striche gibt einen ungefähren Anhalt für die relative Häufigkeit der Formen. – Umgezeichnet nach MÄGDEFRAU

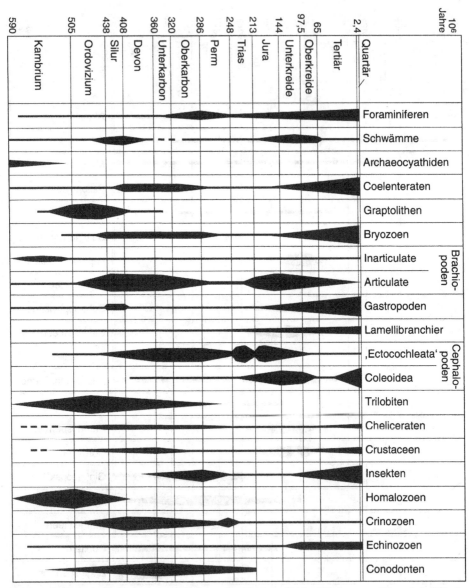

Tafel 2 Geologische Verbreitung der Wirbellosen. Die Dicke der Striche gibt einen ungefähren Anhalt für die relative Häufigkeit der Formen. – Zusammengestellt nach Angaben verschiedener Autoren

→ **Tafel 3** Geologische Verbreitung der Wirbeltiere. Die Dicke der Striche gibt einen ungefähren Anhalt für die relative Häufigkeit der Formen. – Zusammengestellt nach Angaben von A. S. ROMER u.a.

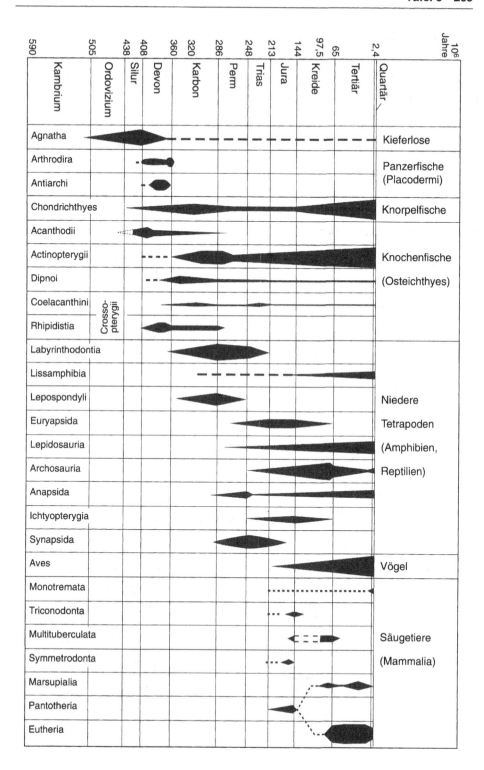

System der Organismen

Ü.R. = Überreich, R. = Reich, U.R. = Unterreich, Gr. = Gruppe, St. = Stamm, U.St. = Unterstamm, Ü.Kl. = Überklasse, Kl. = Klasse, U.Kl. = Unterklasse, I.Kl. = Infraklasse, Abt. = Abteilung, U.Abt. = Unterabteilung, S. = Serie, Ü.O. = Überordnung, O. = Ordnung, U.O. = Unterordnung, I.O. = Infraordnung, Ü.Fam. = Überfamilie, Fam. = Familie; °= nur rezent bekannt, † = ausgestorben

Ü.R.: Prokaryota (kernlose Einzeller)
R.: Monera
U.R.: Bacteria (Schizomycophyta, Spaltalgen, -pilze)
U.R.: Cyanophyta (Blaualgen), Cyanobacteria

Ü.R.: Eukaryota (Kernzeller)
R.: Protista (autotrophe und heterotrophe Einzeller)
U.R.: Protophyta (vorwiegend autotrophe Einzeller)
°St.: Glaukophyta
Kl.: Glaukophyceae
St.: Myxophyta (Schleimpilze)
Kl.: Acrasieae
Kl.: Myxomycetes (Mycetozoa, Myxogasteres, Phytosarcodina)
°St.: Euglenophyta
St.: Pyrrhophyta
Kl.: Cryptophyceae
Kl.: Chloromonadophyceae
Kl.: Desmokontae, Desmophyceae
Kl.: Dinophyceae
St.: Chrysophyta (goldbraune oder gelbgrüne Algen)
Kl.: Chrysophyceae
Kl.: Bacillariophyceae (Kieselalgen, Diatomeen)
Kl.: Coccolithophyceae
Kl.: Heterokontae
U.R.: Protozoa (vorwiegend heterotrophe Einzeller)
Gruppe: Cytomorpha
St.: Flagellata (Zoo-Flagellata, Geißeltierchen)
St.: Rhizopoda (Wurzelfüßer)
Kl.: Amoebina (Amöben)
O.: Amoebina
O.: Testacea
Kl.: Foraminiferida (Foraminiferen)
O.: Allogromiida
O.: Textulariida
O.: Fusulinida
O.: Miliolida
O.: Rotaliida
Kl.: Actinopoda (Strahltierchen)
U.Kl.: Heliozoa

U.Kl.: Radiolaria (Radiolarien)
O.: Polycystina
U.O.: Spumellaria
U.O.: Nassellaria
U.O.: Entactinaria
U.O.: Albaillellaria
O.: Phaeodaria, Tripylea
U.Kl.: Acantharia
St.: Sporozoa
St.: Protociliata
Gr.: Cytoidea
St.: Ciliata (Wimpertierchen, Infusorien)

R.: Fungimorpha, Pilzartige
St.: Mycophyta, Fungi, Pilze
Kl.: Myxomycetes, Schleimpilze
Kl.: Phycomycetes, Algenpilze
Kl.: Ascomycetes
Kl.: Basidiomycetes
St.: Lichenes, Flechten
Kl.: Phycolichenes
Kl.: Ascolichenes
Kl.: Basidiolichenes
Problematische Gruppen:
Gr. (Formgruppe): Acritarcha
†Gr. (Formgruppe): Chitinozoa
†Gr.: Petalonamae, Vendobionta

R.: Plantae, Pflanzen
St.: Chlorophyta, Grünalgen
St.: Phaeophyta, Melanophyceae, Braunalgen
Kl.: Isogeneratae
Kl.: Heterogeneratae
Kl.: Cyclosporeae
St.: Rhodophyta, Rotalgen
St.: Charophyta, Armleuchtergew.
†St.: Nematophyta
St.: Bryophyta, Moospflanzen
Kl.: Hepaticae, Lebermoose
Kl.: Musci, Laubmoose
St.: Psilophyta (sensu lato), Nacktpflanzen
†O.: Rhyniales
†O.: Zosterophyllales
†O.: Psilophytales
°O.: Psilotales
St.: Lycophyta, bärlappartige Pflanzen

†O.: Asteroxylales
†O.: Drepanophycales
†O.: Protolepidodendrales
†O.: Lepidodendrales
O.: Lycopodiales
O.: Selaginellales
†O.: Pleuromeiales
O.: Isoëtales
St.: Equisetophyta, Articulatae,
schachtelhalmartige Pflanzen
†O.: Pseudoborniales
O.: Equisetales (einschl.
Calamitaceae)
†O.: Sphenophyllales
St.: Filicophyta, Farnpflanzen
Kl.: Eusporangiatae
†O.: Coenopteridales
O.: Ophioglossales
O.: Marattiales
Kl.: Protoleptosporangiatae,
Osmundidae
O.: Osmundales
Kl.: Leptosporangiatae
O.: Filicales
O.: Marsiliales
O.: Salviniales
†St.: Prospermatophyta
Kl.: Procycadophytina
O.: Cladoxylales (?pars)
O.: Protopteridiales
Kl.: Noeggerathiophytina
O.: Noeggerathiales
O.: Tingiales
Kl.: Proconiferophytina
O.: Cladoxylales (?pars)
O.: Archaeopteridiales
St.: Spermatophyta, Samenpflanzen
U.St.: Coniferophytina
Kl.: Ginkgoopsida
Kl.: Pinatae, Coniferales
†U.Kl.: Cordaitidae
U.Kl.: Pinidae
U.Kl.: Taxidae
U.St.: Cycadophytina
†Kl.: Lyginopteridatae, Pterido-
spermatae, Cycadofilices, Farnsamer
O.: Lyginopteridales
O.: Medullosales
O.: Callistophytales
O.: Calamopityales
O.: Caytoniales
O.: Corystospermales
O.: Peltaspermales
O.: Glossopteridales
Kl.: Cycadopsida
†O.: Nilssoniales
O.: Cycadales
†Kl.: Bennettitatae
O.: Bennettitales
O.: Pentoxylales

Kl.: Gnetatae, Chlamydospermae
U.St.: Magnoliophytina, Angiospermae
Kl.: Magnoliatae, Dikotyledonae
Kl.: Liliatae, Monokotyledonae

R.: **Animalia, vielzellige Tiere**
°U.R.: Mesozoa
St.: Mesozoa, Mitteltierchen
St.: Placozoa
U.R.: Parazoa
St.: Porifera, Schwämme
Kl.: Demospongea
O.: Sclerospongea z. T.
O.: Lithistida
O.: Hadromerida
Kl.: Calcispongea (Calcarea, Kalk-
schwämme)
†O.: Heteractinida
°O.: Calcinea
O.: Calcaronea ('Pharetronida')
Kl.: Hexactinellida (Hyalospongea,
Glasschwämme)
U.Kl.: Amphidiscophora
O.: Lyssakinosa
O.: Lychniskida
U.Kl.: Hexasterophora
inc. sed.: Chaetetida
inc. sed.: Thalamida (Sphinctozoa)
inc. sed..: †Stromatoporida
†St.: Archaeocyathida
Kl.: Regulares
Kl.: Irregulares
U.R.: Coelenterata, (Radiata), Hohltiere
St.: Cnidaria, Nesseltiere
Kl.: Scyphozoa
U.Kl.: Scyphomedusae
°O.: Stauromedusida
°O.: Coronatida
°O.: Semaeostomatida
†O.: Lithorhizostomatida
°O.: Rhizostomatida
†U.Kl.: Conulata
†U.Kl.: Corumbellata
Kl.: Cubozoa
Kl.: Hydrozoa
O.: Trachylinida
O.: Hydroida
†O.: Spongiomorphida
O.: Milleporida
O.: Stylasterida
O.: Siphonophorida, Staatsquallen
Kl.: Anthozoa, Korallen
inc.sed.: †Septodaearia
U.Kl.: Ceriantipatharia
O.: Antipatharia
°O.: Ceriantharia
U.Kl.: Octocorallia, Alcyonaria
O.: Stolonifera
°O.: Telestacea
O.: Alcyonacea

†O.: Trachypsammiacea
O.: Coenothecalia
O.: Gorgonacea
O.: Pennatulacea
U.Kl.: Zoantharia, Steinkorallen
°O.: Zoanthiniaria
°O.: Corallimorpharia
†O.: Kilbuchophyllida
°O.: Actiniaria
O.: Scleractinia (Cyclocorallia,
  Hexacorallia, Madreporaria z. T.)
†O.: Rugosa (Pterocorallia,
  Tetracorallia, Madreporaria z. T.)
†O.: Cothoniida
†O.: Heterocorallia
Inc.sed. †?O.: Tabulata
St.: Acnidaria, Ctenophora, Rippenquallen
Inc. sed.: †?St.: Agmata
U.R.: Bilateria
(Superserie: Protostomia)
Serie: Acoelomata
St.: Plathelminthes, Plattwürmer
Serie: Pseudocoelomata
St.: Aschelminthes, Rund- oder
  Schlauchwürmer,
  dazu u.a.: Gastrotricha, Tardigrada,
  Nematoda, Nematomorpha, Kino-
  rhyncha, Priapulida, Rotifera, Chaeto-
  gnatha, Acanthocephala
Serie: Coelomata
(Superserie: Coelomata Protostomia)
°St.: Nemertini, Schnurwürmer
St.: Sipunculida, Spritzwürmer
St.: Mollusca, Weichtiere
°U.St.: Aplacophora
  Kl.: Aplacophora (Wurmmollusken)
  O.: Caudofoveata (Schildfüßer)
  O.: Solenogastres (Furchen-
    füßer)
U.St.: Eumollusca
  Kl.: Polyplacophora (Käfer-
    schnecken, Placophora)
  †O.: Palaeoloricata
  O.: Neoloricata
Ü.Kl.: Conchifera, Schalenträger
  Kl.: Monoplacophora, Einplatter
(?)†Kl.: Helcionelloida
  Kl.: Gastropoda, Schnecken
  †U.Kl.: Bellerophontida
  U.Kl.: Archaeogastropoda
  O.: Patellogastropoda
  O.: Vetigastropoda
  O.: Pleurotomariida
  U.Kl.: Neritimorpha
  U.Kl.: Caenogastropoda
  O.: Ctenoglossa
  O.: Architaenioglossa
  O.: Littorinimorpha
  O.: Cerithiimorpha
  O.: Strombimorpha

O.: Heteropoda
O.: Neomesogastropoda
O.: Neogastropoda
  (Stenoglossa)
U.Kl.: Heterostropha
†O.: Allogastropoda
O.: Opisthobranchia
O.: Archaeopulmonata
O.: Pulmonata
  U.O.: Basommatophora
  U.O.: Stylommatophora
Kl.: Scaphopoda, Kahnfüßer, Grabfüßer
O.: Dentalida
O.: Gadilida
†Kl.: Rostroconchia (Schnabelschaler)
Kl.: Lamellibranchia, Bivalvia, Muscheln
U.Kl.: Palaeotaxodonta, Protobranchiata
U.Kl.: Eulamellibranchiata (Auto-
  branchiata)
O.: Arcida
O.: Pteriida (Monomyaria)
O.: Limida (Isodonta)
O.: Ostreida (Austern)
O.: Pectinida
O.: Mytilida
O.: Palaeoheterodonta
  (‚Schizodonta')
O.: Heterodonta
O.: Anomalodesmata
Kl.: Cephalopoda, Kopffüßer
U.Kl.: Palcephalopoda, Lateradulata
†I.Kl.: Endoceratoidea
O.: Endocerida
†I.Kl.: Actinoceratoidea
O.: Actinocerida
I.Kl.: Nautiloidea
†O.: Ellesmerocerida
†O.: Orthocerida z.T.
†O.: Ascocerida
†O.: Oncocerida
†O.: Discosorida
†O.: Tarphycerida
†O.: Barrandeocerida
O.: Nautilida
U.Kl.: Neocephalopoda,
  Angusteradulata
†I.Kl.: Ammonoidea
O.: Orthocerida z.T.
O.: Bactritida
O.: Anarcestida
O.: Clymeniida
O.: Goniatitida
O.: Prolecanitida
O.: Ceratitida
O.: Phylloceratida
O.: Lytoceratida
O.: Ammonitida
O.: Ancyloceratida
I.Kl.: Coleoidea
O.: Sepioidea

O.: Spirulida
O.: Teuthoidea
O.: Vampyromorpha
O.: Octopoda
†Ü.O.: Belemnoidea
O.: Aulacocerida
O.: Phragmoteuthida
O.: Belemnitina
(Belemniten i.e.S.)
U.O.: Belemnitida
U.O.: Belemnopseina
O.: Diplobelida
†Kl.: Cricoconarida ⎫
O.: Tentaculitida ⎪
O.: Dacryconarida ⎪
†Kl.: Hyolithida (Calyptoptomatida z.T.) ⎬ Tubiconchia
O.: Hyolithida ⎪
O.: Globorilida ⎪
O.: Camerothecida ⎭
Stammgruppe Articulata, Gliedertiere
(Stämme Annelida bis Arthropoda)
St.: Annelida, Ringelwürmer
Kl.: Polychaeta, Vielborster
O.: Errantia
O.: Sedentaria
°O.: Archiannelida
†O.: Miskoiida
Kl.: Myzostomida
°Kl.: Clitellata, Gürtelwürmer
O.: Oligochaeta, Wenigborster
(Regenwürmer u.a.)
O.: Hirudinea, Blutegel
St.: Echiurida, Stern- oder Igelwürmer
St.: Entoprocta, Kamptozoa
St.: Pogonophora, Bartwürmer
St.: Pararthropoda (Proarthropoda)
U.St.: Onychophora, Stummelfüßer
St.: Arthropoda, Gliederfüßer
U.St.: Arachnomorpha
†inc. sed. ‚Trilobitoida'
†Kl.: Agnostida
†Kl.: Trilobitoida
†Kl.: Trilobita
O.: Olenellida
O.: Redlichiida
O.: Eodiscida
O.: Corynexochoida
O.: Ptychopariida
O.: Phacopida
O.: Lichida
O.: Odontopleurida
Kl.: Pycnogonida, Asselspinnen
†O.: Palaeopantopoda
°O.: Pantopoda
Kl.: Chelicerata, Fühlerlose
U.Kl.: Merostomata
Ü.O.: Xiphosura (Schwertschwänze)
†O.: Aglaspida
O.: Xiphosurida
†Ü.O.: Eurypterida (Breitflosser)

U.Kl.: Arachnida (Spinnen, Skorpione)
O.: Scorpionida, Skorpione
O.: Uropygi, Geißelskorpione
O.: Amblypygi, Geißelspinnen
O.: Araneida, Webspinnen
O.: Palpigrada
O.: Solpugida, Walzenspinnen
O.: Chelonethi, Pseudoscorpiones
†O.: Architarbida
†O.: Haptopodida
†O.: Anthracomartida
†O.: Trigonotarbida
O.: Phalangida
O.: Ricinulei
O.: Acarina, Milben
U.St.: Mandibulata
SuperKl.: Crustacea, Krebstiere
(Kl. Cephalocarida bis Branchiura =
Entomostraca, ‚niedere Krebse')
Kl.: Cephalocarida
Kl.: Branchiopoda
U.Kl.: Sarsostraca, Kiemenfußkrebse
O.: Anostraca
†O.: Lipostraca
U.Kl.: Phyllopoda, Blattfußkrebse
Ü.O.: Calmanostraca
†O.: Kazacharthra
O.: Notostraca
Ü.O.: Diplostraca
O.: Conchostraca
O.: Cladocera
Kl.: Maxillopoda
°U.Kl.: Mystacocarida
U.Kl.: Ostracoda, Muschelkrebse
†O.: Archaeocopida
†O.: Leperditicopida
O.: Palaeocopida
O.: Podocopida
O.: Myodocopida
U.Kl.: Copepoda, Ruderfußkrebse
U.Kl.: Ascothoracica
U.Kl.: Cirripedia, Rankenfüßer
O.: Acrothoracica
°O.: Rhizocephala
O.: Thoracica
°Kl.: Branchiura (Fischläuse und
Zungenwürmer)
Kl.: Malacostraca, ‚Höhere Krebse'
U.Kl.: Phyllocarida
U.Kl.: Hoplocarida
†U.Kl.: Eocarida
U.Kl.: Syncarida
U.Kl.: Peracarida
°U.Kl.: Pancarida
U.Kl.: Eucarida
O.: Euphausiacea, Leuchtgarnelen
O.: Decapoda, zehnfüßige Krebse
SuperKl.: Tracheata, Antennata,
Myriapodomorpha, Röhrenatmer
(Kl. Archipolypoda bis Arthropleurida

= ‚Myriapoda‘, Tausendfüßer)
†Kl.: Archipolypoda, Palaeocoxopleura
Kl.: Diplopoda
°Kl.: Pauropoda
Kl.: Symphyla
Kl.: Chilopoda
†Kl.: Arthropleurida
†Kl.: Euthycarcinoidea
Kl.: Hexapoda, Insecta, Insekten
(Apterygota, primär ungeflügelte Insekten,
O. 1–5)
[O. 1 (Collembola) und 2
(Protura) manchmal als ‚Parainsecta‘ den
‚Insecta‘ (O. 3–34) gegenübergestellt]
  1. O.: Collembola, Springschwänze
  2. O.: Protura, Beintastler
  3. O.: Diplura, Doppelschwänze
  4. O.: Archaeognatha, Felsenspringer
  5. O.: Zygentoma, Silberfischchen
    †O.: Monura
(Pterygota, primär geflügelte Insekten
O. 6–34)
(Palaeoptera, Insekten, deren Flügel
nicht auf den Rücken zurücklegbar sind,
O. 6 und 7)
    †O.: Diaphanopterodea
    †O.: Palaeodictyoptera
    †O.: Megasecoptera
    †O.: Archodonata (= Permothemista)
  6. O.: Ephemeroptera
  (Ephemerida), Eintagsfliegen
  7. O.: Odonata, Libellen
(Neoptera, Insekten mit auf den
Rücken zurücklegbaren Flügeln,
O. 8–34)
  8. O.: Plecoptera (Perlaria), Steinfliegen
(Paurometabola [Poly-
neoptera], O. 9–16)
    †,O.: ‚Protorthoptera‘
(Orthopteroidea,
Geradflügler, O. 9–11)
  9. O.: Saltatoria, Orthoptera, Schrecken
10. O.: Phasmida (Cheleutoptera),
Gespenstschrecken
    †O.: Titanoptera
11. O.: Embioidea, Spinnfüßer
12. O.: Zoraptera, Bodenläuse
(Blattoidea, O. 13–15)
13. O.: Blattodea, Schaben
14. O.: Isoptera, Termiten
15. O.: Mantodea, Fangschrecken,
Gottesanbeterinnen
    †O.: Protelytroptera
16. O.: Dermaptera, Ohrwürmer
17. O.: Grylloblattodea
    †O.: Glosselytrodea
    †O.: Caloneurodea
    †O.: Protoblattoidea
(= Blattinopsodea)
18. O.: Copeognatha (Psocopte-

ra), Staubläuse (Flechtlinge,
Rinden- und Bücherläuse)
19. O.: Phthiraptera, Tierläuse
20. O.: Thysanoptera (Physa-
poda), Fransenflügler (Blasenfüße, Thripse)
(Hemiptera, Rhynchota,
Schnabelkerfe, O. 21–23)
21. O.: Peloridiidina (Coleo-
rrhyncha)
22. O.: Heteroptera, Wanzen
23. O.: Homoptera (Pflanzen-
sauger)
(Holometabola, Pterygota mit
vollkommener Metamorphose mit
Larven-, Puppen- und Imago-
Stadium, O. 24–34)
    †O.: Miomoptera
24. O.: Mecoptera, Skorpions-
fliegen
25. O.: Diptera, Zweiflügler
26. O.: Siphonaptera,
Aphaniptera, Flöhe
27. O.: Trichoptera,
Köcherfliegen
28. O.: Lepidoptera,
Schmetterlinge
29. O.: Hymenoptera, Hautflügler
30. O.: Planipennia, Neuroptera,
Netzflügler (Hafte)
31. O.: Raphidioptera,
Kamelhalsfliegen
32. O.: Megaloptera,
Schlammfliegen
33. O.: Coleoptera, Käfer
34. O.: Strepsiptera, Fächerflügler
Stammgruppe: Tentaculata, Lophophora
(Stämme Phoronida bis Brachiopoda)
St.: Phoronida, Hufeisenwürmer
St.: Bryozoa (Ectoprocta), Moostierchen
  °Kl.: Phylactolaemata
  Kl.: Stenolaemata
    O.: Cyclostomida
    †O.: Cystoporida
    †O.: Trepostomida
    †O.: Cryptostomida
  Kl.: Gymnolaemata
    O.: Ctenostomida
    O.: Cheilostomida
St.: Brachiopoda, Armfüßer
  Kl.: Lingulata
    U.Kl.: Lingulatea
      O.: Lingulida
      O.: Acrotretida
      †O.: Paterinida
  Kl.: Calciata (Articulata)
    U.Kl.: Craniformea
      O.: Craniida
      †O.: Trimerellida
      †O.: Craniopsida

U.Kl.: Articulata
  †O.: Obolellida
  †O.: Kutorginida
  †O.: Orthida
  †O.: Strophomenida
  †O.: Pentamerida
  †O.: Spiriferida
  O.: Terebratulida
  O.: Thecideida
Superserie: Deuterostomia, Notoneuralia, Coelomata
Deuterostomia
St.: Echinodermata, Stachelhäuter
  †U.St.: Homalozoa
    Kl.: Homostelea
      O.: Cincta
    Kl.: Homoiostelea   ‚Carpoidea'
      O.: Soluta
    Kl.: Stylophora (= Calcichordata)
      O.: Cornuta
      O.: Mitrata
    Kl.: Ctenocystoidea
(Inc.phyl.) †Kl.: Machaeridia
  U.St.: Crinozoa, Seelilienartige, ‚Pelmatozoa'
    †Kl.: Eocrinoidea
    †Kl.: Paracrinoidea
    †Kl.: Cystoidea
      O.: Rhombifera
      O.: Diploporita
    †Kl.: Blastoidea
      O.: Fissiculata
      O.: Spiraculata
    †Kl.: Parablastoidea
    †Kl.: Edrioblastoidea
    †Kl.: Lepidocystoidea
    Kl.: Crinoidea, Seelilien
      †U.Kl.: Camerata
      †U.Kl.: Inadunata
      †U.Kl.: Flexibilia
      U.Kl.: Articulata
      †U.Kl.: Echmatocrinea
  U.St.: Asterozoa
    Kl.: Stelleroidea
      U.Kl.: Somasteroidea
      U.Kl.: Asteroidea, Seesterne
      U.Kl.: Ophiuroidea, Schlangensterne
  U.St.: Echinozoa, Seeigelartige
    †Kl.: Helicoplacoidea
    Kl.: Holothuroidea, Seewalzen
    †Kl.: Ophiocistioidea
    †Kl.: Cyclocystoidea
    †Kl.: Edrioasteroidea
    †Kl.: Camptostromatoidea
    Kl.: Echinoidea, Seeigel
      U.Kl.: Perischoechinoidea
        †O.: Bothriocidarida
        †O.: Echinocystitida
        †O.: Palaechinida
        O.: Cidarida
      U.Kl.: Euechinoidea
        Ü.O.: Diadematacea

        O.: Echinothuriida
        O.: Diadematida
        O.: Pedinida
        O.: Pygasterida
        Ü.O.: Echinacea
        O.: Saleniida
        O.: Hemicidarida
        O.: Phymosomatida
        O.: Arbaciida
        O.: Temnopleurida
        O.: Echinida
        O.: Plesiocidarida
        O.: Orthopsida
        Ü.O.: Gnathostomata
        O.: Holectypida
        O.: Clypeasterida
        Ü.O.: Atelostomata
        O.: Cassidulida
        O.: Holasterida
        O.: Spatangida
St.: Branchiotremata (Stomochordata, Hemi-
chordata), Kragentiere
  °Kl.: Enteropneusta, Eichelwürmer
  Kl.: Pterobranchia, Flügelkiemer
    O.: Rhabdopleurida
    O.: Cephalodiscida
  †Kl.: Graptolithina, Graptolithen
    O.: Dendroida
    O.: Tuboida
    O.: Camaroida
    O.: Stolonoida
    O.: Crustoida
    O.: Graptoloida
    O.: Dithecoida
    O.: Archaeodendrida
St.: Chordata, Chordatiere
Inc.sed.: †Conodontophorida
    O.: Westergaardodinida
    O.: Conodontophorida
  °U.St.: Tunicata, Urochordata, Manteltiere
    Kl.: Copelata, Appendicularia
    Kl.: Ascidiaceae, Seescheiden
    Kl.: Thaliaceae, Salpen
  °U.St.: Acrania, Leptocardia, Schädellose
  U.St.: Vertebrata, Craniata, Wirbeltiere
    Kl.: Agnatha, Kieferlose
      U.Kl.: Cephalaspidomorpha
      (Monorhina)
        †O.: Osteostraci
        †O.: Galeaspida
        †O.: Anaspida
        O.: Myxinoidea
        O.: Petromyzontia
      †U.Kl.: Pteraspidomorphi
      (Diplorhina)
        O.: Heterostraci
        O.: Coelolepida, Thelodontida
    †Kl.: Placodermi, Panzerfische
      O.: Petalichthyida
      O.: Rhenanida

O.: Arthrodira
O.: Phyllolepida
O.: Ptyctodontida
O.: Antiarchi
O.: Acanthothoraci
O.: Stensioellida
O.: Pseudopetalichthyida
Kl.: Chondrichthyes, Knorpelfische
U.Kl.: Elasmobranchii, Haie
Ü.O.: Palaeoselachii
†O.: Cladoselachida
†O.: Coronodontida
†O.: Symmoriida
†O.: Eugeniodontida (Edestida,
 Helicoprionida)
†O.: Orodontida
†O.: Squatinactida
Ü.O.: Euselachii
†O.: Ctenacanthiformes
†O.: Xenacanthida
Ü.O.: Neoselachii
O.: Galeomorpha
O.: Squalomorpha
O.: Squatinomorpha
O.: Batoidea
U.Kl.: Holocephali, Chimären
†O.: Chondrenchelyiformes
†O.: Copodontiformes
†O.: Psammodontiformes
O.: Chimaeriformes
†U.Kl. inc.sed.:
O.: Iniopterygiformes
O.: Petalodontida
†Kl. inc.sed.: Acanthodii
O.: Climatiiformes
O.: Ischnacanthiformes
O.: Acanthodiformes
Kl.: Osteichthyes, Knochenfische
U.Kl.: Actinopterygii, Strahlenflosser
I.Kl.: Chondrostei, ,Knorpel-
ganoiden'
†O.: Palaeonisciformes
†O.: Haplolepiformes
†O.: Dorypteriformes
†O.: Tarrasiiformes
†O.: Ptycholepiformes
†O.: Pholidopleuriformes
†O.: Luganoiiformes
†O.: Redfieldiiformes
†O.: Perleidiformes
†O.: Peltopleuriformes
†O.: Phanerorhynchiformes
†O.: Saurichthyiiformes
O.: Polypteriformes
O.: Acipenseriformes
I.Kl.: Neopterygii
Abt.: Holostei, niedere Neopterygii
†O.: Lepisosteiformes
 (Ginglymodi)
†O.: Semionotiformes

†O.: Pycnodontiformes
†O.: Macrosemiiformes
O.: Amiiformes
†O.: Pachicormiformes
†O.: Aspidorhynchiformes
Abt.: Teleostei, moderne
Knochenfische
†O.: Pholidophoriformes
†O.: Leptolepiformes
†O.: Ichthyodectiformes
U.Abt.: Osteoglossomorpha
O.: Osteoglossiformes
U.Abt.: Elopomorpha
O.: Elopiformes
O.: Anguilliformes
 (Apodes)
O.: Notacanthiformes
U.Abt.: Clupeomorpha,
Heringartige
O.: Elimmichthyiformes
O.: Clupeiformes
U.Abt.: Euteleostei
O.: Salmoniformes,
Lachsartige
Ü.O.: Ostariophysi,
Karpfenartige
O.: Gonorhynchiformes
O.: Characiformes
O.: Cypriniformes
O.: Siluriformes
 (Nematognathi)
U.Abt.: Neoteleostei
Ü.O.: Stenopterygii
O.: Stomiiformes
Ü.O.: Scopelomorpha
O.: Aulopiformes
O.: Myctophiformes
Ü.O.: unbenannt
O.: Patterson-
ichthyiformes
O.: Ctenothrissiformes
Ü.O.: Paracanthopterygii,
Dorschartige
O.: Percopsiformes
O.: Batrachoidiformes
 (Haplodoci)
O.: Gobiesociformes
 (Xenopteri)
O.: Lophiiformes
 (Pediculati)
O.: Gadiformes
O.: Ophidiiformes
Ü.O.: Acanthopterygii,
Strahlenflosser
S.: Atherinomorpha
O.: Atheriniformes
O.: Cyprinodontiformes
S.: Percomorpha, Barschartige
O.: Beryciformes
O.: Zeiformes

O.: Lampridiformes
O.: Gasterosteiformes
O.: Syngnathiformes
O.: Synbranchiformes
O.: Indostomiformes
O.: Pegasiformes
O.: Dactylopteriformes
O.: Scorpaeniformes
O.: Perciformes
O.: Pleuronectiformes
  (Heterosomata)
O.: Tetraodontiformes
U.Kl.: Sarcopterygii (Choanichthyes)
  O.: Crossopterygii,
  Quastenflosser
  †U.O.: Rhipidistia,
  Osteolepidoti
  †U.O.: Onychodonti-
  formes, Struniiformes
  U.O.: Coelacanthi-
  formes, Actinistia,
  Hohlstachler
  O.: Dipnoi, Lungenfische
Kl.: Amphibia, Lurche
†U.Kl.: Labyrinthodontia
  O.: Ichthyostegalia
  O.: Temnospondyli
  O.: Anthracosauria,
  Batrachosauria
  O. inc.sed.: Diadectida
U.Kl.: Lepospondyli
  †O.: Aistopoda
  †O.: Nectridia
  †O.: Microsauria
  †O.: Lysorophia
  (Ordnungen der modernen
  Amphibien, Lissamphibia):
  °O.: Apoda, Gymnophiona
  O.: Urodela
  †?O.: Proanura
  O.: Anura
Kl.: Reptilia, Kriechtiere
†U.Kl.: Anapsida
  O.: Captorhinida
  (‚Cotylosauria')
    U.O.: Captorhinomorpha
    U.O.: Procolophonia
    U.O.: Pareiasauroidea
    U.O.: Millerosauroidea
  O.: Mesosauria
U.Kl.: Testudinata, Schildkröten
  O.: Chelonia
    †U.O.: Proganochelydia
    U.O.: Pleurodira
    U.O.: Cryptodira
U.Kl.: Diapsida
  †O.: Araeoscelidia
  †O.: Choristodera
  †O.: Thalattosauria
I.Kl.: Lepidosauromorpha

†O.: Eosuchia
Ü.O.: Lepidosauria
  O.: Sphenodonta
  O.: Squamata
    U.O.: Lacertilia, Eidechsen
    U.O.: Serpentes,
    Schlangen
†Ü.O.: Sauropterygia
  O.: Nothosauria
  O.: Plesiosauria
I.Kl.: Archosauromorpha
  †O.: Protorosauria, Prolacer-
  tiformes
  †O.: Trilophosauria
  †O.: Rhynchosauria
Ü.O.: Archosauria
  †O.: Thecodontia
    U.O.: Proterosuchia
    U.O.: Ornithosuchia
    U.O.: Rauisuchia
    U.O.: Aetosauria
    U.O.: Phytosauria, Para-
    suchia
  O.: Crocodylia, Suchia, Kro-
  kodile
    †?U.O.: Trialestia
    †U.O.: Sphenosuchia
    †U.O.: Protosuchia
    †U.O.: Hallopoda
    †U.O.: Mesosuchia
    U.O.: Eusuchia, Krokodile
  †O.: Pterosauria, Flugsaurier
    U.O.: Rhamphorhyn-
    choidea
    U.O.: Pterodactyloidea
  †O.: Saurischia
    U.O.: Staurikosauria
    U.O.: Theropoda
    U.O.: Sauropodomorpha
  †O.: Ornithischia
    U.O.: Ornithopoda
    U.O.: Pachycephalosauria
    U.O.: Stegosauria
    U.O.: Ankylosauria
    U.O.: Ceratopsia
†Diapsida inc. sed.:
  O.: Placodontia
  O.: Ichthyopterygia (Ichthyo-
  sauria), Fischsaurier
†U.Kl.: Synapsida
  O.: Pelycosauria
  O.: Therapsida
    U.O.: Eotitanosuchia
    U.O.: Dinocephalia
    U.O.: Dicynodontia
    U.O.: Gorgonopsia
    U.O.: Therocephalia
    U.O.: Cynodontia

Kl.: Aves, Vögel
†U.Kl.: Sauriurae, Archaeornithes, Urvögel
O.: Archaeopterygiformes,
Archaeopteryx
†U.Kl.: Odontoholcae, Odontognathae,
Zahnvögel, ‚Kreidevögel‘
O.: Hesperornithiformes,
Hesperornis
O.: Ichthyornithiformes,
Fischvögel
U.Kl.: Ornithurae, eigentliche Vögel
†O.: Ambiortiformes
†O.: Gobipterygiformes
†O.: Enantiornithiformes
Ü.O.: Ratitae, Palaeognathae,
Flachbrustvögel
O.: Struthioniformes, Strauße
O.: Rheiformes, Nandus
O.: Casuariiformes, Kasuare
†O.: Dinornithiformes, Moas,
Dinornis
O.: Apterygiformes, Kiwis
†O.: Aepyornithiformes, Ma-
dagaskarstrauße, *Aepyornis*
O.: Tinamiformes, Steißhühner
Ü.O.: Carinatae, Neognathae,
Kielbrustvögel
O.: Gaviiformes, Seetaucher
O.: Podicipediformes,
Lappentaucher
O.: Procellariiformes,
Röhrennasen
O.: Sphenisciformes, Pinguine
O.: Pelecaniformes, Ruderfüßer
O.: Ciconiiformes, Schreitvögel
O.: Phoenicopterygiformes,
Flamingos
O.: Anseriformes, Gänsevögel
O.: Falconiformes, Greifvögel
O.: Galliformes, Hühnervögel
O.: Gruiformes, Kranichvögel
†O.: Diatrymiformes, *Diatryma*
O.: Charadriiformes, Wat- und
Möwenvögel
O.: Columbiformes, Tauben-
vögel
O.: Psittaciformes, Papageien
O.: Cuculiformes, Kuckucks-
vögel
O.: Strigiformes, Eulen
O.: Caprimulgiformes,
Nachtschwalben
O.: Apodiformes, Schwirrflügler
O.: Coliiformes, Mausvögel
O.: Trogoniformes, Nage-
schnäbler
O.: Coraciiformes, Rackenvögel
O.: Piciformes, Spechte
O.: Passeriformes, Singvögel

Kl.: Mammalia, Säugetiere
U.Kl.: Prototheria
O.: Monotremata, ‚Kloakentiere‘
†O.: Triconodonta
†O.: Docodonta
†U.Kl.: Allotheria
O.: Multituberculata
U.Kl.: Theria
†I.Kl.: Trituberculata, Pantotheria
O.: Symmetrodonta
O.: Eupantotheria
I.Kl.: Metatheria
O.: Marsupialia, Beuteltiere
(Marsupialia der Neuen Welt
und Europas):
U.O.: Didelphoidea
U.O.: Caenolestoidea
(australasiatische Marsupialia):
U.O.: Dasyuroidea
U.O.: Perameloidea
U.O.: Diprotodonta
I.Kl.: Eutheria, Plazentalia
†O.: Apathotheria
†O.: Leptictida
†O.: Pantolesta
O.: Scandentia
O.: Macroscelidea
O.: Dermoptera
O.: Insectivora, Insektenfresser
U.O.: Erinaceoidea
U.O.: Soricomorpha
U.O.: Zalambdodonta
†O.: Tillodontia
†O.: Pantodonta
†O.: Dinocerata (Uintatheria)
†O.: Taeniodontia
O.: Chiroptera, Fledertiere
U.O.: Megachiroptera
U.O.: Microchiroptera
O.: Primates, Herrentiere
†U.O.: Plesiadapiformes
U.O.: Strepsirhini
U.O.: Anthropoidea, Simiae,
Haplorhini
I.O.: Tarsiiformes
I.O.: Platyrrhini
I.O. Catarrhini
Ü.Fam.: Parapithecoidea
Ü.Fam.: Cercopithecoidea
Ü.Fam.: Hominoidea
†O.: Creodonta, Ur-Raubtiere
U.O.: Hyaenodontia
O.: Carnivora, Raubtiere
†O.: Anagalida
O.: Rodentia, Nagetiere
U.O.: Sciurognathi
I.O.: Protrogomorpha
I.O.: Sciuromorpha
I.O.: Castorimorpha
I.O.: Myomorpha

U.O.: Hystricognathi
I.O.: Bathygeomorpha
I.O.: Hystricomorpha
†I.O.: Phiomorpha
I.O.: Caviomorpha
O.: Lagomorpha, Hasenartige
†O.: Condylarthra, Urhuftiere
O.: Artiodactyla, Paarhufer
†U.O.: Palaeodonta
U.O.: Suina
U.O.: Tylopoda
U.O.: Ruminantia
I.O.: Traguloidea
I.O.: Pecora
†O.: Mesonychia (Acreodi)
O.: Cetacea, Wale
†U.O.: Archaeoceti
U.O.: Odontoceti
U.O.: Mysticeti
O.: Perissodactyla, Unpaarhufer
U.O.: Hippomorpha
†U.O.: Ancylopoda
U.O.: Ceratomorpha
O.: Proboscidea, Rüsseltiere ⎫
†U.O.: Moeritherioidea ⎬ Tethytheria
U.O.: Euelephantoidea ⎭

†U.O.: Mammutoidea ⎫
†U.O.: Deinotherioidea ⎪
†U.O.: Barytherioidea ⎬ Tethytheria
O.: Sirenia, Sirenen, Seekühe ⎭
†O.: Desmostylia
O.: Hyracoidea, Schliefer
†O.: Embrithopoda
O.: Tubulidentata, Röhren-
zähner, Erdferkel
†O.: Notoungulata, Süd-Huftiere
U.O.: Notioprogonia
U.O.: Toxodontia
U.O.: Typotheroidea
†O.: Astrapotheria
†O.: Litopterna, Glattferser
†O.: Xenungulata
†O.: Pyrotheria
O.: Xenarthra
U.O.: Loricata (Cingulata),
Gürteltiere
U.O.: Pilosa, Faultiere
U.O.: Vermilingua,
Ameisenbären
O. inc. sed.:
†U.O.: Palaeanodonta
O.: Pholidota, Schuppentiere

Verzeichnis der Abbildungsquellen

(In Klammern die Nummern der betreffenden Abbildungen)

ABEL, O.: Lehrbuch der Paläozoologie. Jena 1920 (125).

BASSLER, R. S.: Bryozoa. In: Treatise on Invertebrate Paleontology, Part G. Herausgegeben von R. C. MOORE. 1953 (21, 22).

BATHER, F. A.: Studies in Edrioasteroids, IV., Geological Magazine, 1914 (42).

BRONNS Klassen und Ordnungen des Tierreichs. Band V, Abteilung 1 (35, 73).

BULMAN, O. M. B.: Graptolithina. In: Treatise on Invertebrate Paleontology, Part V. Herausgegeben von R. C. MOORE. 1955 (57, 97).

CARROLL, R. L.: Paläontologie und Evolution der Wirbeltiere. Übersetzt und bearbeitet von W. MAIER und D. THIES. Thieme Verlag Stuttgart/New York, 1993 (6, 67, 95).

CHALINE, G.: Paleontology of Vertebrates. Springer Verlag London/New York 1990 (51).

EIDMANN, H.: Lehrbuch der Entomologie. Berlin 1941 (64).

ENGEL, G. & A. V. SCHOUPPÉ: Morphogenetisch-taxionomische Studie zur devonischen Korallengruppe *Stringophyllum, Neospongophyllum* und *Grypophyllum.* Paläontologische Zeitschrift, 32, 1958 (99).

FISCHER, A. G.: siehe MOORE, LALICKER, FISCHER (78, 79, 108).

GEYER, O. F.: Über die älteste virgatipartite Berippung der Perisphinctidae (Cephalopoda). - Paläontologische Zeitschnft, 35, 1961 (4).

GOTHAN, W.: Karbon- und Perm-Pflanzen. In: Leitfossilien, herausgegeben von G. GÜRICH, Berlin 1923 (112).

GOTHAN, W. & H. WEYLAND: Lehrbuch der Paläobotanik. Berlin 1954 (45, 63, 94).

GROSS, W.: Die Arthrodira Wildungens. - Geol. und Paläont. Abhandlungen, Band 23, Heft 1, 1932 (8).

—Über die Basis der Conodonten . – Paläont. Zeitschrift, 31, 1957 (27).

HADORN, E. & WEHNER, R.: Allgemeine Zoologie, 19. Aufl. – G. Thieme Verl. Stuttgart, 1974 (44).

HÄNTZSCHEL, W.: Trace Fossils and Problematica: - Treatise on Invertebrate Paleontology, Part W, 1975 (68).

HANDLIRSCH, A.: Fossile Insekten. In: Handbuch der Entomologie, herausgegeben von Ch. SCHRÖDER. 1925 (14).

HARRINGTON, H. J.: General description of Trilobita. In: Treatise on Invertebrate Paleontology, Part O, R. C. MOORE (ed.), 1959 (55).

HESS, H.: Die fossilen Echinodermen des Schweizer Juras. – Veröffentl. Naturhist. Mus. Basel Nr. 8, 1975 (10, 29, 40, 41).

HIRMER, M.: Handbuch der Paläobotanik, Band I. München und Berlin 1927 (70, 71).

HUENE, F. F. V.: Die Saurierwelt und ihre geschichtlichen Zusammenhänge. Jena 1954 (11)

—Die Bedeutung des Wirbelbaues zur Beurteilung der phylogenetischen Grundzüge. - Paläont. Z. 34, 1960 (123).

HÜNERMANN, K. A.: Fossilien im Gebiet des Üetliberges. Stiftung für die Erforschung des Üetliberges, 1992 (86).

HUPÉ, P.: Classe des Trilobites. In: Traité de Paléontologie, herausgegeben von J. PIVETEAU, Band 111, 1953 (118).

JAEKEL, O.: Phylogenie und System der Pelmatozoen. – Paläontologische Zeitschrift, 3, 1921 (88).

JELETZKY, J. A.: Die Stratigraphie und Belemnitenfauna des Obercampan und Maastricht Westfalens, Nordwestdeutschlands und Dänemarks usw. - Beihefte z. Geologischen Jahrbuch, Heft 1, 1951 (12).

KESLING, R. V., et al.: in: Treatise on Invertebrate Paleontology, Part Q, herausgegeben von R. C. MOORE, 1961 (81, 82).

KIDERLEN, H. . Die Conularien. Über Bau und Leben der ersten Scyphozoa. – Neues Jahrbuch für Mineralogie usw., Beilage-Bd. 77, 1937 (28).

KOKEN, E.: Über Fisch-Otolithen, insbesondere über diejenigen der norddeutschen Oligocän-Ablagerungen. - Zeitschrift der Deutschen Geologischen Gesellschaft, 36, 1884 (83).

KRÄUSEL, R.: Versunkene Floren. Frankfurt 1950 (65).

KREBS, B.: Bau und Funktion des Tarsus eines Pseudosuchiers aus der Trias des Monte San Giorgio (Kanton Tessin, Schweiz). Pal. Z. 37, 1963 (30).

KRUMMBIEGEL, G. & H. WALTHER: Fossilien. Ferd. Enke-Verlag, Stuttgart 1977 (15).

KUHN-SCHNYDER, E.: Geschichte der Wirbeltiere. Basel 1951 (37, 50).

KUHN-SCHNYDER, E.: Die Triasfauna der Tessiner Kalkalpen. - Neujahrsblatt Naturf. Ges. Zürich, 1974 (103).

LAUBENFELS, M. W. DE: Porifera. In: Treatise on Invertebrate Paleontology, Part E. Herausgegeben von R. C. MOORE, 1955 (91).

LAUTERBACH, K.-E.: Schlüsselereignisse in der Evolution des Grundplans der Mandibulata (Arthropoda). - Abh. naturw. Ver. Hamburg, (NF) 23, 105-161, Hamburg 1980 (9).

LEHMANN, U.: Ammoniten, ihr Leben und ihre Umwelt. Stuttgart 1976 (3, 5).

LEHMANN, U. & G. HILLMER: Wirbellose Tiere der Vorzeit. – Stuttgart 1996 (7, 116).

MÄGDEFRAU, K.: Paläobiologie der Pflanzen. Jena 1956 (34, 56, 69, 72, 90, 93, Tafel 1).

MOORE, R. C., C. G. LALICKER, A. G. FISCHER: Invertebrate Fossils, 1952 (18, 19, 23, 33, 53, 74).

MÜLLER, A. H.: Lehrbuch der Paläozoologie, Bd. II, Teil 1, 3. Aufl. Jena 1980 (61).

MÜLLER, K. J.: Wert und Grenzen der Conodonten-Stratigraphie. - Geolog. Rundschau, 49, 1960 (26).

MÜNCH, A.: Die Graptolithen aus dem anstehenden Gotlandium Deutschlands und der Tschecho-slowakei. - Geologica, 7, 1952 (76).

Pangea: Paleoclimate, Tectonics and Sedimentation during Accretion, Zenith and Breakup of a Supercontinent. Ed. G. D. KLEIN, Spec. Paper 288, Bull. d'Information sur la cooperation géologique internationale. Paris 1994 (45).

PAUL, Ch. W. C. & A. B. SMITH: Echinoderm phylogeny and evolutionary biology. Oxford 1988 (38).

PEYER, B.: Die Zähne. Ihr Ursprung, ihre Geschichte und ihre Aufgaben. - Verständliche Wissenschaft, Band 79, 1963 (127).

POKORNY, V.: Grundzüge der zoologischen Mikropaläontologie, Band 1, 1958 (52).

PORTMANN, A.: Einführung in die Vergleichende Morphologie der Wirbeltiere. Basel 1959 (32, 43, 47, 48, 49, 77, 100, 101, 104, 106, 107, 108, 120).

REMANE, A.: Wirbelsäule und ihre Abkömmlinge. In: Handbuch der Vergleichenden Anatomie der Wirbeltiere, herausgegeben von BOLK, GÖPPERT, KALLIUS, LUBOSCH, Band IV, Berlin und Wien 1936 (122).

REMY, W. & R. REMY: Die Floren des Erdaltertums. Verlag Glückauf, Essen 1977 (45).

ROGER, J.: Sous-Classe des Dibranchiata. In: Traité de Paléontologie, herausgegeben von J. PIVETEAU, 1952 (13).

ROMER, A. S.: Vergleichende Anatomie der Wirbeltiere. Hamburg und Berlin 1959 (24, 66, 80, 89, 102, 105, 114, 124, Tafel 3).

SANDER, M.: Reptilien. Haeckel-Bücherei Bd. 3, Enke Verlag, Stuttgart 1994 (120, 126).

SCHAARSCHMIDT, Fr.: Paläobotanik. Hochschultaschenbücher, 357, 357a, 1968 (95).

SCHINDEWOLF, O. H.: Grundfragen der Paläontologie. Stuttgart 1950 (58, 98).

SEILACHER, A.: In: SCHINDEWOLF & SEILACHER: Beiträge zur Kenntnis des Kambriums in der Salt Range (Pakistan). Abhandlungen der Akademie der Wissenschaften Heidelberg, 1955 (113).

SHEAR, W. S. & J. KUKALOVA-PECK: The ecology of paleozoic terrestrial arthropods: the fossil evidence. Can. J. Zool., 68, 1990 (92).

SHROCK, R. R. & W. H. TWENHOFEL: Principles of Invertebrate Paleontology, 1953 (McGraw Hill) (20).

STØRMER, L.: Arthropoda (general features). In: Treatise on Invertebrate Paleontology, Part P. Herausgegeben von R. C. MOORE, 1959 (46).

TEICHERT, C.: Der Bau der Actinoceroiden. - Palaeontographica, Abt. A, Band 78 1933 (1).

TERMIER, H. & G. TERMIER: Classe des Echinides. In: Traité de Paléontologie, herausgegeben von J. PIVETEAU. Band 111, 1953 (110, 111).

THENIUS, E. & H. HOFER: Stammesgeschichte der Säugetiere. Berlin, Göttingen, Heidelberg 1960 (Springer) (119).

UBAGHS, G.: Echinodermata 1. General Characters. In: Treatise on Invertebrate Paleontology, Part S, R. C. MOORE (ed.), 1967 (39).

WALOSSEK, D.: The Upper Cambrian Rehbachiella and the phylogeny of Brachiopoda and Crustacea. Fossils and Strata 32, Oslo 1993 (31).

WEILER, W.: Die Otolithen des rheinischen und nordwestdeutschen Tertiärs. Abhandlungen des Reichsamts für Bodenforschung, N. F. 206, 1942 (84).

WILLIAMS, A. & A. J. ROWELL: Morphology. In: Treatise on Invertebrate Paleontology, Part H, R. C. MOORE (ed.), 1965 (16, 17).

WITHERS, T. H.: Catalogue of Fossil Cirrepedia in the Department of Geology. British Museum. 1928/ 1953 (25).

ZIMMERMANN, W.: Vererbung erworbener Eigenschaften und Auslese. G. Fischer Verlag, Jena 1938 (115).

ZITTEL, K. A. v.: Grundzüge der Paläontologie. 1. Abteilung: Invertebrata. 4. Aufl. München und Berlin 1915 (91).

Weiterführende Literatur

ANDRES, A.: Feinstrukturen und Verwandtschaftsbeziehungen der Graptolithen. – Paläont. Z. **54**, 1980.

BERGSTRÖM, J.: The origin of animal phyla and the new phylum Procoelomata. – Lethaia 22, Oslo 1989.

BROMLEY, R. G.: Trace Fossils. – Unwin Hyman, London 1990.

CARROLL, R. L.: Paläontologie und Evolution der Wirbeltiere (übersetzt und bearbeitet von D. THIES). Thieme Verlag, Stuttgart, New York 1993.

ELDREDGE, N.: Wendezeiten des Lebens. Katastrophen in Erdgeschichte und Evolution. – Akademischer Verlag, Heidelberg 1994.

ENGLER, A.: Syllabus Plantarum, Aufl. 1954, 1964.

ERBEN, H. K.: Evolution. – Haeckel-Bücherei, Bd. 1, Enke Verlag 1990.

FLÜGEL, E. (Hrsg.): Fossil Algae. – Springer Verlag, Berlin, Heidelberg, New York 1977.

GOULD, S. J. (Hrsg.): Das Buch des Lebens. – Verlagsgesellschaft Köln 1993.

HECHT, M. K., OSTROM, J. H., VIOHL & WELLNHOFER, P. (Hrsg.): The beginning of birds. – Proc. Internat. Archaeopteryx Conference Eichstätt. Eichstätt 1984.

HENNIG, W.: Stammesgeschichte der Insekten, 1969.

HENNIG, W. (Hrsg.): Phylogenetische Systematik. – Pareys Studientexte 34, Berlin und Hamburg.

HOUSE, M. R. & SENIOR, J. R.: The Ammonoidea. The evolution, classification, mode of life and geological usefullness of a major fossil group. – The systematics Ass. Spec. Vol. **18**, Academic Press, London, New York 1991

MCKERROW, W. S.: Ökologie der Fossilien (übers. von F. T. FÜRSICH). – Franckh Kosmos, Stuttgart 1992.

MARGULIS, L. & SCHWARTZ, K. V.: Die fünf Reiche der Organismen. – Spektrum der Wissenschaft, Heidelberg 1989.

MEGLITSCH, P. A. & SCHRAM, F. R.: Invertebrate Zoology. – Oxford University Press 1991.

MÜLLER, A. H.: Lehrbuch der Paläozoologie, 3 Bände in sieben Teilen. – G. Fischer Verlag, Jena 1985–1994.

MURRAY, J. W. (Hrsg.): Wirbellose Makrofossilien. Ein Bestimmungsatlas. – Enke Verlag, Stuttgart 1990.

PAUL, C. R. C. & SMITH, A. B. (Hrsg.): Echinoderm phylogeny and evolutionary biology. – Oxford Science Publications. Clarendon Press, Oxford 1988.

PFLUG, H. D.: Die Spur des Lebens. Paläontologie – chemisch betrachtet. – Springer Verlag, Berlin, Heidelberg, New York 1984.

POPOV, L. E., BASSET, M. G., HOLMER, L. E. & LAURIE, J.: Phylogenetic analysis of higher taxa of brachiopoda. – Lethaia **26**, 1993.

SCHAARSCHMIDT, F.: Paläobotanik. – Hochschultaschenbuch 359/359a, Bibliographisches Institut, Mannheim 1968.

SHELDRAKE, R.: Das Gedächtnis der Natur. Das Geheimnis der Entstehung der Formen in der Natur. – Piper Verlag, München 1988.

STARCK, D.: Vergleichende Anatomie der Wirbeltiere. – Heidelberg, New York 1978.

STEARN, C. W. & CARROLL, R. L.: Paleontology: The record of life. – Wiley & Sons, New York 1989.

STORCH, V. & WELSCH, U.: Systematische Zoologie. – G. Fischer Verlag, Jena, Stuttgart.

SWINTON, W. E.: Fossil Birds, London (British Museum), 1965.

THENIUS, E.: Grundzüge der Faunen- und Verbreitungsgeschichte der Säugetiere. – G. Fischer Verlag, Stuttgart 1979.

WELLNHOFER, P.: The illustrated encyclopedia of pterosaurs. – Salamander Books, London 1991.